国外计算机科学教材系列

神经网络与机器学习
（第三版）

Neural Networks and Learning Machines, Third Edition

［加］ **Simon Haykin** 著

苑希民　柳春娜　周　僡　等译

電子工業出版社
Publishing House of Electronics Industry
北京 · BEIJING

内 容 简 介

本书是关于神经网络与机器学习的经典教材，完整、详细地讨论了各个主题，且包含了相关的计算机实验。全书共16章，主要内容包括神经网络的定义、Rosenblatt感知器、回归建模、最小均方算法、多层感知器、核方法和径向基函数网络、支持向量机、正则化理论、主成分分析、自组织映射、信息论学习模型、源于统计力学的随机方法、动态规划、神经动力学、动态系统状态估计的贝叶斯滤波、动态驱动递归网络。

本书适合高等院校计算机、电子信息、软件工程、智能工程等专业的高年级本科生和研究生学习使用，也可供相关领域的技术人员参考。

版权贸易合同登记号　图字：01-2022-0764

图书在版编目(CIP)数据

神经网络与机器学习 / (加) 西蒙·赫金 (Simon Haykin) 著 ; 苑希民等译. -- 3 版. -- 北京 : 电子工业出版社, 2024. 7. -- (国外计算机科学教材系列). -- ISBN 978-7-121-48210-6

Ⅰ. TP18

中国国家版本馆CIP数据核字第2024E0D149号

责任编辑：谭海平
印　　刷：三河市良远印务有限公司
装　　订：三河市良远印务有限公司
出版发行：电子工业出版社
　　　　　北京市海淀区万寿路173信箱　　邮编：100036
开　　本：787×1092　1/16　印张：38　　字数：1072.5千字
版　　次：2024年7月第1版（原著第3版）
印　　次：2024年7月第1次印刷
定　　价：129.00元

凡所购买电子工业出版社图书有缺损问题，请向购买书店调换。若书店售缺，请与本社发行部联系，联系及邮购电话：(010)88254888，88258888。

质量投诉请发邮件至zlts@phei.com.cn，盗版侵权举报请发邮件至dbqq@phei.com.cn。

本书咨询联系方式：（010）88254552，tan02@phei.com.cn。

译 者 序

近年来，人工智能迅猛发展，在人脸识别、语音识别、巡航导航、医学诊断、智慧水利、战争战场等方面得到了广泛运用，极大地推动了科学技术发展和社会经济进步。2016年3月，谷歌DeepMind公司首席执行官戴密斯·哈萨比斯（Demis Hassabis）开发的AlphaGo成为第一个轻松击败现役围棋世界冠军的人工智能机器人。2022年11月30日，OpenAI发布了全新聊天机器人ChatGPT语言生成大模型。它具备上知天文、下知地理的能力，实现了与真正人类进行完美互动的聊天交流场景。2024年2月16日，OpenAI公布了全新的Sora视频生成大模型。它能够根据文本提示快速生成高质量的、可媲美精美电影的情景视频。万变不离其宗，这些先进人工智能的突破和应用，主要是基于神经网络和机器学习。

本书由加拿大皇家学会院士、加拿大麦克马斯特大学工学部电子工程系荣誉教授西蒙·赫金编著。赫金教授于1956年获英国伯明翰大学电气工程专业博士学位，1966年进入麦克马斯特大学，任电子工程系教授，1969年7月至1972年6月任该校电子工程系主任，1972—1993年任该校通信研究实验室主任；20世纪80年代从事信号处理研究工作，20世纪90年代从事神经网络研究工作，2000年开始从事计算机科学研究工作，2010年以来从事雷达和认知领域的研究工作。赫金教授是IEEE会士，是适应性信号处理方面的先驱，是神经网络和机器学习、通信系统、自适应滤波器理论、认知动力学系统等领域的国际知名专家，先后独著和合著作品50多部，发表论文400余篇，获得若干国际知名专业大奖。

赫金教授于1994年10月出版了《神经网络——综合基础》第一版。为适应新技术与新理论的不断涌现，赫金教授不断修订、补充新内容，于1999年出版了该书的第二版，2009年出版了该书的第三版，并更名为《神经网络与机器学习》。第三版出版至今，始终秉持知识体系完整、内容深入透彻、语言通俗易懂的原则，因此一直是加拿大和其他国家若干大学关于神经网络和机器学习的核心教材，受到了国际和国内计算机工程、电子工程和计算机科学从业者的普遍欢迎。

参与本书翻译和审校工作的主要有苑希民、柳春娜、周傯、姜付仁、田福昌、曹大岭、吴必朗、王梓萲、刘轶、邱永荣、王如锴、曹鲁赣、吴敏睿、王小姣、李健源、刘今朝、兰卓青、苏智、彭双双、乔鸿飞、滑心怡。鉴于本书内容较多，译者、校者互相交叉，对全书进行了通读和译校，力求内容严谨、准确。鉴于本书涉及面广，专业领域众多，因此集中了21人的庞大队伍进行译校，译者均为硕士和博士，具有较高的英文水平，且拥有深厚的专业背景。感谢国家重点研发计划（2022YFC3202501、2023YFC3205600、2022YFE0117400）、国家自然科学基金（52309103）、中国水利科学研究院十四五人才计划项目（SD0145B032021）和天津大学水利工程智能建设与运维全国重点实验室给予的大力支持。

限于译者水平，定有不少不妥甚至不对之处，敬请读者批评指正。

前　言

撰写本书的第三版时，我一直秉持着撰写第一版时所遵循的基本宗旨——以体系完善、深入透彻和通俗易懂的方式，撰写一部关于神经网络的著作。

为了反映如下两个事实，第三版更名为《神经网络与机器学习》：

1. 感知器、多层感知器、自组织映射和神经动力学等总被人们视为神经网络不可分割的一部分的主题，都源于受人类大脑启发的理念。
2. 体现支持向量机和核主成分分析的核方法，都源于统计学习理论。

虽然神经网络和机器学习确实共享许多基本的概念与应用，但是在具体运行方面仍然存在一些细微的区别。因此，将二者放在同一个体系下进行研究时，这些潜在的主题就变得更加丰富，尤其是在如下方面：

- 混合使用神经网络和机器学习的理念，执行改进的学习任务（改进的学习任务超出二者之一单独运行的能力）。
- 受人类大脑启发的理念在任何重要的地方都能带来新的思路。

此外，本书的范围已被扩充，并提供动态规划和序列状态估计的详细处理方法，这两种方法分别反映了强化学习和监督学习领域的重要研究成果。

本书的组织方式

本书首先在第0章中介绍编写目的，然后介绍如下六部分内容。

1. 本书的第一部分包括第1章至第4章，主要介绍监督学习的经典方法，具体内容如下：
   - 第1章介绍Rosenblatt感知器，重点介绍感知器的收敛定理，还介绍在高斯环境下运行时感知器和贝叶斯分类器之间的关系。
   - 第2章介绍作为建模基础的最小二乘法，建立特定高斯环境下最小二乘法与贝叶斯推理之间的关系，讨论基于模型选择的最小描述长度（MDL）准则。
   - 第3章介绍最小均方（LMS）算法及其收敛性分析。收敛性分析理论框架利用了非平衡态热力学中的两个著名原则：Kushner直接法和朗之万（Langevin）方程。

   以上三章的内容虽然概念上有所不同，但有一个共同的特点，即它们都基于单个计算单元。它们更重要的作用是以各自的方式将大量洞察领悟纳入学习过程，这一特征将在后续章节中加以应用。

   第4章介绍多层感知器，它是Rosenblatt感知器的广义版本，具体包括如下主题：
   - 反向传播算法、反向传播算法的优缺点及反向传播算法作为计算偏导数的一种最优化方法。
   - 学习率的最优退火和自适应控制。
   - 交叉验证。
   - 卷积网络，灵感来自Hubel和Wiesel在视觉系统方面的开创性工作。
   - 被视为一个最优化问题的有监督学习，重点介绍共轭梯度法、拟牛顿法和龙贝格-马奎特算法。

- 非线性滤波。
- 小规模学习问题和大规模学习问题的对比讨论。

2. 本书的第二部分包括第5章和第6章，主要讨论基于径向基函数（RBF）网络的核方法。

第5章深入介绍核方法，具体包括如下内容：

- 介绍Cover定理，它是RBF网络总体架构的理论证明。
- 描述一种相对简单的二阶段混合监督学习过程，第一阶段基于聚类理念（K均值算法）计算隐藏层，第二阶段使用LMS或最小二乘法计算该网络的线性输出层。
- 介绍核回归，并考察其与RBF网络的关系。

第6章介绍支持向量机（SVM），这是一种公认的监督学习方法。SVM本质上是一个二元分类器。基于此，本章介绍的主题如下：

- 界定线性可分的两个类别之间的最大间隔的条件。
- 当两个类别线性可分或不可分时，寻找最优超平面的二次优化。
- 将SVM视为一个核机器，包括对核技巧和Mercer定理的讨论。
- SVM的设计原理。
- ε不敏感损失函数及其在回归问题优化中的作用。
- 表示定理，希尔伯特空间和再生核希尔伯特空间（RKHS）在其公式中的作用。

由以上描述可知，支持向量机的基本理论建立在强大的数学背景上，因此它们的计算能力是监督学习巧妙且强大的工具之一。

3. 本书的第三部分只包含第7章，这一章基础广泛，专门讨论正则化理论，是机器学习的核心。详细介绍的主题如下：

- 基于RKHS的Tikhonov经典正则化理论。该理论体现了若干深奥的数学概念：Tikhonov泛函的Fréchet微分、Riesz表示定理、欧拉-拉格朗日方程、格林函数和多变量高斯函数。
- 广义RBF网络及其可计算的易处理性的修正。
- 根据表示定理再讨论的正则化最小二乘估计。
- 利用Wahba的广义交叉验证概念，进行正则化参数估计。
- 利用标记样本和无标记样本，进行半监督学习。
- 可微流形及其在流形正则化中的作用，这种作用是设计半监督学习机的基础。
- 在半监督学习的RBF网络中寻找一个高斯核的谱图理论。
- 处理半监督核机器的广义表示定理。
- 适合计算RBF网络的线性输出层的拉普拉斯正则化最小二乘（LapRLS）算法；注意，当内在正则化参数（对应无标记数据）衰减为零时，该算法相应地衰减为普通的最小二乘法。

高度理论化的本章具有非常重要的实际意义。首先，它为有监督学习机的正则化奠定了理论基础；其次，它为设计正则化的半监督学习机奠定了基础。

4. 本书的第四部分包括第8章至第11章，主要讨论无监督学习。从第8章开始，介绍由神经生物学研究引出的4个自组织原则：

① 自增强学习的Hebb假设。

② 单个神经元或一组神经元的突触连接竞争有限的资源。

③ 获胜神经元及其相邻神经元之间的合作。

④ 输入数据中包含的结构信息（如冗余）。

本章的主要主题如下：

- 将原则①、②和④应用于单个神经元，并在这个过程中推导适用于最大特征滤波的Oja规则；这是由自组织获得的显著结果，既针对自下而上的学习，又针对自上而下的学习。此外，为了实现降维，将最大特征滤波的理念推广到对输入数据进行主成分分析（PCA），得到的算法被称为广义Hebb算法（GHA）。
- PCA本质上是一种线性方法，因此其计算能力仅限于二阶统计量。为了处理高阶统计量，以类似于第6章中针对支持向量机的方式，将核方法应用于PCA，但与SVM不同的是，核PCA是以一种无监督的方式执行的。
- 遗憾的是，在处理自然图像时，核PCA在计算方面变得难以控制。为了克服这种计算限制，将GHA和核PCA组合成一个在线无监督学习的新算法，即核Hebb算法（KHA），该算法在图像去噪方面得到了应用。

KHA的开发是一个杰出的案例，表明当将源于机器学习的理念与源于神经网络的互补理念相结合时，结合成功后产生的一种新算法克服了它们各自的实用局限性。

第9章专门论述自组织映射（SOM），其开发遵循第8章中阐述的自组织原则。虽然在计算方面SOM是一种简单的算法，但是其内置能力非常强大，可以构建有组织的拓扑映射，且这些映射具有如下有用的性质：

- 对输入空间进行空间离散逼近，负责数据生成。
- 拓扑排序，即在某种意义上，拓扑图中一个神经元的空间位置对应输入空间中的一个特定特征。
- 输入-输出密度匹配。
- 输入数据特征选择。

SOM已在实际工作中得到广泛使用。上下文映射的构建和分层次的矢量量化是SOM强大计算能力的两个有说服力的范例。真正令人惊讶的是，尽管SOM展示了若干令人感兴趣的特点，并且能够求解难度很大的计算任务，但是它依然缺少一个可被优化的目标函数。为了填补这一空白，从而提供改进的拓扑映射的可能性，自组织映射采用了核方法。这是通过引入一个熵函数来将其最大化为该目标函数而实现的。在此，我们再次看到了将根植于神经网络的理念与补充的核理论理念相结合所带来的实用价值。

第10章探讨将根植于香农信息论的若干原则作为适用于无监督学习的工具。这一章首先回顾香农信息论，重点介绍熵、互信息、相对熵（KLD）等概念。这一综述还将重点关注数十年来一直被忽略的Copula函数的概念。最重要的是，Copula函数提供了一对相关的随机变量之间具有统计意义的一种度量。无论如何，通过聚焦于将互信息作为目标函数，本章建立了如下原则：

- Infomax原则（最大互信息原则），将一个神经系统的输入数据和输出数据之间的互信息最大化，它与冗余减少密切相关。
- Imax原则，将由相互关联的输入驱动的一对神经系统的单个输出之间的互信息最大化。
- Imin原则，其运行方式类似于Imax原则，但是要将其一对输出随机变量的互信息最小化。
- 独立成分分析（ICA）原则，这是一个强而有力的工具，用于对一个隐藏的、从统计学上讲独立的源信号集进行盲源分离。满足一定的运行条件时，ICA原则就成为从一组可观察集合（对应源信号的线性混合变体）中恢复原始源信号的推导过程的基础。两个特别的ICA算法概述如下：

  ① 自然梯度学习算法，它通过一个参数化概率密度函数与其对应的阶乘分布之间的

KLD最小化来求解ICA问题，但是不包括缩放和排列问题。

② 最大熵学习算法，它将分层器输出的一个非线性变换版本的熵最大化，常被称为ICA的Informax算法，还具有缩放与排列的特点。

第10章中还将阐述被称为快速ICA的另一种重要ICA算法，顾名思义，该算法的计算速度很快。该算法基于负熵的概念将一个对比函数最大化，以提供对一个随机变量的非高斯分布的度量。作为ICA的延续，本章还介绍称为相干ICA的一种新算法，该算法是基于Copula函数，通过融合Infomax原则和Imax原则开发出来的；相干ICA能有效提取调幅信号的混合物的包络线。最后，第10章中引入了源于香农信息论的另一个概念——率失真理论，用于开发本章中的最后一个概念——信息瓶颈。已知一个输入向量和一个（与其相关的）输出向量的联合分布时，这种方法就可表述为一个有约束的最优化问题，但是需要在这两种信息量之间进行折中：一种信息量与瓶颈向量中包含的输入信息有关，另一种信息量与瓶颈向量中包含的输出信息有关。然后，本章使用信息瓶颈法持续寻找数据表达的最优流形。

第11章中描述无监督学习的最后一种方法，这种方法使用了源于统计力学的随机方法。统计力学的研究与信息论密切相关。本章首先回顾亥姆霍兹自由能和熵（统计力学意义）的基本概念，然后介绍马尔可夫链。接着，设置一个适合生成马尔可夫链的Metropolis算法，该算法的转移概率收敛于一个唯一且稳定的分布。随机方法的讨论首先描述全局最优化的模拟退火，然后使用其作为Metropolis算法的一种特殊形式完成吉布斯采样。有了手头这些关于统计力学的背景知识，描述玻尔兹曼机的工作就已准备就绪。从历史背景上讲，玻尔兹曼机是已有文献中讨论的第一台多层学习机器。遗憾的是，玻尔兹曼机的学习过程很慢，尤其是当隐藏神经元的数量很大时——因而对其实际应用开展较难。许多文献中提出了各种方法来克服玻尔兹曼机的这些局限性。迄今为止，最成功的创新方法是深度置信网络，这种方法以巧妙的方式将以下两种功能结合到了一台强大的机器中，从而使得其与众不同：

- 生成建模，即在无监督的条件下自下而上地逐层学习产生结果。
- 推论，即自上而下地学习产生结果。

第11章的最后描述确定性退火，以克服模拟退火的过度计算要求。确定性退火的唯一问题是它可能陷入局部极小值。

5. 到目前为止，本书关注的焦点都放在有监督学习、半监督学习和无监督学习的算法构建上。第12章作为本书的第五部分，单独讨论强化学习，即以在线方式进行学习，这是代理（如机器人）与其周围环境相互作用的结果。然而，在现实中，动态规划是强化学习的核心。因此，第12章的前半部分专门介绍贝尔曼动态规划方法，接着介绍两种使用广泛的强化学习方法：时序差分（TD）学习和Q学习，这两种方法可以作为动态规划的特例推导得到。TD学习和Q学习都是相对简单的在线强化学习算法，都不需要转移概率知识。然而，它们的实际应用仅限于中等规模的状态空间维数。在大规模的动态系统中，维数灾难将成为一个非常严重的问题，不仅会使得动态规划在计算上难以处理，而且会使得其近似形式（TD学习和Q学习）在计算上非常棘手。为了克服这个严重的缺陷，本章介绍两种近似动态规划的间接方法：

- 一种线性方法，称为最小二乘策略评估（LSPV）算法。
- 一种非线性方法，即使用一个神经网络（如多层感知器）作为一个通用逼近器。

6. 本书的第六部分由第13章、第14章和第15章组成，专门研究非线性反馈系统，重点介绍递归神经网络。

第13章介绍神经动力学，重点介绍稳定性问题。本章介绍李亚普诺夫直接法，这种方法体现为两个定理：一个定理处理系统稳定性，另一个定理处理渐近稳定性。这种方法的核心是一个李亚普诺夫函数，一个能量函数通常就能满足其要求。有了这些背景的理论知识，就可引出两种联想记忆模型：

- Hopfield模型，该模型的运行表明一个复杂的系统能够产生简单的新生行为。
- 盒中脑状态模型，它是聚类的基础。

本章还讨论混沌过程的性质，以及适用于混沌过程动态重建的一个正则化过程。

第14章介绍贝叶斯滤波器，至少从概念上讲，贝叶斯滤波器是序列状态估计算法的一体化基础。本章的内容总结如下：

- 适用于线性高斯环境下的经典卡尔曼滤波器，可用最小均方误差准则推导得出；章末的一个习题中证明了由此推导出来的卡尔曼滤波器是贝叶斯滤波器的一个特例。
- 平方根滤波，用来克服卡尔曼滤波器在实际应用中可能出现的发散现象。
- 扩展卡尔曼滤波器（EKF），用来处理非线性程度较轻的动态系统；维持高斯假设依然有效。
- 贝叶斯滤波器的直接逼近形式，这是一种新的滤波器，称为容积卡尔曼滤波器（CKF）；这里同样维持高斯假设依然有效。
- 贝叶斯滤波器的间接逼近形式，这种粒子滤波器的实现既能兼顾非线性，又能兼顾非高斯性。

鉴于卡尔曼滤波本质上始于一种预测-校正机制，第14章中将进一步介绍"类卡尔曼滤波"在人脑一定区域中的可能作用。

第15章介绍动态驱动的递归神经网络。本章的开始部分介绍递归网络的不同结构（模型）及其计算能力，然后介绍训练递归网络的两种算法：

- 基于时间的反向传播算法。
- 实时递归学习。

遗憾的是，这两种算法程序都是基于梯度的，因此易受所谓梯度消失问题的影响。为了克服该问题，本章详细介绍非线性序列状态估计器在递归网络中进行有监督训练的创新方法。在此背景下，讨论扩展卡尔曼滤波器（简单，但是依赖导数）、容积卡尔曼滤波器（无导数，但是数学上更复杂）作为有监督学习的序列状态估计器时的优缺点。此外，本章还讨论递归网络特有的自适应行为的出现，并且讨论使用自适应技术进一步增强递归网络能力的潜在优点。

本书不同部分突出的一个重要主题是，将有监督学习和半监督学习应用到大规模的问题中。本书的结束语断言，这个主题还处于发展的早期阶段；更重要的是，还为其未来的发展阐述了一个四阶段的过程。

本书的特点

本书不仅深入论述了上述主题，而且具有如下特点。

1. 第1章～第7章和第10章中包括计算机实验，实验内容针对适用于生成数据以进行二分类为目的的双月结构。实验范围从线性可分模式的简单算例到不可分模式的难解算例。作为运行算例的双月结构，一直用于第1章～第7章和第10章，为研究和比较这八章中介绍的各种学习算法提供了一种实验工具。
2. 针对第8章的PCA、第9章的SOM和核SOM、第14章的使用EKF和CKF算法来动态重建

Mackay-Glass吸引子，也提供了计算机实验。

3. 给出了使用真实数据的若干案例分析：
   - 第7章讨论了如何使用LapRLS算法对美国邮政服务（USPS）数据进行半监督学习。
   - 第8章讨论了如何将PCA应用于手写数字数据，并且介绍了图像的编码和去噪。
   - 第10章使用稀疏感觉编码和ICA分析了自然图像。
   - 第13章介绍了如何将一个正则化RBF网络应用于Lorenz吸引子的动态重构。
   - 第15章包含了一节关于模型参考自适应控制系统的案例分析。
4. 除第0章外，每章的结尾都提供了进一步学习的注释、参考文献和习题。
5. 授课教师可以获得书中所有图表的PowerPoint文件。

Simon Haykin

致　谢

感谢神经网络与机器学习领域的如下专家审阅本书的部分内容：Sun-Ichi Amari博士，日本理化学研究所（RIKEN）脑神经科学研究中心；Susanne Becker博士，加拿大麦克马斯特大学神经科学与行为学系；Dimitri Bertsekas博士，美国麻省理工学院；Leon Bottou博士，美国NEC实验室；Simon Godsill博士，英国剑桥大学；Geoffrey Gordon博士，美国卡内基·梅隆大学；Peter Grünwald博士，荷兰国家数学与计算机科学研究中心；Geoffrey Hinton博士，加拿大多伦多大学计算机科学系；Timo Honkela博士，芬兰赫尔辛基理工大学；Tom Hurd博士，加拿大麦克马斯特大学数学和统计学系；Eugene Izhikevich博士，美国加州圣迭戈神经科学研究所；Juha Karhunen博士，芬兰赫尔辛基理工大学；Kwang In Kim博士，德国生物控制马克斯·普朗克研究所；James Lo博士，美国马里兰大学巴尔的摩分校；Klaus Müller博士，德国波茨坦大学和弗劳恩霍夫研究所；Erkki Oja博士，芬兰赫尔辛基理工大学；Bruno Olshausen博士，美国加州大学伯克利分校理论神经科学研究中心；Danil Prokhorov博士，美国密歇根州安娜堡丰田技术中心；Kenneth Rose博士，美国加州大学圣巴巴拉分校电气与计算机工程系；Bernhard Schölkopf博士，德国生物控制马克斯·普朗克研究所；Vikas Sindhwani博士，美国芝加哥大学计算机科学系；Sergios Theodoridis博士，希腊雅典大学信息系；Naftali Tishby博士，以色列希伯来大学；John Tsitsiklis博士，美国麻省理工学院；Marc Van Hulle博士，比利时鲁汶天主教大学。

书中引用的一些照片和图形得到了牛津大学出版社和如下人员的允许：Anthony Bell博士，美国加州大学伯克利分校理论神经科学研究中心；Leon Bottou博士，美国NEC实验室；Juha Karhunen博士，芬兰赫尔辛基理工大学；Bruno Olshausen博士，美国加州大学伯克利分校理论神经科学研究中心；Vikas Sindhwani博士，美国芝加哥大学计算机科学系；Naftali Tishby博士，以色列希伯来大学；Marc Van Hulle博士，比利时鲁汶天主教大学。

还要感谢我的如下研究生：

1. 撰写书中几乎所有计算机实验并通读二校样的Yanbo Xue（薛延波）。
2. 校读和修订全书的Karl Wiklund。
3. 提供处理Mackay-Glass吸引子计算机实验的Haran Arasaratnam。
4. 2008年在麦克马斯特大学休假的Andreas Wendel（奥地利格拉茨理工大学）。

感谢Prentice Hall出版公司Scott Disanno和Alice Dworkin的支持，感谢Marcia Horton对本书的设计；感谢Aptara公司的Jackie Henry；感谢Write With公司的Brian Baker和文字编辑Abigail Lin；感谢技术协调员Lola Brooks过去一年来录入了本书的多个版本。

最后，感谢妻子Nancy给我时间和空间完成本书的写作。

Simon Haykin

缩　写

AR　autoregressive　自回归
BPTT　back propagation through time　时间反向传播
BM　Boltzmann machine　玻尔兹曼机
BP　back propagation　反向传播
b/s　bits per second　比特/秒
BSB　brain-state-in-a-box　盒中脑状态
BSS　blind source (signal) separation　盲源（信号）分离
CMM　correlation matrix memory　相关矩阵存储器
CV　cross-validation　交叉验证
DFA　deterministic finite-state automata　确定性有限状态自动机
EKF　extended Kalman filter　扩展卡尔曼滤波器
EM　expectation-maximization　期望最大化
FIR　finite-duration impulse response　有限冲激响应滤波器
FM　frequency-modulated (signal)　调频（信号）
GCV　generalized cross-validation　广义交叉认证
GHA　generalized Hebbian algorithm　广义Hebb算法
GSLC　generalized sidelobe canceler　广义旁瓣相消
Hz　hertz　赫兹
ICA　independent-components analysis　独立成分分析
Infomax　maximum mutual information　最大互信息
Imax　variant of Infomax　最大互信息的变体
Imin　another variant of Infomax　最大互信息的另一个变体
KSOM　kernel self-organizing map　核自组织映射
KHA　kernel Hebbian algorithm　核Hebb算法
LMS　least-mean-square　最小均方
LR　likelihood ratio　似然比
LS　least-squares　最小二乘
LS-TD　least-squares, temporal-difference　最小二乘，时序差分
LTP　long-term potentiation　长时程增强
LTD　long-term depression　长时程抑制
LRT　likelihood ratio test　似然比检验
MAP　maximum a posteriori　最大后验估计
MCA　minor-components analysis　次成分分析
MCMC　Markov Chain Monte Carlo　马尔可夫链蒙特卡罗
MDL　minimum description length　最小描述长度
MIMO　multiple input–multiple output　多输入–多输出

ML	maximum likelihood 最大似然
MLP	multilayer perceptron 多层感知器
MRC	model reference control 模型参考控制
NARMA	nonlinear autoregressive moving average 非线性自回归移动平均
NARX	nonlinear autoregressive with exogenous inputs 带有外部输入的非线性自回归
NDP	neuro-dynamic programming 神经动态规划
NW	Nadaraya-Watson (estimator) Nadaraya-Watson（估计器）
NWKR	Nadaraya-Watson kernal regression Nadaraya-Watson核回归
OBD	optimal brain damage 最优脑损伤
OBS	optimal brain surgeon 最优脑外科
OCR	optical character recognition 光学字符识别
PAC	probably approximately correct 可能近似正确
PCA	principal-components analysis 主成分分析
PF	particle filter 粒子滤波器
pdf	probability density function 概率密度函数
pmf	probability mass function 概率质量函数
QP	quadratic programming 二次规划
RBF	radial basis function 径向基函数
RLS	recursive least-squares 递归最小二乘
RLS	regularized least-squares 正则化最小二乘
RMLP	recurrent multilayer perceptron 递归多层感知器
RTRL	real-time recurrent learning 实时递归学习
SIMO	single input-multiple output 单输入-多输出
SIR	sequential importance resampling 序列重要性重采样
SIS	sequential important sampling 序列重要采样
SISO	single input-single output 单输入-单输出
SNR	signal-to-noise ratio 信噪比
SOM	self-organizing map 自组织映射
SRN	simple recurrent network 简单递归网络（Elman递归网络）
SVD	singular value decomposition 奇异值分解
SVM	support vector machine 支持向量机
TD	temporal difference 时序差分
TDNN	time-delay neural network 延时神经网络
TLFN	time-lagged feedforward network 时滞前馈网络
VC	Vapnik-Chervononkis (dimension) Vapnik-Chervononkis（维数）
VLSI	very-large-scale integration 甚大规模集成
XOR	exclusive OR 异或

记 号

记号I：矩阵分析

标量：斜体小写字符。

向量：粗斜体小写字符。

向量定义为一列标量。两个m维向量 $\boldsymbol{x}$ 和 $\boldsymbol{y}$ 的内积写为

$$\boldsymbol{x}^{\mathrm{T}}\boldsymbol{y}=[x_1,x_2,\cdots,x_m]\begin{bmatrix}y_1\\y_2\\\vdots\\y_m\end{bmatrix}=\sum_{i=1}^{m}x_iy_i$$

式中，上标T表示矩阵转置。内积是一个标量，因此有

$$\boldsymbol{y}^{\mathrm{T}}\boldsymbol{x}=\boldsymbol{x}^{\mathrm{T}}\boldsymbol{y}$$

矩阵：粗斜体大写字符。

矩阵相乘等同于第一个矩阵的行与第二个矩阵的列相乘。例如，设有一个 $m\times k$ 维矩阵 $\boldsymbol{X}$ 和一个 $k\times l$ 维矩阵 $\boldsymbol{Y}$ ，这两个矩阵的积是一个 $m\times l$ 维矩阵，

$$\boldsymbol{Z}=\boldsymbol{X}\boldsymbol{Y}$$

具体地说，矩阵 $\boldsymbol{Z}$ 的第ij个分量是用矩阵 $\boldsymbol{X}$ 的第 i 行与矩阵 $\boldsymbol{Y}$ 的第 j 列相乘得到的，注意矩阵 $\boldsymbol{X}$ 和 $\boldsymbol{Y}$ 都要有 k 个标量。

两个m维向量 $\boldsymbol{x}$ 和 $\boldsymbol{y}$ 的外积写为 $\boldsymbol{x}\boldsymbol{y}^{\mathrm{T}}$ ，它是一个 $m\times m$ 维矩阵。

记号II：概率论

随机变量：斜体大写字符。随机变量的样本值表示为对应的斜体小写字符。例如，X 表示一个随机变量，x表示它的样本值。

随机向量：粗斜体大写字符。类似地，随机向量的样本值表示为对应的粗斜体小写字符。例如，$\boldsymbol{X}$表示一个随机向量，$\boldsymbol{x}$表示它的样本值。

随机向量$\boldsymbol{X}$的概率密度函数表示为 $p_{\boldsymbol{X}}(\boldsymbol{x})$ ，它是样本值$\boldsymbol{x}$的函数；包含下标$\boldsymbol{X}$的目的是提醒这个概率密度函数是关于随机向量$\boldsymbol{X}$的。

目　　录

第0章　导　　言

0.1　什么是神经网络

人脑与传统数字计算机的计算方式完全不同。基于这一认识，人们开始了人工神经网络（常称神经网络）的相关研究。人脑是一台高度复杂的非线性并行计算机（信息处理系统），它有能力组织其结构成分（神经元）以数倍于目前最快数字计算机的速度执行某些计算（如模式识别、感知和运动控制）。例如，人类视觉是一项信息处理任务。视觉系统不但能表征周围环境，而且能提供人类与环境交互所需的信息。具体来说，人脑常在100～200ms内完成感知识别任务（如辨认出陌生场景中熟悉的面孔），而功能强大的计算机完成更简单的任务都需要更长的时间。

又如，考虑蝙蝠的声呐。声呐是一种主动回声定位系统。除了提供目标（如飞行昆虫）的距离信息，蝙蝠声呐还能传递目标的相对速度、大小、方位角和仰角等信息。从目标回波中提取所有这些信息所需的复杂神经计算发生在仅有一颗李子般大小的脑中。一只回声定位的蝙蝠追赶和捕捉目标的天赋与成功率，令所有雷达或声呐工程师羡慕。

那么人或蝙蝠的大脑是如何做到这一点的？大脑在人出生时就已具有复杂的结构和能力，并通过人们常说的"经验"建立自己的行为规则。因为经验会逐渐积累，所以大脑在人出生后的前两年完成大部分发育（硬连线）之后，仍会持续发育。

神经系统的"持续发育"与大脑具有可塑性是同义的：可塑性使发育中的神经系统能够适应周围环境。可塑性对人脑中神经元作为信息处理单元的功能至关重要。同理，可塑性对由人工神经元组成的神经网络也十分重要。神经网络最普遍的形式是一种机器，其旨在模拟大脑执行特定任务或发挥相关的功能；网络通常通过电子元器件实现，或在数字计算机上使用软件来模拟。本书关注一类可通过学习过程进行有效计算的重要神经网络。为了获得良好的性能，神经网络采用庞大的简单计算单元（称为神经元或处理单元）互相连接。我们可将神经网络视为一种自适应机器，其定义如下：

> 神经网络是由简单处理单元组成的大规模并行分布式处理器，具有存储经验知识并使其可用的天然属性。神经网络在如下两个方面与大脑相似：
>
> **1.** 神经网络通过学习过程从外界环境中获取知识。
>
> **2.** 互连神经元的连接强度（称为突触权重）用于存储获取的知识。

用于执行学习过程的程序称为学习算法，其作用是有序修改网络的突触权重，以便达到期望的设计目标。

修改突触权重是设计神经网络的传统方法。这种方法最接近线性自适应滤波器理论，该理论已相对完善并成功应用于诸多不同的领域（Widrow and Stearns, 1985; Haykin, 2002）。然而，受人脑中的神经元会死亡及新突触连接会生长的事实启发，神经网络也可能修改自身的拓扑结构。

0.1.1　神经网络的优点

神经网络的计算能力首先通过大规模并行分布结构获得，其次通过学习和泛化能力获得。泛化是指神经网络对训练（学习）过程中未遇到过的输入产生合理的输出。这两种信息处理能力使神经网络能够找到复杂（大规模）棘手问题的良好近似解。然而，在实践中，仅靠神经网络独立工作并不能解决问题，而需要将其集成到协调一致的系统工程方法中。具体来说，要将复杂问题分解为许多相对简单的任务，并为神经网络分配与其固有能力相匹配的任务子集。当然，建立一个能模仿人脑的计算机体系结构还有很长的路要走（如果有路的话）。

神经网络具有以下有用的特性和功能：

1. **非线性**。人工神经元可以是线性的或非线性的。由非线性神经元互连而成的神经网络本身是非线性的，而且是特殊的非线性，因为它分布在整个网络中。非线性是一个非常重要的特性，尤其是当负责生成输入信号（如语音信号）的基本物理机制本身是非线性的时候。
2. **输入–输出映射**。一种流行的学习模式，称为*有教师学习*或*监督学习*，通过一组标记的训练样本或任务样本来修改神经网络的突触权重。每个样本由唯一的输入信号和对应的期望（目标）响应组成。网络从集合中随机选取样本，根据适当的统计标准修改突触权重（自由参数），使输入信号的期望响应和实际响应之间的差异最小。利用集合中诸多样本反复训练，直到网络达到稳定状态，突触权重不再发生显著变化。用过的训练样本可以不同的顺序用于重新训练。通过为当前的问题构建输入–输出映射，网络从样本中学习。这种方法使人联想到处理无模型估计的一个统计学分支——非参数统计推断，或生物学上的白板学习（Geman et al., 1992）。这里使用的术语“非参数”是指对输入数据的统计模式不预先做任何假设。譬如，一个模式分类任务的要求是，将代表物理目标或事件的输入信号赋给多个预先指定的类别（类）之一。采用非参数方法解决该问题的要求是，使用一组样本“估计”输入信号空间中的任意决策边界来完成模式分类任务，并且不需要使用概率分布模型。监督学习模式也隐含了类似的观点，这表明神经网络执行的输入–输出映射和非参数统计推断非常相似。
3. **自适应性**。神经网络具有根据周围环境变化调整其突触权重的能力。为用于特定环境而训练过的神经网络，容易重新接受训练以适应操作环境发生的微小变化。此外，当在不稳定环境（统计随时间变化的环境）中运行时，神经网络可实时地改变其突触权重。由于在模式分类、信号处理和控制应用方面的天然结构，加上自适应能力，神经网络已成为自适应模式分类、自适应信号处理和自适应控制的有用工具。一般来说，一个系统的自适应性越强，越能长期保持稳定，当需要在非稳态环境中运行时，其鲁棒性就越强。然而，自适应性并不总是带来鲁棒性，而可能导致相反的结果。时间常数短的自适应性系统可能会快速变化，对杂散干扰做出反应，导致系统的性能急剧下降。为实现自适应的全部优点，系统的主要时间常数应该长到可使系统忽略杂散干扰，民睦短到足以回应系统中有意义的变化。这个问题称为*稳定性–可塑性困境*（Grossberg, 1988）。
4. **证据响应**。在模式分类情况下，神经网络可设计成既提供关于选择哪种模式的信息，又提供所做决定的置信度信息。若出现模棱两可的模式，则可利用置信度信息来删除它们，进而提高网络的分类性能。
5. **上下文信息**。神经网络的结构和激活状态本身就代表了知识。网络中的每个神经元都可能受到网络中所有其他神经元整体活动的影响。因此，神经网络可自然地处理上下文信息。
6. **容错性**。以硬件形式实现的神经网络具有容错性，或者说具有鲁棒计算的能力，即在不利的操作条件下，其性能下降比较温和。若一个神经元或其连接链受损，则其存储模式的记忆质量会下降。但是，由于网络存储信息的分布特性，损坏范围足够广才会使网络的整体响应严重退化。因此，原则上，神经网络会表现出适度的性能退化，而不是灾难性的故障。鲁棒性计算有一些经验证据，但通常不受控制。为了确保神经网络的实际容错性，设计用于训练网络的算法时，需要采取纠正措施（Kerlirzin and Vallet, 1993）。
7. **VLSI可实现性**。神经网络的大规模并行特性使其具有快速计算某些任务的潜力。这一特性也使神经网络非常适合使用超大规模集成电路（VLSI）技术来实现。VLSI的一个特别优势是，提供一种以高度分层的方式捕捉复杂行为的方法（Mead, 1989）。

8. 分析和设计的一致性。基本上，神经网络作为信息处理器具有通用性，因为涉及神经网络应用的所有领域都使用相同的符号。这一特征以不同的方式表现出来：
   - 神经元，不管形式如何，在所有神经网络中都代表一种相同的成分。
   - 这种共性使得神经网络的理论和学习算法在不同应用中的共享成为可能。
   - 模块化网络可通过模块的无缝集成实现。

9. 神经生物学类比。神经网络的设计是由人脑的类比激发的，而人脑是活的证据，证明容错的并行处理不但可行，而且速度快、功能强。神经生物学家将（人工）神经网络作为解释神经生物现象的研究工具。工程师也从神经生物学中寻找思路来解决比传统硬接线设计更复杂的问题。以下两个例子分别说明了这两种观点：
   - Anastasio(1993)将前庭眼反射（Vestibulo-Ocular Reflex, VOR）的线性系统模型和基于递归网络的神经网络模型（将在0.6节中描述，在第15章中详细讨论）进行了比较。前庭眼反射是眼球运动系统的组成部分，作用是让眼球朝与头部转动相反的方向旋转，以维持视觉（视网膜）图像的稳定性。VOR由前庭核中的前运动神经元调节，这些神经元接收和处理来自前庭感觉神经元的头部旋转信号，并将结果发送给眼肌运动神经元。VOR非常适合建模，因为其输入（头部旋转信息）和输出（眼球旋转信息）可以精确确定。它也是一种相对简单的反射，其组成神经元的神经生理学特性已得到良好描述。在这三种类型中，前庭神经核的前运动神经元（反射内层神经元）是最复杂的，因此也是最有趣的。此前，VOR的模型是用集中的线性系统描述器和控制理论建立的。这些模型在解释VOR的一些总体特性方面非常有用，但对了解其组成神经元的特性用处不大。这种情况通过神经网络建模已得到改善。VOR的递归网络模型（使用第15章描述的实时递归学习算法编程）能通过调节VOR的神经元（特别是前庭核神经元）重现并解释处理信号时的静态、动态、非线性和分布式等多方面的特性。
   - 视网膜比大脑的其他任何部分都重要，是人们结合视觉表示的外部环境、投射到一系列感受器形成的物理图像以及最初的神经图像的地方。它是眼球后半球的神经组织薄层，作用是将光学图像转换成神经图像，并沿视神经传输给大量的视觉中枢，以进一步处理。这是一项复杂的任务，视网膜的突触组织就是证明。在所有脊椎动物的视网膜中，从光学图像到神经图像的转换包括三个阶段（Sterling, 1990）：

     ① 受体神经元层的光传导。

     ② 对光的反应产生的结果信号通过化学突触传输到双极细胞层。

     ③ 同样，由化学突触将结果信号传输给称为神经节细胞的输出神经元。

     在两个突触阶段（从感受器到双极细胞，以及从双极细胞到神经节细胞），都有专门侧向连接的神经元，分别称为水平细胞的神经元和无长突细胞的神经元。这些神经元的任务是修改突触层之间的传输。还有称为网间细胞的离心元素，其任务是将信号从内部突触层传输到外部突触层。有些研究人员制造了模拟视网膜结构的电子芯片，这些电子芯片称为神经形态集成电路，由Mead(1989)提出。神经形态成像传感器由一系列感光器和每个图像元素（像素）的模拟回路结合组成。它能模拟视网膜适应局部的亮度变化、检测边缘和运动。以神经形态集成电路为例，神经生物学的类比在另一方面非常重要：它提供一种希望和信念，且在一定程度上证明对神经生物学结构的理解，可对电子技术和用于实现神经网络的 VLSI技术产生重大影响。

考虑到神经生物学的启发，应该对人脑及其组织结构层次进行简单的了解。

0.2 人类大脑

人类神经系统可视为一个三阶段系统，如图0.1中的框图所示（Arbib, 1987）。该系统的核心是大脑，它由神经网表示。它不断接收信息、感知信息并做出适当的决定。图中有两组箭头：从左到右的箭头表示信息通过系统向前传输，从右向左的箭头表示系统的反馈。感受器将来自人体或外部环境的刺激转换为电脉冲，并将信息传递给神经网络（大脑）；效应器将神经网产生的电脉冲转换成可识别的响应，作为系统输出。

Ramón y Cajál（1911）开创性地提出了神经元是大脑结构成分的概念，这使得人们更容易理解大脑。神经元通常比硅逻辑门慢5～6个数量级；硅芯片中的事件发生在纳秒级，而神经事件发生在毫秒级。虽然人脑由运行速度相对较慢的神经元构成，但神经元（神经细胞）的数量非常惊人，且它们之间存在大量的相互连接。据估计，人类大脑皮层中约有100亿个神经元、60万亿个神经突触或连接（Shepherd and Koch, 1990）。这些数据说明大脑是非常高效的结构。具体地说，大脑的能效约为每次操作每秒耗能10^{-16}J，而当今最好的计算机相应的能耗值也要大几个数量级。

突触或神经末梢是调节神经元之间相互作用的基本结构和功能单位。最常见的一种突触是化学突触，其工作原理如下：突触前过程释放一种递质，这种递质在神经元之间的突触连接处扩散，然后作用于突触后过程。这样，突触就将突触前电信号转换为化学信号，然后转换回突触后电信号（Shepherd and Koch, 1990）。在电学术语中，这种元件称为*非互逆的二端口设备*。在传统的神经组织描述中，仅假设突触是一种简单的连接，它能单独施加兴奋或抑制，但不能在感受神经元上同时施加兴奋和抑制。

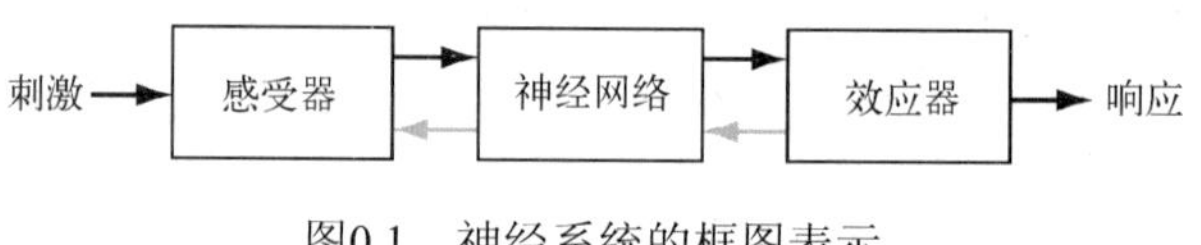

图0.1　神经系统的框图表示

前面提到可塑性使得持续发育的神经系统能够适应周围的环境（Eggermont, 1990; Churchland and Sejnowski, 1992）。在成年人的大脑中，可塑性可通过两种机制来解释：神经元之间创建新的突触连接，以及修改已有的突触连接。轴突（传导线路）和树突（接收区域）是两种形态不同的细胞丝。轴突表面光滑，分支较少，长度较长，而树突正好相反（因其与树相似而得名），表面不规则，分支较多（Freeman, 1975）。大脑不同部分的神经元有多种不同的形状和大小。图0.2中显示的锥体细胞是大脑皮层中最常见的神经元之一，与许多其他的神经元一样，它通过树突棘接收大部分输入信号，详见图0.2中的树突片段。锥体细胞可以接收10000个或更多的突触联系，并将其投射到数千个靶细胞。

大多数神经元将其输出编码为一系列简短的电压脉冲。这些脉冲常称*动作电位*或*尖峰*，产生于神经元的细胞体或其附近，然后以恒定的速度和振幅在单体神经元中传播。由于轴突的物理特性，神经元之间使用动作电位进行通信。神经元的轴突很长、很细，具有高电阻、高电容特征，这两个元素都分布在轴突上。因此，可用阻容（RC）传输线来建模，用术语“电缆方程”来描述轴突中的信号传播。对这种传播机制的分析表明，在轴突一端施加的电压在传输过程中随距离呈指数衰减，到达另一端时将下降到极低的水平。对于这个传输问题，动作电位提供了解决方法（Anderson, 1995）。

大脑中既有小规模的解剖组织，又有大规模的解剖组织，在较低和较高的层次上产生不同的功能。图0.3中显示了脑组织交织的分层结构，来自广泛的关于大脑局部区域的分析工作（Shepherd and Koch, 1990; Churchland and Sejnowski, 1992）。突触是最基本的层次，其作用依赖于分子和离子。接下来是神经微电路、树突树、神经元。神经微电路是指将突触组织成连接模式，以产生相关功能操作的集合体。神经微电路就像由一组晶体管集成的芯片，最小尺寸以微米为单位，最快运行速度以毫秒为单位。将神经微电路分组，形成单个神经元的树突树中的树突子单元。完整的神经元大小约为100μm，包含几个树突子单元。按照复杂性，局部电路（尺寸约为1mm）是下一层次，由具有相似或不同性质的神经元组成，这些神经元集成执行大脑局部区域的特征操作。接下来是区域间电路，由通路、列和拓扑图组成，涉及大脑中不同部位的多个区域。

引入拓扑图是为了对传入的感觉信息做出响应。拓扑图常排列成片状，如上丘中的视觉、听觉和触觉图那样，堆叠在相邻的层中，使空间中相应点的刺激相互位于上方或下方。图0.4中显示了Brodmann（Brodal, 1981）绘制的大脑皮层细胞结构图。该图清晰地表明，不同的感觉输入（运动、触觉、视觉、听觉等）以有序的方式映射到了大脑皮层的相应区域。在最复杂的一层，拓扑图和其他区域间的电路调节中枢神经系统的特定行为。

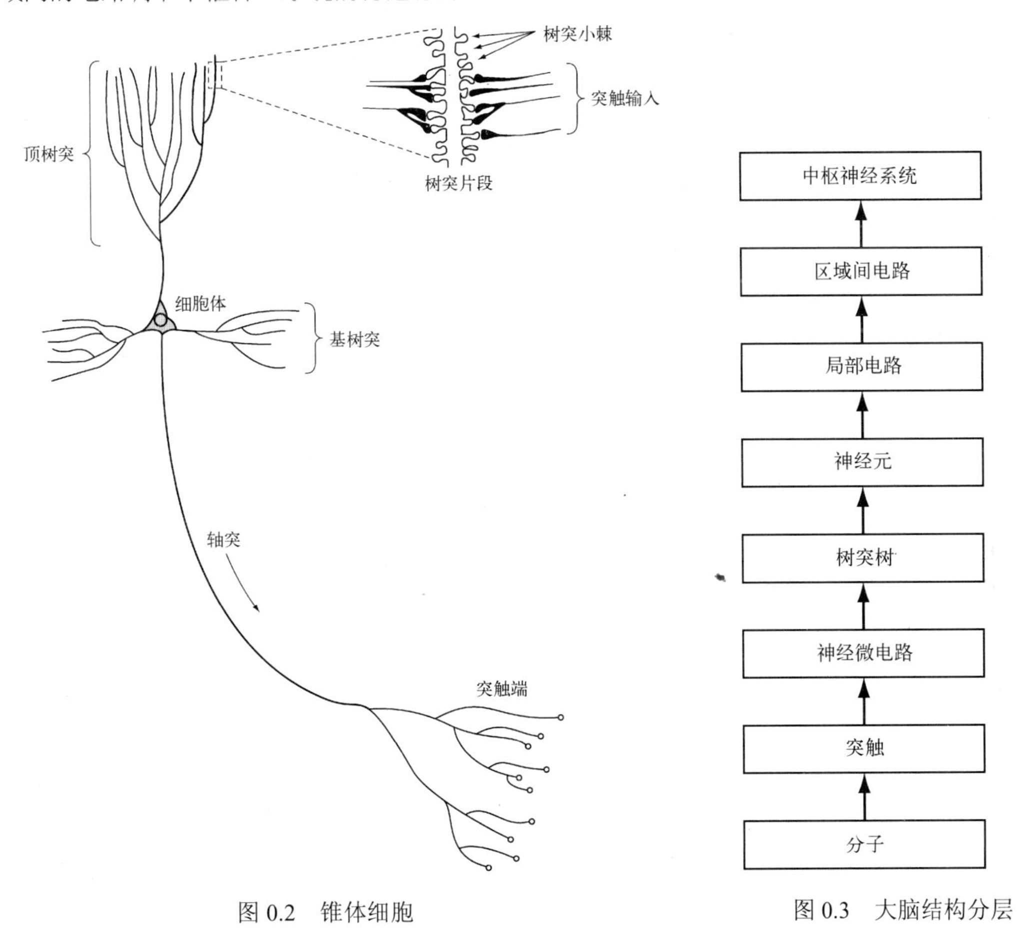

图 0.2　锥体细胞

图 0.3　大脑结构分层

这里描述的结构分层组织是大脑的独有特征。在数字计算机中找不到这种结构，人工神经网络也无法近似地重建它们。不过，接近图0.3描述的计算层状结构也在慢慢地被构建。与人脑中的神经元相比，用来构建神经网络的人工神经元确实比较初级；与大脑中的局部电路和区域间电路相比，目前能够设计出的神经网络也同样初级。所幸的是，许多前沿方面已取得显著进展。有神经生物类比作为灵感源泉，加上不断积累的理论和技术工具，人们对人工神经网络及其应用的理解一定会更加深入。

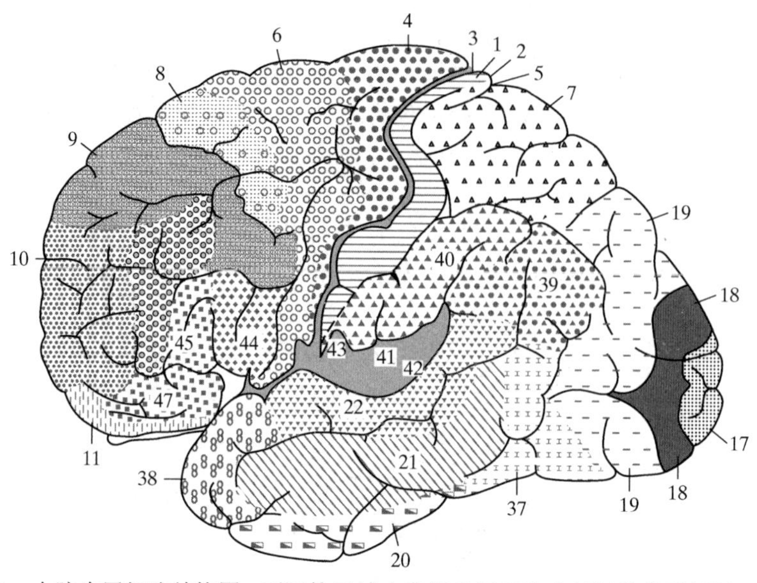

图0.4　大脑皮层细胞结构图。不同的区域由它们的层厚和内部细胞类型标示。一些关键的感知区域如下。运动皮层：运动区，4区；运动前区，6区；前端眼球区，8区。人体触觉皮层：3区、1区、2区。视觉皮层：17区、18区、19区。听觉皮层：41区和42区（摘自A. Brodal, 1981；经牛津大学出版社许可）

0.3　神经元模型

神经元是一种信息处理单元，是神经网络运行的基础。图0.5中的框图显示了神经元的模型，它是设计后续章节将要探讨的大量（人工）神经网络的基础。下面是神经模型的三个基本要素：

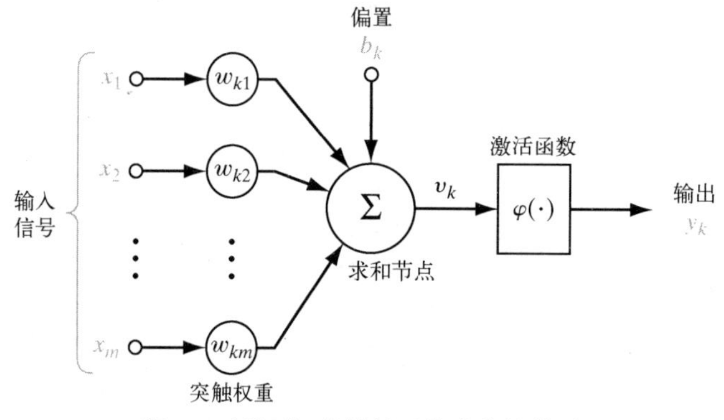

图0.5　标记为k的神经元的非线性模型

1. **一组突触或连接**，特征是其权重或强度，表示为连接到神经元k的突触j的输入端的信号 x_j 乘以突触权重 w_{kj}。注意突触权重 w_{kj} 的下标的写法。w_{kj} 中的第一个下标指所探讨的神经元，第二个下标指权重所在突触的输入端。与人脑中的突触不同，人工神经元的突触权重有一个范围，可取正负值。
2. **加法器**，用于将输入信号相加，这些信号根据神经元各自的突触强度进行加权。该操作构成一个线性组合器。
3. **激活函数**，用于限制神经元输出的振幅。由于它将输出信号的振幅范围挤压（限制）到某个有限值，因此激活函数也称挤压函数。神经元输出的归一化振幅范围通常可写成单位闭区间 $[0,1]$ 或 $[-1,1]$ 。

图0.5中的神经模型还包括一个外部偏置，记为b_k。偏置的作用是根据其正负，增加或降低激活函数的网络输入。如果用数学术语来描述图0.5所示的神经元k，那么可以写出如下两个方程：

$$u_k = \sum_{j=1}^{m} w_{kj} x_j \tag{0.1}$$

$$y_k = \varphi(u_k + b_k) \tag{0.2}$$

式中，$x_1, x_2, \cdots, x_m$是输入信号，$w_{k1}, w_{k2}, \cdots, w_{km}$ 是神经元k的突触权重，u_k（图0.5中未标出）是输入信号的线性组合器的输出，b_k是偏置，$\varphi(\cdot)$ 是激活函数，y_k是神经元的输出信号。偏置b_k的作用是，对图0.5所示模型中的线性组合器的输出u_k做仿射变换：

$$v_k = u_k + b_k \tag{0.3}$$

根据偏置b_k的正负，神经元k的诱导局部域或激活电位（后面这两个术语将互换使用）v_k和线性组合器输出u_k之间的关系变化，如图0.6所示。由于仿射变换的作用，v_k关于u_k的图形不再过原点。

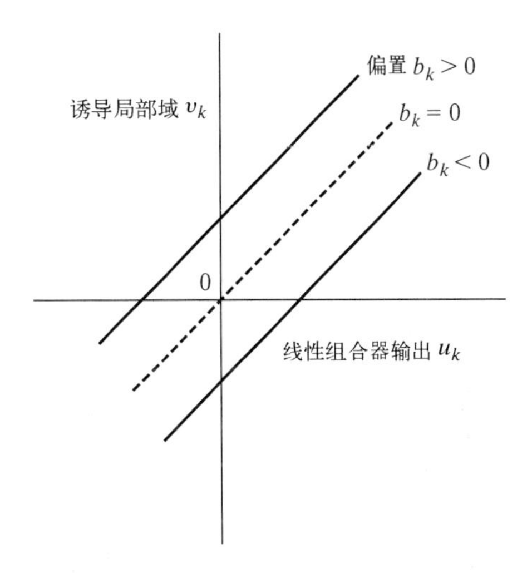

图 0.6　偏置产生的仿射变换，$u_k = 0$ 时 $v_k = b_k$

偏置b_k是神经元k的外部参数，可按式（0.2）来解释其存在。等效地，我们可用如下公式表示式（0.1）至式（0.3）的组合：

$$v_k = \sum_{j=0}^{m} w_{kj} x_j \tag{0.4}$$

$$y_k = \varphi(v_k) \tag{0.5}$$

式（0.4）中增加了一个新突触，其输入是

$$x_0 = +1 \tag{0.6}$$

其权重是

$$w_{k0} = b_k \tag{0.7}$$

因此可重建神经元k的模型，如图0.7所示。

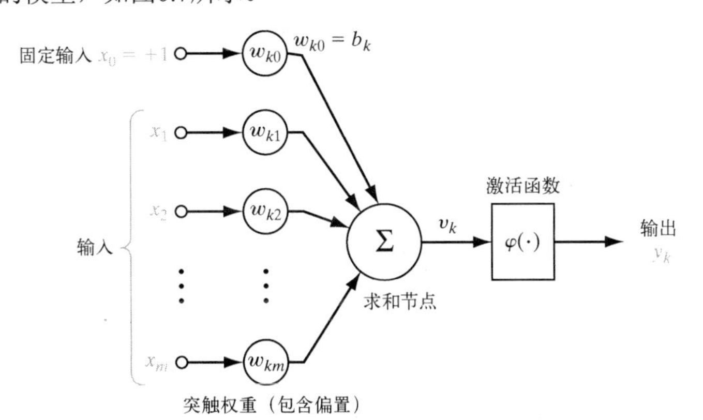

图0.7　神经元的另一种非线性模型，已用 w_{k0} 代替偏置 b_k

对于该图，我们可从两个方面来说明偏置的影响：① 添加固定为+1的新输入信号；② 添加等于偏置b_k的新突触权重。尽管图0.5和图0.7中的模型外观不同，但它们数学上等价。

0.3.1　激活函数的类型

激活函数记为$\varphi(v)$，它从诱导局部域v的角度定义神经元的输出。下面给出两种基本的激活函数。

1．阈值函数。这种激活函数如图0.8(a)所示，写为

$$\varphi(v)=\begin{cases}1, & v\geqslant 0\\ 0, & v<0\end{cases} \tag{0.8}$$

在工程文献中，这种阈值函数常称Heaviside函数。相应地，在神经元k上使用这种阈值函数时，输出可表示为

$$y_k=\begin{cases}1, & v_k\geqslant 0\\ 0, & v_k<0\end{cases} \tag{0.9}$$

式中，v_k是神经元的诱导局部域，即

$$v_k=\sum_{j=1}^{m}w_{kj}x_j+b_k \tag{0.10}$$

在神经计算中，这样的神经元在文献中称为McCulloch-Pitts模型，以纪念McCulloch and Pitts(1943)的开拓性工作。在模型中，若神经元的诱导局部域非负，则输出为1，否则输出为0。这句话描述了McCulloch-Pitts模型的全有或全无特性。

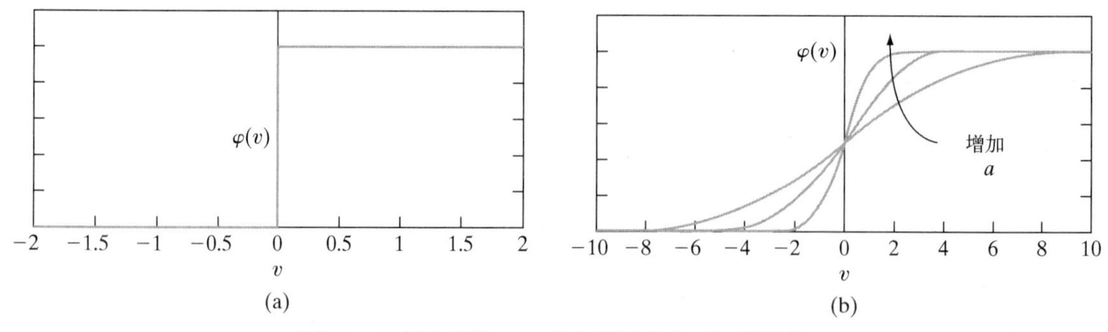

图0.8　(a)阈值函数；(b)具有不同斜率a的S形函数

2．S形函数。该函数的图形是S形的，是目前构建神经网络最常用的激活函数。它是严格递增的函数，在线性和非线性之间显现了较好的平衡。逻辑斯蒂函数是S形函数的一个典型例子，定义如下：

$$\varphi(v)=\frac{1}{1+\exp(-av)} \tag{0.11}$$

式中，a是S形函数的斜率。如图0.8(b)所示，改变a，就可获得不同斜率的S形函数。实际上，原点的斜率为$a/4$。在极限情况下，斜率参数趋于无穷，S形函数变成简单的阈值函数。阈值函数的值域仅为0或1，而S形函数的值域是从0到1的连续区间。还要注意，S形函数可微，而阈值函数不可微（可微性是神经网络理论的一个重要特征，将在第4章中讲述）。

式（0.8）和式（0.11）定义的激活函数的值域是从0到+1。有时，激活函数的值域从−1到+1比较理想。在这种情况下，激活函数是诱导局部域的奇函数。式（0.8）中的阈值函数定义为

$$\varphi(v)=\begin{cases}1, & v>0\\ 0, & v=0\\ -1, & v<0\end{cases} \tag{0.12}$$

上式称为符号函数。相应形式的S形函数可用双曲正切函数定义为

$$\varphi(v)=\tanh(v) \tag{0.13}$$

式中，S形激活函数可取负值，因此比式（0.11）中的逻辑斯蒂函数更有实用价值。

0.3.2 神经元的随机模型

图0.7中的神经模型是确定性的，即其输入-输出行为是对所有输入精确定义的。对于神经网络的一些应用，基于随机神经模型的分析更符合需求。McCulloch-Pitts模型的激活函数采用易于分析的概率分布来解释。具体地说，神经元只允许处于两种状态之一：+1或-1。神经元的激发决定（状态从“关”切换到“开”）是随机的。若用x表示神经元的状态，用$P(v)$表示激发的概率，其中v是神经元的诱导局部域，则有

$$x=\begin{cases}+1, & \text{概率} P(v) \\ -1, & \text{概率} 1-P(v)\end{cases} \tag{0.14}$$

$P(v)$的标准选择是下面的S形函数：

$$P(v)=\frac{1}{1+\exp(-v/T)} \tag{0.15}$$

式中，T是伪温度，用于控制噪声水平，进而控制激发中的不确定性（Little, 1974）。然而，无论神经网络是生物的还是人工的，T都不是其物理温度，而仅是一个参数，用于控制表示突触噪声效应的热波动。当T趋于0时，式（0.14）和式（0.15）描述的随机神经元就变成无噪声（确定性）形式，即McCulloch-Pitts模型。

0.4 视为有向图的神经网络

图0.5或图0.7中的框图显示了构成人工神经元模型的各个要素的功能。在不牺牲任何模型功能细节的前提下，可以使用信号流图来简化模型外观。信号流图有一套明确的规则，最初由Mason(1953, 1956)针对线性网络提出。神经元模型中存在的非线性限制了其在神经网络中的应用范围。不过，信号流图的确为神经网络中的信号流的描述提供了一种简洁的方法，这正是要在本节继续探讨的。

信号流图是一个由有向链路（支路）组成的网络，这些有向链路在某些称为节点的点之间互连。一个典型的节点j有一个相应的节点信号x_j。一个典型的有向支路始于节点j，终于节点k。它有相应的传递函数或传递系数，以确定节点k处的信号y_k依赖于节点j处的信号x_j的方式。图中各部分的信号流由下面的三条基本规则决定。

规则1 信号仅沿链路上箭头定义的方向流动。

有如下两种不同的链路：

- 突触链路，其行为由线性输入-输出关系决定。具体来说，节点信号y_k由节点信号x_j乘以突触权重w_{kj}产生，如图0.9(a)所示。
- 激活链路，其行为一般由非线性输入-输出关系决定。如图0.9(b)中所示，其中$\varphi(\cdot)$是非线性激活函数。

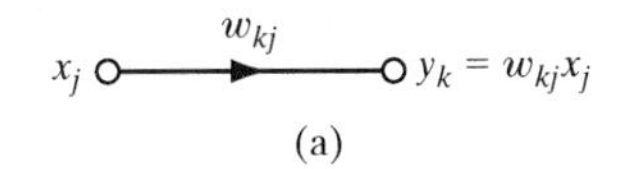

(a)

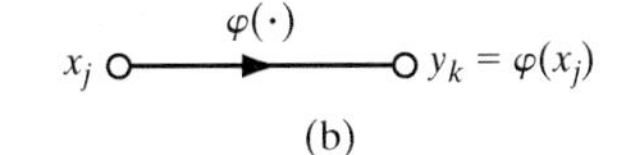

(b)

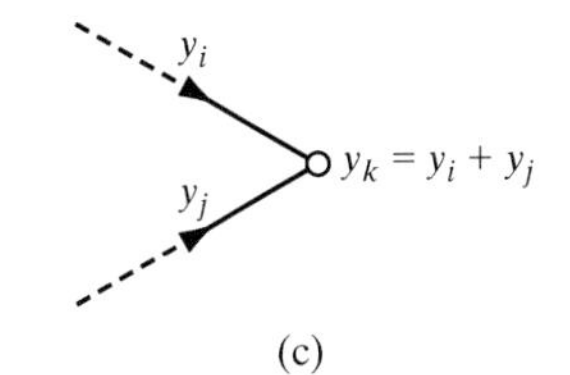

(c)

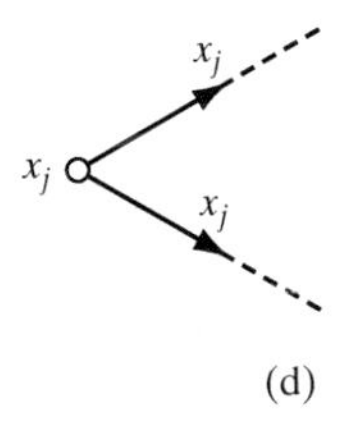

(d)

图 0.9 构建信号流图的基本规则

规则2　节点信号等于经由链路进入相关节点的所有信号的代数和。

对于突触会聚或扇入的情况，规则2的说明如图0.9(c)所示。

规则3　节点信号沿每个出链路向外传递，且该传递完全独立于出链路的传递函数。

对于突触发散或扇出的情况，规则3的说明如图0.9(d)所示。

譬如，利用这些规则构建对应于图0.7中框图的信号流图（见图0.10）作为神经元模型。虽然图0.10中的表示方法明显比图0.7简单，但它包含了图0.7中的所有细节。二者的输入都是$x_0 = +1$，相关的突触权重都是$w_{k0} = b_k$，其中b_k是神经元k的偏置。

基于图0.10中信号流图的神经元模型，给出神经网络的数学定义如下：

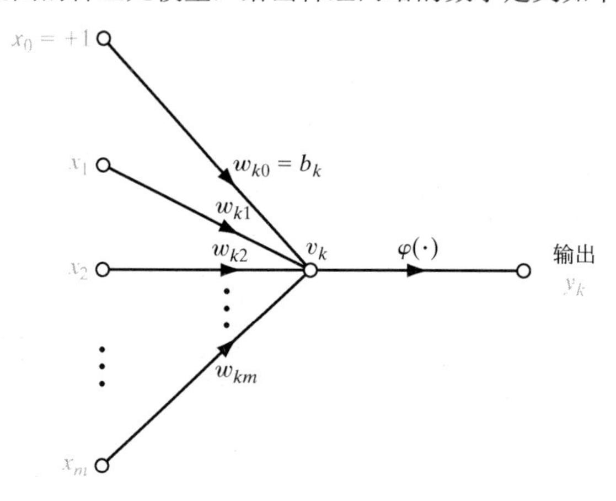

图0.10　神经元的信号流图

神经网络是由具有互连的突触和激活链路的节点构成的有向图，它有4个主要特征:

1. 每个神经元都可表示为一组线性突触链路、一个外部施加的偏置以及可能的非线性激活链路。该偏置由连接到固定输入为+1的突触链路表示。
2. 神经元的突触链路对各自的输入信号进行加权。
3. 神经元的诱导局部域由相关输入信号的加权和定义。
4. 激活链路挤压神经元的诱导局部域，进而产生输出。

以这种方式定义的有向图是完整的，因为它不仅描述了神经元间的信号流，而且描述了每个神经元内部的信号流。若只聚焦于神经元之间的信号流，则可使用这种图的简化形式，而省略单个神经元内部信号流的细节。这种有向图是部分完整的，特征如下：

1. 源节点向图形提供输入信号。
2. 每个神经元由称为计算节点的单个节点表示。
3. 图中互连源节点和计算节点的通信链路没有权重，仅提供信号流的方向。

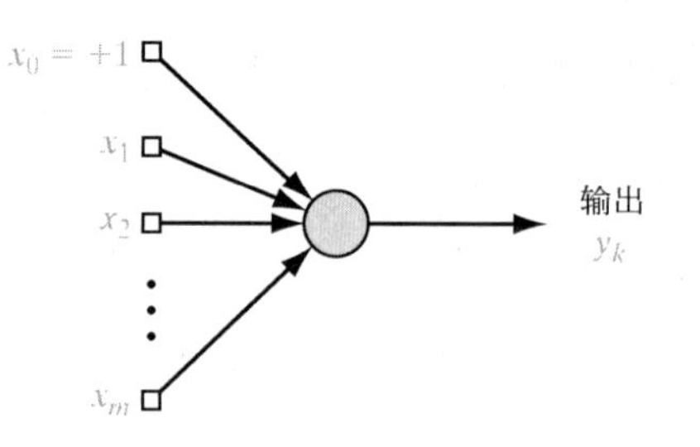

图 0.11　神经元的结构图

以这种方式定义的图称为结构图，它描述神经网络的布局。图0.11中显示了一个神经元的简单情况，该神经元有m个源节点和一个偏置固定为+1的节点。图中，该神经元的计算节点用阴影显示，源节点用小方块显示，且这个约定贯穿全书。详细的结构布局示例将在0.6节中介绍。

总之，描述神经网络的图形有三种：

- 方框图，描述网络的功能。

- 结构图，描述网络布局。
- 信号流图，描述网络中完整的信号流。

0.5 反馈

当动态系统中一个元素的输出一定程度地影响作用到该元素上的输入，进而产生一条或多条在系统中传输信号的封闭路径时，就称系统中存在反馈。反馈几乎发生在每种动物的神经系统的每个部位（Freeman, 1975），还在递归网络这类特殊神经网络的研究中起重要作用。图0.12是单环反馈系统的信号流图，其中输入信号 $x_j(n)$、内部信号 $x_j'(n)$ 和输出信号 $y_k(n)$ 是离散时间变量n的函数。假设该系统是线性的，由一个前向路径和一个反馈路径组成，分别用算子$\boldsymbol{A}$和$\boldsymbol{B}$表示。特别地，前向路径的输出通过反馈路径一定程度上决定其自身的输出。根据图0.12，得到输入-输出关系为

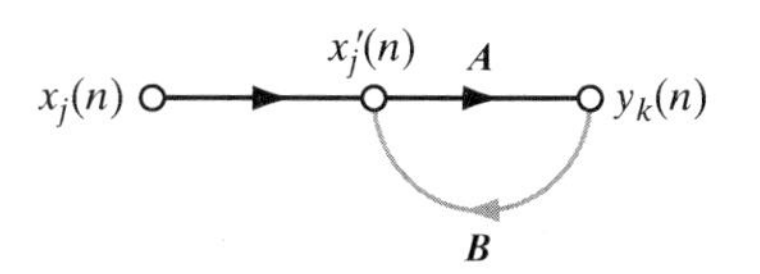

图 0.12　单环反馈系统的信号流图

$$y_k(n) = \boldsymbol{A}[x_j'(n)] \tag{0.16}$$

$$x_j'(n) = x_j(n) + \boldsymbol{B}[y_k(n)] \tag{0.17}$$

式中，使用方括号是为了强调$\boldsymbol{A}$和$\boldsymbol{B}$是算子。在式（0.16）和式（0.17）中消去 $x_j'(n)$ 得

$$y_k(n) = \frac{\boldsymbol{A}}{1-\boldsymbol{AB}}[x_j(n)] \tag{0.18}$$

式中，$\boldsymbol{A}/(1-\boldsymbol{AB})$ 称为系统的闭环算子，$\boldsymbol{AB}$称为系统的开环算子。一般来说，开环算子不满足交换律，因为$\boldsymbol{BA} \neq \boldsymbol{AB}$。

下面以图0.13(a)所示的单环反馈系统为例加以说明。$\boldsymbol{A}$是一个固定权重w，$\boldsymbol{B}$是单位时间延迟算子z^{-1}，即其输出相对于输入延迟一个时间单位。于是，系统的闭环算子可表示为

$$\frac{\boldsymbol{A}}{1-\boldsymbol{AB}} = \frac{w}{1-wz^{-1}} = w(1-wz^{-1})^{-1}$$

使用 $(1-wz^{-1})^{-1}$ 的二项式展开，可将系统的闭环算子重写为

$$\frac{\boldsymbol{A}}{1-\boldsymbol{AB}} = w\sum_{l=0}^{\infty} w^l z^{-1} \tag{0.19}$$

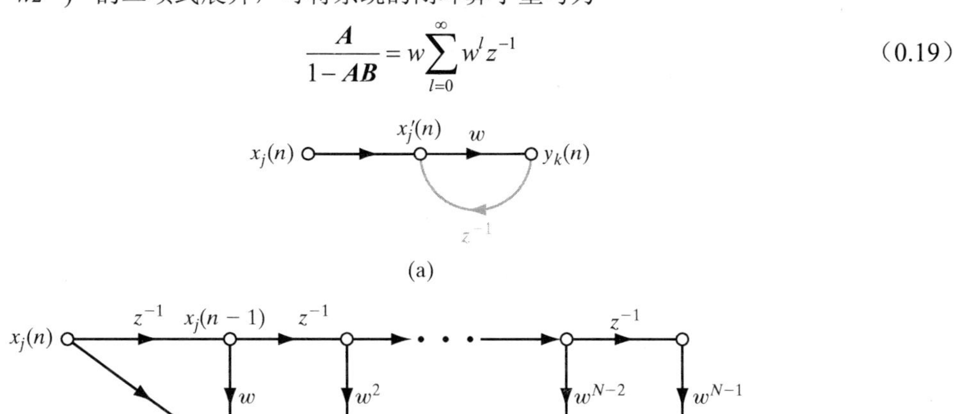

图0.13　(a)一阶无限冲激响应（IIR）滤波器的信号流图；
(b)图(a)的前馈近似值，通过截断式（0.20）得到

将式（0.19）代入式（0.18）得

$$y_k(n) = w\sum_{l=0}^{\infty} w^l z^{-1}[x_j(n)] \tag{0.20}$$

这里再次使用方括号是为了强调z^{-1}是一个算子。根据z^{-1}的定义有

$$z^{-1}[x_j(n)] = x_j(n-l) \tag{0.21}$$

式中，$x_j(n-l)$是延迟l个时间单位的输入信号的样本。因此，可将输出信号$y_k(n)$表示为输入信号$x_j(n)$的当前样本和过去样本的无限加权和：

$$y_k(n) = \sum_{l=0}^{\infty} w^{l+1} x_j(n-l) \tag{0.22}$$

现在，可以清楚地看到，图0.13中的信号流图表示的反馈系统的动态行为由权重w控制。要重点区分以下两种情况：

1．$|w|<1$，输出信号$y_k(n)$指数收敛，即系统稳定。这种情况在图0.14(a)中表示为正w。

2．$|w|\geqslant 1$，输出信号$y_k(n)$发散，即系统不稳定。若$|w|=1$，则发散是线性的，如图0.14(b)所示；若$|w|>1$，则发散是指数的，如图0.14(c)所示。

稳定性问题是闭环反馈系统研究中的一个突出特征。

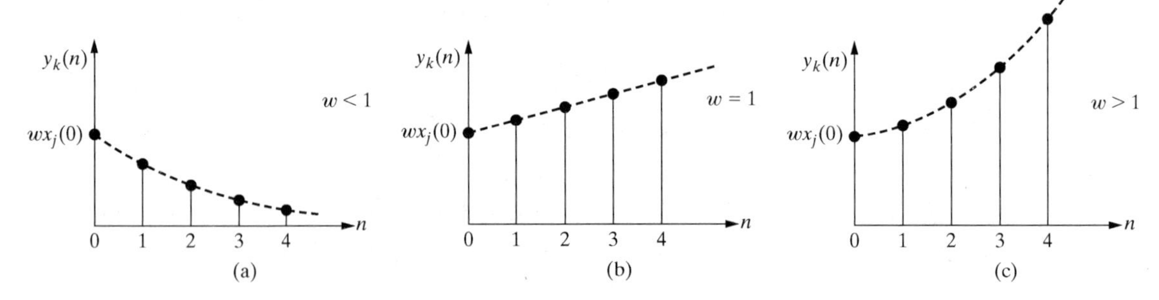

图0.14　图0.13对三个不同前馈权重w的时间响应：(a)稳定；(b)线性发散；(c)指数发散

$|w|<1$的情况对应于具有无限记忆的系统，即系统的输出取决于无限过去的输入样本。此外，记忆在消退，因为过去样本的影响随时间n呈指数衰减。假设对任意幂N，$|w|$相对于1小到足以让w^N对任何实际用途都可忽略不计。在这种情况下，可用有限和来逼近输出y_k：

$$\begin{aligned} y_k(n) &\approx \sum_{l=0}^{N-1} w^{l+1} x_j(n-l) \\ &= wx_j(n) + w^2 x_j(n-1) + w^3 x_j(n-2) + \cdots + w^N x_j(n-N+1) \end{aligned}$$

相应地，可将图0.13(b)中的前馈信号流图作为图0.13(a)中的反馈信号流图的逼近。这种逼近操作称为*反馈系统的展开*。注意，仅当反馈系统稳定时，展开操作才有实用价值。

用于构建网络的处理单元通常是非线性的，因此对涉及反馈应用的神经网络动态行为的分析变得非常复杂。这个重要的问题将在本书的后半部分讨论。

0.6　网络结构

神经网络中神经元的构建方式与用于训练网络的学习算法密切相关。因此，可以说神经网络设计中使用的学习算法（规则）是结构化的。学习算法的分类将在0.8节中讨论。本节重点介绍网络的结构。

一般来说，我们可以确定三种不同的网络结构。

0.6.1　单层前馈网络

在分层神经网络中，神经元以层的形式排列。在最简单的分层网络中，源节点构成的输入层直接投射到神经元的（计算节点）输出层上，反之则不可行。换句话说，这种网络是严格的前馈型网络。图0.15中显示了输入层和输出层都有4个节点的情况。这种网络称为*单层网络*，“单层”指的是计算节点（神经元）的输出层，源节点的输入层不算在内，因为在这一层中不执行计算。

0.6.2　多层前馈网络

第二类前馈神经网络有一个或多个隐藏层，相应的计算节点称为*隐藏神经元*或*隐藏单元*，“隐藏”指的是神经网络的这部分从网络的输入端或输出端都不能直接看到。隐藏神经元的功能是以某种有效的方式干预外部输入和网络输出。通过增加一个或多个隐藏层，网络能够从输入中获取高阶统计数据。广义而言，虽然网络具有局部连接性，但由于有额外的突触连接和额外的神经交互作用，网络获得了全局视角（Churchland and Sejnowski, 1992）。

网络输入层中的源节点提供激活模式（输入向量）的各个元素，这些元素构成第二层（第一隐藏层）中的神经元（计算节点）的输入信号。第二层的输出信号作为第三层的输入，这样一直传递下去。通常，每一层的输入都是前一层的输出，但最后的输出层中神经元的输出信号是网络对输入（第一）层中源节点的激活模式的总体响应。图0.16所示的结构图显示了有一个隐藏层的多层前馈神经网络的结构。该网络也称10-4-2网络，因为它有10个源节点、4个隐藏神经元和2个输出神经元。例如，若一个前馈网络有m个源节点，第一隐藏层有h_1个神经元，第二隐藏层有h_2个神经元，输出层有q个神经元，则该前馈网络也称m-h_1-h_2-q网络。

0.6.3　递归网络

递归神经网络与前馈神经网络的区别是，递归神经网络至少有一个反馈回路。如图0.17所示，递归网络可由单层神经元组成，每个神经元将其输出信号反馈给所有其他神经元的输入。该图所示的结构没有自反馈回路——自反馈是指一个神经元的输出反馈到其自身的输入。图0.17所示的递归网络也没有隐藏神经元。

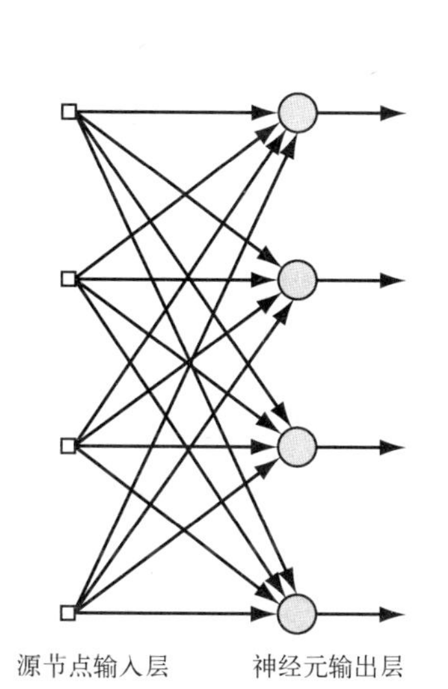

图0.15　单层神经元前馈网络

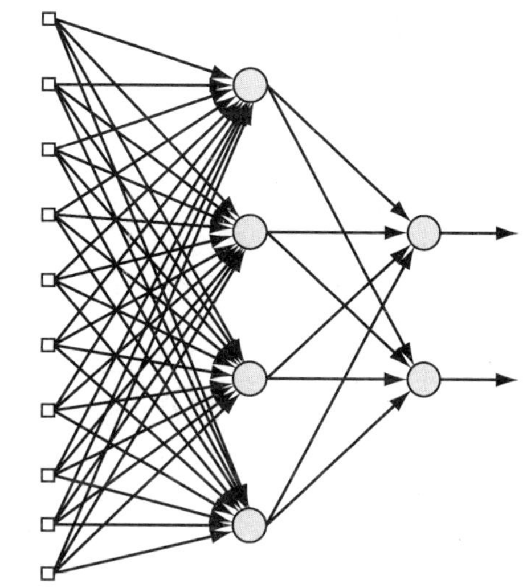

图0.16　有一个隐藏层和一个输出层的全连接前馈网络

图0.16所示的神经网络是完全连接的，因为每层的每个节点都和相邻的前一层的每个节点互相连接。但是，如果相邻层中有一些突触连接缺失，那么网络就是部分连接的。

图0.18中显示了另一类具有隐藏神经元的递归网络，其反馈连接源自隐藏神经元及输出神经元。

无论是图0.17还是图0.18所示的递归结构，反馈回路的存在都对网络的学习能力和性能产生深远影响。此外，假设神经网络包含非线性单元，反馈回路使用由单位时间延迟元素（用z^{-1}表示）组成的特定支路，将导致非线性动态行为。

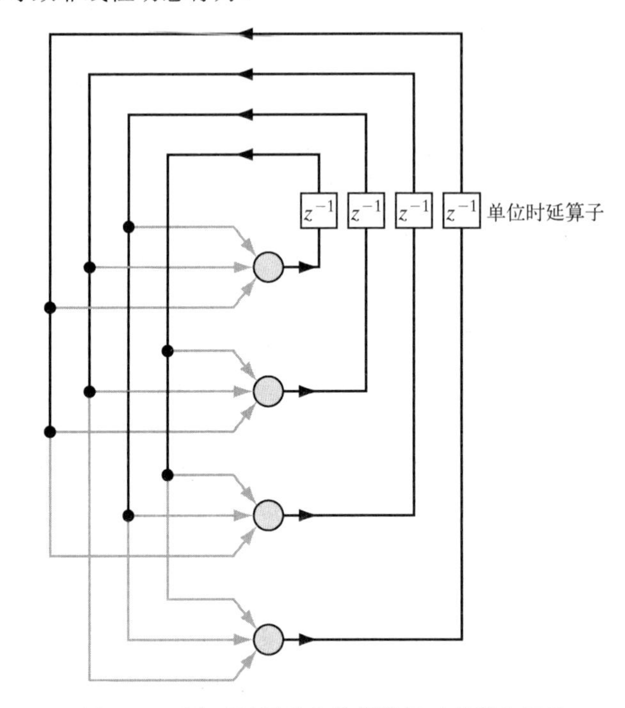

图0.17　无自反馈回路和隐藏神经元的递归网络

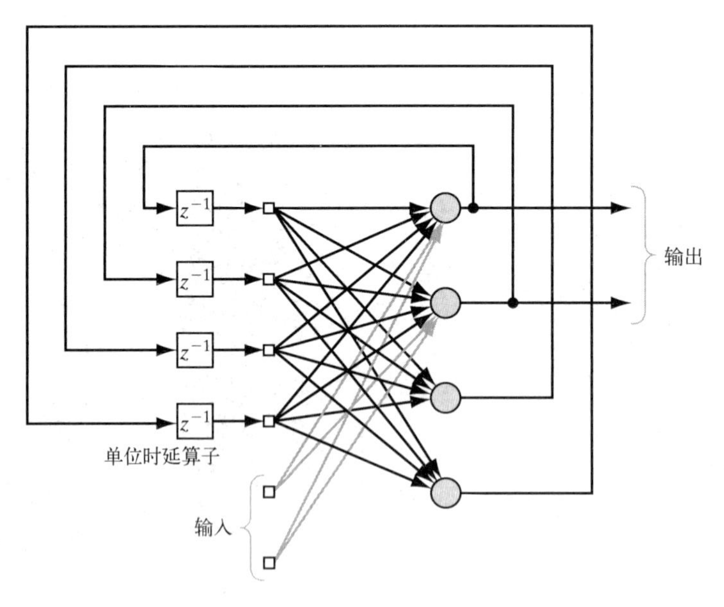

图0.18　有隐藏神经元的递归网络

0.7 知识表示

0.1节在神经网络的定义中使用了“知识”一词，但未明确说明其含义。下面给出知识的通用定义（Fischler and Firschein, 1987）：

> 知识是指人或机器用来解释、预测和合理应对外部世界的存储信息或模型。

知识表示有两个主要特征：① 实际上明确了哪些信息；② 如何对信息进行物理编码以便于后续使用。知识表示本质上是目标导向的。在“智能”机器的实际应用中，好的解决方案取决于良好的知识表示（Woods, 1986）。神经网络也是如此。但是，从输入到内部网络参数的可能表示形式通常是多样的，这就使得开发神经网络以找到满意的解决方案成为真正的设计挑战。

神经网络的主要任务是学习其所处世界（环境）的模型，并且使得该模型与真实世界充分一致，进而实现相关应用。关于世界的知识包括两种信息：

1. 已知世界的状态，表示现在和过去已知的事实；这种形式的知识称为*先验信息*。

2. 对世界的观测（测量），通过传感器获得，用于探测神经网络运行的环境。通常情况下，由于传感器噪声和系统缺陷，导致观测结果本身具有噪声而产生误差。无论如何，由此获得的观测结果可以创建信息库，从中可提取用于训练神经网络的样本。

样本可以是标记的或无标记的。在标记样本中，每个表示输入信号的样本都与对应的期望响应（目标输出）配对。而无标记样本由输入信号本身的不同实现组成。不管怎样，一组样本（标记的或无标记的）都代表神经网络通过训练可以学习到的有关环境的知识。收集标记样本的成本较高，因为需要“教师”提供每个标记样本所需的期望响应。相比之下，不需要监督的无标记样本通常非常丰富。

由输入信号和相应的期望响应组成的输入-输出对，称为*训练数据集*或*训练样本*。为了说明如何使用这样的数据集，下面以手写数字识别问题为例加以说明。在该问题中，输入信号由带有黑色或白色像素的图像组成，每幅图像代表与背景完全分离的10个数字之一。期望响应由特定数字的“身份”定义，其对应图像作为输入信号呈现给网络。一般来说，训练样本由大量能代表真实世界情况的手写数字组成。给定这样一组样本，神经网络的设计过程如下：

- 选择适当的神经网络结构，输入层的源节点数量与输入图像的像素数量相等，输出层由10个神经元组成（每个数字对应一个神经元）。之后，用合适的算法通过样本子集来训练网络。这个第一阶段是网络设计，称为*学习*。
- 利用新数据对已训练网络的识别性能进行测试。具体地说，首先给网络一幅输入图像，但不告知网络该特定图像所代表的数字。然后，将网络报告的数字识别和该数字的实际身份进行比较，由此评估网络的性能。这个第二阶段是网络运行，称为*测试*。测试模式的成功表现称为*泛化*，是从心理学借用的术语。

由此，可以看出神经网络与相应的传统信息处理系统（模式分类器）在设计上的根本区别。后者通常首先建立环境观测的数学模型，用真实数据验证模型，然后在模型的基础上进行设计。而神经网络的设计则直接基于现实数据，数据集可为自己说话。因此，神经网络不仅提供其所处环境的隐含模型，而且执行相关的信息处理功能。

用于训练神经网络的样本可能有正例也有反例。譬如，在被动声呐探测问题中，正例是相关目标（如潜艇）的输入训练数据。众所周知，在被动声呐环境中，测试数据因为海洋生物的存在而偶尔误报数据。为了缓解此问题，特意在训练数据中加入反例（如来自海洋生物的回声），以教会网络不将海洋生物与目标相混淆。

在特定结构的神经网络中，周围环境的知识表示由网络所取的自由参数（突触权重和偏置）值定义。这种知识表示的形式是神经网络设计的核心，也是决定其性能的关键。

0.7.1　知识表示的规则

如何在人工网络中实际表示知识十分复杂，但有四条关于知识表示的规则，表述如下。

规则1　来自相似类别的相似输入常在网络中产生相似的表示，因此应归为同一类别。

确定输入之间的相似性的方法有多种。常用的相似性度量基于欧几里得距离（简称欧氏距离）。具体来说，让$\boldsymbol{x}_i$表示一个$m\times 1$维向量，即

$$\boldsymbol{x}_i=[x_{i1},x_{i2},\cdots,x_{im}]^{\mathrm{T}}$$

所有元素都是实数，上标T表示矩阵转置。向量$\boldsymbol{x}_i$定义m维空间（称为欧氏空间）中的一个点，用$\mathbb{R}^m$表示。如图0.19所示，$m\times 1$向量$\boldsymbol{x}_i$和$\boldsymbol{x}_j$之间的欧氏距离定义为

$$d(\boldsymbol{x}_i,\boldsymbol{x}_j)=\left\|\boldsymbol{x}_i-\boldsymbol{x}_j\right\|=\left[\sum_{k=1}^{m}(x_{ik}-x_{jk})^2\right]^{1/2} \tag{0.23}$$

式中，x_{ik}和x_{jk}分别是输入向量$\boldsymbol{x}_i$和$\boldsymbol{x}_j$的第k个元素。相应地，由向量$\boldsymbol{x}_i$和$\boldsymbol{x}_j$表示的输入之间的相似性定义为欧氏距离$d(\boldsymbol{x}_i,\boldsymbol{x}_j)$。输入向量$\boldsymbol{x}_i$和$\boldsymbol{x}_j$的各个元素彼此越接近，欧氏距离$d(\boldsymbol{x}_i,\boldsymbol{x}_j)$就越小，因此向量$\boldsymbol{x}_i$和$\boldsymbol{x}_j$之间的相似性就越大。根据规则1，若向量$\boldsymbol{x}_i$和$\boldsymbol{x}_j$相似，则应将它们归为同一类别。

另一种相似性度量基于点积或内积，这也是从矩阵代数中借用的。给定两个维数相同的向量$\boldsymbol{x}_i$和$\boldsymbol{x}_j$，它们的内积是$\boldsymbol{x}_i^{\mathrm{T}}\boldsymbol{x}_j$，定义为向量$\boldsymbol{x}_i$在向量$\boldsymbol{x}_j$上的投影，如图0.19所示。于是，有

$$(\boldsymbol{x}_i,\boldsymbol{x}_j)=\boldsymbol{x}_i^{\mathrm{T}}\boldsymbol{x}_j=\sum_{k=1}^{m}x_{ik}x_{jk} \tag{0.24}$$

内积$(\boldsymbol{x}_i,\boldsymbol{x}_j)$除以范数的乘积$\left\|\boldsymbol{x}_i\right\|\left\|\boldsymbol{x}_j\right\|$，是向量$\boldsymbol{x}_i$和$\boldsymbol{x}_j$之间夹角的余弦。如图0.19所示，这里定义的两种相似性度量实际上彼此密切相关。该图清楚地表明欧氏距离$\left\|\boldsymbol{x}_i-\boldsymbol{x}_j\right\|$越小，向量$\boldsymbol{x}_i$和$\boldsymbol{x}_j$越相似，内积$\boldsymbol{x}_i^{\mathrm{T}}\boldsymbol{x}_j$就越大。

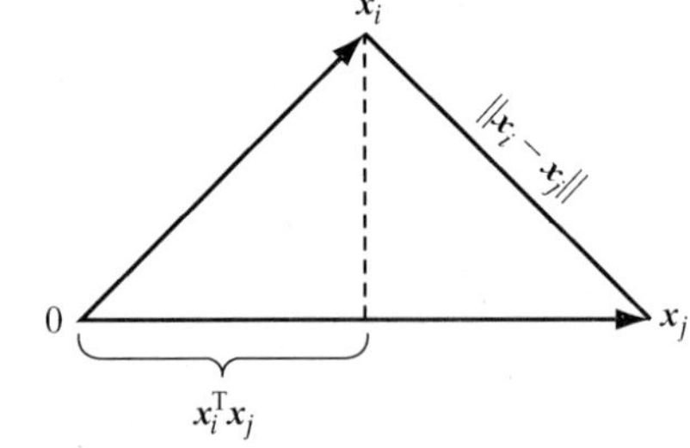

图0.19　内积和欧氏距离作为模式相似性度量的关系

为了将这种关系规范化，首先将向量$\boldsymbol{x}_i$和$\boldsymbol{x}_j$归一化，使其具有单位长度，即

$$\left\|\boldsymbol{x}_i\right\|=\left\|\boldsymbol{x}_j\right\|=1$$

然后将式（0.23）写为

$$d^2(\boldsymbol{x}_i,\boldsymbol{x}_j)=(\boldsymbol{x}_i-\boldsymbol{x}_j)^{\mathrm{T}}(\boldsymbol{x}_i-\boldsymbol{x}_j)=2-2\boldsymbol{x}_i^{\mathrm{T}}\boldsymbol{x}_j \tag{0.25}$$

式（0.25）表明欧氏距离$d(\boldsymbol{x}_i,\boldsymbol{x}_j)$的最小化对应于内积$(\boldsymbol{x}_i,\boldsymbol{x}_j)$的最大化，也对应于向量$\boldsymbol{x}_i$和$\boldsymbol{x}_j$之间相似性的最大化。

这里描述的欧氏距离和内积是用确定性术语定义的。如果向量$\boldsymbol{x}_i$和$\boldsymbol{x}_j$是随机的，来自两个不同数据总体或集合，那么会怎么样呢？具体来说，假设这两个数据总体之间的差异仅在于它们的均值向量。令$\boldsymbol{\mu}_i$和$\boldsymbol{\mu}_j$分别表示向量$\boldsymbol{x}_i$和$\boldsymbol{x}_j$的均值，即

$$\boldsymbol{\mu}_i=\mathbb{E}[\boldsymbol{x}_i] \tag{0.26}$$

式中，$\mathbb{E}$是数据向量$\boldsymbol{x}_i$集合的统计期望算子。均值向量$\boldsymbol{\mu}_j$的定义与此类似。我们使用马氏（Mahalanobis）距离来度量这两个总体间的距离，记为d_{ij}。于是从$\boldsymbol{x}_i$到$\boldsymbol{x}_j$的距离的平方定义为

$$d_{ij}^2 = (\boldsymbol{x}_i - \boldsymbol{\mu}_i)^{\mathrm{T}} \boldsymbol{C}^{-1} (\boldsymbol{x}_j - \boldsymbol{\mu}_j) \tag{0.27}$$

式中，$\boldsymbol{C}^{-1}$ 是协方差矩阵 $\boldsymbol{C}$ 的逆矩阵。假设两个总体的协方差矩阵相同，如下所示：

$$\boldsymbol{C} = \mathbb{E}\left[(\boldsymbol{x}_i - \boldsymbol{\mu}_i)(\boldsymbol{x}_i - \boldsymbol{\mu}_i)^{\mathrm{T}}\right] = \mathbb{E}\left[(\boldsymbol{x}_j - \boldsymbol{\mu}_j)(\boldsymbol{x}_j - \boldsymbol{\mu}_j)^{\mathrm{T}}\right] \tag{0.28}$$

对于给定的 $\boldsymbol{C}$，距离 d_{ij} 越小，向量 $\boldsymbol{x}_i$ 和 $\boldsymbol{x}_j$ 就越相似。

对于 $\boldsymbol{x}_j = \boldsymbol{x}_i$, $\boldsymbol{\mu}_i = \boldsymbol{\mu}_j$ 和 $\boldsymbol{C} = \boldsymbol{I}$（$\boldsymbol{I}$ 是单位矩阵）这种特殊情况，马氏距离减小为样本向量 $\boldsymbol{x}_i$ 和均值向量 $\boldsymbol{\mu}$ 之间的欧氏距离。

不管数据向量 $\boldsymbol{x}_i$ 和 $\boldsymbol{x}_j$ 是确定性的还是随机的，规则1都解决了这两个向量如何相互关联的问题。相关性不仅在人脑中起关键作用，而且在多种信号处理中起关键作用（Chen et al., 2007）。

规则2 *被归为不同类别的项目在网络中应被赋予差别很大的表示。*

根据规则1，从同一类别取得的模式之间具有较小的代数度量（如欧氏距离），而从不同类别取得的模式之间则具有很大的代数度量。我们可以称规则2是规则1的对偶规则。

规则3 *特别重要的特征在网络中的表示应该有大量神经元参与。*

例如，一种雷达应用在杂波（来自诸如建筑物、树木和天气等预期外的目标产生的雷达反射）存在的情况下探测目标（如飞机）。这种雷达系统的探测性能用两个概率来衡量：

- 探测概率：当目标存在时，系统判定目标存在的概率。
- 虚警概率：当目标不存在时，系统判定目标存在的概率。

根据奈曼-皮尔逊准则，探测概率最大化的前提是虚警概率不超过规定值（Van Trees, 1968）。在这种应用中，接收信号中目标的实际存在是输入信号的重要特征。规则3实际上是说，当目标实际存在时，应该有大量的神经元参与做出目标存在的判断。同理，仅当输入实际上有杂波时，才有大量神经元参与判断。在这两种情况下，大量的神经元都能确保决策的高度准确性和对故障神经元的容忍度。

规则4 *只要有可用的先验信息和不变性，就应将其纳入神经网络的设计，以便无须学习它们，进而简化网络设计。*

规则4很重要，因为正确遵循它可产生具有专门结构的神经网络。这一点非常理想，原因如下：

1. 已知生物视觉和听觉网络非常专业化。
2. 与完全连接的网络相比，具有专门结构的神经网络的可调整自由参数通常较少。因此，专业化网络需要的训练数据集更小，学习速度更快，且泛化效果通常更好。
3. 专业化网络信息传输的速度（网络吞吐量）更快。
4. 由于专业化网络的规模小于全连接网络，因此构建成本降低。

不过，需要注意的是，将先验知识纳入神经网络的设计会限制网络的应用，使其只能用于解决相关知识所涉及的特定问题。

0.7.2 如何将先验信息纳入神经网络设计

如何在设计中加入先验信息来开发专门的结构也是必须解决的重要问题。目前还没有明确的规则来做到这一点，但是一些自主程序可以产生有用的结果。特别地，可以结合如下两种技术：

1. 限制网络结构，通过使用称为感受野的局部连接实现。
2. 限制突触权重的选择，通过使用权重共享实现。

这两种技术，尤其是后者，还能使网络中自由参数的数量显著减少。

例如，图0.20是部分连接的前馈网络，该网络的结构是受限的。前六个源节点构成隐藏神经元

1的感受野，网络中的其他隐藏神经元情况相似。感受野是指传入的刺激影响到神经元输出信号的区域。感受野的映射是对神经元行为及其输出的简洁描述。

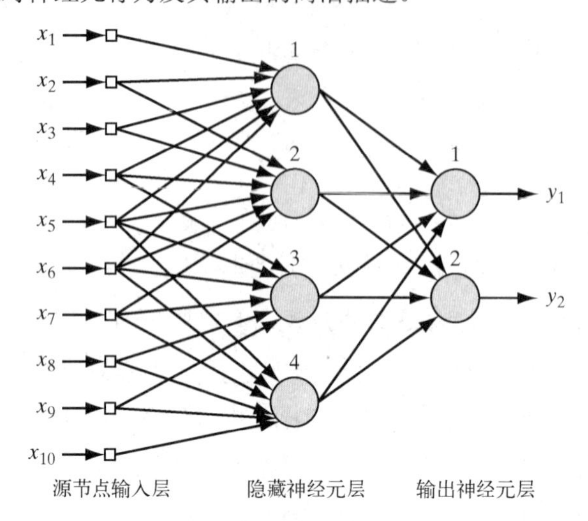

图0.20　组合使用感受野和权重共享。所有4个隐藏的神经元共享6个突触连接的同一组权重

只需对网络隐藏层中的每个神经元使用相同的突触权重，就可满足权重共享的要求。对于图0.20所示的每个隐藏神经元有6个局部连接及共有4个隐藏神经元的例子，可将隐藏神经元j的诱导局部域表示为

$$v_j = \sum_{i=1}^{6} w_i x_{i+j-1}, \qquad j = 1,2,3,4 \tag{0.29}$$

式中，$\{w_i\}_{i=1}^{6}$ 构成所有4个隐藏神经元共享的同一组权重，而x_k是从源节点 $k = i + j - 1$ 获取的信号。因为式（0.29）是卷积和的形式，所以使用该方式进行局部连接和权重共享的前馈网络称为卷积网络（LeCun and Bengio, 2003）。

将先验信息纳入神经网络设计属于规则4的一部分，该规则的其余部分涉及不变性。

0.7.3　如何在神经网络设计中建立不变性

考虑以下物理现象：

- 当关注的目标旋转时，观测者感知到的目标的图像通常发生相应的变化。
- 在提供周围环境振幅和相位信息的相干雷达中，移动目标的回波在频率上发生偏移，因为目标相对于雷达的径向运动产生了多普勒效应。
- 一个人的话语有轻有重、有缓有急。

为了分别建立目标识别系统、雷达目标识别系统和语音识别系统来处理这些现象，系统必须能够处理观测信号的一系列变换。因此，模式识别的主要任务之一是设计出一个不受这种变换影响的分类器。换句话说，分类器输出代表的类别估计值必须不受分类器输入所观测到的信号变换的影响。

至少有三种技术可使分类器型神经网络不受变换的影响（Barnard and Casasent, 1991）：

1. 结构不变性。神经网络可通过适当的结构设计来实现不变性。具体地说，在网络的神经元之间创建突触连接，使得相同输入的变换版本产生相同的输出。譬如，当神经网络对输入图像进行分类时，要求不受图像在围绕其中心的平面内旋转的影响。可对网络结构施加如下旋转不变性：假设w_{ji}表示神经元j连接到输入图像中的像素i的突触权重，若所有像素i和

k与图像中心的距离相等，且满足条件$w_{ji}=w_{jk}$，则神经网络就不受平面内旋转的影响。然而，为了保持旋转不变性，输入图像中与原点的径向距离相同的每个像素都必须复制突触权重w_{ji}。这说明了结构不变性的缺点：即使是处理中等大小的图像，神经网络中突触连接的数量也会变得过于庞大。

2. 训练不变性。神经网络本身具有模式分类的能力，可直接利用这种能力来获得不变性，具体方法如下：向网络提供同一个目标的多个不同样本来对其进行训练，针对目标的不同变换（不同的侧面视图）选择样本。假设样本的数量足够大，且训练过的网络学会了区分目标的不同侧面视图，则网络应能正确地泛化到已有变换之外的其他变换。然而，从工程学的角度看，通过训练得到的不变性有两个缺点。首先，当神经网络经过训练，对已知变换的目标识别具有不变性后，这种训练是否也能使网络在识别其他不同类别的目标时具有不变性，这一点并不清楚。其次，对网络提出的计算要求可能过于苛刻而难以实现，尤其是在特征空间维度较高的情况下。

3. 不变特征空间。创建不变分类器型神经网络的第三种技术如图0.21所示。它的前提是可以提取输入数据集基本信息内容的特征，且这些特征不受输入变换的影响。若使用这样的特征，则作为分类器的网络就可减轻负担，而不必再用复杂的判定边界来划定目标的变换范围。事实上，同一个目标的不同实例之间唯一可能出现的差异是由不可避免的因素引起的，如噪声和遮挡。使用不变特征空间有三个明显的优势。第一，应用于网络的特征数量可减少到符合实际的水平。第二，放宽了对网络设计的要求。第三，保证了所有目标在已知变换下的不变性。

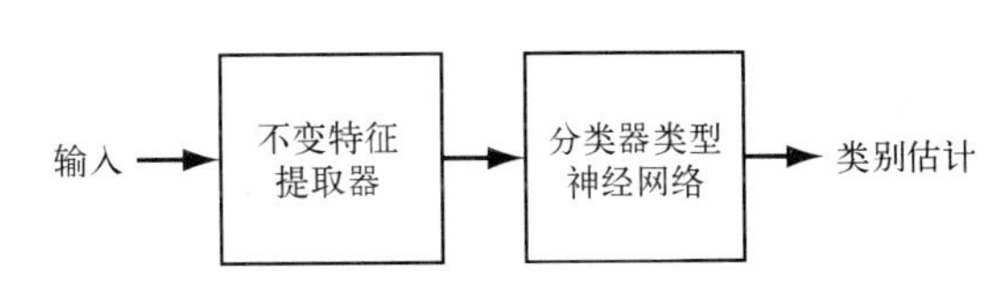

图 0.21　不变特征空间型系统框图

【例1】自回归模型

为了说明不变特征空间的概念，下面以用于空中监视的相干雷达系统为例加以说明。这种雷达系统的关注目标包括飞机、天气系统、候鸟群和地面目标。这些目标的雷达回波具有不同的频谱特性。实验研究还表明，这些雷达信号可以相当接近地模拟为中等阶数的自回归（AR）过程（Haykin and Deng, 1991）。AR模型是一种特殊形式的对复值数据定义的回归模型，由下式表示：

$$x(n)=\sum_{i=1}^{M}a_i^*x(n-i)+e(n) \tag{0.30}$$

式中，$\{a_i\}_{i=1}^{M}$ 是AR系数，M是模型阶数，$x(n)$是输入，$e(n)$是误差，也称白噪声。式（0.30）所示的AR模型可用抽头延迟线滤波器表示，如图0.22(a)所示（$M=2$）；也可用网格滤波器表示，如图 0.22(b)所示，其中的系数称为反射系数。图0.22(a)中模型的AR系数和图0.22(b)中模型的反射系数之间存在一一对应关系。相干雷达的AR系数和反射系数都是复数，这两个模型的情况一样，都假设输入$x(n)$是复数。式（0.30）和图0.22中的星号表示复共轭。这里只需说明相干雷达数据可用一组自回归系数或相应的一组反射系数来描述。反射系数的计算优势是，有高效的算法直接根据输入数据进行计算。然而，由于运动目标会产生不同的多普勒频率，而多普勒频率的高低取决于目标相对于雷达的径向速度，这就使得特征提取问题变得更加复杂，且往往会掩盖作为特征判别因素的反射系数的光谱内容。第一个反射系数的相位角等于雷达信号的多普勒频率。

为了克服这个困难，必须在反射系数的计算中建立多普勒不变性。第一个反射系数的相位角等于雷达信号的多普勒频率。因此，要对所有系数进行多普勒频率归一化处理，以消除平均多普勒频移。具体做法是，定义一组新反射系数$\{\kappa_m'\}$，与根据输入数据计算出的一组普通反射系数$\{\kappa_m\}$相关联，如下所示：

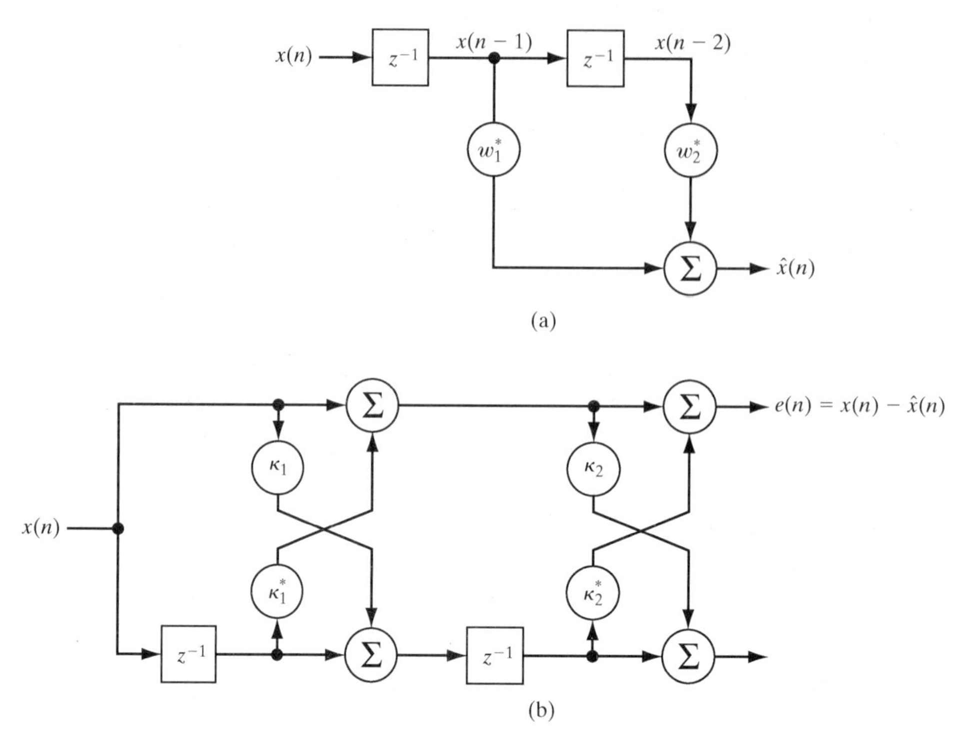

图0.22　二阶自回归模型：(a)抽头延迟线模型；(b)网格滤波器模型（星号表示复共轭）

$$\kappa'_m = \kappa_m \mathrm{e}^{-\mathrm{j}m\theta}, \quad m = 1, 2, \cdots, M \tag{0.31}$$

式中，θ 是第一个反射系数的相位角。式（0.31）中的操作称为外差。一组多普勒不变雷达特征由归一化反射系数 $\kappa'_1, \kappa'_2, \cdots, \kappa'_M$ 表示，其中 κ'_1 是唯一的实值系数。如前所述，雷达对空监视的目标主要有天气、鸟类、飞机和地面四类，前三类目标是移动的，后一类目标是静止的。地面雷达回波的外差谱参数具有与飞机回波相似的特征。由于地面回波的多普勒频移很小，因此可将其与飞机回波区分开来。相应地，雷达分类器包括一个后处理器，如图0.23所示，它对分类结果（编码标记）进行操作，以识别地面类别（Haykin and Deng, 1991）。综上所述，图0.23中的前处理器负责在分类器输入端提取多普勒频移不变特征，而后处理器则使用存储的多普勒特征来区分飞机和地面回波。

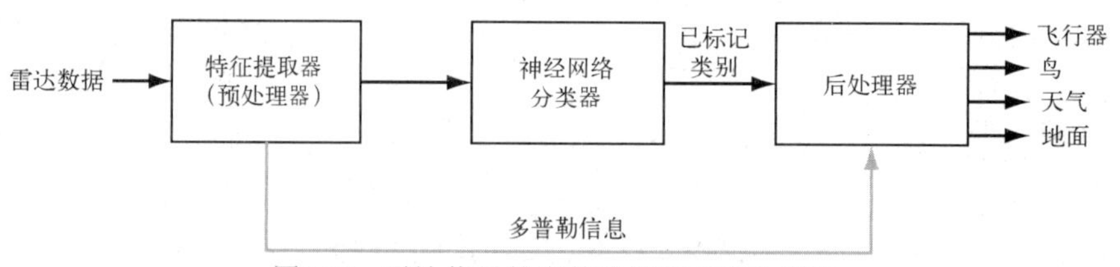

图0.23　雷达信号的多普勒频移不变分类器

【例2】回声定位蝙蝠

回声定位蝙蝠的生物声呐系统是在神经网络中进行知识表示的一个更精彩的例子。大多数蝙蝠使用调频（FM）信号进行声学成像，在FM信号中，信号的瞬时频率随时间变化。具体地说，蝙蝠用口发出短时FM声呐信号，用听觉系统作为声呐接收器。在听觉系统中，对所关注目标的回声由神经元的活动表示，这些神经元对不同的声学参数组合具有选择性。蝙蝠的听觉表示有三个主要的神经维度（Simmons et al., 1992）：

- *回声频率*，由源自耳蜗频率图中的“位置”编码；在整个听觉通路中以有序排列的方式保存在某些调谐到不同频率的神经元中。

● *回声振幅*，由具有不同动态范围的其他神经元编码，既表现为振幅调谐，又表现为每次刺激的放电次数。

● *回声延迟*，通过产生延迟选择性响应的神经计算（基于互相关）进行编码；表现为目标范围调谐。

用于图像形成的目标回波有两个主要特征：一是目标形状的频谱，二是目标范围的延迟。蝙蝠根据目标内不同反射面（闪光）的回波到达时间来感知“形状”。为此，要将回波频谱中的频率信息转换成目标时间结构的估计值。Simmons及其同事在大棕蝠身上进行的实验确定：这种转换过程由并行的时域和频率-时域变换组成，其收敛输出产生了目标图像范围轴的共同延迟。尽管回声延迟的听觉时间表示和回声频谱的频率表示最初是以不同方式进行的，但由于变换本身的某些特性，蝙蝠感知是统一的。此外，声呐图像形成过程中包含了特征不变性，使其基本上不受目标运动和蝙蝠自身运动的影响。

0.7.4 小结

神经网络中的知识表示问题与网络结构的问题直接相关。遗憾的是，目前还没有成熟的理论来优化与应用环境交互所需的神经网络的结构，也无法评估网络结构的变化如何影响网络内部的知识表示。要找到这些问题的满意答案，通常要对特定应用进行详尽的实验研究，因此神经网络的设计者成为结构学习循环的重要组成部分。

0.8 学习过程

人类从周围环境中学习的方式有多种，神经网络同样如此。广义上，可将神经网络的学习过程分为有教师学习和无教师学习，后者又可分为无监督学习和强化学习。在神经网络上进行的这些不同形式的学习与人类的学习类似。

0.8.1 有教师学习

有教师学习也称*监督学习*。图0.24中说明了这种学习形式。从概念上说，教师具有环境知识，这种知识由一组输入-输出的样本表示。而环境对神经网络来说是未知的。现在假设教师和神经网络都接触到从相同环境中提取的训练向量（样本）。凭借掌握的知识，教师能为神经网络提供该训练向量的期望响应。实际上，期望响应代表神经网络要执行的“最优”动作。神经网络的参数可在训练向量和误差信号的综合影响下进行调整，误差信号定义为网络的期望响应和实际响应之差。逐步迭代调整网络参数，目的是使神经网络仿真（模拟）教师。这种仿真被假定为某种统计意义上的最优状态。这样，教师所掌握的环境知识就通过训练转移到神经网络中，且以“固定”突触权重的形式存储起来，这就是长期记忆。当达到这一条件时，可以省去教师，让神经网络完全自行处理环境问题。

上述的监督学习形式是纠错学习的基础。从图0.24中可以看到监督学习过程构成一个闭环反馈系统，但未知环境还在环路之外。作为系统性能的衡量指标，可将训练样本的均方误差或误差平方和定义为系统自由参数（突触权重）的函数。该函数可被可视化为多维误差性能表面，或者简称为*误差面*，自由参数为其坐标。真正的误差面是所有可能的输入-输出样本的平均值。在教师的监督下，系统给定的任何操作都表示为误差面上的一个点。为了使系统随时间推移而提高性能，就要向教师学习，操作点必须连续向误差面的最小点移动。最小点可以是局部极小点或全局极小点。监督学习系统可利用它掌握的与系统当前行为相对应的误差面梯度的有用信息来做到这一点。误差面上任意一点的梯度是最陡下降方向的向量。事实上，通过样本进行监督学习时，系统可能会使用梯度向量的瞬时估计值，且假定样本序号与时间有关。使用这种估计值会导致误差面上的操作点运动，这种运动常以“随机行走”的形式出现。尽管如此，只要给定一个旨在最小化成本函数的算法、一个足够大的输入-输出样本集以及足够长的训练时间，监督学习系统通常就能很好地逼近未知的输入-输出映射。

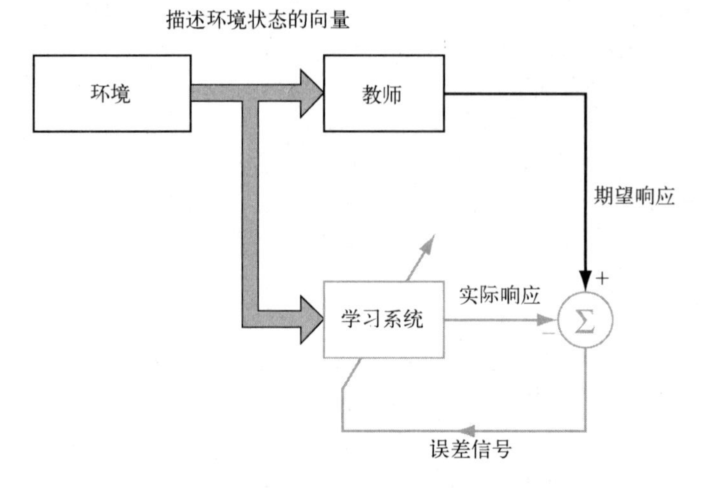

图0.24　有教师学习的框图（浅色部分构成一个反馈回路）

0.8.2　无教师学习

在监督学习中，学习过程是在教师的监督下进行的。顾名思义，在无教师学习模式中，没有教师来监督学习过程。也就是说，没有任何标记样本可供神经网络学习。在无教师学习范例中，又有如下两个子类。

1．强化学习

在强化学习中，输入-输出映射的学习是通过与环境的持续互动来完成的，目的是使性能的标量指数最小化。图0.25是一种强化学习系统的框图，该系统围绕一个“评判器”建立，评判器将来自环境的初始强化信号转换成一种称为*启发式强化信号*的高质量强化信号，二者都是标量输入（Barto et al., 1983）。该系统的设计目的是在延迟强化条件下进行学习，这意味着系统会观测来自环境刺激的时间序列，最终产生启发式强化信号。

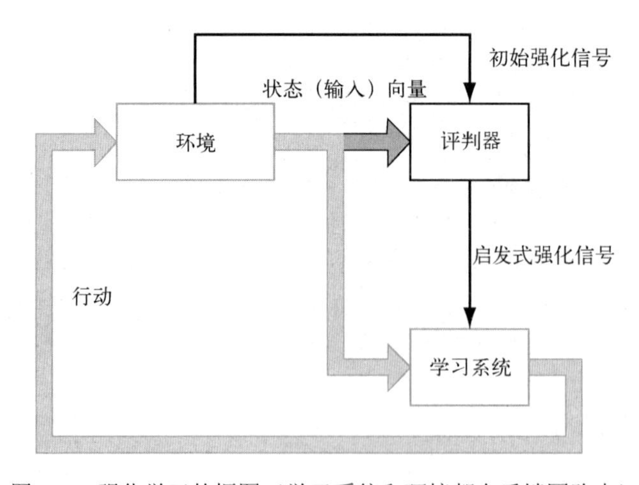

图0.25　强化学习的框图（学习系统和环境都在反馈回路中）

强化学习的目标是将代价函数最小化，代价函数是对一系列步骤中采取行动的累积成本的预期，而不仅仅是即时成本。事实可能证明，在该时间步骤序列中，较早采取的某些行动实际上是整个系统行为的最优决定因素。学习系统的功能就是发现这些行动并将其反馈给环境。

延迟强化学习之所以难以执行，有两个基本原因：

- 学习过程中每个步骤都没有教师提供的期望响应。
- 产生初始强化信号引起的延迟意味着学习机必须解决时间信用分配问题。也就是说，学习机必须能对导致最终结果的时间步骤序列中的每个动作单独进行功过分配，而原始强化只能对结果进行评估。

尽管存在这些困难，延迟强化学习仍然很有吸引力。它为学习系统提供了与环境互动的基础，进而培养了学习能力，使其能够完全根据互动产生的经验结果来完成指定的任务。

2. 无监督学习

如图0.26所示，在无监督或自组织学习系统中，没有外部的教师或评判器来监督学习的过程。相反，网络需要学习与任务无关的表征质量的度量，且网络的自由参数根据该度量进行优化。对于与任务无关的特定度量，一旦网络找到输入数据的统计规律性，网络就能形成内部表征，对输入特征进行编码，进而自动创建新的类别（Becker, 1991）。

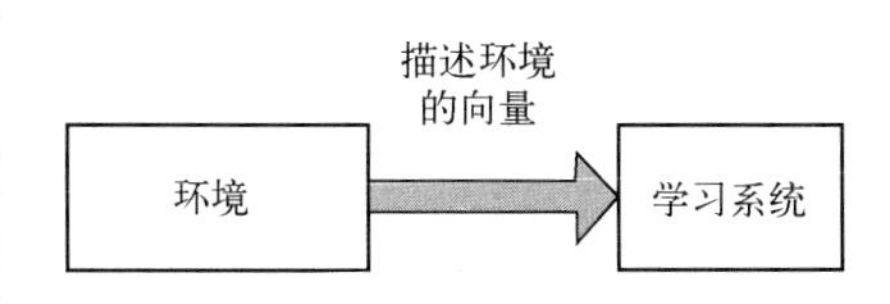

图 0.26　无监督学习框图

竞争性学习规则可用来完成无监督学习。例如，可使用一个两层（输入层和竞争层）神经网络。输入层接收可用数据。竞争层由相互竞争（根据一定的学习规则）的神经元组成，它们竞争获得对输入数据中的特征做出反应的“机会”。最简单的形式就是网络采用“赢者通吃”策略。在该策略下，总输入量最大的神经元“赢得”竞争并被激活，网络中所有的其他神经元随即关闭。

0.9　学习任务

上一节讨论了不同的学习范式，本节描述一些基本的学习任务。当然，特定学习规则的选择受学习任务的影响，而学习任务的多样性则证明了神经网络的通用性。

0.9.1　模式联想

联想记忆是一种类似大脑的通过联想进行学习的分布式记忆。自亚里士多德时代以来，联想就被视为人类记忆的显著特征之一，所有认知模型都以某种形式的联想作为基本操作（Anderson, 1995）。

联想有两种形式：自联想和异联想。在自联想中，神经网络需要通过反复呈现一组模式（向量）来存储它们。随后，神经网络收到对初始存储模式的部分描述或失真（噪声）版本，执行检索（回忆）该特定模式的任务。异联想不同于自联想，它将一组任意的输入模式与另一组任意的输出模式配对。自联想采用无监督学习方式，而异联想采用监督学习方式。

设$\boldsymbol{x}_k$表示联想记忆中的关键模式（向量），$\boldsymbol{y}_k$表示存储模式（向量），则网络完成的模式联想为

$$\boldsymbol{x}_k \to \boldsymbol{y}_k, \quad k = 1, 2, \cdots, q \tag{0.32}$$

式中，q是网络中存储的模式数量。关键向量$\boldsymbol{x}_k$作为一个激励器，不仅决定记忆模式$\boldsymbol{y}_k$的存储位置，而且掌握着检索密钥。

在自联想记忆中，$\boldsymbol{y}_k = \boldsymbol{x}_k$，网络的输入和输出（数据）空间具有相同的维数。在异联想记忆中，$\boldsymbol{y}_k \neq \boldsymbol{x}_k$，输出空间的维数可能等于也可能不等于输入空间的维数。

联想记忆模式的运行包括两个阶段：

- 存储阶段，指的是根据式（0.32）对网络进行训练。
- 回忆阶段，网络根据所呈现的有噪声的或失真的关键模式恢复对应的存储模式。

令刺激（输入）$\boldsymbol{x}$表示关键向量$\boldsymbol{x}_j$的有噪声或失真形式。该刺激产生响应（输出）$\boldsymbol{y}$，如图0.27所示。若回忆正确，则应有$\boldsymbol{y} = \boldsymbol{y}_j$，其中$\boldsymbol{y}_j$是由关键模式$\boldsymbol{x}_j$联想的记忆模式。若$\boldsymbol{x} = \boldsymbol{x}_j$时$\boldsymbol{y} \neq \boldsymbol{y}_j$，则称联想记忆有回忆错误。

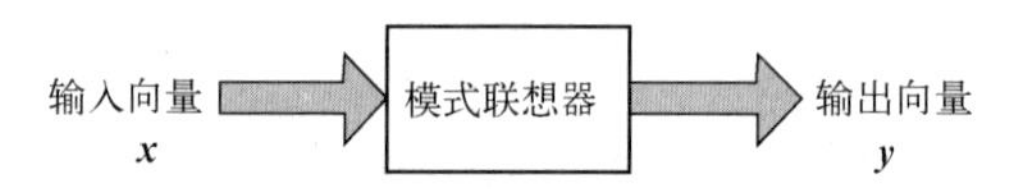

图 0.27　模式联想器的输入-输出关系

联想记忆中存储的模式数量q可直接衡量网络的存储能力。设计联想记忆模式时面临的挑战是如何使存储能力q（表示为占构建网络的神经元总数N的百分比）尽量大，同时保证正确回忆大部分存储模式。

0.9.2　模式识别

人类非常擅长模式识别。人们通过感官接收来自周围世界的数据，且通常可以不费吹灰之力地识别出数据的来源。例如，熟人的面孔可被识别，即使多年未曾谋面的这个人已经老去；打电话时即使信号不好，也能通过熟人的声音很快甄别出来；仅仅闻一下气味，就能分辨出一个煮鸡蛋是否变坏。人类是通过学习过程成功实现模式识别的，神经网络也是如此。

模式识别的正式定义是，将接收到的模式或信号赋给指定类别之一的过程。为实现模式识别，需要先训练神经网络，训练过程中反复给网络提供一组输入模式及每个特定模式所属的类别。随后，给网络一个新模式，该新模式虽未出现过，但属于训练过的某个模式群。网络能够从训练数据中提取有用信息，识别出该特定模式的类别。神经网络的模式识别具有统计性质，各个模式由多维决策空间中的点表示。决策空间被划分为多个不同的区域，每个区域对应一个模式类别。决策边界由训练过程决定。由于模式类别内部及类别之间存在固有的可变性，因此这些边界的构建具有统计性。

一般来说，采用神经网络的模式识别机分为以下两种形式：

- 如图0.28(a)的混合系统所示，识别机分为两部分，即用于特征提取的无监督网络和用于分类的监督网络。这种方法遵循传统的统计特性模式识别方法（Fukunaga, 1990; Duda et al., 2001; Theodoridis and Koutroumbas, 2003）。概念上讲，一个模式由一组m个可观测数据表示，可视为m维观测（数据）空间中的一个点$\boldsymbol{x}$。如图0.28(b)所示，特征提取通过一个变换描述，即将点$\boldsymbol{x}$映射到一个q维特征空间中相对应的中间点$\boldsymbol{y}$，其中$q < m$。这种变换可视为降维（数据压缩），主要目的是简化分类任务。分类本身可描述为一个变换，即将中间点$\boldsymbol{y}$映射到r维决策空间中的一个类别，其中r是要区分的类别数量。
- 识别机设计为前馈网络，采用监督学习算法。在第二种方法中，特征提取任务由网络隐藏层中的计算单元完成。

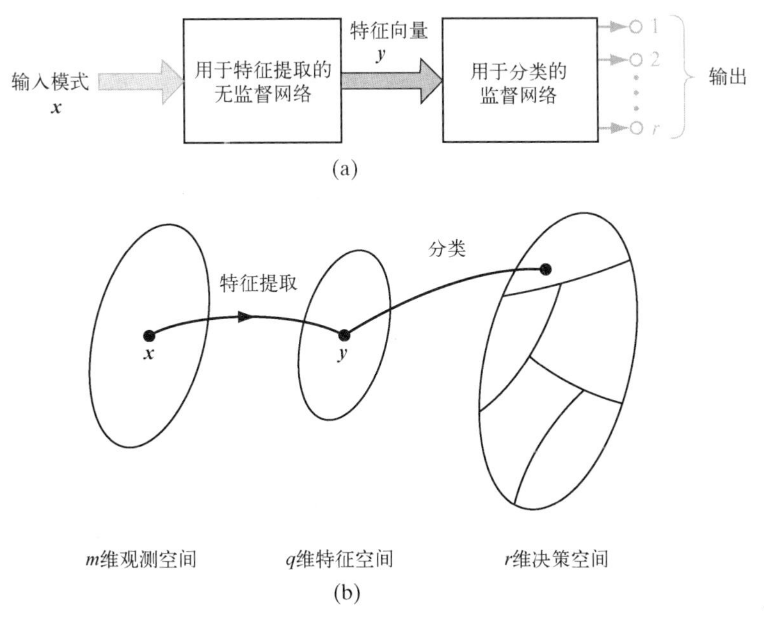

图0.28　模式分类的经典方法

0.9.3　函数逼近

第三个值得关注的学习任务是函数逼近。一个非线性输入-输出映射由以下函数关系描述：

$$\boldsymbol{d} = \boldsymbol{f}(\boldsymbol{x}) \tag{0.33}$$

式中，向量$\boldsymbol{x}$是输入，向量$\boldsymbol{d}$是输出。向量值函数$\boldsymbol{f}(\cdot)$假定是未知的。为了弥补对函数$\boldsymbol{f}(\cdot)$知识的缺乏，假设有如下标记的样本集：

$$\mathcal{T} = \{(\boldsymbol{x}_i, \boldsymbol{d}_i)\}_{i=1}^{N} \tag{0.34}$$

要求是设计一个神经网络来逼近未知函数$\boldsymbol{f}(\cdot)$，网络实际实现的输入-输出映射由函数$\boldsymbol{F}(\cdot)$描述。对所有输入而言，$\boldsymbol{F}(\cdot)$在欧氏意义上与$\boldsymbol{f}(\cdot)$足够接近，如下所示：

$$\|\boldsymbol{F}(\boldsymbol{x}) - \boldsymbol{f}(\boldsymbol{x})\| < \varepsilon, \quad 所有\ \boldsymbol{x} \tag{0.35}$$

式中，ε是一个很小的正数。只要训练样本集$\mathcal{T}$中的样本数量N足够大，神经网络也有足够数量的自由参数，逼近误差ε就可小到足以完成任务。

这里描述的逼近问题是一个非常完整的监督学习，其中$\boldsymbol{x}_i$是输入向量，$\boldsymbol{d}_i$是期望响应。若反向思考，则可将监督学习视为一个逼近问题。

利用神经网络逼近未知输入-输出映射有如下两个重要途径：

① 系统识别。令式（0.33）描述未知无记忆多输入-多输出（Multiple Input-Multiple Output, MIMO）系统的输入-输出关系；所谓“无记忆”系统，是指时间不变的系统。然后用式（0.34）中标记的样本集来训练作为系统模型的神经网络。令向量$\boldsymbol{y}_i$表示神经网络对输入向量$\boldsymbol{x}_i$产生的实际输出。如图0. 29所示，$\boldsymbol{d}_i$（与$\boldsymbol{x}_i$相关）与网络输出$\boldsymbol{y}_i$之差就是误差信号向量$\boldsymbol{e}_i$。该误差信号反过来又用于调整网络的自由参数，使未知系统与神经网络输出之间的统计平方差最小，并在整个训练样本$\mathcal{T}$中进行计算。

② 逆向建模。假设已知一个无记忆MIMO系统，其输入-输出关系如式（0.33）所示。在这种情况下，需要构建一个逆模型，针对向量$\boldsymbol{d}$产生向量$\boldsymbol{x}$。逆系统可以描述为

$$\boldsymbol{x} = \boldsymbol{f}^{-1}(\boldsymbol{d}) \tag{0.36}$$

式中，向量值函数 $\boldsymbol{f}^{-1}(\cdot)$ 表示 $\boldsymbol{f}(\cdot)$ 的逆函数。注意，$\boldsymbol{f}^{-1}(\cdot)$ 不是 $\boldsymbol{f}(\cdot)$ 的倒数，上标 -1 仅是逆函数的标志。在实际遇到的很多情况下，向量值函数 $\boldsymbol{f}(\cdot)$ 过于复杂，无法直接求出逆函数 $\boldsymbol{f}^{-1}(\cdot)$。给定式（0.34）中标记的样本集，采用图0.30所示的方案构建一个神经网络来逼近函数 $\boldsymbol{f}^{-1}(\cdot)$。在这种情况下，$\boldsymbol{x}_i$和$\boldsymbol{d}_i$的作用互换：向量$\boldsymbol{d}_i$作为输入，向量$\boldsymbol{x}_i$作为期望响应。假定误差信号向量$\boldsymbol{e}_i$表示$\boldsymbol{x}_i$和神经网络针对$\boldsymbol{d}_i$的实际输出$\boldsymbol{y}_i$的差。与系统识别问题类似，该误差信号向量用于调节神经网络的自由参数，最终使未知逆系统与神经网络输出之间的统计平方差最小，并在整个训练样本$\mathcal{T}$ 中进行计算。通常，逆向建模是比系统识别更困难的学习任务，因为可能没有唯一的解决方案。

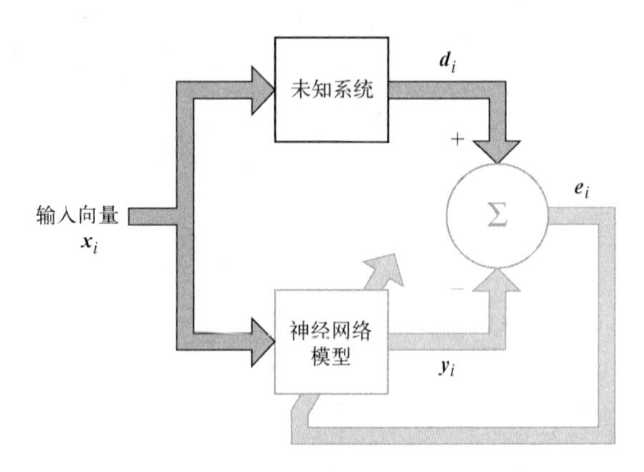

图0.29　系统识别框图：实现识别的神经网络是反馈环的一部分

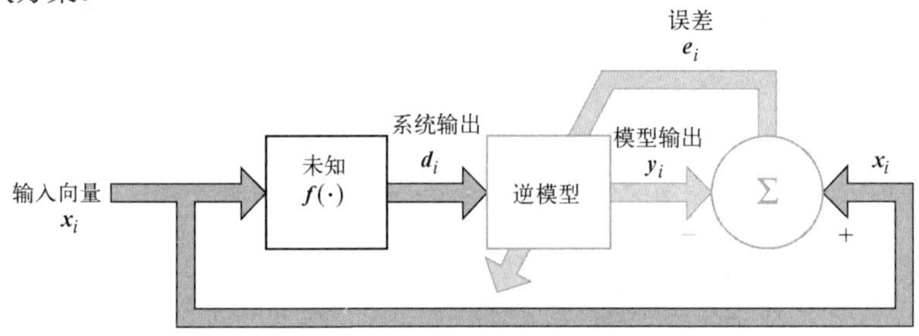

图0.30　逆系统模型框图（神经网络作为逆模型是反馈环的一部分）

0.9.4　控制

神经网络可以完成的另一个学习任务是对设备进行控制操作。设备指的是要维持在受控条件下的过程或系统的关键部分。学习和控制具有相关性不足为奇，因为人脑其实就是一台计算机（信息处理器），作为整个系统的输出是实际的行动。在控制方面，大脑就是一个生动的证明，它能够建立一个充分利用并行分布式硬件的通用控制器，能够并行控制成千上万个执行器（肌肉纤维），能够处理非线性和噪声，能够在长期规划范围内进行优化（Werbos, 1992）。

图0.31显示了一个反馈控制系统。该系统涉及在被控设备的周围统一反馈，即设备的输出直接反馈给输入。因此，从外部信息源提供的参考信号$\boldsymbol{d}$中减去设备输出$\boldsymbol{y}$，产生误差信号$\boldsymbol{e}$并将其用于神经控制器，以便调整其自由参数。控制器的主要功能是为设备提供相应的输入，进而使其输出$\boldsymbol{y}$跟踪参考信号$\boldsymbol{d}$。换句话说，控制器必须对设备的输入和输出行为进行转换。

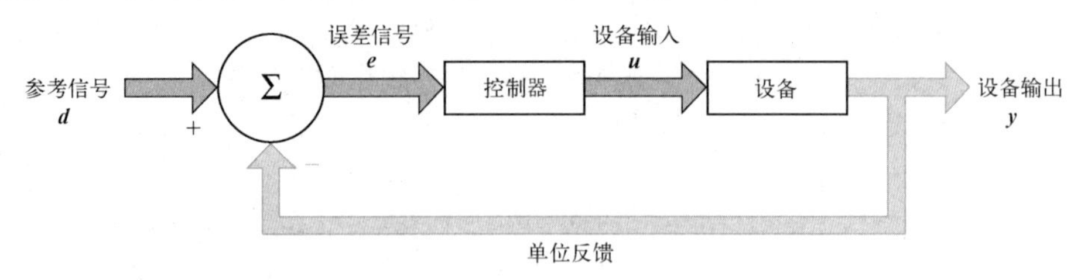

图0.31　反馈控制系统框图

图0.31中的误差信号$\boldsymbol{e}$在到达设备之前，必须先通过神经控制器。因此，要根据误差修正学习算法实现对设备自由参数的调节，就必须知道由偏导数矩阵组成的雅可比矩阵，如下所示：

$$\boldsymbol{J}=\left\{\frac{\partial y_k}{\partial u_j}\right\}_{j,k} \tag{0.37}$$

式中，y_k是设备输出$\boldsymbol{y}$的一个元素，u_j是设备输入$\boldsymbol{u}$的一个元素。遗憾的是，不同的k和j的偏导数$\partial y_k/\partial u_j$取决于设备的运行点，因此是未知的。以下两种方法可用来近似计算该偏导数：

① *间接学习*。首先利用设备的实际输入-输出测量结果，构建神经网络模型来生成设备的副本。接着利用这个副本提供雅可比矩阵$\boldsymbol{J}$的一个估计值。随后将构成雅可比矩阵$\boldsymbol{J}$的偏导数用于误差修正学习算法，以计算对神经控制器自由参数的调整（Nguyen and Widrow, 1989; Suykens et al., 1996; Widrow and Walach, 1996）。

② *直接学习*。偏导数$\partial y_k/\partial u_j$的符号通常是已知的，且在设备的动态范围内通常保持不变。这表明可通过它们各自的符号来逼近这些偏导数。它们的绝对值由神经控制器自由参数的一种分布式表示给出（Saerens and Soquet, 1991; Schiffman and Geffers, 1993）。这样，神经控制器就能直接向设备学习其自由参数的调整。

0.9.5 波束成形

波束成形用于区分目标信号和背景噪声之间的空间性质。用于波束成形的设备称为*波束成形器*。例如，波束成形任务适合回声定位蝙蝠听觉系统皮层中的特征映射（Suga, 1990a; Simmons et al., 1992）。蝙蝠的回声定位是指通过发送短时调频声呐信号来了解周围环境，然后利用其听觉系统（包括两只耳朵）将注意力集中于猎物（如飞行的昆虫）。蝙蝠的耳朵具有波束成形能力，听觉系统利用这种能力来产生注意选择性。

波束成形通常用于雷达和声呐系统，主要任务是在接收器噪声和干扰信号（如人为干扰）共同出现的情况下检测与跟踪关注的目标。两个因素使这项任务复杂化：

- 目标信号源自未知的方向。
- 干扰信号无可用的先验信息。

处理这种情况的一种方法是使用广义旁瓣消除器（Generalized SideLobe Canceller, GSLC），如图0.32所示。该系统由以下组件组成（Griffiths and Jim, 1982; Haykin, 2002）：

- *天线元件阵列*，提供在空间离散点对观测空间信号进行采样的方法。
- *线性组合器*，由固定权重集合$\{w_i\}_{i=1}^m$定义，其输出是期望响应。该线性组合器就像一个“空间滤波器”，其特征是辐射模式（天线输出振幅与输入信号入射角的极坐标图）。辐射模式的主瓣指向规定的方向，因此GSLC受该方向约束而产生一个无失真的响应。线性组合器的输出记

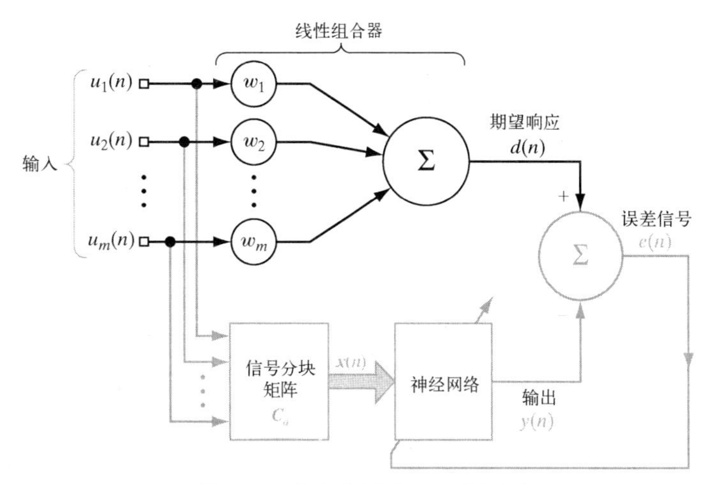

图 0.32　广义旁瓣消除器的框图

为$d(n)$，它为波束成形器提供期望响应。

- 信号阻塞矩阵C_a，功能是消除从代表线性组合器的空间滤波器辐射模式的旁瓣漏出的干扰。
- 具有可调参数的神经网络，旨在适应干扰信号的统计变化。

神经网络自由参数的调整由误差修正学习算法完成，该算法在误差信号$e(n)$上操作。误差信号$e(n)$定义为线性组合器的输出$d(n)$和神经网络的实际输出$y(n)$之差。GSLC是在线性组合器的监督下运行的，而线性组合器扮演着“教师”的角色。与普通的监督学习一样，线性组合器不在神经网络的反馈回路中。使用神经网络进行学习的波束成形器称为**神经–波束成形器**。这类学习机属于注意性神经计算机的范畴（Hecht-Nielsen, 1990）。

0.10 结语

本章聚焦于神经网络，而神经网络的研究由人脑启发。神经网络的重要特性之一是“学习”，可分为如下几类：

① **监督学习**，通过最小化相关的成本函数来实现特定的输入–输出映射，需要提供目标或期望响应。

② **无监督学习**，执行需要提供网络在自组织方式下学习所需的与任务无关的表征质量的度量。

③ **强化学习**，学习系统通过持续地与环境互动来实现输入–输出映射，目的是使性能的标量指数最小化。

监督学习依赖于由标记样本组成的训练样本，而每个样本由一个输入信号（刺激）和相应的期望（目标）响应组成。在实践中，因为收集标记样本耗时且昂贵（尤其是在处理大规模学习问题时），标记样本通常非常缺乏。然而，无监督学习只依赖于无标记样本，这类样本仅由一组输入信号或刺激组成，通常供应充足。考虑到这些实际情况，人们对另一类学习产生了浓厚的兴趣：半监督学习。半监督学习的训练样本既包含标记样本，又包含无标记样本。半监督学习最大的挑战是如何设计一个学习系统，使其具有合理的扩展性，在处理大规模模式分类问题时也实际可行。这将在后续章节中展开讨论。

强化学习介于监督学习和无监督学习之间，它学习系统（主体）和环境之间的持续互动。学习系统执行操作行动并从环境对该操作的反应中学习。实际上，教师在监督学习中扮演的角色已被集成到学习系统中的“评判器”取代。

注释和参考文献

1. 关于神经网络的定义，可参阅Aleksander and Morton(1990)。
2. 有关大脑计算方面的内容，可参阅Churchland and Sejnowski(1992)，详细描述见Kandel et al.(1991)、Shepherd(1990)、Kuffler et al.(1984)和Freeman(1975)。
3. 关于尖峰和尖峰神经元的细节，可参阅Rieke et al.(1997)。单个神经元的计算和信息处理能力的生物物理学观点，可参阅Koch(1999)。
4. 关于S形函数和相关问题的详细叙述，可参阅Mennon et al.(1996)。
5. 逻辑斯蒂函数源自逻辑斯蒂增长律。当以合适的单位衡量时，所有增长过程都可表示为下面的逻辑斯蒂分布函数，其中t代表时间，α和β为常数：

$$F(t)=\frac{1}{1+\mathrm{e}^{\alpha t-\beta}}$$

6. 根据Kuffler et al.(1984)，术语“感受野”最早由Sherrington(1906)提出，并由Hartline(1940)重新引入。在视觉系统环境下，神经元的感受野是指视网膜曲面上由光引起的神经元放电的限制区域。
7. 权重共享技术最早在Rumelhart et al.(1986b)中描述。

第1章　Rosenblatt感知器

由心理学家Rosenblatt发明的感知器在神经网络的发展史上占有重要地位，因为它首次从算法角度完整地描述了神经网络。20世纪六七十年代，受感知器的启发，工程师、物理学家和数学家纷纷投身于神经网络的研究。时至今日，本章介绍的感知器仍与Rosenblatt于1958年首次发表的感知器形式基本一致。本章中的各节安排如下：

- 1.1节介绍神经网络的形成阶段，可追溯至McCulloch and Pitts(1943)的开创性工作。
- 1.2节介绍Rosenblatt感知器的基本形式。
- 1.3节介绍感知器收敛定理。该定理证明了当感知器作为线性可分模式分类器时，在有限时间步内是收敛的。
- 1.4节建立高斯环境下感知器和贝叶斯分类器之间的关系。
- 1.5节通过实验来说明感知器的模式分类能力。
- 1.6节引入感知器代价函数，并在此基础上推导出不同版本的感知器收敛算法。
- 1.7节是本章的总结与讨论。

1.1　引言

在神经网络形成的早期阶段（1943—1958），多位研究人员做出了开创性贡献：

- McCulloch and Pitts(1943)引入了神经网络的概念作为计算工具。
- Hebb(1949)提出了自组织学习的第一条规则。
- Rosenblatt(1958)提出了感知器作为有教师学习（监督学习）的第一个模型。

本章重点介绍Rosenblatt感知器，关于Hebb学习的概念将在第8章中详细讨论。

感知器是一种最简单的神经网络模型，用于线性可分模式（如使其位于超平面两侧的分类模式）分类。基本上，它由单个神经元与可调突触权重和偏置组成。关于神经网络中自由参数调整的算法，最早出现在Rosenblatt(1958, 1962)提出的用于脑感知模型的学习过程中。事实上，Rosenblatt证明了当用来训练感知器的模式（向量）来自两个线性可分的类别时，感知器算法是收敛的，且决策面是位于两个类别之间的超平面。算法的收敛性证明称为*感知器收敛定理*。

由单个神经元构成的感知器仅能完成两个类别（假设）的模式分类。通过扩展感知器的输出（计算）层，可使感知器包含多个神经元，相应地也可执行更多的分类。然而，只有当这些类别线性可分时，感知器才能正常工作。重要的是，当将感知器的基本原理用于模式分类时，只需考虑单个神经元的情况，而对多个神经元的推广应用并不重要。

1.2　感知器

Rosenblatt感知器是围绕非线性神经元建立的，即McCulloch-Pitts神经元模型。导言中说过，该神经元模型由线性组合器和硬限幅器（符号函数）组成，如图1.1所示。由

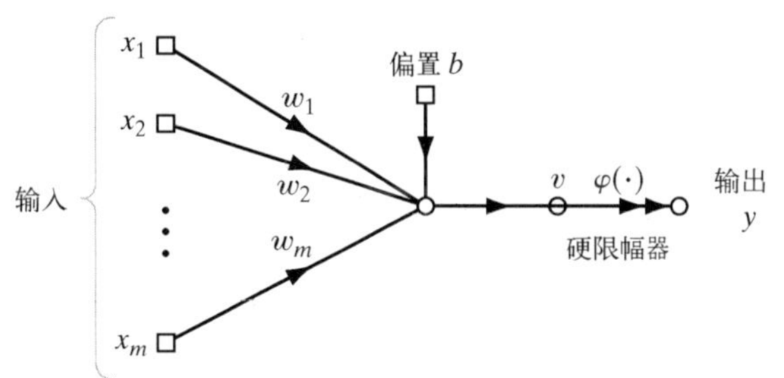

图 1.1　感知器的信号流图

神经元模型的求和节点计算其突触输入的线性组合，并加入外部偏置，由此产生的总和（诱导局部域）作用于硬限幅器。相应地，当硬限幅器的输入为正时，神经元输出+1，反之输出−1。

在图1.1中，感知器的突触权重记为$w_1, w_2, \cdots, w_m$，作用于感知器的输入记为$x_1, x_2, \cdots, x_m$，外部作用偏置记为b，则模型中硬限幅器的输入或神经元的诱导局部域为

$$v = \sum_{i=1}^{m} w_i x_i + b \tag{1.1}$$

感知器的目标是将外部作用刺激$x_1, x_2, \cdots, x_m$正确地分为$\mathcal{C}_1$和$\mathcal{C}_2$两个类别。分类的规则是：若感知器的输出y是+1，则将$x_1, x_2, \cdots, x_m$表示的点归入类别$\mathcal{C}_1$；反之，若感知器的输出y是−1，则将其归入类别$\mathcal{C}_2$。

为了进一步了解模式分类器的行为，常在m维信号空间中画出决策区域图，这个空间由m个输入变量$x_1, x_2, \cdots, x_m$形成。在最简单的感知器中，两个决策区域被如下定义的一个超平面分开：

$$\sum_{i=1}^{m} w_i x_i + b = 0 \tag{1.2}$$

图1.2以两个输入变量x_1和x_2为例，对上式做了说明。图中的决策边界是直线，位于边界上方的点(x_1, x_2)归入类别$\mathcal{C}_1$，位于边界下方的点(x_1, x_2)归入类别$\mathcal{C}_2$。注意偏置b的作用，它仅将决策边界从原点移开。

感知器的突触权重$w_1, w_2, \cdots, w_m$可通过多次迭代来调整。对于自适应性，可采用感知器收敛算法的误差修正规则，详见后面的讨论。

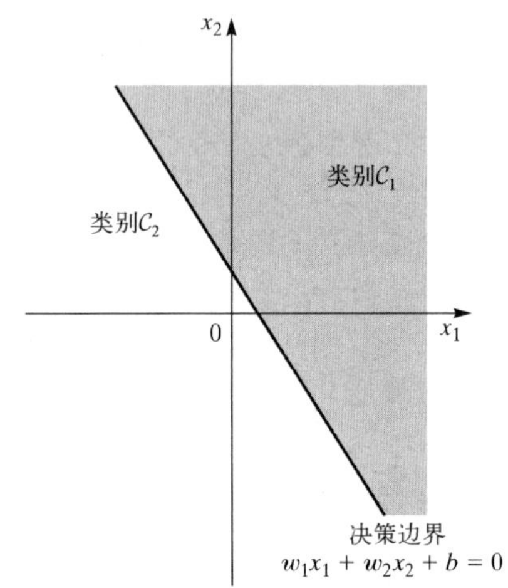

图 1.2　二维二分类问题的决策边界超平面实例（例中的超平面是一条直线）

1.3　感知器收敛定理

为了导出感知器的误差修正学习算法，我们发现采用图1.3所示的修正信号流模型更简便。该模型与图1.1中的模型等效，此时偏置$b(n)$作为一个等于+1的固定输入量的突触权重。

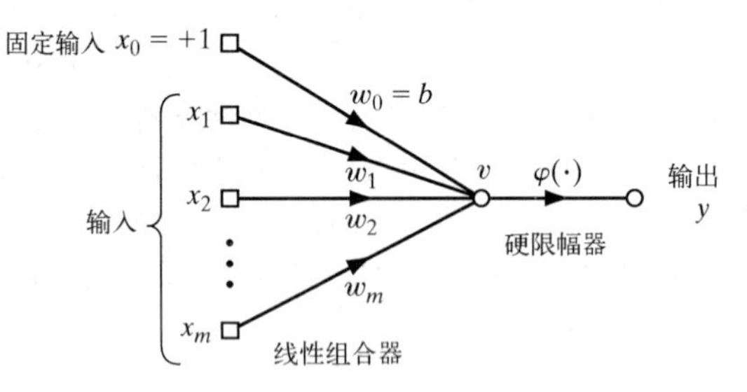

图1.3　等效感知器信号流图；为清晰起见，省略了对时间的依赖性

因此，可将一个$(m+1)\times 1$维输入向量定义为

$$\boldsymbol{x}(n) = [+1, x_1(n), x_2(n), \cdots, x_m(n)]^{\mathrm{T}}$$

式中，n表示迭代步数。同样，可将一个$(m+1)\times 1$维权重向量（权重向量）定义为

$$\boldsymbol{w}(n) = [b, w_1(n), w_2(n), \cdots, w_m(n)]^{\mathrm{T}}$$

因此，线性组合器的输出可以写成如下的紧凑形式：

$$v(n)=\sum_{i=0}^{m} w_i(n)x_i(n)=\boldsymbol{w}^{\mathrm{T}}(n)\boldsymbol{x}(n) \tag{1.3}$$

式中，$w_0(n)$对应于$i=0$时的偏置b。对于给定的n，式$\boldsymbol{w}^{\mathrm{T}}\boldsymbol{x}=0$表示在以$x_1, x_2, \cdots, x_m$为坐标的$m$维空间中（对于给定的偏置）形成的一个超平面，即两个不同输入类别之间的决策面。

为了让感知器正常工作，两个类别$\mathcal{C}_1$和$\mathcal{C}_2$必须是线性可分的，即待分类模式之间必须彼此充分分离，以确保决策面由一个超平面组成。图1.4以二维感知器为例说明了这个要求。在图1.4(a)中，两个类别$\mathcal{C}_1$和$\mathcal{C}_2$充分分离，使得我们能够画出一个超平面（例中是一条直线）作为决策边界。但是，若两个类别$\mathcal{C}_1$和$\mathcal{C}_2$靠得太近，如图1.4(b)所示，则它们就会变成非线性可分的，这种情况超出了感知器的计算能力。

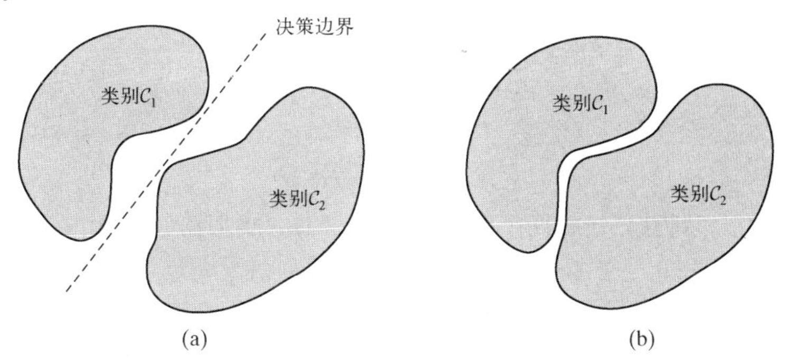

图1.4　(a)一对线性可分的模式；(b)一对非线性可分的模式

假设感知器的输入变量来自两个线性可分的类别。设$\mathcal{H}_1$是由训练向量$\boldsymbol{x}_1(1), \boldsymbol{x}_1(2), \cdots$中属于类别$\mathcal{C}_1$的向量组成的子空间，$\mathcal{H}_2$是由训练向量$\boldsymbol{x}_2(1), \boldsymbol{x}_2(2), \cdots$中属于类别$\mathcal{C}_2$的训练向量组成的子空间。$\mathcal{H}_1$和$\mathcal{H}_2$的并集是完整空间，表示为$\mathcal{H}$。给定向量集$\mathcal{H}_1$和$\mathcal{H}_2$来训练分类器，训练过程包括调整权重向量$\boldsymbol{w}$，使得类别$\mathcal{C}_1$和$\mathcal{C}_2$线性可分。也就是说，存在一个具有如下性质的权重向量$\boldsymbol{w}$：

$$\begin{aligned} &\boldsymbol{w}^{\mathrm{T}}\boldsymbol{x}>0, \quad \text{属于类别 } \mathcal{C}_1 \text{ 的每个输入向量} \boldsymbol{x} \\ &\boldsymbol{w}^{\mathrm{T}}\boldsymbol{x}\leqslant 0, \quad \text{属于类别 } \mathcal{C}_2 \text{ 的每个输入向量} \boldsymbol{x} \end{aligned} \tag{1.4}$$

在式（1.4）的第二行中，若$\boldsymbol{w}^{\mathrm{T}}\boldsymbol{x}=0$，则任选向量$\boldsymbol{x}$属于类别$\mathcal{C}_2$。对给定训练向量子集$\mathcal{H}_1$和$\mathcal{H}_2$，感知器的训练就是找到一个权重向量$\boldsymbol{w}$来满足式（1.4）中的两个不等式。

基本感知器权重向量调整的算法如下：

1．若训练集的第n个成员$\boldsymbol{x}(n)$被算法的第n次迭代计算的权重向量$\boldsymbol{w}(n)$正确分类，则按照下述规则，对感知器的权重向量不做修改：

$$\begin{aligned} &\boldsymbol{w}(n+1)=\boldsymbol{w}(n), \quad \boldsymbol{w}^{\mathrm{T}}(n)\boldsymbol{x}(n)>0 \text{ 且 } \boldsymbol{x}(n) \text{ 属于类别 } \mathcal{C}_1 \\ &\boldsymbol{w}(n+1)=\boldsymbol{w}(n), \quad \boldsymbol{w}^{\mathrm{T}}(n)\boldsymbol{x}(n)\leqslant 0 \text{ 且 } \boldsymbol{x}(n) \text{ 属于类别 } \mathcal{C}_2 \end{aligned} \tag{1.5}$$

2．否则，感知器的权重向量按如下规则更新：

$$\begin{aligned} &\boldsymbol{w}(n+1)=\boldsymbol{w}(n)-\eta(n)\boldsymbol{x}(n), \quad \boldsymbol{w}(n)^{\mathrm{T}}\boldsymbol{x}(n)>0 \text{ 且 } \boldsymbol{x}(n) \text{ 属于类别 } \mathcal{C}_2 \\ &\boldsymbol{w}(n+1)=\boldsymbol{w}(n)+\eta(n)\boldsymbol{x}(n), \quad \boldsymbol{w}(n)^{\mathrm{T}}\boldsymbol{x}(n)\leqslant 0 \text{ 且 } \boldsymbol{x}(n) \text{ 属于类别 } \mathcal{C}_1 \end{aligned} \tag{1.6}$$

式中，学习率参数$\eta(n)$控制第n次迭代时对权重向量的调整。

若$\eta(n)=\eta>0$，其中η是与迭代次数n无关的常数，则有感知器的一个固定增量自适应规则。

接下来，我们首先证明当$\eta=1$时，固定增量自适应规则的收敛性。显然，对η的取值并不重要，只要其非负即可。当$\eta\neq 1$时，η的值不影响其可分性，而只改变模式向量的大小。对变量$\eta(n)$的情况，后面再予考虑。

下面针对初始条件$\boldsymbol{w}(0)=\boldsymbol{0}$，证明感知器收敛定理。假设对$n=1,2,\cdots$有$\boldsymbol{w}^{\mathrm{T}}(n)\boldsymbol{x}(n)<0$，且输入向量$\boldsymbol{x}(n)$属于子集$\mathcal{H}_1$。也就是说，由于不满足式（1.4）中的第一个条件，感知器不能正确地对向量$\boldsymbol{x}(1),\boldsymbol{x}(2),\cdots$进行分类。当常量$\eta(n)=1$时，利用式（1.6）中的第二行得

$$\boldsymbol{w}(n+1)=\boldsymbol{w}(n)+\boldsymbol{x}(n)\,,\quad \boldsymbol{x}(n)\text{ 属于类别 }\mathcal{C}_1 \tag{1.7}$$

给定初始条件$\boldsymbol{w}(0)=\boldsymbol{0}$，迭代求解$\boldsymbol{w}(n+1)$的方程得

$$\boldsymbol{w}(n+1)=\boldsymbol{x}(1)+\boldsymbol{x}(2)+\cdots+\boldsymbol{x}(n) \tag{1.8}$$

由于已假设类别$\mathcal{C}_1$和$\mathcal{C}_2$是线性可分的，因此对属于子集$\mathcal{H}_1$的向量$\boldsymbol{x}(1),\ \boldsymbol{x}(2),\cdots,\ \boldsymbol{x}(n)$，存在不等式$\boldsymbol{w}^{\mathrm{T}}\boldsymbol{x}(n)>0$的解$\boldsymbol{w}_0$。对固定解$\boldsymbol{w}_0$，可以定义一个正数$\alpha$，

$$\alpha=\min_{\boldsymbol{x}(n)\in\mathcal{H}_1}\boldsymbol{w}_0^{\mathrm{T}}\boldsymbol{x}(n) \tag{1.9}$$

在式（1.8）两边同时乘以行向量$\boldsymbol{w}_0^{\mathrm{T}}$得

$$\boldsymbol{w}_0^{\mathrm{T}}\boldsymbol{w}(n+1)=\boldsymbol{w}_0^{\mathrm{T}}\boldsymbol{x}(1)+\boldsymbol{w}_0^{\mathrm{T}}\boldsymbol{x}(2)+\cdots+\boldsymbol{w}_0^{\mathrm{T}}\boldsymbol{x}(n)$$

根据式（1.9）给出的定义有

$$\boldsymbol{w}_0^{\mathrm{T}}\boldsymbol{w}(n+1)\geqslant n\alpha \tag{1.10}$$

下面利用柯西-施瓦茨不等式。已知两个向量$\boldsymbol{w}_0$和$\boldsymbol{w}(n+1)$，根据柯西-施瓦茨不等式有

$$\|\boldsymbol{w}_0\|^2\|\boldsymbol{w}(n+1)\|^2\geqslant[\boldsymbol{w}_0^{\mathrm{T}}\boldsymbol{w}(n+1)]^2 \tag{1.11}$$

式中，$\|\cdot\|$表示所包含参数向量的欧氏范数，且内积$\boldsymbol{w}_0^{\mathrm{T}}\boldsymbol{w}(n+1)$是标量。由式（1.10）得$[\boldsymbol{w}_0^{\mathrm{T}}\boldsymbol{w}(n+1)]^2$大于或等于$n^2\alpha^2$。由式（1.11）得$\|\boldsymbol{w}_0\|^2\|\boldsymbol{w}(n+1)\|^2$大于或等于$[\boldsymbol{w}_0^{\mathrm{T}}\boldsymbol{w}(n+1)]^2$。因此，有

$$\|\boldsymbol{w}_0\|^2\|\boldsymbol{w}(n+1)\|^2\geqslant n^2\alpha^2$$

或者等效地有

$$\|\boldsymbol{w}(n+1)\|^2\geqslant\frac{n^2\alpha^2}{\|\boldsymbol{w}_0\|^2} \tag{1.12}$$

下面采用另一种推导方法。特别地，我们将式（1.7）重写为

$$\boldsymbol{w}(k+1)=\boldsymbol{w}(k)+\boldsymbol{x}(k)\,,\qquad k=1,\cdots,n\text{且}\boldsymbol{x}(k)\in\mathcal{H}_1 \tag{1.13}$$

对式（1.13）两边取欧氏范数的平方得

$$\|\boldsymbol{w}(k+1)\|^2=\|\boldsymbol{w}(k)\|^2+\|\boldsymbol{x}(k)\|^2+2\boldsymbol{w}^{\mathrm{T}}(k)\boldsymbol{x}(k) \tag{1.14}$$

因为$\boldsymbol{w}^{\mathrm{T}}(k)\boldsymbol{x}(k)\leqslant 0$，所以由式（1.14）有

$$\|\boldsymbol{w}(k+1)\|^2\leqslant\|\boldsymbol{w}(k)\|^2+\|\boldsymbol{x}(k)\|^2$$

或者等效地有

$$\|\boldsymbol{w}(k+1)\|^2-\|\boldsymbol{w}(k)\|^2\leqslant\|\boldsymbol{x}(k)\|^2,\quad k=1,\cdots,n \tag{1.15}$$

将$k=1,\cdots,n$时的这些不等式相加，结合假设的初始条件$\boldsymbol{w}(0)=\boldsymbol{0}$得

$$\|\boldsymbol{w}(n+1)\|^2\leqslant\sum_{k=1}^{n}\|\boldsymbol{x}(k)\|^2\leqslant n\beta \tag{1.16}$$

式中，β是一个定义如下的正数：

$$\beta=\max_{\boldsymbol{x}(k)\in\mathcal{H}_1}\|\boldsymbol{x}(k)\|^2 \tag{1.17}$$

式（1.16）表明，权重向量$\boldsymbol{w}(n+1)$的欧氏范数的平方随迭代次数n线性增长。

当n值足够大时，式（1.16）中的第二个结果显然与式（1.12）中的结果矛盾。实际上，n不能大于使得式（1.12）和式（1.16）中的等号都成立的$n_{\max}$。也就是说，$n_{\max}$是如下方程的解：

$$\frac{n_{\max}^2 \alpha^2}{\|\boldsymbol{w}_0\|^2} = n_{\max} \beta$$

给定解向量$\boldsymbol{w}_0$，就可求得$n_{\max}$：

$$n_{\max} = \frac{\beta \|\boldsymbol{w}_0\|^2}{\alpha^2} \tag{1.18}$$

这样，我们就证明了对任意n，当$\boldsymbol{w}(0) = \boldsymbol{0}$时，若$\eta(n) = 1$且向量$\boldsymbol{w}_0$存在，则感知器权重的调整最多在$n_{\max}$次迭代后终止。这是在训练集$\mathcal{H}_1$上的论证，但该论证同样适用于$\mathcal{H}_2$。由式（1.9）、式（1.17）和式（1.18）可知，$\boldsymbol{w}_0$或$n_{\max}$的解并不唯一。

至此，我们就可将感知器的固定增量收敛定理（Rosenblatt, 1962）表述如下：

设训练向量的子集$\mathcal{H}_1$和$\mathcal{H}_2$是线性可分的，感知器的输入来自这两个子集。感知器在n_0次迭代后收敛，即$\boldsymbol{w}(n_0) = \boldsymbol{w}(n_0+1) = \boldsymbol{w}(n_0+2) = \cdots$是$n_0 \leqslant n_{\max}$时的一个解向量。

下面考虑$\eta(n)$变化时，单层感知器自适应的绝对误差修正过程。特别地，设$\eta(n)$是满足下式的最小整数：

$$\eta(n)\boldsymbol{x}^{\mathrm{T}}(n)\boldsymbol{x}(n) > \left|\boldsymbol{w}^{\mathrm{T}}(n)\boldsymbol{x}(n)\right|$$

根据这个过程，可以发现，若第n次迭代时内积$\boldsymbol{w}^{\mathrm{T}}(n)\boldsymbol{x}(n)$存在符号错误，则第$n+1$次迭代时内积$\boldsymbol{w}^{\mathrm{T}}(n+1)\boldsymbol{x}(n)$的符号会被纠正。这说明，若第$n$次迭代时内积$\boldsymbol{w}^{\mathrm{T}}(n)\boldsymbol{x}(n)$存在符号错误，则可通过令$\boldsymbol{x}(n+1) = \boldsymbol{x}(n)$来改变第$n+1$次迭代的训练次序。也就是说，可将每个模式重复呈现给感知器，直到模式被正确分类为止。

还要注意，当$\boldsymbol{w}(0)$的初值不为零时，并不影响感知器的收敛问题，而仅导致收敛所需的迭代次数或增或减。感知器是否收敛，取决于$\boldsymbol{w}(0)$与解$\boldsymbol{w}_0$的关系。无论$\boldsymbol{w}(0)$的值是多少，感知器都能保证收敛。

表1.1中小结了感知器收敛算法（Lippmann, 1987）。

表1.1 感知器收敛算法描述

变量和参数：

$\boldsymbol{x}(n) = m+1$维输入向量

$= [+1, x_1(n), x_2(n), \cdots, x_m(n)]^{\mathrm{T}}$

$\boldsymbol{w}(n) = m+1$维权重向量

$= [b, w_1(n), w_2(n), \cdots, w_m(n)]^{\mathrm{T}}$

$b =$ 偏置

$y(n) =$（量化的）实际响应

$d(n) =$ 期望响应

$\eta =$ 学习率参数，一个比1小的正常数

1．初始化。设$\boldsymbol{w}(0) = \boldsymbol{0}$。对时间步$n = 1, 2, \cdots$，执行下列计算。

2．激活。在时间步n，通过提供连续值输入向量$\boldsymbol{x}(n)$和期望响应$d(n)$来激活感知器。

3．计算实际响应。计算感知器的实际响应$y(n) = \mathrm{sgn}[\boldsymbol{w}^{\mathrm{T}}(n)\boldsymbol{x}(n)]$，其中$\mathrm{sgn}(\cdot)$是符号函数。

4．向量自适应。更新感知器的权重向量：

$$\boldsymbol{w}(n+1) = \boldsymbol{w}(n) + \eta[d(n) - y(n)]\boldsymbol{x}(n)$$

式中，

$$d(n) = \begin{cases} +1, & \boldsymbol{x}(n)\text{属于类别}\mathcal{C}_1 \\ -1, & \boldsymbol{x}(n)\text{属于类别}\mathcal{C}_2 \end{cases}$$

5．继续。时间步n增1，返回步骤2。

表中的第三步是计算感知器的实际响应，其中 sgn(·) 是符号函数：

$$\operatorname{sgn}(v)=\begin{cases}+1, & v>0\\ -1, & v<0\end{cases} \tag{1.19}$$

因此，可用如下的简洁形式来表示感知器的量化响应$y(n)$：

$$y(n)=\operatorname{sgn}[\boldsymbol{w}^{\mathrm{T}}(n)\boldsymbol{x}(n)] \tag{1.20}$$

注意，输入向量$\boldsymbol{x}(n)$是$(m+1)\times 1$维向量，它的第一个元素在整个计算过程中固定为+1。相应地，权重向量$\boldsymbol{w}(n)$也是$(m+1)\times 1$维向量，它的第一个元素等于偏置b。表1.1中的另一个重点是引入了量化期望响应$d(n)$，它定义为

$$d(n)=\begin{cases}+1, & \boldsymbol{x}(n)\text{属于类别}\mathcal{C}_1\\ -1, & \boldsymbol{x}(n)\text{属于类别}\mathcal{C}_2\end{cases} \tag{1.21}$$

因此，权重向量$\boldsymbol{w}(n)$的自适应是误差修正学习规则（error-correction learning rule）形式的累加：

$$\boldsymbol{w}(n+1)=\boldsymbol{w}(n)+\eta[d(n)-y(n)]\boldsymbol{x}(n) \tag{1.22}$$

式中，η是学习率参数，差$d(n)-y(n)$起误差信号的作用。学习率参数是值域为$0<\eta\leqslant 1$的正常数。当η在该区间上取值时，必须牢记两个互相冲突的要求（Lippmann, 1987）：

- 平均，对过去的输入进行平均，以提供稳定的权重估计，这需要一个较小的η。
- 快速自适应，负责生成输入向量$\boldsymbol{x}$的固有分布的实际变化，这需要一个较大的η。

1.4 高斯环境下感知器与贝叶斯分类器的关系

感知器与经典模式分类器——贝叶斯分类器有一定的联系。在高斯环境下，贝叶斯分类器可简化为线性分类器，这与感知器采用的形式相同。然而，感知器的线性性质并不取决于高斯假设。本节介绍这两者之间的关系，借此深入研究感知器的运行。下面首先简要回顾贝叶斯分类器。

1.4.1 贝叶斯分类器

在贝叶斯分类器或贝叶斯假设检验过程中，将平均风险最小化，用R表示。对于二分类问题（类别分别记为$\mathcal{C}_1$和$\mathcal{C}_2$），Van Trees(1968)将平均风险定义为

$$\begin{aligned}R=&c_{11}p_1\int_{\mathcal{H}_1}p_{\boldsymbol{x}}(\boldsymbol{x}|\mathcal{C}_1)\mathrm{d}\boldsymbol{x}+c_{22}p_2\int_{\mathcal{H}_1}p_{\boldsymbol{x}}(\boldsymbol{x}|\mathcal{C}_2)\mathrm{d}\boldsymbol{x}+\\ &c_{21}p_1\int_{\mathcal{H}_2}p_{\boldsymbol{x}}(\boldsymbol{x}|\mathcal{C}_1)\mathrm{d}\boldsymbol{x}+c_{22}p_2\int_{\mathcal{H}_2}p_{\boldsymbol{x}}(\boldsymbol{x}|\mathcal{C}_2)\mathrm{d}\boldsymbol{x}\end{aligned} \tag{1.23}$$

式中，p_i是观测向量$\boldsymbol{x}$（表示随机向量$\boldsymbol{X}$的实现值）取自子空间$\mathcal{H}_1$的先验概率，其中i = 1, 2，并且$p_1+p_2=1$。c_{ij}是当类别$\mathcal{C}_j$是真实的类别（观测向量$\boldsymbol{x}$取自子空间$\mathcal{H}_1$）时，决策为由子空间代表的类别$\mathcal{C}_i$的代价，其中$i, j=1, 2$。$p_{\boldsymbol{x}}(\boldsymbol{x}|\mathcal{C}_i)$是随机向量$\boldsymbol{X}$的条件概率密度函数，假设观测向量$\boldsymbol{x}$取自子空间$\mathcal{H}_1$，$i=1, 2$。

式（1.23）右侧的前两项表示正确决策（正确分类），后两项代表不正确决策（错误分类）。每项决策都由两个因子的乘积加权：做出决策的代价和决策发生的相对频率（先验概率）。

决策确定一个策略，以使平均风险最小。在观测空间$\mathcal{H}$中，需要假设每个观测向量$\boldsymbol{x}$要么属于$\mathcal{H}_1$，要么属于$\mathcal{H}_2$。因此，

$$\mathcal{H} = \mathcal{H}_1 + \mathcal{H}_2 \tag{1.24}$$

相应地，式（1.23）可以改写为如下的等效形式：

$$\begin{aligned} R = {} & c_{11} p_1 \int_{\mathcal{H}_1} p_{\boldsymbol{x}}(\boldsymbol{x}|\mathcal{C}_1)\mathrm{d}\boldsymbol{x} + c_{22} p_2 \int_{\mathcal{H}-\mathcal{H}_1} p_{\boldsymbol{x}}(\boldsymbol{x}|\mathcal{C}_2)\mathrm{d}\boldsymbol{x} + \\ & c_{21} p_1 \int_{\mathcal{H}-\mathcal{H}_1} p_{\boldsymbol{x}}(\boldsymbol{x}|\mathcal{C}_1)\mathrm{d}\boldsymbol{x} + c_{12} p_2 \int_{\mathcal{H}_1} p_{\boldsymbol{x}}(\boldsymbol{x}|\mathcal{C}_2)\mathrm{d}\boldsymbol{x} \end{aligned} \tag{1.25}$$

式中，$c_{11} < c_{21}$且$c_{22} < c_{12}$。观察发现

$$\int_{\mathcal{H}} p_{\boldsymbol{x}}(\boldsymbol{x}|\mathcal{C}_1)\mathrm{d}\boldsymbol{x} = \int_{\mathcal{H}} p_{\boldsymbol{x}}(\boldsymbol{x}|\mathcal{C}_2)\mathrm{d}\boldsymbol{x} = 1 \tag{1.26}$$

因此式（1.25）可简化为

$$R = c_{21} p_1 + c_{22} p_2 + \int_{H_1} \left[p_2(c_{12} - c_{22}) p_{\boldsymbol{x}}(\boldsymbol{x}|\mathcal{C}_2) - p_1(c_{21} - c_{11}) p_{\boldsymbol{x}}(\boldsymbol{x}|\mathcal{C}_1) \right] \mathrm{d}\boldsymbol{x} \tag{1.27}$$

式（1.27）右边的前两项代表一个固定代价。因为要求最小化平均风险R，所以可由式（1.27）推导出以下最优分类策略：

1. 在方括号内的表达式中，所有使被积函数为负的观测向量$\boldsymbol{x}$都归入子空间$\mathcal{H}_1$，即类别$\mathcal{C}_1$，此时积分对风险R产生负面作用。
2. 反之，所有使被积函数为正的观测向量$\boldsymbol{x}$都必须从子空间$\mathcal{H}_1$中排除，即归入类别$\mathcal{C}_2$，此时积分对风险R产生正面作用。
3. 由于使被积函数为零的$\boldsymbol{x}$值对平均风险R无影响，因此可任意归类。假设将这些点归入子空间$\mathcal{H}_2$（类别$\mathcal{C}_2$）。

在此基础上，贝叶斯分类器公式表述如下。

如果满足条件

$$p_1(c_{21} - c_{11}) p_{\boldsymbol{x}}(\boldsymbol{x}|\mathcal{C}_1) > p_2(c_{12} - c_{22}) p_{\boldsymbol{x}}(\boldsymbol{x}|\mathcal{C}_2)$$

那么将观测向量$\boldsymbol{x}$归入子空间$\mathcal{H}_1$（类别$\mathcal{C}_1$），否则将$\boldsymbol{x}$归入$\mathcal{H}_2$（类别$\mathcal{C}_2$）。

为简化起见，定义

$$\Lambda(\boldsymbol{x}) = \frac{p_{\boldsymbol{x}}(\boldsymbol{x}|\mathcal{C}_1)}{p_{\boldsymbol{x}}(\boldsymbol{x}|\mathcal{C}_2)} \tag{1.28}$$

$$\xi = \frac{p_2(c_{12} - c_{22})}{p_1(c_{21} - c_{11})} \tag{1.29}$$

$\Lambda(\boldsymbol{x})$是两个条件概率密度函数之比，称为似然比；ξ称为检验的阈值。注意，$\Lambda(\boldsymbol{x})$和ξ都恒为正值。根据这两个量，可将贝叶斯分类重新表述如下。

若观测向量$\boldsymbol{x}$的似然比$\Lambda(\boldsymbol{x})$比阈值ξ大，则将$\boldsymbol{x}$归入类别$\mathcal{C}_1$，否则将$\boldsymbol{x}$归入类别$\mathcal{C}_2$。

图1.5(a)给出了贝叶斯分类器的框图，它有两个要点：

1. 设计贝叶斯分类器的数据处理被完全限定为似然比$\Lambda(\boldsymbol{x})$的计算。
2. 该计算与决策过程中赋给先验概率和代价成本的值完全无关。这两个量仅影响阈值ξ。

从计算的角度看，使用似然比的对数较使用似然比本身更方便，理由有二：第一，对数是单调函数；第二，似然比$\Lambda(\boldsymbol{x})$和阈值ξ均为正。因此，贝叶斯分类器可用如图1.5(b)所示的等效形式实现。显然，后一幅图所体现的检验称为对数似然比检验。

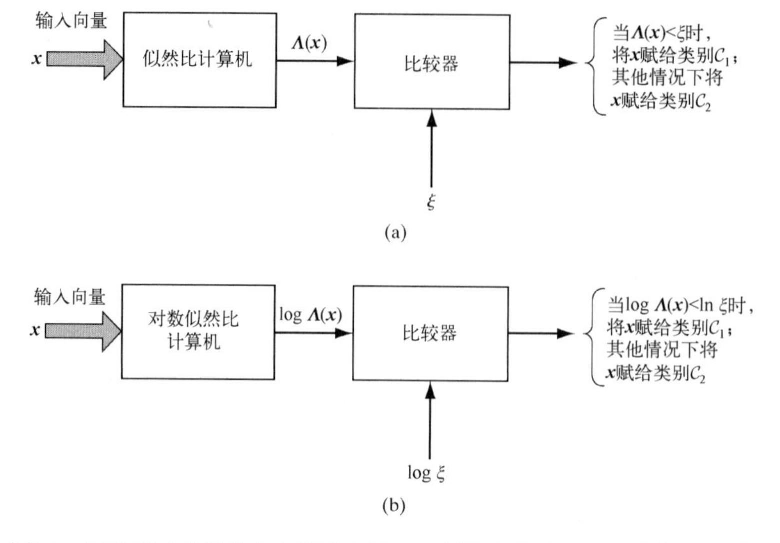

图1.5 贝叶斯分类器的两个等效实现：(a)似然比检验；(b)对数似然比检验

1.4.2 高斯分布下的贝叶斯分类器

下面考虑二分类问题的特殊情况，即基本分布为高斯分布时的情况。随机向量$\boldsymbol{X}$的均值取决于它是属于类别$\mathcal{C}_1$还是属于类别$\mathcal{C}_2$，但$\boldsymbol{X}$的协方差矩阵对两个类别都相同，即

$$\text{类别}\mathcal{C}_1\text{：}\ \mathbb{E}[\boldsymbol{X}]=\boldsymbol{\mu}_1,\ \mathbb{E}[(\boldsymbol{X}-\boldsymbol{\mu}_1)(\boldsymbol{X}-\boldsymbol{\mu}_1)^{\mathrm{T}}]=\boldsymbol{C}$$

$$\text{类别}\mathcal{C}_2\text{：}\ \mathbb{E}[\boldsymbol{X}]=\boldsymbol{\mu}_2,\ \mathbb{E}[(\boldsymbol{X}-\boldsymbol{\mu}_2)(\boldsymbol{X}-\boldsymbol{\mu}_2)^{\mathrm{T}}]=\boldsymbol{C}$$

协方差矩阵$\boldsymbol{C}$是非对角的，即取自类别$\mathcal{C}_1$和类别$\mathcal{C}_2$的样本是相关的。假设$\boldsymbol{C}$是非奇异的，则其逆矩阵$\boldsymbol{C}^{-1}$存在。

在这个背景下，可将$\boldsymbol{X}$的条件概率密度函数表示为多变量高斯分布，即

$$p_{\boldsymbol{x}}(\boldsymbol{x}|\mathcal{C}_i)=\frac{1}{(2\pi)^{m/2}(\det(\boldsymbol{C}))^{1/2}}\exp\left(-\frac{1}{2}(\boldsymbol{x}-\boldsymbol{\mu}_i)^{\mathrm{T}}\boldsymbol{C}^{-1}(\boldsymbol{x}-\boldsymbol{\mu}_i)\right),\quad i=1,2 \tag{1.30}$$

式中，m是观测向量$\boldsymbol{x}$的维数。

进一步假设：

1．类别$\mathcal{C}_1$和类别$\mathcal{C}_2$同概率：

$$p_1=p_2=\tfrac{1}{2} \tag{1.31}$$

2．错误分类造成同样的代价，正确分类的代价为零：

$$c_{21}=c_{12}\quad \text{和}\quad c_{11}=c_{22}=0 \tag{1.32}$$

现在就有了对二分类问题设计贝叶斯分类器的信息。将式（1.30）代入式（1.28）并取自然对数，化简后得

$$\begin{aligned}\log\Lambda(\boldsymbol{x})&=-\tfrac{1}{2}(\boldsymbol{x}-\boldsymbol{\mu}_1)^{\mathrm{T}}\boldsymbol{C}^{-1}(\boldsymbol{x}-\boldsymbol{\mu}_1)+\tfrac{1}{2}(\boldsymbol{x}-\boldsymbol{\mu}_2)^{\mathrm{T}}\boldsymbol{C}^{-1}(\boldsymbol{x}-\boldsymbol{\mu}_2)\\&=(\boldsymbol{\mu}_1-\boldsymbol{\mu}_2)^{\mathrm{T}}\boldsymbol{C}^{-1}\boldsymbol{x}+\tfrac{1}{2}(\boldsymbol{\mu}_2^{\mathrm{T}}\boldsymbol{C}^{-1}\boldsymbol{\mu}_2-\boldsymbol{\mu}_1^{\mathrm{T}}\boldsymbol{C}^{-1}\boldsymbol{\mu}_1)\end{aligned} \tag{1.33}$$

将式（1.31）和式（1.32）代入式（1.29）并取自然对数得

$$\log\xi=0 \tag{1.34}$$

式（1.33）和式（1.34）表明当前问题的贝叶斯分类器是线性分类器，其关系式为

$$y=\boldsymbol{w}^{\mathrm{T}}\boldsymbol{x}+b \tag{1.35}$$

式中，

$$y = \log \Lambda(\boldsymbol{x}) \tag{1.36}$$

$$\boldsymbol{w} = \boldsymbol{C}^{-1}(\boldsymbol{\mu}_1 - \boldsymbol{\mu}_2) \tag{1.37}$$

$$b = \frac{1}{2}(\boldsymbol{\mu}_2^{\mathrm{T}}\boldsymbol{C}^{-1}\boldsymbol{\mu}_2 - \boldsymbol{\mu}_1^{\mathrm{T}}\boldsymbol{C}^{-1}\boldsymbol{\mu}_1) \tag{1.38}$$

具体地说，分类器由权重向量为$\boldsymbol{w}$和偏置为b的线性组合器构成，如图1.6所示。

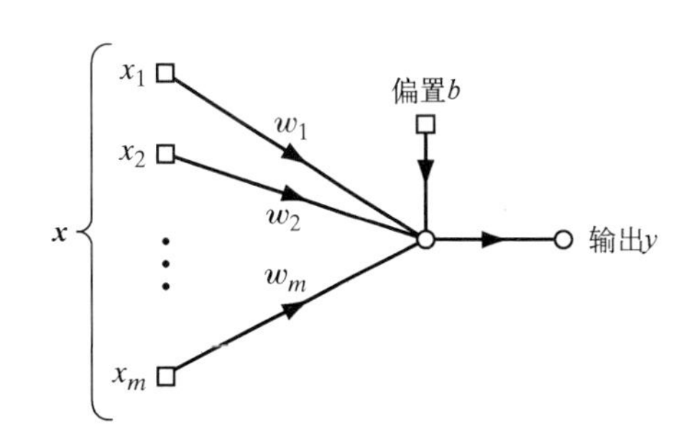

图 1.6　高斯分类器的信号流图

在式（1.35）的基础上，可将二分类问题的对数似然比检验描述如下：

> 若线性组合器（包括偏置b）的输出为正，则将观测向量$\boldsymbol{x}$归入类别$\mathcal{C}_1$，否则归入类别$\mathcal{C}_2$。

这里描述的高斯环境下贝叶斯分类器的运行与感知器是类似的，因为它们都是线性分类器，如式（1.1）和式（1.35）所示。然而，它们之间还有一些微妙但重要的区别，应仔细研究（Lippmann, 1987）：

- 感知器运行的前提是待分类模式是线性可分的。在导出贝叶斯分类器的过程中，所假设的两个高斯分布模式是互相重叠的，因此是不可分的。重叠范围由均值向量$\boldsymbol{\mu}_1$和$\boldsymbol{\mu}_2$及协方差矩阵$\boldsymbol{C}$决定。对于标量随机变量的特殊情况（维数$m = 1$），这种重叠的性质如图 1.7所示。当输入不可分且其分布重叠时，感知器收敛算法将出现问题，因为两个类别之间的决策边界可能持续振荡。
- 贝叶斯分类器使分类误差的概率最小化。这种最小化与两个类别的基本高斯分布之间的重叠无关。例如，在图1.7所示的特殊情况下，贝叶斯分类器将决策边界定位在两个类别$\mathcal{C}_1$和$\mathcal{C}_2$的高斯分布的交叉点上。

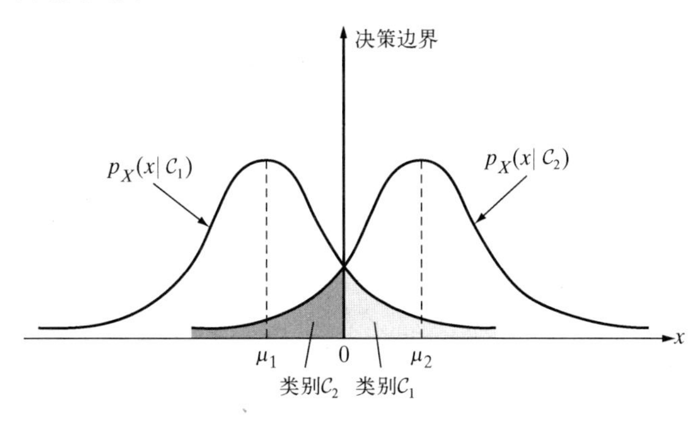

图1.7　两个重叠的一维高斯分布

- 感知器收敛算法是非参数的，因为它对基本分布的形式不做任何假设。它通过集中处理分布重叠时出现的误差来运行。因此，当输入由非线性物理机制产生，且分布严重倾斜而不是高斯分布时，它可能很有效。相反，贝叶斯分类器是参数化的；它的导出建立在高斯分布假设上，因此这可能限制它的适用范围。
- 感知器收敛算法是自适应的且易于实现；它的存储需求仅限于权重集合和偏置。而贝叶斯分类器设计是固定的；可以使其自适应，但代价是更大的存储需求和更复杂的计算。

1.5 计算机实验：模式分类

这个计算机实验的目的有二：

① 制定双月分类问题的规范，作为本书中涉及模式分类实验部分的原型的基础。

② 证明Rosenblatt感知器算法对线性可分模式正确分类的能力，说明线性可分性不满足时Rosenblatt感知器将崩溃。

1.5.1 分类问题的规范

图1.8给出了两个面对面非对称排列的“月亮”。标有“区域A”的月亮关于y轴对称，标有“区域B”的月亮则放在y轴右侧半径为r及x轴下方距离为d的位置。两个月亮有相同的参数：

$$每个月亮的半径r = 10, \quad 每个月亮的宽度w = 6$$

两个月亮之间的垂直距离d可调，且是相对于x轴度量的，如图1.8所示。

- d值越正，表示两个月亮之间的距离越远。
- d值越负，表示两个月亮之间的距离越近。

训练样本集$\mathcal{T}$ 由1000对数据点组成，每对数据点中的一个数据点取自区域A，另一个数据点取自区域B，二者都是随机选取的。测试样本集由2000对数据点组成，也是随机选取的。

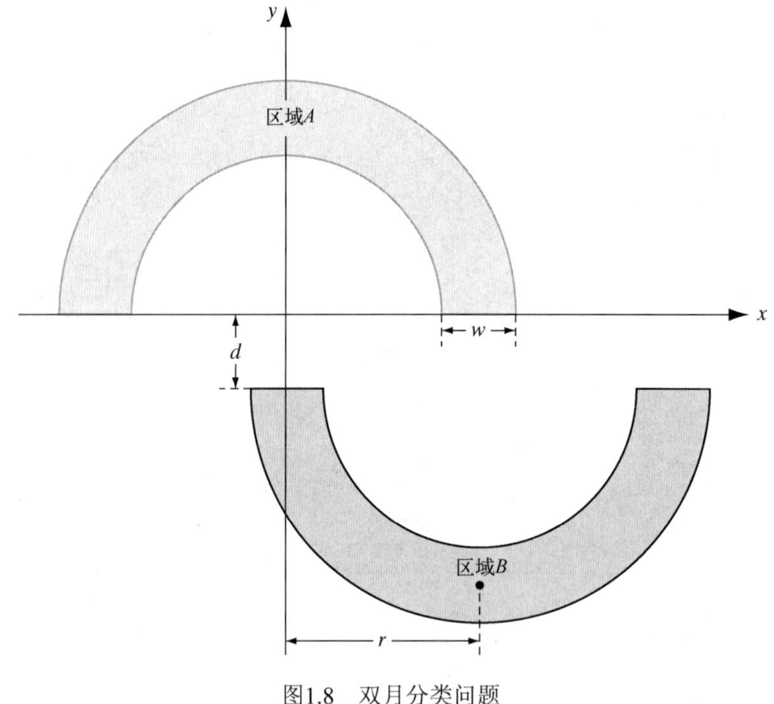

图1.8 双月分类问题

1.5.2 实验

实验所用的感知器参数如下：

$$输入层大小 = 2; \quad \beta = 50，见式（1.17）$$

学习率参数η从10^{-1}线性下降到10^{-5}，权重被初始化为0。

图1.9给出了d = 1时的实验结果，它对应于完全线性可分的情况。图1.9(a)是学习曲线，

给出了均方误差（MSE）和迭代次数间的关系；图中还显示了算法经过3次迭代后的收敛情况。图1.9(b)中画出了经感知器算法训练后计算得到的决策边界，表明了2000个测试点的完全可分性。

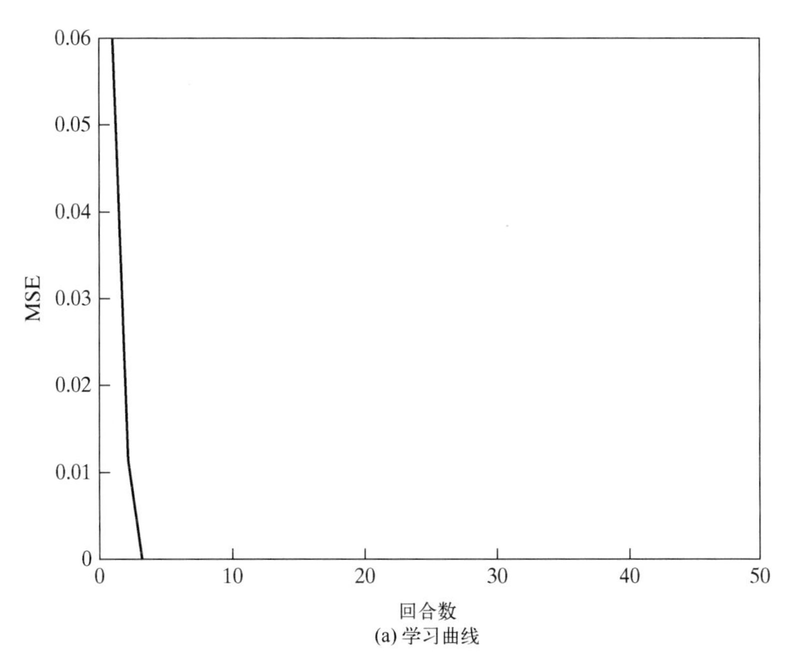

(a) 学习曲线

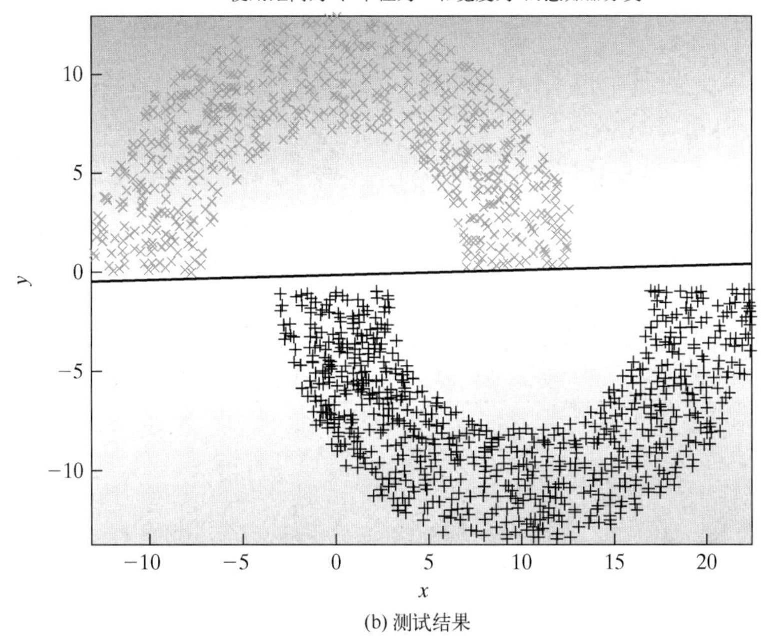

(b) 测试结果

图 1.9　双月距离 $d = 1$ 的感知器：(a)学习曲线；(b)测试结果

在图1.10中，两个月亮间的距离被设为$d = -4$，该条件破坏了线性可分性。图1.10(a)给出了学习曲线，从学习曲线的波动可知感知器算法持续波动，这意味着算法的崩溃。这一结果在图1.10(b)中得到了证实，通过训练得到的决策边界和两个月亮相交，分类错误率为$(186/2000)\times100\% = 9.3\%$。

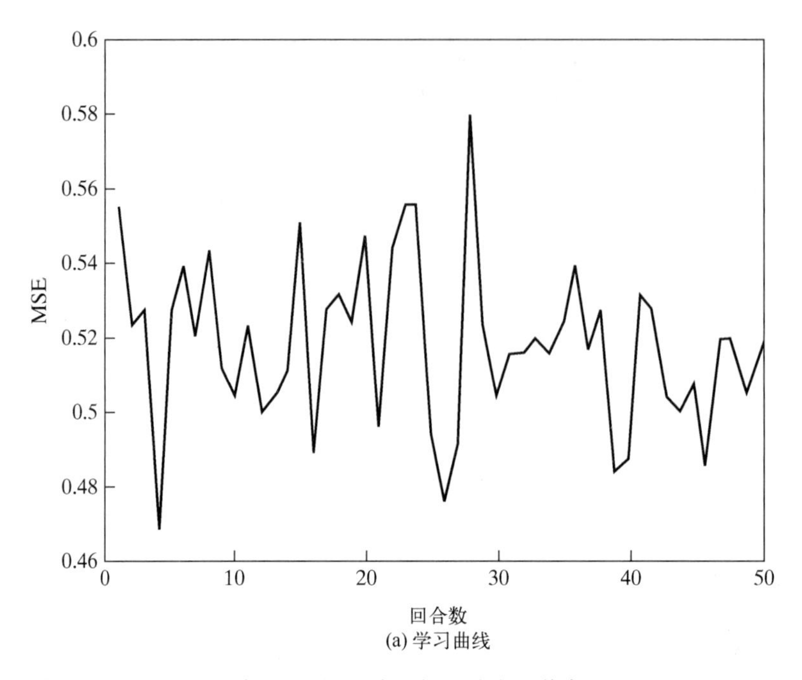

(a) 学习曲线

使用距离为–4、半径为10和宽度为6的感知器分类

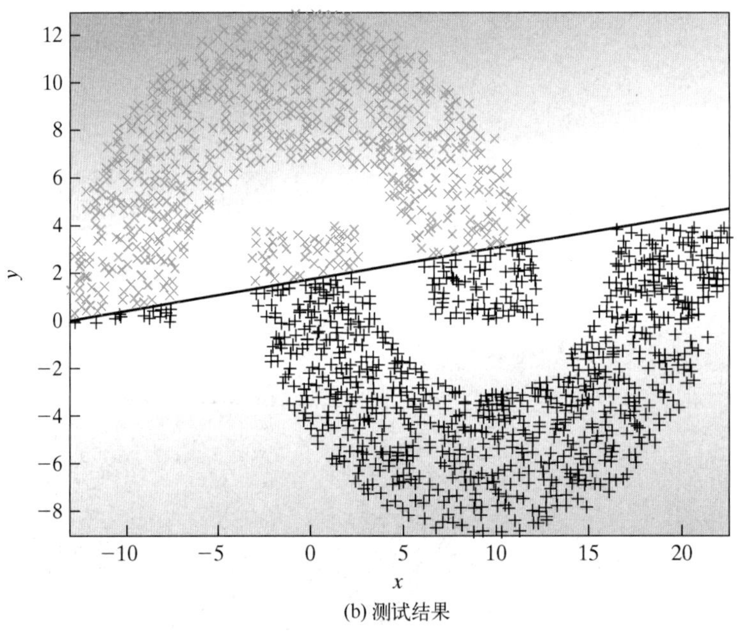

(b) 测试结果

图 1.10　双月距离 $d = -4$ 的感知器：(a)学习曲线；(b)测试结果

1.6　批量感知器算法

表1.1中小结的感知器收敛算法的推导未考虑代价函数，且推导重点是单样本修正。本节的两个任务如下：

1. 介绍感知器代价函数的广义形式。

2. 利用代价函数构建感知器收敛算法的批量版。

记住，要使用一个允许应用梯度搜索的函数作为代价函数。具体地说，要将感知器代价函数定义为

$$J(\boldsymbol{w})=\sum_{\boldsymbol{x}(n)\in\mathcal{H}}(-\boldsymbol{w}^{\mathrm{T}}\boldsymbol{x}(n)d(n)) \tag{1.39}$$

式中，$\mathcal{H}$是以$\boldsymbol{w}$为权重向量的感知器误分类的样本$\boldsymbol{x}$的集合（Duda et al., 2001）。若所有样本都被正确分类，则$\mathcal{H}$为空，这种情况下的代价函数$J(\boldsymbol{w})$为0。代价函数$J(\boldsymbol{w})$的优点是其关于权重向量$\boldsymbol{w}$可微。因此，将$J(\boldsymbol{w})$关于$\boldsymbol{w}$微分，得到梯度向量：

$$\nabla J(\boldsymbol{w})=\sum_{\boldsymbol{x}(n)\in\mathcal{H}}(-\boldsymbol{x}(n)d(n)) \tag{1.40}$$

式中，梯度算子为

$$\nabla=\left[\frac{\partial}{\partial w_1},\frac{\partial}{\partial w_2},\cdots,\frac{\partial}{\partial w_m}\right]^{\mathrm{T}} \tag{1.41}$$

在最陡下降法中，算法的每个时间步对权重向量$\boldsymbol{w}$的修正都是在梯度向量$\nabla J(\boldsymbol{w})$的反方向进行的。因此，算法具有如下形式：

$$\boldsymbol{w}(n+1)=\boldsymbol{w}(n)-\eta(n)\nabla J(\boldsymbol{w})=\boldsymbol{w}(n)+\eta(n)\sum_{\boldsymbol{x}(n)\in\mathcal{H}}\boldsymbol{x}(n)d(n) \tag{1.42}$$

其中包括作为特殊情况的感知器收敛算法的单样本修正版。此外，式（1.42）包含给定样本集$\boldsymbol{x}(1)$, $\boldsymbol{x}(2),\cdots$来计算权重向量的批量感知器算法。在时间步$n+1$，用于权重向量的调整值由权重向量$\boldsymbol{w}(n)$错误分类的所有样本的总和定义，总和由学习率参数$\eta(n)$缩放。称这种算法为批量算法的原因是，在算法的每个时间步都使用一批误分类的样本来计算调整值。

1.7 小结和讨论

感知器是单层神经网络，它的运行基于误差修正学习。这里使用术语“单层”的目的是表示网络计算层由单个神经元组成，用于求解二分类问题。模式分类的学习过程需要一定次数的迭代才能终止。然而，为了成功实现分类，这些模式必须是线性可分的。

感知器的神经元使用McCulloch-Pitts模型。在这种情况下，很容易让人产生一个疑问：如果用S形非线性函数代替硬限幅器，感知器是否有更好的表现？结果表明，不管神经元模型中的非线性源是硬限幅还是软限幅，感知器的稳定状态和决策特征都基本不变（Shynk, 1990; Shynk and Bershad, 1991）。因此，可以正式地说，只要神经元模型由一个线性组合器和一个非线性元素组成，不管使用何种非线性函数形式，单层感知器都只能对线性可分模式进行分类。

Minsky and Selfridge(1961)首次批判了Rosenblatt感知器。Minsky和Selfridge指出，Rosenblatt感知器甚至不能推广到二进制数的奇偶校验对，更无法完成一般的抽象。Rosenblatt感知器的计算局限性后来在Minsky and Papert(1969, 1988)的《感知器》中严格得到了数学证明。在对感知器进行精辟而详尽的数学分析后，Minsky和Papert证明，建立在局部学习样本基础上的Rosenblatt感知器本质上无法全局泛化。在《感知器》的最后一章，Minsky和Papert推测他们发现的Roscnblatt感知器的局限性对其变体——多层神经网络也成立。Minsky and Papert(1969)在《感知器》的13.2节中写道：

> 尽管感知器具有严重的局限性，但是仍然值得研究。它有很多值得注意的特点：线性性质；有趣的学习理论；作为一类明确并行计算范例的简单性。然而，没有任何理由认为这些优点中的任何一个都会延续到多层版本中。尽管如此，我们认为阐明（或否定）我们的直觉判断是一个重要的研究课题，即向多层系统的扩展是徒劳无益的。

这个结论很大程度上使得人们不仅严重怀疑感知器的计算能力，而且怀疑一般神经网络的计

算能力，直到20世纪80年代中期。

但是，历史已经证明，Minsky和Papert的推测似乎是不公正的，因为现在已有几种先进的神经网络和学习机，它们的计算能力要比Rosenblatt感知器更强大。例如，第4章讨论的由反向传播算法训练的多层感知器、第5章讨论的径向基函数网络、第6章讨论的支持向量机等，都以它们各自的方法克服了单层感知器的计算局限性。

在结束关于感知器的讨论时，我们可以断定感知器是用来对线性可分模式进行分类的精致神经网络，它的重要性不仅在于其历史价值，而且在于其在线性可分模式分类方面的实际价值。

注释和参考文献

1. Rosenblatt(1962)预想的原始感知器模型的网络组织有三类单元：感知单元、联想单元和响应单元。感知单元和联想单元之间的连接权重是固定的，而联想单元和响应单元之间的连接权重是变化的。联想单元被设计成一个从环境输入中抽取模式的预处理器。就仅关心可变权重而论，Rosenblatt的原始感知器的运行与只有一个响应单元（单个神经元）的情况基本一致。
2. 1.3节关于感知器收敛算法的证明摘自Nilsson(1965)的经典图书。

习题

1.1 证明总结感知器收敛算法的式（1.19）至式（1.22）与式（1.5）和式（1.6）一致。

1.2 假设图1.1中的感知器信号流图的硬限幅器被如下的S形非线性函数代替：

$$\varphi(v) = \tanh(v/2)$$

式中v是诱导局部域。感知器的分类决策定义如下：若输出$y \geqslant \xi$，则观测向量$\boldsymbol{x}$属于类别$\mathscr{C}_1$，其中ξ是一个阈值；否则，$\boldsymbol{x}$属于类别$\mathscr{C}_2$。证明这样构建的决策边界是一个超平面。

1.3 (a)感知器可用来执行很多逻辑函数，说明它对逻辑函数与（AND）、或（OR）和非（COMPLEMENT）的实现过程。

(b)感知器的一个基本局限是不能执行异或（EXCLUSIVE OR）函数，解释原因。

1.4 考虑两个一维高斯分布的类别$\mathscr{C}_1$和$\mathscr{C}_2$，它们的方差都为1，均值分别为$\boldsymbol{\mu}_1 = -10, \boldsymbol{\mu}_2 = +10$。这两个类别本质上是线性可分的。设计一个分类器来分离这两个类别。

1.5 式（1.37）和式（1.38）定义了贝叶斯分类器在高斯环境下的权重向量和偏置。当协方差矩阵$\boldsymbol{C}$为

$$\boldsymbol{C} = \sigma^2 \boldsymbol{I}$$

时，求该分类器的构成，其中σ^2是常数，$\boldsymbol{I}$是单位矩阵。

计算机实验

1.6 重复1.5节的计算机实验，但将图1.8中的两个月亮放到分隔边界处，即$d = 0$。在2000个测试数据点上计算该算法的分类错误率。

第2章　回 归 建 模

本章的主题是用线性回归这一函数逼近的特殊形式，对给定的随机变量集建模。本章中的各节安排如下：

- 2.1节是引言。
- 2.2节阐述线性回归模型的数学框架，它是本章其余部分的基础。
- 2.3节推导线性回归模型参数向量的最大后验估计（MAP）。
- 2.4节使用最小二乘法处理参数估计问题，并讨论该方法与贝叶斯方法的关系。
- 2.5节回顾第1章中的模式分类实验，但这次使用的是最小二乘法。
- 2.6节讨论模型阶数选择问题。
- 2.7节讨论参数估计中有限样本量的后果，包括偏差-方差困境。
- 2.8节介绍工具变量的概念，以处理“变量误差”问题。
- 2.9节对本章进行总结和讨论。

2.1　引言

实际上，模型构建的思想在关于数据统计分析的每门学科中都有体现。例如，假设已知一组随机变量，任务是找出它们之间可能存在的关系（如果存在的话）。回归是函数逼近的一种特殊形式，我们常在其中发现如下现象：

- 随机变量之一被认为特别重要，这个随机变量称为*因变量*或*响应*。
- 剩余的随机变量称为*独立变量*或*回归变量*，它们的作用是解释或预测响应的统计行为。
- 响应对回归变量的依赖性包括一个附加误差项，以衡量回归公式的不确定性；这个误差项称为*期望误差*或*解释误差*。

这样的模型称为*回归模型*。

回归模型有两类：线性回归模型和非线性回归模型。一方面，在线性回归模型中，响应对回归变量的依赖性由一个线性函数定义，这就使得它们的统计分析数学上易于处理。另一方面，在非线性回归模型中，这种依赖性由一个非线性函数定义，因此它们的统计分析数学上存在困难。本章主要关注线性回归模型，非线性回归模型将在后续几章中介绍。

本章采用两种方式来展示线性回归模型的数学易处理性。首先，使用贝叶斯理论推导线性回归模型参数向量的最大后验估计。接着，使用最小二乘法来处理参数估计问题，最小二乘法可能是最古老的参数估计方法，最早由高斯于19世纪早期推导。然后，证明这两种方法在高斯环境下的等价性。

2.2　线性回归模型：初步考虑

考虑图2.1(a)中描述的情形，其中未知的随机环境是关注的焦点。下面应用一组输入来探测这个环境，构成回归变量

$$\boldsymbol{x} = [x_1, x_2, \cdots, x_M]^{\mathrm{T}} \tag{2.1}$$

式中，上标T表示矩阵转置。该环境的最终输出（记为 d ）构成相应的响应，为便于表示，假设该

响应为标量。我们通常不知道响应 d 对回归变量 $\boldsymbol{x}$ 的函数依赖关系，因此提出一个线性回归模型，它被参数化为

$$d = \sum_{j=1}^{M} w_j x_j + \varepsilon \tag{2.2}$$

式中，$w_1, w_2, \cdots, w_M$ 表示一组固定但未知的参数，这意味着环境是稳定的。附加项 ε 表示模型的预期误差，用以衡量环境的未知量。图2.1(b)显示了式（2.2）所述模型的输入-输出行为的信号流图。

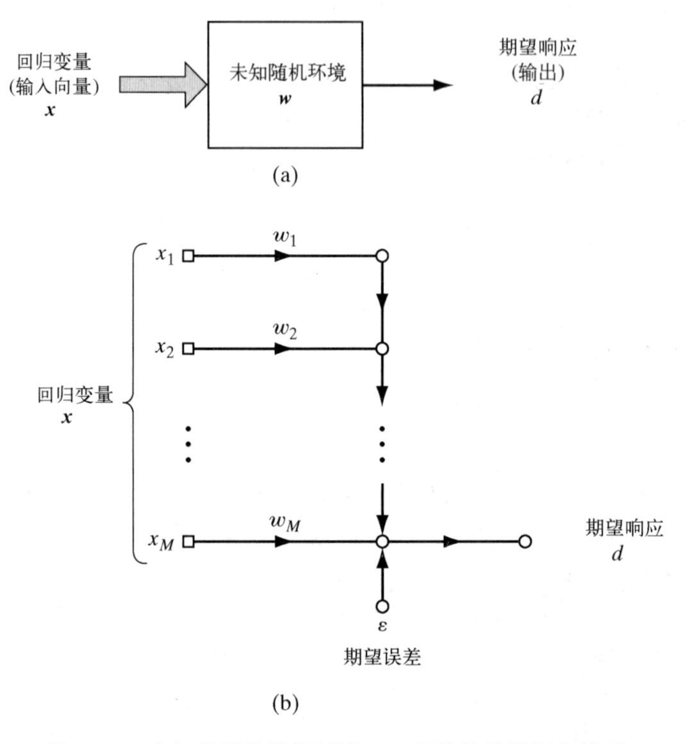

图2.1 (a)未知的平稳随机环境；(b)环境的线性回归模型

使用矩阵表示法，可将式（2.2）重写为下面的简洁形式：

$$d = \boldsymbol{w}^{\mathrm{T}} \boldsymbol{x} + \varepsilon \tag{2.3}$$

式中，回归变量 $\boldsymbol{x}$ 由式（2.1）定义。相应地，参数向量 $\boldsymbol{w}$ 定义为

$$\boldsymbol{w} = [w_1, w_2, \cdots, w_M]^{\mathrm{T}} \tag{2.4}$$

其维数与回归变量$\boldsymbol{x}$的维数相同；这个共同的维数 M 称为模型阶数。矩阵项 $\boldsymbol{w}^{\mathrm{T}} \boldsymbol{x}$ 是向量 $\boldsymbol{w}$ 和$\boldsymbol{x}$的内积。

环境是随机的，可以证明回归变量$\boldsymbol{x}$、响应 d 和期望误差 ε 分别是随机向量$\boldsymbol{X}$、随机变量D和随机变量E的样本值（单次实现）。使用这样的随机设置作为背景，感兴趣的问题现在就可表述如下：

给定回归变量$\boldsymbol{X}$和相应响应 D 的联合统计量，估计未知参数向量 $\boldsymbol{w}$ 。

当我们谈到联合统计量时，指的是如下一组统计参数：

- 回归变量$\boldsymbol{X}$的相关矩阵。
- 期望响应 D 的方差。
- 回归变量$\boldsymbol{X}$和期望响应 D 的互相关向量。

假设$\boldsymbol{X}$和 D 的均值均为零。

第1章讨论了模式分类背景下贝叶斯推理的一个重要方面，本章研究贝叶斯推理的另一个方面，它可解决上述参数估计问题。

2.3 参数向量的最大后验估计

贝叶斯范式是一种解决和量化式（2.3）所示线性回归模型中围绕参数向量$\boldsymbol{w}$选择的不确定性的强大方法。就该模式而言，以下两点值得注意：

1．回归变量$\boldsymbol{X}$充当“激励”，与参数向量$\boldsymbol{w}$没有任何关系。

2．关于未知参数向量$\boldsymbol{W}$的信息仅包含在作为“可观测”环境的期望响应D中。

因此，下面关注$\boldsymbol{W}$和D的联合概率密度函数，条件是$\boldsymbol{X}$。

密度函数用$p_{\boldsymbol{W},D|\boldsymbol{X}}(\boldsymbol{w},d|\boldsymbol{x})$表示。根据概率论可知，该密度函数表示为

$$p_{\boldsymbol{W},D|\boldsymbol{X}}(\boldsymbol{w},d|\boldsymbol{x})=p_{\boldsymbol{W}|D,\boldsymbol{X}}(\boldsymbol{w}|d,\boldsymbol{x})p_D(d) \tag{2.5}$$

也可表示为下面的等效形式：

$$p_{\boldsymbol{W},D|\boldsymbol{X}}(\boldsymbol{w},d|\boldsymbol{x})=p_{D|\boldsymbol{W},\boldsymbol{X}}(d|\boldsymbol{w},\boldsymbol{x})p_{\boldsymbol{W}}(\boldsymbol{w}) \tag{2.6}$$

根据这对等式，可以写出

$$p_{\boldsymbol{W}|D,\boldsymbol{X}}(\boldsymbol{w}|d,\boldsymbol{x})=\frac{p_{D|\boldsymbol{W},\boldsymbol{X}}(d|\boldsymbol{w},\boldsymbol{x})p_{\boldsymbol{W}}(\boldsymbol{w})}{p_D(d)} \tag{2.7}$$

前提是$p_D(d)\neq 0$。式（2.7）是贝叶斯定理的一种特殊形式，它具体表现为下面的4个密度函数：

1．观测密度。代表条件概率密度函数$p_{D|\boldsymbol{W},\boldsymbol{X}}(d|\boldsymbol{w},\boldsymbol{x})$，指在给定参数向量$\boldsymbol{w}$后，回归变量$\boldsymbol{x}$对环境响应$d$的“观测”。

2．先验。代表概率密度函数$p_{\boldsymbol{W}}(\boldsymbol{w})$，指在对环境进行任何观测之前，有关参数向量$\boldsymbol{w}$的信息。此后，先验简单地记为$\pi(\boldsymbol{w})$。

3．后验密度。代表条件概率密度函数$p_{\boldsymbol{W}|D,\boldsymbol{X}}(\boldsymbol{w}|d,\boldsymbol{x})$，指环境观测完成后的参数向量$\boldsymbol{w}$。此后，后验密度简单地记为$\pi(\boldsymbol{w}|d,\boldsymbol{x})$。条件响应-回归向量对$(\boldsymbol{x},d)$是“观测模型”，它具体表现为环境对回归变量$\boldsymbol{x}$的响应$d$。

4．证据。代表概率密度函数$p_D(d)$，指用于统计分析的响应d中包含的“信息”。

观测密度$p_{D|\boldsymbol{W},\boldsymbol{X}}(d|\boldsymbol{w},\boldsymbol{x})$数学上通常表示为似然函数，定义如下：

$$l(\boldsymbol{w}|d,\boldsymbol{x})=p_{D|\boldsymbol{W},\boldsymbol{X}}(d|\boldsymbol{w},\boldsymbol{x}) \tag{2.8}$$

此外，就参数向量$\boldsymbol{w}$的估计而言，式（2.7）右边分母中的证据$p_D(d)$仅起归一化常数的作用。因此，可用以下语句描述式（2.7）：

参数化回归模型的向量$\boldsymbol{w}$的后验密度，与似然函数和先验函数的乘积成正比。

也就是说，

$$\pi(\boldsymbol{w}|d,\boldsymbol{x})\propto l(\boldsymbol{w}|d,\boldsymbol{x})\pi(\boldsymbol{w}) \tag{2.9}$$

式中，符号$\propto$表示“正比于”。

似然函数$l(\boldsymbol{w}|d,\boldsymbol{x})$本身就为参数向量$\boldsymbol{w}$提供了最大似然（ML）估计，如下所示：

$$\boldsymbol{w}_{\mathrm{ML}}=\arg\max_{\boldsymbol{w}} l(\boldsymbol{w}|d,\boldsymbol{x}) \tag{2.10}$$

然而，对参数向量$\boldsymbol{w}$的更深入估计，需要关注后验密度$\pi(\boldsymbol{w}|d,\boldsymbol{x})$。具体地说，我们通过下式定义参数向量$\boldsymbol{w}$的最大后验概率（MAP）估计：

$$\boldsymbol{w}_{\mathrm{MAP}}=\arg\max_{\boldsymbol{w}} \pi(\boldsymbol{w}|d,\boldsymbol{x}) \tag{2.11}$$

我们说MAP估计比ML估计更深入，有两个重要的原因：

1．参数估计的贝叶斯范式源于式（2.7）所示的贝叶斯定理，它通过式（2.11）中的MAP估计示例，利用了关于参数向量 $\boldsymbol{w}$ 的所有可能信息。相比之下，式（2.10）中的ML估计位于贝叶斯范式的边缘，忽略了先验信息。

2．最大似然估计仅依赖于观测模型 $(d,\boldsymbol{x})$，因此可能导致非唯一解。为了强化解的唯一性和稳定性，需要将先验 $\pi(\boldsymbol{w})$ 纳入估计的公式，而这正是在MAP估计中所做的。

当然，应用MAP估计的挑战是如何找到合适的先验，这就使得MAP比ML需更多的计算量。

从计算的角度看，使用后验密度的对数要比使用后验密度本身方便，因为对数是其自变量的单调递增函数。相应地，我们可将MAP估计表示为期望的形式：

$$\boldsymbol{w}_{\mathrm{MAP}}=\arg\max_{\boldsymbol{w}}\log(\pi(\boldsymbol{w}|d,\boldsymbol{x})) \tag{2.12}$$

式中，log表示自然对数。类似的表述也适用于ML估计。

高斯环境下的参数估计

在对环境进行的第 i 次实验中，令 $\boldsymbol{x}_i$ 和 d_i 分别表示应用于环境的回归变量和响应，假设实验重复 N 次。于是，可将用于参数估计的训练样本表示为

$$\mathcal{T}=\{\boldsymbol{x}_i,d_i\}_{i=1}^{N} \tag{2.13}$$

为了实现参数估计任务，我们需要做如下假设。

假设1 统计独立同分布

构成训练样本的 N 个样例是统计独立同分布的（iid）。

假设2 高斯性

产生训练样本 $\mathcal{T}$ 的环境是高斯分布的。

具体地说，式（2.3）所示线性回归模型中的预期误差由均值为0、共同方差为 σ^2 的高斯密度函数描述，如下所示：

$$p_E(\varepsilon_i)=\frac{1}{\sqrt{2\pi}\sigma}\exp\left(-\frac{\varepsilon_i^2}{2\sigma^2}\right),\quad i=1,2,\cdots,N \tag{2.14}$$

假设3 稳定性

环境是稳定的，这意味着在实验的 N 次试验中，参数向量 $\boldsymbol{w}$ 是固定但未知的。

具体地说，权重向量 $\boldsymbol{w}$ 的 M 个元素被假设是独立同分布的，每个元素均由均值为0、公共方差为 σ_w^2 的高斯密度函数决定。因此，可将参数向量 $\boldsymbol{w}$ 的第 k 个元素的先验表示为

$$\pi(w_k)=\frac{1}{\sqrt{2\pi}\sigma_w}\exp\left(-\frac{{w_k}^2}{2{\sigma_w}^2}\right),\quad k=1,2,\cdots,M \tag{2.15}$$

对作用于环境的第 i 次试验，我们将式（2.3）重写为

$$d_i=\boldsymbol{w}^{\mathrm{T}}\boldsymbol{x}_i+\varepsilon_i,\quad i=1,2,\cdots,N \tag{2.16}$$

式中，$d_i,\boldsymbol{x}_i$ 和 ε_i 分别是随机变量 D、随机向量 $\boldsymbol{X}$ 和随机变量 E 的样本值（单次实现）。

令 $\mathbb{E}$ 表示统计期望算子。因此，根据假设2有

$$\mathbb{E}[E_i]=0,\quad 所有\ i \tag{2.17}$$

$$\mathrm{var}[E_i]=\mathbb{E}[E_i^2]=\sigma^2,\quad 所有\ i \tag{2.18}$$

对于给定的回归变量 $\boldsymbol{x}_i$，由式（2.16）得

$$\mathbb{E}[D_i]=\boldsymbol{w}^{\mathrm{T}}\boldsymbol{x}_i,\quad i=1,2,\cdots,N \tag{2.19}$$

$$\operatorname{var}[D_i]=\mathbb{E}[(D_i-\mathbb{E}[D_i])^2]=\mathbb{E}[E_i^2]=\sigma^2 \tag{2.20}$$

根据式（2.14），可将第 i 次试验的似然函数表示为下式，从而完成假设2的高斯含义：

$$l(\boldsymbol{w}|d_i,x_i)=\frac{1}{\sqrt{2\pi}\sigma}\exp\left(-\frac{1}{2\sigma^2}(d_i-\boldsymbol{w}^{\mathrm{T}}\boldsymbol{x}_i)^2\right),\quad i=1,2,\cdots,N \tag{2.21}$$

接下来，依据环境实验的 N 次试验的独立同分布性质（假设1），可将实验的总体似然函数表示为

$$\begin{aligned} l(\boldsymbol{w}|d,\boldsymbol{x})&=\prod_{i=1}^{N}l(\boldsymbol{w}|d_i,\boldsymbol{x}_i)=\frac{1}{(\sqrt{2\pi}\sigma)^N}\prod_{i=1}^{N}\exp\left(-\frac{1}{2\sigma^2}(d_i-\boldsymbol{w}^{\mathrm{T}}\boldsymbol{x}_i)^2\right)\\ &=\frac{1}{(\sqrt{2\pi}\sigma)^N}\exp\left(-\frac{1}{2\sigma^2}\sum_{i=1}^{N}(d_i-\boldsymbol{w}^{\mathrm{T}}\boldsymbol{x}_i)^2\right)\end{aligned} \tag{2.22}$$

这说明了式（2.13）的训练样本 $\mathcal{T}$ 中包含的关于权重向量 $\boldsymbol{w}$ 的全部经验知识。

唯一需要说明的其他信息源是包含在先验 $\pi(\boldsymbol{w})$ 中的信息。根据式（2.15）中描述的 $\boldsymbol{w}$ 的第 k 个元素的零均值高斯特性，以及假设3下 $\boldsymbol{w}$ 的 M 个元素的独立同分布性质，可得

$$\begin{aligned}\pi(\boldsymbol{w})&=\prod_{k=1}^{M}\pi(w_k)=\frac{1}{(\sqrt{2\pi}\sigma_w)^M}\prod_{k=1}^{M}\exp\left(-\frac{w_k^2}{2\sigma_w^2}\right)\\ &=\frac{1}{(\sqrt{2\pi}\sigma_w)^M}\exp\left(-\frac{1}{2\sigma_w^2}\sum_{i=1}^{M}w_k^2\right)=\frac{1}{(\sqrt{2\pi}\sigma_w)^M}\exp\left(-\frac{1}{2\sigma_w^2}\|\boldsymbol{w}\|^2\right)\end{aligned} \tag{2.23}$$

式中，$\|\boldsymbol{w}\|$ 是未知参数向量 $\boldsymbol{w}$ 的欧氏范数，它定义为

$$\|\boldsymbol{w}\|=\left(\sum_{k=1}^{M}w_k^2\right)^{1/2} \tag{2.24}$$

因此，将式（2.22）和式（2.23）代入式（2.9）后，整理可得后验密度为

$$\pi(\boldsymbol{w}\mid d,\boldsymbol{x})\propto\exp\left[-\frac{1}{2\sigma^2}\sum_{i=1}^{N}(d_i-\boldsymbol{w}^{\mathrm{T}}\boldsymbol{x}_i)^2-\frac{1}{2\sigma_w^2}\|\boldsymbol{w}\|^2\right] \tag{2.25}$$

现在，可用式（2.12）中的MAP公式来处理手边的估计问题。具体地说，将式（2.25）代入该公式，得

$$\hat{\boldsymbol{w}}_{\mathrm{MAP}}(N)=\max_{\boldsymbol{w}}\left[-\frac{1}{2}\sum_{i=1}^{N}(d_i-\boldsymbol{w}^{\mathrm{T}}\boldsymbol{x}_i)^2-\frac{\lambda}{2}\|\boldsymbol{w}\|^2\right] \tag{2.26}$$

在上式中，引入了一个新参数：

$$\lambda=\sigma^2/\sigma_w^2 \tag{2.27}$$

现在定义二次函数

$$\mathcal{E}(\boldsymbol{w})=\frac{1}{2}\sum_{i=1}^{N}(d_i-\boldsymbol{w}^{\mathrm{T}}\boldsymbol{x}_i)^2+\frac{\lambda}{2}\|\boldsymbol{w}\|^2 \tag{2.28}$$

显然，式（2.26）中关于 $\boldsymbol{w}$ 的参数最大化相当于二次函数 $\mathcal{E}(\boldsymbol{w})$ 最小化。因此，函数 $\mathcal{E}(\boldsymbol{w})$ 对 $\boldsymbol{w}$ 微分并令结果为0，就可得到最优估计。于是，得到 $M\times 1$ 维参数向量的期望MAP估计为

$$\hat{\boldsymbol{w}}_{\mathrm{MAP}}(N)=[\boldsymbol{R}_{xx}(N)+\lambda\boldsymbol{I}]^{-1}\boldsymbol{r}_{dx}(N) \tag{2.29}$$

式中，引入了两个矩阵和一个向量：

1．回归变量 $\boldsymbol{x}$ 的时间平均 $M \times M$ 维相关矩阵，它定义为

$$\hat{\boldsymbol{R}}_{xx}(N) = -\sum_{i=1}^{N}\sum_{j=1}^{N}\boldsymbol{x}_i\boldsymbol{x}_j^{\mathrm{T}} \tag{2.30}$$

式中，$\boldsymbol{x}_i\boldsymbol{x}_j^{\mathrm{T}}$ 是回归变量 $\boldsymbol{x}_i$ 和 $\boldsymbol{x}_j$ 的外积，用于环境的第i次和第j次试验。

2．$M \times M$ 维单位矩阵 $\boldsymbol{I}$，它的 M 个对角元素为1，其余元素均为0。

3．回归变量 $\boldsymbol{x}$ 和期望响应d的时间平均 $M \times 1$ 维互相关向量，它定义为

$$\hat{\boldsymbol{r}}_{dx}(N) = -\sum_{j=1}^{N}\boldsymbol{x}_i d_i \tag{2.31}$$

$\hat{\boldsymbol{R}}_{xx}(N)$ 和 $\hat{\boldsymbol{r}}_{dx}(N)$ 都是训练样本 $\mathcal{T}$ 的所有 N 个样本的平均，因此使用术语"时间平均"。

假设给方差 σ_w^2 分配一个较大的值，其隐含的意义是，参数向量 $\boldsymbol{w}$ 的每个元素的先验分布在大范围的可能值上是均匀分布的。在这种情况下，参数 λ 基本上为零，式（2.29）退化为ML估计：

$$\hat{\boldsymbol{w}}_{\mathrm{ML}}(N) = \hat{\boldsymbol{R}}_{xx}^{-1}(N)\hat{\boldsymbol{r}}_{dx}(N) \tag{2.32}$$

这就支持了前面提出的观点：ML估计仅依赖于以训练样本 $\mathcal{T}$ 为例的观测模型。在关于线性回归的统计文献中，方程

$$\hat{\boldsymbol{R}}_{xx}(N)\hat{\boldsymbol{w}}_{\mathrm{ML}}(N) = \hat{\boldsymbol{r}}_{dx}(N) \tag{2.33}$$

通常称为正规方程；当然，ML估计 $\hat{\boldsymbol{w}}_{\mathrm{ML}}$ 是这个方程的解。有趣的是，ML估计是无偏估计，在这个意义上，对于无限大的训练样本 $\mathcal{T}$，若假设回归量 $\boldsymbol{x}(n)$ 和响应 $d(n)$ 由联合遍历过程得出，则 $\hat{\boldsymbol{w}}_{\mathrm{ML}}$ 的极限值将收敛到未知随机环境的参数向量 $\boldsymbol{w}$，在这种情形下，时间均值可替代整体均值。在这个条件下，习题2.4证明

$$\lim_{N\to\infty}\hat{\boldsymbol{w}}_{\mathrm{ML}}(N) = \boldsymbol{w}$$

相比之下，式（2.29）的MAP估计是一个有偏估计，因此促使我们做出如下陈述：

> 当（结合先验知识）用正则化提升最大似然估计的稳定性时，得到的最大后验估计是有偏估计。

简言之，我们要在稳定性和偏差之间进行折中。

2.4 正则化最小二乘估计与MAP估计的关系

我们可以采用另一种方法来估计参数向量 $\boldsymbol{w}$，即关注代价函数 $\mathcal{E}_0(\boldsymbol{w})$，它定义为对环境进行 N 次试验的预期误差的平方和。具体地说，它可写为

$$\mathcal{E}_0(\boldsymbol{w}) = \sum_{i=1}^{N}\varepsilon_i^2(\boldsymbol{w})$$

注意，ε_i 中引入了 $\boldsymbol{w}$，以便强调回归模型中的不确定性由向量 $\boldsymbol{w}$ 引起的事实。整理式（2.16）得

$$\varepsilon_i(\boldsymbol{w}) = d_i - \boldsymbol{w}^{\mathrm{T}}\boldsymbol{x}_i, \quad i = 1,2,\cdots,N \tag{2.34}$$

将该式代入 $\mathcal{E}_0(\boldsymbol{w})$ 的表达式，得

$$\mathcal{E}_0(\boldsymbol{w}) = \frac{1}{2}\sum_{i=1}^{N}(d_i - \boldsymbol{w}^{\mathrm{T}}\boldsymbol{x}_i)^2 \tag{2.35}$$

它完全依赖于训练样本 $\mathcal{T}$。代价函数关于$\boldsymbol{w}$最小化，得到一个普通最小二乘估计的公式，它与式(2.32)中的最大似然估计相同，因此可能得到一个缺乏唯一性和稳定性的解。

为了克服这个严重的问题，惯常做法是添加新项来扩展式（2.35）中的代价函数：

$$\mathcal{E}(\boldsymbol{w})=\mathcal{E}_0(\boldsymbol{w})+\frac{\lambda}{2}\|\boldsymbol{w}\|^2=\frac{1}{2}\sum_{i=1}^{N}(d_i-\boldsymbol{w}^{\mathrm{T}}\boldsymbol{x}_i)^2+\frac{\lambda}{2}\|\boldsymbol{w}\|^2 \tag{2.36}$$

上式与式（2.28）中定义的函数相同。包含欧氏范数的平方$\|\boldsymbol{w}\|^2$称为结构正则化。相应地，标量λ称为正则化参数。

$\lambda=0$的含义是，我们对以训练样本$\mathcal{T}$为例的观测模型完全有信心；而$\lambda=\infty$的含义是，我们对观测模型没有信心。实际上，正则化参数λ是在这两种极限情形之间进行选择的。

在任何情况下，对于给定的正则化参数λ，通过最小化式（2.36）关于参数向量$\boldsymbol{w}$的正则化代价函数得到的正则化最小二乘法解，等价于式（2.29）中的MAP估计。这个特殊解称为正则化最小二乘（Regularized Least-Squares, RLS）解。

2.5 计算机实验：模式分类

本节重复第1章中介绍的模式分类问题的计算机实验，当时使用的是感知器算法，所提供的训练和测试数据的双月结构同样如图1.8所示，但这次使用最小二乘法进行分类。

图2.2显示了双月分隔距离$d=1$时，最小二乘法的训练结果。图中显示了双月之间的决策边界。使用感知器算法在相同设置$d=1$下得到的相应结果如图1.9所示。比较这两幅图，可得出如下有趣的结果：

1. 两种算法构建的决策边界均是线性的，直观上令人满意。最小二乘法发现了双月位置的不对称方式，如图2.2中有着正斜率的决策边界所示。有趣的是，感知器算法构建的决策边界与x轴平行，完全忽略了这种不对称性。

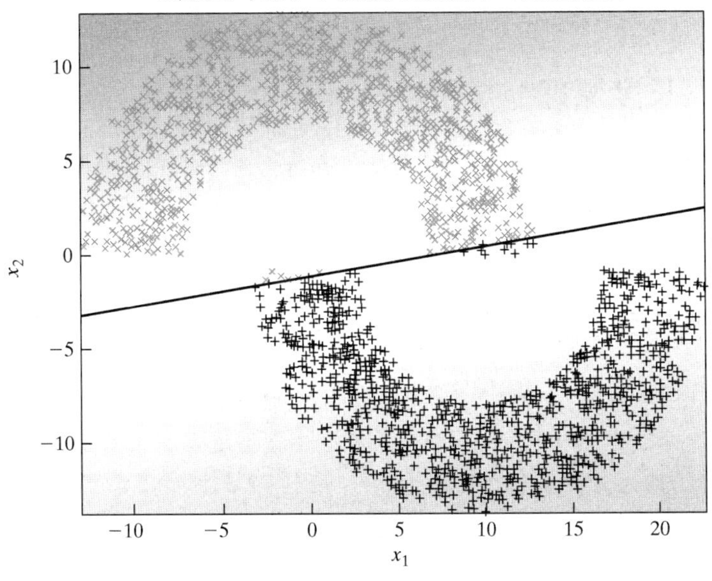

图2.2　图1.8中双月距离$d=1$时的最小二乘分类

2. 对于分隔距离$d=1$，双月是线性可分的。感知器算法完美地响应了这一设置；另一方面，发现双月图形的不对称特征后，最小二乘法最终误分类了测试数据，分类误差为0.8%。
3. 与感知器算法不同，最小二乘法是一次性计算决策边界的。

图2.3显示了使用最小二乘法对分隔距离 $d = -4$ 的双月图案进行分类的实验结果。如预期的那样，分类误差显著增加，高达9.5%。将该结果与感知器算法在相同设置下的分类误差9.3%（见图 1.10）进行比较，发现最小二乘法的分类性能稍有下降。

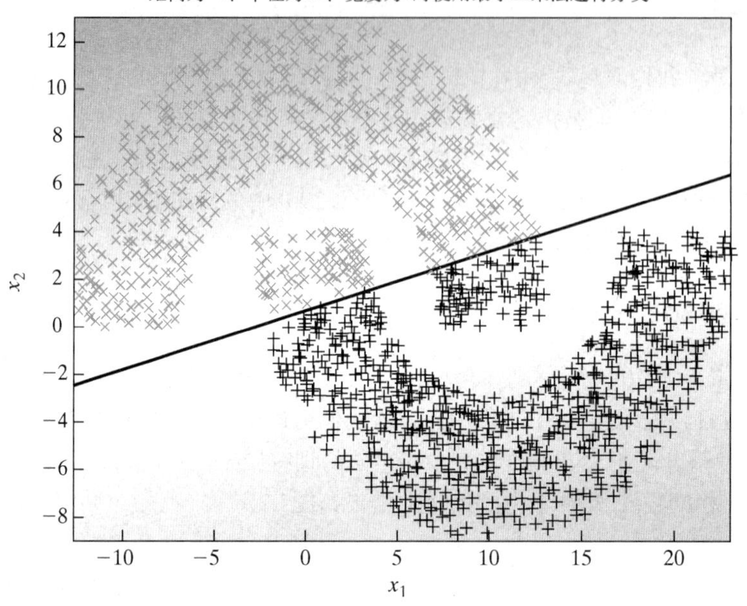

图2.3　图1.8中双月距离 $d = -4$ 时的最小二乘分类

由1.5节和2.5节的模式分类计算机实验，可以得出如下重要结论：

虽然感知器和最小二乘法都是线性的，但它们在执行模式分类任务时的操作是不同的。

2.6　最小描述长度原理

随机过程的线性模型表示可用于综合或分析。在综合中，我们为模型的参数分配一组公式化的值，并向其提供零均值和给定方差的白噪声，以生成所需的时间序列；由此得到的模型称为生成模型。在分析中，我们使用贝叶斯方法或最小二乘的正则化方法处理给定的有限长时间序列来估计模型的参数。就统计估计而言，我们需要一个适当的度量来拟合模型与观测数据。我们称第二个问题为模型选择问题。例如，我们可能想要估计模型的自由度（可调参数）的数量，甚至估计模型的一般结构。

统计文献中提出了很多模型选择方法，且每种方法都有自己的目标。由于目标不同，当将不同的方法应用于同一个数据集时，发现结果大不相同也就不足为奇（Grünwald, 2007）。

本节介绍一种已被充分验证的方法——模型选择的最小描述长度（Minimum-Description-Length, MDL）原理，它由Rissanen(1978)首次提出。

MDL原理的发展可追溯到柯氏复杂度理论。在该理论中，数学家柯尔莫哥洛夫将复杂度定义如下（Kolmogorov, 1965; Li and Vitányi, 1993;Cover and Thomas, 2006; Grünwald, 2007）：

数据序列的算法（描述）复杂度是，打印完该序列后中止的最短二进制计算机程序的长度。

这个复杂度定义真正令人惊讶的是，它以计算机这种通用的数据压缩器为基础，而不以概率分布为基础。

利用柯氏复杂度的基本概念，可以推导出一种理想化的归纳推理理论，目标是在给定的数据序列中找到“规律”。将学习视为试图找到“规律”的观点是Rissanen在归纳MDL原理时使用的第一个观点。Rissanen使用的第二个观点是，规律本身与“压缩能力”一致。

因此，MDL原理结合了这两个观点，一个观点是关于规律的，另一个观点是关于压缩能力的。而将学习过程视为数据压缩又教会了我们如下几点：

> 给定一个假设集合$\mathcal{H}$和一个数据序列d，我们应尝试在$\mathcal{H}$中寻找特定假设或某些假设组合，以最大化地压缩数据序列d。

这句话非常简洁地总结了MDL原理。序列的符号d不应与前面用于期望响应的符号d混淆。

文献中描述了多个版本的MDL原理。这里关注最古老、最简单且最知名的版本，即概率建模的简单两部分编码MDL原理。所谓“简单”，是指所考虑的码长不是以最优方式确定的。这里的“编码”和“码长”是指以最短或最少冗余的方式对数据序列进行编码的过程。

假设我们有一个候选模型或模型类别$\mathcal{M}$。$\mathcal{M}$的所有元素都是概率源，因此将点假设称为p而非$\mathcal{H}$。特别地，我们寻找最能解释给定数据序列d的概率密度函数$p \in \mathcal{M}$。于是，两部分编码MDL原理告诉我们，要寻找（点）假设$p \in \mathcal{M}$时p的最小描述长度［记为$L_1(p)$］和数据序列在p的帮助下进行编码的最小描述长度d［记为$L_2(d|p)$］。因此，可以形成和式

$$L_{12}(p,d) = L_1(p) + L_2(d|p)$$

并选择使$L_{12}(p,d)$最小化的特殊点假设$p \in \mathcal{M}$。

重要的是，这里的p本身也被编码。因此，当寻找最大压缩数据序列d的假设时，必须以这样的方式编码（描述或压缩）数据——解码器可在事先不知道假设的情况下恢复数据。这可通过显式编码假设来实现，就像前面的两部分编码MDL原理那样；也可通过完全不同的方式来实现，如对假设做平均（Grünwald, 2007）。

1. 模型阶数选择

令$\mathcal{M}^{(1)}, \mathcal{M}^{(2)}, \cdots, \mathcal{M}^{(k)}, \cdots$表示与参数向量$\boldsymbol{w}^k \in \mathcal{W}^k$相关联的线性回归模型族，其中模型阶数$k = 1, 2, \cdots$；也就是说，权重空间$\mathcal{W}^{(1)}, \mathcal{W}^{(2)}, \cdots, \mathcal{W}^{(k)}, \cdots$是维数递增的。我们感兴趣的问题是确定最能解释未知环境的模型，以生成训练样本$\{\boldsymbol{x}_i, d_i\}_{i=1}^N$，其中$\boldsymbol{x}_i$是激励，$d_i$是相应的响应。这个问题就是模型阶数选择问题。

研究复合长度$L_{12}(p,d)$的统计特征时，两部分编码MDL原理告诉我们，选择第k个模型就是最小化下式：

$$\min_k \left\{ \overbrace{-\log p(d_i \mid \boldsymbol{w}^{(k)} \pi(\boldsymbol{w}^{(k)}))}^{\text{误差项}} + \overbrace{\frac{k}{2}\log(N) + O(k)}^{\text{复杂度项}} \right\}, \quad k = 1, 2, \cdots; \ i = 1, 2, \cdots, N \tag{2.37}$$

式中，$\pi(\boldsymbol{w}^{(k)})$是参数向量$\boldsymbol{w}^{(k)}$的先验分布，$O(k)$是模型阶数$k$的复杂度（Rissanen, 1989; Grünwald, 2007）。对于大样本量N，最后一项被表达式中的第二项$\frac{k}{2}\log(N)$覆盖。式（2.37）中的表达式通常分为如下两个项：

- 与模型和数据相关的误差项，记为$-\log p(d_i \mid \boldsymbol{w}^{(k)})\pi(\boldsymbol{w}^{(k)})$。
- 假设复杂度项，记为$\frac{k}{2}\log(N) + O(k)$表示，它只与模型相关。

当在实践中应用式（2.37）时，为了简化问题，经常忽略$O(k)$项，但结果好坏参半，原因是$O(k)$项可能很大。然而，对于线性回归模型，它可被明确而有效地计算出来，因此该方法在实践中往往效果很好。还要注意的是，未利用先验分布$\pi(\boldsymbol{w}^{(k)})$的表达式（2.37）最早由Rissanen(1978)提出。

若式（2.37）中的表达式有多个极小值，则我们选择具有最小假设复杂度项的模型。若利用这种方法后仍有多个候选模型，则选择其中之一（Grünwald, 2007）。

2. MDL原理的性质

模型选择的MDL原理有两个重要的性质（Grünwald, 2007）：

1. 有适合给定数据序列的两个模型时，MDL原理选择“最简单的”模型，因为它允许使用较短的数据描述。换言之，MDL原理实现了奥卡姆剃须刀的精确形式，表明了对简单理论的偏好：接受匹配数据的最简单解释。
2. MDL原理是一个一致的模型选择估计，因为随着样本量的增加，它收敛到真实的模型阶数。

也许最需要注意的是，在几乎所有包含MDL原理的应用中，文献中都很少报告具有不良性质（如果有的话）的异常结果或模型。

2.7 有限样本量考虑

参数估计的最大似然法或普通最小二乘法的一个严重限制是解的不唯一性和不稳定性，这是由完全依赖于观测模型（训练样本$\mathcal{T}$）导致的；在文献中，解的不唯一性和不稳定性也称过拟合问题。为了更深入地探讨这个实际问题，考虑一般回归模型

$$d = f(\boldsymbol{x},\boldsymbol{w}) + \varepsilon \tag{2.38}$$

式中，$f(\boldsymbol{x},\boldsymbol{w})$是回归变量$\boldsymbol{x}$和模型参数$\boldsymbol{w}$的确定函数，$\varepsilon$是期望误差。如图2.4(a)所示的这个模型是随机环境的数学描述，目的是解释或预测回归变量$\boldsymbol{x}$产生的响应d。

图2.4(b)是环境的相应物理模型，其中$\hat{\boldsymbol{w}}$是未知参数向量$\boldsymbol{w}$的估计值。第二个模型的目的是对训练样本$\mathcal{T}$表示的经验知识进行编码：

$$\mathcal{T} \to \hat{\boldsymbol{w}} \tag{2.39}$$

实际上，物理模型提供图2.4(a)中回归模型的近似值。令物理模型对输入向量$\boldsymbol{x}$的实际响应为

$$y = F(\boldsymbol{x},\hat{\boldsymbol{w}}) \tag{2.40}$$

式中，$F(\cdot,\hat{\boldsymbol{w}})$是由物理模型实现的输入-输出函数；式（2.40）中的y是随机变量Y的一个样本值。给定式（2.39）中的训练样本$\mathcal{T}$后，估计$\hat{\boldsymbol{w}}$就是使如下代价函数最小的参数：

$$\mathcal{E}(\hat{\boldsymbol{w}}) = \frac{1}{2}\sum_{i=1}^{N}(d_i - F(\boldsymbol{x}_i,\hat{\boldsymbol{w}}))^2 \tag{2.41}$$

式中，因子$\frac{1}{2}$用于与之前的记号保持一致。除了尺度因子$\frac{1}{2}$，代价函数$\mathcal{E}(\hat{\boldsymbol{w}})$是环境（期望）响应$d$和物理模型的实际响应$y$之差的平方，它是在整个训练样本$\mathcal{T}$上计算的。

令符号$\mathbb{E}_{\mathcal{T}}$表示作用于整个训练样本$\mathcal{T}$的平均算子。平均算子$\mathbb{E}_{\mathcal{T}}$下的变量或它们的函数用$\boldsymbol{x}$和d表示；$(\boldsymbol{x},d)$表示训练样本$\mathcal{T}$中的一个样本。相比之下，统计期望算子$\mathbb{E}$作用于$\boldsymbol{x}$和d的整个集合，其中包括子集$\mathcal{T}$。在下面的介绍中，应特别注意算子$\mathbb{E}$和$\mathbb{E}_{\mathcal{T}}$之间的差异。

根据式（2.39）中的变换，可互换使用$F(\boldsymbol{x},\hat{\boldsymbol{w}})$和$F(\boldsymbol{x},\mathcal{T})$，因此将式（2.41）写为

$$\mathcal{E}(\hat{\boldsymbol{w}}) = \tfrac{1}{2}\mathbb{E}_{\mathcal{T}}[(d - F(\boldsymbol{x},\mathcal{T}))^2] \tag{2.42}$$

参数$d - F(\boldsymbol{x},\mathcal{T})$加上并减去$f(\boldsymbol{x},\boldsymbol{w})$后，由式（2.38）得

$$d - F(\boldsymbol{x},\mathcal{T}) = [d - f(\boldsymbol{x},\boldsymbol{w})] + [f(\boldsymbol{x},\boldsymbol{w}) - F(\boldsymbol{x},\mathcal{T})] = \varepsilon + [f(\boldsymbol{x},\boldsymbol{w}) - F(\boldsymbol{x},\mathcal{T})]$$

将上式代入式（2.42）并展开各项，可将代价函数$\mathcal{E}(\hat{\boldsymbol{w}})$重写为下面的等效形式：

$$\mathcal{E}(\hat{\boldsymbol{w}}) = \tfrac{1}{2}\mathbb{E}_{\mathcal{T}}[\varepsilon^2] + \tfrac{1}{2}\mathbb{E}_{\mathcal{T}}[(f(\boldsymbol{x},\boldsymbol{w}) - F(\boldsymbol{x},\mathcal{T}))^2] + \mathbb{E}_{\mathcal{T}}[\varepsilon f(\boldsymbol{x},\boldsymbol{w}) - \varepsilon F(\boldsymbol{x},\mathcal{T})] \tag{2.43}$$

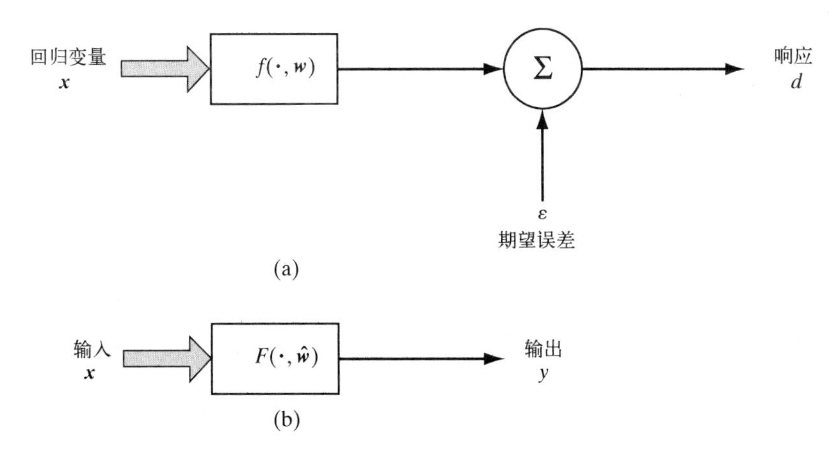

图2.4 (a)由向量 $\boldsymbol{w}$ 参数化的随机环境的数学模型；(b)环境的物理模型，$\hat{\boldsymbol{w}}$ 是未知参数向量 $\boldsymbol{w}$ 的估计

然而，式（2.43）右边最后的期望项为零，原因有二：

- 期望误差 ε 与回归函数 $f(\boldsymbol{x},\boldsymbol{w})$ 不相关。
- 期望误差 ε 与图2.4(a)中的回归模型有关，近似函数 $F(\boldsymbol{x},\hat{\boldsymbol{w}})$ 与图2.4(b)中的物理模型有关。

因此，式（2.43）简化为

$$\mathcal{E}(\hat{\boldsymbol{w}})=\frac{1}{2}\mathbb{E}_{\mathcal{T}}[\varepsilon^2]+\frac{1}{2}\mathbb{E}_{\mathcal{T}}[(f(\boldsymbol{x},\boldsymbol{w})-F(\boldsymbol{x},\mathcal{T}))^2] \tag{2.44}$$

式（2.44）右边的 $\mathbb{E}_{\mathcal{T}}[\varepsilon^2]$ 是在训练样本 $\mathcal{T}$ 上计算的期望（回归建模）误差 ε 的方差；这里已假设 ε 的均值为零。这个方差代表内在误差，因为它与估计 $\hat{\boldsymbol{w}}$ 无关。因此，使代价函数 $\mathcal{E}(\hat{\boldsymbol{w}})$ 最小的估计 $\hat{\boldsymbol{w}}$，也会使回归函数 $f(\boldsymbol{x},\boldsymbol{w})$ 和近似函数 $F(\boldsymbol{x},\hat{\boldsymbol{w}})$ 之间距离的平方的总体均值最小。换言之，作为期望响应 d 的预测器，$F(\boldsymbol{x},\hat{\boldsymbol{w}})$ 的有效性的自然度量定义为（忽略尺度因子 $\frac{1}{2}$）：

$$L_{\text{av}}(f(\boldsymbol{x},\boldsymbol{w}),F(\boldsymbol{x},\hat{\boldsymbol{w}}))=\mathbb{E}_{\mathcal{T}}[(f(\boldsymbol{x},\boldsymbol{w})-F(\boldsymbol{x},\mathcal{T}))^2] \tag{2.45}$$

这个自然度量非常重要，因为在用 $F(\boldsymbol{x},\hat{\boldsymbol{w}})$ 作为 $f(\boldsymbol{x},\boldsymbol{w})$ 的近似值后，它是在偏差和方差之间进行折中的数学基础。

偏差-方差困境

观察式（2.38）发现，函数 $f(\boldsymbol{x},\boldsymbol{w})$ 等于条件期望 $\mathbb{E}(d\,|\,\boldsymbol{x})$。因此，可将 $f(\boldsymbol{x})$ 和 $F(\boldsymbol{x},\hat{\boldsymbol{w}})$ 之间的平方距离重新定义为

$$L_{\text{av}}(f(\boldsymbol{x},\boldsymbol{w}),F(\boldsymbol{x},\hat{\boldsymbol{w}}))=\mathbb{E}_{\mathcal{T}}[(E[d\,|\,\boldsymbol{x}]-F(\boldsymbol{x},\mathcal{T}))^2] \tag{2.46}$$

可将这个表达式视为回归函数 $f(\boldsymbol{x},\boldsymbol{w})=\mathbb{E}[d\,|\,\boldsymbol{x}]$ 和近似函数 $F(\boldsymbol{x},\hat{\boldsymbol{w}})$ 之间的平均估计误差，它是在整个训练样本 $\mathcal{T}$ 上计算得到的。注意，条件均值 $\mathbb{E}[d\,|\,\boldsymbol{x}]$ 相对于训练样本 $\mathcal{T}$ 有一个常数期望。接下来，可以写出

$$\mathbb{E}[d\,|\,\boldsymbol{x}]-F(\boldsymbol{x},\mathcal{T})=(\mathbb{E}[d\,|\,\boldsymbol{x}]-\mathbb{E}_{\mathcal{T}}[F(\boldsymbol{x},\mathcal{T})])+(\mathbb{E}_{\mathcal{T}}[F(\boldsymbol{x},\mathcal{T})]-F(\boldsymbol{x},\mathcal{T}))$$

式中，已简单加上并减去均值 $\mathbb{E}_{\mathcal{T}}[F(\boldsymbol{x},\mathcal{T})]$。采用类似于由式（2.42）推导式（2.43）的方式，可将式（2.46）重新表示为两项之和（见习题2.5）：

$$L_{\text{av}}(f(\boldsymbol{x}),F(\boldsymbol{x},\mathcal{T}))=B^2(\hat{\boldsymbol{w}})+V(\hat{\boldsymbol{w}}) \tag{2.47}$$

式中，$B(\hat{\boldsymbol{w}})$ 和 $V(\hat{\boldsymbol{w}})$ 的定义如下：

$$B(\hat{\boldsymbol{w}})=\mathbb{E}_{\mathcal{T}}[F(\boldsymbol{x},\mathcal{T})]-\mathbb{E}[d\,|\,\boldsymbol{x}] \tag{2.48}$$

$$V(\hat{\boldsymbol{w}})=\mathbb{E}_{\mathcal{T}}[F(\boldsymbol{x},\mathcal{T})-\mathbb{E}_{\mathcal{T}}[F(\boldsymbol{x},\mathcal{T})^2]] \tag{2.49}$$

现在，有两个重要的结论：

1. 第一项 $B(\hat{\boldsymbol{w}})$ 是近似函数 $F(\boldsymbol{x},\mathcal{T})$ 的均值的偏差，它是相对于回归函数 $f(\boldsymbol{x},\boldsymbol{w})=\mathbb{E}[d\,|\,\boldsymbol{x}]$ 度量的。这样，$B(\hat{\boldsymbol{w}})$ 就表示不能由函数 $F(\boldsymbol{x},\hat{\boldsymbol{w}})$ 定义的物理模型来精确逼近回归函数 $f(\boldsymbol{x},\boldsymbol{w})=\mathbb{E}[d\,|\,\boldsymbol{x}]$。因此，可将偏差视为近似误差。
2. 第二项 $V(\hat{\boldsymbol{w}})$ 是在整个训练样本 $\mathcal{T}$ 上度量得到的近似函数 $F(\boldsymbol{x},\mathcal{T})$ 的方差。于是，$V(\hat{\boldsymbol{w}})$ 就表示训练样本 $\mathcal{T}$ 中包含的关于回归函数 $f(\boldsymbol{x},\boldsymbol{w})$ 的经验知识并不充分。因此，可将方差 $V(\hat{\boldsymbol{w}})$ 视为估计误差。

图2.5中给出了显示目标（期望）函数和近似函数之间的关系，且显示了估计误差（偏差和方差）是如何累积的。为了获得良好的总体性能，近似函数 $F(\boldsymbol{x},\hat{\boldsymbol{w}})=F(\boldsymbol{x},\mathcal{T})$ 的偏差 $B(\hat{\boldsymbol{w}})$ 和方差 $V(\hat{\boldsymbol{w}})$ 都必须很小。

遗憾的是，我们发现在复杂的物理模型中使用有限规模的训练样本进行学习时，实现小偏差的代价是会出现很大的方差。对任何物理模型来说，仅当训练样本量变得无限大时，才有可能同时消除偏差和方差。因此，我们就面临着偏差-方差困境，这种困境的后果是收敛速度非常慢（Geman et al., 1992）。若有目的地引入偏差，则可避免偏差-方差困境，进而消除方差或显著降低方差。当然，我们要确保物理模型设计中的偏差是无害的。例如，在模式分类中，偏差被认为是无害的，因为仅当我们试图推断不在预期类别中的回归时，它才对均方误差产生显著影响。

关于图2.5所示内容的说明如下：

1. 图中加阴影的内部空间是外部空间的一个子集：外部空间表示回归函数 $f(*,\boldsymbol{w})$ 的集合；内部空间表示近似函数 $F(*,\hat{\boldsymbol{w}})$ 的集合。
2. 图中显示了三个点：两个固定点和一个随机点。$\mathbb{E}[d\,|\,\boldsymbol{x}]$ 是第一个固定点，是在外部空间上平均得到的；$\mathbb{E}_{\mathcal{T}}[F(\boldsymbol{x},\mathcal{T})]$ 是第二个固定点，是在内部空间上平均得到的；$F(\boldsymbol{x},\mathcal{T})$ 是随机点，它随机分布在内部空间中。
3. 统计参数，如图所示。

   $B(\boldsymbol{w})=$ 偏差，即 $\mathbb{E}[d\,|\,\boldsymbol{x}]$ 和 $\mathbb{E}_{\mathcal{T}}[F(\boldsymbol{x},\mathcal{T})]$ 之间的距离。

   $V(\boldsymbol{w})=$ 方差，即 $F(\boldsymbol{x},\mathcal{T})$ 和 $\mathbb{E}_{\mathcal{T}}[F(\boldsymbol{x},\mathcal{T})]$ 之间距离的平方，是在整个训练样本 $\mathcal{T}$ 上平均得到的。

   $B^2(\boldsymbol{w})+V(\boldsymbol{w})=F(\mathbf{x},\mathcal{T})$ 和 $\mathbb{E}[d\,|\,\boldsymbol{x}]$ 之间距离的平方，是在整个训练样本 $\mathcal{T}$ 上平均得到的。

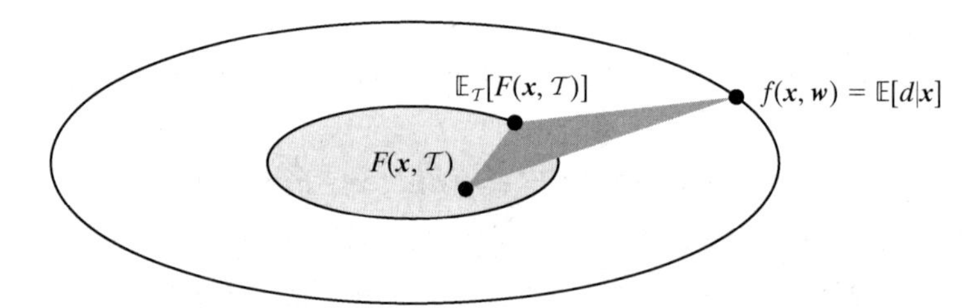

图2.5　式（2.46）中定义的自然度量 $L_{\text{av}}(f(\boldsymbol{x},\boldsymbol{w}),F(\boldsymbol{x},\hat{\boldsymbol{w}}))$ 分解为线性回归模型的偏差和方差项

一般来说，偏差要针对感兴趣的应用进行设计。实现这个目标的一种实用方法是，使用约束网络结构，它的性能通常要好于通用结构的性能。

2.8　工具变量法

研究线性回归模型时，我们首先从2.3节的贝叶斯理论角度，然后从2.4节的最小二乘法角度，指出这两种方法都能得到如图2.1所示未知随机环境的参数向量$\boldsymbol{w}$的相同解，即式（2.29）适用于正则化线性回归模型，式（2.32）适用于非正则化模型。这两个公式是在回归变量（输入信号）$\boldsymbol{x}$和

期望响应 d 都无噪声的前提下，针对高斯环境推导的。然而，如果我们发现回归变量$\boldsymbol{x}$只能在加性噪声环境下观测到，就如实际可能发生的那样，那么应该怎么办呢？也就是说，噪声回归变量现在定义为

$$\boldsymbol{z}_i = \boldsymbol{x}_i + \boldsymbol{v}_i \tag{2.50}$$

式中，$\boldsymbol{v}_i$ 是在训练样本 $\mathcal{T}$ 的第 i 次实现中与观测 $\boldsymbol{x}_i$ 相关的度量噪声。若使用式（2.32）中的非正则公式，则可得到未知随机环境的参数向量$\boldsymbol{w}$的修正解：

$$\hat{\boldsymbol{w}}_{\mathrm{ML}} = \hat{\boldsymbol{R}}_{zz}^{-1}\hat{\boldsymbol{r}}_{dz} \tag{2.51}$$

式中，$\hat{\boldsymbol{R}}_{zz}$ 是噪声回归变量$\boldsymbol{z}$的时间平均相关函数，$\hat{\boldsymbol{r}}_{dz}$ 是期望响应 d 和$\boldsymbol{z}$之间的相应时间平均互相关函数。为简化问题，我们忽略这两个相关函数对训练样本量的依赖性。假设测量噪声向量 $\boldsymbol{v}$ 是均值为零、相关矩阵为 $\sigma_v^2\boldsymbol{I}$ 的白噪声，其中$\boldsymbol{I}$是单位矩阵，则可得到下面的相关函数：

$$\hat{\boldsymbol{R}}_{zz} = \hat{\boldsymbol{R}}_{xx} + \sigma_v^2\boldsymbol{I}$$

$$\hat{\boldsymbol{r}}_{dz} = \hat{\boldsymbol{r}}_{dx}$$

相应地，最大似然估计有如下新形式：

$$\hat{\boldsymbol{w}}_{\mathrm{ML}} = (\hat{\boldsymbol{R}}_{xx} + \sigma_v^2\boldsymbol{I})^{-1}\hat{\boldsymbol{r}}_{dx} \tag{2.52}$$

数学上，它与式（2.29）中的MAP公式等价，正则化参数 λ 被设置得等于噪声方差 σ_v^2。这一观察使得我们可以做出如下陈述：

> 回归变量$\boldsymbol{z}$中出现的加性噪声（带有合适的噪声方差）有利于稳定最大似然估计，但代价是在解中引入偏差。

这是一个颇具讽刺意味的说法：加性噪声就像一个正则化器（稳定器）！

然而，假设需求是为未知参数向量$\boldsymbol{w}$产生一个渐近无偏的解。在这种情况下，我们可以采用工具变量法（Young, 1984）。该方法依赖于工具变量集，记为向量 $\hat{\boldsymbol{x}}$，它与噪回归变量$\boldsymbol{z}$的维数相同，且满足以下两个性质。

性质1 工具向量 $\hat{\boldsymbol{x}}$ 与无噪声回归变量$\boldsymbol{x}$高度相关：

$$\mathbb{E}[x_j\hat{x}_k] \neq 0, \quad \text{所有}j\text{和}k \tag{2.53}$$

式中，x_j 是无噪声回归变量 $\boldsymbol{x}$ 的第 j 个元素，$\hat{x}_k$ 是工作向量 $\hat{\boldsymbol{x}}$ 的第 k 个元素。

性质2 工具向量 $\hat{\boldsymbol{x}}$ 和度量噪声向量$\boldsymbol{v}$统计独立：

$$\mathbb{E}[v_j\hat{x}_k] = 0, \quad \text{所有}j\text{和}k \tag{2.54}$$

有了满足这两个性质的工具向量 $\hat{\boldsymbol{x}}$ 后，就可计算下面的相关函数。

1．噪声回归变量$\boldsymbol{z}$与工具向量 $\hat{\boldsymbol{x}}$ 相关，得到互相关矩阵

$$\hat{\boldsymbol{R}}_{z\hat{x}} = \sum_{i=1}^{N}\hat{\boldsymbol{x}}_i\boldsymbol{z}_i^{\mathrm{T}} \tag{2.55}$$

式中，$\boldsymbol{z}_i$ 是噪声训练样本 $\{\boldsymbol{z}_i, d_i\}_{i=1}^{N}$ 的第 i 个回归变量，$\hat{\boldsymbol{x}}_i$ 是相应的工具向量。

2．期望响应 d 与工具向量 $\hat{\boldsymbol{x}}$ 相关，得到互相关向量

$$\hat{\boldsymbol{r}}_{d\hat{x}} = \sum_{i=1}^{N}\hat{\boldsymbol{x}}_i d_i \tag{2.56}$$

给定这两个相关量后，就可使用修正公式

$$\hat{\boldsymbol{w}}(N) = \boldsymbol{R}_{z\hat{x}}^{-1}\boldsymbol{r}_{d\hat{x}} = \left(\sum\nolimits_{i=1}^{N}\hat{\boldsymbol{x}}_i\boldsymbol{z}_i^{\mathrm{T}}\right)^{-1}\left(\sum\nolimits_{i=1}^{N}\hat{\boldsymbol{x}}_i d_i\right) \tag{2.57}$$

计算未知参数向量$\boldsymbol{w}$的估计（Young, 1984）。与式（2.51）中的ML解不同，基于工具变量

法的式（2.57）的修正公式提供了未知参数向量$\boldsymbol{w}$的渐近无偏估计，见习题2.7。

然而，在应用工具变量法时，关键问题是如何获得或生成满足性质1和性质2的变量。事实证明，在时间序列分析中，这个问题的求解方法出人意料地简单（Young, 1984）。

2.9 小结和讨论

本章研究了线性回归的最小二乘法，这种方法在统计学文献中已被证明是实用的。研究是由两种不同但互补的观点呈现的：

- 贝叶斯理论。在该理论中，未知参数的最大后验估计值是关注目标。这种参数估计方法需要未知参数的先验分布知识。该理论在高斯环境下进行了演示。
- 正则化理论。在该理论中，关于未知参数最小化的代价函数由两部分组成：在训练数据上求和的平方解释误差，以及由参数向量的欧氏范数的平方定义的正则化项。

对于未知参数的先验分布是均值为零、方差为σ_w^2的高斯分布的特殊情况，结果表明，正则化参数λ与σ_w^2成反比。这意味着当σ_w^2非常大（未知参数在很宽的范围内均匀分布）时，参数向量$\boldsymbol{w}$估计的公式由下面的正规方程定义：

$$\hat{\boldsymbol{w}} = \hat{\boldsymbol{R}}_{xx}^{-1}\hat{\boldsymbol{r}}_{dx}$$

式中，$\hat{\boldsymbol{R}}_{xx}$是输入向量$\boldsymbol{x}$的时间平均相关矩阵，$\hat{\boldsymbol{r}}_{dx}$是输入向量$\boldsymbol{x}$和期望响应$d$之间的相应时间平均互相关向量。两个相关参数都是基于训练样本$\{\boldsymbol{x}_i, d_i\}_{i=1}^N$计算的，因此取决于样本大小$N$。此外，在先验均匀分布的条件下，这个公式与最大似然法得到的解相同。

我们还讨论了其他三个重要问题：

- 模型阶数（线性回归模型中未知参数向量的大小）选择的最小描述长度（MDL）原理。
- 偏差-方差困境，这意味着在参数估计（涉及有限的样本量）中，我们不可避免地要折中估计的方差和偏差；偏差定义为参数估计的预期值和真实值之差，方差是估计值在预期值周围的“波动性”的度量。
- 工具变量法，当训练样本中存在可观测噪声时，需采用这种方法；这种情况在实践中经常出现。

注释和参考文献

1. 回归模型既可以是线性的，又可以是非线性的。Rao(1973)深入讨论了线性回归模型。Seber and Wild(1989)讨论了非线性回归模型。
2. 关于贝叶斯理论的可读性资料，见Robert(2001)。
3. 关于最小二乘法的详细讨论，见Haykin(2002)。

习题

2.1 讨论线性回归模型中参数向量的最大后验概率和最大似然估计之间的基本区别。

2.2 从式（2.36）中的代价函数$\mathcal{E}(\boldsymbol{w})$开始，通过最小化关于未知参数向量$\boldsymbol{w}$的代价函数，推导出式（2.29）。

2.3 本题基于图2.1中的线性回归模型讨论最小二乘估计的性质。

性质1 若图2.1的线性回归模型中的期望误差ε具有零均值，则最小二乘估计$\hat{\boldsymbol{w}} = \hat{\boldsymbol{R}}_{xx}^{-1}\hat{\boldsymbol{r}}_{dx}$是无偏的。

性质2 当期望误差ε来自方差为σ^2的零均值白噪声过程时，最小二乘估计的协方差矩阵等于

$$\sigma^2\hat{\boldsymbol{R}}_{xx}^{-1}$$

性质3 由最小二乘法产生的估计误差 $e_o = d - \hat{\boldsymbol{w}}^{\mathrm{T}}\boldsymbol{x}$ 与期望响应的估计 $\hat{d}$ 正交；该性质是正交性原理的推论。若用 d , $\hat{d}$ 和 e_o 的几何表示，则会发现表示 e_o 的“向量”与表示 $\hat{d}$ 的向量垂直；事实上，正是基于这种几何表示，公式

$$\hat{\boldsymbol{R}}_{xx}\hat{\boldsymbol{w}} = \hat{\boldsymbol{r}}_{dx}$$

才被称为正规方程。从正规方程开始，在 $\hat{\boldsymbol{R}}_{xx}$ 和 $\hat{\boldsymbol{r}}_{dx}$ 是时间平均相关函数的前提下，证明这三个性质。

2.4 设 $\boldsymbol{R}_{xx}$ 是回归变量$\boldsymbol{x}$的总体平均相关函数， $\boldsymbol{r}_{dx}$ 是回归变量$\boldsymbol{x}$和响应 d 之间的相应总体平均互相关向量，即

$$\hat{\boldsymbol{R}}_{xx} = \mathbb{E}[\boldsymbol{x}\boldsymbol{x}^{\mathrm{T}}], \qquad \boldsymbol{r}_{dx} = \mathbb{E}[d\boldsymbol{x}]$$

参考式（2.3）中的线性回归模型，证明最小化均方误差 $\boldsymbol{J}(\boldsymbol{w}) = \mathbb{E}[\varepsilon^2]$ 将得到维纳-霍普夫方程

$$\boldsymbol{R}_{xx}\boldsymbol{w} = \boldsymbol{r}_{dx}$$

式中，$\boldsymbol{w}$是回归模型的参数向量。将该方程与式（2.33）中的正规方程进行比较。

2.5 式（2.47）表示作为预期响应 d 的预测值的近似函数 $F(\boldsymbol{x}, \hat{\boldsymbol{w}})$ 的有效性的自然度量。该表达式由两个分量组成，一个分量定义偏差平方，另一个分量定义方差。从式（2.46）推导出该表达式。

2.6 解释如下陈述：结合先验知识来约束网络结构，可按增大偏差、减小方差的方式解决偏差-方差困境。

2.7 式（2.57）中描述的工具变量法提供了未知参数向量 $\hat{\boldsymbol{w}}(N)$ 的渐近无偏估计，即

$$\lim_{N\to\infty} \hat{\boldsymbol{w}}(N) = \boldsymbol{w}$$

假设回归变量$\boldsymbol{x}$和响应 d 是联合遍历的，证明这句话是否成立。

计算机实验

2.8 重复2.5节中描述的模式分类实验，但这次要将两个月亮设置在线性可分性的边缘，即 $d = 0$ 。评论你的结果，并将其与习题1.6中涉及感知器的结果进行比较。

2.9 执行2.5节和习题2.8中的实验时，最小二乘法中未包含正则化。正则化的使用对最小二乘法的性能产生影响吗？为了证实你对该题的回答，重做习题2.7中的实验，但这次使用正则化最小二乘法。

第3章　最小均方算法

本章介绍最小均方（LMS）算法这种流行的在线学习算法，它由Widrow and Hoff(1960)提出。本章中的各节安排如下：

- 3.1节是引言；3.2节介绍有限持续时间冲激响应的线性离散时间滤波器。
- 3.3节介绍两种无约束优化技术：最速下降法和牛顿法。3.4节介绍均方误差意义下最优的维纳滤波器。传统上，LMS算法的平均性能是根据维纳滤波器判断的。
- 3.5节推导LMS算法；3.6节介绍LMS算法的改进形式——马尔可夫模型。
- 为了研究LMS算法的收敛情况，3.7节介绍基于不稳定热力学原理的朗之万方程。研究收敛所需的另一个工具是库什纳直接平均算法，该方法将在3.8节中讨论。3.9节对算法进行详细的统计分析；重要的是，该算法的统计性能（使用一个小学习率参数）实际上是朗之万方程的离散时间版本。
- 3.10节给出一个验证LMS算法的小学习率理论的计算机实验，3.11节重复1.5节基于感知器的模式分类实验，但这次使用的是LMS算法。
- 3.12节讨论LMS算法的优缺点，3.13节讨论学习率退火方案的相关问题。
- 3.14节对本章进行总结和讨论。

3.1　引言

第1章中介绍的Rosenblatt感知器是求解线性可分模式分类问题的第一种学习算法。由Widrow and Hoff(1960)开发的最小均方算法，是用于求解诸如预测和通信信道均衡等问题的第一种线性自适应滤波算法。LMS算法的发展受到了感知器的启发，虽然这两种算法应用上有所不同，但都有一个共同的特点——涉及使用线性组合器，因此被称为“线性”算法。

令人惊奇的是，LMS算法本身不仅成了自适应滤波应用的主流算法，而且成了评估其他自适应滤波算法的基准，原因是它具有如下优点：

- 在计算复杂度方面，LMS算法的复杂度与可调参数呈线性关系，计算效率高，性能有效。
- 编码简单，因此易于构建。
- 算法对外部扰动是鲁棒的。

从工程角度看，这些优点正是所希望的。因此，LMS算法经受住了时间的考验也就不足为奇。

本章推导LMS算法的基本形式并讨论其优缺点。最重要的是，本章的内容是第4章中将要讨论的反向传播算法的基础。

3.2　LMS算法的滤波结构

图3.1中显示了一个未知动态系统的框图，该系统被一个输入向量激励，而输入向量由元素$x_1(i)$, $x_2(i), \cdots, x_M(i)$组成，其中i表示向系统施加激励的瞬间，时间索引$i = 1, 2, \cdots, n$。作为对激励的响应，系统产生一个输出，记为$y(i)$。因此，系统的外部行为就由下面的数据集描述：

$$\mathcal{T}:\{\boldsymbol{x}(i), d(i); i=1,2,\cdots,n,\cdots\} \tag{3.1}$$

式中，

$$\boldsymbol{x}(i)=[x_1(i),x_2(i),\cdots,x_M(i)]^{\mathrm{T}} \tag{3.2}$$

根据未知的概率定律，构成$\mathcal{T}$的样本是同分布的。与输入向量$\boldsymbol{x}(i)$有关的维数M称为输入空间的维数，简称输入维数。

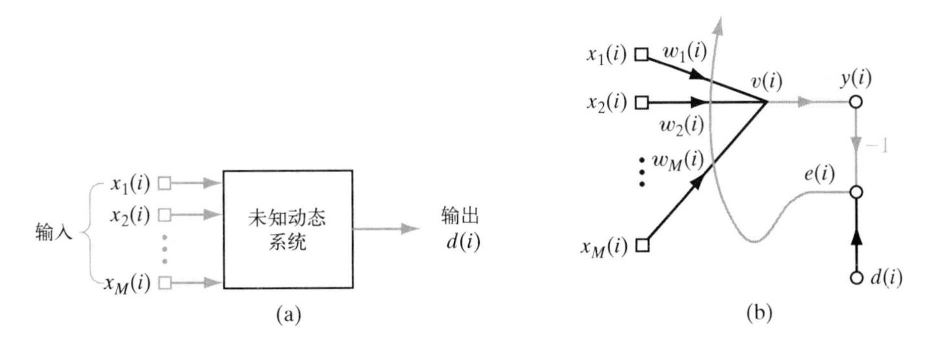

图3.1 (a)未知动态系统，(b)系统的自适应模型的信号流图，图中的反馈回路用灰色表示

激励向量$\boldsymbol{x}(i)$可按两种不同的方式出现，即空间方式和时间方式：

- $\boldsymbol{x}(i)$的M个元素源于空间中的不同点，本例中称$\boldsymbol{x}(i)$为数据的快照。
- $\boldsymbol{x}(i)$的M个元素表示时间上均匀分布的某些激励的当前值和$M-1$个过去值的集合。

要解决的问题是，如何通过单个线性神经元来设计未知动态系统的多输入-单输出模型。神经模型在某种算法的影响下运行，而这种算法控制对神经元突触权重的调整，因此要记住以下几点：

- 该算法从神经元突触权重的任意设定值开始。
- 根据系统行为的统计变化对突触权重的调整是连续性的（时间也是算法的构成）。
- 突触权重调整的计算在一个采样周期内完成。

以上描述的神经模型称为自适应滤波器。虽然这些特性是在系统辨识任务背景下提出的，但是自适应滤波器的特性可以泛化。

图3.1(b)中显示了自适应滤波器的信号流图，其操作包括两个连续的过程。

1． 滤波过程，包含两个信号的计算：

  - 记为$y(i)$的输出，即对激励向量$\boldsymbol{x}(i)$的M个元素$x_1(i), x_2(i),\cdots, x_M(i)$的响应。
  - 记为$e(i)$的误差信号，它是通过将输出$y(i)$与未知系统产生的相应输出$d(i)$进行比较得到的。实际上，$d(i)$可作为期望响应，或者作为目标、信号。

2． 自适应过程，包括根据误差信号$e(i)$自动调整神经元的突触权重。

这两个过程共同构成作用于神经元周围的一个反馈回路，如图3.1(b)所示。

因为神经元是线性的，所以输出$y(i)$等于诱导局部域$v(i)$，即

$$y(i)=v(i)=\sum_{k=1}^{M}w_k(i)x_k(i) \tag{3.3}$$

式中，$w_1(i), w_2(i),\cdots, w_M(i)$是在时刻$i$度量的神经元的$M$个突触权重。写成矩阵形式，可将$y(i)$表示为向量$\boldsymbol{x}(i)$和向量$\boldsymbol{w}(i)$的内积：

$$y(i)=\boldsymbol{x}^{\mathrm{T}}(i)\boldsymbol{w}(i) \tag{3.4}$$

式中，$\boldsymbol{w}(i)=[w_1(i),w_2(i),\cdots,w_M(i)]^{\mathrm{T}}$。注意，这里简化了突触权重的表示——因为只需要处理一个神经元，所以未用额外的下标来标识神经元。当只涉及一个神经元时，本书都遵循这种做法。将神经元的输出$y(i)$与在时刻i接收自未知系统的相应输出$d(i)$进行比较。一般来说，$y(i)$与$d(i)$是不同的；因此，它们的差就导致了误差信号

$$e(i) = d(i) - y(i) \tag{3.5}$$

误差信号$e(i)$用于控制神经元突触权重调整的方式，由用于推导相关自适应滤波算法的代价函数确定。这个问题与最优化密切相关。因此，需要回顾无约束优化方法，这些内容不仅适用于线性自适应滤波器，而且适用于神经网络。

3.3 无约束优化：回顾

考虑一个代价函数$\mathcal{E}(\boldsymbol{w})$，它是未知权重（参数）向量$\boldsymbol{w}$的连续可微函数。函数$\mathcal{E}(\boldsymbol{w})$将$\boldsymbol{w}$的元素映射为实数，度量如何选择自适应滤波算法的权重（参数）向量$\boldsymbol{w}$，使其以最优方式运行。我们希望找到一个满足如下条件的最优解：

$$\mathcal{E}(\boldsymbol{w}^*) \leqslant \mathcal{E}(\boldsymbol{w}) \tag{3.6}$$

也就是说，我们需要求解一个如下的无约束优化问题：

> 对权重向量$\boldsymbol{w}$最小化代价函数$\mathcal{E}(\boldsymbol{w})$。

最优性的必要条件是

$$\nabla\mathcal{E}(\boldsymbol{w}^*) = \boldsymbol{0} \tag{3.7}$$

式中，∇是梯度算子，

$$\nabla = \left[\frac{\partial}{\partial w_1}, \frac{\partial}{\partial w_2}, \cdots, \frac{\partial}{\partial w_M}\right]^{\mathrm{T}} \tag{3.8}$$

$\nabla\mathcal{E}(\boldsymbol{w})$是代价函数的梯度向量，

$$\nabla\mathcal{E}(\boldsymbol{w}) = \left[\frac{\partial\mathcal{E}}{\partial w_1}, \frac{\partial\mathcal{E}}{\partial w_2}, \cdots, \frac{\partial\mathcal{E}}{\partial w_M}\right]^{\mathrm{T}} \tag{3.9}$$

关于向量的微分，将在本章末尾的注释1中讨论。

特别适合自适应滤波器设计的一类无约束优化算法，其依据是局部迭代下降思想：

> 从初始猜测值$\boldsymbol{w}(0)$开始，生成一系列权重向量$\boldsymbol{w}(1), \boldsymbol{w}(2), \cdots$，使得代价函数$\mathcal{E}(\boldsymbol{w})$在算法的每次迭代中都变小：
>
> $$\mathcal{E}(\boldsymbol{w}(n+1)) < \mathcal{E}(\boldsymbol{w}(n)) \tag{3.10}$$
>
> 式中，$\boldsymbol{w}(n)$是权重向量的旧值，$\boldsymbol{w}(n+1)$则是权重向量的新值。

我们希望算法最终收敛到最优解$\boldsymbol{w}^*$。之所以说“希望”，是因为除非采取特殊的预防措施，否则算法很可能发散（变得不稳定）。

本节介绍三种无约束优化方法，它们以不同的形式依赖于迭代下降思想（Bertsekas, 1995）。

1．最速下降法

在最速下降法中，权重向量$\boldsymbol{w}$的连续调整在最速下降方向（与梯度向量相反的方向）上进行，即在与梯度向量$\nabla\mathcal{E}(\boldsymbol{w})$相反的方向上进行。为便于表示，我们写出

$$\boldsymbol{g} = \nabla\mathcal{E}(\boldsymbol{w}) \tag{3.11}$$

因此，最速下降法就正式描述为

$$\boldsymbol{w}(n+1) = \boldsymbol{w}(n) - \eta\boldsymbol{g}(n) \tag{3.12}$$

式中，η是一个正常数，称为步长或学习率参数，$\boldsymbol{g}(n)$是点$\boldsymbol{w}(n)$处的梯度向量。从迭代n到$n+1$，算法进行如下修正，

$$\nabla \boldsymbol{w}(n) = \boldsymbol{w}(n+1) - \boldsymbol{w}(n) = -\eta \boldsymbol{g}(n) \tag{3.13}$$

上式实际上是第0章中介绍的误差修正准则的标准陈述。

为了证明最速下降法的公式满足式（3.10）中的迭代下降条件，用$\boldsymbol{w}(n)$的邻域的一阶泰勒级数展开将$\mathcal{E}(\boldsymbol{w}(n+1))$近似为

$$\mathcal{E}(\boldsymbol{w}(n+1)) \approx \mathcal{E}(\boldsymbol{w}(n)) + \boldsymbol{g}^{\mathrm{T}}(n)\Delta\boldsymbol{w}(n)$$

对于小η，它是成立的。将式（3.13）代入上式得

$$\mathcal{E}(\boldsymbol{w}(n+1)) \approx \mathcal{E}(\boldsymbol{w}(n)) - \eta \boldsymbol{g}^{\mathrm{T}}(n)\boldsymbol{g}(n) = \mathcal{E}(\boldsymbol{w}(n)) - \eta \left\| \boldsymbol{g}(n) \right\|^2$$

上式表明，对于正学习率参数η，代价函数每次迭代后都减小。这里给出的推理是近似的，因为只有当学习率足够小时，推理才是正确的。

最速下降法收敛到最优解$\boldsymbol{w}^*$的速度很慢；此外，学习率参数对其收敛性有显著影响：

- 当η很小时，算法的瞬态响应是过阻尼的，因为由$\boldsymbol{w}(n)$跟踪的轨迹在$\mathcal{W}$平面上是平滑路径，如图3.2(a)所示。
- 当η较大时，算法的瞬态响应是欠阻尼的，因为由$\boldsymbol{w}(n)$跟踪的轨迹是锯齿（振荡）路径，如图3.2(b)所示。
- 当η超过某个临界值时，算法变得不稳定（发散）。

2．牛顿法

对于更精巧的优化技术，我们可以参考牛顿法，其基本思想是：在当前点$\boldsymbol{w}(n)$的邻域内最小化代价函数$\mathcal{E}(\boldsymbol{w})$的二次近似值；在算法的每次迭代中都执行这种最小化。具体地说，使用代价函数在点$\boldsymbol{w}(n)$的邻域内展开的二阶泰勒级数，得到

$$\nabla \mathcal{E}(\boldsymbol{w}(n)) = \mathcal{E}(\boldsymbol{w}(n+1)) - \mathcal{E}(\boldsymbol{w}(n)) \approx \boldsymbol{g}^{\mathrm{T}}(n)\Delta\boldsymbol{w}(n) + \frac{1}{2}\Delta\boldsymbol{w}^{\mathrm{T}}(n)\boldsymbol{H}(n)\Delta\boldsymbol{w}(n) \tag{3.14}$$

式中，$\boldsymbol{g}(n)$仍然是代价函数$\mathcal{E}(\boldsymbol{w})$在点$\boldsymbol{w}(n)$处的$M\times 1$维梯度向量，矩阵$\boldsymbol{H}(n)$是$\mathcal{E}(\boldsymbol{w})$在点$\boldsymbol{w}(n)$处的$m\times m$维黑塞矩阵。黑塞矩阵定义为

$$\boldsymbol{H} = \nabla^2 \mathcal{E}(\boldsymbol{w}) = \begin{bmatrix} \dfrac{\partial^2 \mathcal{E}}{\partial w_1^2} & \dfrac{\partial^2 \mathcal{E}}{\partial w_1 \partial w_2} & \cdots & \dfrac{\partial^2 \mathcal{E}}{\partial w_1 \partial w_M} \\ \dfrac{\partial^2 \mathcal{E}}{\partial w_2 \partial w_1} & \dfrac{\partial^2 \mathcal{E}}{\partial w_2^2} & \cdots & \dfrac{\partial^2 \mathcal{E}}{\partial w_2 \partial w_M} \\ \vdots & \vdots & \ddots & \vdots \\ \dfrac{\partial^2 \mathcal{E}}{\partial w_M \partial w_1} & \dfrac{\partial^2 \mathcal{E}}{\partial w_M \partial w_2} & \cdots & \dfrac{\partial^2 \mathcal{E}}{\partial w_M^2} \end{bmatrix} \tag{3.15}$$

式（3.15）要求代价函数$\mathcal{E}(\boldsymbol{w})$关于$\boldsymbol{w}$的元素是二次连续可微的。式（3.14）对$\Delta\boldsymbol{w}$微分，最小化变化量$\nabla\mathcal{E}(\boldsymbol{w})$，满足

$$\boldsymbol{g}(n) + \boldsymbol{H}(n)\Delta\boldsymbol{w}(n) = \boldsymbol{0}$$

求上式中的$\Delta\boldsymbol{w}(n)$得

$$\Delta\boldsymbol{w}(n) = -\boldsymbol{H}^{-1}(n)\boldsymbol{g}(n)$$

也就是说，

$$\boldsymbol{w}(n+1) = \boldsymbol{w}(n) + \Delta\boldsymbol{w}(n) = \boldsymbol{w}(n) - \boldsymbol{H}^{-1}(n)\boldsymbol{g}(n) \tag{3.16}$$

式中，$\boldsymbol{H}^{-1}(n)$是$\mathcal{E}(\boldsymbol{w})$的黑塞矩阵的逆矩阵。

一般来说，牛顿法收敛得很快，且没有最速下降法有时出现的锯齿性质。然而，牛顿法要求

黑塞矩阵$\boldsymbol{H}(n)$必须是正定矩阵。遗憾的是，一般来说，我们无法保证$\boldsymbol{H}(n)$在每次迭代中都是正定的。若黑塞矩阵$\boldsymbol{H}(n)$不是正定的，则必须修改牛顿法（Powell, 1987; Bertsekas, 1995）。牛顿法的主要缺点是计算复杂。

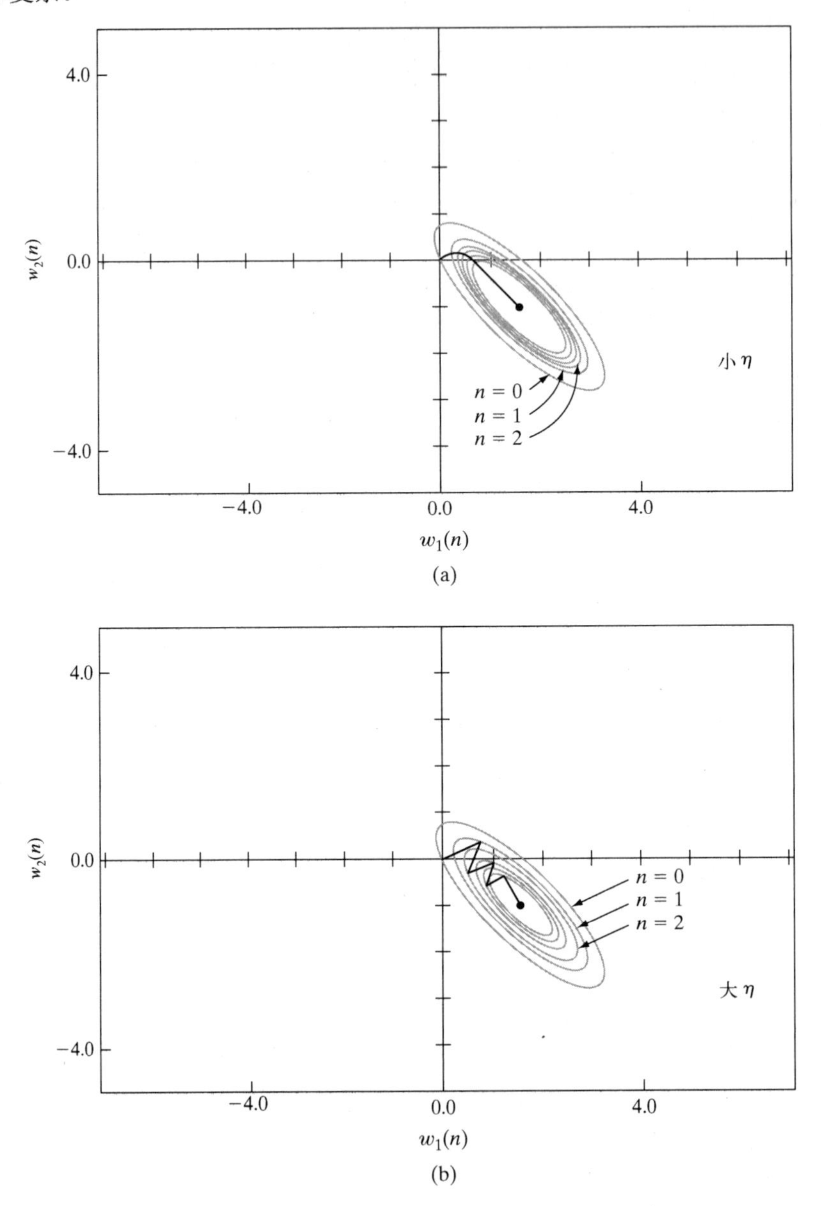

图 3.2　两个学习率参数不同时，最速下降法在二维空间中的轨迹：(a)小η；(b)大η。坐标w_1和w_2是权重向量$\boldsymbol{w}$的元素，它们都在$\mathcal{W}$平面上

3．高斯-牛顿法

为了在确保牛顿法的收敛性不变的情况下降低计算复杂度，可以采用高斯-牛顿法。为了应用这种方法，我们采用一个表示为误差平方和的代价函数，即

$$\mathcal{E}(\boldsymbol{w})=\frac{1}{2}\sum_{i=1}^{n}e^2(i) \tag{3.17}$$

其中包含尺度因子$\frac{1}{2}$的目的是简化后续分析。上式中的所有误差项都是基于权重向量$\boldsymbol{w}$计算的，而权重向量$\boldsymbol{w}$在整个观测区间$1 \leqslant i \leqslant n$上是不变的。

误差信号$e(i)$是可调权重向量$\boldsymbol{w}$的函数。给定操作点$\boldsymbol{w}(n)$，我们可通过引入新项来线性化$e(i)$对$\boldsymbol{w}$的依赖性：

$$e'(i,\boldsymbol{w}) = e(i) + \left[\frac{\partial e(i)}{\partial \boldsymbol{w}}\right]^{\mathrm{T}}_{\boldsymbol{w}=\boldsymbol{w}(n)} \times (\boldsymbol{w} - \boldsymbol{w}(n)), \quad i = 1,2,\cdots,n$$

它可用矩阵形式等效地表示为

$$\boldsymbol{e}'(n,\boldsymbol{w}) = \boldsymbol{e}(n) + \boldsymbol{J}(n)(\boldsymbol{w} - \boldsymbol{w}(n)) \tag{3.18}$$

式中，$\boldsymbol{e}(n)$是误差向量，

$$\boldsymbol{e}(n) = [e(1), e(2), \cdots, e(n)]^{\mathrm{T}}$$

$\boldsymbol{J}(n)$是$\boldsymbol{e}(n)$的$n \times m$维雅可比矩阵：

$$\boldsymbol{J}(n) = \begin{bmatrix} \dfrac{\partial e(1)}{\partial w_1} & \dfrac{\partial e(1)}{\partial w_2} & \cdots & \dfrac{\partial e(1)}{\partial w_M} \\ \dfrac{\partial e(2)}{\partial w_1} & \dfrac{\partial e(2)}{\partial w_2} & \cdots & \dfrac{\partial e(2)}{\partial w_M} \\ \vdots & \vdots & \ddots & \vdots \\ \dfrac{\partial e(n)}{\partial w_1} & \dfrac{\partial e(n)}{\partial w_2} & \cdots & \dfrac{\partial e(n)}{\partial w_M} \end{bmatrix}_{\boldsymbol{w}=\boldsymbol{w}(n)} \tag{3.19}$$

雅可比矩阵$\boldsymbol{J}(n)$是$m \times n$维梯度矩阵$\nabla \boldsymbol{e}(n)$的转置，其中

$$\nabla \boldsymbol{e}(n) = \left[\nabla e(1), \nabla e(2), \cdots, \nabla e(n)\right]$$

现在，新权重向量$\boldsymbol{w}(n+1)$定义为

$$\boldsymbol{w}(n+1) = \arg\min_{\boldsymbol{w}} \left\{\tfrac{1}{2}\|\boldsymbol{e}'(n,\boldsymbol{w})\|^2\right\} \tag{3.20}$$

利用式（3.18）计算$\boldsymbol{e}'(n,\boldsymbol{w})$的欧氏范数平方得

$$\tfrac{1}{2}\|\boldsymbol{e}'(n,\boldsymbol{w})\|^2 = \tfrac{1}{2}\|\boldsymbol{e}(n)\|^2 + \boldsymbol{e}^{\mathrm{T}}(n)\boldsymbol{J}(n)(\boldsymbol{w} - \boldsymbol{w}(n)) + \tfrac{1}{2}(\boldsymbol{w} - \boldsymbol{w}(n))^{\mathrm{T}}\boldsymbol{J}^{\mathrm{T}}(n)\boldsymbol{J}(n)(\boldsymbol{w} - \boldsymbol{w}(n))$$

因此，上式关于$\boldsymbol{w}$微分并令结果为零得

$$\boldsymbol{J}^{\mathrm{T}}(n)\boldsymbol{e}(n) + \boldsymbol{J}^{\mathrm{T}}(n)\boldsymbol{J}(n)(\boldsymbol{w} - \boldsymbol{w}(n)) = \boldsymbol{0}$$

通过求解方程中的$\boldsymbol{w}$，我们可根据式（3.20）写出

$$\boldsymbol{w}(n+1) = \boldsymbol{w}(n) - (\boldsymbol{J}^{\mathrm{T}}(n)\boldsymbol{J}(n))^{-1}\boldsymbol{J}^{\mathrm{T}}(n)\boldsymbol{e}(n) \tag{3.21}$$

这是高斯-牛顿法的纯粹形式。

不像牛顿法需要知道代价函数$\mathcal{E}(\boldsymbol{w})$的黑塞矩阵，高斯-牛顿法只需要知道误差向量$\boldsymbol{e}(n)$的雅可比矩阵。然而，要使高斯-牛顿迭代是可以计算的，矩阵积$\boldsymbol{J}^{\mathrm{T}}(n)\boldsymbol{J}(n)$就要是非奇异的。

关于后一点，我们认识到$\boldsymbol{J}^{\mathrm{T}}(n)\boldsymbol{J}(n)$总是非负定的。为了保证它是非奇异的，雅可比矩阵$\boldsymbol{J}(n)$的行秩必须为$n$，即式（3.19）中$\boldsymbol{J}(n)$的$n$行必须是线性无关的。遗憾的是，我们无法保证这种情况一直满足。为了防止$\boldsymbol{J}(n)$秩亏，习惯做法是为矩阵$\boldsymbol{J}^{\mathrm{T}}(n)\boldsymbol{J}(n)$添加一个对角矩阵$\delta\boldsymbol{I}$，其中$\boldsymbol{I}$是单位矩阵。参数$\delta$是一个小的正常数，用于确保$\boldsymbol{J}^{\mathrm{T}}(n)\boldsymbol{J}(n) + \delta\boldsymbol{I}$对所有$n$是正定的。

在此基础上，高斯-牛顿法能以稍微不同的形式实现：

$$\boldsymbol{w}(n+1) = \boldsymbol{w}(n) - (\boldsymbol{J}^{\mathrm{T}}(n)\boldsymbol{J}(n) + \delta\boldsymbol{I})^{-1}\boldsymbol{J}^{\mathrm{T}}(n)\boldsymbol{e}(n) \tag{3.22}$$

当迭代次数n增加时，加项$\delta\boldsymbol{I}$的影响逐渐减小。注意，递归式（3.22）是如下修正代价函数的解：

$$\mathcal{E}(\boldsymbol{w})=\frac{1}{2}\left\{\sum_{i=1}^{n}e^2(i)+\delta\left\|\boldsymbol{w}-\boldsymbol{w}(n)\right\|^2\right\} \tag{3.23}$$

式中，$\boldsymbol{w}(n)$是权重向量$\boldsymbol{w}(i)$的当前值。

在信号处理文献中，式（3.22）中的加项$\delta\boldsymbol{I}$称为对角加载，它负责按式（3.23）的形式展开代价函数$\mathcal{E}(\boldsymbol{w})$。现在，式（3.23）中有两项（忽略尺度因子$\frac{1}{2}$）：

- 第一项$\sum_{i=1}^{n}e^2(i)$是误差平方和，它依赖于训练数据。
- 第二项包含欧氏范数平方$\left\|\boldsymbol{w}-\boldsymbol{w}(n)\right\|^2$，它依赖于滤波器结构，起稳定器的作用。

尺度因子δ常称正则化参数，相应的修正代价函数称为结构正则化。第7章中将详细讨论正则化问题。

3.4 维纳滤波器

第2章讨论了普通最小二乘估计，它采用传统的最小化方法从环境观测模型中寻找最小二乘解。为了与本章中采用的术语一致，我们将其称为最小二乘滤波器。此外，我们将使用高斯-牛顿法重新推导这个滤波器的公式。

下面使用式（3.3）和式（3.4）将误差向量定义为

$$\boldsymbol{e}(n)=\boldsymbol{d}(n)-[\boldsymbol{x}(1),\boldsymbol{x}(2),\cdots,\boldsymbol{x}(n)]^{\mathrm{T}}\boldsymbol{w}(n)=\boldsymbol{d}(n)-\boldsymbol{X}(n)\boldsymbol{w}(n) \tag{3.24}$$

式中，$\boldsymbol{d}(n)$是$n\times1$维期望响应向量，

$$\boldsymbol{d}(n)=[d(1),d(2),\cdots,d(n)]^{\mathrm{T}}$$

$\boldsymbol{X}(n)$是$n\times M$维数据矩阵，

$$\boldsymbol{X}(n)=[\boldsymbol{x}(1),\boldsymbol{x}(2),\cdots,\boldsymbol{x}(n)]^{\mathrm{T}}$$

误差向量$\boldsymbol{e}(n)$关于$\boldsymbol{w}(n)$微分，得到梯度矩阵

$$\nabla\boldsymbol{e}(n)=-\boldsymbol{X}^{\mathrm{T}}(n)$$

相应地，$\boldsymbol{e}(n)$的雅可比矩阵是

$$\boldsymbol{J}(n)=-\boldsymbol{X}(n) \tag{3.25}$$

因为误差公式（3.18）在权重向量$\boldsymbol{w}(n)$中已是线性的，所以高斯-牛顿法在一次迭代后收敛，如下所示。将式（3.24）和式（3.25）代入式（3.21）得

$$\begin{aligned}\boldsymbol{w}(n+1)&=\boldsymbol{w}(n)+(\boldsymbol{X}^{\mathrm{T}}(n)\boldsymbol{X}(n))^{-1}\boldsymbol{X}^{\mathrm{T}}(n)(\boldsymbol{d}(n)-\boldsymbol{X}(n)\boldsymbol{w}(n))\\&=(\boldsymbol{X}^{\mathrm{T}}(n)\boldsymbol{X}(n))^{-1}\boldsymbol{X}^{\mathrm{T}}(n)\boldsymbol{d}(n)\end{aligned} \tag{3.26}$$

项$(\boldsymbol{X}^{\mathrm{T}}(n)\boldsymbol{X}(n))^{-1}\boldsymbol{X}^{\mathrm{T}}(n)$称为数据矩阵$\boldsymbol{X}(n)$的伪逆矩阵，即

$$\boldsymbol{X}^{+}(n)=(\boldsymbol{X}^{\mathrm{T}}(n)\boldsymbol{X}(n))^{-1}\boldsymbol{X}^{\mathrm{T}}(n) \tag{3.27}$$

因此，可将式（3.26）简写为

$$\boldsymbol{w}(n+1)=\boldsymbol{X}^{+}(n)\boldsymbol{d}(n) \tag{3.28}$$

这个公式简便地表示了如下陈述：

> 权重向量$\boldsymbol{w}(n+1)$将定义在持续时间n的观测区间上的线性最小二乘问题分解为如下两项的积：伪逆矩阵$\boldsymbol{X}^{+}(n)$和期望响应向量$\boldsymbol{d}(n)$。

维纳滤波器：遍历环境下最小二乘滤波器的极限形式

设$\boldsymbol{w}_o$表示最小二乘滤波器的极限形式，并且允许观测次数n趋于无穷大，则由式（3.26）得

$$\begin{aligned}\boldsymbol{w}_o &= \lim_{n\to\infty} \boldsymbol{w}(n+1) = \lim_{n\to\infty} (\boldsymbol{X}^{\mathrm{T}}(n)\boldsymbol{X}(n))^{-1}\boldsymbol{X}^{\mathrm{T}}(n)\boldsymbol{d}(n) \\ &= \lim_{n\to\infty} \left(\tfrac{1}{n}\boldsymbol{X}^{\mathrm{T}}(n)\boldsymbol{X}(n)\right)^{-1} \cdot \lim_{n\to\infty} \tfrac{1}{n}\boldsymbol{X}^{\mathrm{T}}(n)\boldsymbol{d}(n)\end{aligned} \tag{3.29}$$

现在假设输入向量$\boldsymbol{x}(i)$和相应的期望响应向量$\boldsymbol{d}(i)$取自联合遍历平稳环境。于是，我们可用时间平均代替总体平均。根据定义，输入向量$\boldsymbol{x}(i)$的相关矩阵的总体平均形式为

$$\boldsymbol{R}_{xx} = \mathbb{E}[\boldsymbol{x}(i)\boldsymbol{x}^{\mathrm{T}}(i)] \tag{3.30}$$

相应地，输入向量$\boldsymbol{x}(i)$和期望响应向量$\boldsymbol{d}(i)$之间的互相关向量的总体平均形式为

$$\boldsymbol{r}_{dx} = \mathbb{E}[\boldsymbol{x}(i)\boldsymbol{d}(i)] \tag{3.31}$$

式中，$\mathbb{E}$是期望算子。因此，在遍历性假设下有

$$\boldsymbol{R}_{xx} = \lim_{n\to\infty} \tfrac{1}{n}\boldsymbol{X}(n)\boldsymbol{X}^{\mathrm{T}}(n), \qquad \boldsymbol{r}_{dx} = \lim_{n\to\infty} \boldsymbol{X}^{\mathrm{T}}(n)\boldsymbol{d}(n)$$

于是，我们可用总体平均相关参数将式（3.29）重写为

$$\boldsymbol{w}_o = \boldsymbol{R}_{xx}^{-1}\boldsymbol{r}_{dx} \tag{3.32}$$

式中，$\boldsymbol{R}_{xx}^{-1}$是相关矩阵$\boldsymbol{R}_{xx}$的逆矩阵。式（3.32）是式（2.32）中定义的最小二乘解的总体平均版本。

权重向量$\boldsymbol{w}_o$称为最优线性滤波问题的维纳解（Widrow and Stearns, 1985; Haykin, 2002）。因此，我们可做如下陈述：

对于遍历过程，当观测次数趋于无穷大时，最小二乘滤波器渐近地趋于维纳滤波器。

设计维纳滤波器需要二阶统计量的信息：输入向量$\boldsymbol{x}(n)$的相关矩阵$\boldsymbol{R}_{xx}$，以及$\boldsymbol{x}(n)$和期望响应$d(n)$之间的互相关向量$\boldsymbol{r}_{xd}$。然而，当滤波器运行的环境未知时，这些信息是不可获取的。我们可以使用线性自适应滤波器来处理这种环境，其中自适应是指滤波器可以根据环境中的统计变化来调整其自由参数。在连续时间基础上进行这类调整的流行算法之一是最小均方算法，详见下面的讨论。

3.5 最小均方算法

最小均方算法的原理是最小化如下代价函数的瞬时值：

$$\mathcal{E}(\hat{\boldsymbol{w}}) = \tfrac{1}{2}e^2(n) \tag{3.33}$$

式中，$e(n)$是在时刻n度量的误差信号。$\mathcal{E}(\hat{\boldsymbol{w}})$关于权重向量$\hat{\boldsymbol{w}}$微分得

$$\frac{\partial \mathcal{E}(\hat{\boldsymbol{w}})}{\partial \hat{\boldsymbol{w}}} = e(n)\frac{\partial e(n)}{\partial \boldsymbol{w}} \tag{3.34}$$

与最小二乘滤波器一样，LMS算法对线性神经元进行操作，于是可将误差信号表示为

$$e(n) = d(n) - \boldsymbol{x}^{\mathrm{T}}(n)\hat{\boldsymbol{w}}(n) \tag{3.35}$$

因此，

$$\frac{\partial e(n)}{\partial \hat{\boldsymbol{w}}(n)} = -\boldsymbol{x}(n), \qquad \frac{\partial \mathcal{E}(\hat{\boldsymbol{w}})}{\partial \hat{\boldsymbol{w}}(n)} = -\boldsymbol{x}(n)e(n)$$

使用后一个结果作为梯度向量的瞬时估计，可得

$$\hat{\boldsymbol{g}}(n) = -\boldsymbol{x}(n)e(n) \tag{3.36}$$

最后，使用式（3.36）作为最速下降法的式（3.12）中的梯度向量，可构建如下LMS算法：

$$\hat{\boldsymbol{w}}(n+1) = \hat{\boldsymbol{w}}(n) + \eta\boldsymbol{x}(n)e(n) \tag{3.37}$$

注意，学习率参数η的倒数度量的是LMS算法的记忆：η越小，LMS算法记忆过去数据的跨度就越长。因此，当η较小时，LMS算法的精度高，但是收敛速度较慢。

推导式（3.37）时，我们用$\hat{\boldsymbol{w}}(n)$代替$\boldsymbol{w}(n)$来强调这样一个事实：LMS算法会因采用最速下降法而产生权重向量的瞬时估计。因此，LMS算法牺牲了最速下降法的一个显著特征。在最速下降法中，对于给定的η，权重向量$\boldsymbol{w}(n)$在权重空间$\mathcal{W}$中遵循明确定义的轨迹。相比之下，在LMS算法中，权重向量$\hat{\boldsymbol{w}}(n)$跟踪一条随机的轨迹。因此，LMS算法有时被称为*随机梯度算法*，当LMS算法中的迭代次数趋于无穷时，$\hat{\boldsymbol{w}}(n)$在维纳解$\boldsymbol{w}_o$附近随机游动（布朗运动）。然而，需要注意的事实是，与最速下降法不同，LMS算法不需要知道环境的统计信息。从实用角度看，LMS算法的这个特性很重要。

表3.1中小结了基于式（3.35）和式（3.37）的LMS算法，清楚地说明了算法的简单性。如表所示，算法的初始化只需设置权重向量$\hat{\boldsymbol{w}}(0)=\boldsymbol{0}$。

表3.1　LMS算法小结

训练样本：输入信号向量 $=\boldsymbol{x}(n)$，期望响应 $=d(n)$
用户选择的参数：η
初始化：设置 $\hat{\boldsymbol{w}}(0)=\boldsymbol{0}$
计算：对于 $n=1,2,\cdots$，计算
$e(n)=d(n)-\hat{\boldsymbol{w}}^{\mathrm{T}}(n)\boldsymbol{x}(n)$
$\hat{\boldsymbol{w}}(n+1)=\hat{\boldsymbol{w}}(n)+\eta\boldsymbol{x}(n)e(n)$

1．LMS算法的信号流图表示

联立式（3.35）和式（3.37），可将LMS算法中权重向量的演化表示为

$$\hat{\boldsymbol{w}}(n+1)=\hat{\boldsymbol{w}}(n)+\eta\boldsymbol{x}(n)[d(n)-\boldsymbol{x}^{\mathrm{T}}(n)\hat{\boldsymbol{w}}(n)]=[\boldsymbol{I}-\eta\boldsymbol{x}(n)\boldsymbol{x}^{\mathrm{T}}(n)]\hat{\boldsymbol{w}}(n)+\eta\boldsymbol{x}(n)d(n) \tag{3.38}$$

式中，$\boldsymbol{I}$是单位矩阵。使用LMS算法时，我们发现

$$\hat{\boldsymbol{w}}(n)=z^{-1}[\hat{\boldsymbol{w}}(n+1)] \tag{3.39}$$

式中，z^{-1}是单位时间延迟算子，它意味着记忆。使用式（3.38）和式（3.39），我们可用图3.3中的信号流图来表示LMS算法。这个信号流图表明LMS算法是随机反馈系统的一个特例，反馈的出现对LMS算法的收敛行为有着深远的影响。

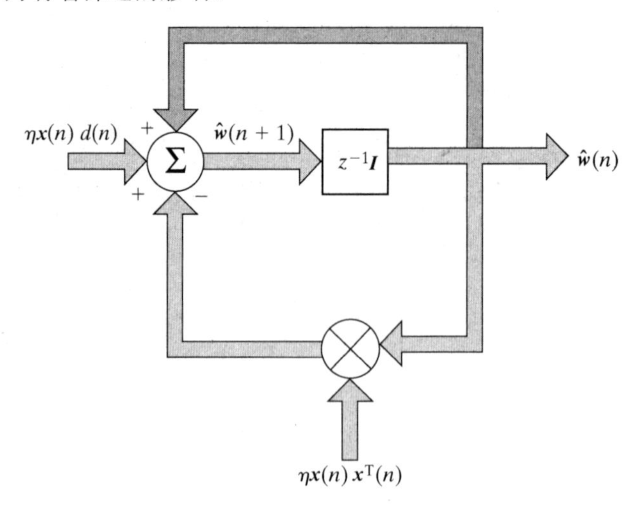

图3.3　LMS算法的信号流图表示

3.6 描述LMS算法和维纳滤波器偏差的马尔可夫模型

3.6.1 维纳滤波算法

执行LMS算法的统计分析时，使用权重误差向量更方便，该向量定义为

$$\boldsymbol{\varepsilon}(n)=\boldsymbol{w}_o-\hat{\boldsymbol{w}}(n) \tag{3.40}$$

式中，$\boldsymbol{w}_o$是由式（3.32）定义的最优维纳解，相应地，$\hat{\boldsymbol{w}}(n)$是由LMS算法计算的权重向量估计。因此，若假设$\boldsymbol{\varepsilon}(n)$是一个状态，则可将式（3.38）简写为

$$\boldsymbol{\varepsilon}(n+1)=\boldsymbol{A}(n)\boldsymbol{\varepsilon}(n)+\boldsymbol{f}(n) \tag{3.41}$$

式中，

$$\boldsymbol{A}(n)=\boldsymbol{I}-\eta\boldsymbol{x}(n)\boldsymbol{x}^{\mathrm{T}}(n) \tag{3.42}$$

其中$\boldsymbol{I}$是单位矩阵。式（3.41）右边的加性噪声项定义为

$$\boldsymbol{f}(n)=-\eta\boldsymbol{x}(n)e_o(n) \tag{3.43}$$

式中，

$$e_o(n)=d(n)-\boldsymbol{w}_o^{\mathrm{T}}\boldsymbol{x}(n) \tag{3.44}$$

是维纳滤波器产生的估计误差。

式（3.41）是LMS算法的马尔可夫模型，它具有如下特征：

- 由向量$\boldsymbol{\varepsilon}(n+1)$表示的模型的新状态依赖于旧状态$\boldsymbol{\varepsilon}(n)$，依赖关系由转移矩阵$\boldsymbol{A}(n)$定义。
- 状态随时间n的演化受到作为“驱动力”的固有噪声$\boldsymbol{f}(n)$的扰动。

图3.4中给出了该模型的向量值信号流图。记为$z^{-1}\boldsymbol{I}$的分支表示模型的记忆，z^{-1}为单位时间延迟算子，定义为

$$z^{-1}[\boldsymbol{\varepsilon}(n+1)]=\boldsymbol{\varepsilon}(n) \tag{3.45}$$

相比图3.3，该图采用更简洁的方式强调了LMS算法中存在的反馈。

图3.4中的信号流图和相应的方程，是LMS算法在小学习率参数η假设下收敛性分析的框架。然而，在做这一分析之前，首先要简要介绍达成这一目标所需的两个基础模块：3.7节的朗之万方程，以及3.8节的库什纳直接平均法。有了这两个基础模块，就可在3.9节中继续学习LMS算法的收敛性分析。

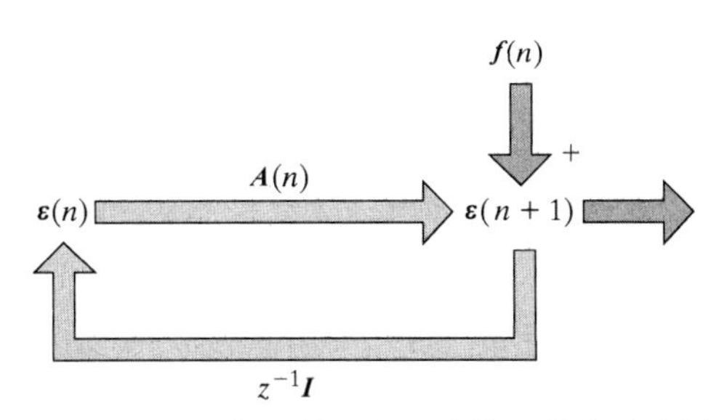

图3.4　式（3.41）描述的马尔可夫模型的信号流图表示

3.7 朗之万方程：布朗运动的特点

我们可用更精确的术语来重述3.5节末尾的评论。例如，对于稳定性或收敛性，我们可以说LMS算法（对足够小的η）不可能具有完全稳定或收敛的条件。经n次迭代后，这个算法趋于伪平衡，

这可由算法在围绕维纳解附近执行布朗运动来定量描述。这类随机行为可用非平衡热力学的朗之万方程很好地解释。因此，下面先偏离主题而简短地介绍这个重要的方程。

设$v(t)$表示质量为m的宏观粒子浸入黏性流体后的速度。假设粒子足够小，粒子的热波动速度非常显著。于是，根据热力学均分定律，粒子的平均能量为

$$\frac{1}{2}\mathbb{E}[v^2(t)] = \frac{1}{2}k_{\mathrm{B}}T, \quad \text{所有连续时间}t \tag{3.46}$$

式中，k_{B}是玻尔兹曼常数，T是热力学温度。黏性流体中分子施加到粒子上的总作用力包括两部分：

① 依据斯托克斯定律的连续阻尼力$-\alpha v(t)$，其中α是摩擦系数。

② 涨落力$F_f(t)$，其性质是平均意义上的。

因此，在没有外力的情况下，粒子的运动方程为

$$m\frac{\mathrm{d}v}{\mathrm{d}t} = -\alpha v(t) + F_f(t)$$

方程两边除以m得

$$\frac{\mathrm{d}v}{\mathrm{d}t} = -\gamma v(t) + \Gamma(t) \tag{3.47}$$

式中，

$$\gamma = \alpha / m \tag{3.48}$$

$$\Gamma(t) = F_f(t)/m \tag{3.49}$$

$\Gamma(t)$是单位质量的涨落力，是一种随机力，因为它依赖于数量极多的（处于恒定和不规则运动状态的）原子的位置。式（3.47）称为*朗之万方程*，$\Gamma(t)$称为*朗之万力*。朗之万方程是描述非平衡热力学的第一个数学方程，表征了粒子在黏性流体中的运动（如果指定了初始条件）。

3.9节将证明：LMS算法的变换版本与朗之万方程的离散时间版本，在数学形式上是相同的；但在这样做之前，我们需要介绍下一个基础模块。

3.8　库什纳直接平均法

式（3.41）中的马尔可夫模型是一个非线性随机差分方程，它是非线性的，因为转移矩阵$\boldsymbol{A}(n)$依赖于输入向量$\boldsymbol{x}(n)$的外积$\boldsymbol{x}(n)\boldsymbol{x}^{\mathrm{T}}(n)$。因此，权重误差向量$\boldsymbol{\varepsilon}(n+1)$对$\boldsymbol{x}(n)$的依赖性违背了线性所需的叠加原理。此外，该方程也是随机的，因为训练样本$\{\boldsymbol{x}(n), d(n)\}$来自随机环境。鉴于这两个事实，我们发现对LMS算法做严格的统计分析确实非常困难。

然而，在某些条件下，将库什纳直接平均法用于式（3.41）中的模型，可以显著简化LMS算法的统计分析。这种方法的正式陈述如下（Kushner, 1984）。

考虑由马尔可夫模型描述的随机学习系统

$$\boldsymbol{\varepsilon}(n+1) = \boldsymbol{A}(n)\boldsymbol{\varepsilon}(n) + \boldsymbol{f}(n)$$

其中，对某个输入向量$\boldsymbol{x}(n)$，有

$$\boldsymbol{A}(n) = \boldsymbol{I} - \eta\boldsymbol{x}(n)\boldsymbol{x}^{\mathrm{T}}(n)$$

且加性噪声$\boldsymbol{f}(n)$由学习率参数η线性缩放，条件如下：

- 学习率参数η充分小。
- 加性噪声$\boldsymbol{f}(n)$本质上独立于状态$\boldsymbol{\varepsilon}(n)$，实际上，对所有$n$，由

$$\boldsymbol{\varepsilon}_0(n+1) = \overline{\boldsymbol{A}}(n)\boldsymbol{\varepsilon}_0(n) + \boldsymbol{f}_0(n) \tag{3.50}$$

$$\overline{\boldsymbol{A}}(n) = \boldsymbol{I} - \eta\mathbb{E}[\boldsymbol{x}(n)\boldsymbol{x}^{\mathrm{T}}(n)] \tag{3.51}$$

描述的修正马尔可夫模型的状态演化与原始马尔可夫模型的状态演化是一致的。

式（3.51）中的确定性矩阵 $\overline{\boldsymbol{A}}(n)$ 是修正马尔可夫模型的转移矩阵。注意，使用符号 $\boldsymbol{\varepsilon}_0(n)$ 来表示修正马尔可夫模型的状态的原因是，强调模型随时间的演化仅在极小学习率参数 η 情况下与原始马尔可夫模型的演化等同。

通过假设遍历性（用时间平均代替总体平均），习题3.7中给出了式（3.50）和式（3.51）的证明。对于这里的讨论，可做如下说明：

1. 如前所述，当学习率参数 η 很小时，LMS算法具有长记忆。因此，当前状态 $\boldsymbol{\varepsilon}_0(n+1)$ 的演化时间可逐步追溯到初始状态 $\boldsymbol{\varepsilon}(0)$。
2. 当 η 很小时，可忽略 $\boldsymbol{\varepsilon}_0(n+1)$ 的级数展开中关于 η 的二阶项及高阶项。
3. 式（3.50）和式（3.51）中包含的陈述可通过调用遍历性得到，其中总体平均被时间平均代替。

3.9 小学习率参数的统计LMS学习理论

3.9.1 学习率参数

掌握库什纳直接平均法后，就可通过如下三个合理的假设为LMS算法的原则性统计分析做准备。

假设1 *学习率参数 η 很小*

通过做这个假设，我们来证明采用库什纳直接平均法的合理性，进而证明式（3.50）和式（3.51）中的修正马尔可夫方程模型是LMS算法的统计分析的基础。

从实践角度看，选择小 η 是有道理的。特别地，当 η 很小时，LMS算法对外部扰动表现出鲁棒性，鲁棒性问题的讨论见3.12节。

假设2 *由维纳滤波器产生的估计误差 $e_o(n)$ 是白噪声*

如果期望响应的生成由如下线性回归模型描述，那么这个假设是满足的：

$$d(n) = \boldsymbol{w}_o^{\mathrm{T}}\boldsymbol{x}(n) + e_o(n) \tag{3.52}$$

式（3.52）只是式（3.44）的重写，意味着维纳滤波器的权重向量与相应随机环境的回归模型的权重向量是匹配的。

假设3 *输入向量 $\boldsymbol{x}(n)$ 和期望响应 $d(n)$ 是联合高斯分布的*

由物理现象产生的随机过程常是机械化的，因此高斯模型是合适的，故该假设合理。不需要对LMS算法的统计分析做进一步假设（Haykin, 2002, 2006）。下面简要介绍这一分析。

1. LMS算法的自然模式

令取自一个平衡过程的 $\boldsymbol{R}_{xx}$ 表示输入向量 $\boldsymbol{x}(n)$ 的总体平均相关矩阵，即

$$\boldsymbol{R}_{xx} = \mathbb{E}[\boldsymbol{x}(n)\boldsymbol{x}^{\mathrm{T}}(n)] \tag{3.53}$$

相应地，可将式（3.51）中的平均转移矩阵表示为下面的修正马尔可夫模型：

$$\overline{\boldsymbol{A}} = \mathbb{E}[\boldsymbol{I} - \eta\boldsymbol{x}(n)\boldsymbol{x}^{\mathrm{T}}(n)] = [\boldsymbol{I} - \eta\boldsymbol{R}_{xx}] \tag{3.54}$$

于是，就可将式（3.50）展开为

$$\boldsymbol{\varepsilon}_0(n+1) = (\boldsymbol{I} - \eta\boldsymbol{R}_{xx})\boldsymbol{\varepsilon}_0(n) + \boldsymbol{f}_0(n) \tag{3.55}$$

式中，$\boldsymbol{f}_0(n)$ 是加性噪声。因此，式（3.55）就是LMS算法的统计分析的基本方程。

2. LMS算法的自然模式

将矩阵理论的正交变换用于相关矩阵$\boldsymbol{R}_{xx}$，有

$$\boldsymbol{Q}^{\mathrm{T}}\boldsymbol{R}_{xx}\boldsymbol{Q}=\boldsymbol{\Lambda} \tag{3.56}$$

式中，$\boldsymbol{Q}$是一个正交矩阵，它的各列是$\boldsymbol{R}_{xx}$的特征向量；$\boldsymbol{\Lambda}$是一个对角矩阵，它的元素是相应的特征值。将该变换用于差分方程（3.55），得到相应的解耦一阶方程组（Haykin, 2002, 2006）

$$v_k(n+1)=(1-\eta\lambda_k)v_k(n)+\phi_k(n),\quad k=1,2,\cdots,M \tag{3.57}$$

式中，M是权重向量$\boldsymbol{w}(n)$的维数；此外，$v_k(n)$是如下变换后的权重误差向量的第k个元素：

$$\boldsymbol{v}(n)=\boldsymbol{Q}^{\mathrm{T}}\boldsymbol{\varepsilon}_0(n) \tag{3.58}$$

相应地，$\phi_k(n)$是如下变换后的噪声向量的第k个元素：

$$\boldsymbol{\phi}(n)=\boldsymbol{Q}^{\mathrm{T}}\boldsymbol{f}_0(n) \tag{3.59}$$

具体地说，$\phi_k(n)$是均值为零、方差为$\mu^2 J_{\min}\lambda_k$的白噪声过程的样本函数，其中$J_{\min}$是维纳滤波器产生的最小均方误差。实际上，式（3.57）中第k个差分方程的零均值驱动力的方差与相关矩阵$\boldsymbol{R}_{xx}$的第k个特征值λ_k成正比。

定义差分

$$\Delta v_k(n)=v_k(n+1)-v_k(n),\quad k=1,2,\cdots,M \tag{3.60}$$

于是，式（3.57）改写为

$$\Delta v_k(n)=-\eta\lambda_k v_k(n)+\phi_k(n),\quad k=1,2,\cdots,M \tag{3.61}$$

现在，随机方程（3.61）可视为朗之万方程（3.47）的离散时间版本。特别地，逐项比较这两个方程，可给出表3.2中的类比关系。根据该表，可得出如下结论：

表 3.2　朗之万方程（连续时间）和变换后的LMS 演化（离散时间）之间的类比

朗之万方程（3.47）	LMS 演化方程（3.61）
$\frac{\mathrm{d}v(t)}{\mathrm{d}t}$（加速度）	$\Delta v_k(n)$
$\gamma v(t)$（阻尼力）	$\eta\lambda_k v_k(n)$
$\varGamma(t)$（随机驱动力）	$\phi_k(n)$

> 将正交变换用于差分方程（3.55）后，产生的LMS滤波器的收敛行为，由M个解耦朗之万方程描述，第k个分量的特征如下：
>
> - 阻尼力定义为$\eta\lambda_k v_k(n)$。
> - 朗之万力$\phi_k(n)$由均值为零、方差为$\eta^2 J_{\min}\lambda_k$的白噪声过程描述。

最重要的是，朗之万力$\phi_k(n)$是LMS算法的非平衡行为的原因，它表现为算法经过足够多的迭代次数n后，结果围绕最优维纳解做布朗运动。然而，要强调的是，表3.2和前述结论的前提是学习率参数η要足够小。

3. LMS算法的学习曲线

求解变换后的差分方程（3.57），得到Haykin(2002, 2006)描述的LMS学习曲线，

$$J(n)=J_{\min}+\eta J_{\min}\sum_{k=1}^{M}\frac{\lambda_k}{2-\eta\lambda_k}+\sum_{k=1}^{M}\lambda_k\left(\left|v_k(0)\right|^2-\frac{\eta J_{\min}}{2-\eta\lambda_k}\right)(1-\eta\lambda_k)^{2n} \tag{3.62}$$

式中，

$$J(n)=\mathbb{E}[|e(n)|^2]$$

是均方误差，$v_k(0)$是变换后的向量$\boldsymbol{v}(n)$的第k个元素的初值。当学习率参数η很小时，式（3.62）简化为

$$J(n) \approx J_{\min} + \frac{\eta J_{\min}}{2}\sum_{k=1}^{M}\lambda_k + \sum_{k=1}^{M}\lambda_k\left(\left|v_k(0)\right|^2 - \frac{\eta J_{\min}}{2}\right)(1-\eta\lambda_k)^{2n} \tag{3.63}$$

本节介绍的小学习率参数理论的有效性，将在下面的计算机实验中验证。

3.10 计算机实验I：线性预测

本实验的目的是验证3.9节介绍的LMS算法的统计学习理论，假设学习率参数η很小。

对于这个实验，我们考虑一个定义如下的生成模型：

$$x(n) = ax(n-1) + \varepsilon(n) \tag{3.64}$$

它表示一阶自回归（AR）过程。这个模型是一阶的，a是模型的唯一参数。解释误差$\varepsilon(n)$取自均值为0、方差为σ_ε^2的白噪声过程。生成模型的参数为

$$a = 0.99, \quad \sigma_\varepsilon^2 = 0.02, \quad \sigma_x^2 = 0.995$$

为了估计模型参数a，我们使用LMS算法，其学习率参数$\eta = 0.001$。从初始条件$\hat{w}(0) = 0$开始，我们应用式（3.35）的标量版本，其中估计误差为

$$e(n) = x(n) - \hat{a}(n)x\left(n-1\right)$$

式中，$\hat{a}(n)$是LMS算法在时间步n产生的a的估计。然后，通过统计独立地执行100次LMS算法，画出该算法的整体平均学习曲线。图3.5中画出的5000次迭代后的实心（随机变化）曲线，是总体平均操作的结果。

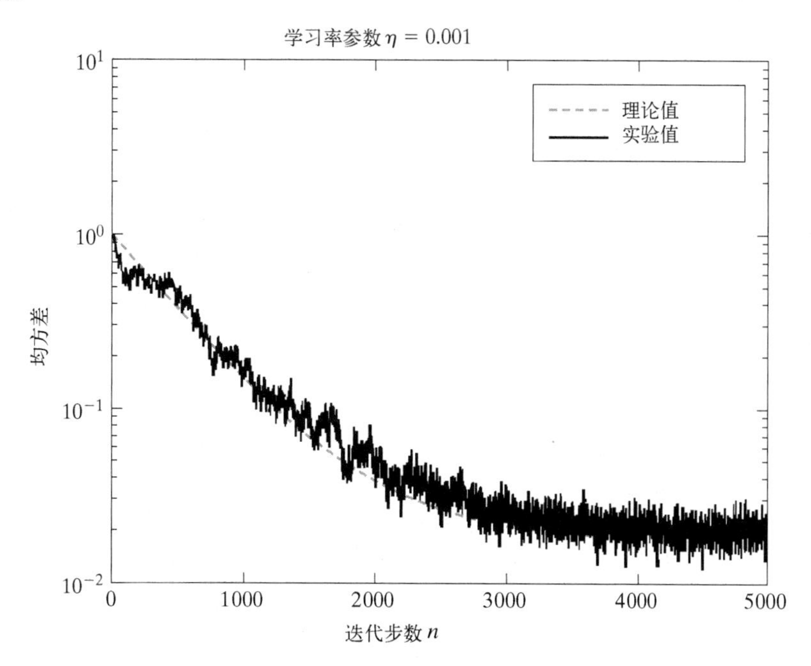

图3.5　LMS算法小学习率参数理论用于一阶自回归过程的实验验证

图3.5中包含了总体平均学习曲线，它是在η很小的假设下使用式（3.63）中的理论推导公式得到的。注意，理论和实践完全一致，结果如图3.6所示。事实上，这种引人注目的一致性可视为对如下两个重要理论原则的确认：

1．在小学习率参数的假设下，库什纳直接平均法可用于处理LMS学习行为的理论分析。

2．LMS算法的学习行为可视为朗之万方程的一个实例。

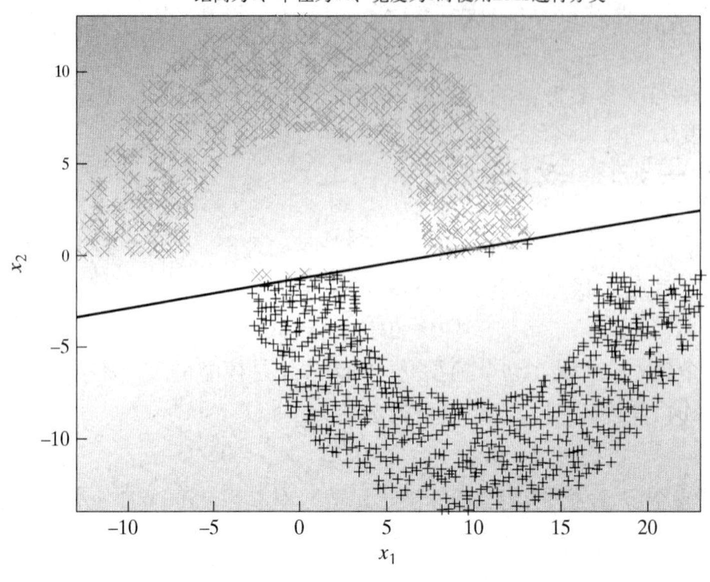

图3.6　基于图1.8中的双月构形，距离为1的LMS分类

3.11　计算机实验II：模式分类

在LMS算法的第二个实验中，我们研究其在图1.8所示双月构形中的应用。具体地说，我们通过双月构形的如下两个设置来评估该算法的性能：

① $d = 1$，对应于线性可分。

② $d = -4$，对应于线性不可分。

这样做实际上是在重复2.5节中关于最小二乘法的实验，只是这次使用的是LMS算法。

这两个d值的实验结果如图3.6和图3.7所示。比较这两幅图与图2.2和图2.3后，得到如下结果：

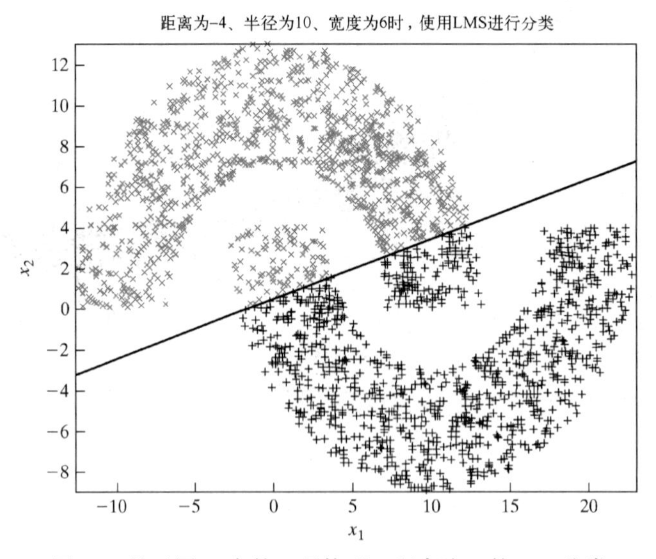

图3.7　基于图1.8中的双月构形，距离为-4的LMS分类

① 就分类性能而言，最小二乘法和LMS算法产生的结果对所有实际目的来说是相同的。

② 在收敛性方面，LMS算法要比最小二乘法慢得多，原因是LMS算法是递归的，而最小二乘法是以批处理模式运行的，其中包括在一个时间步内求矩阵的逆。

有趣的是，第5章中介绍了最小二乘法的递归实现。因为使用了二阶信息，所以最小二乘法的递归实现的收敛速度仍然要比LMS算法的快。

3.12 LMS算法的优缺点

3.12.1 计算的简单性和有效性

LMS算法的两个优点是计算的简单性和有效性。表3.1中所示算法的两个优点小结如下：

- 算法的编码仅有两到三行，这是所有人都能理解的简单编码。
- 算法的计算复杂度与可调参数的数量呈线性关系。

从实践的角度看，这些都是重要的优点。

3.12.2 鲁棒性

LMS算法的另一个重要优点是它是模型独立的，因此对扰动具有鲁棒性。为了说明鲁棒性，考虑图3.8所示的情况，其中转移算子$\mathcal{T}$将输入端的一对扰动映射为输出端的“一般”估计误差。具体地说，在输入端，有以下内容。

- 初始权重误差向量定义为

$$\delta \boldsymbol{w}(0)=\boldsymbol{w}-\hat{\boldsymbol{w}}(0) \tag{3.65}$$

  式中，$\boldsymbol{w}$是未知的参数向量，$\hat{\boldsymbol{w}}(0)$是时间步$n=0$的“建议”初始估计。在LMS算法中，通常设$\hat{\boldsymbol{w}}(0)=\boldsymbol{0}$，从某种程度上说，这可能是该算法最坏的初始条件。

- 回到式（2.3）所示回归模型的解释误差ε，为便于说明，这里再次提及，其中d是响应于回归变量$\boldsymbol{x}$的模型输出：

$$d=\boldsymbol{w}^{\mathrm{T}}\boldsymbol{x}+\varepsilon \tag{3.66}$$

  算子$\mathcal{T}$自然是一个用于构建估计$\hat{\boldsymbol{w}}(n)$的策略函数（如LMS算法）。现在，引入如下定义：

  估计器的能量增益定义为算子$\mathcal{T}$的输出端的误差能量与输入端的总扰动能量之比。

为了消除这种依赖性，进而使估计器“模型独立”，我们考虑这样的情形：对估计器输入，应用所有可能的扰动序列的最大能量增益。这样，就定义了转移算子$\mathcal{T}$的H^{∞}范数。

在这个背景下，可以给出转移算子$\mathcal{T}$的H^{∞}范数：

找到一个使$\mathcal{T}$的H^{∞}范数最小的因果估计量，其中$\mathcal{T}$是一个将扰动映射到估计误差的转移算子。

按H^{∞}准则设计的最优估计器称为极小极大估计器。具体地说，一方面，可将H^{∞}最优估计问题视为如下意义的博弈论问题：作为“对手”的大自然可以获得未知的扰动，使能量增益最大化；另一方面，估计策略“设计者”的任务是找到误差能量最小的因果算法。注意，引入H^{∞}准则概念时，我们未对图3.8所示的输入扰动进行假设。因此，可以说按照H^{∞}准则设计的估计器是最坏情况估计器。

从数学角度讲，按照H^{∞}（或极大极小）准则，LMS算法是最优的。H^{∞}意义上最优性的基本理念是符合最坏情况：

如果你不知道自己面对的是什么，就为最坏的情况做计划，并进行优化。

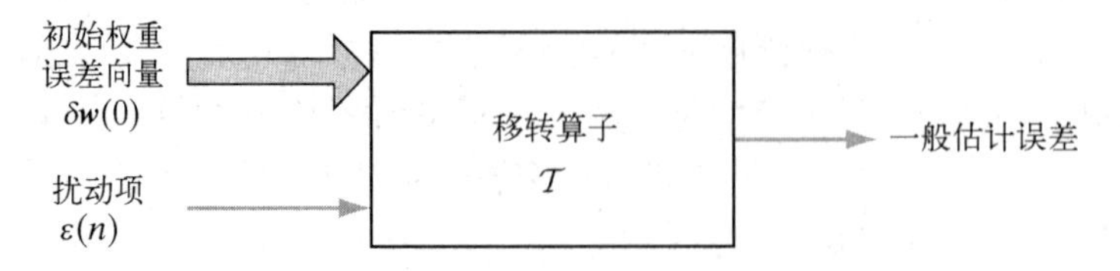

图3.8 最优H^{∞}估计问题的表述。移转算子输出端的一般估计误差可能是权重误差向量、解释误差等

长期以来，LMS算法都被视为梯度下降法的瞬时逼近。然而，LMS算法的H^{∞}最优性为其奠定了严格的数学基础。此外，LMS算法的H^{∞}理论表明，当学习率参数η被设置为一个较小的值时，该算法可得到最鲁棒的性能。

LMS算法的模型独立性也可解释该算法在平稳和非平稳环境中都令人满意的工作能力。所谓“非平稳”环境，是指统计特性随时间变化的环境。在这样的环境中，最优维纳解呈现出时变性，而LMS算法的额外任务是跟踪维纳滤波器最小均方误差的变化。

限制LMS性能的因素

LMS算法的主要限制是收敛速度慢，且对输入特征结构的变化敏感（Haykin, 2002）。LMS算法通常需要10倍于输入数据空间维数的迭代次数才能达到稳态条件。当输入数据空间的维数较高时，LMS算法的收敛速度变得非常缓慢。

至于对环境条件变化的敏感性，LMS算法的收敛性对输入向量$\boldsymbol{x}$的相关矩阵$\boldsymbol{R}_{xx}$的条件数或特征值范围的变化非常敏感。$\boldsymbol{R}_{xx}$的条件数记为$\chi(\boldsymbol{R})$：

$$\chi(\boldsymbol{R}) = \frac{\lambda_{\max}}{\lambda_{\min}} \tag{3.67}$$

式中，$\lambda_{\max}$和$\lambda_{\min}$分别是相关矩阵$\boldsymbol{R}_{xx}$的最大特征值和最小特征值。当输入向量$\boldsymbol{x}(n)$所属的训练样本呈病态时，即LMS算法的条件数较大时，LMS算法对条件数$\chi(\boldsymbol{R})$的变化变得特别敏感。

3.13 学习率退火计划

LMS算法收敛速度慢的原因可能是学习率参数在整个计算过程中保持为某个值η_0，如

$$\eta(n) = \eta_0, \quad \text{所有}n \tag{3.68}$$

这是可以假设的最简单的学习率参数。相比之下，Robbins and Monro(1951)的学习率参数是时变的。随机逼近文献中最常用的时变形式是

$$\eta(n) = c/n \tag{3.69}$$

式中，c是常数。这样的选择确实足以保证随机逼近算法的收敛性（Kushner and Clark, 1978）。然而，当常数c较大时，小n存在参数被放大的危险。

作为式（3.68）和式（3.69）的替代，我们可用Darken and Moody(1992)提出的搜索后收敛方案：

$$\eta(n) = \frac{\eta_0}{1+(n/\tau)} \tag{3.70}$$

式中，η_0和τ是用户选择的常数。在自适应的早期阶段，当迭代次数n相比搜索时间常数τ较小时，学习率参数$\eta(n)$约等于η_0，这时，该算法基本上与传统的LMS算法一样，如图3.9所示。因此，通过在允许范围内选择一个较大的η_0，我们希望滤波器的可调权重能够找到一组“良好”的值并在其附近波动。然后，当迭代次数n相比搜索时间常数τ较大时，学习率参数$\eta(n)$近似为c/n，

其中 $c = \tau\eta_0$，如图3.9所示。这时该算法与传统的随机近似算法一样，权重可能会收敛到其最优值。因此，搜索后收敛方案可能具有将标准LMS算法的理想特性与传统随机逼近理论结合起来的潜力。

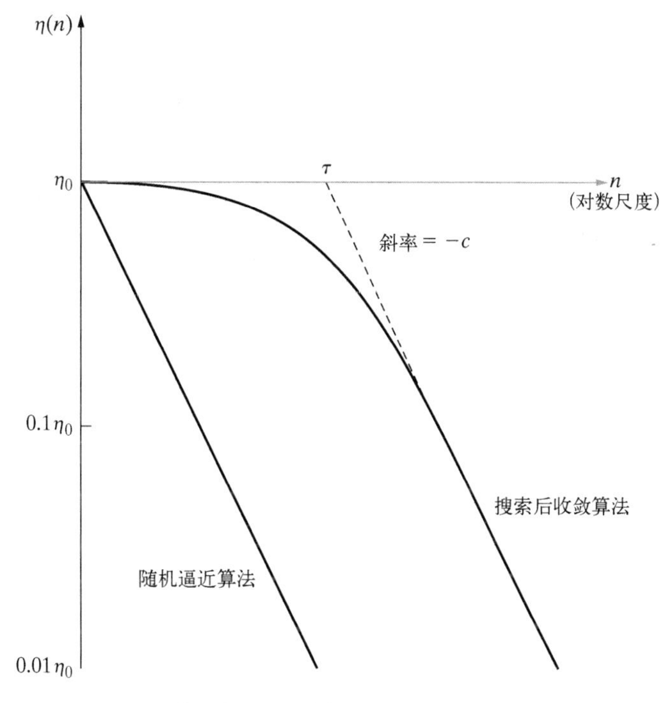

图3.9　学习率优化计划：横轴属于标准LMS算法

3.14　小结和讨论

本章介绍了著名的最小均方算法，它由Widrow和Hoff于1960年提出。该算法经受住了时间的考验，原因如下：

1. 无论是硬件形式还是软件形式，该算法的公式都简单且易于实现。

2. 尽管算法简单，但性能是有效的。

3. 从计算角度说，该算法是有效的，因为其复杂度与可调参数的数量呈线性关系。

4. 该算法是模型独立的，因此对扰动具有鲁棒性。

在学习率参数 η 为小正值的假设下，由于库什纳直接平均法，LMS算法的收敛行为（通常难以分析）数学上变得易于处理。这种方法的理论优点是，当 η 很小时，描述LMS算法收敛行为的非线性“随机”差分方程被原始方程的非线性“确定”差分方程取代。此外，通过巧妙地使用特征分解，得到的非线性确定差分方程的解被一个解耦一阶差分方程系统取代。注意，由此导出的一阶差分方程数学上等价于非平衡热力学朗之万方程的时间离散一阶差分方程。这种等价性解释了LMS算法经过足够次迭代后围绕最优维纳解进行的布朗运动。3.10节中的计算机实验和Haykin(2006)的其他计算机实验证实了式（3.63）的有效性，后者描述了LMS算法的整体平均学习曲线。

注意，学习率参数 η 很小时，LMS算法表现出最优的鲁棒性，但为这种重要性能付出的代价是相对缓慢的收敛速度。然而，如3.13节所述，使用学习率退火方法可缓解LMS算法的这一缺点。

本章主要关注普通LMS算法，它有多个变体，每个变体都有其优缺点，详见Haykin(2002)。

注释和参考文献

1．关于向量的微分

设$f(\boldsymbol{w})$表示参数向量$\boldsymbol{w}$的实值函数，$f(\boldsymbol{w})$对$\boldsymbol{w}$的导数由如下向量定义：

$$\frac{\partial f}{\partial \boldsymbol{w}}=\left[\frac{\partial f}{\partial w_1},\frac{\partial f}{\partial w_2},\cdots,\frac{\partial f}{\partial w_m}\right]^{\mathrm{T}}$$

式中，m是向量$\boldsymbol{w}$的维数。我们对以下两种情况感兴趣。

情况1　函数$f(\boldsymbol{w})$由如下内积定义：

$$f(\boldsymbol{w})=\boldsymbol{x}^{\mathrm{T}}\boldsymbol{w}=\sum_{i=1}^{m}x_i w_i$$

因此，

$$\frac{\delta f}{\delta w_i}=x_i,\qquad i=1,2,\cdots,m$$

或者等效地表示为矩阵形式

$$\frac{\delta f}{\delta \boldsymbol{w}}=\boldsymbol{x} \tag{3.71}$$

情况2　函数$f(\boldsymbol{w})$由如下二次型定义：

$$f(\boldsymbol{w})=\boldsymbol{w}^{\mathrm{T}}\boldsymbol{R}\boldsymbol{w}=\sum_{i=1}^{m}\sum_{j=1}^{m}w_i r_{ij} w_j$$

式中，r_{ij}是$m\times m$维矩阵$\boldsymbol{R}$的第ij个元素。因此，

$$\frac{\partial f}{\partial w_i}=2\sum_{j=1}^{m}r_{ij}w_j,\qquad i=1,2,\cdots,m$$

或者等效地表示为矩阵形式：

$$\frac{\partial f}{\partial \boldsymbol{w}}=2\boldsymbol{R}\boldsymbol{w} \tag{3.72}$$

式（3.71）和式（3.72）是实值函数关于向量的微分的两个有用规则。

2．Golub and Van Loan(1996)讨论了矩阵的伪逆，也见Haykin(2002)。

3．朗之万方程的讨论见Reif(1965)，有关朗之万方程的历史见Cohen(2005)。

4．式（3.56）中的正交变换源自方阵的特征分解，详见第8章。

5．H^{∞}控制的早期论述，见Zames(1981)。Hassibi et al.(1993)首次阐述了H^{∞}意义下LMS算法的最优性，Hassibi et al.(1999)从估计或自适应滤波的角度介绍了H^{∞}理论。在Haykin and Widrow(2005)的第5章中，Hassibi还简要介绍了H^{∞}意义下LMS算法的鲁棒性。从控制角度研究H^{∞}理论的书籍有Zhou and Doyle(1998)和Green and Limebeer(1995)。

6．Haykin(2002)的5.7节用实验证明了LMS算法的收敛性对相关矩阵$\boldsymbol{R}_{xx}$的条件数$\chi(\boldsymbol{R})$的变化的敏感性。Haykin(2002)的第9章中讨论了最小二乘法的递归实现，结论是算法的收敛性本质上与条件数$\chi(\boldsymbol{R})$无关。

习题

3.1　(a) 令$\boldsymbol{m}(n)$表示n次迭代时LMS算法的平均权重向量，即

$$\boldsymbol{m}(n)=\mathbb{E}[\hat{\boldsymbol{w}}(n)]$$

使用3.9节的小学习率参数理论得

$$\boldsymbol{m}(n)=(\boldsymbol{I}-\eta\boldsymbol{R}_{xx})^{n}[\boldsymbol{m}(0)-\boldsymbol{m}(\infty)]+\boldsymbol{m}(\infty)$$

式中，η 是学习率参数，$\boldsymbol{R}_{xx}$是输入向量$\boldsymbol{x}(n)$的相关矩阵，$\boldsymbol{m}(0)$和$\boldsymbol{m}(\infty)$分别是$\boldsymbol{m}(n)$的初值和终值。

(b) 证明，对于LMS算法的平均收敛性，学习率参数 η 必须满足条件

$$O < \eta < 2/\lambda_{\max}$$

式中，$\lambda_{\max}$ 是相关矩阵$\boldsymbol{R}_{xx}$的最大特征值。

3.2 参考习题3.1，讨论为什么LMS算法在均值中的收敛性不是实际收敛的合格标准。

3.3 考虑使用均值为零、方差为σ^2的白噪声序列作为LMS算法的输入，确定均方意义下算法收敛的条件。

3.4 在称为泄漏LMS算法的LMS算法变体中，最小化代价函数定义为

$$\mathcal{E}(n) = \tfrac{1}{2}\left|e(n)\right|^2 + \tfrac{1}{2}\lambda\left\|\boldsymbol{w}(n)\right\|^2$$

式中，$\boldsymbol{w}(n)$是参数向量，$e(n)$是估计误差，λ 是常数。和普通LMS算法一样，有

$$e(n) = d(n) - \boldsymbol{w}^{\mathrm{T}}(n)\boldsymbol{x}(n)$$

式中，$d(n)$是对应于输入向量$\boldsymbol{x}(n)$的期望响应。

(a) 证明泄漏LMS算法的参数向量的时间更新为

$$\hat{\boldsymbol{w}}(n+1) = \left(1-\eta\lambda\right)\hat{\boldsymbol{w}}(n) + \eta\boldsymbol{x}(n)e(n)$$

其中包括作为特例的普通LMS算法。

(b) 利用3.9节的小学习率参数理论，证明

$$\lim_{x\to\infty}\mathbb{E}[\hat{\boldsymbol{w}}(n)] = (\boldsymbol{R}_{xx} + \lambda\boldsymbol{I})^{-1}\boldsymbol{r}_{dx}$$

式中，$\boldsymbol{R}_{xx}$是$\boldsymbol{x}(n)$的相关矩阵，$\boldsymbol{I}$是单位矩阵，$\boldsymbol{r}_{dx}$是$\boldsymbol{x}(n)$和$d(n)$之间的互相关向量。

3.5 参考习题3.4，通过向输入向量$\boldsymbol{x}(n)$添加白噪声，验证泄漏LMS算法是否可被“模拟”。

(a) 对于习题3.4(b)中的条件，该噪声的方差是多少？

(b) 模拟算法何时采取与泄漏LMS算法几乎相同的形式？证明你的答案是正确的。

3.6 有时，我们会在文献中发现学习曲线的均方误差（MSE）公式的一种替代是均方偏差（MSD）学习曲线。定义权重误差向量

$$\boldsymbol{\varepsilon}(n) = \boldsymbol{w} - \hat{\boldsymbol{w}}(n)$$

式中，$\boldsymbol{w}$是提供所需响应的回归模型的参数向量。第二条学习曲线是通过计算MSD与迭代次数n的关系图得到的：

$$D(n) = \mathbb{E}\left[\left\|\boldsymbol{\varepsilon}(n)\right\|^2\right]$$

利用3.9节的小学习率参数理论得

$$D(\infty) = \lim_{n\to\infty} D(n) = \tfrac{1}{2}\eta M J_{\min}$$

式中，η 是学习率参数，M是参数向量 $\hat{\boldsymbol{w}}$ 的大小，$J_{\min}$是LMS算法的最小均方误差。

3.7 本题在遍历性假设下证明直接平均法。从式（3.41）开始，它根据转移矩阵$\boldsymbol{A}(n)$和驱动力$\boldsymbol{f}(n)$定义权重误差向量$\boldsymbol{\varepsilon}(n)$，它们是根据式（3.42）和式（3.43）中的输入向量$\boldsymbol{x}(n)$定义的；然后进行如下操作：

- 设$n = 0$，并计算$\boldsymbol{\varepsilon}(1)$。
- 设$n = 1$，并计算$\boldsymbol{\varepsilon}(2)$。
- 以这种方式迭代多次。

使用这些迭代值$\boldsymbol{\varepsilon}(n)$，推导出转移矩阵$\boldsymbol{A}(n)$的方程。

接下来，假设学习率参数 η 小到可以只保留 η 中的线性项。证明

$$\overline{\boldsymbol{A}}(n) = \boldsymbol{I} - \eta\sum_{i=1}^{n}\boldsymbol{x}(i)\boldsymbol{x}^{\mathrm{T}}(i)$$

在遍历性假设下，它可取为

$$\overline{\boldsymbol{A}}(n)=\boldsymbol{I}-\mu \boldsymbol{R}_{xx}$$

3.8 当学习率参数η很小时，LMS算法就像一个截止频率很低的低通滤波器。这种滤波器的输出与输入信号的均值成正比。利用式（3.41），考虑使用单个参数的算法，证明LMS算法的这一特性。

3.9 参考式（3.55），对于一个小学习率参数，证明在稳态条件下，下面的李亚普诺夫方程成立：

$$\boldsymbol{R}\boldsymbol{P}_0(n)+\boldsymbol{P}_0(n)\boldsymbol{R}=\eta\sum_{i=0}^{\infty}J_{\min}^{(i)}\boldsymbol{R}^{(i)}$$

式中，对于$i=0,1,2,\cdots$，有

$$J_{\min}^{(i)}=\mathbb{E}[e_o(n)e_o(n-i)], \qquad \boldsymbol{R}^{(i)}=\mathbb{E}[\boldsymbol{x}(n)\boldsymbol{x}^{\mathrm{T}}(n-i)]$$

矩阵$\boldsymbol{P}_0$由$\mathbb{E}[\boldsymbol{\varepsilon}_o(n)\boldsymbol{\varepsilon}_o^{\mathrm{T}}(n)]$定义，$e_o(n)$是维纳滤波器产生的不可再分估计误差。

计算机实验

3.10 重做3.10节中关于线性预测的计算机实验，使用以下学习率参数：① $\eta=0.002$；② $\eta=0.01$；③ $\eta=0.02$。在LMS算法的小学习率参数理论对每个η值的适用性下，给出你的答案。

3.11 重做3.11节中关于模式分类的计算机实验，但要将图1.8中双月之间的距离设为$d=0$。将实验结果与感知器习题1.6和最小二乘法习题2.7的结果进行比较。

3.12 画出用于图1.8所示双月构形的LMS算法的模式分类学习曲线，距离值如下：$d=1$；$d=0$；$d=-4$。将实验结果与第1章中使用Rosenblatt感知器得到的结果进行比较。

第4章 多层感知器

本章介绍多层感知器，即带有一个或多个隐藏层的神经网络。本章中的各节安排如下。

- 4.1节为引言；4.2～4.7节讨论与反向传播学习相关的内容。4.2节介绍一些预备知识，为反向传播算法的推导做铺垫，并讨论信用分配问题。4.3节介绍两种学习方法，即批量学习和在线学习。4.4节利用微积分的链式规则，采用传统方法详细介绍反向传播算法的推导过程。4.5节通过求解异或问题（无法使用Rosenblatt感知器求解的有趣问题），说明反向传播算法的应用。4.6节给出一些启发式算法和实践指南，以提升反向传播算法的性能。4.7节介绍一个模式分类实验，该实验是在使用反向传播算法训练过的多层感知器上进行的。
- 4.8～4.10节讨论如何处理误差面。4.8节介绍反向传播学习在计算网络逼近函数的偏导数中的基本作用。4.9节讨论关于误差面和黑塞矩阵相关的计算问题。4.10节讨论两个问题：如何实现最优退火和如何使学习率参数自适应。
- 4.11～4.14节重点讨论使用反向传播算法训练的多层感知器的性能问题。4.11节讨论学习的本质问题——泛化。4.12节讨论通过多层感知器处理连续函数的逼近问题。4.13节讨论交叉验证作为统计设计工具的用途。4.14节讨论复杂度正则化问题及网络修剪技术。
- 4.15节总结反向传播学习的优缺点。完成反向传播学习的讨论后，4.16节讨论监督学习的优化问题。
- 4.17节描述一种重要的神经网络结构，即卷积多层感知器。该网络已成功用于求解复杂模式的识别问题。
- 4.18节讨论非线性滤波，其中时间是关键要素。讨论从短期记忆结构开始，以便为通用短视映射定理做铺垫。
- 4.19节讨论小规模和大规模学习问题；4.20节是对本章的总结和讨论。

4.1 引言

第1章中介绍了单层神经网络的Rosenblatt感知器，证明了该网络仅适用于线性可分模式的分类问题。第3章中使用Widrow和Hoff的LMS算法研究了自适应滤波，该算法基于权重可调的单个线性神经元，计算能力有限。为了克服Rosenblatt感知器和LMS算法在实践中的局限性，下面引入多层感知器的神经网络结构。

多层感知器具有以下三个基本特征：

- 网络中的每个神经元模型都包含一个可微的非线性激活函数。
- 网络包含一个或多个隐藏层，其介于输入节点和输出节点之间。
- 网络表现出高连通性，其范围由网络的突触权重决定。

然而，由于存在这些特征，现阶段我们对网络行为的认知尚存不足。首先，网络存在非线性分布和高连通性，以致我们对多层感知器难以进行理论分析。其次，隐藏层的使用使得学习过程难以可视化，即学习过程必须事先决定输入模式的哪些特征由隐藏层表示，因此学习过程变得更加困难，需要在更大的可能函数空间中进行搜索；同时，还要在输入模式的不同表示之间进行选择。

反向传播算法常用来训练多层感知器，其中LMS算法是一个特例。训练分两个阶段进行：

1．前向阶段，网络的突触权重是固定的，输入信号通过网络逐层传播，直到输出端。因此，在这个阶段，输入信号的变化仅限于网络中的激活电位神经元和输出神经元。

2. 反向阶段，通过将网络输出与期望响应进行比较，产生误差信号。由此产生的误差信号通过网络再次逐层传播，但这次传播是反向进行的。这个阶段需要不断地对网络的突触权重进行修正。输出层的修正计算比较简单，而隐藏层的修正计算则更具挑战性。

“反向传播”一词是在1985年后演变而来的，当时因《并行分布处理》（Rumelhart and McClelland, 1986）一书的出版而变得流行。

20世纪80年代中期，反向传播算法的提出是神经网络发展史上的一个里程碑，为多层感知器的训练提供了一种高效的计算方法，使得人们对多层感知器的学习不再像Minsky and Papert(1969)所述的那样悲观。

4.2 一些预备知识

图4.1所示为一个带有两个隐藏层和一个输出层的多层感知器的结构图。为了描述一般形式的多层感知器，这里的网络是全连接的，即网络中任何一层的某个神经元都与前一层的所有神经元（节点）相连。信号流通过网络向前传播，从左到右，逐层进行。

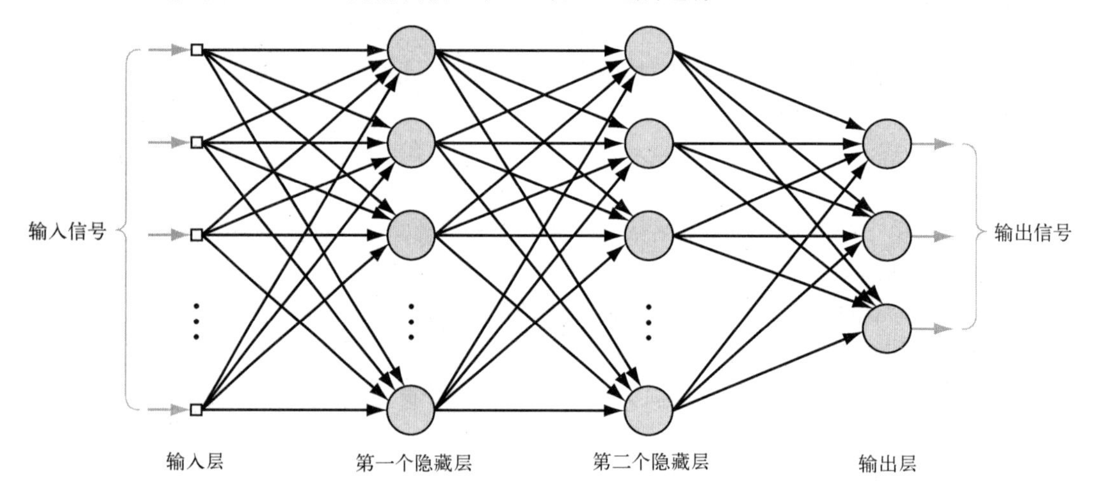

图4.1 带有两个隐藏层和一个输出层的多层感知器的结构图

图4.2所示为多层感知器的一部分。该网络识别两种信号。

1. 函数信号。函数信号是来自网络输入端的输入信号（刺激），通过网络（逐个神经元地）向前传播，作为输出信号出现在网络的输出端。这种信号称为函数信号的原因有二。第一，它在网络输出端起函数的作用。第二，在其通过的网络的每个神经元处，该信号都被当成该神经元的输入及相关权重的函数来计算。函数信号也称输入信号。
2. 误差信号。误差信号源自网络的输出神经元，通过网络（逐层）反向传播。之所以称其为误差信号，是因为网络中每个神经元的计算都涉及某种形式的误差依赖函数。

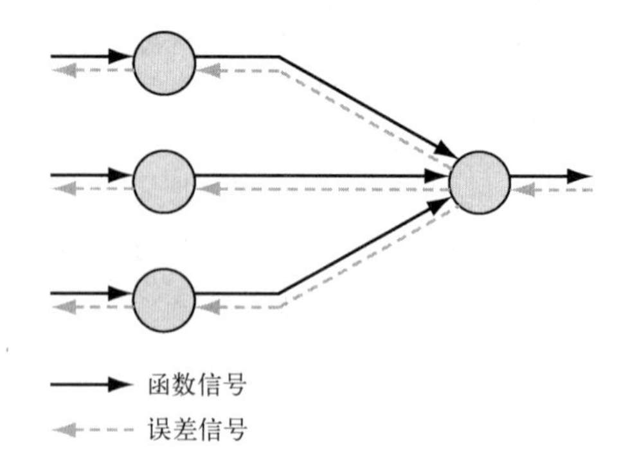

图 4.2 多层感知器中两个基本信号流的方向图示：函数信号的前向传播和误差信号的反向传播

输出神经元构成网络的输出层。余下的神经元构成网络的隐藏层。隐藏单元不是网络输入或输出的一部分，因此被命名为“隐藏”。第一个隐藏层的信号来自由传感单元（源节点）组成的输入层，其输出又应用于下一个隐藏层；网络的其他部分以此类推。

多层感知器的每个隐藏层或输出层的神经元都用于执行两种计算：

1. 计算出现在每个神经元输出端的函数信号，表示为输入信号和与该神经元相关联的突触权重的连续非线性函数。
2. 计算梯度向量的估计值（误差面关于一个神经元输入的权重的梯度），以满足反向传播的需要。

4.2.1 隐藏神经元的功能

隐藏神经元扮演着特征检测算子的角色；它们在多层感知器的运行中起决定性作用。随着学习过程在多层感知器中的不断进行，隐藏神经元开始逐渐“发现”训练数据的突出特征。它们将输入数据非线性变换到一个称为特征空间的新空间中，模式分类任务中的类别在这个新空间中比在原始输入数据空间中更易被区分开。实际上，正是监督学习形成的这个特征空间将多层感知器与Rosenblatt感知器区分开来的。

4.2.2 信用分配问题

参考图4.1所示的多层感知器，在研究分布式系统的学习算法时，信用分配是一个很重要的概念。信用分配问题是指将总体结果的信用或责任分配给分布式学习系统的隐藏计算单元所做的每个内部决策，即认识到这些决策首先要对总体结果负责。

在使用*误差相关学习*的多层感知器中，每个隐藏神经元和每个输出神经元的操作，对网络作用于特征学习任务的整体正确行为非常重要，由此产生了信用分配问题。也就是说，为了完成给定的任务，网络必须通过特定的误差修正学习算法为所有神经元分配特定形式的行为。在这个背景下，对于图4.1所示的多层感知器，由于每个输出神经元对外部世界都是可见的，因此可通过提供期望响应来指导输出神经元的行为。虽然根据误差修正算法调整每个输出神经元的突触权重相对简单，但是在使用误差修正学习算法调整隐藏神经元各自的突触权重时，应该如何为隐藏神经元的行为分配信用或责任呢？与输出神经元的情况相比，回答该问题更加迫切。

本章的后续部分将介绍反向传播算法，它作为多层感知器训练的基础算法，巧妙地解决了信用分配问题。在介绍反向传播算法之前，下面首先介绍监督学习的两种基本方法。

4.3 批量学习与在线学习

如图4.1所示，考虑由一个源节点的输入层、一个或多个隐藏层以及（由一个或多个神经元组成的）一个输出层构成的多层感知器。令

$$\mathcal{T}=\{\boldsymbol{x}(n),\boldsymbol{d}(n)\}_{n=1}^{N} \tag{4.1}$$

表示训练样本，用于以监督方式训练网络。令 $y_j(n)$ 表示在输出层的第 j 个神经元的输出处产生的函数信号，该函数信号由作用于输入层的刺激 $\boldsymbol{x}(n)$ 产生。相应地，在神经元 j 的输出处产生的误差信号定义为

$$e_j(n)=d_j(n)-y_j(n) \tag{4.2}$$

式中，$d_j(n)$ 是期望响应向量 $\boldsymbol{d}(n)$ 的第 j 个元素。根据第3章介绍的LMS算法，神经元 j 的瞬时误差能量定义为

$$\mathcal{E}_j(n)=\tfrac{1}{2}e_j^2(n) \tag{4.3}$$

将输出层中所有神经元的误差能量相加，得到整个网络的总瞬时误差能量为

$$\mathcal{E}(n)=\sum_{j\in C}\mathcal{E}_j(n)=\frac{1}{2}\sum_{j\in C}e_j^2(n) \tag{4.4}$$

式中，集合C包括输出层中的所有神经元。假设训练样本有N个，则训练样本上的平均误差能量或经验风险定义为

$$\mathcal{E}_{\mathrm{av}}(N)=\frac{1}{N}\sum_{n=1}^{N}\mathcal{E}(n)=\frac{1}{2N}\sum_{n=1}^{N}\sum_{j\in C}e_j^2(n) \tag{4.5}$$

显然，瞬时误差能量和平均误差能量都是多层感知器的所有可调突触权重（自由参数）的函数。为简便起见，在$\mathcal{E}(n)$和$\mathcal{E}_{\mathrm{av}}(N)$的公式中并未反映函数的依赖性。

根据多层感知器的监督学习的实际执行方式，我们有批量学习和在线学习两种不同的方法，详见后面关于梯度下降法的讨论。

4.3.1　批量学习

在批量学习中，当训练样本$\mathcal{T}$中的N个样本都出现（一轮训练）后，对多层感知器的突触权重进行调整。也就是说，批量学习的代价函数由平均误差能量$\mathcal{E}_{\mathrm{av}}$定义。多层感知器的突触权重的调整是逐轮进行的。相应地，每条学习曲线都是通过画出$\mathcal{E}_{\mathrm{av}}$和轮数的关系图得到的，对于每轮训练，训练样本$\mathcal{T}$中的样本是随机选择的。然后，对足够数量的学习曲线（每条曲线也是在随机选取的不同初始条件下得到的）进行总体平均计算，得到最终的学习曲线。

当使用梯度下降法进行训练时，批量学习的优点如下：

- 精确估计梯度向量（代价函数$\mathcal{E}_{\mathrm{av}}$关于于权重向量$\boldsymbol{w}$的导数），以保证在简化条件下，最速下降法收敛到局部极小。
- 学习过程是并行的。

然而，从实际情况看，批量学习有很高的存储需求。从统计角度看，批量学习可视为某种形式的统计推断，因此非常适合求解非线性回归问题。

4.3.2　在线学习

在监督学习的在线学习中，对多层感知器的突触权重的调整是逐个样本进行的。因此，将被最小化的代价函数是总瞬时误差能量$\mathcal{E}(n)$。

考虑一轮训练，N个训练样本按顺序$\{\boldsymbol{x}(1),\boldsymbol{d}(1)\},\{\boldsymbol{x}(2),\boldsymbol{d}(2)\},\cdots,\{\boldsymbol{x}(N),\boldsymbol{d}(N)\}$排列。在这轮训练中，首先将第一个样本对$\{\boldsymbol{x}(1),\boldsymbol{d}(1)\}$输入网络，使用梯度下降法进行权重调整；然后将第二个样本对$\{\boldsymbol{x}(2),\boldsymbol{d}(2)\}$输入网络，进一步调整网络中的权重。该过程持续到最后一个样本对$\{\boldsymbol{x}(N),\boldsymbol{d}(N)\}$。遗憾的是，该过程违反了在线学习的并行性。

给定初始条件集合后，画出$\mathcal{E}(N)$和训练轮数的关系图，就可得到一条学习曲线。每轮训练完成后，照例随机更换一批样本。同批量学习一样，在线学习的学习曲线也是对足够数量的学习曲线进行总体平均得到的。于是，对于给定的网络结构，在线学习得到的学习曲线和批量学习得到的学习曲线有着很大的不同。

既然在线学习训练样本是以随机方式呈现给网络的，在线学习就使得多维权重空间中的搜索是随机的；因此，在线学习方法有时也称**随机方法**。这种随机性会给学习过程带来理想的效果，不易陷入局部极小，这是在线学习优于批量学习的一个明显优点。在线学习的另一个优点是其需要的存储空间比批量学习的更少。

此外，如果训练数据是冗余的（训练样本集$\mathcal{T}$包含同一个样本的多个副本），那么在线学习能够充分利用这种冗余性，因为一次只能出现一个样本。

在线学习的另一个有用的性质是，它能追踪训练数据中的微小变化，尤其是在数据生成环境不稳定的情况下。

总之，尽管在线学习存在不足，但仍是求解模式分类问题的常用方法，原因有二：

- 在线学习容易执行。
- 为大规模和困难模式分类问题提供了有效的解决方案。

因此，本章中的大部分内容都是关于在线学习的。

4.4 反向传播算法

反向传播算法的提出，加速了多层感知器监督训练在线学习的普及。在图4.3所示的反向传播算法中，神经元j使用的函数信号由其左边的一层神经元生成。因此，在与神经元j相关联的激活函数的输入处产生的诱导局部域$v_j(n)$是

$$v_j(n)=\sum_{i=0}^{m}w_{ji}(n)y_i(n) \tag{4.6}$$

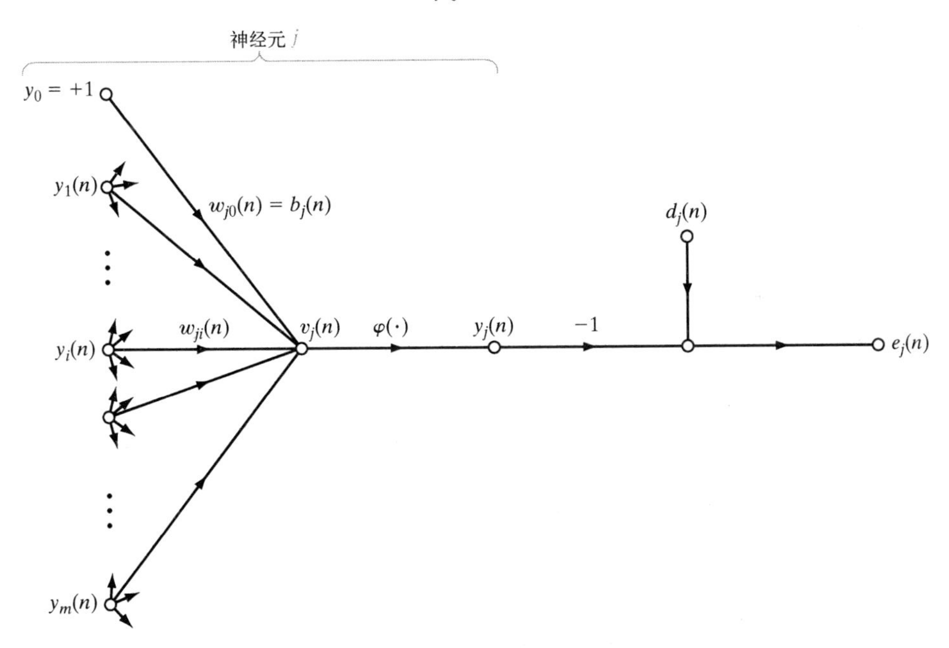

图4.3　突出输出神经元j的细节的信号流图

式中，m是作用于神经元j的所有输入（不包括偏置）的个数。突触权重w_{j0}（对应于固定输入$y_0=+1$）等于神经元j的偏置b_j。因此，迭代n次时，出现在神经元j的输出处的函数信号$y_j(n)$是

$$y_j(n)=\varphi_j(v_j(n)) \tag{4.7}$$

类似于第3章中介绍的LMS算法，反向传播算法对突触权重$w_{ji}(n)$进行修正，修正值为$\Delta w_{ji}(n)$，它正比于偏导数$\partial\mathcal{E}(n)/\partial w_{ji}(n)$。根据微分的链式规则，该梯度表示为

$$\frac{\partial\mathcal{E}(n)}{\partial w_{ji}(n)}=\frac{\partial\mathcal{E}(n)}{\partial e_j(n)}\frac{\partial e_j(n)}{\partial y_j(n)}\frac{\partial y_j(n)}{\partial v_j(n)}\frac{\partial v_j(n)}{\partial w_{ji}(n)} \tag{4.8}$$

偏导数 $\partial\mathcal{E}(n)/\partial w_{ji}(n)$ 代表一个敏感因子，它决定突触权重 w_{ji} 在权重空间中的搜索方向。

式（4.4）两边关于 $e_j(n)$ 微分得

$$\frac{\partial\mathcal{E}(n)}{\partial e_j(n)}=e_j(n) \tag{4.9}$$

式（4.2）两边关于 $y_j(n)$ 微分得

$$\frac{\partial e_j(n)}{\partial y_j(n)}=-1 \tag{4.10}$$

同样，式（4.7）关于 $v_j(n)$ 微分得

$$\frac{\partial y_j(n)}{\partial v_j(n)}=\varphi_j'\left(v_j(n)\right) \tag{4.11}$$

上式右边使用导数符号的目的是强调关于自变量的微分。最后，式（4.6）两边关于 $w_{ji}(n)$ 微分得

$$\frac{\partial v_j(n)}{\partial w_{ji}(n)}=y_i(n) \tag{4.12}$$

将式（4.9）～式（4.12）代入式（4.8）得

$$\frac{\partial\mathcal{E}(n)}{\partial w_{ji}(n)}=-e_j(n)\varphi_j'\left(v_j(n)\right)y_i(n) \tag{4.13}$$

$w_{ji}(n)$ 的修正值 $\Delta w_{ji}(n)$ 由德尔塔规则定义：

$$\Delta w_{ji}(n)=-\eta\frac{\partial\mathcal{E}(n)}{\partial w_{ji}(n)} \tag{4.14}$$

式中，η 是反向传播算法的学习率参数。式（4.14）中使用负号是为了说明在权重空间中梯度是下降的［寻找一个方向使得权重减小 $\mathcal{E}(n)$］。将式（4.13）代入式（4.14）得

$$\Delta w_{ji}(n)=\eta\delta_j(n)y_i(n) \tag{4.15}$$

式中，局部梯度 $\delta_j(n)$ 定义为

$$\delta_j(n)=\frac{\partial\mathcal{E}(n)}{\partial v_j(n)}=\frac{\partial\mathcal{E}(n)}{\partial e_j(n)}\frac{\partial e_j(n)}{\partial y_j(n)}\frac{\partial y_j(n)}{\partial v_j(n)}=e_j(n)\varphi_j'\left(v_j(n)\right) \tag{4.16}$$

局部梯度指向突触权重所需的变化。根据式（4.16），输出神经元 j 的局部梯度 $\delta_j(n)$ 等于该神经元的误差信号 $e_j(n)$ 和相应激活函数的导数 $\varphi_j'(v_j(n))$ 的乘积。

在式（4.15）和式（4.16）中，权重修正 $\Delta w_{ji}(n)$ 计算涉及的一个关键因子是神经元 j 的输出端的误差信号 $e_j(n)$。在这种情况下，要根据神经元 j 的不同位置来区分两种不同的情况。第一种情况是，神经元 j 是输出节点，这种情况的处理很简单，因为网络的每个输出节点都提供自己的期望响应，使得计算误差信号变得非常简单。第二种情况是，神经元 j 是隐藏层节点，误差信号不能直接计算，但其有分担网络输出误差的责任。然而，问题是要知道如何对隐藏层神经元这种共担的责任进行惩罚和奖赏。这是已在4.2节讨论的信用分配问题。

情况1：神经元j是输出节点

当神经元 j 位于网络的输出层中时，它有自己的期望响应。我们可用式（4.2）来计算这个神经元的误差信号 $e_j(n)$，如图4.3所示。确定 $e_j(n)$ 后，用式（4.16）计算局部梯度 $\delta_j(n)$ 很简单。

情况2：神经元j是隐藏层节点

当神经元 j 位于网络的隐藏层中时，神经元没有自己的期望响应。因此，隐藏层的误差信号要根据所有与隐藏层神经元直接相连的神经元的误差信号反向递归确定；这是导致反向传播算法

复杂的原因。图4.4所示的神经元 j 是一个网络隐藏层节点。根据式（4.16），可将隐藏层神经元 j 的局部梯度 $\delta_j(n)$ 重新定义为

$$\delta_j(n) = -\frac{\partial \mathcal{E}(n)}{\partial y_j(n)}\frac{\partial y_j(n)}{\partial v_j(n)} = -\frac{\partial \mathcal{E}(n)}{\partial y_j(n)}\varphi_j'(v_j(n)), \quad \text{神经元}j\text{是隐藏的} \tag{4.17}$$

式中用到了式（4.11）。计算偏导数 $\partial\mathcal{E}(n)/\partial y_j(n)$ 的步骤如下。由图4.4可知

$$\mathcal{E}(n) = \frac{1}{2}\sum_{k\in C} e_k^2(n), \quad \text{神经元}k\text{是输出节点} \tag{4.18}$$

上式是用下标 k 替代下标 j 后的式（4.4）。做这一替代的目的是，避免与情况2使用下标 j 表示一个隐藏神经元相混淆。式（4.18）两边关于函数信号 $y_j(n)$ 微分得

$$\frac{\partial \mathcal{E}(n)}{\partial y_j(n)} = \sum_k e_k \frac{\partial e_k(n)}{\partial y_j(n)} \tag{4.19}$$

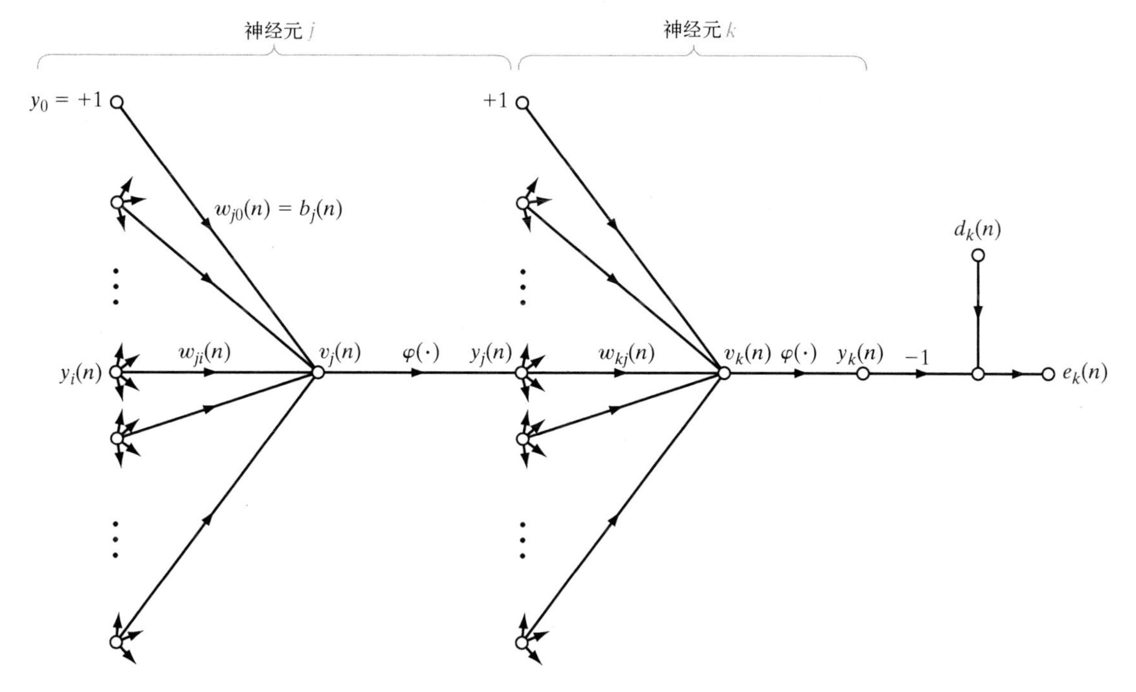

图4.4　突出与隐藏神经元j相连的输出神经元k的细节的信号流图

对偏导数 $\partial e_k(n)/\partial y_j(n)$ 使用链式规则，将式（4.19）重写为

$$\frac{\partial \mathcal{E}(n)}{\partial y_j(n)} = \sum_k e_k(n)\frac{\partial e_k(n)}{\partial v_k(n)}\frac{\partial v_k(n)}{\partial y_j(n)} \tag{4.20}$$

然而，由图4.4可知

$$e_k(n) = d_k(n) - y_k(n) = d_k(n) - \varphi_k(v_k(n)), \quad \text{神经元}k\text{是输出节点} \tag{4.21}$$

因此，

$$\frac{\partial e_k(n)}{\partial v_k(n)} = -\varphi_k'(v_k(n)) \tag{4.22}$$

同样，由图4.4可知，对神经元 k，诱导局部域是

$$v_k(n) = \sum_{j=0}^{m} w_{kj}(n) y_j(n) \tag{4.23}$$

式中，m 是神经元 k 的输入总数（不包括偏置）。同样，这里的突触权重 $w_{k0}(n)$ 等于作用于神经元 k 的偏置 $b_k(n)$，且对应的输入值固定为+1。式（4.23）关于 $y_j(n)$ 微分得

$$\frac{\partial v_k(n)}{\partial y_j(n)} = w_{kj}(n) \tag{4.24}$$

将式（4.22）和式（4.24）代入式（4.20），得到期望偏微分

$$\frac{\partial \mathcal{E}(n)}{\partial y_j(n)} = -\sum_k e_k(n)\varphi_k'(v_k(n))w_{kj}(n) = -\sum_k \delta_k(n)w_{kj}(n) \tag{4.25}$$

式中使用了由式（4.16）给出的局部梯度 $\delta_k(n)$ 的定义，其中用下标 k 替代了 j。

最后，将式（4.25）代入式（4.17），得到局部梯度 $\delta_j(n)$ 的反向传播公式：

$$\delta_j(n) = \varphi_j'(v_j(n))\sum_k \delta_k(n)w_{kj}(n), \quad \text{神经元}j\text{是隐藏的} \tag{4.26}$$

图4.5所示为式（4.26）的信号流图，假设输出层有 m_L 个神经元。

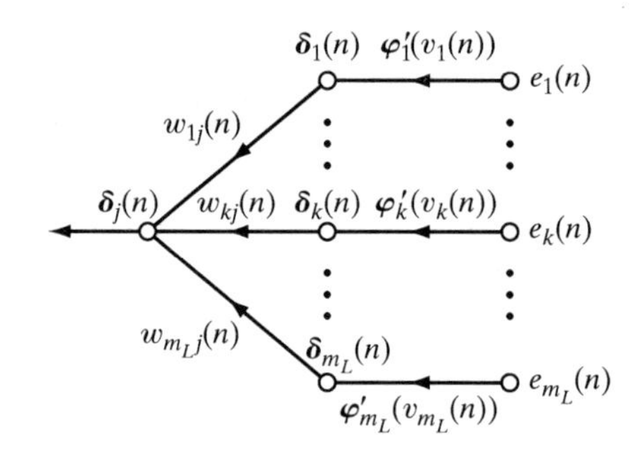

图 4.5　误差信号反向传播伴随系统的部分信号流图

式（4.26）中计算局部梯度 $\delta_j(n)$ 涉及的外部因子 $\varphi_j'(v_j(n))$，仅取决于隐藏层神经元 j 的激活函数。该计算涉及的其余因子（所有神经元 k 求和）取决于两组条件。第一组条件是，要求已知神经元 j 右端隐藏层内直接与神经元 j 相连的所有神经元的误差信号 $e_k(n)$，如图4.4所示。第二组条件是，$w_{kj}(n)$ 包含所有这些连接的突触权重。

下面总结反向传播算法的推导。首先，连接神经元 i 和神经元 j 的突触权重的校正值 $\Delta w_{ji}(n)$ 由德尔塔规则定义为

$$\begin{pmatrix}\text{权重校正值}\\ \Delta w_{ji}(n)\end{pmatrix} = \begin{pmatrix}\text{学习率参数}\\ \eta\end{pmatrix} \times \begin{pmatrix}\text{局部梯度}\\ \delta_j(n)\end{pmatrix} \times \begin{pmatrix}\text{神经元}j\text{的输入信号}\\ y_i(n)\end{pmatrix} \tag{4.27}$$

其次，局部梯度 $\delta_j(n)$ 取决于神经元 j 是一个输出节点还是一个隐藏节点：

1. 若神经元 j 是一个输出节点，则 $\delta_j(n)$ 等于导数 $\varphi_j'(v_j(n))$ 和误差信号 $e_j(n)$ 的乘积，它们都与神经元 j 相关联；如式（4.16）所示。
2. 若神经元 j 是隐藏层节点，则 $\delta_j(n)$ 等于导数 $\varphi_j'(v_j(n))$ 和 $\delta_j(n)$ 的加权和的乘积，其中 δ_j 是对与神经元 j 相连的下一个隐藏层或输出层中的神经元计算得到的；如式（4.26）所示。

4.4.1　两种计算路径

使用反向传播算法时，有两个不同的部分。第一部分是前向路径，第二部分是反向路径。

在前向路径中，经过网络时突触权重保持不变，网络的函数信号以单个神经元为基础逐个计算。输出神经元 j 的函数信号计算为

$$y_j(n) = \varphi(v_j(n)) \tag{4.28}$$

式中，$v_j(n)$ 是神经元 j 的诱导局部域，它定义为

$$v_j(n) = \sum_{i=0}^{m} w_{ji}(n)y_i(n) \tag{4.29}$$

式中，m 是神经元 j 的输入总数（不包括偏置），$w_{ji}(n)$ 是连接神经元 i 和神经元 j 的突触权重，$y_i(n)$ 是神经元 j 的输入信号，或者是神经元 i 的输出端的函数信号。若神经元 j 位于网络的第一个隐藏层中，则 $m = m_0$，且下标 i 指的是网络的第 i 个输入端点，因此有

$$y_i(n) = x_i(n) \tag{4.30}$$

式中，$x_i(n)$ 是输入向量（模式）的第 i 个元素。若神经元 j 位于网络的输出层中，则 $m = m_L$，且下标 j 指的是网络的第 j 个输出端点，因此有

$$y_j(n) = o_j(n) \tag{4.31}$$

式中，$o_j(n)$ 是多层感知器输出向量的第 j 个元素。将这个输出和期望响应 $d_j(n)$ 进行比较，得到第 j 个输出神经元的误差信号 $e_j(n)$。因此，计算的前向阶段从向第一个隐藏层提供输入向量开始，到输出层计算出该层中每个神经元的误差信号结束。

反向路径则从输出层开始，经过网络向左逐层传递误差信号，并递归计算每个神经元的 δ（局部梯度）。这个递归过程允许突触权重根据式（4.27）的德尔塔规则变化。对于输出层的神经元，δ 等于该神经元的误差信号乘以其非线性一阶导数。因此，我们使用式（4.27）来计算提供给输出层的所有连接的权重变化。已知输出层所有神经元的 δ 后，可用式（4.26）来计算倒数第二层的所有神经元的 δ 和该层的所有连接的权重变化。通过给网络的所有突触权重传递这种变化，继续逐层进行递归计算。

注意，对于每个呈现的训练样本，输入模式是固定的，即在整个往返过程中都是固定的，包括前向路径和随后的反向路径。

4.4.2 激活函数

要计算多层感知器的每个神经元的 δ，需要已知该神经元的激活函数 $\varphi(\cdot)$ 的导数，而导数存在的条件是函数 $\varphi(\cdot)$ 连续。本质上说，激活函数必需满足的需求是可微性。常用于多层感知器的连续可微非线性激活函数是S形非线性函数，下面给出它的两种形式。

1． *逻辑斯蒂函数*。这种S形非线性函数的一般形式定义为

$$\varphi_j(v_j(n)) = \frac{1}{1+\exp(-av_j(n))}, \quad a > 0 \tag{4.32}$$

式中，$v_j(n)$ 是神经元 j 和a的诱导局部域。根据这种非线性，输出范围为 $0 \leqslant y_i \leqslant 1$。式（4.32）关于 $v_j(n)$ 微分得

$$\varphi_j'(v_j(n)) = \frac{a\exp(-av_j(n))}{[1+\exp(-av_j(n))]^2} \tag{4.33}$$

因为 $y_i(n) = \varphi_j(v_j(n))$，可在式（4.33）中消去指数项 $\exp(-av_j(n))$，故导数 $\varphi_j'(v_j(n))$ 为

$$\varphi_j'(v_j(n)) = ay_j(n)[1-y_j(n)] \tag{4.34}$$

因为神经元 j 位于输出层是，所以 $y_i(n) = o_j(n)$。因此，可将神经元 j 的局部梯度表示为

$$\delta_j(n) = e_j(n)\varphi_j'(v_j(n)) = a[d_j(n) - o_j(n)]o_j(n)[1-o_j(n)], \quad j\text{为输出节点} \tag{4.35}$$

式中，$o_j(n)$ 是神经元 j 的输出端的函数信号，而 $d_j(n)$ 是其期望响应。另一方面，对任意一个隐藏神经元 j，可将局部梯度表示为

$$\begin{aligned}\delta_j(n) &= \varphi_j'(v_j(n))\sum_k \delta_k(n)w_{kj}(n) \\ &= ay_j(n)[1-y_j(n)]\sum_k \delta_k(n)w_{kj}(n), \quad j\text{ 为隐藏神经元}\end{aligned} \tag{4.36}$$

由式（4.34）可知，当 $y_j(n) = 0.5$ 时导数 $\varphi_j'(v_j(n))$ 取最大值，而当 $y_j(n) = 0$ 或 $y_j(n) = 1$

时导数 $\varphi_j'(v_j(n))$ 取最小值（0）。因为网络的突触权重的变化总量正比于导数 $\varphi_j'(v_j(n))$，所以对S形激活函数来说，网络中突触权重改变最多的神经元位于函数信号中间范围的区域。根据Rumelhart et al.(1986a)，因为这个特点，反向传播学习才成为稳定的学习算法。

2． 双曲正切函数。另一种常用的S形非线性函数是双曲正切函数，其最常见的定义为

$$\varphi_j(v_j(n)) = a\tanh(bv_j(n)) \tag{4.37}$$

式中，a 和 b 是常数。事实上，双曲正切函数仅是经过缩放和平移的逻辑斯蒂函数，它关于 $v_j(n)$ 的导数为

$$\varphi_j'(v_j(n)) = ab\,\text{sech}^2(bv_j(n)) = ab(1-\tanh^2(bv_j(n))) = \tfrac{b}{a}[a-y_j(n)][a+y_j(n)] \tag{4.38}$$

对位于输出层中的神经元 j，局部梯度为

$$\delta_j(n) = e_j(n)\varphi_j'(v_j(n)) = \tfrac{b}{a}[d_j(n)-o_j(n)][a-o_j(n)][a+o_j(n)] \tag{4.39}$$

对位于隐藏层中的神经元 j，局部梯度为

$$\begin{aligned}\delta_j(n) &= \varphi_j'(v_j(n))\sum_k \delta_k(n)w_{kj}(n) \\ &= \tfrac{b}{a}[a-y_j(n)][a+y_j(n)]\sum_k \delta_k(n)w_{kj}(n), \quad \text{神经元}j\text{是隐藏神经元}\end{aligned} \tag{4.40}$$

将式（4.35）和式（4.36）代入逻辑斯蒂函数，将式（4.39）和式（4.40）代入双曲正切函数，不需要激活函数的确切信息，我们就可计算局部梯度 δ_j。

4.4.3 学习率

反向传播算法可为用最速下降法算出的权重空间中的轨迹提供一种近似。使用的学习率参数 η 越小，从一次迭代到下一次迭代的网络突触权重的变化量就越小，权重空间中的轨迹就越光滑。然而，这种改进是以减慢学习速度为代价的。另一方面，若为了加快学习速度而令 η 的值很大，则可能使网络突触权重的变化量不稳定（振荡）。既加快学习速度又保持稳定的一种简单方法是，修改式（4.15）中的德尔塔规则，使其包括动量项，即

$$\Delta w_{ji}(n) = \alpha\Delta w_{ji}(n-1) + n\delta_j(n)y_i(n) \tag{4.41}$$

式中，α 是通常为正数的动量常数，它控制作用于 $\Delta w_{ji}(n)$ 的反馈环路，如图4.6所示，其中 z^{-1} 是单位时间延迟算子。式（4.41）称为广义德尔塔规则，式（4.15）中的德尔塔规则是它的一种特殊情况（$\alpha = 0$）。

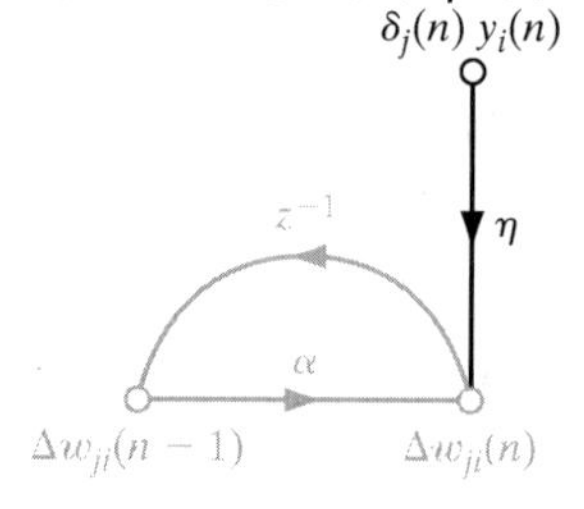

图 4.6　说明动量常数 α 的作用的信号流图，它位于反馈环内部

为了观察由动量常数 α 导致的模式呈现序列对突触权重的影响，我们将式（4.41）改写为一个带下标 t 的时间序列。索引 t 从初始时间0到当前时间 n。式（4.41）可视为权重修正量 $\Delta w_{ji}(n)$ 的一阶差分方程。解这个关于 $\Delta w_{ji}(n)$ 的方程得

$$\Delta w_{ji}(n) = \eta\sum_{t=0}^{n}\alpha^{n-t}\delta_j(t)y_i(t) \tag{4.42}$$

它代表一个长度为 $n+1$ 的时间序列。由式（4.13）和式（4.16）可知，$\delta_j(n)y_j(n)$ 等于 $-\partial\mathcal{E}(n)/\partial w_{ji}(n)$。因此，可将式（4.42）重写为

$$\Delta w_{ji}(n) = -\eta\sum_{t=0}^{n}\alpha^{n-t}\frac{\partial\mathcal{E}(t)}{\partial w_{ji}(t)} \tag{4.43}$$

基于这个关系式，可以给出下面的观察：

1． 当前修正值 $\Delta w_{ji}(n)$ 表示指数加权时间序列的总和。要使时间序列收敛，动量常数就要限

定在区间 $0 \leq |\alpha| < 1$ 内。当 α 为0时，反向传播算法在没有动量的情况下运行。虽然动量常数 α 在实践中不太可能取负值，但理论上它可正可负。

2. 当偏导数 $\partial\mathcal{E}(t)/\partial w_{ji}(t)$ 在连续迭代中的代数符号相同时，指数加权和 $\Delta w_{ji}(n)$ 增大，所以权重 $w_{ji}(n)$ 被大幅度调整。反向传播算法中包含的动量往往在稳定下降的方向加速下降。

3. 当偏导数 $\partial\mathcal{E}(t)/\partial w_{ji}(t)$ 在连续迭代中的代数符号相反时，指数加权和 $\Delta w_{ji}(n)$ 减小，所以权重 $w_{ji}(n)$ 调整幅度不大。反向传播算法中包含的动量在符号正负摆动的方向起稳定作用。

虽然反向传播算法中动量的使用对权重更新来说是一个较小的修改，但可为算法的学习行为带来益处。动量项还有助于防止学习过程终止于误差面上的局部极小。

在推导反向传播算法的过程中，假设学习率参数 η 是一个常数。然而，事实上，它应被定义为 η_{ji}；也就是说，学习率参数应是连接依赖的。实际上，在网络的不同部分使用不同的学习率参数会发生很多有趣的事情，详见后续各节中的介绍。

在反向传播算法的应用中，同样要注意的是，所有突触权重都是可调的，或者限制网络中任意数量的权重在适应过程中保持固定。对于后者，误差信号是以常规方式通过网络反向传播的；而固定的突触权重保持不变。这一点容易做到，将突触权重w_{ji}的学习率参数 η_{ji} 设为0即可。

4.4.4 停止准则

一般来说，我们不能证明反向传播算法是收敛的，也不存在让其停止运行的定义明确的准则。相反，一些合理的准则可用于终止权重的调整，它们都有自身的优点。为了提出这样一个准则，可以考虑关于误差面的局部或全局极小的特殊性质。令权重向量 $\boldsymbol{w}^*$ 表示局部或全局极小。使 $\boldsymbol{w}^*$ 极小的一个必要条件是误差面关于权重向量 $\boldsymbol{w}$ 的梯度向量（一阶偏导数）$\boldsymbol{g}(\boldsymbol{w})$ 在 $\boldsymbol{w}=\boldsymbol{w}^*$ 处为0。因此，关于反向传播学习，我们可提出一个合理的收敛准则（Kramer and Sangiovanni-Vincentelli, 1989）：

当梯度向量的欧氏范数达到足够小的梯度阈值时，就认为反向传播算法已收敛。

这种收敛的缺点是，学习时间可能很长，并且还要计算梯度向量 $\boldsymbol{g}(\boldsymbol{w})$。

另一个可用的极小的特殊性质是，代价函数或误差度量 $\mathcal{E}_{\text{av}}(\boldsymbol{w})$ 在点 $\boldsymbol{w}=\boldsymbol{w}^*$ 处是稳定的。因此，可以提出一个不同的收敛准则：

当每轮的均方误差变化的绝对速率足够小时，就认为反向传播算法已收敛。

若每轮的均方误差变化的速率为0.1%～1%，则一般认为它足够小。有时，每轮都会用到0.01%这么小的值。遗憾的是，这个准则可能导致学习过程过早地终止。

还有一个有用且有理论支持的收敛准则，即在每步学习迭代后，都检查网络的泛化性能。当泛化性能足够或明显达到峰值时，终止学习过程，详见4.13节中的讨论。

4.4.5 反向传播算法小结

图4.1所示为一个多层感知器的结构布局。图4.7给出了 $L=2$ 和 $m_0=m_1=m_2=3$ 时反向传播学习的信号流图，包括学习过程中计算的前向阶段和反向阶段。信号流图的上半部分是前向路径，下半部分是反向路径。下半部分也称反向传播算法中计算局部梯度的灵敏度图（Narendra and Parthasarathy, 1990）。

前面提到权重的串行更新是在线实现反向传播算法的更好方法。对于这种运行方式，算法通过训练样本 $\{(\boldsymbol{x}(n),\boldsymbol{d}(n))\}_n^N=1$ 进行如下循环。

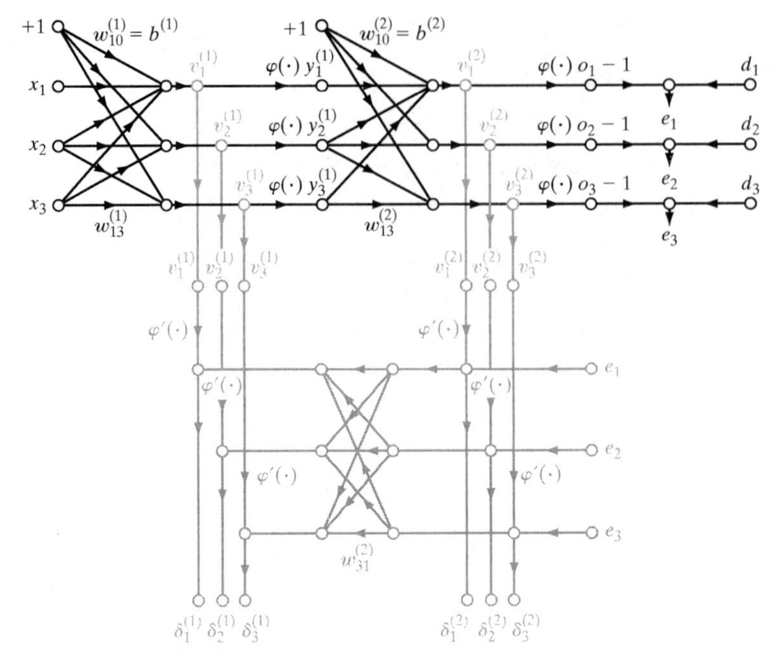

图4.7　反向传播学习信号流图小结。图上部：前向路径；图下部：反向路径

1. *初始化*。若没有可用的先验知识，则从均值为0的均匀分布中选取突触权重和阈值，这个均匀分布的方差需要选择得使神经元的诱导局部域的标准差，位于S形激活函数的线性部分与标准部分之间的过渡位置。
2. *训练样本的呈现*。为网络提供一轮训练样本。对训练样本中以某种形式排序的每个样本，分别按下方第3点和第4点中描述的方法进行前向计算与反向计算。
3. *前向计算*。用 $(\boldsymbol{x}(n),\boldsymbol{d}(n))$ 表示一个训练样本，其输入向量 $\boldsymbol{x}(n)$ 作用于感知节点的输入层，期望响应向量 $\boldsymbol{d}(n)$ 作用于计算节点的输出层。逐层向前计算网络的诱导局部域和函数信号。层 l 中神经元 j 的诱导局部域 $v_j^{(l)}(n)$ 为

$$v_j^{(l)}(n) = \sum_i w_{ji}^{(l)}(n) y_i^{(l-1)}(n) \tag{4.44}$$

式中，$y_i^{(l-1)}(n)$ 是迭代n时前面第 $l-1$ 层中的神经元 i 的输出（函数）信号，而 $w_{ji}^{(l)}(n)$ 是从第 $l-1$ 层中的神经元 i 指向第 l 层中的神经元 j 的权重。当 $i=0$ 时，$y_0^{(l-1)}(n)=+1$，且 $w_{j0}^{(l)}(n)=b_j^{(l)}(n)$ 是第 l 层中的神经元 j 的偏置。若使用一个S形函数，则第 l 层中的神经元 j 的输出信号为

$$y_j^{(l)} = \varphi_j(v_j(n))$$

若神经元 j 位于第一个隐藏层（$l=1$）中，则令

$$y_j^{(0)} = x_j(n)$$

式中，$x_j(n)$ 是输入向量 $\boldsymbol{x}(n)$ 的第 j 个元素。若神经元 j 位于输出层中（$l=L$，L 称为网络深度），则令

$$y_j^{(L)} = o_i(n)$$

计算误差信号：

$$e_j(n) = d_j(n) - o_j(n) \tag{4.45}$$

式中，$d_j(n)$ 是期望响应向量 $\boldsymbol{d}(n)$ 的第 j 个元素。

4．反向计算。计算网络的局部梯度δ，它定义为

$$\delta_j^{(l)}(n)=\begin{cases}e_j^{(L)}(n)\varphi_j'(v_j^{(L)}(n)), & \text{输出层}L\text{中的神经元}j\\ \varphi_j'(v_j^{(l)}(n))\sum_k \delta_k^{(l+1)}(n)w_{kj}^{(l+1)}(n), & \text{隐藏层}l\text{中的神经元}j\end{cases} \tag{4.46}$$

式中，$\varphi_j'(\cdot)$是关于自变量的微分。根据广义德尔塔规则，调节网络第l层中的突触权重：

$$w_{ji}^{(l)}(n+1)=w_{ji}^{(l)}(n)+\alpha[\Delta w_{ji}^{(l)}(n-1)]+\eta\delta_j^{(l)}(n)y_i^{(l-1)}(n) \tag{4.47}$$

式中，η为学习率参数，α为动量常数。

5．迭代。为网络提供新一轮的样本，根据上面的第3点和第4点进行前向迭代计算和反向迭代计算，直到满足停止准则。

注意，每轮训练样本的呈现顺序是随机的。动量和学习率参数随着训练迭代次数的增加而调整（通常减小）。这些事项的理由将在后面介绍。

4.5 异或问题

Rosenblatt单层感知器中没有隐藏神经元，因此不能对非线性可分的输入模式进行分类。然而，非线性可分模式是普遍存在的。例如，异或（XOR）问题就存在这种情况，可视为普遍问题的一个特例，即单位超立方体中的点的分类问题。超立方体中的点要么属于类别0，要么属于类别1。然而，对异或问题这种特殊情况，只需考虑单位正方形的四个角，这四个角的输入模式为(0, 0), (0, 1), (1, 0)和(1, 1)。第一个和第三个输入模式属于类别0，即

$$0\oplus 0=0,\qquad 1\oplus 1=0$$

其中，$\oplus$表示异或布尔函数运算符。输入模式(0, 0)和(1, 1)是单位正方形的两个对角，它们产生相同的输出0。输入模式(0, 1)和(1, 0)是单位正方形的另两个对角，但它们属于类别1，即

$$0\oplus 1=1,\qquad 1\oplus 0=1$$

观察发现，若使用带有两个输入的单个神经元，则在输入空间中得到的决策边界是一条直线，对该直线一侧的所有点，神经元的输出为1；而对该直线另一侧的所有点，神经元的输出为0。在输入空间中，这条直线的位置和方向由与两个输入节点相连的神经元的突触权重及其偏置决定。输入模式(0, 0)和(1, 1)是单位正方形的两个对角，输入模式(0, 1)和(1, 0)是另两个对角，显然作不出一条决策边界直线，使得(0, 0)和(0, 1)位于一个决策区域中，而(1, 0)和(0, 1)位于另一个决策区域中。换句话说，单层感知器不能解决异或问题。

然而，我们可用带有两个神经元的一个隐藏层来求解异或问题，如图4.8(a)所示（Touretzky and Pomerleau, 1989）。网络的信号流图在图4.8(b)中给出。这里做如下假设：

- 每个神经元都由一个McCulloch-Pitts模型表示，后者使用阈值函数作为激活函数。
- 比特符号0和1分别由电平0和电平+1表示。

隐藏层中标为“神经元1”的顶部神经元的特征如下：

$$w_{11}=w_{12}=+1,\quad b_1=-\tfrac{3}{2}$$

由这个隐藏神经元构建的决策边界的斜率为–1，其位置如图4.9(a)所示。隐藏层中标为“神经元2”的底部神经元的特征如下：

$$w_{21}=w_{22}=+1,\quad b_2=-\tfrac{1}{2}$$

由第二个隐藏神经元构建的决策边界的方向和位置如图4.9(b)所示。在图4.8(a)中，标为“神经元3”的输出神经元的特征如下：

$$w_{31}=-2,\quad w_{32}=+1,\quad b_3=-\tfrac{1}{2}$$

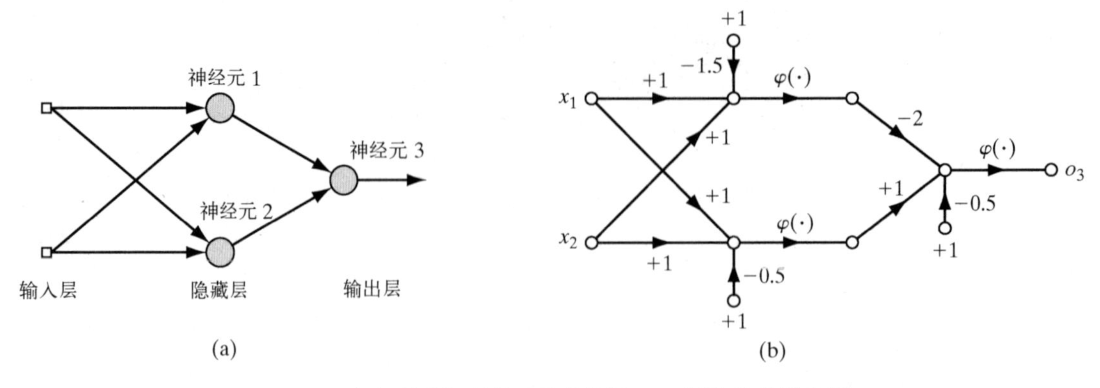

图4.8　(a)求解异或问题的网络结构图；(b)网络的信号流图

输出神经元的作用是对由两个隐藏神经元形成的决策边界进行线性组合，结果如图4.9(c)所示。底部隐藏神经元与输出神经元之间存在正连接（兴奋性连接），而顶部隐藏神经元与输出神经元之间存在负连接（抑制性连接）。当输入信号为(0, 0)且两个隐藏神经元都断开时，输出神经元断开。当输入模式为(1, 1)且两个隐藏神经元都接通时，输出神经元断开，因为连接到顶部隐藏神经元的较大负权重产生的抑制效果，超过了连接到底部隐藏神经元的正权重产生的兴奋效果。当输入模式为(0, 1)或(1, 0)时，顶部隐藏神经元断开而底部隐藏神经元接通，输出神经元接通，因为连接到底部隐藏神经元的正权重产生了兴奋效果。因此，图4.8(a)中的网络确实解决了异或问题。

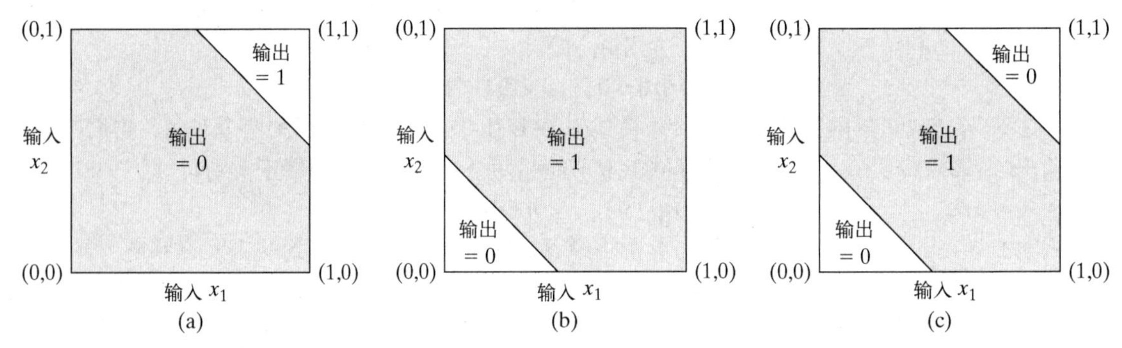

图 4.9　(a)由图4.8所示网络的隐藏神经元1构建的决策边界；(b)由该网络的隐藏神经元2构建的决策边界；(c)由整个网络构建的决策边界

4.6　提升反向传播算法性能的启发式算法

使用反向传播算法设计神经网络与其说是科学，不如说是艺术，因为设计中涉及的许多数值因素依赖于个人经验。从某种意义上讲，这个说法是正确的。然而，有些方法能够明显提升反向传播算法的性能，如下所述。

1. 随机更新与批量更新。前面说过，反向传播学习的随机（串行）方式（涉及逐个模式的更新）要比批量方式的计算速度快，当训练数据集大且高度冗余时更是如此（高度冗余的数据会对批量更新所需的雅可比矩阵的估计带来计算上的问题）。
2. 最大化信息内容。为反向传播算法挑选训练样本的一般原则是，每个样本的选择都应建立在其信息内容对解决问题有最大可能的基础上（LeCun, 1993）。实现该目标的方法有两种：
   - 使用训练误差最大的样本。

- 使用的样本要根本不同于以前使用的样本。

这两种启发式算法的动机是，希望能够搜索更多的权重空间。

使用串行反向传播学习进行模式分类时，简单且常用的技巧之一是，随机化（弄乱）样本每轮呈现给多层感知器的顺序。理想情况下，随机化可确保一轮中的连续样本很少属于同一个类别。

3. 激活函数。考虑到学习速度，优先采用关于自变量为奇函数的S形激活函数，即

$$\varphi(-v) = -\varphi(v)$$

这个条件可由图4.10所示的如下双曲函数满足：

$$\varphi(v) = a\tanh(bv)$$

但不能由逻辑斯蒂函数满足。a和b的合适取值为（LeCun, 1993）

$$a = 1.7159\,, \quad b = \tfrac{2}{3}$$

图4.10中的双曲正切函数 $\varphi(v)$ 具有如下性质：

- $\varphi(1) = 1$ 和 $\varphi(-1) = -1$。
- 激活函数在原点的斜率（有效增益）接近1，如下所示：

$$\varphi(0) = ab = 1.7159\left(\tfrac{2}{3}\right) = 1.1424$$

- $\varphi(v)$ 的二阶导数在 $v = 1$ 处达到最大。

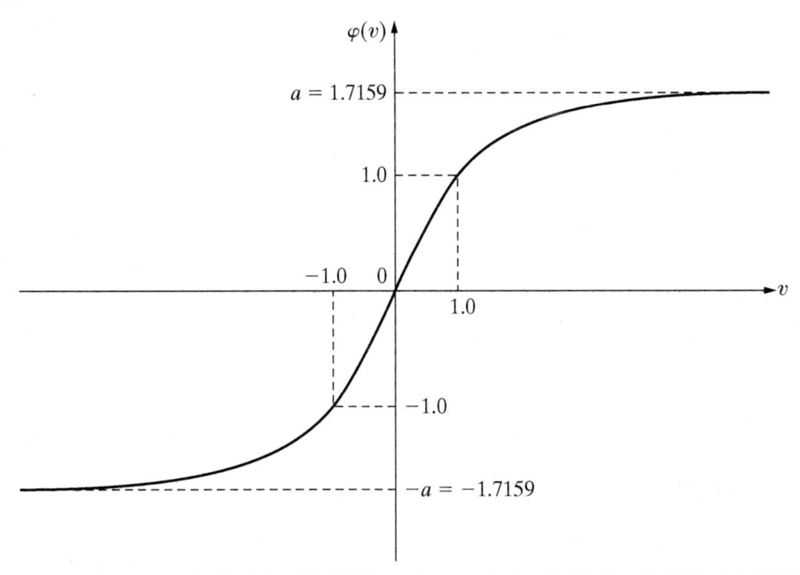

图4.10　$a = 1.7159$和$b = 2/3$时双曲正切函数 $\varphi(v) = a\tanh(bv)$ 的图形。推荐的目标值是+1和−1

4. 目标值。在S形激活函数的范围内选择目标值（期望响应）很重要。具体地说，多层感知器输出层中神经元 j 的期望响应 d_j，应与S形激活函数的极限值偏离 ε，具体取决于极限值是正值还是负值。否则，反向传播算法将使网络的自由参数趋于无穷大，导致隐藏神经元饱和，进而减慢学习过程。下面以图4.10所示的双曲正切函数为例加以说明。对极限值 $+a$，令

$$d_j = a - \varepsilon$$

对于极限值 $-a$，令

$$d_j = -a + \varepsilon$$

其中 ε 是一个合适的正常数。对图4.10中选择的 $a = 1.7159$，令 $\varepsilon = 0.7159$，于是目标值 d_j 可如图中所示方便地选为 ± 1。

5. 标准化输入。每个输入变量都需要预处理，以便整个训练集的均值接近0，否则它与标准差相比就偏小（LeCun, 1993）。为了评价这个规则的实际意义，考虑输入恒为正的极端情况。在这种情况下，第一个隐藏层的一个神经元的所有突触权重只能同时增大或减小。若该神经元的权重向量改变方向，则其在误差面上的路径是曲折的，导致收敛速率变慢，因此应避免这种情况。

要加速反向传播学习的过程，输入变量的标准化还应包括下面两个步骤（LeCun, 1993）：

- 训练集中包含的输入变量应该是不相关的，这可用第8章提到的主成分分析法来实现。
- 去相关后的输入变量应调整长度，使得它们的协方差近似相等，因此可保证网络中的不同突触权重以大致相同的速度进行学习。

图4.11依次显示了三个标准化步骤的结果：消除均值、去相关和协方差均衡。

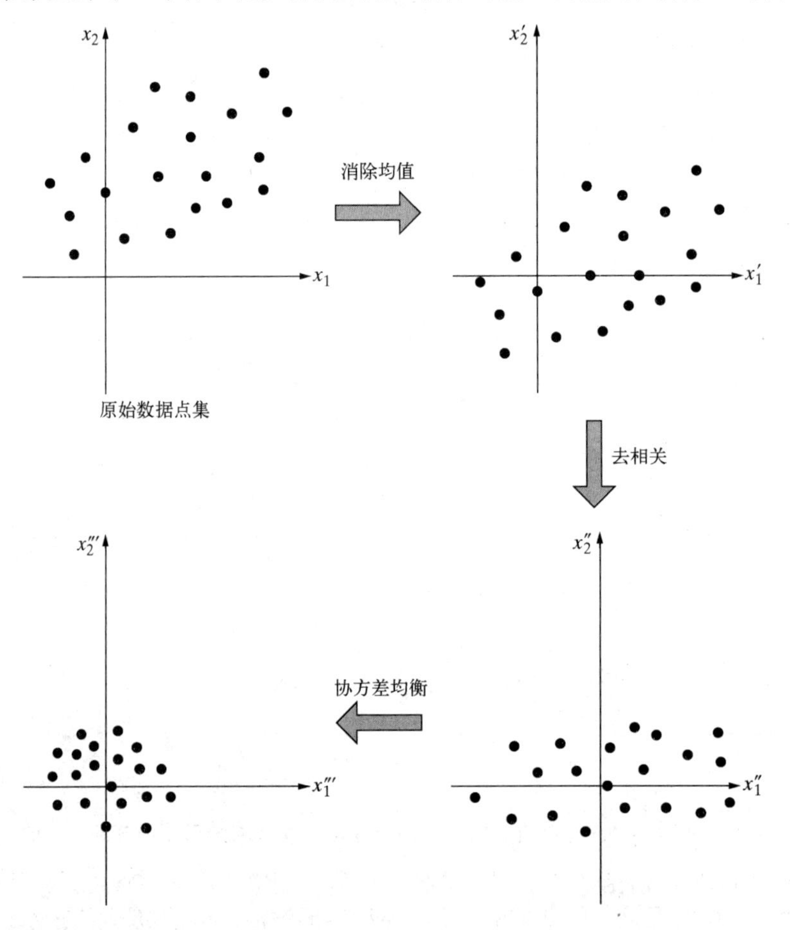

图4.11　二维输入空间的消除均值、去相关和协方差均衡运算的图示

注意，当以图4.11所示的方式对输入进行变换，并与图4.10所示的双曲正切函数结合使用时，多层感知器中各个神经元的输出的方差将接近1（Orr and Müller, 1998）。这种说法的基本原理是，S形函数在其有效范围内的有效增益大体一致。

6. 初始化。选好网络的初始突触权重和阈值，对网络的成功设计帮助巨大。关键问题是，什么是好的选择？

当突触权重被赋予一个较大的初始值时，网络中的神经元极有可能趋于饱和。若发生这种情况，则反向传播算法中的局部梯度会是很小的值，导致反向传播学习过程减慢。然而，若为突触权重赋予一个较小的初始值，则反向传播算法可能在误差面原点周边非常平缓的区域内运行；对于双曲正切函数这样的S形函数，这种可能性更大。遗憾的是，原点是一个鞍点，若误差面在鞍点上的曲率为负，而沿鞍点方向为正，则这个鞍点也是驻点。因此，应避免使用过大或过小的值初始化突触权重。合适的初始化数值介于这两种极端情况之间。

具体来说，考虑一个将双曲正切函数作为激活函数的多层感知器。令网络的每个神经元的偏差为0，则神经元 j 的诱导局部域可以表示为

$$v_j = \sum_{i=1}^{m} w_{ji} y_i$$

假设网络每个神经元的输入的均值为0、方差为1，即

$$\mu_y = \mathbb{E}[y_i] = 0, \quad \text{所有神经元}i$$

$$\sigma_y^2 = \mathbb{E}[(y_i - \mu_i)^2] = \mathbb{E}[y_i^2] = 1, \quad \text{所有神经元}i$$

接下来，假设输入都是不相关的，即

$$\mathbb{E}[y_i y_k] = \begin{cases} 1, & k = i \\ 0, & k \neq i \end{cases}$$

且突触权重是从均值为0的均匀分布的一组数中抽取的：

$$\mu_w = \mathbb{E}[w_{ji}] = 0, \quad \text{所有}(j,i)\text{对}$$

$$\sigma_w^2 = \mathbb{E}[(w_{ji} - \mu_w)^2] = \mathbb{E}[w_w^2], \quad \text{所有}(j,i)\text{对}$$

因此，可将诱导局部域 v_j 的均值和方差表示为

$$\mu_v = \mathbb{E}[v_j] = \mathbb{E}\left[\sum_{i=1}^{m} w_{ji} y_i\right] = \sum_{i=1}^{m} \mathbb{E}[w_{ji}]\mathbb{E}[y_i] = 0$$

$$\sigma_v^2 = \mathbb{E}[(v_j - \mu_v)^2] = \mathbb{E}[v_j^2] = \mathbb{E}\left[\sum_{i=1}^{m}\sum_{k=1}^{m} w_{ji} w_{jk} y_i y_k\right]$$

$$= \sum_{i=1}^{m}\sum_{k=1}^{m} \mathbb{E}[w_{ji} w_{jk}]\mathbb{E}[y_i y_k] = \sum_{i=1}^{m} \mathbb{E}[w_{ji}^2] = m\sigma_w^2$$

式中，m 是一个神经元的突触连接的数量。

根据上述结果，可以得到一个初始化突触权重的好策略，它可使神经元诱导局部域的标准差位于其S形激活函数的线性部分和饱和部分的过渡区域。例如，如图4.10所示，当参数为 a 和 b 的双曲正切函数使用上述公式时，设 $\sigma_v = 1$ 就可实现这个目标，在这种情况下，有（LeCun, 1993）

$$\sigma_w = m^{-1/2} \tag{4.48}$$

于是，提供突触权重的均匀分布的均值为0，方差为神经元的突触连接数量的倒数。

7. **根据提示学习**。根据训练实例的样本学习时，涉及一个未知的输入–输出映射函数 $f(\cdot)$。事实上，学习过程利用关于函数 $f(\cdot)$ 的样本中包含的信息来推断它的逼近实现。根据样本学习的过程可以推广为根据提示学习，可通过在学习过程中加入函数 $f(\cdot)$ 的先验知识来实现（Abu-Mostafa, 1995）。这些知识包括不变性、对称性，或者关于函数 $f(\cdot)$ 的其他知识，可用来加速实现 $f(\cdot)$ 逼近的搜索，更重要的是，可以提高最后估计的质量。式（4.48）就是如何根据提示进行学习的例子。
8. **学习率**。多层感知器中的所有神经元理论上应以相同的速度进行学习。网络最后一层的局部梯度通常比其他层的大。因此，最后一层的学习率参数 η 应设得比其他层的小。带有多

个输入的神经元的学习率参数应该比只有少量输入的神经元的小。对于给定的神经元，其学习率应与该神经元的突触连接的平方根成反比（LeCun, 1993）。

4.7 计算机实验：模式分类

在本节的计算机实验中，我们再次回到模式分类实验序列。模式分类实验在第1章中使用了Rosenblatt感知器，在第2章中使用了最小二乘法。这两个实验都采用了图1.8所示的双月结构来随机产生训练数据和测试数据。每个实验都考虑了如下两种情形：一是线性可分模式，二是非线性可分模式。对 $d=1$ 时的线性可分模式，感知器能够进行良好的分类，但使用最小二乘法时，进行良好分类需要双月之间的分隔度更大。对 $d=-4$ 时的非线性可分模式，两种方法都失败了。

本节的计算机实验的目的有二：

1．说明使用反向传播算法训练过的多层感知器能对非线性可分测试数据分类。

2．找到更难的非线性可分情形，多层感知器也无法完成双月分类测试。

实验使用的多层感知器的具体参数如下：输入层的大小为 $m_0=2$，隐藏层的大小为 $m_1=20$，输出层的大小为 $m_2=1$，激活函数是双曲正切函数 $\varphi(v)=\frac{1-\exp(-2v)}{1+\exp(-2v)}$，阈值设置为0。学习率参数 η：从 10^{-1} 下降到 10^{-5} 的线性退火。

实验分为两部分：一部分对应垂直分隔 $d=-4$，另一部分对应垂直分隔 $d=-5$。

(a) 垂直分隔 $d=-4$。

图4.12是双月之间分隔长度 $d=-4$ 时的MLP实验结果。图4.12(a)是训练阶段产生的学习曲线。从中可以看出，训练约15轮后的学习曲线已有效收敛。图4.12(b)显示了MLP计算的最优非线性决策边界。重要的是，两种模式都实现了良好分类，没有分类误差。这个完美的表现应归因于MLP的隐藏层。

(b) 垂直分隔 $d=-5$。

为了用多层感知器来挑战更加困难的模式分类任务，减小双月之间的垂直分隔，令 $d=-5$。实验第二部分的结果如图4.13所示。反向传播算法的学习曲线如图4.13(a)所示，说明收敛速度较慢，收敛时长约为 $d=-4$ 时的3倍。此外，图4.13(b)中的测试结果表明，在2000个数据点的测试集中有3个分类错误，误差率为0.15%。

4.8 反向传播和微分

反向传播是在多层前馈网络的权重空间中实现梯度下降的一种特殊技巧，其基本思路是通过网络，对输入向量 $\boldsymbol{x}$ 的给定值和可调权重向量 $\boldsymbol{w}$ 的所有元素，有效计算逼近函数 $F(\boldsymbol{w},\boldsymbol{x})$ 的偏导数。这就是反向传播算法的计算能力。

具体地说，考虑一个多层感知器，它有一个带 m_0 个节点的输入层、两个隐藏层，以及一个输出神经元，如图4.14所示。对权重向量 $\boldsymbol{w}$ 的元素排序：首先根据层数（从第一个隐藏层开始），然后根据层内的神经元，最后根据神经元中突触的数量。令 $w_{ji}^{(l)}$ 表示层 $l=1,2,\cdots$ 中从神经元 i 到神经元 j 的突触权重。当 $l=1$ 时，对应于第一个隐藏层，索引 i 表示一个源节点而非一个神经元；当 $l=3$ 时，对应于图4.14中的输出层，有 $j=1$。对于给定的输入向量 $\boldsymbol{x}=[x_1,x_2,\cdots,x_{m_0}]^{\mathrm{T}}$，我们希望求函数 $F(\boldsymbol{w},\boldsymbol{x})$ 关于权重向量 $\boldsymbol{w}$ 的所有元素的导数。为此，我们已将权重向量 $\boldsymbol{w}$ 作为函数 F 的变量。例如，对于 $l=2$（一个隐藏层和一个线性输出层），有

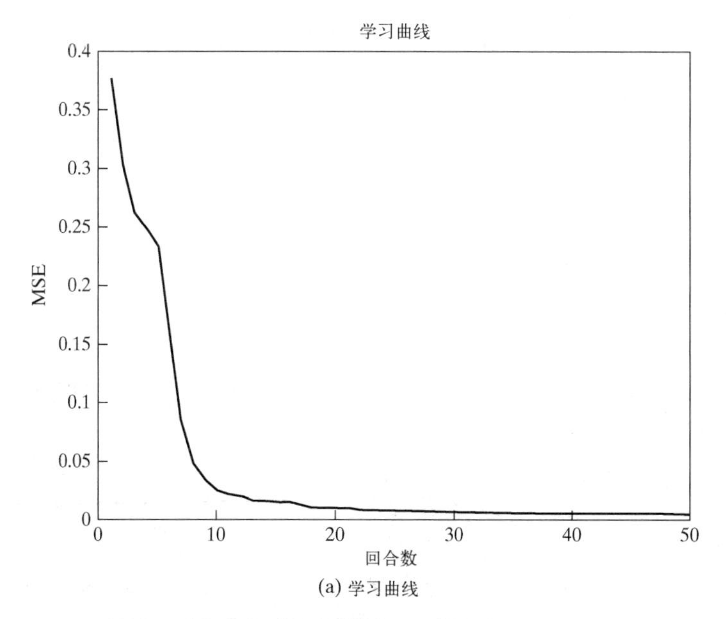

(a) 学习曲线

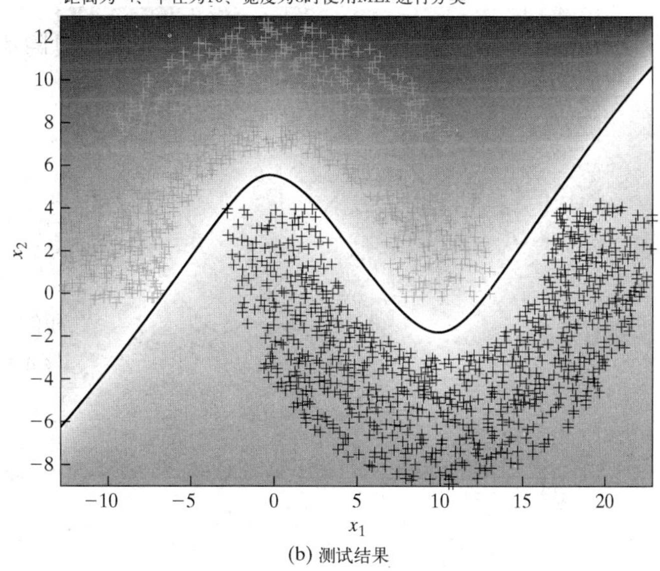

(b) 测试结果

图4.12　距离 $d=-4$ 时反向传播算法作用于MLP的计算机实验结果。MSE指均方误差

决策边界是通过寻找属于输入向量 $\boldsymbol{x}$ 的坐标 x_1 和 x_2 来计算的。对决策边界而言，当实验中的两个类别同等可能时，输出神经元的响应为零。相应地，当阈值超过0时，决策倾向于某个类别；否则，决策倾向于另一个类别。本书中介绍的所有双月分类相关实验都遵循这一过程。

$$F(\boldsymbol{w},\boldsymbol{x})=\sum_{j=0}^{m_1} w_{oj}\varphi\left(\sum_{i=0}^{m_0} w_{ji}x_i\right) \tag{4.49}$$

式中，$\boldsymbol{w}$ 是排序后的权重向量，$\boldsymbol{x}$ 是输入向量。

图4.14中的多层感知器被一个结构 $\mathcal{A}$（表示一个离散参数）和一个权重向量 $\boldsymbol{w}$（由连续元素组成）参数化。令 $\mathcal{A}_j^{(l)}$ 表示从输入层（$l=0$）延伸到层 $l=1,2,3$ 中的节点 j 的部分结构，因此有

$$F(\boldsymbol{w},\boldsymbol{x})=\varphi(\mathcal{A}_1^{(3)}) \tag{4.50}$$

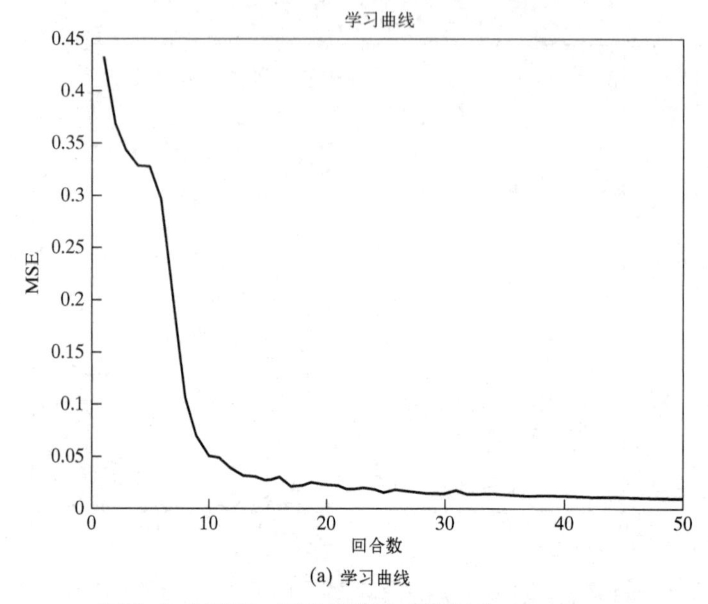

(a) 学习曲线

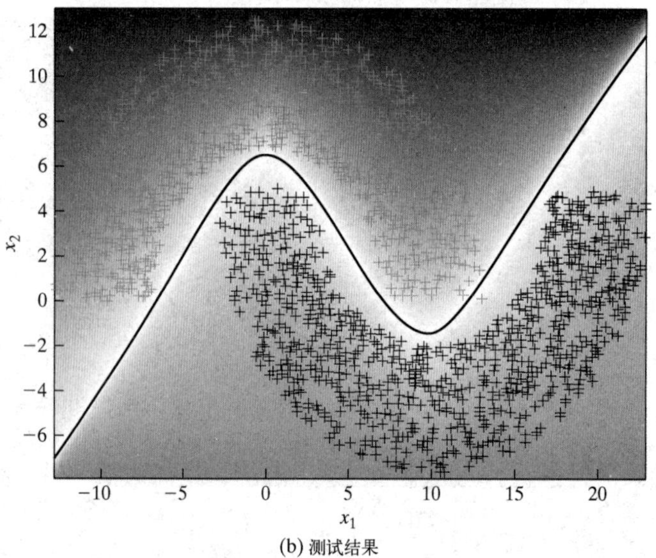

(b) 测试结果

图4.13　距离 $d = -5$ 时反向传播算法作用于MLP的计算机实验结果

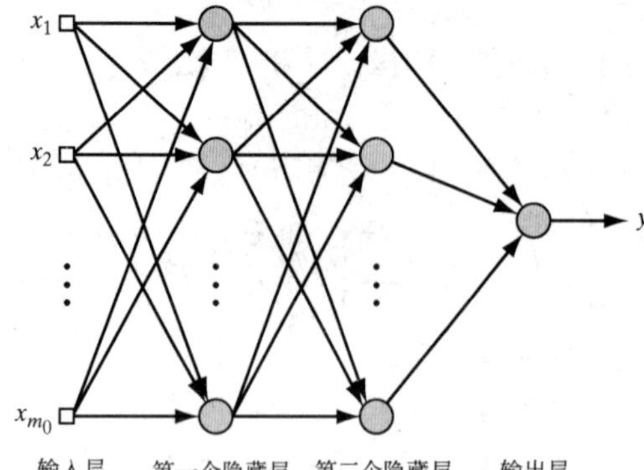

图4.14　带两个隐藏层和一个输出神经元的多层感知器

式中，φ 是激活函数。然而，$\mathcal{A}_1^{(3)}$ 仅被视为一个结构符号而非一个变量。调整式（4.2）、式（4.4）、式（4.13）和式（4.25）以适应这种新情况，得

$$\frac{\partial F(\boldsymbol{w},\boldsymbol{x})}{\partial w_{1k}^{(3)}}=\varphi'(\mathcal{A}_1^{(3)})\varphi(\mathcal{A}_k^{(2)}) \tag{4.51}$$

$$\frac{\partial F(\boldsymbol{w},\boldsymbol{x})}{\partial w_{kj}^{(2)}}=\varphi'(\mathcal{A}_1^{(3)})\varphi'(\mathcal{A}_k^{(2)})\varphi(\mathcal{A}_j^{(1)})w_{1k}^{(3)} \tag{4.52}$$

$$\frac{\partial F(\boldsymbol{w},\boldsymbol{x})}{\partial w_{ji}^{(1)}}=\varphi'(\mathcal{A}_1^{(3)})\varphi'(\mathcal{A}_j^{(1)})x_i\left[\sum_k w_{1k}^{(3)}\varphi'(\mathcal{A}_k^{(2)})w_{kj}^{(2)}\right] \tag{4.53}$$

式中，φ' 是非线性函数 φ 关于其自变量的偏导数，x_i 是输入向量$\boldsymbol{x}$的第 i 个元素。同理可得有着更多隐藏层和更多神经元的一般网络的偏导数公式。

式（4.51）至式（4.53）为计算网络函数 $F(\boldsymbol{w},\boldsymbol{x})$ 关于权重向量 $\boldsymbol{w}$ 的元素变化的灵敏度奠定了基础。令w表示权重向量 $\boldsymbol{w}$ 的元素，则 $F(\boldsymbol{w},\boldsymbol{x})$ 关于w的灵敏度定义为

$$S_w^F=\frac{\partial F/F}{\partial w/w}$$

因此，我们也将图4.7中信号流图的下半部分称为*灵敏度图*。

4.8.1 雅可比矩阵

令 W 表示多层感知器的自由参数（突触权重和偏置）的总数，参数按形成权重向量 $\boldsymbol{w}$ 的方式排序。令 N 表示用于训练网络的样本总数。对于训练样本中的给定样本 $\boldsymbol{x}(n)$，利用反向传播可以计算近似函数 $F[\boldsymbol{w},\boldsymbol{x}(n)]$ 关于权重向量 $\boldsymbol{w}$ 的元素的偏导数。对于 $n=1,2,\cdots,N$，重复上述计算，最后得到一个 $N\times W$ 维偏导数矩阵，该矩阵称为多层感知器在 $\boldsymbol{x}(n)$ 处的*雅可比矩阵* $\boldsymbol{J}$。雅可比矩阵的每行都对应于训练样本中的特定样本。

实验证据表明，许多神经网络训练都存在先天条件不足的问题，导致雅可比矩阵 $\boldsymbol{J}$ 几乎总是秩亏的（Saarinen et al., 1991）。矩阵的秩等于矩阵中线性无关的列或行的数量，以最小者为准。若秩小于 $\min(N,W)$，则雅可比矩阵 $\boldsymbol{J}$ 是秩亏的。在雅可比矩阵中，任何秩亏都会影响反向传播算法在可能搜索方向上的信息获取，进而导致训练时间过长。

4.9 黑塞矩阵及其在在线学习中的作用

黑塞矩阵记为 $\boldsymbol{H}$，它是代价函数 $\mathcal{E}_{\text{av}}(\boldsymbol{w})$ 关于权重向量 $\boldsymbol{w}$ 的二阶导数，即

$$\boldsymbol{H}=\frac{\partial^2\mathcal{E}_{\text{av}}(\boldsymbol{w})}{\partial \boldsymbol{w}^2} \tag{4.54}$$

黑塞矩阵对神经网络的研究起重要作用，具体如下：

1. 黑塞矩阵的特征值对反向传播学习动力学有着深远的影响。

2. 黑塞矩阵的逆是多层感知器裁剪（删除）不重要的突触权重的基础，详见4.14节。

3. 黑塞矩阵是二阶优化方法的基础，后者是可替代反向传播的学习方法，详见4.16节。

本节只关注第1点。第3章讲过黑塞矩阵的特征结构对LMS算法的收敛性有重要影响。它对反向传播算法也有很大的影响，但更复杂。一般来说，使用反向传播算法训练的多层感知器的误差面的黑塞矩阵，具有如下特征值组合（LeCun et al., 1998）：

- 少量小特征值。

- 大量中特征值。
- 少量大特征值。

因此，黑塞矩阵的特征值分布广泛。影响特征值组合的因素可分组如下：

- 非零均值输入信号或非零均值神经元诱导输出信号。
- 输入信号向量的元素之间的相关性和神经元诱导输出信号之间的相关性。
- 代价函数关于网络中神经元突触权重的二阶导数随层级变化，低层中的二阶导数通常更小。突触权重在第一个隐藏层中的学习速度慢，在最后几层中的学习速度快。

4.9.1 避免非零均值输入

第3章说过LMS算法的学习时间对条件数 $\lambda_{\max}/\lambda_{\min}$ 的变化敏感，其中 $\lambda_{\max}$ 是黑塞矩阵的最大特征值，$\lambda_{\min}$ 是黑塞矩阵的最小非零特征值。实验结果表明，作为LMS算法的推广，反向传播算法有着相似的结果。非零均值输入的比值 $\lambda_{\max}/\lambda_{\min}$ 要比零均值输入的比值大：输入的均值越大，比值 $\lambda_{\max}/\lambda_{\min}$ 就越大。这个结果对反向传播学习动力学有着重要意义。

为了使学习时间最小化，应避免使用非零均值输入。对于将单个向量 $\boldsymbol{x}$ 应用于多层感知器的第一个隐藏层中的神经元的情况，在 $\boldsymbol{x}$ 应用到网络之前，先让它的每个元素减去均值很容易。但是，当将该向量应用到其余隐藏层和输出层中的神经元时，情况会如何呢？答案在于网络中所用激活函数的类型。当使用逻辑斯蒂函数时，每个神经元的输出都在区间[0, 1]内。对于网络中第一个隐藏层之外的神经元，选择逻辑斯蒂函数将导致系统性偏差。为了解决这个问题，需要使用一个奇对称的双曲正切函数。选择双曲正切函数时，每个神经元的输出都可以是区间[−1, 1]内的任何正值和负值，其均值可能为零。若网络连接数很大，则与相似的反向传播学习过程相比，使用奇对称激活函数要比使用非对称激活函数收敛得更快。这个条件为4.6节描述的启发3提供了合理性依据。

4.9.2 在线学习的渐近行为

为了更好地理解在线学习，我们需要知道总体平均学习曲线是如何随时间演化的。与LMS算法不同，这一计算很难实现。一般来说，因为网络的对称性，误差性能面可能有指数个局部极小值和多个全局极小值。令人惊讶的是，误差性能面的这个特性反过来对下述情况是有用的特征：假设对网络训练采用了早期停止法（见4.13节），或者网络是正则的（见4.14节），那么几乎总能发现自己是"接近"局部极小的。

由于误差性能面的复杂性，文献中的成果对学习曲线的统计分析也仅限于局部极小值邻域的渐近行为。假设学习率参数固定，以下重点介绍这种渐近行为的几个重要方面。

① 学习曲线包含三项：

- **最小损失**，由最优参数 $\boldsymbol{w}^*$ 决定，它属于局部极小值或全局极小值。
- **附加损失**，由权重向量估计 $\boldsymbol{w}(n)$ 在均值附近波动引起：

$$\lim_{n\to\infty}\mathbb{E}[\hat{\boldsymbol{w}}(n)]=\boldsymbol{w}^*$$

- **时间依赖项**，描述误差收敛速度下降对算法性能的影响。

② 为了保证在线学习算法的稳定性，学习率参数 η 须被赋一个小于黑塞矩阵最大特征值的倒数的值，即 $1/\lambda_{\max}$，而算法的收敛速度由黑塞矩阵的最小特征值 $\lambda_{\min}$ 支配。

③ 总体而言，若赋予学习率参数 η 一个较大的值，则收敛速度快，但在局部极小值或全局极小值附近有较大的波动，甚至迭代次数 n 趋于无穷大时也是如此。相反，若赋予 η 一个较小的值，则波动幅度变小，但收敛速度也变慢。

4.10 学习率的最优退火和自适应控制

4.2节中强调了在线学习普及的两个主要原因：

① 算法简单，只需少量内存，仅用于存储逐次的估计权重向量的旧值。

② 因为每个样本 $\{\boldsymbol{x},\boldsymbol{d}\}$ 在每个时间步仅用一次，学习率对在线学习比对批量学习更重要，在线学习算法具有追踪负责生成训练集样本的环境的统计变化的能力。

Amari(1967)和Opper(1996)已经证明，在渐近意义上，最优退火在线学习与批量学习的速度相同。下面将探讨这个问题。

4.10.1 最优退火学习率

令 $\boldsymbol{w}$ 表示网络的突触权重向量，它们以某种有序方式堆叠在一起。令 $\hat{\boldsymbol{w}}(n)$ 表示权重向量 $\boldsymbol{w}$ 在时间步 n 的旧估计值，令 $\hat{\boldsymbol{w}}(n+1)$ 表示接收到"输入-期望响应"样本 $\{\boldsymbol{x}(n+1),\boldsymbol{d}(n+1)\}$ 后 $\boldsymbol{w}$ 的更新估计。相应地，令 $\boldsymbol{F}(\boldsymbol{x}(n+1);\hat{\boldsymbol{w}}(n))$ 表示网络对输入 $\boldsymbol{x}(n+1)$ 产生的向量值输出；函数 $\boldsymbol{F}$ 的维数自然要与期望响应向量 $\boldsymbol{d}(n)$ 的相同。根据式（4.3），可将瞬时能量表示为估计误差的欧氏范数的平方：

$$\mathcal{E}(\boldsymbol{x}(n),\boldsymbol{d}(n);\boldsymbol{w})=\tfrac{1}{2}\|\boldsymbol{d}(n)-\boldsymbol{F}(\boldsymbol{x}(n);\boldsymbol{w})\|^2 \tag{4.55}$$

在线学习问题的均方误差或期望风险定义为

$$J(\boldsymbol{w})=\mathbb{E}_{\boldsymbol{x},\boldsymbol{d}}[\mathcal{E}(\boldsymbol{x},\boldsymbol{d};\boldsymbol{w})] \tag{4.56}$$

式中，$\mathbb{E}_{\boldsymbol{x},\boldsymbol{d}}$ 是作用在样本 $\{\boldsymbol{x},\boldsymbol{d}\}$ 上的期望算子。解

$$\boldsymbol{w}^*=\arg\underbrace{\min}_{\boldsymbol{w}}[J(\boldsymbol{w})] \tag{4.57}$$

定义了最优参数向量。学习过程的瞬时梯度向量定义为

$$\boldsymbol{g}(\boldsymbol{x}(n),\boldsymbol{d}(n);\boldsymbol{w})=\frac{\partial}{\partial \boldsymbol{w}}\mathcal{E}(\boldsymbol{x}(n),\boldsymbol{d}(n);\boldsymbol{w})=-(\boldsymbol{d}(n)-\boldsymbol{F}(\boldsymbol{x}(n);\boldsymbol{w})\boldsymbol{F}'(\boldsymbol{x}(n);\boldsymbol{w}) \tag{4.58}$$

式中，

$$\boldsymbol{F}'(\boldsymbol{x};\boldsymbol{w})=\frac{\partial}{\partial \boldsymbol{w}}\boldsymbol{F}(\boldsymbol{x};\boldsymbol{w}) \tag{4.59}$$

有了上面定义的梯度向量，就可将在线学习算法表示为

$$\hat{\boldsymbol{w}}(n+1)=\hat{\boldsymbol{w}}(n)-\eta(n)\boldsymbol{g}(\boldsymbol{x}(n+1),\boldsymbol{d}(n+1);\hat{\boldsymbol{w}}(n)) \tag{4.60}$$

或者等效地表示为

$$\underbrace{\hat{\boldsymbol{w}}(n+1)}_{\text{更新估计}}=\underbrace{\hat{\boldsymbol{w}}(n)}_{\text{旧估计}}+\underbrace{\eta(n)}_{\text{学习率参数}}\underbrace{[\boldsymbol{d}(n+1)-\boldsymbol{F}(\boldsymbol{x}(n+1);\hat{\boldsymbol{w}}(n))]}_{\text{误差信号}}\underbrace{\boldsymbol{F}'(\boldsymbol{x}(n+1);\hat{\boldsymbol{w}}(n))}_{\text{网络函数}\boldsymbol{F}\text{的偏导数}} \tag{4.61}$$

有了这个差分方程，就可继续用下面的连续微分方程来描述权重向量 $\boldsymbol{w}$ 在最优参数 $\boldsymbol{w}^*$ 的邻域内的总体平均动力学：

$$\frac{\mathrm{d}}{\mathrm{d}t}\hat{\boldsymbol{w}}(t)=-\eta(t)\mathbb{E}_{\boldsymbol{x},\boldsymbol{d}}[\boldsymbol{g}(\boldsymbol{x}(t),\boldsymbol{d}(t);\hat{\boldsymbol{w}}(t))] \tag{4.62}$$

式中，t 表示连续时间。根据Murata(1998)，梯度向量的期望值近似为

$$\mathbb{E}_{\boldsymbol{x},\boldsymbol{d}}[\boldsymbol{g}(\boldsymbol{x},\boldsymbol{d};\hat{\boldsymbol{w}}(t))]\approx-\boldsymbol{K}^*(\boldsymbol{w}^*-\hat{\boldsymbol{w}}(t)) \tag{4.63}$$

式中，总体平均矩阵 $\boldsymbol{K}^*$ 定义为

$$\boldsymbol{K}^*=\mathbb{E}_{\boldsymbol{x},\boldsymbol{d}}\left[\frac{\partial}{\partial \boldsymbol{w}}\boldsymbol{g}(\boldsymbol{x},\boldsymbol{d};\boldsymbol{w})\right]=\mathbb{E}_{\boldsymbol{x},\boldsymbol{d}}\left[\frac{\partial^2}{\partial \boldsymbol{w}^2}\mathcal{E}(\boldsymbol{x},\boldsymbol{d};\boldsymbol{w})\right] \tag{4.64}$$

新黑塞矩阵 $\boldsymbol{K}^*$ 是一个正定矩阵，与式(4.54)定义的黑塞矩阵 $\boldsymbol{H}$ 不同。然而，若生成训练样本 $\{\boldsymbol{x},\boldsymbol{d}\}$ 的环境是遍历的，则可用基于时间平均的黑塞矩阵 $\boldsymbol{H}$ 代替基于总体平均的黑塞矩阵 $\boldsymbol{K}^*$ 。只要将式（4.63）代入式（4.62），描述估计 $\hat{\boldsymbol{w}}(t)$ 演化的连续微分方程即可由下式逼近：

$$\frac{\mathrm{d}}{\mathrm{d}t}\hat{\boldsymbol{w}}(t) \approx -\eta(t)\boldsymbol{K}^*(\boldsymbol{w}^* - \hat{\boldsymbol{w}}(t)) \tag{4.65}$$

令向量 $\boldsymbol{q}$ 表示矩阵 $\boldsymbol{K}^*$ 的特征向量：

$$\boldsymbol{K}^*\boldsymbol{q} = \lambda\boldsymbol{q} \tag{4.66}$$

式中，λ 是对应于特征向量 $\boldsymbol{q}$ 的特征值。引入新函数

$$\xi(t) = \mathbb{E}_{\boldsymbol{x},\boldsymbol{d}}[\boldsymbol{q}^{\mathrm{T}}\boldsymbol{g}(\boldsymbol{x},\boldsymbol{d};\hat{\boldsymbol{w}}(t))] \tag{4.67}$$

根据式（4.63），式（4.67）可近似为

$$\xi(t) \approx -\boldsymbol{q}^{\mathrm{T}}\boldsymbol{K}^*(\boldsymbol{w}^* - \hat{\boldsymbol{w}}(t)) = -\lambda\boldsymbol{q}^{\mathrm{T}}(\boldsymbol{w}^* - \hat{\boldsymbol{w}}(t)) \tag{4.68}$$

在每个瞬时 t ，函数 $\xi(t)$ 取一个标量值，它可视为两个在特征向量 $\boldsymbol{q}$ 上的投影之间的欧氏距离的近似度量，一个取决于最优参数 $\boldsymbol{w}^*$ ，另一个取决于估计 $\hat{\boldsymbol{w}}(t)$ 。当估计量 $\hat{\boldsymbol{w}}(t)$ 收敛到 $\boldsymbol{w}^*$ 时，$\xi(t)$ 的值减为0。

由式（4.65）、式（4.66）和式（4.68）可知，函数 $\xi(t)$ 与时变学习率参数 $\eta(t)$ 有关：

$$\frac{\mathrm{d}}{\mathrm{d}t}\xi(t) = -\lambda\eta(t)\xi(t) \tag{4.69}$$

解该微分方程得

$$\xi(t) = c\exp(-\lambda\int\eta(t)\mathrm{d}t) \tag{4.70}$$

式中，c 是正积分常数。

根据Darken and Moody(1991)讨论的退火方案，可用下式说明学习率对时间 t 的依赖性：

$$\eta(t) = \frac{\tau}{t+\tau}\eta_0 \tag{4.71}$$

式中，τ 和 η_0 为正调谐参数。将上式代入式（4.70），得到相应的 $\xi(t)$ 函数为

$$\xi(t) = c(t+\tau)^{-\lambda\tau\eta_0} \tag{4.72}$$

为使 t 趋于无穷时 $\xi(t)$ 为0，指数中的乘积项 $\lambda\tau\eta_0$ 要大于1，而令 $\eta_0 = \alpha/\lambda$ 时的 α 满足这个条件。

现在就只剩下如何选取特征向量 $\boldsymbol{q}$ 的问题。前一节说过，学习曲线的收敛速度由黑塞矩阵 $\boldsymbol{H}$ 的最小特征值 $\lambda_{\min}$ 决定。因为黑塞矩阵 $\boldsymbol{H}$ 和新黑塞矩阵 $\boldsymbol{K}^*$ 的行为趋于相似，有效的做法是假设足够多的迭代次数，将估计 $\hat{\boldsymbol{w}}(t)$ 关于时间 t 的演化视为一维过程，对与最小特征值 $\lambda_{\min}$ 相关联的黑塞矩阵 $\boldsymbol{K}^*$ 几乎并行地运行，如图4.15所示。因此，可以令

$$\boldsymbol{q} = \frac{\mathbb{E}_{\boldsymbol{x},\boldsymbol{d}}[\boldsymbol{g}(\boldsymbol{x},\boldsymbol{d};\hat{\boldsymbol{w}})]}{\left\|\mathbb{E}_{\boldsymbol{x},\boldsymbol{d}}[\boldsymbol{g}(\boldsymbol{x},\boldsymbol{d};\hat{\boldsymbol{w}})]\right\|} \tag{4.73}$$

式中引入了归一化，以便假设特征向量 $\boldsymbol{q}$ 为单位欧氏长度。将上式代入式（4.67）得

$$\xi(t) = \left\|\mathbb{E}_{\boldsymbol{x},\boldsymbol{d}}[\boldsymbol{g}(\boldsymbol{x},\boldsymbol{d};\hat{\boldsymbol{w}}(t))]\right\| \tag{4.74}$$

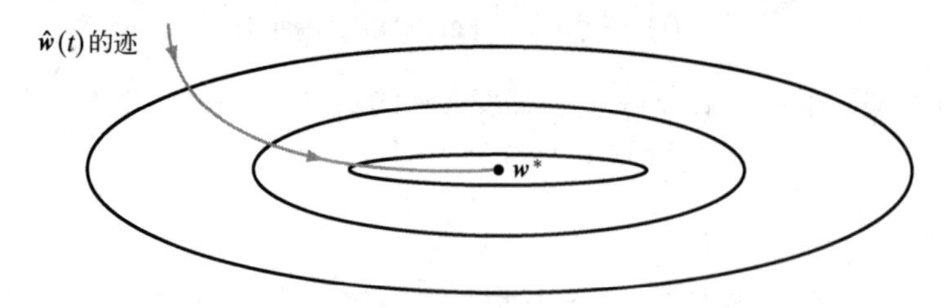

图4.15　估计 $\hat{\boldsymbol{w}}(t)$ 随时间 t 的演化。椭圆代表 $\boldsymbol{w}$ 的不同值的期望风险轮廓，假设是二维的

本节中讨论的结果总结如下。

1．选择式（4.71）中描述的退火方案应满足两个条件：

$$\sum_t \eta(t) \to \infty \quad 和 \quad \sum_t \eta^2(t) > \infty, \qquad t \to \infty \tag{4.75}$$

换句话说，$\eta(t)$ 满足随机逼近理论（Robbins and Monro, 1951）的要求。

2．当时间 t 趋于无穷时，函数 $\xi(t)$ 渐近地趋于0。根据式（4.68），时间 t 趋于无穷时，估计 $\hat{\boldsymbol{w}}(t)$ 趋于最优估计 $\boldsymbol{w}^*$。

3．经过足够数量的迭代后，估计 $\hat{\boldsymbol{w}}(t)$ 的总体平均轨迹几乎平行于与最小特征值 $\lambda_{\min}$ 相关联的黑塞矩阵 $\boldsymbol{K}^*$ 的特征向量。

4．以权重向量$\boldsymbol{w}$为特征的网络最优退火在线学习算法可由以下三个公式共同描述：

$$\left.\begin{aligned} &\underbrace{\hat{\boldsymbol{w}}(n+1)}_{更新估计} = \underbrace{\hat{\boldsymbol{w}}(n)}_{旧估计} + \underbrace{\eta(n)}_{学习率参数} \underbrace{(\boldsymbol{d}(n+1)) - \boldsymbol{F}(\boldsymbol{x}(n)+1;\hat{\boldsymbol{w}}(n))}_{误差信号} \underbrace{\boldsymbol{F}'(\boldsymbol{x}(n+1);\hat{\boldsymbol{w}}(n))}_{网络函数\boldsymbol{F}的偏导数} \\ &\eta(n) = \frac{n_{\text{switch}}}{n+n_{\text{switch}}}\eta_0 \\ &\eta_0 = \frac{\alpha}{\lambda_{\min}}, \quad \alpha为正常数 \end{aligned}\right\} \tag{4.76}$$

这里假设生成训练样本 $\{\boldsymbol{x},\boldsymbol{d}\}$ 的环境具有遍历性，以便总体平均黑塞矩阵 $\boldsymbol{K}^*$ 与时间平均黑塞矩阵 $\boldsymbol{H}$ 的值相同。

5．当基于随机梯度下降的在线学习中的学习率参数 η_0 固定时，算法的稳定性要求 $\eta_0 < 1/\lambda_{\max}$，其中 $\lambda_{\max}$ 是黑塞矩阵 $\boldsymbol{H}$ 的最大特征值。在最优退火随机梯度下降的情形下，根据式（4.76）的第三行，选取 $\eta_0 < 1/\lambda_{\min}$，其中 $\lambda_{\min}$ 是 $\boldsymbol{H}$ 的最小特征值。

6．时间常数 n_{switch} 是一个正整数，它定义从固定的 η_0 状态到退火状态的过渡，根据随机逼近理论，时变学习率参数 $\eta(n)$ 假设为期望的形式 c/n，c 是常数。

4.10.2 学习率的自适应控制

式（4.76）的第二行描述的最优退火方案，在提高在线学习的利用率方面迈出了重要一步。然而，这个退火方案的实际局限性在于需要预先知道时间常量 η_{switch}。因此，一个值得关注的实际问题是，当在非稳态环境中进行在线学习时，训练序列中的统计量将逐个样要于发生变化，此时预先知道时间常量 n_{switch} 是不现实的。此类情形在实际中经常发生，因此在线学习算法需要有内置的学习率自适应控制机制。这种机制由Murata(1998)首次提出，称为*学习算法的学习*（Sompolinsky et al., 1995），并做了适当的修正。

Murata提出的自适应算法旨在实现两个目标：

1．*自动调整学习率*，以应对生成训练序列样本的环境的统计特性变化。

2．*在线学习算法的泛化*，无须规定代价函数，适用范围更广。

具体地说，由式（4.62）定义的权重向量 $\boldsymbol{w}$ 的总体平均动力学现在可改写为

$$\frac{\mathrm{d}}{\mathrm{d}t}\hat{\boldsymbol{w}}(t) = -\eta(t)\mathbb{E}_{\boldsymbol{x},\boldsymbol{d}}[\boldsymbol{f}(\boldsymbol{x}(t),\boldsymbol{d}(t);\hat{\boldsymbol{w}}(t))] \tag{4.77}$$

式中，向量值函数 $\boldsymbol{f}(\cdot,\cdot;\cdot)$ 表示流，它决定对应输入样本 $\{\boldsymbol{x}(t),\boldsymbol{d}(t)\}$ 的估计 $\hat{\boldsymbol{w}}(t)$ 的变化。流 $\boldsymbol{f}$ 必须满足以下条件：

$$\mathbb{E}_{\boldsymbol{x},\boldsymbol{d}}[\boldsymbol{f}(\boldsymbol{x},\boldsymbol{d};\boldsymbol{w}^*)] = \boldsymbol{0} \tag{4.78}$$

式中，$\boldsymbol{w}^*$ 是权重向量 $\boldsymbol{w}$ 的最优值，如式（4.57）中的定义所示。换句话说，流 $\boldsymbol{f}$ 必须渐近地收敛到时间 t 的最优参数 $\boldsymbol{w}^*$。此外，在稳定性方面，也需要 $\boldsymbol{f}$ 的梯度为正定矩阵。流 $\boldsymbol{f}$ 包含式（4.62）中的梯度向量 $\boldsymbol{g}$ 作为一个特例。

前面定义的式（4.63）到式（4.69）同样适用于Murata算法。然而，此后所做的假设是学习率 $\eta(t)$ 随时间 t 演化，这由一对微分方程构成的动力系统决定：

$$\frac{\mathrm{d}}{\mathrm{d}t}\xi(t) = -\lambda\eta(t)\xi(t) \tag{4.79}$$

$$\frac{\mathrm{d}}{\mathrm{d}t}\eta(t) = \alpha\eta(t)(\beta\xi(t) - \eta(t)) \tag{4.80}$$

注意，$\xi(t)$ 总为正，α 和 β 是正常数。这个动态系统的第一个方程是式（4.69）的重复。系统的第二个方程是受Sompolinsky et al.(1995)描述的学习算法中的相应微分方程启发得到的。

式（4.79）中的 λ 照例是与黑塞矩阵 $\boldsymbol{K}^*$ 的特征向量 $\boldsymbol{q}$ 相关联的特征值。此外，假设 $\boldsymbol{q}$ 被选为与最小特征值 $\lambda_{\min}$ 相关的特定特征向量，即总体平均流 $\boldsymbol{f}$ 以图4.15描述的类似方式收敛到最优参数 $\boldsymbol{w}^*$。

式（4.79）和式（4.80）描述的动态系统的渐近行为由如下两个方程给出：

$$\xi(t) = \frac{1}{\beta}\left(\frac{1}{\lambda} - \frac{1}{\alpha}\right)\frac{1}{t}, \quad \alpha > \lambda \tag{4.81}$$

$$\eta(t) = c/t, \quad c = \lambda^{-1} \tag{4.82}$$

注意，这个新动态系统显示了学习率 $\eta(t)$ 的期望退火，即 t 很大时的 c/t 值。如前所述，这对任何收敛到 $\boldsymbol{w}^*$ 的估计 $\hat{\boldsymbol{w}}(t)$ 都是最优的。

根据上面的讨论，现在可正式地将离散时间在线学习的Murata自适应算法（Murata, 1998; Müller et al., 1998）描述如下：

$$\hat{\boldsymbol{w}}(n+1) = \hat{\boldsymbol{w}}(n) - \eta(n)\boldsymbol{f}(\boldsymbol{x}(n+1), \boldsymbol{d}(n+1); \hat{\boldsymbol{w}}(n)) \tag{4.83}$$

$$\boldsymbol{r}(n+1) = \boldsymbol{r}(n) + \delta\boldsymbol{f}(\boldsymbol{x}(n+1), \boldsymbol{d}(n+1); \hat{\boldsymbol{w}}(n)), \quad 0 < \delta < 1 \tag{4.84}$$

$$\eta(n+1) = \eta(n) + \alpha\eta(n)\left(\beta\|\boldsymbol{r}(n+1)\| - \eta(n)\right) \tag{4.85}$$

对于这个离散时间系统方程组，需要注意以下几点：

- 式（4.83）仅是式（4.77）所示微分方程的瞬时离散时间版本。
- 式（4.84）包含辅助向量 $\boldsymbol{r}(n)$，用于说明连续时间函数 $\xi_\chi(t)$。此外，Murata自适应算法的第二个方程中包含一个泄漏因子，其值 δ 控制流 $\boldsymbol{f}$ 的移动平均。
- 式（4.85）是微分方程（4.80）的离散时间版本。式（4.85）包含的更新辅助向量 $\boldsymbol{r}(n+1)$ 将它和式（4.84）联系起来，进而使式（4.79）定义的连续时间函数 $\xi(t)$ 的和式（4.80）定义的 $\eta(t)$ 联系起来。

与式（4.79）和式（4.80）描述的连续时间动力系统不同，式（4.85）中的学习率参数 $\eta(t)$ 的渐近行为在迭代次数 n 趋于无穷时不收敛到零，因此违反了最优退火的要求。因此，在最优退火参数 $\boldsymbol{w}^*$ 的邻域中，我们发现对Murata自适应算法有

$$\lim_{n\to\infty}\hat{\boldsymbol{w}}(n) \neq \boldsymbol{w}^* \tag{4.86}$$

这一渐近行为与式（4.76）的最优退火在线学习算法是不同的。基本上，背离最优退火的原因是式（4.77）中使用了流的移动平均，而使用移动平均的原因是算法无法获得规定的代价函数，就如推导式（4.76）中的优化退火在线学习算法时的情况一样。

当最优解 $\hat{\boldsymbol{w}}^*$ 随时间 n 缓慢变化（生成样本的环境不稳定）或突然变化时，学习规则的学习是有

帮助的。另一方面，在这样的环境下，$1/n$ 规则不是好选择，因为当 n 很大时 η_n 非常小，导致 $1/n$ 规则失去学习能力。基本上，式（4.76）的最优退火在线学习算法和式（4.83）到式（4.85）的在线学习算法之间的不同是，后者有一个自适应地控制学习率的内在机制，因此能够追踪最优解 $\hat{w}^*$ 的变化。

总之，尽管Murata自适应算法在学习率参数的退火方面确实是次优的，但其重要优点是拓展了在线学习的实际应用。

4.11 泛化

在反向传播学习中，我们通常从一个训练样本开始，通过向网络中加载（编码）尽可能多的训练样本，使用反向传播算法计算一个多层感知器的突触权重。我们希望这样设计的神经网络具有很好的泛化能力。对于创建或训练网络时从未用过的测试数据，当网络计算的输入-输出映射正确（或几乎正确）时，就认为该网络具有良好的泛化能力；术语“泛化”借自心理学。这里假设测试数据是从生成训练数据的相同数据集中抽取的。

学习过程（神经网络的训练）可视为“曲线拟合”问题。网络本身可简单地视为一个非线性输入-输出映射。这个观点允许我们不再将神经网络的泛化视为它的一个神秘特性，而作为相当简单的关于输入数据非线性插值的结果。该网络之所以能够完成有用的插值，主要是因为具有连续激活函数的多层感知器使得输出函数也是连续的。

图4.16(a)说明了一个假定的网络是如何泛化的。图中画出的曲线所代表的非线性输入-输出映射，是网络通过学习标有“训练数据”的点后计算出来的。曲线上标有“泛化”的点是该网络执行插值的结果。

具有良好泛化能力的神经网络，即使当输入数据与训练样本稍有不同时，也能生成正确的输入-输出映射。然而，当神经网络学习过多的输入-输出样本时，它最终可能记住训练数据。它可通过找到一个存在于训练数据中的特征（如噪声引起的特征）来这样做，但对将被模拟的函数来说，这不成立。这种现象称为过拟合或过训练。当网络过拟合时，就会失去在类似的输入-输出模式之间进行泛化的能力。

通常，以这种方式向多层感知器加载数据所用的隐藏神经元要比实际需要的多，导致由噪声引起的输入空间的非期望因素被存储在网络的突触权重中。图4.16(b)中给出了一个使用与图4.16(a)相同数据的条件下，由神经网络中的记忆导致的泛化不佳的例子。“记忆”本质上是一个“查询表”，即神经网络计算的输入-输出映射并不平滑。如Poggio and Girosi(1990a)指出的那样，输入-输出映射的平滑性与奥卡姆剃刀之类的模型选择标准紧密相关，其本质是在没有任何先验知识的情况下选择“最简单的”函数。就我们目前的讨论而言，最简单的函数是指在给定的误差标准下逼近映射的最平滑函数，因为这个选择总体上需要最少的计算资源。平滑性有许多应用是自然的，具体取决于所研究现象的规模。因此，重要的是为不理想的输入-输出关系找到一个平滑的非线性映射，以便网络能够根据训练模式对新模式正确地分类（Wieland and Leighton, 1987）。

4.11.1 有效泛化的足够训练样本量

泛化受如下三个因素影响：①训练样本数，以及训练样本对环境的代表性；②神经网络的结构；③当前问题的物理复杂度。显然，我们无法控制第三个因素。对于前两个因素，可从两个不同的方面来考察泛化问题：

- 网络的结构是固定的（希望能与潜在问题的物理复杂度一致），需要解决的问题是确定良好泛化所需的训练样本数。
- 训练样本数固定，所关注的问题是如何确定最优网络结构以实现良好的泛化。

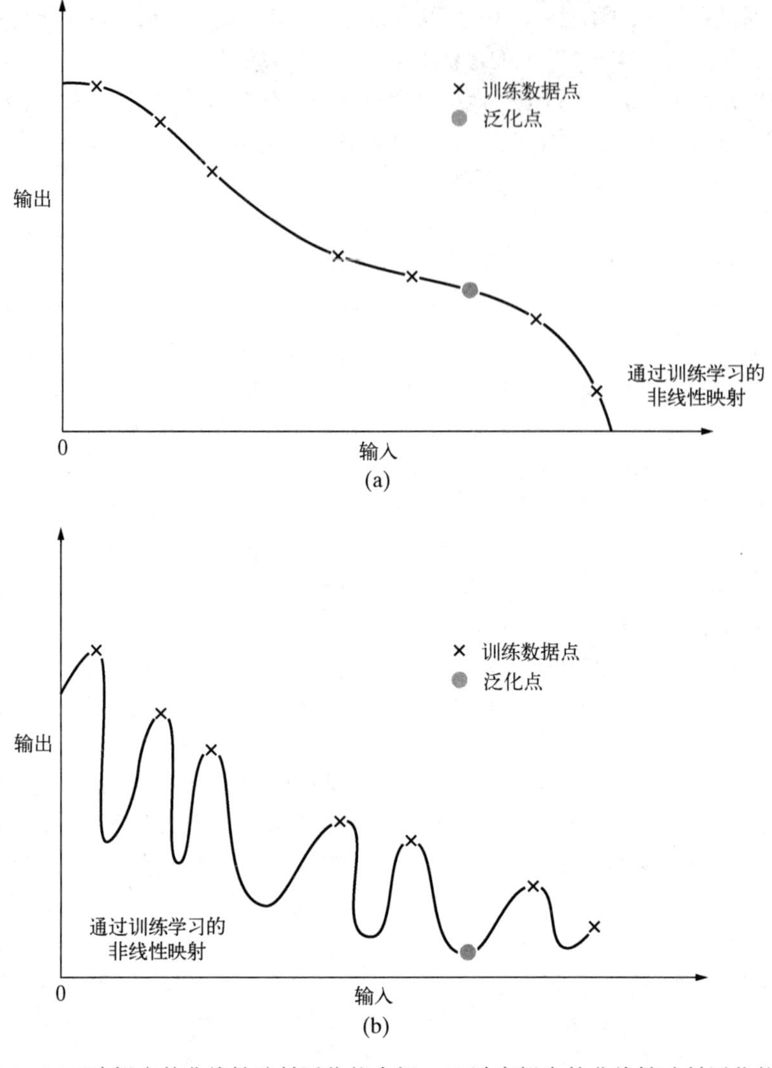

图4.16 (a)正确拟合的非线性映射泛化能力好；(b)过度拟合的非线性映射泛化能力差

这两种观点各自都是有效的。在实践中，实现良好泛化所需的是，训练样本数 N 满足条件

$$N = O(W/\varepsilon) \tag{4.87}$$

式中，W 是网络中自由参数（突触权重和偏置）的总数，ε 是测试数据中容许的分类误差部分（如在模式分类中那样）。$O(\cdot)$ 是所含的量的阶数。例如，当误差为10%时，所需训练样本数应是网络中自由参数数量的10倍。

式（4.87）符合LMS算法的Widrow经验规则——在线性自适应时间滤波中，迟滞时间近似等于自适应抽头延迟线滤波器的记忆范围除以误调整的商（Widrow and Stearns, 1985; Haykin, 2002）。LMS算法中误调整的作用类似于式（4.87）中误差项 ε 。下面继续介绍这个经验规则的合理性。

4.12 函数逼近

使用反向传播算法训练的多层感知器可视为执行一般非线性输入-输出映射的实用工具。具体来说，令 m_0 表示多层感知器的输入（源）节点数，令 $M = m_L$ 表示网络输出层中的神经元数量。

网络的输入-输出关系定义一个从 m_0 维欧氏输入空间到 M 维欧氏输出空间的映射，当激活函数无限连续可微时，该映射也是无限连续可微的。当用这种输入-输出映射观点来评估多层感知器的性能时，会出现下面这个基本问题：

在带有一个输入-输出映射的多层感知器中，隐藏层的数量最少为多少时，才能提供任何连续映射的一个近似实现？

4.12.1 通用逼近定理

这个问题可用一个非线性输入-输出映射的通用逼近定理来回答，该定理表述如下：

令 $\varphi(\cdot)$ 是一个非常数的、有界的、单调递增的连续函数。令 I_{m_0} 表示 m_0 维单位超立方体 $[0,1]^{m_0}$。I_{m_0} 上的连续函数空间表示为 $C(I_{m_0})$。若给定任何函数 $f \ni C(I_{m_0})$ 和 $\varepsilon > 0$，则存在一个整数 m_1 及实常数 α_i, b_i 和 w_{ij}（其中 $i = 1,\cdots,m_1$，$j = 1,\cdots,m_0$），使得对输入空间中的所有 $x_1, x_2, \cdots, x_{m_0}$，

$$F(x_1,\cdots,x_{m_0}) = \sum_{i=1}^{m_1} \alpha_i \varphi\left(\sum_{j=1}^{m_0} w_{ij} x_j + b_i\right) \tag{4.88}$$

是函数 $f(\cdot)$ 的一个近似实现，即

$$\left|F(x_1,\cdots,x_{m_0}) - f(x_1,\cdots,x_{m_0})\right| < \varepsilon$$

通用逼近定理可直接用于多层感知器。在构建多层感知器的神经模型中，作为非线性函数的双曲正切函数确实是一个非常数的、有界的、单调递增的函数；因此，它满足对函数 $\varphi(\cdot)$ 施加的条件。式（4.88）代表如下多层感知器的输出：

1．网络有 m_0 个输入节点，以及由 m_1 个神经元组成的单个隐藏层；输入由 $x_1,\cdots,x_{m_0}$ 表示。

2．隐藏神经元 i 具有突触权重 $w_{i_1},\cdots,w_{m_0}$ 和偏置 b_i。

3．网络输出是隐藏神经元输出的线性组合，$\alpha_1,\cdots,\alpha_{m_1}$ 定义输出层的突触权重。

在为任意连续函数的逼近提供数学依据方面，与精确表示相反，通用逼近定理是一个存在性定理。式（4.88）是该定理的基础，仅用有限傅里叶级数泛化逼近。实际上，该定理指出，对多层感知器来说，单个隐藏层足以计算一个由输入 $x_1,\cdots,x_{m_0}$ 和期望（目标）输出 $f(x_1,\cdots,x_{m_0})$ 表示的给定训练集的一致 ε 逼近。然而，该定理并未在学习时间、实现难易程度或泛化意义上说明单个隐藏层是最优的。

4.12.2 逼近误差的界

在假设网络具有使用S形函数的单层隐藏神经元和一个线性输出神经元的条件下，Barron (1993)确立了多层感知器的逼近性质。网络使用反向传播算法训练，然后使用新数据进行测试。在训练过程中，网络根据训练数据学习目标函数 f 中的特定点，产生式（4.88）中定义的逼近函数 F。当网络遇到以前未见过的测试数据时，网络函数 F 就充当目标函数中新点的估计，即 $F = \hat{f}$。

目标函数 f 的平滑性用其傅里叶变换来表示。被傅里叶幅度分布加权的频率向量的范数的平均值，用于度量函数 f 的波动程度。令 $\tilde{f}(\boldsymbol{\omega})$ 表示函数 $f(\boldsymbol{x})$ 的多维傅里叶变换，$\boldsymbol{x} \in \mathbb{R}^{m_0}$；$m_0 \times 1$ 维向量 $\boldsymbol{\omega}$ 为频率向量。函数 $f(x)$ 由其傅里叶变换 $\tilde{f}(\boldsymbol{\omega})$ 定义为

$$f(x)=\int_{\mathbb{R}^{m_0}}\tilde{f}(\boldsymbol{\omega})\exp(\mathrm{j}\boldsymbol{\omega}^{\mathrm{T}}\boldsymbol{x})\mathrm{d}\boldsymbol{\omega} \tag{4.89}$$

式中，$\mathrm{j}=\sqrt{-1}$。对于复值函数 $\tilde{f}(\boldsymbol{\omega})$，因为 $\boldsymbol{\omega}\tilde{f}(\boldsymbol{\omega})$ 是可积的，所以定义函数 f 的傅里叶幅度分布的一阶绝对矩为

$$C_f=\int_{\mathbb{R}^{m_0}}\left|\tilde{f}(\boldsymbol{\omega})\right|\times\|\boldsymbol{\omega}\|^{1/2}\,\mathrm{d}\boldsymbol{\omega} \tag{4.90}$$

式中，$\|\boldsymbol{\omega}\|$ 为 $\boldsymbol{\omega}$ 的欧氏范数，$\left|\tilde{f}(\boldsymbol{\omega})\right|$ 为 $\tilde{f}(\boldsymbol{\omega})$ 的绝对值。一阶绝对矩 C_f 量化函数 f 的平滑度。

当用式（4.88）中输入-输出映射函数 $F(\boldsymbol{x})$ 表示的多层感知器来逼近 $f(\boldsymbol{x})$ 时，一阶绝对矩 C_f 是产生的误差的界的基础。逼近误差可用半径 $r>0$ 的球体 $B_r=\{\boldsymbol{x}:\|\boldsymbol{x}\|\leqslant r\}$ 上相对于任意概率测度 μ 的积分平方误差来度量。在此基础上，可对Barron(1993)给出的逼近误差的界提出如下命题：

对每个具有有限一阶绝对矩 C_f 的连续函数 $f(\boldsymbol{x})$ 和每个 $m_1\geqslant 1$，存在一个由式（4.88）定义的S形函数 $F(\boldsymbol{x})$ 的线性组合，使得在严格属于球体（半径为r）内部的输入向量 $\boldsymbol{x}$ 的值集 $\{\boldsymbol{x}_i\}_{i=1}^{N}$ 上观察函数 $f(\boldsymbol{x})$ 时，对经验风险提供下面的界：

$$\mathcal{E}_{\mathrm{gv}}(N)=\frac{1}{N}\sum_{i=1}^{N}(f(\boldsymbol{x}_i)-F(\boldsymbol{x}_i))^2\leqslant C_f'/m_1 \tag{4.91}$$

式中，$C_f'=(2rC_f)^2$。

根据Barron(1992)，式（4.91）的逼近结果用于表示使用带有 m_0 个输入节点和 m_1 个隐藏神经元的多层感知器所导致的风险 $\mathcal{E}_{\mathrm{av}}(N)$ 的界：

$$\mathcal{E}_{\mathrm{av}}(N)\leqslant O\left(C_f'/m_1\right)+O\left(\frac{m_0m_1}{N}\log N\right) \tag{4.92}$$

关于风险 $\mathcal{E}_{\mathrm{av}}(N)$ 的界的两个术语如下，它们表示隐藏层大小的两个冲突需求之间的折中：

1．最优逼近的精度。为了满足该需求，根据通用逼近定理，隐藏层的大小 m_1 必须足够大。

2．逼近的经验拟合精度。为了满足该需求，要使用一个小比值 m_1/N。在训练集大小 N 固定的情况下，隐藏层的大小 m_1 应保持得较小，这与第一个需求矛盾。

式（4.92）描述的风险 $\mathcal{E}_{\mathrm{av}}(N)$ 的界还有其他有趣的含义。具体来说，要想得到目标函数的准确估计，输入空间的维数 m_0 并不需要大样本量，而只需一阶绝对矩 C_f 有限。这使得多层感知器作为通用逼近器在实践中更加重要。

经验拟合和最优逼近之间的误差可视为估计误差。令 ε_0 表示估计误差的均方值，忽略式（4.92）中第二项的对数因子 $\log N$，可推断出良好泛化所需的训练样本量 N 约为 m_0m_1/ε_0。这个结果与经验公式（4.87）的数学结构相似，m_0m_1 等于网络中自由参数 W 的总数。换句话说，为了实现良好的泛化，训练样本数 N 应大于网络中自由参数的总数和估计误差的均方值之比。

4.12.3 维数灾难

由式（4.92）描述的界得到的另一个有趣的结果是，若设

$$m_1\approx C_f\left(\frac{N}{m_0\log N}\right)^{1/2}$$

以优化隐藏层的大小［风险 $\mathcal{E}_{\mathrm{av}}(N)$ 相对于 N 最小化］，则风险 $\mathcal{E}_{\mathrm{av}}(N)$ 由 $O(C_f\sqrt{m_0(\log N/N)})$ 限定。出乎意料的是，根据风险 $\mathcal{E}_{\mathrm{av}}(N)$ 的一阶性质，由训练集大小 N 的函数表示的收敛速率的阶为

$(1/N)^{1/2}$（乘以一个对数因子）。这与传统的平滑函数（如多项式和三角函数）很不相同。令 s 表示平滑度的度量，它定义为感兴趣函数的连续导数的阶数。那么对于传统平滑函数，总风险 $\mathcal{E}_{\text{av}}(N)$ 的极小极大收敛速率的阶为 $(1/N)^{2s/(2s+m_0)}$。这个收敛速率对输入空间维数 m_0 的依赖是导致维数灾难的原因，严重制约了这些函数的实际应用。使用多层感知器进行函数逼近似乎比使用传统平滑函数有优势；但是，这个优势受制于光滑度约束，即一阶绝对矩 C_f 保持有限。

Richard Bellman在对自适应控制过程的研究中介绍了维数灾难（Bellman, 1961）。为了从几何角度解释该概念，令 $\boldsymbol{x}$ 表示一个 m_0 维输入向量，$\{(\boldsymbol{x}_i, d_i)\}, i=1,2,\cdots,N$ 表示训练样本。采样密度与 N^{1/m_0} 成正比。令函数 $f(\boldsymbol{x})$ 表示一个位于 m_0 维输入空间中的曲面，它近似通过点 $\{(\boldsymbol{x}_i, d_i)\}_{i=1}^{N}$。若函数 $f(\boldsymbol{x})$ 是任意复杂的，且（绝大部分）完全未知，则需要密集的样本（数据）来进行很好的学习。遗憾的是，密集样本在“高维数”中很难找到，因此产生了维数灾难。此外，由于维数的增加，复杂性指数级增长，这反过来又导致高维空间中均匀随机分布的点的空间填充特性退化。维数灾难的根本原因如下（Friedman, 1995）：

> 定义在高维空间中的函数可能要比定义在低维空间中的函数复杂得多，且这些复杂性更难辨别。

基本上只有两种方法能够减轻维数灾难问题：

1. 采用待逼近未知函数的先验知识，这些先验知识是在训练数据基础上提供的。显然，知识的获取与问题有关。例如，在模式分类中，可通过了解相关输入数据的类别来获得。

2. 设计网络，使未知函数的平滑度随着输入维数的增加而增加。

4.12.4 实际考虑因素

从理论角度看，通用逼近定理非常重要，因为它为单个隐藏层的前馈神经网络作为一类近似解的可行性提供了必要的数学工具。若没有这样的定理，则我们就可能在寻找一个不存在的解。然而，该定理并不是建设性的，因为它并未说明如何确定具有所述近似特性的多层感知器。

通用逼近定理假设要逼近的连续函数是给定的，且隐藏层的大小不受限制。在大多数实际应用中，这两个假设都是不成立的。

使用单个隐藏层的多层感知器的问题在于，其中的神经元往往在全局范围内相互影响。当问题较复杂时，很难做到在改进某点的近似值的同时不恶化另一点的近似值。另一方面，当有两个隐藏层时，逼近（曲线拟合）过程会变得更易管理。具体而言，可从以下几个方面着手（Funahashi, 1989; Chester, 1990）：

1. 从第一个隐藏层中抽取*局部特征*。具体地说，第一个隐藏层中的一些神经元被用于将输入空间划分成不同的区域，而该层中的其他神经元则学习这些区域的局部特征。

2. 从第二个隐藏层中抽取*全局特征*。具体地说，第二个隐藏层中的神经元将第一个隐藏层中的神经元的输出与输入空间内特定区域的输出相结合，从而学习该区域的全局特征，其他区域的输出则为零。

Sontag(1992)在反问题的背景下进一步提出了使用两个隐藏层的理由。

4.13 交叉验证

反向传播学习的本质是将输入-输出映射（由一组标记训练样本表示）编码到多层感知器的突触权重和阈值中，目的是希望该网络能得到良好训练，进而学到关于过去的足够知识并泛化到未来。从这个角度看，学习过程相当于为给定的数据集选择网络参数。具体来说，可将网络选择问题视为在一组候选模型结构（参数化）中，根据一定的标准选择“最优”模型。

在这种情况下，可将统计学中的标准工具“交叉验证”作为有力的指导原则（Stone, 1974, 1978）。首先，将可用的数据集随机分为训练集和测试集。训练集被进一步分为两个互不相交的子集：

- 估计子集，用于选择模型。
- 验证子集，用于测试或验证模型。

这里的动机是用一个与参数估计不同的数据集来验证模型，以便用训练集来评估各种候选模型的性能，进而选出“最优”模型。然而，具有如此选择的最佳性能参数值的模型可能会最终过拟合验证子集。为了防止这种情况的出现，所选模型的泛化性能要通过测试集来度量，而测试集与验证子集是不同的。

当我们必须设计一个具有良好泛化性能的大型神经网络时，交叉验证的使用就显得尤为重要。例如，可用交叉验证来确定具有最优隐藏神经元数量的多层感知器，并且确定何时停止训练最好，详见接下来的两节。

4.13.1 模型选择

为了扩展根据交叉验证来选择模型的思路，可以考虑采用嵌套结构的布尔函数：

$$\begin{gathered}\mathcal{F}_1 \subset \mathcal{F}_2 \subset \cdots \subset \mathcal{F}_n \\ \mathcal{F}_k = \{F_k\} = \{F(\boldsymbol{x},\boldsymbol{w}); \boldsymbol{w} \in \mathcal{W}_k\}, \quad k = 1,2,\cdots,n\end{gathered} \tag{4.93}$$

也就是说，第 k 个函数类别 $\mathcal{F}_k$ 包含一族具有相似结构的多层感知器，其权重向量 $\boldsymbol{w}$ 从多维权重空间 $\mathcal{W}_k$ 中抽取。其中用函数或假设 $F_k = F(\boldsymbol{x},\boldsymbol{w})$，$\boldsymbol{w} \in \mathcal{W}_k$ 表征的一个成员将输入向量 $\boldsymbol{x}$ 映射到 $\{0,1\}$，其中 $\boldsymbol{x}$ 从输入空间 $\mathcal{X}$ 中以某个未知概率 P 抽取。在所述的结构中，每个多层感知器都采用反向传播算法进行训练，而该算法负责训练多层感知器的参数。模型选择问题是选择具有最优 $\boldsymbol{w}$ 值的多层感知器（突触权重和阈值）。更准确地说，若输入向量 $\boldsymbol{x}$ 的期望响应标量是 $d = \{0,1\}$，则我们将泛化误差定义为

$$\varepsilon_g(F) = P(F(\boldsymbol{x}) \neq d), \quad \boldsymbol{x} \in \mathcal{X}$$

我们得到一个标记样本的训练样本：

$$\mathcal{T} = \{(\boldsymbol{x}_i, d_i)\}_{i=1}^{N}$$

目标是选择特定的假设 $F(\boldsymbol{x},\boldsymbol{w})$，当输入来自测试集时，使泛化误差 $\varepsilon_g(F)$ 最小。

下面假设式（4.93）描述的结构具有如下特点，即对任何样本量 N，总能找到一个自由参数 $W_{\max}(N)$ 足够大的多层感知器，使训练数据集 $\mathcal{T}$ 可被充分拟合。这个假设只是重申了4.12节的通用逼近定理。我们将 $W_{\max}(N)$ 称为拟合数。$W_{\max}(N)$ 的意义是，合理的模型选择过程应该选择满足 $W \leqslant W_{\max}(N)$ 的假设 $F(\boldsymbol{x},\boldsymbol{w})$，否则会增大网络的复杂性。

令参数 r 介于0和1之间，它决定训练数据集 $\mathcal{T}$ 在估计子集和验证子集之间的分配。$\mathcal{T}$ 由 N 个样本组成，$(1-r)N$ 个样本分配给估计子集，剩下的 rN 个样本分配给验证子集。用估计子集 $\mathcal{T}'$ 训练嵌套的多层感知器，得到复杂度递增的假设 $\mathcal{F}_1, \mathcal{F}_2, \cdots, \mathcal{F}_n$。由于 $\mathcal{T}'$ 由 $(1-r)N$ 个样本组成，我们认为 W 的值小于或等于相应的拟合数 $W_{\max}((1-r)N)$。

使用交叉验证方法得到如下选择：

$$\mathcal{F}_{cv} = \min_{k=1,2,\cdots,v} \{e_t''(\mathcal{F}_k)\} \tag{4.94}$$

式中，v 对应于 $W_v \leqslant W_{\max}((1-r)N)$，$e_t''(\mathcal{F}_k)$ 是在由 rN 个样本组成的验证子集 $\mathcal{T}''$ 上测试时，假设 $\mathcal{F}_k$

产生的分类误差。

问题的关键是如何确定参数 r，进而确定训练集 $\mathcal{T}$ 在估计子集 $\mathcal{T}'$ 和验证子集 $\mathcal{T}''$ 之间的分配。Kearns(1996)分析了该问题，且进行了详细的计算机模拟，确定了最优 r 的几个定性特点：

- 当输入向量 $\boldsymbol{x}$ 的期望响应 d 的目标函数的复杂度相对于样本量 N 很小时，交叉验证的性能对 r 的选择相对不敏感。
- 随着目标函数相对于样本量 N 变得更复杂，最优 r 的选择对交叉验证的性能的影响更明显，且目标函数本身的值减小。
- 对于宽范围内的目标函数复杂度，固定的 r 值几乎可以达到最优效果。

根据Kearns(1996)的结论，r 取固定值0.2似乎是合理的选择，即80%的训练集 $\mathcal{T}$ 被分配给了估计子集，剩下的20%被分配给了验证子集。

4.13.2 早期停止训练法

通常情况下，使用反向传播算法训练的多层感知器是分阶段进行学习的。随着训练的进行，映射函数的实现从相对简单变得更复杂。均方误差随着训练轮数的增加而减小，训练次数越多，均方误差就越小：最初误差值很大，然后迅速减小，随着网络到达误差面的局部极小值，误差值继续缓慢减小。当以良好泛化为目标时，若只看训练的学习曲线本身，则很难找出何时停止训练是最好的。特别地，根据4.11节关于泛化的内容，若不在适当的时候停止训练，则网络会出现过拟合训练数据的情况。

我们可通过交叉验证来识别过拟合，将训练数据分为估计子集和验证子集。样本估计子集采用常规方法对网络进行训练，但要做一些微调：训练过程周期性停止（每个周期都有多轮训练），且在每个训练周期之后由验证子集来测试网络。具体地说，周期性估计伴随验证，过程如下：

- 经过一个周期的估计（训练）后（每隔五轮），多层感知器的突触权重和偏置将固定，网络运行不断向前推进，从而对验证子集中每个样本的验证误差进行度量。
- 验证阶段完成后，重新开始另一个估计（训练）周期，并重复这个过程。

这个过程称为**早期停止训练法**，因易于理解而在实践中被人们广泛使用。

图4.17显示了两条概念形式的学习曲线：一条是估计子集上的度量误差，另一条是验证子集上的度量误差。一般来说，模型在验证子集上的表现并不像其在估计子集上的表现那么出色，因为它的设计是基于估计子集的。估计学习曲线一般情况下随着训练轮数的增加而单调递减。相比之下，验证学习曲线单调递减到一个最小值，然后随着训练的继续而递增。观察估计学习曲线发现，越过验证学习曲线的最低点时，其效果更好。然而，在现实中，网络在越过该点时学习到的主要是训练数据的噪声，因此建议将验证学习曲线上的最小点作为停止训练点是合理的。

然而，这里有一点需要注意。在实际中并不像图4.17所示的理想化曲线那样，随着训练轮数的增加，验证样本误差变得平滑。相反，验证样本误差可能会随着训练轮数的增加而出现几个局部极小点，然后才开始随着轮数的增加而增大。在这种情况下，必须以某种方式选择停止准则。Prechelt(1998)对多层感知器的实证研究表明，在训练时间和泛化能力之间实际上存在折中。基于对1296个训练集、12个不同的问题、24个不同网络结构获得的训练结果，结论是在出现两个或更多局部极小点的情形下，选择“较慢”的停止准则（比其他准则稍迟停止的准则），代价是需要更长的训练时间（平均约为其他准则的4倍），但泛化性能有小幅提升（平均约为4%）。

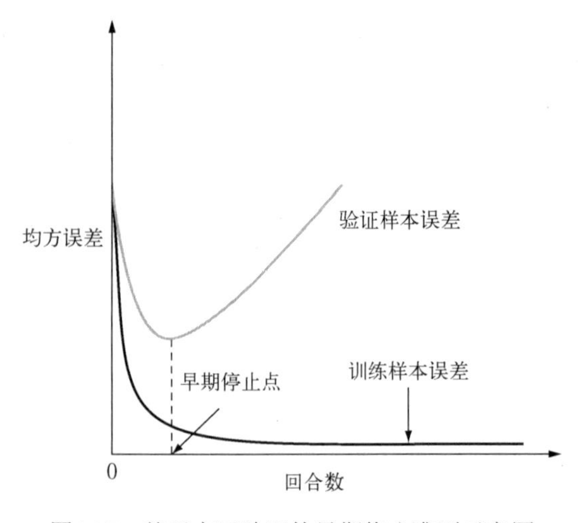

图4.17 基于交叉验证的早期停止准则示意图

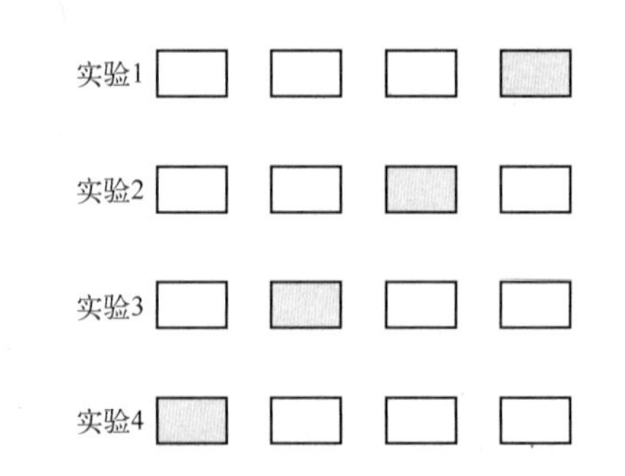

图 4.18 多重交叉验证法的示意图。对于给定的实验，阴影数据集用于验证模型，其他数据集则用于训练模型

4.13.3 交叉验证的变体

上述交叉验证法也称保持法。交叉验证的其他变体在实践中也有自己的用途，尤其是在缺乏标记样本的情况下。在这种情况下，可以首先将 N 个可用样本集分割为 $K>1$ 个子集，然后使用多重交叉验证法，这里假设 N 能被 K 整除。预留一个子集，对剩下的其他子集进行训练，误差验证则通过预留子集来测试。这个过程被重复 K 次，每次都使用一个不同的子集进行验证，图4.18中给出了 $K=4$ 的情形。模型性能的评估是通过计算验证方差的平均值来进行的。多重交叉验证存在一个缺点：模型必须训练 K 次，因此计算量过大，其中$1<K\leqslant N$。

当可用的标记样本数 N 非常有限时，可以使用极端形式的多重交叉验证——留一法。在这种情况下，使用 $N-1$ 个样本来训练模型，使用剩下的预留样本来测试验证。实验共重复 N 次，每次留出一个不同的样本进行验证，然后对 N 次实验求平均。

4.14 复杂度正则化和网络修剪

无论采用何种方法设计多层感知器，实际上都是为生成用于训练网络的输入-输出样本的物理现象建立一个非线性模型。就网络设计的统计性质而言，我们需要在训练数据的可靠性和模型的优良性之间寻求适当的折中（解决第2章讨论的偏置方差难题的方法）。在反向传播学习或者任何其他监督学习过程中，我们都可通过使总风险最小来实现这种折中：

$$R(\boldsymbol{w})=\mathcal{E}_{\mathrm{av}}(\boldsymbol{w})+\lambda\mathcal{E}_{\mathrm{c}}(\boldsymbol{w}) \tag{4.95}$$

式中，第一项 $\mathcal{E}_{\mathrm{av}}(\boldsymbol{w})$ 是标准性能指标，它取决于网络（模型）和输入数据。在反向传播学习中，它被定义为均方误差，评估范围包括网络的输出神经元，是通过对所有样本逐轮训练完成的，如式（4.5）所示。第二项 $\mathcal{E}_{\mathrm{c}}(\boldsymbol{w})$ 是复杂性惩罚，复杂性仅由网络（权重）来度量，它要求拥有所用模型的先验知识。对于目前的讨论，只需将 λ 视为正则化参数就已足够，它代表性能度量项复杂度惩罚的相对重要性。当 λ 为零时，反向传播学习过程是无约束的，网络由训练样本完全确定。另一方面，当 λ 趋于无穷大时，意味着由复杂度惩罚得到的约束自身就可具体确定网络，也就是说，训练样本是不可靠的。在复杂度正则化的实际应用中，正则化参数 λ 的值介于这两种极端情形之间。正则化理论将在第7章中详细讨论。

4.14.1 权重衰减过程

一种简单而有效的复杂度正则化方法是权重衰减过程（Hinton, 1989）：在网络中，复杂度惩罚项定义为权重向量 $\boldsymbol{w}$（所有自由参数）的平方范数，即

$$\mathcal{E}_c(\boldsymbol{w}) = \|\boldsymbol{w}\|^2 = \sum_{i \in \mathcal{E}_{\text{total}}} w_i^2 \tag{4.96}$$

式中，集合 $\mathcal{E}_{\text{total}}$ 是网络中的所有突触权重。这个过程强制网络中的一些突触权重取值接近零，同时允许其他权重保持相对较大的值。因此，网络中的权重大致分为两类：

① 对网络性能有很大影响的权重。

② 对网络性能有很小影响或者根本没有影响的权重。

后一类权重称为*多余权重*。在没有复杂性正则化的情况下，这些权重的泛化效果很差，因为它们很可能完全取任意值，或者导致网络过拟合（Hush and Horne, 1993）。使用复杂性正则化可使多余权重的取值接近零，进而提升泛化性能。

4.14.2 基于黑塞矩阵的网络修剪：最优脑外科医生

网络修剪解析方法的基本思想是，利用误差面的二次导数信息，在网络复杂度和训练误差性能之间折中。特别是构建了误差面的一个局部模型，以便分析预测突触权重的扰动影响。构建这样一个模型的出发点是，在运行点附近使用泰勒级数给出代价函数 $\mathcal{E}_{\text{av}}$ 的局部逼近：

$$\mathcal{E}_{\text{av}}(\boldsymbol{w}+\Delta\boldsymbol{w}) = \mathcal{E}_{\text{av}}(\boldsymbol{w}) + \boldsymbol{g}^{\text{T}}(\boldsymbol{w})\Delta\boldsymbol{w} + \frac{1}{2}\Delta\boldsymbol{w}^{\text{T}}\boldsymbol{H}\Delta\boldsymbol{w} + O\left(\|\Delta\boldsymbol{w}\|^3\right) \tag{4.97}$$

式中，$\Delta\boldsymbol{w}$ 是运行点 $\boldsymbol{w}$ 的扰动，$\boldsymbol{g}(\boldsymbol{w})$ 是 $\boldsymbol{w}$ 处的梯度向量。黑塞矩阵同样在 $\boldsymbol{w}$ 点进行计算，因此，为准确起见，我们用 $\boldsymbol{H}(\boldsymbol{w})$ 来表示它。式（4.97）中未这样做，目的是简化符号表示。

要求是确认一组参数，从多层感知器中删除它们，使代价函数 $\mathcal{E}_{\text{av}}$ 值的增长最小。为了求解这个问题，我们在实践中采用以下近似处理：

1. *极值逼近*。我们假设只在训练过程收敛后，才从网络中删除参数（网络已完全训练好）。这个假设的含义是，参数有一组值对应于误差面的局部极小值或全局极小值。在这种情况下，梯度向量 $\boldsymbol{g}$ 可设为零，因此可忽略式（4.97）右边的 $\boldsymbol{g}^{\text{T}}\Delta\boldsymbol{w}$ 项。否则，显著性度量（定义见后）对当前问题将无效。
2. *二次逼近*。假设局部极小值或全局极小值周围的误差面是接近二次曲面的。因此，式（4.97）中的高阶项也可忽略。

在这两个假设下，式（4.97）简化为

$$\Delta\mathcal{E}_{\text{av}} = \mathcal{E}(\boldsymbol{w}+\Delta\boldsymbol{w}) - \mathcal{E}(\boldsymbol{w}) = \frac{1}{2}\Delta\boldsymbol{w}^{\text{T}}\boldsymbol{H}\Delta\boldsymbol{w} \tag{4.98}$$

式（4.98）是Hassibi and Stork(1993)提出的称为*最优脑外科医生*（Optimal Brain Surgeon，OBS）的剪枝程序的基础。

OBS的目标是将其中一个突触权重设为零，使得式（4.98）中给出的 $\mathcal{E}_{\text{av}}$ 的递增量最小。令 $w_i(n)$ 表示这个特别的突触权重，删除该权重等效于条件

$$\boldsymbol{I}_i^{\text{T}}\Delta\boldsymbol{w} + w_i = 0 \tag{4.99}$$

式中，$\boldsymbol{I}_i$ 是单位向量，其除了第 i 个元素为1，其他元素均为0。现在可将OBS的目标重述如下：

> *相对于权重向量的增量变化 $\Delta\boldsymbol{w}$ 最小化二次型 $\frac{1}{2}\Delta\boldsymbol{w}^{\text{T}}\boldsymbol{H}\Delta\boldsymbol{w}$，使其满足约束 $\boldsymbol{I}_i^{\text{T}}\Delta\boldsymbol{w} + w_i = 0$，然后相对于索引 i 最小化结果。*

这里有两个层面的最小化。第一个是将第 i 个权重向量设为零后，对仍然保留的突触权重值向量最小化；第二个是对被修剪的特定向量最小化。

为了求解这个约束优化问题，我们首先构建拉格朗日算子

$$S = \frac{1}{2}\Delta \boldsymbol{w}^{\mathrm{T}} \boldsymbol{H} \Delta \boldsymbol{w} - \lambda(\boldsymbol{1}_i^{\mathrm{T}} \Delta \boldsymbol{w} + w_i) \tag{4.100}$$

式中，λ 是拉格朗日乘子。然后，求拉格朗日算子 S 关于 $\Delta\boldsymbol{w}$ 的导数，应用式（4.99）中的约束，并利用矩阵的逆，求得权重向量 $\boldsymbol{w}$ 的最优变化是

$$\Delta \boldsymbol{w} = -\frac{w_i}{[\boldsymbol{H}^{-1}]_{i,i}} \boldsymbol{H}^{-1} \boldsymbol{1}_i \tag{4.101}$$

拉格朗日算子 S 对元素 w_i 的对应最优值是

$$S_i = \frac{w_i^2}{2[\boldsymbol{H}^{-1}]_{i,i}} \tag{4.102}$$

式中，$\boldsymbol{H}^{-1}$ 是黑塞矩阵 $\boldsymbol{H}$ 的逆，$[\boldsymbol{H}^{-1}]_{i,i}$ 是该逆矩阵的第 (i,i) 个元素。在第 i 个突触权重 w_i 被删除的情况下，相对于 $\Delta\boldsymbol{w}$ 优化的拉格朗日算子 S_i 称为 w_i 的显著性。事实上，显著性 S_i 代表因删除 w_i 而导致的均方误差（性能标准）的增长。注意，显著性 S_i 与 w_i^2 成正比，因此，若权重小，则对均方误差的影响也小。然而，由式（4.102）可以看出，显著性 S_i 与逆黑塞矩阵的对角元素成反比，因此，若 $[\boldsymbol{H}^{-1}]_{i,i}$ 很小，则即使是很小的权重，也会对均方误差产生很大的影响。

在OBS程序中，与最小显著性对应的权重将被删除。此外，其余权重的最优变化由式（4.101）给出，这说明它们可沿逆黑塞矩阵的第 i 列方向校正。

根据Hassibi等人对一些基准问题的讨论，OBS程序得到的网络要比其他通过权重衰减得到的网络更小。此外，作为OBS程序用于包含单个隐藏层和18000个权重的多层感知器NETtalk的结果，网络被修剪到仅有1560个权重，即网络规模大幅缩减。归功于Sejnowski and Rosenberg(1987)的NETtalk将在4.18节中介绍。

计算逆黑塞矩阵。黑塞矩阵的逆 $\boldsymbol{H}^{-1}$ 是OBS计算的基础。当网络中自由参数 W 的数量较大时，计算 $\boldsymbol{H}^{-1}$ 很难。下面介绍一个计算 $\boldsymbol{H}^{-1}$ 的可控过程，假设多层感知器被完全训练到误差面上的局部极小值（Hassibi and Stork, 1993）。

为了简化表达，假设多层感知器只有一个输出神经元。于是，对于给定的训练样本，我们可将式（4.5）中的代价函数重新定义为

$$\mathcal{E}_{\mathrm{av}}(\boldsymbol{w}) = \frac{1}{2N}\sum_{n=1}^{N}(d(n) - o(n))^2$$

式中，$o(n)$ 表示第 n 个样本输入时的网络实际输出，$d(n)$ 是对应的期望响应，N 是训练集中的样本总数。输出 $o(n)$ 本身可以表示为

$$o(n) = F(\boldsymbol{w}, \boldsymbol{x})$$

式中，F 是由多层感知器实现的输入-输出映射函数，$\boldsymbol{x}$ 是输入向量，$\boldsymbol{w}$ 是网络的突触权重向量。因此，$\mathcal{E}_{\mathrm{av}}$ 关于 $\boldsymbol{w}$ 的一阶导数为

$$\frac{\partial \mathcal{E}_{\mathrm{av}}}{\partial \boldsymbol{w}} = -\frac{1}{N}\sum_{n=1}^{N}\frac{\partial F(\boldsymbol{w}, \boldsymbol{x}(n))}{\partial \boldsymbol{w}}(d(n) - o(n)) \tag{4.103}$$

$\mathcal{E}_{\mathrm{av}}$ 关于 $\boldsymbol{w}$ 的二阶导数或黑塞矩阵是

$$\boldsymbol{H}(N) = \frac{\partial^2 \mathcal{E}_{\mathrm{av}}}{\partial \boldsymbol{w}^2} = \frac{1}{N}\sum_{n=1}^{N}\left\{\left(\frac{\partial F(\boldsymbol{w}, \boldsymbol{x}(n))}{\partial \boldsymbol{w}}\right)\left(\frac{\partial F(\boldsymbol{w}, \boldsymbol{x}(n))}{\partial \boldsymbol{w}}\right)^{\mathrm{T}} - \frac{\partial^2 F(\boldsymbol{w}, \boldsymbol{x}(n))}{\partial \boldsymbol{w}^2}(d(n) - o(n))\right\} \tag{4.104}$$

其中强调了黑塞矩阵对训练样本数 N 的依赖性。

假设网络已被完全训练，即代价函数 $\mathcal{E}_{\text{av}}$ 已被调整到误差面的一个局部极小值，则可以说 $o(n)$ 近似于 $d(n)$。在这个条件下，可以忽略第二项，于是式（4.104）近似为

$$\boldsymbol{H}(N) \approx \frac{1}{N}\sum_{n=1}^{N}\left(\frac{\partial F(\boldsymbol{w},\boldsymbol{x}(n))}{\partial \boldsymbol{w}}\right)\left(\frac{\partial F(\boldsymbol{w},\boldsymbol{x}(n))}{\partial \boldsymbol{w}}\right)^{\mathrm{T}} \tag{4.105}$$

为了简化符号，定义 $W\times 1$ 维向量

$$\boldsymbol{\xi}(n) = \frac{1}{\sqrt{N}}\frac{\partial F(\boldsymbol{w},\boldsymbol{x}(n))}{\partial \boldsymbol{w}} \tag{4.106}$$

它可由4.8节中介绍的过程来计算。然后，可用递归形式将式（4.105）重写为

$$\boldsymbol{H}(n) = \sum_{k=1}^{n}\boldsymbol{\xi}(k)\boldsymbol{\xi}^{\mathrm{T}}(k) = \boldsymbol{H}(n-1) + \boldsymbol{\xi}(n)\boldsymbol{\xi}^{\mathrm{T}}(n), \quad n = 1,2,\cdots,N \tag{4.107}$$

这个递归就是矩阵逆定理（也称Woodbury方程）应用的正确形式。

令$\boldsymbol{A}$和$\boldsymbol{B}$是两个正定矩阵，它们之间的关系是

$$\boldsymbol{A} = \boldsymbol{B}^{-1} + \boldsymbol{CDC}^{\mathrm{T}}$$

式中，$\boldsymbol{C}$ 和 $\boldsymbol{D}$ 是另外两个矩阵。根据矩阵逆定理，矩阵 $\boldsymbol{A}$ 的逆为

$$\boldsymbol{A}^{-1} = \boldsymbol{B} - \boldsymbol{BC}(\boldsymbol{D} + \boldsymbol{C}^{\mathrm{T}}\boldsymbol{BC})^{-1}\boldsymbol{C}^{\mathrm{T}}\boldsymbol{B}$$

对式（4.107）描述的问题，有

$$\boldsymbol{A} = \boldsymbol{H}(n), \quad \boldsymbol{B}^{-1} = \boldsymbol{H}(n-1), \quad \boldsymbol{C} = \boldsymbol{\xi}(n), \quad \boldsymbol{D} = 1$$

应用矩阵逆定理得到黑塞矩阵求逆的递归计算公式为

$$\boldsymbol{H}^{-1}(n) = \boldsymbol{H}^{-1}(n-1) - \frac{\boldsymbol{H}^{-1}(n-1)\boldsymbol{\xi}(n)\boldsymbol{\xi}^{\mathrm{T}}(n)\boldsymbol{H}^{-1}(n-1)}{1 + \boldsymbol{\xi}^{\mathrm{T}}(n)\boldsymbol{H}^{-1}(n-1)\boldsymbol{\xi}(n)} \tag{4.108}$$

注意，式(4.108)中的分母是一个标量，因此可直接计算其倒数。于是，给定逆黑塞矩阵的 $\boldsymbol{H}^{-1}(n-1)$，就可计算由向量 $\boldsymbol{\xi}(n)$ 表示的第 n 个样本出现后的新值 $\boldsymbol{H}^{-1}(n)$。持续这一递归计算，直到 N 个样本的整个集合被计算完为止。为了初始化该算法，需要使 $\boldsymbol{H}^{-1}(0)$ 很大，因为根据式（4.108），它是持续减小的。这个要求可通过如下设定来满足：

$$\boldsymbol{H}^{-1}(0) = \delta^{-1}\boldsymbol{I}$$

式中，δ 是一个很小的正数，$\boldsymbol{I}$ 是单位矩阵。这种形式的初始化可保证 $\boldsymbol{H}^{-1}(n)$ 总是正定的。随着网络中出现的样本越来越多，δ 的影响逐渐减小。

表4.1中小结了最优脑外科医生算法。

表4.1　最优脑外科医生算法小结

1. 训练给定多层感知器，使其均方误差最小。
2. 利用4.8节介绍的过程计算向量

$$\boldsymbol{\xi}(n) = \frac{1}{\sqrt{N}}\frac{\partial F(\boldsymbol{w},\boldsymbol{x}(n))}{\partial \boldsymbol{w}}$$

式中，$F(\boldsymbol{w},\boldsymbol{x}(n))$ 是由具有整个权重向量 $\boldsymbol{w}$ 的多层感知器实现的输入-输出映射，$\boldsymbol{x}(n)$ 是输入向量。

3. 利用递归公式（4.108）计算黑塞矩阵的逆矩阵 $\boldsymbol{H}^{-1}$。
4. 寻找对应于最小显著性的 i：

$$S_i = \frac{w_i^2}{2[\boldsymbol{H}^{-1}]_{i,i}}$$

式中，$[\boldsymbol{H}^{-1}]_{i,i}$ 是 $\boldsymbol{H}^{-1}$ 的第 (i,i) 个元素。若显著性 S_i 远小于均方误差 $\mathcal{E}_{\text{av}}$，则删除突触权重 w_i 并执行步骤5，否则转步骤6。

5．使用如下调整来校正网络中的所有突触权重：

$$\Delta \boldsymbol{w} = -\frac{w_i}{[\boldsymbol{H}^{-1}]_{i,i}}\boldsymbol{H}^{-1}\boldsymbol{1}_i$$

转步骤2。

6．当不再有权重因网络中均方误差无太大的增加而被删除时，停止计算（可能期望在该点重新训练网络）。

4.15 反向传播学习的优缺点

反向传播算法并不是用于优化设计多层感知器的算法，正确的说法如下：

反向传播算法是一种计算代价函数$\mathcal{E}_{\mathrm{av}}(\boldsymbol{w})$的梯度（一阶导数）的高效技术，它由多层感知器的可调参数（突触权重和偏置）的函数表示。

这种算法的计算能力来自两个不同的性质：

1．反向传播算法局部计算简单。

2．当算法按在线（顺序）模式学习时，它在权重空间中执行随机梯度下降。

4.15.1 连接主义

反向传播算法是连接主义范式的一个例子，它依靠局部计算来发现神经网络的信息处理能力。这种形式的计算限制称为*局部限制*，即网络中每个神经元执行的计算仅受与之有物理接触的其他神经元的影响。在（人工）神经网络的设计中，提倡利用局部计算通常有三个主要原因：

1．进行局部计算的神经网络常被用于类比生物神经网络。

2．使用本地计算允许因硬件错误导致的性能下降，进而为容错网络设计奠定基础。

3．局部计算有利于使用并行架构作为实现神经网络的有效方法。

4.15.2 复制器（恒等）映射

使用反向传播算法训练的多层感知器的隐藏神经元作为特征检测器，起着关键作用。利用多层感知器的这个重要性质的一种新方法是，将它用作复制器映射或恒等映射（Rumelhart et al., 1986b; Cottrel et al., 1987）。图4.19说明了在使用单个隐藏层的多层感知器情况下，它是如何工作的。网络布局满足下面的结构需求，如图4.19(a)所示：

- 输入层和输出层中的神经元数量相同，都为m。
- 隐藏层中的神经元数量M小于m。
- 网络是完全连接的。

给定的模式$\boldsymbol{x}$作为输入层的刺激，同时作为输出层的期望响应。输出层的实际响应$\hat{\boldsymbol{x}}$是$\boldsymbol{x}$的估计。采用常规方法使用反向传播算法训练网络，估计误差向量$\boldsymbol{x}-\hat{\boldsymbol{x}}$用作误差信号，如图4.19(b)所示。训练是在无监督情形下完成的（不需要教师）。凭借多层感知器设计中的特殊结构，网络通过其隐藏层执行恒等映射。输入模式的编码形式s在隐藏层的输出端生成，如图4.19(a)所示。事实上，完全训练的多层感知器扮演着编码器的角色。为了重建初始输入模式$\boldsymbol{x}$的估计$\hat{\boldsymbol{x}}$，即实现解码，我们将编码信号应用于复制器网络的隐藏层，如图4.19(c)所示。事实上，后面的网络扮演着解码器的角色。隐藏层大小M与输入-输出层大小m相比越小，图4.19(a)所示结构作为数据压缩系统的作用就越大。

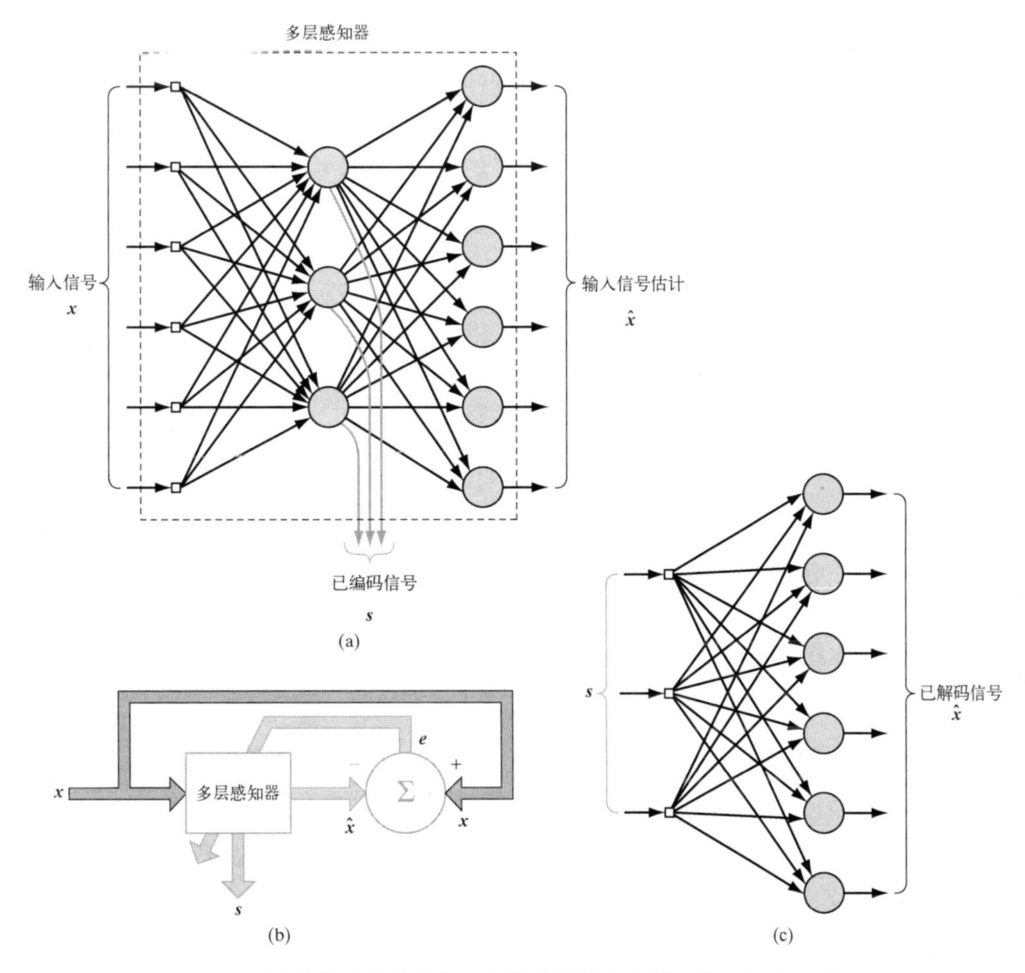

图 4.19　(a)用作编码器的具有一个隐藏层的复制器网络（恒等映射）；(b)复制器网络监督训练框图；(c)用作解码器的复制器网络部分

4.15.3　函数逼近

用反向传播算法训练的多层感知器表现为嵌套的S形函数结构，对单个输出的情况可简写为

$$F(\boldsymbol{x},\boldsymbol{w})=\varphi\left(\sum_k w_{ok}\varphi\left(\sum_j w_{kj}\varphi\left(\cdots\varphi\left(\sum_i w_{li}x_i\right)\right)\right)\right) \tag{4.109}$$

式中，$\varphi(\cdot)$ 是S形激活函数；w_{ok} 是从最后一个隐藏层的神经元 k 到单个输出神经元 o 的突触权重，以此类推，得到其他突触权重；x_i 是输入向量 $\boldsymbol{x}$ 的第 i 个元素。权重向量 $\boldsymbol{w}$ 表示突触权重的完整集合，它按层排序，然后是每层中的神经元，最后是每个神经元的突触。式（4.109）中描述的嵌套非线性函数方案在经典近似理论中并不常见。如4.12节所述，它是一种通用近似器。

4.15.4　计算效率

算法的计算复杂度常用其实现过程中包含的乘法次数、加法次数和存储需求来度量。当学习算法的计算复杂度是多项式，即从一次迭代到下一次迭代要更新可调参数的数量时，称该学习算法是计算有效的。在这个基础上，也可以说反向传播算法是计算有效的。特别地，在使用该算法进行包含全部W个突触权重（包括偏置）的多层感知器的训练中，计算复杂度在W中是线性的。反向传播算法的这个重要性质可由4.4节总结的前向和反向传播涉及的计算证明。在前向传播中，计算涉及的突触权重是网络中不同神经元的诱导局部域所属的那些权重。由式（4.44）可知，这些计算对网络的突触权重是线性的。在反向传播中，涉及突触权重的计算是分别由式（4.46）和式（4.47）所述的属于①隐藏神经元的局部梯度和②突触权重自身的更新。同样可以看出，这些计算对网络的突触权重也是线性的。因此，反向传播算法的计算复杂度在W中是线性的，即它为$O(W)$。

4.15.5 灵敏度分析

使用反向传播学习的另一个计算优势是，我们可高效地对算法实现的输入-输出映射进行敏感度分析。输入-输出映射函数F的参数w的灵敏度定义为

$$S_w^F = \frac{\partial F/F}{\partial w/w} \tag{4.110}$$

然后考虑使用反向传播算法训练的多层感知器。令函数$F(\boldsymbol{w})$是由网络实现的输入-输出映射；$\boldsymbol{w}$表示网络中包含所有突触权重（包括偏置）的向量。4.8节证明函数$F(\boldsymbol{w})$关于权重向量$\boldsymbol{w}$的所有元素的偏导数是可以有效计算的。特别地，我们知道这些偏导数计算涉及的复杂度对网络中包含的权重总数W是线性的。这种线性关系与问题的突触权重在计算链中出现的位置无关。

4.15.6 鲁棒性

第3章指出LMS算法的鲁棒性是，能量较小的扰动只引起小的估计误差。若固有的观测模型是线性的，则LMS算法是一个H^∞最优滤波器（Hassibi et al., 1993, 1996），即LMS算法能最大限度地减小由估计误差扰动带来的最大能量增益。

另一方面，当固有的观测模型是非线性模型时，Hassibi and Kailath(1995)证明了反向传播算法是一个局部H^∞最优滤波器。术语“局部”是指反向传播算法中使用的权重向量初始值充分靠近权重向量的最优值$\boldsymbol{w}^*$，以确保算法不陷入局部极小值的困境。从概念上看，LMS算法和反向传播算法属于同类H^∞最优滤波器。

4.15.7 收敛性

反向传播算法在权重空间中对误差面上的梯度使用“瞬时估计”。因此，该算法本质上是随机的；也就是说，它有沿真实方向曲折前进的趋势，在误差面上达到最小值。事实上，反向传播学习最初是由Robbins and Monro(1951)提出的称为随机逼近的统计学方法的一种应用，因此它趋于缓慢收敛。导致这个性质的两个根本原因如下所示（Jacobs, 1988）。

1. 一方面，误差面沿权重维度非常平坦，即误差面关于该权重的导数很小。在这种情况下，对权重的调整幅度很小，因此可能需要进行多次迭代计算才能显著降低网络误差。另一方面，误差面沿权重维度是高度弯曲的，即误差面关于该权重的导数很大。在这种情况下，对该权重的调整幅度很大，可能导致该算法越过误差面上的极小值。
2. 负梯度向量的方向（代价函数关于权重向量的负导数）可能偏离误差面的极小值：因此，对权重的调整可能导致算法往错误的方向进行。

为避免用于训练多层感知器的误差反向传播算法缓慢收敛，我们可以选择4.10节所述的最优退火在线学习算法。

4.15.8 局部极小值

影响反向传播算法性能的误差面的另一个特点是，除了全局极小值，还存在局部极小值（孤立的山谷）。一般来说，很难确定局部和全局极小值的数量。由于反向传播学习基本是一种爬山技术，因此有可能陷入局部极小值困境。在这种情况下，突触权重的微小变化都会增大代价函数。然而，在权重空间的其他地方，存在一个代价函数小于局部极小值的突触权重集合。让学习过程止于局部极小值显然是不可取的，尤其是当局部极小值远大于全局极小值时。

4.15.9 规模

原则上，使用反向传播算法训练的多层感知器等神经网络有可能成为通用计算机器。然而，要充分发挥这一潜能，就要克服规模问题，即当计算任务的规模和复杂度增大时，网络的表现问题（由训练所需时间和可以得到的最优泛化性能来度量）。在度量计算任务的大小或复杂度的众多可能方法中，由Minsky and Papert(1969, 1988)定义的谓词阶提供了最有用也最重要的度量标准。

为了解释谓词的含义，令$\psi(X)$是一个只能有两个取值的函数。为简单起见，通常认为$\psi(X)$的两个取值为0和1。然而，若取值为假（FALSE）和真（TRUE），则可认为$\psi(X)$是一个谓词，即一个可变的陈述，该陈述的真和假取决于变量X的选择。例如，可以写出

$$\psi_{\text{CIRCLE}}(X)=\begin{cases}1, & \text{图形}X\text{是一个圆}\\ 0, & \text{图形}X\text{不是一个圆}\end{cases}$$

Tesauro and Janssens(1988)用谓词进行了一项实验——研究使用反向传播算法训练多层感知器来学习计算奇偶函数。奇偶函数是定义如下的布尔谓词：

$$\psi_{\text{PARITY}}(X)=\begin{cases}1, & |X|\text{为奇数}\\ 0, & \text{其他}\end{cases}$$

该函数的阶等于输入个数。这个实验表明，网络学习计算奇偶函数所需的时间，与输入个数（计算的谓词阶）呈指数关系，且使用反向传播算法学习任意复杂函数的预测可能过于乐观。

人们普遍认为，多层感知器不宜完全连接。既然多层感知器不应是全连接的，那么网络的突触连接应如何分配呢？在小规模应用中，这个问题并不重要，但对成功运用反向传播学习来求解大规模实际问题来说，这无疑是至关重要的。

缓解规模问题的一种有效方法是深入了解当前问题（可通过神经生物学类比），并将其用于多层感知器的架构设计中。具体来说，设计网络结构并对网络突触权重施加限制时，应将任务的先验信息纳入网络构成。4.17节在说明光学字符识别问题时，将介绍这种设计策略。

4.16 作为优化问题的监督学习

本节将采取与前几节截然不同的监督学习观点。具体地讲，我们将多层感知器的监督训练视为一个数值优化问题。本节首先指出监督学习多层感知器的误差面是突触权重向量$\boldsymbol{w}$的高度非线性函数；在多层感知器情形下，$\boldsymbol{w}$代表网络中以某种顺序排列的突触权重。令$\mathcal{E}_{\text{av}}(\boldsymbol{w})$表示训练样本上的平均代价函数。使用泰勒级数，可在误差面上的当前运行点附近如式（4.97）那样将$\mathcal{E}_{\text{av}}(\boldsymbol{w})$展开为

$$\mathcal{E}_{\text{av}}(\boldsymbol{w}(n)+\Delta\boldsymbol{w}(n))=\mathcal{E}_{\text{av}}(\boldsymbol{w}(n))+\boldsymbol{g}^{\text{T}}(n)\Delta\boldsymbol{w}(n)+\tfrac{1}{2}\Delta\boldsymbol{w}^{\text{T}}(n)\boldsymbol{H}(n)\Delta\boldsymbol{w}(n)+\text{三次项和更高次项} \quad (4.111)$$

式中，$\boldsymbol{g}(n)$是局部梯度向量，它定义为

$$\boldsymbol{g}(n) = \left.\frac{\partial \mathcal{E}_{\text{av}}(\boldsymbol{w})}{\partial \boldsymbol{w}}\right|_{\boldsymbol{w}=\boldsymbol{w}(n)} \tag{4.112}$$

$\boldsymbol{H}(n)$ 是表示误差性能面的曲率的局部黑塞矩阵，它定义为

$$\boldsymbol{H}(n) = \left.\frac{\partial^2 \mathcal{E}_{\text{av}}(\boldsymbol{w})}{\partial \boldsymbol{w}^2}\right|_{\boldsymbol{w}=\boldsymbol{w}(n)} \tag{4.113}$$

使用总体平均代价函数 $\mathcal{E}_{\text{av}}(\boldsymbol{w})$ 的前提是，采用批量学习模式。

在以反向传播算法为例的最速下降法中，用于突触权重向量 $\boldsymbol{w}(n)$ 的调整量 $\Delta\boldsymbol{w}(n)$ 定义为

$$\Delta\boldsymbol{w}(n) = -\eta\boldsymbol{g}(n) \tag{4.114}$$

式中，η 是固定的学习率参数。事实上，最速下降法是在运行点 $\boldsymbol{w}(n)$ 的局部邻域对代价函数进行线性逼近的基础上计算的。在此过程中，它取决于作为误差面局部信息唯一来源的梯度向量 $\boldsymbol{g}(n)$。这个限制的有利一面是实现简单，不利一面是收敛速度较慢，尤其是在处理大规模问题时，收敛速度非常慢。在突触权重向量的更新方程中加入动量项是利用有关误差面的二阶信息的大胆尝试，这样做是有帮助的。然而，由于必须在设计者调整的参数列表中增加一项，因此训练过程更费时。

为了显著提高多层感知器的收敛性能（与反向传播学习相比），必须在训练过程中使用高阶信息。这可通过调用误差面在当前点 $\boldsymbol{w}(n)$ 周围的二次逼近来实现。由式（4.111）可知，用于突触权重向量 $\boldsymbol{w}(n)$ 的调整量 $\Delta\boldsymbol{w}(n)$ 的最优值为

$$\Delta\boldsymbol{w}^*(n) = \boldsymbol{H}^{-1}(n)\boldsymbol{g}(n) \tag{4.115}$$

式中，$\boldsymbol{H}^{-1}(n)$ 是假设存在的黑塞矩阵 $\boldsymbol{H}(n)$ 的逆矩阵。式（4.115）是牛顿法的核心。若代价函数 $\mathcal{E}_{\text{av}}(\boldsymbol{w})$ 是二次函数［式（4.109）中的三阶项和更高阶项为零］，则牛顿法将在一次迭代后收敛到最优解。然而，牛顿法对多层感知器的监督训练的实际应用受如下三个因素限制：

- 牛顿法要求计算黑塞矩阵的逆矩阵 $\boldsymbol{H}^{-1}(n)$，计算成本可能很高。
- 为了使 $\boldsymbol{H}^{-1}(n)$ 是可计算的，$\boldsymbol{H}(n)$ 必须是非奇异的。当 $\boldsymbol{H}(n)$ 为正定矩阵时，当前点 $\boldsymbol{w}(n)$ 周围的误差面可描述为凸碗状。遗憾的是，我们并不能保证多层感知器误差面的黑塞矩阵总是符合这样的描述。此外，可能会出现黑塞矩阵的秩亏问题（并非所有 $\boldsymbol{H}$ 的列都是线性无关的），这由无监督学习问题的病态性质造成（Saarinen et al., 1992）；这个因素只会增大计算任务的难度。
- 当代价函数 $\mathcal{E}_{\text{av}}(\boldsymbol{w})$ 是非二次函数时，牛顿法的收敛性得不到保证，这就使得它不适合训练多层感知器。

为了克服其中的某些困难，可以使用拟牛顿法，它仅要求梯度向量 $\boldsymbol{g}$ 的一个估计值。牛顿法的这种修正不用计算矩阵的逆，就可直接得到逆矩阵 $\boldsymbol{H}^{-1}(n)$ 的正定估计。使用这样的估计，拟牛顿法可以保证在误差面上是下降的。然而，计算复杂度仍是 $O(W^2)$，其中 W 是权重向量 $\boldsymbol{w}$ 的大小。因此，拟牛顿法在计算上是不可行的，除非对一个规模非常小的神经网络进行训练。拟牛顿法将在本节后面讨论。

另一类二阶优化方法包括共轭梯度法，它被视为介于最速下降法和牛顿法之间的一种方法。使用共轭梯度法的动机是希望加快最速下降法的收敛速度，同时避免在牛顿法中对黑塞矩阵进行估计、存储和求逆。

4.16.1 共轭梯度法

共轭梯度法是一类二阶优化方法，后者统称*共轭方向法*。在讨论这些方法时，首先考虑如下

二次函数的最小化：

$$f(\boldsymbol{x})=\frac{1}{2}\boldsymbol{x}^{\mathrm{T}}\boldsymbol{A}\boldsymbol{x}-\boldsymbol{b}^{\mathrm{T}}\boldsymbol{x}+c \tag{4.116}$$

式中，$\boldsymbol{x}$ 是一个 $W\times 1$ 维参数向量，$\boldsymbol{A}$ 是 $W\times W$ 维对称正定矩阵，$\boldsymbol{b}$ 是 $W\times 1$ 维向量，c 是标量。二次函数 $f(\boldsymbol{x})$ 的最小化是对 $\boldsymbol{x}$ 赋如下唯一值实现的：

$$\boldsymbol{x}^{*}=\boldsymbol{A}^{-1}\boldsymbol{b} \tag{4.117}$$

于是，$f(\boldsymbol{x})$ 的最小化就等效为求解线性系统方程 $\boldsymbol{A}\boldsymbol{x}^{*}=\boldsymbol{b}$。

给定矩阵 $\boldsymbol{A}$ 后，若满足下述条件，则称非零向量 $\boldsymbol{s}(0),\boldsymbol{s}(1),\cdots,\boldsymbol{s}(W-1)$ 的集合是 $\boldsymbol{A}$ 共轭的（在矩阵 $\boldsymbol{A}$ 下互不干扰）：

$$\boldsymbol{s}^{\mathrm{T}}(n)\boldsymbol{A}\boldsymbol{s}(j)=0,\quad \text{所有满足}n\neq j\text{的}n\text{和}j \tag{4.118}$$

若 $\boldsymbol{A}$ 为单位矩阵，则共轭性就等效于正交性。

【例1】 $\boldsymbol{A}$ 共轭向量的解释

为了解释 $\boldsymbol{A}$ 共轭向量，我们考虑图4.20(a)所示的情形，这是一个二维问题。在赋给二次函数 $f(\boldsymbol{x})$ 的某个常数值处，图中所示的椭圆轨迹对应于式（4.116），其中

$$\boldsymbol{x}=[x_0,x_1]^{\mathrm{T}}$$

图4.20(a)中还包括一对关于矩阵 $\boldsymbol{A}$ 共轭的方向向量。假定我们通过变换定义一个与 $\boldsymbol{x}$ 相关的参数向量 $\boldsymbol{v}$：

$$\boldsymbol{v}=\boldsymbol{A}^{1/2}\boldsymbol{x}$$

式中，$\boldsymbol{A}^{1/2}$ 是 $\boldsymbol{A}$ 的平方根。于是图4.20(a)中的椭圆轨迹就变换为图4.20(b)所示的圆形轨迹。相应地，图 4.20(a)中 $\boldsymbol{A}$ 共轭的一对方向向量也转换为图4.20(b)中的一对正交方向向量。

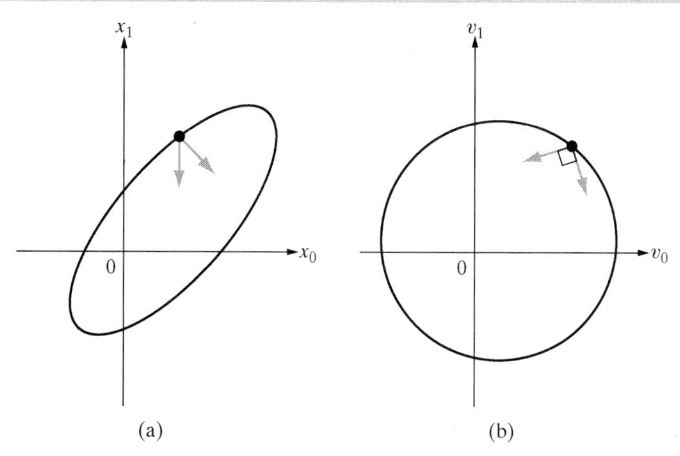

图4.20　$\boldsymbol{A}$ 共轭向量的解释：(a)二维权重空间中的椭圆轨迹；(b)椭圆轨迹到圆形轨迹的变换

$\boldsymbol{A}$ 共轭向量的一个重要性质是它们是线性无关的。我们可用反证法来证明这个性质。我们将这些向量之一如 $\boldsymbol{s}(0)$ 表示为其余 $W-1$ 个向量的线性组合：

$$\boldsymbol{s}(0)=\sum_{j=1}^{W-1}\alpha_j\boldsymbol{s}(j)$$

两边同时乘以 $\boldsymbol{A}$，并取 $\boldsymbol{A}\boldsymbol{s}(0)$ 和 $\boldsymbol{s}(0)$ 的内积得

$$\boldsymbol{s}^{\mathrm{T}}(0)\boldsymbol{A}\boldsymbol{s}(0)=\sum_{j=1}^{W-1}\alpha_j\boldsymbol{s}^{\mathrm{T}}(0)\boldsymbol{A}\boldsymbol{s}(j)=0$$

然而，二次型 $\boldsymbol{s}^{\mathrm{T}}(0)\boldsymbol{A}\boldsymbol{s}(0)$ 不可能为零，原因有二：根据假设，矩阵 $\boldsymbol{A}$ 是正定的，而按照定义，向

量 $\boldsymbol{s}(0)$ 非零。因此，可以证明 $\boldsymbol{A}^-$ 共轭向量 $\boldsymbol{s}(0),\boldsymbol{s}(1),\cdots,\boldsymbol{s}(W-1)$ 不能是线性相关的，即它们必须是线性无关的。

对于给定的 $\boldsymbol{A}^-$ 共轭向量集合 $\boldsymbol{s}(0),\boldsymbol{s}(1),\cdots,\boldsymbol{s}(W-1)$，对应的二次误差函数 $f(\boldsymbol{x})$ 的无约束最小化共轭方向方法定义为

$$\boldsymbol{x}(n+1)=\boldsymbol{x}(n)+\eta(n)\boldsymbol{s}(n),\qquad n=0,1,\cdots,W-1 \tag{4.119}$$

式中，$\boldsymbol{x}(0)$ 是一个任意的初始向量，$\eta(n)$ 是一个由

$$f(\boldsymbol{x}(n)+\eta(n)\boldsymbol{s}(n))=\min_{\eta} f(\boldsymbol{x}(n)+\eta\boldsymbol{s}(n)) \tag{4.120}$$

定义的标量（Fletcher, 1987; Bertsekas, 1995）。对某个固定的 n 选择 η 以最小化函数 $f(\boldsymbol{x}(n)+\eta\boldsymbol{s}(n))$ 的过程称为*直线搜索*，它表示一个一维最小化问题。

根据式（4.118）、式（4.119）和式（4.120），可得如下观察结果：

1．由于 $\boldsymbol{A}^-$ 共轭向量 $\boldsymbol{s}(0),\boldsymbol{s}(1),\cdots,\boldsymbol{s}(W-1)$ 线性无关，因此它们是张成 $\boldsymbol{w}$ 的向量空间的一组基。

2．更新式（4.119）和式（4.120）的直线最小化，将导出学习率参数的相同公式，即

$$\eta(n)=-\frac{\boldsymbol{s}^{\mathrm{T}}(n)\boldsymbol{A}\boldsymbol{e}(n)}{\boldsymbol{s}^{\mathrm{T}}(n)\boldsymbol{A}\boldsymbol{s}(n)},\qquad n=0,1,\cdots,W-1 \tag{4.121}$$

式中，$\boldsymbol{e}(n)$ 是误差向量，它定义为

$$\boldsymbol{e}(n)=\boldsymbol{x}(n)-\boldsymbol{x}^* \tag{4.122}$$

3. 从任意点 $\boldsymbol{x}(0)$ 出发，共轭方向法可保证找到二次函数 $f(\boldsymbol{x})=0$ 的最优解 $\boldsymbol{x}^*$，最多迭代 W 次。

共轭方向法的主要性质如下（Fletcher, 1987; Bertsekas, 1995）：

> 在连续迭代过程中，共轭方向法在逐渐展开的线性向量空间上最小化二次函数 $f(\boldsymbol{x})$，以最终包含 $f(\boldsymbol{x})$ 的全局极小值。

具体地说，对于每次迭代 n，迭代 $\boldsymbol{x}(n+1)$ 在通过任意点 $\boldsymbol{x}(0)$ 且由 $\boldsymbol{A}^-$ 共轭向量 $\boldsymbol{s}(0),\boldsymbol{s}(1),\cdots,\boldsymbol{s}(n)$ 张成的线性向量空间 $\mathcal{D}_n$ 上最小化函数 $f(\boldsymbol{x})$，即

$$\boldsymbol{x}(n+1)=\arg\min_{x\in\mathcal{D}_n} f(\boldsymbol{x}) \tag{4.123}$$

式中，空间 $\mathcal{D}_n$ 定义为

$$\mathcal{D}_n=\left\{\boldsymbol{x}(n)\middle|\ \boldsymbol{x}(n)=\boldsymbol{x}(0)+\sum_{j=0}^{n}\eta(j)\boldsymbol{s}(j)\right\} \tag{4.124}$$

为了使共轭方向法起作用，要求有一个可用的 $\boldsymbol{A}^-$ 共轭向量 $\boldsymbol{s}(0),\boldsymbol{s}(1),\cdots,\boldsymbol{s}(W-1)$ 集合。在这种称为**共轭梯度法**的特殊形式中，生成的连续方向向量作为二次函数 $f(\boldsymbol{x})$ 的后续梯度向量的 $\boldsymbol{A}^-$ 共轭形式。这样，除了 $n=0$，方向向量集合 $\{\boldsymbol{s}(n)\}$ 并不是预先指定的，而是在该方法的后续步骤中按序确定的。

首先，我们将残差定义为最速下降方向：

$$\boldsymbol{r}(n)=\boldsymbol{b}-\boldsymbol{A}\boldsymbol{x}(n) \tag{4.125}$$

然后，使用 $\boldsymbol{r}(n)$ 和 $\boldsymbol{s}(n-1)$ 的线性组合：

$$\boldsymbol{s}(n)=\boldsymbol{r}(n)+\beta(n)\boldsymbol{s}(n-1),\qquad n=1,2,\cdots,W-1 \tag{4.126}$$

式中，$\beta(n)$ 是需要确定的一个比例因子。利用方向向量的 $\boldsymbol{A}^-$ 共轭性质，该式的两边同时乘以 $\boldsymbol{A}$，并取结果表达式和 $\boldsymbol{s}(n-1)$ 的内积，然后求解 $\beta(n)$ 的结果表达式，得到

$$\beta(n)=-\frac{\boldsymbol{s}^{\mathrm{T}}(n-1)\boldsymbol{A}\boldsymbol{r}(n)}{\boldsymbol{s}^{\mathrm{T}}(n-1)\boldsymbol{A}\boldsymbol{s}(n-1)} \tag{4.127}$$

使用式（4.126）和式（4.127），我们发现这样生成的向量$\boldsymbol{s}(0), \boldsymbol{s}(1), \cdots, \boldsymbol{s}(W-1)$确实是$\boldsymbol{A}^{-}$共轭的。

根据递归公式（4.126）生成的方向向量取决于系数$\beta(n)$。用式（4.127）计算$\beta(n)$时，需要矩阵$\boldsymbol{A}$的知识。出于计算上的考虑，最好是在没有$\boldsymbol{A}$的明显知识时计算$\beta(n)$。该计算可用下面的两个不同公式之一实现（Fletcher, 1987）。

1．Polak-Ribière公式，其中$\beta(n)$定义为

$$\beta(n)=\frac{\boldsymbol{r}^{\mathrm{T}}(n)(\boldsymbol{r}(n)-\boldsymbol{r}(n-1))}{\boldsymbol{r}^{\mathrm{T}}(n-1)\boldsymbol{r}(n-1)} \tag{4.128}$$

2．Fletcher-Reeves公式，其中$\beta(n)$定义为

$$\beta(n)=\frac{\boldsymbol{r}^{\mathrm{T}}(n)\boldsymbol{r}(n)}{\boldsymbol{r}^{\mathrm{T}}(n-1)\boldsymbol{r}(n-1)} \tag{4.129}$$

为了用共轭梯度法处理多层感知器无监督训练的代价函数$\mathcal{E}_{\mathrm{av}}(\boldsymbol{w})$的无约束优化问题，我们要做两件事情：

- 用二次函数逼近代价函数$\mathcal{E}_{\mathrm{av}}(\boldsymbol{w})$。也就是说，式（4.111）中的三阶项和更高阶项被忽略，即我们正在逼近误差面上的一个局部极小值。在此基础上，比较式（4.111）和式（4.116）可以得到表4.2中的关系。

表4.2　$f(\boldsymbol{x})$和$\mathcal{E}_{\mathrm{av}}(\boldsymbol{w})$的对应关系

二次函数$f(\boldsymbol{x})$	代价函数$\mathcal{E}_{\mathrm{av}}(\boldsymbol{w})$
参数向量$\boldsymbol{x}(n)$	突触权重向量$\boldsymbol{w}(n)$
梯度向量$\partial f(\boldsymbol{x})/\partial \boldsymbol{x}$	梯度向量$\boldsymbol{g}=\partial \mathcal{E}_{\mathrm{av}}/\partial \boldsymbol{w}$
矩阵$\boldsymbol{A}$	黑塞矩阵$\boldsymbol{H}$

- 在共轭梯度算法中用公式表示系数$\beta(n)$和$\eta(n)$的计算，以便仅需要梯度信息。

最后一点对多层感知器来说尤其重要，因为它避免了使用黑塞矩阵$\boldsymbol{H}(n)$。

当不存在黑塞矩阵$\boldsymbol{H}(n)$的明显知识时，为了计算决定搜索方向$\boldsymbol{s}(n)$的系数$\beta(n)$，可以使用式（4.128）中的Polak-Ribière公式或者式（4.129）中的Fletcher-Reeves公式。这两个公式都只使用残差。一方面，对于二次代价函数，在线性共轭梯度法中，Polak-Ribière公式和Fletcher-Reeves公式是等效的。另一方面，对于非二次代价函数，这两个公式不再等效。

对于非二次优化问题，共轭梯度法的Polak-Ribière公式优先于其Fletcher-Reeves公式，具体解释如下（Bertsekas, 1995）：由于代价函数$\mathcal{E}_{\mathrm{av}}(\boldsymbol{w})$中三阶项与更高阶项的出现，以及直线搜索中可能存在的不精确性，生成的搜索方向的共轭性逐渐丧失，使得生成的方向向量$\boldsymbol{s}(n)$近似正交于残差$\boldsymbol{r}(n)$，算法可能陷入“阻塞”。出现这种现象时，有$\boldsymbol{r}(n)=\boldsymbol{r}(n-1)$，在这种情况下，标量$\beta(n)$接近零。相应地，方向向量$\boldsymbol{s}(n)$近似于残差$\boldsymbol{r}(n)$，从而打破阻塞。相比之下，使用Fletcher-Reeves公式时，共轭梯度法会在相似的条件下继续阻塞。

然而，Polak-Ribière方法在极少数情况下会无限循环而不收敛。所幸的是，Polak-Ribière方法的收敛性可以得到保证，办法是选择

$$\beta=\max\{\beta_{\mathrm{PR}}, 0\} \tag{4.130}$$

式中，β_{PR}是由式（4.128）中的Polak-Ribière公式定义的值（Shewchuk, 1994）。利用式（4.130）中定义的β值等效于当$\beta_{\mathrm{PR}}<0$时重新开始共轭梯度算法。重新开始这个算法等效于遗忘最后一次搜索的方向，并在最速下降方向上重新开始。

接下来考虑计算参数 $\eta(n)$ 的问题，该参数决定共轭梯度算法的学习率。同计算 $\beta(n)$ 一样，计算 $\eta(n)$ 的首选方法是避免使用黑塞矩阵 $\boldsymbol{H}(n)$ 。前面讲过，根据式(4.120)的直线最小化导出的 $\eta(n)$ 的公式，与由更新公式（4.119）得到的 $\eta(n)$ 的公式相同。因此，我们需要进行直线搜索，目的是相对于 η 值来最小化函数 $\mathcal{E}_{av}(\boldsymbol{w}+\eta\boldsymbol{s})$ 。也就是说，给定向量 $\boldsymbol{w}$ 和 $\boldsymbol{s}$ 的固定值，现在的问题是改变 η 使得函数最小化。随着 η 的变化，自变量 $\boldsymbol{w}+\eta\boldsymbol{s}$ 在 $\boldsymbol{w}$ 的 W 维向量空间中画出一条直线，因此被称为直线搜索。直线搜索算法是一个迭代过程，它为共轭梯度算法的每次迭代生成一个估计序列 $\{\eta(n)\}$ 。找到令人满意的解后，直线搜索终止。直线搜索必须在每个搜索方向上进行。

文献中提出了几种直线搜索算法，选择其中较好的算法非常重要，因为它对嵌入的共轭梯度法的性能影响深远。任何直线搜索算法都有两个阶段（Fletcher, 1987）：

- 区间搜索阶段。搜索一个区间（已知包含最小值的非平凡区间）。
- 分割阶段。区间被分割为多段，产生一系列长度逐渐变短的子区间。

下面介绍一种曲线拟合法，它能以简单明了的方式处理这两个阶段。

令 $\mathcal{E}_{av}(\eta)$ 表示多层感知器的代价函数，它是 η 的函数。假设 $\mathcal{E}_{av}(\eta)$ 是严格单峰的［它在当前点 $\boldsymbol{w}(n)$ 附近只有一个最小值］，且是二次连续可微的。沿该直线开始搜索，直到求出满足如下条件的三个点 η_1, η_2 和 η_3 ，如图4.21所示：

$$\mathcal{E}_{av}(\eta_1) \geqslant \mathcal{E}_{av}(\eta_3) \geqslant \mathcal{E}_{av}(\eta_2), \quad \eta_1 < \eta_2 < \eta_3 \tag{4.131}$$

由于 $\mathcal{E}_{av}(\eta)$ 是 η 的连续函数，式（4.131）描述的选择将保证在区间 $[\eta_1, \eta_3]$ 上包含函数 $\mathcal{E}_{av}(\eta)$ 的一个最小值。若假设函数 $\mathcal{E}_{av}(\eta)$ 是充分平滑的，则可认为这个函数在紧邻最小值的区间是抛物线形式的。因此，可以使用反抛物线插值法进行分割（Press et al., 1988）。具体地讲，这个抛物线函数可由3个初始点 η_1, η_2 和 η_3 拟合，如图4.22所示，图中的实线对应于 $\mathcal{E}_{av}(\eta)$ ，虚线表示分割过程的第一次迭代。

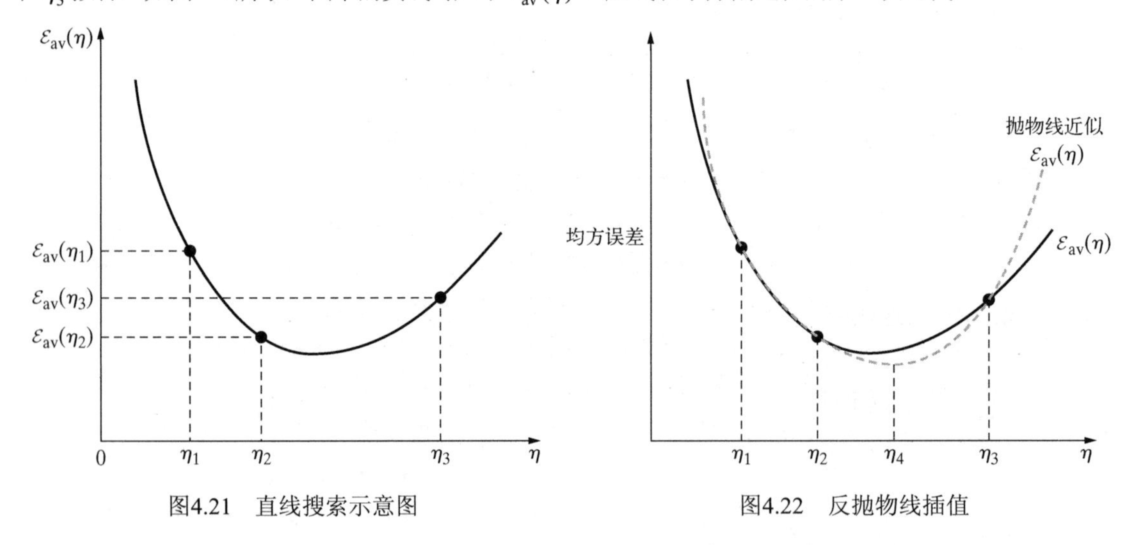

图4.21　直线搜索示意图

图4.22　反抛物线插值

令 η_4 表示通过3个点 η_1 , η_2 和 η_3 的抛物线的极小值点。在图4.22所示的例子中，有 $\mathcal{E}_{av}(\eta_4) < \mathcal{E}_{av}(\eta_2)$ 和 $\mathcal{E}_{av}(\eta_4) < \mathcal{E}_{av}(\eta_1)$ 。点 η_3 由 η_4 代替得到新区间 $[\eta_1, \eta_4]$ 。通过构建一条通过点 η_1, η_2 和 η_4 的抛物线，重复这个过程。如图 4.22 所示，重复多次先区间搜索后分割的过程，直到找到一个足够接近 $\mathcal{E}_{av}(\eta)$ 的极小值点，才终止直线搜索。

Brent方法是上述三点曲线拟合程序的高度完善版（Press et al., 1998）。在计算的任何特定阶段，Brent方法照例保持 $\mathcal{E}_{av}(\eta)$ 函数的6个点的轨迹。我们尝试通过这三点进行抛物线插值。为了使该插值法可被接受，剩余的三点必须满足一定的标准。最终结果是一个鲁棒的直线搜索算法。

4.16.2 非线性共轭梯度算法小结

下面给出正式描述多层感知器监督训练的共轭梯度算法的非线性（非二次）形式所需的全部要素。表4.3中小结了该算法。

表4.3 多层感知器监督训练的非线性共轭梯度算法小结

初始化

除非权重向量 $\boldsymbol{w}$ 的先验知识是可用的，否则使用与反向传播算法相似的过程来选择初始值 $\boldsymbol{w}(0)$

计算

1. 对于 $\boldsymbol{w}(0)$，用反向传播算法计算梯度向量 $\boldsymbol{g}(0)$
2. 令 $\boldsymbol{s}(0)=\boldsymbol{r}(0)=-\boldsymbol{g}(0)$
3. 在时间步 n，用直线搜索寻找充分最小化 $\mathcal{E}_{\mathrm{av}}(\eta)$ 的 $\eta(n)$，对于固定的 $\boldsymbol{w}$ 和 $\boldsymbol{s}$，代价函数 $\mathcal{E}_{\mathrm{av}}$ 表示为 η 的函数
4. 测试决定 $\boldsymbol{r}(n)$ 的欧氏范数是否下降到某个特定值之下，即初始值 $\|\boldsymbol{r}(0)\|$ 的一小部分
5. 更新权重向量：$\boldsymbol{w}(n+1)=\boldsymbol{w}(n)+\eta(n)\boldsymbol{s}(n)$
6. 对于 $\boldsymbol{w}(n+1)$，用反向传播算法计算更新的梯度向量 $\boldsymbol{g}(n+1)$
7. 令 $\boldsymbol{r}(n+1)=-\boldsymbol{g}(n+1)$
8. 用Polak-Ribière方法计算 $\beta(n+1)$：

$$\beta(n+1)=\max\left\{\frac{\boldsymbol{r}^{\mathrm{T}}(n+1)(\boldsymbol{r}(n+1)-\boldsymbol{r}(n))}{\boldsymbol{r}^{\mathrm{T}}(n)\boldsymbol{r}(n)},0\right\}$$

9. 更新方向向量：$\boldsymbol{s}(n+1)=\boldsymbol{r}(n+1)+\beta(n+1)\boldsymbol{s}(n)$
10. 令 $n=n+1$，转步骤3

停止准则

当条件 $\|\boldsymbol{r}(n)\|\leqslant\varepsilon\|\boldsymbol{r}(0)\|$ 满足时结束算法，其中 ε 是一个指定的小数

4.16.3 拟牛顿法

下面继续讨论牛顿法。我们发现这些方法基本上是用更新公式

$$\boldsymbol{w}(n+1)=\boldsymbol{w}(n)+\eta(n)\boldsymbol{s}(n) \tag{4.132}$$

描述的梯度法，其中方向向量 $\boldsymbol{s}(n)$ 用梯度向量 $\boldsymbol{g}(n)$ 定义为

$$\boldsymbol{s}(n)=-\boldsymbol{S}(n)\boldsymbol{g}(n) \tag{4.133}$$

矩阵 $\boldsymbol{S}(n)$ 是在每次迭代中都要调整的正定矩阵。这样做是为了使方向向量 $\boldsymbol{s}(n)$ 逼近牛顿方向，即

$$-(\partial^2\mathcal{E}_{\mathrm{av}}/\partial\boldsymbol{w}^2)^{-1}(\partial\mathcal{E}_{\mathrm{av}}/\partial\boldsymbol{w})$$

拟牛顿法使用误差面的二阶（曲率）信息，实际上不要求黑塞矩阵 $\boldsymbol{H}$ 的知识。这可使用两次连续迭代 $\boldsymbol{w}(n)$ 和 $\boldsymbol{w}(n+1)$ 以及梯度向量 $\boldsymbol{g}(n)$ 和 $\boldsymbol{g}(n+1)$ 来实现。令

$$\boldsymbol{q}(n)=\boldsymbol{g}(n+1)-\boldsymbol{g}(n) \tag{4.134}$$

$$\Delta\boldsymbol{w}(n)=\boldsymbol{w}(n+1)-\boldsymbol{w}(n) \tag{4.135}$$

然后，就可利用下面的近似公式得出曲率信息：

$$\boldsymbol{q}(n)\approx\left(\frac{\partial}{\partial\boldsymbol{w}}\boldsymbol{g}(n)\right)\Delta\boldsymbol{w}(n) \tag{4.136}$$

具体而言，给定W个线性无关的权重增量 $\Delta\boldsymbol{w}(0),\Delta\boldsymbol{w}(1),\cdots,\Delta\boldsymbol{w}(W-1)$ 和各自的梯度增量 $\boldsymbol{q}(0),\boldsymbol{q}(1),\cdots,\boldsymbol{q}(W-1)$ 后，就可逼近黑塞矩阵 $\boldsymbol{H}$：

$$\boldsymbol{H}\approx[\boldsymbol{q}(0),\boldsymbol{q}(1),\cdots,\boldsymbol{q}(W-1)][\Delta\boldsymbol{w}(0),\Delta\boldsymbol{w}(1),\cdots,\Delta\boldsymbol{w}(W-1)]^{-1} \tag{4.137}$$

还以按如下方法近似计算逆黑塞矩阵：

$$H^{-1} \approx [\Delta w(0), \Delta w(1), \cdots, \Delta w(W-1)][q(0), q(1), \cdots, q(W-1)]^{-1} \quad (4.138)$$

当代价函数$\mathcal{E}_{av}(\boldsymbol{w})$为二次函数时，式（4.137）和式（4.138）是精确的。

在最常用的一类拟牛顿法中，矩阵$\boldsymbol{S}(n+1)$由其先前值$\boldsymbol{S}(n)$、向量$\Delta\boldsymbol{w}(n)$和$\boldsymbol{q}(n)$使用如下递归公式得到（Fletcher, 1987; Bertsekas, 1995）：

$$\boldsymbol{S}(n+1) = \boldsymbol{S}(n) + \frac{\Delta\boldsymbol{w}(n)\Delta\boldsymbol{w}^{\mathrm{T}}(n)}{\boldsymbol{q}^{\mathrm{T}}(n)\boldsymbol{q}(n)} - \frac{\boldsymbol{S}(n)\boldsymbol{q}(n)\boldsymbol{q}^{\mathrm{T}}(n)\boldsymbol{S}(n)}{\boldsymbol{q}^{T}(n)\boldsymbol{S}(n)\boldsymbol{q}(n)} + \xi(n)[\boldsymbol{q}^{\mathrm{T}}(n)\boldsymbol{S}(n)\boldsymbol{q}(n)][\boldsymbol{v}(n)\boldsymbol{v}^{\mathrm{T}}(n)] \quad (4.139)$$

式中，

$$\boldsymbol{v}(n) = \frac{\Delta\boldsymbol{w}(n)}{\Delta\boldsymbol{w}^{\mathrm{T}}(n)\Delta\boldsymbol{w}(n)} - \frac{\boldsymbol{S}(n)\boldsymbol{q}(n)}{\boldsymbol{q}^{\mathrm{T}}(n)\boldsymbol{S}(n)\boldsymbol{q}(n)} \quad (4.140)$$

$$0 \leqslant \xi(n) \leqslant 1, \quad 所有n \quad (4.141)$$

该算法由任意定义的正定矩阵$\boldsymbol{S}(0)$初始化。拟牛顿法的特殊形式取决于如何定义标量$\xi(n)$，如下面的两点所示（Fletcher, 1987）：

- 对所有n满足$\xi(n)=0$，得到Davidon-Fletcher-Powell（DFP）算法，它是历史上的首个拟牛顿法。
- 对所有n满足$\xi(n)=1$，得到Broyden-Fletcher-Goldfarb-Shanno（BFGS）算法，它是目前已知拟牛顿法的最优形式。

4.16.4 拟牛顿法和共轭梯度法的比较

下面比较拟牛顿法和共轭梯度法在非二次优化问题中的应用（Bertsekas, 1995）：

- 拟牛顿法和共轭梯度法都避免使用黑塞矩阵，但拟牛顿法是通过逼近逆黑塞矩阵来进行的。当直线搜索准确且充分逼近正定黑塞矩阵的局部极小值时，拟牛顿法趋于近似牛顿法，因此收敛速度比共轭梯度法的快。
- 拟牛顿法在优化直线搜索阶段的精度敏感度方面不如共轭梯度法。
- 除了方向向量$\boldsymbol{s}(n)$计算相关的矩阵向量乘法，拟牛顿法还要求存储矩阵$\boldsymbol{S}(n)$，这就使得拟牛顿法的计算复杂度是$O(W^2)$。相反，共轭梯度法的计算复杂度为$O(W)$。于是，当维数W（权重向量$\boldsymbol{w}$的个数）很大时，共轭梯度法与拟牛顿法相比，计算上具有更大的优势。

因为最后一点，拟牛顿法实际上仅限于小规模神经网络设计。

4.16.5 Levenberg-Marquardt方法

归功于Levenberg(1994)和Marquardt(1963)的Levenberg-Marquardt方法是如下两种方法的折中：

- 牛顿法，在局部或全局极小值附近快速收敛，但也可能发散。
- 梯度下降法，通过正确选择步长参数保证收敛性，但收敛速度缓慢。

具体来说，考虑二阶函数$F(\boldsymbol{w})$的优化，令$\boldsymbol{g}$为其梯度向量，$\boldsymbol{H}$为其黑塞矩阵。根据Levenberg-Marquardt方法，作用于参数向量$\boldsymbol{w}$的最优调整量$\Delta\boldsymbol{w}$定义为

$$\Delta\boldsymbol{w} = [\boldsymbol{H} + \lambda\boldsymbol{I}]^{-1}\boldsymbol{g} \quad (4.142)$$

式中，$\boldsymbol{I}$为和$\boldsymbol{H}$是维数相同的单位矩阵，λ是正则参数或负荷参数，用于强制矩阵$(\boldsymbol{H}+\lambda\boldsymbol{I})$在整个计算过程中是正定的和良态的。注意，式（4.142）中的调整量$\Delta\boldsymbol{w}$是式（4.115）的小修正。

在此背景下，考虑一个具有单个输出神经元的多层感知器。网络由如下最小化代价函数训练：

$$\mathcal{E}_{av}(\boldsymbol{w}) = \frac{1}{2N}\sum_{i=1}^{N}[d(i) - F(\boldsymbol{x}(i);\boldsymbol{w})]^2 \quad (4.143)$$

式中，$\{\boldsymbol{x}(i),d(i)\}_{i=1}^{N}$ 是训练样本，$F(\boldsymbol{x}(i);\boldsymbol{w})$ 是由网络实现的逼近函数；网络的突触权重按某种顺序排列成权重向量 $\boldsymbol{w}$。代价函数 $\mathcal{E}_{\text{av}}(\boldsymbol{w})$ 的梯度和黑塞矩阵分别定义为

$$\boldsymbol{g}(\boldsymbol{w})=\frac{\partial\mathcal{E}_{\text{av}}(\boldsymbol{w})}{\partial\boldsymbol{w}}=-\frac{1}{N}\sum_{i=1}^{N}[d(i)-F(\boldsymbol{x}(i);\boldsymbol{w})]\frac{\partial F(\boldsymbol{x}(i);\boldsymbol{w})}{\partial\boldsymbol{w}} \tag{4.144}$$

$$\begin{aligned}\boldsymbol{H}(\boldsymbol{w})=\frac{\partial^2\mathcal{E}_{\text{av}}(\boldsymbol{w})}{\partial\boldsymbol{w}^2}=\frac{1}{N}\sum_{i=1}^{N}\left[\frac{\partial F(\boldsymbol{x}(i);\boldsymbol{w})}{\partial\boldsymbol{w}}\right]\left[\frac{\partial F(\boldsymbol{x}(i);\boldsymbol{w})}{\partial\boldsymbol{w}}\right]^{\mathrm{T}}-\\ \frac{1}{N}\sum_{i=1}^{N}[d(i)-F(\boldsymbol{x}(i);\boldsymbol{w})]\frac{\partial^2 F(\boldsymbol{x}(i);\boldsymbol{w})}{\partial\boldsymbol{w}^2}\end{aligned} \tag{4.145}$$

因此，将式（4.144）和式（4.145）代入式（4.142），就可算出Levenberg-Marquardt算法每次迭代的期望调整量 $\Delta\boldsymbol{w}$。

然而，从实用角度看，式（4.145）的计算复杂度是需要考虑的，尤其是当权重向量 $\boldsymbol{w}$ 的维数很高时；这里的计算困难由黑塞矩阵 $\boldsymbol{H}(\boldsymbol{w})$ 的复杂性引起。为了缓解这一困难，推荐的方法是忽略式（4.145）右侧的第二项，从而简单地用下式逼近黑塞矩阵：

$$\boldsymbol{H}(\boldsymbol{w})\approx\frac{1}{N}\sum_{i=1}^{N}\left[\frac{\partial F(\boldsymbol{x}(i);\boldsymbol{w})}{\partial\boldsymbol{w}}\right]\left[\frac{\partial F(\boldsymbol{x}(i);\boldsymbol{w})}{\partial\boldsymbol{w}}\right]^{\mathrm{T}} \tag{4.146}$$

这个逼近可视为偏导数 $\partial F(\boldsymbol{x}(i);\boldsymbol{w})/\partial\boldsymbol{w}$ 与其自身的外积在训练样本上的平均；相应地，它被称为黑塞矩阵的外积逼近。当Levenberg-Marquardt算法在局部或全局极小值附近运行时，使用这个近似是合理的。

显然，基于式（4.144）的梯度向量和式（4.146）的黑塞矩阵的Levenberg-Marquardt算法是一种一阶优化方法，非常适合优化非线性最小二乘估计问题。此外，由于这两种方法都涉及对训练样本进行平均，因此算法是批处理形式的。

正则化参数 λ 对Levenberg-Marquardt算法的运行起决定作用。一方面，若设 λ 为0，则式（4.142）简化为牛顿法。另一方面，若为 λ 分配一个大值，使得 $\lambda\boldsymbol{I}$ 远大于黑塞矩阵 $\boldsymbol{H}$ 的值，则Levenberg-Marquardt算法能有效发挥梯度下降法的作用。从这两点看出，在算法的每次迭代中，分配给 λ 的值应大到足以保持和矩阵 $(\boldsymbol{H}+\lambda\boldsymbol{I})$ 的正定形式。具体地说，对于 λ 的选择，我们推荐下面的Marquardt配方法（Press et al., 1988）：

1．在迭代 $n-1$ 中计算 $\mathcal{E}_{\text{av}}(\boldsymbol{w})$。

2．选择适合的 λ 值，如 $\lambda=10^{-3}$。

3．解式（4.142）得到迭代 n 的调整量 $\Delta\boldsymbol{w}$ 并计算 $\mathcal{E}_{\text{av}}(\boldsymbol{w}+\Delta\boldsymbol{w})$。

4．若 $\mathcal{E}_{\text{av}}(\boldsymbol{w}+\Delta\boldsymbol{w})\geqslant\mathcal{E}_{\text{av}}(\boldsymbol{w})$，则将 λ 增大10倍或其他倍，转步骤3。

5．若 $\mathcal{E}_{\text{av}}(\boldsymbol{w}+\Delta\boldsymbol{w})<\mathcal{E}_{\text{av}}(\boldsymbol{w})$，则将 λ 减小10倍或其他倍，更新试探解 $\boldsymbol{w}\to\boldsymbol{w}+\Delta\boldsymbol{w}$，转步骤3。

显然，我们有必要制定一条停止迭代过程的规则。Press et al.(1998)指出，小幅改变 $\mathcal{E}_{\text{av}}(\boldsymbol{w})$ 的参数向量 $\boldsymbol{w}$ 在统计学上是没有意义的。

要在算法的每次迭代中计算偏导数 $\partial F(\boldsymbol{x};\boldsymbol{w})/\partial\boldsymbol{w}$，可以使用4.8节中描述的反向传播方式。

4.16.6 在线学习的二阶随机梯度下降法

到目前为止，本节主要介绍的都是批量学习的二阶优化技术。下面介绍在线学习的二阶随机梯度下降法。虽然这两类技术完全不同，但有一个共同的目的：

代价函数的黑塞矩阵（曲率）中所包含的二阶信息，用于提升监督学习算法的性能。

扩展4.10节中最优退火在线学习算法性能的一种简单方法是，将式（4.60）中的学习率参数$\eta(n)$替换为黑塞矩阵$\boldsymbol{H}$的比例逆矩阵，如下所示：

$$\underbrace{\hat{\boldsymbol{w}}(n+1)}_{\text{更新估计}} = \underbrace{\hat{\boldsymbol{w}}(n)}_{\text{旧估计}} - \underbrace{\tfrac{1}{n}\boldsymbol{H}^{-1}}_{\text{黑塞矩阵}\boldsymbol{H}\text{的退火逆矩阵}} \underbrace{\boldsymbol{g}(\boldsymbol{x}(n+1), \boldsymbol{d}(n+1); \hat{\boldsymbol{w}}(n))}_{\text{梯度向量}\boldsymbol{g}} \tag{4.147}$$

将$\eta(n)$替换为新项$\frac{1}{n}\boldsymbol{H}^{-1}$的目的是，加速最优退火方式下在线算法的收敛速度。这里假设黑塞矩阵$\boldsymbol{H}$是先验已知的，其逆矩阵$\boldsymbol{H}^{-1}$可以预先计算。

然而，加速收敛要付出的代价如下（Bottou, 2007）：

① 在式（4.60）中，随机梯度下降算法每步迭代的计算代价是$O(W)$，其中W是正被估计的权重向量$\boldsymbol{w}$的维数；而在式（4.147）中，二阶随机梯度下降算法每步迭代的计算代价是$O(w^2)$。

② 对由式（4.147）处理的每个训练样本$(\boldsymbol{x},\boldsymbol{d})$，算法需要$W\times 1$维梯度向量$\boldsymbol{g}$和$W\times W$维逆矩阵$\boldsymbol{H}^{-1}$相乘，并存储这个乘积。

③ 一通常情况下，当训练样本中存在某种形式的稀疏性时，自然的做法是根据这种稀疏性来改善算法性能。遗憾的是，黑塞矩阵$\boldsymbol{H}$是一个典型的全矩阵，而不是稀疏的，这就排除了利用训练样本稀疏性的可能。

为了克服这些限制，可以采用如下逼近过程之一：

① 对角逼近（Becker and LeCun, 1989）。在这个过程中，黑塞矩阵中仅保留对角元素，因此逆矩阵$\boldsymbol{H}^{-1}$也是对角矩阵。由矩阵理论可知，矩阵乘积$\boldsymbol{H}^{-1}\boldsymbol{g}$由形如$h_{ii}^{-1}g_i$的各项之和组成，其中$h_{ii}$是黑塞矩阵$\boldsymbol{H}$的第$i$个对角元素，$g_i$是梯度$\boldsymbol{g}$的对应元素，$i=1,2,\cdots,W$。梯度向量$\boldsymbol{g}$在权重中是线性的，因此可以证明逼近二阶在线学习算法的计算复杂度是$O(W)$。

② 低秩逼近（LeCun et al., 1998）。根据定义，矩阵的秩等于矩阵的线性无关列的数量。给定黑塞矩阵$\boldsymbol{H}$后，奇异值分解（SVD）就为黑塞矩阵$\boldsymbol{H}$的低秩逼近提供了一个重要过程。令$\boldsymbol{H}$的秩为p，$\boldsymbol{H}$的逼近秩r记为$\boldsymbol{H}_r$，其中$r<p$。黑塞矩阵与其逼近之间的平方误差由Frobenius范数定义：

$$e^2 = \operatorname{tr}[(\boldsymbol{H}-\boldsymbol{H}_r)^{\mathrm{T}}(\boldsymbol{H}-\boldsymbol{H}_r)] \tag{4.148}$$

式中，$\operatorname{tr}[\cdot]$表示中括号内的方阵的迹（对角元素之和）。对矩阵$\boldsymbol{H}$和$\boldsymbol{H}_r$应用SVD，有

$$\boldsymbol{H} = \boldsymbol{V\Sigma U}^{\mathrm{T}} \tag{4.149}$$

$$\boldsymbol{H}_r = \boldsymbol{V\Sigma}_r\boldsymbol{U}^{\mathrm{T}} \tag{4.150}$$

式中，正交矩阵$\boldsymbol{U}$和$\boldsymbol{V}$分别定义共同的右奇异向量和左奇异向量，而矩形矩阵

$$\boldsymbol{\Sigma}_r = \operatorname{diag}[\lambda_1,\lambda_2,\cdots,\lambda_r,0,\cdots,0] \tag{4.151}$$

定义低秩逼近$\boldsymbol{H}_r$的奇异值。新方阵

$$\boldsymbol{H}_r = \boldsymbol{U\Sigma}_r\boldsymbol{V}^{\mathrm{T}} \tag{4.152}$$

提供对黑塞矩阵$\boldsymbol{H}$的最小二乘秩r逼近（Scharf，1991）。相应地，式（4.147）中的在线学习算法用新矩阵$\boldsymbol{H}_r$来代替黑塞矩阵$\boldsymbol{H}$，将算法的计算复杂度降低到$O(W)$和$O(W^2)$之间。

③ BFGS逼近（Schraudolph et al., 2007）。如前面指出的那样，BFGS被视为拟牛顿法的最优形式。Schraudolph等人在2007年的论文中，将BFGS修改为全记忆和有限记忆版本，以便使

其用于梯度的随机逼近。改进后的算法为在线凸优化提供了一种快速、可扩缩的随机拟牛顿过程。Yu et al.(2008扩展了BFGS拟牛顿法及其有限记忆版本，以处理不光滑的凸目标函数。

4.17 卷积网络

到目前为止，我们关注的一直是多层感知器算法设计与相关的问题。本节重点讨论多层感知器本身的结构布局问题，尤其是非常适合模式分类的特殊多层感知器——卷积网络。这些网络的提出明显受到了神经生物学的启发，可追溯到Hubel and Wiesel(1962, 1977)的开创性研究。

卷积网络是一个多层感知器，专门设计用于重新组织二维形状，对平移、缩放、倾斜和其他形式的失真具有高度的不变性。这项艰巨的任务是通过网络在监督方式下学习的，网络结构包括如下形式的约束（LeCun and Bengio, 2003）：

1. **特征提取**。每个神经元的突触输入都取自前一层的局部感受野，因此能够提取局部特征。提取特征后，只要相对于其他特征的位置被近似地保留，其确切位置就变得不那么重要。
2. **特征映射**。网络的每个计算层都由多个特征映射组成。每个特征映射都是平面形式的，平面内的各个神经元共享同一组突触权重。这种形式的结构约束具有如下优点：
   - 平移不变，强制特征映射的执行使用带小尺度核的卷积，然后使用一个S形函数。
   - 自由参数数量减少，这是使用权重共享来实现的。
3. **子采样**。每个卷积层后面都跟有一个实现局部平均和子采样的计算层，以降低特征映射的分辨率。这种操作的作用是，使特征映射的输出对平移和其他形式的变形的敏感度下降。

注意，在卷积网络的所有层中，所有权重都是通过训练学习的。此外，网络会学习自动提取其自身的特征。

图4.23中显示了由1个输入层、4个隐藏层和1个输出层组成的卷积网络的结构布局。这个网络设计用于执行图像处理（如手写体识别）。输入层由28×28个感知节点组成，接收近似位于中心位置且尺寸已归一化的不同字符的图像。然后，计算布局在卷积和子采样之间交替，如下所述：

1. 第一个隐藏层执行卷积。它由4个特征映射组成，每个特征映射由24×24个神经元组成；每个神经元被赋予一个大小为5×5的感受野。

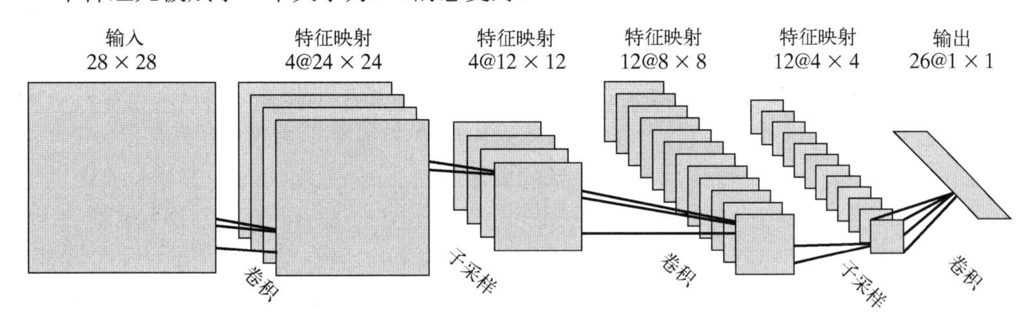

图4.23 用于图像处理如手写体识别的卷积网络（经MIT出版社授权）

2. 第二个隐藏层执行子采样和局部平均。它同样由4个特征映射组成，但每个特征映射由12×12个神经元组成。每个神经元有一个大小为2×2的感受野、一个可训练系数、一个可训练偏置和一个S形激活函数。可训练系数和偏置控制神经元的工作方式；例如，若系数很小，则神经元以拟线性方式工作。
3. 第三个隐藏层执行第二次卷积。它由12个特征映射组成，每个特征映射由8×8个神经元组成。隐藏层中的每个神经元可能具有与上一个隐藏层中的几个特征映射相连的突触连接。否则，它以类似于第一个卷积层的方式工作。

4. 第四个隐藏层执行第二次子采样和局部平均计算。它由12个特征映射组成，但每个特征映射由4×4个神经元组成。否则，它以类似于第一次采样的方式工作。
5. 输出层执行卷积的最后阶段。它由26个神经元组成，每个神经元被赋予26个可能的字符之一。每个神经元照例被赋予一个大小为4×4的感受野。

让连续的计算层在卷积和采样之间交替，就得到“双锥体”效应。也就是说，在每个卷积或采样层中，随着空间分辨率的下降，与对应的前一层相比，特征映射的数量增多。卷积后执行子采样的思想源自Hubel and Wiesel(1962)首先提出的“简单”细胞后跟“复杂”细胞的概念。

图4.23所示的多层感知器包含约100000个突触连接，但只有约2600个自由参数。自由参数数量的显著减少由权重共享实现。因此，机器学习的能力下降，但这会提高它的泛化性能。难能可贵的是，对自由参数的调整是使用反向传播学习的随机模式实现的。

另一个显著的特点是，权重共享能以并行方式实现卷积网络。对完全连接的多层感知器而言，这是卷积网络的另一个优点。

我们可从图4.23中的卷积网络得到两个启示。首先，规模可控的多层感知器能够学习复杂的高维数据，在非线性映射中，设计人员可通过事先了解手头任务，对非线性映射的设计加以限制。其次，对训练样本循环使用简单的反向传播算法，可以学习突触权重和偏置水平。

4.18 非线性滤波

对多层感知器来说，静态神经网络的典型应用是结构模式识别。就应用而言，本章介绍的大部分内容集中于结构模式识别。相反，时序模式识别或非线性滤波要求对随时间演化的模式进行处理，特定时刻的响应不仅依赖于输入的当前值，而且依赖于输入的过去值。简而言之，时间是一个有序量，是时序模式识别任务中学习过程的重要组成部分。

要使神经网络有活力，就要赋予其某种形式的短期记忆。实现该修正的简单方法是使用时延，而时延可在网络内部的突触层或网络的输入层上实现。事实上，神经网络中时延的使用是受神经生物学启发的，因为大脑中的信号延迟无所不在，且在神经生物信息处理中起重要作用(Braitenberg, 1967, 1977, 1986; Miller, 1987)。时间可通过如下两个基本途径嵌入神经网络的运行：

- 隐式表示。时间以一种隐含的方式表示为它对信号处理的影响。例如，在神经网络的数字实现中，输入信号被均匀采样，与网络输入层相连的每个神经元的突触权重序列，和不同的输入样本序列做卷积。这样，时序结构输入信号就嵌入了空间结构网络。
- 显式表示。时间在网络结构中有其特殊的表现形式。例如，蝙蝠的回声定位系统的工作方式如下：发射短调频（FM）信号，使每个频率通道在FM扫描的极短时间内保持相同的强度。在由听觉受体阵列编码的几个不同频率之间进行多次比较，以提取关于目标的精确距离信息（Suga and Kanwal, 1995）。接收到来自目标的未知延迟回声时，听觉系统中带有匹配延迟线的神经元做出响应，提供对目标距离的估计。

本节介绍时间的隐式表示，以通过外部手段为静态神经网络（如多层感知器）提供动态特性。

图4.24中显示了非线性滤波器的框图，它由两个子系统级联而成：短期记忆和静态神经网络（如多层感知器）。这个结构明确分离了处理规则：静态网络负责处理非线性，短期记忆负责处理时间。具体地说，假设已有一个输入层数为m的多层感知器。于是，以相应的方式，存储器是单输入多输出（SIMO）结构，提供m个不同延迟版本的输入信号来刺激神经网络。

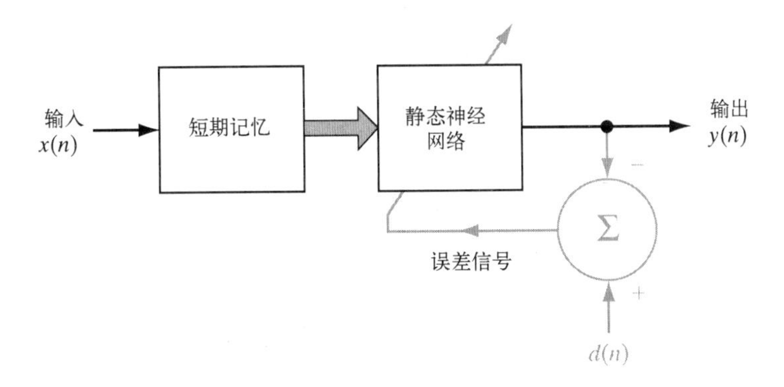

图4.24　基于静态神经网络的非线性滤波器

4.18.1　短期记忆结构

图4.25中显示了离散时间记忆结构的框图，它由 p 个相同的段级联而成。每段都由一个冲激响应 $h(n)$ 来表征，其中 n 表示离散时间。段数 p 称为记忆的阶。相应地，由记忆提供的输出端（抽头）的数量为 $p+1$，它包含从输入到输出的直接连接。因此，若用 m 表示静态神经网络的输入层数，则有

$$m = p+1$$

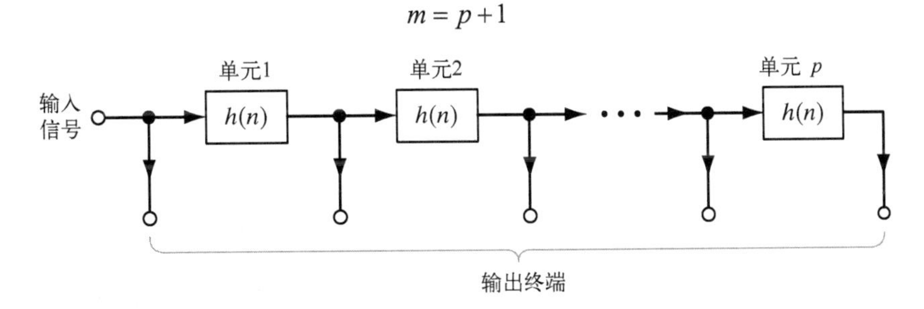

图4.25　p阶广义抽头延迟线记忆

记忆的每个延迟段的冲激响应都满足如下两个性质：

- 因果性，即对 $n<0$ 有 $h(n)=0$。
- 归一性，即 $\sum_{n=0}^{\infty}|h(n)|=1$。

因此，我们将 $h(n)$ 称为离散时间记忆的生成核。

记忆结构的属性可用深度和分辨率来度量（deVries and Principe, 1992）。设记忆结构的总冲激响应为 $h_{\text{overall}}(n)$。对于 p 个记忆段，可以证明 $h_{\text{overall}}(n)$ 定义为冲激响应 $h(n)$ 的 p 次连续卷积。相应地，记忆深度 D 定义为 $h_{\text{overall}}(n)$ 的第一时间矩，即

$$D=\sum_{n=0}^{\infty} n h_{\text{overall}}(n) \tag{4.153}$$

低深度D记忆结构只能较短时间地保留信息内容，而高深度记忆结构能长时间地保留信息内容。记忆分辨率 R 定义为单位时间内记忆结构中的抽头数量。高分辨率记忆结构可按精确层次保留输入序列的信息，而低分辨率记忆结构只能按粗糙层次保留输入序列的信息。对于固定的记忆阶 p，记忆深度 D 和记忆分辨率 R 的乘积是一个常量，它等于 p。

显然，选择的生成核 $h(n)$ 不同，产生的深度 D 和记忆分辨率 R 也不同，如下面的两个记忆结构所示。

1．抽头延迟线记忆，其中生成核简单地定义为单位冲激$\delta(n)$，即

$$h(n)=\delta(n)=\begin{cases}1, & n=0\\0, & n\neq 0\end{cases} \tag{4.154}$$

相应地，总冲激响应为

$$h_{\text{overall}}(n)=\delta(n-p)=\begin{cases}1, & n=p\\0, & n\neq p\end{cases} \tag{4.155}$$

将式（4.155）代入式（4.153），明显得到记忆深度$D=p$。此外，因为每个时间单元内只有一个抽头，所以分辨率$R=1$，得到深度和分辨率的乘积为p。

2．伽马记忆，其中生成核定义为

$$h(n)=\mu(1-\mu)^{n-1},\quad n\geqslant 1 \tag{4.156}$$

式中，μ是一个可调参数（deVries and Principe, 1992）。为了使$h(n)$收敛（短期记忆稳定），要求

$$0<\mu<2$$

相应地，伽马记忆的总冲激响应为

$$h_{\text{overall}}(n)=\binom{n-1}{p-1}\mu^p(1-\mu)^{n-p},\quad n\geqslant p \tag{4.157}$$

式中，$(:)$是一个二项式系数。对于变化的p，冲激响应$h_{\text{overall}}(n)$表示伽马函数的被积函数的离散版本（deVries and Principe, 1992），因此名为伽马记忆。图4.26中画出了关于μ归一后的冲激响应$h_{\text{overall}}(n)$与变化记忆阶的关系图，其中$p=1,2,3,4$和$\mu=0.7$。注意，时间轴被参数μ标度，这个标度具有将$h_{\text{overall}}(n)$的峰值定位在$n=p-1$处的效果。

业已证明，伽马记忆的深度为p/μ，分辨率为μ，深度与分辨率的乘积同样为p。相应地，通过选择小于1的μ值，伽马记忆的深度有所提高，但牺牲了分辨率。对于特例$\mu=1$，伽马记忆衰减为普通抽头延迟线记忆，其中的每段仅由一个单位时间延迟算子组成。

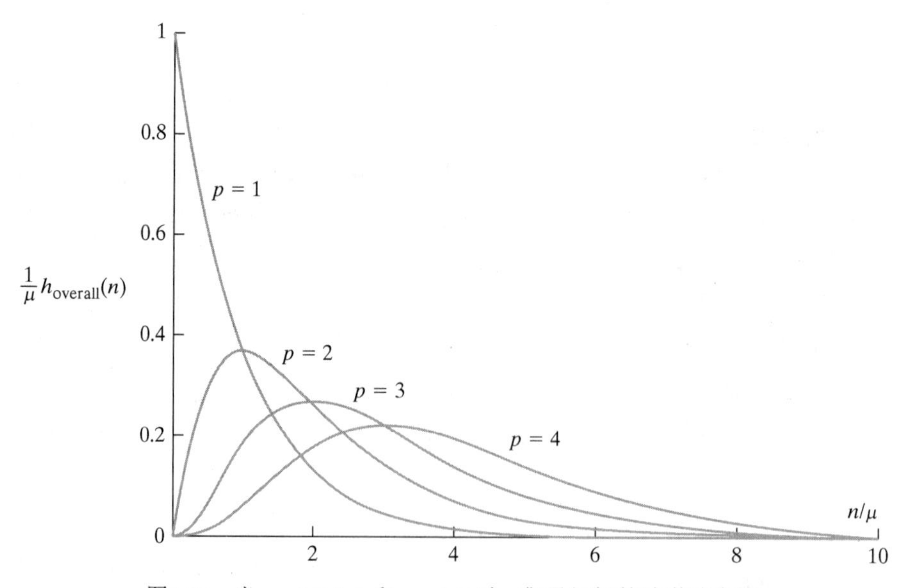

图4.26　当$p=1,2,3,4$和$\mu=0.7$时，伽马记忆的冲激响应族

4.18.2 通用短视映射定理

图4.24中的非线性滤波器可泛化为图4.27中的滤波器。这个普通的动态结构包含两个功能模块。记为$\{h_j\}_{j=1}^{L}$的模块表示时域中的多重卷积，即一个并行工作的线性滤波器组。h_j抽取自一个大实值核集合，每个都表示一个线性滤波器的冲激响应。记为$\mathcal{N}$的块表示一个静态（无记忆）非线性前馈网络，如多层感知器。图4.27中的结构是一个通用动态映射器。Sandberg and Xu(1997a)证明了对于任何移不变的短视映射，在适当的条件下，利用图4.27所示的结构可以任意精度一致逼近。要求是，短视映射等效于“均匀衰减记忆”；这里假设映射是因果的，即仅在$n=0$时应用输入信号，才能在$n \geqslant 0$时由映射产生输出信号。移不变的含义如下：若$y(n)$是由输入$x(n)$生成的映射的输出，则移位后的输入$x(n-n_0)$产生的映射的输出是$y(n-n_0)$，其中时间移位n_0是一个整数。Sandbcrg and Xu(1997b)进一步证明，对任何单变量、移不变、因果、均匀衰减的记忆映射，存在一个伽马记忆和静态神经网络，它们的组合可以均匀和任意好地逼近该映射。

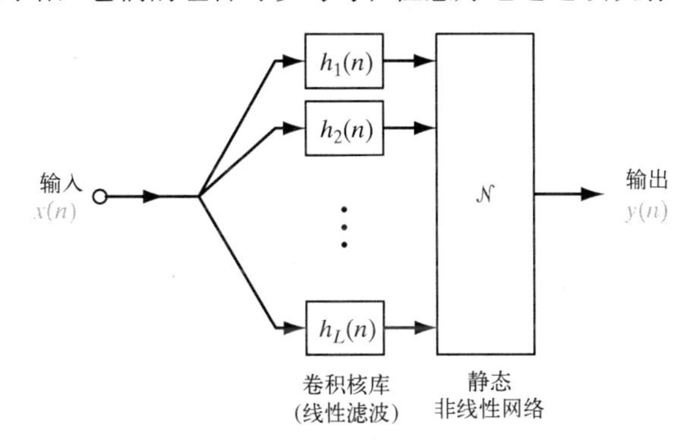

图4.27　通用短视映射定理的普通结构

现在，短视映射定理可以正式地表述如下（Sandberg and Xu, 1997a, 1997b）：

> 任何移不变短视动态映射，都可由含有两个功能块的结构任意好地均匀逼近：为静态神经网络提供反馈的一组线性滤波器。

如前所述，多层感知器可以作为静态网络使用。注意，当输入信号和输出信号是有限个变量的函数时，该定理也成立，如在图像处理中。

4.18.3 通用短视映射的实际含义

通用短视映射定理具有深远的现实意义。

1. 这个定理为NETtalk提供了理由。NETtalk是首个将英语语音转换为音素的大规模并行分布式网络。音素是一个基本的语言单位（Sejnowski and Rosenberg, 1987）。图4.28所示为NETtalk系统的示意图，它基于一个多层感知器，感知器的输入层有203个感知（源）节点，隐藏层有80个神经元，输出层有26个神经元。所有神经元都使用S形（逻辑斯蒂）激活函数。网络的突触连接有18629个，每个神经元都包含一个可变的阈值。阈值是偏置的负值。网络使用标准的反向传播算法进行训练。网络有7组输入层节点，每组对输入文本的1个字母进行编码。于是，每次将7个字母组成的串送入输入层。训练过程的期望响应是与7个字母窗口中央的一个（第4个）字母相联系的正确音素。另外6个字母（中间字母两边各3个）对网络的每个决策来说提供部分上下文。文本的字母逐个通过窗口。在处理的每个步骤中，网络都计算一个音素。学完一个单词后，网络的突触权重就根据算出的发音与正确发音的接近度进行调整。

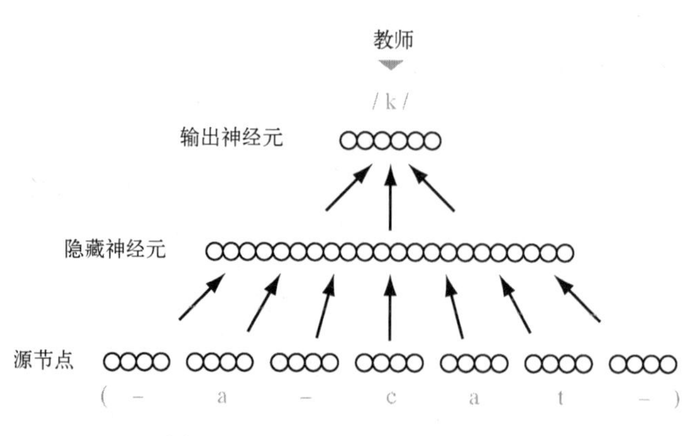

图4.28 NETtalk网络结构示意图

NETtalk的性能类似于观察到的人类表现，总结如下（Sejnowski and Rosenberg, 1987）：

- 训练遵守幂律。
- 网络学习的单词越多，生成和正确发音新词的效果就越好。
- 网络的突触连接被破坏后，网络性能的下降非常缓慢。
- 网络破坏后重新学习的速度，要比原始训练的速度快得多。

NETtalk出色地解释了学习的诸多细节，从对其输入模式相当“先天”的知识开始，然后通过练习逐渐获得将英语语音转换为音素的能力。

2. 通用短视定理为设计更复杂的非线性系统模型提供了框架。图4.27所示结构前端的多重卷积可通过线性滤波器来实现，这些滤波器具有有限冲激响应（FIR）或无限冲激响应（IIR）。最重要的是，只要线性滤波器本身是稳定的，图4.27所示的结构也就是稳定的。因此，在建立稳定的动态系统时，我们对如何处理短期记忆和无记忆非线性有着明确的分工。
3. 给定一个稳定时间序列 $x(1), x(2), \cdots, x(n)$，通过设 $y(n) = x(n+1)$，可用图4.27中的通用短视映射结构来构建用于生成时间序列的潜在非线性物理定律的预测模型，而不管这些规律有多复杂。事实上，未来样本 $x(n+1)$ 起期望响应的作用。当为某个应用使用一个多层感知器作为图4.27中的静态网络时，最好为网络的输出单元提供一个线性神经元，这可确保在预测模型的动态范围内无振幅限制。

4.19 小规模和大规模学习问题

本章和本书其他部分多次提到小规模和大规模学习问题，但是未详细介绍这两类监督学习的意义，本节介绍区分两者的统计和计算问题。

首先介绍结构风险最小化（SRM），它本质上完全是统计的，适合处理小规模学习问题。然后扩大讨论范围，考虑处理大规模学习问题时起重要作用的计算问题。

4.19.1 结构风险最小化

监督学习的可行性依赖于下面的关键问题：

> 由 N 个独立同分布的样本 $(\boldsymbol{x}_1, d_1), (\boldsymbol{x}_2, d_2), \cdots, (\boldsymbol{x}_N, d_N)$ 组成的训练样本，是否包含构建泛化性能良好的学习机器的足够信息？

这个基本问题的答案是Vapnik(1982, 1998)介绍的结构风险最小化方法。

为了描述这种方法的意义，令生成训练样本的自然源或环境可由非线性回归模型表示为

$$d = f(\boldsymbol{x}) + \varepsilon \tag{4.158}$$

式中，向量 $\boldsymbol{x}$ 是回归量，标量 d 是响应，ε 是解释（模型）误差。函数 f 是未知的，目标是估计它。为了得到这个估计，我们定义期望风险（总体平均代价函数）为

$$J_{\text{actual}}(f) = \mathbb{E}_{\boldsymbol{x},d}\left[\tfrac{1}{2}(d - f(\boldsymbol{x}))^2\right] \tag{4.159}$$

式中，期望是相对于回归量-响应对 $(\boldsymbol{x},d)$ 联合执行的。在第5章中，我们将证明条件均值估计

$$\hat{f}^* = \mathbb{E}[d \mid \boldsymbol{x}] \tag{4.160}$$

是代价函数 $J_{\text{actual}}(f)$ 的极小值。相应地，我们将式(4.159)定义的代价函数的极小值写为 $J_{\text{actual}}(\hat{f}^*)$，它充当可以达到的绝对最优。

确定条件均值估计 $\hat{f}^*$ 时，需要回归量 $\boldsymbol{x}$ 和响应 d 的联合概率分布知识。然而，我们发现这一知识无法获得。为此，我们希望通过机器学习能够找到可行的解决方案。例如，假设选择具有单个隐藏层的多层感知器来进行机器学习。令函数 $F(\boldsymbol{x};\boldsymbol{w})$ 表示神经网络的输入-输出关系，神经网络的权重向量为 $\boldsymbol{w}$。然后，我们做第一次逼近，即假设

$$f(\boldsymbol{x}) = F(\boldsymbol{x};\boldsymbol{w}) \tag{4.161}$$

相应地，我们将模型的代价函数写为

$$J(\boldsymbol{w}) = \mathbb{E}_{\boldsymbol{x},d}\left[\tfrac{1}{2}(d - F(\boldsymbol{x};\boldsymbol{w}))^2\right] \tag{4.162}$$

式中，期望照例是相对于回归量-响应对 $(\boldsymbol{x},d)$ 联合执行的。这个代价函数本质上明显不同于原始源的代价函数 $J_{\text{actual}}(f)$，因此对它们使用了不同的记号。将式（4.161）用于神经网络，实际上限制了对逼近函数 $F(\boldsymbol{x};\boldsymbol{w})$ 的选择。令

$$\hat{\boldsymbol{w}}^* = \arg\min_{\boldsymbol{w}} J(\boldsymbol{w}) \tag{4.163}$$

为代价函数 $J(\boldsymbol{w})$ 的最小值。然而，现实情况是，即使能找到最小值 $\hat{\boldsymbol{w}}^*$，得到的代价函数 $J(\hat{\boldsymbol{w}}^*)$ 也很可能比最小化代价函数 $J_{\text{actual}}(\hat{f}^*)$ 差。无论如何，我们都不可能做得比 $J_{\text{actual}}(\hat{f}^*)$ 更好，因此有

$$J(\hat{\boldsymbol{w}}^*) > J_{\text{actual}}(\hat{f}^*) \tag{4.164}$$

遗憾的是，我们面临的实际问题仍与之前的相同，即不知道 $(\boldsymbol{x},d)$ 的联合概率分布。为了解决这个问题，我们使用实验风险（时间平均能量函数）来做第二次逼近：

$$\mathcal{E}_{\text{av}}(N;\boldsymbol{w}) = \frac{1}{2N}\sum_{n=1}^{N}(d(n) - F(\boldsymbol{x}(n);\boldsymbol{w}))^2 \tag{4.165}$$

其最小值定义为

$$\hat{\boldsymbol{w}}_N = \arg\min_{\boldsymbol{w}} \mathcal{E}_{\text{av}}(N;\boldsymbol{w}) \tag{4.166}$$

显然，最小化后的代价函数 $J(\hat{\boldsymbol{w}}_N)$ 不可能小于 $J(\hat{\boldsymbol{w}}^*)$。事实上，极可能有

$$J(\hat{\boldsymbol{w}}_N) > J(\hat{\boldsymbol{w}}^*) > J_{\text{actual}}(\hat{f}^*) \tag{4.167}$$

有了这两个近似后，问题就来了：为什么要精确计算最小值 $\hat{\boldsymbol{w}}_N$？在讨论这个问题之前，我们先来了解多层感知器的隐藏层增大时会发生什么情况。

回顾4.12节可知，多层感知器是未知函数 $f(\boldsymbol{x})$ 的通用逼近器。理论上，当隐藏层足够大时，参数函数 $F(\boldsymbol{x};\boldsymbol{w})$ 就能以任意期望的精度来逼近未知函数 $f(\boldsymbol{x})$。反之，这意味着 $J(\hat{\boldsymbol{w}}^*)$ 变得接近绝对最优 $J_{\text{actual}}(\hat{f}^*)$。然而，增大隐藏层可能会损害多层感知器的泛化能力。特别地，若不相应地增加训练样本数N而只增大隐藏层，将使得误差 $J(\hat{\boldsymbol{w}}^*) - J_{\text{actual}}(\hat{f}^*)$ 增大。刚才讨论的问题是Vapnik结构风险最小化的精髓所在，其本身就是“近似-估计折中”。

为了进一步说明这种折中，将过量误差 $J(\hat{\boldsymbol{w}}_N) - J_{\text{actual}}(\hat{f}^*)$ 分解为如下两项：

$$\underbrace{J(\hat{\boldsymbol{w}}_N)-J_{\text{actual}}(\hat{f}^*)}_{\text{过量误差}}=\underbrace{J(\hat{\boldsymbol{w}}_N)-J(\hat{\boldsymbol{w}}^*)}_{\text{逼近误差}}+\underbrace{J(\hat{\boldsymbol{w}}^*)-J_{\text{actual}}(\hat{f}^*)}_{\text{估计误差}} \tag{4.168}$$

在这个经典的误差分解中，以下几点值得注意：

① 逼近误差度量的是使用规定大小N的训练样本时所损失的性能。此外，由于 $\hat{\boldsymbol{w}}_N$ 依赖于训练样本，因此逼近误差对于评估网络训练非常重要。

② 估计误差度量的是选择由近似函数 $F(\boldsymbol{x},\boldsymbol{w})$ 表征的模型时所损失的性能。此外，由于 $\hat{f}^*$ 是给定回归量 $\boldsymbol{x}$ 时响应 d 的条件估计，因此估计误差与网络测试的评估息息相关。

在Vapnik理论框架中，逼近误差和估计误差用VC维数 h 表示。这个新参数是Vapnik-Chervonenkis dimension的缩写（Vapnik and Chervonenkis, 1971），是由机器学习实现的二值分类函数族的容量或表达能力的度量。例如，对于具有单个隐藏层的多层感知器，VC维数是由隐藏层的大小决定的；隐藏层越大，VC维数 h 就越大。

为了将Vapnik理论付诸实践，考虑一族嵌套逼近网络函数：

$$\mathcal{F}_k=\{F(\boldsymbol{x};\boldsymbol{w})(\boldsymbol{w}\in\mathcal{W}_k)\},\quad k=1,2,\cdots,K \tag{4.169}$$

于是，有

$$\mathcal{F}_1\subset\mathcal{F}_2\subset\cdots\subset\mathcal{F}_K$$

式中，符号$\subset$表示“包含于”。相应地，$\mathcal{F}_K$ 的各个子集的VC维数满足条件

$$h_1<h_2<\cdots<h_K$$

实际上，$\mathcal{F}_K$ 的大小是机器能力的度量。下面使用式（4.169）中的定义来代替VC维数。

图4.29中画出了逼近误差和估计误差与逼近网络函数族 $\mathcal{F}_K$ 的大小 K 的关系图。例如，对于具有单个隐藏层的多层感知器，隐藏层的最优大小由逼近误差和估计误差假设有共同值的点决定。在达到最优状态之前，学习问题是超定的，即机器容量对训练样本中包含的细节量来说太小。在最小点之外，学习问题是欠定的，即机器容量对训练样本来说太大。

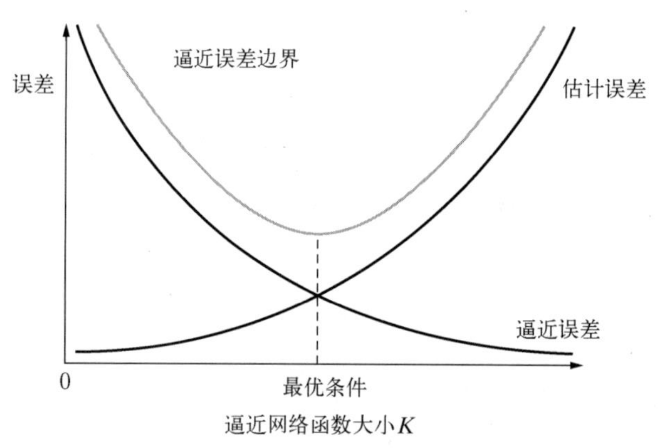

图4.29　逼近和估计误差随大小K的变化

4.19.2　计算考虑

神经网络模型（如具有单个隐藏层的多层感知器）必须是一个可控变量，以便能够自由调整而实现对数据的最优测试性能。另一个受控变量是进行训练的样本数。为了增加监督训练过程的真实性，Bottou(2007)通过考虑一个新受控变量描述了计算代价。这个新受控变量是最优精度。

在实践中，计算最小值 $\hat{\boldsymbol{w}}_N$ 的任务的代价可能很大。此外，在进行令人满意的网络设计过程中，通常要做很多近似计算。假设我们选择一个由权重向量 $\tilde{\boldsymbol{w}}_N$ 表征的网络模型，注意这个权重向量和

$\hat{\boldsymbol{w}}_N$ 不同；这样，我们就完成了第三个即最后一个逼近。例如，由于计算时间的限制，在线学习算法可能早在收敛之前就已停止。在多数情形下，$\tilde{\boldsymbol{w}}_N$ 是满足下述条件的次优解：

$$\mathcal{E}_{\text{av}}(N;\tilde{\boldsymbol{w}}_N) \leqslant \mathcal{E}_{\text{av}}\left(N;\hat{\boldsymbol{w}}_N\right)+\rho \tag{4.170}$$

式中，ρ 构成一个新受控变量，它度量的是计算精度。

鉴于这种新实用性，现在考虑一个比在结构风险最小化方法中遇到的问题更复杂的问题。具体地说，我们现在必须调整三个变量：

- 网络模型（如多层感知器中隐藏神经元的个数）。
- 训练样本数。
- 优化精度（如过早终止最小值 $\hat{\boldsymbol{w}}_N$ 的计算并选定次优解 $\tilde{\boldsymbol{w}}_N$）。

要达到最优的测试性能，就要满足预算限制，包括可以使用的最大训练样本数和最大计算时间。因此，实际应用中面临着复杂的折中。求解这种受限优化问题时，折中取决于是先限制样本数还是先限制计算时间。这两个限制中的哪个是主动预算限制，取决于监督学习过程是小规模的还是大规模的，详见下文中的讨论。

4.19.3 定义

根据Bottou(2007)，小规模学习问题和大规模学习问题定义如下。

定义I 小规模学习问题

当训练样本数是施加到学习过程的主动预算约束时，监督学习问题就称为小规模学习问题。

定义II 大规模学习问题

当计算时间是施加到学习过程的主动预算约束时，监督学习问题就称为大规模学习问题。

换句话说，主动预算约束区分了两种学习问题。

为了说明小规模学习问题，我们考虑自适应均衡器的设计，自适应均衡器的作用是补偿信息在信道中传输时产生的失真。基于随机梯度下降法的LMS 算法已被人们广泛用于求解在线学习问题（Haykin, 2002）。

为了说明大规模学习问题，我们考虑支票阅读器的设计，训练样本由多个联合对组成，每个样本描述特定的{图像，金额}对，其中“图像”指的是支票，“金额”指的是支票上的数额。这种学习问题有很强的结构，会因区域分割、文字分割、字符识别和句法解释而变得复杂（Bottou, 2007）。

4.17节中包含可微单元并用随机梯度算法训练的卷积网络，已被人们广泛用于解决这个具有挑战性学习问题（LeCun et al., 1998）。事实上，自1996年以来，这种新型网络就在工业领域得到了广泛应用。

4.19.4 小规模学习问题

就小规模学习问题而言，机器学习的设计人员可以利用如下三个变量：

- 训练样本数 N。
- 逼近网络函数族 $\mathcal{F}$ 的容许大小K。
- 式（4.170）中引入的计算误差 ρ。

当主动预算约束是样本数时，第一类学习问题的设计选项如下所示（Bottou, 2007）：

- 当预算允许时，尽可能增大N，以减小估计误差。
- 令计算误差 $\rho=0$，以减小优化误差，即令 $\tilde{\boldsymbol{w}}_N=\hat{\boldsymbol{w}}_N$。
- 在合理的范围内调整 $\mathcal{F}$ 的大小。

当 $\rho=0$ 时，涉及图4.29所示逼近-估计折中的结构风险最小化方法足以处理小规模学习问题。

4.19.5 大规模学习问题

如前所述，大规模学习问题中的主动预算约束是计算时间。在处理第二类学习问题时，我们将面临更复杂的折中，因为现在必须考虑计算时间 T 。

在大规模学习问题中，过量误差是差值 $J(\tilde{\boldsymbol{w}}_N)-J_{\text{actual}}(\hat{f}^*)$，它可分解为如下三项（Bottou, 2007）：

$$\underbrace{J(\tilde{\boldsymbol{w}}_N)-J_{\text{actual}}(\hat{f}^*)}_{\text{过量误差}}=\underbrace{J(\tilde{\boldsymbol{w}}_N)-J(\tilde{\boldsymbol{w}}_N)}_{\text{优化误差}}+\underbrace{J(\tilde{\boldsymbol{w}}_N)-J(\hat{\boldsymbol{w}}^*)}_{\text{逼近误差}}+\underbrace{J(\hat{\boldsymbol{w}}^*)-J_{\text{actual}}(\hat{f}^*)}_{\text{估计误差}} \tag{4.171}$$

构成逼近误差和估计误差的后两项，对小规模和大规模学习问题来说是相同的。式（4.171）中的第一项区分了大规模和小规模学习问题。称为*优化误差*的新项显然与计算误差 ρ 相关。

图4.29中关于逼近误差界的计算，对小规模学习问题而言很好理解（利用VC理论）。遗憾的是，当我们将这个公式用于大规模学习问题时，公式中包含的关于界的约束不好理解。在这些困难的情形下，使用收敛速度而非界对式（4.171）进行分析更有成效。

要求是通过调整如下的可用变量，使式（4.171）中的三项之和最小：

- 样本数 N 。
- 逼近网络函数 $\mathcal{F}_K$ 的容许大小K。
- 不再是零的计算误差 ρ 。

进行这种最小化分析极其困难，因为计算时间T实际上依赖于全部三个变量 $N,\mathcal{F}$ 和 ρ 。为了解释这种依赖性，我们假设给误差 ρ 赋一个较小的值来减小优化误差。遗憾的是，为了减小优化误差，必须增大 N 或 $\mathcal{F}$ ，或者增大这两个变量，因为它们中的任何一个都将对逼近误差和估计误差产生不良影响。

然而，在某些情况下，可以算出 ρ 减小而 $\mathcal{F}$ 和 N 都增大时，三个误差趋于减小的指数。类似地，可以找到 ρ 减小而 $\mathcal{F}$ 和 N 都增大时，计算时间 T 增加的指数。于是，我们就有了应对大规模学习问题折中的逼近解的要素。最重要的是，折中归根结底依赖于所选的优化算法。

图4.30中显示了使用不同优化算法求解大规模学习问题时，$\log\rho$ 随 $\log T$ 变化的曲线。图中给出了三类优化算法（坏、中和好）的例子，这些算法中分别包含随机梯度下降（在线学习）、梯度下降（批量学习）和二阶梯度下降（BFGS类或其扩展的拟牛顿优化算法）。表4.4中小结了这三类优化算法的不同特征。

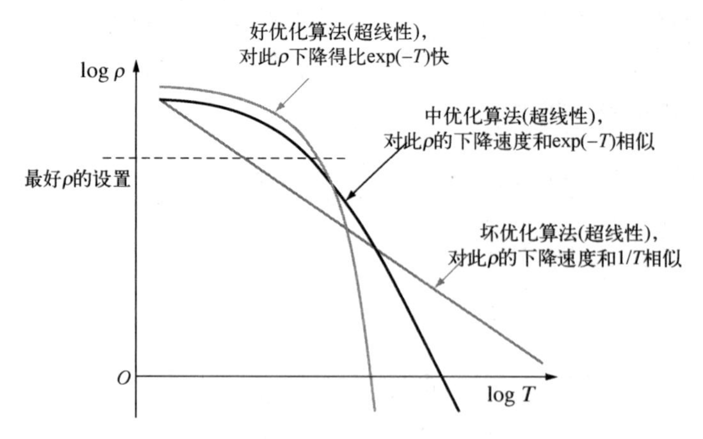

图 4.30 对于坏、中和好三类优化算法，计算误差 ρ 和计算时间 T 的关系图（经Leon Bottou博士同意复制）

表4.4　三类优化算法的不同特征*

算　法	每次迭代的代价	到达 ρ 的时间
1. 随机梯度下降（在线学习）	$O(m)$	$O\left(\frac{1}{\rho}\right)$
2. 梯度下降（批量学习）	$O(Nm)$	$O\left(\log\frac{1}{\rho}\right)$
3. 二阶梯度下降（在线学习）	$O(m(m+N))$	$O\left(\log\left(\log\frac{1}{\rho}\right)\right)$

* 该表摘自Bottou(2007)，其中 m 为输入向量 $\boldsymbol{x}$ 的维数，N 为训练所用的样本数，ρ 为计算误差。

从本节有关监督学习的内容中，可以得出如下信息：

小规模学习问题的研究进展良好，但大规模学习问题的研究仍处在发展的早期阶段。

4.20　小结和讨论

反向传播算法是训练多层感知器的计算上有效且有用的算法，其名字源于如下事实：代价函数关于网络自由参数（突触权重和偏置）的偏导数（性能度量）由（输出神经元计算的）误差信号通过网络逐层反向传播确定。这种算法可以最优雅的方式求解信用分配问题，其计算能力受下面的两个主要特性影响：

- *局部方法*，用于更新多层感知器的突触权重和偏置。
- *有效方法*，用于计算代价函数关于这些自由参数的所有偏导数。

4.20.1　训练的随机方法和批量方法

对于给定轮数的训练数据，反向传播算法按如下两种模式运行：随机模式或批量模式。一方面，在随机模式下，网络中所有神经元的突触权重都是按序逐个调整的。因此，计算所用误差面梯度向量的估计是随机的。另一方面，在批量模式下，对所有突触权重和偏置的调整是逐轮进行的，以便更精确地计算所用的梯度向量。尽管存在缺点，随机模式的反向传播学习仍是神经网络设计中使用频率最高的，特别是对大规模问题。要得到最优的结果，需要仔细地调整算法。

4.20.2　模式分类和非线性滤波

设计多层感知器的具体细节依赖于感兴趣的应用，但可以做出如下区分。

1. 在涉及非线性可分模式的模式分类中，网络中的所有神经元都是非线性的。这种非线性是通过采用S形函数得到的。常用的两种S形函数是逻辑斯蒂函数和双曲正切函数。每个神经元负责在决策空间中产生自己的超平面。通过监督学习过程，反复调整网络中由所有神经元形成的超平面组合，以便对来自不同类别且此前未出现的模式分类时，使平均分类误差最小。对模式分类来说，随机反向传播算法广泛用于执行该训练，尤其是在大规模问题（如光学字符识别）中。
2. 在非线性滤波中，多层感知器输出端的动态范围应大到足以适应过程值的变化；在这种情况下，使用线性输出神经元最可取。对于学习算法，有如下观察结果：
   - 在线学习要比批量学习慢得多。
   - 假设批量学习是理想选择，标准反向传播算法要比共轭梯度法慢。

本章中讨论的非线性滤波方法的重点是静态网络的使用。输入信号通过一个提供时间的短期记忆结构（如抽头延迟线或伽马滤波器）用于多层感知器，因为时间是滤波的一个重要维度。第15章中再次讨论非线性滤波器设计时，会让反馈作用于多层感知器，以将其转换为循环神经网络。

4.20.3 小规模和大规模学习问题

一般来说，在研究机器学习问题的过程中，会出现三类误差：

1. *逼近误差*。给定训练样本数 N 后，训练神经网络或机器学习导致的误差。
2. *估计误差*。机器训练完成后，使用此前未出现过的数据测试其性能导致的误差；实际上，估计误差是泛化误差的另一种说法。
3. *优化误差*。对预先给定的计算时间 T 来说，由训练机器的计算精度导致的误差。

一方面，在小规模学习问题中，我们发现主动预算约束取决于训练样本数，即优化误差实际上为零。因此，结构风险最小化的Vapnik理论足以处理小规模学习问题。另一方面，在大规模学习问题中，主动预算约束是可用的计算时间 T，此时优化误差自身起关键作用。特别地，学习过程的计算精度和优化误差都受到所用优化算法类型的严重影响。

注释和参考文献

1. Mennon et al.(1996)对两类S形函数进行了深入研究：
   - *简单S形函数*，定义为渐近有界和完全单调的单变量奇函数。
   - *双曲S形函数*，代表简单S形函数的一个真子集和双曲正切函数的自然推广。
2. 对于LMS算法的特殊情形，业已证明使用动量常数 α 可降低学习率参数 η 的稳定范围，且若 η 未被适当调整，则会导致不稳定。此外，误调整也随 α 的增加而增长；详见Roy and Shynk(1990)。
3. 若向量 $\boldsymbol{w}^*$ 不比其邻近点更差，则称向量 $\boldsymbol{w}^*$ 为输入-输出函数 F 的一个局部极小值，即存在一个 ε 使得（Bertsekas, 1995）

   $$F(\hat{\boldsymbol{w}}^*) \leqslant F(\boldsymbol{w}), \quad \text{所有满足} \|\boldsymbol{w} - \hat{\boldsymbol{w}}^*\| < \varepsilon \text{ 的} \boldsymbol{w}$$

   若 $\boldsymbol{w}^*$ 不比所有其他向量差，则称其为函数 F 的一个全局极小值，即

   $$F(\hat{\boldsymbol{w}}^*) \leqslant F(\boldsymbol{w}), \quad \text{所有} \boldsymbol{w} \in \mathbb{R}^n$$

   式中，n 是 $\boldsymbol{w}$ 的维数。
4. Werbos(1974)首次介绍了如何应用反向传播来有效估计梯度。4.8节中的内容摘自Saarinen et al.(1992)；Werbos(1990)更一般地探讨了这个主题。
5. Battiti(1992)回顾了计算黑塞矩阵的精确算法和近似算法，尤其是对神经网络。
6. Müller et al.(1998)介绍了如何对不稳定盲源分离问题应用式（4.77）所示的退火在线学习算法，说明了Murata(1998)的学习率自适应控制的广泛适用性。盲源分离问题将第10章中讨论。
7. 式（4.80）摘自Sompolinski et al.(1995)关于最优退火在线学习算法的对应部分，用于处理学习率参数的自适应。该算法的缺点是需要在每次迭代中计算黑塞矩阵，且需要知道学习曲线的最小损失。
8. 通用逼近定理可视为Weierstrass定理（Weierstrass, 1885; Kline, 1972）的自然拓展。这个定理说

   实轴闭区间上的任何连续函数，都可表示成该区间上均匀收敛的多项式级数。

   Hecht-Nielsen(1987)首次研究了用多层感知器来表示任意连续函数的优点。他引用了Sprecher(1965)改进的Kolomogorov叠加定理。后来，Gallant and White(1988)证明，在隐藏层中具有单调“余弦”挤压及在输出中无挤压的单隐藏层多层感知器，是作为傅里叶网络的特殊情形嵌入的，其输出产生给定函数的傅里叶级数逼近。然而，对于传统的多层感知器，Cybenko首次严格证明了一个隐藏层足以均匀逼近在单位超立方体中具有支集的任何函数；这项研究作为1988年伊利诺伊大学的学术报告发表，一年后作为论文发表（Cybenko, 1988, 1989）。1989年，另外两篇关于多层感知器通用逼近器的论文独立发表，

其中的一篇由Funahashi(1989)完成，另一篇由Hornik et al.(1990)完成。此后关于逼近问题的贡献见Light(1992b)。

9. 交叉验证的发展史见Stone(1974)。交叉验证的思想至少在20世纪30年代就已广泛传播，但该技术的改进是在20世纪六七十代完成的。该领域的两篇重要论文是Stone(1974)和Geisser(1975)。该技术被Stone称为*交叉验证法*，而Geisser则称其为*预测样本复用法*。

10. Hecht-Nielsen(1995)介绍了一种复制器神经网络，它是有3个隐藏层和1个输出层的多层感知器：

- 第一个隐藏层和第三隐藏层中的激活函数由双曲正切函数定义：

$$\varphi^{(1)}(v)=\varphi^{(3)}(v)=\tanh(v)$$

式中，v是在这些隐藏层中的神经元的诱导局部域。

- 第二个隐藏层中的每个神经元的激活函数为

$$\varphi^{(2)}(v)=\frac{1}{2}+\frac{2}{2(N-1)}\sum_{j=1}^{N-1}\tanh\left(a\left(v-j/N\right)\right)$$

式中，a是一个增益参数，v是该层中神经元的诱导局部域。函数$\varphi^{(2)}(v)$描述一个N级光滑阶梯激活函数，它将相关神经元输出向量量化为$K=N^n$级，其中n是中间隐藏层中的神经元数量。

- 输出层中的神经元是线性的，它们的激活函数定义为

$$\varphi^{(4)}(v)=v$$

- 基于这种神经网络结构，Hecht-Nielsen提出了一个定理，证明对于随机输入数据向量，可以得到最优数据压缩。

11. 共轭梯度法的参考文献是Hestenes and Stiefel(1952)。关于共轭梯度算法收敛行为的讨论，见Luenberger(1984)和Bertsekas(1995)。关于共轭梯度法的指导性处理方法，见Shewchuk(1994)。关于神经网络领域中该算法的文献，见Johansson et al.(1990)。

12. 共轭梯度算法的传统形式要求使用直线搜索法，原因可能是其试错性质要花时间。Møller(1993)描述了共轭梯度算法的一个修正版，这个未使用直线搜索的算法称为*比例共轭梯度算法*。本质上说，直线搜索已被一维Levenberg-Marquardt形式代替。使用这种办法的动机是，避开由非正定黑塞矩阵导致的困难（Fletcher, 1987）。

13. 源自Pearlmutter(1994)的$\mathcal{R}$技术为计算矩阵向量乘积提供了高效的程序；因此，该技术可实际用于计算式（4.138）中的逆黑塞矩阵$\boldsymbol{H}^{-1}$。习题4.6中将使用$\mathcal{R}$技术。

14. Fukushima(1980, 1995)在设计称为*神经认知机*的学习机时，引用了Hubel和Wiesel关于“简单”和“复杂”细胞的概念，这是该概念在神经网络文献中被首次引用。然而，该学习机是以自组织方式运行的，而图4.23中的卷积网络是用标记样本以监督方式运行的。

15. 关于通用短视映射定理的起源，见Sandberg(1991)。

16. 关于VC维数的细节和误差，见Vapnik(1998)、Schölkopf and Smola(2002)和Herbrich(2002)。值得一提的是，VC维数和Cover分离能力有关，详见第5章。

习题

反向传播学习

4.1 为了解决XOR（异或）问题，图P4.1中显示了一个包括单个隐藏神经元的神经网络；该网络可视为4.5节所考虑模型的替代模型。通过构建(a)决策区域和(b)网络的真值表，证明图P4.1所示的网络解决了XOR（异或）问题。

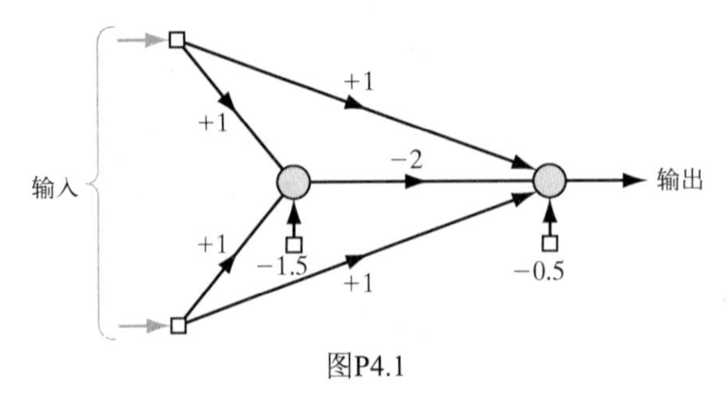

图P4.1

4.2 使用反向传播算法为图4.8所示的神经网络计算一组突触权重和偏置，以解决XOR（异或）问题。假设为非线性函数使用一个逻辑斯蒂函数。

4.3 动量项 α 通常被指定在区间 $0<\alpha\leqslant 1$ 内。若 α 是区间 $-1\leqslant\alpha<0$ 上的一个负值，研究在这种条件下使得式（4.43）关于时间 t 的行为。

4.4 考虑包括单个权重的简单网络，其代价函数是

$$\mathcal{E}(w)=k_1(w-w_0)^2+k_2$$

式中，w_0，k_1 和 k_2 是常数。用具有动量常数 α 的反向传播算法最小化 $\mathcal{E}(w)$。探索包含的动量常数 α 是如何影响学习过程的。特别注意收敛所需的步数与 α 的关系。

4.5 式（4.51）到式（4.53）定义了图4.14所示多层感知器实现的逼近函数 $F(\boldsymbol{w},\boldsymbol{x})$ 的偏导数。根据如下条件推导这些公式。

(a) 代价函数：

$$\mathcal{E}(n)=\tfrac{1}{2}[d-F(\boldsymbol{w},\boldsymbol{x})]^2$$

(b) 神经元 j 的输出：

$$y_j=\varphi\left(\sum_i w_{ji}y_i\right)$$

式中，w_{ji} 是从神经元 i 到神经元 j 的突触权重，y_i 是神经元 i 的输出。

(c) 非线性函数：

$$\varphi(v)=\frac{1}{1+\exp(-v)}$$

4.6 源自Pearlmutter(1994)的 $\mathcal{R}$ 技术为计算矩阵向量乘积提供了快速计算程序。为了说明这个程序，考虑具有单个隐藏层的多层感知器；网络的前向传播公式定义为

$$v_j=\sum_i w_{ji}x_i\,,\quad z_j=\varphi(v_j)\,,\quad y_k=\sum_j w_{kj}z_j$$

$\mathcal{R}[\cdot]$ 表示作用于括号内的量的一个算子，它对当前网络产生如下结果：

$$\mathcal{R}[v_j]=\sum_i a_{ji}x_i,\quad \mathcal{R}[w_{ji}]=a_{ji}$$

$$\mathcal{R}[v_j]=\varphi'(v_j)\mathcal{R}[v_j],\quad \varphi'(v_j)=\frac{\partial}{\partial v_j}\varphi(v_j)$$

$$\mathcal{R}[y_k]=\sum_j w_{kj}\mathcal{R}[z_j]+\sum_i a_{ji}z_j,\quad \mathcal{R}[w_{kj}]=a_{kj}$$

这些 $\mathcal{R}$ 结果被视为新变量。事实上，算子 $\mathcal{R}[\cdot]$ 除了遵循如下条件，还遵循微积分的一般规则：

$$\mathcal{R}[\boldsymbol{w}_j]=\boldsymbol{a}_j$$

式中，$\boldsymbol{w}_j$ 是连接到节点 j 的权重向量，$\boldsymbol{a}_j$ 是应用 $\mathcal{R}$ 算子得到的关联向量。

(a) 对反向传播算法应用 $\mathcal{R}$ 技术，推导矩阵向量乘积 $\boldsymbol{Ha}$ 的元素的表达式，识别隐藏和输出神经元的新变量。对于该应用，利用本题开始描述的多层感知器。

(b) 证明 $\mathcal{R}$ 技术计算上是快速的。

监督学习问题

4.7 本题研究多层感知器执行的输出表示和决策规则。理论上讲，对于M分类问题，M个不同的类别联合形成整个输入空间，共需要M个输出来表示所有可能的分类决策，如图P4.7所示。在该图中，向量 $\boldsymbol{x}_j$ 表示由多层感知器分类的 m 维随机向量 $\boldsymbol{x}$ 的第 j 个原型（唯一样本）。$\boldsymbol{x}$ 属于的M个可能类别中的第 k 个类别表示为 $\mathcal{C}_k$ 。令 y_{kj} 为响应于原型 $\boldsymbol{x}_j$ 的网络的第 k 个输出，如下所示：

$$y_{kj} = F_k(\boldsymbol{x}_j), \qquad k = 1, 2, \cdots, M$$

其中，函数 $F_k(\cdot)$ 定义网络学习的从输入到第 k 个输出的映射。为表述方便，令

$$\boldsymbol{y}_j = [y_{1j}, y_{2j}, \cdots, y_{Mj}]^{\mathrm{T}} = [F_1(\boldsymbol{x}_j), F_2(\boldsymbol{x}_j), \cdots, F_M(\boldsymbol{x}_j)]^{\mathrm{T}} = \boldsymbol{F}(\boldsymbol{x}_j)$$

式中，$\boldsymbol{F}(\cdot)$ 是向量值函数。本题希望解决的基本问题是：训练多层感知器后，对分类网络的M个输出而言，什么是最优决策？

为了解决这一问题，考虑使用对隐藏层神经元嵌入逻辑斯蒂函数的多层感知器，且在如下假设下运行：

- 训练样本数多到足以合理地准确估计正确分类的概率。
- 用于训练多层感知器的反向传播算法不会陷入局部极小值。

具体来说，对多层感知器的 M 个输出提供后验类概率估计的这一性质发展数学论据。

图P4.7　习题4.7的模式分类器框图

4.8 本题回顾4.10节讨论的学习率的自适应控制。问题是论证式（4.85）中学习率 $\eta(n)$ 的渐近行为在迭代次数趋于无穷时，不收敛于零。

(a) 令 $\bar{\boldsymbol{r}}(n)$ 表示辅助向量 $\boldsymbol{r}(n)$ 关于样本 $\{\boldsymbol{x}, \boldsymbol{d}\}$ 的期望。证明：若估计 $\hat{\boldsymbol{w}}(n)$ 位于最优估计 $\boldsymbol{w}^*$ 非常近的邻域内，则有

$$\bar{\boldsymbol{r}}(n+1) \approx (1-\delta)\bar{\boldsymbol{r}}(n) + \delta \boldsymbol{K}^*(\hat{\boldsymbol{w}}(n) - \bar{\boldsymbol{w}}(n))$$

式中，$\bar{\boldsymbol{w}}(n)$ 是估计 $\hat{\boldsymbol{w}}(n)$ 的均值，δ 是一个小正参数。

(b) Heskas and Kappen(1991)证明估计 $\hat{\boldsymbol{w}}(n)$ 可被一个高斯分布的随机变量逼近。证明下面的渐近行为：

$$\lim_{n \to \infty} \hat{\boldsymbol{w}}(n) \neq \hat{\boldsymbol{w}}(n)$$

关于学习率参数 $\eta(n)$ 的渐近行为，这个条件告诉了我们什么？

4.9 最小描述长度（MDL）准则的组成描述如下［见式（2.37）］：

$$\text{MDL} = \text{误差项} + \text{复杂度项}$$

讨论用于网络修剪的权重延迟方法是如何符合MDL形式的。

4.10 在网络修剪的最优脑损伤（OBD）算法中，根据LeCun et al.(1990b)，黑塞矩阵$\boldsymbol{H}$由其对角矩阵近似。参阅4.14节中，利用这一近似，推导作为最优脑外科医生（OBS）算法特殊情形的OBD过程。

4.11 Jacobs(1988)对在线反向传播学习的加速收敛提出了以下启发：

① 代价函数的每个可调网络参数自身具有的学习率参数。

② 每个学习率参数允许因不同的迭代而发生变化。

③ 当代价函数关于突触权重的导数与算法几次连续迭代的代数符号相同时，该权重的学习率参数增大。

④ 当代价函数关于突触权重的导数与算法几次连续迭代的代数符号不同时，该权重的学习率参数减小。

这四种启发式算法满足反向传播算法的位置约束。

(a) 使用直观的论据证明这四种启发式算法的合理性。

(b) 在反向传播算法的权重更新中包含动量可视为满足启发③和④的机制，证明其有效性。

二阶优化方法

4.12 使用式（4.41）所示权重更新中的动量项可视为共轭梯度法的近似（Battiti, 1992），讨论其正确性。

4.13 从式（4.127）所示的 $\beta(n)$ 公式开始，推导Hesteness-Stiefel公式

$$\beta(n)=\frac{\boldsymbol{r}^{\mathrm{T}}(n)(\boldsymbol{r}(n)-\boldsymbol{r}(n-1))}{\boldsymbol{s}^{\mathrm{T}}(n-1)\boldsymbol{r}(n-1)}$$

式中，$\boldsymbol{s}(n)$ 是方向向量，$\boldsymbol{r}(n)$ 是共轭梯度法中的余项。利用该结果，推导式（4.128）中的Polak-Riblere公式和式（4.129）中的Fletcher-Reeves公式。

时序处理

4.14 图P4.14中显示了时序处理的高斯形时间窗口法，它受到了神经生物学的启发（Bodenhausen and Waibel, 1991）。与神经元 j 的突触 i 相联系的时间窗口表示为 $\theta(n,\tau_{ji},\sigma_{ji})$，其中 τ_{ji} 和 σ_{ji} 分别表示时延和窗口宽度：

$$\theta(n,\tau_{ji},\sigma_{ji})=\frac{1}{\sqrt{2\pi}\sigma_{ji}}\exp\left(-\frac{1}{2\sigma_{ji}^2}(n-\tau_{ji})^2\right),\quad i=1,2,\cdots,m_0$$

神经元 j 的输出为

$$y_j(n)=\varphi\left(\sum_{i=1}^{m_0}w_{ji}u_i(n)\right)$$

式中，$u_i(n)$ 是输入 $x_i(n)$ 和时间窗口 $\theta(n,\tau_{ji},\sigma_{ji})$ 的卷积。属于神经元 j 的突触 i 的权重 w_{ji} 和时延 τ_{ji} 都使用监督方式进行学习。这个学习过程可通过标准反向传播算法实现。试通过推导 $w_{ji},\tau_{ji},\sigma_{ji}$ 的更新公式来演示该学习过程。

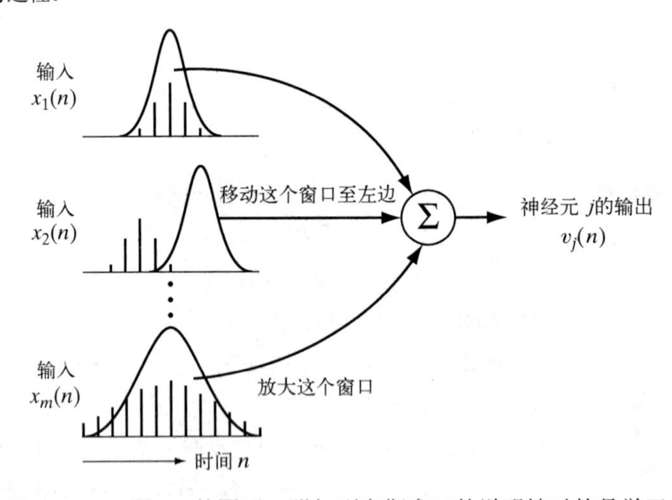

图P4.14　习题4.14的图形；附加到高斯窗口的说明针对的是学习算法

计算机实验

4.15 研究采用S形非线性函数的反向传播学习方法得到一对一映射，描述如下：

1. $f(x)=1/x,\qquad 1\leqslant x\leqslant 100$

2. $f(x)=\log x,\qquad 1\leqslant x\leqslant 10$

3. $f(x)=\exp(-x),\quad 1\leqslant x\leqslant 10$

4. $f(x)=\sin x,\qquad 0\leqslant x\leqslant \pi/2$

对每个映射，完成如下工作：

(a) 建立两个数据集，一个用于网络训练，另一个用于测试。

(b) 假设具有单个隐藏层，利用训练数据集计算网络的突触权重。

(c) 使用测试数据，求出网络的计算精度。

使用单个隐藏层，但隐藏神经元的数量可变，研究网络性能是如何受隐藏层大小变化影响的。

4.16 重做4.7节中关于MLP分类器的计算机试验，其中双月之间的距离为 $d=0$ 。根据习题1.6中对相同设置的感知器所做的相应实验，评价你的实验发现。

4.17 本实验考虑理论上已知其决策边界的一个模式分类实验，主要目的是观察如何通过实验相对于最佳决策边界来优化多层感知器的设计。具体地说，要求是如何区分两个部分重叠的二维高斯分布模式的等可能类别，这两个类别记为 $\mathcal{C}_1$ 和 $\mathcal{C}_2$ 。这两个类别的条件概率密度函数是

类别 $\mathcal{C}_1$： $p_{\boldsymbol{x}|\mathcal{C}_1}(\boldsymbol{x}|\mathcal{C}_1)=\dfrac{1}{2\pi\sigma_1^2}\exp\left(-\dfrac{1}{2\sigma_1^2}\|\boldsymbol{x}-\boldsymbol{\mu}_1\|^2\right)$ ， $\boldsymbol{\mu}_1=$ 均值向量 $=[0,0]^{\mathrm{T}}$ ， $\sigma_1^2=$ 方差 $=1$ 。

类别 $\mathcal{C}_2$： $p_{\boldsymbol{x}|\mathcal{C}_2}(\boldsymbol{x}|\mathcal{C}_2)=\dfrac{1}{2\pi\sigma_2^2}\exp\left(-\dfrac{1}{2\sigma_2^2}\|\boldsymbol{x}-\boldsymbol{\mu}_2\|^2\right)$ ， $\boldsymbol{\mu}_2=[2,0]^{\mathrm{T}}$ ， $\sigma_2^2=4$ 。

(a) 最优贝叶斯决策边界由下面的似然比检验定义：

$$\Lambda(\boldsymbol{x})\underset{\mathcal{C}_2}{\overset{\mathcal{C}_1}{\gtrless}}\lambda$$

式中，

$$\Lambda(\boldsymbol{x})=\frac{p_{\boldsymbol{x}|\mathcal{C}_1}(\boldsymbol{x}|\mathcal{C}_1)}{p_{\boldsymbol{x}|\mathcal{C}_2}(\boldsymbol{x}|\mathcal{C}_2)}$$

λ 是由两个类别的先验概率决定的阈值。证明最优决策边界是一个圆，圆心位于

$$\boldsymbol{x}_C=\begin{bmatrix}-2/3\\0\end{bmatrix}$$

且半径是 $r=2.34$ 。

(b) 假设使用单个隐藏层，通过实验确定隐藏神经元的最优个数。

- 从具有两个隐藏神经元的多层感知器开始，利用学习率 $\eta=0.1$ 和动量常数 $\alpha=0$ 的反向传播算法训练网络，对下面的场景计算正确分类的概率：

训练样本数	轮　数
500	320
2000	80
8000	20

- 重复该实验，但这次使用4个隐藏神经元，其他条件则与前面的相同。比较第二次实验的结果和前面的实验结果，然后根据你的最优选择，确定是选择两个还是四个隐藏神经元的网络结构。

(c) 对于(b)问选择的最优网络，通过实验求学习率参数 η 和动量常数 α 的最优值。为此，使用下面的参数组合完成实验： $\eta\in[0.01,0.1,0.5]$ ， $\alpha\in[0.0,0.1,0.5]$ 。确定产生正确分类的最好概率的 η 和 α 值。

(d) 有了隐藏层的最优大小以及 η 和 α 的最优值后，通过实验找到最优决策边界和相应的最优分类概率。比较通过实验获得的最优解和理论最优解，并评论结果。

4.18 本题用标准反向传播算法求解困难的非线性预测问题，并将其与LMS算法的性能进行比较。要考虑的

时间序列由离散Volterra模型建立，其形式为

$$x(n)=\sum_{i}g_{i}v(n-i)+\sum_{i}\sum_{j}g_{ij}v(n-i)v(n-j)+\cdots$$

式中，$g_i, g_{ij}, \cdots$ 是Volterra系数，$v(n)$ 是独立分布的高斯白噪声序列的样本，$x(n)$ 是Volterra模型的输出。第一个求和项是我们熟悉的滑动平均（MA）时间序列模型，剩余的求和项是更高阶的非线性部分。一般而言，估计Volterra系数通常是困难的，因为它们与数据的关系是非线性的。考虑一个简单例子：

$$x(n)=v(n)+\beta v(n-1)v(n-2)$$

这个时间序列的均值为零，且是不相关的，因此有白噪声谱。然而，该时间序列的样本不是无关的，因此可以构建一个高阶预测器。模型输出的方差为

$$\sigma_x^2=\sigma_v^2+\beta^2\sigma_v^4$$

式中，σ_v^2 是白噪声方差。

(a) 构建一个多层感知器，它有6个输入节点，隐藏层中有16个神经元，但只有1个输出神经元。使用抽头延时线记忆馈送网络输入层。隐藏层神经元使用S形激活函数，限制在区间[0, 1]内，而输出神经元充当一个线性组合器。网络使用标准反向传播算法进行训练，参数如下：学习率参数为 $\eta=0.001$，动量常数为 $\alpha=0.6$，处理的总样本数为100000，每轮的样本数为1000，总轮数为2500，白噪声方差为 $\sigma_v^2=1$。因此，使用 $\beta=0.5$，求出预测器的输出方差为 $\sigma_x^2=1.25$。

计算非线性预测器的学习曲线，将预测器输出 $x(n)$ 的方差画成训练样本的轮数的函数，一直绘制到第2500轮。为了准备进行训练的每轮，探讨下述两种方式：

① 维持训练样本的时序，从一轮到下一轮的时序与产生它的时序完全一致。

② 训练样本的顺序从一种模式（状态）到另一种模式是随机产生的。

同时，对1000个样本的验证集使用交叉验证（见4.13节），以监测预测器的学习行为。

(b) 重做该实验，使用LMS算法对6个样本的输入执行线性预测。

(c) 设 $\beta=1$ 和 $\sigma_v^2=2$，重做整个实验；设 $\beta=2$ 和 $\sigma_v^2=5$，再次重做整个实验。

每个实验的结果应该揭示反向传播算法和LMS算法最初都基本遵循相似的途径，但反向传播算法会持续改进，最终产生一个接近预定值 σ_x^2 的预测方差。

4.19 本实验利用由反向传播算法训练的多层感知器完成Lorenz吸引子的单步预测。这个吸引子的动力学系统由下面的三个方程定义：

$$\frac{\mathrm{d}x(t)}{\mathrm{d}t}=-\sigma x(t)+\sigma y(t),\quad \frac{\mathrm{d}y(t)}{\mathrm{d}t}=-x(t)z(t)+rx(t)-y(t),\quad \frac{\mathrm{d}z(t)}{\mathrm{d}t}=x(t)y(t)-bz(t)$$

式中，σ, r 和 b 是无量纲的参数，它们的典型值是 $\sigma=10$、$b=8/3$ 和 $r=28$。

多层感知器的详细情况如下：源节点数，20；隐藏层神经元数，200；输出神经元数，1。

数据集的特性如下：训练样本，700个数据点；测试样本，800个数据点；用于训练的轮数：50。

反向传播算法的参数如下：学习率参数 η，从10^{-1}线性退火到10^{-5}；动量，$\alpha=0$。

(a) 计算MLP的学习曲线，画出均值误差与训练轮数的关系图。

(b) 计算Lorenz吸引子的单步预测；具体来说，将得到的结果画为关于时间的函数，比较预测结果和Lorenz吸引子的演化结果。

第5章　核方法和径向基函数网络

本章介绍机器学习的另一种方法——基于聚类的核方法。本章中的各节安排如下：

- 5.1节为引言，5.2节在回顾异或问题（XOR）的基础上，介绍模式可分性的Cover定理。
- 5.3节讨论使用径向基函数（RBF）求解插值问题。5.4节介绍RBF络的构建与思考。5.5节介绍*K*均值算法，它是一种简单且实用的聚类方法，非常适合无监督方式的隐藏层训练。
- 5.6节介绍最小二乘估计的递归实现，用于以监督方式训练RBF网络的输出层。5.7节介绍设计RBF网络的两阶段过程的实际思考。
- 5.8节介绍RBF网络的计算机实验，并与第 4 章中采用反向传播算法的计算机实验结果进行比较。
- 5.9节介绍高斯隐藏单元。5.10节讨论统计学中的核回归和RBF网络的关系。
- 5.11节对本章进行总结和讨论。

5.1　引言

实现神经网络监督训练的方法有多种。第4章中介绍的多层感知器的反向传播算法，可视为递归技术的应用，该技术在统计学中称为*随机逼近*。

本章中将采用一种完全不同的方式，即混合方式来求解非线性可分模式的分类问题，包括两个阶段：

- 第一阶段将一组给定的非线性可分模式变换为一组新模式。在一定条件下，变换后的模式有很大的可能变为线性可分的。这一变换的数学证明可追溯到Cover(1965)。
- 第二阶段使用第2章中讨论的最小二乘估计来解决给定的分类问题。

在探讨插值问题之前，首先介绍使用径向基函数（RBF）网络实现模式分类的混合方法。RBF网络的结构由三层组成：

- *输入层*，由源节点（感知单元）组成，这些节点将网络与环境连接起来。
- *隐藏层*，由隐藏单元组成，作用是实现从输入空间到隐藏空间的非线性变换。在多数情况下，网络的隐藏层都有较高的维数，它利用混合学习以无监督方式完成第一阶段的训练。
- *输出层*，输出层是线性的，是网络对输入层激活模式的响应，该过程利用混合学习以监督方式完成第二阶段的训练。

从输入空间到隐藏空间的非线性变换，以及隐藏空间的高维数，满足Cover定理的两个条件。

RBF网络的大部分理论都建立在高斯函数的基础上，是径向基函数的重要组成。高斯函数被视为这些理论的核，故基于高斯函数的两阶段过程称为*核方法*。

在本章的后半部分，我们还将讨论统计学中的核回归与径向基函数网络之间的关系。

5.2　模式可分性的Cover定理

当采用径向基函数（RBF）网络求解复杂的模式分类任务时，基本方法是：首先采用非线性方式将其转换到高维空间，然后在输出层中进行分类。模式可分性的Cover定理说明了这样做的合理性，该定理可定性地表述如下（Cover, 1965）：

对于非稠密分布空间，将复杂模式分类问题非线性地映射到高维空间比映射到低维空间，更可能是线性可分的。

由第1章到第3章对单层结构的研究可知，模式一旦具有线性可分性，分类问题就相对容易解决。因此，通过研究模式的可分性，可深入了解RBF网络作为模式分类器的工作原理。

考虑一族曲面，其中的每个曲面都自然地将输入空间分成两个区域。设$\mathcal{X}$表示一组N个模式（向量）$x_1,x_2,\cdots,x_N$，其中的每个模式都赋给两个类别$\mathcal{X}_1$和$\mathcal{X}_2$之一。若曲面族中存在一个曲面将类别$\mathcal{X}_1$中的点与类别$\mathcal{X}_2$中的点分开，则称这些点的这种二分法（二元划分）相对于曲面族是可分的。对于每个模式$\boldsymbol{x}\subset\mathcal{X}$，定义一个由一组实值函数$\{\varphi_i(\boldsymbol{x})|\ i=1,2,\cdots,m_1\}$组成的向量：

$$\boldsymbol{\phi}(\boldsymbol{x})=[\varphi_1(\boldsymbol{x}),\varphi_2(\boldsymbol{x}),\cdots,\varphi_{m_1}(\boldsymbol{x})]^{\mathrm{T}} \tag{5.1}$$

假设模式$\boldsymbol{x}$是m_0维输入空间中的向量。然后，向量$\boldsymbol{\phi}(\boldsymbol{x})$将$m_0$维输入空间中的点映射到新$m_1$维空间中的相应点。我们称$\varphi_i(\boldsymbol{x})$为隐函数，因为它的作用类似于前馈神经网络中的隐藏单元。相应地，空间隐函数集$\{\varphi_i(\boldsymbol{x})\}_{i=1}^{m_1}$所张成的空间称为特征空间。

称一个关于$\mathcal{X}$的二分法$\{\mathcal{X}_1,\mathcal{X}_2\}$是$\varphi$可分的，若存在一个$m_1$维向量$\boldsymbol{w}$满足（Cover, 1965）

$$\begin{aligned}\boldsymbol{w}^{\mathrm{T}}\boldsymbol{\phi}(\boldsymbol{x})>0, &\qquad \boldsymbol{x}\in\mathcal{X}_1\\ \boldsymbol{w}^{\mathrm{T}}\boldsymbol{\phi}(\boldsymbol{x})<0, &\qquad \boldsymbol{x}\in\mathcal{X}_2\end{aligned} \tag{5.2}$$

由

$$\boldsymbol{w}^{\mathrm{T}}\boldsymbol{\phi}(\boldsymbol{x})=0$$

定义的超平面描述了$\boldsymbol{\phi}$空间（特征空间）中的分离曲面。这个超平面的镜像

$$\boldsymbol{x}:\ \ \boldsymbol{w}^{\mathrm{T}}\boldsymbol{\phi}(\boldsymbol{x})=0 \tag{5.3}$$

定义输入空间的分离曲面（决策边界）。

考虑利用模式向量坐标r阶乘积的线性组合获得的一类自然映射。与该映射相对应的分离曲面称为r阶有理簇。m_0维空间中的r阶有理簇可由输入向量$\boldsymbol{x}$的坐标的r阶齐次方程描述：

$$\sum_{0\leqslant i_1\leqslant i_2\leqslant\cdots\leqslant i_r\leqslant m_0} a_{i_1 i_2\cdots i_r}x_{i_1}x_{i_2}\cdots x_{i_r}=0 \tag{5.4}$$

式中，x_i是输入向量$\boldsymbol{x}$的第i个分量；为方便以齐次形式表示该方程，将x_0的值设为1。$\boldsymbol{x}$中x_i项的r阶乘积为$x_{i_1}x_{i_2}\cdots x_{i_r}$称为单项式。对于维数为$m_0$的输入空间，在式（5.4）中有

$$\frac{m_0!}{(m_0-r)!r!}$$

个单项式。式（5.4）描述的分离曲面类型有超平面（一阶有理簇）、二次曲面（二阶有理簇）和超球面（对系数有线性约束的二次曲面）等。对于二维输入空间中的5点构形，这些示例由如图5.1所示。一般来说，线性可分性隐含着球面可分性，而球面可分性隐含着二次可分性；反之则不一定成立。

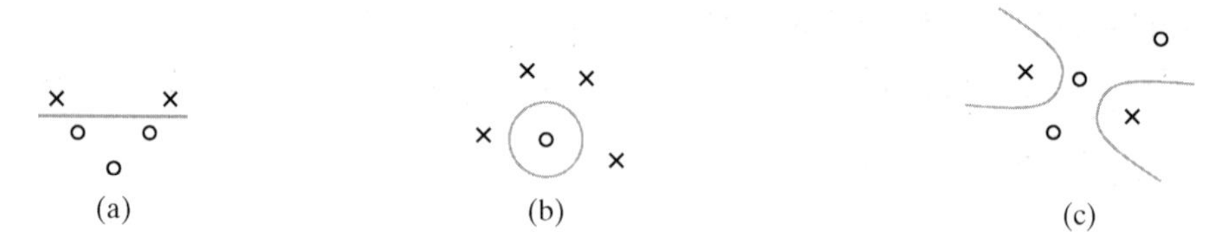

图5.1　二维曲面上5点的不同集合的φ可分二分性的三个例子：(a)线性可分的二分；(b)球形可分的二分；(c)二次可分的二分

在概率实验中，一组模式集合的可分性是一个随机事件，它取决于所选二分法和模式在输入

空间中的模式分布。假设激活模式 $\boldsymbol{x}_1, \boldsymbol{x}_2, \cdots, \boldsymbol{x}_N$ 是根据输入空间中的概率特性独立选取的，还假设所有关于 $\mathcal{X} = \{\boldsymbol{x}_i\}_{i=1}^N$ 的二分都是等概率的。设 $P(N, m_1)$ 表示随机选取且在 φ 上具有可分性的特定二分概率，其中选择的分离曲面有 m_1 个自由度。根据Cover(1965)，有

$$P(N, m_1) = \begin{cases} (2^{1-N})\sum_{m=0}^{m_1-1}\binom{N-1}{m}, & N > m_1 - 1 \\ 1, & N \leqslant m_1 - 1 \end{cases} \tag{5.5}$$

式中，构成 $N-1$ 和 m 的二项式系数对所有整数l和m定义如下：

$$\binom{l}{m} = \frac{l!}{(l-m)!m!}$$

对于式（5.5）的图形表示，最好通过令 $N = \lambda m_1$ 来归一化方程，并对 m_1 的变化值画出概率 $P(\lambda m_1, m_1)$ 和 λ 的关系图。该图揭示了两个有趣的特征（Nilsson, 1965）：

- 在 $\lambda = 2$ 附近有明显的阈值效应。
- 对每个 m_1，有 $P(2m_1, m_1) = 1/2$ 。

式（5.5）隐含了随机模式的Cover可分性定理的本质。它描述的是累积二项式分布情况，相当于抛 $N-1$ 次硬币有 $m_1 - 1$ 次或更少次正面朝上的概率。

尽管在式（5.5）的推导过程中出现的隐藏单元是多项式形式的，与其在径向基函数网络中的常见形式不同，但其核心内容却具有普适性。具体来说，隐藏空间的维数 m_1 越高，概率 $P(N, m_1)$ 就越接近1。总之，关于模式可分性的Cover定理包含两个基本部分：

1. 由 $\varphi_i(\boldsymbol{x})$ 定义的非线性隐函数，其中$\boldsymbol{x}$是输入向量，$i = 1, 2, \cdots, m_1$。
2. 相对输入空间而言的隐藏（特征）空间的高维数，它由给定的m_1值（隐藏单元数）决定。

如前所述，将一个复杂的模式分类问题非线性地映射到高维空间中要比映射到低维空间中更可能是线性可分的。但是，要强调的是，在某些情况下使用非线性映射（如例1）就可能产生线性可分的结果，而不必增大隐藏单元空间的维度。

【例1】XOR问题

为了说明模式 φ 可分性思想的重要性，考虑一个简单但却重要的XOR问题。在XOR问题中，二维输入空间中有4个点（模式），分别是(1, 1), (0, 1), (0, 0)和(1, 0)，如图5.2(a)所示。要求是构建一个模式分类器产生二值输出响应，其中点(1, 1)或点(0, 0)对应输出0，点(0, 1)或(1, 0)对应输出1。因此，根据海明距离，输入空间中最近的点映射到输出空间中分离最大的区域。序列的海明距离定义为二值序列中从符号1变为0的个数，反之亦然。因此，11和00的海明距离都是零，而01和10的海明距离都是1。

定义一对高斯隐函数：

$$\varphi_1(\boldsymbol{x}) = \exp\left(-\left|\boldsymbol{x} - \boldsymbol{t}_1\right|^2\right), \quad \boldsymbol{t}_1 = [1,1]^{\mathrm{T}}$$

$$\varphi_2(\boldsymbol{x}) = \exp\left(-\left|\boldsymbol{x} - \boldsymbol{t}_2\right|^2\right), \quad \boldsymbol{t}_2 = [0,0]^{\mathrm{T}}$$

如表5.1所示，这样可以得到4个不同输入模式的结果。如图5.2(b)所示，输入模式被映射到 (φ_1, φ_2) 平面上，从中可以看到输入模式(0, 1)和(1, 0)可与输入模式(1, 1)和(0, 0)线性分离。然后，将函数 $\varphi_1(x)$ 和 $\varphi_2(x)$ 作为线性分类器（如感知器）的输入，XOR问题就迎刃而解。

在这个例子中，与输入空间相比，隐藏空间的维数并未增加。换句话说，使用高斯函数作为非线性函数足以将异或问题变换成线性可分问题。

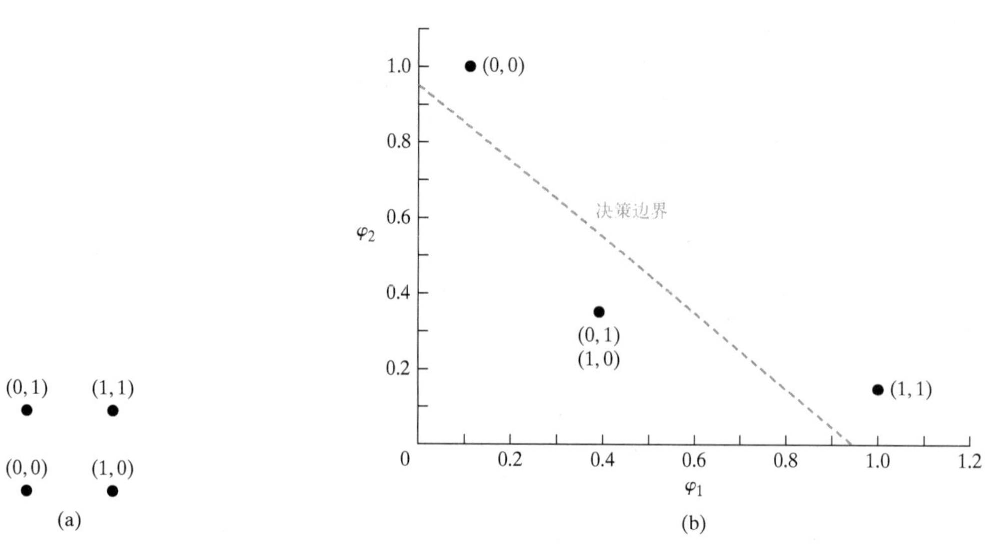

图5.2 (a)XOR问题的4个模式；(b)决策图

表5.1 例1中XOR问题的隐函数说明

输入模式x	第一隐函数 $\varphi_1(x)$	第二隐函数 $\varphi_2(x)$	输入模式x	第一隐函数 $\varphi_1(x)$	第二隐函数 $\varphi_2(x)$
(1, 1)	1	0.1353	(0, 0)	0.1353	1
(0, 1)	0.3678	0.3678	(1, 0)	0.3678	0.3678

5.2.1 曲面的分离能力

式（5.5）对多维空间中线性可分的随机分配模式的预期最大数量有重要影响。为了探讨这个问题，照例设 $\boldsymbol{x}_1,\boldsymbol{x}_2,\cdots,\boldsymbol{x}_N$ 为随机模式（向量）序列；设N为一个随机变量，即序列 φ 可分的最大整数，其中 φ 有m_1个自由度。然后，由式（5.5）得$N=n$的概率为

$$\text{Prob}(N=n)=P(n,m_1)-P(n+1,m_1)=\left(\frac{1}{2}\right)^n\binom{n-1}{m_1-1},\quad n=0,1,2,\cdots \tag{5.6}$$

为了解释这个结果，我们先回顾负二项式分布的定义。该分布相当于在一个重复的长伯努利试验序列中，于r次成功之前先出现k次失败的概率。在这样的概率实验中，每次试验只有两种可能的结果，即成功或失败，且它们的概率在整个实验中保持不变。让p和q分别表示成功和失败的概率，$p+q=1$。负二项式分布定义如下（Feller, 1968）：

$$f(k;r,p)=p^r q^k\binom{r+k-1}{k}$$

对于 $p=q=\frac{1}{2}$（成功和失败的概率相等）和 $k+r=n$ 的特殊情形，负二项式分布简化为

$$f\left(k;n-k,\frac{1}{2}\right)=\left(\frac{1}{2}\right)^n\binom{n-1}{k},\quad n=0,1,2,\cdots$$

根据上述定义可知，式（5.6）描述的结果恰好是负二项式分布，只不过右移了 m_1 个单位，其参数为 m_1 和1/2。因此，N 相当于在一组抛硬币的实验中出现 m_1 次失败的“等待时间”。随机变量 N 的期望值及其中位数分别为

$$\mathbb{E}[N]=2m_1 \tag{5.7}$$

$$\text{median}[N]=2m_1 \tag{5.8}$$

因此，我们得到Cover定理的一个推论，它可用著名的渐近结果表述如下（Cover, 1965）：

在维度为m_1的空间中，线性可分的随机分配模式（向量）的预期最大数量等于$2m_1$。

这个结果表明，$2m_1$是有m_1个自由度的决策曲面族的分离能力的自然定义。广义上讲，可以认为曲面的分离能力与第4章讨论的VC维数有关。

5.3 插值问题

模式可分性Cover定理的重要思想是，在求解一个非线性可分模式的分类问题时，通过将输入空间映射到维数足够高的新空间中，有助于问题的解决。一般来说，使用一个非线性映射将非线性可分的分类问题变换成具有高概率的线性可分的分类问题。类似地，可以使用非线性映射方式将复杂的非线性滤波问题变换为一个较简单的线性滤波问题。

考虑由一个输入层、一个隐藏层和一个输出层组成的前馈网络。为了简化说明，不失一般性，选择单个输出单元。该网络执行从输入空间到隐藏空间的非线性映射，并执行从隐藏空间到输出空间的线性映射。设m_0表示输入空间的维数，总体上看，该网络相当于一个从m_0维输入空间到一个一维输出空间的映射，写为

$$s:\mathbb{R}^{m_0} \to \mathbb{R}^1 \tag{5.9}$$

我们可将映射s视为一个超曲面（图）$\Gamma \subset \mathbb{R}^{m_0+1}$，就像可将一个最基本的映射$s:\mathbb{R}^1 \to \mathbb{R}^1$（其中$s(x)=x^2$）视为$\mathbb{R}^2$空间中的一条抛物线那样。超曲面$\Gamma$是输入函数的输出空间中的一个多维曲面。在实际中，超曲面Γ是未知的，且训练数据中通常带有噪声。学习过程的训练阶段和泛化阶段叙述如下（Broomhead and Lowe, 1988）：

- 训练阶段基于以输入-输出样本（模式）形式提交给网络的已知数据点，构成对超曲面Γ的拟合过程优化。
- 泛化阶段是指在数据点之间插值，插值沿拟合过程产生的约束曲面进行，作为真实曲面Γ的最优逼近。

由此引出了高维空间多变量插值理论（Davis, 1963）。严格意义上讲，插值问题表述为

给定一组N个不同的点$\{\boldsymbol{x}_i \in \mathbb{R}^{m_0} | \, i=1,2,\cdots,N\}$和一组$N$个实数$\{d_i \in \mathbb{R}^1 | \, i=1,2,\cdots,N\}$，求满足如下插值条件的函数$F:\mathbb{R}^N \to \mathbb{R}^1$：

$$F(\boldsymbol{x}_i)=d_i, \quad i=1,2,\cdots,N \tag{5.10}$$

为满足该插值条件，要求插值曲面（函数F）必须通过所有训练数据点。

径向基函数（RBF）技术包括选择具有如下形式的函数F：

$$F(\boldsymbol{x})=\sum_{i=1}^{N} w_i \varphi(\|\boldsymbol{x}-\boldsymbol{x}_i\|) \tag{5.11}$$

式中，$\{\varphi(\|\boldsymbol{x}-\boldsymbol{x}_i\|), i=1,2,\cdots,N\}$是$N$个任意（非线性）函数的集合，称为径向基函数，通常表示为欧氏范数（Powell, 1988）。已知的数据点$\boldsymbol{x}_i \in \mathbb{R}^{m_0}, i=1,2,\cdots,N$取为径向基函数的中心点。

将式（5.10）中的插值条件插入式（5.11），可得展开$\{w_i\}$的未知系数（权重）的线性方程组：

$$\begin{bmatrix} \varphi_{11} & \varphi_{12} & \cdots & \varphi_{1N} \\ \varphi_{21} & \varphi_{22} & \cdots & \varphi_{2N} \\ \vdots & \vdots & \ddots & \vdots \\ \varphi_{N1} & \varphi_{N2} & \cdots & \varphi_{NN} \end{bmatrix} \begin{bmatrix} w_1 \\ w_2 \\ \vdots \\ w_N \end{bmatrix} = \begin{bmatrix} d_1 \\ d_2 \\ \vdots \\ d_N \end{bmatrix} \tag{5.12}$$

式中，$\varphi_{ij}=\varphi\left(\left\|\boldsymbol{x}_j-\boldsymbol{x}_j\right\|\right), \quad i,j=1,2,\cdots,N$。令

$$\boldsymbol{d}=[d_1,d_2,\cdots,d_N]^{\mathrm{T}}$$
$$\boldsymbol{w}=[w_1,w_2,\cdots,w_N]^{\mathrm{T}} \tag{5.13}$$

式中，$N\times 1$维向量$\boldsymbol{d}$和$\boldsymbol{w}$分别表示期望响应向量和线性权重向量，其中N是训练样本数。设$\boldsymbol{\Phi}$表示元素为φ_{ij}的$N\times N$维矩阵：

$$\boldsymbol{\Phi}=\{\varphi_{ij}\}_{i,j=1}^{N} \tag{5.14}$$

该矩阵被为插值矩阵。于是，式（5.12）可改写成如下的紧凑形式：

$$\boldsymbol{\Phi w}=\boldsymbol{x} \tag{5.15}$$

假设$\boldsymbol{\Phi}$是非奇异矩阵，因此存在逆矩阵$\boldsymbol{\Phi}^{-1}$。由式（5.15）解出权重向量$\boldsymbol{w}$，得到

$$\boldsymbol{w}=\boldsymbol{\Phi}^{-1}\boldsymbol{x} \tag{5.16}$$

问题的关键是，如何确定插值矩阵$\boldsymbol{\Phi}$是非奇异的？

事实证明，对于一大类径向基函数，在某些条件下，上述问题的答案可由下面的重要定理给出。

5.3.1 Micchelli定理

Micchelli(1986)证明了以下定理：

若$\{\boldsymbol{x}_i\}_{i=1}^{N}$是$\mathbb{R}^{m_0}$中不同点的集合，则$N\times N$阶插值矩阵$\boldsymbol{\Phi}$（第$ij$个元素为$\varphi_{ij}=\varphi(\|\boldsymbol{x}_i-\boldsymbol{x}_j\|)$）是非奇异的。

有一大类径向基函数满足Micchelli定理，包括在RBF网络研究中地位非常重要的函数：

1．多二次函数：

$$\varphi(r)=(r^2+c^2)^{1/2},\quad \text{某些}\ c>0\ \text{和}\ r\in\mathbb{R} \tag{5.17}$$

2．逆多二次函数：

$$\varphi(r)=1/(r^2+c^2)^{1/2},\quad \text{某些}\ c>0\ \text{和}\ r\in\mathbb{R} \tag{5.18}$$

3．高斯函数：

$$\varphi(r)=\exp(-r^2/2\sigma^2),\quad \text{某些}\ \sigma>0\ \text{和}\ r\in\mathbb{R} \tag{5.19}$$

多二次函数和逆多二次函数都是由Hardy(1971)提出的。

为了使式（5.17）至式（5.19）中的径向基函数是非奇异的，所有输入点$\{\boldsymbol{x}_i\}_{i=1}^{N}$要互不相同。这就是使插值矩阵$\boldsymbol{\Phi}$非奇异的全部要求，而与样本数$N$和向量（点）$\boldsymbol{x}_i$的维数$m_0$无关。

式（5.18）中的逆多二次函数和式（5.19）中的高斯函数有一个共同的性质，即它们都是局部函数；也就是说，当$r\to\infty$时，$\varphi(r)\to 0$。以上两种情况下的插值矩阵$\boldsymbol{\Phi}$都是正定的。反之，式(5.17)中的多二次函数是非局部的，因为当$r\to\infty$时$\varphi(r)$是无界的，相应的插值矩阵$\boldsymbol{\Phi}$有$N-1$个负特征值，仅有一个正特征值，所以不是正定的（Micchelli, 1986）。然而，值得注意的是，基于Hardy的多二次函数的插值矩阵$\boldsymbol{\Phi}$是非奇异的，因此适用于RBF网络设计。

值得注意的是，无限增长的径向基函数（如多二次函数）可用于逼近平滑的输入-输出映射，与那些生成正定插值矩阵的函数相比更精确。Powell(1988)讨论了这个令人惊讶的结果。

5.4 径向基函数网络

根据式（5.10）到式（5.16），可以设想一个分层结构形式的径向基函数（RBF）网络，如图5.3所示；具体来说，该网络有如下三层：

1．输入层，由m_0个源节点组成，其中m_0是输入向量$\boldsymbol{x}$的维数。

2. 隐藏层，由与训练样本数 N 相同数量的计算单元组成，每个单元都用同一个径向基函数进行数学描述：

$$\varphi_j(\boldsymbol{x})=\varphi\left(\left\|\boldsymbol{x}-\boldsymbol{x}_j\right\|\right),\quad j=1,2,\cdots,N$$

第 j 个输入数据点 $\boldsymbol{x}_j$ 定义径向基函数的中心，向量 $\boldsymbol{x}$ 是应用于输入层的信号（模式）。因此，与多层感知器不同，将源节点连接到隐藏单元的链路是没有权重的直接连接。

3. 输出层，在图5.3的RBF结构中，它由单个计算单元组成。显然，除了输出层的大小通常比隐藏层的小得多外，对输出层的大小没有限制。

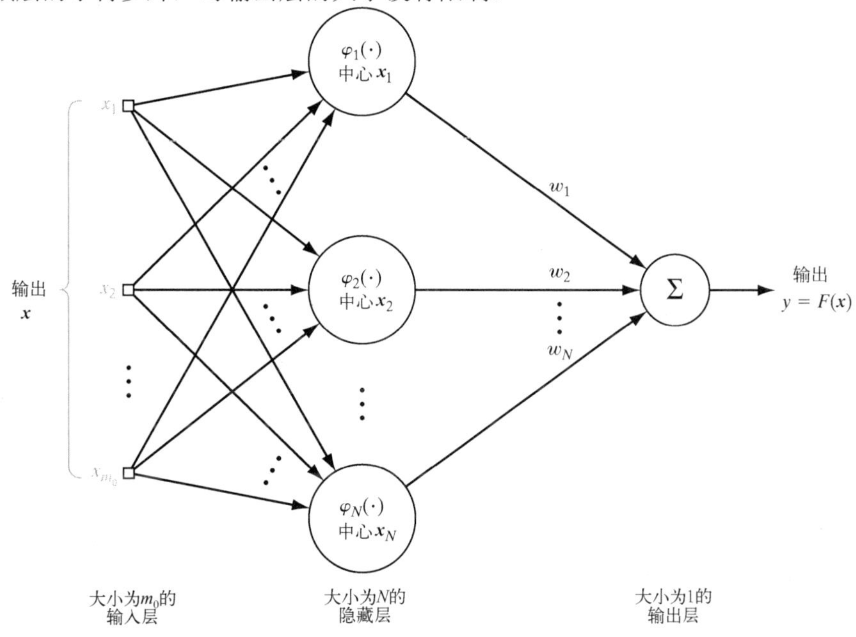

图5.3　基于插值理论的RBF网络结构

下面重点关注高斯函数作为径向基函数的应用。在这种情形下，图5.3所示网络隐藏层中的每个计算单元由下式定义：

$$\varphi_j(\boldsymbol{x})=\varphi(\boldsymbol{x}-\boldsymbol{x}_j)=\exp\left(-\frac{1}{2\sigma_j^2}\left\|\boldsymbol{x}-\boldsymbol{x}_j\right\|^2\right),\quad j=1,2,\cdots,N \tag{5.20}$$

式中，σ_j 是以 $\boldsymbol{x}_j$ 为中心的第 j 个高斯函数的宽度度量。一般情况（非所有情况）下，所有高斯隐藏单元都被分配一个共同的宽度 σ。在这种情况下，区分一个隐藏单元与另一个隐藏单元的参数是中心 $\boldsymbol{x}_j$。选择高斯函数作为构建RBF网络的径向基函数的基本原理是，它有许多期望的特性，随着讨论的进行，这些特性将变得明显。

5.4.1　RBF网络的实际修正

图5.3中的RBF网络通过插值理论变得非常简洁。然而，实践中发现训练样本 $\{\boldsymbol{x}_i,d_i\}_{i=1}^N$ 在模式分类或非线性回归情况下通常是有噪声的。遗憾的是，使用基于噪声数据的插值可能会引起具有误导性的结果，因此需要有一种不同的方法来设计RBF网络。

另一个需要注意的现实问题是，当隐藏层与输入层的大小相同时，可能会造成计算资源的浪费，尤其是在处理大规模训练样本时。当RBF网络的隐藏层按式（5.20）描述的方式指定时，训练样本中相邻数据点之间存在的相关性都相应地移植到了隐藏层的相邻单元中。也就是说，根据式（5.20）选择隐藏神经元时，训练样本中固有的冗余会使得隐藏层中的神经元也出现冗余。因此，在这种情况下，如图5.4所示，更理想的设计是使隐藏层的大小为训练样本的一部分。需要注意的是，虽然图5.3和图5.4中的RBF网络确实不同，但它们都有一个共同的特点，即与多层感知器的情况不同，RBF网络的训练不涉及误差信号的反向传播问题。

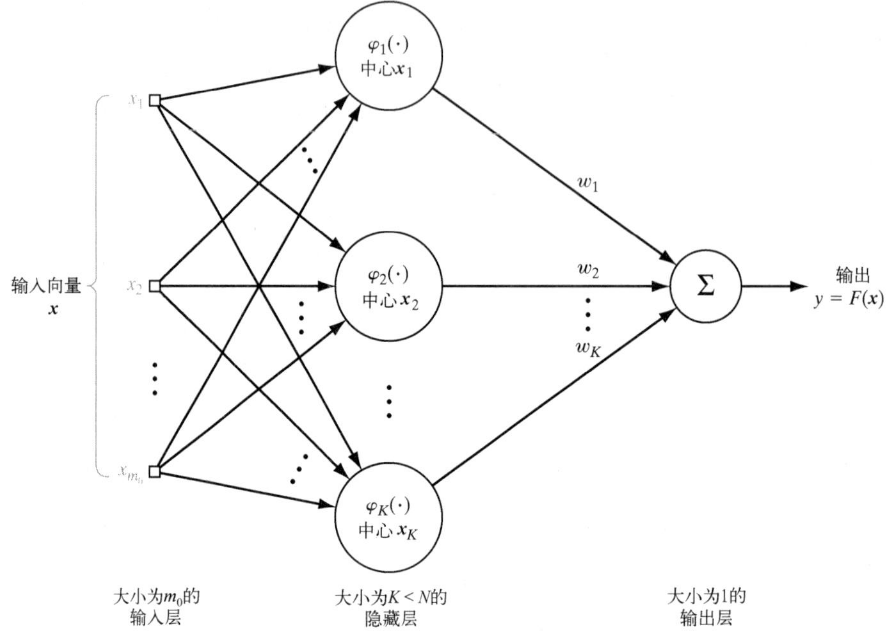

图 5.4　实际RBF网络的结构。注意该网络的结构和图5.3中的相似，但两个网络是不同的，图5.4中隐藏层的大小小于图5.3中隐藏层的大小

另外，这两种RBF结构的逼近函数具有相同的数学形式：

$$F(\boldsymbol{x})=\sum_{j=1}^{K} w_j \varphi(\boldsymbol{x},\boldsymbol{x}_j) \tag{5.21}$$

式中，输入向量 $\boldsymbol{x}$ 的维数（输入层的维数）是 m_0，且每个隐藏单元都由径向基函数 $\varphi(\boldsymbol{x},\boldsymbol{x}_j)$ 表征，其中 $j=1,2,\cdots,K$，且 $K<N$。假设输出层由一个单元组成，其特征由权重向量 $\boldsymbol{w}$ 表示，维数为 K。图5.3与图5.4中的结构存在两方面的差异。

1．在图5.3中，隐藏层的维数是 N，其中 N 是训练集的大小，而图5.4中的维度是 $K<N$。

2．假设训练样本 $\{\boldsymbol{x}_i,d_i\}_{i=1}^{N}$ 是无噪声的，则图5.3中隐藏层的设计可简单地使用输入向量 $\boldsymbol{x}_j$ 来定义径向基函数 $\varphi(\boldsymbol{x},\boldsymbol{x}_j)(j=1,2,\cdots,N)$。另一方面，设计图5.4中的隐藏层要采用新路径。

下一节将用在隐藏单元中使用高斯函数的情况来解释上述第2点。

5.5　*K*均值聚类

在图5.4的RBF网络设计中，需要解决的一个关键问题是如何使用无标记数据来计算构成隐藏层的高斯单元的参数。也就是说，该计算是以无监督方式进行的。本节描述一个基于聚类的解决方案：

> 聚类是无监督学习的一种形式，在这种形式中，一组观测值（数据点）被划分成自然组或类别，方式是按指定的最小代价函数为每个聚类分配任何一对观测值之间的相似性度量。

对于聚类，有诸多技术可供选择。选择重点放在所谓的K均值算法上，因为它实现简单且性能良好，这两个特性已使得该算法广受欢迎。

设$\{\boldsymbol{x}_i\}_{i=1}^{N}$表示一组将划分至$K$个类别的多维观测值，其中$K$小于观测的数量$N$。令

$$j = C(i), \quad i = 1,2,\cdots,N \tag{5.22}$$

表示称为编码器的多对一映射器，它根据尚未定义的规则将第i个观测值$\boldsymbol{x}_i$分配给第j个类别（细心的读者可能会问为什么选择索引j来表示一个聚类，从逻辑的角度来看应该选择k；原因是符号k用于表示一个内核函数，详见本章后面的讨论）。为了进行这种编码，需要度量每对向量$\boldsymbol{x}_i$和$\boldsymbol{x}_{i'}$之间的相似性$d(\boldsymbol{x}_i, \boldsymbol{x}_{i'})$。当度量$d(\boldsymbol{x}_i, \boldsymbol{x}_{i'})$足够小时，$\boldsymbol{x}_i$和$\boldsymbol{x}_{i'}$都被分配给同一个类别；否则，它们被分配给不同的类别。

为了优化聚类过程，我们引入以下代价函数（Hastie et al., 2001）：

$$J(C) = \frac{1}{2}\sum_{j=1}^{K}\sum_{C(i)=j}\sum_{C(i')=j} d(\boldsymbol{x}_i, \boldsymbol{x}_{i'}) \tag{5.23}$$

对于给定的K，目标是找到使代价函数$J(C)$最小的编码器$C(i) = j$。讨论这一点时，注意到编码器C是未知的，因此代价函数J对C有函数依赖性。

在K均值聚类中，欧氏范数的平方用于定义观测值$\boldsymbol{x}_i$和$\boldsymbol{x}_{i'}$之间的相似性度量，如下所示：

$$d(\boldsymbol{x}_i, \boldsymbol{x}_{i'}) = \|\boldsymbol{x}_i - \boldsymbol{x}_{i'}\|^2 \tag{5.24}$$

因此，将式（5.24）代入式（5.23）得

$$J(C) = \frac{1}{2}\sum_{j=1}^{K}\sum_{C(i)=j}\sum_{C(i')=j} \|\boldsymbol{x}_i - \boldsymbol{x}_{i'}\|^2 \tag{5.25}$$

从中得出两点：

1．观测值$\boldsymbol{x}_i$和$\boldsymbol{x}_{i'}$之间的欧氏距离的平方是对称的，即

$$\|\boldsymbol{x}_i - \boldsymbol{x}_{i'}\|^2 = \|\boldsymbol{x}_{i'} - \boldsymbol{x}_i\|^2$$

2．式（5.25）中的内部求和如下：对于给定的$\boldsymbol{x}_{i'}$，编码器C将最接近$\boldsymbol{x}_{i'}$的所有观测值$\boldsymbol{x}_i$分配给类别j。除了一个比例因子，这样分配的观测值$\boldsymbol{x}_{i'}$之和属于类别j的均值向量的一个估计；这里的比例因子是$1/N_j$，其中N_j是聚类j内的数据点数。

根据以上两点，可将式（5.25）简化为

$$J(C) = \sum_{j=1}^{K}\sum_{C(i)=j} \|\boldsymbol{x}_i - \hat{\boldsymbol{\mu}}_j\|^2 \tag{5.26}$$

式中，$\hat{\boldsymbol{\mu}}_j$表示与类别j相关联的“估计”均值向量。事实上，均值$\hat{\boldsymbol{\mu}}_j$可视为类别j的中心。根据式（5.26），可将聚类问题重新表述如下：

> 给定一组N个观测值，找出将这些观测值分配给K个聚类的编码器C，使得在每个聚类内，所分配的观测值与聚类均值的不相似性的平均度量最小。

事实上，正是由于这一本质，这里描述的聚类技术常被称为K均值算法。对于式（5.26）中定义的代价函数$J(C)$的解释，可以说，除了比例因子$1/N_j$，对于给定的编码器C，该式中的内部求和是与类别j相关的观测值的方差估计，如下所示：

$$\hat{\sigma}_j^2 = \sum_{C(i)=j} \|\boldsymbol{x}_i - \hat{\boldsymbol{\mu}}_j\|^2 \tag{5.27}$$

因此，可将代价函数$J(C)$视为编码器C将所有N个观测值分配给K个聚类时产生的总聚类方

差的度量。

当编码器C未知时，如何最小化代价函数$J(C)$？为了解决这个关键问题，下面使用迭代下降算法，该算法的每次迭代都包含两步优化：第一步是采用最邻近规则对编码器C最小化式（5.26）关于均值向量$\hat{\boldsymbol{\mu}}_j$的代价函数$J(C)$；第二步是对给定的均值向量$\hat{\boldsymbol{\mu}}_j$最小化式（5.26）关于编码器C的内部求和。重复这个两步迭代过程，直到收敛为止。

因此，在数学上，K均值算法分两步进行。

步骤 1 对于给定的编码器C，相对于所分配的聚类均值集合$\{\hat{\boldsymbol{\mu}}_j\}_{j=1}^K$，总聚类方差最小，即执行以下最小化：

$$\min_{\{\hat{\boldsymbol{\mu}}\}_{j=1}^K} \sum_{j=i}^{K} \sum_{C(i)=j} \left\| \boldsymbol{x}_i - \hat{\boldsymbol{u}}_j \right\|^2, \quad \text{给定的}C \tag{5.28}$$

步骤 2 在步骤1中计算出最优聚类均值$\{\hat{\boldsymbol{\mu}}_j\}_{j=1}^K$后，接着按如下方式优化编码器：

$$C(i) = \arg \min_{1 \leqslant j \leqslant K} \left\| \boldsymbol{x}(i) - \hat{\boldsymbol{\mu}}_j \right\|^2 \tag{5.29}$$

从最初选择的编码器C开始，算法在这两步之间重复，直到在聚类分配无进一步的改进为止。

在这两步中，每步都设计成按自身的方式减小代价函数$J(C)$，因此保证了算法的收敛性。然而，由于该算法缺乏全局最优准则，结果可能收敛到局部最小值，导致聚类分配为次优解。然而，该算法也有其实际优势：

1. K均值算法计算效率高，其计算复杂度对聚类数来说是线性的。

2. 当聚类在数据空间中紧密分布时，可由该算法客观地再现。

最后，为了初始化K均值算法，建议采用如下步骤：对于给定的K，任意选择$\{\hat{\boldsymbol{\mu}}_j\}_{j=1}^K$均值开始，使得式（5.26）中的二重求和有最小值（Hastie et al., 2001）。

5.5.1 K均值算法符合Cover定理的框架

K均值算法对输入信号$\boldsymbol{x}$应用非线性变换。之所以这样说，是因为其不相似性度量（该算法的基础，即欧氏距离的平方$\left\| \boldsymbol{x} - \boldsymbol{x}_j \right\|^2$）是对给定聚类中心$\boldsymbol{x}_j$关于输入信号$\boldsymbol{x}$的非线性函数。此外，由$K$均值算法揭示的每个聚类在隐藏层中定义了特定的计算单元，若聚类数K足够大，K均值算法将满足Cover定理的其他要求，即隐藏层的维数足够高。由此，我们得出结论：K均值算法在计算上确实强大，足以将一组非线性可分模式变换为符合该定理的可分模式。

现在，这个目标已得到满足，下面考虑设计RBF网络的线性输出层。

5.6 权重向量的递归最小二乘估计

K均值算法以递归方式执行计算。因此，我们希望改写第2章中讨论的最小二乘法，以便在RBF网络的输出层中计算权重向量，并以递归方式执行该计算。为此，我们将式（2.33）改写为

$$\boldsymbol{R}(n)\hat{\boldsymbol{w}}(n) = \boldsymbol{r}(n), \quad n = 1, 2, \cdots \tag{5.30}$$

其中的三个量都表示为离散时间n的函数。在写这个在统计学中称为*正态方程*的方程时，我们引入了如下三个术语。

1. 隐藏单元输出的$K \times K$维相关函数，它定义为

$$\boldsymbol{R}(n) = \sum_{i=1}^{n} \boldsymbol{\phi}(\boldsymbol{x}_i)\boldsymbol{\phi}^{\mathrm{T}}(\boldsymbol{x}_i) \tag{5.31}$$

式中，

$$\boldsymbol{\phi}(\boldsymbol{x}_i)=[\varphi(\boldsymbol{x}_i,\boldsymbol{\mu}_1),\varphi(\boldsymbol{x}_i,\boldsymbol{\mu}_2),\cdots,\varphi(\boldsymbol{x}_i,\boldsymbol{\mu}_K)]^{\mathrm{T}} \tag{5.32}$$

$$\varphi(\boldsymbol{x}_i,\boldsymbol{\mu}_j)=\exp\left(-\tfrac{1}{2\sigma_j^2}\left\|\boldsymbol{x}_i-\boldsymbol{\mu}_j\right\|^2\right),\quad j=1,2,\cdots,K \tag{5.33}$$

2．RBF网络输出的期望响应和隐藏单元输出之间的$K\times1$维互相关向量，它定义为

$$\boldsymbol{r}(n)=\sum_{i=1}^{n}\boldsymbol{\phi}(\boldsymbol{x}_i)d(i) \tag{5.34}$$

3．未知的权重向量$\hat{\boldsymbol{w}}(n)$，它在最小二乘意义下优化。

需求是对权重向量$\boldsymbol{w}(n)$求解式（5.30）中的正态方程。当然，我们可以首先求相关矩阵$\boldsymbol{R}(n)$的逆矩阵，然后将所得逆矩阵$\boldsymbol{R}^{-1}(n)$与互相关向量$\boldsymbol{r}(n)$相乘，这就是最小二乘法的结果。然而，当隐藏层的大小K很大时，计算$n=K$的逆矩阵$\boldsymbol{R}^{-1}(n)$很困难，而采用最小二乘法的递归算法可解决该问题，由此产生的算法称为*递归最小二乘*（RLS）算法，其推导过程将在下面讨论。

5.6.1 RLS算法

下面首先通过重新整理式（5.34）中的互相关向量$\boldsymbol{r}(n)$来推导RLS算法，如下所示：

$$\begin{aligned}\boldsymbol{r}(n)&=\sum_{i=1}^{n-1}\boldsymbol{\phi}(\boldsymbol{x}_i)d(i)+\boldsymbol{\phi}(\boldsymbol{x}_n)d(n)\\&=\boldsymbol{r}(n-1)+\boldsymbol{\phi}(\boldsymbol{x}_n)d(n)\\&=\boldsymbol{R}(n-1)\hat{\boldsymbol{w}}(n-1)+\boldsymbol{\phi}(\boldsymbol{x}_n)d(n)\end{aligned} \tag{5.35}$$

在上式的第一行中，我们根据式（5.34）的求和分离了对应于$i=n$的项，在最后一行中，我们使用了式（5.30），只不过用$n-1$代替了n。然后，在式（5.35）的右边加上$\boldsymbol{\phi}(n)\boldsymbol{\phi}^{\mathrm{T}}(n)\hat{\boldsymbol{w}}(n-1)$项，并在等式的另一部分中减去相同的项，使得等式保持不变；因此，提取公因子后，上式可写成

$$\boldsymbol{r}(n)=[\boldsymbol{R}(n-1)+\boldsymbol{\phi}(n)\boldsymbol{\phi}^{\mathrm{T}}(n)]\hat{\boldsymbol{w}}(n-1)+\boldsymbol{\phi}(n)[d(n)-\boldsymbol{\phi}^{\mathrm{T}}(n)\hat{\boldsymbol{w}}(n-1)] \tag{5.36}$$

式（5.36）右边第一个中括号内的表达式被视为相关函数：

$$\boldsymbol{R}(n)=\boldsymbol{R}(n-1)+\boldsymbol{\phi}(n)\boldsymbol{\phi}^{\mathrm{T}}(n) \tag{5.37}$$

在式（5.36）右边第二个中括号内的表达式中，我们引入了新项

$$\alpha(n)=d(n)-\boldsymbol{\phi}^{\mathrm{T}}(n)\boldsymbol{w}(n-1)=d(n)-\boldsymbol{w}^{\mathrm{T}}(n-1)\boldsymbol{\phi}(n) \tag{5.38}$$

这个新项称为*先验估计误差*，使用“先验”是为了强调估计误差$\alpha(n)$基于权重向量$\hat{\boldsymbol{w}}(n-1)$的原始估计，即权重估计在“之前”被更新。$\alpha(n)$也称“革新”，因为嵌入$\boldsymbol{\phi}(n)$的输入向量$\boldsymbol{x}(n)$和相应的期望响应$d(n)$代表“新”信息，它可用于算法在时刻$n$的估计。

回到式（5.36），我们现在可以使用式（5.37）和式（5.38）将问题简化为

$$\boldsymbol{r}(n)=\boldsymbol{R}(n)\hat{\boldsymbol{w}}(n-1)+\boldsymbol{\phi}(n)\alpha(n) \tag{5.39}$$

相应地，将上式代入式（5.30）得

$$\boldsymbol{R}(n)\hat{\boldsymbol{w}}(n)=\boldsymbol{R}(n)\hat{\boldsymbol{w}}(n-1)+\boldsymbol{\phi}(n)\alpha(n) \tag{5.40}$$

对于更新权重向量来说，它可表示为期望的形式：

$$\hat{\boldsymbol{w}}(n)=\hat{\boldsymbol{w}}(n-1)+\boldsymbol{R}^{-1}(n)\boldsymbol{\phi}(n)\alpha(n) \tag{5.41}$$

这里，我们在式（5.40）的两边同时乘以了逆矩阵$\boldsymbol{R}^{-1}(n)$。然而，要以高效的计算方式进行更新，就需要有在给定其过去值$\boldsymbol{R}^{-1}(n-1)$的情形下计算逆矩阵$\boldsymbol{R}^{-1}(n)$的公式，详见下面的讨论。

5.6.2 计算 $\boldsymbol{R}^{-1}(n)$ 的递归公式

回到式（5.37），我们发现已有一个递归更新相关矩阵 $\boldsymbol{R}(n)$ 的公式。我们利用这种递归，使用在4.14节中讨论过的矩阵求逆引理为逆矩阵 $\boldsymbol{R}^{-1}(n)$ 建立一个递归公式。

考虑矩阵

$$\boldsymbol{A}=\boldsymbol{B}^{-1}+\boldsymbol{CDC}^{\mathrm{T}} \tag{5.42}$$

式中，假设矩阵$\boldsymbol{B}$是非奇异的，且矩阵 $\boldsymbol{B}^{-1}$ 存在。矩阵$\boldsymbol{A}$和$\boldsymbol{B}$具有相同的维数，矩阵$\boldsymbol{D}$是另一个具有不同维数的非奇异矩阵，矩阵$\boldsymbol{C}$是维数适当的矩形矩阵。根据矩阵求逆引理，有

$$\boldsymbol{A}^{-1}=\boldsymbol{B}-\boldsymbol{BC}(\boldsymbol{D}+\boldsymbol{C}^{\mathrm{T}}\boldsymbol{BC})^{-1}\boldsymbol{C}^{\mathrm{T}}\boldsymbol{B} \tag{5.43}$$

对于目前的问题，我们用式（5.37）做如下标识：

$$\boldsymbol{A}=\boldsymbol{R}(n),\quad \boldsymbol{B}^{-1}=\boldsymbol{R}(n-1),\quad \boldsymbol{C}=\boldsymbol{\phi}(n),\quad \boldsymbol{D}=1$$

相应地，将式（5.43）用于这组特殊的矩阵得

$$\boldsymbol{R}^{-1}(n)=\boldsymbol{R}^{-1}(n-1)-\frac{\boldsymbol{R}^{-1}(n-1)\boldsymbol{\phi}(n)\boldsymbol{\phi}^{\mathrm{T}}(n)\boldsymbol{R}^{-1}(n-1)}{1+\boldsymbol{\phi}^{\mathrm{T}}(n)\boldsymbol{R}^{-1}(n-1)\boldsymbol{\phi}(n)} \tag{5.44}$$

式中，右边的第二项利用了相关矩阵的对称性，即

$$\boldsymbol{R}^{\mathrm{T}}(n-1)=\boldsymbol{R}(n-1)$$

为了简化RLS算法的公式，引入两个新定义。

1． $\boldsymbol{R}^{-1}(n)=\boldsymbol{P}(n)$

因此，可将式（5.44）重写为

$$\boldsymbol{P}(n)=\boldsymbol{P}(n-1)-\frac{\boldsymbol{P}(n-1)\boldsymbol{\phi}(n)\boldsymbol{\phi}^{\mathrm{T}}(n)\boldsymbol{P}(n-1)}{1+\boldsymbol{\phi}^{\mathrm{T}}(n)\boldsymbol{P}(n-1)\boldsymbol{\phi}(n)} \tag{5.45}$$

式中右边的分母是二次型，因此是一个标量。

为了解释 $\boldsymbol{P}(n)$，考虑将线性回归模型

$$d(n)=\boldsymbol{w}^{\mathrm{T}}\boldsymbol{\phi}(n)+\varepsilon(n)$$

作为期望响应 $d(n)$ 的生成模型，将 $\boldsymbol{\phi}(n)$ 作为回归量。加性噪声项 $\varepsilon(n)$ 假设为白噪声，其均值为0、方差为 σ_ε^2。然后，将未知权重向量 $\boldsymbol{w}$ 视为模型的状态，将 $\hat{\boldsymbol{w}}(n)$ 视为由RLS算法产生的估计，则可将状态误差协方差矩阵定义为

$$\mathbb{E}[(\boldsymbol{w}-\hat{\boldsymbol{w}}(n))(\boldsymbol{w}-\hat{\boldsymbol{w}}(n))^{\mathrm{T}}]=\sigma_\varepsilon^2\boldsymbol{P}(n) \tag{5.46}$$

该结果的验证将在习题5.5中给出。

2． $\boldsymbol{g}(n)=\boldsymbol{R}^{-1}(n)\boldsymbol{\phi}(n)=\boldsymbol{P}(n)\boldsymbol{\phi}(n)$ （5.47）

式中，项 $\boldsymbol{g}(n)$ 称为RLS算法的*增益向量*，因为根据式（5.41），可将先验估计误差 $\alpha(n)$ 和 $\boldsymbol{g}(n)$ 的乘积视为将原始估计值 $\hat{\boldsymbol{w}}(n-1)$ 更新为新值 $\hat{\boldsymbol{w}}(n)$ 所需的修正量，即

$$\hat{\boldsymbol{w}}(n)=\hat{\boldsymbol{w}}(n-1)+\boldsymbol{g}(n)\alpha(n) \tag{5.48}$$

5.6.3 RLS算法小结

有了式（5.45）、式（5.47）、式（5.38）和式（5.48），就可按照顺序将RLS算法小结如下。

给定训练样本 $\{\boldsymbol{\phi}(i),d(i)\}_{i=1}^N$ 后，对 $n=1,2,\cdots,N$ 进行以下计算：

$$\boldsymbol{P}(n)=\boldsymbol{P}(n-1)-\frac{\boldsymbol{P}(n-1)\boldsymbol{\phi}(n)\boldsymbol{\phi}^{\mathrm{T}}(n)\boldsymbol{P}(n-1)}{1+\boldsymbol{\phi}^{\mathrm{T}}(n)\boldsymbol{P}(n-1)\boldsymbol{\phi}(n)}$$

$$\boldsymbol{g}(n)=\boldsymbol{P}(n)\boldsymbol{\phi}(n)$$

$$\alpha(n) = d(n) - \hat{\boldsymbol{w}}^{\mathrm{T}}(n-1)\boldsymbol{\phi}(n)$$
$$\hat{\boldsymbol{w}}(n) = \hat{\boldsymbol{w}}(n-1) + \boldsymbol{g}(n)\alpha(n)$$

为了初始化该算法，令

$$\hat{\boldsymbol{w}}(0) = \boldsymbol{0}$$
$$\boldsymbol{P}(0) = \lambda^{-1}\boldsymbol{I}\text{，}\ \lambda\text{ 是小正常数}$$

注意，算法初始化使用的 λ 在代价函数中起调节参数的作用：

$$\mathcal{E}_{\mathrm{av}}(\boldsymbol{w}) = \frac{1}{2}\sum_{i=1}^{N}(d(i) - \boldsymbol{w}^{\mathrm{T}}\boldsymbol{\phi}(i))^2 + \frac{1}{2}\lambda\|\boldsymbol{w}\|^2$$

在所选 λ 值相对较小的一般情况下，可间接地确认训练样本 $\{\boldsymbol{x}(i), d(i)\}_{i=1}^{N}$ 的质量。

5.7 RBF网络的混合学习过程

根据5.5节中描述的K均值聚类算法和5.6节中推导的递归最小二乘（RLS）算法，可给出图5.4所示RBF网络的混合学习过程。首先将K均值算法用于训练隐藏层，然后用RLS算法训练输出层。此后，称这种混合学习过程为“K均值RLS”算法，目的是用下面的过程来训练RBF网络。

输入层 输入层的大小由输入向量 $\boldsymbol{x}$ 的维数决定，记为 m_0。

隐藏层

1. 隐藏层的大小 m_1 由计划的聚类数 K 决定。事实上，参数 K 可视为设计人员控制下的自由度。因此，参数 K 是模型选择问题的关键，它不仅控制网络的性能，而且控制网络的计算复杂度。
2. 通过对输入向量的无标记样本 $\{\boldsymbol{x}_i\}_{i=1}^{N}$ 进行K均值算法计算，确定聚类均值 $\hat{\boldsymbol{\mu}}_j$，进而决定分配给隐藏单元 $j = 1, 2, \cdots, K$ 的高斯函数 $\varphi(\cdot, \boldsymbol{x}_j)$ 的中心 $\boldsymbol{x}_j$。
3. 为简化设计，根据K均值算法发现的中心分布情况，为所有高斯函数分配相同的宽度 σ：

$$\sigma = d_{\max} / \sqrt{2K} \tag{5.49}$$

式中，K 是中心的数量，$d_{\max}$ 是它们之间的最大距离（Lowe, 1989）。该公式保证各个高斯单元不会太尖或太平，实践中应避免这两种极端情况的出现。

输出层 一旦完成隐藏层的训练，就可开始输出层的训练。令 $K \times 1$ 维向量

$$\boldsymbol{\phi}(\boldsymbol{x}_i) = \begin{bmatrix} \varphi(\boldsymbol{x}_i, \boldsymbol{x}_1) \\ \varphi(\boldsymbol{x}_i, \boldsymbol{x}_2) \\ \vdots \\ \varphi(\boldsymbol{x}_i, \boldsymbol{x}_K) \end{bmatrix}$$

表示隐藏层中的 K 个输出单元。该向量是为响应输入 $\boldsymbol{x}_i, i = 1, 2, \cdots, N$ 产生的。因此，就输出层的监督训练而言，训练样本由 $\{\boldsymbol{\phi}(\boldsymbol{x}_i), d_i\}_{i=1}^{N}$ 定义，其中 d_i 是输入 $\boldsymbol{x}_i$ 的RBF网络的整体输出的期望响应。该训练是使用RLS算法进行的。一旦网络训练完成，就可使用之前未用过的数据进行网络测试。

“K均值RLS”算法的一个吸引人的特征是其计算效率，因为K均值算法和RLS算法各自都是计算高效的。该算法唯一的缺点是，缺少将隐藏层的训练和输出层的训练结合起来的总体优化准则，难以保证整个系统在某种统计学意义上最优。

5.8 计算机实验：模式分类

本节使用计算机实验方法来评估用于训练RBF网络的“K均值RLS”算法的模式分类性能。实验所用数据是从图1.8所示的双月构形中随机抽取得到的。实验的一个目的是比较使用这种方式训练

练的RBF网络的性能与使用反向传播算法训练的多层感知器（MLP）的性能，MLP的性能是4.7节讨论的重点。所选RBF网络的隐藏层由20个高斯单元组成，与4.7节中研究的MLP的隐藏层具有相同的大小。RBF网络的训练使用1000个数据点；测试使用2000个数据点。与MLP实验的方式类似，对两种不同设置（$d=-5$ 和 $d=-6$）的双月构形进行实验，其中后一种设置较难。

(a) 垂直分隔：$d=-5$

对于双月之间的这个垂直分隔，$K=20$ 被指定为聚类数（隐藏单元数）。对训练样本的无标注部分使用K均值算法，确定聚类的中心，进而确定隐藏层中高斯单元的中心。由于中心分布已知，利用式（5.49）计算分配给所有高斯单元的共同宽度 $\sigma=2.6$。这样，就完成了RBF网络隐藏层的设计。最后，使用RLS算法训练输出层，计算出决策边界，为测试环节做准备。

实验第一部分的结果如图5.5所示。图5.5(a)给出了RLS算法的学习曲线，图5.5(b)给出了RBF网络学习的决策边界。如图5.5(a)所示，两轮训练后，输出层的设计就完成了。图5.5(b)证实了RBF网络对双月构形的完美可分性。

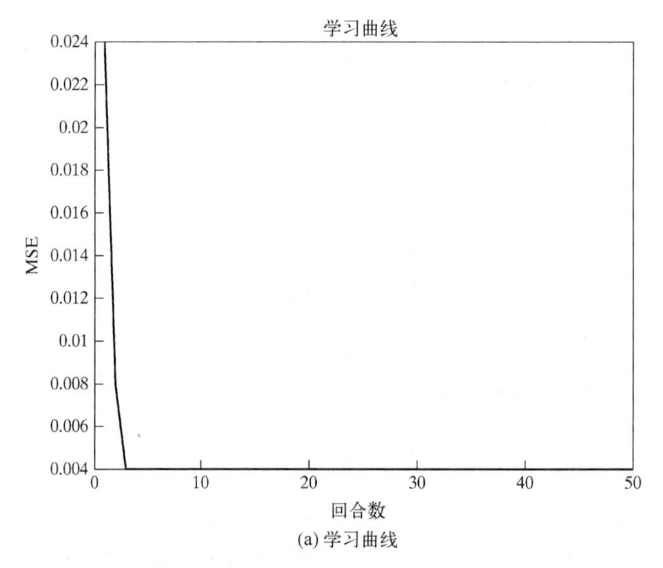

(a) 学习曲线

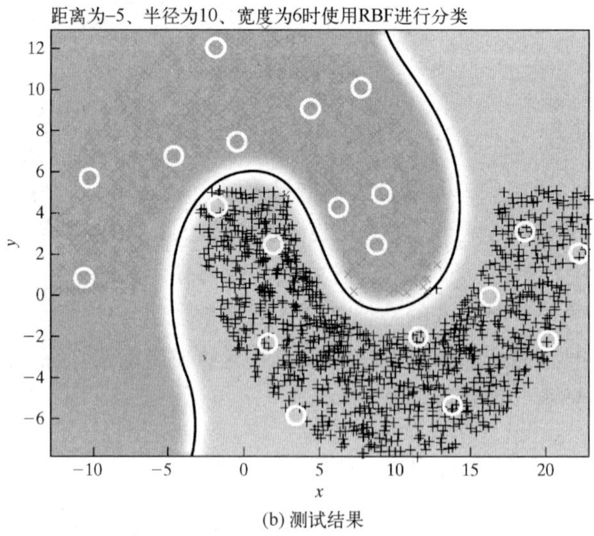

(b) 测试结果

图5.5 当 $d=-5$ 时“K均值RLS”算法训练的RBF网络，图(a)中的MSE表示均方误差

(b) 垂直分隔：$d = -6$

重复RBF网络关于模式分类的实验，但这次对图1.8所示的双月构形给出更难的设置。这次同样由式（5.49）将宽度$\sigma = 2.4$分配给20个高斯单位。

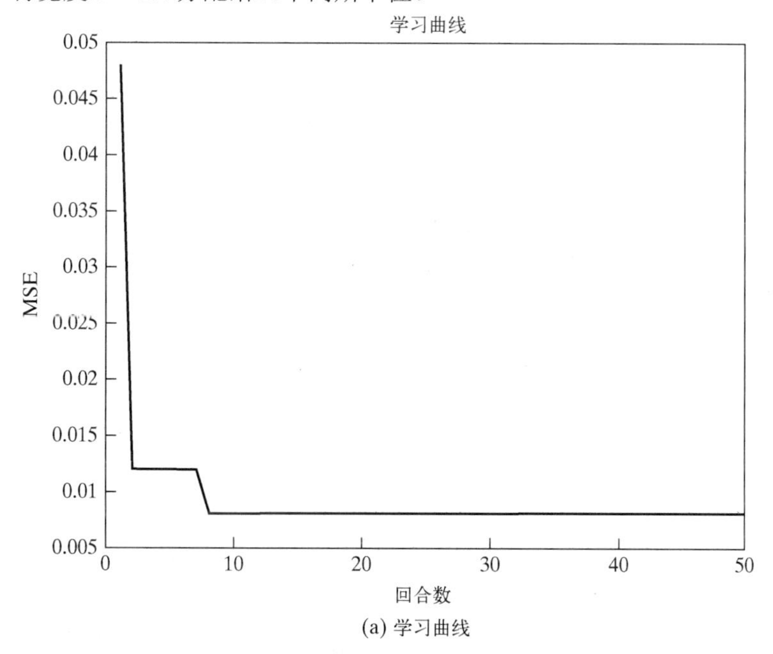

(a) 学习曲线

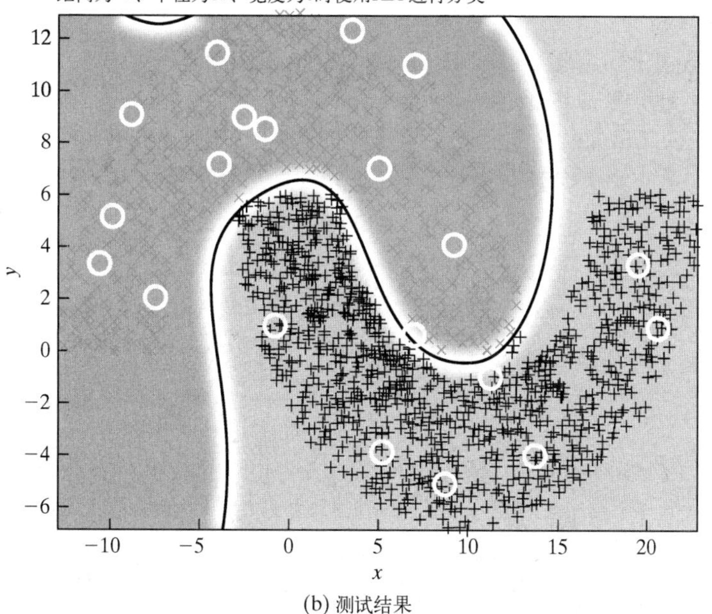

(b) 测试结果

图5.6　当$d = -6$时"K均值RLS"算法训练的RBF网络，图(a)中的MSE表示均方误差

实验第二部分的结果如图5.6所示，图5.6(a)显示了RLS算法的学习曲线，图5.6(b)显示了RBF网络作为"K均值RLS"算法训练结果的决策边界。在2000个测试数据点中共出现了10个分类错误，识别误差率是0.5%。

对于实验(a)和(b)，RBF网络单个输出端的分类阈值被设为零。

5.8.1 MLP和RBF结果的比较

比较对RBF网络进行的实验(a)和(b)的结果与4.7节对MLP进行的相应实验的结果，可得出如下结论：

1. 用“K均值RLS”算法训练的RBF网络优于用反向传播算法训练的MLP。具体来说，MLP未对双月的设置 $d=-5$ 进行完美的分类，而RBF网络报告了几乎完美的分类。RBF网络在设置 $d=-6$ 时产生0.5%的错误分类率，比MLP在设置 $d=-5$ 时产生的0.15%的错误分类率稍大。当然，MLP的设计可以改进， RBF网络也可以改进。
2. 对RBF网络进行的训练过程明显快于对MLP进行的训练。

5.9 高斯隐藏单元的解释

5.9.1 感受野思想

在神经生物学背景下，感受野是指在适当的感官刺激下引发反应的区域（Churchland and Sejnowski, 1992）。注意，视觉皮层较高区域中细胞的感受野往往比视觉系统早期阶段细胞的感受野大得多。

根据感受野的神经生物学定义，可以设想神经网络中的每个隐藏单元都有自己的感受野。事实上，可以继续做出如下陈述：

> 一般来说，神经网络中计算单元（隐藏单元）的感受野是指在适当的感官刺激下引发反应的感官场（源节点的输入层）区域。

这个定义同样适用于多层感知器和RBF网络。然而，RBF网络中感受野的数学划分要比多层感知器中感受野的数学划分更容易确定。

令 $\varphi(\boldsymbol{x},\boldsymbol{x}_j)$ 表示计算单元对输入向量 $\boldsymbol{x}$ 的函数依赖性，假设该单元以点 $\boldsymbol{x}_j$ 为中心。根据Xu et al.(1994)，这个计算单元的感受野定义为

$$\psi(\boldsymbol{x})=\varphi(\boldsymbol{x},\boldsymbol{x}_j)-a \tag{5.50}$$

式中，a 是某个正常数。换句话说，这个等式表明函数 $\varphi(\boldsymbol{x},\boldsymbol{x}_j)$ 的感受野是输入向量 $\boldsymbol{x}$ 的定义域的特定子集，对于该子集，函数 $\varphi(\boldsymbol{x},\boldsymbol{x}_j)$ 取足够大的值，所有这些值都大于或等于规定的水平 a。

【例2】高斯隐藏单元的感受野

考虑一个定义如下的高斯计算单元：

$$\varphi(\boldsymbol{x},\boldsymbol{x}_j)=\exp\left(-\frac{1}{2\sigma^2}\left\|\boldsymbol{x}-\boldsymbol{x}_j\right\|^2\right)$$

根据式（5.50），该单元的感受野是

$$\psi(\boldsymbol{x})=\exp\left(-\frac{1}{2\sigma^2}\left\|\boldsymbol{x}-\boldsymbol{x}_j\right\|^2\right)-a$$

式中，$a<1$。$\psi(\boldsymbol{x})$ 的最小允许值为零。于是，由该式得

$$\left\|\boldsymbol{x}-\boldsymbol{x}_j\right\|=\sigma\sqrt{2\log\left(\frac{1}{a}\right)}$$

因此，可以证明高斯函数 $\varphi(\boldsymbol{x},\boldsymbol{x}_i)$ 的感受野由一个关于球状点 $\boldsymbol{x}_i$ 中心对称的多维曲面定义。感受野的球状对称特征源于高斯函数本身。

图5.7描述了这种曲面的两种特殊情况：

1. 一维感受野 $\psi(x)$，其中输入x的定义域为闭区间 $[(x_i-\sigma\sqrt{2\log(1/a)}),(x_i+\sigma\sqrt{2\log(1/a)})]$，如图5.7(a)所示。

2. 二维感受野 $\psi(\boldsymbol{x})$，其中输入 $\boldsymbol{x}$ 的定义域是中心为 $\boldsymbol{x}_i=[x_{i,1},x_{i,2}]^{\mathrm{T}}$、半径为 $\sigma\sqrt{2\log(1/a)}$ 的圆盘，如图 5.7(b)所示。

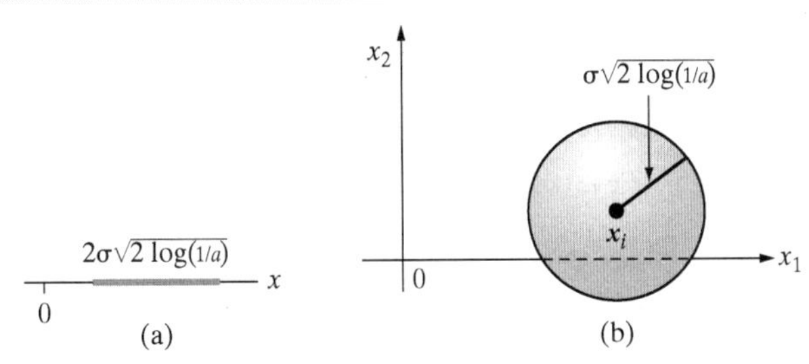

图5.7　两种具体情形下感受野概念的图示：(a)一维情形；(b)二维情形

5.9.2　高斯函数作为核的解释

高斯函数 $\varphi(\boldsymbol{x},\boldsymbol{x}_j)$ 的另一个重要方面是它可被解释为核，后者是统计学文献中广泛使用的术语，但它正被越来越多地用于机器学习文献中。

考虑一个依赖于输入向量 $\boldsymbol{x}$ 的函数，其中心是欧氏空间的原点。将这个函数表述为一个核 $k(\boldsymbol{x})$ 的基本条件是，该函数具有类似于与随机变量的概率密度函数相关的如下性质。

性质1　核 $k(\boldsymbol{x})$ 是 $\boldsymbol{x}$ 的连续有界实函数，且关于原点对称，在原点处达到最大值。

性质2　核 $k(\boldsymbol{x})$ 的曲面下的总体积为1，即对于一个m维向量 $\boldsymbol{x}$ 有

$$\int_{\mathbb{R}^m} k(\boldsymbol{x})\mathrm{d}\boldsymbol{x}=1$$

除了比例因子，对于位于原点的中心 $\boldsymbol{x}_j$，高斯函数 $\varphi(\boldsymbol{x},\boldsymbol{x}_j)$ 满足这两个性质。对于非零值的 $\boldsymbol{x}_j$，除了 $\boldsymbol{x}_j$ 取代原点的事实，性质1和2仍然成立。

正是因为高斯函数被解释为核，本章的标题中才使用了术语“核方法”。

5.10　核回归及其与RBF网络的关系

5.3节介绍的RBF网络理论建立在插值概念的基础上。本节采用另一个观点——核回归，它建立在密度估计的概念上。

具体来说，考虑一个定义如下的非线性回归模型：

$$y_i=f(\boldsymbol{x}_i)+\varepsilon(i),\quad i=1,2,\cdots,N \tag{5.51}$$

式中，$\varepsilon(i)$ 是均值为零、方差为 σ_ε^2 的加性白噪声项。为避免混淆，我们使用符号 y_i（而非前面的 d_i）来表示模型输出。作为未知回归函数 $f(\boldsymbol{x})$ 的合理估计，可以取点 $\boldsymbol{x}$ 附近的观测值（模型输出 y 的值）的平均值。然而，要使这种方法成功，局部平均值应限制为点 $\boldsymbol{x}$ 的小邻域（感受野）内的观测值，因为一般来说，对应于远离 $\boldsymbol{x}$ 的点的观测值具有不同的平均值。更准确地说，未知函数 $f(\boldsymbol{x})$ 等于给定回归量 $\boldsymbol{x}$ 的观测值 y 的条件均值，如下所示：

$$f(\boldsymbol{x})=\mathbb{E}[y\mid\boldsymbol{x}]=\int_{-\infty}^{\infty} y\,p_{Y|\boldsymbol{x}}(y\mid\boldsymbol{x})\mathrm{d}y \tag{5.52}$$

式中，$p_{Y|\boldsymbol{x}}(y\mid\boldsymbol{x})$ 是随机向量 $\boldsymbol{X}$ 被赋予值 $\boldsymbol{x}$ 后，随机变量 Y 的条件概率密度函数（pdf）。根据概率论，我们有

$$p_{Y|\boldsymbol{X}}(y\mid\boldsymbol{x})=\frac{p_{\boldsymbol{X}|Y}(\boldsymbol{x}\mid y)}{p_{\boldsymbol{X}}(\boldsymbol{x})} \tag{5.53}$$

式中，$p_{\boldsymbol{X}}(\boldsymbol{x})$ 是 $\boldsymbol{X}$ 的概率密度函数，$p_{\boldsymbol{X},Y}(\boldsymbol{x},y)$ 是 $\boldsymbol{X}$ 和 Y 的联合概率密度函数。将式（5.53）代入式（5.52）得到回归函数：

$$f(\boldsymbol{x})=\int_{-\infty}^{\infty} y p_{\boldsymbol{X},Y}(\boldsymbol{x},y)\mathrm{d}y \Big/ p_{\boldsymbol{X}}(\boldsymbol{x}) \tag{5.54}$$

值得特别关注的是，联合概率密度函数 $p_{\boldsymbol{X},Y}(\boldsymbol{x},y)$ 未知且所能做的只是训练样本 $\{(\boldsymbol{x}_i,y_i)\}_{i=1}^{N}$ 的情形。为了估计 $p_{\boldsymbol{X},Y}(\boldsymbol{x},y)$ 和 $p_{\boldsymbol{X}}(\boldsymbol{x})$，可以使用一个非参数估计量，或者使用大家熟知的Parzen-Rosenblatt密度估计量（Rosenblatt, 1956, 1970; Parzen, 1962）。这个估计量公式的基础是核 $k(\boldsymbol{x})$ 的可用性。假设观测值 $\boldsymbol{x}_1,\boldsymbol{x}_2,\cdots,\boldsymbol{x}_N$ 是统计独立同分布的，则可将 $f_{\boldsymbol{x}}(\boldsymbol{x})$ 的Parzen-Rosenblatt密度估计正式定义为

$$\hat{p}_{\boldsymbol{X}}(\boldsymbol{x})=\frac{1}{Nh^{m_0}}\sum_{i=1}^{N}k\left(\frac{\boldsymbol{x}-\boldsymbol{x}_i}{h}\right),\quad \boldsymbol{x}\in\mathbb{R}^{m_0} \tag{5.55}$$

式中，平滑参数 h 是一个正数，称为带宽，简称宽度；h 控制核的大小。Parzen–Rosenblatt密度估计量的一个重要性质是，若 $h=h(N)$ 被选为 N 的函数，则它是一个一致估计量（渐近无偏）：

$$\lim_{N\to\infty} h(N)=0$$

于是有

$$\lim_{N\to\infty}\mathbb{E}\left[\hat{p}_{\boldsymbol{X}}(\boldsymbol{x})\right]=p_{\boldsymbol{X}}(\boldsymbol{x})$$

为了使后一个方程成立，$\boldsymbol{x}$ 必须是 $\hat{p}_{\boldsymbol{X}}(\boldsymbol{x})$ 的一个连续点。

与式（5.55）相似，可将联合概率密度函数 $p_{\boldsymbol{X},Y}(\boldsymbol{X},y)$ 的Parzen-Rosenblatt密度估计表述为

$$\hat{p}_{\boldsymbol{X},Y}(\boldsymbol{x},y)=\frac{1}{Nh^{m_0+1}}\sum_{i=1}^{N}k\left(\frac{\boldsymbol{x}-\boldsymbol{x}_i}{h}\right)k\left(\frac{y-y_i}{h}\right),\quad \boldsymbol{x}\in\mathbb{R}^{m_0}\text{和}y\in\mathbb{R} \tag{5.56}$$

$\hat{p}_{\boldsymbol{X},Y}(\boldsymbol{x},y)$ 关于 y 积分，得到式（5.55）中的 $\hat{p}_{\boldsymbol{X}}(\boldsymbol{x})$。此外，

$$\int_{-\infty}^{\infty} y\hat{p}_{\boldsymbol{X},Y}(\boldsymbol{x},\boldsymbol{y})\mathrm{d}y=\frac{1}{Nh^{m_0+1}}\sum_{i=1}^{N}k\left(\frac{\boldsymbol{x}-\boldsymbol{x}_i}{h}\right)\int_{-\infty}^{\infty} yk\left(\frac{y-y_i}{h}\right)\mathrm{d}y$$

通过设 $\xi=(y-y_i)/h$ 来改变积分变量，并使用核 $k(\cdot)$ 的性质2得

$$\int_{-\infty}^{\infty} y\hat{p}_{\boldsymbol{X},Y}(\boldsymbol{x},y)\mathrm{d}y=\frac{1}{Nh^{m_0}}\sum_{i=1}^{N}y_i k\left(\frac{\boldsymbol{x}-\boldsymbol{x}_i}{h}\right) \tag{5.57}$$

因此，通过分别利用式（5.57）和式（5.55）作为式（5.54）的分子和分母中的量的估计，消除共同项后，得到回归函数 $f(\boldsymbol{x})$ 的估计为

$$F(\boldsymbol{x})=\hat{f}(\boldsymbol{x})=\sum_{i=1}^{N}y_i k\left(\frac{\boldsymbol{x}-\boldsymbol{x}_i}{h}\right)\Big/\sum_{j=1}^{N}k\left(\frac{\boldsymbol{x}-\boldsymbol{x}_j}{h}\right) \tag{5.58}$$

为表述清晰，分母中用 j 代替 i 来作为求和序号。

考查式（5.58）中逼近函数 $F(\boldsymbol{x})$ 的方法有如下两种。

1．Nadaraya-Watson回归估计。对于第一种观点，定义归一化加权函数

$$W_{N,i}(\boldsymbol{x})=k\left(\frac{\boldsymbol{x}-\boldsymbol{x}_i}{h}\right)\Big/\sum_{j=1}^{N}k\left(\frac{\boldsymbol{x}-\boldsymbol{x}_j}{h}\right),\quad i=1,2,\cdots,N \tag{5.59}$$

其中，

$$\sum_{i=1}^{N}W_{N,i}(\boldsymbol{x})=1\text{，}\quad\text{所有}\boldsymbol{x} \tag{5.60}$$

然后，可将式（5.58）中的核回归估计简写为

$$F(\boldsymbol{x})=\sum_{i=1}^{N}W_{N,i}(\boldsymbol{x})y_i \tag{5.61}$$

它将 $F(\boldsymbol{x})$ 描述为观测值 $\{y_i\}_{i=1}^{N}$ 的加权平均。式（5.61）中给出的加权函数 $W_N(\boldsymbol{x},i)$ 由Nadaraya(1964)和Watson(1964)独立提出。因此，式（5.61）中的逼近函数通常称为Nadaraya-Watson回归估计量（NWRE）。

2. 归一化RBF网络。对于第二种观点，假设核 $k(\boldsymbol{x})$ 是球面对称的，于是可设

$$k\left(\frac{\boldsymbol{x}-\boldsymbol{x}_i}{h}\right)=k\left(\frac{\|\boldsymbol{x}-\boldsymbol{x}_i\|}{h}\right),\quad 所有i \tag{5.62}$$

式中，$\|\cdot\|$ 表示封闭向量的欧氏范数（Krzyzak et al., 1996）。相应地，定义归一化径向基函数为

$$\psi_N(\boldsymbol{x},\boldsymbol{x}_i)=k\left(\frac{\|\boldsymbol{x}-\boldsymbol{x}_i\|}{h}\right)\Bigg/\sum_{j=1}^{N}k\left(\frac{\|\boldsymbol{x}-\boldsymbol{x}_j\|}{h}\right),\quad i=1,2,\cdots,N \tag{5.63}$$

式中，

$$\sum_{i=1}^{N}\psi_N(\boldsymbol{x},\boldsymbol{x}_i)=1,\quad 所有\ \boldsymbol{x} \tag{5.64}$$

$\psi_N(\boldsymbol{x},\boldsymbol{x}_i)$ 中的下标 N 表示使用归一化。

对于第二种观点考虑的回归问题，用于基本函数 $\psi_N(\boldsymbol{x},\boldsymbol{x}_i)$ 的线性权重 w_i 是输入数据 $\boldsymbol{x}_i$ 的回归模型的观测值 y_i。因此，令

$$y_i=w_i,\quad i=1,2,\cdots,N$$

就可将式（5.58）中的逼近函数写为如下的一般形式：

$$F(\boldsymbol{x})=\sum_{i=1}^{N}w_i\psi_N(\boldsymbol{x},\boldsymbol{x}_i) \tag{5.65}$$

式（5.65）代表归一化RBF网络的输入-输出映射（Moody and Darken, 1989; Xu et al., 1994）。注意到

$$0\leqslant\psi_N(\boldsymbol{x},\boldsymbol{x}_i)\leqslant 1,\quad 所有\boldsymbol{x}和\boldsymbol{x}_{\mathrm{i}} \tag{5.66}$$

因此，$\psi_N(\boldsymbol{x},\boldsymbol{x}_i)$ 可解释为由输入向量 $\boldsymbol{x}$ 描述的事件以 $\boldsymbol{x}_i$ 为条件的概率。

式（5.63）中的归一化径向基函数 $\psi_N(\boldsymbol{x},\boldsymbol{x}_i)$ 与一般径向基函数的不同之处是，$\psi_N(\boldsymbol{x},\boldsymbol{x}_i)$ 有一个构成归一化因子的分母。这个归一化因子是对输入向量 $\boldsymbol{x}$ 的概率密度函数的估计。因此，基函数 $\psi_N(\boldsymbol{x},\boldsymbol{x}_i), i=1,2,\cdots,N$ 对所有 $\boldsymbol{x}$ 求和的结果为1，如式（5.64）所示。

5.10.1 多元高斯分布

一般来说，可以选择各种核函数。然而，理论和实际因素限制了这种选择。广泛使用的核函数是多元高斯分布

$$k(\boldsymbol{x})=\frac{1}{(2\pi)^{m_0/2}}\exp\left(-\|\boldsymbol{x}\|^2/2\right) \tag{5.67}$$

式中，m_0 是输入向量$\boldsymbol{x}$的维数。$k(\boldsymbol{x})$ 在式（5.67）中明显具有球对称性。假设使用相同的带宽 σ，它在高斯分布中起平滑参数h的作用，且以数据点 $\boldsymbol{x}_i$ 为核函数的中心，则有

$$k\left(\frac{\boldsymbol{x}-\boldsymbol{x}_i}{h}\right)=\frac{1}{(2\pi\sigma^2)^{m_0/2}}\exp\left(-\frac{\|\boldsymbol{x}-\boldsymbol{x}_i\|^2}{2\sigma^2}\right),\quad i=1,2,\cdots,N \tag{5.68}$$

因此，使用式（5.68），可将Nadaraya-Watson回归估计写为

$$F(\boldsymbol{x})=\sum_{i=1}^{N}y_i\exp\left(-\frac{\|\boldsymbol{x}-\boldsymbol{x}_i\|^2}{2\sigma^2}\right)\Bigg/\sum_{j=1}^{N}\exp\left(-\frac{\|\boldsymbol{x}-\boldsymbol{x}_j\|^2}{2\sigma^2}\right) \tag{5.69}$$

式中，分母项表示Parzen–Rosenblatt密度估计器，它由N个以数据点$\boldsymbol{x}_1,\boldsymbol{x}_2,\cdots,\boldsymbol{x}_N$为中心的多元高斯分布之和组成（Specht, 1991）。

相应地，将式（5.63）代入式（5.68）和式（5.65），可得归一化RBF网络的输入–输出映射函数为

$$F(\boldsymbol{x})=\sum_{i=1}^{N}w_i\exp\left(-\frac{\|\boldsymbol{x}-\boldsymbol{x}_i\|^2}{2\sigma^2}\right)\Bigg/\sum_{j=1}^{N}\exp\left(-\frac{\|\boldsymbol{x}-\boldsymbol{x}_j\|^2}{2\sigma^2}\right) \tag{5.70}$$

在式（5.69）和式（5.70）中，归一化径向基函数的中心与数据点$\{\boldsymbol{x}_i\}_{i=1}^N$重合。对于普通径向基函数，可以使用数量较少的归一化径向基函数，它们的中心是可以根据一些启发选择的自由参数（Moody and Darken, 1989），或者按第7章中讨论的原则确定。

5.11 小结和讨论

本章重点讨论了多层感知器的替代方案——径向基函数（RBF）网络。就像第4章中讨论的多层感知器一样，RBF网络本身就是一个通用逼近器（Sandberg and Xu, 1997a, 1997b）。它们之间的基本结构差异可总结如下：

在多层感知器中，函数近似定义为一组嵌套的加权和；而在RBF网络中，近似则定义为单个加权和。

5.11.1 设计考虑

RBF网络的设计可以遵循数学上优雅的插值理论。然而，从实践角度看，这种设计方法有两个缺陷。首先，训练样本可能带有噪声，这可能使RBF网络产生误导性结果。其次，当训练样本数很大时，使用具有与训练样本相同大小的隐藏层的RBF网络会浪费计算资源。

设计RBF网络的一种更实用的方法是，遵循5.5节到5.7节描述的混合学习过程。基本上，该过程分两个阶段进行：

- 阶段1应用K均值聚类算法以无监督方式训练隐藏层。一般来说，聚类数和隐藏层中计算单元的个数应明显小于训练样本数。
- 阶段2应用递归最小二乘（RLS）算法来计算线性输出层的权重向量。

这种两阶段的设计方法有两个理想的特点：计算简单和加速收敛。

5.11.2 实验结果

5.8节中介绍的双月构形问题的计算机实验结果表明，混合“K均值RLS”分类器可提供令人印象深刻的性能。比较该实验的结果与下一章讨论的使用支持向量机（SVM）的相同实验的结果发现，这两个分类器的性能非常相似。然而，与SVM相比，“K均值RLS”分类器的收敛速度更快，且对计算工作量的要求更低。

值得注意的是，Rifkin(2002)使用一组玩具示例，对线性可分模式的类别详细比较了RLS和SVM分类器。下面是其实验结果：

- RLS和SVM分类器表现出了几乎相同的性能。
- 它们都容易受到训练样本中异常值的影响。

Rifkin(2002)还用两个不同的数据集对图像分类进行了实验：

- 美国邮政服务（USPS）手写数据集，由7291个训练样本和2007个测试样本组成。训练集包含6639个负样本和652个正样本，测试集包含1807个负样本和200个正样本。
- 麻省理工学院识别集，被称为“人脸”。训练集包含2429个人脸和4548个非人脸，测试集包含572个人脸和23573个非人脸。

对于USPS数据集，据报道，非线性RLS分类器在整个受试者工作特性（ROC）曲线范围内的表现与SVM一样好或者更好。使用单个网络输出时，ROC曲线对变化的决策阈值画出了真阳性率和假阳性率的关系图；术语“率”是指分类概率的另一种方式。对“人脸”测试产生了不同的结果，SVM的表现明显优于非线性RLS分类器。对于另一组设计参数，它们的性能接近。还应指出的是（Rifkin, 2002），设计非线性RLS分类器的隐藏层时使用的策略，与本章中考虑的K均值聚类算法的非常不同。

对于本书中的双月构形实验和Rifkin(2002)报告的广泛实验，包含两个方面：

1. RLS算法在信号处理和控制理论的文献中得到了充分研究（Haykin, 2002; Goodwin and Sin, 1984），但在机器学习文献中几乎完全被忽略，除了Rifkin(2002)和少数其他文献。
2. 需要使用真实世界的数据集进行更广泛的实验，得出关于基于RLS算法（用于其输出层的设计）和SVM的RBF网络在性能、收敛速度和计算复杂度方面的明确结论。

5.11.3 核回归

本章研究的另一个重要主题是核回归，它建立在密度估计的概念之上，重点讨论了一种称为Parzen-Rosenblatt密度估计的非参数估计器，它的公式依赖于核的可用性。这项研究引出了考察根据非线性回归模型定义的近似函数的两种观点：Nadaraya-Watson回归估计器和归一化RBF网络。对于这两者，多变量高斯分布都为核提供了很好的选择。

注释和参考文献

1. 径向基函数是在求解实多变量插值问题时首次被提出的。这方面的早期工作见Powell(1985)。如今，它是数值分析研究的主要方向之一。Broomhead and Lowe(1988)首先将径向基函数用于神经网络设计。Poggio and Girosi(1990a)在径向基函数网络的理论与设计方面也做出了重大贡献，强调将正则化理论应用于这类神经网络，以提高对新数据的泛化能力；正则化理论将在第10章中详细讨论。
2. Cover定理的证明来自两个基本考虑（Cover, 1965）：
   - Schlafli定理或函数计数定理，它指出位于欧氏空间中一般位置的N个向量的均匀线性可分二分性的数量等于

$$C(N,m_1)=2\sum_{m=0}^{m_1-1}\binom{N-1}{m}$$

   若m_1上的每个子集或少数向量都是线性无关的，则m_1维欧氏空间中的集合$\mathcal{H}=\{\boldsymbol{x}_i\}_{i=1}^{N}$处于一般位置。
   - $\mathcal{H}$的联合概率分布的反射不变性，它指出一个随机二分性可分的概率（在$\mathcal{H}$条件下）等于$\mathcal{H}$的一个特定二分（N个向量都属于一个类别）的非条件概率。

Cameron(1960)、Joseph(1960)和Winder(1961)以不同的形式独立证明了函数计数定理，并将其应用到了感知器的特定配置（线性阈值单元）。Cover(1968)使用该定理评估一个感知器网络的能力，即可调参数估计，其下界为 $N/(1+\log N)$，其中 N 是输入模式的数量。

3. 聚类问题的探讨见Theodoridis and Koutroumbas(2003)、Duda et al.(2001)和Fukunaga(1990)。

K均值算法的命名见MacQueen(1967)，该文献将K均值算法作为一种统计聚类过程进行研究，包括算法的收敛性。此前，Foregey(1962)曾在讨论聚类时提出过这个想法。

Ding and He(2004)介绍了聚类K均值算法和数据简化的主成分分析之间的有趣关系。特别地，在K均值聚类中，主成分表示聚类成员指标的连续（松弛）解。这两种观点某种程度上是一致的，因为数据的聚类也是数据简化的一种形式，但两者都以无监督方式进行。主成分分析将在第8章中介绍。

在涉及向量量化的通信文献中，K均值算法称为广义Lloyd算法，它是Lloyd在贝尔实验室于1957年未发表的报告中首先提出的。多年后的1982年，Lloyd的报告正式出版。

4. Fisher的线性判别。式（5.26）定义的代价函数是类内协方差（分散）矩阵的迹（Theodoridis and Koutroumbas, 2003）。要理解这句话的含义，考虑由如下内积定义的变量 y：

$$y = \boldsymbol{w}^{\mathrm{T}}\boldsymbol{x} \tag{A}$$

向量 $\boldsymbol{x}$ 取自两个类别 $\mathcal{C}_1$ 和 $\mathcal{C}_2$ 之一，这两个类别由均值 $\boldsymbol{\mu}_1$ 和 $\boldsymbol{\mu}_2$ 分开，$\boldsymbol{w}$ 为可调参数。这两个类别之间的Fisher判别准则定义为

$$J(\boldsymbol{w}) = \frac{\boldsymbol{w}^{\mathrm{T}}\boldsymbol{C}_b\boldsymbol{w}}{\boldsymbol{w}^{\mathrm{T}}\boldsymbol{C}_t\boldsymbol{w}} \tag{B}$$

式中，$\boldsymbol{C}_b$ 是类间协方差矩阵，它定义为

$$\boldsymbol{C}_b = (\boldsymbol{\mu}_2 - \boldsymbol{\mu}_1)(\boldsymbol{\mu}_2 - \boldsymbol{\mu}_1)^{\mathrm{T}} \tag{C}$$

$\boldsymbol{C}_t$ 是总类内协方差矩阵，它定义为

$$\boldsymbol{C}_t = \sum_{n\in\mathcal{C}_1}(\boldsymbol{x}_n - \boldsymbol{\mu}_1)(\boldsymbol{x}_n - \boldsymbol{\mu}_1)^{\mathrm{T}} + \sum_{n\in\mathcal{C}_2}(\boldsymbol{x}_n - \boldsymbol{\mu}_2)(\boldsymbol{x}_n - \boldsymbol{\mu}_2)^{\mathrm{T}} \tag{D}$$

类内协方差矩阵 $\boldsymbol{C}_t$ 与训练样本的样本协方差矩阵成比例，是对称非负定的，且当训练样本数很大时，通常是非奇异的。类间协方差矩阵 $\boldsymbol{C}_b$ 也是对称非负定和和奇异的。我们感兴趣的性质是矩阵乘积 $\boldsymbol{C}_b\boldsymbol{w}$ 总在差分均值向量 $\boldsymbol{\mu}_1 - \boldsymbol{\mu}_2$ 的方向上。这个性质直接来自 $\boldsymbol{C}_b$ 的定义。

定义 $J(\boldsymbol{w})$ 的表达式称为广义瑞利商。最大化 $\boldsymbol{J}(\boldsymbol{w})$ 的向量 $\boldsymbol{w}$ 必须满足条件

$$\boldsymbol{C}_b\boldsymbol{w} = \lambda\boldsymbol{C}_t\boldsymbol{w} \tag{E}$$

式中，λ 是比例因子。式（E）是广义特征值问题。矩阵乘积 $\boldsymbol{C}_b\boldsymbol{w}$ 总在差分均值向量 $\boldsymbol{\mu}_1 - \boldsymbol{\mu}_2$ 的方向上，因此求得式（E）的解为

$$\boldsymbol{w} = \boldsymbol{C}_t^{-1}(\boldsymbol{\mu}_1 - \boldsymbol{\mu}_2) \tag{F}$$

这称为Fisher线性判别（Duda et al., 2001）。取式（D）所示类内协方差矩阵 $\boldsymbol{C}_t$ 的迹，我们确实发现式（5.26）所示的代价函数是这个协方差矩阵的迹。

5. 本文关于K均值算法描述的两步优化过程类似于EM算法的两步优化，其中第一步是求期望，用 E 表示，第二步是最大化，用 M 表示。EM 算法是从最大似然计算的基础上发展起来的，详见第11章。

6. 在文献中，RLS是第2章讨论的正则化最小二乘算法和本章讨论的递归最小二乘算法的缩写。从相关讨论的背景中，我们通常就能辨别出这两种算法。

7. 关于5.6节中总结的RLS算法的经典内容，详见Diniz(2002)和Haykin(2002)。

8. RBF网络的混合学习过程已有不同的文献介绍过，且对该过程的两个阶段使用了不同的算法，详见Moody and Darken(1989)和Lippman(1989b)。

9. 式（5.52）的条件均值估计器也是最小均方估计器；这种说法的证明见第14章中的注释7，它是在贝叶斯

估计理论下给出的。

10．关于Parzen-Rosenblatt密度估计器的渐近无偏证明，参见Parzen(1962)和Cacoullos(1966)。

11．Nadaraya-Watson回归估计器在统计学文献中已有广泛研究。广义上讲，非参数函数估计在统计学中占有重要地位，详见Härdle(1990)和Roussas(1991)。

习题

Cover定理

5.1 如5.2节所示，学习式（5.5）的最好方法是设 $N=\lambda m_1$ 以将其归一化。使用这种归一化，画出 $N=1,5,15$ 和25时 $P(\lambda m_1, m_1)$ 与 λ 的关系图，进而验证该节中式（5.5）的两个特征。

5.2 参阅5.2节，指出Cover定理的优缺点。

5.3 图5.1(b)中的例子描绘了一个球面可分的二维空间。假设分离曲面外的4个数据点位于一个圆上，分离曲面内的唯一数据点位于分离曲面的中心。使用以下方法研究数据点样本是如何非线性变换的。

(a) 多二次函数

$$\varphi(x)=(x^2+1)^{1/2}$$

(b) 逆多二次函数

$$\varphi(x)=(x^2+1)^{-1/2}$$

*K*均值聚类

5.4 考虑式（5.26）中定义的代价函数的如下修正：

$$J(\boldsymbol{\mu}_j)=\sum_{j=1}^{K}\sum_{i=1}^{N}w_{ij}\left\|\boldsymbol{x}_i-\boldsymbol{\mu}_j\right\|^2$$

在该函数中，加权因子 w_{ij} 定义如下：

$$w_{ij}=\begin{cases}1, & \text{数据集}\boldsymbol{x}_i\text{ 位于聚类}j\text{ 中}\\ 0, & \text{其他}\end{cases}$$

证明该代价函数的最小化解是

$$\hat{\boldsymbol{\mu}}_j=\sum_{i=1}^{N}w_{ij}\boldsymbol{x}_i\Big/\sum_{i=1}^{N}w_{ij},\quad j=1,2,\cdots,K$$

如何解释该公式的分子和分母中的表达式？将你的两个答案与正文关于聚类的结论进行比较。

递归最小二乘算法

5.5 本题采用矩阵 $\boldsymbol{P}$ 的统计解释，其中矩阵$\boldsymbol{P}$定义为相关矩阵 $\boldsymbol{R}$ 的逆矩阵。

(a) 使用线性回归模型

$$d_i=\boldsymbol{w}^{\mathrm{T}}\boldsymbol{\phi}_i+\varepsilon_i,\quad i=1,2,\cdots,N$$

证明 $\boldsymbol{w}$ 的最小二乘优化估计为

$$\hat{\boldsymbol{w}}=\boldsymbol{w}+(\boldsymbol{\Phi}^{\mathrm{T}}\boldsymbol{\Phi})^{-1}\boldsymbol{\Phi}^{\mathrm{T}}\boldsymbol{\varepsilon}$$

式中，

$$\boldsymbol{\Phi}=\begin{bmatrix}\boldsymbol{\phi}_1^{\mathrm{T}}\\ \boldsymbol{\phi}_2^{\mathrm{T}}\\ \vdots\\ \boldsymbol{\phi}_N^{\mathrm{T}}\end{bmatrix},\qquad \boldsymbol{\varepsilon}=[\varepsilon_1,\varepsilon_2,\cdots,\varepsilon_N]^{\mathrm{T}}$$

假设误差 ε_i 是方差为 σ^2 的白噪声过程的样本。

(b) 证明协方差矩阵

$$\mathbb{E}[(\boldsymbol{w}-\hat{\boldsymbol{w}})(\boldsymbol{w}-\hat{\boldsymbol{w}})^{\mathrm{T}}]=\boldsymbol{\sigma}^2\boldsymbol{R}^{-1}=\boldsymbol{\sigma}^2\boldsymbol{P}$$

式中，

$$\boldsymbol{R}=\sum_{i=1}^{N}\boldsymbol{\phi}_i\boldsymbol{\phi}_i^{\mathrm{T}}$$

5.6 正则化代价函数为

$$\mathcal{E}_{\mathrm{av}}(\boldsymbol{w})=\frac{1}{2}\sum_{i=1}^{N}(d(i)-\boldsymbol{w}^{\mathrm{T}}\boldsymbol{\phi}(i))^2+\frac{1}{2}\lambda\|\boldsymbol{w}\|^2$$

执行如下操作：

(a) 如5.6节小结的那样，证明附加的正则化项 $\frac{1}{2}\lambda\|\boldsymbol{w}\|^2$ 对RLS算法的组成没有任何影响。

(b) 引入正则化项的唯一效果是将输入数据的相关矩阵的表达式修改为

$$\boldsymbol{R}(n)=\sum_{i=1}^{n}\boldsymbol{\phi}(i)\boldsymbol{\phi}^{\mathrm{T}}(i)+\lambda\boldsymbol{I}$$

式中，$\boldsymbol{I}$ 是单位矩阵。验证相关矩阵的新公式 $\boldsymbol{R}(n)$，并证明引入正则化得到的实际好处。

5.7 第3章讨论了自适应滤波的LMS算法，比较递归最小二乘（RLS）算法和LMS算法的优缺点。

RBF网络的监督训练

5.8 基于高斯的RBF网络的输入-输出关系由下式定义：

$$y(i)=\sum_{j=1}^{K}w_j(n)\exp\left(-\tfrac{1}{2\sigma^2(n)}\|\boldsymbol{x}(i)-\boldsymbol{u}_j(n)\|^2\right),\quad i=1,2,\cdots,n$$

式中，$\boldsymbol{\mu}_j(n)$ 是第 j 个高斯单元的中心点，宽度 $\sigma(n)$ 为所有 K 个单元共有，$w_j(n)$ 是分配给第 j 个单元的输出的线性权重；所有这些参数都在时间n度量。用于训练网络的代价函数为

$$\mathcal{E}=\frac{1}{2}\sum_{i=1}^{n}e^2(i)$$

式中，$e(i)=d(i)-y(i)$。代价函数 $\mathcal{E}$ 是输出层中线性权重的凸函数，但相对于高斯单元的中心和宽度是非凸的。

(a) 对所有 i，计算代价函数相对于网络参数 $w_j(n)$，$\boldsymbol{\mu}_j(n)$ 和 $\sigma(n)$ 的偏导数。

(b) 使用(a)问得到的梯度表示所有网络参数的更新公式，分别假设网络的可调参数的学习率参数为 η_w,η_μ和η_σ。

(c) 梯度向量 $\partial\mathcal{E}/\boldsymbol{\mu}_j(n)$ 对输入数据的影响类似于聚类，证明这一说法。

核估计

5.9 假设有一个无噪声训练样本 $\{f(\boldsymbol{x}_i)\}_{i=1}^{N}$，要求是设计一个网络以泛化被加性噪声破坏而不包含在训练集中的样本。设 $F(\boldsymbol{x})$ 是由这个网络实现的近似函数，选择该函数使得期望的平方误差

$$J(F)=\frac{1}{2}\sum_{i=1}^{N}\int_{\mathbb{R}^{m_0}}[f(\boldsymbol{x}_i)-F(\boldsymbol{x}_i,\xi)]^2 f_{\xi}(\xi)\mathrm{d}\xi$$

最小，其中 $f_{\xi}(\xi)$ 是输入空间 $\mathbb{R}^{m_0}$ 中噪声分布的概率密度函数，证明该最小二乘问题的解为（Webb, 1994）：

$$F(\boldsymbol{x})=\sum_{i=1}^{N}f(\boldsymbol{x}_i)f_{\xi}(\boldsymbol{x}-\boldsymbol{x}_i)\Big/\sum_{i=1}^{N}f_{\xi}(\boldsymbol{x}-\boldsymbol{x}_i)$$

将该估计量与Nadaraya-Watson回归估计量进行比较。

计算机实验

5.10 这个计算机实验的目的是研究由K均值算法执行的聚类过程。为了深入了解这个实验，我们将聚类的数量固定为$K=6$，但改变图1.8中双月之间的垂直距离。具体来说，要求是使用1000个未标记训练样本执行以下操作，从图1.8所示的两个双月区域中随机选取数据点：

(a) 对从$d=1$开始的8个均匀间隔的垂直间隔序列，每次将垂直间隔减1，直到最终间隔$d=-6$，通过实验确定均值$\hat{\boldsymbol{\mu}}_j$和方差$\hat{\sigma}_j^2, j=1,2,\cdots,6$：

(b) 根据(a)问的结果，讨论聚类j的均值$\hat{\boldsymbol{\mu}}_j$受减小间隔$d=1,2$和3的影响。

(c) 画出$j=1,2,\cdots,6$时方差$\hat{\sigma}_j^2$与间距d的关系图。

(d) 比较经验公式（5.49）计算的σ^2与(c)问中的曲线图中显示的趋势。

5.11 这个实验的目的是比较两种混合学习算法的分类性能：5.8节研究的“K均值RLS”算法和本题中讨论的“K均值LMS”算法。

如5.8节中那样，假设有以下参数：隐藏高斯单元数，20；训练样本数，1000个数据点；测试样本数，2000个数据点。令LMS算法的学习率参数从0.6线性退化到0.01。

(a) 当图1.8中双月之间的垂直间隔$d=-5$时，用“K均值LMS”算法构建决策边界。

(b) 当$d=-6$时，重复这一实验。

(c) 比较用“K均值LMS”算法得到的结果与5.8节中介绍的“K均值RLS”算法的结果。

(d) 比较一般性情况下“K均值LMS”算法与“K均值RLS”算法的复杂度。

第6章　支持向量机

支持向量机是所有核学习方法中最有代表性的一种机器学习算法。本章中的各节安排如下：

- 6.1节为引言；6.2节介绍如何构建简单线性可分模式的最优超平面；6.3节介绍在线性不可分模式情形下如何构建最优超平面。
- 6.4节引入内积核的概念，进而构建用于查看学习算法的框架，包括构建支持向量机作为一种核方法，同时介绍广泛使用的概念——核技巧；6.5节小结支持向量机的设计理念；6.6节重新讨论异或（XOR）问题；6.7节介绍模式分类问题的计算机实验。
- 6.8节介绍ε不敏感代价函数的概念；6.9节讨论如何使用该函数解决回归问题；6.10节介绍表示定理，该定理详细说明了Mercer核上下文中的近似函数。
- 6.11节对本章进行总结和讨论。

6.1　引言

第4章介绍了使用反向传播算法训练的多层感知器，这种算法的优点是简单，但是收敛速度慢，且缺乏最优性。第5章介绍了一种前馈网络，即径向基函数网络，其主要思想源于插值定理，然后描述了两阶段网络设计的次优过程。本章讨论另一类前馈网络——支持向量机（Support Vector Machines，SVMs）。

本质上，支持向量机是一种优秀的二进制学习机。要了解支持向量机的工作原理，最简单且容易的方式是从模式分类的可分模式开始。在此背景下，支持向量机的工作原理可概括如下：

> *给定训练样本，支持向量机构建一个超平面作为决策面，构建方式是使得正样本和负样本之间的分隔距离最大。*

处理更复杂的线性不可分模式时，可适当扩展该算法的基本思想。

开发支持向量机学习算法的核心是，支持向量$\boldsymbol{x}_i$和从输入空间中抽取的向量$\boldsymbol{x}$之间的内积核。最重要的是，支持向量是由算法从训练样本中抽取的小部分数据点构成的子集。事实上，正是由于这个核心性质，构建支持向量机时涉及的学习算法也称*核方法*。然而，与第5章中介绍的次优核方法不同，对支持向量机的设计来说，核方法是最优的，这种最优性源于凸优化，但支持向量机的这个理想性质是以增大计算复杂度为代价的。

与第4章和第5章讨论的设计过程一样，支持向量机可用于求解模式分类和非线性回归问题，在求解复杂的模式分类问题时更有优势。

6.2　线性可分模式的最优超平面

考虑训练样本$\{(\boldsymbol{x}_i,d_i)\}_{i=1}^N$，其中$\boldsymbol{x}_i$是输入模式的第$i$个样本，$d_i$是对应的期望响应（目标输出）。首先，设由子集$d_i=+1$和$d_i=-1$表示的模式（类别）线性可分，则超平面的决策面方程为

$$\boldsymbol{w}^{\mathrm{T}}\boldsymbol{x}+b=0 \tag{6.1}$$

式中，$\boldsymbol{x}$是输入向量，$\boldsymbol{w}$是可调权重向量，b是偏置。于是，有

$$\begin{aligned}\boldsymbol{w}^{\mathrm{T}}\boldsymbol{x}_i+b\geqslant 0,\quad & d_i=+1\\ \boldsymbol{w}^{\mathrm{T}}\boldsymbol{x}_i+b<0,\quad & d_i=-1\end{aligned} \tag{6.2}$$

为便于说明支持向量机的基本思想，这里假设模式是线性可分的；在6.3节中，这个假设将继续放宽。对于给定的权重向量 $\boldsymbol{w}$ 和偏置 b，由式（6.1）定义的超平面与最近数据点之间的距离称为分隔距离，记为 ρ。支持向量机的目标是找到一个特殊的超平面，使得该超平面的分隔距离 ρ 最大。这时，决策面称为最优超平面。图6.1中显示了二维输入空间中最优超平面的几何结构。

设 $\boldsymbol{w}_o$ 和 b_o 分别表示权重向量和偏置的最优值。相应地，在输入空间中表示多维线性决策面的最优超平面为

$$\boldsymbol{w}_o^{\mathrm{T}}\boldsymbol{x} + b_o = 0 \tag{6.3}$$

它是式（6.1）的改写。判别函数（Duda and Hart, 1973）

$$g(\boldsymbol{x}) = \boldsymbol{w}_o^{\mathrm{T}}\boldsymbol{x} + b_o \tag{6.4}$$

是从 $\boldsymbol{x}$ 到最优超平面的距离的代数度量。了解这一点的简单方法是将 $\boldsymbol{x}$ 表示为

$$\boldsymbol{x} = \boldsymbol{x}_p + r\,\boldsymbol{w}_o/\|\boldsymbol{w}_o\|$$

式中，$\boldsymbol{x}_p$ 是 $\boldsymbol{x}$ 在最优超平面上的正投影，r 是期望的代数距离；若 $\boldsymbol{x}$ 在最优超平面的正面，则 r 为正值，否则 r 为负值。由定义 $g(\boldsymbol{x}_p) = 0$，可以推出

$$g(\boldsymbol{x}) = \boldsymbol{w}_o^{\mathrm{T}}\boldsymbol{x} + b_o = r\|\boldsymbol{w}_o\|$$

或者等效地推出

$$r = g(\boldsymbol{x})/\|\boldsymbol{w}_o\| \tag{6.5}$$

特别地，从原点（$\boldsymbol{x} = \boldsymbol{0}$）到最优超平面的距离为 $b_o/\|\boldsymbol{w}_o\|$。若 $b_o > 0$，则原点在最优超平面的正面；若 $b_o < 0$，则原点在最优超平面的反面；若 $b_o = 0$，则最优超平面通过原点。这些代数结果的几何解释如图6.2所示。

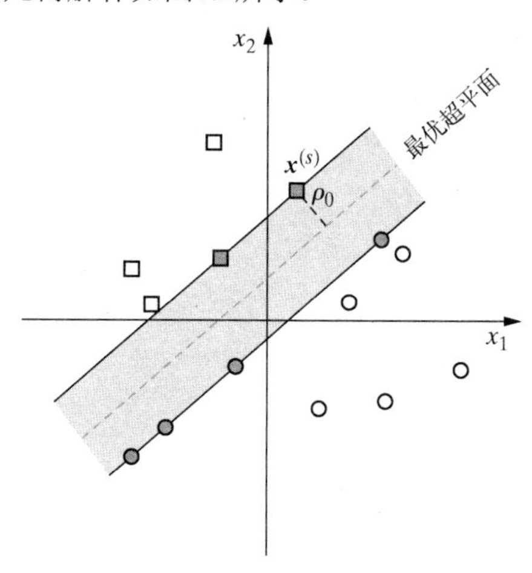

图 6.1　线性可分模式的最优超平面思想示意图：灰色阴影表示的点是支持向量

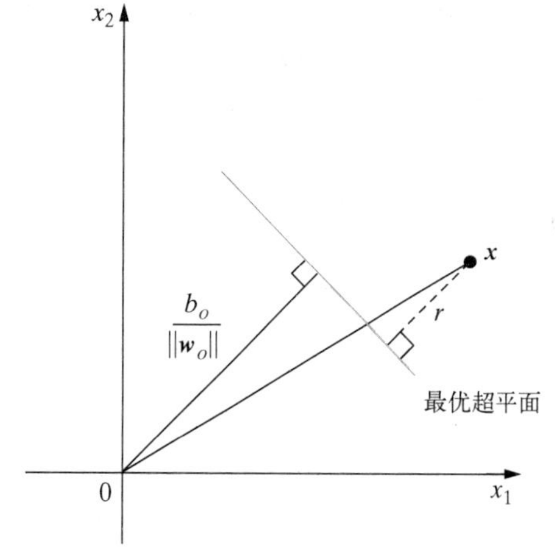

图 6.2　二维情形下点到最优超平面的代数距离的几何解释

现在的问题是，对给定的数据集 $\mathcal{T} = \{(\boldsymbol{x}_i, d_i)\}$，求出最优超平面的参数 $\boldsymbol{w}_o$ 和 b_o。根据图6.2描绘的结果，可知 $(\boldsymbol{w}_o, b_o)$ 必定满足下面的约束：

$$\begin{aligned} \boldsymbol{w}_o^{\mathrm{T}}\boldsymbol{x}_i + b_o \geqslant 1, \qquad & d_i = +1 \\ \boldsymbol{w}_o^{\mathrm{T}}\boldsymbol{x}_i + b_o \leqslant -1, \qquad & d_i = -1 \end{aligned} \tag{6.6}$$

注意，若式（6.2）成立，即模式是线性可分的，则可缩放$\boldsymbol{w}_o$和b_o的值使得式（6.6）成立，注意这种缩放并不改变式（6.3）。

满足式（6.6）中第一行或第二行的等号的特殊数据点 $(\boldsymbol{x}_i, d_i)$ 称为支持向量，支持向量机因此

得名。其他训练样本点完全不重要。由于支持向量的特点，它们在这类机器学习的运行中起主导作用。概念性地说，支持向量是最靠近决策面的数据点，是最难分类的数据点。因此，它们和决策面的最优位置直接相关。

考虑对应于 $d^{(s)}=+1$ 的支持向量 $\boldsymbol{x}^{(s)}$。于是，根据定义有

$$g(\boldsymbol{x}^{(s)})=\boldsymbol{w}_o^{\mathrm{T}}\boldsymbol{x}^{(s)}+b_o=\mp 1,\qquad d^{(s)}=\mp 1 \tag{6.7}$$

由式（6.5）可知，支持向量 $\boldsymbol{x}^{(s)}$ 到最优超平面的代数距离是

$$r=\frac{g(\boldsymbol{x}^{(s)})}{\|\boldsymbol{w}_o\|}=\begin{cases}1/\|\boldsymbol{w}_o\|, & d^{(s)}=+1\\ -1/\|\boldsymbol{w}_o\|,, & d^{(s)}=-1\end{cases} \tag{6.8}$$

式中，加号表示 $\boldsymbol{x}^{(s)}$ 位于最优超平面的正面，减号表示 $\boldsymbol{x}^{(s)}$ 位于最优超平面的反面。令 ρ 表示构成训练样本 $\mathcal{T}$ 的两个类别之间的分隔距离的最优值。于是，由式（6.8）得

$$\rho=2r=2/\|\boldsymbol{w}_o\| \tag{6.9}$$

式（6.9）说明：

最大化两个类别之间的分隔距离等效于最小化权重向量 $\boldsymbol{w}$ 的欧氏范数。

总之，由式（6.3）定义的最优超平面是唯一的，而这意味着最优权重向量 $\boldsymbol{w}_o$ 提供正样本和负样本之间最大可能的分离。这个优化条件是通过最小化权重向量 $\boldsymbol{w}$ 的欧氏范数得到的。

6.2.1 求最优超平面的二次最优化

支持向量机源于凸优化理论，因此具有良好的最优性。从根本上讲，它分为如下4步：

1．求最优超平面的问题的第一步是在原始权重空间中将问题表述为约束优化问题。

2．对约束优化问题构建拉格朗日函数。

3．推导机器最优化的条件。

4．最后，在拉格朗日乘子的对偶空间中求解优化问题。

接着，我们注意到训练样本

$$\mathcal{T}=\{\boldsymbol{x}_i,d_i\}_{i=1}^{N}$$

是嵌入式（6.6）的两行约束。将这两行等式合并得

$$d_i(\boldsymbol{w}^{\mathrm{T}}\boldsymbol{x}_i+b)\geqslant 1,\qquad i=1,2,\cdots,N \tag{6.10}$$

在这样的约束下，我们将约束最优问题陈述如下：

给定训练样本 $\{(\boldsymbol{x}_i,d_i)\}_{i=1}^{N}$，求权重向量$\boldsymbol{w}$和偏置$b$的最优值，使得它们满足约束

$$d_i(\boldsymbol{w}^{\mathrm{T}}\boldsymbol{x}_i+b)\geqslant 1,\qquad i=1,2,\cdots,N$$

且权重向量 $\boldsymbol{w}$ 最小化代价函数

$$\boldsymbol{\varPhi}(\boldsymbol{w})=\tfrac{1}{2}\boldsymbol{w}^{\mathrm{T}}\boldsymbol{w}$$

为便于表述，这里加了比例因子1/2。这个约束优化问题称为原问题，其基本特点如下：

- 代价函数 $\boldsymbol{\varPhi}(\boldsymbol{w})$ 是 $\boldsymbol{w}$ 的凸函数。
- 约束在 $\boldsymbol{w}$ 中是线性的。

因此，可以使用拉格朗日乘子法来求解约束优化问题（Bertsekas, 1995）。

首先，构建拉格朗日函数

$$J(\boldsymbol{w},b,\alpha)=\frac{1}{2}\boldsymbol{w}^{\mathrm{T}}\boldsymbol{w}-\sum_{i=1}^{N}\alpha_i\left[d_i(\boldsymbol{w}^{\mathrm{T}}\boldsymbol{x}_i+b)-1\right] \tag{6.11}$$

式中，非负辅助变量 α_i 称为拉格朗日乘子。约束优化问题的解由拉格朗日函数 $J(\boldsymbol{w},b,\alpha)$ 的鞍点决定。拉格朗日函数的鞍点是根为实数的点，但符号相反；这样的奇点总是不稳定的。鞍点关于 $\boldsymbol{w}$ 和 b 必定最小化，同时关于 α 必定最大化。求 $J(\boldsymbol{w},b,\alpha)$ 关于 $\boldsymbol{w}$ 和 b 的微分并令结果为0，得到下面两个最优化条件：

$$\text{条件1：}\ \frac{\partial J(\boldsymbol{w},b,\alpha)}{\partial \boldsymbol{w}}=0\text{；}\qquad \text{条件2：}\ \frac{\partial J(\boldsymbol{w},b,\alpha)}{\partial b}=0$$

将最优化条件1代入式（6.11）所示的拉格朗日函数，整理得

$$\boldsymbol{w}=\sum_{i=1}^{N}\alpha_i d_i \boldsymbol{x}_i \tag{6.12}$$

将最优化条件2代入式（6.11）所示的拉格朗日函数得

$$\sum_{i=1}^{N}\alpha_i d_i=0 \tag{6.13}$$

解向量 $\boldsymbol{w}$ 定义为N个训练样本的展开。然而，根据拉格朗日函数的凸性，尽管这个解是唯一的，但不能认为拉格朗日乘子 α_i 也是唯一的。

同样要注意的是，对所有不满足等式的约束，相应的乘子 α_i 必须为零。换句话说，只有完全满足条件

$$\alpha_i[d_i(\boldsymbol{w}^{\mathrm{T}}\boldsymbol{x}_i+b)-1]=0 \tag{6.14}$$

的乘子才可假设是非零的，该性质是Karush-Kuhn-Tucker条件的陈述（Fletcher, 1987; Bertsekas, 1995）。

如前所述，原问题涉及凸代价函数和线性约束。给出这样一个约束优化问题后，就可构建另一个问题——对偶问题。对偶问题的最优值与原问题的相同，但由拉格朗日乘子提供最优解。特别地，可将对偶定理陈述如下（Bertsekas, 1995）：

(a) *若原问题有最优解，则对偶问题也有最优解，且对应的最优值相同。*

(b) *为了使得 $\boldsymbol{w}_o$ 是原问题的一个最优解及 α_o 是对偶问题的一个最优解，充要条件是 $\boldsymbol{w}_o$ 对原问题是可行的，且*

$$\Phi(\boldsymbol{w}_o)=J(\boldsymbol{w}_o,b_o,\alpha_o)=\min_{\boldsymbol{w}}J(\boldsymbol{w},b,\alpha)$$

为了对原问题假定对偶问题，首先逐项展开式（6.11），得到

$$J(\boldsymbol{w},b,\alpha)=\frac{1}{2}\boldsymbol{w}^{\mathrm{T}}\boldsymbol{w}-\sum_{i=1}^{N}\alpha_i d_i \boldsymbol{w}^{\mathrm{T}}\boldsymbol{x}_i-b\sum_{i=1}^{N}\alpha_i d_i+\sum_{i=1}^{N}\alpha_i \tag{6.15}$$

根据式（6.13）中的最优性条件，式（6.15）右侧的第三项为零。于是，由式（6.12）有

$$\boldsymbol{w}^{\mathrm{T}}\boldsymbol{w}=\sum_{i=1}^{N}\alpha_i d_i \boldsymbol{w}^{\mathrm{T}}\boldsymbol{x}_i=\sum_{i=1}^{N}\sum_{j=1}^{N}\alpha_i\alpha_j d_i d_j \boldsymbol{x}_i^{\mathrm{T}}\boldsymbol{x}_j$$

相应地，设目标函数为 $J(\boldsymbol{w},b,\alpha)=Q(\alpha)$，于是可将式（6.15）改写为

$$Q(\alpha)=\sum_{i=1}^{N}\alpha_i-\frac{1}{2}\sum_{i=1}^{N}\sum_{j=1}^{N}\alpha_i\alpha_j d_i d_j \boldsymbol{x}_i^{\mathrm{T}}\boldsymbol{x}_j \tag{6.16}$$

式中，α_i 是非负的。注意，已将符号 $J(\boldsymbol{w},b,\alpha)$ 改为 $Q(\alpha)$，以反映从原问题到其对偶问题的变换。

现在，可将对偶问题陈述如下：

给定训练样本 $T=\{(x_i,d_i)\}_{i=1}^{N}$，求最大化如下目标函数的拉格朗日乘子 $\{\alpha_i\}_{i=1}^{N}$：

$$Q(\alpha)=\sum_{i=1}^{N}\alpha_i-\frac{1}{2}\sum_{i=1}^{N}\sum_{j=1}^{N}\alpha_i\alpha_j d_i d_j \boldsymbol{x}_i^{\mathrm{T}}\boldsymbol{x}_j$$

约束为

$$（1）\sum_{i=1}^{N}\alpha_i d_i=0；\qquad （2）\alpha_i\geqslant 0,\quad i=1,2,\cdots,N$$

与式（6.11）中基于拉格朗日算子的原问题不同，式（6.16）中定义的对偶问题完全以训练数据为基础。此外，将被最大化的函数 $Q(\alpha)$ 仅取决于形式为一组点积的输入模式：

$$\{\boldsymbol{x}_i^{\mathrm{T}}\boldsymbol{x}_j\}_{i,j=1}^{N}$$

一般来说，支持向量构成训练样本的子集，这意味着解是稀疏的。也就是说，对于 α 非零的所有支持向量，对偶问题的约束（2）是以不等号形式满足的；而对于训练样本 α 为零的其他点，约束是以等号形式满足的。相应地，确定用 $\alpha_{o,i}$ 表示的最优拉格朗日乘子后，就可用式（6.12）计算最优权重向量 $\boldsymbol{w}_o$，

$$\boldsymbol{w}_o=\sum_{i=1}^{N_s}\alpha_{o,i}d_i\boldsymbol{x}_i \tag{6.17}$$

式中，N_s 是拉格朗日乘子 $\alpha_{o,i}$ 非零的支持向量的个数。为了计算偏置 b_o，使用 $\boldsymbol{w}_o$ 和式（6.7）得

$$b_o=1-\boldsymbol{w}_o^{\mathrm{T}}\boldsymbol{x}^{(s)}=1-\sum_{i=1}^{N_s}\alpha_{o,i}d_i\boldsymbol{x}_i^{\mathrm{T}}\boldsymbol{x}^{(s)},\qquad d^{(s)}=1 \tag{6.18}$$

回顾可知，支持向量 $\boldsymbol{x}^{(s)}$ 对应于训练样本中拉格朗日乘子 $\alpha_{o,i}$ 非零的任意点 $(\boldsymbol{x}_i,d_i)$。从数值（实际）角度看，最好在所有支持向量（所有非零拉格朗日乘子）上平均式（6.18）。

6.2.2 最优超平面的统计性质

在支持向量机中，通过约束权重向量 $\boldsymbol{w}$ 的欧氏范数，可对一组分隔超平面施加一个结构。具体地说，可以陈述下面的定理（Vapnik, 1995, 1998）：

令 D 表示包括所有输入向量 $\boldsymbol{x}_1,\boldsymbol{x}_2,\cdots,\boldsymbol{x}_N$ 的最小球体的直径。由方程

$$\boldsymbol{w}_o^{\mathrm{T}}\boldsymbol{x}+b_o=0$$

定义的一组最优超平面有一个 VC 维数 h 的上界：

$$h\leqslant\min\left\{\left\lceil D^2/\rho^2\right\rceil,m_0\right\}+1 \tag{6.19}$$

式中，符号 $\lceil\cdot\rceil$ 表示大于或等于所含数值的最小整数，ρ 是等于 $2/\|\boldsymbol{w}_o\|$ 的分隔距离，m_0 是输入空间的维数。

如第4章中所述，Vapnik-Chervonenkis维数（简称VC维数）是空间函数复杂度的度量。上面这个定理告诉我们，可以尝试正确选择分隔距离 ρ 来控制最优超平面的VC维数（复杂度），而与输入空间的维数 m_0 无关。

于是，我们假设有一个由分隔超平面组成的嵌套结构：

$$S_k=\left\{\boldsymbol{w}^{\mathrm{T}}\boldsymbol{x}+b:\ \|\boldsymbol{w}\|^2\leqslant c_k\right\},\qquad k=1,2,\cdots \tag{6.20}$$

根据式（6.19）定义的VC维数h的上界，式（6.20）中描述的嵌套结构可通过分隔距离改写为下面的等效形式：

$$S_k=\left\{\left\lceil r^2/\rho^2\right\rceil+1:\rho^2\geqslant a_k\right\},\qquad k=1,2,\cdots \tag{6.21}$$

式中，a_k 和 c_k 都是常数。

式（6.20）说明最优超平面是使正样本和负样本之间的分隔距离达到最大的平面。等效地，式（6.21）说，最优超平面的构建是通过最小化权重向量 $\boldsymbol{w}$ 的欧氏范数实现的。从某种意义上说，上述方程强化了我们根据式（6.9）得到的结论。

6.3 不可分模式的最优超平面

到目前为止，我们关注的都是线性可分模式。本节考虑更复杂的不可分模式。给定训练数据的一个样本后，构建无分类误差的分隔超平面是不可能的。然而，我们还是希望找到一个最优超平面，使在整个训练样本上平均的分类误差的概率最小。

类别之间的分隔距离称为**软距离**，如果数据点 $(\boldsymbol{x}_i, d_i)$ 不满足如下条件［见式（6.10）］：

$$d_i(\boldsymbol{w}^{\mathrm{T}}\boldsymbol{x}_i + b) \geqslant +1, \qquad i = 1, 2, \cdots, N$$

条件不满足在如下两种情形之一出现：

- 数据点 $(\boldsymbol{x}_i, d_i)$ 落在分隔区域内决策面的正确一侧，如图6.3(a)所示。
- 数据点 $(\boldsymbol{x}_i, d_i)$ 落在分隔区域内决策面的错误一侧，如图6.3(b)所示。

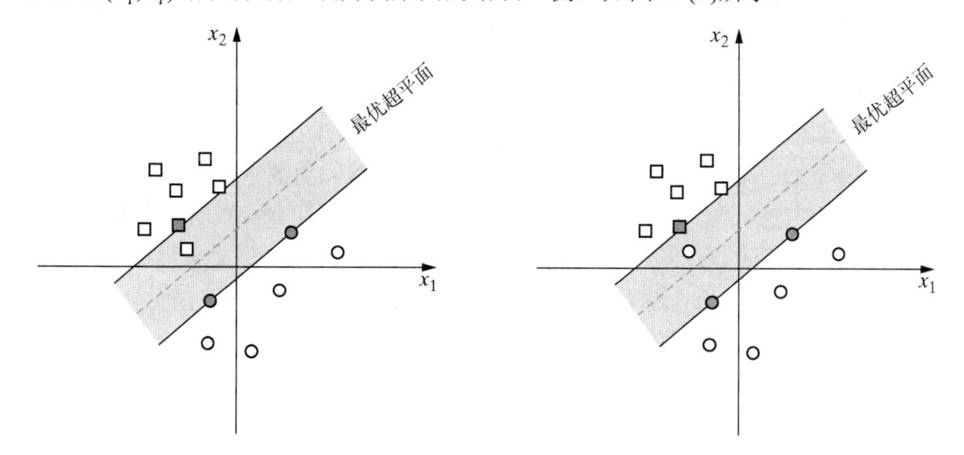

图 6.3　软距离超平面：(a)数据点 $\boldsymbol{x}_i$（属于类别 $\mathcal{C}_1$，用小方块表示）落在分隔区域内决策面的正确一侧；(b)数据点 $\boldsymbol{x}_i$（属于类别 $\mathcal{C}_2$，用小圆圈表示）落在决策面的错误一侧

注意，第一种情形下的分类是正确的，而第二种情形下的分类是错误的。

为了处理不可分数据点，在分隔超平面（决策面）的定义中引入一组非负的新标量变量 $\{\xi_i\}_{i=1}^{N}$：

$$d_i(\boldsymbol{w}^{\mathrm{T}}\boldsymbol{x}_i + b) \geqslant 1 - \xi_i, \qquad i = 1, 2, \cdots, N \tag{6.22}$$

式中，ξ_i 称为**松弛变量**，用于度量数据点与理想模式可分性条件之间的偏差。当 $0 < \xi_i \leqslant 1$ 时，数据点落入分隔区域内部，但在决策面的正确一侧，如图6.3(a)所示。

当 $\xi_i > 1$ 时，数据点落入分隔超平面的错误一侧，如图6.3(b)所示。观察发现，支持向量是那些精确满足式（6.22）的特殊数据点，即使 $\xi_i > 0$。此外，满足 $\xi_i = 0$ 的点也是支持向量。注意，若对应 $\xi_i > 0$ 的一个样本位于训练集之外，则决策面将改变。因此，对线性可分和不可分的情形，支持向量的定义方式完全相同。

我们的目的是找到一个分隔超平面，使在训练集上平均的误分类误差最小。为此，我们关于权重向量 $\boldsymbol{w}$ 最小化泛函

$$\Phi(\xi) = \sum_{i=1}^{N} I(\xi_i - 1)$$

满足式（6.22）中描述的约束及对$\|\boldsymbol{w}\|^2$的约束。函数$I(\xi)$是一个定义如下的指标函数：

$$I(\xi) = \begin{cases} 0, & \xi \leqslant 0 \\ 1, & \xi > 0 \end{cases}$$

遗憾的是，$\Phi(\xi)$关于$\boldsymbol{w}$的最小化是一个非凸优化问题，即它是NP完全的。

为了使优化问题数学上易于理解，我们按如下方式逼近泛函$\Phi(\xi)$：

$$\Phi(\xi) = \sum_{i=1}^{N} \xi_i$$

此外，为了简化计算，我们将泛函关于权重向量$\boldsymbol{w}$最小化的公式写为

$$\Phi(\boldsymbol{w}, \xi) = \frac{1}{2}\boldsymbol{w}^{\mathrm{T}}\boldsymbol{w} + C\sum_{i=1}^{N} \xi_i \tag{6.23}$$

最小化式（6.23）中的第一项同样与支持向量机的VC维数有关，第二项$\sum_i \xi_i$则是测试错误数量的上界。参数C控制机器的复杂度与不可分离点数量的平衡，因此也被视为正则化参数的倒数。当参数C选得较大时，表明支持向量机的设计人员对训练样本$\mathcal{T}$的质量信心充足，而当参数C选得较小时，则表明训练样本$\mathcal{T}$中存在噪声而对其信心不足。

无论如何，参数C必须由用户选择。参数C可通过使用训练（验证）样本实验确定，这属于粗略形式的重采样；第7章中将讨论使用交叉验证来优化选择正则化参数（$1/C$）。

在任何情况下，对式（6.22）描述的约束和$\xi_i \geqslant 0$，泛函$\Phi(\boldsymbol{w}, \xi)$都关于$\boldsymbol{w}$和$\{\xi_i\}_{i=1}^{N}$优化。这样做时，$\boldsymbol{w}$的平方范数被视为关于不可分点联合最小化的量，而非对不可分点数的最小化施加的约束。

线性可分模式的优化问题是上述不可分模式的优化问题的一个特例。具体地讲，在式（6.22）和式（6.23）中对所有i设$\xi_i = 0$，就可将它们化简为对应的线性可分情形。

现在可以正式地将不可分情形下的原问题陈述如下：

给定训练样本$\{x_i, d_i\}_{i=1}^{N}$，求权重向量$\boldsymbol{w}$和偏置b的最优值，使它们满足约束

$$d_i(\boldsymbol{w}^{\mathrm{T}}\boldsymbol{x}_i + b) \geqslant 1 - \xi_i, \qquad i = 1, 2, \cdots, N \tag{6.24}$$

$$\xi_i \geqslant 0, \qquad 所有i \tag{6.25}$$

并且权重向量$\boldsymbol{w}$和松弛变量ξ_i最小化代价函数

$$\Phi(\boldsymbol{w}, \xi) = \frac{1}{2}\boldsymbol{w}^{\mathrm{T}}\boldsymbol{w} + C\sum_{i=1}^{N} \xi_i \tag{6.26}$$

式中，C是由用户指定的一个正参数。

使用拉格朗日乘子法，按类似于6.2节介绍的方式处理，可将不可分模式的对偶问题表述如下（见习题6.3）：

给定训练样本$\{\boldsymbol{x}_i, d_i\}_{i=1}^{N}$，求最大化如下目标函数的拉格朗日乘子$\{\alpha_i\}_{i=1}^{N}$：

$$Q(\alpha) = \sum_{i=1}^{N} \alpha_i - \frac{1}{2}\sum_{i=1}^{N}\sum_{j=1}^{N} \alpha_i \alpha_j d_i d_j \boldsymbol{x}_i^{\mathrm{T}} \boldsymbol{x}_j \tag{6.27}$$

约束为

（1）$\sum_{i=1}^{N} \alpha_i d_i = 0$；　　（2）$0 \leqslant \alpha_i \leqslant C, \qquad i = 1, 2, \cdots, N$

式中，C是由用户指定的一个正参数。

注意，松弛变量 ξ_i 及其拉格朗日乘子都不出现在对偶问题中。除了少量但重要的差别，不可分模式的对偶问题与线性可分模式的基本情况相似。在这两种情况下，待最大化的目标函数 $Q(\alpha)$ 是相同的。不可分情况和可分情况的差别是，约束 $\alpha_i \geqslant 0$ 被替换为更严格的约束 $0 \leqslant \alpha_i \leqslant C$。除了这一变化，不可分情况的约束优化问题及权重向量$\boldsymbol{w}$和偏置b的最优值计算过程，与线性可分情形下的一样。还要注意的是，支持向量的定义方式与之前完全相同。

6.3.1　无界支持向量

对给定的参数C，满足条件 $0 < \alpha_i < C$ 的点 $(\boldsymbol{x}_i, d_i)$ 称为无界支持向量或自由支持向量。当 $\alpha_i = C$ 时，有

$$d_i F(\boldsymbol{x}_i) \leqslant 1, \quad \alpha_i = C$$

式中，$F(\boldsymbol{x}_i)$ 是由输入 $\boldsymbol{x}_i$ 的支持向量机实现的逼近函数。另一方面，当 $\alpha_i = 0$ 时，有

$$d_i F(\boldsymbol{x}_i) \geqslant 1, \quad \alpha_i = 0$$

因此，对无界支持向量有

$$d_i F(\boldsymbol{x}_i) = 1$$

遗憾的是，逆命题并不成立；也就是说，即使对特定数据点 $(\boldsymbol{x}_i, d_i)$ 有 $d_i F(\boldsymbol{x}_i) = 1$，这个条件也不能告诉我们关于对应拉格朗日乘子 α_i 的任何事情。

因此，通过支持向量机求解模式分类问题时，存在明显退化的可能性（弱化的最优化条件）。于是，我们说完全满足分隔距离要求的点 $(\boldsymbol{x}_i, d_i)$ 对相应 α_i 的可能值没有限制。

Rifkin(2002)认为，无界支持向量的数量是决定支持向量机训练难易程度的主要原因。

6.3.2　模式识别支持向量机的基本思想

有了为不可分模式求最优超平面的知识，就可正式描述如何为模式识别任务构建支持向量机。从根本上说，支持向量机的基本思想是图6.4所示的两种数学运算：

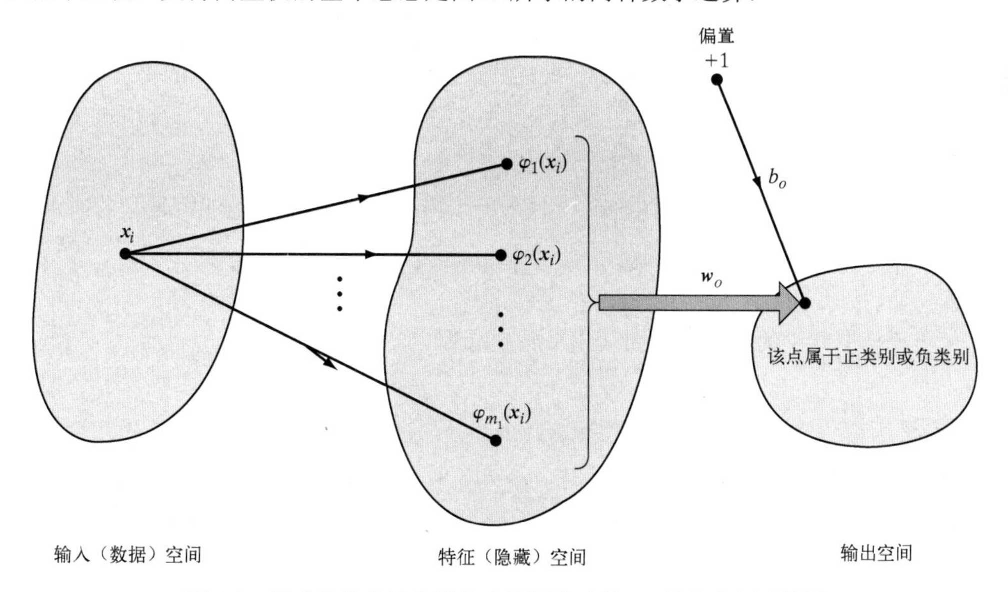

图 6.4　模式分类支持向量机中的两个映射：(i)输入空间到特征空间的非线性映射；(ii)特征空间到输出空间的线性映射

1．输入向量到高维特征空间的非线性映射，它对输入和输出都是隐藏的。

2．构建一个最优超平面以分离步骤1中发现的特征。

接下来的内容将解释这两种操作。要说明的是，支持向量的数量决定了构建图6.4所示隐藏空间的特征数量。因此，支持向量理论是确定特征（隐藏）空间优化尺寸的分析方法，可保证分类任务的最优性。

6.4 作为核机器的支持向量机

6.4.1 内积核

令$\boldsymbol{x}$是从维数为m_0的输入空间中取出的向量。令$\{\varphi_j(\boldsymbol{x})\}_{j=1}^{\infty}$表示一组非线性函数，它们将维数为$m_0$的输入空间变换到维数无限的输出空间。根据这一变换，可按如下公式将超平面定义为决策面：

$$\sum_{j=1}^{\infty} w_j \varphi_j(\boldsymbol{x}) = 0 \tag{6.28}$$

式中，$\{w_j\}_{j=1}^{\infty}$表示将特征空间变换到输出空间的无限大权重集合。在输出空间中，输入空间中的点$\boldsymbol{x}$是属于正类别还是属于负类别，由决策面决定。为便于表示，令式（6.28）中的偏置为0。使用矩阵符号，可将上式重写为

$$\boldsymbol{w}^{\mathrm{T}} \boldsymbol{\phi}(\boldsymbol{x}) = 0 \tag{6.29}$$

式中，$\boldsymbol{\phi}(\boldsymbol{x})$是特征向量，$\boldsymbol{w}$是对应的权重向量。

如6.3节所述，我们的目的是寻找特征空间中“已变换模式的线性可分性”。据此，可用权重向量将式（6.17）改写为

$$\boldsymbol{w} = \sum_{i=1}^{N_s} \alpha_i d_i \boldsymbol{\phi}(\boldsymbol{x}_i) \tag{6.30}$$

式中，特征向量表示为

$$\boldsymbol{\phi}(\boldsymbol{x}_i) = [\varphi_1(\boldsymbol{x}_i), \varphi_2(\boldsymbol{x}_i), \cdots]^{\mathrm{T}} \tag{6.31}$$

N_s是支持向量的个数。因此，将式（6.29）代入式（6.30），可将输出空间中的决策面表示为

$$\sum_{i=1}^{N_s} \alpha_i d_i \boldsymbol{\phi}^{\mathrm{T}}(\boldsymbol{x}_i) \boldsymbol{\phi}(\boldsymbol{x}) = 0 \tag{6.32}$$

观察发现，式（6.32）中的标量项$\boldsymbol{\phi}^{\mathrm{T}}(\boldsymbol{x}_i)\boldsymbol{\phi}(\boldsymbol{x})$代表一个内积。因此，这个内积项可写为标量

$$k(\boldsymbol{x}, \boldsymbol{x}_i) = \boldsymbol{\phi}^{\mathrm{T}}(\boldsymbol{x}_i) \boldsymbol{\phi}(\boldsymbol{x}) = \sum_{j=1}^{\infty} \varphi_j(\boldsymbol{x}_i) \varphi_j(\boldsymbol{x}), \quad i = 1, 2, \cdots, N_s \tag{6.33}$$

相应地，可将输出空间中的最优决策面（超平面）写为

$$\sum_{i=1}^{N_s} \alpha_i d_i k(\boldsymbol{x}, \boldsymbol{x}_i) = 0 \tag{6.34}$$

式中，函数$k(\boldsymbol{x}, \boldsymbol{x}_i)$称为内积核，简称核，其正式定义如下（Shawe-Taylor and Cristianini, 2004）：

> 核$k(\boldsymbol{x}, \boldsymbol{x}_i)$是在输入空间中嵌入两个数据点的特征向量$\boldsymbol{\phi}$的情况下，计算在特征空间中产生的像的内积的函数。

根据第5章引入的核的定义，可以说核$k(\boldsymbol{x}, \boldsymbol{x}_i)$是具有如下两个基本性质的函数。

性质1　函数$k(\boldsymbol{x}, \boldsymbol{x}_i)$关于中心点$\boldsymbol{x}_i$对称，即

$$k(\boldsymbol{x}, \boldsymbol{x}_i) = k(\boldsymbol{x}_i, \boldsymbol{x}), \text{ 所有 } \boldsymbol{x}_i$$

当 $\boldsymbol{x}=\boldsymbol{x}_i$ 时，它达到最大值。

注意，最大值不一定出现；例如，$k(\boldsymbol{x},\boldsymbol{x}_i)=\boldsymbol{x}^{\mathrm{T}}\boldsymbol{x}_i$ 作为核时没有最大值。

性质2 函数 $k(\boldsymbol{x},\boldsymbol{x}_i)$ 的曲面下的总体积是一个常数。

若适当缩放核 $k(\boldsymbol{x},\boldsymbol{x}_i)$，使得性质2下的常数为1，则其性质类似于随机变量的概率密度函数。

6.4.2 核技巧

观察式（6.34），可以得出下面两个重要的结论：

1. 就输出空间中的模式分类而言，指定核函数 $k(\boldsymbol{x},\boldsymbol{x}_i)$ 是充分的，即不需要显式计算权重向量 $\boldsymbol{w}_o$；因此，式（6.33）的应用常称核技巧。
2. 尽管我们假设特征空间可以是无限维的，但定义最优超平面的式（6.34）所示线性方程是由有限项组成的，其项数与分类器中训练模式的数量相等。

根据结论1，支持向量机也称核机器。对于模式分类，机器由一个N维向量表征，该向量的第i项是$\alpha_i d_i,\ i=1,2,\cdots,N$。我们可将核函数 $k(\boldsymbol{x}_i,\boldsymbol{x}_j)$ 视为如下 $N\times N$ 维对称矩阵的第 ij 个元素：

$$\boldsymbol{K}=\{k(\boldsymbol{x}_i,\boldsymbol{x}_j)\}_{i,j=1}^{N} \tag{6.35}$$

矩阵 $\boldsymbol{K}$ 是非负定的，称为核矩阵，也称Gram矩阵。矩阵 $\boldsymbol{K}$ 非负定或半正定是指，对任何与矩阵 $\boldsymbol{K}$ 相容的实值向量$\boldsymbol{a}$，满足条件

$$\boldsymbol{a}^{\mathrm{T}}\boldsymbol{K}\boldsymbol{a}\geqslant 0$$

6.4.3 Mercer定理

式（6.33）中展开的对称核函数 $k(\boldsymbol{x},\boldsymbol{x}_i)$ 是泛函分析中Mercer定理的一种特殊情形。Mercer定理的正式表述如下（Mercer, 1908; Courant and Hilbert, 1970）：

设$\boldsymbol{x}$是在闭区间 $\boldsymbol{a}\leqslant\boldsymbol{x}\leqslant\boldsymbol{b}$ 上定义的一个连续对称核，$\boldsymbol{x}'$ 同样如此，则核 $k(\boldsymbol{x},\boldsymbol{x}')$ 可级数展开为

$$k(\boldsymbol{x},\boldsymbol{x}')=\sum_{i=1}^{\infty}\lambda_i\varphi_i(\boldsymbol{x})\varphi_i(\boldsymbol{x}') \tag{6.36}$$

式中，对所有i，系数 λ_i 均为正。该展开式成立且绝对一致收敛的充要条件是

$$\int_b^a\int_b^a k(\boldsymbol{x},\boldsymbol{x}')\psi(\boldsymbol{x})\psi(\boldsymbol{x}')\mathrm{d}\boldsymbol{x}\mathrm{d}\boldsymbol{x}'\geqslant 0 \tag{6.37}$$

对所有 $\psi(\cdot)$ 成立，这样就有

$$\int_b^a\psi^2(\boldsymbol{x})\mathrm{d}\boldsymbol{x}<\infty \tag{6.38}$$

式中，a和b是积分常数。

函数 $\varphi_i(\boldsymbol{x})$ 称为展开式的特征函数，λ_i 称为特征值。所有特征值均为正数的事实表明核 $k(\boldsymbol{x},\boldsymbol{x}')$ 是正定的。该性质反过来表明对于权重向量 $\boldsymbol{w}$，我们能有效地求解复杂问题，详见后面的讨论。

注意，Mercer定理只告诉我们候选核在某个空间中是否为内积核，以及是否允许在支持向量机中使用，而未告诉我们如何构建函数 $\varphi_i(\boldsymbol{x})$，我们需要自己构建 $\varphi_i(\boldsymbol{x})$。不过，Mercer定理之所以重要，原因是限制了可用核的数量。式（6.33）是Mercer定理的特例，因为该展开式的所有特征值都已归一化，而这也是内积核称为Mercer核的原因。

6.5 支持向量机的设计

式（6.33）所示内积核 $k(\boldsymbol{x},\boldsymbol{x}_i)$ 的展开式允许我们构建一个决策面，它在输入空间中是非线性的，但在特征空间中的像则是线性的。有了这个展开式，就可将支持向量机的约束优化的对偶形式表述如下：

给定训练样本 $\{(\boldsymbol{x}_i,d_i)\}_{i=1}^N$，求最大化如下目标函数的拉格朗日乘子 $\{\alpha_i\}_{i=1}^N$：

$$Q(\alpha)=\sum_{i=1}^N\alpha_i-\frac{1}{2}\sum_{i=1}^N\sum_{j=1}^N\alpha_i\alpha_j d_i d_j k(\boldsymbol{x}_i,\boldsymbol{x}_j) \tag{6.39}$$

约束为

（1）$\sum_{i=1}^N\alpha_i d_i=0$；　　（2）$0\leqslant\alpha_i\leqslant C,\quad i=1,2,\cdots,N$

式中，C是由用户选定的正参数。

约束（1）在拉格朗日算子$Q(\alpha)$关于偏置b优化时产生，是式（6.13）的另一种形式。这里表述的对偶问题，形式上与在6.3节介绍的不可分模式的相同，只是内积 $\boldsymbol{x}_i^{\mathrm{T}}\boldsymbol{x}_j$ 被内积核 $k(\boldsymbol{x},\boldsymbol{x}_i)$ 代替。

6.5.1 支持向量机的例子

对核 $k(\boldsymbol{x},\boldsymbol{x}_i)$ 的要求是，它要满足Mercer定理。满足该要求后，如何选择它是有一定自由度的。表6.1中小结了支持向量机的三类通用内积核函数：多项式学习机、径向基函数网络和双层感知器。需要注意的几点如下：

1. 支持向量机的多项式核和径向基函数核通常满足Mercer定理。相比之下，双层感知器类型的支持向量机的Mercer核有一些限制，如表6.1中的最后一行所示。这一项还表明，判定给定的核是否满足Mercer定理事实上很困难。
2. 对所有三类机器，特征空间的维数由约束优化问题的解从训练数据中抽取的支持向量的数量决定。
3. 支持向量机的基本理论避免了传统径向基函数网络和多层感知器设计中所用的启发式方法。
4. 在径向基函数型支持向量机中，径向基函数的数量和它们的中心分别由支持向量的个数和支持向量的值确定。

表6.1 Mercer核小结

支持向量机类型	Mercer核 $k(\boldsymbol{x},\boldsymbol{x}_i)$，$i=1,2,\cdots,N$	说　明
多项式学习机	$(\boldsymbol{x}^{\mathrm{T}}\boldsymbol{x}_i+1)^p$	用户事先指定指数 p
径向基函数网络	$\exp\left(-\frac{1}{2\sigma^2}\lVert\boldsymbol{x}-\boldsymbol{x}_i\rVert^2\right)$	和所有核一样，由用户指定宽度 σ^2
双层感知器	$\tanh(\beta_0\boldsymbol{x}^{\mathrm{T}}\boldsymbol{x}_i+\beta_1)$	仅对 β_0 和 β_1 的某些值满足Mercer定理

图6.5显示了一个支持向量机的结构，其中m_1表示隐藏层（特征空间）的大小。

无论支持向量机如何实现，它与设计多层感知器的常规方法都有本质区别。一方面，在常规方法中，模型的复杂度是通过保留数量较少的特征（隐藏神经元）来控制的。另一方面，支持向量机为学习机的设计提供了一种解决方案，其模型复杂度与维数无关（Vapnik, 1998; Schölkopf and Smola, 2002）：

- 概念问题。有意增大特征（隐藏）空间的维数，以便在该空间中构建超平面形式的决策面。为获得更好的泛化性能，模型的复杂度通过对超平面的构建强加某些约束来控制，进而提取部分训练数据作为支持向量。

- 计算问题。使用核技巧，可避免在径向基函数网络的输出层中计算权重向量和偏置。

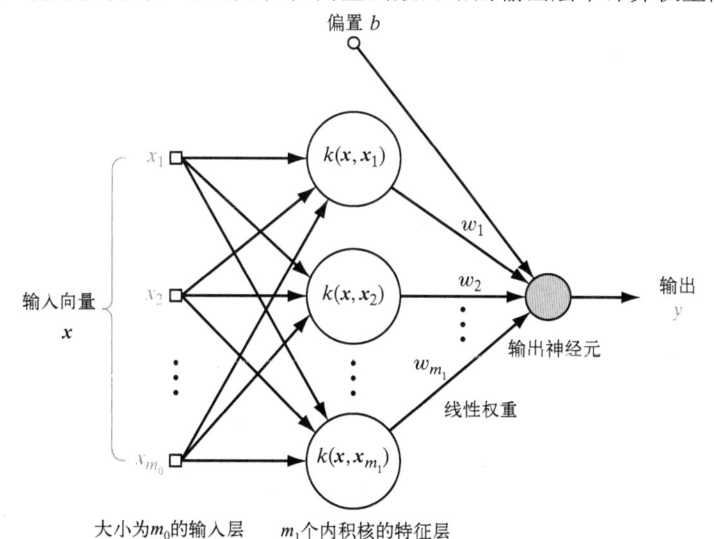

图6.5 使用径向基函数网络的支持向量机的结构

6.6 异或问题

为了说明支持向量机的设计过程，下面再次讨论在第4章和第5章中讨论过的异或（XOR）问题。表6.2中给出了4个可能状态的输入向量和期望响应。

表 6.2 XOR 问题

输入向量 x	期望响应 d
(−1,−1)	−1
(−1,+1)	+1
(+1,−1)	+1
(+1.+1)	−1

为此，将核定义为（Cherkassky and Mulier, 1998）

$$k(\boldsymbol{x},\boldsymbol{x}_i)=(1+\boldsymbol{x}^{\mathrm{T}}\boldsymbol{x}_i)^2 \tag{6.40}$$

令 $\boldsymbol{x}=[x_1,x_2]^{\mathrm{T}}$ 和 $\boldsymbol{x}_i=[x_{i1},x_{i2}]^{\mathrm{T}}$ ，可用不同阶的单项式将核 $k(\boldsymbol{x},\boldsymbol{x}_i)$ 表示为

$$k(\boldsymbol{x},\boldsymbol{x}_i)=1+x_1^2x_{i1}^2+2x_1x_2x_{i1}x_{i2}+x_2^2x_{i2}^2+2x_1x_{i1}+2x_2x_{i2} \tag{6.41}$$

因此，推导出输入向量$\boldsymbol{x}$在特征空间中的像为

$$\boldsymbol{\phi}(\boldsymbol{x})=[1,x_1^2,\sqrt{2}x_1x_2,x_2^2,\sqrt{2}x_1,\sqrt{2}x_2]^{\mathrm{T}}$$

类似地，有

$$\boldsymbol{\phi}(\boldsymbol{x}_i)=[1,x_{i1}^2,\sqrt{2}x_{i1}x_{i2},x_{i2}^2,\sqrt{2}x_{i1},\sqrt{2}x_{i2}]^{\mathrm{T}},\quad i=1,2,3,4 \tag{6.42}$$

使用式（6.35）中的定义，得到Gram矩阵为

$$\boldsymbol{K}=\begin{bmatrix}9&1&1&1\\1&9&1&1\\1&1&9&1\\1&1&1&9\end{bmatrix}$$

因此，优化的对偶形式的目标函数为［见式（6.39）］

$$\begin{aligned}Q(\alpha)=\alpha_1+\alpha_2+\alpha_3+\alpha_4-\tfrac{1}{2}(9\alpha_1^2-2\alpha_1\alpha_2-2\alpha_1\alpha_3+2\alpha_1\alpha_4+\\9\alpha_2^2+2\alpha_2\alpha_3-2\alpha_2\alpha_4+9\alpha_3^2-2\alpha_3\alpha_4+9\alpha_4^2)\end{aligned} \tag{6.43}$$

相对于4个拉格朗日乘子优化$Q(\alpha)$，得到如下方程组：

$$9\alpha_1-\alpha_2-\alpha_3+\alpha_4=1$$
$$-\alpha_1+9\alpha_2+\alpha_3-\alpha_4=1$$
$$-\alpha_1+\alpha_2+9\alpha_3-\alpha_4=1$$
$$\alpha_1-\alpha_2-\alpha_3+9\alpha_4=1$$

因此，拉格朗日乘子的最优值为

$$\alpha_{o,1}=\alpha_{o,2}=\alpha_{o,3}=\alpha_{o,4}=\tfrac{1}{8}$$

该结果表明，本例中的4个输入向量 $\{\boldsymbol{x}_i\}_{i=1}^4$ 都是支持向量。$Q(\alpha)$ 的最优值为

$$Q_o(\alpha)=\tfrac{1}{4}$$

相应地，可以写出

$$\tfrac{1}{2}\|\boldsymbol{w}_o\|^2=\tfrac{1}{4} \qquad 或 \qquad \|\boldsymbol{w}_o\|=1/\sqrt{2}$$

根据式（6.30），求得优化权重向量为

$$\boldsymbol{w}_o=\tfrac{1}{8}[-\varphi(\boldsymbol{x}_1)+\varphi(\boldsymbol{x}_2)+\varphi(\boldsymbol{x}_3)-\varphi(\boldsymbol{x}_4)]$$
$$=\frac{1}{8}\left[-\begin{bmatrix}1\\1\\\sqrt{2}\\1\\-\sqrt{2}\\-\sqrt{2}\end{bmatrix}+\begin{bmatrix}1\\1\\-\sqrt{2}\\1\\-\sqrt{2}\\\sqrt{2}\end{bmatrix}+\begin{bmatrix}1\\1\\-\sqrt{2}\\1\\\sqrt{2}\\-\sqrt{2}\end{bmatrix}-\begin{bmatrix}1\\1\\\sqrt{2}\\1\\\sqrt{2}\\\sqrt{2}\end{bmatrix}\right]=\begin{bmatrix}0\\0\\-1/\sqrt{2}\\0\\0\\0\end{bmatrix}$$

$\boldsymbol{w}_o$ 的第一个元素表示偏置b为0。最优超平面定义为

$$\boldsymbol{w}_o^{\mathrm{T}}\boldsymbol{\phi}(\boldsymbol{x})=0$$

展开内积 $\boldsymbol{w}_o^{\mathrm{T}}\boldsymbol{\phi}(\boldsymbol{x})$ 得

$$\left[0,0,\tfrac{-1}{\sqrt{2}},0,0,0\right]\left[1,x_1^2,\sqrt{2}x_1x_2,x_2^2,\sqrt{2}x_1,\sqrt{2}x_2\right]^{\mathrm{T}}=0$$

化简得

$$-x_1x_2=0$$

因此，XOR问题的多项式形式的支持向量机如图6.6(a)所示。对于 $x_1=x_2=-1$ 和与 $x_1=x_2=+1$，输出 $y=-1$；对于 $x_1=-1, x_2=+1$ 和 $x_1=+1, x_2=-1$，输出 $y=+1$。于是，XOR问题就可如图6.6(b)所示的那样求解。

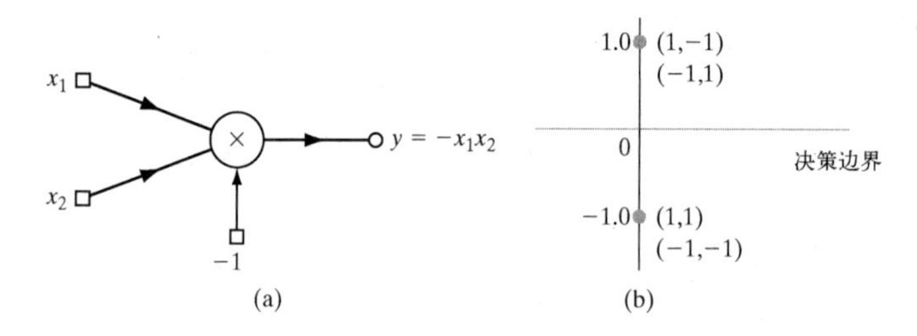

图6.6　(a)求解XOR问题的多项式机器；(b)XOR问题的4个数据点在特征空间中的像

6.7　计算机实验：模式分类

本节基于图1.8中的双月问题来讨论模式分类问题，但这次使用具有单个隐藏层的非线性支持向量机。在垂直间隔分别为 $d=-6.0$ 和 $d=-6.5$ 的不同设置下重复实验，并且两次实验中的参数C都为

无穷大。训练样本由300个样本点组成，测试样本由2000个数据点组成。训练数据的预处理方式与1.5节中的相同。

实验的第一部分对应于 $d=-6.0$ ，目的是比较SVM与第5章中用于训练RBF网络的“*K*均值RLS”算法，后者的训练误差很小。

图6.7所示为 $d=-6.0$ 时支持向量机的实验结果。图6.7(a)所示为 $d=-6.0$ 时的训练结果，显示了支持向量及由算法计算的决策边界。由这部分实验可知，使用以前从未见过的数据测试机器时，没有分类错误，如图6.7(b)所示。

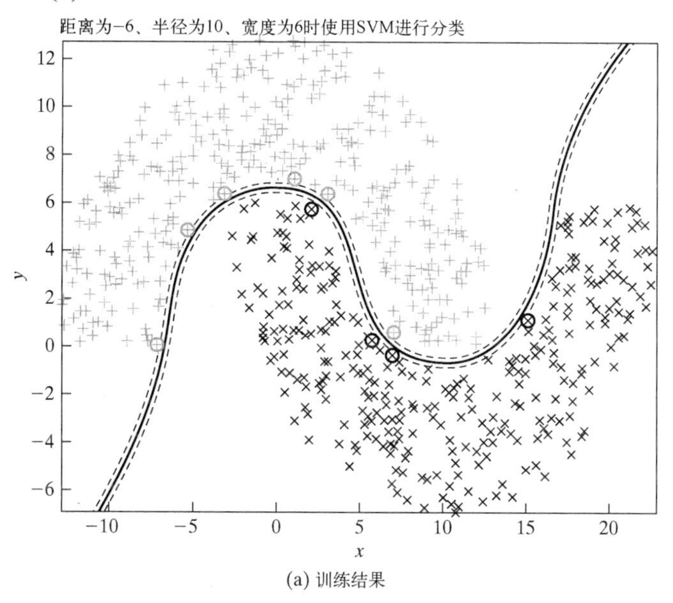

(a) 训练结果

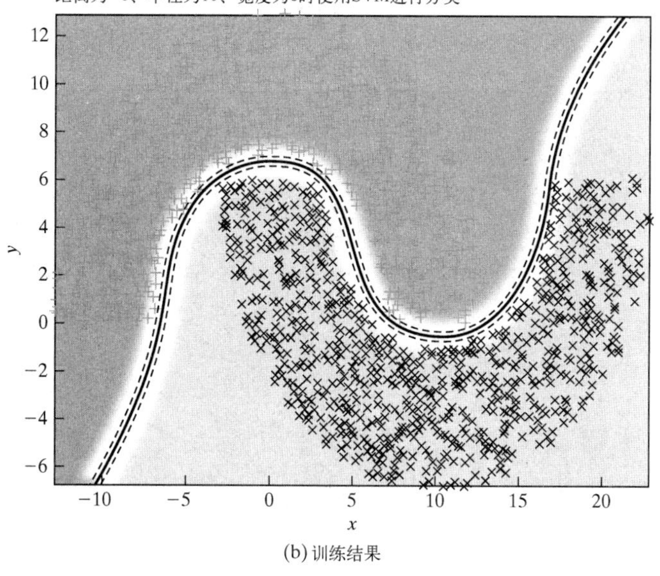

(b) 训练结果

图 6.7　距离 $d=-6$ 时图 1.8 中双月的 SVM 实验

图6.8所示为第二部分实验的结果，实验时对双月之间垂直间隔 $d=-6.5$ 的复杂场景使用了SVM。同样，图6.8(a)显示了支持向量及由算法计算的决策边界，图6.8(b)显示了相应的测试结果。

这次实验在2000个测试数据中有11个分类错误，因此分类误差为0.55%。

如前所述，两部分实验都使用了参数 $C=\infty$，在这种环境下，要考虑如下两点：

1．当 $d=-6.0$ 时，双月完全非线性可分，这可由测试数据完全没有分类误差证实，如图6.7(b)所示。

2．当 $d=-6.5$ 时，图1.8中的双月稍有重叠。因此，它们不再可分，这可由图6.8(b)中测试数据的几个分类误差证实。在第二部分实验中，并未求参数C的优化值来使分类误差最小；这个问题将在习题6.24中解决。

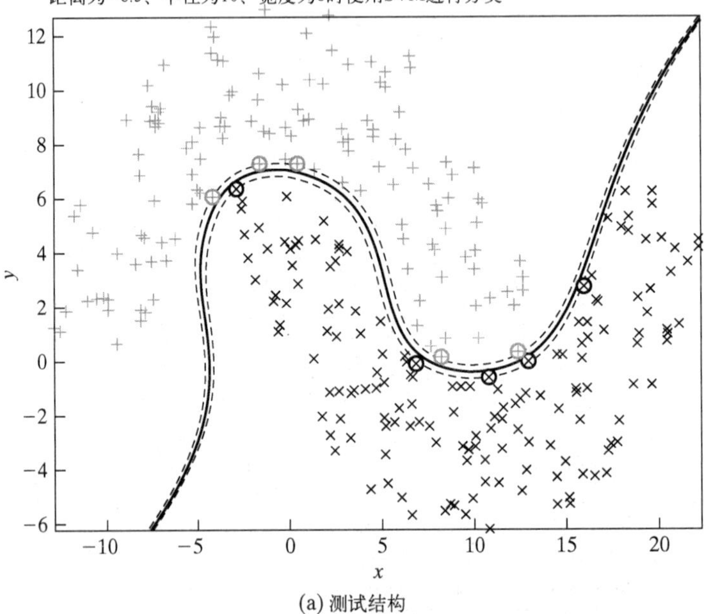

(a) 测试结构

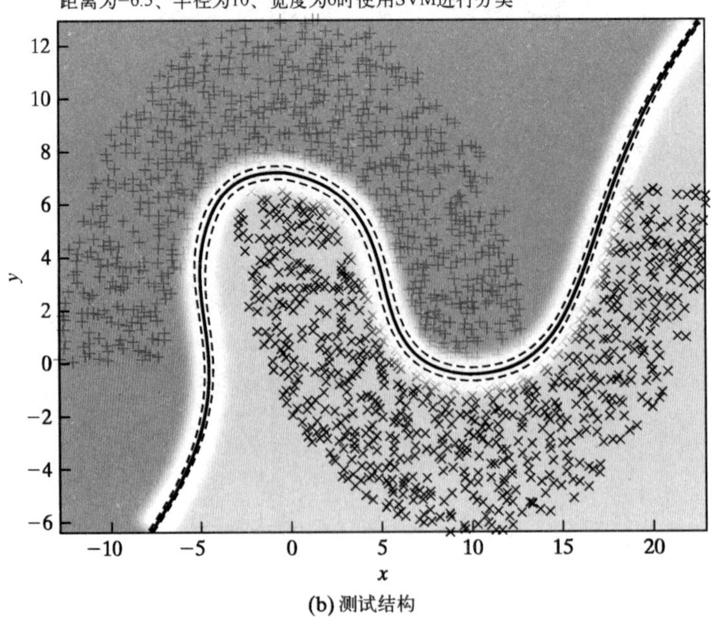

(b) 测试结构

图6.8　距离$d=-6.5$时图1.8中双月的SVM实验

6.8 回归：鲁棒性考虑

到目前为止，本章关注的都是使用支持向量机来求解模式识别任务。下面考虑使用支持向量机来解决非线性回归问题。首先讨论一个以鲁棒性为主要目标的适当优化准则问题。为实现该目标，我们需要一个对模型参数的小变化不敏感的模型。

6.8.1 ε 不敏感代价函数

当以鲁棒性作为设计目标时，应考虑到鲁棒性的所有定量度量，因为微小噪声模型的 ε 偏差可能产生最大性能退化。根据这个观点，最优鲁棒估计过程可以最小化最大性能退化，因此是一种最小最大过程（Huber, 1981）。当加性噪声的概率密度函数关于原点对称时，求解非线性回归问题的最小最大过程利用绝对误差作为被最小化的量（Huber, 1964）。也就是说，代价函数为

$$L(d,y)=|d-y| \tag{6.44}$$

式中，d 是期望响应，$y=\boldsymbol{w}^{\mathrm{T}}\boldsymbol{\phi}(\boldsymbol{x})$ 是相应的估计输出量。

为了构建支持向量机来逼近期望响应 d，可以使用式（6.44）中的扩展代价函数，它最早由Vapnik(1995, 1998)提出：

$$L_{\varepsilon}(d,y)=\begin{cases}|d-y|-\varepsilon, & |d-y|\geqslant\varepsilon \\ 0, & \text{其他}\end{cases} \tag{6.45}$$

式中，ε 是给定的参数，代价函数 $L_{\varepsilon}(d,y)$ 称为 ε 不敏感代价函数。若估计器的输出y和期望输出d的偏差的绝对值小于 ε，则它为零，否则为偏差减去 ε 的绝对值。式（6.44）中的代价函数是 ε 不敏感代价函数在 $\varepsilon=0$ 时的特殊情形，图6.9中说明了 $L_{\varepsilon}(d,y)$ 和误差 $(d-y)$ 的对应关系。

以式（6.45）中的 ε 不敏感代价函数作为鲁棒性的基础后，就可应用支持向量机理论来求解线性回归问题。

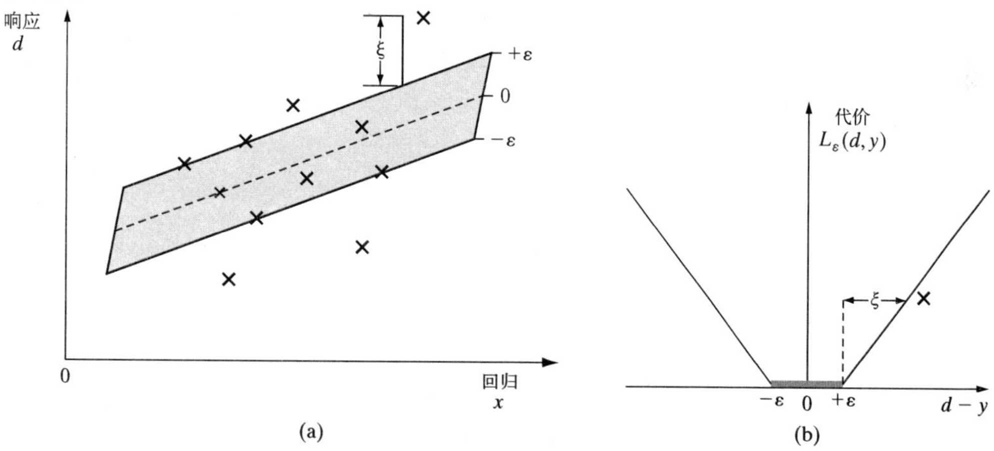

图6.9 线性回归：(a)半径为ε的ε不敏感区域，已拟合到由× 表示的数据点；(b) ε不敏感函数的相应图形

6.9 线性回归问题的最优解

考虑一个线性回归模型，其中标量 d 对回归向量 $\boldsymbol{x}$ 的依赖描述为

$$d=(\boldsymbol{w}^{\mathrm{T}}\boldsymbol{x}+b) \tag{6.46}$$

式中，参数向量 $\boldsymbol{w}$ 和偏置 b 都是未知的。现在，问题是根据给定的训练样本 $\mathcal{T}=\{\boldsymbol{x}_i,d_i\}_{i=1}^N$ 来估计 $\boldsymbol{w}$ 和 b，其中的数据是统计独立同分布的。

给定训练样本 $\mathcal{T}$ 后，考虑风险函数

$$\frac{1}{2}\|\boldsymbol{w}\|^2+C\sum_{i=1}^N|y_i-d_i|_\varepsilon \tag{6.47}$$

式中，求和是对 ε 不敏感训练误差执行的，C 是一个常数，它决定训练误差和惩罚项 $\|\boldsymbol{w}\|^2$ 之间的折中。y_i 是响应于输入样本 $\boldsymbol{x}_i$ 的估计输出。现在的需求如下：

按如下约束最小化式（6.47）中的风险函数：

$$d_i-y_i\leqslant\varepsilon+\xi_i \tag{6.48}$$

$$y_i-d_i\leqslant\varepsilon+\xi_i' \tag{6.49}$$

$$\xi_i\geqslant 0 \tag{6.50}$$

$$\xi_i'\geqslant 0 \tag{6.51}$$

式中，$i=1,2,\cdots,N$。ξ_i 和 ξ_i' 是两个非负的松弛向量，用于描述式（6.45）中的 ε 敏感代价函数。

为了求解这个优化问题中的拉格朗日乘子 α_i 和 α_i'，我们采用类似于6.2节处理线性可分模式的方式。首先，构建一个拉格朗日函数（包括约束），然后引入相应的对偶变量集。具体来说，首先写出

$$J(\boldsymbol{w},\xi,\xi_i',\alpha,\alpha',\gamma,\gamma')=\frac{1}{2}\|\boldsymbol{w}\|^2+C\sum_{i=1}^N(\xi_i+\xi_i')-\sum_{i=1}^N(\gamma_i\xi_i+\gamma_i'\xi_i')-\sum_{i=1}^N\alpha_i(\boldsymbol{w}^{\mathrm{T}}\boldsymbol{x}_i+b-d_i+\varepsilon+\xi_i)-\sum_{i=1}^N\alpha_i'(d_i-\boldsymbol{w}^{\mathrm{T}}\boldsymbol{x}_i-b+\varepsilon+\xi_i') \tag{6.52}$$

式中，α_i 和 α_i' 是拉格朗日乘子。为保证对拉格朗日乘子 α_i 和 α_i' 的最优约束是变量形式的，式(6.52)中引入了新乘子 γ_i 和 γ_i'。现在要做的是，对回归模型中的参数 $\boldsymbol{w}$ 和 b 以及松弛变量 ξ_i 和 ξ_i'，最小化式（6.52）中的拉格朗日函数。

按照上述方法进行优化，并令导数为零得

$$\hat{\boldsymbol{w}}=\sum_{i=1}^N(\alpha_i-\alpha_i')\boldsymbol{x} \tag{6.53}$$

$$\sum_{i=1}^N(\alpha_i-\alpha_i')=0 \tag{6.54}$$

$$\alpha_i+\gamma_i=C,\quad i=1,2,\cdots,N \tag{6.55}$$

$$\alpha_i'+\gamma_i'=C,\quad i=1,2,\cdots,N \tag{6.56}$$

式（6.53）中的支持向量展开按照计算得到的乘子 α_i 和 α_i' 来定义期望的参数估计 $\hat{\boldsymbol{w}}$。为了求出相应的偏置 $\hat{b}$，我们采用Karush-Kuhn-Tucker条件。根据6.2节的讨论可知，为了满足这些条件，对所有不满足等式的约束，对偶问题的相应变量必须消失。对于当前的问题，我们有两组约束：

- 第一组由式（6.48）和式（6.49）描述，对偶变量分别是 α_i 和 α_i'。
- 第二组由式（6.50）和式（6.51）描述，对偶变量分别是 γ_i 和 γ_i'；根据式（6.55）和式（6.56），有 $\gamma_i=C-\alpha_i$ 和 $\gamma_i'=C-\alpha_i'$。

相应地，根据相应的对偶变量分别对这四个约束应用Karush-Kuhn-Tucker条件得

$$\alpha_i(\varepsilon+\xi_i+d_i-y_i)=0 \tag{6.57}$$

$$\alpha_i'(\varepsilon+\xi_i'-d_i+y_i)=0 \tag{6.58}$$

$$(C-\alpha_i)\xi_i=0 \tag{6.59}$$

$$(C-\alpha_i')\xi_i'=0 \tag{6.60}$$

观察上述4个方程，可以得出下面三个重要结论：

1．式（6.59）和式（6.60）表明，$\alpha_i=C$ 和 $\alpha_i'=C$ 的样本 $(\boldsymbol{x}_i,d_i)$ 是唯一位于松弛变量 $\xi_i>0$ 和 $\xi_i'>0$ 之外的样本；这些松弛变量对应于以回归函数 $f(\boldsymbol{x})=\boldsymbol{w}^{\mathrm{T}}\boldsymbol{x}+b$ 为中心的 ε 不敏感区域之外的点［见图6.10(a)］。

2．将式（6.57）乘以 α_i'，式（6.58）乘以 α_i 后，相加得

$$\alpha_i\alpha_i'(2\varepsilon+\xi_i+\xi_i')=0$$

因此，对于任意 $\varepsilon>0$ 及 $\xi_i>0$ 和 $\xi_i'>0$，有条件

$$\alpha_i\alpha_i'=0$$

可以看出，乘子 α_i 和 α' 不可能同时非零。

3．观察式（6.59）和式（6.60）有

$$\xi_i=0,\qquad 0<\alpha_i<C$$

$$\xi_i'=0,\qquad 0<\alpha_i'<C$$

在这两个条件下，由式（6.57）和式（6.58）得

$$\varepsilon-d_i+y_i=0,\qquad 0<\alpha_i<C \tag{6.61}$$

$$\varepsilon+d_i-y_i=0,\qquad 0<\alpha_i'<C \tag{6.62}$$

现在，根据式（6.61）和式（6.62），就可计算偏置的估计 $\hat{b}$。首先，将回归函数最优估计器的输出整理为

$$y=\hat{\boldsymbol{w}}^{\mathrm{T}}\boldsymbol{x}+\hat{b}$$

对输入向量 $\boldsymbol{x}_i$，有

$$y=\hat{\boldsymbol{w}}^{\mathrm{T}}\boldsymbol{x}_i+\hat{b} \tag{6.63}$$

将式（6.63）代入式（6.61）和式（6.62），然后求解 $\hat{b}$ 得

$$\hat{b}=d_i-\hat{\boldsymbol{w}}^{\mathrm{T}}\boldsymbol{x}_i-\varepsilon,\qquad 0<\alpha_i<C \tag{6.64}$$

$$\hat{b}=d_i-\hat{\boldsymbol{w}}^{\mathrm{T}}\boldsymbol{x}_i+\varepsilon,\qquad 0<\alpha_i'<C \tag{6.65}$$

因此，根据式（6.53）求出 $\hat{\boldsymbol{w}}$ 后，由 ε 和 d_i 就可计算出偏置估计 $\hat{b}$。

对于 $\hat{b}$ 的计算，理论上可以使用位于区间 $(0,C)$ 上的任何一个拉格朗日乘子。但在实际中，使用在该区间上计算出的所有拉格朗日乘子的均值更好。

6.9.1 支持向量展开的稀疏性

由式（6.57）和式（6.58）可知，对位于 ε 不敏感区域内的所有样本，有

$$|d_i-y_i|\geqslant\varepsilon$$

在该条件下，两个等式的括号内的因子都非零；因此，为了使式（6.57）和式（6.58）同时成立（满足KKT条件），无须使用所有的 $\boldsymbol{x}_i$ 来计算 $\hat{\boldsymbol{w}}$。换句话说，式（6.53）中的支持向量展开是稀疏的。

拉格朗日乘子 α_i 和 α_i' 非零的样本定义支持向量。就式（6.53）而言，从几何角度看，位于 ε 不敏感区域内的点对解无贡献，即这些特定的点并不包含对最终解有用的信息（Schölkopf and Smola, 2002）。

6.10 表示定理和相关问题

对于核机器（包括支持向量机）的讨论，无论是线性的还是非线性的，都要通过建立表示定理才能完成。表示定理为深入理解这类重要学习机提供了很多思路。为了证明表示定理，我们首先介绍什么是希尔伯特空间，然后介绍什么是再生核希尔伯特空间。

6.10.1 希尔伯特空间

令 $\{\boldsymbol{x}_k\}_{k=1}^{\infty}$ 是内积空间 $\mathcal{F}$ 中的一组标准正交基，并假定其是无限维的。称向量 $\boldsymbol{x}_j$ 和 $\boldsymbol{x}_k$ 是标准正交的，如果它们满足条件

$$\boldsymbol{x}_j^T\boldsymbol{x}_k=\begin{cases}1, & j=k\\ 0, & 其他\end{cases} \tag{6.66}$$

式中，第一部分属于规范性，第二部分属于正交性。这样定义的空间 $\mathcal{F}$ 称为预希尔伯特空间。每个向量都有有限欧氏范数（长度）的赋范空间，是预希尔伯特空间的特例。

令 $\mathcal{H}$ 是最大且最具包容性的向量空间，无限集合 $\{\boldsymbol{x}_k\}_{k=1}^{\infty}$ 是它的一个基。于是，称不一定位于空间 $\mathcal{F}$ 中的向量

$$\boldsymbol{x}=\sum_{k=1}^{\infty}a_k\boldsymbol{x}_k \tag{6.67}$$

是由基 $\{\boldsymbol{x}_k\}_{k=1}^{\infty}$ 张成的，其中 a_k 是该表示的系数。定义新向量

$$\boldsymbol{y}_n=\sum_{k=1}^{n}a_k\boldsymbol{x}_k \tag{6.68}$$

同理，定义另一个向量 $\boldsymbol{y}_m$。当 $n>m$ 时，这两个向量之间的欧氏距离的平方为

$$\|\boldsymbol{y}_n-\boldsymbol{y}_m\|^2=\left\|\sum_{k=1}^{n}a_k\boldsymbol{x}_k-\sum_{k=1}^{m}a_k\boldsymbol{x}_k\right\|^2=\left\|\sum_{k=m+1}^{n}a_k\boldsymbol{x}_k\right\|^2=\sum_{k=m+1}^{n}a_k^2 \tag{6.69}$$

式中引用了式（6.66）中的双重正交性条件。根据式（6.69），可以推出如下公式：

1. $\sum_{k=m+1}^{n}a_k^2\to 0,\ n,m\to\infty$。
2. $\sum_{k=1}^{m}a_k^2<\infty$。

此外，对于给定的正数 ε，可以找到一个足够大的整数 m，满足

$$\sum_{m+1}^{\infty}a_k^2<\varepsilon$$

因为 $\sum_{k=1}^{\infty}a_k^2=\sum_{k=1}^{m}a_k^2+\sum_{k=m+1}^{\infty}a_k^2$，所以

$$\sum_{k=1}^{\infty}a_k^2<\infty \tag{6.70}$$

在赋范空间中，当 $\boldsymbol{y}_m$ 和 $\boldsymbol{y}_n$ 之间的距离满足条件

$$\|\boldsymbol{y}_n-\boldsymbol{y}_m\|<\varepsilon，任意\varepsilon>0和所有m,n>M$$

时，列向量 $\{\boldsymbol{y}_k\}_{k=1}^{n}$ 是一个收敛序列；这样的序列称为柯西序列。注意，所有的收敛序列都是柯西

序列，但不是所有的柯西序列都收敛。

因此，向量 $\boldsymbol{x}$ 可以由基 $\{\boldsymbol{x}_k\}_{k=1}^{\infty}$ 张成，当且仅当 $\boldsymbol{x}$ 是这组基的线性组合，且相应的系数 $\{a_k\}_{k=1}^{\infty}$ 是平方和的。相反，系数 $\{a_k\}_{k=1}^{\infty}$ 的平方可和性质说明，当 n 和 m 都接近无穷大时，$\|\boldsymbol{y}_n-\boldsymbol{y}_m\|^2$ 趋于0，且收敛序列 $\{\boldsymbol{y}_n\}_{n=1}^{\infty}$ 是柯西序列。

根据以上讨论，我们发现空间 $\mathcal{H}$ 明显比内积空间 $\mathcal{F}$ "完备"。因此，可做如下总结：

内积空间 $\mathcal{H}$ 是完备的，如果取自空间 $\mathcal{H}$ 中的所有柯西序列都收敛到空间 $\mathcal{H}$ 中的一个极限；完备的内积空间称为希尔伯特空间。

事实上，就上述总结而言，内积空间 $\mathcal{F}$ 常称预希尔伯特空间。

6.10.2 再生核希尔伯特空间

考虑一个Mercer核 $k(\boldsymbol{x},\cdot)$，其中向量 $\boldsymbol{x}\in\mathcal{X}$，$\mathcal{F}$ 是关于 $\boldsymbol{x}$ 的所有实值函数的向量空间，且这些函数由核 $k(\boldsymbol{x},\cdot)$ 产生。假设 $f(\cdot)$ 和 $g(\cdot)$ 是从空间 $\mathcal{F}$ 中抽出的两个函数：

$$f(\cdot)=\sum_{i=1}^{l}a_i k(\boldsymbol{x}_i,\cdot) \tag{6.71}$$

$$g(\cdot)=\sum_{j=1}^{n}b_j k(\tilde{\boldsymbol{x}}_j,\cdot) \tag{6.72}$$

式中，a_i 和 b_j 是展开系数，且对所有 i 和 j 有 $\boldsymbol{x}_i\in\mathcal{X}$ 和 $\tilde{\boldsymbol{x}}_j\in\mathcal{X}$。给定函数 $f(\cdot)$ 和 $g(\cdot)$ 后，引入双线性形式

$$\begin{aligned}\langle f,g\rangle&=\sum_{i=1}^{l}\sum_{j=1}^{n}a_i k(\boldsymbol{x}_i,\tilde{\boldsymbol{x}}_j)b_j\\&=\boldsymbol{a}^{\mathrm{T}}\boldsymbol{K}\boldsymbol{b}\end{aligned} \tag{6.73}$$

式中，$\boldsymbol{K}$ 是Gram矩阵或核矩阵，且第一行利用了关系

$$\langle k(\boldsymbol{x}_i,\cdot),k(\boldsymbol{x}_j,\cdot)\rangle=k(\boldsymbol{x}_i,\boldsymbol{x}_j) \tag{6.74}$$

于是，式（6.73）中的第一行可以重写为

$$\begin{aligned}\langle f,g\rangle&=\sum_{i=1}^{l}a_i\sum_{j=1}^{n}b_j k(\boldsymbol{x}_i,\tilde{\boldsymbol{x}}_j)\\&=\sum_{i=1}^{l}a_i\underbrace{\sum_{j=1}^{n}b_j k(\tilde{\boldsymbol{x}}_j,\boldsymbol{x}_i)}_{g(\boldsymbol{x}_i)}\\&=\sum_{i=1}^{l}a_i g(\boldsymbol{x}_i)\end{aligned} \tag{6.75}$$

式中，第二行使用了Mercer核的对称性。类似地，可以写出

$$\langle f,g\rangle=\sum_{j=1}^{n}b_j f(\tilde{\boldsymbol{x}}_j) \tag{6.76}$$

式(6.73)中引入的双线性形式 $\langle f,g\rangle$ 的定义独立于函数 $f(\cdot)$ 和 $g(\cdot)$ 的表示方式，因为式(6.75)中的求和 $\sum_{i=1}^{l}a_i g(\boldsymbol{x}_i)$ 不随索引 n、系数向量 $\boldsymbol{b}$ 和 n 维向量 $\tilde{\boldsymbol{x}}_j$ 的改变而改变。同样，式（6.76）中的求

和$\sum_{j=1}^{n} b_j f(\tilde{\boldsymbol{x}}_j)$也有这样的性质。

另外，根据式（6.73）的定义，可推导出如下三个性质。

性质1 对称性。对空间$\mathcal{F}$中的所有函数f和g而言，$\langle f,g\rangle$是对称的，即

$$\langle f,g\rangle = \langle g,f\rangle \tag{6.77}$$

性质2 缩放性和分配性。对常数c与d以及空间$\mathcal{F}$中的任意函数f，g和h，有

$$\langle (cf+dg),h\rangle = c\langle f,h\rangle + d\langle g,h\rangle \tag{6.78}$$

性质3 平方范数。对空间$\mathcal{F}$中的任何实值函数f，若计算完全由自身作用的式（6.73），则有如下的平方范数或二次度量：

$$\|f\|^2 = \langle f,f\rangle = \boldsymbol{a}^{\mathrm{T}}\boldsymbol{K}\boldsymbol{a}$$

因为Gram矩阵是非负定的，所以平方范数为

$$\|f\|^2 \geqslant 0 \tag{6.79}$$

对于空间$\mathcal{F}$中的任何实值函数f和g，由于双线性项$\langle f,g\rangle$满足对称性、缩放性和分配性，且范数$\|f\|^2=\langle f,f\rangle$是非负定的，所以式（6.73）中引入的$\langle f,g\rangle$实际上是满足如下条件的一个内积：$\langle f,g\rangle=0$当且仅当$f=0$。换句话说，包含函数$f$和$g$的空间$\mathcal{F}$是一个内积空间。

由式（6.75）可以直接得到另一性质。具体地说，在式（6.75）中令

$$g(\cdot)=k(\boldsymbol{x},\cdot)$$

则有

$$\langle f,k(\boldsymbol{x},\cdot)\rangle = \sum_{i=1}^{l} a_i k(\boldsymbol{x},\boldsymbol{x}_i) = \sum_{i=1}^{l} a_i k(\boldsymbol{x}_i,\boldsymbol{x}) = f(\boldsymbol{x}), \quad k(\boldsymbol{x},\boldsymbol{x}_i)=k(\boldsymbol{x}_i,\boldsymbol{x}) \tag{6.80}$$

显然，Mercer核$k(\boldsymbol{x},\cdot)$的这个特性称为再生性。

表示两个向量$\boldsymbol{x},\boldsymbol{x}_i\in\mathcal{X}$的函数的核$k(\boldsymbol{x},\boldsymbol{x}_i)$，称为向量空间$\mathcal{F}$的再生核，如果它满足如下两个条件（Aronszajn, 1950）：

1．对任何$\boldsymbol{x}_i\in\mathcal{X}$，向量$\boldsymbol{x}$的函数$k(\boldsymbol{x},\boldsymbol{x}_i)$属于$\mathcal{F}$。

2．它满足再生性。

Mercer核确实满足以上两个条件，因此被赋予名称“再生核”。若在其中定义了再生核空间的内积（向量）空间$\mathcal{F}$也是完备的，则可以进一步讨论“再生核希尔伯特空间”。

为了证明完备性，考虑一个固定输入向量$\boldsymbol{x}$和两个柯西序列$\{f_n(\boldsymbol{x})\}_{n=1}^{\infty}$和$\{f_m(\boldsymbol{x})\}_{m=1}^{\infty}$，其中$n>m$，然后对$f_n(\boldsymbol{x})$和$f_m(\boldsymbol{x})$应用式（6.80）中的再生性，有

$$f_n(\boldsymbol{x})-f_m(\boldsymbol{x}) = \langle f_n(\cdot)-f_m(\cdot)\rangle k(\boldsymbol{x},\cdot)$$

式中，等号右边是一个内积。根据柯西-施瓦茨不等式，有

$$(f_n(\boldsymbol{x})-f_m(\boldsymbol{x}))^2 \leqslant \langle f_n(\cdot)-f_m(\cdot)\rangle^2 \underbrace{k(\boldsymbol{x},\cdot)k(\boldsymbol{x},\cdot)}_{k(\boldsymbol{x},\boldsymbol{x})} \tag{6.81}$$

因此，$f_n(\boldsymbol{x})$是一个有界的柯西序列，它收敛到空间$\mathcal{F}$中的某个实值函数f。最后，若定义函数

$$y(\boldsymbol{x}) = \lim_{n\to\infty} f_n(\boldsymbol{x})$$

并将它与所有这些收敛柯西序列相加来完备空间$\mathcal{F}$，就可得到希尔伯特空间$\mathcal{H}$。每个Mercer核$k(\boldsymbol{x},\cdot)$定义一个希尔伯特空间$\mathcal{H}$，函数$f(\boldsymbol{x})$的值由$f(\boldsymbol{x})$和$k(\boldsymbol{x},\cdot)$的内积再生。这样定义的希尔伯特空间称为再生核希尔伯特空间（Reproducing Kernel Hilbert Space, RKHS）。

下面用一个重要的定理来说明RKHS的强大分析能力。

6.10.3　表示定理的形式化

令$\mathcal{H}$是由Mercer核$k(\boldsymbol{x},\cdot)$导致的RKHS。给定任意实值函数$f(\cdot)\in\mathcal{H}$，可将其分解为两部分之和，这两部分都位于空间$\mathcal{H}$中：

- 第一部分包含在核函数$k(\boldsymbol{x}_1,\cdot),k(\boldsymbol{x}_2,\cdot),\cdots,k(\boldsymbol{x}_i,\cdot)$的跨度中，记为$f_{\|}(\boldsymbol{x})$，可用式（6.71）将其表示为

$$f_{\|}(\cdot)=\sum_{i=1}^{l}a_i k(\boldsymbol{x}_i,\cdot)$$

- 第二部分与核函数的跨度正交，记为$f_{\perp}(\boldsymbol{x})$。

因此，可将函数$f(\cdot)$表示为

$$f(\cdot)=f_{\|}(\cdot)+f_{\perp}(\cdot)=\sum_{i=1}^{l}a_i k(\boldsymbol{x}_i,\cdot)+f_{\perp}(\cdot) \tag{6.82}$$

对式（6.82）应用式（6.78）中的分配性，有

$$f(\boldsymbol{x}_j)=\left\langle f(\cdot),k(\boldsymbol{x}_j,\cdot)\right\rangle_{\mathcal{H}}=\left\langle \sum_{i=1}^{l}a_i k(\boldsymbol{x}_i,\cdot),k(\boldsymbol{x}_j,\cdot)\right\rangle_{\mathcal{H}}+\left\langle k(\boldsymbol{x}_j,\cdot),f_{\perp}(\cdot)\right\rangle_{\mathcal{H}}$$

由于$f_{\perp}(\cdot)$垂直于核函数的跨度，所以第二项为0；因此，上式变为

$$f(\boldsymbol{x}_j)=\left\langle \sum_{i=1}^{l}a_i k(\boldsymbol{x}_i,\cdot),k(\boldsymbol{x}_j,\cdot)\right\rangle_{\mathcal{H}}=\sum_{i=1}^{l}a_i k(\boldsymbol{x}_i,\boldsymbol{x}_j) \tag{6.83}$$

式（6.83）是表示定理的数学表达：

在RKHS中定义的任何函数，都可表示为一系列Mercer核函数的线性组合。

6.10.4　表示定理的普适性

表示定理的重要性质之一是，式（6.83）中的展开式是如下正则经验风险（代价函数）的最小值：

$$\mathcal{E}(f)=\frac{1}{2N}\sum_{n=1}^{N}(d(n)-f(\boldsymbol{x}(n))^2+\Omega\left(\|f\|_{\mathcal{H}}\right) \tag{6.84}$$

式中，$\{\boldsymbol{x}(n),d(n)\}_{n=1}^{N}$是训练样本，$f$是未知函数，$\Omega\left(\|f\|_{\mathcal{H}}\right)$是正则函数（Schölkopf and Smola, 2002）。要使该定理成立，正则函数必须是其参数的严格单调递增函数；这个条件简称单调性条件。

在式（6.84）中，等号右边的第一项是标准误差项，它是函数f中的二次函数。所以，使用固定的$a_i\in\mathbb{R}$，式（6.83）的展开就是这一项的最小值。

为了证明这个展开也是经验风险$\mathcal{E}(f)$的正则部分的最小值，我们分如下三步进行处理。

1．令$f_{\perp}$是与核函数$\{k(\boldsymbol{x}_i,\cdot)\}_{i=1}^{l}$的跨度正交的部分。因此，根据式（6.82），每个函数就可用训练样本上的核展开加上$f_{\perp}$来表示，即

$$\Omega\left(\|f\|_{\mathcal{H}}\right)=\Omega\left(\left\|\sum_{i=1}^{l}a_i k(x_i,\cdot)+f_{\perp}(\cdot)\right\|_{\mathcal{H}}\right) \tag{6.85}$$

为了数学表示方便，我们更愿意使用新函数

$$\tilde{\Omega}\left(\|f\|_{\mathcal{H}}^2\right)=\Omega\left(\|f\|_{\mathcal{H}}\right) \tag{6.86}$$

而不使用原始的正则函数$\Omega\left(\|f\|_{\mathcal{H}}\right)$，因为二次函数在区间$[0,\infty)$上是严格单调的。$\Omega\left(\|f\|_{\mathcal{H}}\right)$在

区间$[0,\infty)$上是严格单调的，当且仅当$\tilde{\Omega}\left(\|f\|_{\mathcal{H}}^2\right)$满足单调性条件。对所有$f_\perp$，有

$$\tilde{\Omega}\left(\|f\|_{\mathcal{H}}^2\right)=\tilde{\Omega}\left(\left\|\sum_{i=1}^{l}a_i k(x_i,\cdot)+f_\perp(\cdot)\right\|_{\mathcal{H}}^2\right) \tag{6.87}$$

2．对式（6.87）右边的参数$\tilde{\Omega}$使用勾股分解有

$$\tilde{\Omega}\left(\|f\|_{\mathcal{H}}^2\right)=\tilde{\Omega}\left(\left\|\sum_{i=1}^{l}a_i k(x_i,\cdot)\right\|_{\mathcal{H}}^2+\|f_\perp\|_{\mathcal{H}}^2\right)\geqslant\tilde{\Omega}\left(\left\|\sum_{i=1}^{l}a_i k(x_i,\cdot)\right\|_{\mathcal{H}}^2\right)$$

对于优化条件，在上式中令$f_\perp=0$得

$$\tilde{\Omega}\left(\|f\|_{\mathcal{H}}^2\right)=\tilde{\Omega}\left(\left\|\sum_{i=1}^{l}a_i k(x_i,\cdot)\right\|_{\mathcal{H}}^2\right) \tag{6.88}$$

3．根据式（6.86）中的定义，得到期望的结果为

$$\Omega\left(\|f\|_{\mathcal{H}}\right)=\Omega\left(\left\|\sum_{i=1}^{l}a_i k(x_i,\cdot)\right\|_{\mathcal{H}}\right) \tag{6.89}$$

因此，只要满足单调性条件，对于固定的$a_i\in\mathbb{R}$，表示定理也是正则函数$\Omega(\|f\|_{\mathcal{H}})$的最小值。

作为一个整体处理标准误差和正则项的组成时，这两项之间需要折中。在任何情况下，对于某些固定的$a_i\in\mathbb{R}$，由式（6.83）描述的表示定理将充当式（6.84）中正则风险函数的最小值，从而建立了表示定理的普适性（Schölkopf and Smola, 2002）。

第7章中将广泛使用这个重要的定理。

6.11 小结和讨论

支持向量机是设计具有单个非线性单元隐藏层的前馈网络的强大方法，它源于VC维数理论中的结构风险最小化（SRM）方法，因此意义深远。SRM的讨论见第4章。机器的设计与抽取训练数据的子集作为支持向量相关联，因此是数据的稳定特征之一。多项式学习机、径向基函数网络和双层感知器是支持向量机的特殊情形。

支持向量机的另一个突出性质是，它是批量学习的核方法。

6.11.1 计算考虑

支持向量机的渐近行为随着训练样本数N的增加而线性增长，因此使用求解模式识别和回归问题的机器的计算代价都有一个二次项和一个三次项。当C很小时，计算代价按N^2增加；当C很大时，计算代价按N^3增加（Bottou and Lin, 2007）。

为了克服这个问题，许多商用优化库被用于求解二次规划问题，但它们的用处有限。求解二次规划问题的内存需求也按样本数的平方增长。在现实应用中，通常包含上千个数据点，因此二次规划问题的解不能直接由商用优化库得到。一般来说，SVM问题的解是相当稀疏的，这会使得问题更复杂，因为机器输出层的权重向量$\boldsymbol{w}$只包括相对于训练样本数来说极少的非零元素。相应地，直接用于求解支持向量机中二次规划问题的尝试，对大型问题来说是行不通的。为了克服这个困难，学术界提出了多种新方法，总结如下：

1．Osuna et al.(1997)提出了一种新分解算法，它通过求解许多更小的子问题来优化。特别地，该分解算法利用了支持向量系数的优点，即在由$\alpha_i=0$或$\alpha_i=C$定义的两个边界上，它们

是活跃的。据称，该分解算法能求解约100000个数据点的问题，表现令人满意。

2. Platt(1999)扩展了Osuna方法，办法是引入一个称为序列最小优化（SMO）的算法，将大二次规划问题分解成一系列小的二次规划子问题，以便不再使用二次规划库。SMO的计算时间主要由核计算决定，因此使用核优化可以加快速度。
3. Joachims(1999)提出了几种新方法。具体地，大SVM问题分解成许多小问题，与Osuna方法相比，原则性更强。另一种重要的新方法是收缩：若一个点在一段时间内不是无界的支持向量，则它变成支持向量的概率极小，因此不考虑这个点，以便节省计算时间。
4. Rifkin(2002)提出了一个称为SvmFu算法的新计算程序，它是上述三种方法的结合。具体地说，它利用了以上三种算法的优点，且结合了其他特点。据称，该方法可通过求解一系列足够小的子问题来求解大问题。
5. Drineas and Mahoney(2005)提出了一种计算 $N \times N$ 维Gram矩阵的低阶近似的快速算法，并且讨论了这种新算法与积分方程理论中的Nyström方法的关系。
6. Hush et al.(2006)提出了一种多项式时间算法，对支持向量机分类器设计中出现的二次规划问题，它可按照保证的精度得到近似解。算法分为两步：第一步是产生对偶二次规划问题的近似解；第二步是将这个对偶问题的解映射为原问题的解。

6.11.2 维数灾难

在多层感知器中，支持向量机固有的复杂度是一个逼近函数，它随 m_0 指数增长，其中 m_0 是输入空间的维数。另外，复杂度随 s 降低，其中 s 是平滑指数，是加给逼近函数的约束的数量的度量。因此，逼近函数的平滑指数是抑制维数灾难的纠正措施。只要相应的函数是平滑的，支持向量机就可为高维函数提供很好的近似。

6.11.3 结论说明

支持向量机是广泛使用的核学习算法。事实上，在机器学习领域，支持向量机因其良好的泛化性能、易于使用和严密的理论基础等优点而成了先进的算法。此外，在实际应用环境下，它们在求解模式分类问题和回归问题时具有鲁棒性。

然而，支持向量机的主要缺点是，随着训练样本数的增加，计算和存储需求也快速增加。这些苛刻的需求使得支持向量机无法处理大规模问题。主要缺陷是在二次规划问题中，它是SVM优化理论的组成部分之一。为了降低这种实用困难，人们提出了诸多求解方法，它们加快了SVM求解程序的速度，如上述的并行实现技术和分解程序（Durdanovic et al., 2007; Yom-Tov, 2007）。

注释和参考文献

1. Vapnik首先提出了支持向量机，Boser, Guyon and Vapnik(1992)首先对它进行了描述。综合且详细的描述见《统计学习理论》（Vapnik, 1998）。Cucker and Smale(2001)在文献*On the Mathematical Foundations of Learning*中为监督学习理论提供了严格的数学证明，重点放在近似学习和归纳推理上。Schölkopf and Smola(2002)、Herbrich(2002)和Shawe-Taylor and Cristianini(2004)都对支持向量进行了综述。
2. 凸优化是一种特殊的优化技术，包括最小二乘法和线性规划，理论基础完善，且可转换为凸优化的问题超越了最小二乘法和线性规划。将问题转换为凸优化问题的优点如下：解是可靠且有效的；与原问题的解相比，计算更高效，概念更清晰。有关凸分析和优化的详细论述，见Boyd and Vandenbergh(2004)和

Bertsekas et al.(2003)。

3. 在对偶性适用、目标函数可微且带有约束的任何优化问题中，原问题和对偶问题都要满足KKT条件，详见Karush(1939)和Kuhn and Tucker(1951)。Kuhn(1976)回顾了求解不等式约束问题的历史。

4. Girosi(1998)和Vapnik(1998)率先介绍了稀疏近似和支持向量展开的关系。Steinwart(2003)讨论了使用支持向量机求解模式识别问题时的稀疏性，特别给出了支持向量个数的下限。在此过程中，一些结果被证明对理解支持向量机具有重要意义。这篇论文中给出了三个允许的代价函数：

（1）合页代价函数 $L(d,y)=\max(0,1-dy)$。

（2）二次合页代价函数 $L(d,y)=[\max(0,1-dy)]^2$。

（3）最小二乘代价函数 $L(d,y)=(1-dy)^2$。

相应的SVM分别表示为 L_1, L_2 和LS。变量 d 表示相应的期望响应，y 表示支持向量机为给定输入样本计算的响应。使用最小二乘误差设计支持向量机的详细介绍，见Suykens(2002)。

5. 为了研究计算复杂度，可以确定两类算法：

- 多项式时间算法，这类算法的运行时间是问题规模的多项式函数。例如，常用于谱分析的快速傅里叶变换（FFT）就是一个多项式时间算法，其运行时间为$n\log n$，其中 n 是问题规模。
- 指数时间算法，这类算法的运行时间是问题规模的指数函数。例如，一个指数算法需要2^n的时间来计算，其中 n 是问题规模。

因此，我们认为多项式时间算法和指数时间算法都是有效的算法。在实际生活中，很多问题没有有效的算法，有些问题似乎是无解的，因此常称NP完全问题。关于NP完全问题的讨论，见Cook(1971)、Garey and Johnson(1979)和Cormen et al.(1990)。

6. 在正则最小二乘估计中，参数 C 的倒数起正则参数的作用。之所以在描述支持向量机时使用 C，原因是与这种核机器学习的早期发展保持一致。

7. Aizerman et al.(1964a, 1964b)提出了内积核的思想，Vapnik and Chervonenkis(1964)提出了最优超平面的思想。结合这两种思想形成支持向量机的讨论，见Boser et al.(1992)。

8. 除了6.4节给出的性质1和性质2，关于核性质的其他讨论，见Schölkopf and Smola(2002)、Herbrich(2002)和Shawe-Taylor and Cristianini(2004)。

9. 为了描述最小最大理论，考虑函数 $f(x,z)$，其中 $x\in\mathcal{X}$、$z\in\mathcal{Z}$，定理要求要么是

$$\min\sup f(x,z),\quad z\in\mathcal{Z},\quad \text{s.t. } x\in\mathcal{X}$$

要么是

$$\max\sup f(x,z),\quad x\in\mathcal{X},\quad \text{s.t. } z\in\mathcal{Z}$$

例如，在研究最差设计的情况下，应用最小最大定理有着重要的工程应用，见Bertsekas et al.(2003)。Huber最小最大定理是基于邻域而非全局的，能够求解许多传统的统计问题，尤其是回归问题。

10. 有关希尔伯特空间的讨论，见Dorny(1975)和Debnath and Mikusiñki(1990)。

11. 关于再生核希尔伯特空间（RKHS）的原始论文，见Aronszajn(1950)，也可参见Shawe-Taylor and Cristianini(2004)、Schölkopf and Smola(2002)和Herbirch(2002)。

12. 令 $\boldsymbol{x}$ 和 $\boldsymbol{y}$ 是内积空间 $\mathcal{F}$ 中的任意两个向量，根据柯西-施瓦茨不等式，有

$$\langle \boldsymbol{x},\boldsymbol{y}\rangle^2 \leqslant \|\boldsymbol{x}\|^2\cdot\|\boldsymbol{y}\|^2$$

这个不等式的证明很简单。这个不等式说，$\boldsymbol{x}$ 和 $\boldsymbol{y}$ 的平方内积，不大于 $\boldsymbol{x}$ 的平方欧氏长度和 $\boldsymbol{y}$ 的平方欧氏长度的乘积。式（6.81）中的不等式是为了方便，在再生核希尔伯特空间中考虑问题时所用的不等式。

13. 关于表示定理的历史，见Kimeldorf and Wahba(1971)和Wahba(1990)。表示定理关于正则风险函数的普适性，见Schölkopf and Smola(2002)。

14. 与支持向量机这种批量学习相比，核LMS算法（Liu et al., 2008）是一种在线学习算法，这种新算法的思想源于第3章中讨论的最小二乘算法和本章中讨论的再生希尔伯特空间。特别地，对基于迭代的学习使用了核技巧。

15. 关于二次规划优化的综述，见Bottou and Lin(2007)。

习题

最优分离超平面

6.1 考虑线性可分模式的超平面，它定义为

$$\boldsymbol{w}^{\mathrm{T}}\boldsymbol{x}+b=0$$

式中，$\boldsymbol{w}$ 为权重向量，b 为偏置，$\boldsymbol{x}$ 为输入向量。若输入模式集合 $\{\boldsymbol{x}_i\}_{i=1}^{N}$ 满足附加条件

$$\min_{i=1,2,\cdots,N}\left|\boldsymbol{w}^{\mathrm{T}}\boldsymbol{x}_i+b\right|=1$$

则称该超平面对应于标准对 $(\boldsymbol{w},b)$。证明这个需求使得两个类别之间的分隔距离为 $2/\|\boldsymbol{w}\|$。

6.2 在不可分类模式的背景下判断下列陈述：误分类意味着模式的不可分性，反之未必为真。

6.3 将不可分模式的分离超平面的最优化作为原问题的开始，构建如6.3节描述的对偶问题的公式。

6.4 本题利用第4章讨论的“留一法”，估计不可分模式的最优超平面产生的期望测试误差。通过删除训练样本中的任意一个模式并根据剩下的模式构建一个解，讨论使用这种方法可能引发的各种可能性。

6.5 数据空间中最优超平面的位置由被选为支持向量的数据点决定。若数据带有噪声，则人们的第一反应也许是质疑分隔距离对噪声的鲁棒性。但是，对最优超平面的详细研究表明，分隔距离对噪声实际上是鲁棒的。讨论这种鲁棒性的依据。

Mercer核

6.6 Mercer核 $k(\boldsymbol{x}_i,\boldsymbol{x}_j)$ 是在大小为 N 的训练样本集 $\mathcal{T}$ 上计算的，产生 $N\times N$ 阶矩阵

$$\boldsymbol{K}=\{k_{ij}\}_{i,j=1}^{N}$$

式中，$k_{ij}=k(\boldsymbol{x}_i,\boldsymbol{x}_j)$。由于所有元素的值都为正，因此矩阵 $\boldsymbol{K}$ 是正的。使用相似变换

$$\boldsymbol{K}=\boldsymbol{Q}\boldsymbol{\Lambda}\boldsymbol{Q}^{\mathrm{T}}$$

式中，$\boldsymbol{\Lambda}$ 是一个由特征值组成的对角矩阵，$\boldsymbol{Q}$ 是由相应特征向量组成的矩阵，使用 $\boldsymbol{K}$ 的特征值和特征向量，得到了Mercer核 $k(\boldsymbol{x}_i,\boldsymbol{x}_j)$ 的表达式。由该表达式可得出什么结论？

6.7 (a) 证明表6.1中的三个Mercer核满足酉不变性，即

$$k(\boldsymbol{x},\boldsymbol{x}_i)=k(\boldsymbol{Q}\boldsymbol{x},\boldsymbol{Q}\boldsymbol{x}_i)$$

式中，$\boldsymbol{Q}$ 为酉矩阵，它定义为 $\boldsymbol{Q}^{-1}=\boldsymbol{Q}^{\mathrm{T}}$。

(b) 一般来说，这个性质成立吗？

6.8 (a) 证明Mercer核全部是正定的。

(b) 考虑Mercer核 $k(\boldsymbol{x}_i,\boldsymbol{x}_j)$。这样的核满足柯西-施瓦茨不等式

$$k(\boldsymbol{x}_i,\boldsymbol{x}_j)k(\boldsymbol{x}_j,\boldsymbol{x}_i)\leqslant k(\boldsymbol{x}_i,\boldsymbol{x}_i)k(\boldsymbol{x}_j,\boldsymbol{x}_j)$$

考虑 2×2 维Gram矩阵 $\boldsymbol{K}$ 的行列式，证明Mercer核的这个性质。

6.9 考虑高斯核

$$k(\boldsymbol{x}_i,\boldsymbol{x}_j)=\exp\left(-\left\|\boldsymbol{x}_i-\boldsymbol{x}_j\right\|^2\Big/2\sigma^2\right),\qquad i,j=1,2,\cdots,N$$

式中，$\boldsymbol{x}_i$ 和 $\boldsymbol{x}_j$ 是不同的。证明Gram矩阵

$$
\boldsymbol{K}=\begin{bmatrix} k(\boldsymbol{x}_1,\boldsymbol{x}_1) & k(\boldsymbol{x}_1,\boldsymbol{x}_2) & \dots & k(\boldsymbol{x}_1,\boldsymbol{x}_N) \\ k(\boldsymbol{x}_2,\boldsymbol{x}_1) & k(\boldsymbol{x}_2,\boldsymbol{x}_2)) & \dots & k(\boldsymbol{x}_2,\boldsymbol{x}_N) \\ \vdots & \vdots & \ddots & \vdots \\ k(\boldsymbol{x}_N,\boldsymbol{x}_1) & k(\boldsymbol{x}_N,\boldsymbol{x}_2) & \dots & k(\boldsymbol{x}_N,\boldsymbol{x}_N) \end{bmatrix}
$$

是满秩的，即矩阵 $\boldsymbol{K}$ 的任何两列都是线性无关的。

6.10 Mahalanobis核定义为

$$
k(\boldsymbol{x},\boldsymbol{x}_i)=\exp\left(-(\boldsymbol{x}-\boldsymbol{x}_i)^{\mathrm{T}}\boldsymbol{\Sigma}^{-1}(\boldsymbol{x}-\boldsymbol{x}_i)\right)
$$

式中，$x\in\mathcal{X}$ 是 M 维输入向量，$i=1,2,\cdots,N$；$\boldsymbol{\Sigma}$ 是 $M\times M$ 阶矩阵

$$
\boldsymbol{\Sigma}=\mathrm{diag}(\sigma_1^2,\sigma_2^2,\cdots,\sigma_M^2)
$$

式中，$\sigma_1,\sigma_2,\cdots,\sigma_M$ 都为正。这个核区别于高斯核的显著性质是，M 维输入空间 $\mathcal{X}$ 的每个轴本身都有一个平滑参数（特殊的 σ）。为了说明这个性质，考虑函数

$$
F(\boldsymbol{x})=\sum_{i=1}^{N}a_i\exp\left(-\frac{\|\boldsymbol{x}-\boldsymbol{x}_i\|^2}{2\sigma_i^2}\right)
$$

它可视为一个密度估计器（Herbrich, 2002）。给定 $a_i=1$，$\sigma_i=\sigma$，$M=2$，$N=20$，对下面的值画出函数 $F(\boldsymbol{x})$ 与坐标 x_1 和 x_2 的关系图：(i) $\sigma=0.5$；(ii) $\sigma=0.7$；(iii) $\sigma=1.0$；(iv) $\sigma=2.0$，并评论你的结果。

6.11 $\mathcal{X}\times\mathcal{X}$ 内积空间上的联合密度函数 $p_{x_1,x_2}(x_1,x_2)$ 称为 P 矩阵，如果它是有限非负定的（Shawe Taylor and Cristianini, 2004）。考虑一个两元素集合 $\boldsymbol{X}=\{X_1,X_2\}$，证明所有 P 核都是联合分布，但并非所有联合分布都是 P 核。

模式分类

6.12 边界在支持向量机的设计过程中起非常重要的作用，确定其在求解模式分类问题时的重要作用。

6.13 使用式（6.17），证明线性可分模式中的边界可用拉格朗日乘子表示为

$$
\rho=\frac{2}{\left(\sum_{i=1}^{N_S}\alpha_i\right)^{1/2}}
$$

式中，N_s 是支持向量的个数。

6.14 考虑带正样本和负样本的线性可分训练样本 $\{\boldsymbol{x}_i,d_i\}_{i=1}^{N}$，证明支持向量包括用于分离正样本和负样本的所有信息。

6.15 图P6.15显示了包括正样本和负样本的非线性可分数据集。具体地讲，正样本和负样本之间的决策边界是椭圆。找到一个映射，使样本在特征空间中线性可分。

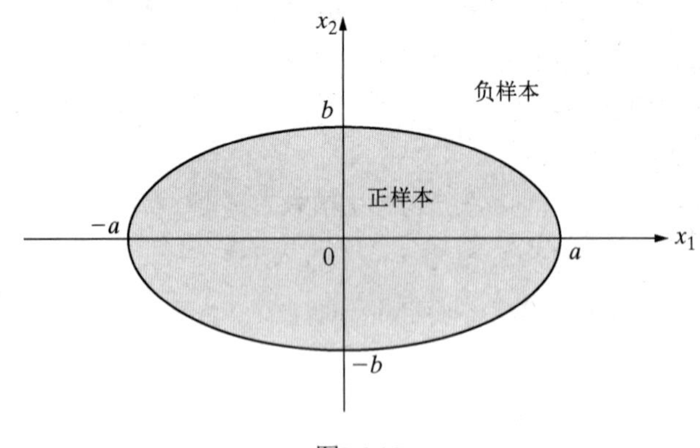

图P6.15

6.16 用于求解XOR问题的多项式学习机使用的Mercer核定义为

$$k(\boldsymbol{x}, \boldsymbol{x}_i) = (1 + \boldsymbol{x}^{\mathrm{T}} \boldsymbol{x}_i)^p$$

求解XOR问题的指数 p 的最小值是多少？假设 p 为正整数。使用比最小值大的 p 值会出现什么结果？

6.17 图P6.17所示为在三维模式 $\boldsymbol{x}$ 上运算的XOR函数，它描述为

$$\mathrm{XOR}(x_1, x_2, x_3) = x_1 \oplus x_2 \oplus x_3$$

式中，符号 $\oplus$ 是异或布尔函数运算符。设计一个多项式学习机，分离由该运算符的输出所表示的两类点。

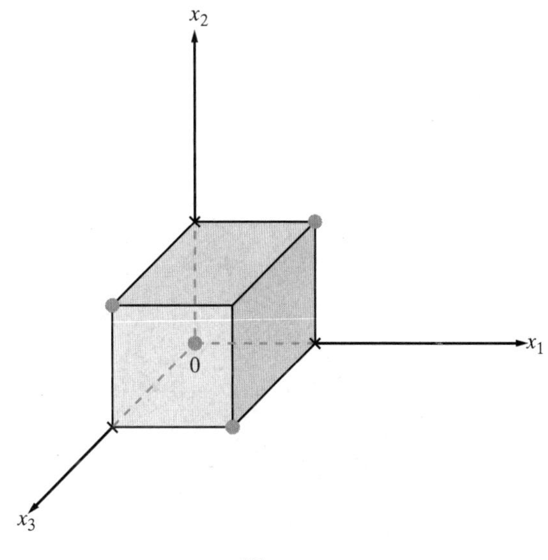

图P6.17

稀疏性

6.18 确认下面的说法：支持向量机的解是稀疏的，但与之相关的Gram矩阵很少是稀疏的。

6.19 支持向量机求解器中的二次规划程序提供了将训练数据分为三个类别的基础。定义这三个类别，并用一幅二维图形来说明如何完成这种分离。

度量

6.20 许多不同的方法可用于快速得到支持向量机的解，因此比较不同算法的性能很重要。建立一套度量体系来处理这样的实际问题。

再生核空间

6.21 令 $k(\boldsymbol{x}_i,\cdot)$ 和 $k(\boldsymbol{x}_j,\cdot)$ 是一对核，其中 $i, j = 1,2,\cdots,N$ ，向量 $\boldsymbol{x}_i$ 和 $\boldsymbol{x}_j$ 的维数相同，证明

$$k(\boldsymbol{x}_i,\cdot)k(\boldsymbol{x}_j,\cdot) = k(\boldsymbol{x}_i, \boldsymbol{x}_j)$$

式中，等号左边是内积核。

6.22 式（6.77）、式（6.78）和式（6.79）描述了由式（6.75）定义的内积 $\langle f, g \rangle$ 的三个重要性质，证明由这三个等式描述的性质。

6.23 证明下面的说法：若存在一个再生核 $k(\boldsymbol{x}, \boldsymbol{x}')$ ，则该核是唯一的。

计算机实验

6.24 考虑在图1.8中因重叠而不可分的情形。

(a) 重复图6.7中的第二部分实验，双月间的垂直间隔为 $d = -6.5$ 。通过实验确定 C 值，使识别误差最小。

(b) 将双月间的垂直间隔设为 $d=-6.75$ 时，识别误差比 $d=-6.5$ 时的大。通过实验确定参数 C，使训练误差最小。

评价你的结果。

6.25 在到目前为止介绍的监督学习算法中，支持向量机以其强大的能力而著称。在本题中，支持向量机受到了图P6.25所示结构的分类问题的挑战。图中三个同心圆的半径分别为 $d_1=0.2$ 、 $d_2=0.5$ 和 $d_3=0.8$ 。

(a) 进行100轮训练，每轮随机选择200个训练样本，对图P6.25中的两个区域产生相同的测试数据。

(b) 设 $C=500$，训练一个支持向量机。据此，构建该机器计算出的决策边界。

(c) 测试网络并确定分类误差。

(d) 对 $C=100$ 和 $C=2500$，重做以上实验。

评价你的结果。

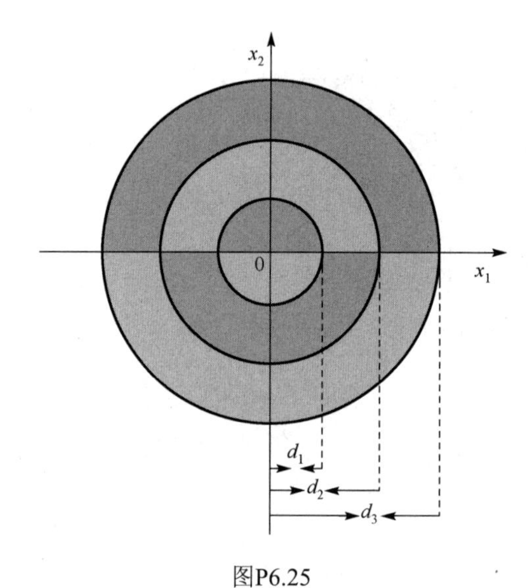

图P6.25

第7章　正则化理论

本章介绍神经网络和机器学习算法的核心——正则化理论。本章中的各节安排如下：

- 7.1节介绍基础知识。
- 7.2节介绍病态求逆问题。
- 7.3节介绍Tikhonov正则化理论，该理论是监督学习算法的正则化的数学基础。
- 7.4节介绍隐藏层与训练样本数量相同的正则化网络。
- 7.5节介绍一类广义径向基函数网络，其隐藏层是具有正则化网络特征的子集。
- 7.6节介绍广义径向基函数类的特例——正则化最小二乘估计。
- 7.7节介绍在不使用Tikhonov正则化理论的情况下如何进行其他算子的正则化估计。
- 7.8节介绍基于交叉验证的正则化参数估计。
- 7.9节介绍半监督学习。
- 7.10节到7.12节介绍关于流形正则化的基本观点。
- 7.13节介绍谱图理论。
- 7.14节介绍流形正则化理论下的广义表示定理。
- 7.15节介绍（使用标记样本和无标记样本的）谱图理论的正则化最小二乘估计，它是广义正则化理论的一个应用实例。
- 7.16节采用最小二乘估计，给出半监督学习的一个计算机实验。
- 7.17节是本章的小结和讨论。

7.1　引言

在本书前几章讨论的监督学习算法中，尽管过程不同，但都有一个共同点：

> 当借助样本训练一个网络时，若给定一个输入模式，则设计一个输出模式等效于构建一个根据输入模式来定义输出模式的超平面（多维映射）。

这里介绍的样本学习是一个可逆问题，因为这一想法基于相关直接问题实例的知识；后一类问题包含潜在的未知物理定律。但是，在现实情况下，训练样本受到了极大的限制：

> 训练样本包含的信息内容通常不能充分地由自身来重建出唯一的未知输入-输出映射，因此有机器学习过拟合的可能。

为了克服这个严重的问题，可以使用正则化方法，目的是通过最小化如下代价函数的方法，将超平面重建问题的求解限制在紧子集中：

$$\text{正则化代价函数} = \text{经验代价函数} + \text{正则化参数} \times \text{正则化项}$$

给定一个训练样本，假设经验风险或标准代价函数可由误差平方和定义。附加的正则化算子是用来平滑超平面重建问题的解。因此，在设计人员的控制下，通过选择一个适当的正则化参数，正则化代价函数就可折中训练样本的精度（包含在均方误差中）和解的光滑程度。

本章学习两个重要的基本问题：

1. 经典正则化理论，它基于前面介绍的正则化代价函数。这个由Tikhonov(1963)提出的优雅理论为前面讨论的正则化算子提供了统一的数学基础和思想。

2. 广义正则化理论，它通过引入第三项——流形正则化算子，扩展了Tikhonov的经典正则化理论。流形正则化算子由Belkin et al.(2006)提出，用于产生无标记样本（无预期响应的样本）的输入空间的边缘概率分布。广义正则化理论是结合使用标记样本和无标记样本的半监督学习的数学基础。

7.2 良态Hadamard条件

“良态”一词最早由Hadamard(1902)提出，并且在应用数学中一直沿用至今。为了解释该术语，假设有一个定义域$\mathcal{X}$和一个值域$\mathcal{Y}$，它们通过一个固定但未知的映射f关联。若以下三个Hadamard条件成立，则重建映射f的问题就视为良态的（Tikhonov and Arsenin, 1977; Morozov, 1993; Kirsch, 1996）：

1. 存在性。对于每个输入向量$\boldsymbol{x}\in\mathcal{X}$，存在一个输出$y=f(\boldsymbol{x})$，其中$y\in\mathcal{Y}$。
2. 唯一性。对于任意输入向量对$\boldsymbol{x},\boldsymbol{t}\in\mathcal{X}$，有$f(\boldsymbol{x})=f(\boldsymbol{t})$当且仅当$\boldsymbol{x}=\boldsymbol{t}$。
3. 连续性。映射f是连续的，即对任意$\varepsilon>0$，存在$\delta=\delta(\varepsilon)$使得条件$\rho_{\mathcal{X}}(\boldsymbol{x},\boldsymbol{t})<\delta$蕴含$\rho_{\mathcal{Y}}(f(\boldsymbol{x}),f(\boldsymbol{t}))<\varepsilon$，其中$\rho(\cdot,\cdot)$是两个变量各自所属空间之间的距离。这个准则如图7.1所示。连续性也称稳定性。

若这些条件中的任何一个都不满足，则将该问题视为病态的。一般来说，病态问题意味着大数据集可能只包含关于预期的解的一小部分信息。

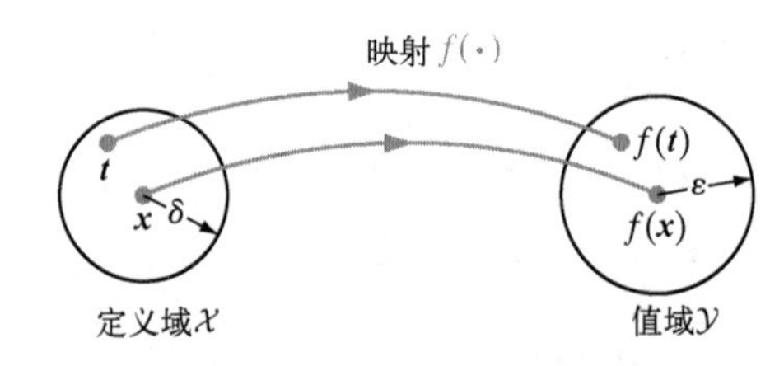

图7.1 从输入域$\mathcal{X}$到输出域$\mathcal{Y}$的映射举例

在监督学习环境下，Hadamard条件可能会被如下原因破坏。① 存在性准则可能会因对每个输入不一定存在唯一的输出而被破坏。② 训练样本中可能没有许多用于构建唯一输入/输出映射所需的信息；因此，唯一性准则可能被破坏。③ 在实际训练数据中，噪声或不准确数据是不可避免的，这增大了重建过程的不确定性。特别地，若输入数据中的噪声电平很高，则神经网络或机器学习会对定义域$\mathcal{X}$中的特定输入$\boldsymbol{x}$产生一个在值域$\mathcal{Y}$之外的输出；换言之，连续性准则可能被破坏。若一个学习问题不具有连续性，则计算的输入-输出映射与学习问题的准确解无关。没有什么办法可以解决这些困难，除非获得一些关于输入-输出映射的先验信息。在这个背景下，可用Lanczos关于线性微分算子的论断来提醒自己（Lanczos,1964）：任何数学技巧都不能补救信息的缺失。

7.3 Tikhonov正则化理论

1963年，Tikhonov提出了求解病态问题的一种新方法——正则化。在曲面重建问题中，正则化的基本思想是通过某些含有解的先验知识的非负辅助泛函来使解稳定。先验知识的一般形式涉及假设输入-输出映射函数（重建问题的解）是光滑的，即

对于一个光滑的输入-输出映射，相似的输入对应着相似的输出。

具体地说，我们将用于近似的输入-输出数据（训练样本）集合描述为

$$\begin{aligned}&\text{输入信号：}\ \boldsymbol{x}_i\in\mathbb{R}^m,\ i=1,2,\cdots,N\\&\text{期望响应：}\ d_i\in\mathbb{R},\ i=1,2,\cdots,N\end{aligned}\tag{7.1}$$

注意，这里假设输出是一维的。这种假设不会限制这里讨论的正则化理论的一般应用。用 $F(\boldsymbol{x})$ 表示逼近函数，为表达方便，变量中省略了神经网络的权重向量 $\boldsymbol{w}$ 。从根本上说，Tikhonov的正则化理论包含两项：

1. 误差函数，表示为 $\mathcal{E}_{\mathrm{s}}(F)$ ，它用逼近函数 $F(\boldsymbol{x}_i)$ 和训练样本 $\{\boldsymbol{x}_i,d_i\}_{i=1}^N$ 定义。例如，对于最小二乘估计，有如下标准代价（损失）函数：

$$\mathcal{E}_{\mathrm{s}}(F)=\frac{1}{2}\sum_{i=1}^{N}(d_i-F(\boldsymbol{x}_i))^2 \tag{7.2}$$

式中， $\mathcal{E}_{\mathrm{s}}$ 的下标 s 表示“标准”。而对于支持向量机，有边缘代价函数：

$$\mathcal{E}_{\mathrm{s}}(F)=\frac{1}{N}\sum_{i=1}^{N}\max(0,1-d_iF(\boldsymbol{x}_{\mathrm{c}})),\quad d_i\in\{-1,+1\}$$

虽然可将上述两种情形包含在一个简单的公式中，但这两个基本代价函数的含义是完全不同的，对它们的理论研究也是不同的。为清晰起见，这里关注式（7.2）中的误差函数。

2. 正则化项，表示为 $\mathcal{E}_{\mathrm{c}}(F)$ ，它依赖于逼近函数 $F(\boldsymbol{x}_i)$ 的几何性质。 $\mathcal{E}_{\mathrm{c}}(F)$ 定义为

$$\mathcal{E}_{\mathrm{c}}(F)=\tfrac{1}{2}\|\boldsymbol{D}F\|^2 \tag{7.3}$$

式中， $\mathcal{E}_{\mathrm{c}}(F)$ 中的下标 c 代表复杂度， $\boldsymbol{D}$ 是线性微分算子。关于输入-输出映射函数 $F(\boldsymbol{x})$ 的解的形式，先验知识包含在算子 $\boldsymbol{D}$ 中，这就自然使得 $\boldsymbol{D}$ 的选取与所求解的问题有关。我们也称 $\boldsymbol{D}$ 为稳定因子，因为它可稳定正则化问题的解，使解光滑，进而满足连续性的要求。但是，光滑性意味着连续性，反之则不然。用于处理式（7.3）所述情况的解析方法，建立在第6章讨论的希尔伯特空间之上。在这样的多维（严格说来是无限维）空间中，一个连续函数由一个向量表示。使用几何图像，可在线性微分算子和矩阵之间建立紧密的联系。因此，对线性系统的分析就可转变为对线性微分方程的分析（Lanczos, 1964）。于是，式（7.3）中的符号 $\|\cdot\|$ 就表示定义在 $\boldsymbol{D}F(\boldsymbol{x})$ 所属希尔伯特空间上的范数。将线性微分算子 $\boldsymbol{D}$ 视为一个从 F 所属的函数空间到希尔伯特空间的映射后，就能自然地在式（7.3）中使用 L_2 范数。

由一个物理过程产生的训练样本 $\mathcal{T}=\{\boldsymbol{x}_i,d_i\}_{i=1}^N$ 可用如下回归模型表示：

$$d_i=f(\boldsymbol{x}_i)+\varepsilon_i,\quad i=1,2,\cdots,N$$

式中， $\boldsymbol{x}_i$ 是回归量， d_i 是响应， ε_i 是解释误差。严格地说，需要函数 $f(\boldsymbol{x})$ 是狄拉克德尔塔分布形式的再生核希尔伯特空间（RKHS）（Tapia and Thompson, 1978）；这个要求的必要性将在后面的讨论中给出。RKHS的概念已在第6章中讨论过。

令 $\mathcal{E}_{\mathrm{s}}(F)$ 表示标准代价（损失）函数， $\Omega(F)$ 表示正则化函数。假设在正则化理论中，用于最小化的最小二乘损失量为

$$\mathcal{E}(F)=\mathcal{E}_{\mathrm{s}}(F)+\Omega(F)=\frac{1}{2}\sum_{i=1}^{N}\left[d_i-F(\boldsymbol{x}_i)\right]^2+\frac{1}{2}\lambda\|\boldsymbol{D}F\|^2 \tag{7.4}$$

式中， λ 是一个称为*正则化参数*的正实数， $\mathcal{E}(F)$ 称为*Tikhonov泛函*。（定义在一些合适函数空间中的）泛函将函数映射为实数。Tikhonov泛函 $\mathcal{E}(F)$ 的最小点（正则化问题的解）用 $F_\lambda(\boldsymbol{x})$ 表示。注意，式（7.4）可视为一个有约束的最优化问题：在对 $\Omega(F)$ 施加约束的条件下最小化 $\mathcal{E}_{\mathrm{s}}(F)$ 。为了实现该目的，我们强调一个在逼近函数 F 的复杂度上的显式约束。

另外，正则化参数 λ 可视为确定解 $F_\lambda(\boldsymbol{x})$ 时给定训练样本的充分条件的指示器。特别地，在 $\lambda\to0$ 的极限条件下，该问题是无约束的，因为 $F_\lambda(\boldsymbol{x})$ 的解完全由样本确定。在 $\lambda\to\infty$ 的极限条件下，由微分算子 $\boldsymbol{D}$ 施加的先验光滑约束对求解 $F_\lambda(\boldsymbol{x})$ 是充分的。换句话说，样本是不可靠的。在

实际应用中，正则化参数σ被赋予这两个极限条件之间的一个值，所以训练样本和先验知识都对求解$F_\lambda(\boldsymbol{x})$起作用。因此，正则项$\mathcal{E}_c(F)=\frac{1}{2}\|\boldsymbol{D}F\|^2$就表示一个模型复杂度-惩罚函数，它对最终解的影响由正则化参数λ控制。

看待正则化过程的另一种方法是，它为第2章讨论的有偏方差问题提供一个实用解。特别地，正则化参数σ的最优选择是，通过加入正确的先验信息，在模型偏置和模型方差平衡时控制一些学习问题的解。

7.3.1 Tikhonov正则化应用

到目前为止，关于正则化理论的讨论一直在强调回归，如式（7.1）中的$d_i\in\mathbb{R}$所示。然而，认识到Tikhonov正则化理论同样可用于如下两个领域是很重要的：

1. 分类。这个问题可通过简单地将二值标记作为标准最小二乘回归中的实值来处理。又如，可以使用经验风险（代价）函数，如更适合模式分类问题的关键损失，第6章中讨论的支持向量机就是如此。
2. 结构预测。最近的一些研究已将Tikhonov正则化理论用于结构预测，如输出空间可以是一个序列、一棵树或其他一些结构的输出空间（Bakir et al., 2007）。

要强调的是，在所有需要由有限训练样本进行学习的实际应用中，正则化理论都是核心。

7.3.2 Tikhonov泛函的Fréchet微分

正则化原理现在可以表述如下：

求使Tikhonov泛函$\mathcal{E}(F)$最小的逼近函数$F_\lambda(\boldsymbol{x})$，Tikhonov泛函由

$$\mathcal{E}(F)=\mathcal{E}_s(F)+\lambda\mathcal{E}_c(F)$$

定义，其中$\mathcal{E}_s(F)$是标准误差项，$\mathcal{E}_c(F)$是正则化项，λ是正则化参数。

为了最小化代价泛函$\mathcal{E}(F)$，需要有求$\mathcal{E}(F)$的微分的规则。我们可用Fréchet微分来解决该问题。在初等微积分中，曲线上某点的切线是在该点邻域中的曲线的最优逼近直线。同理，一个泛函的Fréchet微分可视为一个最优局部线性逼近。这样，泛函$\mathcal{E}(F)$的Fréchet微分就可正式定义为

$$\mathrm{d}\mathcal{E}(F,h)=\left[\frac{\mathrm{d}}{\mathrm{d}\beta}\mathcal{E}(F+\beta h)\right]_{\beta=0} \tag{7.5}$$

式中，$h(\boldsymbol{x})$是一个关于向量$\boldsymbol{x}$的固定函数（Dorny, 1975; Debnath and Mikusiński, 1990; de Figueiredo and Chen, 1993）。在式（7.5）中应用普通的微分法则。对所有$h\in\mathcal{H}$，函数$F(\boldsymbol{x})$为泛函$\mathcal{E}(F)$的一个相对极值的必要条件是，泛函$\mathcal{E}(F)$的Fréchet微分$\mathrm{d}\mathcal{E}(F,h)$在$F(\boldsymbol{x})$处均为零，表示为

$$\mathrm{d}\mathcal{E}(F,h)=\mathrm{d}\mathcal{E}_s(F,h)+\lambda\mathrm{d}\mathcal{E}_c(F,h)=0 \tag{7.6}$$

式中，$\mathrm{d}\mathcal{E}_s(F,h)$和$\mathrm{d}\mathcal{E}_c(F,h)$分别是泛函$\mathcal{E}_s(F)$和$\mathcal{E}_c(F)$的Fréchet微分。为简化表示，在式（7.5）中用h代替$h(\boldsymbol{x})$。

计算式（7.2）中的标准误差项$\mathcal{E}_s(F,h)$的Fréchet微分为

$$\begin{aligned}\mathrm{d}\mathcal{E}_s(F,h)&=\left[\frac{\mathrm{d}}{\mathrm{d}\beta}\mathcal{E}_s(F+\beta h)\right]_{\beta=0}=\left[\frac{1}{2}\frac{\mathrm{d}}{\mathrm{d}\beta}\sum_{i=1}^{N}\left[d_i-F(\boldsymbol{x}_i)-\beta h(\boldsymbol{x}_i)\right]^2\right]_{\beta=0}\\&=-\sum_{i=1}^{N}\left[d_i-F(\boldsymbol{x}_i)-\beta h(\boldsymbol{x}_i)\right]h(\boldsymbol{x}_i)\Big|_{\beta=0}=-\sum_{i=1}^{N}\left[d_i-F(\boldsymbol{x}_i)\right]h(\boldsymbol{x}_i)\end{aligned} \tag{7.7}$$

7.3.3 Riesz表示理论

为了继续处理希尔伯特空间中的Fréchet微分问题，引入里斯表示定理是有帮助的。里斯表示定理的陈述如下（Debnath and Mikusihski, 1990）：

设 f 是希尔伯特空间 $\mathcal{H}$ 上的一个有界线性泛函。存在一个 $h_0 \in \mathcal{H}$，使得

$$f(h) = \langle h, h_0 \rangle_{\mathcal{H}}, \quad 所有 h \in \mathcal{H}$$

且

$$\|f\| = \|h_0\|_{\mathcal{H}}$$

式中，h_0 和 f 在它们各自的空间中都存在范数。

这里所用的符号 $\langle \cdot, \cdot \rangle_{\mathcal{H}}$ 表示 $\mathcal{H}$ 空间中两个函数的内积（标量）。因此，根据里斯表示定理，可将式（7.7）中的Fréchet微分 $\mathrm{d}\mathcal{E}_{\mathrm{s}}(F,h)$ 重写为

$$\mathrm{d}\mathcal{E}_{\mathrm{s}}(F,h) = -\left\langle h, \sum_{i=1}^{N}(d_i - F)\delta_{\boldsymbol{x}_i} \right\rangle_{\mathcal{H}} \tag{7.8}$$

式中，$\delta_{\boldsymbol{x}_i}$ 表示以 $\boldsymbol{x}_i$ 为中心的 $\boldsymbol{x}$ 的狄拉克德尔塔分布，即

$$\delta_{\boldsymbol{x}_i}(\boldsymbol{x}) = \delta(\boldsymbol{x} - \boldsymbol{x}_i) \tag{7.9}$$

下面计算式（7.3）的正则化项 $\mathcal{E}_{\mathrm{c}}(F)$ 的Fréchet微分。设 $\boldsymbol{D}F \in L_2(\mathbb{R}^{m_0})$，同理可得

$$\begin{aligned}
\mathrm{d}\mathcal{E}_{\mathrm{c}}(F,h) &= \frac{\mathrm{d}}{\mathrm{d}\beta}\mathcal{E}_{\mathrm{c}}(F+\beta h)|_{\beta=0} \\
&= \frac{1}{2}\frac{\mathrm{d}}{\mathrm{d}\beta}\int_{\mathbb{R}^{m_0}} (\boldsymbol{D}[F+\beta h])^2 \mathrm{d}\boldsymbol{x}|_{\beta=0} \\
&= \int_{\mathbb{R}^{m_0}} \boldsymbol{D}[F+\beta h]\boldsymbol{D}h\mathrm{d}\boldsymbol{x}|_{\beta=0} \\
&= \int_{\mathbb{R}^{m_0}} \boldsymbol{D}F\boldsymbol{D}h\mathrm{d}\boldsymbol{x} = \langle \boldsymbol{D}h, \boldsymbol{D}F \rangle_{\mathcal{H}}
\end{aligned} \tag{7.10}$$

式中，$\langle \boldsymbol{D}h, \boldsymbol{D}F \rangle_{\mathcal{H}}$ 是函数 $\boldsymbol{D}h(\boldsymbol{x})$ 和 $\boldsymbol{D}F(\boldsymbol{x})$ 的内积，函数 $\boldsymbol{D}h(\boldsymbol{x})$ 和 $\boldsymbol{D}F(\boldsymbol{x})$ 分别代表微分算子 $\boldsymbol{D}$ 作用于 $h(\boldsymbol{x})$ 和 $F(\boldsymbol{x})$ 的结果。

7.3.4 欧拉-拉格朗日方程

给定一个线性微分算子 $\boldsymbol{D}$，可以唯一地确定其伴随算子 $\tilde{\boldsymbol{D}}$，使得对任何一对充分可微且满足正确边界条件的函数 $u(\boldsymbol{x})$ 和 $v(\boldsymbol{x})$ 有（Lanczos, 1964）

$$\int_{\mathbb{R}^m} u(\boldsymbol{x})\boldsymbol{D}v(\boldsymbol{x})\mathrm{d}\boldsymbol{x} = \int_{\mathbb{R}^m} v(\boldsymbol{x})\tilde{\boldsymbol{D}}u(\boldsymbol{x})\mathrm{d}\boldsymbol{x} \tag{7.11}$$

式（7.11）称为格林恒等式，它是由给定微分算子 $\boldsymbol{D}$ 来确定其伴随算子 $\tilde{\boldsymbol{D}}$ 的数学基础。若将 $\boldsymbol{D}$ 视为一个矩阵，则其伴随算子 $\tilde{\boldsymbol{D}}$ 的作用就类似于一个转置矩阵。

比较式（7.11）的左边和式（7.10）的第四行，可得如下恒等式：

$$u(\boldsymbol{x}) = \boldsymbol{D}F(\boldsymbol{x}), \quad \boldsymbol{D}v(\boldsymbol{x}) = \boldsymbol{D}h(\boldsymbol{x})$$

根据格林恒等式，可将式（7.10）重写为下面的等价形式：

$$\mathrm{d}\mathcal{E}_{\mathrm{c}}(F,h) = \int_{\mathbb{R}^{m_0}} h(\boldsymbol{x})\tilde{\boldsymbol{D}}\boldsymbol{D}F(\boldsymbol{x})\mathrm{d}\boldsymbol{x} = \langle h, \tilde{\boldsymbol{D}}\boldsymbol{D}F \rangle_{\mathcal{H}} \tag{7.12}$$

式中，$\tilde{\boldsymbol{D}}$ 是 $\boldsymbol{D}$ 的伴随算子。

将式（7.8）和式（7.12）代入极值条件式（7.6），可重新得到Fréchet微分 $\mathrm{d}\mathcal{E}(F,h)$ 如下：

$$\mathrm{d}\mathcal{E}(F,h)=\left\langle h,\left[\tilde{\boldsymbol{D}}\boldsymbol{D}F-\frac{1}{\lambda}\sum_{i=1}^{N}(d_i-F)\delta_{\boldsymbol{x}_i}\right]\right\rangle_{\mathcal{H}} \tag{7.13}$$

因为正则化参数 λ 通常取开区间 $(0,\infty)$ 上的某个值，所以当且仅当下列条件在广义函数 $F=F_\lambda$ 满足时，对空间 $\mathcal{H}$ 中的所有函数 $h(\boldsymbol{x})$，Fréchet微分 $\mathrm{d}\mathcal{E}(F,h)$ 才为零：

$$\tilde{\boldsymbol{D}}\boldsymbol{D}F_\lambda-\frac{1}{\lambda}\sum_{i=1}^{N}(d_i-F_\lambda)\delta_{\boldsymbol{x}_i}=0$$

或者等效地，

$$\tilde{\boldsymbol{D}}\boldsymbol{D}F_\lambda(\boldsymbol{x})=\frac{1}{\lambda}\sum_{i=1}^{N}\left[d_i-F_\lambda(\boldsymbol{x}_i)\right]\delta(\boldsymbol{x}-\boldsymbol{x}_i) \tag{7.14}$$

式（7.14）是Tikhonov泛函 $\mathcal{E}(F)$ 的欧拉-拉格朗日方程，它定义了Tikhonov泛函 $\mathcal{E}(F)$ 在 $F_\lambda(\boldsymbol{x})$ 处存在极值的必要条件（Debnath and Mikusiñski, 1990）。

7.3.5 格林函数

式（7.14）表示逼近函数 F_λ 的偏微分方程。该方程的解由方程右边的积分变换组成。下面首先简要介绍格林函数，然后继续求解式（7.14）。

令 $G(\boldsymbol{x},\xi)$ 表示向量 $\boldsymbol{x}$ 和 ξ 的一个函数，这两个向量的地位相同，但目的不同：向量 $\boldsymbol{x}$ 作为参数，而向量 ξ 则作为自变量。对于给定的线性微分算子 $\boldsymbol{L}$，我们规定函数 $G(\boldsymbol{x},\xi)$ 满足如下条件（Courant and Hilbert, 1970）：

1．对于固定的 ξ，$G(\boldsymbol{x},\xi)$ 是 $\boldsymbol{x}$ 的函数，且满足规定的边界条件。

2．除了在点 $\boldsymbol{x}=\xi$ 处，$G(\boldsymbol{x},\xi)$ 对 $\boldsymbol{x}$ 的导数是连续的。导数的阶数由线性算子 $\boldsymbol{L}$ 的阶数决定。

3．将 $G(\boldsymbol{x},\xi)$ 视为 $\boldsymbol{x}$ 的函数，除了在点 $\boldsymbol{x}=\xi$ 处奇异，它满足偏微分方程

$$\boldsymbol{L}G(\boldsymbol{x},\xi)=0 \tag{7.15}$$

即函数 $G(\boldsymbol{x},\xi)$ 在广义函数的意义下满足

$$\boldsymbol{L}G(\boldsymbol{x},\xi)=\delta(\boldsymbol{x}-\xi) \tag{7.16}$$

式中，如此前定义的那样，$\delta(\boldsymbol{x}-\xi)$ 是点 $\boldsymbol{x}=\xi$ 处的狄拉克德尔塔函数。

函数 $G(\boldsymbol{x},\xi)$ 称为微分算子 $\boldsymbol{L}$ 的格林函数（Courant and Hilbert, 1970）。格林函数对线性微分算子的作用类似于逆矩阵对矩阵方程的作用。

令 $\varphi(\boldsymbol{x})$ 表示一个关于 $\boldsymbol{x}\in\mathbb{R}^{m_0}$ 连续或分段连续的函数，则函数

$$F(\boldsymbol{x})=\int_{\mathbb{R}^{m_0}}G(\boldsymbol{x},\xi)\varphi(\xi)\mathrm{d}\xi \tag{7.17}$$

就是微分方程

$$\boldsymbol{L}F(\boldsymbol{x})=\varphi(\boldsymbol{x}) \tag{7.18}$$

的解，其中 $G(\boldsymbol{x},\xi)$ 是线性微分算子 $\boldsymbol{L}$ 的格林函数。

为了证明 $F(\boldsymbol{x})$ 是式（7.18）的解，我们将微分算子 $\boldsymbol{L}$ 应用于式（7.17）的两端，得到

$$\boldsymbol{L}F(\boldsymbol{x})=\boldsymbol{L}\int_{\mathbb{R}^{m_0}}G(\boldsymbol{x},\xi)\varphi(\xi)\mathrm{d}(\xi)=\int_{\mathbb{R}^{m_0}}\boldsymbol{L}G(\boldsymbol{x},\xi)\varphi(\xi)\mathrm{d}\xi \tag{7.19}$$

微分算子 $\boldsymbol{L}$ 将 ξ 视为常量，作用于 $G(\boldsymbol{x};\xi)$ 时仅将其视为 $\boldsymbol{x}$ 的函数。将式（7.16）代入式（7.19）得

$$\boldsymbol{L}F(\boldsymbol{x})=\int_{\mathbb{R}^{m_0}}\delta(\boldsymbol{x}-\xi)\varphi(\xi)\mathrm{d}(\xi)$$

最后，利用狄拉克德尔塔函数的筛选性质得

$$\int_{\mathbb{R}^{m_0}}\varphi(\xi)\delta(\boldsymbol{x}-\xi)\mathrm{d}(\xi)=\varphi(\boldsymbol{x})$$

这样，就得到了如式（7.18）所示的 $\boldsymbol{L}F(\boldsymbol{x})=\varphi(\boldsymbol{x})$。

7.3.6 正则化问题的解

现在回到当前的问题——求解欧拉-拉格朗日微分方程（7.14）。令

$$\boldsymbol{L}=\tilde{\boldsymbol{D}}\boldsymbol{D} \tag{7.20}$$

$$\varphi(\boldsymbol{\xi})=\frac{1}{\lambda}\sum_{i=1}^{N}\left[d_i-F(\boldsymbol{x}_i)\right]\delta(\boldsymbol{\xi}-\boldsymbol{x}_i) \tag{7.21}$$

根据式（7.17）有

$$\begin{aligned}F_\lambda(\boldsymbol{x})&=\int_{\mathbb{R}^{m_0}}G(\boldsymbol{x},\boldsymbol{\xi})\left\{\frac{1}{\lambda}\sum_{i=1}^{N}\left[d_i-F(\boldsymbol{x}_i)\right]\delta(\boldsymbol{\xi}-\boldsymbol{x}_i)\right\}\mathrm{d}\boldsymbol{\xi}\\&=\frac{1}{\lambda}\sum_{i=1}^{N}\left[d_i-F(\boldsymbol{x}_i)\right]\int_{\mathbb{R}^{m_0}}G(\boldsymbol{x},\boldsymbol{\xi})\delta(\boldsymbol{\xi}-\boldsymbol{x}_i)\mathrm{d}\boldsymbol{\xi}\end{aligned}$$

式中，第二行交换了积分与求和的顺序。最后，利用狄拉克德尔塔函数的筛选性质，得到欧拉-拉格朗日微分方程（7.14）的解为

$$F_\lambda(\boldsymbol{x})=\frac{1}{\lambda}\sum_{i=1}^{N}\left[d_i-F(\boldsymbol{x}_i)\right]G(\boldsymbol{x},\boldsymbol{x}_i) \tag{7.22}$$

式（7.22）说，正则化问题的最小化解 $F_\lambda(\boldsymbol{x})$ 是 N 个格林函数的线性叠加。$\boldsymbol{x}_i$ 代表扩展中心，权重值 $[d_i-F(\boldsymbol{x}_i)]/\lambda$ 代表展开系数。换句话说，正则化问题的解在平滑函数的空间的一个 N 维子空间中，以 $\boldsymbol{x}_i, i=1,2,\cdots,N$ 为中心的一组格林函数 $\{G(\boldsymbol{x},\boldsymbol{x}_i)\}$ 组成该子空间的基（Poggio and Girosi, 1990a）。注意，在式（7.22）中，展开系数具有如下性质：

- 与系统的估计误差［定义为期望响应 d_i 和网络计算的相应输出 $F(\boldsymbol{x}_i)$ 之差］呈线性关系。
- 与正则化参数 λ 成反比。

7.3.7 确定展开系数

下一个要解决的问题是如何确定式（7.22）中的展开系数。令

$$w_i=\tfrac{1}{\lambda}\left[d_i-F(\boldsymbol{x}_i)\right],\quad i=1,2,\cdots,N \tag{7.23}$$

则正则化问题的最小化解即式（7.22）可改写为

$$F_\lambda(\boldsymbol{x})=\sum_{i=1}^{N}w_iG(\boldsymbol{x},\boldsymbol{x}_i) \tag{7.24}$$

分别在 $\boldsymbol{x}_j, j=1,2,\cdots,N$ 处计算式（7.24）的值，可得

$$F_\lambda(\boldsymbol{x}_j)=\sum_{i=1}^{N}w_iG(\boldsymbol{x}_j,\boldsymbol{x}_i),\quad j=1,2,\cdots,N \tag{7.25}$$

现在引入如下矩阵：

$$\boldsymbol{F}_\lambda=\left[F_\lambda(\boldsymbol{x}_1),F_\lambda(\boldsymbol{x}_2),\cdots,F_\lambda(\boldsymbol{x}_N)\right]^{\mathrm{T}} \tag{7.26}$$

$$\boldsymbol{d}=[d_1,d_2,\cdots,d_N]^{\mathrm{T}} \tag{7.27}$$

$$\boldsymbol{G}=\begin{bmatrix}G(\boldsymbol{x}_1,\boldsymbol{x}_1) & G(\boldsymbol{x}_1,\boldsymbol{x}_2) & \cdots & G(\boldsymbol{x}_1,\boldsymbol{x}_N)\\ G(\boldsymbol{x}_2,\boldsymbol{x}_1) & G(\boldsymbol{x}_2,\boldsymbol{x}_2) & \cdots & G(\boldsymbol{x}_2,\boldsymbol{x}_N)\\ \vdots & \vdots & \ddots & \vdots\\ G(\boldsymbol{x}_N,\boldsymbol{x}_1) & G(\boldsymbol{x}_N,\boldsymbol{x}_2) & \cdots & G(\boldsymbol{x}_N,\boldsymbol{x}_N)\end{bmatrix} \tag{7.28}$$

$$\boldsymbol{w}=[w_1,w_2,\cdots,w_N]^{\mathrm{T}} \tag{7.29}$$

因此，式（7.23）和式（7.25）可以分别写成矩阵形式：

$$\boldsymbol{w}=\frac{1}{\lambda}(\boldsymbol{d}-\boldsymbol{F}_\lambda) \tag{7.30}$$

$$\boldsymbol{F}_\lambda=\boldsymbol{G}\boldsymbol{w} \tag{7.31}$$

消去式（7.30）和式（7.31）中的 $\boldsymbol{F}_\lambda$，整理得

$$(\boldsymbol{G}+\lambda\boldsymbol{I})\boldsymbol{w}=\boldsymbol{d} \tag{7.32}$$

式中，$\boldsymbol{I}$ 是一个 $N\times N$ 维单位矩阵。矩阵 $\boldsymbol{G}$ 称为格林矩阵。

式（7.20）定义的线性微分算子 $\boldsymbol{L}$ 是自伴的，即其伴随算子等于其自身。因此，与其相关的格林函数 $G(\boldsymbol{x},\boldsymbol{x}_i)$ 是对称函数，即对所有 i,j 有

$$G(\boldsymbol{x}_i,\boldsymbol{x}_j)=G(\boldsymbol{x}_j,\boldsymbol{x}_i) \tag{7.33}$$

式（7.33）表明格林函数 $G(\boldsymbol{x},\boldsymbol{\xi})$ 的两个自变量 $\boldsymbol{x}$ 和 $\boldsymbol{\xi}$ 的位置可以互换，互换后不影响它的值。等效地，由式（7.28）定义的格林矩阵 $\boldsymbol{G}$ 是对称的，即

$$\boldsymbol{G}^{\mathrm{T}}=\boldsymbol{G} \tag{7.34}$$

回顾第5章介绍插值矩阵 $\boldsymbol{\Phi}$ 时描述的插值定理可知，格林矩阵$\boldsymbol{G}$在正则化理论中的作用与插值矩阵 $\boldsymbol{\Phi}$ 在RBF插值理论中的作用相同，它们都是 $N\times N$ 维对称矩阵。因此，可以说，对于某类格林函数，只要提供的数据点 $\boldsymbol{x}_1,\boldsymbol{x}_2,\cdots,\boldsymbol{x}_N$ 互不相同，格林矩阵就是正定的。满足Micchelli定理的格林函数包括逆多二次函数和高斯函数，但不包括多二次函数。实际上，我们总是将 λ 选得足够大，以使 $\boldsymbol{G}+\lambda\boldsymbol{I}$ 是正定的，进而是可逆的。这样，式（7.32）表示的线性方程组就有唯一解（Poggio and Girosi, 1990a）：

$$\boldsymbol{w}=(\boldsymbol{G}+\lambda\boldsymbol{I})^{-1}\boldsymbol{d} \tag{7.35}$$

因此，只要选定了微分算子 $\boldsymbol{D}$，进而确定了相应的格林函数 $G(\boldsymbol{x}_j,\boldsymbol{x}_i),i=1,2,\cdots,N$，就可用式（7.35）计算出与某个特定期望输出响应向量 $\boldsymbol{d}$ 和合适正则化参数值 λ 相对应的权重向量 $\boldsymbol{w}$。

于是，正则化问题的解就可由如下展开式给出：

$$F_\lambda(\boldsymbol{x})=\sum_{i=1}^{N}w_iG(\boldsymbol{x},\boldsymbol{x}_i) \tag{7.36}$$

因此，现在可以得出如下三条推论：

1. 最小化式（7.4）中的正则化代价函数 $\xi(F)$ 的逼近函数 $F_\lambda(\boldsymbol{x})$，由一系列格林函数的线性加权组合而成，其中的每个格林函数都仅依赖于一个稳定因子 $\boldsymbol{D}$。
2. 展开式中用到的格林函数的个数与训练过程中所用的样本数据点数N相同。
3. 展开式中的 N 个权重值由式（7.23）中的训练样本 $\{x_i,d_i\}_{i=1}^N$ 和正则化参数 λ 定义。

若稳定因子 $\boldsymbol{D}$ 是平移不变的，则以 $\boldsymbol{x}_i$ 为中心的格林函数 $G(\boldsymbol{x},\boldsymbol{x}_i)$ 只取决于自变量 $\boldsymbol{x}$ 和 $\boldsymbol{x}_i$ 之差：

$$G(\boldsymbol{x},\boldsymbol{x}_i)=G(\boldsymbol{x}-\boldsymbol{x}_i) \tag{7.37}$$

若稳定因子 $\boldsymbol{D}$ 是平移不变的和旋转不变的，则格林函数 $G(\boldsymbol{x},\boldsymbol{x}_i)$ 只取决于向量差 $\boldsymbol{x}-\boldsymbol{x}_i$ 的欧氏范数，即

$$G(\boldsymbol{x},\boldsymbol{x}_i)=G\left(\left\|\boldsymbol{x}-\boldsymbol{x}_i\right\|\right) \tag{7.38}$$

在这些条件下，格林函数一定是径向基函数。此时，式（7.36）的正则化解可以表示为

$$F_\lambda(\boldsymbol{x})=\sum_{i=1}^{N}w_iG\left(\left\|\boldsymbol{x}-\boldsymbol{x}_i\right\|\right) \tag{7.39}$$

根据欧氏距离度量，上式构建一个依赖于已知数据点的线性函数空间。

式（7.39）表示的解称为*严格插值*，因为所有 N 个已知训练数据点都被用于生成插值函数

$F(\boldsymbol{x})$，注意，式（7.39）与式（5.11）表示的解有着根本的不同。式（7.39）表示的解被式（7.35）为权重向量 $\boldsymbol{w}$ 给出的定义正则化。仅当我们将正则化参数 λ 设为0时，这两个解才相同。

7.3.8 多元高斯函数

仅当格林函数 $G(\boldsymbol{x},\boldsymbol{x}_i)$ 的线性微分算子 $\boldsymbol{D}$ 是平移不变的和旋转不变的，且满足式（7.38）的条件时，格林函数才具有重要的实际意义。这类格林函数的一个例子是多元高斯函数，它定义为

$$G(\boldsymbol{x},\boldsymbol{x}_i)=\exp\left(-\frac{1}{2\sigma_i^2}\|\boldsymbol{x}-\boldsymbol{x}_i\|^2\right) \tag{7.40}$$

式中，$\boldsymbol{x}_i$ 表示函数的中心，σ_i 表示函数宽度。与式（7.40）所示格林函数对应的自伴随算子 $\boldsymbol{L}=\tilde{\boldsymbol{D}}\boldsymbol{D}$ 为

$$\boldsymbol{L}=\sum_{n=0}^{\infty}(-1)^n\alpha_n\nabla^{2n} \tag{7.41}$$

$$\alpha_n=\frac{\sigma_i^{2n}}{n!2^n} \tag{7.42}$$

∇^{2n} 是 m_0 维多重拉普拉斯算子，

$$\nabla^2=\frac{\partial^2}{\partial x_1^2}+\frac{\partial^2}{\partial x_2^2}+\cdots+\frac{\partial^2}{\partial x_{m_0}^2} \tag{7.43}$$

因为式(7.41)中 $\boldsymbol{L}$ 的项数允许为无穷多，所以从标准意义上说 $\boldsymbol{L}$ 不是一个微分算子。因此，式(7.41)中的 $\boldsymbol{L}$ 称为伪微分算子。

根据定义 $\boldsymbol{L}=\tilde{\boldsymbol{D}}\boldsymbol{D}$，可由式（7.41）推导出算子 $\boldsymbol{D}$ 和 $\tilde{\boldsymbol{D}}$：

$$\boldsymbol{D}=\sum_n\alpha_n^{1/2}\left(\frac{\partial}{\partial x_1}+\frac{\partial}{\partial x_2}+\cdots+\frac{\partial}{\partial x_{m_0}}\right)^n=\sum_{a+b+\cdots+k=n}\alpha_n^{1/2}\frac{\partial^n}{\partial x_1^a\partial x_2^b\cdots\partial x_{m_0}^k} \tag{7.44}$$

$$\tilde{\boldsymbol{D}}=\sum_n(-1)^n\alpha_n^{1/2}\left(\frac{\partial}{\partial x_1}+\frac{\partial}{\partial x_2}+\cdots+\frac{\partial}{\partial x_{m_0}}\right)^n=\sum_{a+b+\cdots+k=n}(-1)^n\alpha_n^{1/2}\frac{\partial^n}{\partial x_1^a\partial x_2^b\cdots\partial x_{m_0}^k} \tag{7.45}$$

因此，使用包含所有可能的偏导数在内的稳定因子，可得式（7.39）所示的正则化解。

将式（7.40）至式（7.42）代入式（7.16）且令 $\boldsymbol{\xi}$ 等于 $\boldsymbol{x}_i$，有

$$\sum_{n=0}^{\infty}(-1)^n\frac{\sigma_i^{2n}}{n!2^n}\nabla^{2n}\exp\left(-\frac{1}{2\sigma_i^2}\|\boldsymbol{x}-\boldsymbol{x}_i\|^2\right)=\delta(\boldsymbol{x}-\boldsymbol{x}_i) \tag{7.46}$$

利用式（7.40）定义的格林函数 $G(\boldsymbol{x},\boldsymbol{x}_i)$，可将式（7.36）给出的正则化解写成多元高斯函数的线性叠加：

$$F_\lambda(\boldsymbol{x})=\sum_{i=1}^{N}w_i\exp\left(-\frac{1}{2\sigma_i^2}\|\boldsymbol{x}-\boldsymbol{x}_i\|^2\right) \tag{7.47}$$

式中，线性权重值 w_i 由式（7.23）定义。

在式（7.47）中，定义逼近函数 $F_\lambda(\boldsymbol{x})$ 的各个高斯项的方差是不同的。为简单起见，通常认为对所有 i 都将条件 $\sigma_i=\sigma$ 强加给 $F(\boldsymbol{x})$。尽管这样设计的RBF网络是受限的，但仍不失为通用的逼近器（Park and Sandberg, 1991）。

7.4 正则化网络

式（7.36）中以 $\boldsymbol{x}_i$ 为中心的格林函数 $G(\boldsymbol{x},\boldsymbol{x}_i)$ 给出的正则化逼近函数 $F_\lambda(\boldsymbol{x})$ 的展开，为其实现体现了如图7.2所示的网络结构。显然，这种网络结构称为正则化网络（Poggio and Girosi, 1990a）。该

网络包括三层。第一层由输入节点组成，输入节点的数量等于输入向量 $\boldsymbol{x}$ 的维数 m_0（问题的独立变量的数量）。第二层是隐藏层，它由直接与所有输入节点相连的非线性单元组成。一个隐藏单元对应一个数据点 $\boldsymbol{x}_i, i=1,2,\cdots,N$，其中 N 表示训练样本的长度。每个隐藏单元的激活函数由格林函数定义。因此，第 i 个隐藏单元的输出是 $G(\boldsymbol{x},\boldsymbol{x}_i)$。输出层仅包含一个线性单元，它与所有的隐藏单元相连。这里所谓的“线性”，指的是网络输出是隐藏单元输出的线性加权和。输出层的权重就是未知的展开系数，如式（7.23）所示，它由格林函数 $G(\boldsymbol{x},\boldsymbol{x}_i)$ 和正则化参数 λ 决定。图7.2显示了单输出正则化网络的结构。显然，这样的结构可推广到包括任意期望输出数量的正则化网络。

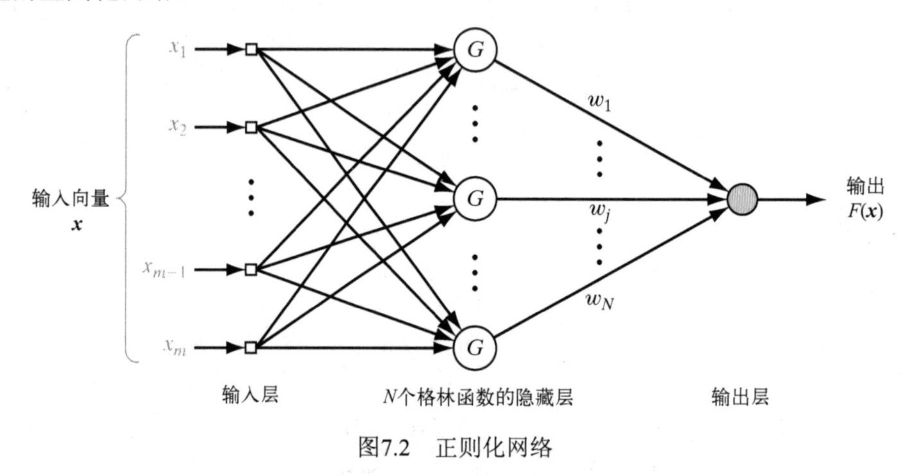

图7.2　正则化网络

图7.2所示的正则化网络假设格林函数 $G(\boldsymbol{x},\boldsymbol{x}_i)$ 对所有 i 都是正定的。若假设上述条件成立，如格林函数 $G(\boldsymbol{x},\boldsymbol{x}_i)$ 具有式（7.40）所示的高斯形式，则由该网络得到的解在泛函 $\mathcal{E}(F)$ 最小化的意义上是一个“最优”插值。此外，根据逼近理论的观点，正则化网络具有如下的期望性质（Poggio and Girosi, 1990a）：

① 正则化网络是一个通用逼近器，只要隐藏单元的数量足够多，它就可按任意精度逼近定义在 $\mathbb{R}^{m_0}$ 的紧子集上的任何多元连续函数。

② 由于正则化理论导出的逼近方案的未知系数是线性的，可以证明正则化网络具有最优逼近性质。这意味着若给定一个未知的非线性函数 f，则总可选择一组系数使得它对 f 的逼近优于所有其他可能的选择。因此，由正则化网络求得的解是最优的。

7.5　广义径向基函数网络

由于输入向量 $\boldsymbol{x}_i$ 与格林函数 $G(\boldsymbol{x},\boldsymbol{x}_i), i=1,2,\cdots,N$ 之间的一一对应关系，当 N 很大时，实现正则化网络所需的计算量大得惊人。尤其是在计算正则化网络的线性加权［式（7.36）中的展开系数］时，要求计算一个 $N\times N$ 维矩阵的逆，此时计算量按 N 的多项式增长（约为 N^3）。此外，矩阵越大，其为病态矩阵的可能性就越高；矩阵的条件数被定义为该矩阵的最大特征值与最小特征值之比。要克服这些计算上的困难，通常需要降低神经网络的复杂度，或者增大正则化参数的值。

图7.3所示的已经降低复杂度的RBF网络，在一个维数较低的空间中求一个次优解，以此逼近式（7.36）给出的正则化解。这可通过变分问题中称为Galerkin方法的标准技术实现。根据这种技术，近似解 $F^*(\boldsymbol{x})$ 将在一个有限的基上展开：

$$F^*(\boldsymbol{x}) = \sum_{i=1}^{m_1} w_i \varphi(\boldsymbol{x}, \boldsymbol{t}_i) \tag{7.48}$$

式中，$\{\varphi(\boldsymbol{x},\boldsymbol{t}_i) | i=1,2,\cdots,m_1\}$ 是一组新的基函数，我们假设它们是线性无关的（Poggio and Girosi, 1990a），且不失一般性。一般来说，这组新基函数的数量小于输入数据点的数量（$m_1 < N$），且 w_i 构成一组新的权重集合。根据径向基函数，设

$$\varphi(\boldsymbol{x},\boldsymbol{t}_i) = G(\|\boldsymbol{x}-\boldsymbol{t}_i\|), \quad i=1,2,\cdots,m_1 \tag{7.49}$$

这个特别选择的基函数是唯一的，它可保证在 $m_1 = N$ 且

$$\boldsymbol{t}_i = \boldsymbol{x}_i, \quad i=1,2,\cdots,N$$

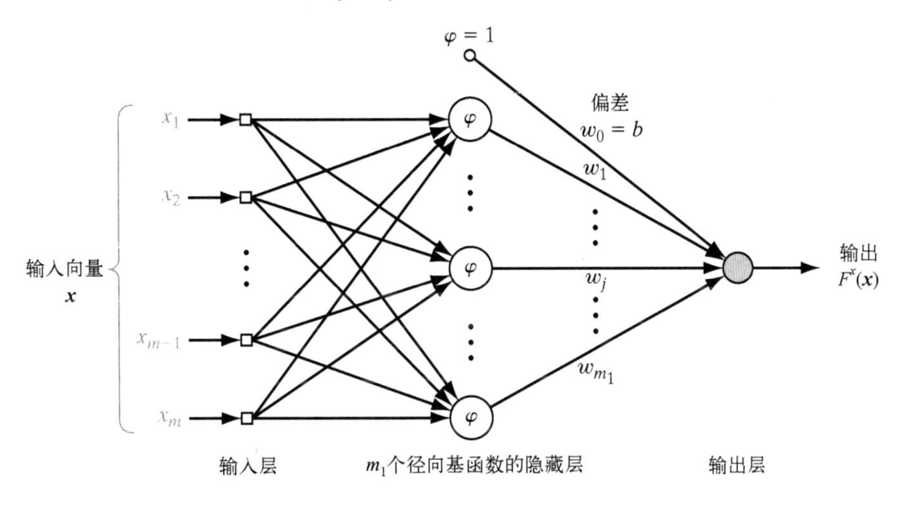

图7.3　降低复杂度的径向基函数网络

时，其解与式（7.39）的正确解是一致的。因此，将式（7.49）代入式（7.48），可将 $F^*(\boldsymbol{x})$ 重新定义为

$$F^*(\boldsymbol{x}) = \sum_{i=1}^{m_1} w_i G(\boldsymbol{x},\boldsymbol{t}_i) = \sum_{i=1}^{m_1} w_i G(\|\boldsymbol{x}-\boldsymbol{t}_i\|) \tag{7.50}$$

若对逼近函数 $F^*(\boldsymbol{x})$ 给定式（7.50）中的展开形式，则要解决的问题是确定一组新权重 $\{w_i\}_{i=1}^{m_1}$，使下面的新代价泛函 $\mathcal{E}(F^*)$ 最小化：

$$\mathcal{E}(F^*) = \sum_{i=1}^{N}\left(d_i - \sum_{j=1}^{m_1} w_j G(\|\boldsymbol{x}_i - \boldsymbol{t}_j\|)\right)^2 + \lambda \|\boldsymbol{D}F^*\|^2 \tag{7.51}$$

式（7.51）右边的第一项可写为欧氏范数的平方，即 $\|\boldsymbol{d}-\boldsymbol{G}\boldsymbol{w}\|^2$，其中

$$\boldsymbol{d} = [d_1, d_2, \cdots, d_N]^{\mathrm{T}} \tag{7.52}$$

$$\boldsymbol{G} = \begin{bmatrix} G(\boldsymbol{x}_1,\boldsymbol{t}_1) & G(\boldsymbol{x}_1,\boldsymbol{t}_2) & \cdots & G(\boldsymbol{x}_1,\boldsymbol{t}_{m_i}) \\ G(\boldsymbol{x}_2,\boldsymbol{t}_1) & G(\boldsymbol{x}_2,\boldsymbol{t}_2) & \cdots & G(\boldsymbol{x}_2,\boldsymbol{t}_{m_i}) \\ \vdots & \vdots & \ddots & \vdots \\ G(\boldsymbol{x}_N,\boldsymbol{t}_1) & G(\boldsymbol{x}_N,\boldsymbol{t}_2) & \cdots & G(\boldsymbol{x}_N,\boldsymbol{t}_{m_i}) \end{bmatrix} \tag{7.53}$$

$$\boldsymbol{w} = [w_1, w_2, \cdots, w_{m_1}]^{\mathrm{T}} \tag{7.54}$$

与前面一样，期望响应向量 $\boldsymbol{d}$ 是 N 维的。然而，格林函数的矩阵 $\boldsymbol{G}$ 和权重向量 $\boldsymbol{w}$ 却有着不同的维

数；现在，矩阵 $\boldsymbol{G}$ 是 $N\times m_1$ 维的，因此不再对称，而向量 $\boldsymbol{w}$ 是 $m_1\times 1$ 维的。由式（7.50）可知，逼近函数 F^* 是由稳定因子 $\boldsymbol{D}$ 决定的多个格林函数的线性组合。因此，可将式（7.51）右边的第二项写为

$$\begin{aligned}\left\|\boldsymbol{D}F^*\right\|^2 &= \left\langle \boldsymbol{D}F^*, \boldsymbol{D}F^*\right\rangle_{\mathcal{H}} = \left[\sum_{i=1}^{m_1} w_i G(\boldsymbol{x},\boldsymbol{t}_i), \tilde{\boldsymbol{D}}\boldsymbol{D}\sum_{i=1}^{m_1} w_i G(\boldsymbol{x};\boldsymbol{t}_i)\right]_{\mathcal{H}} \\ &= \left[\sum_{i=1}^{m_1} w_i G(\boldsymbol{x},\boldsymbol{t}_i), \sum_{i=1}^{m_1} w\delta_{\boldsymbol{t}_i}\right]_{\mathcal{H}} \\ &= \sum_{j=1}^{m_1}\sum_{i=1}^{m_1} w_j w_i G(\boldsymbol{t}_j,\boldsymbol{t}_i) = \boldsymbol{w}^{\mathrm{T}}\boldsymbol{G}_0\boldsymbol{w}\end{aligned} \tag{7.55}$$

在上式的第二行和第三行中，分别用到了伴随算子的定义和式（7.16）。矩阵 $\boldsymbol{G}_0$ 是一个 $m_1\times m_1$ 维对称矩阵，它定义为

$$\boldsymbol{G}_0 = \begin{bmatrix} G(\boldsymbol{t}_1,\boldsymbol{t}_1) & G(\boldsymbol{t}_1,\boldsymbol{t}_2) & \cdots & G(\boldsymbol{t}_1,\boldsymbol{t}_{m_1}) \\ G(\boldsymbol{t}_2,\boldsymbol{t}_1) & G(\boldsymbol{t}_2,\boldsymbol{t}_2) & \cdots & G(\boldsymbol{t}_2,\boldsymbol{t}_{m_1}) \\ \vdots & \vdots & \ddots & \vdots \\ G(\boldsymbol{t}_{m_1},\boldsymbol{t}_1) & G(\boldsymbol{t}_{m_1},\boldsymbol{t}_2) & \cdots & G(\boldsymbol{t}_{m_1},\boldsymbol{t}_{m_1}) \end{bmatrix} \tag{7.56}$$

因此，关于权重向量 $\boldsymbol{w}$ 最小化式（7.51）可得（见习题7.4）

$$(\boldsymbol{G}^{\mathrm{T}}\boldsymbol{G} + \lambda\boldsymbol{G}_0)\hat{\boldsymbol{w}} = \boldsymbol{G}^{\mathrm{T}}\boldsymbol{d}$$

解出权重向量 $\hat{\boldsymbol{w}}$ 得

$$\hat{\boldsymbol{w}} = (\boldsymbol{G}^{\mathrm{T}}\boldsymbol{G} + \lambda\boldsymbol{G}_0)^{-1}\boldsymbol{G}^{\mathrm{T}}\boldsymbol{d} \tag{7.57}$$

当正则化参数 λ 趋于零时，权重向量 $\hat{\boldsymbol{w}}$ 趋于一个欠定的最小二乘数据拟合问题（$m_1 < N$）的伪逆（最小范数）解，即

$$\boldsymbol{w} = \boldsymbol{G}^{+}\boldsymbol{d}, \quad \lambda = 0 \tag{7.58}$$

式中，$\boldsymbol{G}^{+}$ 是矩阵 $\boldsymbol{G}$ 的伪逆（Golub and VanLoan, 1996），即

$$\boldsymbol{G}^{+} = (\boldsymbol{G}^{\mathrm{T}}\boldsymbol{G})^{-1}\boldsymbol{G}^{\mathrm{T}} \tag{7.59}$$

7.5.1 加权范数

在式（7.50）的近似解中，范数常指欧氏范数。然而，当输入向量 $\boldsymbol{x}$ 的各个元素属于不同的类别时，将其视为一般的加权范数更合理，加权范数的平方形式定义为

$$\|\boldsymbol{x}\|_{\boldsymbol{C}}^2 = (\boldsymbol{Cx})^{\mathrm{T}}(\boldsymbol{Cx}) = \boldsymbol{x}^{\mathrm{T}}\boldsymbol{C}^{\mathrm{T}}\boldsymbol{Cx} \tag{7.60}$$

式中，$\boldsymbol{C}$ 是一个 $m_0\times m_0$ 维加权矩阵，m_0 是输入向量 $\boldsymbol{x}$ 的维数。

现在，使用加权范数的定义，可将式（7.50）中正则化问题的近似解写成更一般的形式（Lowe, 1989; Poggio and Girosi, 1990a）：

$$F^*(\boldsymbol{x}) = \sum_{i=1}^{m_1} w_i G\left(\|\boldsymbol{x}-\boldsymbol{t}_i\|_{\boldsymbol{C}}\right) \tag{7.61}$$

引入加权范数的原因有二。一是，加权范数可简单地视为对原始输入空间做仿射变换。原则上，这种变换并不降低原来不加权时的结果，因为原来不加权时的范数实际上对应于一个单位矩阵的加权范数。二是，加权范数可直接视为由式（7.44）定义的 m_0 维拉普拉斯伪微分算子 $\boldsymbol{D}$ 的少许改进。使用加权范数的合理性在高斯径向基函数背景下可解释如下。以 $\boldsymbol{t}_i$ 为中心且具有范数加权

矩阵$\boldsymbol{C}$的高斯径向基函数 $G\left(\|\boldsymbol{x}-\boldsymbol{t}_i\|_C\right)$ 可以写成

$$\begin{aligned}G\left(\|\boldsymbol{x}-\boldsymbol{t}_i\|_C\right)&=\exp\left[-(\boldsymbol{x}-\boldsymbol{t}_i)^{\mathrm{T}}\boldsymbol{C}^{\mathrm{T}}\boldsymbol{C}(\boldsymbol{x}-\boldsymbol{t}_i)\right]\\&=\exp\left[-\tfrac{1}{2}(\boldsymbol{x}-\boldsymbol{t}_i)^{\mathrm{T}}\boldsymbol{\Sigma}^{-1}(\boldsymbol{x}-\boldsymbol{t}_i)\right]\end{aligned}\tag{7.62}$$

式中，逆矩阵 $\boldsymbol{\Sigma}^{-1}$ 定义为

$$\tfrac{1}{2}\boldsymbol{\Sigma}^{-1}=\boldsymbol{C}^{\mathrm{T}}\boldsymbol{C}$$

式（7.62）中的广义多元高斯分布有一个指数等于马氏距离，见第0章中的式（0.27）。因此，由式（7.62）定义的核称为马氏核，这个核已在第6章的习题6.10中讨论过。

式（7.51）中逼近问题的解为具有如图7.3所示结构的广义径向基函数网络提供了框架。在这种网络中，输出单元上有一个偏置（独立于数据的变量）。为此，可简单地将输出层的一个线性权重值置为偏置，同时将与该权重值对应的径向基函数视为一个等于+1的常量。

从结构上看，图7.3所示的广义RBF网络与图7.2所示的正则化RBF网络相似，但它们有如下的重要不同：

1．一方面，图7.3所示的广义RBF网络的隐藏层的节点数为 m_1，且 m_1 通常总小于用于训练的样本数 N。另一方面，图7.2所示的正则化RBF网络的隐藏层的节点数恰好为 N。

2．在图7.3所示的广义RBF网络中，与输出层相关联的线性权重向量、与隐藏层相关联的径向基函数的中心以及范数加权矩阵，均是待学习的未知参数。而在图7.2所示的正则化RBF网络中，隐藏层的激活函数是已知的，它定义为一组以训练数据点为中心的格林函数；输出层的权重向量是网络的唯一未知参数。

7.6 再论正则化最小二乘估计

本书的第2章中介绍了最小二乘估计，第5章中用它计算了一个次最优径向基函数网络的输出层。本节再次讨论这个相对简单但有效的估计方法。这里，有两点值得注意：第一，式（7.57）中包括正则化最小二乘估计，且后者是前者的一个特例；第二，与其他核方法一样，正则化最小二乘估计受表示理论的控制。

7.6.1 将最小二乘估计视为式（7.57）的一个特例

对于给定的训练样本 $\{\boldsymbol{x}_i,d_i\}_{i=1}^{N}$，最小二乘估计的正则化代价函数定义为（见第2章）

$$\mathcal{E}(\boldsymbol{w})=\frac{1}{2}\sum_{i=1}^{N}(d_i-\boldsymbol{w}^{\mathrm{T}}\boldsymbol{x}_i)^2+\frac{1}{2}\lambda\|\boldsymbol{w}\|^2\tag{7.63}$$

式中，在整个训练期间，权重向量 $\boldsymbol{w}$ 是固定的，λ 是一个正则化参数。比较该式和式（7.4）中的代价函数，发现正则化项是以 $\boldsymbol{w}$ 的形式简单定义的：

$$\|\boldsymbol{D}F\|^2=\|\boldsymbol{w}\|^2=\boldsymbol{w}^{\mathrm{T}}\boldsymbol{w}$$

根据上式可将式（7.57）中的对称矩阵 $\boldsymbol{G}_0$ 设为单位矩阵。相应地，式（7.57）简化为

$$(\boldsymbol{G}^{\mathrm{T}}\boldsymbol{G}+\lambda\boldsymbol{I})\hat{\boldsymbol{w}}=\boldsymbol{G}^{\mathrm{T}}\boldsymbol{d}$$

因为最小二乘估计是线性的且缺失隐藏层，所以可将式（7.53）中的剩余矩阵 $\boldsymbol{G}$ 的转置表示为

$$\boldsymbol{G}^{\mathrm{T}}=[\boldsymbol{x}_1,\boldsymbol{x}_2,\cdots,\boldsymbol{x}_N]\tag{7.64}$$

然后，对 $\boldsymbol{G}^{\mathrm{T}}$ 使用这个表达式，并对权重向量 $\hat{\boldsymbol{w}}$ 的如式（7.57）所示的正则化解的预期响应 $\boldsymbol{d}$ 使用式（7.52），得到

$$\hat{\boldsymbol{w}} = (\boldsymbol{R}_{xx} + \lambda \boldsymbol{I})^{-1} \boldsymbol{r}_{dx} \tag{7.65}$$

式中，

$$\boldsymbol{R}_{xx} = \sum_{i=1}^{N} \boldsymbol{x}_i \boldsymbol{x}_i^{\mathrm{T}}, \qquad \boldsymbol{r}_{dx} = \sum_{i=1}^{N} \boldsymbol{x}_i d_i$$

式（7.65）已在式（2.29）中定义，是最大后验（MAP）估计公式的重复；如前所述，该式同样适用于正则化最小二乘估计。

通过对相关矩阵 $\boldsymbol{R}_{xx}$ 和互相关向量 $\boldsymbol{r}_{dx}$ 使用这些表达式，我们可按训练样本 $\{\boldsymbol{x}_i, d_i\}_{i=1}^{N}$ 的形式重申式（7.65）中的公式：

$$\hat{\boldsymbol{w}} = (\boldsymbol{X}^{\mathrm{T}} \boldsymbol{X} + \lambda \boldsymbol{I})^{-1} \boldsymbol{X}^{\mathrm{T}} \boldsymbol{d} \tag{7.66}$$

式中，$\boldsymbol{X}$ 是输入数据矩阵：

$$\boldsymbol{X} = \begin{bmatrix} x_{11} & x_{12} & \cdots & x_{1M} \\ x_{21} & x_{22} & \cdots & x_{2M} \\ \vdots & \vdots & \ddots & \vdots \\ x_{N1} & x_{N2} & \cdots & x_{NM} \end{bmatrix} \tag{7.67}$$

式中，下标 N 是训练样本数，下标 M 是权重向量 $\hat{\boldsymbol{w}}$ 的维数。向量 $\boldsymbol{d}$ 是期望响应向量，由式（7.52）定义，为方便起见，将其重新写为

$$\boldsymbol{d} = \left[d_1, d_2, \cdots, d_N\right]^{\mathrm{T}}$$

7.6.2 将最小二乘估计视为表示定理的形式

接下来，若将最小二乘估计视为一个“核机器”，则可将其核表示为内积

$$k(\boldsymbol{x}, \boldsymbol{x}_i) = \langle \boldsymbol{x}, \boldsymbol{x}_i \rangle = \boldsymbol{x}^{\mathrm{T}} \boldsymbol{x}_i, \qquad i = 1, 2, \cdots, N \tag{7.68}$$

于是，引入第6章讨论的表示定理后，就可由正则化最小二乘估计表示逼近函数：

$$F_\lambda(\boldsymbol{x}) = \sum_{i=1}^{N} a_i k(\boldsymbol{x}, \boldsymbol{x}_i) \tag{7.69}$$

式中，展开系数 $\{a_i\}_{i=1}^{N}$ 由训练样本 $\{\boldsymbol{x}_i, d_i\}_{i=1}^{N}$ 唯一确定；问题是，如何确定呢？

为了解决这个问题，首先使用恒等式

$$\boldsymbol{X}^{\mathrm{T}} (\boldsymbol{X}\boldsymbol{X}^{\mathrm{T}} + \lambda \boldsymbol{I}_N)^{-1} \boldsymbol{d} = (\boldsymbol{X}^{\mathrm{T}} \boldsymbol{X} + \lambda \boldsymbol{I}_M)^{-1} \boldsymbol{X}^{\mathrm{T}} \boldsymbol{d} \tag{7.70}$$

式中，$\boldsymbol{X}$ 是一个 $N \times M$ 维矩阵，$\boldsymbol{d}$ 是一个 $N \times 1$ 维的期望响应向量，λ 是正则化参数，$\boldsymbol{I}_N$ 和 $\boldsymbol{I}_M$ 分别是 N 维和 M 维单位矩阵，M 是权重向量 $\boldsymbol{w}$ 的维数。式（7.70）中矩阵恒等式的证明，见习题7.11。这个等式的右端可视为最优权重向量 $\hat{\boldsymbol{w}}$ 的公式，见式（7.66）。使用式（7.70）中的恒等式，可以通过如下的正则化最小二乘估计，以权重向量 $\hat{\boldsymbol{w}}$ 和输入向量 $\boldsymbol{x}$ 的形式来表示逼近函数：

$$F_\lambda(\boldsymbol{x}) = \boldsymbol{x}^{\mathrm{T}} \hat{\boldsymbol{w}} = \boldsymbol{x}^{\mathrm{T}} \boldsymbol{X}^{\mathrm{T}} (\boldsymbol{X}\boldsymbol{X}^{\mathrm{T}} + \lambda \boldsymbol{I}_N)^{-1} \boldsymbol{d} \tag{7.71}$$

上式可用内积的形式表示为

$$F_\lambda(\boldsymbol{x}) = \boldsymbol{k}^{\mathrm{T}}(\boldsymbol{x}) \boldsymbol{a} = \boldsymbol{a}^{\mathrm{T}} \boldsymbol{k}(\boldsymbol{x}) \tag{7.72}$$

上式是式（7.69）所示表示理论的矩阵形式，由此有如下解释：

1．核的行向量以输入向量 $\boldsymbol{x}$ 和数据矩阵 $\boldsymbol{X}$ 的形式定义为

$$\boldsymbol{k}^{\mathrm{T}}(\boldsymbol{x}) = \left[k(\boldsymbol{x}, \boldsymbol{x}_1), k(\boldsymbol{x}, \boldsymbol{x}_2), \cdots, k(\boldsymbol{x}, \boldsymbol{x}_N)\right] = \boldsymbol{x}^{\mathrm{T}} \boldsymbol{X}^{\mathrm{T}} = (\boldsymbol{X}\boldsymbol{x})^{\mathrm{T}} \tag{7.73}$$

它是一个 $1 \times N$ 维行向量。

2．展开系数向量 $\boldsymbol{a}$ 由估计量的 $N \times N$ 维核矩阵或Gram矩阵 $\boldsymbol{K}$、正则化参数 λ 和期望响应向量

$\boldsymbol{d}$ 定义：

$$\boldsymbol{a}=[a_1,a_2,\cdots,a_N]^{\mathrm{T}}=(\boldsymbol{K}+\lambda\boldsymbol{I}_N)^{-1}\boldsymbol{d} \tag{7.74}$$

式中，

$$\boldsymbol{K}=\boldsymbol{X}\boldsymbol{X}^{\mathrm{T}}=\begin{bmatrix}\boldsymbol{x}_1^{\mathrm{T}}\boldsymbol{x}_1 & \boldsymbol{x}_1^{\mathrm{T}}\boldsymbol{x}_2 & \cdots & \boldsymbol{x}_1^{\mathrm{T}}\boldsymbol{x}_N\\ \boldsymbol{x}_2^{\mathrm{T}}\boldsymbol{x}_1 & \boldsymbol{x}_2^{\mathrm{T}}\boldsymbol{x}_2 & \cdots & \boldsymbol{x}_2^{\mathrm{T}}\boldsymbol{x}_N\\ \vdots & \vdots & \ddots & \vdots\\ \boldsymbol{x}_N^{\mathrm{T}}\boldsymbol{x}_1 & \boldsymbol{x}_N^{\mathrm{T}}\boldsymbol{x}_2 & \cdots & \boldsymbol{x}_N^{\mathrm{T}}\boldsymbol{x}_N\end{bmatrix} \tag{7.75}$$

7.6.3 描述正则最小二乘估计的两种等效方法

由本节的讨论可知，描述由正则化最小二乘估计实现的逼近函数 $F_\lambda(\boldsymbol{x})$ 的方法有两种：

1. 式（7.71）中的公式，它由给定输入向量 $\boldsymbol{x}$ 的权重向量 $\hat{\boldsymbol{w}}$ 定义。这个公式基本上可追溯到第2章中讨论的用于最小二乘估计的正规公式。

2. 式（7.72）中的公式，它由估计量的核定义。这个公式来自第6章中的表示理论，其实质是不需要计算RLS算法中的权重向量。这也是第6章中讨论的核方法的本质。

以正规公式给出的正则化最小二乘估计的第一个公式在统计学中很常见，但以核学习中常见的表示理论（在）给出的第二个公式是新的。

7.7 关于正则化的其他说明

基于高斯的径向基函数网络的一个属性是，其本身是Tikhonov正则化理论的严格应用，见7.4节和7.5节中的证明。如7.6节所示，同样的说明适用于最小二乘估计。

本节将学自最小二乘估计的知识推广到使用Tikhonov正则化理论较为困难的情况。

7.7.1 回归

式（7.63）可重写为

$$\underbrace{\mathcal{E}(\boldsymbol{w})}_{\substack{\text{正则化}\\\text{代价函数}}}=\underbrace{\frac{1}{2}\sum_{i=1}^{N}(d_i-\boldsymbol{w}^{\mathrm{T}}\boldsymbol{x}_i)^2}_{\text{经验风险}}+\underbrace{\frac{1}{2}\lambda\|\boldsymbol{w}\|^2}_{\text{正则化项}} \tag{7.76}$$

从回归的角度上看，项 $\frac{1}{2}\|\boldsymbol{w}\|^2$ 有着直观作用。从几何上说，在最小化代价函数 $\mathcal{E}(\boldsymbol{w})$ 的过程中，包含正则化项 $\frac{1}{2}\|\boldsymbol{w}\|^2$ 有利于找到带有期望逼近性质的最平坦的函数。事实上，为了实现这个目标，4.14节就提出了最小化代价函数

$$\underbrace{\mathcal{E}(\boldsymbol{w})}_{\substack{\text{正则化}\\\text{代价函数}}}=\underbrace{\frac{1}{2}\sum_{i=1}^{N}\big(d_i-F(\boldsymbol{x}_i,\boldsymbol{w})\big)^2}_{\text{经验风险}}+\underbrace{\frac{1}{2}\lambda\|\boldsymbol{w}\|^2}_{\text{正则化项}}$$

它是正则化逼近函数的多层感知器的可行方法。该方法的缺点是，数学上很难将Tikhonov正则化理论用于多层感知器。与径向基函数网络不同的是，多层感知器的可调突触权重分布在隐藏层和输出层中。从实用的角度看，使用正则化项 $\frac{1}{2}\|\boldsymbol{w}\|^2$ 是理想的选择。

7.7.2 最大似然估计

回顾第2章关于最小二乘法和贝叶斯估计的内容可知，在高斯环境下运行的最大后验（MAP）

参数估计量的目标函数可以表示为［见式（2.22）和式（2.28）］

$$\underbrace{L(\boldsymbol{w})}_{\text{对数后验}} = \underbrace{-\frac{1}{2}\sum_{i=1}^{N}(d_i - \boldsymbol{w}^{\mathrm{T}}\boldsymbol{x}_i)^2}_{\text{对数似然}} \underbrace{-\frac{1}{2}\lambda\|\boldsymbol{w}\|^2}_{\text{对数先验}}$$

因此，可将项 $\frac{1}{2}\|\boldsymbol{w}\|^2$ 视为关于极大后验参数估计的潜在结构的先验信息。分别定义 $\mathcal{E}(\boldsymbol{w})$ 和 $L(\boldsymbol{w})$ 的式（7.76）和式（7.77）有着相同的数学结构，只是对数后验概率 $L(\boldsymbol{w})$ 是正则化代价函数 $\mathcal{E}(\boldsymbol{w})$ 的负数。因此，在最小二乘估计或高斯环境下的最大似然估计中，正则化项和先验信息项所起的作用相同。

通过在最小二乘估计中泛化这一观察，可以推导出以正则化极大似然估计作为目标函数的估计，其表达式为

$$\underbrace{L(\boldsymbol{w})}_{\text{正则化对数似然}} = \underbrace{\log l(\boldsymbol{w})}_{\text{对数似然}} - \underbrace{\frac{1}{2}\lambda\|\boldsymbol{w}\|^2}_{\text{正则化项（惩罚项）}} \tag{7.77}$$

式中，$\boldsymbol{w}$ 是待优化的参数向量。一般来说，当很难获得用于估计未知参数向量 $\boldsymbol{w}$ 的最大似然估计算法的先验知识时，从似然函数 $l(\boldsymbol{w})$ 的对数中减去惩罚项 $\frac{1}{2}\|\boldsymbol{w}\|^2$ 可能是稳定最大似然估计过程的理想选择。

7.8 正则化参数估计

正则化参数 λ 在径向基函数网络、最小二乘估计和支持向量机的正则化理论中起核心作用。为了更好地利用这个理论，我们需要一种估计 λ 的原理上等效的方法。

为此，我们首先考虑一个由模型描述的非线性回归问题，该模型在时间步 i 响应输入向量 $\boldsymbol{x}_i$ 的可观测输出 y_i 定义为

$$d_i = f(\boldsymbol{x}_i) + \varepsilon_i, \quad i = 1, 2, \cdots, N \tag{7.78}$$

式中，$f(\boldsymbol{x}_i)$ 是一条“光滑的曲线”，ε_i 是均值为零、方差如下的白噪声过程的一个样本：

$$\mathbb{E}[\varepsilon_i \varepsilon_k] = \begin{cases} \sigma^2, & k = i \\ 0, & \text{其他} \end{cases} \tag{7.79}$$

问题是在给定一组训练样本 $\{\boldsymbol{x}_i, y_i\}_{i=1}^{N}$ 的条件下，重建该模型的底层函数 $f(\boldsymbol{x}_i)$。

令 $F_\lambda(\boldsymbol{x})$ 是 $f(\boldsymbol{x})$ 于正则化参数 λ 的正则化估计。也就是说，$F_\lambda(\boldsymbol{x})$ 是使得表示非线性回归问题的Tikhonov泛函最小的最小化函数［见式（7.4）］：

$$\mathcal{E}(F) = \frac{1}{2}\sum_{i=1}^{N}[d_i - F(\boldsymbol{x}_i)]^2 + \frac{1}{2}\lambda\|\boldsymbol{D}F(\boldsymbol{x})\|^2$$

选择合适的 λ 值并不简单，需要在如下两种矛盾的情况之间折中：

- 由项 $\sum_{i=1}^{N}[d_i - F(\boldsymbol{x}_i)]^2$ 来度量解的准确性。
- 由项 $\|\boldsymbol{D}F(\boldsymbol{x})\|^2$ 来度量数据的平稳性。

本节的主题是讨论如何选择好的正则化参数 λ。

7.8.1 均方误差

在模型的回归函数 $f(\boldsymbol{x})$ 和某个正则化参数 λ 下的解的逼近函数 $F_\lambda(\boldsymbol{x})$ 之间，令 $R(\lambda)$ 表示给定数据上的均方误差，即

$$R(\lambda)=\frac{1}{N}\sum_{i=1}^{N}\left[f(\boldsymbol{x}_i)-F_\lambda(\boldsymbol{x}_i)\right]^2 \tag{7.80}$$

所谓最优 λ，指的是使 $R(\lambda)$ 最小的 λ 值。

设 $F_\lambda(\boldsymbol{x}_k)$ 是一组给定的可观测值的线性组合，即

$$F_\lambda(\boldsymbol{x}_k)=\sum_{i=1}^{N}a_{ki}(\lambda)d_i \tag{7.81}$$

上式可用矩阵形式等效地写成

$$\boldsymbol{F}_\lambda=\boldsymbol{A}(\lambda)\boldsymbol{d}$$

式中，$\boldsymbol{d}$ 是期望响应向量（回归模型中的响应向量），

$$\boldsymbol{F}_\lambda=\left[F_\lambda(\boldsymbol{x}_1),F_\lambda(\boldsymbol{x}_2),\cdots,F_\lambda(\boldsymbol{x}_N)\right]^{\mathrm{T}} \tag{7.82}$$

$$\boldsymbol{A}(\lambda)=\begin{bmatrix} a_{11} & a_{12} & \cdots & a_{1N} \\ a_{21} & a_{22} & \cdots & a_{2N} \\ \vdots & \vdots & \ddots & \vdots \\ a_{N1} & a_{N2} & \cdots & a_{NN} \end{bmatrix} \tag{7.83}$$

式中，$N\times N$ 维矩阵 $\boldsymbol{A}(\lambda)$ 被称为影响矩阵。

采用这种矩阵符号，可将式（7.80）重写为

$$R(\lambda)=\frac{1}{N}\left\|\boldsymbol{f}-\boldsymbol{F}_\lambda\right\|^2=\frac{1}{N}\left\|\boldsymbol{f}-\boldsymbol{A}(\lambda)\boldsymbol{d}\right\|^2 \tag{7.84}$$

式中，$N\times 1$ 维向量 $\boldsymbol{f}$ 为

$$\boldsymbol{f}=\left[f(\boldsymbol{x}_1),f(\boldsymbol{x}_2),\cdots,f(\boldsymbol{x}_N)\right]^{\mathrm{T}}$$

我们也可将式（7.78）写成矩阵形式：

$$\boldsymbol{d}=\boldsymbol{f}+\boldsymbol{\epsilon} \tag{7.85}$$

式中，$\boldsymbol{\epsilon}=[\varepsilon_1,\varepsilon_2,\cdots,\varepsilon_N]^{\mathrm{T}}$。因此，将式（7.85）代入式（7.84）并展开得

$$\begin{aligned} R(\lambda)&=\frac{1}{N}\left\|\left(\boldsymbol{I}-\boldsymbol{A}(\lambda)\right)\boldsymbol{f}-\boldsymbol{A}(\lambda)\boldsymbol{\epsilon}\right\|^2 \\ &=\frac{1}{N}\left\|\left(\boldsymbol{I}-\boldsymbol{A}(\lambda)\right)\boldsymbol{f}\right\|^2-\frac{2}{N}\boldsymbol{\epsilon}^{\mathrm{T}}\boldsymbol{A}^{\mathrm{T}}(\lambda)\left(\boldsymbol{I}-\boldsymbol{A}(\lambda)\right)\boldsymbol{f}+\frac{1}{N}\left\|\boldsymbol{A}(\lambda)\boldsymbol{\epsilon}\right\|^2 \end{aligned} \tag{7.86}$$

式中，$\boldsymbol{I}$ 是 $N\times N$ 维单位矩阵。为了求 $R(\lambda)$ 的期望值，需要注意如下几点：

1．式（7.86）的右边第一项是一个常数，它不受期望算子的影响。

2．因为式（7.88）中的期望误差 ε_i 对所有i都有零均值，所以第二项的期望为零。

3．标量 $\left\|\boldsymbol{A}(\lambda)\boldsymbol{\epsilon}\right\|^2$ 的期望为

$$\mathbb{E}\left[\left\|\boldsymbol{A}(\lambda)\boldsymbol{\epsilon}\right\|^2\right]=\mathbb{E}\left[\boldsymbol{\epsilon}^{\mathrm{T}}\boldsymbol{A}^{\mathrm{T}}(\lambda)\boldsymbol{A}(\lambda)\boldsymbol{\epsilon}\right]=\mathrm{tr}\left(\mathbb{E}\left[\boldsymbol{\epsilon}^{\mathrm{T}}\boldsymbol{A}^{\mathrm{T}}(\lambda)\boldsymbol{A}(\lambda)\boldsymbol{\epsilon}\right]\right)=\mathbb{E}\left[\mathrm{tr}\left(\boldsymbol{\epsilon}^{\mathrm{T}}\boldsymbol{A}^{\mathrm{T}}(\lambda)\boldsymbol{A}(\lambda)\boldsymbol{\epsilon}\right)\right] \tag{7.87}$$

式中首先用到了标量的迹等于标量本身的事实，然后交换了期望运算和求迹运算的顺序。

4．接下来利用矩阵代数中的如下规则：给定两个具有相容维数的矩阵$\boldsymbol{B}$和$\boldsymbol{C}$，$\boldsymbol{BC}$的迹等于$\boldsymbol{CB}$的迹。于是，令 $\boldsymbol{B}=\boldsymbol{\epsilon}^{\mathrm{T}}$，$\boldsymbol{C}=\boldsymbol{A}^{\mathrm{T}}(\lambda)\boldsymbol{A}(\lambda)\boldsymbol{\epsilon}$，则式（7.87）可以写成下面的等效形式：

$$\mathbb{E}\left[\left\|\boldsymbol{A}(\lambda)\boldsymbol{f}\right\|^2\right]=\mathbb{E}\left\{\mathrm{tr}\left[\boldsymbol{A}^{\mathrm{T}}(\lambda)\boldsymbol{A}(\lambda)\in\boldsymbol{\epsilon}^{\mathrm{T}}\right]=\sigma^2\mathrm{tr}\left[\boldsymbol{A}^{\mathrm{T}}(\lambda)\boldsymbol{A}(\lambda)\right]\right. \tag{7.88}$$

上式中的最后一行由式（7.79）得到。最后，注意到 $\boldsymbol{A}^{\mathrm{T}}(\lambda)\boldsymbol{A}(\lambda)$ 的迹等于 $\boldsymbol{A}^2(\lambda)$ 的迹，有

$$\mathbb{E}\left[\left\|\boldsymbol{A}(\lambda)\boldsymbol{f}\right\|^2\right]=\sigma^2\mathrm{tr}\left[\boldsymbol{A}^2(\lambda)\right] \tag{7.89}$$

结合这四点后，$R(\lambda)$ 的期望值可以表示为

$$\mathbb{E}\left[R(\lambda)\right]=\frac{1}{N}\left\|\boldsymbol{I}-\boldsymbol{A}(\lambda)\boldsymbol{f}\right\|^{2}+\frac{\sigma^{2}}{N}\operatorname{tr}\left[\boldsymbol{A}^{2}(\lambda)\right] \tag{7.90}$$

然而，给定训练样本的均方误差 $R(\lambda)$ 并不是实用的度量，因为它需要待重建的回归函数 $f(\boldsymbol{x})$ 的知识。作为 $R(\lambda)$ 的估计，我们引入如下定义（Craven and Wahba,1979）：

$$\hat{R}(\lambda)=\frac{1}{N}\left\|(\boldsymbol{I}-\boldsymbol{A}(\lambda))\boldsymbol{d}\right\|^{2}+\frac{\sigma^{2}}{N}\operatorname{tr}\left[\boldsymbol{A}^{2}(\lambda)\right]-\frac{\sigma^{2}}{N}\operatorname{tr}\left[\left(\boldsymbol{I}-\boldsymbol{A}(\lambda)\right)^{2}\right] \tag{7.91}$$

式中减去的最后一项将使得估计 $\hat{R}(\lambda)$ 是无偏的。特别地，采用类似导出式（7.90）过程，可以证明

$$\mathbb{E}\left[\hat{R}(\lambda)\right]=\mathbb{E}\left[R(\lambda)\right] \tag{7.92}$$

因此，使得估计 $\hat{R}(\lambda)$ 最小的 λ 值可以取为正则化参数 λ 的较好选择。

7.8.2 广义交叉验证

使用估计 $\hat{R}(\lambda)$ 的一个缺点是，它要求知道噪声的方差 σ^2，而在实际情况中，σ^2 通常是未知的。要解决这个问题，就要用到广义交叉验证，它最早由Craven and Wahba(1979)提出。

下面首先采用交叉验证的留一法（见第4章）来处理这个问题。具体地说，令 $F_{\lambda}^{[k]}(\boldsymbol{x})$ 是使得泛函最小化的函数：

$$\mathcal{E}_{\text{modified}}(F)=\frac{1}{2}\sum_{i=1,i\neq k}^{N}\left[d_i-F_{\lambda}(\boldsymbol{x}_i)\right]^{2}+\frac{\lambda}{2}\left\|\boldsymbol{D}F(\boldsymbol{x})\right\|^{2} \tag{7.93}$$

式中，标准误差函数中省略了第k项$[d_k-F_{\lambda}(\boldsymbol{x}_k)]$。省略这一项后，就可使用 $F_{\lambda}^{[k]}(\boldsymbol{x})$ 预测缺失数据点d_k的能力来度量参数λ的好坏。因此，我们引入下面的好坏度量：

$$V_0(\lambda)=\frac{1}{N}\sum_{k=1}^{N}\left[d_k-F_{\lambda}^{[k]}(\boldsymbol{x}_k)\right]^{2} \tag{7.94}$$

$V_0(\lambda)$ 仅依赖于数据本身。于是，λ 的普通交叉验证估计就是使 $V_0(\lambda)$ 最小化的函数（Wahba, 1990）。

$F_{\lambda}^{[k]}(\boldsymbol{x}_k)$ 的一个有用性质是，若用预测 $F_{\lambda}^{[k]}(\boldsymbol{x}_k)$ 代替数据点 d_k，并用数据点 $d_1,d_2,\cdots,d_{k-1},d_k,d_{k+1},\cdots,d_N$ 最小化式（7.4）的原始Tikhonov泛函 $\mathcal{E}(F)$，则 $F_{\lambda}^{[k]}(\boldsymbol{x}_k)$ 就是所求的解。这个性质，加上对每个输入向量 $\boldsymbol{x}$ 来说 $\mathcal{E}(F)$ 的最小化函数 $F_{\lambda}(\boldsymbol{x})$ 都线性依赖于 d_k 的事实，可让我们写出

$$F_{\lambda}^{[k]}(\boldsymbol{x}_k)=F_{\lambda}(\boldsymbol{x}_k)+\left(F_{\lambda}^{[k]}(\boldsymbol{x}_k)-d_k\right)\frac{\partial F_{\lambda}(\boldsymbol{x}_k)}{\partial d_k} \tag{7.95}$$

由定义影响矩阵 $\boldsymbol{A}(\lambda)$ 的元素的式（7.81），可知

$$\frac{\partial F_{\lambda}(\boldsymbol{x}_k)}{\partial d_k}=a_{kk}(\lambda) \tag{7.96}$$

式中，$a_{kk}(\lambda)$ 是影响矩阵 $\boldsymbol{A}(\lambda)$ 的第 k 个对角元素。将式（7.96）代入式（7.95）并解 $F_{\lambda}^{[k]}(\boldsymbol{x}_k)$ 的方程得

$$\begin{aligned}F_{\lambda}^{[k]}(\boldsymbol{x}_k)&=\frac{F_{\lambda}(\boldsymbol{x}_k)-a_{kk}(\lambda)d_k}{1-a_{kk}(\lambda)}\\&=\frac{F_{\lambda}(\boldsymbol{x}_k)-d_k}{1-a_{kk}(\lambda)}+d_k\end{aligned} \tag{7.97}$$

将式（7.97）代入式（7.94），可将 $V_0(\lambda)$ 重新定义为

$$V_0(\lambda)=\frac{1}{N}\sum_{k=1}^{N}\left(\frac{d_k-F_{\lambda}(\boldsymbol{x}_k)}{1-a_{kk}(\lambda)}\right)^{2} \tag{7.98}$$

一般来说，对于不同的k，$a_{kk}(\lambda)$的值是不同的，这意味着对待$V_0(\lambda)$中的不同数据点的方式是不同的。为避免普通交叉验证的这个特性，Craven and Wahba(1979)通过坐标旋转引入了广义交叉验证（Generalized Cross-Validation, GCV）[4]。式（7.98）中的普通交叉验证函数$V_0(\lambda)$修改为

$$V(\lambda)=\frac{1}{N}\sum_{k=1}^{N}\omega_k\left(\frac{d_k-F_\lambda(\boldsymbol{x}_k)}{1-a_{kk}(\lambda)}\right)^2 \tag{7.99}$$

式中，权重ω_k定义为

$$\omega_k=\left(\frac{1-a_{kk}(\lambda)}{\frac{1}{N}\mathrm{tr}[\boldsymbol{I}-\boldsymbol{A}(\lambda)]}\right)^2 \tag{7.100}$$

于是，广义交叉验证函数$V(\lambda)$就变为

$$V(\lambda)=\frac{\frac{1}{N}\sum_{k=1}^{N}(d_k-F_\lambda(\boldsymbol{x}_k))^2}{\left(\frac{1}{N}\mathrm{tr}[\boldsymbol{I}-\boldsymbol{A}(\lambda)]\right)^2} \tag{7.101}$$

最后，将式（7.81）代入式（7.101）得

$$V(\lambda)=\frac{\frac{1}{N}\left\|(\boldsymbol{I}-\boldsymbol{A}(\lambda))\boldsymbol{d}\right\|^2}{\left(\frac{1}{N}\mathrm{tr}[\boldsymbol{I}-\boldsymbol{A}(\lambda)]\right)^2} \tag{7.102}$$

上式的计算仅依赖于与训练样本有关的量。

7.8.3 广义交叉验证函数$V(\lambda)$的最优性

广义交叉验证法的期望无效度定义为

$$I^*=\frac{\mathbb{E}[R(\lambda)]}{\min\limits_{\lambda}\mathbb{E}[R(\lambda)]} \tag{7.103}$$

式中，$R(\lambda)$是由式（7.80）定义的训练样本上的均方误差。自然，I^*的渐近值满足条件

$$\lim_{N\to\infty}I^*=1 \tag{7.104}$$

换句话说，对于很大的N，使$V(\lambda)$最小的λ，同时也使$R(\lambda)$接近最小的可能值，这就使得$V(\lambda)$成为估计λ的较好方法。

7.8.4 评论小结

交叉验证的想法是，选择一个在整个训练样本上最小化均方误差$R(\lambda)$的正则化参数λ，但这个想法不能直接实现，因为$R(\lambda)$中包含未知的回归函数$f(\boldsymbol{x})$。因此，在实际中要处理两种可能性：

- 若噪声方差σ^2已知，则可使用最小化式（7.91）所示估计$\hat{R}(\lambda)$的λ作为最优选择，这里的“最优”是指λ也最小化$R(\lambda)$。
- 若σ^2未知，则可使用最小化式（7.102）所示广义交叉验证函数$V(\lambda)$的λ作为较好选择，当$N\to\infty$时，这个λ可使期望均方误差逼近其最小值。

注意，判断使用广义交叉验证法来估计λ好坏的理论是渐近理论，仅当可用的训练样本大到可使信号和噪声分离时，这种理论才能得到令人满意的结果。

实际使用经验表明，广义交叉验证法对于处理非齐次方差和非高斯噪声具有鲁棒性（Wahba, 1990）。然而，若噪声过程高度相关，则这种方法往往得不到正则化参数λ的满意估计。

下面说明广义交叉验证函数的计算问题。对于正则化参数的给定试验值λ，求式（7.102）中的分母项$[\mathrm{tr}[\boldsymbol{I}-\boldsymbol{A}(\lambda)/N]^2$是计算$V(\lambda)$时计算量最大的部分。这时，可用Wahba et al.(1995)描述的“随

机化迹方法”来计算 $\text{tr}[\boldsymbol{A}(\lambda)]$，这种方法可用于超大规模学习问题。

本节关注的是在监督学习中用于估计正则化参数 λ 的交叉验证，而当我们在7.12节中讨论半监督学习时，将面对两个不同的正则化参数，这是使交叉验证理论适用于半监督学习的有趣扩展。

7.9 半监督学习

从第1章的感知器开始到现在，我们一直在关注监督学习，监督学习的目的是根据给定的训练样本 $\{\boldsymbol{x}_i, d_i\}_{i=1}^N$ 学习一个输入-输出映射。这样的数据集称为标记数据，也就是说，对所有 i，输入向量 $\boldsymbol{x}_i$ 都配对了一个期望响应或标记 d_i。从实用的角度看，当我们监督训练一个网络时，手动标记样本不但耗时、成本高，而且极易出错。相反，收集无标记样本（不带期望响应的样本）成本低，且易得到大量的样本。因此，如何使用标记样本和无标记样本来训练网络呢？答案是使用半监督学习。

在这种新学习方法中，输入数据集 $\{\boldsymbol{x}_i\}_{i=1}^N$ 被分成两个子集：

1．一个样本子集 $\{\boldsymbol{x}_i\}_{i=1}^l$，它的标记集 $\{d_i\}_{i=1}^l$ 已知。

2．另一个样本子集 $\{\boldsymbol{x}_i\}_{i=l+1}^N$，它的标记集未知。

因此，可将半监督学习视为一种介于监督学习和无监督学习之间的新学习形式，它比监督学习困难，但比无监督学习容易。

作为有着许多潜在应用的主题，半监督学习使用了范围广泛的学习算法。本章关注基于流形正则化的核方法。“流形”是指嵌入维数大于 k 的 n 维欧氏空间的一个 k 维拓扑空间。若描述流形的函数是可偏微分的，则称这个流形是微分流形。因此，可将流形视为 $\mathbb{R}^3$ 空间中面的泛化。同理，可将可微分流形视为 $\mathbb{R}^3$ 空间中可微面的泛化。

基于流形正则化的核方法值得关注的原因如下：

1．半监督学习的核方法自然地匹配本章讨论的正则化理论范围。

2．流形正则化对构建用于半监督学习的数据依赖非参数核提供了一种原理性方法。

3．使用流形正则化可让一些分类任务产生较好的结果。

简单地说，基于核的流形正则化在半监督学习理论中可发挥重要作用。

7.10 流形正则化：初步考虑

图7.4显示半监督学习过程的一个模型。在该图和本章的剩余部分中，为了简化表示，我们用“分布”指代“概率密度函数”。为了继续下面的讨论，图7.4中的模型简化为如下数学表述：

1．输入空间用 $\mathcal{X}$ 来表示，且假定是静态的；它提供两个输入数据集，分别记为 $\{\boldsymbol{x}_i\}_{i=1}^l$ 和 $\{\boldsymbol{x}_i\}_{i=l+1}^N$，二者都服从固定分布 $p_{\boldsymbol{X}}(\boldsymbol{x})$，后者还假定属于一个稳定的过程。

2．对于接收自输入空间 $\mathcal{X}$ 的集合 $\{\boldsymbol{x}_i\}_{i=1}^l$ 中的每个输入向量 $\boldsymbol{x}$，“教师”根据固定但未知的条件分布 $p_{D|\boldsymbol{X}}(d\,|\,\boldsymbol{x})$，提供作为期望响应的标记 d_i。

3．学习机产生一个输出，以响应两个数据子集的组合动作：

- 标记数据 $\{\boldsymbol{x}_i, d_i\}_{i=1}^l$，通过教师接收自输入空间，服从联合分布

$$p_{\boldsymbol{X},D}(\boldsymbol{x},d) = p_{D|\boldsymbol{X}}(d\,|\,\boldsymbol{x})\,p_{\boldsymbol{X}}(\boldsymbol{x}) \tag{7.105}$$

  根据该定义，$p_{\boldsymbol{X}}(\boldsymbol{x})$ 是边缘分布，是通过积分出联合分布 $p_{\boldsymbol{X},D}(\boldsymbol{x},d)$ 对期望响应d的依赖性得到的。

- 无标记数据 $\{\boldsymbol{x}_i\}_{i=l+1}^N$，直接接收自输入数据空间 $\mathcal{X}$，服从分布 $p_{\boldsymbol{X}}(\boldsymbol{x})$。

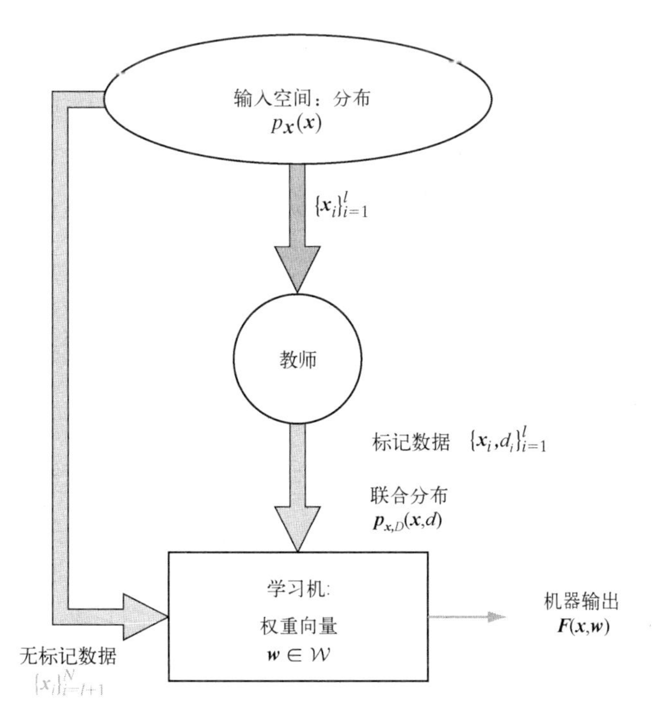

图7.4　半监督学习过程的模型

因此，不同于监督学习，半监督学习中的训练样本组成如下：

$$\text{训练样本} = (\underbrace{\{x_i,d_i\}_{i=1}^l}_{\text{标记}};\underbrace{\{x_i\}_{i=l+1}^N}_{\text{无标记}}) \tag{7.106}$$

在模式识别或回归中，用于改进函数学习的流形正则化原理存在差别，因此假设在分布 $p_X(x)$ 和条件分布 $p_{X|D}(x|d)$ 之间存在某种等价关系。根据下面的两个重要假设（Chapelle et al., 2006），可以构建出这两个分布之间的关联性：

1. 流形假设。输入空间 $\mathcal{X}$ 下的边缘分布 $p_X(x)$ 由低维流形支撑。

   该假设的含义是，条件概率函数 $p_{X|D}(x|d)$ 关于流形的底层结构平滑变化（作为 x 的函数）。这就提出一个问题：如何使用这个流形假设？要回答该问题，就要回顾第4章中讨论的维数灾难问题。简单地说，随着输入空间维数的增加，学习任务对样本数的需求呈指数增长。然而，如果已知数据位于一个低维流形上，那么可在对应的低维空间中学习来避免维数灾难问题。

   流形假设对某些物理过程是恰当的。例如，考虑语音生成过程，它可视为声源激发声道滤波器时的一种滤波形式。声道由截面积不均匀的管道组成，它始于声门，终于嘴唇。当声音在声道中传播时，声音信号的频谱就被声道的频率选择性整形；这种效果类似于管风琴的共鸣。注意，这里的重点是语音信号的空间是一个低维流形，它由声道变化的长度和宽度表征。

2. 聚类假设。根据为函数学习生成的样本，边缘分布 $p_X(x)$ 按如下方式定义：若某些点位于同一个聚类中，则它们很可能属于同一个类别，或者有着相同的标记。

这个假设是合理的，因为它对模式分类问题中的各个类别是可行的。特别地，若两个点属于两个不同的类别，则在同一个聚类中观测到它们的可能性很低。

7.11　微分流形

下面讨论微分流形：

流形是一个抽象的数学空间，这个空间中的每个点都有一个局部邻域，这与欧氏空间中的情形相似，但从全局意义上说，这个空间的底层结构要比欧氏空间的复杂。

因此，可将流形视为嵌入欧氏空间的抽象平滑面。

当我们描述流形时，维数的概念十分重要。一般来说，若一个点的局部邻域在流形上是 n 维欧氏空间，则我们说这是一个 n 维流形或 n 流形。

通常假设流形与欧氏空间的局部相似度足够接近，以便可将微积分中的常用规则用于流形，使流形学习更简单。我们可推广这个论断，用 $\mathbb{R}$ 表示实数集，用 $\mathbb{R}^n$ 表示它们的笛卡儿积。在流形的学习中，空间 $\mathbb{R}^n$ 有以下含义：有时 $\mathbb{R}^n$ 仅表示一个拓扑空间；有时 $\mathbb{R}^n$ 表示一个 n 维向量空间，其上的操作相对于拓扑是连续的；有时 $\mathbb{R}^n$ 简单地等同于欧氏空间。

概括地说，拓扑空间是一个几何对象。为了使定义更精确，我们必须引入集合论：

设 X 是任何一个集合，$\mathcal{T}$ 是由 X 的子集组成的子集族，则当满足如下三个条件时，$\mathcal{T}$ 是集合X上的一个拓扑：

① 集合 X 和空集（不含任何元素的集合）都属于 $\mathcal{T}$ 。

② $\mathcal{T}$ 中有限个元素的并集仍是 $\mathcal{T}$ 中的一个元素。

③ $\mathcal{T}$ 中任意个元素的交集仍是 $\mathcal{T}$ 中的一个元素。

若 $\mathcal{T}$ 是如上定义的拓扑，则如上定义的集合 X 连同 $\mathcal{T}$ 组成一个拓扑空间。

$\mathcal{T}$ 中的元素称为 X 的开集。这个定义的本质是，它可让我们定义“连续的”映射：拓扑空间之间的映射（或函数） $f:X\to Y$ 称为连续的，如果 Y 中的任何开集 A 的原像 $f^{-1}(A)$ 本身是 X 中的一个开集。原像 $f^{-1}(A)$ 是 X 中通过 f 映射到 Y 中的开集 A 的点集。

考虑到可微性这个有趣的问题，令 $\mathbb{R}^n$ 的一个子集 X 为开集。开集定义为这样一个集合：在该集合中，任意一点与其边缘之间的距离都大于0。令 $\boldsymbol{x}\in X$ ，记向量 $\boldsymbol{x}$ 的第 i 个分量为 x_i ，并令函数 $f(\boldsymbol{x})$ 将 X 映射到$\mathbb{R}$。于是，可以给出如下论断：

对于非负整数 k，若所有偏微分 $\partial^\alpha f/\partial x_i^\alpha$ 在 X 上存在且连续（$1\leqslant i\leqslant n$，$0\leqslant\alpha\leqslant k$），则函数 $f(\boldsymbol{x})$ 是可微的，且称其为开集 X 上的类别 C^k ，或者简称 $f(\boldsymbol{x})$ 是 C^k 。

因此，若对任意 $k\geqslant 0$ ， f 都是 C^k ，则称函数 f 是 C^∞ （无穷可微且光滑）。

为了做好正式定义微分流形的准备，我们还要引入一些其他的概念。

7.11.1 同胚

考虑在集合 X 和 Y 之间的映射 $f:X\to Y$ 。若 f 具有如图7.5所示的性质，即对 Y 中的每个 y ， X 中都存在唯一的 x 使得 $f(x)=y$ ，则称 f 为双射。

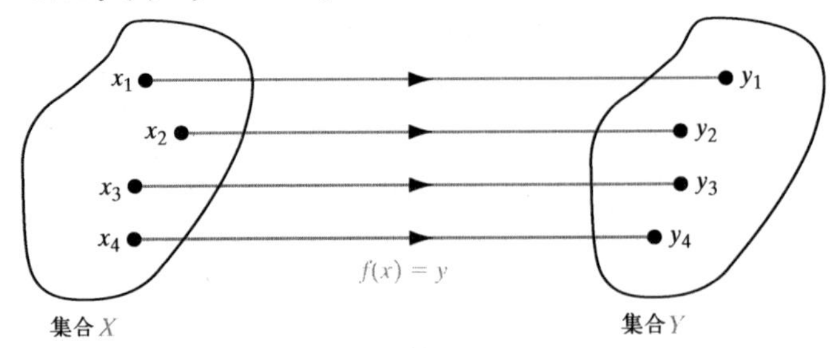

图7.5 双射 $f:X\to Y$

若 f 和其逆 f^{-1} 都是连续的，则称拓扑空间 X 和 Y 之间的双射 $f:X\to Y$ 为同构映射。当这样的 f 存在时，称 X 和 Y 之间彼此同胚。

从物理方面看，可将同胚视为一个拓扑空间的连续延伸和弯曲，它使原空间变成新形状。例如，咖啡杯和炸面圈是彼此同构的，因为咖啡杯可被连续地变形为炸面圈，反之亦然。另一方面，无论对炸面圈如何连续地延伸或弯曲，都不可能将其变为球体。

直觉上，可以说同胚映射将一个拓扑空间中距离接近的点映射到一个完全不同的拓扑空间中，且对应的点在新拓扑空间中的距离仍然接近。

7.11.2 微分同胚

要定义微分同胚这个概念，就要求对某个n，X和Y是$\mathbb{R}^n$中的开集。若满足如下两个条件，则称$f:X\to Y$是微分同胚的：

① f是同胚的。

② f和f^{-1}都是连续可微的。

这时，称X和Y彼此微分同胚。若f和f^{-1}都是k次连续可微的，则称f是一个C^k微同胚。

7.11.3 图表和图集

学习世界地理时，我们发现使用图集和图表可以方便地将世界表示为一个整体。要了解世界的全貌，可以使用地图集，即一系列涵盖世界上所有不同地区的地图。

这种对世界地理的非数学视角，可以引导我们采用如下的直观过程来构建拓扑流形$\mathcal{M}$：

① 选出一族重叠的简单空间，它们覆盖整个拓扑空间$\mathcal{M}$。

② 每个简单空间都与$\mathbb{R}^n$中的一个开集同胚，每个这样的同胚称为一个图表。

③ 这些图表以光滑的方式拼接在一起。

因此，每个图表都由一个三元组(X,Y,f)构成，其中X是$\mathcal{M}$中的开集，Y是$\mathbb{R}^n$中的开集，$f:X\to Y$是一个同胚映射。

显然，一族覆盖整个$\mathcal{M}$的重叠图表称为一个图集，且使用该过程构建流形的方法不唯一。

从数学方面看，可用如下两条语句来跟进图表和图集的定义：

① 若用(X_i,f_i)表示第i个图表，则图集是所有这些图表的交集。

② 如图7.6所示，图集中的任意两个图表(X_i,f_i)和(X_j,f_j)必须是相容的。

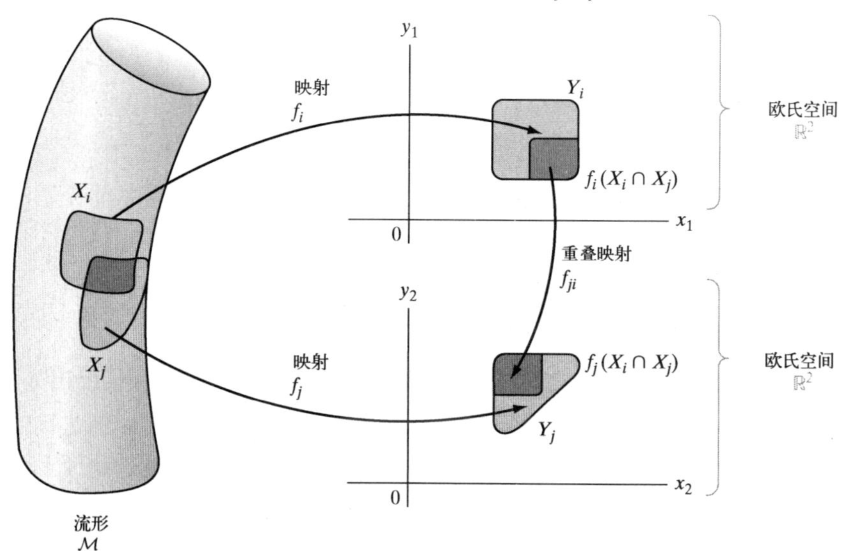

图7.6 图集及其组成图表之间的关系［摘自Abraham et al.(1988)］

- 如图7.6中的阴影部分所示，两个图表的公共部分必须是开集。
- 加阴影的重叠部分 f_{ji} 必须是一个 C^k 微分同胚。

注意，f_{ji} 是从像集 $f_i(X_i \cap X_j)$ 到像集 $f_j(X_i \cap X_j)$ 的一个映射，其中符号 $\cap$ 表示两个集合的积或交。通过要求每个 f_{ji} 都是一个 C^k 微分同胚，就可确定 $\mathcal{M}$ 上的一个 C^k 可微函数的意义。

7.11.4 微分流形

最后给出微分流形的定义：

> 由图集 $(X_i, Y_i, f_i), i = 1, \cdots, I$ 表示的 n 维 C^k 微分流形 $\mathcal{M}$ 是一个拓扑集，其中每个 Y_i 是 $\mathbb{R}^n$ 中的一个开集，且所有重叠的映射 f_{ji} 都是 C^k 微分同胚。

这个定义表明，对于每个 n 维数据点 $\boldsymbol{x} \in \mathcal{M}$，都有一个可行的图表 (X, Y, f)，其中 $\boldsymbol{x} \in X$ 且 f 将开集 X 映射到 $\mathbb{R}^n$ 的开子集 Y 上。

7.11.5 为什么要学习流形

为了评价流形在学习理论中的重要性，假设有一组无标记样本，记为 $\boldsymbol{x}_1, \boldsymbol{x}_2, \cdots$，且每个样本的维数都是 n。这些样本可以表示为 n 维欧氏空间中的数据点集。大多数无监督学习算法仅在由样本 $\boldsymbol{x}_1, \boldsymbol{x}_2, \cdots$ 表示的外在空间上执行。然而，若能构建一个维数低于 n 的流形，则真正的数据就可位于这个流形中，或者围绕这个流形。这样，就有可能通过了解流形及其外在空间的几何性质，设计出更有效的半监督学习算法。这种思想不仅是数据表示的另一种方法，而且通过采样数据点提供一种在流形上逼近学习算法问题的新机制（Belkin, 2003）。然而，为了使这些新方法成为现实，就要知道用来描述输入空间的内在几何结构的流形的特征。遗憾的是，这些知识在实际应用中很难获得。为了解决这个难题，我们将在下一节中尝试构建流形的模型。

7.12 广义正则化理论

7.3节中讨论的Tikhonov经典正则化理论使用了一个惩罚函数，以反映生成标记样本的外在空间。本节推广该理论，方法是使用第二个惩罚函数，以反映生成无标记样本的输入空间的内在几何结构。这个新理论就是广义正则化理论，它使用了基于标记样本和无标记样本的半监督函数学习的思想。另外，它包括在特殊情形下仅基于无标记样本的半监督函数学习。

成对出现的标记样本记为 $(\boldsymbol{x}, d)$，它是根据式（7.105）定义的联合分布函数 $p_{\boldsymbol{X},D}(\boldsymbol{x}, d)$ 生成的。无标记样本 $\boldsymbol{x} \in X$ 是根据边缘分布函数 $p_{\boldsymbol{X}}(\boldsymbol{x})$ 生成的。广义正则化理论的基本前提是，这两个分布之间存在一个等价关系，否则边缘分布的知识就不实用。因此，我们做出如下假设：

> 若两个输入样本点 $\boldsymbol{x}_i, \boldsymbol{x}_j \in X$ 在边缘分布函数 $p_{\boldsymbol{X}}(\boldsymbol{x})$ 的内在几何结构中接近，则在点 $\boldsymbol{x} = \boldsymbol{x}_i$ 和 $\boldsymbol{x} = \boldsymbol{x}_j$ 处计算的条件分布函数 $p_{\boldsymbol{X}|D}(\boldsymbol{x} \mid d)$ 是相似的。

为了以更具体的方式重塑这一假设，进而得出切实可行的解决方案，我们给出如下表述：

> 若两个数据点 $\boldsymbol{x}_i$ 和 $\boldsymbol{x}_j$ 在输入空间中非常接近，则半监督函数学习的目标是找到一个映射，记为函数 $F(\boldsymbol{x})$，使对应的输出点 $F(\boldsymbol{x}_i)$ 和 $F(\boldsymbol{x}_j)$ 以彼此非常接近的方式高可能性地位于同一条直线上。

要达到这个目标，除了经典正则化理论中考虑的惩罚项，还需要一个惩罚项。具体地说，为了推广半监督学习的正则化代价函数，我们需要引入一个新罚项，如下所示：

$$\mathcal{E}_\lambda(F)=\frac{1}{2}\sum_{i=1}^{l}\left(d_i-F(\boldsymbol{x}_i)\right)^2+\frac{1}{2}\lambda_A\|F\|_K^2+\frac{1}{2}\lambda_I\|F\|_I^2 \tag{7.107}$$

式中，两个惩罚项如下：

1. 由外在正则化参数 λ_A 控制的惩罚项 $\|F\|_K^2$，它反映外在空间中逼近函数 F 的复杂度。特别地，这个惩罚项是以特征空间的再生核希尔伯特空间（RKHS）表示给出的（故下标为 K）。
2. 由内在正则化参数 λ_I 控制的惩罚项 $\|F\|_I^2$，它反映输入空间的内在几何结构（故下标为 I）。

$\mathcal{E}_\lambda(F)$ 中的下标 λ 代表两个正则化参数 λ_A 和 λ_I。注意，在式（7.107）右边的第一项中，我们使用了 l 来表示标记样本的数量。

因为没有内在惩罚项 $\|F\|_I^2$，RKHS上代价函数 $\mathcal{E}_\lambda(F)$ 的最小值可由经典表示理论定义为

$$F_\lambda^*(\boldsymbol{x})=\sum_{i=1}^{l}a_i k(\boldsymbol{x},\boldsymbol{x}_i),\quad \lambda_I=0 \tag{7.108}$$

据此，这个问题就可简化成在由展开系数 $\{a_i\}_{i=1}^l$ 定义的一个有限维空间进行优化。我们将推广该定理，以包含内在惩罚项 $\|F\|_I^2$。

为此，我们提出一种用图来建模输入空间的内在几何结构的方法，前提是要有足够多的无标记样本。

7.13 谱图理论

考虑训练样本 $X=\{\boldsymbol{x}_i\}_{i=1}^N$，它包含 N 个输入数据点，既有标记的，又有无标记的。根据这个训练样本，我们将构建一个加权无向图，它包括 N 个节点或顶点（每个节点表示一个输入样本点）及连接相邻节点的一系列边。当两个节点 i 和 j 对应的数据点 $\boldsymbol{x}_i$和$\boldsymbol{x}_j$ 之间的欧氏距离小到满足条件

$$\left\|\boldsymbol{x}_i-\boldsymbol{x}_j\right\|<\varepsilon \tag{7.109}$$

时，就将它们连接起来，其中 ε 是一个规定的常数。这个邻接准则有如下两个特点：几何直观性和自然对称性。但要记住的是，因为该图可能有多重连通分量，所以选择合适的 ε 值比较困难。

令 w_{ij} 表示连接节点 i 和 j 的无向边的权重。图中所有的权重通常都是实数，权重的选择必须满足三个条件：

1. 对称性，即对所有 (i,j)，有 $w_{ij}=w_{ji}$。
2. 连通性，即若相应的节点 i 和 j 被连接，则权重 w_{ij} 非零，否则权重 w_{ij} 为零。
3. 非负性，即对所有 (i,j) 有 $w_{ij}\geqslant 0$。

因此，可以证明 $N\times N$ 维权重矩阵

$$\boldsymbol{W}=\{w_{ij}\}$$

是一个对称的非负定矩阵，它的所有元素都是非负的。矩阵 $\boldsymbol{W}$ 的行和列由图的节点构成，但它们的顺序并不重要。此后，我们就将由权重矩阵 $\boldsymbol{W}$ 表征的无向图表示为 G。

令 $\boldsymbol{T}$ 表示一个 $N\times N$ 维对角矩阵，它的第ii个元素定义为

$$t_{ii}=\sum_{j=1}^{N}w_{ij} \tag{7.110}$$

这称为节点 i 的度。换句话说，节点 i 的度等于权重矩阵 $\boldsymbol{W}$ 的第 i 行的所有元素之和。度 t_{ii} 越大，

节点 i 就越重要。当 t_{ii} 为零时，称节点 i 是孤立的。

根据权重矩阵 $\boldsymbol{W}$ 和对角矩阵 $\boldsymbol{T}$，我们将图 G 的拉普拉斯算子定义为

$$\boldsymbol{L}=\boldsymbol{T}-\boldsymbol{W} \tag{7.111}$$

若无自循环，即对所有 i 有 $w_{ii}=0$，则对拉普拉斯算子 $\boldsymbol{L}$ 的第 ij 个元素有

$$l_{ij}=\begin{cases}t_{ii}, & j=i\\ -w_{ij}, & \text{相邻节点}i\text{和}j\\ 0, & \text{其他}\end{cases} \tag{7.112}$$

因此，可以证明拉普拉斯算子 $\boldsymbol{L}$ 是对称矩阵。

如下所述，图拉普拉斯算子是构建合适的平滑函数以处理内在惩罚项 $\|F\|_I^2$ 的关键。

拉普拉斯算子 $\boldsymbol{L}$ 是对称矩阵，因此其特征值是实值。有关特征分解的话题，包括计算对称矩阵的特征值，将在第8章中详细讨论。现在，我们发现使用对称矩阵的瑞利系数求拉普拉斯算子 $\boldsymbol{L}$ 的特征值的变化特征非常合适。因此，令 $\boldsymbol{f}$ 表示输入向量 $\boldsymbol{x}$ 的一个任意向量值函数，其中 $\boldsymbol{x}$ 为图 G 中的每个节点赋一个实值。然后，可用下面的比值来定义拉普拉斯算子 $\boldsymbol{L}$ 的瑞利商：

$$\lambda_{\text{瑞利}}=\frac{\boldsymbol{f}^{\mathrm{T}}\boldsymbol{L}\boldsymbol{f}}{\boldsymbol{f}^{\mathrm{T}}\boldsymbol{f}} \tag{7.113}$$

它表示如下两个内积之比：

1．函数 $\boldsymbol{f}$ 和矩阵 $\boldsymbol{L}\boldsymbol{f}$ 的内积，其中拉普拉斯算子 $\boldsymbol{L}$ 是作用在函数 $\boldsymbol{f}$ 上的一个算子。

2．函数 $\boldsymbol{f}$ 与其本身的内积，它是 $\boldsymbol{f}$ 的欧氏范数的平方。

注意，根据式（7.113），由式（7.111）可以证明拉普拉斯算子 $\boldsymbol{L}$ 是一个非负定矩阵。

因为 $\boldsymbol{L}$ 是一个 $N\times N$ 维矩阵，所以它应有N个实特征值，按增序排列如下：

$$\lambda_0\leqslant\lambda_1\leqslant\cdots\leqslant\lambda_{N-1}$$

这称为拉普拉斯算子 $\boldsymbol{L}$ 的特征谱，或者关联图 G 的特征谱。不难证明，最小特征值 λ_0 是0，关联的特征向量是$\boldsymbol{1}$，后者的 N 个元素都是1。次小的特征向量 λ_1 对谱图理论起重要作用。

尽管 λ_1 和拉普拉斯算子 $\boldsymbol{L}$ 的其他特征值很重要，但本章关注的重点是找到一个合适的度量，以处理内在惩罚项 $\|F\|_I^2$。观察式（7.113）发现我们寻找的度量是瑞利商的分子（二次项 $\boldsymbol{f}^{\mathrm{T}}\boldsymbol{L}\boldsymbol{f}$），因此，我们引入平滑函数

$$S_G(F)=\boldsymbol{f}^{\mathrm{T}}\boldsymbol{L}\boldsymbol{f} \tag{7.114}$$

这不仅合理，而且直觉上满足要求。向量值函数 $\boldsymbol{f}$ 用训练样本 X 定义为

$$\boldsymbol{f}=\left[F(\boldsymbol{x}_1),F(\boldsymbol{x}_2),\cdots,F(\boldsymbol{x}_N)\right]^{\mathrm{T}} \tag{7.115}$$

因此，在式（7.114）中使用式（7.112）和式（7.115），也可用双求和形式将平滑函数表示为

$$S_G(F)=\sum_{i=1}^{N}\sum_{j=1}^{N}w_{ij}(F(\boldsymbol{x}_i)-F(\boldsymbol{x}_j))^2 \tag{7.116}$$

式中，w_{ij} 是连接节点 i 和 j 的边的权重。

为了完成对平滑函数 $S_G(F)$ 的描述，我们需要一个公式来估算图 G 的边的权重。根据核方法，我们将连接节点 i 和 j 的边的权重 w_{ij} 定义为核函数，即

$$w_{ij}=k(\boldsymbol{x}_i,\boldsymbol{x}_j) \tag{7.117}$$

这个定义对权重 w_{ij} 满足对称性、连通性和非负性。这样的一个核是高斯函数

$$k(\boldsymbol{x}_i,\boldsymbol{x}_j)=\exp\left(-\|\boldsymbol{x}_i-\boldsymbol{x}_j\|^2\Big/2\sigma^2\right) \tag{7.118}$$

式中，假设由设计人员控制的参数 σ^2 对所有 i（谱图中的所有核）都相同。

半监督学习的要点小结如下：

组合使用式（7.117）和式（7.118），谱图理论的应用使得半监督学习的机器学习成为核机器，核机器的隐藏层通过生成无标记样本的输入空间的内在几何结构来确定。

7.14 广义表示定理

有了式（7.114）中的平滑函数，就可将式（7.107）中的代价函数重写成期望的形式：

$$\mathcal{E}_\lambda(F)=\frac{1}{2}\sum_{i=1}^{l}\left(d_i-F(\boldsymbol{x}_i)\right)^2+\frac{1}{2}\lambda_A\|F\|_K^2+\frac{1}{2}\lambda_I\boldsymbol{f}^{\mathrm{T}}\boldsymbol{L}\boldsymbol{f} \tag{7.119}$$

式中，对一个再生核希尔伯特空间执行了优化（F 在RKHS中）。优化代价函数 $\mathcal{E}_\lambda(F)$ 产生下面的展开形式：

$$F_\lambda^*(\boldsymbol{x})=\sum_{i=1}^{N}a_i^*k(\boldsymbol{x},\boldsymbol{x}_i) \tag{7.120}$$

其中既包括标记样本，又包括无标记样本（Belkin et al., 2006）。因此，这个展开可视为经典表示定理的半监督泛化。

为了证明这个定理，我们首先认识到，任何属于再生核希尔伯特空间的函数 $F(\boldsymbol{x})$ 都可分解成两个分量之和：一个分量是 $F_{\|}(\boldsymbol{x})$，它包含在由核函数 $k(\cdot,\boldsymbol{x}_1),k(\cdot,\boldsymbol{x}_2),\cdots,k(\cdot,\boldsymbol{x}_N)$ 张成的空间中；另一个分量是 $F_{\perp}(\boldsymbol{x})$，它包含在正交补集中。也就是说，可以写出

$$F(\boldsymbol{x})=F_{\|}(\boldsymbol{x})+F_{\perp}(\boldsymbol{x})=\sum_{i=1}^{N}a_ik(\boldsymbol{x},\boldsymbol{x}_i)+F_{\perp}(\boldsymbol{x}) \tag{7.121}$$

式中，a_i 是实系数。通过引入第6章讨论的再生性质，我们发现当 $1\leqslant j\leqslant N$ 时，函数 $F(\boldsymbol{x})$ 在任意数据点 $\boldsymbol{x}_j$ 的估计值独立于正交分量，如下式所示：

$$\begin{aligned}F(\boldsymbol{x}_j)&=\left\langle F,k(\cdot,\boldsymbol{x}_j)\right\rangle=\left\langle\sum_{i=1}^{N}a_ik(\cdot,\boldsymbol{x}_i),k(\cdot,\boldsymbol{x}_j)\right\rangle+\left\langle F_{\perp},k(\cdot,\boldsymbol{x}_j)\right\rangle\\&=\sum_{i=1}^{N}a_i\left\langle k(\cdot,\boldsymbol{x}_i),k(\cdot,\boldsymbol{x}_j)\right\rangle+\left\langle F_{\perp},k(\cdot,\boldsymbol{x}_j)\right\rangle\end{aligned} \tag{7.122}$$

现在要注意如下两点：

1．在式（7.122）的第一项中，有

$$\left\langle k(\cdot,\boldsymbol{x}_i),k(\cdot,\boldsymbol{x}_j)\right\rangle=k(\boldsymbol{x}_i,\boldsymbol{x}_j)$$

2．在第二项中，$\left\langle F_{\perp},k(\cdot,\boldsymbol{x}_j)\right\rangle$ 为零。

因此，可以写出

$$F(\boldsymbol{x}_j)=\sum_{i=1}^{N}a_ik(\boldsymbol{x}_i,\boldsymbol{x}_j) \tag{7.123}$$

上式表明，包含标准正则化代价函数和最小化式（7.119）的内在范数的经验项，仅依赖于展开系数 $\{a_i\}_{i=1}^N$ 和核函数的Gram矩阵。

接下来，我们发现对于所有 $F_{\perp}$，这个正交分量仅增加再生核希尔伯特空间中该函数的范数，也就是说，

$$\|F\|_K^2=\left\|\sum_{i=1}^{N}a_ik(\cdot,\boldsymbol{x}_i)\right\|_K^2+\|F_{\perp}\|_K^2\geqslant\left\|\sum_{i=1}^{N}a_ik(\cdot,\boldsymbol{x}_i)\right\|_K^2$$

式中，下标 K 指再生核希尔伯特空间。

因此，为了实现代价函数 $\mathcal{E}_\lambda(F)$ 的最小化，可以证明必定有 $F_\perp = 0$，即证明式（7.120）中的广义表示定理，该式中使用了表示最优设置。

这个简单的广义表示定理可将一个外在-内在正则化框架转换成一个对应的由有限维系数 $\{a_i^*\}_{i=1}^N$ 的空间规定的优化问题，其中N是所有标记样本数和无标记样本数之和（Belkin et al., 2006）。为此，我们引入核方法来解决半监督学习面临的问题，如下一节所述。

7.15 拉普拉斯正则化最小二乘算法

7.12节介绍了平滑函数的概念，其公式体现为谱图理论下的拉普拉斯算子，特别地，平滑函数的定义公式是核化的，如式（7.116）和式（7.118）所示，这就使得该函数非线性地依赖于输入向量 $\boldsymbol{x}$。下面泛化这个表示定理，使得该函数适用于标记样本和无标记样本。利用这些工具，现在就可设定拉普拉斯正则化最小二乘（LapRLS）算法的公式（Belkin et al., 2006; Sindhwani et al., 2006）。新算法的实用性体现在两个方面：

1．该算法的训练既使用标记样本，又使用无标记样本，因此与监督训练算法相比，该算法适用的问题范围更广。

2．通过核化，算法可识别非线性可分模式，因此可以拓展最小二乘估计的应用。

总之，LapRLS算法源于最小化式（7.119）关于函数 $F(\boldsymbol{x})$ 的代价函数。对标记样本和无标记样本使用表示定理有

$$F(\boldsymbol{x}) = \sum_{i=1}^{N} a_i k(\boldsymbol{x}, \boldsymbol{x}_i)$$

在式（7.119）中引入矩阵符号得

$$\mathcal{E}_\lambda(\boldsymbol{a}) = \tfrac{1}{2}(\boldsymbol{d} - \boldsymbol{JKa})^{\mathrm{T}}(\boldsymbol{d} - \boldsymbol{JKa}) + \tfrac{1}{2}\lambda_A \boldsymbol{a}^{\mathrm{T}}\boldsymbol{Ka} + \tfrac{1}{2}\lambda_I \boldsymbol{a}^{\mathrm{T}}\boldsymbol{KLKa} \tag{7.124}$$

式中，$\boldsymbol{d} = l\times 1$ 维期望响应向量 $=[d_1, d_2, \cdots, d_l]^{\mathrm{T}}$，$\boldsymbol{a} = N\times 1$ 维展开系数向量 $=[a_1, a_2, \cdots, a_N]^{\mathrm{T}}$，$\boldsymbol{J} =$ 部分元素是l个1的 $N\times N$ 维对角矩阵 $= \mathrm{diag}[1,1,\cdots,1,0,0,\cdots,0]$。

$l\times l$ 维矩阵 $\boldsymbol{K}$ 是Gram矩阵，$\boldsymbol{L}$ 是拉普拉斯图矩阵。注意，式（7.124）右边的表达式是未知向量 $\boldsymbol{a}$ 的二次函数，故代价函数可记为 $\mathcal{E}_\lambda(\boldsymbol{a})$。该式关于向量 $\boldsymbol{a}$ 微分，整理各项后，求解最小值 $\boldsymbol{a}^*$ 得

$$\boldsymbol{a}^* = (\boldsymbol{JK} + \lambda_A \boldsymbol{I} + \lambda_I \boldsymbol{LK})^{-1}\boldsymbol{J}^{\mathrm{T}}\boldsymbol{d} \tag{7.125}$$

式中，使用了Gram矩阵 $\boldsymbol{K}$、对角矩阵 $\boldsymbol{J}$ 和单位矩阵 $\boldsymbol{I}$ 的对称性，见习题7.16。

将内在正则化参数 λ_I 设为零（$l = N$），注意到在该条件下矩阵 $\boldsymbol{J}$ 成为标准对角矩阵，式（7.125）中的公式就简化成式（7.74）中的普通正则化最小二乘算法。

表7.1中小结了LapRLS算法，其中包含4个由设计人员控制的参数：

1．两个正则化参数 λ_A 和 λ_I。

2．两个图参数 $\mathcal{E}$ 和 σ^2，其中 $\mathcal{E}$ 用于式（7.109）中的邻接矩阵，σ^2 用于式（7.118）中的高斯核权重。

观察发现，这个算法并不需要计算RLS算法的权重向量。相反，关注与表示定理相关的参数 $\boldsymbol{a}$ 就可避免权重向量的计算。

表7.1中小结的半监督学习算法的显著特征是，需要知道两个正则化参数 λ_A 和 λ_I。如前所述，推广7.8节的交叉验证理论就可估计 λ_A 和 λ_I。

表7.1　拉普拉斯正则化最小二乘算法小结

已知量

训练样本 $\{\boldsymbol{x}_i, d_i\}_{i=1}^{l}$ 和 $\{\boldsymbol{x}_i\}_{i=l+1}^{N}$，它们分别是标记样本和无标记样本。$l$是标记样本的数量，$N-1$是无标记样本的数量

设计参数

ε 和 σ^2：谱图参数

λ_A 和 λ_I：外在正则化参数和内在正则化参数

计算

1. 使用下面的公式构建有N个节点的加权无向图G:
    - 识别图的邻近节点的式（7.109）。
    - 计算边的权重的式（7.117）和式（7.118）。
2. 选择核函数 $k(\boldsymbol{x},\cdot)$，使用训练样本计算Gram矩阵 $\boldsymbol{K}=\{k(\boldsymbol{x}_i,\boldsymbol{x}_j)\}_{i,j=1}^{N}$。
3. 使用式（7.110）和式（7.112）计算图G的拉普拉斯矩阵$\boldsymbol{L}$。
4. 使用式（7.125）计算最优系数向量 $\boldsymbol{a}^*$。
5. 最后，使用式（7.120）中的表示定理计算最优的逼近函数 $F_\lambda^*(\boldsymbol{x})$。

7.16　半监督学习模式分类实验

7.16.1　使用合成数据的模式分类

为了说明拉普拉斯RLS算法的模式分类能力，下面对取自图1.8所示双月图的合成数据做一个小实验。实验中的如下两个参数设为常量：双月之间的垂直距离 $d=-1$，外在正则化参数 $\lambda_A=0.001$。实验中唯一变化的参数是内在正则化参数 λ_I。

当 λ_I 为零时，拉普拉斯RLS算法简化成传统的RLS算法，其中标记数据是学习所用信息的唯一来源。实验关注的是在半监督学习过程中，加入无标记数据后，变化的参数 λ_I 如何影响由拉普拉斯RLS算法构建的决策边界。为此，实验的第一部分是为 λ_I 赋一个很小的值时，确定决策边界如何变化；实验的第二部分是为 λ_I 赋一个足够大的值，使得无标记样本对算法产生充分的影响。

对两部分实验，每个类别中只提供两个标记数据点，一个类别代表图1.8中上方的月亮，另一个类别代表下方的月亮。训练样本的总数（包括标记样本和无标记样本）$N=1000$，测试样本的数量同样为1000。

- 内在正则化参数 $\lambda_I=0.0001$。对于这个值，图7.7给出了由拉普拉斯RLS算法构建的决策边界。尽管对 λ_I 赋了一个很小的值，但也显著改变了由RLS算法（$\lambda_I=0$）确定的决策边界。从图2.2和图2.3可以看出，RLS算法的决策边界是一条斜率为正的直线。从效果上看，1000个测试数据中共有107个错误分类，即分类错误率是10.7%。
- 内在正则化参数 $\lambda_I=0.1$。在实验的第二部分中，内在正则化参数 λ_I 被赋值为0.1，此时拉普拉斯RLS算法可以充分利用无标记样本的内在信息内容。标记信息点的位置与实验第一部分中的完全相同。

  为了实现拉普拉斯RLS算法，我们在式（7.118）中设置了一个 $2\sigma^2=3$ 的RBF核。为了构建函数本身，我们使用了20最近邻图。实际上，实现拉普拉斯RLS算法的RBF网络有一个含20个计算节点的隐藏层。

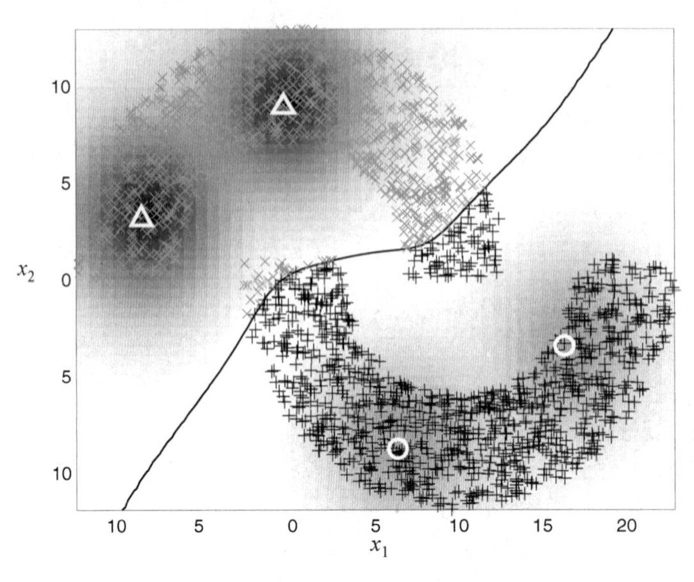

图7.7　拉普拉斯RLS算法对图1.8中双月的分类，距离为$d = -1$，每个类别中的两个标记数据点用符号△和○表示。内在正则化参数$\lambda_I = 0.0001$

使用这个网络配置，第二部分实验的结果如图7.8所示。与图7.7相比，在参数$\lambda_I = 0.1$和$\lambda_I = 0.0001$情况下，由拉普拉斯RLS算法构建的决策边界有着显著的不同。两个类别（上方的月亮和下方的月亮）现在已无误地分离。该结果在$d = -1$时最明显，两个类别的样本已线性分离，且拉普拉斯RLS算法能在每个类别仅用两个标记样本的情况下成功地分离它们。拉普拉斯RLS算法的这个显著特性要归因于它能充分利用两个类别的无标记数据中含有的信息。

两部分实验清楚地表明，借助于半监督学习过程和拉普拉斯RLS算法，外在正则化和内在正则化的折中在相对较少的标记样本的帮助下，由无标记样本实现了泛化。

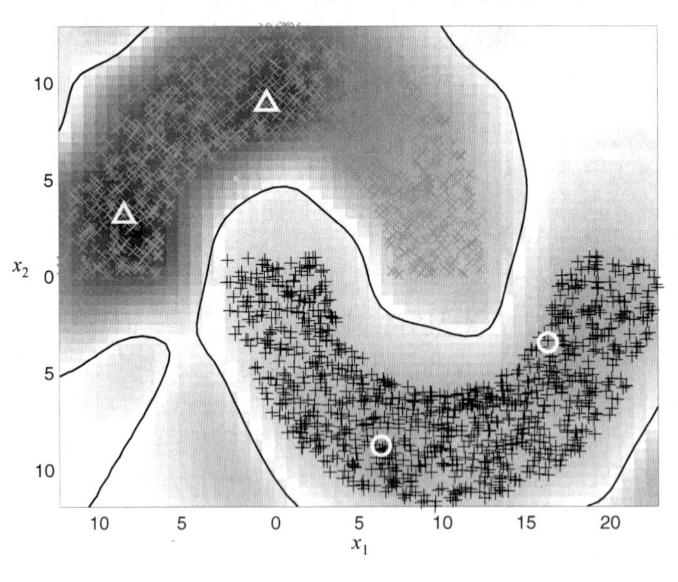

图7.8　拉普拉斯RLS算法对图1.8中双月的分类，距离为$d = -1$，每个类别中的两个标记数据点用符号△和○表示。内在正则化参数$\lambda_I = 0.1$

7.16.2 案例研究：使用USPS数据的模式分类

图7.9中显示了使用RLS和拉普拉斯RLS算法对美国邮政服务（USPS）数据集进行图像分类的学习曲线。这个数据集包含10个手写数字类别的2007个图像样本，每个图像样本都用一个256维的像素向量表示。

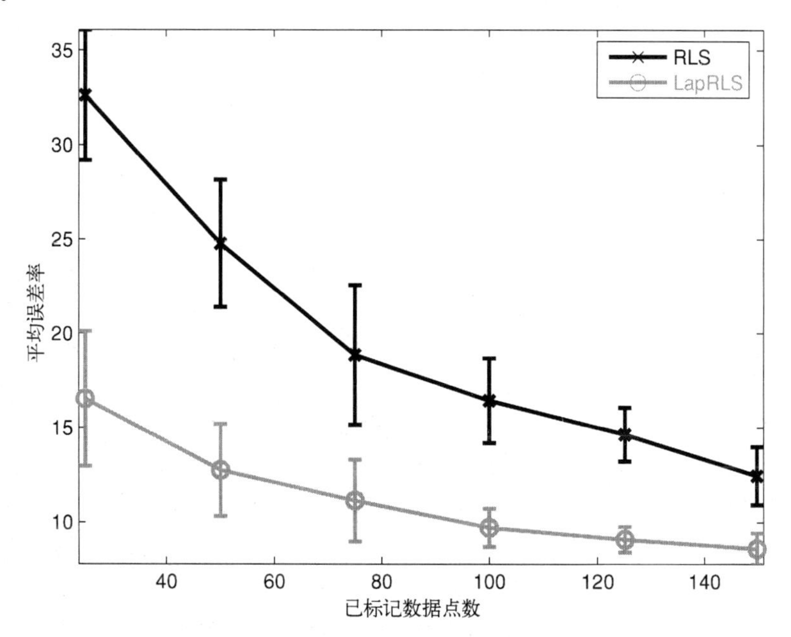

图7.9　使用(a)RLS算法和(b)拉普拉斯RLS算法对USPS数据分类（Vikas Sindhwani博士允许复制）

对10个类别中的每个类别，都使用RLS和拉普拉斯RLS算法训练了一个二类分类器。通过取有最大输出的类别，执行多向分类，即“一对多”分类。图 7.9中显示了两种算法的平均分类错误率，以及标准偏差与训练集中2007个样本提供的标记数量的函数关系。图中的每点都是通过随机选择10个标记得到的。使用了高斯RBF内核，并且再次参考式（7.118）中的指数，将$2\sigma^2$设置得与从训练集中随机选取的样本之间的欧氏距离相同。对于拉普拉斯RLS，使用10最近邻图来构建拉普拉斯算子；所用的正则化参数为$\lambda_A = 10^{-6}$和$\lambda_I = 0.01$。对于RLS，λ_A在许多值上调试后，得到了如图7.9所示的最优学习曲线。图7.9中的结果进一步证明，与RLS算法相比，使用无标记数据明显提升了拉普拉斯RLS算法的性能。

7.17 小结和讨论

正则化理论是所有学习理论的核心。本章对正则化理论进行了详细介绍。从Tikhonov的将标记样本用于监督学习的经典正则化理论开始，到使用标记样本和无标记样本的半监督学习的广义正则化理论结束。

7.17.1 Tikhonov正则化理论

Tikhonov正则化理论的泛函由两项组成：一项是由标记训练样本定义的经验代价函数；另一项是由逼近函数的微分算子定义的正则化项。微分算子作为光滑约束，作用于由最小化代价函数得到的解。代价函数与逼近函数的未知参数（权重）向量有关。最优解的重点是格林函数，它是径向基函数网络的核。但要记住的是，降低网络复杂性是确定光滑正则化算子的关键。

无论选择何种正则化算子，设计的正则化网络要利用Tikhonov正则化理论的全部优点，就需要有估计正则化参数λ的原则性方法。7.8节中描述的广义交叉验证过程可以满足这个要求。

7.17.2 半监督学习

了解监督学习的正则化后，下面关注半监督学习的正则化，要实现半监督学习的正则化，就要使用标记数据和无标记数据。这时，代价函数由如下三项组成：

- 经验代价函数，由标记样本定义。
- 外在正则化项，它反映使用标记样本的逼近函数的复杂度。
- 内在正则化项，它反映生成无标记样本的输入空间的内在几何结构。

相应地，有两个正则化参数，一个用于外在项，另一个用于内在项。

作为广义正则化理论的一个重要实例，我们使用标记样本和无标记样本考虑了最小二乘估计问题。通过使用一个包含拉普拉斯算子的核平滑函数，并应用表示理论的泛化形式，我们推导出了半监督学习的正则化最小二乘估计算法，这个算法称为**拉普拉斯正则化最小二乘算法**，它有两个重要的实用性：

1．在训练中，该算法可处理标记样本和无标记样本，拓宽了对更难模式识别问题的应用范围。

2．通过核化平滑函数（该算法的基础），非线性可分模式的识别可用最小二乘估计来实现。

该算法的实用性已被两个计算机实验证明：一个涉及合成数据，另一个涉及实际数据。

Belkin et al.(2006)通过拉普拉斯支持向量机（LapSVM）推导出了一个半监督学习算法。该算法能够成功地测试一些实际的数据集。然而，该算法要求一个稠密Gram矩阵的逆，因此计算复杂度高达N^3，其中N是总训练样本数（包括标记样本和无标记样本）；此外，就像标准支持向量机那样，我们仍要求解一个二次规划问题，而这个问题的复杂度同样高达N^3。LapRLS算法的复杂度要低于LapSVM，因为它不涉及二次规划问题。更重要的是，实验结果表明这两种半监督机器学习的性能似乎是相近的。因此，从实用角度看，LapRLS算法对于求解半监督学习问题是更好的选择。

然而，LapRLS算法的计算复杂度同样高达N^3，因为代价泛函中包含了内在项。这样高的计算复杂度使得LapRLS算法很难用于求解大规模数据集的实际问题，因此研究用于大规模数据的半监督学习算法仍是一个热门话题。

注释和参考文献

1．**根据样本学习可视为病态求逆问题**。根据样本进行机器学习违反一个或多个良态问题的Hadamard条件，因此学习过程可视为病态求逆问题。然而，从数学角度看，学习理论和病态求逆问题理论之间的联系并不明显，因为两个理论的数学基础不同；一般来说，学习理论是内在不确定的（不管是否显式地将概率理论加入公式），而求逆问题理论则可视为几乎确定的问题。DeVito et al.(2005)介绍了如何将由样本学习视为一个病态求逆问题。

2．**式（7.46）的验证**。在基本项中，可用单位高斯函数来验证式（7.46）的有效性：

$$G(x)=\exp(-\pi x^2) \tag{A}$$

高斯函数是一维的，且$\sigma^2=1/2\pi$。因此，我们只需证明

$$\sum_{n=0}^{\infty}(-1)^n\frac{(2\pi)^{-n}}{n!2^n}\frac{\partial^{2n}}{\partial x^{2n}}G(x)=\delta(x) \tag{B}$$

式中，$\delta(x)$是中心在原点$x=0$的狄拉克德尔塔函数。

为了验证式（B），最方便的方法是研究傅里叶变换的基本性质（Kammler, 2000）。傅里叶变换的微分

性质如下：

$G(x)$ 在 x 域的微分等于 $G(s)$ 的傅里叶变换 $\hat{G}(s)$ 与 $\mathrm{i}2\pi s$ 的乘积，其中 s 是空间频率，i 是−1的平方根。

由傅里叶理论，可知在数学术语中，单位高斯函数是其自身的傅里叶变换。具体来说，对于式（A）中的 $G(x)$，有

$$\hat{G}(s)=\exp(-\pi s^2) \tag{C}$$

因此，取式（B）左边的无限和的傅里叶变换得

$$\sum_{p=0}^{\infty}(-1)^p\frac{(2\pi)^{-p}}{p!2^p}(\mathrm{i}2\pi s)^{2p}\exp(-\pi s^2)=\exp(-\pi s^2)\sum_{p=0}^{\infty}\frac{(\sqrt{\pi}s)^{2p}}{p!} \tag{D}$$

现在，式（D）右侧的新无限和可视为指数函数 $\exp(\pi s^2)$ 的级数展开。因此，可以证明式（D）的右边项实际上等于1，即狄拉克德尔塔函数 $\delta(x)$ 的逆变换。式（B）得证。

我们可将式（B）的一维情况推广到二维和多维情况，并采用归纳法继续验证式（7.46）。

3. 正则化严格插值。Yee and Haykin(2001)介绍了一种设计RBF网络的方法，它包括两个严密的理论：

- 7.3节描述的严格插值的正则化理论。
- 第5章描述的核回归估计理论。

对于后一个理论，我们关注的是Nadaraya-Watson回归估计量。这种编码简单且性能高效的方法可以求解回归和模式识别问题，但计算量较大，尤其是当训练集的规模较大时。

4. 广义交叉验证。为了从普通交叉验证得到广义交叉验证，可以考虑Wahba(1990)提出的岭回归问题：

$$\boldsymbol{y}=\boldsymbol{X\alpha}+\boldsymbol{\epsilon} \tag{A}$$

式中，$\boldsymbol{X}$ 是一个 $N\times N$ 维输入矩阵；噪声向量 $\boldsymbol{\epsilon}$ 的均值为零，协方差矩阵为 $\sigma^2\boldsymbol{I}$。奇异值分解 $\boldsymbol{X}$ 得

$$\boldsymbol{X}=\boldsymbol{UDV}^{\mathrm{T}}$$

式中，$\boldsymbol{U}$ 和 $\boldsymbol{V}$ 是正交矩阵，$\boldsymbol{D}$ 是对角矩阵。令

$$\tilde{\boldsymbol{y}}=\boldsymbol{U}^{\mathrm{T}}\boldsymbol{y},\qquad \boldsymbol{\beta}=\boldsymbol{V}^{\mathrm{T}}\boldsymbol{\alpha}$$

和

$$\tilde{\boldsymbol{\epsilon}}=\boldsymbol{U}^{\mathrm{T}}\boldsymbol{\epsilon} \tag{B}$$

于是可用 $\boldsymbol{U}$ 和 $\boldsymbol{V}$ 将式（A）变换为

$$\tilde{\boldsymbol{y}}=\boldsymbol{D\beta}+\tilde{\boldsymbol{\epsilon}}$$

选择对角矩阵 $\boldsymbol{D}$（不要与微分算子混淆），使其奇异值成对出现。于是就有一个正交矩阵 $\boldsymbol{W}$ 使得 $\boldsymbol{WDW}^{\mathrm{T}}$ 是循环矩阵，即

$$\boldsymbol{A}=\boldsymbol{WDW}^{\mathrm{T}}=\begin{bmatrix} a_0 & a_1 & \cdots & a_{N-1} \\ a_{N-1} & a_0 & \cdots & a_{N-2} \\ a_{N-2} & a_{N-1} & \cdots & a_{N-3} \\ \vdots & \vdots & \ddots & \vdots \\ a_1 & a_2 & \cdots & a_0 \end{bmatrix}$$

它的对角线元素为常数。令

$$\boldsymbol{z}=\boldsymbol{W}\tilde{\boldsymbol{y}},\qquad \boldsymbol{\gamma}=\boldsymbol{W\beta},\qquad \boldsymbol{\xi}=\boldsymbol{W}\tilde{\boldsymbol{\varepsilon}}$$

则式（B）可变换为

$$\boldsymbol{z}=\boldsymbol{A\gamma}+\boldsymbol{\xi} \tag{C}$$

对角矩阵 $\boldsymbol{D}$ 具有"最大解耦"行，而循环矩阵 $\boldsymbol{A}$ 具有"最大耦合"行。

按照上述变换，可以说广义交叉验证等价于将式（A）所示的岭回归问题变换为式（C）所示的最大耦合形式，然后对 $\boldsymbol{z}$ 进行一般的交叉验证，最后将其变换为原坐标系统（Wahba, 1990）。

5. 维基百科验证。关于咖啡杯变形为汽车轮胎的连续过程或反过程，可访问维基百科网站并搜索"同胚"。

习题

格林函数

7.1 薄板样条函数为

$$\varphi(r)=\left(\frac{r}{\sigma}\right)^2\log\left(\frac{r}{\sigma}\right)$$

对某个 $\sigma>0$ 和 $r\in\mathbb{R}$。证明该函数可用作一个平移和旋转不变的格林函数。

7.2 高斯函数是可因式分解的唯一径向基函数。使用高斯函数的这个性质证明定义为多元高斯分布的格林函数 $G(\boldsymbol{x},\boldsymbol{t})$ 可分解为

$$G(\boldsymbol{x},\boldsymbol{t})=\prod_{i=1}^{m}G(x_i,t_i)$$

式中，x_i和t_i 分别是 $m\times1$ 维向量 $\boldsymbol{x}$ 和 $\boldsymbol{t}$ 的第 i 个分量。

7.3 第5章介绍的三个径向基函数——高斯函数、逆多重二次函数和多重二次函数都满足Micchelli定理。但是，格林函数仅包含前两个径向基函数。为何格林函数不包含多重二次函数？

正则化网络

7.4 考虑代价泛函

$$\mathcal{E}(F^*)=\sum_{i=1}^{N}\left[d_i-\sum_{j=1}^{m_1}w_iG\left(\left\|\boldsymbol{x}_j-\boldsymbol{t}_i\right\|\right)\right]^2+\lambda\left\|\boldsymbol{D}F^*\right\|^2$$

它用到逼近函数

$$F^*(\boldsymbol{x})=\sum_{i=1}^{m_1}w_iG\left(\left\|\boldsymbol{x}-\boldsymbol{t}_i\right\|\right)$$

利用Fréchet微分，证明当$(\boldsymbol{G}^{\mathrm{T}}\boldsymbol{G}+\lambda\boldsymbol{G}_0)\hat{\boldsymbol{w}}=\boldsymbol{G}^{\mathrm{T}}\boldsymbol{d}$ 时代价泛函 $\mathcal{E}(F^*)$ 最小，其中 $N\times m_1$ 维矩阵 $\boldsymbol{G}$ 、$m_1\times m_1$ 维矩阵 $\boldsymbol{G}_0$ 、$m_1\times1$ 向量 $\hat{\boldsymbol{w}}$ 和 $N\times1$ 维向量 $\boldsymbol{d}$ 分别由式（7.53）、式（7.56）、式（7.54）和式（7.27）定义。

7.5 考虑一个定义如下的正则化项：

$$\int_{\mathbb{R}^{m_0}}\left\|\boldsymbol{D}F(\boldsymbol{x})\right\|^2\mathrm{d}\boldsymbol{x}=\sum_{k=0}^{\infty}a_k\int_{\mathbb{R}^{m_0}}\left\|D^kF(\boldsymbol{x})\right\|^2\mathrm{d}\boldsymbol{x}$$

式中，$a_k=\dfrac{\sigma^{2k}}{k!2^k}$。用线性微分算子 D 由梯度算子 ∇ 和拉普拉斯算子 ∇^2 定义如下：

$$D^{2k}=(\nabla^2)^k \qquad 和 \qquad D^{2k+1}=\nabla(\nabla^2)^k$$

证明 $\boldsymbol{D}F(\boldsymbol{x})=\sum_{k=0}^{\infty}\dfrac{\sigma^{2k}}{k!2^k}\nabla^{2k}F(\boldsymbol{x})$。

7.6 在7.3节中，我们根据式（7.46）推导出了式（7.47）中的逼近 $F_\lambda(\boldsymbol{x})$。在本题中，我们从式（7.46）开始，利用多维傅里叶变换推导出式（7.47）。利用格林函数 $G(\boldsymbol{x})$ 的多维傅里叶变换

$$G(\boldsymbol{s})=\int_{\mathbb{R}^{m_0}}G(\boldsymbol{x})\exp(-\mathrm{i}\boldsymbol{s}^{\mathrm{T}}\boldsymbol{x})\mathrm{d}\boldsymbol{x}$$

完成推导，其中 $\mathrm{i}=\sqrt{-1}$，$\boldsymbol{s}$ 是 m_0 维变换变量。关于傅里叶变换的性质，可以参考相关图书。

7.7 考虑式（7.78）描述的非线性回归问题。令 a_{ik} 表示矩阵 $(\boldsymbol{G}+\lambda\boldsymbol{I})^{-1}$ 的第ik个元素。从式（7.39）开始，证明回归函数 $f(\boldsymbol{x})$ 的估计可以表示为

$$\hat{f}(\boldsymbol{x})=\sum_{k=1}^{N}\psi(\boldsymbol{x},\boldsymbol{x}_k)d_k$$

式中，d_k 是对应于模型输入 $\boldsymbol{x}_k$ 的输出，且

$$\psi(\boldsymbol{x},\boldsymbol{x}_k)=\sum_{i=1}^{N}G\left(\|\boldsymbol{x}-\boldsymbol{x}_i\|\right)a_{ik},\quad k=1,2,\cdots,N$$

其中，$G(\|\cdot\|)$ 是格林函数。

7.8 样条函数是分段多项式逼近器的例子（Schumaker,1981）。样条方法的基本思想如下：使用节点将逼近区域分为有限个子区域；节点可以固定，以便逼近器是线性参数化的；节点也可不固定，以便逼近器是非线性参数化的。在这两种情况下，在每个逼近区域中使用一个阶数最高为 n 的多项式，且要求整个函数是 $n-1$ 次可微的。多项式样条函数是相对平滑函数，容易在计算机上存储、操作和计算。

在实际使用的样条函数中，三次样条函数可能是应用最广泛的。一个一维输入的三次样条函数的代价泛函定义为

$$\mathcal{E}(f)=\frac{1}{2}\sum_{i=1}^{N}[d_i-f(x_i)]^2+\frac{\lambda}{2}\int_{x_1}^{x_N}\left[\frac{\mathrm{d}^2 f(x)}{\mathrm{d}x^2}\right]^2\mathrm{d}x$$

式中，λ 在样条函数中表示光滑性参数。

① 验证该问题的解 $f_\lambda(\boldsymbol{x})$ 的如下性质：

- 在两个连续 x 值之间，$f_\lambda(\boldsymbol{x})$ 是一个三次多项式。
- $f_\lambda(\boldsymbol{x})$ 及其前两阶导数都是连续的，除了其二阶导数值在边界点处为零。

② 因为 $\mathcal{E}(f)$ 有唯一的最小值，所以必有

$$\mathcal{E}(f_\lambda+\alpha g)\geqslant\mathcal{E}(f_\lambda)$$

式中，g是类别与 f_λ 相同的一个二次可微函数，α 为任意实值常数。这意味着 $\mathcal{E}(f_\lambda+\alpha g)$ 作为 α 的函数，在 $\alpha=0$ 处必定局部最小。证明

$$\int_{x_1}^{x_N}\left(\frac{\mathrm{d}^2 f_\lambda(x)}{\mathrm{d}x^2}\right)\left(\frac{\mathrm{d}^2 g(x)}{\mathrm{d}x^2}\right)\mathrm{d}x=\frac{1}{2}\sum_{i=1}^{N}[d-f_\lambda(x_i)]g(x_i)$$

上式是三次样条问题的欧拉-拉格朗日方程。

7.9 式（7.75）定义了最小二乘法的Gram矩阵或核矩阵$\boldsymbol{K}$，证明矩阵$\boldsymbol{K}$是非负定的。

正则化最小二乘估计

7.10 由式（7.57）推导出用于正则化最小二乘估计的式（7.65）。

7.11 证明式（7.70），其中包括数据矩阵$\boldsymbol{X}$和预期响应向量$\boldsymbol{d}$。

半监督学习

7.12 由标记样本和无标记样本进行学习是一个可逆问题，证明该论断的有效性。

谱图理论

7.13 7.13节称拉普拉斯矩阵$\boldsymbol{L}$的最小特征值是零，使用式（7.113）中的瑞利系数证明该论断。

广义表示定理

7.14 式（7.122）的最后一行使用了表示定理的如下性质：

$$\left\langle\sum_{i=1}^{N}a_i k(\cdot,\boldsymbol{x}_i),k(\cdot,\boldsymbol{x}_j)\right\rangle=\sum_{i=1}^{N}a_i k(\boldsymbol{x}_i,\boldsymbol{x}_j)$$

证明该性质。

7.15 式（7.120）中用于标记和无标记样本的表示定理和式（6.83）中仅用于标记样本的表示定理有着相同的数学形式。说明用于半监督学习的表示定理是如何包含用于监督学习的表示定理的，并说明后者是前者的一个特例。

拉普拉斯正则化最小二乘算法

7.16 ① 推导出式（7.124）中的代价泛函。然后用该泛函推导出式（7.125）中的最优点 $\boldsymbol{a}^*$。

② 详细解释最小点如何包含用于标记样本的式（7.74）的最小点，且后者是前者的一个特例。

7.17 比较拉普拉斯正则化最小二乘算法和仅使用标记样本的正则化最小二乘算法的计算复杂度。

7.18 求解最小二乘法时，可以选择使用普通公式，或者使用7.6节中讨论的表示定理。然而，求解半监督学习扩展方法时，只能使用表示定理，为什么？

7.19 实现拉普拉斯RLS算法需要使用一个RBF网络。讨论无标记样本和标记样本在设计该网络的隐藏层和输出层时的独特作用。

计算机实验

7.20 标记数据点的小集合可视为拉普拉斯RLS算法的初始条件。因此，对于给定的无标记训练样本，我们认为由算法构建的决策边界依赖于标记数据点的位置。在该实验中，使用从图1.8所示的双月构形中抽取的合成数据。

① 每个类别一个标记数据点。使用完全相同的条件，重做7.16节中的计算机实验，但要了解分别属于两个类别的两个标记数据点的位置是如何影响决策边界的。

② 每个类别两个标记数据点。使用与①中相同的设置，每个类别中使用两个标记数据点，重复该实验，并评价实验结果。

第8章　主成分分析

本章介绍如何使用无监督学习来实现主成分分析。本章中的各节安排如下：

- 8.1节为引言，强调无监督学习的本质。
- 8.2节介绍自组织的四个原则：自增强、竞争、合作和结构化信息。这些原则对于学习神经网络尤为重要。
- 8.3节讨论自组织特征原则在视觉系统中的作用。8.4节介绍运用扰动理论的主成分分析（PCA）的数学背景。
- 接下来的两节讨论两种基于Hebb的在线学习算法，8.5节讨论最大化特征滤波器（最强主成分提取）的Oja规则，8.6节介绍Oja规则的泛化。
- 8.7节介绍泛化规则在图像压缩中的应用。
- 8.8节讨论PCA的核化，以提取输入信号的高阶统计量。高阶统计量是自然图像的内在属性。8.9节讨论自然图像处理建模的高效计算问题。8.10节介绍广义Hebb算法对核主成分分析的自适应修正，并给出多斑块图像去噪的案例。
- 8.11节对本章进行总结和讨论。

8.1　引言

神经网络的重要特性之一是能够从环境中学习，并能够通过训练提高性能。除了第7章讨论半监督学习，前几章的重点是监督学习算法，因为监督学习提供了训练样本。在监督学习中，训练样本包括一组期望输入-输出映射的示例。本章及接下来的三章按新方向介绍无监督学习算法。在无监督学习中，要求使用无标记样本来发现输入数据的重要模式或特征。也就是说，神经网络依照如下规则运行：

不需要教师，从样本中学习。

我们可从两个不同的方面来研究无监督学习：

① *自组织学习*，其形成受神经生物学的影响。具体地说，无监督学习算法伴随着一系列局部行为规则，要求利用这些规则计算出具有理想属性的输入-输出映射。术语“局部”是指对网络中每个神经元的突触权重所做的调整仅限于该神经元的局部邻域。这时，用于自组织学习的神经网络建模倾向于遵循神经生物学结构，因为网络组织是人脑的基础。

② *统计学习理论*，它是传统的机器学习方法。神经网络中强调的学习局部性概念在机器学习中的作用较小。相反，在统计学习理论中，更强调成熟的数学工具。

本章从以上两方面研究主成分分析（Principal-Components Analysis, PCA）。PCA是一种标准的降维技术，广泛用于统计模式识别和信号处理等领域。

8.2　自组织原则

8.2.1　原则1　自增强

自组织的第一个原则是

根据Hebb的学习假设，神经元突触权重的变化倾向于自增强，这由突触可塑性实现。

在单个神经元中，自增强的过程受到如下约束：对神经元突触权重的修正基于在局部区域中可以获得的突触前和突触后信号。基本上说，自增强和局域性的要求规定了一种反馈机制，通过这种机制，强突触导致突触前和突触后信号的重合。反过来，这种巧合又会增大突触的强度。这是Hebb学习的精髓。

Hebb的学习假设是所有学习规则中最古老和最著名的，其命名是为了纪念神经生物学家Hebb(1949)。Hebb在其著作《自组织行为》中有如下描述（第62页）：

> 当细胞A的轴突离细胞B足够近时，足够刺激细胞B并反复或持续地激发细胞B，其中一个细胞或两个细胞均发生某些生长过程或代谢变化，使得激发细胞B之一的细胞A的有效性增强。

Hebb基于（细胞水平上的）联想学习提出了这种变化，而这种变化将导致空间分布的神经细胞集合的活动模式发生持久改变。

这个关于Hebb学习假设的陈述基于神经生物学背景。我们可对其进行扩展并重新表述为两部分规则（Stent, 1973; Changeux and Danchin, 1976）：

1. 若突触（连接）两侧的两个神经元同时（同步）被激活，则该突触的强度选择性地增强。
2. 若突触两侧的两个神经元被异步激活，则该突触被选择性地减弱或消除。

这样一个突触称为Hebb突触（原始的Hebb规则不包括部分2）。更准确地说，Hebb突触是一种突触，它利用时间依赖的、高度局部的、强交互的机制来提高突触效率，而突触效率是突触前和突触后活动之间相关性的函数。根据这个定义，可以推出以下表示Hebb学习特征的关键机制（Brown et al., 1990）：

1. 时间依赖机制。该机制表示对Hebb突触的修改依赖于突触前和突触后信号发生的准确时间。
2. 局部机制。就其本质而言，突触是承载信息的信号（代表突触前和突触后单元正在进行的活动）在时空上保持连续的传递场所。这个局部可用的信息被Hebb突触用来产生特定于输入的局部突触修改。
3. 交互机制。Hebb突触变换的发生依赖于突触两边的信号。也就是说，Hebb学习形式依赖于突触前和突触后信号之间的真正交互，人们无法单独根据这两种活动之一做出预测。还要注意的是，这种依赖或交互本质上可能是确定性的，也可能是统计性的。
4. 连接或相关机制。对Hebb学习假设的一种解释是，突触效率改变的条件是突触前和突触后信号的连接。因此，根据这一解释，突触前和突触后信号（在很短的时间间隔内）共同出现足以产生突触修正。因此，Hebb突触有时称为连接突触。对于Hebb学习假设的另一种解释，可从统计学角度思考Hebb突触的相互作用机制。特别地，突触前和突触后信号之间的相关性被视为突触变化的原因。因此，Hebb突触也称相关突触。相关性确实是学习的基础（Chen et al., 2007）。

为了用数学术语表述Hebb学习，我们将神经元k的突触权重w_{kj}的突触前和突触后信号分别记为x_j和y_k。在时间步n对突触权重w_{kj}所做的调整表示为

$$\Delta w_{kj}(n) = f(y_k(n), x_j(n)) \tag{8.1}$$

式中，$f(\cdot,\cdot)$是一个关于突触前和突触后信号的函数。信号$x_j(n)$和$y_k(n)$通常被视为无量纲信号。式（8.1）的形式有多种，所有形式都符合Hebb学习的条件。下面考虑最简单的Hebb学习形式，它表示为

$$\Delta w_{kj}(n) = \eta y_k(n) x_j(n) \tag{8.2}$$

式中，η 是一个正的常量，用于确定学习率。式（8.2）清楚地强调了Hebb突触的相关性。它有时称为活动乘积规则。由式（8.2）可以看出输入信号 x_j（突触前活动）的反复应用导致了 y_k 的增强，进而导致了指数增长，最终使突触连接达到饱和。此时，突触中不再存储新信息，选择性也随之丧失。因此，需要某种机制来稳定神经元的自组织行为。这就要考虑原则2。

8.2.2 原则2 竞争

自组织的第二个原则是

> 可用资源的限制，以这样或那样的形式，导致单个神经元或神经元集合体的突触之间的竞争，结果是分别选择生长最旺盛（最适合）的突触或神经元，而牺牲其他突触或神经元。

原则2通过突触可塑性（突触权重的可调整性）实现。

例如，一个给定的神经元要想保持稳定，其突触之间必须竞争有限的资源（如能量），使神经元中某些突触强度的增加能够通过其他突触强度的降低得到补偿。因此，只有“成功”的突触才能增强，而不成功的突触则被减弱，最终可能完全消失。

在网络层面，也可能普遍存在类似的竞争过程，具体如下（Rumelhart and Zipser, 1985）：

- 除了一些随机分布的突触权重，神经网络中的神经元都相同；神经元对给定输入模式的响应不同。
- 对网络中每个神经元的“强度”（如突触权重的总和）施加了特定的限制。
- 神经元根据既定规则相互竞争，以获得对给定输入子集的响应权；因此，每次只有一个输出神经元，或者每组神经元中只有一个神经元处于活动状态。赢得竞争的神经元称为*赢者通吃神经元*。

由此可以发现，通过这种竞争性学习过程，网络中的各个神经元对不同类别的输入模式起特征探测器的作用。

在Hebb学习中，一个神经网络的几个输出神经元可能同时处于活跃状态，而在竞争学习中，任何时候都只有一个输出神经元或每组神经中有一个输出神经元处于活跃状态。竞争学习的这个特点使得其非常合适发现统计上突出的特征，用于对一组输入模式进行分类。

8.2.3 原则3 合作

自组织的第三个原则是

> 神经层面突触权重的变化和网络层面神经元的变化趋于互相合作。

合作的产生可能是由于突触的可塑性，也可能是由于外部环境中存在适当的条件，突触前神经元同时受到刺激。

对于单个神经元，单个突触本身不能有效地产生有利的情况。神经元的突触之间必须相互配合，才能传递足够强的信号来激活该神经元。

在网络层次，合作可能由一组激活的神经元之间的横向交互产生。特别地，一个活跃的神经元更可能激发其附近而非较远的神经元。随着时间的推移，可以发现，合作系统是通过一系列从一种配置到另一种配置的微小变化进化的，直到建立平衡条件。

同样重要的是，在一个既有竞争又有合作的自组织系统中，竞争总是先于合作的。

8.2.4 原则4 结构信息

自组织的第四个原则是

> 输入信号中存在的基本顺序和结构表示冗余信息，这些信息由自组织系统以知识的形式获取。

可以说输入数据中包含的结构信息是自组织学习的前提条件。同样值得注意的是，自增强、竞争、合作是在神经元或神经网络中进行的过程，而结构信息或冗余是输入信号的固有特征。

例如，假设有一个语音信号或视频信号。当以高采样率对该信号采样时，得到的样本信号在相邻采样点之间呈较高的相关性。高相关性的含义是，信号逐个样本的变化并不迅速，这反过来意味着信号包含结构信息或冗余信息。换句话说，相关性是结构和冗余的同义词。

为了理解结构的重要性，假设信号中包含的所有冗余信息都被完全去除，剩下的是一个完全非冗余的信号。它是不可预测的，因此可能无法与噪声区分开来。在这种输入情况下，任何自组织或无监督学习系统都无法起作用。

8.2.5 小结

神经生物学的自组织规则适用于神经网络的无监督训练，但不一定适用于需要执行无监督学习任务的通用学习机。无论如何，无监督学习的目标是将模型拟合为一组无标记的输入数据，从而很好地表示数据的基本结构。然而，要实现模型，数据就必须是结构化的。

8.3 自组织的特征分析

为了说明刚才描述的自组织原理，下面以视觉系统中分阶段执行的信息处理为例。对比度和边缘方向等简单特征在系统的早期阶段进行分析，而精细、复杂的特征则在后期阶段进行分析。图8.1显示了与视觉系统相似的模块化网络的总体结构。

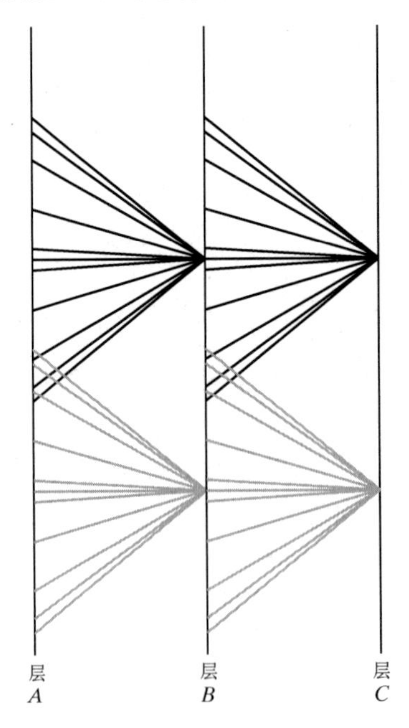

图8.1 模块化自适应Linsker模型的布局，各个感受野之间存在重叠

在Linsker的哺乳动物视觉系统模型中（Linsker, 1986），图8.1中的网络神经元组织成二维层，从一层到下一层具有局部前馈连接，图中分别标记为A层、B层和C层。每个神经元只接收前一层中位于一个覆盖区内的有限数量神经元的信息，该区域称为*感受野*。网络感受野在突触的形成过程中起关键作用，因为它们使得一层中的神经元可以对前一层神经活动的空间相关性（结构信息）做出反应。Linsker的模型中有两个具有结构性质的假设：

1．突触连接的位置一旦选定，就在整个神经发育过程中固定下来。

2．每个神经元都是一个线性组合器。

该模型结合了类似Hebb突触修改的竞争和合作学习，使网络的输出能够对输入集合进行最优分辨，并在*逐层*的基础上进行自组织学习。也就是说，学习过程在处理下一层之前，允许每一层的自组织特征分析特性得到充分发展。这种学习形式是*特征的学习特征*的一个例子。

Linsker模型的模拟结果与猫和猴子视觉处理的早期阶段的性质非常相似。鉴于视觉系统的高度复杂性，Linsker考虑的简单模型能够形成类似的特征分析神经元，这确实非常了不起。但是，这并不意味着哺乳动物视觉系统的特征分析神经元的形成方式与Linsker模型描述的完全相同。相反，一个相对简单的分层网络，其突触连接按照Hebb学习的形式发展，结合竞争和合作，产生这种结构，进而为自组织原则提供实际的证明。

8.4　主成分分析：扰动理论

在统计模式识别中，一个常见的问题就是特征选择或特征提取。特征选择是指将数据空间变换到特征空间的过程。理论上，特征空间与原始数据空间的维数相同。然而，这种转换的设计方式是，数据集可通过减少“有效”特征的数量来表示，但保留原始数据的大部分内在信息内容；换句话说，数据集被降维。具体地说，假设有一个m维向量$\boldsymbol{x}$，我们希望用l个数字来传输它，其中$l<m$，这意味着数据压缩是特征映射的内在组成部分。若简单地截断$\boldsymbol{x}$，则带来的均方误差等于从$\boldsymbol{x}$中消除的元素的方差之和。因此，我们提出下面的问题：

是否存在一个可逆的线性变换$\boldsymbol{T}$，使得对$\boldsymbol{Tx}$的截断在均方误差意义下最优？

显然，变换$\boldsymbol{T}$的某些成分具有较低的方差。主成分分析（在通信理论中也称Karhunen-Loéve变换）能最大限度地减少方差，因此是正确的选择。

令$\boldsymbol{X}$为表示环境的m维随机向量。假设$\boldsymbol{X}$的均值为零，即

$$\mathbb{E}[\boldsymbol{X}]=\boldsymbol{0}$$

式中，$\mathbb{E}$是统计期望算子。若$\boldsymbol{X}$的均值不为0，则在继续分析之前要先减去其均值。令$\boldsymbol{q}$表示m维单位向量（具有单位欧氏范数的向量），$\boldsymbol{X}$在$\boldsymbol{q}$上投影。该投影定义为向量$\boldsymbol{X}$和$\boldsymbol{q}$的内积，即

$$A=\boldsymbol{X}^{\mathrm{T}}\boldsymbol{q}=\boldsymbol{q}^{\mathrm{T}}\boldsymbol{X} \tag{8.3}$$

它满足约束

$$\|\boldsymbol{q}\|=(\boldsymbol{q}^{\mathrm{T}}\boldsymbol{q})^{1/2}=1 \tag{8.4}$$

投影A是随机变量，其均值和方差与$\boldsymbol{X}$的统计量有关。设$\boldsymbol{X}$的均值为0，则投影A的均值也为0：

$$\mathbb{E}[A]=\boldsymbol{q}^{\mathrm{T}}\mathbb{E}[\boldsymbol{X}]=0$$

A的方差与其均方值相同，可写为

$$\sigma^2=\mathbb{E}[A^2]=\mathbb{E}[(\boldsymbol{q}^{\mathrm{T}}\boldsymbol{X})(\boldsymbol{X}^{\mathrm{T}}\boldsymbol{q})]=\boldsymbol{q}^{\mathrm{T}}\mathbb{E}[\boldsymbol{X}\boldsymbol{X}^{\mathrm{T}}]\boldsymbol{q}=\boldsymbol{q}^{\mathrm{T}}\boldsymbol{R}\boldsymbol{q} \tag{8.5}$$

$m\times m$维矩阵$\boldsymbol{R}$是随机向量$\boldsymbol{X}$的自相关矩阵，定义为向量$\boldsymbol{X}$与其自身的外积的期望，即

$$\boldsymbol{R}=\mathbb{E}[\boldsymbol{X}\boldsymbol{X}^{\mathrm{T}}] \tag{8.6}$$

观察发现相关矩阵 $\boldsymbol{R}$ 是对称的，即

$$\boldsymbol{R}^{\mathrm{T}}=\boldsymbol{R}$$

由这个性质可知，若 $\boldsymbol{a}$ 和 $\boldsymbol{b}$ 为 $m\times1$ 维向量，则有

$$\boldsymbol{a}^{\mathrm{T}}\boldsymbol{R}\boldsymbol{b}=\boldsymbol{b}^{\mathrm{T}}\boldsymbol{R}\boldsymbol{a} \tag{8.7}$$

由式（8.5）看出，投影 A 的方差 σ^2 是单位向量 $\boldsymbol{q}$ 的函数，可写为

$$\psi(\boldsymbol{q})=\sigma^2=\boldsymbol{q}^{\mathrm{T}}\boldsymbol{R}\boldsymbol{q} \tag{8.8}$$

因此，$\psi(\boldsymbol{q})$ 可视为方差探针。

8.4.1 主成分分析的特征结构

下面讨论的问题是，在欧氏范数的约束下，找出使 $\psi(\boldsymbol{q})$ 具有极值或稳定值（局部极大或极小）的那些单位向量 $\boldsymbol{q}$。这个问题的解决依赖于输入向量的相关矩阵 $\boldsymbol{R}$ 的特征结构。若单位向量 $\boldsymbol{q}$ 使得方差探针 $\psi(\boldsymbol{q})$ 具有极值，则对单位向量 $\boldsymbol{q}$ 任意小的扰动 $\delta\boldsymbol{q}$，$\delta\boldsymbol{q}$ 的一阶项有

$$\psi(\boldsymbol{q}+\delta\boldsymbol{q})=\psi(\boldsymbol{q})$$

由式（8.8）给出的方差探针定义得

$$\begin{aligned}\psi(\boldsymbol{q}+\delta\boldsymbol{q})&=(\boldsymbol{q}+\delta\boldsymbol{q})^{\mathrm{T}}\boldsymbol{R}(\boldsymbol{q}+\delta\boldsymbol{q})\\&=\boldsymbol{q}^{\mathrm{T}}\boldsymbol{R}\boldsymbol{q}+2(\delta\boldsymbol{q})^{\mathrm{T}}\boldsymbol{R}\boldsymbol{q}+(\delta\boldsymbol{q})^{\mathrm{T}}\boldsymbol{R}\delta\boldsymbol{q}\end{aligned}$$

在第二个等式中，利用了式（8.7）。忽略项 $(\delta\boldsymbol{q})^{\mathrm{T}}\boldsymbol{R}\delta\boldsymbol{q}$ 并利用式（8.8）的定义，有

$$\psi(\boldsymbol{q}+\delta\boldsymbol{q})=\boldsymbol{q}^{\mathrm{T}}\boldsymbol{R}\boldsymbol{q}+2(\delta\boldsymbol{q})^{\mathrm{T}}\boldsymbol{R}\boldsymbol{q}=\psi(\boldsymbol{q})+2(\delta\boldsymbol{q})^{\mathrm{T}}\boldsymbol{R}\boldsymbol{q} \tag{8.9}$$

$\psi(\boldsymbol{q}+\delta\boldsymbol{q})$ 是 $\psi(\boldsymbol{q})$ 的一阶近似；因此，有

$$(\delta\boldsymbol{q})^{\mathrm{T}}\boldsymbol{R}\boldsymbol{q}=0 \tag{8.10}$$

对 $\boldsymbol{q}$ 而言，任意扰动 $\delta\boldsymbol{q}$ 都是不允许的；相反，我们对扰动进行限制，使 $\boldsymbol{q}+\delta\boldsymbol{q}$ 的欧氏范数为1的扰动是允许的，即

$$\|\boldsymbol{q}+\delta\boldsymbol{q}\|=1$$

或者等价地有

$$(\boldsymbol{q}+\delta\boldsymbol{q})^{\mathrm{T}}(\boldsymbol{q}+\delta\boldsymbol{q})=1$$

因此，根据式（8.4），对 $\delta\boldsymbol{q}$ 的一阶项有

$$(\delta\boldsymbol{q})^{\mathrm{T}}\boldsymbol{q}=0 \tag{8.11}$$

这意味着扰动 $\delta\boldsymbol{q}$ 必须与 $\boldsymbol{q}$ 正交，因此只允许在$\boldsymbol{q}$的方向上发生变化。

单位向量 $\boldsymbol{q}$ 在物理意义上通常是无量纲的。若结合式（8.10）和式（8.11），则必须在式（8.11）中引入一个比例因子 λ，它和相关矩阵 $\boldsymbol{R}$ 中的元素有着相同的维数。于是，可以写出

$$(\delta\boldsymbol{q})^{\mathrm{T}}\boldsymbol{R}\boldsymbol{q}-\lambda(\delta\boldsymbol{q})^{\mathrm{T}}\boldsymbol{q}=0$$

或者等效地写出

$$(\delta\boldsymbol{q})^{\mathrm{T}}(\boldsymbol{R}\boldsymbol{q}-\lambda\boldsymbol{q})=0 \tag{8.12}$$

式（8.12）成立的充要条件为

$$\boldsymbol{R}\boldsymbol{q}=\lambda\boldsymbol{q} \tag{8.13}$$

该方程控制单位向量 $\boldsymbol{q}$，使得方差探针 $\psi(\boldsymbol{q})$ 有极值。

式（8.13）是线性代数中常见的特征值问题（Strang, 1980）。该问题仅对特殊的 λ 值有非平凡解（$\boldsymbol{q}\neq\boldsymbol{0}$），$\lambda$ 称为相关矩阵$\boldsymbol{R}$的特征值，对应的 $\boldsymbol{q}$ 则称为特征向量。相关矩阵是对称的，它具有实的、非负的特征值。假设它的特征值互不相同，则相关的特征向量是唯一的。令 $m\times m$ 维矩阵 $\boldsymbol{R}$ 的特征值为 $\lambda_1,\lambda_2,\cdots,\lambda_m$，对应的特征向量是 $\boldsymbol{q}_1,\boldsymbol{q}_2,\cdots,\boldsymbol{q}_m$，则可写出

$$\boldsymbol{R}\boldsymbol{q}_j = \lambda_j \boldsymbol{q}_j, \quad j = 1, 2, \cdots, m \tag{8.14}$$

令相应的特征值降序排列，使得 $\lambda_1 = \lambda_{\max}$，即

$$\lambda_1 > \lambda_2 > \cdots > \lambda_j > \cdots > \lambda_m \tag{8.15}$$

利用相关的特征向量构建一个 $m \times m$ 维矩阵：

$$\boldsymbol{Q} = [\boldsymbol{q}_1, \boldsymbol{q}_2, \cdots, \boldsymbol{q}_j, \cdots, \boldsymbol{q}_m] \tag{8.16}$$

我们可将式（8.14）中包含 m 个方程的方程组合并为一个方程：

$$\boldsymbol{R}\boldsymbol{Q} = \boldsymbol{Q}\boldsymbol{\Lambda} \tag{8.17}$$

式中，$\boldsymbol{\Lambda}$ 是由矩阵 $\boldsymbol{R}$ 的特征值构成的对角矩阵，即

$$\boldsymbol{\Lambda} = \mathrm{diag}[\lambda_1, \lambda_2, \cdots, \lambda_j, \cdots, \lambda_m] \tag{8.18}$$

矩阵 $\boldsymbol{Q}$ 是正交（单位）矩阵，即其列向量（ $\boldsymbol{R}$ 的特征向量）满足正交条件：

$$\boldsymbol{q}_i^{\mathrm{T}} \boldsymbol{q}_j = \begin{cases} 1, & j = i \\ 0, & j \neq i \end{cases} \tag{8.19}$$

式（8.19）需要不同的特征值。同理，可以写出

$$\boldsymbol{Q}^{\mathrm{T}} \boldsymbol{Q} = \boldsymbol{I}$$

由此可以推导出矩阵 $\boldsymbol{Q}$ 的逆矩阵与其转置矩阵相同，表示为

$$\boldsymbol{Q}^{\mathrm{T}} = \boldsymbol{Q}^{-1} \tag{8.20}$$

这意味着可将式（8.17）改写为正交相似度变换的形式：

$$\boldsymbol{Q}^{\mathrm{T}} \boldsymbol{R}\boldsymbol{Q} = \boldsymbol{\Lambda} \tag{8.21}$$

或者展开为

$$\boldsymbol{q}_j^{\mathrm{T}} \boldsymbol{R} \boldsymbol{q}_k = \begin{cases} \lambda_j, & k = j \\ 0, & k \neq j \end{cases} \tag{8.22}$$

式（8.21）的正交相似度变换将相关矩阵 $\boldsymbol{R}$ 变换成特征值的对角矩阵。相关矩阵 $\boldsymbol{R}$ 可用特征值和特征向量表示为

$$\boldsymbol{R} = \sum_{i=1}^{m} \lambda_i \boldsymbol{q}_i \boldsymbol{q}_i^{\mathrm{T}} = \boldsymbol{Q}\boldsymbol{\Lambda}\boldsymbol{Q}^{\mathrm{T}} \tag{8.23}$$

这称为谱定理。对所有 i，外积 $\boldsymbol{q}_i \boldsymbol{q}_i^{\mathrm{T}}$ 的秩为1。式（8.21）和式（8.23）是相关矩阵 $\boldsymbol{R}$ 的特征分解的两个等效表示。

从根本上说，主成分分析和矩阵 $\boldsymbol{R}$ 的特征分解是一致的，只是观察问题的角度不同。由式（8.8）和式（8.22）可以看出，方差探针和特征值的确相等，表示为

$$\psi(\boldsymbol{q}_j) = \lambda_j, \quad j = 1, 2, \cdots, m \tag{8.24}$$

现在，由主成分分析的特征结构可以概括出两个重要的发现：

- 与零均值随机向量 $\boldsymbol{X}$ 有关的相关矩阵 $\boldsymbol{R}$ 的特征向量定义单位向量 $\boldsymbol{q}_j$，表示方差探针 $\psi(\boldsymbol{q}_j)$ 在主方向可以取极值。
- 相关的特征值定义方差探针 $\psi(\boldsymbol{q}_j)$ 的极值。

8.4.2 基本数据表示

令数据向量 $\boldsymbol{x}$ 表示随机向量 $\boldsymbol{X}$ 的实现（样本值），a 表示随机变量 A 的实现。

因为单位向量 $\boldsymbol{q}$ 有 m 个可能的解，所以数据向量 $\boldsymbol{x}$ 需要考虑 m 个可能的投影。具体地说，由式（8.3）可得

$$a_j = \boldsymbol{q}_j^{\mathrm{T}} \boldsymbol{x} = \boldsymbol{x}^{\mathrm{T}} \boldsymbol{q}_j, \quad j = 1, 2, \cdots, m \tag{8.25}$$

式中，a_j 是 $\boldsymbol{x}$ 在主方向上的投影，用单位向量 $\boldsymbol{q}_j$ 表示。a_j 称为主成分，它与向量 $\boldsymbol{x}$ 有相同的物理维度。式（8.25）可视为一个分析。

为了由投影 a_j 准确重建原始数据向量 $\boldsymbol{x}$，可采用如下步骤。首先，将一组投影 $\{a_j \,|\, j=1,2,\cdots,m\}$ 合并为一个向量：

$$
\begin{aligned}
\boldsymbol{a} &= [a_1, a_2, \cdots, a_m]^{\mathrm{T}} \\
&= [\boldsymbol{x}^{\mathrm{T}}\boldsymbol{q}_1, \boldsymbol{x}^{\mathrm{T}}\boldsymbol{q}_2, \cdots, \boldsymbol{x}^{\mathrm{T}}\boldsymbol{q}_m]^{\mathrm{T}} \\
&= \boldsymbol{Q}^{\mathrm{T}}\boldsymbol{x}
\end{aligned} \tag{8.26}
$$

接着，在式（8.26）的两边左乘矩阵 $\boldsymbol{Q}$，然后使用关系式 $\boldsymbol{Q}\boldsymbol{Q}^{\mathrm{T}}=\boldsymbol{I}$。相应地，原始数据向量 $\boldsymbol{x}$ 可被重建为

$$
\boldsymbol{x} = \boldsymbol{Q}\boldsymbol{a} = \sum_{j=1}^{m} a_j \boldsymbol{q}_j \tag{8.27}
$$

上式可视为合成式。在这种意义上，单位向量 $\boldsymbol{q}_j$ 表示数据空间的基。实际上，式（8.27）只是一个坐标变换，数据空间中的点 $\boldsymbol{x}$ 根据该变换变换到特征空间的相应点 $\boldsymbol{a}$。

8.4.3 降维

从统计模式识别的角度看，主成分分析的实际价值是它提供了一种有效的降维技术。特别是，通过丢弃式（8.27）中方差小的线性组合，保留方差大的项，可以减少有效数据表示所需的特征的数量。令 $\lambda_1, \lambda_2, \cdots, \lambda_l$ 表示相关矩阵 $\boldsymbol{R}$ 的前 l 个最大特征值。然后，截断式（8.27）中 l 项后面的展开式，可得数据向量 $\boldsymbol{x}$ 的近似为

$$
\hat{\boldsymbol{x}} = \sum_{j=1}^{l} a_j \boldsymbol{q}_j = [\boldsymbol{q}_1, \boldsymbol{q}_2, \cdots, \boldsymbol{q}_j] \begin{bmatrix} a_1 \\ a_2 \\ \vdots \\ a_l \end{bmatrix}, \quad l \leqslant m \tag{8.28}
$$

给定原始数据向量 $\boldsymbol{x}$，可用式（8.25）计算得到保留在式（8.28）中的主成分：

$$
\begin{bmatrix} a_1 \\ a_2 \\ \vdots \\ a_l \end{bmatrix} = \begin{bmatrix} \boldsymbol{q}_1^{\mathrm{T}} \\ \boldsymbol{q}_2^{\mathrm{T}} \\ \vdots \\ \boldsymbol{q}_l^{\mathrm{T}} \end{bmatrix} \boldsymbol{x}, \quad l \leqslant m \tag{8.29}
$$

从 $\mathbb{R}^m$ 到 $\mathbb{R}^l$ 的线性投影（从数据空间到特征空间的映射）是对数据向量 $\boldsymbol{x}$ 近似表示的编码器，如图8.2(a)所示。相应地，从 $\mathbb{R}^l$ 到 $\mathbb{R}^m$ 的线性投影（从特征空间到数据空间的映射）表示是对原始数据向量 $\boldsymbol{x}$ 进行近似重建的解码器，如图8.2(b)所示。注意式（8.28）和式（8.29）中描述的优势（最大）特征值 $\lambda_1, \lambda_2, \cdots, \lambda_l$ 并不参加计算，它们只是分别决定编码器和解码器所用的主成分的数量。

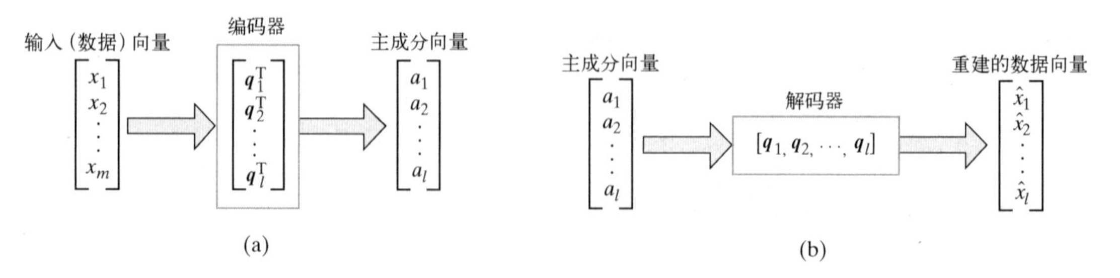

图8.2　主成分分析的两个阶段：(a)编码；(b)解码

逼近误差向量 $\boldsymbol{e}$ 等于原始数据向量 $\boldsymbol{x}$ 和逼近数据向量 $\hat{\boldsymbol{x}}$ 的差，即

$$\boldsymbol{e} = \boldsymbol{x} - \hat{\boldsymbol{x}} \tag{8.30}$$

将式（8.27）和式（8.28）代入式（8.30）得

$$\boldsymbol{e} = \sum_{i=l+1}^{m} a_i \boldsymbol{q}_i \tag{8.31}$$

误差向量 $\boldsymbol{e}$ 和逼近数据向量 $\hat{\boldsymbol{x}}$ 是正交的，如图8.3所示。换句话说，$\hat{\boldsymbol{x}}$ 和 $\boldsymbol{e}$ 的内积为零。利用式（8.28）和式（8.31），这个性质可以表示为

$$\begin{aligned}\boldsymbol{e}^{\mathrm{T}}\hat{\boldsymbol{x}} &= \sum_{i=l+1}^{m} a_i \boldsymbol{q}_i^{\mathrm{T}} \sum_{j=1}^{l} a_j \boldsymbol{q}_j = \sum_{i=l+1}^{m}\sum_{j=1}^{l} a_i a_j \boldsymbol{q}_i^{\mathrm{T}} \boldsymbol{q}_j \\ &= 0, \quad l < m\end{aligned} \tag{8.32}$$

上式中应用了式（8.19）中的第二个条件。式（8.32）称为正交性原理。

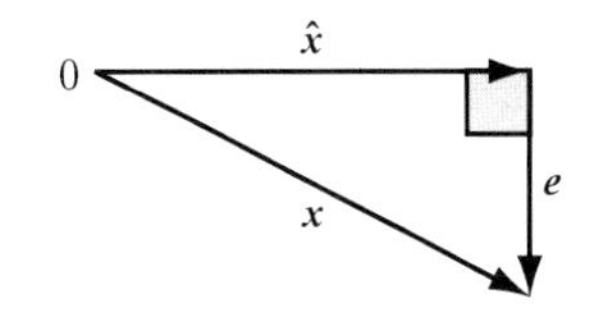

图 8.3　向量 $\boldsymbol{x}$、$\hat{\boldsymbol{x}}$ 和误差向量 $\boldsymbol{e}$ 的关系

根据式（8.8）和式（8.22）的第一行，数据向量 $\boldsymbol{x}$ 的 m 个成分的总方差为

$$\sum_{j=1}^{m} \sigma_j^2 = \sum_{j=1}^{m} \lambda_j \tag{8.33}$$

式中，σ_j^2 是第 j 个主成分 a_j 的方差。逼近向量 $\hat{\boldsymbol{x}}$ 的 l 个元素的总方差为

$$\sum_{j=1}^{l} \sigma_j^2 = \sum_{j=1}^{l} \lambda_j \tag{8.34}$$

逼近误差向量 $\boldsymbol{x} - \hat{\boldsymbol{x}}$ 中的 $l - m$ 个元素的总方差为

$$\sum_{j=l+1}^{m} \sigma_j^2 = \sum_{j=l+1}^{m} \lambda_j \tag{8.35}$$

特征值 $\lambda_{l+1},\cdots,\lambda_m$ 是相关矩阵 $\boldsymbol{R}$ 的特征值中最小的 $m - l$ 个特征值；它们对应于构建近似向量 $\hat{\boldsymbol{x}}$ 的展开式（8.28）中丢弃的项。这些特征值越接近0，降维（对 $\boldsymbol{x}$ 进行主成分分析导致的结果）后保存原始数据中的信息量就越有效。因此，为了对输入数据进行降维，需要做以下工作：

> 计算输入数据向量的相关矩阵的特征值和特征向量，然后将数据投影到由属于主特征值的特征向量张成的子空间上。

这种数据表示方法通常称为子空间分解（Oja, 1983）。

【例1】双变量数据集

下面以双变量（二维）数据集为例说明主成分分析的应用。如图8.4所示，假设两个特征轴的标度近似相同。图中的横轴和纵轴表示数据集的自然坐标。标记为1和2的旋转轴是对该数据集应用主成分分析的结果。由图8.4可以看出，将数据集投影到轴1可以捕捉到数据的显著特征，即数据集有两个峰（结构上有两个聚类）。事实上，数据投影到轴1的方差比投影到其他轴上的要大。相比之下，投影到轴2时，数据的双峰特征完全被遮蔽。

在这个简单的例子中，需要注意的是，虽然数据集的聚类结构在横轴和纵轴框架下显示的原始数据二维图中显而易见，但是在实践中并非总是如此。在更普遍的高维数据集中，可以很容易地隐藏数据的内在聚类结构，要看到它，就要进行类似于主成分分析的统计分析（Linsker, 1988a）。

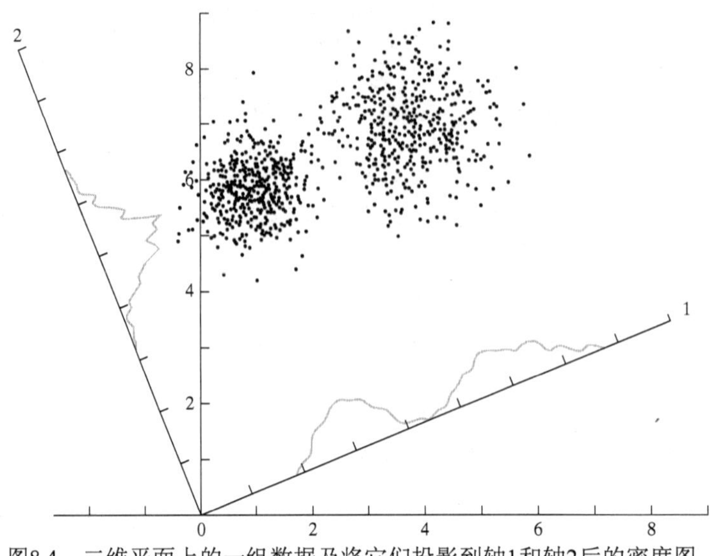

图8.4　二维平面上的一组数据及将它们投影到轴1和轴2后的密度图。投影到轴1时有最大方差，清晰地显示了数据的双峰或聚类特征

1．案例研究　数字图像压缩

主成分分析为数字图像压缩提供了一种简单且有效的方法。数字图像存储、传输和特征提取的一个实际要求是对图像进行压缩。图8.5对真实数据应用PCA验证了这一说法（Holmström et al., 1997; Hyvärinen et al., 2001）。

图8.5的最左侧显示了一组10个手写字符（0～9），每个字符都用一个 32×32 维矩阵组成的二值图像表示。逐行扫描每幅图像后，产生一个 1024×1 维向量。对这10个字符中每个，大约收集1700个手写样本。样本均值（1024×1 维向量）和协方差矩阵（1024×1024 维矩阵）使用标准方法估计。对字符代表的10个类别中的每个类别，计算协方差矩阵的前64个主特征向量（成分）。图中的第二列表示计算得到的样本均值。剩下的6列显示了增大 l 值后重建的图像，l 表示用式（8.28）重建图像时所用主成分的数量。在这些图像中，分别加上了样本均值，以便以合适的比例显示图像。

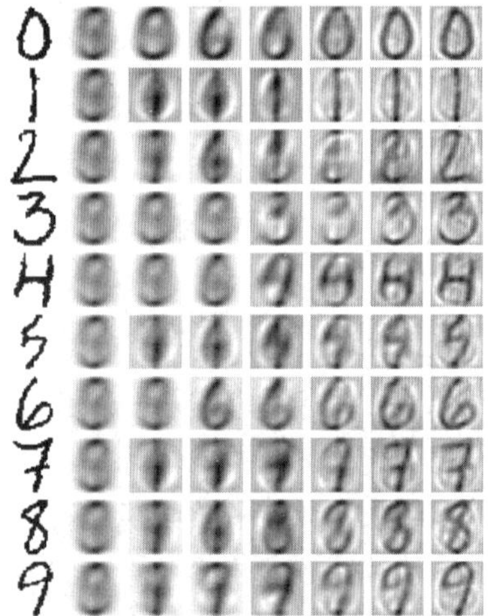

图 8.5　使用主成分分析的手写数字压缩（经 Juha Karhunen 博士允许复制）

由图8.5所示的PCA结果可得出三个重要结论：

- 当重建尺寸 l 从1到2, 5, 16, 32, 64增长时，重建图像与原始的10个手写字符图像越来越相似。
- 当重建尺寸 $l=64$ 时，每个重建的数字都非常清晰。
- 对于总计1024个可能的主成分，最大的重建尺寸 $l=64$ 只占总数的一小部分。

8.4.4　主成分数量的估计

在前面讨论的数字图像压缩案例中，主成分的数量（降维的大小）是通过实验确定的。这个估计问题的分析方法可视为一个模型选择问题。第2章中讨论的最小描述长度（MDL）准则是解决该问题的一种有效方法。

Wax and Kailath(1985)使用MDL准则处理阵列信号，主要目的是在有加性噪声的情况下，确定信号到达的方向。为了解决这个问题，可用MDL准则将输入数据空间分解成两个子空间：一个代表信号子空间，另一个代表噪声子空间。从根本上说，使用信号子空间的维度定义与主特征值相关的主特征向量（成分）的数量，将输入数据空间分解成信号子空间和噪声子空间之和，只解决了降维问题。

8.5 基于Hebb的最大特征滤波器

自组织神经网络的行为和主成分分析的统计方法之间有着密切的联系。本节通过确立一个显著的成果来证实这种联系（Oja, 1982）：

> 突触权重采用Hebb自适应规则的单个线性神经元，可以进化为输入分布的第一个主成分的滤波器。

下面用图8.6(a)所示的简单神经元模型继续进行演示。这个模型是线性的，即模型的输出是输入信号的线性组合。神经元通过相应的*m*个突触接收一组*m*个输入信号 $x_1, x_2, \cdots, x_m$，这些突触的权重为 $w_1, w_2, \cdots, w_m$。模型的输出*y*定义为

$$y = \sum_{i=1}^{m} w_i x_i \tag{8.36}$$

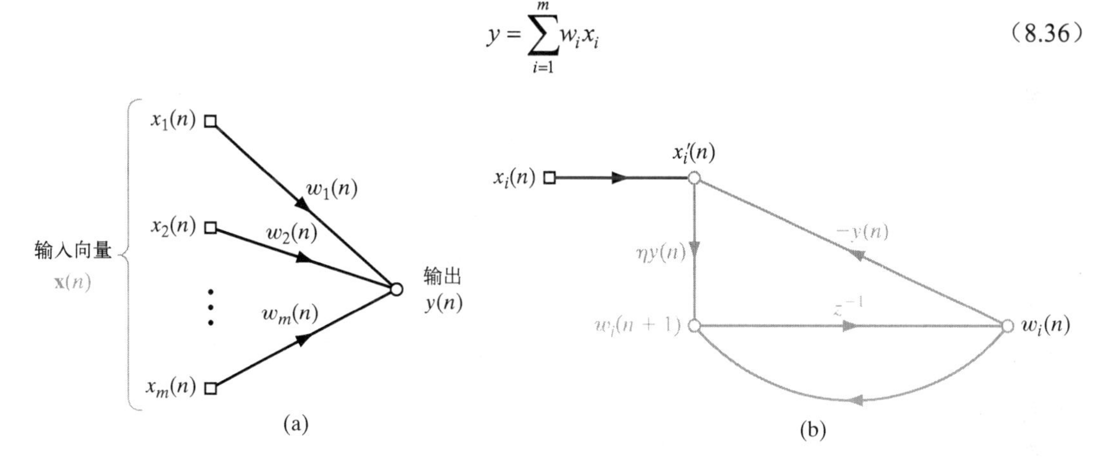

图8.6 最大特征滤波器的信号流图表示：(a)式（8.36）的流图；(b)式（8.41）和式（8.42）的流图

注意，这里描述的情形只需处理单个神经元，而无须用双重下标来标识神经元的突触权重。

8.5.1 最大特征滤波器的推导

根据Hebb的学习假设，当突触前信号 x_i 和突触后信号 y 一致时，突触权重 w_i 随时间逐步增强，具体写为

$$w_i(n+1) = w_i(n) + \eta y(n) x_i(n), \quad i = 1, 2, \cdots, m \tag{8.37}$$

式中，n 表示离散时间，η 是学习率参数。然而，如8.2节所述，这个学习规则的基本形式会使得突触权重 w_i 无限增大，而这在物理上是不可接受的。在突触权重适应的学习规则中加入某种形式的归一化，可以解决这个问题。使用归一化的目的是在神经元的突触之间引入对有限资源的竞争，而根据自组织原则2，这种竞争对稳定是至关重要的。从数学角度看，式（8.37）的归一化形式为

$$w_i(n+1) = \frac{w_i(n) + \eta y(n) x_i(n)}{\left(\sum_{i=1}^{m} (w_i(n) + \eta y(n) x_i(n))^2 \right)^{1/2}} \tag{8.38}$$

式中，分母的总和已扩展到与神经元相关的整个突触集合上。若学习率参数η很小，则式（8.38）的分母按幂级数展开得

$$\left(\sum_{i=1}^{m}(w_i(n)+\eta y(n)x_i(n))^2\right)^{1/2}=\left(\sum_{i=1}^{m}(w_i^2(n)+2\eta w_i(n)y(n)x_i(n))\right)^{1/2}+O(\eta^2)$$
$$=\left(\sum_{i=1}^{m}w_i^2(n)+2\eta y(n)\sum_{i=1}^{m}w_i(n)x_i(n)\right)^{1/2}+O(\eta^2) \tag{8.39}$$
$$=(1+2\eta y^2(n))^{1/2}+O(\eta^2)$$
$$=1+\eta y^2(n)+O(\eta^2)$$

在式（8.39）右边的第三行，使用了约束

$$\sum_{i=1}^{m}w_i^2(n)=\|\boldsymbol{w}(n)\|^2=1,\quad 所有n$$

和输入-输出关系

$$y(n)=\sum_{i=1}^{m}w_i(n)x_i(n)$$

此外，在式（8.39）的最后一行，在η很小的假设下，使用了下面的近似：

$$(1+2\eta y^2(n))^{1/2}\approx 1+\eta y^2(n)$$

接着，让式（8.38）中的分子除以式（8.39）中分母的近似表示，再次设η很小，可以写出

$$w_i(n+1)=\frac{w_i(n)+\eta y(n)x_i(n)}{1+\eta y^2(n)+O(\eta^2)}$$
$$=(w_i(n)+\eta y(n)x_i(n))(1+\eta y^2(n)+O(\eta^2))^{-1}$$
$$=(w_i(n)+\eta y(n)x_i(n))(1-\eta y^2(n))+O(\eta^2)$$
$$=w_i(n)+\eta y(n)x_i(n)-\eta y^2(n)w_i(n)+O(\eta^2)$$

合并常数项，略去二阶项，得到

$$w_i(n+1)=w_i(n)+\eta y(n)(x_i(n)-y(n)w_i(n)) \tag{8.40}$$

式（8.40）右侧的项$y(n)x_i(n)$表示对突触权重w_i的通常Hebb修正，因此解释了自组织原则1的自增强效应。负项$-y(n)w_i(n)$的加入是为了实现原则2要求的稳定，而这需要神经元突触之间的竞争；该项的加入将输入$x_i(n)$修改为依赖于相应突触权重$w_i(n)$和输出$y(n)$的形式，表示为

$$x_i'(n)=x_i(n)-y(n)w_i(n) \tag{8.41}$$

它可视为第i个突触的有效输入。由式（8.41）的定义可将式（8.40）的学习规则改写为

$$w_i(n+1)=w_i(n)+\eta y(n)x_i'(n) \tag{8.42}$$

神经元的整体操作可由两个信号流图的组合表示，如图8.6所示。图8.6(a)中的信号流图表明输出$y(n)$依赖于权重$w_1(n),w_2(n),\cdots,w_m(n)$。图8.6(b)中的信号流图是式（8.41）和式（8.42）的示意流图；图形中间部分的透射比z^{-1}表示单位时延算子。图8.6(a)中产生的输出信号$y(n)$作为图8.6(b)中的透射比。图8.6(b)清楚地展示了作用于神经元的内部反馈的两种形式：

- 在外部输入$x_i(n)$的影响下，突触权重$w_i(n)$产生正反馈，进行自增强，进而增长。
- $-y(n)$的负反馈作用控制突触权重$w_i(n)$的增长，进而使突触权重$w_i(n)$随着时间的推移而趋于稳定。

乘积项$-y(n)w_i(n)$与在学习规则中经常用到的遗忘因子或泄漏因子有关，但也有差别：响应$y(n)$越强，遗忘因子就越明显。这种控制现象看起来有神经生物上的支持（Stent, 1973）。

8.5.2 最大特征滤波器的矩阵公式

为方便描述，令

$$\boldsymbol{x}(n)=[x_1(n),x_2(n),\cdots,x_m(n)]^{\mathrm{T}} \tag{8.43}$$

$$\boldsymbol{w}(n)=[w_1(n),w_2(n),\cdots,w_m(n)]^{\mathrm{T}} \tag{8.44}$$

输入向量 $\boldsymbol{x}(n)$ 和突触权重向量 $\boldsymbol{w}(n)$ 通常是随机向量。使用这个向量符号，可将式（8.36）重写为下面的内积形式：

$$y(n)=\boldsymbol{x}^{\mathrm{T}}(n)\boldsymbol{w}(n)=\boldsymbol{w}^{\mathrm{T}}(n)\boldsymbol{x}(n) \tag{8.45}$$

同样，可将式（8.40）重写为

$$\boldsymbol{w}(n+1)=\boldsymbol{w}(n)+\eta y(n)[\boldsymbol{x}(n)-y(n)\boldsymbol{w}(n)] \tag{8.46}$$

将式（8.45）代入式（8.46）得

$$\boldsymbol{w}(n+1)=\boldsymbol{w}(n)+\eta[\boldsymbol{x}(n)\boldsymbol{x}^{\mathrm{T}}(n)\boldsymbol{w}(n)-\boldsymbol{w}^{\mathrm{T}}(n)(\boldsymbol{x}(n)\boldsymbol{x}^{\mathrm{T}}(n))\boldsymbol{w}(n)\boldsymbol{w}(n)] \tag{8.47}$$

式（8.47）中的自组织学习算法是一个非线性随机差分方程，它使算法的收敛性分析数学上很难进行。为便于收敛性分析，下面在学习率参数 η 很小的假设下，简要介绍一种用于随机逼近算法收敛性分析的通用工具。

8.5.3 Kushner直接平均法

观察自组织学习算法公式（8.47）的右侧，有以下发现：

1. 输入向量 $\boldsymbol{x}(n)$ 以外积 $\boldsymbol{x}(n)\boldsymbol{x}^{\mathrm{T}}(n)$ 的形式出现，表示相关矩阵 $\boldsymbol{R}$ 的瞬时值，即式（8.6）中去掉期望算子且将 $\boldsymbol{x}(n)$ 当作随机向量 $\boldsymbol{X}(n)$ 的一个实现。实际上，项 $\boldsymbol{x}(n)\boldsymbol{x}^{\mathrm{T}}(n)$ 导致了该式的随机行为。
2. 由于该算法是无监督的，因此它不受外部因素的作用。

由式（8.47）可知，该算法的特征均值为

$$\boldsymbol{I}+\eta[(\boldsymbol{x}(n)\boldsymbol{x}^{\mathrm{T}}(n))-\boldsymbol{w}^{\mathrm{T}}(n)(\boldsymbol{x}(n)\boldsymbol{x}^{\mathrm{T}}(n))\boldsymbol{w}(n)\boldsymbol{I}] \tag{8.48}$$

式中，$\boldsymbol{I}$ 是单位矩阵。这个特征矩阵与旧权重向量 $\boldsymbol{w}(n)$ 相乘后，得到式(8.47)中的新权重向量 $\boldsymbol{w}(n+1)$ 。项 $\boldsymbol{w}^{\mathrm{T}}(n)(\boldsymbol{x}(n)\boldsymbol{x}^{\mathrm{T}}(n))\boldsymbol{w}(n)$ 是一个内积，所以是标量，需要将其乘以单位矩阵 $\boldsymbol{I}$ ，以便与式（8.48）中的其余表达式兼容。

回顾第3章最小均方（LMS）算法中的Kushner直接平均法，可将式（8.48）中的特征矩阵替换为其期望值：

$$\boldsymbol{I}+\eta[\boldsymbol{R}-\boldsymbol{w}^{\mathrm{T}}(n)\boldsymbol{R}\boldsymbol{w}(n)\boldsymbol{I}] \tag{8.49}$$

只要学习率参数 η 很小，这个替换就是合理的。实际上，随着时间的推移，外积项 $\boldsymbol{x}(n)\boldsymbol{x}^{\mathrm{T}}(n)$ 可充当相关矩阵 $\boldsymbol{R}$ 的角色。

因此，可以说只要 η 很小，式（8.47）中随机方程的解实际上就接近简化得多的确定性差分方程的解：

$$\boldsymbol{w}(n+1)=\boldsymbol{w}(n)+\eta[\boldsymbol{R}-\boldsymbol{w}^{\mathrm{T}}(n)\boldsymbol{R}\boldsymbol{w}(n)\boldsymbol{I}]\boldsymbol{w}(n) \tag{8.50}$$

令

$$\Delta\boldsymbol{w}(n)=\boldsymbol{w}(n+1)-\boldsymbol{w}(n)$$

若用 t 表示连续时间，则离散时间 n 时的权重变化增量 $\Delta\boldsymbol{w}(n)$ 与连续时间 t 时的权重 $\boldsymbol{w}(t)$ 变化率成正比：

$$\frac{\mathrm{d}\boldsymbol{w}(t)}{\mathrm{d}t} \propto \Delta\boldsymbol{w}(n) \tag{8.51}$$

因此，将学习率参数η作为比例因子代入式（8.51），并对时间t归一化，就可用如下非线性常微分方程来描述最大特征滤波器随时间t的变化：

$$\frac{\mathrm{d}\boldsymbol{w}(t)}{\mathrm{d}t} = \boldsymbol{R}\boldsymbol{w}(t) - (\boldsymbol{w}^{\mathrm{T}}(t)\boldsymbol{R}\boldsymbol{w}(t))\boldsymbol{w}(t) \tag{8.52}$$

式中，二次项$\boldsymbol{w}^{\mathrm{T}}(t)\boldsymbol{R}\boldsymbol{w}(t)$是标量，它使方程在矩阵项中的维度相等。

8.5.4 最大特征滤波器的渐近稳定性

令$\boldsymbol{w}(t)$是用相关矩阵$\boldsymbol{R}$的特征向量的完全正交集表示的展开：

$$\boldsymbol{w}(t) = \sum_{k=1}^{m}\theta_k(t)\boldsymbol{q}_k \tag{8.53}$$

式中，$\boldsymbol{q}_k$是$\boldsymbol{R}$的第k个归一化特征向量，系数$\theta_k(t)$是向量$\boldsymbol{w}(t)$在$\boldsymbol{q}_k$上的时变投影。将式（8.53）代入式（8.52），并应用8.4节中的基本定义有

$$\boldsymbol{R}\boldsymbol{q}_k = \lambda_k\boldsymbol{q}_k, \quad \boldsymbol{q}_k^{\mathrm{T}}\boldsymbol{R}_{\boldsymbol{q}_k} = \lambda_k$$

式中，λ_k是与$\boldsymbol{q}_k$相关的特征值；最终，得到

$$\sum_{k=1}^{m}\frac{\mathrm{d}\theta_k(t)}{dt}\boldsymbol{q}_k = \sum_{k=1}^{m}\lambda_k\theta_k(t)\boldsymbol{q}_k - \left[\sum_{l=1}^{m}\lambda_l\theta_l^2(t)\right]\sum_{k=1}^{m}\theta_k(t)\boldsymbol{q}_k \tag{8.54}$$

它可简化为

$$\frac{\mathrm{d}\theta_k(t)}{\mathrm{d}t} = \lambda_k\theta_k(t) - \theta_k(t)\sum_{l=1}^{m}\lambda_l\theta_l^2(t), \quad k = 1,2,\cdots,m \tag{8.55}$$

至此，式（8.47）的随机逼近算法的收敛性分析，就简化为式（8.55）给出的涉及主模式$\theta_k(t)$的非线性常微分方程组的稳定性分析。

8.5.5 修正朗之万方程

根据第3章中关于自适应LMS滤波器的讨论，可将与最大特征滤波器相关的式（8.55）视为没有驱动力的朗之万方程的非线性修正形式，理由如下：

① 之所以将朗之万方程视为“修正的”，原因是公式右侧已加入正项$\lambda_k\theta_k(t)$，它提供的是放大作用而不是摩擦作用；这个放大项源于Hebb规则。

② 之所以将朗之万方程视为“非线性的”，原因是第二项$\theta_k(t)\sum_l\lambda_l\theta_l^2(t)$，而这要归因于最大特征滤波器突触之间的竞争。

③ 之所以将朗之万方程视为“没有驱动力的”，原因是最大特征滤波器是自组织的。

因为没有驱动力，所以不同于LMS滤波器，我们期望最大特征滤波器在渐近意义上是绝对收敛的。然而，最大特征滤波器的非线性特性使得收敛性的研究在数学上更为困难。

8.5.6 朗之万方程的收敛性分析

根据下标k的不同赋值，收敛性分析可分为两种情况。情况I对应于$1 < k \leqslant m$，情况II对应于$k = 1$；m是$\boldsymbol{x}(n)$和$\boldsymbol{w}(n)$的维数。下面依次考虑这两种情况。

情况I $1 < k \leqslant m$

为了处理这种情况，定义

$$\alpha_k(t)=\frac{\theta_k(t)}{\theta_1(t)},\qquad 1<k\leqslant m \tag{8.56}$$

首先假设$\theta_1(t)\neq 0$，若初始值$\boldsymbol{w}(0)$是随机选取的，则概率1为真。式（8.56）两边对时间t求导得

$$\frac{\mathrm{d}\alpha_k(t)}{\mathrm{d}t}=\frac{1}{\theta_1(t)}\frac{\mathrm{d}\theta_k(t)}{\mathrm{d}t}-\frac{\theta_k(t)}{\theta_1^2(t)}\frac{\mathrm{d}\theta_1(t)}{\mathrm{d}t}=\frac{1}{\theta_1(t)}\frac{\mathrm{d}\theta_k(t)}{\mathrm{d}t}-\frac{\alpha_k(t)}{\theta_1(t)}\frac{\mathrm{d}\theta_1(t)}{\mathrm{d}t},\quad 1<k\leqslant m \tag{8.57}$$

接着，将式（8.55）代入式（8.57），利用式（8.56）的定义并化简结果得

$$\frac{\mathrm{d}\alpha_k(t)}{\mathrm{d}t}=-(\lambda_1-\lambda_k)\alpha_k(t),\quad 1<k\leqslant m \tag{8.58}$$

假设相关矩阵$\boldsymbol{R}$的特征值互不相同且按降序排列，则有

$$\lambda_1>\lambda_2>\cdots>\lambda_k>\cdots>\lambda_m>0 \tag{8.59}$$

由此推知特征值之差$\lambda_1-\lambda_k$为正，在式（8.58）中表示一个时间常数的倒数，所以由情况I有

$$\alpha_k(t)\to 0,\quad t\to\infty,\quad 1<k\leqslant m \tag{8.60}$$

情况II $k=1$

由式（8.57）可知，第二种情况由如下微分方程描述：

$$\begin{aligned}\frac{\mathrm{d}\theta_1(t)}{\mathrm{d}t}&=\lambda_1\theta_1(t)-\theta_1(t)\sum_{l=1}^{m}\lambda_l\theta_l^2(t)\\&=\lambda_1\theta_1(t)-\lambda_1\theta_1^3(t)-\theta_1(t)\sum_{l=2}^{m}\lambda_l\theta_l^2(t)\\&=\lambda_1\theta_1(t)-\lambda_1\theta_1^3(t)-\theta_1^3(t)\sum_{l=2}^{m}\lambda_l\alpha_l^2(t)\end{aligned} \tag{8.61}$$

然而，由情况I可知，当$t\to\infty$时，对$\alpha_l\neq 1$有$\alpha_i\to 0$。因此，当t趋于无穷大时，式（8.61）右侧的最后一项接近0。忽略该项，式（8.61）简化为

$$\frac{\mathrm{d}\theta_1(t)}{\mathrm{d}t}=\lambda_1\theta_1(t)[1-\theta_1^2(t)],\quad t\to\infty \tag{8.62}$$

要强调的是，式（8.62）只在渐近意义下才成立。

式（8.62）表示一个自治系统（不显式依赖时间的系统）。这种系统的稳定性最好由称为李亚普诺夫函数的正定函数处理，具体的处理细节将在第13章中介绍。令$\boldsymbol{s}$表示自治系统的状态向量，$V(t)$表示系统的李亚普诺夫函数。若满足下列条件，则系统的平衡状态$\bar{\boldsymbol{s}}$是渐近稳定的：

$$\frac{\mathrm{d}}{\mathrm{d}t}V(t)<0,\quad \boldsymbol{s}\in\mathcal{U}-\bar{\boldsymbol{s}}$$

式中，$\mathcal{U}$为$\bar{\boldsymbol{s}}$的一个小邻域。

就当前问题而言，式（8.62）中的微分方程有一个由下式定义的李亚普诺夫函数：

$$V(t)=[\theta_1^2(t)-1]^2 \tag{8.63}$$

为了证明这个论断，必须证明$V(t)$需要满足下面两个条件：

1. $\dfrac{\mathrm{d}V(t)}{\mathrm{d}t}<0$, 所有$t$ （8.64）

2. $V(t)$有最小值 （8.65）

式（8.63）对t求导得

$$\begin{aligned}\frac{\mathrm{d}V(t)}{\mathrm{d}t}&=4\theta_1(t)[\theta_1(t)-1]\frac{\mathrm{d}\theta_1(t)}{\mathrm{d}t}\\&=-4\lambda_1\theta_1^2(t)[\theta_1^2(t)-1]^2,\ t\to\infty\end{aligned} \tag{8.66}$$

式中，第二个等式利用了式（8.62）。因为特征值 λ_1 是正的，由式（8.66）发现当 t 趋于无穷大时，式（8.64）的条件为真。此外，由式（8.66）得知 $V(t)$ 在 $\theta_1(t)=\pm 1$ 处有最小值［$\mathrm{d}V(t)/\mathrm{d}t=0$］，所以式（8.65）的条件也满足。因此，可用下列陈述结束对情况II的分析：

$$\theta_1(t)\to\pm 1,\quad t\to\infty \tag{8.67}$$

根据式（8.67）描述的结果和式（8.66）的定义，最终可将式（8.60）给出的情况I的结果表示为

$$\theta_k(t)\to 0,\quad t\to\infty,\quad 1<k\leqslant m \tag{8.68}$$

分析情况I和情况II得出的总体结论有如下两个方面：

- 式（8.47）描述的随机逼近算法的唯一主模式收敛于 $\theta_1(t)$，算法其他的所有模式衰减为0。
- 模式 $\theta_1(t)$ 收敛于±1。

因此，根据式（8.53）描述的展开式，可以正式地说

$$\boldsymbol{w}(t)\to\boldsymbol{q}_1,\quad t\to\infty \tag{8.69}$$

式中，$\boldsymbol{q}_1$ 是相关矩阵 $\boldsymbol{R}$ 的最大特征值 λ_1 对应的归一化特征向量。

最后，为了确立式（8.69）的解是式（8.52）所示非线性常微分方程的一个局部渐近稳定解（李亚普诺夫意义下），必须满足在离散时间域中表达的如下条件：

> 若令 $\mathcal{B}(\boldsymbol{q})$ 表示式（8.52）的解附近的吸引域，则参数向量 $\boldsymbol{w}(n)$ 以概率1无限地进入吸引域 $\mathcal{B}(\boldsymbol{q})$ 的一个紧子集 $\mathcal{A}$（吸引域的定义见第13章）。

为了满足该条件，必须证明存在所有可能向量的集合中的一个子集 $\mathcal{A}$，使得

$$\lim_{n\to\infty}\boldsymbol{w}(n)=\boldsymbol{q}_1,\quad \text{概率为1的可能性是无穷的} \tag{8.70}$$

为此，必须首先证明参数向量 $\boldsymbol{w}(n)$ 的序列是有界的，其概率为1。硬限制 $\boldsymbol{w}(n)$ 的各项，使它们的幅度小于阈值 a，可以做到这一点。然后，可将 $\boldsymbol{w}(n)$ 的范数定义为

$$\|\boldsymbol{w}(n)\|=\max_j|w_j(n)|\leqslant a \tag{8.71}$$

令 $\mathcal{A}$ 表示 $\mathbb{R}^m$ 的紧子集，它由一个范数小于或等于 a 的向量集定义。证明如下（Sanger, 1989b）：

> 若 $\|\boldsymbol{w}(n)\|\leqslant a$，且常数 a 足够大，则概率为1时 $\|\boldsymbol{w}(n+1)\|<\|\boldsymbol{w}(n)\|$ 成立。

于是，随着迭代次数 n 的增加，$\boldsymbol{w}(n)$ 最终进入 $\mathcal{A}$ 并以概率1留在 $\mathcal{A}$ 内。吸引域 $\mathcal{B}(\boldsymbol{q}_1)$ 包括所有有界范数的向量，故有 $\mathcal{A}\in\mathcal{B}(\boldsymbol{q}_1)$。换句话说，上述关于吸引域的局部渐近稳定性条件得到满足。

于是，我们就证明了在使用较小学习率参数的情况下，式（8.47）的随机逼近算法将使参数权重向量 $\boldsymbol{w}(n)$ 以概率1收敛于特征向量 $\boldsymbol{q}_1$，$\boldsymbol{q}_1$ 是与相关矩阵 $\boldsymbol{R}$ 的最大特征值 λ_1 对应的输入向量 $\boldsymbol{x}(n)$。此外，这个解不是算法的唯一不动点，但却是唯一渐近稳定的解。

8.5.7 基于Hebb规则的最大特征滤波器的性质小结

上面给出的收敛分析表明，由式（8.40）或式（8.46）中的自组织学习规则控制的单个线性神经元，将自适应地抽取平稳输入的第一个主成分。第一个主成分对应于随机向量 $\boldsymbol{X}(n)$ 的相关矩阵的最大特征值 λ_1，其样本实现用 $x(n)$ 表示；事实上，λ_1 与模型输出 $y(n)$ 的方差有关，如下所示。

令 $\sigma^2(n)$ 表示随机变量 $Y(n)$ 的方差，$y(n)$ 表示 $Y(n)$ 的一次实现，则有

$$\sigma^2(n)=\mathbb{E}[Y^2(n)] \tag{8.72}$$

式中，由于输入均值为零，因此 $Y(n)$ 的均值为0。在式（8.46）中，令 $n\to\infty$ 并利用 $\boldsymbol{w}(n)$ 趋于 $\boldsymbol{q}_1$ 的事实得

$$\boldsymbol{x}(n)=y(n)\boldsymbol{q}_1,\quad n\to\infty$$

利用这个关系，可以证明当迭代次数 n 趋于 ∞ 时，方差 $\sigma^2(n)$ 趋于 λ_1；参见习题8.6。

总之，其运行由式（8.46）描述的基于Hebb的线性神经元，以概率1收敛于一个不动点，它具有如下特征（Oja, 1982）：

1．模型输出的方差接近相关矩阵 $\boldsymbol{R}$ 的最大特征值，表示为

$$\lim_{n\to\infty}\sigma^2(n)=\lambda_1 \tag{8.73}$$

2．模型的突触权重向量逼近相关的特征向量，表示为

$$\lim_{n\to\infty}\boldsymbol{w}(n)=\boldsymbol{q}_1 \tag{8.74}$$

$$\lim_{n\to\infty}\|\boldsymbol{w}(n)\|=1 \tag{8.75}$$

这些结果均假设相关矩阵 $\boldsymbol{R}$ 是正定的，且 $\boldsymbol{R}$ 的最大特征值 λ_1 的重数为1。这些结果也适用于 $\lambda_1>0$ 且重数为1的非负定相关矩阵 $\boldsymbol{R}$。

【例2】匹配滤波器

考虑随机向量 $\boldsymbol{X}$，$\boldsymbol{X}$ 的实现用 $\boldsymbol{x}$ 表示。令

$$\boldsymbol{X}=\boldsymbol{s}+\boldsymbol{V} \tag{8.76}$$

式中，表示信号成分的向量 $\boldsymbol{s}$ 是固定的，其欧氏范数为1。$\boldsymbol{V}$ 表示加性噪声成分，其均值为0、协方差矩阵为 $\sigma^2\boldsymbol{I}$。$\boldsymbol{X}$ 的相关矩阵为

$$\boldsymbol{R}=\mathbb{E}[\boldsymbol{X}(n)\boldsymbol{X}^{\mathrm{T}}(n)]=\boldsymbol{s}\boldsymbol{s}^{\mathrm{T}}+\sigma^2\boldsymbol{I} \tag{8.77}$$

相关矩阵 $\boldsymbol{R}$ 的最大特征值为

$$\lambda_1=1+\sigma^2 \tag{8.78}$$

对应的特征向量 $\boldsymbol{q}_1$ 等于 $\boldsymbol{s}$。很容易证明这个解满足特征值问题

$$\boldsymbol{R}\boldsymbol{q}_1=\lambda_1\boldsymbol{q}_1$$

因此，地于本例描述的情况，（收敛到稳定状态后的）自组织线性神经元作为匹配滤波器，其冲激响应（由突触权重表示）与信号成分 $\boldsymbol{s}$ 匹配。

8.6 基于Hebb的主成分分析

8.5节基于Hebb的最大特征滤波器提取了输入的第一个主成分。这个线性神经元模型可推广到具有单层线性神经元的前馈网络，目的是对输入进行任意大小的主成分分析（Sanger, 1989b）。

8.6.1 广义Hebb算法

图8.7所示前馈网络的运行有如下两个结构性假设：

1．网络输出层的每个神经元都是线性的。

2．网络有 m 个输入和 l 个输出，它们都是指定的，且网络输出少于输入（$l<m$）。

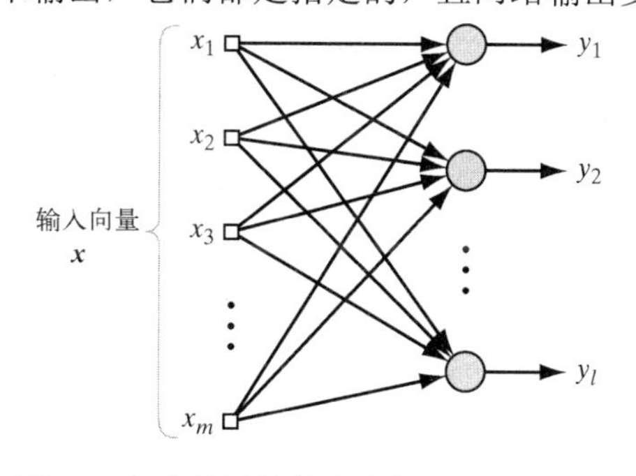

图8.7 仅有单层计算节点的前向反馈网络

网络中唯一需要训练的部分是连接输入层源节点 i 和输出层计算节点 j 的突触权重集合 $\{w_{ji}\}$，其中 $i=1,2,\cdots,m$， $j=1,2,\cdots,l$ 。

在时刻 n，神经元 j 为响应输入集合 $\{x_i(n)|i=1,2,\cdots,m\}$ 而产生的输出 $y_j(n)$ 为［见图8.8(a)］

$$y_j(n)=\sum_{i=1}^{m}w_{ji}(n)x_i(n),\qquad j=1,2,\cdots,l \tag{8.79}$$

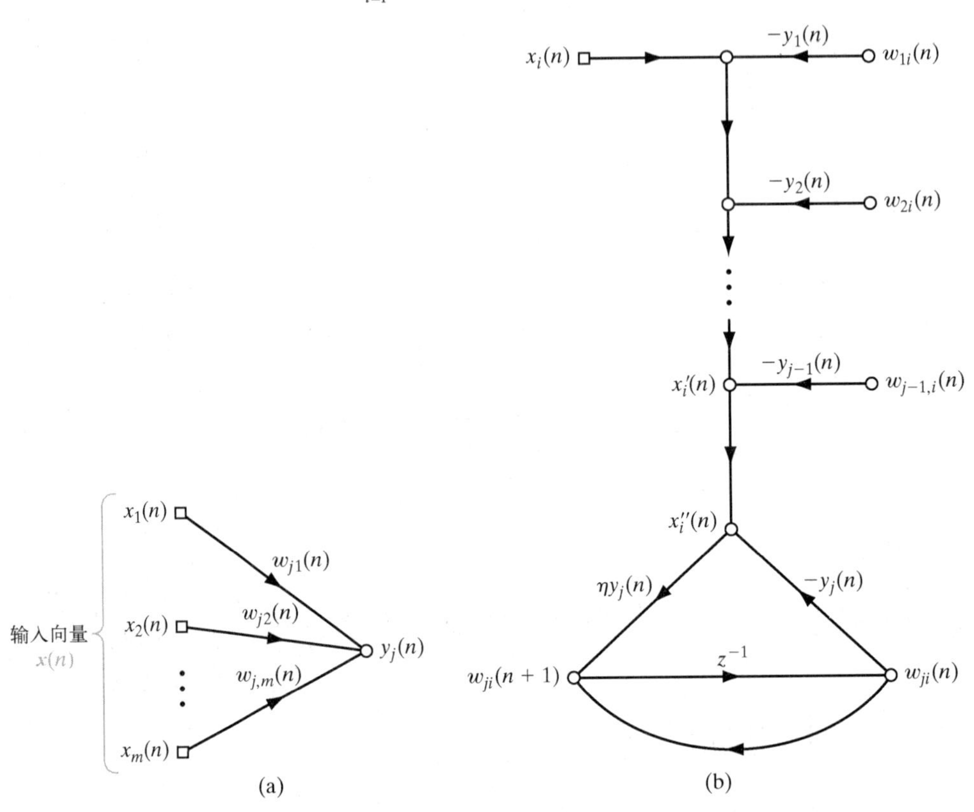

图8.8　广义Hebb算法的信号流图表示：(a)式（8.79）的流图；(b)式（8.80）到式（8.81）的流图，其中 $x_i'(n)$ 和 $x_i''(n)$ 分别由式（8.82）和式（8.84）定义

根据Hebb学习的广义形式，突触权重 $w_{ji}(n)$ 采用下式：

$$\Delta w_{ji}(n)=\eta\left(y_j(n)x_i(n)-y_j(n)\sum_{k=1}^{j}w_{ki}(n)y_k(n)\right),\qquad \begin{array}{l}i=1,2,\cdots,m\\ j=1,2,\cdots,l\end{array} \tag{8.80}$$

式中，$\Delta w_{ji}(n)$ 是时刻 n 应用于 $w_{ji}(n)$ 的变化量，η 是学习率参数（Sanger, 1989b）。注意，在式（8.80）中，下标 i 指图8.7中网络的输入，下标 j 指网络的输出。适用于一层 l 个神经元的式（8.80）的广义Hebb算法（GHA），包括作为特例（ $j=1$ ）的适用于单个神经元的式（8.40）的算法。

为了深入了解广义Hebb算法的性质，我们将式（8.80）重写为

$$\Delta w_{ji}(n)=\eta y_j(n)[x_i'(n)-w_{ji}(n)y_j(n)],\qquad \begin{array}{l}i=1,2,\cdots,m\\ j=1,2,\cdots,l\end{array} \tag{8.81}$$

式中，$x_i'(n)$ 是输入向量 $\boldsymbol{x}(n)$ 的第 i 个成分的修正形式；它是下标 j 的函数，表示为

$$x_i'(n)=x_i(n)-\sum_{k=1}^{j-1}w_{ki}(n)y_k(n) \tag{8.82}$$

对某个指定的神经元 j，式（8.81）表示的算法与式（8.40）表示的算法在数学形式上完全相同，只是 $x_i(n)$ 变成了由式（8.82）定义的修正值 $x_i'(n)$。我们可进一步将式（8.81）重新写成Hebb的学习假设所对应的形式：

$$\Delta w_{ji}(n) = \eta y_j(n) x_i''(n) \tag{8.83}$$

式中，

$$x_i''(n) = x_i' - w_{ji}(n) y_j(n) \tag{8.84}$$

观察发现

$$w_{ji}(n+1) = w_{ji}(n) + \Delta w_{ji}(n) \tag{8.85}$$

$$w_{ji}(n) = z^{-1}[w_{ji}(n+1)] \tag{8.86}$$

式中，z^{-1} 是单位时延算子，我们可以构建广义Hebb算法的信号流图，如图8.8(b)所示。由图可以看出，只要算法的公式由式（8.85）描述，算法就适合该实现的局部形式。同时，观察发现在图8.8(b)所示的信号流图中，表示反馈的 $y_j(n)$ 由式（8.79）确定；式（8.79）的信号流图由图8.8(a)给出。

为了理解广义Hebb算法是如何操作的，首先利用矩阵形式重写式（8.81）定义的算法：

$$\Delta \boldsymbol{w}_j(n) = \eta y_j(n) \boldsymbol{x}'(n) - \eta y_j^2(n) \boldsymbol{w}_j(n), \quad j = 1, 2, \cdots, l \tag{8.87}$$

式中，$\boldsymbol{w}_j(n)$ 是神经元 j 的突触权重向量，且

$$\boldsymbol{x}'(n) = \boldsymbol{x}(n) - \sum_{k=1}^{j-1} \boldsymbol{w}_k(n) y_k(n) \tag{8.88}$$

向量 $\boldsymbol{x}'(n)$ 是输入向量 $\boldsymbol{x}(n)$ 的修正形式。根据式（8.87），我们得到如下观察结果（Sanger, 1989b）：

1．对图8.7所示前馈网络中的第一个神经元，有

$$j = 1: \quad \boldsymbol{x}'(n) = \boldsymbol{x}(n)$$

在这种情况下，对于单个神经元，广义Hebb算法简化为式（8.46）。由8.5节的描述，我们已知这个神经元将发现输入向量 $\boldsymbol{x}(n)$ 的第一个主成分。

2．对图8.7中的第二个神经元，有

$$j = 2: \quad \boldsymbol{x}'(n) = \boldsymbol{x}(n) - \boldsymbol{w}_1(n) y_1(n)$$

若第一个神经元已收敛到第一个主成分，则第二个神经元将看到一个输入向量 $\boldsymbol{x}'(n)$，其中相关矩阵 $\boldsymbol{R}$ 的第一特征向量已被删除。因此，第二个神经元提取 $\boldsymbol{x}'(n)$ 的第一个主成分，相当于原始输入向量 $\boldsymbol{x}(n)$ 的第二个主成分。

3．对第三个神经元，有

$$j = 3: \quad \boldsymbol{x}'(n) = \boldsymbol{x}(n) - \boldsymbol{w}_1(n) y_1(n) - \boldsymbol{w}_2(n) y_2(n)$$

假设前两个神经元已分别收敛到第一个主成分和第二个主成分，如步骤1和步骤2所述。第三个神经元的输入向量为 $\boldsymbol{x}'(n)$，其中相关矩阵 $\boldsymbol{R}$ 的前两个特征向量已被删除。因此，第三个神经元提取 $\boldsymbol{x}'(n)$ 的第一个主成分，相当于原始输入向量 $\boldsymbol{x}(n)$ 的第三个主成分。

4．对图8.7所示前馈网络中剩下的神经元继续执行上述过程。显然，根据式（8.81）的广义Hebb算法训练的网络的每个输出，对应于输入向量相关矩阵的某个特征向量的响应，且这些输出按特征值递减排序。

计算特征向量的这种方法类似于Hotelling紧缩技术（Kreyszig, 1988），是类似于Gram-Schmidt正交化过程的程序（Strang, 1980）。

8.6.2 收敛性考虑

令 $\boldsymbol{W}(n) = \{w_{ji}(n)\}$ 表示图8.7所示前馈网络的一个 $l \times m$ 维突触权重矩阵，即

$$\boldsymbol{W}(n)=[\boldsymbol{w}_1(n),\boldsymbol{w}_2(n),\cdots,\boldsymbol{w}_l(n)]^{\mathrm{T}} \tag{8.89}$$

令广义Hebb算法的学习率参数采用时变形式$\eta(n)$，且在极限情况下有

$$\lim_{n\to\infty}\eta(n)=0 \quad 和 \quad \sum_{n=0}^{\infty}\eta(n)=\infty \tag{8.90}$$

我们可将算法重写为矩阵形式：

$$\Delta\boldsymbol{W}(n)=\eta(n)\{\boldsymbol{y}(n)\boldsymbol{x}^{\mathrm{T}}(n)-\mathrm{LT}[\boldsymbol{y}(n)\boldsymbol{y}^{\mathrm{T}}(n)]\boldsymbol{W}(n)\} \tag{8.91}$$

式中，$\boldsymbol{y}(n)=\boldsymbol{W}(n)\boldsymbol{x}(n)$；$\mathrm{LT}[\cdot]$是下三角算子，它将矩阵对角线上方的所有元素置0，进而使矩阵成为下三角矩阵。在这些条件下，根据8.5节的假设，GHA算法收敛性证明的过程就与上节中关于最大特征滤波器的收敛性证明相似。因此，我们有下面的定理（Sanger, 1989b）：

> 若在时间步$n=0$对权重矩阵$\boldsymbol{W}(n)$随机赋值，则式（8.91）描述的广义Hebb算法以概率1收敛于不动点，且$\boldsymbol{W}^{\mathrm{T}}(n)$逼近一个矩阵，该矩阵的列为$m\times1$维输入向量的$m\times m$维相关矩阵$\boldsymbol{R}$的前$l$个特征向量，并按特征值的降序排列。

这个定理的实际价值是，当对应的特征值互不相同时，它保证广义Hebb算法能够找到相关矩阵$\boldsymbol{R}$的前l个特征向量。此外，不需要计算相关矩阵$\boldsymbol{R}$，$\boldsymbol{R}$的前l个特征向量可直接由输入向量计算。特别地，当输入空间的维数m很大，而$\boldsymbol{R}$最大的l个特征值对应的特征向量的数量只是m的一小部分时，可以节省大量计算。同样重要的是，该算法具有内置的自适应能力；换句话说，该算法可以跟踪非稳态环境中的统计变化。

收敛定理是用时变学习率参数$\eta(n)$表示的。在实践中，学习率参数只能选为一个很小的固定常数η，这样才能保证在η阶突触权重的均方误差意义下收敛。

Chatterjee et al.(1998)研究了由式（8.91）描述的GHA算法的收敛性质。分析表明，若η增大，则收敛速度加快，渐近均方误差增大；这与人们的直觉相符。该论文清楚地描述了计算精度和学习速度之间的折中。

8.6.3 广义Hebb算法的最优性

假设在极限条件下有

$$\Delta\boldsymbol{w}_j(n)\to\boldsymbol{0} \quad 和 \quad \boldsymbol{w}_j(n)\to\boldsymbol{q}_j,\quad n\to\infty,\quad j=1,2,\cdots,l \tag{8.92}$$

和

$$\|\boldsymbol{w}_j(n)\|=1,\quad 所有j \tag{8.93}$$

那么在图8.6所示的前馈网络中，神经元的突触权重向量的极限值$\boldsymbol{q}_1,\boldsymbol{q}_2,\cdots,\boldsymbol{q}_l$表示相关矩阵$\boldsymbol{R}$的前$l$个特征值对应的归一化特征向量，且按特征值的降序排列。平衡时，可以写出

$$\boldsymbol{q}_j^{\mathrm{T}}\boldsymbol{R}_{\boldsymbol{q}_k}=\begin{cases}\lambda_j, & k=j\\ 0, & k\neq j\end{cases} \tag{8.94}$$

式中，$\lambda_1>\lambda_2>\cdots>\lambda_l$。对于神经元$j$的输出，我们有极限值

$$\lim_{n\to\infty}y_j(n)=\boldsymbol{x}^{\mathrm{T}}(n)\boldsymbol{q}_j=\boldsymbol{q}_j^{\mathrm{T}}\boldsymbol{x}(n) \tag{8.95}$$

令$Y_j(n)$表示一个随机变量，其实现记为输出$y_j(n)$。在平衡状态下，随机变量$Y_j(n)$和$Y_k(n)$的互相关为

$$\lim_{n\to\infty}\mathbb{E}[Y_j(n)Y_k(n)]=\mathbb{E}[\boldsymbol{q}_j^{\mathrm{T}}\boldsymbol{X}(n)\boldsymbol{X}^{\mathrm{T}}(n)\boldsymbol{q}_k]=\boldsymbol{q}_j^{\mathrm{T}}\boldsymbol{R}\boldsymbol{q}_k=\begin{cases}\lambda_j, & k=j\\ 0, & k\neq j\end{cases} \tag{8.96}$$

因此，可以说在平衡状态下，式（8.91）中的广义Hebb算法充当输入数据的特征分析器。

令 $\hat{\boldsymbol{x}}(n)$ 表示输入向量 $\boldsymbol{x}(n)$ 的特定值。对于这个值，式（8.92）的极限条件对 $j=l-1$ 是满足的。根据式（8.80）中的矩阵形式，发现在极限情况下有

$$\hat{\boldsymbol{x}}(n)=\sum_{k=1}^{l}y_k(n)\boldsymbol{q}_k \tag{8.97}$$

这意味着若给定两组值，即图8.6所示前馈网络中神经元的突触权重向量极限值 $\boldsymbol{q}_1,\boldsymbol{q}_2,\cdots,\boldsymbol{q}_l$ 和相应的输出 $y_1(n),y_2(n),\cdots,y_l(n)$，则可构建输入向量 $\boldsymbol{x}(n)$ 的线性最小平方估计 $\hat{\boldsymbol{x}}(n)$。实际上，式（8.97）可视为数据重建公式之一，如图8.9所示。注意，根据8.4节中的讨论，这种数据重建方法受近似误差向量的影响，该向量与估计 $\hat{\boldsymbol{x}}(n)$ 正交。

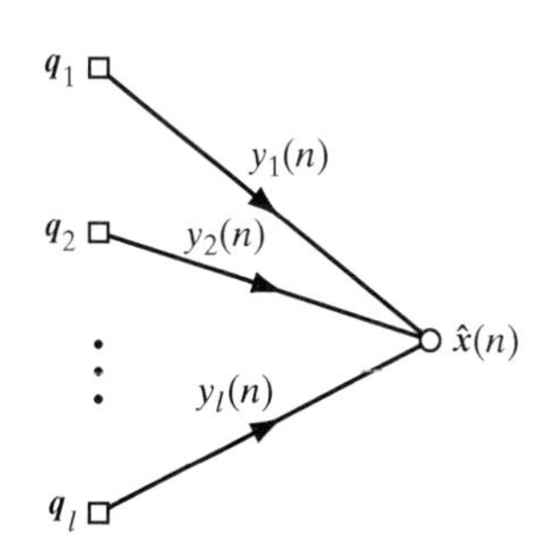

图 8.9　在 GHA 中计算重建向量 $\hat{\boldsymbol{x}}$ 的信号流图表示

8.6.4　GHA小结

广义Hebb算法（GHA）涉及的计算很简单，可以总结如下：

1．当 $n=1$ 时，初始化网络突触权重 w_{ji}，使其取小随机数。将学习率参数 η 赋为一个小正数。

2．对于 $n=1, j=1,2,\cdots,l$ 和 $i=1,2,\cdots,m$，计算

$$y_j(n)=\sum_{i=1}^{m}w_{ji}(n)x_i(n),\quad j=1,2,\cdots,l$$

$$\Delta w_{ji}(n)=\eta\left(y_j(n)x_i(n)-y_j(n)\sum_{k=1}^{j}w_{ki}(n)y_k(n)\right),\quad \begin{matrix}j=1,2,\cdots,l\\ i=1,2,\cdots,m\end{matrix}$$

式中，$x_i(n)$ 是 $m\times 1$ 维输入向量 $\boldsymbol{x}(n)$ 的第 i 个成分，l 是期望的主成分数量。

3．n 增加1（$n=n+1$），转到步骤2，继续执行，直到 w_{ji} 达到稳态值。对较大的 n，神经元 j 的突触权重 w_{ji} 收敛到输入向量 $\boldsymbol{x}(n)$ 的相关矩阵的第 j 个特征值对应的特征向量的第 i 个成分。

8.7　案例研究：图像编码

本节继续讨论广义Hebb学习算法，了解它在求解图像编码问题时的应用。

图8.10(a)显示了用于训练的Lena图像，该图像强调了边缘信息，被数字化为256×256像素和256个灰度级。图像使用线性前馈网络编码，该网络有单层8个神经元，每个神经元有64个输入。利用大小为8×8的非重叠图像块训练网络。实验过程中，共扫描图像2000次，学习率 $\eta=10^{-4}$。

图8.10(b)显示了大小为8×8像素的掩模，表示网络学习得到的突触权重。8个掩模中的每个都是与某个特定神经元相关的一组权重。具体地说，兴奋性突触（正权重）用白色显示，抑制性突触（负权重）用黑色表示，灰色表示权重为0。换句话说，掩模表示广义Hebb算法收敛后64×8突触权重矩阵 $\boldsymbol{W}^{\mathrm{T}}$ 的各列。

使用下面的步骤对图像进行了编码：

- 图像的每个8×8像素块与图8.10(b)所示的8个掩模中的每个掩模相乘，产生8个系数作为图像编码的系数；图8.10(c)显示了使用8个未量化主成分重建的图像。
- 每个系数都被量化为与该图像的系数方差的对数成正比的比特数。前三个掩模都被赋予6比特，接下来的两个掩模都被赋予4比特，再后的两个掩模都被赋予3比特，最后一个掩模被赋予2比特。根据这种表示方法，对每个8×8像素块进行编码共需34比特，每个像素需要0.53比特。

为了使用量化系数重建图像，所有掩模都用其最小的量化系数加权，然后相加，以重新构成每块图像。以压缩比11:1重建的图像如图8.10(d)所示。

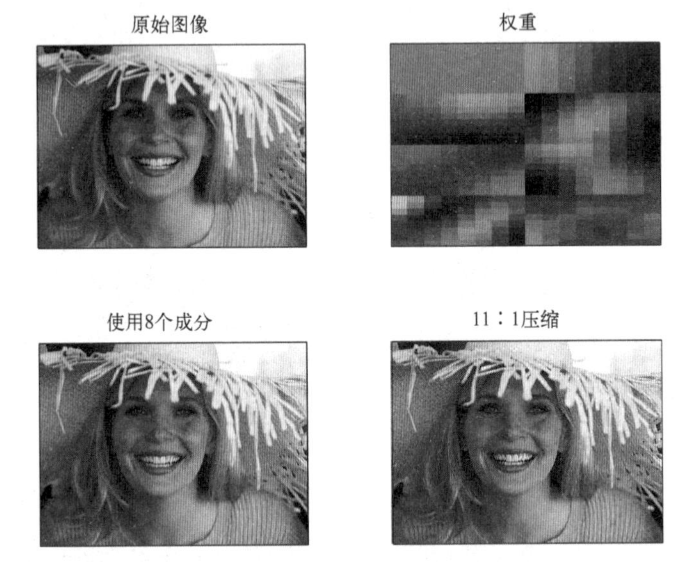

图8.10　(a)用于图像编码实验的Lena图像；(b)8×8掩模表示由GHA学习的突触权重；(c)使用8个未量化主成分重建的Lena图像；(d)使用量化由压缩比11:1重建的Lena图像

对于第一幅图像的变化，我们接着对图8.11(a)中的辣椒图像应用广义Hebb算法。第二幅图像强调纹理信息。图8.11(b)显示了8×8突触权重的掩模图像，它是由网络采用与图8.10相同的方法学习到的；注意它们和8.10(b)所示掩模的区别。图8.11(c)显示了基于8个未量化主成分重建的辣椒图像。为了研究量化效果，将前两个掩模的输出都量化为5比特，将第三个掩模的输出量化为3比特，将其余5个掩模的输出都量化为2比特。这样，就需要23比特来为每个8×8像素块编码，每个像素需要0.36比特。图8.11(d)显示了量化后重建的辣椒图像，重建过程使用了以上述方式量化的掩模。这幅图像的压缩比为12:1。

为了测试广义Hebb算法的泛化性能，我们用图8.10(b)中的掩模来分解图8.11(a)所示的辣椒图像，然后应用与生成图8.11(d)所示重建图像相同的量化过程。这幅图像的重建结果如图8.11(e)所示，压缩比与图8.11(d)的一样，也为12:1。虽然图8.11(d)中的重建图像与图8.11(e)中的重建图像惊人地一致，但可看出图8.11(d)与图8.11(e)相比，具有更真实的纹理信息和更少的块状现象，出现这种情况的原因是网络的权重。将图8.11(b)中辣椒图像的掩模（权重）与图8.10(b)中Lena图像的掩模［为方便显示，已复制到图8.11(f)中］进行比较，我们发现：

① 它们的前四个突触权重非常相似。

② Lena图像的最后四个权重编码边缘信息，而辣椒图像的最后四个权重编码纹理信息。

因此，图 8.11(e)中辣椒图像与图 8.11(d)中的相应图像相比，出现块状外观的原因是第②点差异。

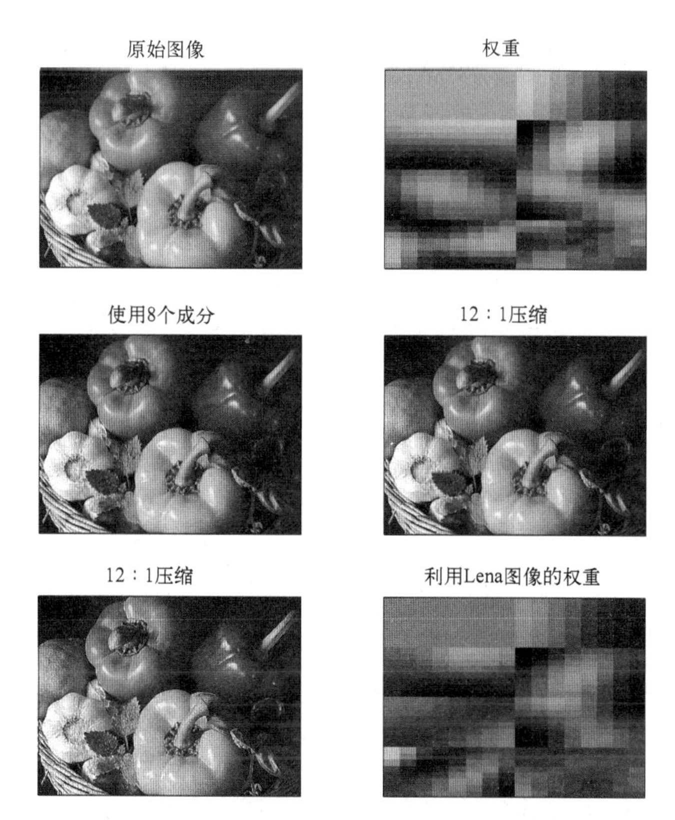

图8.11 (a)辣椒图像；(b)8×8掩模表示将GHA用于辣椒图像后学习到的突触权重；(c)利用8个优势主成分重建的辣椒图像；(d)用(b)中的掩模以压缩比12:1重建的图像；(e)用图8.10(b)中的掩模以压缩比12:1量化重建的辣椒图像；(f)图8.10(b)中Lena掩模（权重）的副本

8.8 核主成分分析

到目前为止，本章讨论的PCA都基于输入数据的二阶统计量（相关性）；因此，标准PCA称为*线性降维方法*。然而，在实践中，需要将PCA的数据压缩能力拓展到结构中包含高阶统计量的输入数据。这种拓展要求PCA算法是非线性的。为此，Schölkopf et al.(1998)设计了一种称为核PCA的非线性PCA算法。这个新工具的基础是第6章中讨论过的再生核希尔伯特空间（RKHS）。

在实现过程中，比较GHA和核PCA具有如下指导意义：

1. GHA使用一个包含输入层和输出层的简单前馈网络，这个网络全部由线性神经元组成。核PCA同样使用一个前馈网络，但这个网络只包含一个非线性隐藏层和一个线性输出层。

2. GHA是一种在线学习算法，而核PCA是一种批量学习算法。

就隐藏层而言，核PCA遵循第6章设计支持向量机时讨论的理论。就输出层而言，核PCA遵循标准PCA体现的降维理论，因此称为核PCA。

8.8.1 核PCA的推导

令向量 $\phi:\mathbb{R}^{m_0}\to\mathbb{R}^{m_1}$ 表示从 m_0 维输入空间到 m_1 维特征空间的非线性映射。相应地，令向量 $\phi(\boldsymbol{x}_i)$ 表示输入图像向量 $\boldsymbol{x}_i$ 在特征空间中的特征向量。给定一组样本 $\{\boldsymbol{x}_i\}_{i=1}^{N}$，有一组对应的特

征向量$\{\phi(\boldsymbol{x}_i)\}_{i=1}^{N}$。相应地，可根据外积$\phi(\boldsymbol{x}_i)\phi^{\mathrm{T}}(\boldsymbol{x}_i)$在特征空间中定义一个$m_1 \times m_1$维相关矩阵$\tilde{\boldsymbol{R}}$：

$$\tilde{\boldsymbol{R}} = \frac{1}{N}\sum_{i=1}^{N}\phi(\boldsymbol{x}_i)\phi^{\mathrm{T}}(\boldsymbol{x}_i) \tag{8.98}$$

与普通PCA一样，首先要做的是确保特征向量集合$\{\phi(\boldsymbol{x}_i)\}_{i=1}^{N}$具有零均值，即

$$\frac{1}{N}\sum_{i=1}^{N}\phi(\boldsymbol{x}_i) = \boldsymbol{0}$$

与在输入空间中相比，在特征空间中满足这个条件更加困难；习题8.15中描述了一个满足这个要求的过程。接着，假设特征向量已中心化，调整式（8.14）以适应目前的情况：

$$\tilde{\boldsymbol{R}}\tilde{\boldsymbol{q}} = \tilde{\lambda}\tilde{\boldsymbol{q}} \tag{8.99}$$

式中，$\tilde{\lambda}$为相关矩阵$\tilde{\boldsymbol{R}}$的特征值，$\tilde{\boldsymbol{q}}$为对应的特征向量。当$\tilde{\lambda} \neq 0$时，满足式（8.99）的所有特征向量都落在特征向量集合$\{\phi(\boldsymbol{x}_j)\}_{j=1}^{N}$生成的空间中。因此，确实存在一个对应的系数集合$\{\alpha_j\}_{j=1}^{N}$，此时可以写出

$$\tilde{\boldsymbol{q}} = \sum_{j=1}^{N}\alpha_j\phi(\boldsymbol{x}_j) \tag{8.100}$$

将式（8.98）和式（8.100）代入式（8.99）得

$$\sum_{i=1}^{N}\sum_{j=1}^{N}\alpha_j\phi(\boldsymbol{x}_i)k(\boldsymbol{x}_i,\boldsymbol{x}_j) = N\tilde{\lambda}\sum_{j=1}^{N}\alpha_j\phi(\boldsymbol{x}_j) \tag{8.101}$$

式中，$k(\boldsymbol{x}_i,\boldsymbol{x}_j)$是采用内积方式由特征向量定义的Mercer核：

$$k(\boldsymbol{x}_i,\boldsymbol{x}_j) = \phi^{\mathrm{T}}(\boldsymbol{x}_i)\phi(\boldsymbol{x}_j) \tag{8.102}$$

我们需要进一步计算式（8.101），以便完全用核来表示这一关系。式（8.101）的等号两边左乘转置向量$\phi^{\mathrm{T}}(\boldsymbol{x}_s)$得

$$\sum_{i=1}^{N}\sum_{j=1}^{N}\alpha_j k(\boldsymbol{x}_s,\boldsymbol{x}_i)k(\boldsymbol{x}_i,\boldsymbol{x}_j) = N\tilde{\lambda}\sum_{j=1}^{N}\alpha_j k(\boldsymbol{x}_s,\boldsymbol{x}_j), \quad s = 1,2,\cdots,N \tag{8.103}$$

式中，$k(\boldsymbol{x}_s,\boldsymbol{x}_i)$和$k(\boldsymbol{x}_s,\boldsymbol{x}_j)$由式（8.102）定义。

下面引入两个矩阵定义：

- $N \times N$维核矩阵$\boldsymbol{K}$或Gram矩阵，它的第ij个元素为Mercer核$k(\boldsymbol{x}_i,\boldsymbol{x}_j)$。
- $N \times 1$维向量$\boldsymbol{\alpha}$，它的第j个元素为参数α_j。

因此，可将式（8.103）写为紧凑的矩阵形式：

$$\boldsymbol{K}^2\boldsymbol{\alpha} = N\tilde{\lambda}\boldsymbol{K}\boldsymbol{\alpha} \tag{8.104}$$

式中，平方矩阵$\boldsymbol{K}^2$表示$\boldsymbol{K}$与其自身的积。式（8.104）的两边均有$\boldsymbol{K}$，因此特征值问题的所有解同样可用对偶特征值问题表示：

$$\boldsymbol{K}\boldsymbol{\alpha} = N\tilde{\lambda}\boldsymbol{\alpha} \tag{8.105}$$

令$\lambda_1 \geqslant \lambda_2 \geqslant, \cdots, \geqslant \lambda_N$表示Gram矩阵$\boldsymbol{K}$的特征值，即

$$\lambda_j = N\tilde{\lambda}_j, \quad j = 1,2,\cdots,N \tag{8.106}$$

式中，$\tilde{\lambda}_j$是相关矩阵$\tilde{\boldsymbol{R}}$的第j个特征值。于是，式（8.105）变成如下的标准形式：

$$\boldsymbol{K}\boldsymbol{\alpha} = \lambda\boldsymbol{\alpha} \tag{8.107}$$

式中，系数向量$\boldsymbol{\alpha}$起Gram矩阵$\boldsymbol{K}$的特征值λ的对应特征向量的作用。系数向量$\boldsymbol{\alpha}$是归一化的，因为要求将相关矩阵$\tilde{\boldsymbol{R}}$的特征向量$\tilde{\boldsymbol{q}}$归一化为单位长度，即

$$\tilde{\boldsymbol{q}}_k^T \tilde{\boldsymbol{q}}_k = 1, \quad k = 1, 2, \cdots, l \tag{8.108}$$

其中，假设$\boldsymbol{K}$的特征值是降序排列的，λ_l为Gram矩阵$\boldsymbol{K}$的最小非零特征值。利用式（8.100）和式（8.107），可以得到式（8.108）的归一化条件：

$$\boldsymbol{\alpha}_r^{\mathrm{T}} \boldsymbol{\alpha}_r = \frac{1}{\lambda_k}, \quad r = 1, 2, \cdots, l \tag{8.109}$$

为了提取主成分，需要计算特征空间中特征向量$\tilde{\boldsymbol{q}}_k$上的投影：

$$\begin{aligned} \tilde{\boldsymbol{q}}_k^{\mathrm{T}} \phi(\boldsymbol{x}) &= \sum_{j=1}^{N} \alpha_{k,j} \phi^{\mathrm{T}}(\boldsymbol{x}_j) \phi(\boldsymbol{x}) \\ &= \sum_{j=1}^{N} \alpha_{k,j} k(\boldsymbol{x}_j, \boldsymbol{x}), \quad k = 1, 2, \cdots, l \end{aligned} \tag{8.110}$$

式中，向量$\boldsymbol{x}$是“测试”点，$\alpha_{k,j}$是Gram矩阵$\boldsymbol{K}$的第k个特征值对应的特征向量$\boldsymbol{\alpha}_k$的第j个系数。式（8.110）中的投影定义了m_1维特征空间中的非线性主成分。

图8.12说明了核PCA的基本思想，其中特征空间通过变换$\phi(\boldsymbol{x})$与输入空间非线性相关。图8.12(a)和图8.12(b)分别称为输入空间和特征空间。图8.12(b)中的等值线表示主特征向量上投影为常数的线条，特征向量用箭头表示。在该图中，假设所选的变换$\phi(\boldsymbol{x})$使未来空间中诱导的数据点图像沿特征向量聚集。图8.12(a)显示了输入空间中的非线性等值线，它对应于特征空间中的线性等值线。特意不在输入空间中显示特征向量的原像，因为它可能根本不存在（Schölkopf et al., 1998）。

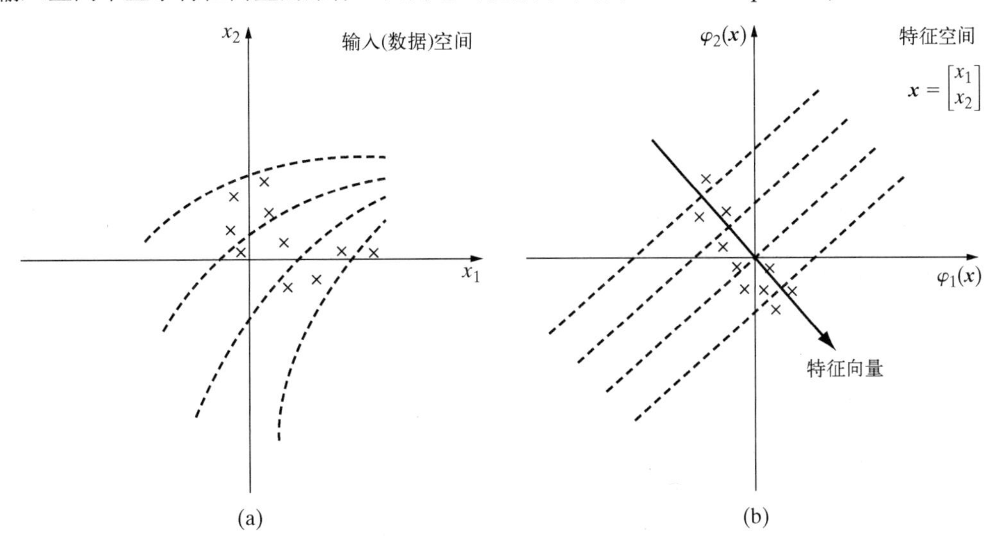

图8.12　核PCA的说明：(a)二维输入空间，显示了一组数据点；(b)二维特征空间，显示了数据点在一个主特征向量附近聚集的诱导像。图(b)中均匀排列的虚线表示在特征向量上投影为常数的等值线；它们在输入空间中的对应等值线是非线性的

对于根据Mercer定理定义的核，我们基本上在m_1维特征空间中执行普通PCA，其中维数m_1是设计参数。8.4节描述的普通PCA的所有性质对核PCA均适用。特别地，核PCA在特征空间中是线性的，但在输入空间中是非线性的。

第6章给出了三种构建核的方法，它们分别利用了多项式、径向基函数和双曲函数，如表6.1所示。对于给定的任务，如何选择最适合的核（恰当的特征空间）是一个有待解决的问题。

8.8.2 核PCA小结

1．给定无标记训练样本 $\{\boldsymbol{x}_i\}_{i=1}^N$，计算 $N\times N$ 维Gram矩阵 $\boldsymbol{K}=\{k(\boldsymbol{x}_i,\boldsymbol{x}_j)\}$，其中

$$k(\boldsymbol{x}_i,\boldsymbol{x}_j)=\phi^{\mathrm{T}}(\boldsymbol{x}_i)\phi(\boldsymbol{x}_j),\qquad i,j=1,2,\cdots,N$$

这里假设进行了数据预处理，以使训练样本的所有特征向量都满足零均值条件，即

$$\frac{1}{N}\sum_{i=1}^{N}\phi(\boldsymbol{x}_i)=\boldsymbol{0}$$

2．解特征值问题

$$\boldsymbol{K\alpha}=\lambda\boldsymbol{\alpha}$$

式中，λ 为Gram矩阵 $\boldsymbol{K}$ 的特征值，$\boldsymbol{\alpha}$ 为对应的特征向量。

3．通过要求

$$\boldsymbol{\alpha}_r^{\mathrm{T}}\boldsymbol{\alpha}_r=\frac{1}{\lambda_r},\quad r=1,2,\cdots,l$$

归一化所计算的特征值，其中 λ_l 是 $\boldsymbol{K}$ 的最小非零特征值，假设特征值按降序排列。

4．为了提取测试点 $\boldsymbol{x}$ 的主成分，计算投影

$$\begin{aligned}a_k&=\tilde{\boldsymbol{q}}_r^{\mathrm{T}}\phi(\boldsymbol{x})\\&=\sum_{j=1}^{N}\alpha_{r,j}k(\boldsymbol{x}_j,\boldsymbol{x}),\quad r=1,2,\cdots,l\end{aligned}$$

式中，$\alpha_{r,j}$ 是特征向量 $\boldsymbol{\alpha}_r$ 的第 j 个元素。

【例3】核PCA例证实验

为了直观地了解核PCA的运行，图8.13显示了Schölkopf et al.(1998)描述的一个简单实验结果。在这个实验中，由成分 x_1 和 x_2 组成的二维数据是使用下述方法产生的：x_1 的值在区间[−1, 1]上均匀分布；x_2 的值与 x_1 的值非线性相关：

$$x_2=x_1^2+v$$

式中，v 是均值为0、方差为0.04的加性高斯噪声。

图8.13所示核PCA的结果是用如下核多项式得到的：

$$k(\boldsymbol{x},\boldsymbol{x}_i)=(\boldsymbol{x}^{\mathrm{T}}\boldsymbol{x}_i)^d,\quad d=1,2,3,4$$

式中，$d=1$ 对应于线性PCA，$d=2,3,4$ 对应于核PCA。线性PCA如图8.13的左侧所示，因为输入空间是二维的，只产生两个特征向量。相反，核PCA允许提取高阶成分，结果如图8.13中的2, 3, 4列所示，分别对应于 $d=2,3,4$。图中每部分显示的等值线（线性PCA情形下除去零特征值）表示常数主值（在与特征值相关联的特征向量上的投影为常数）。

根据图8.13显示的结果，可以得到如下结论：

- 如期望的那样，线性PCA无法对非线性输入数据提供足够的描述。
- 在所有情况下，第一个主成分沿输入数据的抛物线单调变化。
- 在核PCA中，对不同的多项式次数 d，第二个和第三个主成分显示了一定的相似性。
- 当多项式次数 $d=2$ 时，核PCA的第三个主成分看起来拾取了由加性高斯噪声 v 引起的方差。通过消除该成分的影响，我们实际上可执行某种形式的降噪。

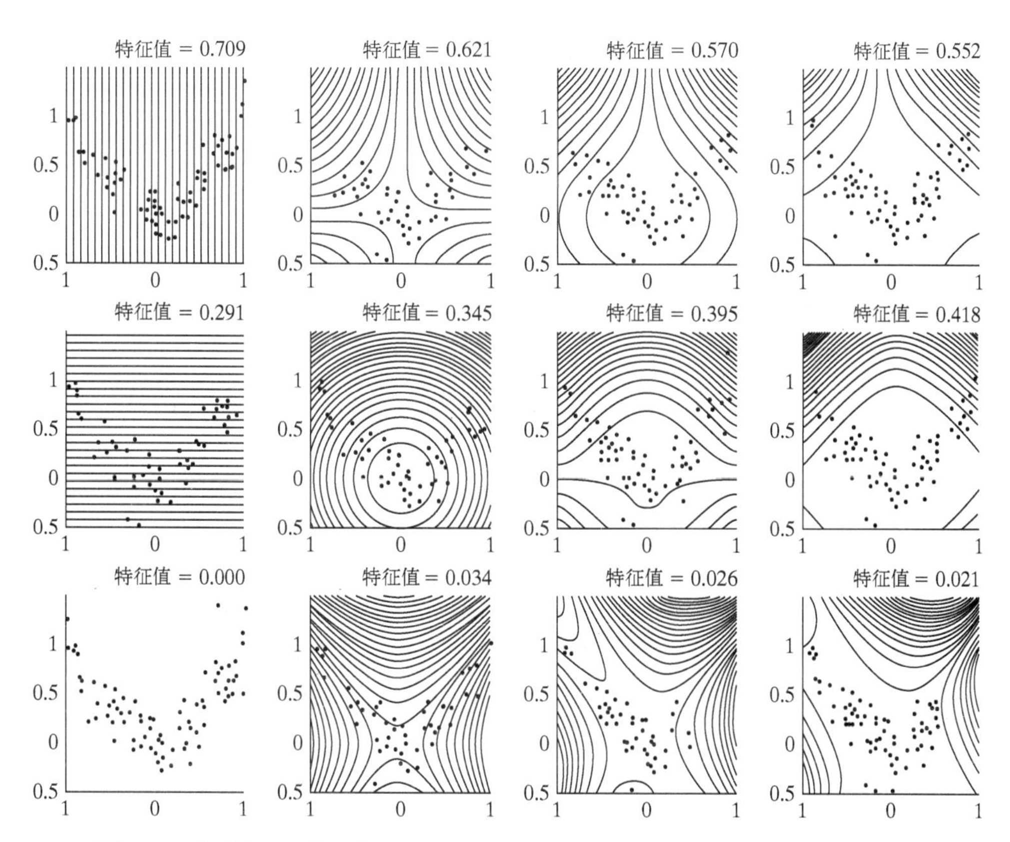

图8.13 说明核PCA的二维示例。从左到右，核多项式的次数$d = 1, 2, 3, 4$。从上到下，显示了特征空间中的前三个特征向量。第一列对应于线性PCA，后三列对应于多项式次数$d = 2, 3, 4$的核PCA（经Klaus-Robert Müller博士允许复制）

8.9 自然图像编码中的基本问题

在对自然图像进行编码时，基本上有两种策略，它们都试图利用表征图像底层结构的固有冗余来生成底层场景的有效表示。这两种策略如下：

1. *压缩编码*。这种编码策略对图像进行变换，以便用较少的向量来表示图像，但必须达到规定的均方根误差水平。主成分分析法是研究得非常充分的压缩编码的例子。
2. *稀疏分布编码*。在这种编码策略中，自然图像的维数并不降低。相反，输入图像中的冗余信息以一种独特的方式进行变换，这种变换方式与视觉系统中神经元细胞的放电模式的冗余相匹配。

Field(1994)这篇论文中比较了这两种编码策略。论文中特别指出，稀疏分布编码的特征可在自然图像底层分布的四阶矩（峰度）中找到。PCA是一种线性编码方法，其作用依赖于二阶统计量；因此，它无法获得自然图像的四阶统计量，而这似乎是高效编码策略所必需的。Field的论文中提到的另一个关键问题是形如小波变换的稀疏分布编码是有效的，因为对自然图像编码时，得到的直方图呈现出高峰度。该论文中还指出，在一阶近似下，自然图像可视为自相似局部函数的总和(逆小波变换)。

现在，人们普遍认为生成自然图像的过程是非线性的（Ruderman, 1997）。遮挡是原因之一，因为遮挡是高度非线性的。图像轮廓的四个主要来源造成了自然图像中的遮挡（Richards, 1998）：外部遮挡边缘；皱褶或折叠；阴影或亮度效果；表面标记或纹理。这四种图像轮廓都以各自的方式提供关于表面形状的信息。然而，哪类边缘造成哪种图像轮廓的推断规则却是截然不同的，因此给自然图像编码和解码的研究带来了挑战。

为了获得自然图像的高阶统计信息，显然要将非线性引入PCA。下一节中将讨论一种以高效计算方式实现该目标的自适应方法。

8.10 核Hebb算法

通过上一节的讨论，可以得到如下关键信息：

高阶统计量在自然图像的结构编码（建模）中尤为重要。

此外，自然图像是非常复杂的，因为自然图像的数字表示所包含的像素数量可以任意多。这些像素的数量定义了图像空间的维数，其中的每个样本图像仅被表示为一个点。因此，若一台机器要学习自然图像模型，则需要使用大量的样本来进行训练。

回顾可知，核PCA是一种批量学习算法，Gram矩阵的存储和操作占用的空间为N^2，其中N是训练样本数。因此，当需要对自然图像建模时，核PCA的计算复杂度可能会变得难以管理。

为了降低计算复杂度，Kim et al.(2005)利用广义Hebb算法的无监督在线学习能力，设计了计算核PCA的迭代算法。这个算法称为核Hebb算法（Kernel Hebbian Algorithm, KHA），它能在存储复杂度与训练样本数成线性的条件下估算核主成分。不同于核PCA，KHA适用于无监督的大规模学习问题。

8.10.1 KHA的推导

令$\{\boldsymbol{x}_i\}_{i=1}^N$表示一个训练样本，可将特征空间中由式（8.79）和式（8.80）描述的GHA规则更新为

$$y_j(n)=\boldsymbol{w}_j^{\mathrm{T}}(n)\phi(\boldsymbol{x}(n)),\quad j=1,2,\cdots,l \tag{8.111}$$

$$\Delta\boldsymbol{w}_j(n)=\eta\left[y_j(n)\phi(\boldsymbol{x}(n))-y_j(n)\sum_{p=1}^{j}\boldsymbol{w}_p(n)y_p(n)\right],\quad j=1,2,\cdots,l \tag{8.112}$$

上面已用p代替k作为下标，以避免与核的标记k混淆。$\Delta\boldsymbol{w}_j(n)$和$\boldsymbol{x}(n)$照例分别是在时间$n$时作用于突触权重向量和从训练样本中选择的输入向量的变化量。η是学习率参数，下标l表示输出的数量。因为特征空间的高维数，可能无法直接使用式（8.112）。然而，从核PCA方法得知$\boldsymbol{w}_j$可用特征空间中的训练样本展开，即

$$\boldsymbol{w}_j=\sum_{i=1}^{N}\alpha_{ji}\phi(\boldsymbol{x}_i) \tag{8.113}$$

式中，α_{ji}是展开系数。将式（8.113）代入式（8.111）和式（8.112）得

$$y_j(n)=\sum_{i=1}^{N}\alpha_{ji}(n)\phi^{\mathrm{T}}(\boldsymbol{x}_i)\phi(\boldsymbol{x}(n)),\qquad j=1,2,\cdots,l \tag{8.114}$$

$$\sum_{i=1}^{N}\Delta\alpha_{ji}(n)\phi(\boldsymbol{x}_i)=\eta\left[y_j(n)\phi(\boldsymbol{x}(n))-y_j(n)\sum_{i=1}^{N}\sum_{p=1}^{j}y_p(n)\alpha_{pi}\phi(\boldsymbol{x}_i)\right],\quad j=1,2,\cdots,l \tag{8.115}$$

根据Mercer核的定义，有

$$k(\boldsymbol{x}_i,\boldsymbol{x}(n))=\phi^{\mathrm{T}}(\boldsymbol{x}_i)\phi(\boldsymbol{x}(n)),\quad i=1,2,\cdots,N$$

此外，可以确定两个可能的条件：

① 训练样本中输入向量$\boldsymbol{x}(n)$的下标是i，在这种情况下$\boldsymbol{x}(n)=\boldsymbol{x}_i$。

② 当条件①不成立时，$\boldsymbol{x}(n) \neq \boldsymbol{x}_i$。

去除式（8.115）中关于下标i的外层求和，得到关于系数$\{\alpha_{ji}\}$的如下更新规则（Kim et al., 2005）：

$$y_j(n) = \sum_{i=1}^{N} \alpha_{ji}(n) k\left(\boldsymbol{x}_i, \boldsymbol{x}(n)\right), \qquad j = 1, 2, \cdots, l \tag{8.116}$$

$$\Delta\alpha_{ji}(n) = \begin{cases} \eta y_j(n) - \eta y_j(n) \sum_{p=1}^{j} \alpha_{pi}(n) y_p(n), & \boldsymbol{x}(n) = \boldsymbol{x}_i \\ -\eta y_j(n) \sum_{p=1}^{j} \alpha_{pi}(n) y_p(n), & \boldsymbol{x}(n) \neq \boldsymbol{x}_i \end{cases} \tag{8.117}$$

式中，$j = 1, 2, \cdots, l$，$i = 1, 2, \cdots, N$。像其他核方法那样，实现KHA也要在RKHS中完成。

使用核PCA时，要保证核向量集$\{\phi(\boldsymbol{x}_i)\}_{i=1}^{N}$的均值为零。习题8.15为批量算法中的问题给出了一种解决办法。对于与KHA相关的在线处理，必须使用滑动平均值来适应输入分布的变化。

关于KHA的收敛性，还有一点需要说明：KHA基于GHA，根据8.6节对收敛性的讨论得知，只要学习率参数足够小，KHA就是局部收敛的。

8.10.2 案例研究：多块图像去噪

说到复杂图像，较好的例子是从自然场景图像中取块。当图像有多块时，图像建模就变得更有挑战性。事实上，8.7节讨论的Lena图像就有多块，因此为深入研究图像去噪提供了案例基础。

这个案例研究由Kim et al.(2005)给出。该研究将KHA与其他六种去噪方法进行了对比测试。具体而言，Lena图像的两个不同版本构建如下：

① 在256×256像素的Lena图像中加入高斯白噪声，产生7.72dB的信噪比（SNR）。

② 在同样的图像中加入椒盐噪声，产生4.94dB的信噪比。

然后，在这两幅图像中以2像素的固定间隔抽取12×12像素的重叠图像块。

基于核PCA的图像模型假定高斯核的固定宽度$\sigma = 1$，使用KHA算法（学习率参数设为$\eta = 0.05$）对扫描800次有噪Lena图像数据得到的样本建模。然后，对不同的r值，保留每个核PCA模型的前r个主成分，进而对原始Lena图像进行去噪重建。

为了进行比较，测试了去噪核PCA模型与中值滤波器、MATLAB中的维纳滤波器、基于小波的方法和线性PCA。此外，比较评估中还包含了两种最先进的算法：

- Pižurica 和Philips算法（Pižurica and Philips, 2006），该算法假设加性高斯噪声，估计小波子空间中给定系数包含无噪声成分的概率。
- Choi和Baraniuk算法（Choi and Baraniuk, 1999），通过将噪声信号投影到小波域的Besov空间，获得原始信号的估计。

实验结果如图8.14和图8.15所示，以下观察都由Kim et al.(2005)给出：

① 图8.14中的Pižurica 和Philips算法在处理加性高斯白噪声（AWGN）时，以及图8.15中的中值滤波器在处理椒盐噪声时，都具有出色的去噪性能，这要归因于它们使用了相关噪声源的统计信息这一先验知识。

② 在另一种情况下（Pižurica 和Philips算法在加性椒盐噪声情况下以及中值滤波器在加性高斯白噪声情况下），这两种去噪方法的性能有所下降，表明了依赖于先验知识的风险。

③ 如图8.14和图8.15所示，KHA算法对这两种噪声的降噪效果都很好；这个结果说明若没有关于加性噪声特点的信息，则KHA算法可视为现有方法的替代方法。

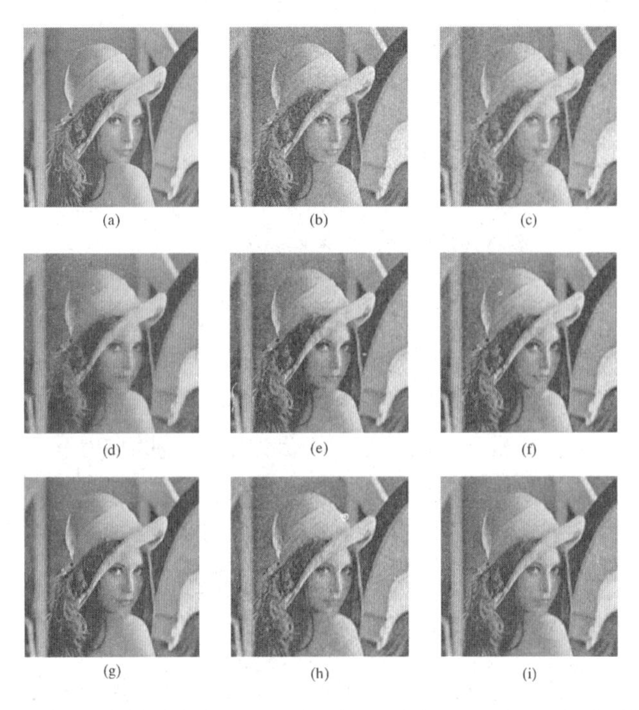

图8.14　对混入高斯噪声的图像去噪：(a)原始Lena图像；(b)加入噪声的图像；(c)中值滤波器；(d)MATLAB中的小波去噪；(e)MATLAB中的维纳滤波器；(f)Choi和Baraniuk算法；(g) Pižurica 和Philips算法；(h)PCA（$r=20$）；(i)KHA（$r=40$）

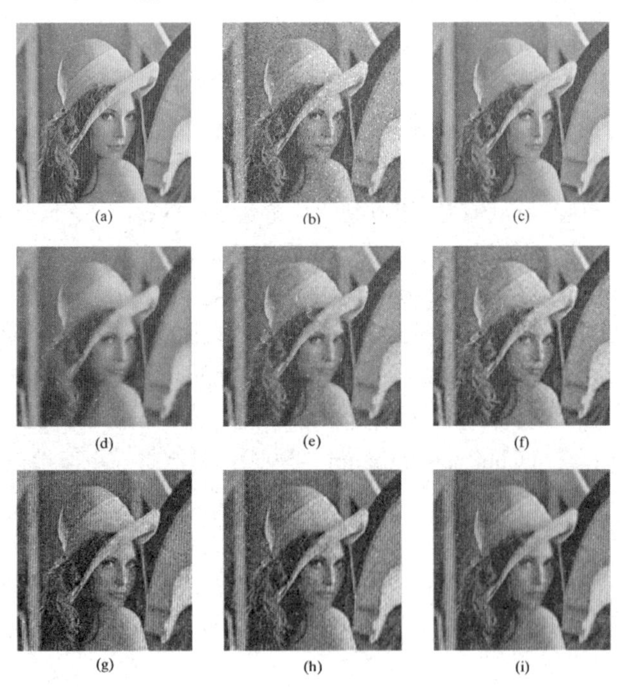

图8.15　对混入椒盐噪声的图像去噪：(a)原始Lena图像；(b)加入噪声的图像；(c)中值滤波器；(d)MATLAB中的小波去噪；(e)MATLAB中的维纳滤波器；(f)Choi和Baraniuk算法；(g) Pižurica 和Philips算法；(h)PCA（$r=20$）；(i)KHA（$r=20$）

最后，KHA算法是一种在线无监督学习算法，因此具有两个额外的优点：

- 作为一种在线学习算法，计算复杂度较小。
- 作为无监督算法，无须标记样本，避免了在监督学习中收集标记样本所耗费的时间与精力。

8.11 小结和讨论

在无监督学习中，一个重要的问题是，如何为学习过程设计一个性能评价或代价函数来产生一个起监督作用的内部信号，使得网络能够预测或重建其本身的输入。在主成分分析中，代价函数是误差向量的均方值，定义为输入向量（假定均值为零）与其重建版本之差，这个差值应在两个正交性约束下，根据一组可调整的系数最小化：

① 规范化，即每个特征向量都是单位长度的。

② 正交性，即任意两个不同的特征向量是相互正交的。

习题8.3中研究了用该方法来推导PCA，作为8.4节中扰动理论的补充。

8.11.1 降维

PCA算法最重要的应用是降维，其内容已在式（8.28）和式（8.29）中总结。为方便讨论，这里重写这两个公式。

① 数据表示。给定一个m维数据向量$\boldsymbol{x}$，式（8.29）指出$\boldsymbol{x}$可由一个l维主成分向量表示：

$$\boldsymbol{a}=\begin{bmatrix}a_1\\a_2\\\vdots\\a_l\end{bmatrix}=\begin{bmatrix}\boldsymbol{q}_1^{\mathrm{T}}\\\boldsymbol{q}_2^{\mathrm{T}}\\\vdots\\\boldsymbol{q}_l^{\mathrm{T}}\end{bmatrix}\boldsymbol{x},\qquad l\leqslant m$$

式中，$\boldsymbol{q}_i$是如下$m\times m$维相关矩阵的第i个特征向量：

$$\boldsymbol{R}=\mathbb{E}[\boldsymbol{x}\boldsymbol{x}^{\mathrm{T}}]$$

a_i是向量$\boldsymbol{a}$的第i个成分，是数据向量$\boldsymbol{x}$在第i个特征向量$\boldsymbol{q}_i$上的投影。若$l=m$，则新得到的向量$\boldsymbol{a}$是原始数据向量$\boldsymbol{x}$的旋转形式，且它们之间的实质性不同是$\boldsymbol{a}$具有不相关的成分，而$\boldsymbol{x}$没有。若$l<m$，则仅保留一个特征向量的子集，以用于近似地表示数据。后一种情况称为降维。

② 数据重建。给定主成分向量$\boldsymbol{a}$，式（8.28）指出原始数据$\boldsymbol{x}$可由特征向量线性组合的形式重建，即

$$\hat{\boldsymbol{x}}=\sum_{i=1}^{l}a_i\boldsymbol{q}_i,\qquad l\leqslant m$$

式中，主成分$a_1,a_2,\cdots,a_l$是展开系数。这里，若$l=m$，则重建是准确的；若$l<m$，则重建是近似的。误差向量

$$\boldsymbol{e}=\boldsymbol{x}-\hat{\boldsymbol{x}}$$

满足正交性原理，即误差向量$\boldsymbol{e}$与估计值$\hat{\boldsymbol{x}}$正交。该原理的结果是估计值$\hat{\boldsymbol{x}}$是最小均方误差意义下的最优估计值（Haykin，2002）。确定降维l的一种最优方法是第2章中讨论过的最小描述长度（MDL）准则。

强调降维原则的PCA的应用之一是去噪。在这种应用中，数据向量$\boldsymbol{x}$由信号成分$\boldsymbol{s}$和加性高斯白噪声$\boldsymbol{v}$组成，目标是在最优意义下最小化噪声的影响。令$\mathcal{X}$表示向量$\boldsymbol{x}$所在的m维数据空间。给定$\boldsymbol{x}$，PCA将空间分解成两个互相正交的子空间：

- 信号子空间$\mathcal{S}$。信号成分的估计值用$\hat{\boldsymbol{s}}$表示，位于空间$\mathcal{S}$中。估计值$\hat{\boldsymbol{s}}$与$\hat{\boldsymbol{x}}$在降维中起相似的作用。
- 噪声子空间$\mathcal{N}$。噪声成分的估计值用$\hat{\boldsymbol{v}}$表示，位于空间$\mathcal{N}$中。估计值$\hat{\boldsymbol{v}}$与误差$\boldsymbol{e}$在降维中起相似的作用。

PCA的另一个应用是数据压缩，其目标是尽可能多地保留输入数据集的信息。给定一个m维的数据向量$\boldsymbol{x}$，PCA通过对输入数据空间进行子空间分解实现该目标。输入数据空间的前l（小于m）个主成分提供一个线性映射。该映射在最小均方误差意义下是最优的，其对原始数据空间进行重建。

另外，基于前l（小于m）个主成分的表示优于随意的子空间表示，因为输入空间的主成分是按特征值大小降序排列的，或者说是按方差大小降序排列的。相应地，如在8.7节的图像编码实例中讨论的那样，可以使用最大数值精度来编码输入数据的第一个主成分，而用较小的数值精度来编码剩下的$l-1$个成分，进而最优地实现基于主成分分析的数据压缩。

8.11.2 关于无监督学习的两个观点

1. *自下而上的观点*。一方面，局部性的概念在8.2节讨论的自组织的前三个原则（自增强、竞争和合作）中起重要作用。这三个原则代表自下而上学习，动机是形成一个学习过程模型。这种建模方法在无监督神经网络中用到过，如8.5节和8.6节分别讨论的Hebb最大特征滤波算法和广义Hebb算法。

另一方面，如第0章指出的那样，机器学习并不强调局部性。反过来，不强调自组织又意味着计算智能自下而上的观点在无监督机器学习中可能不起作用。

2. *自上而下的观点*。通过自组织原则对无监督学习问题建模，接下来以分析方式调整模型的参数（权重）。具体而言，给定一组无标记样本，最小化受学习过程约束的成本函数。第二阶段的基础理论是神经网络追求的自上而下的学习。最大特征滤波算法和广义Hebb算法的迭代公式就是这种无监督学习的实例。

机器学习基本上局限于自上而下的无监督学习视角。为弥补对自组织的不重视，有效利用了统计学习理论中的分析工具，8.9 节中讨论的核PCA就是这种无监督学习方法的例证。

无论无监督学习是如何进行的，在自上而下的学习中，输入数据包含的内在结构信息（自组织原则4）都会被实际利用。

1. 神经生物的核算法

核方法，譬如核PCA，是比较节省计算时间的，因为这种算法有能力处理包含在输入数据中的特定高阶信息。但是，这些算法通常会遇到维数灾难问题，即这类问题的计算复杂度随着输入数据空间维数的增长而呈指数级增长。

例如，考虑图像去噪问题。遗憾的是，原始版本的核PCA的计算复杂度使得其在实际图像（如人脸和自然图像）问题中应用受限。然而，通过核化广义Hebb算法（GHA），即8.10节讨论的核Hebb算法（KHA），可以得到迭代的无监督学习算法，它只需线性计算复杂度就可估计核主成分。同样重要的是，8.10节中去噪图像的性能可与当前使用监督学习算法得到的图像相媲美。因此，可以说，通过核化迭代PCA算法，不仅以某种可度量的方式规避了维度灾难问题，而且仅用无标记样本就解决了图像去噪问题。

由以上讨论可以得到一个深刻的启示：

基于统计学习理论核化神经生物的无监督学习算法会有很多收获。

第9章中将介绍由神经生物学激励的自组织映射的另一种核化应用。

注释和参考文献

1. 在多元分析中，主成分分析（PCA）可能是最早和最知名的方法（Jollife, 1986; Preisendorfer, 1988），最早由Pearson(1901)引入，在生物学背景下用于重建线性回归分析的新形式。后来，Hotelling(1933)在做心理测验时发展了它。Karhunen(1947)在概率论框架下再次独立讨论了它，随后被Loève(1963)推广。

2. *突触增强和抑制*。我们认识到正相关的行为有助于突触增强，而不相关或负相关的行为将导致突触减弱（Stent, 1973）。突触减弱同样是非互动类型的。特别地，突触减弱的相互作用条件可能只是突触前或突触后活动。

   我们可进一步将突触修正规则分类成Hebb规则、抗Hebb规则、非Hebb规则（Palm, 1982）。据此，Hebb突触随正相关突触前或突触后信号增强，随不相关或负相关信号减弱。相反，抗Hebb突触减弱正相关的突触前和突触后信号，增强负相关信号。然而，在Hebb和抗Hebb突触中，对突触修正的有效性依赖于与时间依赖性、高度局部性和强交互性相关的机制。在此意义下，抗Hebb突触从本质上仍是Hebb突触，尽管功能上不是。另一方面，非Hebb突触不涉及任何Hebb机制。

3. *协方差假设*。克服Hebb假设局限性的方法之一是使用Sejnowski(1977a, b)引入的协方差假设。在该假设下，式（8.2）中的突触前和突触后信号被突触前和突触后信号在一定时间间隔内偏离各自的平均值取代。令 $\bar{x}$ 和 $\bar{y}$ 分别表示突触前信号 x_j 和突触后信号 y_k 的时间平均值。根据协方差假设，突触权重 w_{kj} 的调整值定义为

$$\Delta w_{kj} = \eta(x_j - \bar{x})(y_k - \bar{y}) \tag{A}$$

式中，η 是学习率参数。均值 $\bar{x}$ 和 $\bar{y}$ 分别构成突触前和突触后阈值，其决定突触修正的符号。特别地，协方差假设有以下性质：

- 收敛到一个非平凡状态，即当 $x_k = \bar{x}$ 或 $y_j = \bar{y}$ 时达到收敛。
- 预测突触增强（突触强度的增加）和突触衰弱（突触强度的减少）。

图A给出了Hebb假设和协方差假设的不同。在这两个例子中，Δw_{kj} 关于 y_k 的依赖是线性的；然而，在Hebb假设中，关于 y_k 轴的截距在原点，而在协方差假设中，截距在 $y_k = \bar{y}$ 处。

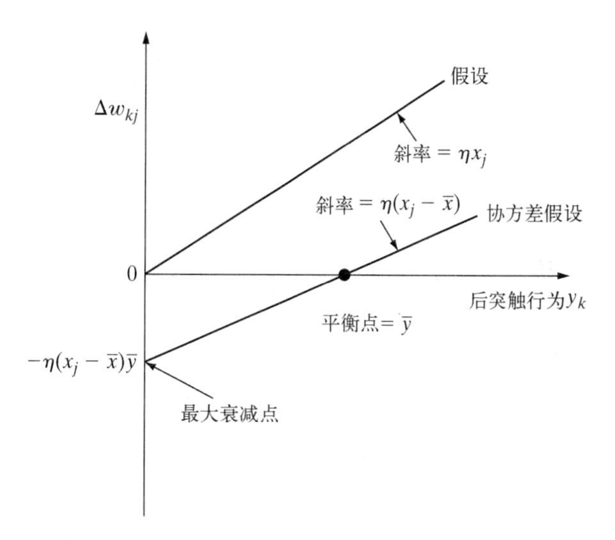

图A 描述Hebb假设和协方差假设的实例

由式（A）可得到下面的重要观点：

① 若存在层次充分的突触前和突触后行为（条件 $x_j > \bar{x}$ 和 $y_k > \bar{y}$ 同时满足），则突触权重 w_{kj} 加强。

② 当以下两个条件之一成立时，突触权重 w_{kj} 衰减：

- 突触前行为（$x_j > \bar{x}$）缺乏充分的突触后行为（$y_k < \bar{y}$）。
- 突触后行为（$y_k > \bar{y}$）缺乏充分的突触前行为（$x_j < \bar{x}$）。

这种行为可视为输入模式之间的暂时性竞争。

4. *历史注解*。早在1989年Sanger的GHA发表之前，Karhunen and Oja(1982)就发表了一篇描述随机梯度算法（Stochastic Gradient Algorithm, SGA）的会议论文，用于减少PCA的特征向量。后来，有人证明SGA与GHA非常接近。

5. 小波。在Mallat(1998)的前言中有如下论断：

小波并不基于新思想，而基于许多不同领域中已有的不同形式的概念，小波理论的形成和出现是多学科努力的结果，包括数学、物理、工程这三门独立发展的学科。对信号处理来说，这种协作导致了一种思想流动，远超新基或变换的构建。

令 $\psi(t)$ 表示一个均值为零的函数：

$$\int_{\infty}^{\infty} \psi(t)\,\mathrm{d}t = 0$$

函数 $\psi(t)$ 表示一个带通滤波器的冲激响应；这样的一个函数称为小波。小波使用尺度参数 s 放大，并随时间参数 u 平移；于是，可以写出

$$\psi_{u,s}(t) = \frac{1}{\sqrt{s}}\psi\left(\frac{t-u}{s}\right)$$

若给定其傅里叶变换为 $G(f)$ 的实值信号 $g(t)$，则 $g(t)$ 的连续小波变换由积分形式的内积定义：

$$W_g(u,s) = \langle \psi_{u,s}(t), g(t) \rangle = \int_{-\infty}^{\infty} g(t)\psi_{u,s}(t)\,\mathrm{d}t$$

根据这个公式，小波变换 $\psi_{u,s}(t)$ 与信号 $g(t)$ 相关，它等效于

$$W_g(u,s) = \langle \Psi_{u,s}(f), G(f) \rangle = \int_{-\infty}^{\infty} G(f)\Psi_{u,s}^*(f)\,\mathrm{d}f$$

式中，$\Psi_{u,s}(f)$ 是 $\psi_{u,s}(t)$ 的傅里叶变换，星号表示复共轭。因此，小波变换 $W_g(u,s)$ 依赖于信号 $g(t)$ 和其傅里叶变换 $G(f)$ 在时频域中的值，其中 $\psi_{u,s}(t)$ 和其傅里叶变换 $\Psi_{u,s}(f)$ 的能量是集中的。

要深入了解小波变换，可参阅Mallat(1998)和Daubechies(1992, 1993)。Meyer(1993)给出了小波变换的发展史。

6. 非线性PCA方法。这些方法可分为四类：

① Hebb网络，是用非线性神经元代替基于Hebb规则的PCA算法的线性神经元得到的（Karhunen and Joutsensaio, 1995）。

② 复制器网络或自动编码器，基于多层感知器构建，包含三个隐藏层（Kramer, 1991）：映射层，瓶颈层，逆映射层。复制器网络已在第4章中讨论。

③ 主曲线，基于捕获数据结构的曲线或曲面的迭代估计（Hastie and Stuetzle, 1989）。自组织映射可视为发现主曲线离散逼近的计算过程；自组织映射将在下一章中讨论。

④ 核PCA。源于Schölkopf et al.(1998)，已在8.8节中讨论。

7. Kim et al.(2005)涉及KHA算法的图像去噪实验的结果体现了如下几点：

- 人脸（单块）图像的超分辨率和去噪。
- 自然场景的多块超分辨率图像。

8. 中值滤波器是一个最小化如下绝对误差代价函数的贝叶斯风险的估计算子：

$$R(e(n)) = |e(n)|$$

式中，$e(n)$ 是误差信号，它定义为滤波器的期望响应信号与实际响应之差。业已证明，这个最小值就是后验概率密度函数的中值，该滤波器由此得名。

9. 自适应维纳滤波器。维纳滤波器在第3章中讨论过。在自适应维纳滤波器中，训练样本 $\{\boldsymbol{x}_i(n), \boldsymbol{d}_i(n)\}_{i=1}^{N}$ 被分成一系列连续的标记数据块，且滤波器参数在逐块的基础上使用规范方程（或离散形式的Wiener-Hopf方程）计算。实际上，在每个数据块内，数据都被视为伪静态的。每个训练样本的统计变化显示滤波器参数在每个数据块上的变化。

10. Sobolev空间，由空间L^m中所有具有 m 阶导数的函数组成，其中第 m 阶导数绝对可积（Vapnik, 1998）。Bezov空间包含第三个参数，以便在 $m=1$ 和 $m=\infty$ 时改进平滑条件。

习题

竞争和合作

8.1 在包含竞争和合作的自组织系统中，我们发现竞争先于合作。证明该论断的合理性。

主成分分析：约束优化方法

8.2 在8.4节中，我们使用扰动理论推导了PCA。本题从约束最优化方法的角度解决同样的问题。

令 $\boldsymbol{x}$ 表示一个均值为零的 m 维数据向量，$\boldsymbol{w}$ 表示一个 m 维可调参数向量。令 σ^2 表示数据向量 $\boldsymbol{x}$ 在参数向量 $\boldsymbol{w}$ 上投影的方差。

(a) 证明在 $\|\boldsymbol{w}\|=1$ 的约束下，最大化方差 σ^2 的拉格朗日算子为

$$J(\boldsymbol{w})=\boldsymbol{w}^{\mathrm{T}}\boldsymbol{R}\boldsymbol{w}-\lambda(\boldsymbol{w}^{\mathrm{T}}\boldsymbol{w}-1)$$

式中，$\boldsymbol{R}$ 是数据向量 $\boldsymbol{x}$ 的相关矩阵，λ 是拉格朗日乘子。

(b) 使用(a)问的结果，证明关于 $\boldsymbol{w}$ 最大化拉格朗日算子 $J(\boldsymbol{w})$ 将得到特征方程

$$\boldsymbol{R}\boldsymbol{w}=\lambda\boldsymbol{w}$$

进而证明 $\sigma^2=\mathbb{E}[(\boldsymbol{w}^{\mathrm{T}}\boldsymbol{x})^2]=\lambda$。在特征分解中，$\boldsymbol{w}$ 是特征向量，λ 是相应的特征值。

(c) 令拉格朗日乘子 λ_i 表示第 i 个特征向量的归一化条件 $\|\boldsymbol{w}_i\|=1$，并令拉格朗日乘子 λ_{ij} 表示正交化条件 $\boldsymbol{w}_i^{\mathrm{T}}\boldsymbol{w}_j=0$。证明拉格朗日算子此时具有如下展开形式：

$$J(\boldsymbol{w}_i)=\boldsymbol{w}_i^{\mathrm{T}}\boldsymbol{R}\boldsymbol{w}_i-\lambda_{ii}(\boldsymbol{w}_i^{\mathrm{T}}\boldsymbol{w}-1)-\sum_{j=1}^{i-1}\lambda_{ij}\boldsymbol{w}_i^{\mathrm{T}}\boldsymbol{w}_j,\quad i=1,2,\cdots,m$$

进而证明最大化 $J(\boldsymbol{w}_i)$ 将得到一组 m 个方程，它们的解是与特征向量 $\boldsymbol{w}_i$ 相关联的特征值 λ_i。

8.3 令 m 维零均值数据向量 $\boldsymbol{x}$ 的估计由下面的展开式定义：

$$\hat{\boldsymbol{x}}_l=\sum_{i=1}^{l}a_i\boldsymbol{q}_i,\quad l\leqslant m$$

式中，$\boldsymbol{q}_i$ 是如下相关矩阵的第 i 个特征向量：

$$\boldsymbol{R}=\mathbb{E}[\boldsymbol{x}\boldsymbol{x}^{\mathrm{T}}]$$

且 $a_1,a_2,\cdots,a_l$ 是展开系数，其约束为

$$\boldsymbol{q}_i^{\mathrm{T}}\boldsymbol{q}_j=\begin{cases}1, & j=i\\ 0, & \text{其他}\end{cases}$$

证明关于可调系数$a_1,a_2,\cdots,a_l$ 最小化均方误差

$$J(\hat{\boldsymbol{x}}_i)=\mathbb{E}\left[\|\boldsymbol{x}-\hat{\boldsymbol{x}}_i\|^2\right]$$

将产生定义式

$$a_i=\boldsymbol{q}_i^{\mathrm{T}}\boldsymbol{x},\quad i=1,2,\cdots,l$$

它是第 i 个主成分，即数据向量 $\boldsymbol{x}$ 在特征向量 $\boldsymbol{q}_i$ 上的投影。

8.4 根据习题8.2中讨论的约束最优化问题，考虑拉格朗日算子

$$J(\boldsymbol{w})=(\boldsymbol{w}^{\mathrm{T}}\boldsymbol{x})^2-\lambda(\boldsymbol{w}^{\mathrm{T}}\boldsymbol{w}-1)$$

式中，$(\boldsymbol{w}^{\mathrm{T}}\boldsymbol{x})^2$ 表示零均值数据向量 $\boldsymbol{x}$ 在权重向量 $\boldsymbol{w}$ 上的投影的瞬时方差。

(a) 通过计算拉格朗日算子 $J(\boldsymbol{w})$ 关于可调权重向量 $\boldsymbol{w}$ 的梯度，证明

$$g(\boldsymbol{w})=\frac{\partial J(\boldsymbol{w})}{\partial\boldsymbol{w}}=2(\boldsymbol{w}^{\mathrm{T}}\boldsymbol{x})\boldsymbol{x}-2\lambda\boldsymbol{w}$$

(b) 考虑到在线学习的随机梯度上升，可将权重更新公式表示为

$$\hat{\boldsymbol{w}}(n+1)=\hat{\boldsymbol{w}}(n)+\frac{1}{2}\eta\boldsymbol{g}(\hat{\boldsymbol{w}}(n))$$

式中，η 是学习率参数。因此，可以推出迭代公式

$$\hat{\boldsymbol{w}}(n+1)=\hat{\boldsymbol{w}}(n)+\eta[(\boldsymbol{x}(n)\boldsymbol{x}^{\mathrm{T}}(n))\hat{\boldsymbol{w}}(n)-\hat{\boldsymbol{w}}^{\mathrm{T}}(n)(\boldsymbol{x}(n)\boldsymbol{x}^{\mathrm{T}}(n))\hat{\boldsymbol{w}}(n)\hat{\boldsymbol{w}}(n)]$$

这是式（8.47）的重写，定义了最大特征滤波器关于离散时间 n 的演化，其中用 $\hat{\boldsymbol{w}}(n)$ 代替了 $\boldsymbol{w}(n)$ 。

基于Hebb的最大特征滤波器

8.5 对于例2中考虑的匹配滤波器，特征值 λ_1 和对应的特征向量 $\boldsymbol{q}_1$ 分别定义为

$$\lambda_1=1+\sigma^2 \quad 和 \quad \boldsymbol{q}_1=s$$

证明这些参数满足基本关系 $\boldsymbol{R}\boldsymbol{q}_1=\lambda_1\boldsymbol{q}_1$ ，其中 $\boldsymbol{R}$ 为输入向量的相关矩阵。

8.6 考虑最大特征滤波器，其中权重向量 $\boldsymbol{w}(n)$ 按式（8.46）演化。证明随着 n 趋于无穷大，滤波器的输出方差趋于 $\lambda_{\max}$ ，其中 $\lambda_{\max}$ 为输入向量相关矩阵的最大特征值。

8.7 次成分分析（Minor Components Analysis, MCA）与主成分分析正好相反。在MCA中，我们寻找投影方差最小的方向。这样得到的方向对应于输入向量 $\boldsymbol{X}(n)$ 的相关矩阵 $\boldsymbol{R}$ 的最小特征值的特征向量。

本题探讨怎样修改8.4节的单个神经元，以发现 $\boldsymbol{R}$ 的次成分。特别地，可改变式（8.40）中学习规则的符号，得到（Xu et al., 1992）

$$w_i(n+1)=w_i(n)-\eta y(n)(x_i(n)-y(n)w_i(n))$$

证明：若相关矩阵 $\boldsymbol{R}$ 的最小特征值是重数为1的 λ_m ，则

$$\lim_{n\to\infty}\boldsymbol{w}(n)=\eta\boldsymbol{q}_m$$

式中，$\boldsymbol{w}(n)$ 是权重向量，它的第 i 个成分是 $w_i(n)$ ，$\boldsymbol{q}_m$ 是与 λ_m 对应的特征向量。

基于Hebb的主成分分析

8.8 构建一个信号流图，以表示向量值公式（8.87）和（8.88）。

8.9 8.5节描述的用于收敛性分析的常微分方程法不能直接用于广义Hebb学习算法（GHA）。然而，如果将式（8.91）中的突触权重矩阵 $\boldsymbol{W}(n)$ 用 $\boldsymbol{W}(n)$ 的列向量的组合来表示，那么可用普通方式解释更新函数，然后继续应用渐近稳定性定理。因此，根据这里已有的说明，证明GHA算法的收敛性定理。

8.10 本题利用广义Hebb算法来研究随机输入向量产生的二维感受野（Sanger, 1990）。随机输入包含独立于高斯噪声的具有零均值和单位方差的二维域，它先与高斯掩模（滤波器）做卷积，后乘以一个高斯窗。高斯掩模有两个像素的标准差，高斯窗有8个像素的标准差。位于 (r,s) 的随机输入 $x(r,s)$ 可写为

$$x(r,s)=m(r,s)[g(r,s)*w(r,s)]$$

式中，$w(r,s)$ 是独立同分布高斯噪声的域，$g(r,s)$ 是高斯掩模，$m(r,s)$ 是窗函数。$g(r,s)$ 和 $w(r,s)$ 的循环卷积定义为

$$g(r,s)*w(r,s)=\sum_{p=0}^{N-1}\sum_{q=0}^{N-1}g(p,q)w(r-p,s-q)$$

式中，$g(r,s)$ 和 $w(r,s)$ 均假设为周期的。用随机输入 $x(r,s)$ 的2000个样本训练基于GHA算法的单层前馈网络。网络有4096个输入，排列成 64×64 像素的网格，有16个输出。训练网络的突触权重用 64×64 个数的阵列表示。执行上述计算并显示突触权重作为二维掩模的16个阵列，评价你的结果。

8.11 在仅需主子空间（主特征向量张成的空间）的情况下，可以使用定义如下的对称算法：

$$\hat{\boldsymbol{w}}_j(n+1)=\hat{\boldsymbol{w}}_j(n)+\eta y_j[\boldsymbol{x}(n)-\hat{\boldsymbol{x}}_j(n)], \qquad \hat{\boldsymbol{x}}(n)=\sum_{j=1}^{l}\hat{\boldsymbol{w}}_j(n)\boldsymbol{y}_j(n)$$

(a) 讨论该对称算法和GHA的异同。

(b) 主子空间可视为式（8.46）定义的Oja规则的泛化，解释该泛化的合理性。

特征提取：习题8.12和习题8.13的导言

表示一个由许多聚类组成的数据集时，可以说，为了使这些聚类可见，它们之间的分隔距离应大于每个聚类内部的差异。若以上条件成立，数据集中只有少量的聚类，则用PCA求出的主成分来投影聚类将得到较好的分离效果，因此为特征提取问题奠定了基础。

8.12 在4.19节中，我们描述了结构风险最小化，这种方法通过为机器学习匹配合适大小的训练样本集，来系统地获得最优的泛化性能。将主成分分析器作为旨在降低输入数据空间维数的预处理器，讨论这个预处理过程如何通过对一组模式分类器排序，将结构信息嵌入学习过程。

8.13 作为预处理过程的主成分分析的另一个应用是，使用反向传播算法监督式地训练一个多层感知器。这个应用的目的是通过去相关输入数据，加速学习过程的收敛。试讨论如何实现该目的。

自适应主成分提取

8.14 广义Hebb学习算法（GHA）依赖于对主成分分析使用前馈连接的独占性。本题介绍自适应主成分提取（Adaptive Principal-Components Extraction, APEX）算法（Kung and Diamantaras, 1990; Diamantaras and Kung, 1996）。APEX算法使用前馈和反馈连接，如图 P8.14所示。输入向量 $\boldsymbol{x}$ 是 m 维的，网络中的每个神经元都是线性的。

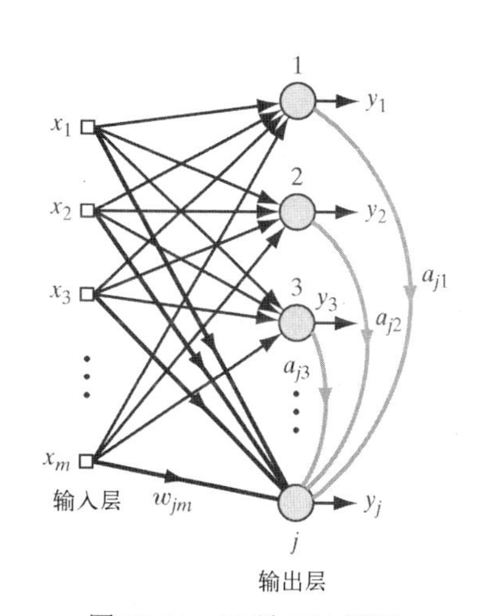

图 P8.14　习题 8.14 用图

该网络中有两种突触连接：

① 从输入节点到每个神经元 $1,2,\cdots,j$ 的前馈连接，其中 $j<m$。这些连接由前馈权重向量表示：

$$\boldsymbol{w}_j(n)=[w_{j1}(n),w_{j2}(n),\cdots,w_{j,m}(n)]^{\mathrm{T}}$$

式中，n 代表离散时间。

② 从各个神经输出 $1,2,\cdots,j-1$ 到神经元 j 的侧向连接；这些连接由反馈权重向量表示：

$$\boldsymbol{a}_j(n)=[a_{j1}(n),a_{j2}(n),\cdots,a_{j,j-1}(n)]^{\mathrm{T}}$$

这些前馈突触连接是Hebb的，但反馈突触连接是反Hebb的，因此是抑制的。神经元 j 的输出为

$$y_j(n)=\boldsymbol{w}_j^{\mathrm{T}}(n)\boldsymbol{x}(n)+\boldsymbol{a}_j^{\mathrm{T}}(n)\boldsymbol{y}_{j-1}(n)$$

假设网络中所有神经元已收敛到各自的稳定状态，则由以上分析有

$$\boldsymbol{w}_k(0)=\boldsymbol{q}_k,\quad k=1,2,\cdots,j-1$$

$$\boldsymbol{a}_k(0)=\boldsymbol{0},\quad k=1,2,\cdots,j-1$$

式中，$\boldsymbol{q}_k$ 是与如下相关矩阵的第 k 个特征值对应的特征向量：

$$\boldsymbol{R}=\mathbb{E}[\boldsymbol{x}(n)\boldsymbol{x}^{\mathrm{T}}(n)],\quad 时间步\ n=0$$

(a) 基于式（8.40），写出神经元 j 的向量 $\boldsymbol{w}_j(n)$ 和 $\boldsymbol{a}_j(n)$ 的更新公式。

(b) 假设相关矩阵 $\boldsymbol{R}$ 的特征值按降序排列，其中 λ_1 是最大值，并将与特征值 λ_k 关联的特征向量记为 $\boldsymbol{q}_k$。为了表示前馈权重向量 $\boldsymbol{w}_j(n)$ 的时变特性，可以使用

$$\boldsymbol{w}_j(n)=\sum_{k=1}^{m}\theta_{jk}(n)\boldsymbol{q}_k$$

式中，$\theta_{jk}(n)$ 是时变系数。证明

① $$\sum_{k=1}^{m}\theta_{jk}(n+1)\boldsymbol{q}_k=\sum_{k=1}^{m}\left\{1+\eta[\lambda_k-\sigma_j^2(n)]\right\}\theta_{jk}(n)\boldsymbol{q}_k+\eta\sum_{k=1}^{j-1}\lambda_k a_{jk}(n)\boldsymbol{q}_k$$

式中，η 是学习率参数，$a_{jk}(n)$ 是反馈权重向量 $\boldsymbol{a}_j$ 的第 k 个成分，$\sigma_j^2(n)=\mathbb{E}[y_j^2(n)]$ 是神经元 j 的平均输出。

② $$\boldsymbol{a}_j(n+1)=-\eta\lambda_k\theta_{jk}(n)\boldsymbol{1}_k+\left\{1-\eta[\lambda_k+\sigma_j^2(n)]\right\}\boldsymbol{a}_j(n)$$

式中，$\boldsymbol{1}_k$ 是所有成分都为0但第 j 个成分为1的向量。

(c) 为了进一步讨论，需要考虑两种情况。

情况I：$1\leqslant k\leqslant j-1$

在此情况下，证明

$$\begin{bmatrix}\theta_{jk}(n+1)\\ a_{jk}(n+1)\end{bmatrix}=\begin{bmatrix}1+\eta(\lambda_k-\sigma_j^2(n)) & \eta\lambda_k\\ -\eta\lambda_k & 1-\eta(\lambda_k+\sigma_j^2(n))\end{bmatrix}\begin{bmatrix}\theta_{jk}(n)\\ a_{jk}(n)\end{bmatrix}$$

这个 2×2 维矩阵具有双重特征值

$$\rho_{jk}=[1-\eta\sigma_j^2(n)]^2$$

考虑到 $\rho_{jk}<1$，证明 $\theta_{jk}(n)$ 和 $a_{jk}(n)$ 在 n 不断增大时渐近地趋于0。

情况II：$j\leqslant k\leqslant m$

对于这种情况，反馈权重 $a_{jk}(n)$ 对网络的模型无影响；因此，

$$a_{jk}(n)=0,\quad j\leqslant k\leqslant m$$

对 $k\geqslant j$ 的每个主要模型，证明

$$\theta_{jk}(n+1)=\left\{1+\eta[\lambda_k-\sigma_j^2(n)]\right\}\theta_{jk}(n)$$

且当 n 不断增大时，$\theta_{jk}(n)$ 渐近地收敛于0。神经元 j 的平均输出可以表示为

$$\sigma_j^2(n)=\sum_{k=j}^{m}\lambda_k\theta_{jk}^2(n)$$

最终证明 $\lim_{n\to\infty}\sigma_j^2(n)=\lambda_j$ 和 $\lim_{n\to\infty}\boldsymbol{w}_j(n)=\boldsymbol{q}_j$。

核PCA

8.15 令 $\bar{k}_{ij}$ 表示核矩阵 $\boldsymbol{K}$ 的第 ij 个元素 k_{ij} 中心化后对应的元素。推导下面的公式（Schölkopf, 1997）：

$$\bar{k}_{ij}=k_{ij}-\frac{1}{N}\sum_{m=1}^{N}\phi^{\mathrm{T}}(\boldsymbol{x}_m)\phi(\boldsymbol{x}_j)-\frac{1}{N}\sum_{n=1}^{N}\phi^{\mathrm{T}}(\boldsymbol{x}_i)\phi(\boldsymbol{x}_n)+\frac{1}{N^2}\sum_{m=1}^{N}\sum_{n=1}^{N}\phi^{\mathrm{T}}(\boldsymbol{x}_m)\phi(\boldsymbol{x}_n)$$

建议用紧凑的矩阵形式表示这一关系式。

8.16 证明核矩阵 $\boldsymbol{K}$ 的特征向量 $\boldsymbol{\alpha}$ 的归一化与式（8.109）的条件等价。

计算机实验

8.17 本题继续8.7节的图像编码实验。两个感兴趣的问题如下：

(a) 画出GHA的学习曲线，该算法训练的是Lena图像（画出均方误差与训练轮数的关系图）。

(b) 画出该算法训练辣椒图像的学习曲线。

8.18 本实验重新回到关于核PCA的例3。对于二维数据，使用下面的公式计算核PCA成分：

$$x_2=x_1^2+v$$

式中，v是均值为0、方差为0.04的加性高斯噪声，但这次要求使用核Hebb算法进行计算。比较本实验的结果和例3中的结果。

第9章　自组织映射

本章介绍如何使用自组织原则来生成“拓扑映射”。本章中的各节安排如下：

- 9.1节为引言，用于激发读者使用自组织映射的兴趣。
- 9.2节描述两种基本的特征模型，它们都以自己的方式受到神经生物学的启发。
- 9.3节和9.4节介绍广泛使用的自组织（特征）映射（SOM）及其属性。
- 9.5节介绍计算机实验，突出SOM的独特特征。
- 9.6节介绍SOM在构建上下文映射中的应用。
- 9.7节讨论分层向量量化，通过使用自组织映射简化其实现。
- 9.8节介绍基于核的自组织映射（核SOM）。9.9节为计算机实验，以说明这种新算法改进拓扑映射的能力。9.10节讨论核SOM和KL散度之间的关系。
- 9.10总结并讨论本章的内容。

9.1　引言

在本章中，我们通过考虑一种称为自组织映射的特殊人工神经网络来继续学习自组织系统。这些网络基于竞争学习；网络的输出神经元之间相互竞争，以便被激活或激发，每个时刻的结果只有一个输出神经元（或每组只有一个神经元）处于激活状态。在竞争中获胜的输出神经元称为*赢者通吃神经元*，也称*获胜神经元*。在输出神经元之间得出获胜神经元的一种方法是，在它们之间使用侧向抑制性连接（负反馈路径）；这个想法最早由Rosenblatt(1958)提出。

在自组织映射中，神经元常被放在一维或二维网格节点上。高维映射也是可能的，但不常见。在竞争学习过程中，神经元选择性地适应各种输入模式（刺激）或输入模式的类别。这样，调整后的神经元（获胜神经元）的位置彼此之间就变得有序，从而对不同的输入特征在网格上建立有意义的坐标系。因此，自组织映射由输入模式的拓扑映射结构表征，其中网格神经元的空间位置（坐标）表示输入模式所包含的内在统计特征，因此得名“自组织映射”。

作为一种神经模型，自组织映射的作用表面在两个自适应水平层面上：

- 在单个神经元的微观层面上制定自适应规则。
- 在神经层的微观层面上形成经验上更好、物理上更易理解的特征选择性模式。

自组织映射本质上是非线性的。作为神经模型的发展，自组织映射由人脑的一个突出特征所启发：

> *人脑在许多位置是以如下方式组织的：不同的感官输入由拓扑有序的计算映射表示。*

特别地，触觉（Kaas et al., 1983）、视觉（Hubel and Wiesel, 1962, 1977）和听觉（Suga, 1985）等感官输入以拓扑有序的方式映射到大脑皮层的不同区域。因此，在神经系统的信息处理基本结构中，计算映射是基本的组成部分。一个计算映射由一组神经元定义，这些神经元表示稍有不同的处理器或滤波器，而处理器或滤波器则并行处理携带信息的传感信号。因此，神经元将输入信号转换为空间位置编码的概率分布，概率分布则表示映射中最大相关激活位置的参数计算值（Knudsen et al., 1987）。使用这种方式导出的信息形式可让高阶处理器使用相对简单的连接模式来访问这些信息。

9.2 两个基本的特征映射模型

任何研究人类大脑的人，都会对大脑皮层对大脑的支配作用留下深刻印象，因为人脑几乎完全被大脑皮层包围。纯从复杂性方面说，大脑皮层可能超过宇宙中任何其他的已知结构（Hubel and Wiesel, 1977）。同样令人印象深刻的是，不同的感觉输入（运动、体感、视觉、听觉等）会以一种有序的方式映射到大脑皮层的相应区域；为了理解这一点，可参阅第0章中图0.4所示的大脑皮层细胞结构图。计算映射具有4个性质（Knudsen et al., 1987; Durbin and Michison, 1990）：

1. *在每个映射中，神经元并行处理本质上相似的多个信息片段，且这些信息片段来自感觉输入空间中的不同区域。*
2. *在表示的每个阶段中，每个传入的信息片段都保持在其适当的上下文中。*
3. *处理密切相关信息片段的神经元紧密相连，以便可以通过短突触连接相互作用。*
4. *上下文映射可以理解为从高维参数空间到皮层表面的决策-衰减映射。*

我们的兴趣是构建人工拓扑映射，以神经生物学激励的方式进行自组织学习。在这种情况下，从人脑计算映射的简短讨论中得出的一个重要观点是拓扑映射形成原理（Kohonen, 1990）：

在拓扑映射中，一个输出神经元的空间位置对应于从输入空间中所提取数据的一个特定域或特征。

这个原理为本文所述的两个不同特征映射模型提供了神经生物学动机。

图9.1中显示了两个模型的布局。在这两种情况下，输出神经元都排列在二维网格中。这种拓扑结构确保了每个神经元都有一组邻域。这些模型的主要区别在于指定输入模式的方式。

图9.1(a)中的模型最初由Willshaw and von der Malsburg(1976)基于生物学提出，用于解释从视网膜到视觉皮层的视觉映射问题。具体来说，两个独立的二维神经元网格相连，其中一个网格投影到另一个网格上。一个网格代表突触前（输入）神经元，另一个网格代表突触后（输出）神经元。突触后网格既有长程抑制机制，又有短程活跃机制。这两种机制本质上是局部的，对自组织至关重要。这两个网格通过可调Hebb型突触相互连接。因此，严格来说，突触后神经元不是获胜神经元；相反，使用阈值可以确保在任何时刻都只有少数突触后神经元会被激发。此外，为了防止突触权重逐渐增加，进而导致网络不稳定，每个突触后神经元的总权重是有上限的。因此，对于每个神经元，一些突触权重增大，而另一些突触权重减小。Willshaw-von der Malsburg模型的基本思想是，将突触前神经元的几何接近度编码为其电活动的相关性形式，并在突触后网格中利用这些相关性，将相邻的突触前神经元连接到相邻的突触后神经元，进而通过自组织过程生成拓扑有序的映射。然而，需要注意Willshaw-von der Malsburg模型适用于输入维数与输出维数相同的映射。

图9.1(b)所示的第二个模型由Kohonen(1982)提出，它不是为解释神经生物学细节而提出的。相反，该模型捕捉了人脑计算拓扑的本质特征，且计算上易于处理。Kohonen模型似乎比Willshaw-von der Malsburg模型更通用，因为它可压缩数据（对输入神经元进行降维）。

实际上，Kohonen模型属于向量-编码算法，它提供将固定数量的向量（编码字）最优地放到更高维输入空间中的拓扑映射，以便数据压缩。因此，Kohonen模型可由两种方式导出。第一种方式是，从受神经生物学启发的自组织的基本思想导出模型，这是传统方法（Kohonen, 1982, 1990, 1997）；第二种方式是，使用受通信理论启发的向量量化方法，这种方法使用了包含编码器和解码器的模型（Luttrell, 1989b, 1991a）。本章学习这两种方法。

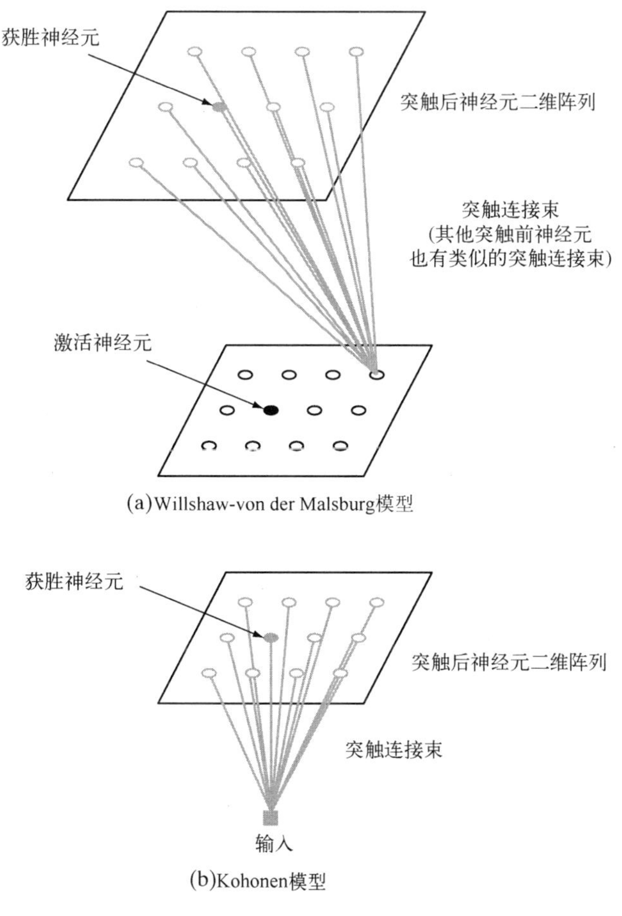

图9.1　两个自组织特征映射

在文献中，Kohonen模型受到的关注比Willshaw-von der Malsburg模型更多，因为它具有捕捉皮层映射的本质特征的某些性质，详见本章后面的讨论。

9.3　自组织映射

自组织映射（Self-Organizing Map，SOM）的主要目标是，将任意维数的输入信号模式变换为一维或二维离散映射，并且以拓扑有序的方式自适应地执行这种变换。图9.2所示为常用作离散映射的二维神经元网格的简要图表。网格中的每个神经元都与输入层中的所有源节点完全连接。这个网络代表一种具有一个由神经元按行和列排列而成的计算层的前馈结构。一维网格是图9.2所示结构图的特例：在这种特殊的情形下，计算层仅由一列或一行神经元组成。

网络的每个输入模式常由平静背景下的局部区域或活动“点”组成。这种点的位置和性质通常随输入模式的实现不同而不同。因此，网络中的所有神经元都应在输入模式中经历足够次数的不同实现，以确保有机会完成恰当的自组织过程。

负责形成自组织映射的算法首先初始化网络中的突触权重。这项工作可通过为它们分配从随机数生成器中选取的较小值来实现；这样做不对特征映射施加任何先验顺序。网络一旦被恰当地初始化，形成自组织映射就涉及如下三个基本过程。

1．竞争。对每个输入模式，网络中的神经元计算它们各自的判别函数值。这个判别函数为神经元之间的竞争提供了基础。具有最大判别函数值的特定神经元成为竞争获胜者。

2. 合作。获胜神经元决定活跃神经元拓扑邻域的空间位置，进而为相邻神经元间的合作奠定基础。

3. 突触适应。这个机制可使活跃神经元通过适当调整其突触权重，增大其关于输入模式的判别函数值。所做的调节可使获胜神经元增强后续对相似输入模式的响应。

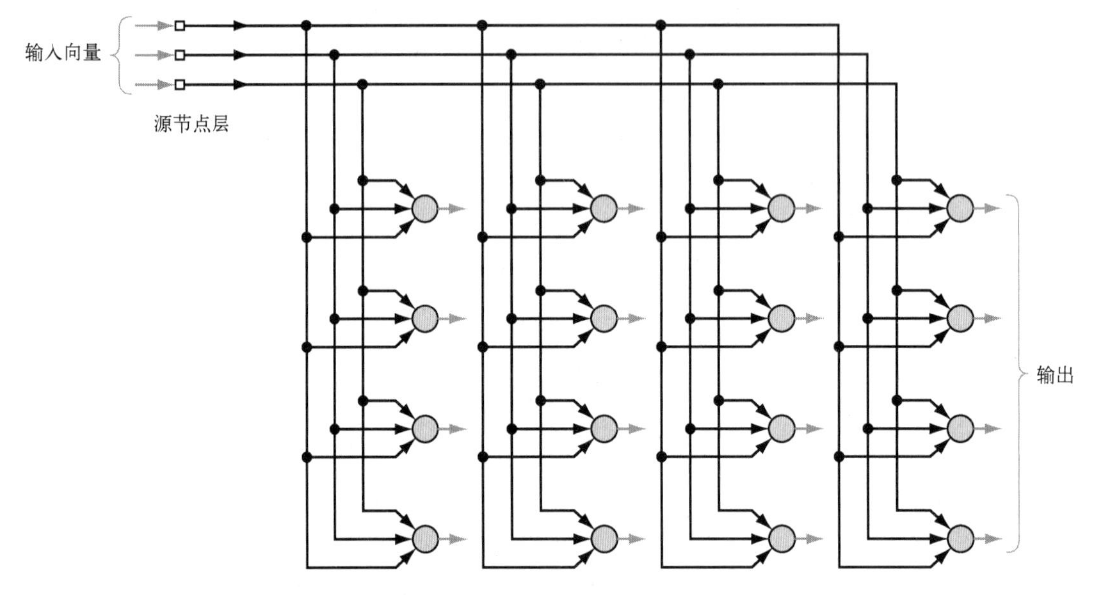

图9.2　神经元的二维网格：三维输入和4×4维输出

9.3.1　竞争过程

令m表示输入（数据）空间的维数。将从输入空间中随机选择的输入模式（向量）记为

$$\boldsymbol{x}=[x_1,x_2,\cdots,x_m]^{\mathrm{T}} \tag{9.1}$$

网络中每个神经元的突触权重向量的维数与输入空间的维数相同。将神经元j的突触权重向量记为

$$\boldsymbol{w}_j=[w_{j1},w_{j2},\cdots,w_{jm}]^{\mathrm{T}},\ j=1,2,\cdots,l \tag{9.2}$$

式中，l为网络中神经元的总数。为了找到输入向量$\boldsymbol{x}$与突触权重向量$\boldsymbol{w}_j$的最优匹配，对$j=1,2,\cdots,l$求内积$\boldsymbol{w}_j^{\mathrm{T}}\boldsymbol{x}$并取最大值。这里假设所有神经元的阈值相同，并且取为偏差的负值。于是，通过选取具有最大内积$\boldsymbol{w}_j^{\mathrm{T}}\boldsymbol{x}$的神经元，便可确定活跃神经元拓扑邻域的中心位置。

第0章回顾了基于内积$\boldsymbol{w}_j^{\mathrm{T}}\boldsymbol{x}$最大化的最优匹配准则，数学上等价于向量$\boldsymbol{x}$和$\boldsymbol{w}_j$的最小欧氏距离。若用索引$i(\boldsymbol{x})$来标识最优匹配输入向量$\boldsymbol{x}$的神经元，则可通过如下（概括神经元中竞争过程本质的）条件确定$i(\boldsymbol{x})$：

$$i(\boldsymbol{x})=\arg\min_j\|\boldsymbol{x}-\boldsymbol{w}_j\|,\qquad j\in\mathcal{A} \tag{9.3}$$

式中，$\mathcal{A}$表示神经元网格。根据式（9.3），$i(\boldsymbol{x})$是关注的对象，因为我们要识别神经元i。满足这类条件的特定神经元i被称为输入向量$\boldsymbol{x}$的最优匹配神经元或获胜神经元。由式（9.3）可以得出以下观测结果：

激活模式的连续输入空间通过网络中神经元之间的竞争过程，映射到神经元的离散输出空间。

根据应用的不同，网络的响应可以是获胜神经元的索引（其在网格中的位置），也可以是欧氏距离意义上最接近输入向量的突触权重向量。

9.3.2 合作过程

获胜神经元位于合作神经元拓扑邻域的中心。关键问题是如何定义一个神经生物学上正确的拓扑邻域。

神经生物学证据表明，人脑中一组活跃神经元之间存在侧向相互作用。直观地看，正在放电的神经元往往要比离其较远的神经元更能激发邻近区域的神经元。这个观察结果启发我们在获胜神经元 i 周围引入一个拓扑邻域，并且使其沿侧向距离平滑地衰减(Lo et al., 1991, 1993; Ritter et al., 1992)。具体来说，设 $h_{i,j}$ 表示以获胜神经元 i 为中心的拓扑邻域，该邻域中包括一组活跃（合作）神经元，其中的典型活跃神经元记为 j。设 $d_{i,j}$ 表示获胜神经元 i 和活跃神经元 j 之间的侧向距离。于是，可以假设拓扑邻域 $h_{j,i}$ 是侧向距离 $d_{j,i}$ 的单峰函数，它需要满足如下两个不同的需求：

1. 拓扑邻域 $h_{j,i}$ 关于 $d_{j,i}=0$ 定义的最大点对称；换言之，在距离 $d_{j,i}=0$ 的获胜神经元 i 处取最大值。

2. 当 $d_{j,i}\to\infty$ 时，拓扑邻域 $h_{j,i}$ 的幅值随侧向距离 $d_{j,i}$ 的增加而单调递减至零；这是收敛的必要条件。

满足这些需求的 $h_{j,i}$ 的一个较好选择是高斯函数

$$h_{j,i(\boldsymbol{x})}=\exp\left(-d_{j,i}^2/2\sigma^2\right),\quad j\in\mathcal{A} \tag{9.4}$$

它是平移不变的（不依赖于获胜神经元 i 的位置）。参数 σ 是拓扑邻域的“有效宽度”，如图9.3所示；它度量获胜神经元附近的活跃神经元参与学习过程的程度。定量地说，式（9.4）中的高斯拓扑邻域生物学上比过去所用的矩形邻域更合适。高斯拓扑邻域而非矩阵拓扑邻域的使用，也使得SOM算法的收敛速度更快（Lo et al., 1991, 1993; Erwin et al., 1992a）。

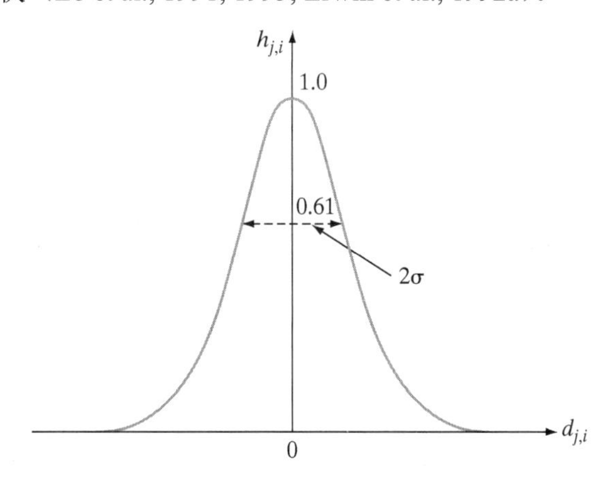

图9.3　高斯邻域函数

为了保持相邻神经元之间的合作，拓扑邻域 $h_{j,i}$ 必须依赖于输出空间中获胜神经元 i 和活跃神经元 j 之间的侧向距离 $d_{j,i}$，而不依赖于原始输入空间中的某个距离度量。这正是我们在式（9.4）中表达的意义。就一维网格来说，$d_{j,i}$ 是等于 $|j-i|$ 的整数。此外，在二维网格中，它定义为

$$d_{j,i}^2=\left\|\boldsymbol{r}_j-\boldsymbol{r}_i\right\|^2 \tag{9.5}$$

式中，离散向量$\boldsymbol{r}_j$定义活跃神经元j的位置，而$\boldsymbol{r}_i$定义获胜神经元i的离散位置，二者都是在离散输出空间中度量得到的。

SOM算法的另一个特征是，它允许拓扑邻域的大小随时间收缩，这可通过随时间下调拓扑邻域函数$h_{j,i}$的宽度σ来实现。对于依赖离散时间n的σ，通常选择由

$$\sigma(n) = \sigma_0 \exp(-n/\tau_1), \quad n = 0,1,2,\cdots \tag{9.6}$$

描述的指数衰减，其中σ_0是SOM算法中σ的初值，τ_1是由设计人员选择的时间常数（Ritter et al., 1992; Obermayer et al., 1991）。相应地，假设拓扑邻域函数是如下的时变形式：

$$h_{j,i(x)}(n) = \exp\left(-\frac{d_{j,i}^2}{2\sigma^2(n)}\right), \quad n = 0,1,2,\cdots \tag{9.7}$$

式中，$\sigma(n)$由式（9.6）定义。于是，随着n（迭代次数）的增加，宽度$\sigma(n)$按指数速率减小，并且拓扑邻域以相应的方式缩小。然而，需要注意的是，邻域函数最终仍将具有获胜神经元i的单位值，因为神经元j的距离$d_{j,i}$是在网格空间中计算并与获胜神经元i相比较的。

此外，还存在观测邻域函数$h_{j,i(\boldsymbol{x})}(n)$在获胜神经元$i(\boldsymbol{x})$周围随时间$n$变化的另一种有效方式。宽度$h_{j,i(\boldsymbol{x})}(n)$的目的是关联网格中大量活跃神经元的权重更新方向。随着$h_{j,i(\boldsymbol{x})}(n)$的宽度的减小，与更新方向相关的神经元数量也减少。当自组织映射的训练在计算机图形屏幕上显示时，这种现象会变得尤其明显。在SOM算法的一般实现中，以相关方式围绕获胜神经元周围移动大量自由度是相当耗费计算机资源的。相反，使用一种重正规化SOM的训练形式要好得多；因此，选择使用更少的正规化自由度，使邻域函数$h_{j,i(\boldsymbol{x})}(n)$具有恒定的宽度，逐渐增加邻域函数内的神经元总数，就可按离散形式完成该操作。新神经元插入旧神经元中间，而SOM算法的平滑性保证新神经元以合适的方式参与突触值适应（Luttrell, 1989a）。重正规化SOM算法的小结将在习题9.15给出。

9.3.3 自适应过程

下面来看自组织特征映射形成的最后一个过程，即突触自适应过程。为了使网格是自组织的，要求神经元j的突触权重向量$\boldsymbol{w}_j$随输入向量$\boldsymbol{x}$发生变化，问题是如何变化。在Hebb学习假设中，突触权重随着突触前和突触后活动的同时发生而增加。这种方法十分适合联想学习（如主成分分析）。然而，对于本文所考虑的无监督学习，Hebb假设的基本形式并不令人满意，原因如下：连接中的变化仅发生在一个方向上，最终导致所有突触权重饱和。为了克服这个问题，我们加入遗忘项$g(y_i)\boldsymbol{w}_j$来修正Hebb假设，其中$\boldsymbol{w}_j$是神经元j的突触权重向量，$g(y_j)$是响应y_j的正标量函数。对函数y_j的唯一要求是，$g(y_j)$的泰勒级数展开式中的常数项为零，这样就有

$$g(y_j) = 0, \quad y_j = 0 \tag{9.8}$$

这个要求的意义很快就会显现。给定这样一个函数，可将网格中神经元j的权重向量的变化表示为

$$\Delta\boldsymbol{w}_j = \eta y_j \boldsymbol{x} - g(y_j)\boldsymbol{w}_j \tag{9.9}$$

式中，η是算法的学习率参数。式（9.9）右端的第一项是Hebb项，第二项是遗忘项。为满足式（9.8），对$g(y_j)$选择线性函数如下：

$$g(y_j) = \eta y_j \tag{9.10}$$

对于获胜神经元$i(\boldsymbol{x})$，可进一步简化式（9.9），方法是设

$$y_j = h_{j,i(\boldsymbol{x})} \tag{9.11}$$

将式（9.10）和式（9.11）代入式（9.9）得

$$\Delta \boldsymbol{w}_j = \eta h_{j,i(\boldsymbol{x})}(\boldsymbol{x} - \boldsymbol{w}_j), \quad \begin{cases} i: \text{获胜神经元} \\ j: \text{活跃（激活）神经元} \end{cases} \tag{9.12}$$

最后，若已知神经元 j 在 n 时刻的突触权重向量 $\boldsymbol{w}_j(n)$，则使用离散时间形式可将 $n+1$ 时刻的更新权重向量 $\boldsymbol{w}_j(n+1)$ 定义为

$$\boldsymbol{w}_j(n+1) = \boldsymbol{w}_j(n) + \eta(n)\ h_{j,i(\boldsymbol{x})}(n)(\boldsymbol{x}(n) - \boldsymbol{w}_j(n)) \tag{9.13}$$

它被应用到了网格中获胜神经元 i 的拓扑邻域内的所有神经元（Kohonen, 1982; Ritter et al., 1992; Kohonen, 1997）。式（9.13）的作用是将获胜神经元 i 的突触权重向量 $\boldsymbol{w}_i$ 移向输入向量 $\boldsymbol{x}$。随着训练数据的重复出现，由于邻域更新，突触权重向量倾向于服从输入向量的分布。因此，该算法导致输入空间中特征映射的拓扑排序，即网格中相邻的神经元往往具有相似的突触权重向量。这个问题将在9.4节中进一步叙述。

式（9.13）是计算特征映射突触权重的理想公式。然而，除了这个公式，我们还需要选择邻域函数 $h_{j,i(\boldsymbol{x})}(n)$ 的启发式（9.7）。

学习率参数 $\eta(n)$ 也是时变形式的，如式（9.13）所示，这是随机逼近的要求。特别地，它应该从某个初值 η_0 开始，然后随时间n的增加而逐渐减小。这个需求可通过下面的启发式来满足：

$$\eta(n) = \eta_0 \exp(-n/\tau_2), \quad n = 0,1,2,\cdots \tag{9.14}$$

式中，τ_2 是SOM算法中的另一个时间常数。根据第二种启发式方法，学习率参数随时间n呈指数衰减。尽管式（9.6）和式（9.14）中描述的指数衰减公式用于邻域函数的宽度和学习率参数可能不是最优的，但它们对以自组织方式构成特征映射通常是足够的。

9.3.4 自适应过程的两个阶段：排序和收敛

从完全无序的初始状态开始的时候，若正确选择算法的参数，则令人惊奇的是SOM算法如何逐渐导致从输入空间抽取的激活模式的有组织表示。我们可将根据式（9.13）计算的网络中的突触权重的自适应过程分解为两个阶段：排序或自组织阶段，以及收敛阶段。自适应过程的这两个阶段描述如下（Kohonen, 1982, 1997a）：

1. 自组织或排序阶段。在自适应过程的这个阶段，发生权重向量的拓扑排序。这个排序阶段可能需要多达1000次SOM算法迭代，甚至更多次迭代。因此，要仔细考虑学习率参数和邻域函数的选择。
   - 学习率参数 $\eta(n)$ 的初值应接近0.1，然后逐渐减小，但应保持在0.01以上（不允许为0）。这些理想值可根据式（9.14）选择如下：
   $$\eta_0 = 0.1, \quad \tau_2 = 1000$$
   - 邻域函数 $h_{j,i}(n)$ 的初始化应包括以获胜神经元 i 为中心的几乎所有神经元，然后随时间慢慢收缩。

   具体地说，在排序阶段，也可能迭代1000次或更多次，允许 $h_{j,i}(n)$ 函数减至获胜神经元周围的一个较小邻域或获胜神经元本身。假设离散映射使用二维神经元网格，则可将邻域函数的初值 σ_0 设为网格的“半径”。相应地，在式（9.6）中设时间常数 τ_1 为
   $$\tau_1 = 1000/\log\sigma_0$$
2. 收敛阶段。自适应过程的这个阶段需要对特征映射进行微调，以便提供输入空间的准确统计量。此外，收敛所需的迭代次数依赖于输入空间的维数。一般来说，构成收敛阶段的迭代次数至少应是网络中神经元数量的500倍。因此，收敛阶段可能需要进行几千次甚至上万次迭代。学习率参数和邻域函数的选择如下。
   - 为了获得良好的统计精度，收敛阶段的学习率参数 $\eta(n)$ 应保持为较小的值，如0.01。

如前所述，学习率参数不能低至零，否则网络将陷入亚稳态。亚稳态属于拓扑有缺陷的特征映射结构。式（9.14）的指数衰减可以保证学习率参数不可能处于亚稳态。

- 邻域函数 $h_{j,i(x)}$ 应只包括获胜神经元的最近邻域，这可能最终减至1或0个相邻神经元。

注意，在讨论排序和收敛问题时，我们强调了实现它们所需的迭代次数，但有些软件包是使用轮（而非迭代）来描述这两个问题的。

9.3.5 SOM算法小结

Kohonen的SOM算法的本质是，使用简单的几何计算来代替类Hebb规则的细节和侧向相互作用。该算法的基本结构和参数如下：

- 根据一定概率分布生成的激活模式的连续输入空间。
- 按神经元网格形式表示网络的拓扑结构，这种结构定义一个离散的输出空间。
- 在获胜神经元 $i(\boldsymbol{x})$ 周围定义的时变邻域函数 $h_{j,i(\boldsymbol{x})}(n)$。
- 学习率参数 $\eta(n)$，其初值是 η_0，然后随时间 n 递减，但永远不为零。

对于邻域函数和学习率参数，在排序阶段（前1000次迭代左右）分别使用式（9.7）和式（9.14）表示。为了获得更好的统计精度，在收敛阶段相当长的时段内，$\eta(n)$ 应保持为一个较小的值（如0.01或更小），一般要进行几千次迭代。收敛阶段开始时，邻域函数应只包含获胜神经元的最近邻域，且可能最终缩减到1个或0个相邻神经元。

初始化后的算法应用包括三个基本步骤：采样、相似性匹配和更新。重复这三个步骤，直到完成特征映射的构建。该算法小结如下：

1. *初始化*。为初始权重向量 $\boldsymbol{w}_j(0)$ 选择随机值。这里的唯一限制是 $j=1,2,\cdots,l$，$\boldsymbol{w}_j(0)$ 是独立的，其中 l 是网格中神经元的数量。可能需要保持较小的权重。
   初始化算法的另一种方式是以随机方式从可用输入向量集 $\{\boldsymbol{x}_i\}_{i=1}^{N}$ 中选择权重向量 $\{\boldsymbol{w}_j(0)\}_{j=1}^{l}$。这种替代选择方法的优势是初始映射将在最终的映射范围内。
2. *采样*。以一定概率从输入空间中抽取样本向量$\boldsymbol{x}$，它表示应用于网格的激活模式。向量$\boldsymbol{x}$的维数等于 m。
3. *相似性匹配*。利用最小距离准则，在时间步n找到最优匹配（获胜）神经元 $i(\boldsymbol{x})$：

$$i(\boldsymbol{x}) = \arg\min_{j} \|\boldsymbol{x}(n) - \boldsymbol{w}_j\|, \qquad j = 1,2,\cdots,l$$

4. *更新*。利用更新公式调整所有活跃神经元的突触权重向量：

$$\boldsymbol{w}_j(n+1) = \boldsymbol{w}_j(n) + \eta(n)\, h_{j,i(\boldsymbol{x})}(n)(\boldsymbol{x}(n) - \boldsymbol{w}_j(n))$$

   式中，$\eta(n)$ 是学习率参数，$h_{j,i(\boldsymbol{x})}(n)$ 是获胜神经元 $i(\boldsymbol{x})$ 周围的邻域函数；$\eta(n)$ 和 $h_{j,i(\boldsymbol{x})}(n)$ 在学习过程中是动态变化的，以便获得最优的结果。
5. *继续*。继续执行步骤2，直到观察不到特征映射中的明显变化。

9.4 特征映射的性质

SOM算法一旦收敛，由其计算的特征映射就会显示输入空间的重要统计特征。

首先，我们用 $\mathcal{X}$ 表示连续输入（数据）空间，其拓扑由向量 $\boldsymbol{x} \in \mathcal{X}$ 的度量关系定义。令 $\mathcal{A}$ 表示离散输出空间，其拓扑是通过将一组神经元作为网格的计算节点来赋予的。令 Φ 表示一种称为特征映射的非线性变换，它将输入空间 $\mathcal{X}$ 映射到输出（网格）空间 $\mathcal{A}$：

$$\Phi : \mathcal{X} \to \mathcal{A} \tag{9.15}$$

式（9.15）可视为式（9.3）的抽象形式。式（9.3）定义为响应输入向量$\boldsymbol{x}$而产生的获胜神经元$i(\boldsymbol{x})$的位置。例如，在神经生物学中，输入空间$\mathcal{X}$可以表示密集分布在整个身体表面的体感接收器的坐标集。相应地，输出空间$\mathcal{A}$代表位于体感接收器投射到的人脑皮层中的神经元集。

给定输入向量$\boldsymbol{x}$，SOM算法首先根据特征映射$\boldsymbol{\Phi}$识别输出空间$\mathcal{X}$中的最优匹配或获胜神经元$i(\boldsymbol{x})$。神经元$i(\boldsymbol{x})$的突触权重向量$\boldsymbol{w}_i$可视为神经元指向输入空间$\mathcal{X}$的指针。

因此，如图9.4所示，SOM算法包含定义其的如下两个要素：

- 从连续输入空间$\mathcal{X}$到离散输出神经空间$\mathcal{A}$的投影。采用这种方式，根据9.3节所述算法小结中的相似性匹配步骤（步骤3），输入向量映射到网格结构中的“获胜神经元”。
- 从输出空间返回到输入空间的指针。实际上，由获胜神经元的权重向量定义的指针将输入数据空间中的特定点识别为获胜神经元的“像”；该操作是根据算法小结中的更新步骤（步骤4）迭代完成的。

换言之，在神经元网格所在的输出空间和生成样本的输入空间之间，存在来来回回的双向通信。

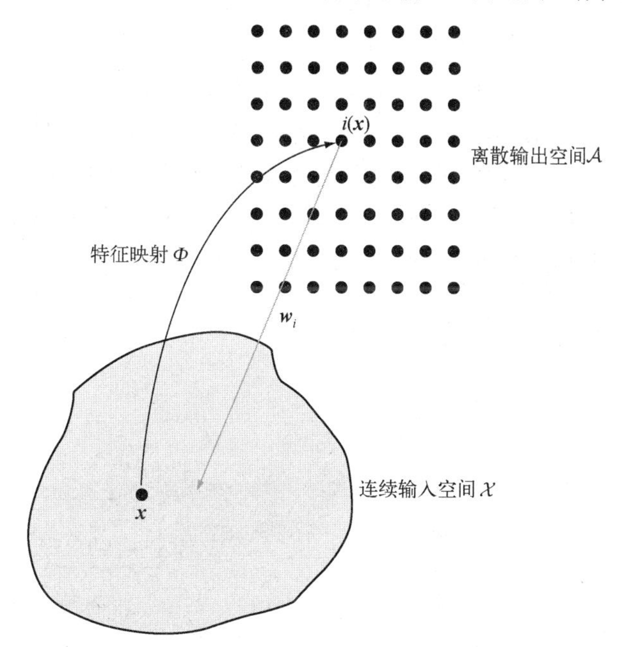

图9.4　特征映射$\boldsymbol{\Phi}$和获胜神经元i的权重向量$\boldsymbol{w}_i$的关系图

SOM算法有一些下面将要讨论的重要性质。

9.4.1　性质1　输入空间的近似

由输出空间$\mathcal{A}$中的突触权重向量集$\{\boldsymbol{w}_j\}$表示的特征映射$\boldsymbol{\Phi}$，提供了对输入空间$\mathcal{X}$的良好近似。

SOM算法的基本目标是，寻找一组较小的原型$\boldsymbol{w}_j \in \mathcal{A}$来存储一组较大的输入向量$\boldsymbol{x} \in \mathcal{X}$，以便提供对原始输入空间$\mathcal{X}$的良好近似。上述想法的理论基础植根于向量量化理论，动机是降维或数据压缩（Gersho and Gray, 1992）。因此，有必要简要讨论这个理论。

考虑图9.5，其中$\boldsymbol{c}(\boldsymbol{x})$是输入向量$\boldsymbol{x}$的编码器，$\boldsymbol{x}'(\boldsymbol{c})$是$\boldsymbol{c}(\boldsymbol{x})$的解码器。向量$\boldsymbol{x}$从训练样本（输入空间$\mathcal{X}$）中随机选择，服从基本概率密度函数$p_{\boldsymbol{x}}(\boldsymbol{x})$。改变函数$\boldsymbol{c}(\boldsymbol{x})$和$\boldsymbol{x}'(\boldsymbol{c})$，使期望失真$D$最小，进而确定最优的编码-解码方案：

$$D = \frac{1}{2}\int_{-\infty}^{\infty} p_{\boldsymbol{x}}(\boldsymbol{x}) d(\boldsymbol{x}, \boldsymbol{x}') \mathrm{d}\boldsymbol{x} \tag{9.16}$$

式中引入因子$\frac{1}{2}$是为了方便表达，$d(\boldsymbol{x}, \boldsymbol{x}')$是失真度量。由于积分假设在维数为$m$的整个输入空间$\mathcal{X}$上进行，因此在式（9.16）中使用了微分变量$\mathrm{d}\boldsymbol{x}$。失真度量$d(\boldsymbol{x}, \boldsymbol{x}')$的常用选择是输入向量$\boldsymbol{x}$和重建向量$\boldsymbol{x}'$之间的欧氏距离的平方，即

$$d(\boldsymbol{x}, \boldsymbol{x}') = \|\boldsymbol{x} - \boldsymbol{x}'\|^2 = (\boldsymbol{x} - \boldsymbol{x}')^{\mathrm{T}}(\boldsymbol{x} - \boldsymbol{x}') \tag{9.17}$$

于是，式（9.16）可重写为

$$D = \frac{1}{2}\int_{-\infty}^{\infty} p_{\boldsymbol{x}}(\boldsymbol{x}) \|\boldsymbol{x} - \boldsymbol{x}'\|^2 \mathrm{d}\boldsymbol{x} \tag{9.18}$$

广义Lloyd算法（Gersho and Gray, 1992）中包含了期望失真D最小的两个必要条件：

条件1　给定输入向量$\boldsymbol{x}$，选择编码$\boldsymbol{c} = \boldsymbol{c}(\boldsymbol{x})$使平方误差失真$\|\boldsymbol{x} - \boldsymbol{x}'(\boldsymbol{c})\|^2$最小。

条件2　给定编码$\boldsymbol{c}$，计算重建向量$\boldsymbol{x}' = \boldsymbol{x}'(\boldsymbol{c})$作为满足条件1的输入向量$\boldsymbol{x}$的中心。

条件1称为最近邻编码规则。条件1和条件2意味着平均失真D相对于编码器$\boldsymbol{c}(\boldsymbol{x})$和解码器$\boldsymbol{x}'(\boldsymbol{c})$各自的变化是稳定的（在局部极小值处）。为了实现向量量化，广义Lloyd算法以批量训练的方式进行。该算法基本上是根据条件1来优化编码器$\boldsymbol{c}(\boldsymbol{x})$及根据条件2来优化解码器$\boldsymbol{x}'(\boldsymbol{c})$进行的，直到期望失真$D$最小。为克服局部极小值问题，可能需要使用不同的初值多次运行广义Lloyd算法。

广义Lloyd算法与SOM算法密切相关，详见Luttrell(1989b)。我们可通过考虑图9.6所示的模型来描述这种关系，其中在编码器$\boldsymbol{c}(\boldsymbol{x})$后面引入了一个与信号无关的“噪声项”。记为$\boldsymbol{v}$的噪声与编码器和解码器之间的虚拟“通信信道”相关联，目的是说明输出编码$\boldsymbol{c}(\boldsymbol{x})$失真的可能性。在图9.6所示模型的基础上，可以考虑期望失真的如下修正形式：

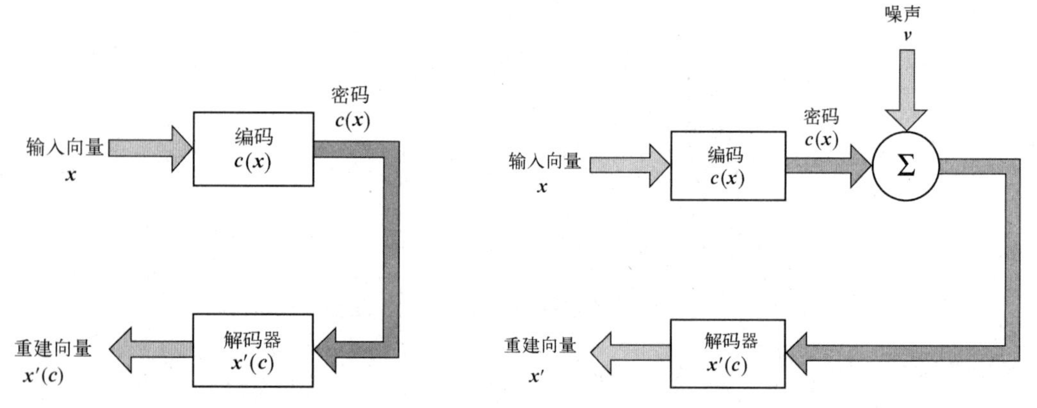

图9.5　描述SOM模型的性质1的编码器-解码器模型　　图9.6　噪声编码器-解码器模型

$$D_1 = \frac{1}{2}\int_{-\infty}^{\infty} p_{\boldsymbol{x}}(\boldsymbol{x}) \int_{-\infty}^{\infty} \pi(\boldsymbol{v}) \|\boldsymbol{x} - \boldsymbol{x}'(\boldsymbol{c}(\boldsymbol{x}) + \boldsymbol{v})\|^2 \mathrm{d}\boldsymbol{v}\mathrm{d}\boldsymbol{x} \tag{9.19}$$

式中，$\pi(\boldsymbol{v})$为加性噪声$\boldsymbol{v}$的概率密度函数。内积分在该噪声的所有可能实现上进行，因此在式（9.19）中使用了增量变量$\mathrm{d}\boldsymbol{v}$。

根据为广义Lloyd算法描述的策略，对图9.6所示的模型可以考虑两个不同的优化，一个与编码器有关，另一个与解码器有关。为了找到给定$\boldsymbol{x}$的最优解码器，需要求出期望失真D_1关于编码向量$\boldsymbol{c}$的偏导数。由式（9.19）得

$$\frac{\partial D_1}{\partial \boldsymbol{c}} = \frac{1}{2} p_{\boldsymbol{x}}(\boldsymbol{x}) \int_{-\infty}^{\infty} \pi(\boldsymbol{v}) \frac{\partial}{\partial \boldsymbol{c}} \|\boldsymbol{x} - \boldsymbol{x}'(\boldsymbol{c})\|^2 \Big|_{\boldsymbol{c}=\boldsymbol{c}(\boldsymbol{x})+\boldsymbol{v}} \mathrm{d}\boldsymbol{v} \tag{9.20}$$

要找到给定$\boldsymbol{c}$的最优解码器，我们需要期望失真 D_1 关于解码向量 $\boldsymbol{x}'(\boldsymbol{c})$ 的偏导数。由式（9.19）得

$$\frac{\partial D_1}{\partial \boldsymbol{x}'(\boldsymbol{c})}=-\int_{-\infty}^{\infty} p_{\boldsymbol{x}}(\boldsymbol{x})\pi(\boldsymbol{c}-\boldsymbol{c}(\boldsymbol{x}))(\boldsymbol{x}-\boldsymbol{x}'(\boldsymbol{c}))\mathrm{d}\boldsymbol{x} \tag{9.21}$$

因此，根据式（9.20）和式（9.21），我们对前述广义Lloyd算法中的条件1和条件2做如下修改（Luttrell, 1989b）。

条件I　给定输入向量$\boldsymbol{x}$，选择编码 $\boldsymbol{c}=\boldsymbol{c}(\boldsymbol{x})$，使如下期望失真最小：

$$D_2=\int_{-\infty}^{\infty}\pi(\boldsymbol{v})\left\|\boldsymbol{x}-\boldsymbol{x}'(\boldsymbol{c}(\boldsymbol{x})+\boldsymbol{v})\right\|^2\mathrm{d}\boldsymbol{v} \tag{9.22}$$

条件II　给定编码$\boldsymbol{c}$，计算重建向量 $\boldsymbol{x}'(\boldsymbol{c})$ 使其满足如下条件：

$$\boldsymbol{x}'(\boldsymbol{c})=\frac{\int_{-\infty}^{\infty} p_{\boldsymbol{x}}(\boldsymbol{x})\pi(\boldsymbol{c}-\boldsymbol{c}(\boldsymbol{x}))\boldsymbol{x}\mathrm{d}\boldsymbol{x}}{\int_{-\infty}^{\infty} p_{\boldsymbol{x}}(\boldsymbol{x})\pi(\boldsymbol{c}-\boldsymbol{c}(\boldsymbol{x}))\mathrm{d}\boldsymbol{x}} \tag{9.23}$$

在式（9.21）中令 $\partial D_1/\partial\boldsymbol{x}'(\boldsymbol{c})=0$，解出 $\boldsymbol{x}'(\boldsymbol{c})$ 即可得到式（9.23）。

图9.5中描述的编码器-解码器模型现在可视为图9.6中所示模型的特例。特别地，若将噪声$\boldsymbol{v}$的概率密度函数 $\pi(\boldsymbol{v})$ 设为狄拉克德尔塔函数 $\delta(\boldsymbol{v})$，则对于广义Lloyd算法，条件I和II分别简化为条件1和条件2。

为了简化条件I，我们假设 $\pi(\boldsymbol{v})$ 是$\boldsymbol{v}$的平滑函数。然后，可以证明，对于二阶近似，式（9.22）中定义的期望失真 D_2 由如下两个分量组成（Luttrell, 1989b）：

- 由平方误差失真 $\|\boldsymbol{x}-\boldsymbol{x}'(\boldsymbol{c})\|^2$ 定义的常规失真项。
- 由噪声模型 $\pi(\boldsymbol{v})$ 导致的曲率项。

假设曲率项很小，则图9.6中模型的条件I可由图9.5中无噪声模型的条件1近似。这种近似照例将条件I简化为最近邻编码规则。

对于条件II，可用随机下降学习来实现它。特别地，我们根据 $p_{\boldsymbol{x}}(\boldsymbol{x})$ 从输入空间 $\mathcal{X}$ 中随机选择输入向量$\boldsymbol{x}$，然后将重建向量 $\boldsymbol{x}'(\boldsymbol{c})$ 更新为

$$\boldsymbol{x}'_{\text{new}}(\boldsymbol{c})\leftarrow\boldsymbol{x}'_{\text{old}}(\boldsymbol{c})+\eta\pi(\boldsymbol{c}-\boldsymbol{c}(\boldsymbol{x}))[\boldsymbol{x}-\boldsymbol{x}'_{\text{old}}(\boldsymbol{c})] \tag{9.24}$$

式中，η 是学习率参数，$\boldsymbol{c}(\boldsymbol{x})$ 是对条件1的最近邻编码近似。式（9.24）中的更新公式是通过检查式（9.21）中的偏导数得到的。这一更新适用于所有 $\boldsymbol{c}$，因此有

$$\pi(\boldsymbol{c}-\boldsymbol{c}(\boldsymbol{x}))>0 \tag{9.25}$$

我们可将式（9.24）中描述的梯度下降程序视为最小化式（9.19）中期望失真 D_1 的一种方法，即式（9.23）和式（9.24）基本上属于同一类型，但式（9.23）是批量式的，式（9.24）是连续式的。

考虑到表9.1中列出的对应关系，式（9.24）中的更新公式与式（9.13）中的（连续）SOM算法相同。因此，可以说，用于向量量化的广义Lloyd算法是零邻域的SOM算法的批量训练版；对于零邻域，$\pi(0)=1$。注意，为了从SOM算法的批量训练版中得到广义Lloyd算法，不需要进行任何近似，因为当邻域的宽度为零时，曲率项（及所有高阶项）不起作用。

表9.1　SOM算法与图9.6所示模型之间的对应关系

图9.6所示的编码器-解码器模型	SOM算法
编码器 $\boldsymbol{c}(\boldsymbol{x})$	最优匹配神经元 $i(\boldsymbol{x})$
重建向量 $\boldsymbol{x}'(\boldsymbol{c})$	突触权重向量 $\boldsymbol{w}_j$
概率密度函数 $\pi(\boldsymbol{c}-\boldsymbol{c}(\boldsymbol{x}))$	邻域函数 $h_{j,i(\boldsymbol{x})}$

在这里的讨论中，需要注意如下要点。

1. SOM算法是一种向量量化算法，它能很好地逼近输入空间$\mathcal{X}$。这个观点为推导SOM算法提供了另一种方法，如式（9.24）所示。
2. 根据这个观点，SOM算法中的邻域函数$h_{j,i(\boldsymbol{x})}$具有概率密度函数的形式。Luttrell(1991a)认为零均值高斯模型适合图9.6所示模型中的噪声$\boldsymbol{v}$。因此，我们就有了采用式（9.4）所示高斯邻域函数的理论依据。

批量式SOM仅是对式（9.23）的重写，其和用于近似该公式右侧分子和分母中的积分。注意，在这个版本的SOM算法中，输入模式呈现给网络的顺序不影响特征映射的最终形式，并且不需要学习率表，但仍然需要使用邻域函数。

9.4.2 性质2 拓扑排序

> 由SOM算法计算的特征映射$\boldsymbol{\Phi}$拓扑上是有序的，即神经元在网格中的空间位置对应于输入模式的特定域或特征。

拓扑排序性质是式（9.13）所示更新公式的直接结果，它使得获胜神经元$i(\boldsymbol{x})$的突触权重向量$\boldsymbol{w}_i$移向输入向量$\boldsymbol{x}$，还使得最近的活跃神经元j的突触权重向量$\boldsymbol{w}_j$与获胜神经元$i(\boldsymbol{x})$一起移动。因此，可将特征映射$\boldsymbol{\Phi}$可视化为一个弹性或虚拟网络，其拓扑是输出空间$\mathcal{A}$中规定的一维或二维网格，其节点的权重是输入空间$\mathcal{X}$中的坐标（Ritter, 2003）。因此，该算法的总体目标如下：

> 当通过指针或原型以突触权重向量$\boldsymbol{w}_j$的形式逼近输入空间$\mathcal{X}$时，特征映射$\boldsymbol{\Phi}$会以某种统计准则忠实地表示表征输入向量$\boldsymbol{x}\in\mathcal{X}$的重要特征。

特征映射$\boldsymbol{\Phi}$通常显示在输入空间$\mathcal{X}$中。具体地说，所有指针（突触权重向量）都显示为点，相邻神经元的指针则根据网格拓扑使用直线连接。因此，当用一条直线来连接两个指针$\boldsymbol{w}_i$和$\boldsymbol{w}_j$时，就表示相应的神经元i和j是网格中的相邻神经元。

9.4.3 性质3 密度匹配

> 特征映射$\boldsymbol{\Phi}$反映输入分布统计量的变化：在输入空间$\mathcal{X}$中，以高概率提取样本向量$\boldsymbol{x}$的区域被映射到输出空间中的较大区域，因此分辨率比以低概率提取样本向量$\boldsymbol{x}$的区域的高。

设$p_{\boldsymbol{x}}(\boldsymbol{x})$表示随机输入向量$\boldsymbol{X}$的多维概率密度函数，其中的一个样本实现记为$\boldsymbol{x}$。根据定义，这个概率密度函数在整个输入空间$\mathcal{X}$上的积分必定等于1，即

$$\int_{-\infty}^{\infty} p_{\boldsymbol{X}}(\boldsymbol{x})\mathrm{d}\boldsymbol{x}=1$$

设$m(\boldsymbol{x})$表示映射放大系数，它定义为输入空间$\mathcal{X}$内小体积$\mathrm{d}\boldsymbol{x}$中的神经元数量。放大系数在输入空间$\mathcal{X}$上的积分必定等于网络中神经元的总数l，即

$$\int_{-\infty}^{\infty} m(\boldsymbol{x})\mathrm{d}\boldsymbol{x}=l \tag{9.26}$$

因此，为了使SOM算法与输入密度精确匹配，我们需要以下比例关系（Amari, 1980）：

$$m(\boldsymbol{x})\propto p_{\boldsymbol{X}}(\boldsymbol{x}) \tag{9.27}$$

这个性质表明，若输入空间的某个特定区域包含频繁发生的刺激，则相比刺激发生频率较低的区域，它将用特征映射中更大的区域来表示。

一般来说，在二维特征映射中，放大系数$m(\boldsymbol{x})$不能表示为输入向量$\boldsymbol{x}$的概率密度函数$p_{\boldsymbol{x}}(\boldsymbol{x})$的简单函数。仅在一维特征映射的情况下，才有可能导出这种关系。对于这种特殊情况，我们发现，

与早期的猜测（Kohonen, 1982）相反，放大系数$m(\boldsymbol{x})$与$p_{\boldsymbol{X}}(\boldsymbol{x})$不成正比。根据推荐的编码方法，文献中报告了两种不同的结果。

1. *最小失真编码*。根据该编码，因噪声模型$\pi(\boldsymbol{v})$而保留式（9.22）所示失真度量中的曲率项和所有高阶项。这种编码方法的结果为

$$m(\boldsymbol{x}) \propto p_{\boldsymbol{X}}^{1/3}(\boldsymbol{x}) \tag{9.28}$$

这与标准向量量化器的结果相同（Luttrell, 1991a）。

2. *最近邻编码*。如SOM算法的标准形式那样，这种编码在忽略曲率项时出现。这种编码方法的结果为（Ritter, 1991）：

$$m(\boldsymbol{x}) \propto p_{\boldsymbol{X}}^{2/3}(\boldsymbol{x}) \tag{9.29}$$

前面说过，频繁出现的输入刺激群在特征映射中表示为一个更大的区域，这个说法仍然成立，但是是在式（9.27）描述的理想条件的失真版中。

一般来说（被计算机仿真确认），SOM算法计算的特征映射往往过高表示低输入密度的区域，并过低表示高输入密度的区域。换言之，SOM算法无法提供构成输入空间的概率分布的可靠表示。

9.4.4 性质4 特征选择

给定来自输入空间的数据后，自组织映射能为逼近基本分布选择一组最好的特征。

这个性质是性质1到性质3的自然结果。广义上讲，性质4会让人想起第8章讨论的主成分分析，但有一个重要区别，如图9.7所示。图9.7(a)显示了零均值数据点的二维分布，这些数据点是由被加性噪声损坏的线性输入-输出映射产生的。在这种情况下，主成分分析的效果非常好：它告诉我们，图9.7(a)中“线性”分布的最好描述由一条直线（一维“超平面”）定义，该直线过原点，且平行于与数据相关矩阵的最大特征值相关联的特征向量。接下来考虑图9.7(b)中描述的情况，这是由零均值加性噪声损坏的非线性输入-输出映射的结果。在第二种情况下，通过主成分分析计算出的直线逼近不可能提供可以接受的数据描述。另一方面，利用建立在一维神经元网格上的自组织映射，凭借其拓扑排序性质，能够克服这种逼近问题。如图9.7(b)所示，后一种逼近仅在网格的维数与分布的内在维数相匹配时才有效。

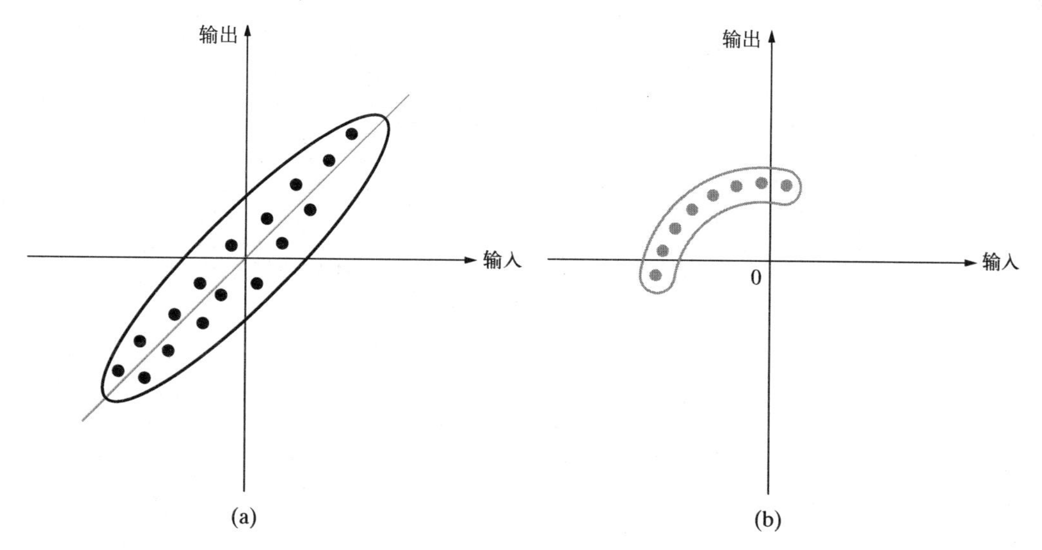

图9.7 (a)由线性输入-输出映射产生的二维分布；(b)由非线性输入-输出映射产生的二维分布

9.5 计算机实验I：使用SOM求解网格动力学

9.5.1 由二维激励驱动的二维网格

为了说明SOM算法的行为，下面使用计算机仿真来研究一个由576个神经元组成的网络，该网络按24行24列的二维网格形式排列。这个网络使用二维输入向量**x**进行训练，**x**的元素 x_1 和 x_2 均匀分布在区域 $\{x_1, x_2 \text{ in } (-1,1)\}$ 上。为了初始化网络，随机选择的值被赋给突触权重。

图9.8显示了网络学习表示输入分布时的三个训练阶段。图9.8(a)显示了用于训练特征映射的均匀分布的数据。图9.8(b)显示了随机选择的突触权重的初值。图9.8(c)和图9.8(d)分别显示了排序和收敛阶段完成后，SOM算法计算的24×24映射。如前面的性质2所述，图9.8中画出的直线连接网络中相邻的神经元（跨行和跨列）。

图9.8中的结果显示了SOM算法学习过程的排序阶段和收敛阶段。在排序阶段，映射展开形成的网格如图9.8(c)所示。当这个阶段结束时，神经元按正确的顺序映射。在收敛阶段，映射展开到填充输入空间。当收敛阶段结束时，如图9.8(d)所示，图中神经元的统计分布接近输入向量的统计分布，但有一些失真。将图9.8(d)中特征映射的最终状态与图9.8(a)中输入的均匀分布进行比较，可以看到，在收敛阶段，对映射的调整捕捉到了输入分布中的局部不规则性。

SOM算法的拓扑排序性质如图9.8(d)所示。特别地，我们观察到算法（收敛后）捕捉到了输入端均匀分布的基本拓扑。在图9.8所示的计算机仿真中，输入空间 $\mathcal{X}$ 和输出空间 $\mathcal{A}$ 都是二维的。

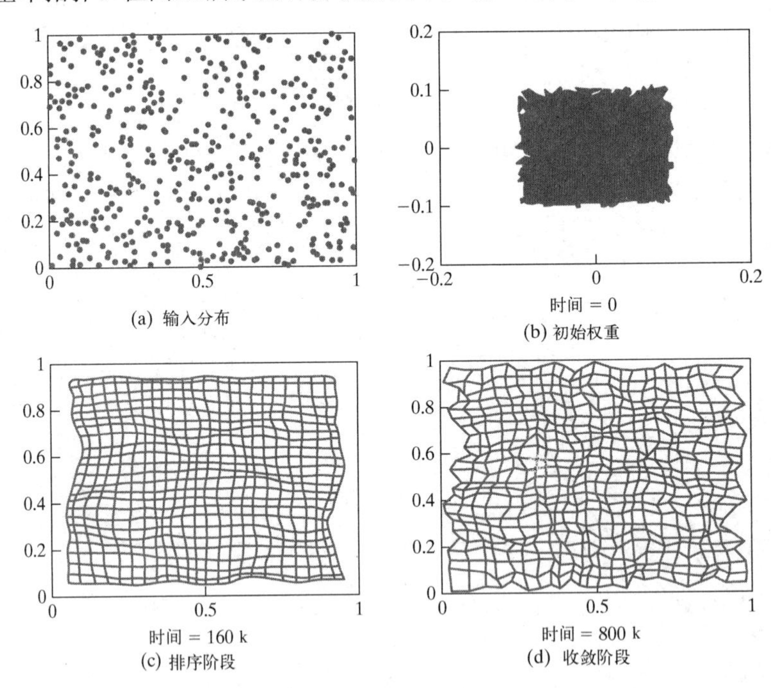

图9.8 (a)输入数据的分布；(b)二维网格的初始条件；(c)排序阶段结束时的网格状态；(d)收敛阶段结束时的网格条件。图(b)～(d)中的时间表示迭代次数

9.5.2 由二维激励驱动的一维网格

下面研究输入空间 $\mathcal{X}$ 的维数大于输出空间 $\mathcal{A}$ 的维数的情况。尽管存在这种不匹配，特征映射 Φ 通

常也能形成输入分布的拓扑表示。图9.9显示了特征映射演化的三个不同阶段，这个特征映射如图9.9(b)所示的那样进行初始化，并使用输入数据进行训练，输入数据取自图9.9(a)所示正方形内部的均匀分布，但这次计算是使用100个神经元的一维网格进行的。图9.9(c)和图9.9(d)分别显示了排序和收敛阶段完成后的特征映射。我们看到，为了尽可能密集地填充正方形，进而为二维输入空间 $\mathcal{X}$ 的基本拓扑提供良好近似，算法计算出的特征映射严重失真。图9.9(d)所示的近似曲线类似于Peano曲线（Kohonen, 1990a）。图9.9中特征映射所示的操作称为降维，其中输入空间 $\mathcal{X}$ 通过投影到低维输出空间 $\mathcal{A}$ 来表示。

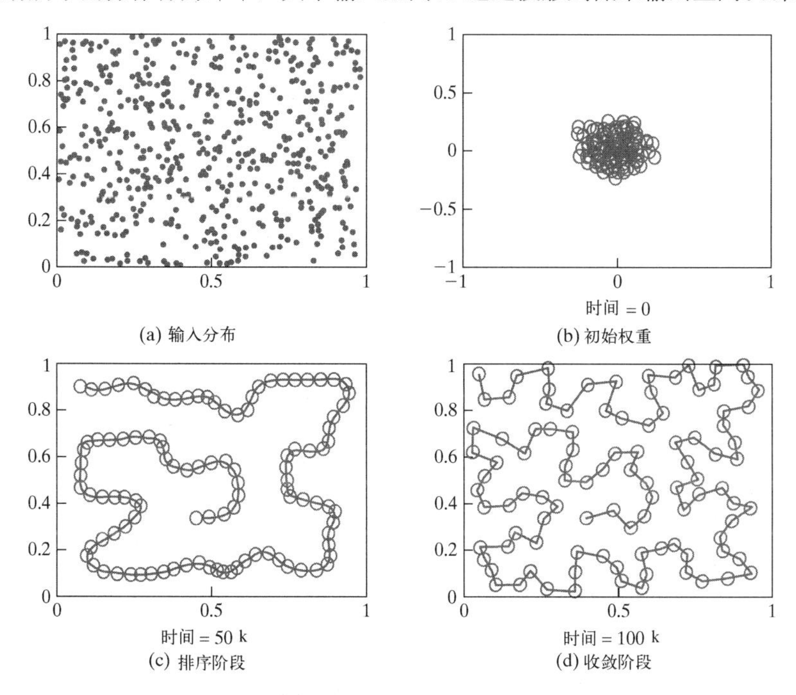

图9.9　(a)二维输入数据的分布；(b)一维网格的初始条件；(c)排序阶段结束时一维网格的条件；(d)收敛阶段结束时网格的条件。图(b)～(d)中包含的时间表示迭代次数

9.6　上下文映射

可视化自组织特征映射的方法有两种。在第一种可视化方法中，特征映射被视为一个弹性网络，突触权重向量被视为相应神经元的指针，它指向输入空间。这种可视化方法对于显示SOM算法的拓扑排序性质特别有用，如9.5节给出的计算机仿真实验结果所示。

在第二种可视化方法中，类别标记被赋给二维网格（代表网络的输出层）中的神经元，具体取决于每个测试模式如何激发自组织网络中的特定神经元。作为这个激发阶段的结果，二维网格中的神经元被划分成多个相干区域，每个神经元分组代表不同的连续符号或标记集合（Ritter, 2003）。这种方法假设首先已遵循开发有序特征图的正确条件。

例如，考虑表9.2中给出的一组数据，它涉及16种不同的动物。表格中的每列都是一种动物的示意性描述，它基于表格左侧给出的13种不同属性中的某些属性的有（= 1）或无（= 0）。有些属性如“羽毛”和“两条腿”是相关的，而其他许多属性是不相关的。对于表格顶部给出的每种动物，有一个由13个元素组成的属性代码 $\boldsymbol{x}_{\mathrm{a}}$。动物本身由符号代码 $\boldsymbol{x}_{\mathrm{s}}$ 指定，其组成不得含有动物之间的任何信息或已知相似性。对于当前的示例，$\boldsymbol{x}_{\mathrm{s}}$ 由一个列向量组成，该列向量的第 k 个元素（表示动物 $k=1,2,\cdots,16$ ）被赋予一个固定值 a，其余的元素都设为零。参数 a 确定符号代码相对于属性代码的影响。为了确保属性代码是主导代码，选择 a 等于0.2。每种动物的输入向量$\boldsymbol{x}$都是由29个元素组成的向量，表示属性代码 $\boldsymbol{x}_{\mathrm{a}}$ 和符号代码 $\boldsymbol{x}_{\mathrm{s}}$ 的串联：

$$\boldsymbol{x}=\begin{bmatrix}\boldsymbol{x}_{\mathrm{s}}\\ \boldsymbol{x}_{\mathrm{a}}\end{bmatrix}=\begin{bmatrix}\boldsymbol{x}_{\mathrm{s}}\\ \boldsymbol{0}\end{bmatrix}+\begin{bmatrix}\boldsymbol{0}\\ \boldsymbol{x}_{\mathrm{a}}\end{bmatrix}$$

最后，将每个数据向量归一化为单位长度。由此产生的数据集模式呈现在由10×10个神经元组成的二维网格中，神经元的突触权重根据9.3节的SOM算法进行调整。训练持续2000次迭代，之后特征映射应已达到稳定状态。接着，将由只包含一种动物的符号代码 $\boldsymbol{x}=[\boldsymbol{x}_{\mathrm{s}},0]^{\mathrm{T}}$ 的神经元测试模式输入自组织网络，识别出最强响应的神经元。对所有16种动物重复该过程。

表9.2　动物名称及其属性

	动物	鸽子	母鸡	鸭子	鹅	猫头鹰	隼	鹰	狐狸	狗	狼	猫	老虎	狮子	马	斑马	母牛
是	小	1	1	1	1	1	1	0	0	0	0	1	0	0	0	0	0
	中	0	0	0	0	0	0	1	1	1	1	0	0	0	0	0	0
	大	0	0	0	0	0	0	0	0	0	0	0	1	1	1	1	1
有	两条腿	1	1	1	1	1	1	1	0	0	0	0	0	0	0	0	0
	四条腿	0	0	0	0	0	0	0	1	1	1	1	1	1	1	1	1
	毛发	0	0	0	0	0	0	0	1	1	1	1	1	1	1	1	1
	蹄	0	0	0	0	0	0	0	0	0	0	0	0	0	1	1	1
	鬃毛	0	0	0	0	0	0	0	0	0	1	0	0	1	1	1	0
	羽毛	1	1	1	1	1	1	1	0	0	0	0	0	0	0	0	0
喜欢	打猎	0	0	0	0	1	1	1	1	0	1	1	1	1	0	0	0
	跑	0	0	0	0	0	0	0	0	1	1	0	1	1	1	1	0
	飞	1	0	0	1	1	1	1	0	0	0	0	0	0	0	0	0
	游	0	0	1	1	0	0	0	0	0	0	0	0	0	0	0	0

按上述方式处理后，得到图9.10所示的映射，其中标记的神经元代表对各自的测试模式响应最强的神经元，未被占用的矩形空间代表较弱响应的神经元。

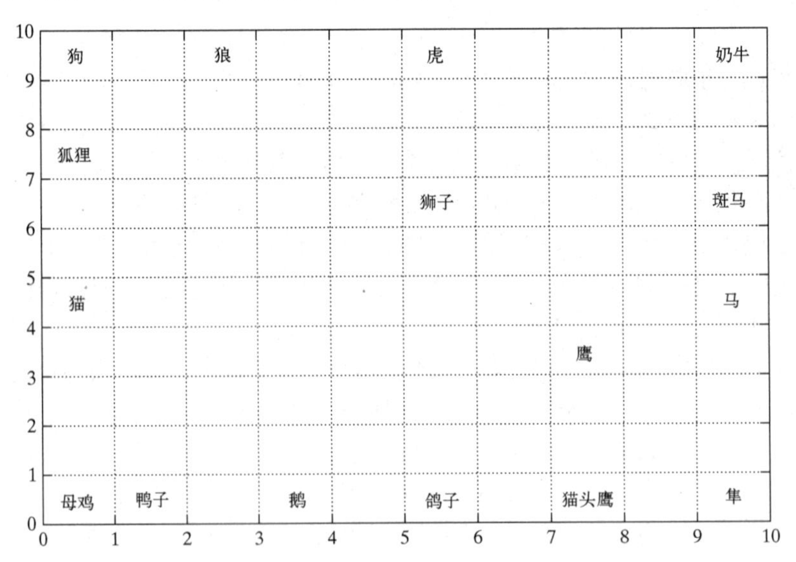

图9.10　包含对各自输入响应最强的标记神经元的特征映射

图9.11显示了相同自组织网络的模拟电极穿透映射的结果，只是网络中的每个神经元都是由其产生最好响应的特定动物来标记的。图9.11清楚地表明，该特征映射基本上捕捉了16种不同动物之间的种属关系。有三个不同的聚类：白色区域代表鸟类，深灰色区域代表平和物种，浅灰色区域代表猎手。

图9.11所示的特征映射称为上下文映射或语义映射（Ritter, 2003）。这种映射类似于皮层映射（大脑皮层中形成的计算映射），9.2节对此做过简要讨论。使用SOM算法生成的上下文映射已应用于各个领域，如文本音素类的无监督分类、遥感（Kohonen, 1997a）、数据挖掘（Kohonen, 1997b）。

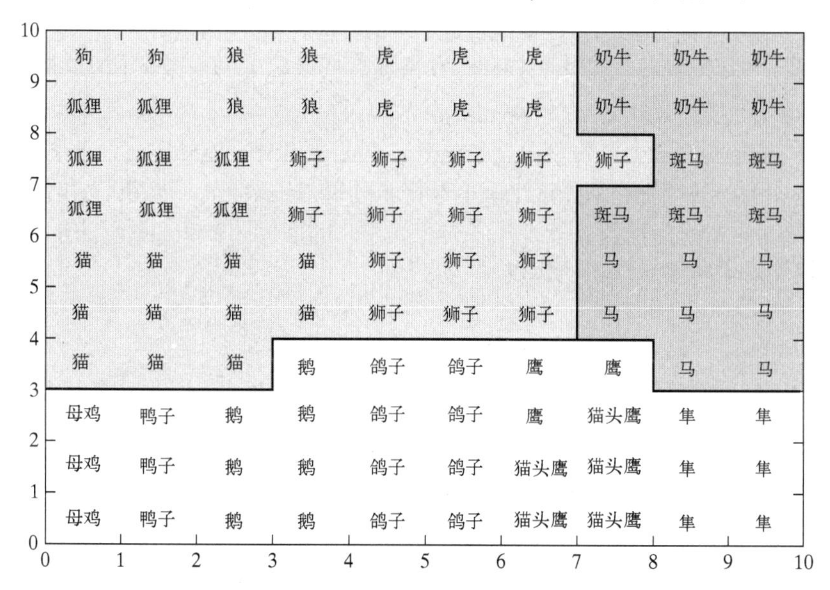

图9.11　使用模拟电极穿透映射得到的语义图。映射分为三个区域，分别代表鸟类（白色）、平和物种（深灰色）和猎手（浅灰色）

9.7　分层向量量化

9.4节在讨论自组织特征映射的性质1时，指出该映射与向量量化的广义Lloyd算法密切相关。向量量化是有损数据压缩的一种形式，即输入数据中包含的一些信息会因压缩而丢失。数据压缩源于香农信息论的一个分支——率失真理论（Cover and Thomas, 2002）。为了讨论分层向量量化，可从率失真理论的以下基本结果开始（Gray, 1984）：

> 即使数据源是无记忆的（它提供一系列独立的随机变量），或者数据压缩系统是有记忆的（编码器的动作依赖于编码器以前的输入或输出），与标量编码相比，向量编码总可实现更好的数据压缩性能。

这个基本结论是几十年来人们致力于向量量化研究的基础。

然而，传统向量量化算法需要大量的计算。向量量化最耗时的部分是编码操作。对于编码，必须将输入向量与码本中的每个代码向量进行比较，以确定哪种代码产生的失真最小。例如，对于包含 N 个码向量的码本，编码所需的时间约为 N，因此对大 N 而言，这可能很耗时。Luttrell(1989a)描述了一种多阶段分层向量量化器，该量化器在编码速度和精度之间进行了折中。多阶段分层向量量化器试图将整个向量量化分为若干子操作，每个子操作只需很少的计算。理想情况是，分解被简化为每个子操作的单次查表。巧妙地使用SOM算法来训练量化器的每个阶段，精度损失可以很小（低至几分之一分贝），而计算速度则加快很多。

考虑两个向量量化器VQ_1和VQ_2，其中VQ_1将其输出馈送到VQ_2。VQ_2的输出是应用于VQ_1的原始输入信号的最终编码版。执行量化时，VQ_2不可避免地会丢弃一些信息。就VQ_1而言，VQ_2的唯一作用就是让VQ_1输出的信息失真。因此，对VQ_1的合适训练方法似乎是SOM算法，它负责VQ_2导致的信号失真（Luttrell, 1989a）。要用广义Lloyd算法来训练VQ_2，只需在重建之前假设VQ_2的输出未损坏。然后，我们不需要引入任何噪声模型（在VQ_2的输出处）及相应的有限宽度邻域函数。

我们可将这个启发性的论点推广到多阶段向量量化器。每个阶段的设计必须考虑所有后续阶段导致的失真，并将该失真建模为噪声。为此，SOM算法用于除训练量化器最后一个阶段外的所有阶段，对于最后一个阶段，广义Lloyd算法是足够的。

分层向量量化是多阶段向量量化的一种特殊情况。例如，考虑一个4×1维输入向量的量化：

$$\boldsymbol{x} = [x_1, x_2, x_3, x_4]^{\mathrm{T}}$$

图9.12(a)中显示了$\boldsymbol{x}$的一个单阶段向量量化器。也可使用两阶段分层向量量化器，如图9.12(b)所示。这两种方案的显著区别是，图9.12(a)中量化器的输入维数为4，而图9.12(b)中量化器的输入维数为2。图9.12(b)中的量化器需要较小尺寸的查找表，因此比图9.12(a)所示的量化器更易实现，这是分层量化器相对于传统量化器的优点。

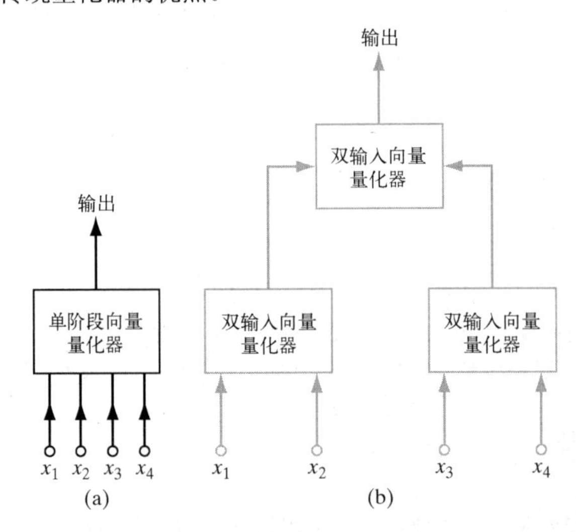

图9.12 (a)具有四维输入的单级向量量化器；(b)使用两个输入向量量化器的两阶段分层向量量化器（摘自S. P. Luttrell, 1989a, British Crown版权所有）

9.7.1 案例研究：一阶自回归模型

Luttrell(1989a)证明了多阶段分层向量量化器应用于各种随机时间序列的性能，编码精度几乎没有损失。图9.13使用一阶自回归（AR）模型再现了具有相关高斯噪声过程的Luttrell结果：

$$x(n+1) = \rho x(n) + v(n) \tag{9.30}$$

式中，ρ是AR系数，$v(n)$取自一组统计独立同分布的高斯随机变量，后者的均值为0、方差为1。因此，可以证明$x(n)$统计上表征为

$$\mathbb{E}[x(n)] = 0 \tag{9.31}$$

$$\mathbb{E}[x^2(n)] = \frac{1}{1-\rho^2} \tag{9.32}$$

$$\frac{\mathbb{E}[x(n+1)x(n)]}{\mathbb{E}[x^2(n)]} = \rho \tag{9.33}$$

于是，ρ 也可视为时间序列 $\{x(n)\}$ 的相关系数。为了根据式（9.30）初始化时间序列，对 $x(0)$ 使用均值为0、方差为 $1/(1-\rho^2)$ 的高斯随机变量，相关系数使用 $\rho = 0.85$ 。

对于向量量化，使用了图9.12(b)中二叉树那样的具有四维输入空间的分层编码器。对于AR时间序列 $\{x(n)\}$ ，平移对称性意味着只需要两个不同的查找表。每个表的大小与输入比特数呈指数关系，与输出比特数呈线性关系。在训练期间，为了正确计算式（9.24）中描述的更新，需要大量的比特来表示这些数；因此，在训练期间不使用查找表。训练一旦完成，比特数就可降至正常水平，并且根据需要填写表格项。对于图9.12(b)所示的编码器，按照每个样本4比特来近似输入样本。在编码器的所有阶段，使用 $N = 17$ 个编码向量，每个查找表的输出比特数也约为4。因此，第一阶段和第二阶段查找表的地址空间大小都是 $2^{4+4} = 256$ ，这意味着查找表的总体内存需求是中等的。

图9.13显示了输入为 $x(n)$ 时的编码-解码结果。图9.13(a)的下半部分显示了每个阶段的编码向量，它是二维输入空间中的一条曲线；图9.13(a)的上半部分显示了使用16×16个直条对共生矩阵的估计。图9.13(b)显示了作为时间序列片段的以下内容：

- 由第一编码器阶段计算的编码向量。
- 由第二阶段计算的重建向量，它在保持所有其他变量不变的情况下使均方失真最小。

图9.13(c)显示了原始时间序列的512个样本（顶部曲线），以及由最后编码器阶段的输出重建的512个样本（底部曲线）；图9.13(c)中的水平刻度是图9.13(b)中的一半。图9.13(d)显示了使用一对样本创建的共生矩阵：原始时间序列样本及其相应的重建。图9.13(d)中的带宽表示分层向量量化导致的失真程度。

观察图9.13(c)中的波形发现，除了一些被剪裁的正负峰值，重建结果几乎完美再现了原始时间序列。根据Luttrell(1989a)，归一化均方失真的计算结果几乎可与Jayant and Noll(1984)报告的单阶段四样本块编码器的结果媲美。

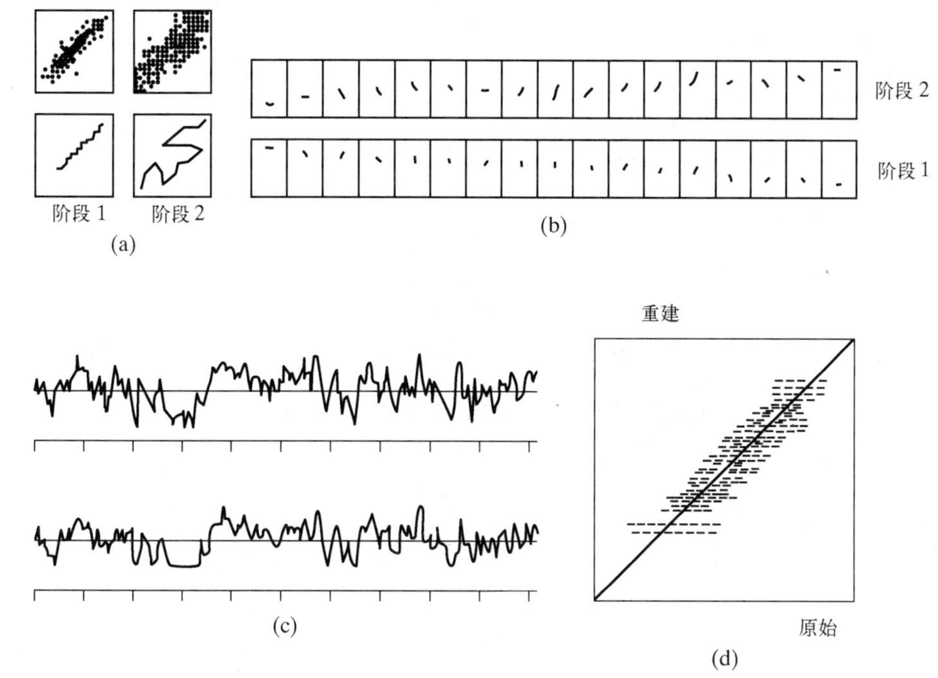

图9.13　两阶段编码-解码结果，使用图9.12中的二叉树压缩相关高斯噪声输入。相关系数为 $\rho = 0.85$（摘自S. P. Luttrell, 1989a, British Crown copyright）

9.8 核自组织映射

Kohonen的自组织映射算法是探索大量高维数据的强大工具，许多大规模可视化和数据挖掘应用就是例证。然而，从理论角度看，自组织映射算法有两个基本限制。

1. 算法提供的输入空间概率密度函数估计不精确。事实上，算法的这个缺点在图9.8所示的实验结果中得到了体现。从理论上也可发现这一缺点，即在式（9.28）或式（9.29）中，算法的密度匹配特性都不完美。
2. 算法的公式没有可优化的目标函数。考虑到算法的非线性随机特性，目标函数的缺乏使得收敛性的证明变得更加困难。

事实上，正是由于自组织映射的这两个局限，尤其是后一个局限，使得许多研究人员设计出了不同的方法来构建特征映射模型。本节描述Van Hulle(2002b)提出的基于核的自组织映射，其动机是改进拓扑映射。

9.8.1 目标函数

前面讨论的核方法应用是以支持向量机（SVM）和核主成分分析为例的，且核参数通常是固定的。相比之下，在核自组织映射（SOM）中，网格结构中的每个神经元都是核。因此，核参数根据指定的目标函数进行各自的调整，迭代最大化目标函数以便形成令人满意的拓扑映射。

本节重点关注作为目标函数的核（神经元）输出的联合熵。第10章中将详细讨论熵的概念。下面先介绍这个新概念的定义。考虑连续随机变量 Y_i，其概率密度函数为 $p_{Y_i}(y_i)$，样本值 y_i 位于区间 $0 \leqslant y_i < \infty$ 内。Y_i 的微分熵定义为

$$H(Y_i) = -\int_{-\infty}^{\infty} p_{Y_i}(y_i) \log p_{y_i}(y_i) \mathrm{d}y_i \tag{9.34}$$

式中，用log表示对数，以便与第10章中的术语保持一致。对于核SOM，随机变量 Y_i 与网格中第 i 个核的输出相关联，y_i 是 Y_i 的样本值。

我们按自下而上的方式做如下处理：

- 首先，最大化给定核的微分熵。
- 然后，当达到最大化时，调整核参数以最大化核输出和输入之间的“互信息”。

9.8.2 核的定义

我们将核表示为 $k(\boldsymbol{x}, \boldsymbol{w}_i, \sigma_i)$，其中$\boldsymbol{x}$是 m 维输入向量，$\boldsymbol{w}_i$ 是第 i 个核的权重（参数）向量，σ_i 是其宽度；索引 $i = 1, 2, \cdots, l$，其中 l 是构成映射网格结构的神经元总数。为核宽和权重向量分配索引 i 的原理是，这两个参数都将进行迭代调整。核是中心径向对称的，因此由 $\boldsymbol{w}_i$ 的定义有

$$k(\boldsymbol{x}, \boldsymbol{w}_i, \sigma_i) = k\left(\|\boldsymbol{x} - \boldsymbol{w}_i\|, \sigma_i\right),\ i = 1, 2, \cdots, l \tag{9.35}$$

式中，$\|\boldsymbol{x} - \boldsymbol{w}_i\|$ 是输入向量$\boldsymbol{x}$和权重向量 $\boldsymbol{w}_i$ 之间的欧氏距离，二者的维数相同。

现在，就像支持向量机和核主成分分析一样，我们希望用概率分布（高斯分布）来定义核。我们还将寻找概率分布，但对核采用不同的定义，如下所述。

假设核输出 y_i 具有“有界”支撑。于是，当 Y_i 均匀分布时，式（9.34）中定义的微分熵 $H(Y_i)$ 将是最大的（这种说法成立的理由是，熵是随机性的度量，而均匀分布是极端形式的随机性）。当输出分布与输入空间的累积分布函数匹配时，就出现上述的最优性条件。对于呈高斯分布的输入向量$\boldsymbol{x}$，相应欧氏距离 $\boldsymbol{x} - \boldsymbol{w}_i$ 的累积分布函数是不完全伽马分布。有待定义的这个分布就是所需的核定义。

假设输入向量$\boldsymbol{x}$的 m 个元素统计上是独立同分布的，其中第 j 个元素是高斯分布的，其均值为

μ_j、方差为σ^2。令v表示输入向量$\boldsymbol{x}$和均值向量$\boldsymbol{\mu}=[\mu_1,\mu_2,\cdots,\mu_m]^{\mathrm{T}}$之间欧氏距离的平方：

$$v=\|\boldsymbol{x}-\boldsymbol{\mu}\|^2=\sum_{j=1}^{m}(x_j-\mu_j)^2 \tag{9.36}$$

由样本值v表示的随机变量V是卡方分布的（Abramowitz and Stegun, 1965）：

$$p_V(v)=\frac{1}{\sigma^m 2^{m/2}\Gamma(m/2)}v^{(m/2)-1}\exp\left(-\frac{v}{2\sigma^2}\right),\qquad v\geqslant 0 \tag{9.37}$$

式中，m是分布的自由度数，$\Gamma(\cdot)$是定义如下的伽马函数：

$$\Gamma(\alpha)=\int_0^\infty z^{\alpha-1}\exp(-z)\mathrm{d}z \tag{9.38}$$

令r表示到核中心的径向距离：

$$r=v^{1/2}=\|\boldsymbol{x}-\boldsymbol{\mu}\| \tag{9.39}$$

它代表一个新随机变量R的样本值，然后，使用将随机变量V转换为随机变量R的规则得

$$p_R(r)=\frac{p_V(v)}{|\partial r/\partial v|} \tag{9.40}$$

使用这个变换，发现经过合适的代数运算后，由样本值r表示的随机变量R的概率密度函数为（见习题9.8）

$$p_R(r)=\begin{cases}\dfrac{1}{2^{(m/2)-1}\Gamma(m/2)}\left(\dfrac{r}{\sigma}\right)^{m-1}\exp\left(-\dfrac{r^2}{2\sigma^2}\right), & r\geqslant 0\\ 0, & r<0\end{cases} \tag{9.41}$$

图9.14中的深色连续曲线是概率密度函数$p_R(r)$与距离r的关系图，其中方差为1，$m=1,2,3,\cdots$。观察这些图形发现，随着输入空间维数m的增加，$p_R(r)$快速逼近高斯函数。具体地说，逼近高斯函数的二阶统计参数定义为（Van Hulle, 2002b）

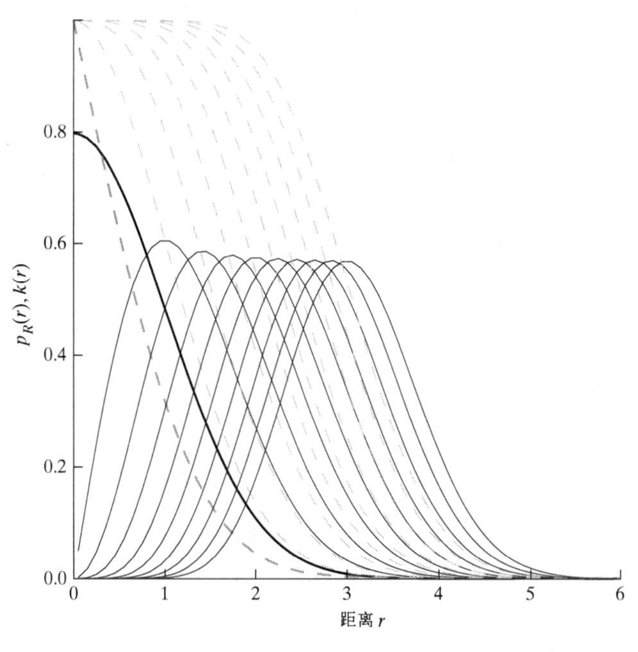

图9.14 图中显示了方差为1、维数$m=1, 2, 3,\cdots$时，两组不同概率密度函数与距离r的关系图：黑色连续曲线是式（9.41）中概率密度函数的图形。浅色不连续曲线是不完全伽马分布的补集的图形，或$r=\|\boldsymbol{x}-\boldsymbol{w}\|$时式（9.44）所示核$k(r)$的补集的图形（经Marc Van Hulle博士允许复制）

$$\left.\begin{aligned}\mathbb{E}(R) &\approx \sqrt{m}\sigma \\ \operatorname{var}[R] &\approx \sigma^2/2\end{aligned}\right\}, \quad 大m \tag{9.42}$$

习题9.9中的(a)问讨论了如何确定随机变量 R 的累积分布函数，它的解由下面的不完全伽马分布定义（Abramowitz and Stegun, 1965）：

$$P_R(r \mid m) = \underbrace{1 - \frac{\Gamma\left(\frac{m}{2}, \frac{r^2}{2\sigma^2}\right)}{\Gamma\left(\frac{m}{2}\right)}}_{不完全伽马分布的补集} \tag{9.43}$$

因子 $\Gamma\left(\frac{m}{2}, \frac{r^2}{2\sigma^2}\right)/\Gamma\left(\frac{m}{2}\right)$ 是不完全伽马分布的补集，对于方差1和递增的m，其与距离r的关系图也包含于虚线曲线。这些曲线还提供所需核的图形。具体地说，若将 r^2 视为第 i 个神经元的输入向量$\boldsymbol{x}$和权重向量 $\boldsymbol{w}_i$ 之间的平方欧氏距离，则相应核 $k(\boldsymbol{x}, \boldsymbol{w}_i, \sigma_i)$ 最终定义为（Van Hulle, 2002b）

$$k(\boldsymbol{x}, \boldsymbol{w}_i, \sigma_i) = \frac{1}{\Gamma\left(\frac{m}{2}\right)} \Gamma\left(\frac{m}{2}, \frac{\|\boldsymbol{x}-\boldsymbol{w}_i\|^2}{2\sigma_i^2}\right), \ i = 1, 2, \cdots, l \tag{9.44}$$

注意，以 $r = \|\boldsymbol{x} - \boldsymbol{w}_i\|$ 为中心的核对所有 i 都是径向对称的。更重要的是，采用不完全伽马分布可确保当输入分布为高斯分布时，核的微分最大。

9.8.3 映射生成的学习算法

有了式（9.44）所示的核函数，就可使用核函数来描述映射中的每个神经元，构建自组织映射的算法。

首先推导式（9.34）中定义的目标函数关于如下核参数的梯度公式：权重向量 $\boldsymbol{w}_i$ 和核宽 σ_i，$i = 1, 2, \cdots, l$。然而，现在的目标函数是根据第 i 个神经输出定义的：

$$y_i = k(\boldsymbol{x}, \boldsymbol{w}_i, \sigma_i), \ i = 1, 2, \cdots, l \tag{9.45}$$

另一方面，式（9.41）中的分布是根据到核中心的径向距离 r 定义的。因此，我们需将随机变量从 R 改为 Y_i，相应地写出

$$p_{Y_i}(y_i) = \frac{p_R(r)}{|\mathrm{d}y_i/\mathrm{d}r|} \tag{9.46}$$

式中，等号右侧的分母说明了 y_i 对 r 的依赖性，因此将式（9.46）替换为式（9.34），可将目标函数 $H(Y_i)$ 重新定义为

$$H(Y_i) = -\int_0^\infty p_R(r) \log p_R(r) \mathrm{d}r + \int_0^\infty p_R(r) \log\left|\frac{\partial y_i(r)}{\partial r}\right| \mathrm{d}r \tag{9.47}$$

首先考虑 $H(Y_i)$ 关于权重向量 $\boldsymbol{w}_i$ 的梯度。上式等号右侧的第一项与 $\boldsymbol{w}_i$ 无关，第二项是偏导数 $\log|(\partial y_i(r))/\mathrm{d}r|$ 的期望值。因此，可将 $H(Y_i)$ 关于 $\boldsymbol{w}_i$ 的导数表示为

$$\frac{\partial H(Y_i)}{\partial \boldsymbol{w}_i} = \frac{\partial}{\partial \boldsymbol{w}_i} \mathbb{E}\left[\log\left|\frac{\partial y_i(r)}{\partial r}\right|\right] \tag{9.48}$$

现在假设对于每个核，我们从一个训练样本 r 开始来逼近概率密度函数 $p_R(r)$，进而最大化核输出 $y_i(r)$ 的微分熵。然后，可将式（9.48）右侧的期望值替换为确定性量，如下所示：

$$\mathbb{E}\left[\log\left|\frac{\partial y_i(r)}{\partial r}\right|\right] = \log\left|\frac{\partial \overline{y}_i(r)}{\partial r}\right| \tag{9.49}$$

式中，$\overline{y}_i(r)$ 是 $y_i(r)$ 在各个训练样本 r 上的均值。因此，可将式（9.48）简写为

$$\frac{\partial H(\overline{y}_i)}{\partial \boldsymbol{w}_i} = \frac{\partial}{\partial \boldsymbol{w}_i}\left(\log\left|\frac{\partial \overline{y}_i(r)}{\partial r}\right|\right) = \frac{\partial r}{\partial \boldsymbol{w}_i} \frac{\partial}{\partial r}\left(\log\left|\frac{\partial \overline{y}_i(r)}{\partial r}\right|\right) \tag{9.50}$$

均值 $\overline{y}_i(r)$ 的形式类似于式（9.43）中定义的不完全伽马分布的补集，使用它会得到［见习题9.9中的(b)问］

$$\frac{\partial \overline{y}_i(r)}{\partial r}=\frac{-\sqrt{2}}{\Gamma(m/2)(\sqrt{2}\sigma_i)^m}r^{m-1}\exp\left(-\frac{r^2}{2\sigma^2}\right) \tag{9.51}$$

回顾可知，核关于如下中心点是对称的：

$$r=\|\boldsymbol{x}-\boldsymbol{w}_i\|$$

因此，执行式（9.51）中的偏微分 $\partial\overline{y}_i(r)/\partial r$ 并将结果代入式（9.50），化简得

$$\frac{\partial H(\overline{y}_i)}{\partial \boldsymbol{w}_i}=\frac{\boldsymbol{x}-\boldsymbol{w}_i}{\sigma^2{}_i}-(m-1)\left(\frac{\boldsymbol{x}-\boldsymbol{w}_i}{\|\boldsymbol{x}-\boldsymbol{w}_i\|^2}\right) \tag{9.52}$$

关于式（9.52），以下两点值得注意：

① 当迭代次数很多时，公式右侧的两项都收敛到输入向量$\boldsymbol{x}$的中心。

② 对于维数为 m 的高斯分布输入向量$\boldsymbol{x}$，根据前面的讨论有

$$\mathbb{E}\left[\|\boldsymbol{x}-\boldsymbol{w}_i\|^2\right]=m\sigma_i^2 \tag{9.53}$$

因此，对所有 m，希望公式右侧的第二项小于第一项。

从计算角度看，简化式（9.52）非常可取，因为这做可让我们得到与权重向量 $\boldsymbol{w}_i$ 有关的更新规则的单个学习率参数。为此，我们选择一个启发式命题：用式（9.53）中的期望值替换平方欧氏距离 $\|\boldsymbol{x}-\boldsymbol{w}_i\|^2$，进而按如下方式逼近式（9.52）：

$$\frac{\partial H(\overline{y}_i)}{\partial \boldsymbol{w}_i}\approx\frac{\boldsymbol{x}-\boldsymbol{w}_i}{m\sigma_i^2},\quad \text{所有}i \tag{9.54}$$

在目标函数最大化的情况下，根据梯度上升，在与式（9.54）的梯度向量相同的方向上自然地应用权重更新，有

$$\Delta\boldsymbol{w}_i=\eta_w\left(\frac{\partial H(\overline{y}_i)}{\partial \boldsymbol{w}_i}\right)$$

式中，η_w 是一个小学习率参数。将输入向量$\boldsymbol{x}$的固定维数 m 合并到 η_w 中，最终可将权重调整为

$$\Delta\boldsymbol{w}_i\approx\eta_w\left(\frac{\boldsymbol{x}-\boldsymbol{w}_i}{\sigma_i^2}\right) \tag{9.55}$$

因此，核SOM算法的第一个更新公式是

$$\boldsymbol{w}_i^+=\boldsymbol{w}_i+\Delta\boldsymbol{w}_i=\boldsymbol{w}_i+\eta_w\left(\frac{\boldsymbol{x}-\boldsymbol{w}_i}{\sigma_i^2}\right) \tag{9.56}$$

式中，$\boldsymbol{w}_i$ 和 $\boldsymbol{w}_i^+$ 分别表示神经元 i 的权重向量的旧值和更新值

接着考虑目标函数 $H(\overline{y}_i)$ 关于核宽 σ_i 的梯度向量。以类似于上述梯度向量 $\partial H(\overline{y}_i)/(\partial\boldsymbol{w}_i)$ 的方式处理，得

$$\frac{\partial H(\overline{y}_i)}{\partial \sigma_i}=\frac{1}{\sigma_i}\left(\frac{\|\boldsymbol{x}-\boldsymbol{w}_i\|^2}{m\sigma_i^2}-1\right) \tag{9.57}$$

因此，可将核宽调整为

$$\Delta\sigma_i=\eta_\sigma\frac{\partial H(\overline{y}_i)}{\partial \sigma_i}=\frac{\eta_\sigma}{\sigma_i}\left(\frac{\|\boldsymbol{x}-\boldsymbol{w}_i\|^2}{m\sigma_i{}^2}-1\right) \tag{9.58}$$

式中，η_σ 是第二个学习率参数。因此，核SOM算法的第二个更新公式为

$$\sigma_i^+ = \sigma_i + \Delta\sigma_i = \sigma_i + \frac{\eta_\sigma}{\sigma_i}\left(\frac{\|\boldsymbol{x}-\boldsymbol{w}_i\|^2}{m\sigma_i^2} - 1\right) \tag{9.59}$$

由式（9.56）和式（9.59）给出的两个更新规则对单个神经元很有效，下面考虑它们对多个神经元网络的扩展。

9.8.4 目标函数的联合最大化

逐个神经元地最大化目标函数 $H(\overline{y}_i)$ 不足以实现可行的算法。为了理解为何会这样，考虑由两个神经元组成的网格，它们的核输出由 y_1 和 y_2 表示。当公式更新时，使用式（9.56）和式（9.59），假设输入分布为高斯分布，如两个神经核最终重合；换言之，两个核输出 y_1 和 y_2 统计上相关。为了防止这种令人不满意的情况（尽可能保持 y_1 和 y_2 的统计独立性），我们应将核适应机制放到竞争学习框架中来最大化目标函数 $H(\overline{y}_i)$，而这正是我们在推导Kohonen的SOM算法时所做的。

然后，竞争中获胜的神经元的核将缩小其与相邻神经元的相互作用范围，尤其是当获胜神经元处于较强的活跃状态时；因此，与相邻神经元的重叠减少。此外，如我们在Kohonen的SOM算法中所做的那样，学习过程中施加了一个邻域函数，以便在拓扑上保留与输入空间的数据分布有关的神经元网格。因此，结合使用竞争学习和邻域函数可使我们对多个神经元使用这两个更新规则。

9.8.5 拓扑映射形成

考虑由 l 个神经元组成的网格 $\mathcal{A}$，它由相应的一组核来表征（不完全伽马分布的补集）：

$$k(\boldsymbol{x}, \boldsymbol{w}_i, \sigma_i),\ i = 1,2,\cdots,l \tag{9.60}$$

在目标为构建拓扑映射的情况下，我们在网格 $\mathcal{A}$ 中的 l 个神经元之间引入基于活跃度的竞争，获胜神经元定义为

$$i(\boldsymbol{x}) = \arg\max_i y_j(\boldsymbol{x}),\quad j \in \mathcal{A} \tag{9.61}$$

注意，这种相似性匹配准则不同于式（9.3），后者是基于最短距离的神经元竞争。式（9.3）和式（9.61）中的两个准则仅在所有神经元的核宽（半径）相等时才等效。

为了提供构建拓扑图所需的信息，我们像在Kohonen的SOM中那样引入一个以获胜神经元 $i(\boldsymbol{x})$ 为中心的邻域函数 $h_{j,i(\boldsymbol{x})}$。此外，根据9.3节的讨论，我们采用距离获胜神经元 $i(\boldsymbol{x})$ 的网格距离的单调递减函数。特别地，我们选择式（9.4）中的高斯函数：

$$h_{j,i(\boldsymbol{x})} = \exp\left(-\frac{\|\boldsymbol{x}_j-\boldsymbol{w}_i\|^2}{2\sigma^2}\right),\quad j \in \mathcal{A} \tag{9.62}$$

式中，σ 表示邻域函数 $h_{j,i(\boldsymbol{x})}$ 的范围，不要将邻域范围 σ 与核宽 σ_i 相混淆。

9.8.6 核SOM算法小结

核自组织映射中包含的步骤如下。

1. 初始化。为初始权重向量 $\boldsymbol{w}_i(0)$ 和核宽 $\sigma_i(0)$ 选择随机值（$i=1,2,\cdots,l$），其中 l 是网格结构中神经元的总数。这里，唯一的限制是 $\boldsymbol{w}_i(0)$ 和 $\sigma_i(0)$ 对不同的神经元是不同的。
2. 采样。以一定的概率从输入分布中抽取一个样本 $\boldsymbol{x}$。
3. 相似性匹配。在算法的时间步 n，使用如下准则识别获胜神经元 $i(\boldsymbol{x})$：

$$i(\boldsymbol{x}) = \arg\max_i y_j(\boldsymbol{x}),\quad j = 1,2,\cdots,l$$

4. 适应。使用相应的更新公式调整每个核的权重向量和宽度：

$$\boldsymbol{w}_j(n+1)=\begin{cases}\boldsymbol{w}_j(n)+\dfrac{\eta_w h_{j,i(\boldsymbol{x})}}{\sigma_j^2}(\boldsymbol{x}(n)-\boldsymbol{w}_j(n)), j\in\mathcal{A}\\ \boldsymbol{w}_j(n),\quad 其他\end{cases} \tag{9.63}$$

$$\sigma_j(n+1)=\begin{cases}\sigma_j(n)+\dfrac{\eta_\sigma h_{j,i(\boldsymbol{x})}}{\sigma_j(n)}\left[\dfrac{\left\|\boldsymbol{x}(n)-\boldsymbol{w}_j(n)\right\|^2}{m\sigma_j^2(n)}-1\right],\quad j\in\mathcal{A}\\ \sigma_j(n),\quad 其他\end{cases} \tag{9.64}$$

式中，η_w和η_σ是算法的两个学习率参数，$h_{j,i(\boldsymbol{x})}$是以获胜神经元$i(\boldsymbol{x})$为中心的邻域函数，根据式（9.61）中的定义，与Kohonen的SOM一样，邻域范围σ允许随时间呈指数衰减。

9.9 计算机实验II：使用核SOM求解网格动力学

本实验仍然使用已在9.5节中研究的二维网络，只是这次在实验中使用核SOM。选择该算法的两个学习率参数为

$$\eta_w=0.01,\qquad \eta_\sigma=10^{-4}\eta_w$$

二维网格是由24×24个神经元组成的正方形网格，输入数据是均匀分布的。权重是通过从相同的输入分布中采样初始化的，半径是通过对均匀分布在区间[0,0.1]上采样初始化的。邻域函数使用如下宽度的高斯函数：

$$\sigma(n)=\sigma_0\exp\left(-2\sigma_0\left(\frac{n}{n_{\max}}\right)\right) \tag{9.65}$$

式中，$n_{\max}$表示最大的时间步，σ_0表示$n=0$时邻域函数的范围。实验中使用的数值为

$$n_{\max}=2\times10^6,\quad \sigma_0=12$$

做出这些选择是为了确保在学习过程结束时邻域函数变为零，这时它假设近似值为4.5×10^{-10}，后者实际上已为零。当最终达到这个条件时，邻域函数仅包含获胜神经元。

图9.15中的两个序列显示了由核SOM算法生成的拓扑映射的解耦能力。注意：

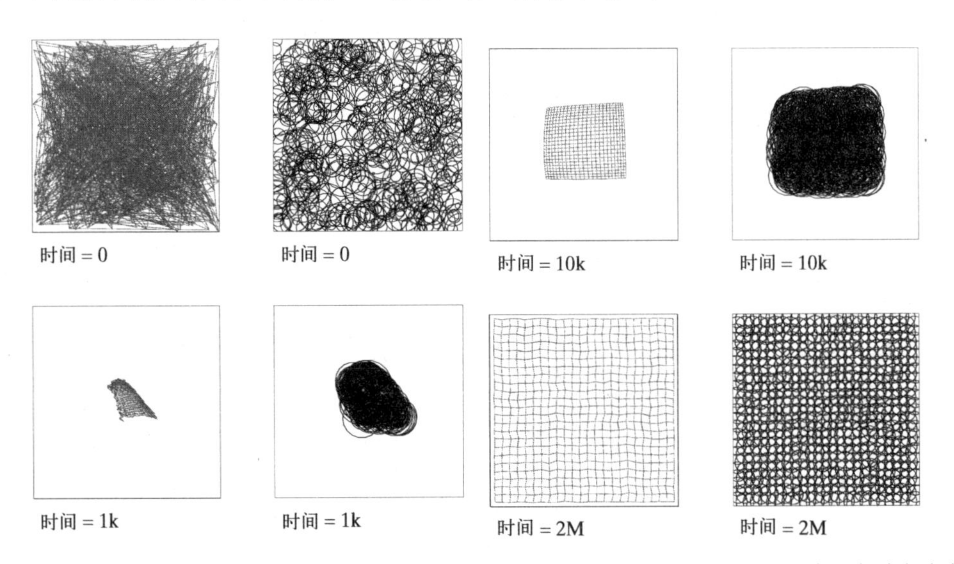

图9.15　24×24网格随时间的演化。左列：核权重的演化；右列：核宽的演化。图中的每个框都概括了均匀输入分布的结果。每幅图下方的时间代表迭代次数（经Marc Van Hulle博士许可复制）

- 图中左列的图显示了核权重随时间 n 的演化。
- 图中右列的图显示了相应核宽随时间 n 的演化。

对24×24网格分别用核SOM和常规SOM进行计算，当迭代次数大致相同时，比较图9.15左列的最终拓扑映射与图9.8中的拓扑映射，有如下结论：

> 与由传统SOM计算的拓扑映射相比，由核SOM计算的拓扑映射的分布更接近分配给输入数据空间的均匀分布。

因此，可以说，与传统SOM相比，由核SOM计算的放大因子 $m(\boldsymbol{x})$ 能更好地匹配输入密度 $p_X(\boldsymbol{x})$；也就是说，核SOM可能更接近式（9.27）中的理想条件。

9.10 核SOM与KL散度的关系

我们发现，讨论核SOM（使用不完全伽马分布核）与KL散度（KLD）之间的关系是有益的。将在第10章中详细讨论的KLD提供一个公式，用于评估对真实密度度量的密度估计的质量。真实密度记为 $p_X(\boldsymbol{x})$，其估计记为 $\hat{p}_X(\boldsymbol{x})$。于是，我们将这两个密度之间的KLD定义为

$$D_{p_X\|\hat{p}_X}=\int_{-\infty}^{\infty}p_X(\boldsymbol{x})\log\left(\frac{p_X(\boldsymbol{x})}{\hat{p}_X(\boldsymbol{x})}\right)\mathrm{d}\boldsymbol{x} \tag{9.66}$$

我们遵循信息论文献中的常用术语。如此定义的KLD始终是一个非负数，当且仅当 $\hat{p}_X(\boldsymbol{x})$ 与 $p_X(\boldsymbol{x})$ 完全匹配时该值才为零。

对于当前的讨论，假设密度估计表示为带有相等混合的高斯密度函数的混合：

$$\hat{p}_X(\boldsymbol{x}|\boldsymbol{w}_i,\sigma_i)=\frac{1}{l}\sum_{i=1}^{l}\frac{1}{(2\pi)^{m/2}\sigma_i^m}\exp\left(-\frac{1}{2\sigma_i^2}\|\boldsymbol{x}-\boldsymbol{w}_i\|^2\right) \tag{9.67}$$

它取决于权重向量 $\boldsymbol{w}_i$ 和宽度 σ_i，$i=1,2,\cdots,l$。最小化 $p_X(\boldsymbol{x})$ 和密度估计 $\hat{p}_x(\boldsymbol{x}|\boldsymbol{w}_i,\sigma_i)$ 之间的KLD，可得到最优密度估计 $p_X(\boldsymbol{x})$。实际上，最优密度估计 $p_X(\boldsymbol{x})$ 被视为真实密度。考虑到问题的最优性，我们需要对式（9.67）中的KLD关于可调参数 $\boldsymbol{w}_i$ 和 σ_i 微分。为此，我们得到关于 $\boldsymbol{w}_i$ 的如下偏导数：

$$\begin{aligned}\frac{\partial}{\partial\boldsymbol{w}_i}(D_{p_X\|\hat{p}_X})&=\frac{\partial}{\partial\boldsymbol{w}_i}\int_{-\infty}^{\infty}p_X(\boldsymbol{x})\log\left(\frac{p_X(\boldsymbol{x})}{\hat{p}_X(\boldsymbol{x}|\boldsymbol{w}_i,\sigma_i)}\right)\mathrm{d}\boldsymbol{x}\\&=\int_{-\infty}^{\infty}\frac{\partial}{\partial\boldsymbol{w}_i}(p_x(\boldsymbol{x})\log p_X(\boldsymbol{x})-p_X(\boldsymbol{x})\log\hat{p}_X(\boldsymbol{x}|\boldsymbol{w}_i,\sigma_i))\,\mathrm{d}\boldsymbol{x}\\&=-\int_{-\infty}^{\infty}p_X(\boldsymbol{x})\frac{\partial}{\partial\boldsymbol{w}_i}(\log\hat{p}_X(\boldsymbol{x}|\boldsymbol{w}_i,\sigma_i))\mathrm{d}\boldsymbol{x}\\&=-\int_{-\infty}^{\infty}p_X(\boldsymbol{x})\left(\frac{1}{\hat{p}_X(\boldsymbol{x}|\boldsymbol{w}_i,\sigma_i)}\frac{\partial}{\partial\boldsymbol{w}_i}\hat{p}_X(\boldsymbol{x}|\boldsymbol{w}_i,\sigma_i)\right)\mathrm{d}\boldsymbol{x}\end{aligned} \tag{9.68}$$

类似地，可将关于 σ_i 的偏导数表示为

$$\frac{\partial}{\partial\sigma_i}(D_{p_X\|\hat{p}_X})=-\int_{-\infty}^{\infty}p_X(\boldsymbol{x})\left(\frac{1}{\hat{p}_X(\boldsymbol{x}|\boldsymbol{w}_i,\sigma_i)}\frac{\partial}{\partial\sigma_i}\hat{p}_X(\boldsymbol{x}|\boldsymbol{w}_i,\sigma_i)\right)\mathrm{d}\boldsymbol{x} \tag{9.69}$$

将KLD的这两个偏导数设为零，然后调用随机逼近理论（Robbins and Monro, 1951），得到一对学习规则（Van Hulle, 2002b）：

$$\Delta \boldsymbol{w}_i = \eta_w \hat{p}_X(\boldsymbol{x}|\boldsymbol{w}_i, \sigma_i)\left(\frac{\boldsymbol{x}-\boldsymbol{w}_i}{\sigma_i^2}\right) \tag{9.70}$$

$$\Delta \sigma_i = \eta_w \hat{p}_X(\boldsymbol{x}|\boldsymbol{w}_i, \sigma_i)\cdot\frac{m}{\sigma_i}\left(\frac{\|\boldsymbol{x}-\boldsymbol{w}_i\|^2}{m\sigma_i^2}-1\right) \tag{9.71}$$

式中，$i=1,2,\cdots,l$，$\hat{p}_X(\boldsymbol{x}|\boldsymbol{w}_i,\sigma_i)$ 是以权重向量 $\boldsymbol{w}_i$ 和宽度 σ_i 为特征的第 i 个神经元的条件后验密度。

假设我们将条件后验密度设为

$$\hat{p}_X(\boldsymbol{x}_j|\boldsymbol{w}_i,\sigma_i)=\delta_{ji},\ j=1,2,\cdots,l \tag{9.72}$$

式中，

$$\delta_{ji}=\begin{cases}1, & j=i\\ 0, & j\neq i\end{cases}$$

当这个理想条件满足时，我们说神经元 i 是在神经元 $j=1,2,\cdots,l$ 之间竞争的获胜神经元。因此，可将条件后验密度函数 $\hat{p}_X(\boldsymbol{x}|\boldsymbol{w}_j,\sigma_j)$ 视为核SOM公式中引入的拓扑邻域函数 $h_{j,i(\boldsymbol{x})}$。事实上，若令

$$\hat{p}_{\boldsymbol{x}}(\boldsymbol{x}|\boldsymbol{w}_j,\sigma_j)=h_{j,i(\boldsymbol{x})} \tag{9.73}$$

就会发现源自KL散度这一对更新规则［式（9.70）和式（9.71）］，数学形式上类似于9.9节中为核SOM导出的一对更新规则［式（9.63）和式（9.64）］。

因此，可以给出如下陈述（Van Hulle, 2002b）：

> 采用高斯混合模型时，KL散度的最小化相当于联合熵的最大化，联合熵由不完全伽马分布核和基于活跃度的邻域函数定义，它们是核SOM的核心。

在密度估计的背景下，这一陈述非常重要，尤其是需要计算数据集 $\{\boldsymbol{x}_i\}_{i=1}^N$ 内在分布的估计时。

9.11 小结和讨论

9.11.1 自组织映射

Kohonen(1982)提出的自组织映射是一种简单但功能强大的算法，它通常围绕一维或二维神经元网格构建，用于捕获输入（数据）空间中包含的重要特征。自组织映射在执行时，通过将神经元的权重向量作为原型，提供输入数据的结构表示。SOM算法受神经生物学启发，结合了自组织的基本机制：竞争、合作、自放大和结构信息，如第8章所述。因此，自组织映射可作为描述复杂系统中从完全无序开始后出现集体有序现象的通用模型，但该模型是退化的。换句话说，SOM具有可在一段时间的进化过程中“从无序产生有序”的内在能力。

自组织映射也可视为向量量化器，从而提供一种推导出调整权重向量的更新规则的分析方法（Luttrell, 1989b），这种分析方法明确强调了邻域函数作为概率密度函数的作用。

但要强调的是，分析方法使用式（9.19）中的平均分布 D_1 作为将最小化的代价函数，仅在特征映射有序后才合理。Erwin et al.(1992b)证明，在自适应过程的排序阶段（在最初高度无序的特征映射的拓扑排序期间），自组织映射的学习动力学不能用单个代价函数上的随机梯度下降来描述。但是，在一维网格情形下，可以使用一组代价函数来描述它，网络中的每个神经元对应一个代价函数，这些代价函数在随机梯度下降后各自独立地最小化。

9.11.2 自组织映射的收敛性考虑

SOM算法实现起来简单，但数学上很难分析其特性。有些研究人员曾用一些强大的方法来分析它，但只得到了适用性有限的结果。Cottrell et al.(1997)综述了SOM算法的理论，强调了Forte and Pagés(1995, 1996)给出的结果：在一维网格情形下，自组织阶段完成后，SOM算法几乎肯定收敛到唯一状态。这个结果已被证明适用于一大类邻域函数。然而，在多维情形下，结果并非如此。

9.11.3 神经生物学考虑

由于自组织映射的灵感来自大脑皮层映射的思想，人们似乎很自然地质疑这样的模型是否能够真正解释皮层映射的形成。Erwin et al.(1995)证明，自组织映射能够解释猕猴初级视觉皮层中计算映射的形成。研究所用的输入空间有五个维度：两个维度代表视网膜主题空间中感受野的位置，另外三个维度分别代表方向偏好、方向选择性和视觉优势。皮质表面被分成许多小块，这些小块被视为二维网格的计算单元（人工神经元）。在某些假设下，Hebb学习会导致空间模式的定位和视觉优势，这与在猕猴中发现的模式非常相似。

9.11.4 自组织映射的应用

SOM算法的简单性及其强大的可视化能力使得该算法被大规模应用。该算法通常是在无监督模式下使用大量训练样本进行训练的。特别地，若数据包含语义相关的对象分组（类别），则属于用户定义类别的向量子集由SOM映射，使得数据向量在映射上的分布由该算法提供了原始数据空间基本分布的二维离散近似。基于这一想法，Laaksonen et al.(2004)和Laaksonen and Viitaniemi(2007)成功使用SOM检测和描述了视觉数据库中语义对象和对象类别之间的关系，该数据库中包含2618幅图像，每幅图像都属于一个或多个预定义的语义类别。研究所用的本体关系包括：

- 一幅图像中同时存在两个或多个对象类别中的对象。
- 视觉相似性分类。
- 一幅图像中不同对象类型之间的空间关系。

在另一个完全不同的应用中，Honkela et al.(1995)使用SOM算法研究了自然语言中单词的语义角色，这些角色通过它们出现的上下文来反映。研究目的是计算一个上下文映射，以便显式地可视化这些角色。在研究进行的实验中，源数据库由格林兄弟的童话英译本组成，但未对这些单词进行任何句法或语义分类；共有近25万个单词，词汇量超过7000个。SOM算法能够创建一个上下文映射，它似乎很好地符合传统的语法分类和人类对单词语义的直觉。对文本内容的分析已扩展到数百万计的文档。在这种应用中，网格中的神经元数量可达数十万个，输入数据空间的维数高达数千（Honkela, 2007）。正是这种大规模应用使得自组织映射成为强大的工具。

9.11.5 核SOM

本章的后半部分介绍了Van Hulle(2002b)描述的核SOM算法，目的是提供改进的拓扑映射和逼近分布能力。核SOM的显著特征之一是，其推导从构建一个熵目标函数开始。最重要的是，核SOM是一种基于随机梯度的即时算法。

比较本章学习的两种自组织映射，可以说标准SOM和核SOM对神经网格中的权重向量具有相似的更新规则。此外，它们在相同方向上进行权重更新，但使用不同的学习率参数。与标准SOM不同，核SOM具有为网格中的每个神经元 i 自动调整核宽 σ_i 的能力，进而最大化核（神经元）输出的联合熵。

然而，核SOM需要仔细调整两个学习率参数η_w和η_σ，以防止权重和核宽更新出现爆炸性增长。当核宽方差σ_i^2的倒数大于学习率参数η_w或η_σ时，就会出现这种爆炸性增长。这种不受欢迎的现象可归因于式（9.56）和式（9.59）中的更新规则：学习率参数η_w和η_σ分别除以σ_i^2和σ_i。为了避免$\boldsymbol{w}_i$和σ_i出现爆炸性增长，可用$\sigma_i^2+\alpha$代替σ_i^2，其中α是给定的小常数。

注释和参考文献

1. 没有赢家的其他竞争性学习，见Heskes(2001)和Van Hulle(2005)。

2. 图9.1中两个特征映射模型的灵感来自von der Malsburg(1973)，即视觉皮层的模型不完全由基因决定；相反，涉及突触学习的自组织过程可能要负责特征敏感皮层细胞的局部排序。然而，von der Malsburg的模型中并未实现全局拓扑排序，因为该模型使用了一个固定的小邻域。von der Malsburg的计算机仿真可能是第一个证明自组织的计算机仿真。

3. Amari(1980)一定程度上放松了对突触后神经元突触权重的限制。由Amari提出的数学分析阐明了由自组织形成的皮层映射的动态稳定性。

4. 式（9.3）中描述的竞争学习规则由Grossberg(1969)首次引入。

5. 在Kohonen(1982)推导的SOM算法的原始形式中，假设拓扑邻域具有恒定的振幅。$d_{j,i}$表示邻域函数中获胜神经元i和活跃神经元j之间的侧向距离。一维网格的拓扑邻域定义为

$$h_{j,i}=\begin{cases}1, & -K\leqslant d_{j,i}\leqslant K\\ 0, & \text{其他}\end{cases} \tag{A}$$

式中，$2K$是活跃神经元一维邻域的总体大小。与神经生物学的考虑相反，式（A）中描述的模型的含义是，位于拓扑邻域内的所有神经元以相同的速率发射，神经元之间的相互作用与它们和获胜神经元i之间的侧向距离无关。

6. Erwin et al.(1992b)证明，当SOM算法使用非凸的邻域函数时，会出现亚稳态，代表特征映射配置中的拓扑缺陷。由于没有亚稳态，宽凸邻域函数（如宽高斯函数）的拓扑排序时间比非凸邻域函数的更短。

7. 第5章中的注释3指出，通信和信息论文献中提出了一种标量量化方法——Lloyd算法。该算法最初出现在Lloyd于贝尔实验室未发表的报告中（Lloyd, 1957）。Lloyd算法有时也称最大量化器，向量量化的广义Lloyd算法（GLA）是Lloyd原算法的直接推广。根据McQueen(1967)，广义Lloyd算法有时也称K均值算法，如第5章所述。第8章确实指出K均值算法的运行方式与期望最大化（EM）算法的类似，二者之间的唯一区别是，K均值算法和GLA算法的目标函数被最小化，而EM算法的目标函数被最大化。第11章讨论了EM算法。有关Lloyd算法和广义Lloyd算法的历史，见Gersho and Gray(1992)。

8. Kohonen(1993)的实验结果表明，SOM算法的批处理版要比其在线版快。然而，使用批处理版时，会丧失SOM算法的适应性。

9. 自组织映射的拓扑性质可用不同的方式定量评估。Bauer and Pawelzik(1992)描述了一种称为地形积的度量方法，它可用来比较不同维度的不同特征映射的行为。然而，度量标准仅在网格的维数与输入空间的维数匹配时才是定量的。

10. SOM算法无法忠实地表示输入数据的分布，因此人们对该算法进行了修改，开发出了忠实于输入的新自组织算法。文献中报告了对SOM算法的两种修改：

① 对竞争过程的修改。DeSieno(1988)使用一种记忆来追踪网格中单个神经元的累积活动。具体地说，在SOM算法的竞争学习过程中添加了“良知”机制。这样做的方式是，位于网格中任何位置的任何神经元，都能以接近$1/l$的理想概率赢得竞争，其中l为神经元总数。习题9.7中介绍了良知SOM算法。

② 对适应过程的修改。这种方法修改邻域函数下调整每个神经元权重向量的更新规则，以控制特征映

射的放大特性。Bauer et al.(1996)通过在更新规则中添加一个可调步长参数，可使特征映射忠实地表示输入分布。Lin et al.(1997)采用类似的方法对SOM算法进行了两次修改：

- 修改更新规则，以提取对相关神经元j的输入向量$\boldsymbol{x}$和权重向量$\boldsymbol{w}_j$的直接依赖性。
- 将Voronoi分区替换为专为可分离输入分布设计的等变分区。

第二次修改使SOM算法能够执行盲源分离（第10章中将详细介绍盲源分离）。上述修改都基于标准SOM算法，Linsker(1989b)则采用了完全不同的方法。具体来说，通过最大化输出信号和被加性噪声破坏的输入信号部分之间的互信息，导出拓扑映射生成的全局学习规则（第10章讨论基于香农信息论的互信息概念）。Linsker的模型产生的神经元分布与输入分布完全匹配。Van Hulle(1996, 1997)也以自组织方式使用信息论方法生成拓扑映射。

11. Van Hulle(2002)忽略式（9.52）右侧第二项的原因如下：
- 高斯分布输入向量$\boldsymbol{x}$的期望值$\|\boldsymbol{x}-\boldsymbol{w}_i\|^2$在式（9.53）中定义。
- 在m维径向对称高斯分布中，可通过抽取m个样本建立分布，每个输入维度一个样本。然后，在具有相同半径的一维高斯分布中，当权重更新Δw_{ij}较小（假设使用较小的学习率参数η_w）且沿着每个输入维度分别执行更新（以随机顺序）时，可以忽略式（9.52）右侧的第二项。

习题

SOM算法

9.1 函数$g(y_j)$是响应y_j的非线性函数，用在式（9.9）描述的SOM算法中。在$g(y_j)$的泰勒级数中，当常数项不为零时，会发生什么？

9.2 假设$\pi(v)$是图9.6所示模型中噪声v的平滑函数。利用式（9.19）中失真度量的泰勒展开式，确定由噪声模型$\pi(v)$产生的曲率项。

9.3 有人说SOM算法保留了输入空间中的拓扑关系。严格地说，这个性质只在输入空间的维数等于或小于神经网格的维数时才能得到保证。讨论后一种说法的有效性。

9.4 据说，基于竞争学习的SOM算法缺乏对硬件故障的容忍度。然而，该算法是容错的，因为对输入向量施加小扰动将导致输出从获胜神经元跳到相邻的神经元。讨论这两种说法的含义。

9.5 考虑以离散形式表达式（9.23）时得到的SOM算法的批处理版，进而推导出公式

$$w_j = \sum_i \pi_{j,i} x_i \Big/ \sum_i \pi_{j,i}, \quad j = 1, 2, \cdots, l$$

证明这种SOM算法可用类似于Nadaraya-Watson回归估计器的形式表示（Cherkassky and Mulier, 1995）；第5章讨论了这个估计器。

学习向量量化

9.6 第8章中讨论的最大特征滤波器和自组织映射的更新规则都采用修正的Hebb学习假设。比较这两种修正，说明它们之间的异同。

9.7 良知算法是对SOM算法的一种改进，它强迫密度精确匹配（DeSieno, 1988）。在表P9.7小结的良知算法中，每个神经元都记录自己赢得竞争的次数（突触权重向量在欧氏距离上最接近输入向量的神经元的多少倍）。这里所用的概念是，若某个神经元过于频繁地获胜，则其会“感到内疚”而退出竞争。为了研究良知算法在密度匹配中产生的改进，考虑由20个神经元组成的一维网格（线性阵列），该神经元是用图P9.7中绘制的线性输入密度训练的。

① 通过计算机仿真，比较良知算法和SOM算法产生的密度匹配。对SOM算法使用$\eta = 0.05$，对良知算

法使用$B = 0.0001$、$C = 1.0$和$\eta = 0.05$。

② 作为这种比较的参考框架，包括与输入密度的“精确”匹配。讨论计算机仿真的结果。

表P9.7　良知算法小结

1．找到最接近输入向量$\boldsymbol{x}$的突触权重向量$\boldsymbol{w}_i$：

$$\|\boldsymbol{x}-\boldsymbol{w}_i\| = \min_j \|\boldsymbol{x}-\boldsymbol{w}_j\|, j = 1,2,\cdots,N$$

2．保持神经元 j 赢得竞争的总时间P_j：

$$p_j^{\text{new}} = p_j^{\text{old}} + B(y_j - p_j^{\text{old}})$$

式中，B是一个小正数，

$$y_j = \begin{cases} 1, & \text{神经元}j\text{ 是获胜神经元} \\ 0, & \text{其他} \end{cases}$$

p_j在算法开始时被初始化为零。

3．利用良知机制找到新的获胜神经元：

$$\|\boldsymbol{x}-\boldsymbol{w}_i\| = \min_j \left(\|\boldsymbol{x}-\boldsymbol{w}_j\| - b_j\right)$$

式中，b_j是一个用于修改竞争的偏差术语，它定义为

$$b_j = C\left(\frac{1}{N} - p_j\right)$$

其中C是偏差因子，N是网络中的神经元总数。

4．更新获胜神经元的突触权重向量，得到

$$\boldsymbol{w}_i^{\text{new}} = \boldsymbol{w}_i^{\text{old}} + \eta(x - \boldsymbol{w}_i^{\text{old}})$$

式中，η是SOM算法中常用的学习率参数。

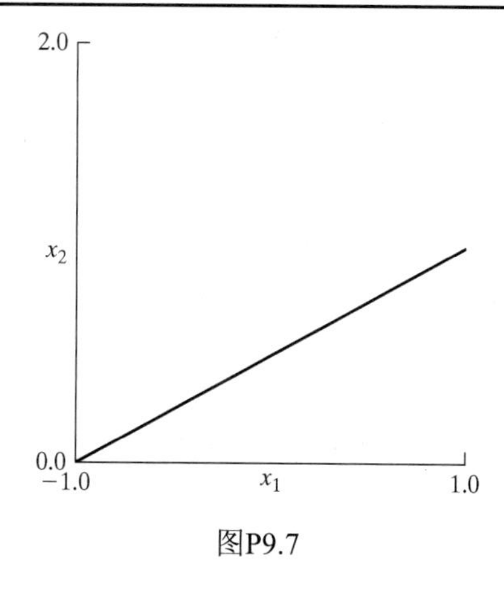

图P9.7

核自组织映射

9.8 利用应用于式（9.37）的变换公式（9.40），推导出式（9.41）中的概率密度函数。

9.9 本题分为两部分，目的是解决推导与核SOM算法相关的两个公式时涉及的问题：

① 样本值为x的随机变量X的不完全伽马分布定义为（Abramowitz and Stegun, 1965）

$$P_X(x|\alpha) = \frac{1}{\Gamma(\alpha)}\int_0^x t^{\alpha-1}\exp(-t)\,\mathrm{d}t$$

式中，$\Gamma(\alpha)$ 是伽马函数。不完全伽马分布的补集相应地定义为

$$\Gamma(\alpha, x) = \frac{1}{\Gamma(\alpha)}\int_x^\infty t^{\alpha-1}\exp(-t)\,\mathrm{d}t$$

利用这两个公式，推导式（9.43）中定义的随机变量R的累积分布函数。

② 使用不完全伽马分布公式作为平均神经输出 $\bar{y}_i$ 的定义，为偏导数 $\partial\bar{y}_i(r)/\partial r$ 推导式（9.51）。

9.10 在为核SOM算法的权重向量开发式（9.55）中的近似更新公式时，我们证明了忽略式（9.52）中的第二

项是合理的。然而，在推导式（9.58）中关于核宽σ_i的更新公式时，并未进行近似。证明后一种选择是正确的。

计算机实验

9.11 在本实验中，我们使用计算机仿真来研究应用于具有二维输入的一维网格的SOM算法。网格由65个神经元组成。输入由均匀分布在三角形区域内的随机点组成，如图P9.11所示。计算SOM算法在0, 20, 100, 1000, 10000和25000次迭代后生成的映射。

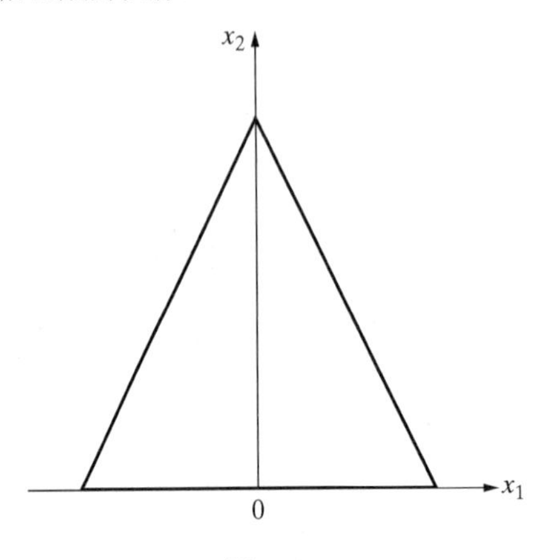

图P9.11

9.12 考虑用三维输入分布训练的神经元的二维网格。网格由10×10个神经元组成。

① 输入均匀分布在定义如下的窄立方体内：

$$\{(0 < x_1 < 1),(0 < x_2 < 1),(0 < x_3 < 0.2)\}$$

经过50次、1000次和10000次迭代后，使用SOM算法计算输入空间的二维投影。

② 输入均匀分布在定义如下的宽立方体内，重做①问：

$$\{(0 < x_1 < 1),(0 < x_2 < 1),(0 < x_3 < 0.4)\}$$

③ 输入均匀分布在定义如下的立方体内，重做①问：

$$\{(0 < x_1 < 1),(0 < x_2 < 1),(0 < x_3 < 1)\}$$

讨论计算机仿真结果的含义。

9.13 应用SOM算法时偶尔出现的一个问题是，创建“折叠”映射会使得拓扑排序失败。若允许邻域大小衰减过快，就会出现这个问题。创建折叠映射可视为拓扑排序过程“局部最小值”的某种形式。为了研究这种现象，考虑在正方形$\{(-1 < x_1 < 1),(-1 < x_2 < 1)\}$内均匀分布的二维输入上训练由10×20个神经元网络形成的二维网格。计算SOM算法生成的映射，它允许获胜神经元周围的邻域函数比常用的更快地衰减。可能需要重复实验几次才能看到排序过程的失败。

9.14 SOM算法的拓扑排序性质可用于形成高维输入空间的抽象二维表示。为了研究这种表示，考虑由10×10个神经元网络组成的二维网格，它被由4个高斯云$\mathcal{C}_1, \mathcal{C}_2, \mathcal{C}_3$和$\mathcal{C}_4$组成的输入在八维输入空间中训练。所有云都有单位方差，但中心分别为$(0, 0, 0, \cdots, 0)$, $(4, 0, 0, \cdots, 0)$, $(4, 4, 0, \cdots, 0)$和$(0, 4, 0, \cdots, 0)$。计算由SOM算法生成的映射，映射中的每个神经元都用输入点表示的特定类别进行标记。

9.15 表P9.15中小结了重正规化SOM算法，9.3节简要说明了该算法。比较传统SOM算法和重正规化SOM算法，记住以下两个问题：算法实现涉及的编码复杂度；训练所需的计算时间。使用从均匀分布中提取的数据和如下两种网络配置，比较这两种算法：① 由257个神经元组成的一维网格；② 由2049个神经元组成的一维网格。在这两种情况下，均从初始数量为2的编码向量开始。

9.16 考虑图P9.16所示的信号空间图，它对应于M级脉冲幅度调制（PAM），其中$M = 8$。信号点对应于灰色编码的数据块。每个信号点都由幅度缩放适当的矩形脉冲信号表示：

表P9.15 重正规化训练算法小结（一维版）

1. *初始化*。将代码向量数设为一个较小的数（如设为2或其他值），并将它们的位置初始化为从训练样本中随机选择的相应数量的训练向量的位置。
2. *选择输入向量*。从训练样本中随机选择一个输入向量。
3. *编码输入向量*。确定获胜代码向量（获胜神经元的突触权重向量）。为此，可根据需要使用最近邻编码或最小失真编码。
4. *更新码本*。执行“赢者及其拓扑邻居”更新。固定学习率参数η（如0.125），使用$\eta/2$及其最近邻来更新获胜神经元。
5. *码本拆分*[a]。继续码本更新，但每次都用从训练样本中随机选择的新输入向量，直至码本更新的数量为代码向量数的10～30倍。达到这个数字时，码本可能已稳定而可拆分。取Peano代码向量串并插值它们的位置，可生成粒度更细的Peano字符串；可简单地在两个现有代码向量之间放一个额外的代码向量。
6. *完成训练*。继续码本更新和码本拆分，直到码向量的总数达到某个预定值（如100）。

[a]每轮结束时，码本拆分使代码向量的数量增1，因此不需要太多轮就可得到任何规定数量的代码向量。

$$p(t) = \pm\frac{7}{2}, \pm\frac{5}{2}, \pm\frac{3}{2}, \pm\frac{1}{2}, \quad 0 \leqslant t \leqslant T$$

式中，T是信号区间。在接收机的输入端，将零均值高斯白噪声以不同的信噪比（SNR）添加到传输信号中。信噪比定义为“平均”发射信号功率与平均噪声功率之比。

① 使用随机二进制序列作为发射机输入，生成代表接收信号的数据，信噪比为10dB、20dB和30dB。

② 对于每个SNR，设置一个自组织映射。对于典型值，可以使用：

- 由8个元素组成的输入向量，由8倍信号速率（8个样本/信号区间）的速率对接收信号进行采样得到。不要假设知道时间信息。
- 由64个神经元组成的一维网格（输入向量大小的8倍）。

③ 显示三个SNR中每个SNR的特征映射，演示SOM算法的拓扑排序特性。

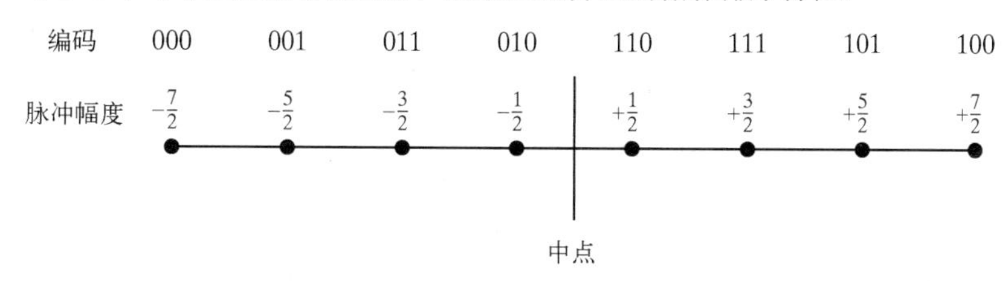

图P9.16

第10章　信息论学习模型

本章介绍无监督学习模型，其形式上或多或少源于信息论。本章中的各节安排如下：

- 10.1节为引言，介绍信息论的基础知识及其对神经元处理的深刻影响。
- 10.2节至10.6节回顾香农信息论的基本概念。10.2节介绍熵的概念；10.3节介绍最大熵原则；10.4节介绍互信息，讨论连续随机变量之间的互信息概念并检测其相关性；10.5节介绍KL散度的相关概念，提供两个不同概率密度函数匹配程度的度量方法，以及互信息和KL散度之间的关系；10.6节介绍Copula函数，它是几十年来一直为人们所知晓但极易被忽视的重要概念。
- 10.7节讨论互信息作为无监督学习目标函数的作用，为10.8节至10.12节讨论以下五项原则及其部分应用奠定基础：最大互信息（Infomax）原则；最小冗余原则；处理空间相干特征的Imax原则；处理空间不相干特征的Imin原则；独立成分分析（ICA）原则。
- 10.13节讨论稀疏性问题，这是自然图像的固有特征；本节还将证明ICA和稀疏性之间的关系，为ICA应用提供动因。
- 10.14节至10.17节介绍不同的ICA算法，并强调它们的优缺点：自然梯度学习算法，最大似然估计，最大熵学习算法，通过称为负熵的非高斯准则最大化实现FastICA。
- 10.18节介绍一个相对较新的概念，即相干ICA，它是在Copula函数运用上发展起来的。
- 10.19节介绍信息瓶颈（IB）法，这是一种新且有吸引力的方法，建立在香农信息论中率失真理论的基础上。该方法为描述数据的最优流形表示奠定了基础，后者在10.20节中讨论，并在10.21节中进行计算机实验。
- 10.22节为小结和讨论。

10.1　引言

克劳德・香农于1948年发表的一篇经典论文奠定了信息论的基础。香农在信息论方面的开创性工作及其他研究人员对其成果的改进，对电气工程师在设计高效可靠的通信系统方面产生了直接影响。无论信息论的真正起源是什么，其本质都是一种通信过程的数学理论。该理论为研究一些基本问题提供了框架，如信息表示的效率以及在通信信道上可靠传输信息的极限问题。此外，该理论包含了诸多强而有力的定理，用于计算携带信息信号传输和最优表达的理想边界。这些边界非常重要，它们是信息处理系统优化设计的基准。

本章主要讨论如何使信息论模型实现自组织原则。在此背景下，特别关注Linsker(1988a, b)提出的最大互信息原则。该原则表述如下：

> 多层神经网络的突触连接应确保在网络的每个处理阶段转换信号时，在一定的约束下，最大限度地保留信息量。

利用信息论来解释人们的感知过程并不新鲜。例如，Attneave(1954)提出了关于感知系统的信息论作用：

> 感知机的主要功能之一是减少冗余的刺激，与信息直接冲击感受器的形式相比，其信息描述或编码更经济。

Attneave的论文的主要思想是，认识到减少冗余对场景数据编码和确认场景特定特征是相关的。这一重要认识与Craik(1943)关于大脑视角的描述相关，文中构建了一个认知外部世界的模型，以便结合现实世界的规律和约束。

10.2 熵

对于一个随机变量 X，它的每次实现（出现）都可视为一条信息。严格地说，若随机变量 X 的幅度是连续的，则它拥有无限的信息量。但是，从物理学和生物学的角度看，讨论无限精度的幅度测量是没有意义的，这表明 X 的值可被均匀量化成有限数量的离散电平。因此，可将 X 视为离散随机变量，模型为

$$X = \{x_k | \ k = 0, \pm 1, \cdots, \pm K\} \tag{10.1}$$

式中，x_k是一个离散值，且离散电平的总数为 $2K+1$。假设离散电平之间的间距 δx 足够小，使得式（10.1）能够充分表示随机变量 X。当然，可通过假设 δx 趋于0且 K 趋于无穷来得到连续随机变量，连续随机变量求和即为积分。

为完善模型，令事件 $X = x_k$ 以概率

$$p_k = P(X = x_k) \tag{10.2}$$

发生，其中要求

$$0 \leqslant p_k \leqslant 1 \quad 和 \quad \sum_{k=-K}^{K} p_k = 1 \tag{10.3}$$

假设事件 $X = x_k$ 发生的概率为 $p_k = 1$，因此要求对所有 $i \neq k$ 有 $p_i = 0$。在这种情况下，事件 $X = x_k$ 发生不奇怪，且不传达任何信息，因为我们知道确切的信息是什么。在另一种情况下，若各种离散电平发生的概率不同，概率 p_k 较小，则当 X 取值为 x_k 且不具有更高概率 p_i 的离散电平 x_i（$i \neq k$）时，就有更大的“惊喜”和“信息”。因此“不确定”“意外”和“信息”等概念是相关的。在 $X = x_k$ 发生前，有一定的不确定性。在 $X = x_k$ 发生后，有一定的惊喜。在 $X = x_k$ 发生后，信息量增加。这三个数值显然是相同的，此外信息量与事件发生的概率成反比。

观察发现，具有概率 p_k 的事件 $X = x_k$ 发生后，得到的信息增量为对数函数

$$I(x_k) = \log(1/p_k) = -\log p_k \tag{10.4}$$

式中，对数的底数是任意的。使用自然对数时，信息的单位是奈特（nat）；使用以2为底数的对数时，信息的单位是比特（bit）。在任何情况下，由式（10.4）定义的信息量都有如下性质：

1.

$$I(x_k) = 0, \quad p_k = 1 \tag{10.5}$$

显然，若人们对某一事件的结果是绝对肯定的，则其发生就无法得到任何信息。

2.

$$I(x_k) \geqslant 0, \quad 0 \leqslant p_k \leqslant 1 \tag{10.6}$$

当事件 $X = x_k$ 发生时，要么提供信息，要么不提供信息，但不会导致信息损失。

3.

$$I(x_k) > I(x_i), \quad p_k < p_i \tag{10.7}$$

也就是说，越是小概率事件，它的发生提供的信息就越多。

信息量 $I(x_k)$ 是一个离散随机变量，其概率为 p_k。$I(x_k)$ 在所有$2K+1$个离散数值上的平均值为

$$H(X) = \mathbb{E}[I(x_k)] = \sum_{k=-K}^{K} p_k I(x_k) = -\sum_{k=-K}^{K} p_k \log p_k \tag{10.8}$$

量 $H(X)$ 称为一个可取有限离散值的随机变量 X 的熵；之所以称为熵，是因为式（10.8）给出的定义与统计热力学中熵的定义非常相似。熵 $H(X)$ 表示单位消息所携带信息量的平均值。注意，X 不是 $H(X)$ 的变量，而是一个随机变量的标记。同时，在式（10.8）中我们取 $0\log 0$ 为0。

熵 $H(X)$ 的取值范围为

$$0 \leqslant H(X) \leqslant \log(2K+1) \tag{10.9}$$

式中，$2K+1$ 是离散电平的总数。以下做两点说明：

1. $H(X)=0$，当且仅当对某个k概率 $p_k=1$，而集合中的其他概率为0；熵的下界与不确定性并不对应。
2. $H(X)=\log(2K+1)$，当且仅当对所有k有 $p_k=1/(2K+1)$，即所有离散值的概率相等；熵的上界对应最大不确定性。

10.2.1 连续随机变量的微分熵

至此，信息论概念的讨论仅涉及其幅度离散的随机变量集合。下面将这些概念中的一部分扩展到连续随机变量。

假设连续随机变量 X 的概率密度函数是 $p_X(x)$。与离散随机变量的熵的定义类似，我们定义

$$h(X) = -\int_{-\infty}^{\infty} p_X(x)\log p_X(x)\mathrm{d}x = -\mathbb{E}[\log p_X(x)] \tag{10.10}$$

我们称 $h(X)$ 为 X 的微分熵，以区别于一般熵或绝对熵。

以下是对式（10.10）的合理性解释：首先，将连续随机变量 X 视为离散随机变量的极限形式，设 $x_k=k\delta x$，其中 $k=0,\pm1,\pm2,\cdots$ 且 δx 趋于0。根据定义，连续随机变量 X 在区间 $[x_k, x_k+\delta x]$ 上的概率为 $p_X(x_k)\delta x$。因此，当 δx 趋于0时，连续随机变量 X 的普通熵的极限可以写为

$$\begin{aligned} H(X) &= -\lim_{\delta x\to 0}\sum_{k=-\infty}^{\infty} p_X(x_k)\delta x\log(p_X(x_k)\delta x) \\ &= -\lim_{\delta x\to 0}\left[\sum_{k=-\infty}^{\infty} p_X(x_k)(\log p_X(x_k))\delta x + \log\delta x\sum_{k=-\infty}^{\infty} p_X(x_k)\delta x\right] \\ &= -\int_{-\infty}^{\infty} p_X(x)\log p_X(x)\mathrm{d}x - \lim_{\delta x\to 0}\log\delta x\int_{-\infty}^{\infty} p_X(x)\mathrm{d}x = h(X) - \lim_{\delta x\to 0}\log\delta x \end{aligned} \tag{10.11}$$

式中，最后一行用到了式（10.10）及在概率密度函数 $p_X(x)$ 曲线下方总面积为1的事实。当 δx 趋于0时，$-\log\delta x$ 趋于无穷大。这意味着连续随机变量的熵无穷大。直观感觉这是正确的，因为随机变量可在区间 $(-\infty,\infty)$ 上任意取值，和随机变量相关联的不确定性是无穷大的。为了避免 $\log\delta x$ 带来的问题，我们用 $h(X)$ 作为微分熵，用 $-\log\delta x$ 作为参考。熵是一个随机系统所处理的信息实体，人们关注的实际上是具有共同参考的两个熵之间的差异，其信息与相应微分熵之间的差异相同。因此，有充分理由采用在式（10.11）中定义的 $h(X)$ 作为连续随机变量 X 的微分熵。

有一个由n个随机变量 $X_1, X_2, \cdots, X_n$ 组成的随机连续向量 $\boldsymbol{X}$ 后，定义 $\boldsymbol{X}$ 的微分熵为n重积分

$$h(\boldsymbol{X}) = -\int_{-\infty}^{\infty} p_{\boldsymbol{X}}(\boldsymbol{x})\log p_{\boldsymbol{X}}(\boldsymbol{x})\mathrm{d}\boldsymbol{x} = -\mathbb{E}[\log p_{\boldsymbol{X}}(\boldsymbol{x})] \tag{10.12}$$

式中，$p_{\boldsymbol{X}}(\boldsymbol{x})$ 是 $\boldsymbol{X}$ 的联合概率密度函数，$\boldsymbol{x}$ 是 $\boldsymbol{X}$ 的一个样本。

【例1】均匀分布

假设随机变量 X 在区间$[0, a]$上均匀分布，其概率密度函数为

$$p_X(x) = \begin{cases} 1/a, & 0 \leqslant x \leqslant a \\ 0, & \text{其他} \end{cases} \tag{10.13}$$

X 的微分熵为

$$h(X) = -\int_0^a \frac{1}{a}\log\left(\frac{1}{a}\right)\mathrm{d}x = \log a$$

当 $a<1$ 时，$\log a$ 为负，即熵 $h(X)$ 是负的。因此，可以说，和离散随机变量的微分熵不同，连续随机变量的微分熵可以为负值。

当 $a=1$ 时，微分熵 $h(X)$ 为0。因此，可以说均匀分布的随机变量包含的信息量是所有随机变量中最少的。

10.2.2 微分熵的性质

从式（10.10）给出的微分熵 $h(X)$ 的定义中容易看出平移不会改变它的值，即

$$h(X+c)=h(X) \tag{10.14}$$

式中，c为常量。$h(X)$ 另一个有用的性质是

$$h(aX)=h(X)+\log|a| \tag{10.15}$$

式中，a为比例系数。为了证明该性质，首先认识到概率密度函数曲线下方的面积是1，所以

$$p_Y(y)=\frac{1}{|a|}p_Y\left(\frac{y}{a}\right) \tag{10.16}$$

接下来，应用式（10.10）写出

$$h(Y)=-\mathbb{E}[\log p_Y(y)]=-\mathbb{E}\left[\log\left(\frac{1}{|a|}p_Y\left(\frac{y}{a}\right)\right)\right]=-\mathbb{E}\left[\log p_Y\left(\frac{y}{a}\right)\right]+\log|a|$$

代入 $Y=aX$ 得

$$h(aX)=-\int_{-\infty}^{\infty}p_X(x)\log p_X(x)\mathrm{d}x+\log|a| \tag{10.17}$$

由此可得式（10.15）。

式（10.15）用于标量随机变量，也可推广用于随机向量 $\boldsymbol{X}$ 乘以矩阵 $\boldsymbol{A}$ 的情况：

$$h(\boldsymbol{AX})=h(\boldsymbol{X})+\log|\det(\boldsymbol{A})| \tag{10.18}$$

式中，$\det(\boldsymbol{A})$ 是矩阵 $\boldsymbol{A}$ 的行列式。

10.3 最大熵原则

假设有一个随机系统，已知一组状态（但不知其概率），并且已知这些状态的概率分布的一些约束。这些约束可以是某些总体均值或者它们的边界值。在给定关于模型的先验知识的条件下，问题是如何选择一个在某种意义上最优的概率模型。通常有无穷多个模型满足约束，但应选择哪个模型呢？

这个基本问题的答案是Jaynes(1957)提出的最大熵（Max Ent）原则。最大熵原则表述如下（Jaynes, 1957, 2003）：

当基于不完全信息进行推理时，应根据熵最大化的概率分布进行推理，并受分布约束。

实际上，熵的概念定义了概率分布空间上的一种度量，使得那些高熵的分布比其他分布更有优势。从这句话可以看出，“最大熵问题”是一个约束优化问题。为说明求解这个问题的步骤，考虑最大微分熵：

$$h(X)=-\int_{-\infty}^{\infty}p_X(x)\log p_X(x)\mathrm{d}x$$

随机变量 X 的所有概率密度函数 $p_X(x)$ 满足以下三个约束：

1. $p_X(x)\geqslant 0$，在 x 的支持集之外等号成立。

2. $\int_{-\infty}^{\infty}p_X(x)\mathrm{d}x=1$。

3. $\int_{-\infty}^{\infty}p_X(x)g_i(x)\mathrm{d}x=\alpha_i$，$i=1,2,\cdots,m$。

式中，$g_i(x)$ 是 x 的部分函数。约束1和约束2简单描述了概率密度函数的两个基本属性，约束3定义变量 X 的矩，它随函数 $g_i(x)$ 的表达式的不同而发生变化。实际上，约束3综合了随机变量 X 的可用先验知识。为了求解这个约束优化问题，我们利用第6章讨论过的拉格朗日乘子法。具体来说，首先建立拉格朗日算子

$$J(p)=\int_{-\infty}^{\infty}\left[-p_X(x)\log p_X(x)+\lambda_0 p_X(x)+\sum_{i=1}^{m}\lambda_i g_i(x)p_X(x)\right]\mathrm{d}x \tag{10.19}$$

式中，$\lambda_0,\lambda_1,\cdots,\lambda_m$ 是拉格朗日乘子。式（10.19）的被积函数对 $p_X(x)$ 微分并令结果为0得

$$-1-\log p_X(x)+\lambda_0+\sum_{i=1}^{m}\lambda_i g_i(x)=0$$

解方程得

$$p_X(x)=\exp\left(-1+\lambda_0+\sum_{i=1}^{m}\lambda_i g_i(x)\right) \tag{10.20}$$

式（10.20）中的拉格朗日乘子根据约束2和约束3来选择。式（10.20）定义了该问题的最大熵分布。

【例2】一维高斯分布

假设我们现有的先验知识由随机变量 X 的均值 μ 和方差 σ^2 组成。根据定义，随机变量 X 的方差为

$$\int_{-\infty}^{\infty}(x-\mu)^2 p_X(x)\mathrm{d}x=\sigma^2=常数$$

将此式与约束3比较，可以看出

$$g_1(x)=(x-\mu)^2,\quad \alpha_1=\sigma^2$$

因此，应用式（10.20）得

$$p_X(x)=\exp[-1+\lambda_0+\lambda_1(x-\mu)^2]$$

我们发现，若 $p_X(x)$ 和 $(x-\sigma)^2 p_X(x)$ 对x的积分是收敛的，则 λ_1 为负数。将该式代入约束2和给3，解出 λ_0 和 λ_1 得

$$\lambda_0=1-\log(2\pi\sigma^2),\quad \lambda_1=-\frac{1}{2\sigma^2}$$

因此，$p_X(x)$ 的理想分布形式为

$$p_X(x)=\frac{1}{\sqrt{2\pi}\sigma}\exp\left(-\frac{(x-\mu)^2}{2\sigma^2}\right) \tag{10.21}$$

这是一个均值为 μ、方差为 σ^2 的高斯随机变量 X 的概率密度函数。该随机变量的微分熵的最大值为

$$h(X)=\tfrac{1}{2}[1+\log(2\pi\sigma^2)] \tag{10.22}$$

该例总结如下：

1. 对给定的方差 σ^2，在任意随机变量中，高斯随机变量取得的微分熵为最大值。也就是说，若 X 是一个高斯随机变量，Y 是其他具有相同均值和方差的随机变量，则对所有 Y 有

$$h(X)\geqslant h(Y)$$

仅当第二个随机变量 Y 也是高斯随机变量时，等号才成立。

2. 高斯随机变量 X 的熵由 X 的方差唯一决定（与 X 的均值无关）。

【例3】多维高斯分布

在例2的基础上，计算多维高斯分布的微分熵。由于高斯随机变量 X 的熵与 X 的均值无关，为简化讨论，可以仅考虑均值为0的m维向量 $\boldsymbol{X}$。这样，$\boldsymbol{X}$ 的二阶统计性质就由其协方差矩阵 $\boldsymbol{\Sigma}$ 决定，协方差矩阵定义为 $\boldsymbol{X}$ 与自身的外积的期望。随机向量 $\boldsymbol{X}$ 的联合概率密度函数为

$$p_X(\boldsymbol{x})=\frac{1}{(2\pi)^{m/2}(\det(\boldsymbol{\Sigma}))^{1/2}}\exp\left(-\frac{1}{2}\boldsymbol{x}^{\mathrm{T}}\boldsymbol{\Sigma}^{-1}\boldsymbol{x}\right) \tag{10.23}$$

式中，$\det(\boldsymbol{\Sigma})$ 是 $\boldsymbol{\Sigma}$ 的行列式（Wilks, 1962）。式（10.12）定义 $\boldsymbol{X}$ 的微分熵。因此，将式（10.23）代入式（10.12）得

$$h(\boldsymbol{X})=\tfrac{1}{2}\left[m+m\log(2\pi)+\log\left|\det(\boldsymbol{\Sigma})\right|\right] \tag{10.24}$$

其中包括作为特例的式（10.22）。根据最大熵原则，可以做如下陈述：

对于给定的协方差矩阵 $\boldsymbol{\Sigma}$，在所有零均值随机向量可达到的微分熵中，式（10.23）定义的多元高斯分布具有最大的微分熵，这个最大微分熵由式（10.24）定义。术语“变量”是随机向量 $\boldsymbol{X}$ 的分量的另一种称呼。

10.4 互信息

考虑一对相关的连续随机变量 X 和 Y。根据概率论，X 和 Y 的联合概率密度函数为

$$p_{X,Y}(x,y)=p_Y(y\,|\,x)p_X(x) \tag{10.25}$$

因此，根据微分熵的定义有

$$h(X,Y)=h(X)+h(Y\,|\,X) \tag{10.26}$$

式中，$h(X,Y)$ 称为 X 和 Y 的联合微分熵，$h(Y\,|\,X)$ 称为给定 X 时，Y 的条件微分熵。用文字描述时，可以说关于 X 和 Y 的不确定性等于关于 X 的不确定性加上给定 X 时 Y 的不确定性。类似地，可以说关于 X 和 Y 的不确定性等于 Y 的不确定性加上给定 Y 时 X 的不确定性：

$$h(X,Y)=h(Y)+h(X\,|\,Y) \tag{10.27}$$

下面考虑一个更加结构化的状况，它涉及一个随机神经系统，在这个系统的输入上应用连续随机变量 X 时，会在系统的输出端产生一个连续随机变量 Y。根据定义，微分熵 $h(X)$ 是在观察系统输出 Y 之前关于系统输入 X 的不确定性，而条件微分熵 $H(X\,|\,Y)$ 是在观察系统输出 Y 之后的系统输入 X 的不确定性。差值 $H(X)-H(X\,|\,Y)$ 就是由观察系统输出 Y 决定的系统输入 X 的不确定性。这一熵差称为系统输入 X 和系统输出 Y 之间的**互信息**，记为 $I(X;Y)$：

$$\begin{aligned}I(X;Y)&=h(X)-h(X\,|\,Y)\\&=\int_{-\infty}^{\infty}\int_{-\infty}^{\infty}p_{X,Y}(x,y)\log\left(\frac{p_{X,Y}(x,y)}{p_X(x)p_Y(y)}\right)\mathrm{d}x\mathrm{d}y\\&=\int_{-\infty}^{\infty}\int_{-\infty}^{\infty}\underbrace{p_{X|Y}(x\,|\,y)p_Y(y)}_{p_{X,Y}(x,y)}\log\left(\frac{p_{X|Y}(x\,|\,y)}{p_Y(y)}\right)\mathrm{d}x\mathrm{d}y\end{aligned} \tag{10.28}$$

式中，第一行到第二行的转变见习题10.2。微分熵 $h(X)$ 是互信息的特殊情况，因为 $h(X)=I(X;X)$。式（10.28）中互信息 $I(X;Y)$ 的公式可用微分熵 $h(X)$ 表示。相应地，互信息 $I(Y;X)$ 可用微分熵 $h(Y)$ 表示：

$$I(Y;X)=h(Y)-h(Y\,|\,X) \tag{10.29}$$

式中，$h(Y\,|\,X)$ 是给定 X 时 Y 的条件微分熵。互信息 $I(Y;X)$ 是通过观察系统输入 X 得到的关于系统输出 Y 的不确定性。

两个连续随机变量 X 和 Y 之间的互信息具有三个重要性质。

性质1　非负性

互信息 $I(X;Y)$ 总是非负的，即

$$I(X;Y)\geqslant 0 \tag{10.30}$$

该性质表明，一般来说，通过观察系统的输出 Y，我们不可能丢失系统输入 X 的信息。而且，当且仅当输入和输出统计独立时，互信息 $I(X;Y)$ 才为0。

性质2　对称性

对称性即

$$I(Y;X)=I(X;Y) \tag{10.31}$$

性质1和性质2可由式（10.28）的定义公式直接得到。联立式（10.26）到式（10.31）得

$$I(X;Y)=h(X)-h(X\mid Y)=h(Y)-h(Y\mid X)=(h(X)+h(Y))-h(X,Y) \tag{10.32}$$

由此可以构建出图10.1（MacKay, 2003）。系统输入 X 的微分熵通过图中的第二个矩形表示，系统输出 Y 的微分熵通过图中的第三个矩形表示。X 和 Y 之间的互信息如图中的阴影区域所示，由这两个矩形之间的重叠表示。图中还包含了联合熵 $h(X,Y)$ 以及两个条件熵 $h(X\mid Y)$ 和 $h(Y\mid X)$。

性质3　不变性

在随机变量的可逆变换下，互信息是不变的。

考虑可逆变换

$$u=f(x) \quad 和 \quad v=g(y)$$

式中，x 和 y 是随机变量 X 和 Y 的样本值，u 和 v 是变换后的随机变量 U 和 V 的样本值。互信息的不变性说明

$$I(X;Y)=I(U;V) \tag{10.33}$$

由于从 x 到 u 的变换以及从 y 到 v 的变换都是可逆的，两个变换的过程中无信息丢失，因此这一结果直观地验证了互信息的不变性。

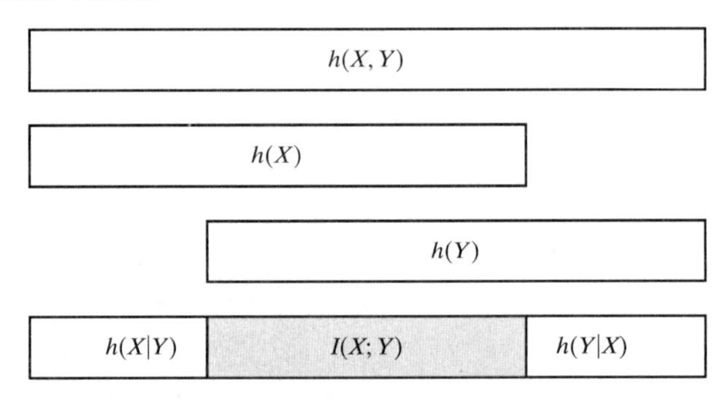

图10.1　式（10.32）中包含的关系，包括互信息 $I(X;Y)$

10.4.1　互信息的一般性

式（10.28）中给出的互信息 $I(X;Y)$ 的定义适用于标量随机变量 X 和 Y。这个定义也容易扩展到随机向量 $\boldsymbol{X}$ 和 $\boldsymbol{Y}$，因此可以写成 $I(\boldsymbol{X};\boldsymbol{Y})$。具体地，定义互信息 $I(\boldsymbol{X};\boldsymbol{Y})$ 为

$$\begin{aligned}I(\boldsymbol{X};\boldsymbol{Y})&=h(\boldsymbol{X})-h(\boldsymbol{X}\mid\boldsymbol{Y})\\&=\int_{-\infty}^{\infty}\int_{-\infty}^{\infty}p_{\boldsymbol{X},\boldsymbol{Y}}(\boldsymbol{x},\boldsymbol{y})\log\left(\frac{p_{\boldsymbol{X},\boldsymbol{Y}}(\boldsymbol{x},\boldsymbol{y})}{p_{\boldsymbol{X}}(\boldsymbol{x})p_{\boldsymbol{Y}}(\boldsymbol{y})}\right)\mathrm{d}\boldsymbol{x}\mathrm{d}\boldsymbol{y}\\&=\int_{-\infty}^{\infty}\int_{-\infty}^{\infty}\underbrace{p_{\boldsymbol{X}|\boldsymbol{Y}}(\boldsymbol{x}\mid\boldsymbol{y})P_{\boldsymbol{Y}}(\boldsymbol{y})}_{p_{\boldsymbol{X},\boldsymbol{Y}}(\boldsymbol{x},\boldsymbol{y})}\log\left(\frac{p_{\boldsymbol{X}|\boldsymbol{Y}}(\boldsymbol{x}\mid\boldsymbol{y})}{p_{\boldsymbol{Y}}(\boldsymbol{y})}\right)\mathrm{d}\boldsymbol{x}\mathrm{d}\boldsymbol{y}\end{aligned} \tag{10.34}$$

客观上，互信息 $I(\boldsymbol{X};\boldsymbol{Y})$ 同样满足具有与式（10.30）和式（10.31）关于标量随机变量的同等性质。

10.5 KL散度

式（10.34）中定义的互信息 $I(\boldsymbol{X};\boldsymbol{Y})$ 适用于随机神经系统，其输入和输出分别用多维向量 $\boldsymbol{X}$ 和 $\boldsymbol{Y}$ 表示。下面考虑同一个系统，它由两个不同的概率密度函数 $p_{\boldsymbol{X}}(\boldsymbol{x})$ 和 $g_{\boldsymbol{X}}(\boldsymbol{x})$ 作为输入向量 $\boldsymbol{X}$ 的潜在分布的可能描述。$p_{\boldsymbol{X}}(\boldsymbol{x})$ 和 $g_{\boldsymbol{X}}(\boldsymbol{x})$ 之间的KL散度（KLD）定义为（Kullback, 1968; Shore and Johnson, 1980）

$$D_{p\|g}=\int_{-\infty}^{\infty}p_{\boldsymbol{x}}(\boldsymbol{x})\log\left(\frac{p_{\boldsymbol{X}}(\boldsymbol{x})}{g_{\boldsymbol{X}}(\boldsymbol{x})}\right)\mathrm{d}\boldsymbol{x}=\mathbb{E}\left[\log\left(\frac{p_{\boldsymbol{X}}(\boldsymbol{x})}{g_{\boldsymbol{X}}(\boldsymbol{x})}\right)\right] \tag{10.35}$$

式中，期望值是相对于概率密度函数 $p_{\boldsymbol{X}}(\boldsymbol{x})$ 而言的。KLD有两个特有的性质。

性质1　非负性

这个性质说明

$$D_{p\|g}\geqslant 0 \tag{10.36}$$

对 $g_{\boldsymbol{X}}(\boldsymbol{x})=p_{\boldsymbol{X}}(\boldsymbol{x})$ 的特殊情况，两个分布完全重合，而KLD正好为零。

性质2　不变性

考虑可逆变换

$$\boldsymbol{y}=\boldsymbol{f}(\boldsymbol{x})$$

式中，$\boldsymbol{x}$ 和 $\boldsymbol{y}$ 分别是随机向量 $\boldsymbol{X}$ 和 $\boldsymbol{Y}$ 的样本。相应地，KLD在这个变换下是不变的，即

$$D_{p_X\|g_X}=D_{p_Y\|g_Y}$$

$D_{p_X\|g_X}$ 是相应于输入向量 $\boldsymbol{X}$ 的KLD值，$D_{p_Y\|g_Y}$ 是相应于变换后输出向量 $\boldsymbol{Y}$ 的KLD值。

10.5.1 KL散度和互信息之间的关系

向量 $\boldsymbol{X}$ 和 $\boldsymbol{Y}$ 之间的互信息 $I(\boldsymbol{X};\boldsymbol{Y})$ 对KL散度有一个有趣的解释。为便于表示，重写式（10.34）的第二行如下：

$$I(\boldsymbol{X};\boldsymbol{Y})=\int_{-\infty}^{\infty}\int_{-\infty}^{\infty}p_{\boldsymbol{X},\boldsymbol{Y}}(\boldsymbol{x},\boldsymbol{y})\log\left(\frac{p_{\boldsymbol{X},\boldsymbol{Y}}(\boldsymbol{x},\boldsymbol{y})}{p_{\boldsymbol{X}}(\boldsymbol{x})p_{\boldsymbol{Y}}(\boldsymbol{y})}\right)\mathrm{d}\boldsymbol{x}\mathrm{d}\boldsymbol{y}$$

将该式与式（10.35）进行比较，立即推得

$$I(\boldsymbol{X};\boldsymbol{Y})=D_{p_{X,Y}\|p_X p_Y} \tag{10.37}$$

换句话说，$\boldsymbol{X}$ 和 $\boldsymbol{Y}$ 之间的互信息 $I(\boldsymbol{X};\boldsymbol{Y})$ 等于联合概率密度函数 $p_{\boldsymbol{X},\boldsymbol{Y}}(\boldsymbol{x},\boldsymbol{y})$ 以及边缘概率密度函数 $p_{\boldsymbol{X}}(\boldsymbol{x})$ 和 $p_{\boldsymbol{Y}}(\boldsymbol{y})$ 的乘积的KL散度。

10.5.2 KL散度的熵解释

式（10.37）描述的后一个结果的一个特例是$m\times 1$维随机向量 $\boldsymbol{X}$ 的概率密度函数 $p_{\boldsymbol{X}}(\boldsymbol{x})$ 和其m个边缘概率密度函数的乘积的KL散度。设 $\tilde{p}_{X_i}(x_i)$ 表示分量 X_i 的第i个边缘概率密度函数：

$$\tilde{p}_{X_i}(x_i)=\int_{-\infty}^{\infty}p_{\boldsymbol{x}}(\boldsymbol{x})\mathrm{d}\boldsymbol{x}^{(i)},\quad i=1,2,\cdots,m \tag{10.38}$$

式中，$\boldsymbol{x}^{(i)}$ 是一个从向量 $\boldsymbol{x}$ 中除去第i个元素后的 $(m-1)\times 1$ 维向量。定义阶乘分布为

$$\tilde{p}_{\boldsymbol{X}}(\boldsymbol{x})=\prod_{i=1}^{m}\tilde{p}_{X_i}(x_i)$$

这表示一个随机变量的独立集合。这个集合中的第i个分量 X_i 的分布和原始随机向量 $\boldsymbol{X}$ 的第i个边

缘分布相同。普通概率密度函数 $p_{\boldsymbol{X}}(\boldsymbol{x})$ 与其阶乘对应函数 $\tilde{p}_{\boldsymbol{X}}(\boldsymbol{x})$ 之间的KLD定义为

$$
\begin{aligned}
D_{p_X\|\tilde{p}_X} &= \int_{-\infty}^{\infty} p_{\boldsymbol{X}}(\boldsymbol{x})\log\left(\frac{p_{\boldsymbol{X}}(\boldsymbol{x})}{\prod_{i=1}^{m}\tilde{p}_{X_i}(x_i)}\right)\mathrm{d}\boldsymbol{x} \\
&= \int_{-\infty}^{\infty} p_{\boldsymbol{X}}(\boldsymbol{x})\log p_{\boldsymbol{X}}(\boldsymbol{x})\mathrm{d}\boldsymbol{x} - \sum_{i=1}^{m}\int_{-\infty}^{\infty} p_{\boldsymbol{X}}(\boldsymbol{x})\log\tilde{p}_{X_i}(x_i)\mathrm{d}\boldsymbol{x}
\end{aligned}
\tag{10.39}
$$

根据定义，式（10.39）第二行右边的第一个积分等于 $-h(\boldsymbol{X})$ ，其中 $h(\boldsymbol{X})$ 是 $\boldsymbol{X}$ 的微分熵。为了处理等式右端的第二项，首先注意到微分 $\mathrm{d}\boldsymbol{x}$ 可以表示为

$$
\mathrm{d}\boldsymbol{x} = \mathrm{d}\boldsymbol{x}^{(i)}\mathrm{d}x_i
$$

因此，可以写出

$$
\int_{-\infty}^{\infty} p_{\boldsymbol{X}}(\boldsymbol{x})\log\tilde{p}_{X_i}(x_i)\mathrm{d}\boldsymbol{x} = \int_{-\infty}^{\infty}\log\tilde{p}_{X_i}(x_i)\int_{-\infty}^{\infty} p_{\boldsymbol{X}}(\boldsymbol{x})\mathrm{d}\boldsymbol{x}^{(i)}\mathrm{d}x_i \tag{10.40}
$$

式中，右端内层积分对 $(m-1)\times 1$ 维向量 $\boldsymbol{x}^{(i)}$ 积分，而外层积分对标量 x_i 积分。但从式（10.38）可以看出，内层积分实际上等于边缘概率密度函数 $\tilde{p}_{X_i}(x_i)$ 。因此，可将式（10.40）写为等价形式

$$
\int_{-\infty}^{\infty} p_{\boldsymbol{X}}(\boldsymbol{x})\log\tilde{p}_{X_i}(x_i)\mathrm{d}\boldsymbol{x} = \int_{-\infty}^{\infty}\tilde{p}_{X_i}(x_i)\log\tilde{p}_{X_i}(x_i)\,\mathrm{d}x_i = -\tilde{h}(X_i), \quad i=1,2,\cdots,m \tag{10.41}
$$

式中，$\tilde{h}(X_i)$ 是第i个边缘熵[边缘概率密度函数 $\tilde{f}_{X_i}(x_i)$ 的微分熵]。最后将式(10.41)代入式(10.39)，并注意到式（10.39）中的第一个积分为 $-h(\boldsymbol{X})$ ，可将式（10.39）中的KL散度简化为

$$
D_{p_X\|\tilde{p}_X} = -h(\boldsymbol{X}) + \sum_{i=1}^{m}\tilde{h}(X_i) \tag{10.42}
$$

本章后面将利用这个公式来学习独立成分分析。

10.5.3 毕达哥拉斯分解

下面考虑概率密度函数 $p_{\boldsymbol{X}}(\boldsymbol{x})$ 和 $p_{\boldsymbol{U}}(\boldsymbol{x})$ 之间的KL散度，其中向量 $\boldsymbol{x}$ 是随机向量 $\boldsymbol{X}$ 和 $\boldsymbol{U}$ 的共同样本， x_i 是 $\boldsymbol{x}$ 的第i个分量。$m\times 1$维随机向量 $\boldsymbol{U}$ 由独立的变量组成：

$$
p_{\boldsymbol{U}}(\boldsymbol{x}) = \prod_{i=1}^{m} p_{U_i}(x_i)
$$

$m\times 1$维随机变量 $\boldsymbol{X}$ 用 $\boldsymbol{U}$ 定义为

$$
\boldsymbol{X} = \boldsymbol{A}\boldsymbol{U}
$$

式中，$\boldsymbol{A}$ 是一个非对角矩阵。令 $\tilde{p}_{X_i}(x_i)$ 表示从 $p_{\boldsymbol{X}}(\boldsymbol{x})$ 导出的每个 X_i 的边缘概率密度函数，则 $p_{\boldsymbol{X}}(\boldsymbol{x})$ 和 $p_{\boldsymbol{U}}(\boldsymbol{x})$ 之间的KL散度可做如下毕达哥拉斯（勾股）分解：

$$
D_{p_X\|p_U} = D_{p_X\|\tilde{p}_X} + D_{p_X\|\tilde{p}_U} \tag{10.43}
$$

我们称这种经典的关系为毕达哥拉斯分解，因为它具有信息-几何解释（Amari, 1985）。

10.6 Copula函数

互信息 $I(X;Y)$ 提供了两个随机变量 X 和 Y 之间的统计独立性度量。对这种相关性的图形解释，可以参考基于式（10.32）的图10.1。然而，该式缺少数学上的解释能力。具体来说，若互信息 $I(X;Y)$ 是0，则它告诉我们随机变量 X 和 Y 统计上是独立的。但是，若 $I(X;Y)$ 大于0，证实 X 和 Y 之间的统计相关，则它不能为我们提供相关性的统计度量。

为了进一步说明，下面考虑一对随机变量 X 和 Y ，其样本值分别用 x 和 y 表示。目的是进行 X

和Y之间的统计相关性度量，该度量不受其尺度变化或方差的影响。为实现这一目标，我们将X和Y分别变换为两个新随机变量U和V，使U和V在区间[0,1]上是一致的。该变换是一种以累积分布函数$P_X(x)$和$P_Y(y)$表示的非线性尺度变换，是通过设

$$u = P_X(x) \quad 和 \quad v = P_Y(y)$$

来完成的，其中u和v分别是随机变量U和V的样本值。联合分布对(U,V)分布在单位正方形$[0,1]\times[0,1]$上；当且仅当原始随机变量X和Y（或新随机变量U和V）统计独立时，这个分布是均匀的。X和Y的联合分布因此转换为U和V在单位正方形上的联合分布，这里边缘分布是一致的。

新随机变量对(U,V)是唯一确定的，并且称为Copula函数。正式地说，

涉及随机变量对(U,V)的Copula函数，是一个以分布自由方式模拟U和V之间的统计依赖性的函数。

我们可以继续陈述关于Copula函数的Sklar定理如下（Sklar, 1959）：

给定累积分布函数$P_{X,Y}(x,y)$，$P_X(x)$和$P_Y(y)$，存在唯一的Copula函数$C_{U,V}(u,v)$满足下面的关系：

$$P_{X,Y}(x,y) = C_{U,V}(P_X(x), P_Y(y)) \tag{10.44}$$

$$C_{U,V}(u,v) = P(P_X^{-1}(x), P_Y^{-1}(y)) \tag{10.45}$$

式中，两个新随机变量U和V分别是原始随机变量X和Y的非线性变换，其样本u和v定义为

$$u = P_X(x) \tag{10.46}$$

$$v = P_Y(y) \tag{10.47}$$

随机变量对(U,V)联合分布在单位正方形上。

10.6.1 Copula函数的性质

性质1 Copula函数的极限值

由于样本u和v局限于区间[0,1]，Copula函数值自身就局限于

$$C_{U,V}(u,0) = C_{U,V}(0,v) = 0$$
$$C_{U,V}(u,1) = u$$
$$C_{U,V}(1,v) = v$$

性质2 用Copula函数表示联合密度$P_{X,Y}(x,y)$

用Copula函数将联合概率密度函数$P_{X,Y}(x,y)$表示为以下三项的乘积：

- 边缘概率密度函数$p_X(x)$和$p_Y(y)$
- Copula函数的联合概率密度函数$C_{U,V}(u,v)$

为了建立这一关系，我们从联合概率密度函数的基本定义开始：

$$p_{X,Y}(x,y) = \frac{\partial^2}{\partial x \partial y} P_{X,Y}(x,y)$$

然后，利用式（10.44），写出

$$\begin{aligned} p_{X,Y}(x,y) &= \frac{\partial^2}{\partial x \partial y} C_{U,V}\left(P_X(x), P_Y(y)\right) = \frac{\partial}{\partial x}\frac{\partial}{\partial y} C_{U,V}\left(P_X(x), P_Y(y)\right) \\ &= \frac{\partial}{\partial x}\left[\frac{\partial P_Y(y)}{\partial y}\frac{\partial}{\partial P_Y(y)} C_{U,V}\left(P_X(x), P_Y(y)\right)\right] = \frac{\partial}{\partial x}[p_Y(y) C'_{U,V}(P_X(x), v)] \end{aligned}$$

式中，利用了定义$P_Y(y) = v$，且$C'_{U,V}(P_X(x), P_X(y))$中的上标“$'$”表示Copula函数对$P_Y(y)$的微分。

边缘 $P_Y(y)$ 与 x 无关，我们继续写出

$$\begin{aligned} p_{X,Y}(x,y) &= p_Y(y)\frac{\partial}{\partial x}C'_{U,V}(P_X(x),v) \\ &= p_Y(y)\frac{\partial P_X(x)}{\partial x}\frac{\partial}{\partial P_X(x)}C'_{U,V}(P_X(x),v) \\ &= p_Y(y)p_X(x)C''_{U,V}(P_X(x),v) \end{aligned}$$

式中，$C''_{U,V}(P_X(x),v)$ 的第二个上标“ ″ ”表示导数 $C'_{U,V}(P_X(x),v)$ 对 $P_X(x)$ 的微分。最后，考虑 $P_X(x)=u$，通过定义，Copula函数的联合概率密度函数表示为

$$c_{U,V}(u,v)=\frac{\partial^2}{\partial u\partial v}C_{U,V}(u,v) \tag{10.48}$$

得到

$$p_{X,Y}(x,y)=p_X(x)p_Y(y)c_{U,V}(u,v) \tag{10.49}$$

由式（10.49）得出以下结论：

若两个随机变量 X 和 Y 是统计相关的，则Copula函数的联合密度 $c_{U,V}(u,v)$ 可以清楚地说明 X 和 Y 之间的统计依赖性。

这个结论强调了Copula函数的本质。

【例4】两个统计独立随机变量的Copula函数

假设随机变量 X 和 Y 是统计独立的，则有

$$p_{X,Y}(x,y)=p_X(x)p_Y(y)$$

在这一条件下，式（10.49）简化为

$$c_{U,V}(u,v)=1\text{，}\quad 0\leqslant u,v\leqslant 1$$

相应地，有

$$C_{U,V}(u,v)=\int_0^u\int_0^v c_{U,V}(u,v)\mathrm{d}u\mathrm{d}v=\int_0^u\int_0^v 1\mathrm{d}u\mathrm{d}v=uv$$

因此，当相应的随机变量 X 和 Y 统计独立时，Copula函数的密度 $C_{U,V}(u,v)=uv$ 就将 U 和 V 关联起来。

10.6.2 互信息和Copula函数的熵之间的关系

介绍Copula函数的背景后，可以给出另一个说明：

两个随机变量 X 和 Y 之间的互信息，是相应的非线性变换随机变量对 U 和 V 的Copula函数联合熵的相反数。

为了证明这一关系，可以执行下列步骤：

1．由于随机变量 U 和 V 是作用在原始随机变量 X 和 Y 上的可逆变换，根据10.4节描述的互信息的不变性得

$$I(X;Y)=I(U;V)$$

2．将式（10.32）的最后一行应用于互信息 $I(U;V)$ 有

$$I(U;V)=h_C(U)+h_C(V)-h_C(U,V)$$

由于随机变量 U 和 V 都在区间[0,1]上同分布，因此微分熵 $h_C(U)$ 和 $h_C(V)$ 都为0。于是，$I(U;V)$ 简化为

$$I(U;V)=-h_C(U,V)=\mathbb{E}[\log c_{U,V}(u,v)] \tag{10.50}$$

这就是所需的关系式。

式（10.50）定义的互信息直观上比式（10.32）给出的三个标准公式更让人满意，原因有二：

1. 给定一对随机变量，它们之间的互信息可直接表示为Copula函数，而Copula函数是和两个随机变量之间的相关性匹配的概率分布的一部分。

2. 互信息不是两个随机变量边缘分布的函数。

此外，根据式（10.49），可以进一步得出两个结论：

$$I(X;Y)=0 \text{ 对应于 } c_{U,V}(u,v)=1$$
$$I(X;Y)>0 \text{ 对应于 } c_{U,V}(u,v)>1$$

10.7 作为待优化目标函数的互信息

至此，我们对香农的信息论已有了充分了解，接下来可讨论它在研究自组织系统中的作用。

为了进行讨论，考虑一个具有多输入和多输出的神经系统。这里的主要目标是为一个特定任务（如建模、抽取统计突出特征或信号分离）进行自组织而设计系统。通过选择系统中某些变量间的互信息作为优化的目标函数，以满足这一要求。这种特定的选择由下面两个考虑得到证明：

1. 如10.4节至10.6节讨论的那样，互信息具有一些独特的性质。

2. 无须先验知识也可以确定互信息，这样自然就完成了自组织的准备。

因此，问题就变成了调整系统的自由参数（突触权重）以优化互信息。

根据应用对象的不同，我们能够确定如图10.2所示的四种不同情况。

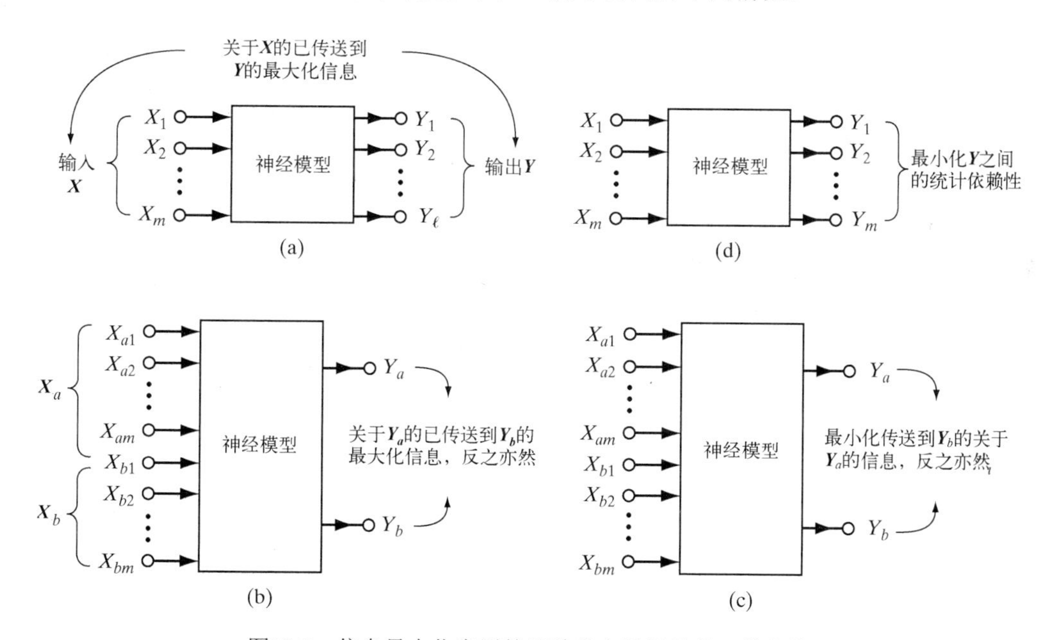

图10.2 信息最大化应用的四种基本场景及其三种变体

- 在图10.2(a)所示的情况1中，输入向量 $\boldsymbol{X}$ 由分量 $X_1,X_2,\cdots,X_m$ 组成，输出向量 $\boldsymbol{Y}$ 由分量 $Y_1,Y_2,\cdots,Y_l$ 组成。条件是将系统输入 $\boldsymbol{X}$ 的信息最大化地传递给系统输出 $\boldsymbol{Y}$（通过系统的信息流）。
- 在图10.2(b)所示的情况2中，输入向量 $\boldsymbol{X}_a$ 和 $\boldsymbol{X}_b$ 是从相邻但不重叠的图像区域中导出的。输入 $\boldsymbol{X}_a$ 和 $\boldsymbol{X}_b$ 产生的标量输出分别是 Y_a 和 Y_b。条件是尽可能多地将 Y_a 的信息传递给 Y_b，反之亦然。

- 在图10.2(c)所示的情况3中，输入向量 $\boldsymbol{X}_a$ 和 $\boldsymbol{X}_b$ 是从两幅独立但相关的图像的对应区域中导出的。这两个输入向量产生的输出分别是 Y_a 和 Y_b。条件是尽量减少 Y_b 收到的关于 Y_a 的信息，反之亦然。
- 在图10.2(d)所示的情况4中，输入向量 $\boldsymbol{X}$ 和输出向量 $\boldsymbol{Y}$ 与图10.2(a)定义的形式相似，但有相同的维数（$l=m$）。这里的目标是使输出向量 $\boldsymbol{Y}$ 的各个分量之间的统计相关最小化。

在所有四种情况下，互信息起核心作用。但是，它的表达方式取决于所考虑的具体情况。在下文中，这些场景中涉及的问题及其实际影响将按照刚才介绍的相同顺序进行讨论。更重要的是，这里必须指出情况4包含了本章中介绍的理论、算法、应用方面的大量素材，这些内容反映了信息论模型的实际情况。

10.8 最大互信息原则

设计神经处理器来最大化互信息 $I(\boldsymbol{Y};\boldsymbol{X})$ 是理想的构想，是统计信号处理的基础。这种优化方法体现在Linsker(1987, 1988a, 1989a)提出的最大互信息（Infomax）原则中，表述如下：

> 从神经系统的输入层观测到的随机向量 $\boldsymbol{X}$ 到系统输出层中产生的随机向量 $\boldsymbol{Y}$ 之间的变换应该这样选择：输出层神经元的活动共同最大化输入层神经元的活动的信息。最大化的目标函数是向量 $\boldsymbol{X}$ 和 $\boldsymbol{Y}$ 之间的互信息 $I(\boldsymbol{Y};\boldsymbol{X})$。

Infomax原则为解决如图10.2(a)所示的信息传输系统自组织提供了一个数学框架，它独立于实现其所用的规则，假设输出向量 $\boldsymbol{Y}$ 的分量数l小于输入向量 $\boldsymbol{x}$ 的分量数 m。同样，这个原则也可视为信道容量这个概念在神经网络中的对应物，信道容量则定义为通过一个通信信道的信息传输率的香农极限。

接下来，我们给出两个带有噪声的单个神经元的例子来说明Infomax原则的应用，其中一个噪声出现在输出端，另一个噪声出现在输入端。

【例5】被过程噪声破坏的单个神经元

对于简单情形的线性神经元，假设系统从m个源节点接收输入。令该神经元的输出中出现过程噪声：

$$Y=\left(\sum_{i=1}^{m}w_iX_i\right)+N \tag{10.51}$$

式中，w_i 为第i个突触权重，N 为过程噪声，如图10.3中的模型所示。假设

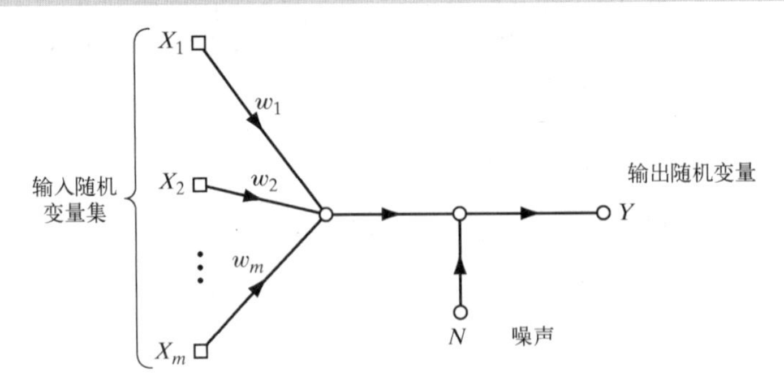

图10.3 噪声神经元的信号流图

- 神经元的输出 Y 是一个均值为零、方差为 σ_Y^2 的高斯随机变量。
- 过程噪声 N 也是一个均值为零、方差为 σ_N^2 的高斯随机变量。

- 过程噪声 N 与输入向量的任何分量都不相关，即

$$\mathbb{E}[NX_i]=0\text{，所有}i$$

我们可用如下两种方法之一来满足输出 Y 的高斯性。首先，输入 $X_1,X_2,\cdots,X_m$ 都是高斯分布的。然后，假设附加噪声 N 也是高斯分布的，则 Y 的高斯性可以得到保证，因为它是一些高斯分布随机变量的加权和。或者，输入 $X_1,X_2,\cdots,X_m$ 是统计独立的，且在温和条件下，根据概率论的中心极限定理，它们的加权和在m很大时趋于高斯分布。

我们注意到在式（10.32）的第二行，神经元的输出 Y 和输入向量 $\boldsymbol{X}$ 之间的互信息 $I(Y;\boldsymbol{X})$ 是

$$I(Y;\boldsymbol{X})=h(Y)-h(Y|\boldsymbol{X}) \tag{10.52}$$

由式（10.51）可知，在给定输入向量 $\boldsymbol{X}$ 的情况下，Y 的概率密度函数等于一个常数加上一个高斯分布随机变量的概率密度函数。因此，条件熵 $h(Y|\boldsymbol{X})$ 是由输出神经元传送的关于过程噪声 N 而非信号向量 $\boldsymbol{X}$ 的“信息”。于是，可以设

$$h(Y|\boldsymbol{X})=h(N)$$

因此，式（10.52）可重新简化为

$$I(Y;\boldsymbol{X})=h(Y)-h(N) \tag{10.53}$$

将式（10.22）关于高斯随机变量的微分熵应用于当前的问题，得

$$h(Y)=\tfrac{1}{2}[1+\log(2\pi\sigma_Y^2)] \tag{10.54}$$

$$h(N)=\tfrac{1}{2}[1+\log(2\pi\sigma_N^2)] \tag{10.55}$$

经过简化，将式（10.54）和式（10.55）代入式（10.53）得

$$I(Y;\boldsymbol{X})=\tfrac{1}{2}\log\left(\sigma_Y^2/\sigma_N^2\right) \tag{10.56}$$

式中，σ_Y^2 依赖于 σ_N^2。

比值 σ_Y^2/σ_N^2 可视为信噪比。假设噪声方差 σ_N^2 是固定的约束，由式（10.56）看出互信息 $I(Y;\boldsymbol{X})$ 是通过神经元输出 Y 的方差 σ_Y^2 的最大化。因此可以说，在一定条件下，使神经元输出产生的方差最大化就是使神经元的输出信号和其输入之间的互信息最大化。

最后，由附加过程噪声产生影响，单个神经元以最小化输出方差的方式处理，得到的解决方案就是在第8章讨论过的根据Oja规则训练的PCA神经元。

【例 6】被附加输入噪声破坏的单个神经元

设影响线性神经元行为的噪声来自突触的输入端，如图10.4所示。根据第二个噪声模型有

$$Y=\sum_{i=1}^{m}w_i(X_i+N_i) \tag{10.57}$$

式中，假设每个噪声分量 N_i 是一个独立高斯随机变量，其均值为0，方差为 σ_N^2。我们可将式（10.57）写成与式（10.51）类似的形式：

$$Y=\left(\sum_{i=1}^{m}w_iX_i\right)+N'$$

式中，N' 是复合噪声分量的组合，定义为

$$N'=\sum_{i=1}^{m}w_iN_i$$

噪声 N' 是一个高斯分布，其均值为0，方差为所有独立噪声分量方差的加权和，即

$$\sigma_{N'}^2=\sum_{i=1}^{m}w_i^2\sigma_N^2$$

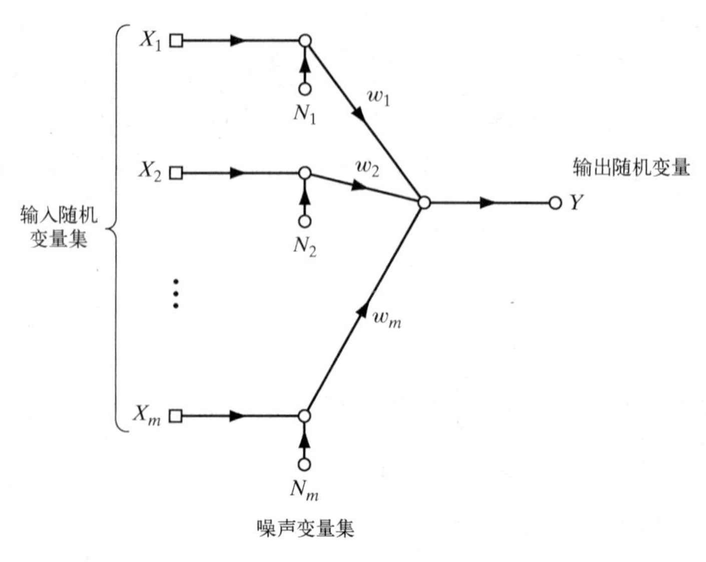

图10.4 神经元的另一个噪声模型

与前面一样，我们假设神经元的输出 Y 是方差为 σ_Y^2 的高斯分布。Y 和 $\boldsymbol{X}$ 之间的互信息 $I(Y;\boldsymbol{X})$ 同样由式（10.52）给出。但是，条件熵 $h(Y|\ \boldsymbol{X})$ 定义为

$$h(Y|\ \boldsymbol{X})=h(N')=\frac{1}{2}(1+2\pi\sigma_{N'}^2)=\frac{1}{2}\left[1+2\pi\sigma_N^2\sum_{i=1}^{m}w_i^2\right] \tag{10.58}$$

因此，将式（10.54）和式（10.58）代入式（10.52）并化简得

$$I(Y;\boldsymbol{X})=\frac{1}{2}\log\left(\sigma_Y^2\Big/\sigma_N^2\sum\nolimits_{i=1}^{m}w_i^2\right) \tag{10.59}$$

在约束噪声方差 σ_N^2 保持不变的条件下，互信息 $I(Y;\boldsymbol{X})$ 的最大化就是比值 $\sigma_Y^2/\sum_{i=1}^{m}w_i^2$ 的最大化，其中 σ_Y^2 是 w_i 的函数。

从例5和例6中，可推出什么结论？首先，从给出的两个例子可以看出，应用最大熵原则的结果与问题相关。对于规定的噪声方差 σ_N^2，最大化互信息 $I(Y;\boldsymbol{X})$ 和适用于图10.3的模型输出的方差之间的等效性，并不能直接转到图10.4的模型。仅当对图10.4的模型施加约束 $\sum_i w_i^2=1$ 时，两个模型才有相似的行为。

一般来说，确定输入向量 $\boldsymbol{X}$ 与输出 $\boldsymbol{Y}$ 的互信息 $I(\boldsymbol{Y};\boldsymbol{X})$ 是很困难的。在例5和例6中，为了数学上分析的方便，我们假设具有一个或多个噪声源系统的噪声分布是多元高斯分布。这个假设需要在Infomax原则的实际应用中验证。

采用高斯噪声模型时，本质上是在神经元的输出向量 $\boldsymbol{Y}$ 具有与实际分布相同的均值向量和协方差矩阵的多元高斯分布的前提下，调用了一个“代理”互信息。Linsker(1993)利用KL散度提供对这种替代互信息的一个原则性理由，这些都假设网络已存储关于输出向量 $\boldsymbol{Y}$ 的均值向量和协方差矩阵，而不存储高阶统计量。

最后，例5和例6中的分析是在单个神经元的背景下进行的，目的是让Infomax原则在数学上易于处理，优化应在局部神经元中进行。这种优化符合自组织的本质。

【例 7】无噪声网络

例5和例6中考虑了噪声神经元。本例研究一个无噪声网络，它将任意分布的随机向量 $\boldsymbol{X}$ 变换为不同分布的新随机向量 $\boldsymbol{Y}$。考虑 $I(\boldsymbol{X};\boldsymbol{Y})=I(\boldsymbol{Y};\boldsymbol{X})$，代入式（10.32）的第二行，可将输入向量 $\boldsymbol{X}$ 和输出向量 $\boldsymbol{Y}$ 之间

的互信息表示为

$$I(\boldsymbol{Y};\boldsymbol{X}) = h(\boldsymbol{Y}) - h(\boldsymbol{Y}|\boldsymbol{X})$$

式中，$h(\boldsymbol{Y})$ 是 $\boldsymbol{Y}$ 的熵，$h(\boldsymbol{Y}|\boldsymbol{X})$ 是在给定 $\boldsymbol{X}$ 条件下 $\boldsymbol{Y}$ 的条件熵。假设从 $\boldsymbol{X}$ 到 $\boldsymbol{Y}$ 的映射是无噪声的，条件微分熵 $h(\boldsymbol{Y}|\boldsymbol{X})$ 将达到其最小的可能值，发散到 $-\infty$。这符合10.2节中讨论的连续随机变量熵的微分性质。但是，当我们考虑互信息 $I(\boldsymbol{Y};\boldsymbol{X})$ 相对于参数化输入-输出映射网络的权重矩阵 $\boldsymbol{W}$ 的梯度时，这个问题是无关紧要的。具体地，可以写出

$$\frac{\partial I(\boldsymbol{Y};\boldsymbol{X})}{\partial \boldsymbol{W}} = \frac{\partial h(\boldsymbol{Y})}{\partial \boldsymbol{W}} \tag{10.60}$$

因为条件熵 $h(\boldsymbol{Y}|\boldsymbol{X})$ 与 $\boldsymbol{W}$ 无关。式（10.60）表明：

对于一个无噪声映射网络，最大化网络输出 $\boldsymbol{Y}$ 的微分熵等于最大化 $\boldsymbol{Y}$ 和网络输入 $\boldsymbol{X}$ 之间的互信息，两者都对映射网络的权重矩阵 $\boldsymbol{W}$ 进行最大化。

10.9 最大互信息与冗余减少

在香农的信息论框架中，顺序和结构代表冗余，它通过信息的接收降低不确定性。在一般过程中，我们拥有的顺序和结构越多，观察这个过程得到的信息量就越少。例如，考虑高度结构化和冗余的示例序列 $aaaaaa$。当收到第一个样本 a 时，可以立即知道其余五个样本都是一样的。这一系列样本所传递的信息仅限于一个样本中所包含的信息。换句话说，样本序列的冗余越大，序列中所含的信息内容就越少，但该信息内容的结构越多。

从互信息 $I(\boldsymbol{Y};\boldsymbol{X})$ 的定义可知，互信息是通过观察系统输入 $\boldsymbol{X}$ 来决定输出 $\boldsymbol{Y}$ 的不确定性的度量。Infomax原则是使互信息 $I(\boldsymbol{Y};\boldsymbol{X})$ 最大化，结果是通过观察系统输入 $\boldsymbol{X}$，可以更加确定系统输出 $\boldsymbol{Y}$。鉴于前面提到的信息与冗余之间的关系，可以得出如下结论：

与输入$\boldsymbol{X}$中的冗余相比，Infomax原则可以减少输出$\boldsymbol{Y}$中的冗余。

噪声的存在是促使使用冗余及相异性相关方法的一个因素。所谓相异性，是指处理器产生的两个或多个具有不同属性的输出。更重要的是，当输入信号的加性噪声很高时，可以利用冗余来对抗噪声的负面影响。在这种环境下，处理器将输入信号之间的更多（相关）分量组合起来，以提高输入的精确表示。同样，当输出端的噪声（处理器噪声）很高时，处理器指示更多的输出分量以提供冗余信息。在处理器输出端观测到的互不相关的属性也相应地减少，但各个属性呈现的精度反而提高。因此，高电平噪声有利于呈现冗余。但是，当噪声电平很低时，呈现相异性比冗余更有利。

10.9.1 感知系统建模

在信息论的早期，就有人提出感觉信息（刺激）的冗余对感知理解很重要（Attneave, 1954; Barlow, 1959）。事实上，感觉信息的冗余提供了使大脑建立其周围环境的“认知映射”或“工作模型”。感觉信息中的规律必须以某种方式被大脑重新编码，使大脑知道通常发生了什么。但是，冗余减少是Barlow假设的特定形式。这个假设说：

早期处理的目的是将高冗余的感觉输入转化成更有效的析因码。

换句话说，当以输入为条件时，会使神经元输出统计独立。

受Barlow假设的启发，Atick and Redlich(1990)假设将最小冗余原则作为如图10.5所示的感知系统的信息论模型的基础。系统由三部分组成：输入信道、重编码系统和输出信道。输入信道的输出可以表示为

$$X = S + N_i$$

式中，S 是输入信道接收到的理想信号，N_i 假设为输入中的所有噪声源。随后信号 X 由线性矩阵算子 A 变换（重编码），再后通过视觉神经或输出信道传输，产生输出 Y，表示为

$$Y = AX + N_o$$

式中，N_o 表示后编码固有噪声。在Atick和Redlich的方法中，观察发现到达视网膜的光信号包以一种高度冗余的形式包含有用的感官信息。此外，假设在信号沿视觉神经发送之前，视网膜信号处理的目的是减少或消除由相关性和噪声带来的数据冗余。为了量化描述这种观点，冗余度度量定义为

$$R = 1 - \frac{I(Y;S)}{C(Y)} \tag{10.61}$$

式中，$I(Y;S)$ 是 Y 和 S 之间的互信息，$C(Y)$ 是视觉神经的信道容量（输出信道）。式（10.61）的合理性基于大脑感兴趣的信息是理想的信号 S，但是信息必须经过的物理信道实际上是视觉神经。假设在感知系统完成的输入与输出映射之间没有降维，即 $C(Y) > I(Y;S)$。要求是在不造成信息损失的约束下，找到一个使冗余度量 R 最小化的输入-输出映射（矩阵 A），可以表示为

$$I(Y;X) = I(X;X) - \epsilon$$

式中，ϵ 是一些很小的正参数。式（10.61）中的信道容量 $C(Y)$ 定义为在保持平均输入能量固定的条件下，对所有应用于它的输入的概率分布，可能流过视觉神经的最大信息率。

当信号向量 S 和输出向量 Y 的维数相同且系统存在噪声时，最小冗余原则和Infomax原则数学上是等价的，只要假设两种情况下输出神经元的计算能力都受到类似的约束。具体地，假设根据图10.5中的模型，信道容量是根据每个神经元输出的动态范围来度量的。那么，根据最小冗余原则，对于一个给定的允许信息丢失及 $I(Y;S)$，需要最小化的量可以定义为

$$1 - \frac{I(Y;S)}{C(Y)}$$

因此，对于参数 λ，这样最小化的量本质上就是

$$F_1(Y;S) = C(Y) - \lambda I(Y;S) \tag{10.62}$$

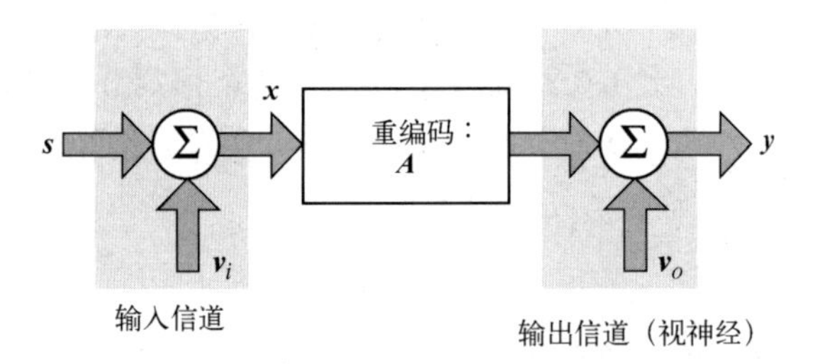

图10.5　感知系统模型。信号向量s和噪声向量v_i和v_o分别是随机向量S、N_i和N_o的值

另一方面，根据Infomax原则，在图10.5所示的模型中需要最大化的量为

$$F_2(Y;S) = I(Y;S) + \lambda C(Y) \tag{10.63}$$

虽然函数 $F_1(Y;S)$ 和 $F_2(Y;S)$ 并不相同，但是它们的优化产生相同的结果：它们都是拉格朗日乘子法的计算公式，是 $I(Y;S)$ 和 $C(Y)$ 的简单互换。

由这一讨论可知，虽然公式不同，但是这两个信息论的原则产生相似的结果：

最大化神经系统的输出和输入之间的互信息确实可以减少冗余。

10.10　空间相干特征

10.8节提出的Infomax原则，主要用于如图10.2(a)所示的情况，神经系统的输出向量$\boldsymbol{Y}$和输入向量$\boldsymbol{X}$之间的互信息$I(\boldsymbol{Y};\boldsymbol{X})$是一个求最大值的目标函数。对术语做适当的改变，可将这一原则扩展到自然景物图像的无监督处理（Becker and Hinton, 1992）。在这类图像中，一个未处理的像素，虽然形式很复杂，但是包含我们感兴趣的景物的丰富信息。特别是，每个像素的亮度受内在参数的影响，如深度、反射率、表面方向、背景噪声和照明。我们目的是设计一个自组织系统，能够学习以更简单的形式编码复杂信息。更具体地，目标是从这幅图像中提取具有跨空间一致性的高阶特征，使得在图像的空间局部区域的信息表示很容易产生邻近区域的信息表示；区域是指图像中的一组像素的集合。此处描述的情况属于图10.2(b)所示的第二种情况。

因此，可将情况2的Imax原则说明如下（Becker, 1996; Becker and Hinton, 1992）：

两个向量$\boldsymbol{X}_a$和$\boldsymbol{X}_b$（表示同一幅图像中相邻但不重叠的区域）的变换，应使得神经系统中输入$\boldsymbol{X}_a$对应的标量输出Y_a最大化输入$\boldsymbol{X}_b$对应的第二个标量输出Y_b，反之亦然。最大化的目标函数就是输出Y_a和Y_b之间的互信息$I(Y_a;Y_b)$。

尽管Imax原则并不等同于或源于Infomax原则，但其作用确实与Infomax原则的类似。

【例8】相干图像处理

考虑图10.6所示的例子，有两个神经网络（模型）a和b，分别接收来自相邻但不重叠图像区域的输入$\boldsymbol{X}_a$和$\boldsymbol{X}_b$。标量Y_a和Y_b分别表示这两个模型由各自的输入向量$\boldsymbol{X}_a$和$\boldsymbol{X}_b$产生的输出。令S表示Y_a和Y_b中的共同随机信号分量，它代表原始图像中两个相关区域的空间相干性。我们可将Y_a和Y_b视为共同信号S的带噪形式，表示为

$$Y_a = S + N_a, \quad Y_b = S + N_b$$

N_a和N_b是加性噪声分量，假设为统计独立的零均值高斯分布随机变量。信号分量S也假设是高斯分布的。根据这两个公式，图10.6中的两个模块a和b就对彼此做出了一致的假设。

根据式（10.32）的最后一行，Y_a和Y_b之间的互信息定义为

$$I(Y_a;Y_b) = h(Y_a) + h(Y_b) - h(Y_a, Y_b) \tag{10.64}$$

根据高斯随机变量微分熵公式（10.22），可得到Y_a的微分熵$h(Y_a)$为

$$h(Y_a) = \frac{1}{2}[1 + \log(2\pi\sigma_a^2)] \tag{10.65}$$

式中，σ_a^2是Y_a的方差。同样，Y_b的微分熵为

$$h(Y_b) = \frac{1}{2}[1 + \log(2\pi\sigma_b^2)] \tag{10.66}$$

式中，σ_b^2是Y_b的方差。至于联合微分熵$h(Y_a;Y_b)$，利用式（10.24）得

$$h(Y_a;Y_b) = 1 + \log(2\pi) + \frac{1}{2}\log\left|\det(\boldsymbol{\Sigma})\right|$$

式中，2×2维矩阵$\boldsymbol{\Sigma}$表示Y_a和Y_b的协方差矩阵，它定义为

$$\boldsymbol{\Sigma} = \begin{bmatrix} \sigma_a^2 & \rho_{ab}\sigma_a\sigma_b \\ \rho_{ab}\sigma_a\sigma_b & \sigma_b^2 \end{bmatrix} \tag{10.67}$$

且

$$\det(\boldsymbol{\Sigma}) = \sigma_a^2\sigma_b^2(1 - \rho_{ab}^2)$$

参数ρ_{ab}是Y_a和Y_b的相关系数，即

$$\rho_{ab} = \frac{\mathbb{E}[(Y_a - \mathbb{E}[Y_a])(Y_b - \mathbb{E}[Y_b])]}{\sigma_a\sigma_b}$$

因此，可将 Y_a 和 Y_b 的联合微分熵重新表述为

$$h(Y_a;Y_b)=1+\log(2\pi)+\frac{1}{2}\log[\sigma_a^2\sigma_b^2(1-\rho_{ab}^2)] \tag{10.68}$$

将式（10.65）、式（10.66）和式（10.68）代入式（10.64）并化简得

$$I(Y_a;Y_b)=-\frac{1}{2}\log(1-\rho_{ab}^2) \tag{10.69}$$

由式（10.69）推出，最大化互信息 $I(Y_a;Y_b)$ 等价于最大化相关系数 ρ_{ab}。从直观上看这也是满足的。注意，由 ρ_{ab} 的定义知 $|\rho_{ab}|\leqslant 1$。

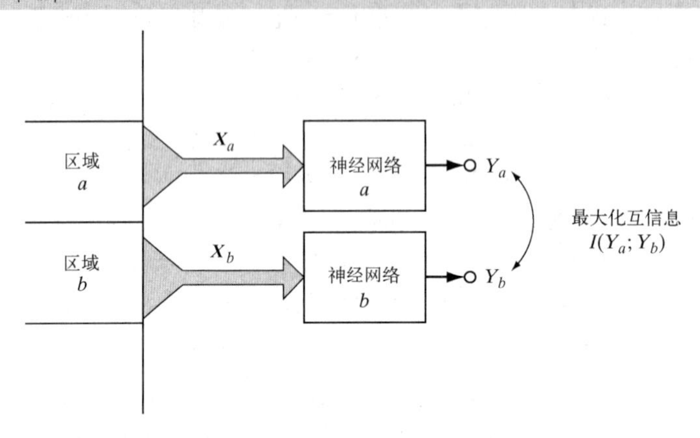

图10.6　按照Imax原则处理图像的两个相邻区域

以图10.6中的随机系统输出的两个随机变量 Y_a 和 Y_b 为例，假设这两个随机变量均是高斯分布的，那么可推出式（10.69）所示的结果。然而，在更一般的非高斯分布情形下，使用相关系数 ρ_{ab} 不能作为Imax原则的恰当度量。为了一般化Imax的运用，受式（10.50）的启发，我们提出使用Copula函数。具体地说，考虑图10.2(b)中的情形。设 $\boldsymbol{W}$ 表示产生输出 Y_a 和 Y_b 的系统在各自输入向量 $\boldsymbol{X}_a$ 和 $\boldsymbol{X}_b$ 的综合影响下的权重矩阵。然后，利用式（10.50）的第一行来简单地表示Imax原则：

$$\max_{\boldsymbol{W}} I(Y_a;Y_b)=\min_{\boldsymbol{W}} h_C(U_a,U_b;\boldsymbol{W}) \tag{10.70}$$

根据相关的累积概率分布得

$$u_a=P_{Y_a}(y_a)$$
$$u_b=P_{Y_b}(y_b)$$

且 $h_C(U_a,U_b;\boldsymbol{W})$ 是随机变量 U_a 和 U_b 的联合微分熵，其样本值分别是 u_a 和 u_b。同样，根据式（10.50）的第二行，可以写出

$$\max_{\boldsymbol{W}} I(Y_a;Y_b)=\max_{\boldsymbol{W}} \mathbb{E}[\log c_{U_a,U_b}(u_a,u_b;\boldsymbol{W})] \tag{10.71}$$

式中，$c_{U_a,U_b}(u_a,u_b;\boldsymbol{W})$ 是随机变量 U_a 和 U_b 的Copula函数的联合概率密度函数。式（10.71）包含了式（10.69）的结果作为一个特例；这个公式的重要性将在本章后面加以说明。

10.10.1　Imax和典型相关分析之间的关系

再次考虑两个输入向量 $\boldsymbol{X}_a$ 和 $\boldsymbol{X}_b$，它们的维数不一定相同。设有对应的两个权重（基）向量 $\boldsymbol{w}_a$ 和 $\boldsymbol{w}_b$，它们的维数分别与 $\boldsymbol{X}_a$ 和 $\boldsymbol{X}_b$ 的相同。统计学中常用的典型相关分析（Canonical Correlation Analysis, CCA）的目的就是找到两个线性组合：

$$Y_a=\boldsymbol{w}_a^{\mathrm{T}}\boldsymbol{X}_a \qquad 和 \qquad Y_b=\boldsymbol{w}_b^{\mathrm{T}}\boldsymbol{X}_b$$

它们之间有最大的相关性。将本文所述的问题和Imax相比，很容易看到Imax实际上是CCA的非线性对应物。更详细的CCA的说明见“注释和参考文献”中的注释8。

10.11 空间非相干特征

上一节讨论过图像的无监督处理，涉及从图像中提取空间相干特征。现在讨论相反的情况。具体地说，考虑图10.2(c)所示的第三种情况，目的是增强来自两个独立但相关图像的一对相应区域的空间差异。在图10.2(b)中，我们最大化模块输出间的互信息，在图10.2(c)中则做相反的工作。

因此，可将情况3的Imin原则陈述如下（Ukrainec and Haykin, 1992, 1996）：

> 两个输入向量 $\boldsymbol{X}_a$ 和 $\boldsymbol{X}_b$，表示从两幅不同图像的对应区域得到的数据，它们的变换应使得神经系统中输入 $\boldsymbol{X}_a$ 的标量输出 Y_a 最小化输入 $\boldsymbol{X}_b$ 的第二个标量输出 Y_b，反之亦然。最小化的目标函数是输出 Y_a 和 Y_b 之间的互信息 $I(Y_a;Y_b)$。

10.11.1 案例研究：雷达偏振测定

Imin原则可以在雷达偏振测定方面有所应用。例如，雷达监视系统利用在一个偏振方向上传送、在相同或不同偏振方向上接收来自环境的反向散射，产生一对我们感兴趣的环境图像。偏振可以是垂直的或水平的。例如，我们可能有两幅雷达图像，一幅图像代表相同方向（水平-水平）的偏振，而另一幅图像代表交叉方向（水平发送-垂直接收）的偏振。Ukrainec and Haykin (1992, 1996)描述了这种应用，属于双偏振雷达系统中的偏振目标增强。

本研究中使用的样本雷达场景描述如下：非相干雷达以水平偏振方式传播，在垂直和水平偏振通道接收雷达回波。感兴趣的目标是设计一个协同偏振扭曲反射器，将入射偏振旋转90°。在雷达系统的正常运行中，由于系统的缺陷及来自地面上多余的偏振目标的反射（雷达杂波），很难探测到这样的目标。我们发现需要用一个非线性映射来解释雷达回波常见的非高斯分布。目标增强问题被视为一个变分问题，其目标是最小化一个带约束的二次代价泛函。最终的结果是经过处理的交叉偏振图像表现出目标可见性的显著改善，这种改进预期比使用诸如主成分分析等线性技术所能达到的效果要明显得多。概率密度函数的无模型估计是一项具有计算挑战性的任务，因此Ukrainec和Haykin提出的模型对变换后的数据假设是高斯统计分布的。两个高斯变量 Y_a 和 Y_b 的互信息由式（10.69）定义。为了学习两个模型的突触权重，采用了变分的方法，要求是抑制水平偏振和垂直偏振雷达图像中常见的雷达杂波。为满足该要求，互信息 $I(Y_a;Y_b)$ 最小，受突触权重约束：

$$C = (\mathrm{tr}[\boldsymbol{W}^{\mathrm{T}}\boldsymbol{W}] - 1)^2$$

式中，$\boldsymbol{W}$ 是网络的总权重矩阵，tr[·]是括号内矩阵的迹。若

$$\nabla_{\boldsymbol{W}} I(Y_a;Y_b) + \lambda \nabla_{\boldsymbol{W}} C = 0 \tag{10.72}$$

成立，则可以得到一个稳定点，其中 $\nabla_{\boldsymbol{W}}$ 是关于矩阵$\boldsymbol{W}$的梯度算子，λ 是拉格朗日乘子。利用拟牛顿优化程序寻找最小值。第3章和第4章中讨论过拟牛顿法。

图10.7显示了Ukrainec and Haykin(1992, 1996)所用的神经网络结构。两个模块都选择一个高斯径向基函数网络（RBF），因为它有提供一组固定基函数（非自适应隐藏层）的优点。输入数据被扩展到基函数，然后使用线性权重层进行组合；图10.7中的虚线表示两个模块间的交叉耦合连接。高斯函数的中心以均匀间隔选择，覆盖整个输入域，其宽度使用启发式方法选择。图10.8(a)显示了安大略湖岸边类似公园的原始水平偏振和垂直偏振（均在接收端）雷达图像。距离坐标沿着每幅图像的横轴从左到右递增，方位角坐标沿着垂直轴向下递增。

图10.8(b)是根据Imin原则，将水平偏振和垂直偏振雷达图像间的互信息最小化得到的组合图像。在这幅图像中，清晰可见的亮点对应的是沿着湖岸放置的协同偏振扭曲反射器发回的雷达信号。本文讨论的案例研究表明了应用Imin原则处理空间非相干图像的优点。

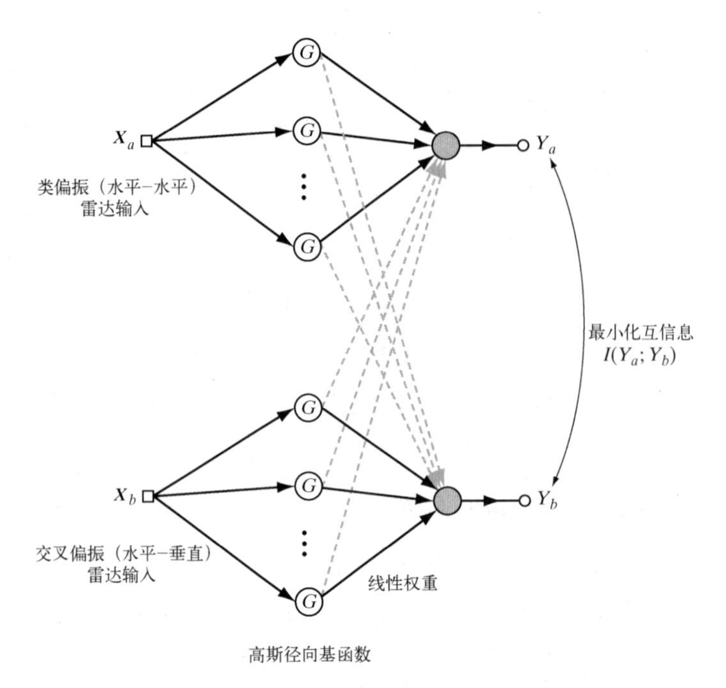

图10.7　神经处理器框图，目标是利用一对偏振的非相干雷达输入抑制背景杂波；通过最小化两个模型输出之间的互信息来实现杂波抑制

10.11.2　Imax和Imin原则的一般化

在阐述10.10节中的Imax原则和本节中的Imin原则时，我们论述了对于一对输出终端的互信息 $I(Y_a;Y_b)$ 进行最大化或最小化。Imax和Imin原则可被推广到多个终端，通过最大化或最小化多元互信息 $I(Y_a;Y_b;Y_c;\cdots)$ 来实现，终端的输出分别为 $Y_a,Y_b,Y_b,\cdots$。

10.12　独立成分分析

现在我们将注意力转向图10.2(d)所示的情况。为了使其描述的信号处理问题更加具体化，参考图10.9中的系统。该系统以一个随机的源向量 $\boldsymbol{S}$ 开始运行，其定义为

$$\boldsymbol{S}=[S_1,S_2,\cdots,S_m]^{\mathrm{T}}$$

构成 $\boldsymbol{S}$ 的m个随机变量的样本值分别记为 $s_1,s_2,\cdots,s_m$。随机源向量 $\boldsymbol{S}$ 作用于一个混合器，该混合器的输入–输出特性由称为混合矩阵的非奇异矩阵 $\boldsymbol{A}$ 定义。由源向量 $\boldsymbol{S}$ 和混合器 $\boldsymbol{A}$ 组成的线性系统对观测者来说是完全未知的。系统的输出由随机向量定义：

$$\boldsymbol{X}=\boldsymbol{AS}=\sum_{i=1}^{m}\boldsymbol{a}_i S_i \tag{10.73}$$

式中，$\boldsymbol{a}_i$ 是混合矩阵 $\boldsymbol{A}$ 的第i个列向量，S_i 是由第i个源产生的随机信号，$i=1,2,\cdots,m$。随机向量$\boldsymbol{X}$相应地表示为

$$\boldsymbol{X}=[X_1,X_2,\cdots,X_m]^{\mathrm{T}}$$

X_j 的样本值用 x_j 表示，其中 $j=1,2,\cdots,m$。

式（10.73）所述的模型称为生成模型，在某种意义上，它负责生成随机变量 $X_1,X_2,\cdots,X_m$。相应地，构成源向量 $\boldsymbol{S}$ 的随机变量 $S_1,S_2,\cdots,S_m$ 称为潜在变量，即它们不能被直接观测。

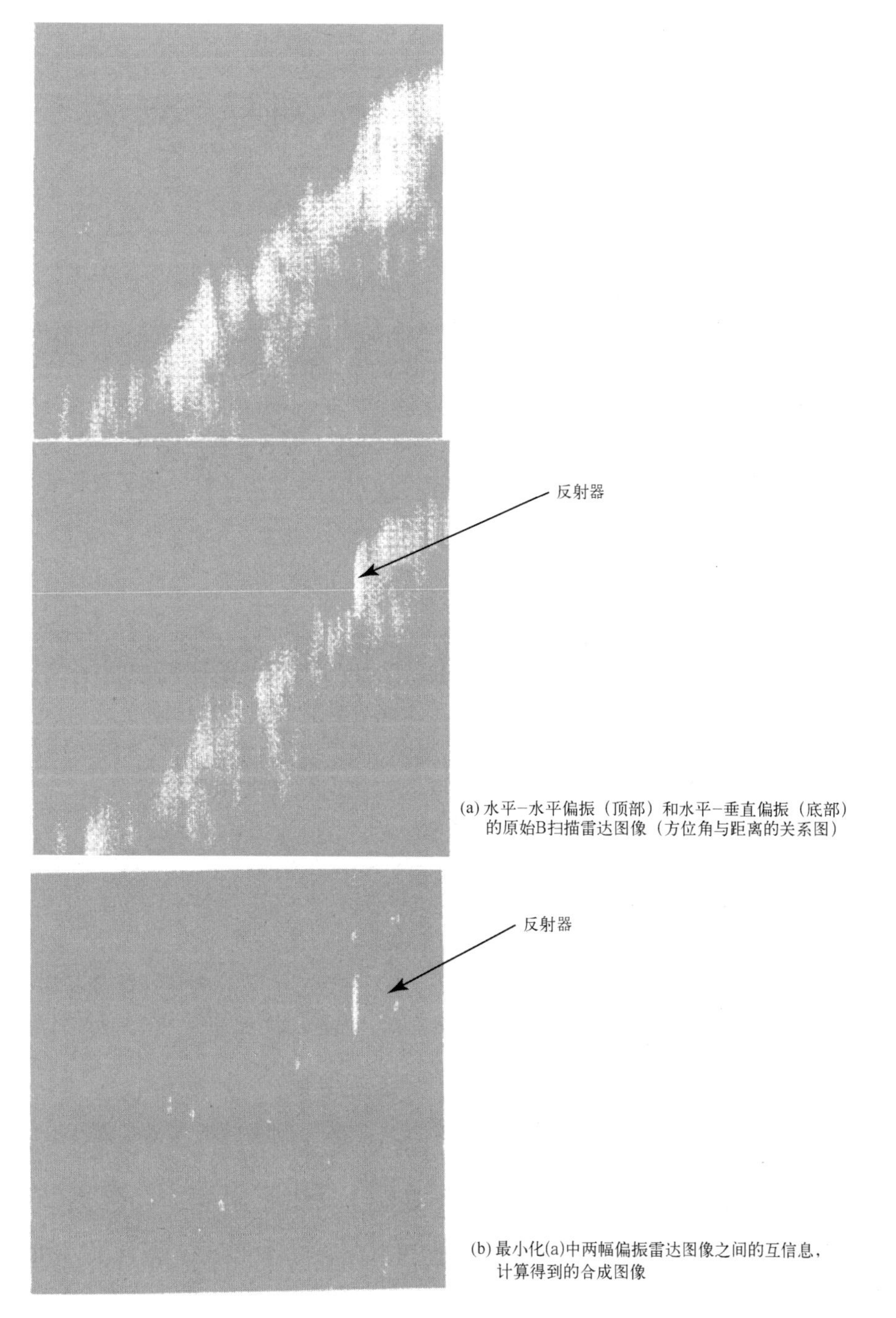

图10.8 Imin原则在雷达偏振测量中的应用

10.12.1 盲源分离问题

图10.9所示框图中包含一个分离器，它由$m \times m$阶分离矩阵$\boldsymbol{W}$表示。在对观测向量$\boldsymbol{X}$的响应中，分离器产生一个由随机向量定义的输出，即$\boldsymbol{Y} = \boldsymbol{W}\boldsymbol{X}$。据此，现在可以给出如下陈述：

> 给定一组由潜在（源）变量$S_1, S_2, \cdots, S_m$的未知线性混合得到的观测向量$\boldsymbol{X}$的独立实现，估计分离矩阵$\boldsymbol{W}$使得到的输出向量$\boldsymbol{Y}$的分量尽可能统计独立；这里，术语“独立”应以显著的统计意义来理解。

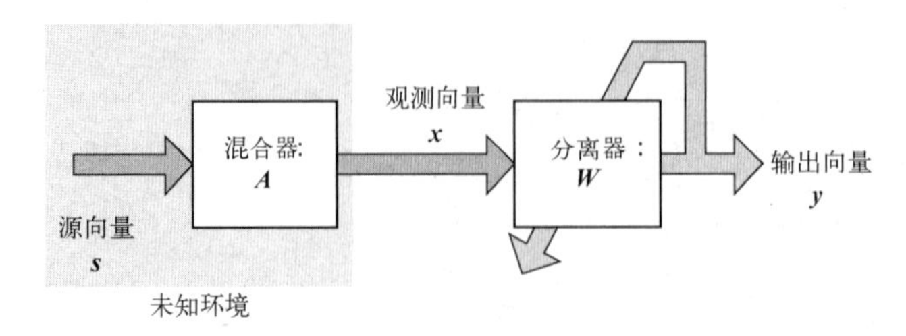

图10.9 解盲源分离问题的处理器框图。向量$\boldsymbol{s}, \boldsymbol{x}, \boldsymbol{y}$分别是相应随机向量$\boldsymbol{S}, \boldsymbol{X}, \boldsymbol{Y}$的值

这个表述说明了盲源分离问题的本质。称该问题为盲的，以表示对分离矩阵$\boldsymbol{W}$的估计是在无监督的方式下进行的。此外，用于恢复原始源信息$\boldsymbol{S}$的唯一信息包含在观测向量$\boldsymbol{X}$中。这种包含于解盲源分离（BSS）问题中的基本原则称为独立成分分析（Comon, 1994）。独立成分分析（ICA）可视为主成分分析（PCA）的扩展，它们有如下基本区别：PCA需要满足向量正交且至多实现二阶的统计独立性，而ICA对输出向量$\boldsymbol{Y}$的所有独立成分满足统计独立性，无正交性要求。

10.12.2 基本假设

为了简化主成分分析的研究，下面做四个基本假设：

1. 统计独立性。假设构成源向量$\boldsymbol{S}$的潜在变量是统计独立的。然而，由于观测向量$\boldsymbol{X}$是由潜在变量线性组合而成的，因此观测向量$\boldsymbol{X}$的各个分量是统计相关的。
2. 混合矩阵的维数。混合矩阵是一个方阵，即观测数量与源数量相同。
3. 无噪声模型。假设生成模型是无噪声的，即在模型中唯一的随机性来源是源向量$\boldsymbol{S}$。
4. 零均值。假设源向量$\boldsymbol{S}$具有零均值，意味着观测向量$\boldsymbol{X}$也具有零均值。否则，从$\boldsymbol{X}$中减去均值向量$\mathbb{E}[\boldsymbol{X}]$，使其假设为零均值的。

有时还要用到另一个假设：

5. 白化。假设观测向量$\boldsymbol{X}$被“白化”。即其各个分量是不相关的，但不是必须独立的。通过对观测向量进行线性变换，使得相关矩阵$\mathbb{E}[\boldsymbol{X}\boldsymbol{X}^{\mathrm{T}}]$等于单位矩阵来实现。

BSS问题的解决很重要，可通过对每个源输出（潜在变量）的估计的任意缩放和索引排列实现。具体来说，可找到一个分离矩阵$\boldsymbol{W}$，其各行是混合矩阵$\boldsymbol{A}$的重新缩放和排列。换句话说，可通过ICA算法解决BSS问题，其形式为

$$\boldsymbol{y} = \boldsymbol{W}\boldsymbol{x} = \boldsymbol{W}\boldsymbol{A}\boldsymbol{s} = \boldsymbol{D}\boldsymbol{P}\boldsymbol{s}$$

式中，$\boldsymbol{D}$是一个非奇异对角矩阵，$\boldsymbol{P}$是置换矩阵；$\boldsymbol{s}, \boldsymbol{x}, \boldsymbol{y}$分别是随机向量$\boldsymbol{S}, \boldsymbol{X}, \boldsymbol{Y}$。

10.12.3 源的非高斯性：可能除了一个源，对ICA这是必然要求

为了使ICA算法能够尽可能独立地在分离器输出端分离给定的源信号集合，需要由生成模型的输出产生的观测向量$\boldsymbol{X}$的充分信息。关键是

观测向量$\boldsymbol{X}$中的信息内容应如何显现，才能使源信号的分离可行？

下面通过一个简单的例子来回答这个基本问题。

【例9】一对独立源的两个不同特性

考虑包含一对独立随机源信号S_1和S_2的生成模型，二者都有零均值与单位方差。混合矩阵由如下非奇异矩阵定义：

$$\boldsymbol{A} = \begin{bmatrix} 1 & -1 \\ 1 & 2 \end{bmatrix}$$

该例包含两部分：第一部分，两个源都是高斯分布；第二部分，一个源是高斯分布的，另一个源是均匀分布的。由概率论可知高斯分布的如下两个性质（Bertsekas and Tsitsiklis, 2002）：

1．零均值高斯随机变量的高阶矩都是均等的且由方差唯一定义（零均值特殊情况下的二阶矩）。

2．两个线性缩放（加权）高斯随机变量也是高斯的。

因此，当源信号 S_1 和 S_2 均呈零均值高斯分布时，观测值 X_1 和 X_2 也都呈零均值高斯分布。此外，对于给定的混合矩阵，X_1 的方差为 $(1)^2\sigma_1^2+(-1)^2\sigma_2^2=17$，$X_2$ 的方差为 $(1)^2\sigma_1^2+(2)^2\sigma_2^2=65$，其中 $\sigma_1^2=1$，$\sigma_2^2=16$。

图10.10(a)中绘制了源信号 S_1 和 S_2 的直方图，图10.10(b)中绘制了观测值 X_1 和 X_2 的相应二维分布。观察图10.10(b)发现，二维分布是关于原点对称的，其信息内容不足以区分原始源信号 S_1 和 S_2 的各个方向。

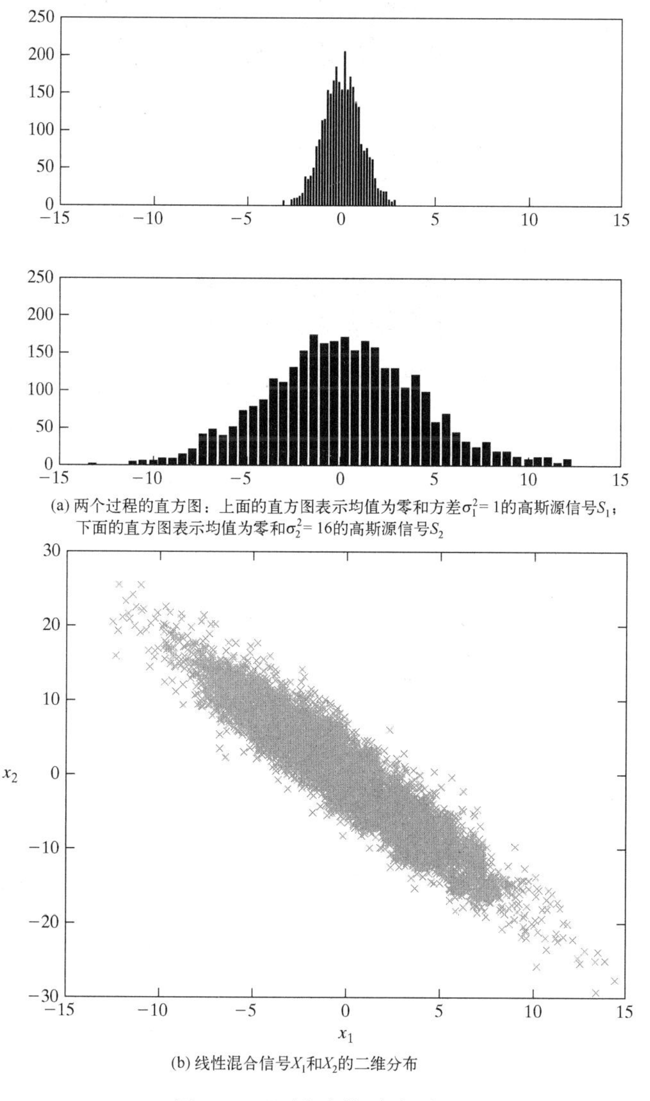

(a) 两个过程的直方图：上面的直方图表示均值为零和方差 $\sigma_1^2=1$ 的高斯源信号 S_1；下面的直方图表示均值为零和 $\sigma_2^2=16$ 的高斯源信号 S_2

(b) 线性混合信号 X_1 和 X_2 的二维分布

图10.10　两个高斯分布过程

接下来考虑源 S_1 呈均值为0、方差为1的高斯分布，源 S_2 在区间[−2, 2]上均匀分布的情况。图10.11(a)中画出了 S_1 和 S_2 的直方图，图10.11(b)中画出了观测值 X_1 和 X_2 的相应二维分布。与图10.10(b)中描述的第一种情况一样，图10.11(b)中的二维分布关于原点对称。但对图10.11(b)中的分布进行深入观察，可发现两个不同点：

1．高斯分布源信号 S_1（无限支持）沿着斜率为1的正方向显示。

2．均匀分布源信号 S_2（有限支持）沿着斜率为 −2 的负方向显示。

此外，这两个斜率与混合矩形的元素值相关。

从第二种情况得出的结论是，观测值 X_1 和 X_2 的二维分布包含了关于源信号 S_1 和 S_2 充足的方向信息，使它们是线性可分的。这种非常理想的条件只出现在允许单个信号源呈高斯分布的情况下。

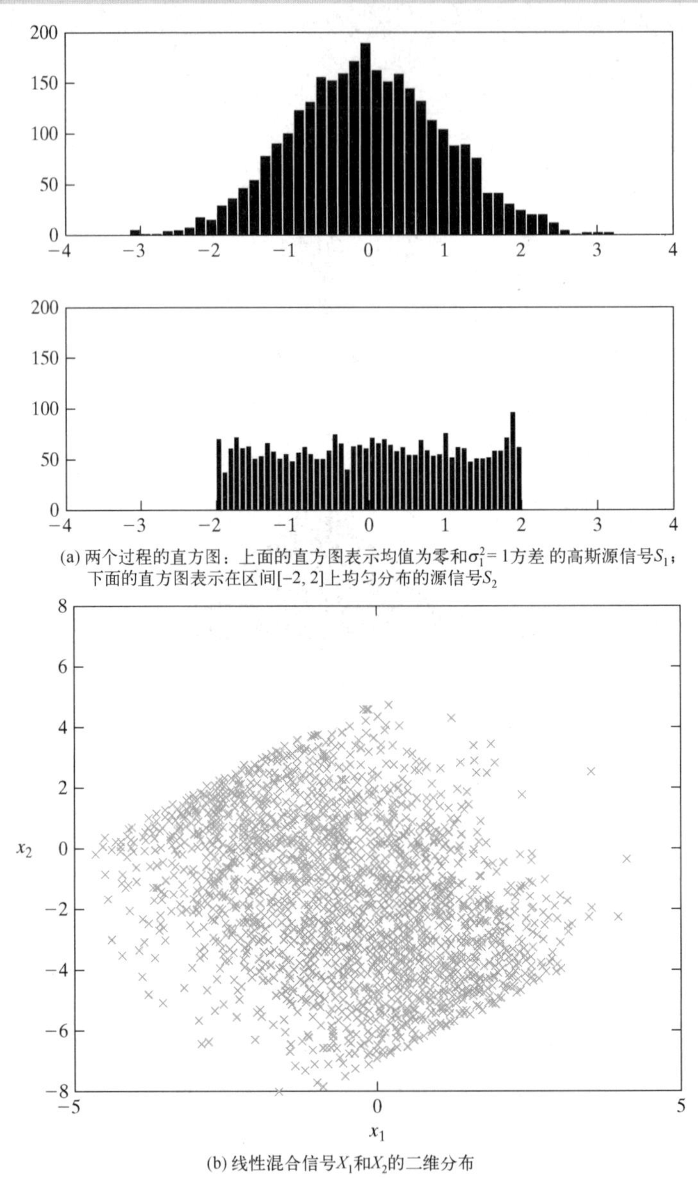

(a) 两个过程的直方图：上面的直方图表示均值为零和$\sigma_1^2=1$方差 的高斯源信号S_1；下面的直方图表示在区间[−2, 2]上均匀分布的源信号S_2

(b) 线性混合信号X_1和X_2的二维分布

图10.11　高斯和均匀分布过程

根据这个例子的结果，现在可继续回答关于分离器输出处源信号的可分性问题：

1. 观测数据 $X_1, X_2, \cdots, X_m$ 必须有与它们各自的二阶矩无关的高阶矩。因此，源信号 $S_1, S_2, \cdots, S_m$ 必须是非高斯的。

2．最多只允许一个源呈高斯分布。

综上所述，源分离的必要条件是源是非高斯的，混合矩阵是非奇异的，生成模型必须满足这两个条件。因此，可以得出如下结论（Cardoso, 2003）：

独立成分分析（ICA）是指随机向量分解为尽可能统计独立的线性分量，其中“独立”是按照显著的统计学意义理解的；ICA超越了（二阶）去相关，因此需要表示数据向量的观测值是非高斯的。

10.12.4 ICA算法的分类

确定线性混合源信号分离的必要条件后，就可继续确定两个广义的ICA系列算法。

1．基于最小化互信息的ICA算法

图10.9所示框图中分离器输出间互信息的最小化为ICA算法的设计提供了基础。ICA算法的第一个家族包含如下：

1.1 Amari et al.(1996)基于KL散度开发的算法，将在10.14节中介绍。

1.2 Pham et al.(1992)基于最大似然估计开发的算法。该算法接近贝叶斯理论，只是忽略了先验信息。该算法将在10.15节中介绍。

1.3 由Bell and Sejnowski(1995)基于最大熵原则提出的Infomax算法，将在10.16节中介绍。Cardoso(1997)证明了Infomax算法和最大似然估计算法等价。

实际上，尽管这些ICA算法的形式不同，但它们都是最小化互信息的基本变体。

2．植根于非高斯性最大化的ICA算法

算法的第二个家族包括FastICA算法（Hyvärinen and Oja, 1997），它利用负熵作为非高斯度量。此外，该算法不仅代表了自身，而且与其他ICA算法相比计算速度更快。FastICA算法将在10.18节中介绍。

在讨论ICA算法之前，下面通过考虑自然图像来了解ICA的信号处理能力。

10.13 自然图像的稀疏编码与ICA编码比较

第8章中强调了自然图像高阶统计量的重要性以及这些统计量对图像建模的影响。本节强调自然图像的另一个重要特性（稀疏）以及ICA捕捉它所起的作用。在这样做时，我们还将给出ICA在实际应用中的重要性。

10.9节中讨论了如何将最小冗余原则应用于模型视觉系统（Atick and Redlich, 1990）。Dong and Atick(1995)和Dan et al.(1996)将这一原则的应用延伸到观察视觉系统中视网膜神经节细胞的性质是如何通过白化或去相关，由这些细胞根据自然图像的$1/f$振幅功率谱产生的输出集来解释的。随后，Olshausen and Field(1997)指出了Atick和合作者研究的模型的局限：那里考虑的减少冗余局限于自然图像中像素之间的线性成对相关性；这些相关可由PCA得到。然而，实际上，由于自然图像中普遍存在有方向的线和边，所以表现出高阶的相关性。

Olshausen and Field(1997)描述了一个用于捕捉自然图像中高阶相关结构的概率模型。更重要的是，该模型是用基函数的线性叠加来描述的：

$$I(\boldsymbol{x})=\sum_{i}a_i\psi_i(\boldsymbol{x}) \tag{10.74}$$

式中，向量$\boldsymbol{x}$表示二维图像$I(\boldsymbol{x})$中的离散空间位置，$\psi_i(\boldsymbol{x})$表示基函数，a_i表示混合振幅。a_i的计算值构成了编码方案的输出。此外，基函数被选择为自适应的，以便尽可能以最好的方式来解释就统计独立事件集合而言的图像的底层结构。因此，在Field(1994)的工作基础上，Olshausen and Field(1997)做了如下推测：

稀疏是式（10.74）中混合振幅 a_i 的适当先验，式（10.74）基于这样的直觉：自然图像可由相对较少的结构单元描述，而这样的结构单元由边、线和其他基本特征来例证。

为了验证这一推测，Olshausen和Field完成了如下两个任务：

1. 构成稀疏编码算法，目的是最大化基于图像处理和信息论的稀疏性。该算法的设计是为了学习一组基于式（10.74）的图像模型的基函数，该图像模型将最好地用稀疏、统计独立成分的方式说明自然图像。业已证明，稀疏编码算法可以最小化与ICA同样的目标函数，但由于过完备表示又导致实现困难，需要做一个逼近。

2. 生成数据，从10幅512×512像素的自然环境（树木、岩石、山脉等）图像中获取，这些数据用于训练算法。

由稀疏编码算法计算的稳定解通常在约2000次计算（约200000次图像展示）后获得。训练过程的结果如图10.12所示，其中绝大多数基函数已定位在单个像素内。

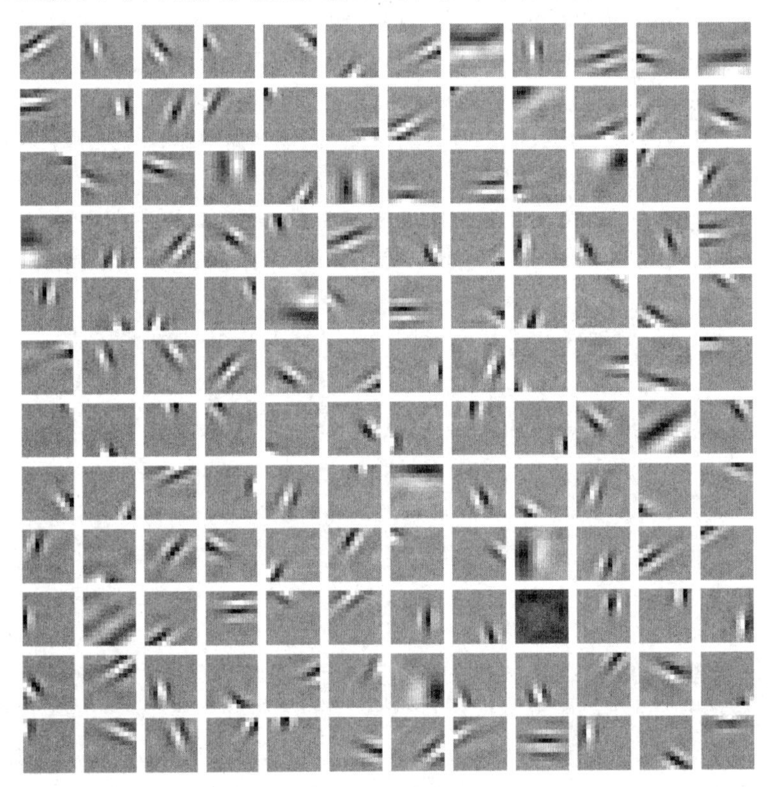

图10.12　将稀疏编码算法应用于自然图像的结果（经Bruno Olshausen博士许可）

在一次独立的研究中，Bell and Sejnowski(1997)将ICA应用到包含树木、树叶等四个自然场景中，这些场景被转换成0到255之间的灰度字节值。本研究使用将在10.16节中介绍的ICA的Infomax算法。得到的解如图10.13所示。

比较图10.12中利用稀疏编码算法的解和图10.13中利用ICA的Infomax算法的解，可看到它们惊人地相似。我们认识到对于完全不同的自然图像，采用这两个算法独立地训练将产生相似的结果。

这两个完全独立的研究结果给我们以下两个重要的启示：

1. 自然图像本质上是稀疏的，它们可由相对少量的独特结构单元来描述，其中的例子包括边和线。

2. 就其本质而言，独立成分分析算法具有捕获这些结构单元的内在能力。

因此，图10.12和图10.13中的结果提供了研究ICA学习算法的动机，我们将在接下来的几小节中进行研究。

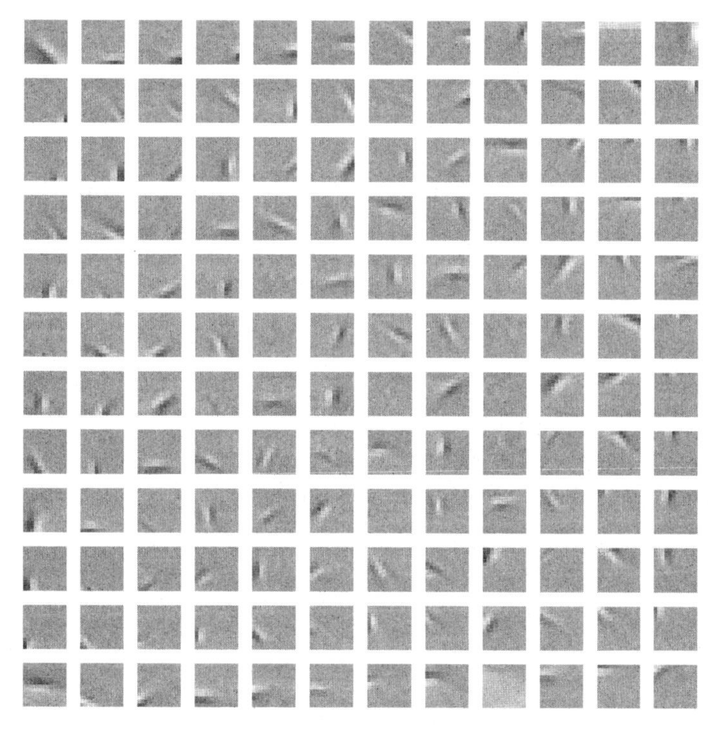

图10.13 将ICA的Infomax算法应用于另一幅自然图像的结果（经Anthony Bell博士许可）

10.14 独立成分分析的自然梯度学习

考虑输入-输出关系

$$\boldsymbol{Y}=\boldsymbol{W}\boldsymbol{X} \tag{10.75}$$

式中，随机向量 $\boldsymbol{X}$ 表示观测值（分离器输入），$\boldsymbol{W}$ 表示分离矩阵，随机变量 $\boldsymbol{Y}$ 表示结果响应（分离器输出）。既然输出 $\boldsymbol{Y}$ 的各个分量之间的统计独立性是盲源分离的理想性质，那么我们能采用什么样的实际措施来实现该性质呢？为了回答该问题，令 $p_{\boldsymbol{Y}}(\boldsymbol{y},\boldsymbol{W})$ 表示输出 $\boldsymbol{Y}$ 的概率密度函数，其参数为分离矩阵 $\boldsymbol{W}$，并将相应的阶乘分布定义为

$$\tilde{p}_{\boldsymbol{Y}}(\boldsymbol{y})=\prod_{i=1}^{m}\tilde{p}_{Y_i}(y_i) \tag{10.76}$$

式中，$\tilde{p}_{Y_i}(y_i)$ 是随机变量 Y_i（即 $\boldsymbol{Y}$ 的第i个分量）的边缘概率密度函数；显然，阶乘分布 $\tilde{p}_{\boldsymbol{Y}}(\boldsymbol{y})$ 是非参数化的。事实上，式（10.76）可视为学习规则（有待开发）的约束，将 $p_{\boldsymbol{Y}}(\boldsymbol{y},\boldsymbol{W})$ 和阶乘分布 $\tilde{p}_{\boldsymbol{Y}}(\boldsymbol{y})$ 对比，理想情况下，阶乘分布应与原始源匹配。观察仅有的两个分布 $p_{\boldsymbol{Y}}(\boldsymbol{y},\boldsymbol{W})$ 和 $\tilde{p}_{\boldsymbol{Y}}(\boldsymbol{y})$，可以给出问题的答案，该答案体现在如下的独立成分分析（ICA）原则中（Comon, 1994）：

> 给定一个$m\times1$维随机向量 $\boldsymbol{X}$，表示m个独立源信号的线性组合，将观测向量 $\boldsymbol{X}$ 转换为新随机向量 $\boldsymbol{Y}$ 时，应确保参数化概率密度函数 $p_{\boldsymbol{Y}}(\boldsymbol{y},\boldsymbol{W})$ 和相应阶乘分布 $\tilde{p}_{\boldsymbol{Y}}(\boldsymbol{y})$ 之间的KL散度相对于未知参数矩阵 $\boldsymbol{W}$ 最小化。

从这一陈述中，可以清楚地看出KL散度是预期对比函数的自然基，其公式构成了计算ICA学习算法的第一步。分离矩阵 $\boldsymbol{W}$ 是ICA的未知参数，预期对比函数为 $\boldsymbol{W}$ 的函数。下面用 $R(\boldsymbol{W})$ 表示对比函数，根据式（10.39）第一行给出的KL散度公式，$R(\boldsymbol{W})$ 可以正式定义为

$$R(\boldsymbol{W})=\int_{-\infty}^{\infty} p_{\boldsymbol{Y}}(\boldsymbol{y},\boldsymbol{W})\log\left(\frac{p_{\boldsymbol{Y}}(\boldsymbol{y},\boldsymbol{W})}{\prod_{i=1}^{m}\tilde{p}_{Y_i}(y_i)}\right)\mathrm{d}\boldsymbol{y} \tag{10.77}$$

注意，这个公式似乎是一个很有效的框架，被应用于诸多衍生文献的ICA和盲源分离的学习算法中（Cichocki and Amari, 2002）。

讨论10.5节中提出的KL散度后，可根据熵重新定义预期对比函数 $R(\boldsymbol{W})$：

$$R(\boldsymbol{W})=-h(\boldsymbol{Y})+\sum_{i=1}^{m}\tilde{h}(Y_i) \tag{10.78}$$

式中，$h(\boldsymbol{Y})$ 是分离器输出端向量 $\boldsymbol{Y}$ 的熵；$\tilde{h}(Y_i)$ 是 $\boldsymbol{Y}$ 的第i个元素的边缘熵。$R(\boldsymbol{W})$ 是用于对 $\boldsymbol{W}$ 最小化的目标函数。

10.14.1 微分熵$h(\boldsymbol{Y})$的确定

输出向量 $\boldsymbol{Y}$ 与输入向量 $\boldsymbol{X}$ 通过式（10.75）联系起来，其中 $\boldsymbol{W}$ 是分离矩阵。根据式（10.18），可将 $\boldsymbol{Y}$ 的微分熵表示为

$$h(\boldsymbol{Y})=h(\boldsymbol{W}\boldsymbol{X})=h(\boldsymbol{X})+\log\left|\det(\boldsymbol{W})\right| \tag{10.79}$$

式中，$h(\boldsymbol{X})$ 是 $\boldsymbol{X}$ 的微分熵，$\det(\boldsymbol{W})$ 是 $\boldsymbol{W}$ 的行列式。将该式应用于式（10.77），可以重新构建预期对比函数：

$$\begin{aligned}R(\boldsymbol{W})&=-h(\boldsymbol{X})-\log\left|\det(\boldsymbol{W})\right|+\sum_{i=1}^{m}\tilde{h}(Y_i)\\&=-h(\boldsymbol{X})-\log\left|\det(\boldsymbol{W})\right|-\sum_{i=1}^{m}\mathbb{E}[\log\tilde{p}_{Y_i}(y_i)]\end{aligned} \tag{10.80}$$

式中，对于方程第二行最右端的项，利用了式（10.10），这一项是关于 Y_i 的期望。注意，熵 $h(\boldsymbol{X})$ 与分离矩阵 $\boldsymbol{W}$ 无关。因此，在推导ICA的学习算法时，可以忽略此项。

10.14.2 ICA随机梯度算法的推导

考虑到随机梯度下降，通常的做法是忽略期望算子 $\mathbb{E}$，将注意力集中于瞬时值。从目前看，仅有一个瞬时值需要考虑，即 $\log\tilde{p}_{Y_i}(y_i)$。令 $\rho(\boldsymbol{W})$ 表示预期对比函数 $R(\boldsymbol{W})$ 的瞬时值，以下简称对比函数，即

$$R(\boldsymbol{W})=\mathbb{E}[\rho(\boldsymbol{W})]$$

因此，忽略熵 $h(\boldsymbol{X})$，可由式（10.80）写出

$$\rho(\boldsymbol{W})=-\log\left|\det(\boldsymbol{W})\right|-\sum_{i=1}^{m}\log\tilde{p}_{Y_i}(y_i) \tag{10.81}$$

随机梯度矩阵定义为

$$\nabla\rho(\boldsymbol{W})=-\frac{\partial}{\partial\boldsymbol{W}}\log\left|\det(\boldsymbol{W})\right|-\frac{\partial}{\partial\boldsymbol{W}}\sum_{i=1}^{m}\log\tilde{p}_{Y_i}(y_i) \tag{10.82}$$

式中，∇ 是关于分离矩阵 $\boldsymbol{W}$ 的梯度算子。下面分别考虑梯度矩阵的两部分。

1. 第一部分定义为

$$\frac{\partial}{\partial \boldsymbol{W}}\log\left|\det(\boldsymbol{W})\right| = \boldsymbol{W}^{-\mathrm{T}} \tag{10.83}$$

式中，$\boldsymbol{W}^{-\mathrm{T}}$ 是逆矩阵 $\boldsymbol{W}^{-1}$ 的转置。

2．随机梯度矩阵的第二部分的第i个分量定义为

$$\frac{\partial}{\partial \boldsymbol{w}_i}\log \tilde{p}_{Y_i}(y_i) = \frac{\partial y_i}{\partial \boldsymbol{w}_i}\frac{\partial}{\partial y_i}\log \tilde{p}_{Y_i}(y_i) \tag{10.84}$$

式中，$\boldsymbol{w}_i$ 是分离矩阵 $\boldsymbol{W}$ 的第i个列向量，y_i 是输出 Y_i 的样本值。因此，取式（10.75）的第i个分量的样本值，有

$$y_i = \boldsymbol{w}_i^{\mathrm{T}}\boldsymbol{x}, \quad i = 1,2,\cdots,m \tag{10.85}$$

式中，$\boldsymbol{x}$ 是输入向量 $\boldsymbol{X}$ 的样本值，y_i 是输出 Y_i 的样本值。对 $\boldsymbol{w}_i$ 微分，由式（10.85）得

$$\frac{\partial y_i}{\partial \boldsymbol{w}_i} = \boldsymbol{x} \tag{10.86}$$

此外，

$$\frac{\partial}{\partial y_i}\log \tilde{p}_{Y_i}(y_i) = \frac{1}{\tilde{p}_{Y_i}(y_i)}\frac{\partial}{\partial y_i}\tilde{p}_{Y_i}(y_i) = \frac{\tilde{p}'_{Y_i}(y_i)}{\tilde{p}_{Y_i}(y_i)} \tag{10.87}$$

式中，偏导数为

$$\tilde{p}'_{Y_i}(y_i) = \frac{\partial}{\partial y_i}\tilde{p}_{Y_i}(y_i)$$

针对此点，我们发现引入第i个神经元的激活函数 φ 来构造分离器很方便；具体来说，定义

$$\varphi_i(y_i) = -\frac{\tilde{p}'_{Y_i}(y_i)}{\tilde{p}_{Y_i}(y_i)}, \quad i = 1,2,\cdots,m \tag{10.88}$$

相应地，将式（10.85）代入式（10.88）得

$$\frac{\partial}{\partial \boldsymbol{w}_i}\log \tilde{p}_{Y_i}(y_i) = -\varphi_i(y_i)\boldsymbol{x}, \quad i = 1,2,\cdots,m \tag{10.89}$$

由该表达式，可将式（10.82）中随机梯度矩阵的和项表示为

$$\frac{\partial}{\partial \boldsymbol{W}}\sum_{i=1}^{m}\log\tilde{p}_{Y_i}(y_i) = -\boldsymbol{\phi}(\boldsymbol{y})\boldsymbol{x}^{\mathrm{T}} = -\boldsymbol{x}\boldsymbol{\phi}^{\mathrm{T}}(\boldsymbol{y}) \tag{10.90}$$

式中，激活函数向量表示为输出向量 $\boldsymbol{y}$ 的函数：

$$\boldsymbol{\phi}(\boldsymbol{y}) = [\varphi_1(y_1), \varphi_2(y_2), \cdots, \varphi_m(y_m)]^{\mathrm{T}}$$

下面将式（10.83）和式（10.90）代入式（10.82），得到需要的随机梯度矩阵：

$$\nabla\rho(\boldsymbol{W}) = -\boldsymbol{W}^{-\mathrm{T}} + \boldsymbol{\phi}(\boldsymbol{y})\boldsymbol{x}^{\mathrm{T}} \tag{10.91}$$

现在，让η表示学习率参数，并且假设它是一个小的正常数。然后，给定式（10.91）的梯度矩阵，分离矩阵 $\boldsymbol{W}$ 的增量调整为

$$\Delta\boldsymbol{W} = -\eta\nabla\rho(\boldsymbol{W}) = \eta[\boldsymbol{W}^{-\mathrm{T}} - \boldsymbol{\phi}(\boldsymbol{y})\boldsymbol{x}^{\mathrm{T}}] \tag{10.92}$$

显然，我们发现通过先求式（10.85）的转置来重新构建式（10.92）很方便，结果为

$$\boldsymbol{y}^{\mathrm{T}} = \boldsymbol{x}^{\mathrm{T}}\boldsymbol{W}^{\mathrm{T}}$$

因此，可以重写式（10.92）为新的等价形式：

$$\Delta\boldsymbol{W} = \eta[\boldsymbol{I} - \boldsymbol{\phi}(\boldsymbol{y})\boldsymbol{x}^{\mathrm{T}}\boldsymbol{W}^{\mathrm{T}}]\boldsymbol{W}^{-\mathrm{T}} = \eta[\boldsymbol{I} - \boldsymbol{\phi}(\boldsymbol{y})\boldsymbol{y}^{\mathrm{T}}]\boldsymbol{W}^{-\mathrm{T}} \tag{10.93}$$

式中，$\boldsymbol{I}$ 是单位矩阵。相应地，为满足分离矩阵的在线学习规则，此处采用了如下形式：

$$\boldsymbol{W}(n+1)=\boldsymbol{W}(n)+\eta(n)[\underbrace{\boldsymbol{I}-\phi(\boldsymbol{y}(n))\boldsymbol{y}^{\mathrm{T}}(n)}_{\text{校正项}}]\boldsymbol{W}^{-\mathrm{T}}(n) \tag{10.94}$$

式中，参数都用其随时间变化的形式来表示。

这一算法的不足是通过对权重矩阵 $\boldsymbol{W}$ 转置的逆来后乘调整项，因此下一项任务就是找到一种方法来消去逆的计算。

10.14.3 等变异性质

ICA算法的目的是更新分离矩阵 $\boldsymbol{W}(n)$，使得输出向量

$$\boldsymbol{y}(n)=\boldsymbol{W}(n)\boldsymbol{x}(n)=\boldsymbol{W}(n)\boldsymbol{A}\boldsymbol{s}(n)$$

在某种统计意义上，尽可能接近原始源向量 $\boldsymbol{s}(n)$。更具体地说，考虑由混合矩阵 $\boldsymbol{A}$ 和分离矩阵 $\boldsymbol{W}(n)$ 相乘得到的系统矩阵 $\boldsymbol{C}(n)$ 表征的全局系统，即

$$\boldsymbol{C}(n)=\boldsymbol{W}(n)\boldsymbol{A} \tag{10.95}$$

理想情况下，这个全局系统满足两个条件：

1. 负责调整 $\boldsymbol{C}(n)$ 的算法收敛到一个最优值，使其等于置换矩阵（注意，在每行和每列仅有一次+1或–1的有符号置换矩阵也是最优的）。
2. 这一算法的自身描述为

$$\boldsymbol{C}(n+1)=\boldsymbol{C}(n)+\eta(n)\boldsymbol{G}(\boldsymbol{C}(n)\boldsymbol{s}(n))\boldsymbol{C}(n) \tag{10.96}$$

式中，$\boldsymbol{G}(\boldsymbol{C}(n)\boldsymbol{s}(n))$ 是矩阵积 $\boldsymbol{C}(n)\boldsymbol{s}(n)$ 的矩阵值函数。该算法的性能完全由系统矩阵 $\boldsymbol{C}(n)$ 来表征，而不由混合矩阵 $\boldsymbol{A}$ 及分离矩阵 $\boldsymbol{W}(n)$ 的个别值来表征。这样的自适应系统称为等变异系统（Cardoso and Laheld, 1996）。

式（10.94）中的在线学习算法肯定能够近似满足第一个条件。然而，如其表明的那样，它不满足第二个条件。为了证明这一点，我们用混合矩阵 $\boldsymbol{A}$ 乘以式（10.94），然后利用式（10.95）写出

$$\boldsymbol{C}(n+1)=\boldsymbol{C}(n)+\eta(n)\boldsymbol{G}(\boldsymbol{C}(n)\boldsymbol{s}(n))\boldsymbol{W}^{-\mathrm{T}}(n)\boldsymbol{A} \tag{10.97}$$

式中，

$$\boldsymbol{G}(\boldsymbol{C}(n)\boldsymbol{s}(n))=\boldsymbol{I}-\phi(\boldsymbol{C}(n)\boldsymbol{s}(n))(\boldsymbol{C}(n)\boldsymbol{s}(n))^{\mathrm{T}} \tag{10.98}$$

显然，式（10.94）的算法不满足式（10.96）描述的等变异条件，因为矩阵值函数 $\boldsymbol{G}(\boldsymbol{C}(n)\boldsymbol{s}(n))$ 后乘 $\boldsymbol{W}^{-\mathrm{T}}(n)\boldsymbol{A}$，这通常是与 $\boldsymbol{C}(n)$ 不同的。为了校正这一状况，我们在式（10.97）中的函数 $\boldsymbol{G}(\boldsymbol{C}(n)\boldsymbol{s}(n))$ 和矩阵积 $\boldsymbol{W}^{-\mathrm{T}}(n)\boldsymbol{A}$ 之间插入矩阵积 $\boldsymbol{W}^{\mathrm{T}}(n)\boldsymbol{W}(n)$。由矩阵 $\boldsymbol{W}$ 及其转置的积组成的项 $\boldsymbol{W}^{\mathrm{T}}\boldsymbol{W}$ 总是正定的。这就是乘以 $\boldsymbol{W}^{\mathrm{T}}\boldsymbol{W}$ 不改变学习算法最小值符号的原因。

关键是，为了达到等变异条件而进行的这种修改意味着什么？答案是如何表述参数空间的梯度下降。理想情况下，可用对比函数 $\rho(\boldsymbol{W})$ 的自然梯度，它根据普通梯度 $\nabla\rho(\boldsymbol{W})$ 定义为

$$\nabla*\rho(\boldsymbol{W})=(\nabla\rho(\boldsymbol{W}))\boldsymbol{W}^{\mathrm{T}}\boldsymbol{W} \tag{10.99}$$

普通梯度矩阵由式（10.91）定义。在潜在意义下，仅在参数空间 $\mathcal{W}\in\{\boldsymbol{W}\}$ 是正交的欧氏坐标系时，梯度 $\nabla\rho(\boldsymbol{W})$ 是下降的最优方向。然而，在涉及神经网络的典型状况下，参数空间 $\mathcal{W}$ 有一个非标准正交的坐标系。在后一种状况下，自然梯度 $\nabla*\rho(\boldsymbol{W})$ 将提供最陡下降，因此在制定ICA的随机梯度算法时，倾向于使用自然梯度而非普通梯度。要使自然梯度空间可定义，必须满足两个条件：

1. 参数空间 $\mathcal{W}$ 是黎曼的。黎曼结构是可微流形（可微流形的概念已在第7章中讨论）。
2. 矩阵 $\boldsymbol{W}$ 是非奇异的（可逆的）。

对于当前的问题，这两个条件都是满足的。

因此，可以按照刚才描述的方式修改式（10.94）中的算法，写出

$$\boldsymbol{W}(n+1)=\boldsymbol{W}(n)+\eta(n)[\boldsymbol{I}-\phi(\boldsymbol{y}(n))\boldsymbol{y}^{\mathrm{T}}(n)]\boldsymbol{W}(n)(\boldsymbol{W}^{\mathrm{T}}(n)\boldsymbol{W}^{-\mathrm{T}}(n))$$

最后，认识到矩阵积 $\boldsymbol{W}^{\mathrm{T}}(n)\boldsymbol{W}^{-\mathrm{T}}(n)$ 等于单位矩阵，最后写成

$$\boldsymbol{W}(n+1)=\boldsymbol{W}(n)+\eta(n)[\boldsymbol{I}-\phi(\boldsymbol{y}(n))\boldsymbol{y}^{\mathrm{T}}(n)]\boldsymbol{W}(n) \tag{10.100}$$

这就使得带有期望等变异性质的盲源分离。由于式（10.100）中的在线学习算法的推导基于自然梯度，因此该算法在文献中常称独立成分分析的自然梯度学习算法（Cichocki and Amari, 2002）。显然，这一算法的完整描述必须也包括式（10.85）中的输入-输出关系在整个输出集上的矩阵表示：

$$\boldsymbol{y}=\{y_i\}_{i=1}^{M}=\boldsymbol{W}\boldsymbol{x}$$

该算法完整的输入-输出图如图10.14的信号流图所示。

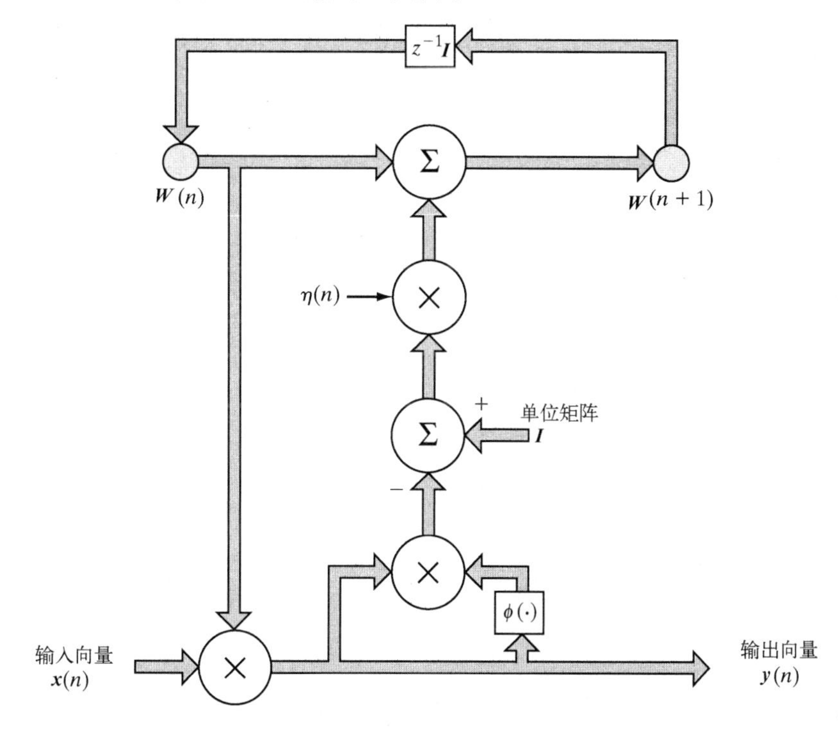

图10.14　式（10.85）和式（10.104）描述的盲源分离学习算法的信号流图：标为$z^{-1}\boldsymbol{I}$的块表示一组单位时间延迟。图中包含多个反馈环

10.14.4　自然梯度学习算法的重要优势

如式（10.100）所示，自然梯度学习算法除了具有等变异性质，还有四个重要的优势：

1．算法的计算效率高，因为它不需要求分离矩阵 $\boldsymbol{W}$ 的逆。

2．算法的收敛速度较快。

3．算法以自适应神经系统的形式实现。

4．作为一个随机梯度算法，该算法具有跟踪非平稳环境的统计变化的内在能力。

10.14.5　ICA理论的鲁棒性

运用式（10.100）中的自然梯度学习算法，需要了解式（10.88）定义的激活函数 $\varphi(y)$ 的知识，这说明 $\varphi(y)$ 是依赖于边缘分布 $\tilde{p}_Y(y)$ 的。相应地，为了使这个算法能够为盲源分离问题提供满意

的解，边缘分布 $\tilde{p}_Y(y)$ 的任意数学描述必须与原始独立成分（源）的真实分布相近；否则，就会出现严重的模型不匹配。

然而，事实上，我们发现对于每个独立成分的潜在概率分布，考虑两个可能的近似是足够的：

1．超高斯分布。这一分布和拉普拉斯分布形式相似，定义为

$$p_Y(y)=\frac{\alpha}{2}\exp(-\alpha|y|),\quad -\infty<\alpha<\infty$$

其中绝对值$|y|$以速率α指数衰减。例如，语音信号的振幅样本倾向于服从拉普拉斯分布。

2．亚高斯分布。这个分布类似于对数高斯分布，其在原点附近较为平坦。

之前关于“逼近”的陈述是ICA理论的鲁棒性的证明：

- 潜在分布的简单模型对估计独立成分是足够的。
- 在测试每个独立成分的超高斯和亚高斯逼近时，容许建模误差很小。

具体地说，ICA理论的鲁棒性由以下的重要定理来证明（Hyvärinen et al., 2001）：

设 $\tilde{p}_{Y_i}(y_i)$ 表示用分离器输出 y_i 表示的第i个独立成分（源信号）的假设概率密度函数。

定义激活函数

$$\varphi(y_i)=-\frac{\partial}{\partial y_i}\log\tilde{p}_{Y_i}(y_i)=-\frac{\tilde{p}'_{Y_Y}(y_i)}{\tilde{p}_{Y_i}(y_i)},\quad \tilde{p}'_{Y_i}(y_i)=\frac{\partial}{\partial y_i}\tilde{p}_{Y_i}(y_i)$$

假设独立成分 $\{y_i\}_{i=1}^m$ 的估计限定为彼此不相关，且随机变量Y_i对所有i都有单位方差。

若假设的分布满足如下条件，则独立成分的自然梯度估计是局部一致的：

$$\mathbb{E}[y_i\varphi(y_i)-\varphi'(y_i)]>0\text{，所有}I \tag{10.101}$$

式中，

$$\varphi'(y_i)=\frac{\partial}{\partial y_i}\varphi(y_i)$$

这个定理［以下简称ICA鲁棒性定理（Hyvärinen et al., 2001）］严格证明了只要不等式（10.101）的符号对所有i保持不变，在近似分布 $\tilde{p}'_{Y_i}(y_i)$ 中的小差异就不会影响利用自然梯度学习算法计算的独立成分的估计的局部一致性。

自然梯度学习中描述的ICA鲁棒性定理同样适用于下一节介绍的最大似然估计过程。此外，ICA鲁棒定理告诉我们如何基于式（10.101）构建函数族，函数族中的每对函数都由超高斯分布及其对应的亚高斯分布的对数概率密度函数组成。事实上，我们在两个候选分布之间有一个简单的二元选择。下面的例子解释了这样一个选择。

【例10】超高斯和亚高斯函数

考虑两个对数密度函数

$$\log p_Y^+(y)=\alpha_1-2\log\cosh(y)$$

$$\log p_Y^-(y)=\alpha_2-\left(\tfrac{1}{2}y^2-\log\cosh(y)\right)$$

式中，α_1和α_2是正常数，用于确保每个函数都满足概率密度函数的基本性质。正和负上标分别表示所讨论的函数参照超高斯或亚高斯概率密度函数。

将式（10.88）中激活函数的公式应用于 $p_Y^+(y)$，得到双曲正切函数

$$\varphi^+(y)=\tanh(y)$$

为了数学上的方便，我们忽略了乘数2。将这个结果对y求微分，得到激活函数的梯度

$$\varphi^{+\prime}=\operatorname{sech}^2(y)$$

因此，对于超高斯函数，式（10.101）的左边得到如下结果（比例因子2除外）：

$$\mathbb{E}[y\tanh(y)-\text{sech}^2(y)]$$

对 $p_Y^-(y)$ 进行同样的两步操作得

$$\varphi^-(y)=y-\tanh(y), \quad \varphi^{-\prime}=1-\text{sech}^2(y)$$

因此，对于亚高斯函数，式（10.101）的左边产生

$$\mathbb{E}[y^2-y\tanh(y)-1+\text{sech}^2(y)]=\mathbb{E}[-y\tanh(y)+\text{sech}^2(y)]$$

式中，假设零均值随机变量 Y （由样本值 y 表示）的方差是1，即 $\mathbb{E}[Y^2]=1$。

观察上面的超高斯和亚高斯函数对，可以看出它们的代数符号相反。因此，其中只有一个满足式(10.101)；对于ICA研究中的数据集，满足该不等式的特定激活函数应用于基于独立成分分析原则的一类算法（如自然梯度学习算法）。

10.15 独立成分分析的最大似然估计

前一节讨论的独立成分分析的原则只是诸多盲源分离方法之一，但在这一背景下，有其他两种方法能以无监督方式解决源分离问题：最大似然法和最大熵法。本节讨论最大似然法，下一节讨论最大熵法。

最大似然法是一种成熟的统计估计方法，它有一些优秀的性质。在这个过程中，我们首先建立对数似然函数，然后优化所考虑概率模型的参数向量。由第2章的讨论可知，似然函数是一个给定模型中的数据集的概率密度函数，但仅作为模型未知参数的一个函数。根据图10.9，令 $p_{\boldsymbol{S}}(\boldsymbol{s})$ 表示样本值是 $\boldsymbol{s}$ 的随机源向量 $\boldsymbol{S}$ 的概率密度函数。于是，混合器输出端的观测向量 $\boldsymbol{X}=\boldsymbol{AS}$ 的概率密度函数定义为

$$p_{\boldsymbol{X}}(\boldsymbol{x},\boldsymbol{A})=|\det(\boldsymbol{A})|^{-1}p_{\boldsymbol{S}}(\boldsymbol{A}^{-1}\boldsymbol{x}) \tag{10.102}$$

式中，$\det(\boldsymbol{A})$ 是混合矩阵 $\boldsymbol{A}$ 的行列式。令 $\mathcal{T}=\{\boldsymbol{x}_k\}_{k=1}^N$ 表示由随机向量 $\boldsymbol{X}$ 的N次独立实现组成的训练样本。于是，可以写出

$$p_{\boldsymbol{X}}(\mathcal{T},\boldsymbol{A})=\prod_{k=1}^{N}p_{\boldsymbol{X}}(\boldsymbol{x}_k,\boldsymbol{A}) \tag{10.103}$$

我们发现使用归一化（除以样本数N）后的对数似然函数更方便，表示为

$$\frac{1}{N}\log p_{\boldsymbol{x}}(\mathcal{T},\boldsymbol{A})=\frac{1}{N}\sum_{k=1}^{N}\log p_{\boldsymbol{X}}(\boldsymbol{x}_k,\boldsymbol{A})=\frac{1}{N}\sum_{k=1}^{N}\log p_{\boldsymbol{S}}(\boldsymbol{A}^{-1}\boldsymbol{x}_k)-\log|\det(\boldsymbol{A})|$$

令 $\boldsymbol{y}=\boldsymbol{A}^{-1}\boldsymbol{x}$ 为分离器输出端的随机向量$\boldsymbol{Y}$的一个实现，于是可以写出

$$\frac{1}{N}\log p_{\boldsymbol{X}}(\mathcal{T},\boldsymbol{A})=\frac{1}{N}\sum_{k=1}^{N}\log p_{\boldsymbol{S}}(\boldsymbol{y}_k)-\log|\det(\boldsymbol{A})| \tag{10.104}$$

令 $\boldsymbol{A}^{-1}=\boldsymbol{W}$ 和 $p_{\boldsymbol{Y}}(\boldsymbol{y},\boldsymbol{W})$ 表示参数 $\boldsymbol{W}$ 的 $\boldsymbol{Y}$ 的概率密度函数。注意式（10.104）中的和是 $\log p_{\boldsymbol{S}}(\boldsymbol{y}_k)$ 的样本均值，运用大数定律，当样本数N趋于无穷大时，概率为1，我们可以引入函数

$$\begin{aligned}L(\boldsymbol{W})&=\lim_{N\to\infty}\frac{1}{N}\sum_{k=1}^{N}\log p_{\boldsymbol{S}}(\boldsymbol{y}_k)+\log|\det(\boldsymbol{W})|\\&=\mathbb{E}[\log p_{\boldsymbol{S}}(\boldsymbol{y})]+\log|\det(\boldsymbol{W})|\\&=\int_{-\infty}^{\infty}p_{\boldsymbol{Y}}(\boldsymbol{y},\boldsymbol{W})\log p_{\boldsymbol{S}}(\boldsymbol{y})\mathrm{d}\boldsymbol{y}+\log|\det(\boldsymbol{W})|\end{aligned} \tag{10.105}$$

式中，第二行是关于$\boldsymbol{Y}$的期望，函数$L(\boldsymbol{W})$是期望的对数似然函数。通过写出

$$p_{\boldsymbol{S}}(\boldsymbol{y})=\left(\frac{p_{\boldsymbol{S}}(\boldsymbol{y})}{p_{\boldsymbol{Y}}(\boldsymbol{y},\boldsymbol{W})}\right)p_{\boldsymbol{Y}}(\boldsymbol{y},\boldsymbol{W})$$

可将$L(\boldsymbol{W})$表示为其等价形式：

$$\begin{aligned}L(\boldsymbol{W})&=\int_{-\infty}^{\infty}p_{\boldsymbol{Y}}(\boldsymbol{y},\boldsymbol{W})\log\left(\frac{p_{\boldsymbol{S}}(\boldsymbol{y})}{p_{\boldsymbol{Y}}(\boldsymbol{y},\boldsymbol{W})}\right)\mathrm{d}\boldsymbol{y}+\int_{-\infty}^{\infty}p_{\boldsymbol{Y}}(\boldsymbol{y},\boldsymbol{W})\log p_{\boldsymbol{Y}}(\boldsymbol{y},\boldsymbol{W})\mathrm{d}\boldsymbol{y}+\log\left|\det(\boldsymbol{W})\right|\\&=-R(\boldsymbol{W})-h(\boldsymbol{Y},\boldsymbol{W})+\log\left|\det(\boldsymbol{W})\right|\end{aligned}\tag{10.106}$$

式中，运用了如下的定义：

- 式（10.77）定义的与KL散度公式相同的预期对比函数$R(\boldsymbol{W})$。
- 式（10.12）第一行定义的微分熵$h(\boldsymbol{Y},\boldsymbol{W})$。

下面，利用式（10.78），最终将式（10.79）改写为

$$L(\boldsymbol{W})=-R(\boldsymbol{W})-h(\boldsymbol{X})\tag{10.107}$$

式中，$h(\boldsymbol{X})$是分离器输入端的随机向量$\boldsymbol{X}$的微分熵（Cardoso, 1998a）。在式（10.107）中，唯一依赖分离器权重向量$\boldsymbol{W}$的是预期对比函数$R(\boldsymbol{W})$。因此，由式（10.107）可知最大化对数似然函数$L(\boldsymbol{W})$等于最小化$R(\boldsymbol{W})$，这需要使分离器的输出$\boldsymbol{Y}$的概率分布与初始源向量$\boldsymbol{S}$的概率分布相匹配。

10.15.1 最大似然估计与独立成分分析原则之间的关系

将式（10.43）中的毕达哥拉斯分解应用于当前问题，可将最大似然的期望对比函数表示为

$$R(\boldsymbol{W})=D_{p_{\boldsymbol{Y}}\|\tilde{p}_{\boldsymbol{Y}}}+D_{\tilde{p}_{\boldsymbol{Y}}\|p_{\boldsymbol{S}}}\tag{10.108}$$

式（10.108）右边的第一个KL散度$D_{p_{\boldsymbol{Y}}\|\tilde{p}_{\boldsymbol{Y}}}$，是表征独立成分分析方法的结构失配的度量。第二个KL散度$D_{\tilde{p}_{\boldsymbol{Y}}\|p_{\boldsymbol{S}}}$，是初始源向量$\boldsymbol{S}$的分布和分离器输出$\boldsymbol{Y}$的边缘分布之间的边缘失配的度量。换言之，可将最大似然的“全局”分布匹配准则表示为

$$(\text{全局失配})=\underbrace{(\text{结构失配})}_{D_{p_{\boldsymbol{Y}}\|\tilde{p}_{\boldsymbol{Y}}}}+\underbrace{(\text{边缘失配})}_{D_{\tilde{p}_{\boldsymbol{Y}}\|p_{\boldsymbol{S}}}}\tag{10.109}$$

式（10.109）右边的“结构失配”是指与自变量集合相关的分布结构，而“边缘失配”是指各边缘分布之间的不匹配。

理想情况下，$\boldsymbol{W}=\boldsymbol{A}^{-1}$（完全盲源分离），结构失配和边缘失配均消失。这时，最大似然法与独立成分分析得到完全相同的结果。最大似然法与独立成分分析原则间的理想关系如图10.15所示。

图中，$\mathcal{S}$是分离器输出端随机向量$\boldsymbol{Y}$的所有概率密度函数$p_{\boldsymbol{Y}}(\boldsymbol{y},\boldsymbol{W})$的集合；$\mathcal{I}$是所有独立概率分布的集合，即那些乘积形式。$\mathcal{S}$和$\mathcal{I}$都是无限维的。集合$\mathcal{D}=\{p_{\boldsymbol{Y}}(\boldsymbol{y},\boldsymbol{W})\}$是在分离器的输出端测量得到的概率分布的有限集。集合$\mathcal{D}$是m^2维的，其中m表示$\boldsymbol{Y}$的维数，权重矩阵$\boldsymbol{W}$是其中的一个坐标系。由图10.15可以清楚看出$D_{p_{\boldsymbol{Y}}\|\tilde{p}_{\boldsymbol{Y}}}$和$D_{\tilde{p}_{\boldsymbol{Y}}\|p_s}$在$\boldsymbol{W}=\boldsymbol{A}^{-1}$时最小。此外，如图10.15所示，集合$\mathcal{D}$和$\mathcal{I}$在交点处正交，该交点由真实概率密度函数$p_{\boldsymbol{S}}(\boldsymbol{s})$定义。

通常情况下，基于最大似然法的盲源分离算法，必须包括底层源分布未知时对其进行估计的规定。这种估计的参数可以调整，就像调整分离权重矩阵$\boldsymbol{W}$一样。换句话说，我们应该对混合矩阵和源分布（的一些特征）进行联合估计（Cardoso, 1997, 1998）；Pham et al.(1992, 1997)提出了一种巧妙且成熟的联合估计方法。

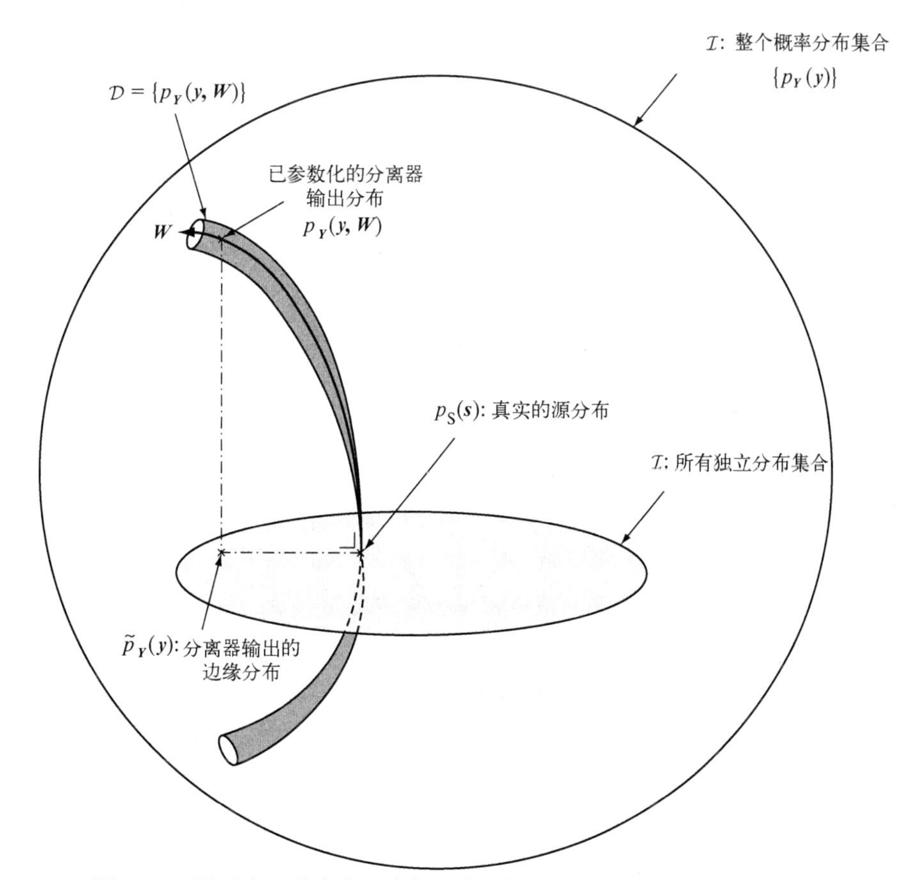

图10.15　用于盲源分离的最大似然估计与独立成分分析之间的关系示意图。最大似然最小化 $D_{p_Y\|p_S}$，而独立成分分析最小化 $D_{p_Y\|\tilde{p}_Y}$

10.16　盲源分离的最大熵学习

本节参考10.3节讨论过的最大熵原则，得到求解盲源分离问题的另一种方法。考虑图10.16，其中给出了基于该方法的系统框图。与以前一样，分离器作用于观测向量 $\boldsymbol{x}$，产生输出 $\boldsymbol{y}=\boldsymbol{W}\boldsymbol{x}$，它是初始源向量 $\boldsymbol{s}$ 的估计值。将向量 $\boldsymbol{y}$ 通过一个由 $\boldsymbol{G}$ 表示的分量非线性函数变换为向量 $\boldsymbol{z}$，该非线性函数是单调且可逆的。因此，与$\boldsymbol{y}$不同，对一个任意大的分离器，向量 $\boldsymbol{z}$ 保证有一个有界的微分熵 $h(\boldsymbol{Z})$。对于给定的非线性函数 $\boldsymbol{G}$，最大熵方法通过使熵 $h(\boldsymbol{z})$ 相对于 $\boldsymbol{W}$ 最大化来估计初始源向量 $\boldsymbol{s}$。根据例7中导出的式（10.60），对于无噪声网络，最大熵方法与Infomax原则密切相关。事实上，正是由于该原因，基于图10.16所示方案的算法在文献中称为ICA的Infomax算法（Bell and Sejnowski, 1995）。

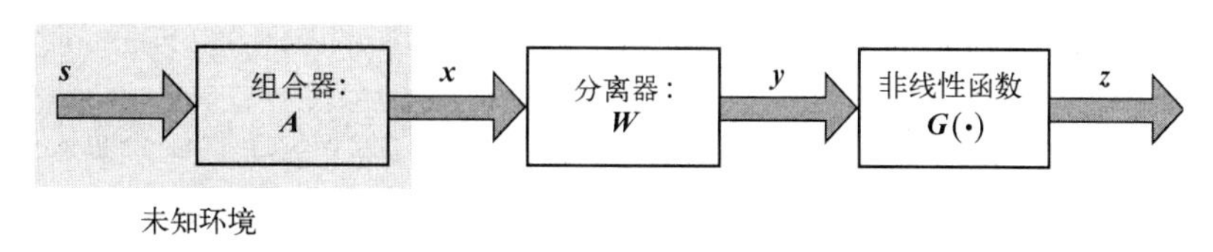

图10.16　盲源分离的最大熵原则框图。向量$\boldsymbol{s}, \boldsymbol{x}, \boldsymbol{y}$和$\boldsymbol{z}$分别是随机向量$\boldsymbol{S}, \boldsymbol{X}, \boldsymbol{Y}$和$\boldsymbol{Z}$的样本值

非线性函数 $\boldsymbol{G}$ 是一个对角映像，表示为

$$
\boldsymbol{G}:\begin{bmatrix} y_1 \\ y_2 \\ \vdots \\ y_m \end{bmatrix} \rightarrow \begin{bmatrix} g_1(y_1) \\ g_2(y_2) \\ \vdots \\ g_m(y_m) \end{bmatrix} = \begin{bmatrix} z_1 \\ z_2 \\ \vdots \\ z_m \end{bmatrix} \tag{10.110}
$$

也可写成

$$
\boldsymbol{z} = \boldsymbol{G}(\boldsymbol{y}) = \boldsymbol{G}(\boldsymbol{WAs}) \tag{10.111}
$$

由于非线性函数 $\boldsymbol{G}$ 是可逆的，因此可用分离器输出向量 $\boldsymbol{z}$ 将初始源向量 $\boldsymbol{s}$ 表示为

$$
\boldsymbol{s} = \boldsymbol{A}^{-1}\boldsymbol{W}^{-1}\boldsymbol{G}^{-1}(\boldsymbol{z}) = \boldsymbol{\Psi}(\boldsymbol{z}) \tag{10.112}
$$

式中，$\boldsymbol{G}^{-1}$ 是逆非线性函数：

$$
\boldsymbol{G}^{-1}:\begin{bmatrix} z_1 \\ z_2 \\ \vdots \\ z_m \end{bmatrix} \rightarrow \begin{bmatrix} g_1^{-1}(z_1) \\ g_2^{-1}(z_2) \\ \vdots \\ g_m^{-1}(z_m) \end{bmatrix} = \begin{bmatrix} y_1 \\ y_2 \\ \vdots \\ y_m \end{bmatrix} \tag{10.113}
$$

输出向量 $\boldsymbol{z}$ 的概率密度函数由源向量 $\boldsymbol{s}$ 的概率密度函数定义为

$$
p_{\boldsymbol{Z}}(\boldsymbol{z}) = \left.\frac{p_{\boldsymbol{S}}(\boldsymbol{s})}{|\det(\boldsymbol{J}(\boldsymbol{s}))|}\right|_{\boldsymbol{s}=\boldsymbol{\Psi}(\boldsymbol{z})} \tag{10.114}
$$

式中，$\det(\boldsymbol{J}(\boldsymbol{s}))$ 是雅可比矩阵 $\boldsymbol{J}(\boldsymbol{s})$ 的行列式（Papoulis, 1984）。后一个矩阵的第ij个元素定义为

$$
J_{ij} = \frac{\partial z_i}{\partial s_j} \tag{10.115}
$$

因此，随机向量 $\boldsymbol{Z}$ 在非线性函数 $\boldsymbol{G}$ 的输出端的熵为

$$
\begin{aligned}
h(\boldsymbol{Z}) &= -\mathbb{E}[\log p_{\boldsymbol{Z}}(\boldsymbol{z})] \\
&= -\mathbb{E}\left[\log\left(\frac{p_{\boldsymbol{S}}(\boldsymbol{s})}{|\det(\boldsymbol{J}(\boldsymbol{s}))|}\right)\right]_{\boldsymbol{s}=\boldsymbol{\Psi}(\boldsymbol{z})} \\
&= -D_{p_s \| |\det \boldsymbol{J}|}, \quad \text{在 } \boldsymbol{s}=\boldsymbol{\Psi}(\boldsymbol{z})\text{处估值}
\end{aligned} \tag{10.116}
$$

因此，可以看出最大化微分熵 $h(\boldsymbol{Z})$ 等价于最小化 $p_{\boldsymbol{S}}(\boldsymbol{s})$ 和由 $|\det(\boldsymbol{J}(\boldsymbol{s}))|$ 定义的 $\boldsymbol{s}$ 的概率密度函数之间的KL散度，见式（10.35）。

假设对所有的i，随机变量 Z_i（$\boldsymbol{Z}$ 的第i个元素）在[0,1]上均匀分布。根据例1，熵 $h(\boldsymbol{Z})$ 为0。相应地，由式（10.116）可知

$$
p_{\boldsymbol{S}}(\boldsymbol{s}) = |\det(\boldsymbol{J}(\boldsymbol{s}))| \tag{10.117}
$$

理想情况下，$\boldsymbol{W} = \boldsymbol{A}^{-1}$，这种关系化简为

$$
p_{S_i}(s_i) = \left.\frac{\partial z_i}{\partial y_i}\right|_{z_i=g(s_i)}, \quad \text{所有}i \tag{10.118}
$$

相反，若式（10.118）满足，则 $h(\boldsymbol{Z})$ 的最大值为 $\boldsymbol{W} = \boldsymbol{A}^{-1}$，从而实现了盲源分离。

现在，可将盲源分离的最大熵原则的思想总结如下（Bell and Sejnowski, 1995）。

设图10.16中分离器输出端的非线性函数由初始源分布定义为

$$
z_i = g_i(y_i) = \int_{-\infty}^{z_i} p_{S_i}(s_i)\mathrm{d}s_i, \quad i = 1,2,\cdots,m \tag{10.119}
$$

在非线性函数 $\boldsymbol{G}$ 的输出端最大化随机向量 $\boldsymbol{Z}$（第 i 个元素的样本值为 z_i）的微分熵等价于 $\boldsymbol{W}=\boldsymbol{A}^{-1}$，这将产生完全的盲源分离。

10.16.1　最大熵和最大似然方法的等价性

对所有 i，当随机变量 Z_i 在区间[0,1]上均匀分布时，盲源分离的最大熵法和最大似然法确实是等价的（Cardoso, 1997）。为了证明这一关系，我们首先利用微分的链式规则将式（10.115）改写为其等价形式：

$$J_{ij}=\sum_{k=1}^{m}\frac{\partial z_i}{\partial y_i}\frac{\partial y_i}{\partial x_k}\frac{\partial x_k}{\partial s_j}=\sum_{k=1}^{m}\frac{\partial z_i}{\partial y_i}w_{ik}a_{kj} \tag{10.120}$$

式中，偏导数 $\partial z_i/\partial y_i$ 是有定义的。因此雅可比矩阵 $\boldsymbol{J}$ 可以表示为

$$\boldsymbol{J}=\boldsymbol{DWA}$$

式中，$\boldsymbol{D}$ 是对角矩阵：

$$\boldsymbol{D}=\mathrm{diag}\left(\frac{\partial z_1}{\partial y_1},\frac{\partial z_2}{\partial y_2},\cdots,\frac{\partial z_m}{\partial y_m}\right)$$

所以

$$\left|\det(\boldsymbol{J})\right|=\left|\det(\boldsymbol{WA})\right|\prod_{i=1}^{m}\frac{\partial z_i}{\partial y_i} \tag{10.121}$$

根据式（10.121），由权重矩阵 $\boldsymbol{W}$ 和非线性函数 $\boldsymbol{G}$ 参数化的概率密度函数 $p_{\boldsymbol{S}}(\boldsymbol{s})$ 的估计可以写为（Roth and Baram, 1996）

$$p_{\boldsymbol{S}}(\boldsymbol{s}\mid\boldsymbol{W},\boldsymbol{G})=\left|\det(\boldsymbol{WA})\right|\prod_{i=1}^{m}\frac{\partial g_i(y_i)}{\partial y_i} \tag{10.122}$$

由此可见，在该条件下，最大化对数似然函数 $\log p_{\boldsymbol{S}}(\boldsymbol{s}\mid\boldsymbol{W},\boldsymbol{G})$ 等价于最大化盲源分离熵 $h(\boldsymbol{Z})$，即最大熵法和最大似然法确实是等价的。

10.16.2　盲源分离的学习算法

参考式（10.116）的第二行，我们发现，由于源的分布通常是固定的，最大化熵 $h(\boldsymbol{Z})$ 需要最大化分母项 $\log\left|\det(\boldsymbol{J}(\boldsymbol{s}))\right|$ 相对于权重矩阵 $\boldsymbol{W}$ 的期望。我们的目标是找到一个自适应算法来进行这样的计算，因此可以考虑瞬时目标函数

$$\boldsymbol{\Phi}=\log\left|\det\left(\boldsymbol{J}\right)\right| \tag{10.123}$$

将式（10.121）代入式（10.123）得

$$\boldsymbol{\Phi}=\log\left|\det(\boldsymbol{A})\right|+\log\left|\det(\boldsymbol{W})\right|+\sum_{i=1}^{m}\log\left(\frac{\partial z_i}{\partial y_i}\right) \tag{10.124}$$

因此，$\boldsymbol{\Phi}$ 相对于分离器的权重矩阵 $\boldsymbol{W}$ 微分得（见习题10.20）

$$\frac{\partial\boldsymbol{\Phi}}{\partial\boldsymbol{W}}=\boldsymbol{W}^{-\mathrm{T}}+\sum_{i=1}^{m}\frac{\partial}{\partial\boldsymbol{W}}\log\left(\frac{\partial z_i}{\partial y_i}\right) \tag{10.125}$$

为了进一步研究这个公式，必须详细说明由分离器输出提供的非线性函数。这里可以使用的非线性函数的简单形式为逻辑斯蒂函数：

$$z_i=g(y_i)=\frac{1}{1+\mathrm{e}^{-y_i}},\quad i=1,2,\cdots,m \tag{10.126}$$

图10.17给出了这种非线性函数及其逆函数的图像。由图可知，逻辑斯蒂函数满足盲源分离的单调性和可逆性的基本要求。将式（10.126）代入式（10.125）得

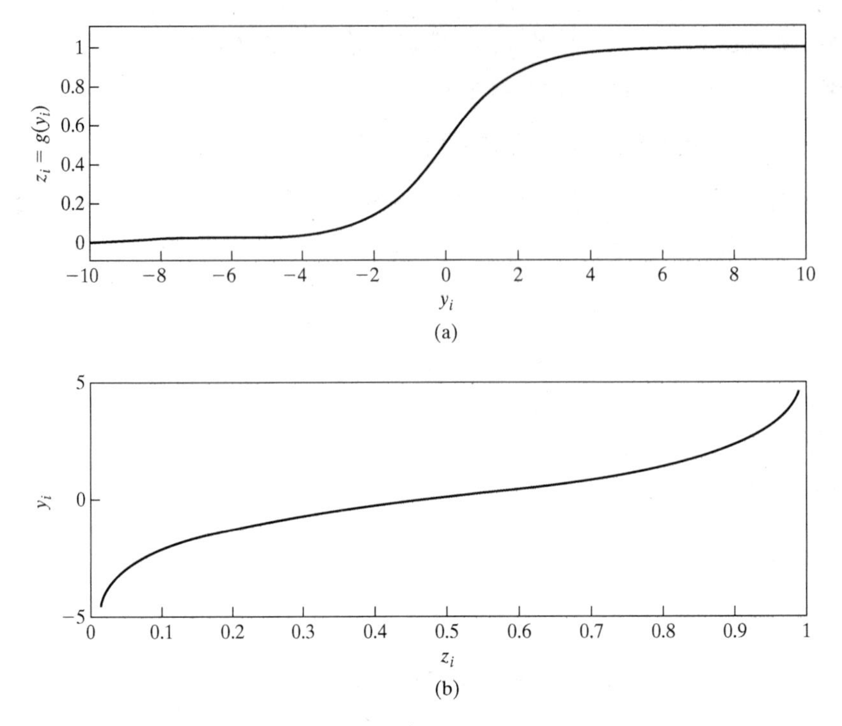

图10.17　(a)逻辑斯蒂函数：$z_i = g(y_i) = \dfrac{1}{1+\mathrm{e}^{-y_i}}$；(b)逻辑斯蒂函数的逆函数：$y_i = g^{-1}(z_i)$

$$\frac{\partial \boldsymbol{\Phi}}{\partial \boldsymbol{W}} = \boldsymbol{W}^{-\mathrm{T}} + (\boldsymbol{1} - 2\boldsymbol{z})\boldsymbol{x}^{\mathrm{T}}$$

式中，$\boldsymbol{x}$ 为接收到的信号向量，$\boldsymbol{z}$ 为分离器非线性变换后的输出向量，$\boldsymbol{1}$ 是元素全为1的矩阵。

学习算法的目标是使微分 $h(\boldsymbol{Z})$ 最大。采用最速下降法，用于权重矩阵 $\boldsymbol{W}$ 的变化可写为

$$\Delta \boldsymbol{W} = \eta \frac{\partial \boldsymbol{\Phi}}{\partial \boldsymbol{W}} = \eta(\boldsymbol{W}^{-\mathrm{T}} + (\boldsymbol{1} - 2\boldsymbol{z})\boldsymbol{x}^{\mathrm{T}}) \tag{10.127}$$

式中，η 是学习率参数。与10.14节描述的ICA自然梯度学习算法一样，可用自然梯度消除对转置权重矩阵 $\boldsymbol{W}^{\mathrm{T}}$ 求逆的要求，相当于用式（10.127）乘以矩阵积 $\boldsymbol{W}^{\mathrm{T}}\boldsymbol{W}$。优化调整后，得出期望的权重公式为

$$\Delta \boldsymbol{W} = \eta(\boldsymbol{W}^{-\mathrm{T}} + (\boldsymbol{1} - 2\boldsymbol{z})\boldsymbol{x}^{\mathrm{T}})\boldsymbol{W}^{\mathrm{T}}\boldsymbol{W} = \eta(\boldsymbol{I} + (\boldsymbol{1} - 2\boldsymbol{z})(\boldsymbol{W}\boldsymbol{x})^{\mathrm{T}})\boldsymbol{W} = \eta(\boldsymbol{I} + (\boldsymbol{1} - 2\boldsymbol{z})\boldsymbol{y}^{\mathrm{T}})\boldsymbol{W} \tag{10.128}$$

式中，$\boldsymbol{I}$ 是单位矩阵，$\boldsymbol{y}$ 是分离器的输出。因此，计算权重矩阵 $\boldsymbol{W}$ 的学习算法可以表示为

$$\boldsymbol{W}(n+1) = \boldsymbol{W}(n) + \eta(\boldsymbol{I} + (\boldsymbol{1} - 2\boldsymbol{z}(n))\boldsymbol{y}^{\mathrm{T}}(n))\boldsymbol{W}(n) \tag{10.129}$$

算法的初值 $\boldsymbol{W}(0)$ 是从一组均匀分布的小数值中选取的。参照图10.16中的框图，可以看到第n步的输出 $\boldsymbol{y}(n)$ 由输入 $\boldsymbol{x}(n)$ 定义为矩阵积 $\boldsymbol{W}(n)\boldsymbol{x}(n)$。因此，每次当分离矩阵 $\boldsymbol{W}(n)$ 被更新时，可以相应地计算出分离器输出 $\boldsymbol{y}(n)$ 的更新值。

10.17　独立成分分析的负熵的最大化

10.14节至10.16节中讨论的ICA算法形式，基本上源于统计独立成分原理，其本身基于10.14节中讨论的KL散度。本节通过描述另一种基于不同信息论的ICA算法来区别这一原则。这个算法称为FastICA算法，由Hyvärinen and Oja(1997)提出。

具体地说，FastICA算法利用了非高斯性的概念，而10.12节中说过它是独立成分分析的基础。

负熵是衡量随机变量非高斯性的一个重要指标，它是基于微分熵的。因此，我们通过描述这一新概念的含义来开始对FastICA算法的讨论。

10.17.1 负熵

例2中证明了高斯随机变量和其他随机变量的区别是，前者具有最大的可能微分熵。具体来说，高斯随机变量的信息量仅限于二阶统计量，由此能够计算出所有高阶统计量。因此，为了评估一个随机变量的非高斯性，需要假设一个满足如下两个性质的度量：

1．假设一个高斯随机变量的极限值为零，该度量是非负的。

2．对所有其他随机变量，度量都大于零。

负熵的概念满足这两个性质。

考虑一个非高斯分布的已知随机向量 $\boldsymbol{X}$ 。$\boldsymbol{X}$ 的负熵定义为

$$N(\boldsymbol{X}) = H(\boldsymbol{X}_{\text{Gaussian}}) - H(\boldsymbol{X}) \tag{10.130}$$

式中，$H(\boldsymbol{X})$ 是 $\boldsymbol{X}$ 的微分熵，$H(\boldsymbol{X}_{\text{Gaussian}})$ 是其协方差矩阵等于 $\boldsymbol{X}$ 的高斯随机向量的微分熵。

在信息论术语中，负熵是度量非高斯性的一种巧妙方法。但是，它在计算方面的要求很高，因此限制了它的实际应用。要克服这一计算困难，就必须寻找负熵的简单近似。下面考虑零均值、单位方差的非高斯随机变量V。Hyvärinen and Oja(2000)提出了近似

$$N(V) = \mathbb{E}[\varPhi(V)] - \mathbb{E}[\varPhi(U)]^2 \tag{10.131}$$

式中，U 也是零均值、单位方差的高斯随机变量（它是标准化的）。对所有实际目的，$\varPhi(\cdot)$ 是非二次函数；理想情况是，该函数增长缓慢，以增强估计过程的鲁棒性。根据Hyvärinen and Oja(2000)，下面给出的两个选择证明了其有效性：

1．$\varPhi(v) = \log(\cosh(v))$ （10.132）

2．$\varPhi(v) = -\exp\left(-\frac{v^2}{2}\right)$ （10.133）

式中，v 是随机变量 V 的样本值。因此，可将式（10.131）作为独立成分分析时需要最大化的对比函数。除了伸缩因子，函数 $\varPhi(v)$ 可视为概率密度函数。注意，在式（10.132）和式（10.133）中使用的 $\varPhi(\cdot)$ 不能与式（10.123）中使用的矩阵 $\boldsymbol{\varPhi}$ 相混淆。

10.17.2 FastICA算法的基本学习规则

为了铺平FastICA算法应用的道路，我们首先考虑单个单元版本的算法，这里的“单元”是指一个具有可调权重向量 $\boldsymbol{w}$ 的神经元。神经元的设计方式是我们开发FastICA算法的基本学习规则。

设 $\boldsymbol{x}$ 是一个应用于神经元输入的、均值为零的预白化随机向量 $\boldsymbol{X}$ 的样本值。我们通过以下步骤开始介绍基本的学习规则：

在约束 $\|\boldsymbol{w}\| = 1$ 下，最大化可调权重向量 $\boldsymbol{w}$ 到随机向量 $\boldsymbol{X}$ 的映射负熵。

映射由内积 $\boldsymbol{w}^{\mathrm{T}}\boldsymbol{X}$ 定义。对于预白化的随机向量 $\boldsymbol{X}$ ，约束 $\|\boldsymbol{w}\| = 1$ 等价于约束映射具有单位方差：

$$\operatorname{var}[\boldsymbol{w}^{\mathrm{T}}\boldsymbol{X}] = \mathbb{E}[(\boldsymbol{w}^{\mathrm{T}}\boldsymbol{X})^2] = \mathbb{E}[\boldsymbol{w}^{\mathrm{T}}\boldsymbol{X}\boldsymbol{X}^{\mathrm{T}}\boldsymbol{w}] = \boldsymbol{w}^{\mathrm{T}}\mathbb{E}[\boldsymbol{X}\boldsymbol{X}^{\mathrm{T}}]\boldsymbol{w} = \boldsymbol{w}^{\mathrm{T}}\boldsymbol{w} = \|\boldsymbol{w}\|^2 = 1 \tag{10.134}$$

式（10.134）中利用了施加在 $\boldsymbol{X}$ 上的零均值假设和预白化。

为了使基本学习规则具有计算效率，我们将式（10.131）中的近似作为计算负熵 $N(V)$ 的公式，式中 $V = \boldsymbol{w}^{\mathrm{T}}\boldsymbol{X}$ 。由于 U 是一个零均值、单位方差的标准高斯随机变量，因此与 $\boldsymbol{w}$ 无关，由此可见，对 $\boldsymbol{w}$ 最大化 $N(V)$ 等价于最大化非二次函数 $\varPhi(V) = \varPhi(\boldsymbol{w}^{\mathrm{T}}\boldsymbol{X})$ 。因此，可将感兴趣的优化问题重新表述为

在$\|\boldsymbol{w}\|=1$的约束下，最大化期望$\mathbb{E}[\Phi(\boldsymbol{w}^{\mathrm{T}}\boldsymbol{x})]$。

根据优化理论的Karush-Kuhn-Tucker条件（已第6章中讨论），该约束最大化问题的解可在如下方程中找到：

$$\frac{\partial}{\partial \boldsymbol{w}}\mathbb{E}[\Phi(\boldsymbol{w}^{\mathrm{T}}\boldsymbol{x})]-\lambda\boldsymbol{w}=\boldsymbol{0} \tag{10.135}$$

式中，$\boldsymbol{x}$是随机向量$\boldsymbol{X}$的样本值。期望$\mathbb{E}[\Phi(\boldsymbol{w}^{\mathrm{T}}\boldsymbol{x})]$关于权重向量$\boldsymbol{w}$的梯度向量的取值为

$$\frac{\partial}{\partial \boldsymbol{w}}\mathbb{E}[\Phi(\boldsymbol{w}^{\mathrm{T}}\boldsymbol{x})]=\mathbb{E}\left[\frac{\partial}{\partial \boldsymbol{w}}\Phi(\boldsymbol{w}^{\mathrm{T}}\boldsymbol{x})\right]=\mathbb{E}\left[\frac{\partial(\boldsymbol{w}^{\mathrm{T}}\boldsymbol{x})}{\partial \boldsymbol{w}}\frac{\partial}{\partial \boldsymbol{w}^{\mathrm{T}}\boldsymbol{x}}\Phi(\boldsymbol{w}^{\mathrm{T}}\boldsymbol{x})\right]=\mathbb{E}[\boldsymbol{x}\varphi(\boldsymbol{w}^{\mathrm{T}}\boldsymbol{x})] \tag{10.136}$$

式中，$\varphi(\cdot)$是非二次函数$\Phi(\cdot)$关于其自变量的一阶导数，即

$$\varphi(v)=\frac{\mathrm{d}\Phi(v)}{\mathrm{d}v}$$

例如，对于式（10.132）定义的函数$\Phi(v)$，有

$$\varphi(v)=\frac{\mathrm{d}}{\mathrm{d}v}\log(\cosh(v))=\tanh(v)$$

对于式（10.133）定义的函数$\Phi(\cdot)$，有

$$\varphi(v)=\frac{\mathrm{d}}{\mathrm{d}v}\left(-\exp\left(-\tfrac{v^2}{2}\right)\right)=v\exp\left(-\tfrac{v^2}{2}\right)$$

因此，可将式（10.135）重写为其等价形式：

$$\mathbb{E}[\boldsymbol{x}\varphi(\boldsymbol{w}^{\mathrm{T}}\boldsymbol{x})]-\lambda\boldsymbol{w}=\boldsymbol{0} \tag{10.137}$$

我们关注的是寻找计算效率高的迭代过程来实现基本的学习规则，即优化的权重向量$\boldsymbol{w}$指向一个独立成分的方向。

为此，将牛顿法应用于式（10.137）的左边。将该表达式表示为向量值函数：

$$\boldsymbol{f}(\boldsymbol{w})=\mathbb{E}[\boldsymbol{x}\varphi(\boldsymbol{w}^{\mathrm{T}}\boldsymbol{x})]-\lambda\boldsymbol{w} \tag{10.138}$$

第3章和第4章中讨论过牛顿法。为了应用该方法，我们需要函数$\boldsymbol{f}(\boldsymbol{w})$的雅可比矩阵，即

$$\begin{aligned}\boldsymbol{J}(\boldsymbol{w})&=\frac{\partial}{\partial \boldsymbol{w}}\boldsymbol{f}(\boldsymbol{w})=\frac{\partial}{\partial \boldsymbol{w}}\{\mathbb{E}[\boldsymbol{x}\varphi(\boldsymbol{w}^{\mathrm{T}}\boldsymbol{x})]-\lambda\boldsymbol{w}\}=\frac{\partial}{\partial \boldsymbol{w}}\mathbb{E}[\boldsymbol{x}\varphi(\boldsymbol{w}^{\mathrm{T}}\boldsymbol{x})]-\frac{\partial}{\partial \boldsymbol{w}}(\lambda\boldsymbol{w})\\&=\mathbb{E}\left[\frac{\partial}{\partial \boldsymbol{w}}\boldsymbol{x}\varphi(\boldsymbol{w}^{\mathrm{T}}\boldsymbol{x})\right]-\lambda\boldsymbol{I}=\mathbb{E}[\boldsymbol{x}\boldsymbol{x}^{\mathrm{T}}\varphi'(\boldsymbol{w}^{\mathrm{T}}\boldsymbol{x})]-\lambda\boldsymbol{I}\end{aligned} \tag{10.139}$$

式中，$\boldsymbol{I}$是单位矩阵。$\varphi'(\cdot)$的上标符号表示函数$\varphi(\cdot)$对其自变量的微分。换句话说。$\varphi'(\cdot)$是初始函数$\Phi(\cdot)$对其自变量的二阶导数。现在，我们就知道了之前说$\varphi(\cdot)$一定是非二次函数的原因；否则，在式（10.139）中$\varphi'(\cdot)$将等于一个常量，而这显然是不可接受的。

然而，在继续下一步之前，我们希望进一步简化基本学习规则。由于输入向量$\boldsymbol{x}$已被预白化，因此可以合理地假设外积$\boldsymbol{x}\boldsymbol{x}^{\mathrm{T}}$和式（10.139）中的项$\varphi'(\boldsymbol{w}^{\mathrm{T}}\boldsymbol{x})$是统计独立的。在该假设下，可以写出

$$\mathbb{E}[\boldsymbol{x}\boldsymbol{x}^{\mathrm{T}}\varphi'(\boldsymbol{w}^{\mathrm{T}}\boldsymbol{x})]\approx\mathbb{E}[\boldsymbol{x}\boldsymbol{x}^{\mathrm{T}}]\mathbb{E}[\varphi'(\boldsymbol{w}^{\mathrm{T}}\boldsymbol{x})]=\mathbb{E}[\varphi'(\boldsymbol{w}^{\mathrm{T}}\boldsymbol{x})]\boldsymbol{I} \tag{10.140}$$

式中利用了输入$\boldsymbol{x}$的白化性质，即$\mathbb{E}[\boldsymbol{x}\boldsymbol{x}^{\mathrm{T}}]=\boldsymbol{I}$。因此，式（10.139）中雅可比矩阵$\boldsymbol{J}(\boldsymbol{w})$的整个表达式可以采用标量乘以单位矩阵$\boldsymbol{I}$的形式：

$$\boldsymbol{J}(\boldsymbol{w})\approx(\mathbb{E}[\varphi'(\boldsymbol{w}^{\mathrm{T}}\boldsymbol{x})]-\lambda)\boldsymbol{I} \tag{10.141}$$

这是可逆的。有了这个逼近公式，就可将牛顿迭代方程表示为

$$\boldsymbol{w}^{+}=\boldsymbol{w}-\boldsymbol{J}^{-1}(\boldsymbol{w})\boldsymbol{f}(\boldsymbol{w}) \tag{10.142}$$

式中，$\boldsymbol{w}$是权重向量的原值，$\boldsymbol{w}^{+}$是更新后的值。还要注意，迭代方程中使用了负号，因为我们要

寻找函数 $\boldsymbol{f}(\boldsymbol{w})$ 的最大值。因此，将式（10.141）代入式（10.142）得

$$\boldsymbol{w}^{+}=\boldsymbol{w}-(\mathbb{E}[\varphi'(\boldsymbol{w}^{\mathrm{T}}\boldsymbol{x})]-\lambda)^{-1}(\mathbb{E}[\boldsymbol{x}\varphi(\boldsymbol{w}^{\mathrm{T}}\boldsymbol{x})]-\lambda\boldsymbol{w})$$

我们可通过在等式的两边同时乘以标量 $(\mathbb{E}[\varphi'(\boldsymbol{w}^{\mathrm{T}}\boldsymbol{x})]-\lambda)$ 来简化迭代方程，得到

$$\begin{aligned}\boldsymbol{w}^{+}&=(\mathbb{E}[\varphi'(\boldsymbol{w}^{\mathrm{T}}\boldsymbol{x})]-\lambda)\boldsymbol{w}-(\mathbb{E}[\boldsymbol{x}\varphi(\boldsymbol{w}^{\mathrm{T}}\boldsymbol{x})]-\lambda\boldsymbol{w})\\&=\mathbb{E}[\varphi'(\boldsymbol{w}^{\mathrm{T}}\boldsymbol{x})]\boldsymbol{w}-\mathbb{E}[\boldsymbol{x}\varphi(\boldsymbol{w}^{\mathrm{T}}\boldsymbol{x})]\end{aligned}\tag{10.143}$$

在上式的左边，新值 $\boldsymbol{w}^{+}$ 中吸收了比例因子 $(\mathbb{E}[\varphi'(\boldsymbol{w}^{\mathrm{T}}\boldsymbol{x})]-\lambda)$ 。还要注意，我们不需要知道拉格朗日乘子 λ 的值，因为它在式（10.143）的迭代方程中已被代数消去。

式（10.143）是我们一直在寻找的基本学习规则的核心。事实上，根据该式，现在可对单个神经元建模，这个公式是围绕这个神经元建立的，如图10.18所示。由图可知，可将非线性函数 $\varphi(\cdot)$ 视为神经元的激活函数。

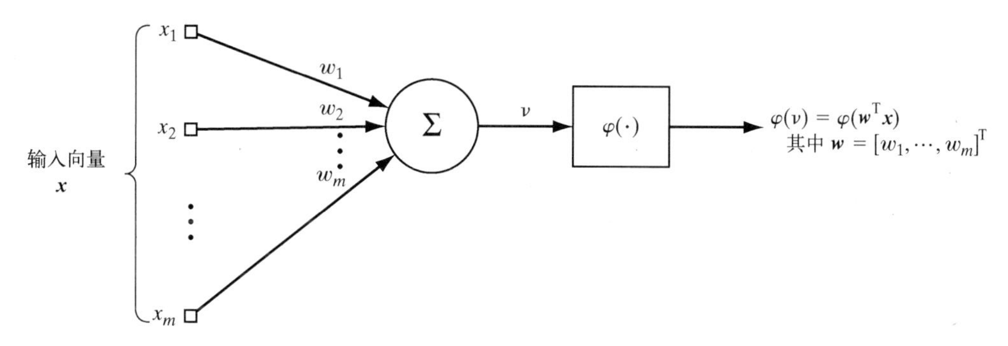

图10.18　FastICA算法基本学习规则中的基本神经元模型

根据式（10.143）的迭代步骤，可以总结出基于牛顿法的FastICA算法学习规则如下：

1．利用随机数发生器在 $\boldsymbol{w}$ 的欧氏范数为1的约束下，选择权重向量 $\boldsymbol{w}$ 的初始值。

2．使用权重向量 $\boldsymbol{w}$ 的原值，计算更新值：

$$\boldsymbol{w}^{+}=\mathbb{E}[\varphi'(\boldsymbol{w}^{\mathrm{T}}\boldsymbol{x})]\boldsymbol{w}-\mathbb{E}[\boldsymbol{x}\varphi(\boldsymbol{w}^{\mathrm{T}}\boldsymbol{x})]$$

3．归一化更新后的权重向量 $\boldsymbol{w}^{+}$，使其欧氏范数为1：

$$\boldsymbol{w}=\frac{\boldsymbol{w}^{+}}{\left\|\boldsymbol{w}^{+}\right\|}$$

4．若算法还未收敛，则返回步骤2并重复这一计算。

为了在学习规则的步骤2中计算期望，可以用遍历性及基于输入向量 $\boldsymbol{x}$ 的独立样本（实现）序列的时间均值来代替期望。

当更新权重向量 $\boldsymbol{w}^{+}$ 和原权重向量 $\boldsymbol{w}$ 指向同一方向时，我们说学习规则收敛（规则达到了一个平衡点）。也就是说，内积 $\boldsymbol{w}^{\mathrm{T}}\boldsymbol{w}^{+}$ 的绝对值接近单位1。然而，由于ICA算法只能在乘法比例因子范围内提取独立成分，因此不需要寻找权重向量 $\boldsymbol{w}^{+}$ 和 $\boldsymbol{w}$ 指向完全相同方向的均衡点。换句话说，$\boldsymbol{w}^{+}$ 为 $\boldsymbol{w}$ 的负值是可以接受的。

最后要提及的是，算法的推导和应用基于混合器输出已被预白化（见10.12节）。

10.17.3　FastICA算法的多单元版本

显然，基于牛顿法的学习规则建立在单个神经元周围，仅能估计负责生成观测向量 $\boldsymbol{x}$ 的m个独立成分（源）之一。为了扩展该规则以估计所有m个独立成分，显然需要有m个神经元的网络或其等价物。

为了探讨该网络必须满足的条件，设 $\boldsymbol{w}_1,\boldsymbol{w}_2,\cdots,\boldsymbol{w}_m$ 表示网络中m个神经元产生的权重向量。要用这组向量表示盲源分离（BSS）问题的正确解，需要两个条件。

1． 正交性。假设随机观测向量 $\boldsymbol{X}$ 被同时用于m个神经元，产生一组输出：

$$\{V_i\}_{i=1}^m, \quad V_i = \boldsymbol{w}_i^{\mathrm{T}}\boldsymbol{X}$$

为了防止所有m个权重向量收敛为相同的独立成分，要求神经输出彼此不相关，即

$$\mathbb{E}[V_iV_j] = 0, \ j \neq i \tag{10.144}$$

因此，根据 $V_i = \boldsymbol{w}_i^{\mathrm{T}}\boldsymbol{X}$ 和 $V_j = \boldsymbol{w}_j^{\mathrm{T}}\boldsymbol{X} = \boldsymbol{X}^{\mathrm{T}}\boldsymbol{w}_j$，有

$$\mathbb{E}[V_iV_j] = \mathbb{E}[\boldsymbol{w}_i^{\mathrm{T}}\boldsymbol{X}\boldsymbol{X}^{\mathrm{T}}\boldsymbol{w}_j] = \boldsymbol{w}_i^{\mathrm{T}}\mathbb{E}[\boldsymbol{X}\boldsymbol{X}^{\mathrm{T}}]\boldsymbol{w}_j = \boldsymbol{w}_i^{\mathrm{T}}\boldsymbol{w}_j, \quad j \neq i$$

式中利用了观测向量 $\boldsymbol{X}$ 的白化性质。因此，为了满足式（10.144）的去相关性质，权重向量 $\boldsymbol{w}_1,\boldsymbol{w}_2,\cdots,\boldsymbol{w}_m$ 必须形成正交集：

$$\boldsymbol{w}_i^{\mathrm{T}}\boldsymbol{w}_j = 0, \quad j \neq i \tag{10.145}$$

2． 归一化。为了与基于牛顿法的学习规则相一致，需要将每个权重向量归一化，使其欧氏范数等于1：

$$\|\boldsymbol{w}_i\| = 1, \ \text{所有}i \tag{10.146}$$

结合条件1和条件2，有下面的正式声明：

为了使权重向量 $\boldsymbol{w}_1,\boldsymbol{w}_2,\cdots,\boldsymbol{w}_m$ 提供生成观测向量 $\boldsymbol{x}$ 的m个独立成分（源）的估计，它们必须构成一个正交集：

$$\boldsymbol{w}_i^{\mathrm{T}}\boldsymbol{w}_j = \begin{cases} 1, & j = i \\ 0, & \text{其他} \end{cases} \tag{10.147}$$

10.17.4 Gram-Schmidt正交化过程

由式（10.147）加给权重向量的两个必要条件，使我们想起了一种简单的通缩方法，它基于Gram-Schmidt正交化过程，用于逐一估计所有m个独立成分，最初由Hyvärinen and Oja(1997, 2000)提出。具体来说，假设先在观测向量 $\boldsymbol{x}$ 的 N 个独立样本上基于牛顿法运行单个神经元的学习规则，得到m个独立成分中一个权重向量 $\boldsymbol{w}_1$ 的估计。当在 $\boldsymbol{x}$ 的下一组 N 个独立样本集上运行这个规则时，假设结果权重向量记为 $\boldsymbol{\alpha}_2$。对第二个权重向量采用不同的符号，理由是向量 $\boldsymbol{\alpha}_2$ 和 $\boldsymbol{w}_1$ 不一定是正交的。为了纠正这种对正交性的必要条件的偏离，应用Gram-Schmidt正交化过程，得

$$\boldsymbol{\theta}_2 = \boldsymbol{\alpha}_2 - (\boldsymbol{\alpha}_2^{\mathrm{T}}\boldsymbol{w}_1)\boldsymbol{w}_1$$

式中，我们已从 $\boldsymbol{\alpha}_2$ 中减去映射 $(\boldsymbol{\alpha}_2^{\mathrm{T}}\boldsymbol{w}_1)\boldsymbol{w}_1$。因为 $\|\boldsymbol{w}_1\| = 1$，所以实际上 $\boldsymbol{\theta}_2$ 与 $\boldsymbol{w}_1$ 正交，即 $\boldsymbol{\theta}_2^{\mathrm{T}}\boldsymbol{w}_1 = 0$。剩下要做的是通过设置以下内容来归一化 $\boldsymbol{\theta}_2$：

$$\boldsymbol{w}_2 = \frac{\boldsymbol{\theta}_2}{\|\boldsymbol{\theta}_2\|}$$

按这种方式进行下去，假设在观测向量 $\boldsymbol{x}$ 的下一组 N 个样本中，基于牛顿法的学习规则产生了权重向量 $\boldsymbol{\alpha}_3$，其中 $\boldsymbol{\alpha}_3$ 不太可能与 $\boldsymbol{w}_2$ 和 $\boldsymbol{w}_1$ 正交。为了校正这些偏差，再次应用Gram-Schmidt正交化过程，得

$$\boldsymbol{\theta}_3 = \boldsymbol{\alpha}_3 - (\boldsymbol{\alpha}_3^{\mathrm{T}}\boldsymbol{w}_1)\boldsymbol{w}_1 - (\boldsymbol{\alpha}_3^{\mathrm{T}}\boldsymbol{w}_2)\boldsymbol{w}_2$$

式中，我们已从 $\boldsymbol{\alpha}_3$ 中减去映射 $(\boldsymbol{\alpha}_3^{\mathrm{T}}\boldsymbol{w}_j)\boldsymbol{w}_j, j = 1,2$。由 $\|\boldsymbol{w}_1\| = \|\boldsymbol{w}_2\| = 1$ 及 $\boldsymbol{w}_1^{\mathrm{T}}\boldsymbol{w}_2 = 0$，很容易证明 $\boldsymbol{\theta}_3$ 和 $\boldsymbol{w}_1$ 及 $\boldsymbol{w}_2$ 都正交。因此，剩下要做的是通过设置以下内容来归一化 $\boldsymbol{\theta}_3$：

$$w_3 = \frac{\theta_3}{\|\theta_3\|}$$

继续采用这一方式，直至求出所有m个独立成分。

下面总结计算期望的m个权重向量的Gram-Schmidt正交化过程：

1．已知 w_1 为基于单个单元牛顿法学习规则在其第一次完全迭代下产生的归一化权重向量；$\alpha_2,\cdots,\alpha_{i+1}$ 为规则在接下来的i次完全迭代中产生的权重向量，计算

$$\theta_{i+1} = \alpha_{i+1} - \sum_{j=1}^{i}(\theta_{i+1}^{\mathrm{T}} w_j) w_j, \quad i = 1,2,\cdots,m-1$$

式中，映射 $(\theta_{i+1}^{\mathrm{T}} w_j) w_j$ 已从 α_{i+1} 中减去，$j = 1,2,\cdots,i$ 。

2．归一化 θ_{i+1}：

$$w_{i+1} = \frac{\theta_{i+1}}{\|\theta_{i+1}\|}, \quad i = 1,2,\cdots,m-1$$

基于这一过程的FastICA算法表示该算法的单个单元缩减版本。

10.17.5 FastICA算法的性质

与其他ICA算法相比，FastICA算法具有一些令人满意的性质（Hyvärinen and Oja, 2000; Tichavsky et al., 2006）：

1．在无噪声、线性生成模型的假设下，FastICA算法的收敛速度相对较快，该算法由此得名。尽管在10.14节、10.15节和10.16节中讨论的基于梯度的ICA算法倾向于以线性方式收敛，但FastICA的收敛是三次的（或者至少是二次的）。
2．与基于梯度的ICA算法不同，FastICA算法不需要使用学习率参数，因此其设计更简单。
3．FastICA算法具有内置功能，可用任何非二次形式的非线性函数 $\varphi(v)$ 找到几乎任何非高斯分布的独立成分。与算法的通用性相比，基于梯度的ICA算法适用于亚高斯或超高斯分布，并且必须是非线性的。
4．通过适当选择非二次函数 $\varphi(\cdot)$，以式（10.132）和式（10.133）为例，FastICA算法的鲁棒性可得到保证，甚至在大数据集及有一定噪声的条件下。
5．采用FastICA算法逐个系统地计算其独立成分。该算法的这一特性使其成为探索性数据分析的有用工具，其中对有限数量的独立成分的估计可能是所关注应用程序所需的。因此，这一分析的计算负荷减少。
6．FastICA算法有许多与神经网络相关的属性：并行性、分布式计算、简单性和内存需求小。另一方面，基于随机梯度的ICA算法（以10.14节中讨论的自然梯度算法为例）是涉及非平稳环境的盲源分离问题的首选算法，在这种环境下，对快速自适应有明确的需求。

10.18 相干独立成分分析

回顾涵盖的关于信息论对学习模型发展的影响的内容，我们发现Infomax原则非常优秀。Infomax原则在我们理解冗余减少、感知建模和提取独立成分方面发挥着重要作用，与其相关的Imax原则在提取空间相干特征方面也发挥着重要作用。事实上，Infomax原则和Imax原则是互补的：

> Infomax原则处理的是网络中的信息流，而Imax原则处理的是一对网络输出的空间相关性。

图10.19描述了结合这两个原则的场景。具体而言，我们有两个独立但维度相似的神经网络：网络 a 用权重矩阵 $\boldsymbol{W}_a$ 表示，网络 b 用权重矩阵 $\boldsymbol{W}_b$ 表示。假设两个网络都是无噪声的，目标是将Infomax原则和Imax原则集成到综合学习原则中。

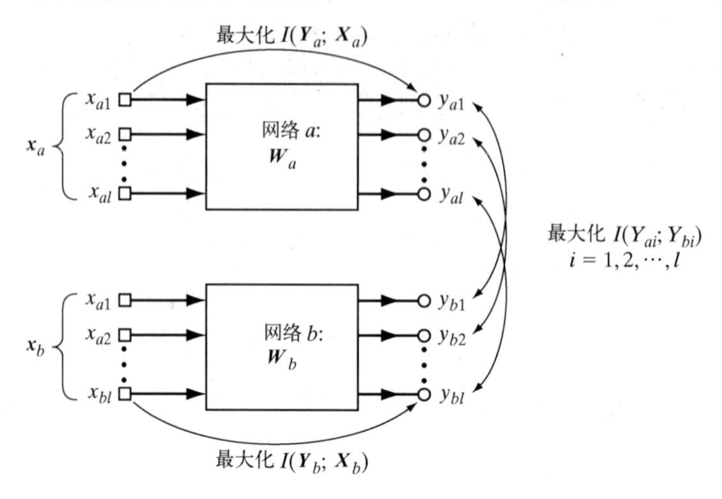

图10.19 相干ICA的耦合网络布局

10.18.1 Infomax原则的贡献

首先考虑图10.19中应用于每个网络输入-输出的Infomax原则。然后，对于无噪声的例7，根据式（10.60），权重矩阵 $\boldsymbol{W}_a$ 表示的网络可用互信息来描述：

$$I(\boldsymbol{Y}_a;\boldsymbol{X}_a)=-\mathbb{E}[\log p_{\boldsymbol{Y}_a}(\boldsymbol{y}_a)]$$

式中，为了简化表示，我们忽略了与权重矩阵 $\boldsymbol{W}_a$ 无关的常数；此外，我们利用式（10.60）的方式涉及一个随机向量的熵。由于构成输出随机向量 $\boldsymbol{Y}_a$ 的元素是“独立的”，因此可将 $\boldsymbol{Y}_a$ 的概率密度函数表示为

$$p_{\boldsymbol{Y}_a}(\boldsymbol{y}_a)=\prod_{i=1}^{l}p_{Y_{a,i}}(y_{a,i})$$

式中，l 是输出端口数。因此，可以写出

$$I(\boldsymbol{Y}_a;\boldsymbol{X}_a)=-\mathbb{E}\left[\log\prod_{i=1}^{l}p_{Y_{a,i}}(y_{a,i})\right]=-\mathbb{E}\left[\sum_{i=1}^{l}\log p_{Y_{a,i}}(y_{a,i})\right],\quad i=1,2,\cdots,l \tag{10.148}$$

类似地，对用权重矩阵 $\boldsymbol{W}_b$ 表示的第二个网络，可以写出

$$I(\boldsymbol{Y}_b;\boldsymbol{X}_b)=-\mathbb{E}\left[\sum_{i=1}^{l}\log p_{Y_{b,i}}(y_{b,i})\right],\quad i=1,2,\cdots,l \tag{10.149}$$

10.18.2 Imax原则的贡献

接下来考虑应用于这两个网络输出的Imax原则。根据式（10.50），输出 $Y_{a,i}$ 和 $Y_{b,i}$ 之间的互信息可用Copula函数表示为

$$I(Y_{a,i};Y_{a,b})=\mathbb{E}[\log c_{Y_{a,i};Y_{b,i}}(\boldsymbol{y}_{a,i};\boldsymbol{y}_{b,i})],\quad i=1,2,\cdots,l$$

同样，因为图10.19中每个网络的 l 个输出是独立的，所以这些互信息部分是可加的，产生总和

$$\sum_{i=1}^{l} I(Y_{a,i};Y_{b,i}) = \mathbb{E}\left[\sum_{i=1}^{l} \log c_{Y_{a,i};Y_{b,i}}(y_{a,i};y_{b,i})\right] \tag{10.150}$$

10.18.3 总代价函数

设 $J(\boldsymbol{W}_a,\boldsymbol{W}_b)$ 表示总体均值目标函数，用于解释Infomax原则和Imax原则的联合作用。然后，结合式（10.148）至式（10.150）的互信息部分，写出

$$\begin{aligned} J(\boldsymbol{W}_a,\boldsymbol{W}_b) &= -\mathbb{E}\left[\sum_{i=1}^{l} \log p_{Y_{a,i}}(y_{a,i})\right] - \mathbb{E}\left[\sum_{i=1}^{l} \log p_{Y_{b,i}}(y_{b,i})\right] - \mathbb{E}\left[\sum_{i=1}^{l} \log c_{Y_{a,i}Y_{b,i}}(y_{a,i}y_{b,i})\right] \\ &= -\mathbb{E}\left[\sum_{i=1}^{l} \log(p_{Y_{a,i}}(y_{a,i})p_{Y_{b,i}}(y_{b,i})c_{Y_{a,i},}Y_{b,i}(y_{a,i},y_{b,i}))\right] \\ &= -\mathbb{E}\left[\sum_{i=1}^{l} \log p_{Y_{a,i}}Y_{b,i}(y_{a,i},y_{b,i})\right] \end{aligned} \tag{10.151}$$

式中，使用式（10.49）表示了输出随机变量 $Y_{a,i}$ 和 $Y_{b,i}$ 的联合概率密度函数。目标函数 $J(\boldsymbol{W}_a,\boldsymbol{W}_b)$ 定义了这两个网络输出集合 $\{Y_{a,i}\}_{i=1}^{l}$ 和 $\{Y_{b,i}\}_{i=1}^{l}$ 的联合熵的和，这两组输出是在有序且成对的基础上处理的；这些输出相应地依赖于权重矩阵 $\boldsymbol{W}_a$ 和 $\boldsymbol{W}_b$。事实上，正是基于这个定义，在结合Copula函数部分时，我们在式（10.151）中引入了负号。这样，两组网络输出之间就得到了期望的有序统计相关关系，因此有如下陈述：

> 相干ICA原则使两个网络输出集合 $\{Y_{a,i}\}_{i=1}^{l}$ 和 $\{Y_{b,i}\}_{i=1}^{l}$ 的联合熵的总和最大化，在逐对的基础上有序处理，最大化是对两个组成网络的权重矩阵 $\boldsymbol{W}_a$ 和 $\boldsymbol{W}_b$ 求得的。

为便于研究，我们做了两个合理的假设。

1．图10.19中的两个神经网络都是线性的：

$$\boldsymbol{y}_i = \begin{bmatrix} y_{a,i} \\ y_{b,i} \end{bmatrix} = \begin{bmatrix} \boldsymbol{w}_{a,i}^{\mathrm{T}}\boldsymbol{x}_{a,i} \\ \boldsymbol{w}_{b,i}^{\mathrm{T}}\boldsymbol{x}_{b,i} \end{bmatrix}, \quad i=1,2,\cdots,l \tag{10.152}$$

式中，$\boldsymbol{w}_{a,i}^{\mathrm{T}}$ 和 $\boldsymbol{w}_{b,i}^{\mathrm{T}}$ 分别是权重矩阵 $\boldsymbol{W}_a$ 和 $\boldsymbol{W}_b$ 的第i行向量。

2．如10.13节讨论的那样，在自然场景中取得的数据通常是稀疏的，复合输出向量 $\boldsymbol{y}_i$ 的分布可通过零均值广义高斯双变量分布来描述，其2×2维协方差矩阵是 $\boldsymbol{\Sigma}$：

$$p_{Y_i}(\boldsymbol{y}_i) = \frac{1}{2\pi\det^{1/2}(\boldsymbol{\Sigma})}\exp\left(-\frac{1}{2}(\boldsymbol{y}_i^{\mathrm{T}}\boldsymbol{\Sigma}^{-1}\boldsymbol{y}_i)^{\alpha/2}\right), \quad i=1,2,\cdots,l \tag{10.153}$$

式中，参数 α 控制Copula函数的形状和稀疏。协方差矩阵 $\boldsymbol{\Sigma}$ 定义为

$$\boldsymbol{\Sigma} = \begin{bmatrix} 1 & \rho \\ \rho & 1 \end{bmatrix} \tag{10.154}$$

这是式（10.67）中为Imax原则定义的协方差矩阵的方差归一化形式。相关系数 ρ 控制两个网络输出 $y_{a,i}$ 和 $y_{b,i}$ 之间的相关程度（对所有 i）。增大 ρ 不影响Copula函数的形状或倾斜度；它通过促成两个网络之间的学习更加协调一致，进而影响Imax原则相对于Infomax原则的相关重要性。

对于 $\alpha=2$，式（10.153）中的分布衰减为高斯双变量分布。对于小于2的 α，式（10.153）开始呈超高斯分布，如图10.20所示，有三个不同的 α 值。特别是，对于 $\alpha=1.3$，式（10.153）的分布呈现出更像语音信号的拉普拉斯分布形式。

向量 $\boldsymbol{y}_i$ 包含元素 $y_{a,i}$ 和 $y_{b,i}$，因此将式（10.153）代入式（10.151）并忽略常数项 $2\pi\det^{1/2}(\boldsymbol{\Sigma})$ 得

$$J(\boldsymbol{W}_a,\boldsymbol{W}_b)=\frac{1}{2}\mathbb{E}\left[\sum_{i=1}^{l}(\boldsymbol{y}_i^{\mathrm{T}}\boldsymbol{\Sigma}^{-1}\boldsymbol{y}_i)^{\alpha/2}\right] \tag{10.155}$$

式中，总体均值是相对于 $\boldsymbol{y}_i$ 进行的。为降低计算复杂度，利用二次形式 $\boldsymbol{y}_i^{\mathrm{T}}\boldsymbol{\Sigma}^{-1}\boldsymbol{y}_i$，对所有$i$的瞬时值忽略总体均值。因此，利用式（10.154）对协方差矩阵 $\boldsymbol{\Sigma}$ 的定义得

$$\hat{J}(\boldsymbol{W}_a,\boldsymbol{W}_b)=\frac{1}{2}\left[\sum_{i=1}^{l}(\boldsymbol{y}_i^{\mathrm{T}}\boldsymbol{\Sigma}^{-1}\boldsymbol{y}_i)^{\alpha/2}\right]=\frac{1}{2(1-\rho^2)}\sum_{i=1}^{l}(y_{i,a}^2-2\rho y_{i,a}y_{i,b}+y_{i,b}^2)^{\alpha/2} \tag{10.156}$$

式中，$\hat{J}(\boldsymbol{W}_a,\boldsymbol{W}_b)$ 的上标将其与总体均值的对应物区分开来。

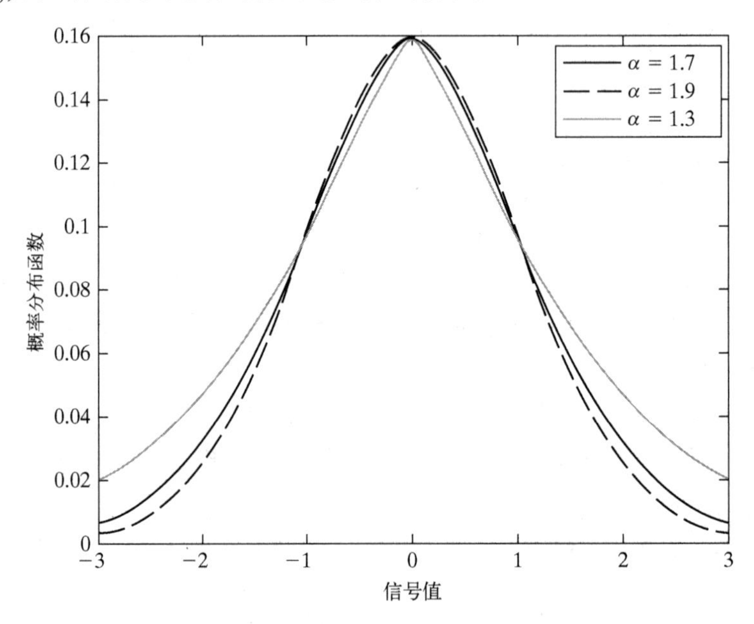

图10.20　参数 α 的不同值的广义高斯分布

10.18.4　两个网络学习规则的形成

为了制定权重向量 $\boldsymbol{W}_{a,i}$ 的自适应规则，我们首先将 $\hat{J}(\boldsymbol{W}_a,\boldsymbol{W}_b)$ 关于 $\boldsymbol{w}_{a,i}$ 微分。利用微积分的链式规则有

$$\frac{\partial\hat{J}(\boldsymbol{W}_a,\boldsymbol{W}_b)}{\partial\boldsymbol{w}_{a,i}}=\frac{\partial\hat{J}(\boldsymbol{W}_a,\boldsymbol{W}_b)}{\partial y_{a,i}}\frac{\partial y_{a,i}}{\partial\boldsymbol{w}_{a,i}} \tag{10.157}$$

式（10.156）关于 $y_{i,a}$ 微分得

$$\frac{\partial\hat{J}(\boldsymbol{W}_a,\boldsymbol{W}_b)}{\partial y_{a,i}}=\frac{\alpha}{(1-\rho^2)}(y_{a,i}-\rho y_{b,i})(y_{a,i}^2-2\rho y_{a,i}y_{b,i}+y_{b,i}^2)^{(\alpha/2)-1} \tag{10.158}$$

利用式（10.152），$y_{a,\mathrm{i}}=\boldsymbol{w}_{a,i}^{\mathrm{T}}\boldsymbol{x}_a$ 关于 $\boldsymbol{w}_{a,i}$ 微分得

$$\frac{\partial y_{a,i}}{\partial\boldsymbol{w}_{a,i}}=\boldsymbol{x}_a \tag{10.159}$$

因此，将式（10.158）和式（10.159）代入式（10.157），得到梯度向量

$$\frac{\partial \hat{J}(\boldsymbol{W}_a,\boldsymbol{W}_b)}{\partial \boldsymbol{w}_{a,i}}=\frac{\alpha}{(1-\rho^2)}(y_{a,i}-\rho y_{b,i})(y_{a,i}^2-2\rho y_{a,i}y_{b,i}+y_{b,i}^2)^{(\alpha/2)-1}\boldsymbol{x}_a \tag{10.160}$$

目的是最大化瞬时目标函数$\hat{J}(\boldsymbol{W}_a,\boldsymbol{W}_b)$，而这意味着我们使用梯度下降法进行迭代计算。因此，权重向量$\boldsymbol{w}_{a,i}$的变化量定义为

$$\Delta \boldsymbol{w}_{a,i}=\frac{\alpha\eta}{(1-\rho^2)}(y_{a,i}-\rho y_{b,i})(y_{a,i}^2-2\rho y_{a,i}y_{b,i}+y_{b,i}^2)^{(\alpha/2)-1}\boldsymbol{x}_a \tag{10.161}$$

类似地，权重向量$\boldsymbol{w}_{b,i}$的变化量定义为

$$\Delta \boldsymbol{w}_{b,i}=\frac{\alpha\eta}{(1-\rho^2)}(y_{b,i}-\rho y_{a,i})(y_{a,i}^2-2\rho y_{a,i}y_{b,i}+y_{b,i}^2)^{(\alpha/2)-1}\boldsymbol{x}_b \tag{10.162}$$

式中，假设网络b与网络a具有相同的学习率参数η。网络a和网络b的权重更新分别为

$$\boldsymbol{w}_{a,i}^{+}=\boldsymbol{w}_{a,i}+\Delta\boldsymbol{w}_{a,i} \tag{10.163}$$

$$\boldsymbol{w}_{b,i}^{+}=\boldsymbol{w}_{b,i}+\Delta\boldsymbol{w}_{b,i} \tag{10.164}$$

式中，$i=1,2,\cdots,l$。

式（10.163）和式（10.164）这两个更新规则，基于式（10.161）和式（10.162）描述的权重改变$\Delta\boldsymbol{W}_{a,i}$和$\Delta\boldsymbol{W}_{b,i}$，构成了相干ICA算法。

10.18.5 式（10.161）和式（10.162）的解释

观察式（10.161）和式（10.162）中的学习规则的代数结构是有指导意义的。首先从式（10.161）可以看出图10.19中网络a的权重矩阵$\boldsymbol{W}_a$的第i列向量的变化量$\Delta\boldsymbol{w}_{a,i}$由三个基本因子组成：

1．比例因子$\alpha\eta/(1-\rho^2)$可视为修正的学习参数，它对所有i计算$\Delta\boldsymbol{w}_{a,i}$和$\Delta\boldsymbol{w}_{b,i}$而言是相同的。参数$\alpha$的变化仅影响算法的自适应率。

2．因子$(y_{a,i}-\rho y_{b,i})\boldsymbol{x}_a$可表示为两个二次形式的差：

$$(y_{a,i}-\rho y_{b,i})\boldsymbol{x}_a=(\boldsymbol{x}_a^{\mathrm{T}}\boldsymbol{w}_{a,i}\boldsymbol{x}_a)-\rho(\boldsymbol{x}_b^{\mathrm{T}}\boldsymbol{w}_{b,i}\boldsymbol{x}_a)$$

第一个二次形式$(\boldsymbol{x}_a^{\mathrm{T}}\boldsymbol{w}_{a,i}\boldsymbol{x}_a)$仅包含网络$a$，而第二个二次形式$(\boldsymbol{x}_b^{\mathrm{T}}\boldsymbol{w}_{b,i}\boldsymbol{x}_a)$包含网络$a$和$b$。需要注意的关键是，第二个因子$(y_{a,i}-\rho y_{b,i})\boldsymbol{x}_a$的贡献与参数$\alpha$无关，换句话说，这个因子完全不受输出向量$\boldsymbol{y}_i$的分布是否偏离高斯分布的影响。

3．第三个因子$(y_{a,i}^2-2\rho y_{a,i}y_{b,i}+y_{b,i}^2)$也可用二次形式来表示：

$$(y_{a,i}^2-2\rho y_{a,i}y_{b,i}+y_{b,i}^2)=(\boldsymbol{w}_{a,i}^{\mathrm{T}}\boldsymbol{x}_a\boldsymbol{x}_a^{\mathrm{T}}\boldsymbol{w}_{a,i}-2\rho\boldsymbol{w}_{a,i}^{\mathrm{T}}\boldsymbol{x}_a\boldsymbol{x}_b^{\mathrm{T}}\boldsymbol{w}_{b,i}+\boldsymbol{w}_{b,i}^{\mathrm{T}}\boldsymbol{x}_b\boldsymbol{x}_b^{\mathrm{T}}\boldsymbol{w}_{b,i})$$

正是在这个因子中，参数α以最显著的方式影响了算法的运行。特别地，当$\alpha=2$时，该因子的幂变为零，因此消除了它对算法的影响。仅在处理超高斯分布出现$\alpha<2$时，相干ICA算法才发挥其独特的信号处理作用。

类似的说法也适用于式（10.162）中的学习规则，只是下标a和b要互换。

10.18.6 实际考虑

执行相干ICA学习过程时，假设图10.19中的网络输入$\boldsymbol{x}_a$和$\boldsymbol{x}_b$都是预白化的，这在ICA相关工作中是正常的做法。此外，在学习过程的每次迭代之后，对权重进行归一化处理：

$$\boldsymbol{w}_{a,i}=\frac{\boldsymbol{w}_{a,i}^{+}}{\left\|\boldsymbol{w}_{a,i}^{+}\right\|} \tag{10.165}$$

$$w_{b,i} = \frac{w_{b,i}^{+}}{\left\| w_{b,i}^{+} \right\|} \tag{10.166}$$

然后在算法的下一次迭代中使用这些归一化值。

对涉及数据建模的应用，我们有两个由空间变换数据组成的数据流，如图10.19所示，在两个数据流之间强制权重共享约束是有用的，在这种情况下，设

$$w_{a,i} = w_{b,i}，所有 i \tag{10.167}$$

满足这一约束的合理方法是使用式（10.165）和式（10.166）中计算出的 $w_{a,i}$ 和 $w_{b,i}$ 的平均值。因此，通过赋予网络 a 和网络 b 相同的初始权重矩阵来启动相干ICA的权重自适应规则，在自适应规则的每一步中都可保持权重的共享。

为了说明相干ICA原则的重要应用，下面讨论相干ICA原则是如何为听觉编码中涉及的学习滤波器提供计算工具的。

10.18.7 听觉编码：应用于自然声音的相干ICA

时间表现在听觉系统的许多结构和功能上。在听觉刺激的多个时间尺度下，区分听觉刺激波形中的两个特定分量是有益的（Joris et al., 2004）：

1．载体，由波形的精细结构代表，以“调幅”的方式增减。

2．包络，调幅波形的轮廓。

由调幅理论可知，信息承载信号（调制信号）包含在被调制信号的包络中。从生理学的观点看，对调幅的兴趣是由想要知道包络处理是否实际嵌入听觉系统而激发的。

事实上，在听觉系统的多个层面上，有些神经元对输入的调幅语音信号有不同的反应。特别是，听觉系统的连续层通过对不同调幅率的有限范围做出反应来区分自身。较低层对传入的听觉刺激能量的快速变化反应最灵敏，而较高层发生的变化逐渐变慢。根据这一事实，在声音感知中，调幅被视为重要的听觉提示。

对感兴趣的问题进行听觉处理时，要解决的问题如下。

1. *给定调幅语音信号组成的加性混合，如何分离独立成分的包络而忽略相关的载体？*

相关的问题如下。

2. *以自组织的方式，能否学习听觉系统中不同处理层对调幅刺激做出反应的过程？*

这个基本问题的答案实验上可在连贯的ICA中找到（Haykin and Kan, 2007）。

在相干ICA中，目标是提取在不同源间保持相干的信息，同时，与源相关的网络间的信息流被最大化。在调幅中，因为包络与载波相比变化缓慢，所以就包络而言，可将调幅视为时间上的相干性；也就是说，在相隔 Δt 秒的两个时间步中，若假设 Δt 足够短，则可设 $x(t+\Delta t) \approx x(t)$。

Kan(2007)和Haykin and Kan(2007)对一组取自TIMIT数据库的英语演讲者的语音样本使用了相干ICA算法。实验证明，使用相干独立成分分析（ICA）对两层听觉处理的语音数据学习的两组滤波器具有平滑性和时间局部性。最重要的是，实验结果表现出两个重要特征。

1．两层滤波器的通带只包括调制频谱内的频率，而忽略了载波频率。

2．为第一层处理计算的基带（基于调制）滤波器的截止频率约为第二层处理计算的基带滤波器的10倍。换句话说，实验模型（基于相关ICA）的第一层对输入听觉信号的快速变化反应最灵敏，而模型的第二层对输入听觉信号的较慢变化反应最灵敏。

简而言之，用于自然声音时，相干ICA学习的滤波器是基带滤波器，其表现出与耳蜗核和下丘中的生物神经元相似的特性。

10.19 率失真理论和信息瓶颈

前面重点关注了信息论的两个基本概念——熵和互信息，它们是信息论学习研究的支柱。本节介绍率失真理论，进而介绍信息论学习的另一种方法——信息瓶颈法，它由Tishby et al.(1999)首次描述。

率失真理论是香农信息论的重要组成部分之一（Shanon, 1948），其作用是处理可能失真的数据压缩，目的是在数据中产生可测量的失真量。压缩数据的动机是产生新数据流，其表示或传输需要的比特数比原始数据流的更少。

为便于描述信息瓶颈法，下面先介绍率失真理论。

10.19.1 率失真理论

给定由信息源产生的数据流，率失真理论的目标是找到在特定信息流速率下可以实现的最小失真预期值，或者说，找到在规定的失真水平下可以实现的最小信息流速率。

为了用分析术语来描述这个理论，令 $\boldsymbol{X}$ 表示一个由信息源产生的概率密度函数 $p_{\boldsymbol{X}}(\boldsymbol{x})$ 的随机向量。相应地，令概率密度函数 $q_{\boldsymbol{T}}(\boldsymbol{t})$ 的随机向量 $\boldsymbol{T}$ 代表 $\boldsymbol{X}$ 的压缩版（注意，我们对 $\boldsymbol{X}$ 和 $\boldsymbol{T}$ 的分布使用了不同的符号）。根据式（10.28），$\boldsymbol{X}$ 和 $\boldsymbol{T}$ 之间的互信息为

$$I(\boldsymbol{X};\boldsymbol{T})=\int_{-\infty}^{\infty}\int_{-\infty}^{\infty}\underbrace{p_{\boldsymbol{X}}(\boldsymbol{x})q_{\boldsymbol{T}|\boldsymbol{X}}(\boldsymbol{t}\mid\boldsymbol{x})}_{\text{联合 pdf}}\log\left(\frac{q_{\boldsymbol{T}|\boldsymbol{X}}(\boldsymbol{t}\mid\boldsymbol{x})}{q_{\boldsymbol{T}}(\boldsymbol{t})}\right)\mathrm{d}\boldsymbol{x}\mathrm{d}\boldsymbol{t}$$

式中，$q_{\boldsymbol{T}|\boldsymbol{X}}(\boldsymbol{t}\mid\boldsymbol{x})$ 是给定 $\boldsymbol{X}$ 时 $\boldsymbol{T}$ 的条件概率密度函数。关于向量 $\boldsymbol{X}$ 和 $\boldsymbol{T}$ 之间的距离度量，使用记号 $d(\boldsymbol{x},\boldsymbol{t})$，其中$\boldsymbol{x}$和$\boldsymbol{t}$分别表示 $\boldsymbol{X}$ 和 $\boldsymbol{T}$ 的样本值。期望失真定义为

$$\mathbb{E}[d(\boldsymbol{x},\boldsymbol{t})]=\int_{-\infty}^{\infty}\int_{-\infty}^{\infty}\underbrace{p_{\boldsymbol{X}}(\boldsymbol{x})q_{\boldsymbol{T}|\boldsymbol{x}}(\boldsymbol{t}\mid\boldsymbol{x})}_{\text{联合pdf}}d(\boldsymbol{x},\boldsymbol{t})\mathrm{d}\boldsymbol{x}\mathrm{d}\boldsymbol{t} \tag{10.168}$$

率失真理论本身的特点是一个称为*率失真函数*的函数，用 $R(D)$ 表示。

有了这个符号背景，就可正式地将率失真理论表述如下（Cover and Thomas, 2006）。

求率失真函数

$$R(D)=\min_{q_{T|X}(\boldsymbol{t}|\boldsymbol{x})} I(\boldsymbol{X};\boldsymbol{T})$$

受如下失真约束：

$$\mathbb{E}[d(\boldsymbol{x},\boldsymbol{t})]\leqslant D$$

由此可知，率失真函数 $R(D)$ 的计算涉及如下约束优化问题的求解：

在给定的失真约束下，最小化源及其表示之间的互信息。

这个优化问题可用Blahut-Arimoto算法（Cover and Thomas, 2006）求解，该算法相当于两个未知分布凸集之间的交替映射，如10.21节所述。

率失真理论的主要成就是，证明了率失真函数是给定期望失真数据的任何描述的率（码长）渐近可达下界。

10.19.2 信息瓶颈法

信息瓶颈法建立在率失真理论的基础上，它将失真项替换为“相关变量”的信息。在许多应用中，“真实失真”的度量是未知的或未定义的，但我们希望保留另一个变量上的某些已知信息。

语音识别问题就是一个很好的例子。在这个问题中，很难给出一个正确捕捉人类听觉感知的失真函数，而给出许多口语单词的例子及它们的音标要容易得多。在这种情况下，我们寻求一个高熵语音信号的压缩，以尽可能多地保留低熵语音序列的信息。这类共现数据的其他重要例子是那些失真函数不能直接提供的例子：单词和主题、图像和物体、基因表达和组织样本、刺激和神经反应。信息瓶颈法已成功用于这类数据（Slonim et al., 2006）。

信息瓶颈法是通过引入记为 $\boldsymbol{Y}$ 的辅助（相关）随机向量来实现的。这个新随机向量（随机地）依赖于原始的、通常是高熵的随机向量 $\boldsymbol{X}$ 。因此，互信息 $I(\boldsymbol{X};\boldsymbol{Y})$ 是非零的。

$\boldsymbol{X}$ 是要压缩的随机向量，$\boldsymbol{Y}$ 是想要预测的随机向量（或想要尽可能多地保持其信息的向量）。事实上，通过引入瓶颈随机向量 $\boldsymbol{T}$ 作为原始随机向量 $\boldsymbol{X}$ 的压缩表示，我们在两个信息量之间创建了一个折中或瓶颈：一个关于 $\boldsymbol{X}$ 包含在 $\boldsymbol{T}$ 中，另一个关于 $\boldsymbol{Y}$ 包含在 $\boldsymbol{T}$ 中。

特别地，我们希望通过综合满足两个目标来解决信息瓶颈：

1．对原始（高熵）随机向量 $\boldsymbol{X}$ 的样本值进行分割，使相关随机向量 $\boldsymbol{Y}$ 保留尽可能多的信息。

2．原始随机向量 $\boldsymbol{X}$ 损失尽可能多的信息，以获得最简形式的最小划分。

因此，在所有对 $\boldsymbol{X}$ 的描述中，问题在于决定仅有的那些与 $\boldsymbol{Y}$ 的预测最相关的特性。

基本上，信息瓶颈法被设计用于寻找最优的相关数据表示。问题如下：

> 给定随机向量 $\boldsymbol{X}$ 和相关随机向量 $\boldsymbol{Y}$ 的联合概率密度函数，通过未知分布 $q_{\boldsymbol{T}|\boldsymbol{X}}(\boldsymbol{t}|\boldsymbol{x})$ 求使如下信息瓶颈函数最小的瓶颈随机向量 $\boldsymbol{T}$ ，可在 $\boldsymbol{X}$ 的样本值上提取关于 $\boldsymbol{Y}$ 的信息的最小充分划分：
>
> $$J(q_{\boldsymbol{T}|\boldsymbol{X}}(\boldsymbol{t}|\boldsymbol{x}))=I(\boldsymbol{X};\boldsymbol{T})-\beta I(\boldsymbol{T};\boldsymbol{Y}) \tag{10.169}$$
>
> 式中，$\boldsymbol{T}$ 独立于 $\boldsymbol{X}$ ，$\boldsymbol{Y}$ 独立于 $\boldsymbol{T}$ ，且受归一化约束。

正拉格朗日乘数 β 是压缩（最小表达）和可预测性（信息保存）之间的折中参数。通过在零和无穷大之间改变这个参数，可得到一条凹形的信息曲线，它类似于率失真函数，提供了压缩和预测之间可实现的最优折中。

【例11】高斯信息瓶颈

对于信息瓶颈法的分析处理，可以考虑一对耦合对数函数的导数的特征向量问题：

$$\frac{\partial}{\partial \boldsymbol{t}}\log p_{\boldsymbol{X}|\boldsymbol{T}}(\boldsymbol{x}|\boldsymbol{t}) \quad 和 \quad \frac{\partial}{\partial \boldsymbol{t}}\log p_{\boldsymbol{Y}|\boldsymbol{T}}(\boldsymbol{y}|\boldsymbol{t})$$

为了避开求解这些问题的困难，我们转向解析上可以处理的情况，即原始随机向量 $\boldsymbol{X}$ 及其压缩版 $\boldsymbol{Y}$ 由联合多元高斯分布描述，详见Chechik et al.(2004)。在这个高斯框架中，求解耦合特征向量对问题有助于典型相关分析（CCA），如10.10节所述，这是Imax原则的一个特殊情况。因此，我们发现要解决的问题是找到一个子空间上的线性映射，其维数由折中参数 β 决定。特别地，随着参数 β 的增加，额外维度（特征值）被添加到映射（瓶颈）向量 $\boldsymbol{T}$ 中；这种加法通过一系列临界点或结构相变表现出来，同时每个基向量的相对欧氏范数被重新缩放。继续进行维数扩展过程，直到在瓶颈向量 $\boldsymbol{T}$ 中捕捉到压缩向量 $\boldsymbol{Y}$ 的所有相关信息。

这个过程的最终结果展示了信息论术语中信息瓶颈法是如何为变化的 β 提供模型复杂性的连续度量的。

对于Chechik et al.(2004)研究的高斯框架，图10.21中画出了 β 变化时互信息 $I(\boldsymbol{T};\boldsymbol{Y})$ 和 $I(\boldsymbol{T};\boldsymbol{X})$ 之间的关系。对于四个特征值，得到的信息曲线如图10.21中连续且光滑的最长曲线所示。相应地，在图中用小圆圈表示临界点。这些临界点的信息曲线由若干段构成，实现互信息 $I(\boldsymbol{T};\boldsymbol{X})$ 的增加，附加特征向量用于映射。为便于比较，图10.21中还给出了对每个 β 用少量特征向量计算得到的信息曲线。

由图10.21中的结果可知，高斯信息瓶颈法的信息曲线是处处凹的。在互信息 $I(\boldsymbol{T};\boldsymbol{X})$ 的每个值处，信息曲线都被一条斜率由函数 $\beta^{-1}(I(\boldsymbol{T};\boldsymbol{X}))$ 定义的切线包围。在原点 $I(\boldsymbol{T};\boldsymbol{X})=0$ 处，斜率 $\beta^{-1}(0)=1-\lambda_1$，其中 λ_1 是

原始随机向量 $\boldsymbol{X}$ 及其压缩版 $\boldsymbol{Y}$ 的典型相关分析的第一个特征值。注意信息曲线的渐近斜率是零，即 $\beta \to \infty$。这一逼近行为简单地反映了收益递减规律的现实：在原始随机向量 $\boldsymbol{X}$ 的描述中添加更多的比特信息并不能提高瓶颈向量 $\boldsymbol{T}$ 的精度。

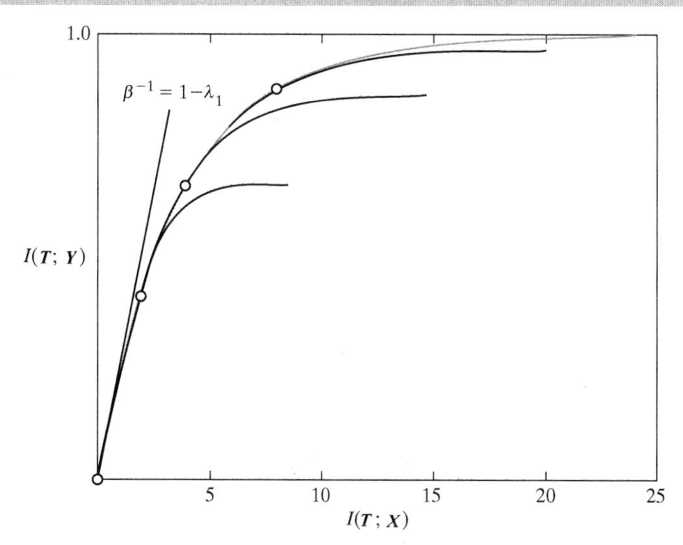

图10.21　多元高斯变量的信息曲线。包络（最长曲线）是最优压缩-预测折中，是从零到无穷大改变拉格朗日乘数 β 得到的。曲线上每点的斜率是 $1/\beta$。总有一个临界值 β 决定原点的斜率，低于这个值时就只有普通解。当$\boldsymbol{T}$的维数限定为固定的低值时，得到次优曲线（Naftali Tishby博士允许复制）

10.19.3　信息瓶颈方程

信息瓶颈优化问题的解，是由向量 $\boldsymbol{T}$ 的分布的如下瓶颈方程给出的：

$$q_{\boldsymbol{T}|\boldsymbol{X}}(\boldsymbol{t}\mid\boldsymbol{x})=\frac{q_{\boldsymbol{T}}(\boldsymbol{t})}{Z(\boldsymbol{x},\beta)}\exp(-D_{p\|q}) \tag{10.170}$$

$$q_{\boldsymbol{T}}(\boldsymbol{t})=\sum_{\boldsymbol{X}} q_{\boldsymbol{T}|\boldsymbol{X}}(\boldsymbol{t}\mid\boldsymbol{x})p_{\boldsymbol{X}}(\boldsymbol{x}) \tag{10.171}$$

$$q_{\boldsymbol{Y}|\boldsymbol{T}}(\boldsymbol{y}\mid\boldsymbol{t})=\sum_{\boldsymbol{X}} q_{\boldsymbol{Y}|\boldsymbol{T}}(\boldsymbol{y}\mid\boldsymbol{t})q_{\boldsymbol{T}|\boldsymbol{X}}(\boldsymbol{t}\mid\boldsymbol{x})\left(\frac{p_{\boldsymbol{X}}(\boldsymbol{x})}{q_{\boldsymbol{T}}(\boldsymbol{t})}\right) \tag{10.172}$$

在式(10.170)中，$D_{p\|q}$ 表示条件概率密度函数 $q_{\boldsymbol{Y}|\boldsymbol{X}}(\boldsymbol{y}\mid\boldsymbol{x})$ 和 $q_{\boldsymbol{Y}|\boldsymbol{T}}(\boldsymbol{y}\mid\boldsymbol{t})$ 之间的KL散度，$Z(\boldsymbol{x},\beta)$ 是归一化（分解）函数。图10.22根据这三个方程说明了信息瓶颈的概念。

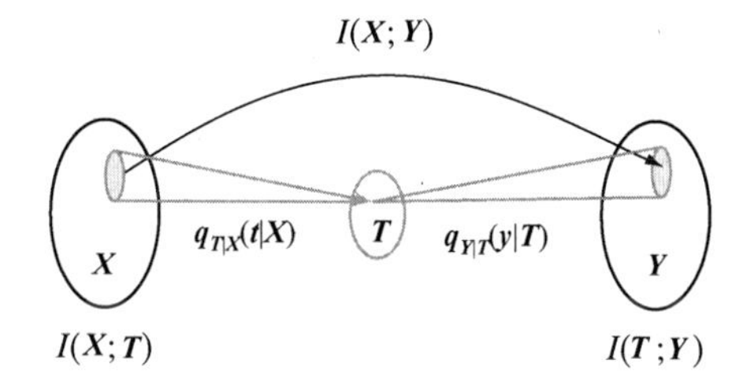

图 10.22　信息瓶颈法的说明。瓶颈 $\boldsymbol{T}$ 捕获原始随机向量 $\boldsymbol{X}$ 相对于相关变量 $\boldsymbol{Y}$ 的相关部分，在最小化信息 $I(\boldsymbol{X};\boldsymbol{T})$ 的同时使 $I(\boldsymbol{T};\boldsymbol{Y})$ 尽可能高。瓶颈 $\boldsymbol{T}$ 由分布 $q_{\boldsymbol{T}|\boldsymbol{X}}(\boldsymbol{t}\mid\boldsymbol{x})$，$q_{\boldsymbol{T}}(\boldsymbol{t})$ 和 $q_{\boldsymbol{Y}|\boldsymbol{T}}(\boldsymbol{y}\mid\boldsymbol{t})$ 决定，表示瓶颈方程（10.170）到（10.172）的解

式（10.170）到式（10.172）的系统必须对未知分布 $q_{T|X}(t|x)$、$q_T(t)$ 和 $q_{Y|T}(y|t)$ 独立地求解。Tishby et al.(1999)证明，从一个随机分布开始，采用类似于率失真理论的Blahut-Arimoto迭代方式，对参数 β 的任意值，方程都收敛到一个最优解。

如Chechik et al.(2004)对高斯变量的研究所示，或如下一节中根据Chigirev and Bialek(2004)讨论的那样，信息瓶颈问题可被求解，得到相关的连续流形（降维）。

10.20 数据的最优流形表示

第7章使用谱图理论从正则化的角度讨论了数据的无监督流形表示。本节回顾同样的问题，但这次从信息论的角度来探讨。具体地说，这里采用的方法遵循Chigirev and Bialek(2004)提出的方法，它建立在以下见解的基础上：

> 将降维作为数据压缩问题来处理，可以获得分析方面的好处。

Chigirev-Bialek的数据表示方法实际上是上一节中讨论的信息瓶颈法的巧妙应用。

10.20.1 被视为数据压缩的降维：基本方程

回顾第7章的讨论可知，在直观的术语中，流形是指嵌入m维欧氏空间的k维连续区域（如一条曲线或一个曲面），其中$k < m$。特别地，我们认为流形“几乎完美”地描述了数据，因为不可避免地存在附加噪声和其他形式的数据退化。

令 $\mathcal{M}$ 表示一个维数为k的流形，$q_{\mathcal{M}}(\boldsymbol{\mu})$ 表示流形上各点的概率密度函数，$\boldsymbol{\mu}$ 表示这样的一个点。令 $\boldsymbol{X}$ 表示一个m维随机数据向量，$m > k$，这实际上意味着由 $\boldsymbol{X}$ 表示的数据集 $\mathcal{X}$ 是稀疏的。事实上，正是由于数据集的稀疏性，使得其无监督表示成为具有挑战性的任务。令 $q_{\mathcal{M}|\boldsymbol{X}}(\boldsymbol{\mu}|\boldsymbol{x})$ 表示给定数据集 $\mathcal{X}$ 时流形上点的条件概率密度函数。因此，随机映射

$$P_{\mathcal{M}}: \boldsymbol{x} \to q_{\mathcal{M}|\mathcal{X}}(\boldsymbol{\mu}|\boldsymbol{x}) \tag{10.173}$$

描述了从 $\boldsymbol{x}$ 到 $\boldsymbol{\mu}$ 的映射。

流形由 $\{\mathcal{M}, P_{\mathcal{M}}\}$ 表示，这里隐含了数据集 $\mathcal{X}$ 的“不忠实表现”，证实了上面的类似评论。换句话说，流形 $\mathcal{M}$ 的一个点的向量 $\boldsymbol{\mu}$ 是数据点 $\boldsymbol{x}$ 的失真版本，因此需要距离度量，表示为 $d(\boldsymbol{x},\boldsymbol{\mu})$。为了简化问题，我们采用欧氏距离函数度量：

$$d(\boldsymbol{x},\boldsymbol{\mu}) = \|\boldsymbol{x}-\boldsymbol{\mu}\|^2 \tag{10.174}$$

这是常用的距离度量。因此，期望的失真由二重多维积分定义：

$$\mathbb{E}[\mathrm{d}(\boldsymbol{x},\boldsymbol{\mu})] = \int_{-\infty}^{\infty}\int_{-\infty}^{\infty} p_{\mathcal{X}}(\boldsymbol{x}) q_{\mathcal{M}|\mathcal{X}}(\boldsymbol{\mu}|\boldsymbol{x}) \|\boldsymbol{x}-\boldsymbol{\mu}\|^2 \,\mathrm{d}\boldsymbol{x}\mathrm{d}\boldsymbol{\mu} \tag{10.175}$$

式中，$p_{\mathcal{X}}(\boldsymbol{x})$ 为数据集 $\mathcal{X}$ 的概率密度函数，该数据集的样本值用数据点 $\boldsymbol{x}$ 表示。

式（10.175）是数据压缩问题的一个重要方面。第二个重要方面是流形 $\mathcal{M}$ 和数据集 $\mathcal{X}$ 之间的互信息，定义为

$$I(\mathcal{X};\mathcal{M}) = \int_{-\infty}^{\infty}\int_{-\infty}^{\infty} \underbrace{p_{\mathcal{X}}(\boldsymbol{x}) q_{\mathcal{M}|\mathcal{X}}(\boldsymbol{\mu}|\boldsymbol{x})}_{\text{联合pdf}} \log\left(\frac{q_{\mathcal{M}|\mathcal{X}}(\boldsymbol{\mu}|\boldsymbol{x})}{q_{\mathcal{M}}(\boldsymbol{\mu})}\right) \mathrm{d}\boldsymbol{x}\mathrm{d}\boldsymbol{\mu} \tag{10.176}$$

当对数以2为底时，这一互信息定义了将数据点 $\boldsymbol{x}$ 编码到流形 $\mathcal{M}$ 上的点 $\boldsymbol{\mu}$ 所需的比特数。此外，通过将降维视为数据压缩问题，$I(\mathcal{X};\mathcal{M})$ 定义了传输压缩数据 $\boldsymbol{\mu}$ 所需信道的“容量”，前提是将数据向量 $\boldsymbol{x}$ 作为输入。

放在一起看时，式（10.175）和式（10.176）提供了包含两个基本问题的折中：

1．为了数据的“忠实”流形表示，需要最小化式（10.175）中定义的期望失真。

2．另一方面，为了“良好”地将数据压缩为流形上的点，需要最大化式（10.176）中定义的互信息。

要了解这一折中，下面引入最优流形的概念（Chigirev and Bialek, 2004）：

> 给定一个数据集 $\mathcal{X}$ 和一个信道容量 $I(\mathcal{X};\mathcal{M})$，流形 $\mathcal{M}$ 是数据集 $\mathcal{X}$ 的最优表示，前提是满足如下两个条件：
> - 期望失真 $\mathbb{E}[\mathrm{d}(\boldsymbol{x},\boldsymbol{\mu})]$ 被最小化。
> - 仅由信道容量 $I(\mathcal{X};\mathcal{M})$ 定义的比特数量来表示数据点 $\boldsymbol{x}$。

定义最优流形的另一种方法如下所示：

> 若信道容量 $I(\mathcal{X};\mathcal{M})$ 达到最大，同时期望失真度被限定为某个规定值，则流形 $\mathcal{M}$ 就是最优的。

无论哪种方式，我们都面临着一个率失真理论的问题。根据10.19节的讨论，这一问题是约束优化问题，我们引入拉格朗日乘子 λ，以说明期望失真和信道容量之间的折中：

$$F(\mathcal{M},P_{\mathcal{M}})=\mathbb{E}[d(\boldsymbol{x},\boldsymbol{\mu})]+\lambda I(\mathcal{X};\mathcal{M}) \tag{10.177}$$

为了找到最优流形，必须最小化这一函数。

要从分析术语上实现最小化，就要对流形参数化。按照10.19节描述的信息瓶颈法，引入瓶颈向量 $\boldsymbol{T}$，其样本值用 $\boldsymbol{t}\in\mathbb{R}^l$ 表示，其中新维度 l 小于或等于数据向量 $\boldsymbol{x}$ 的维度 m。我们还引入一个新的向量值函数：

$$\gamma(\boldsymbol{t}):\boldsymbol{t}\to\mathcal{M} \tag{10.178}$$

它将由瓶颈向量 $\boldsymbol{T}$ 张成的参数空间中的点 $\boldsymbol{t}$ 映射到流形 $\mathcal{M}$ 上。因此，向量值函数 $\gamma(\boldsymbol{t})$ 是流形 $\mathcal{M}$ 的一个描述子。假设 $\gamma(\boldsymbol{t})$ 的维数和数据点 $\boldsymbol{x}$ 的维数相同，因此可用欧氏距离的平方 $\|\boldsymbol{x}-\boldsymbol{\mu}(\boldsymbol{t})\|^2$ 作为使用流形 $\mathcal{M}$ 表示数据集 $\boldsymbol{x}$ 时所产生失真的新度量。

根据刚刚讨论的流形参数化，我们将两个基本公式即式（10.175）和式（10.176）重新表示为

$$\mathbb{E}[d(\boldsymbol{x},\gamma(\boldsymbol{t}))]=\int_{-\infty}^{\infty}\int_{-\infty}^{\infty}p_{\boldsymbol{X}}(\boldsymbol{x})q_{\boldsymbol{T}|\boldsymbol{X}}(\boldsymbol{t}\mid\boldsymbol{x})\|\boldsymbol{x}-\gamma(\boldsymbol{t})\|^2\,\mathrm{d}\boldsymbol{x}\mathrm{d}\boldsymbol{t} \tag{10.179}$$

$$I(\boldsymbol{X};\boldsymbol{T})=\int_{-\infty}^{\infty}\int_{-\infty}^{\infty}p_{\boldsymbol{X}}(\boldsymbol{x})q_{\boldsymbol{T}|\boldsymbol{X}}(\boldsymbol{t}\mid\boldsymbol{x})\log\left(\frac{q_{\boldsymbol{T}|\boldsymbol{X}}(\boldsymbol{t}\mid\boldsymbol{x})}{q_{\boldsymbol{T}}(\boldsymbol{t})}\right)\mathrm{d}\boldsymbol{x}\mathrm{d}\boldsymbol{t} \tag{10.180}$$

相应地，将式（10.177）中的函数 F 改写为

$$F(\gamma(\boldsymbol{t}),q_{\boldsymbol{T}|\boldsymbol{X}}(\boldsymbol{t}\mid\boldsymbol{x}))=\mathbb{E}[(\boldsymbol{t}\mid\boldsymbol{x},\gamma(\boldsymbol{t}))]+\lambda I(\boldsymbol{X};\boldsymbol{T}) \tag{10.181}$$

式中，期望失真和信道容量都是由二重态 $\{\mathcal{M},P_{\mathcal{M}}\}$ 描述的流形的固有性质，且在重参数化条件下是不变的。

根据式（10.179）至式（10.181），可以找到最优流形。下面应用以下两个优化条件来实现：

1. $$\frac{\partial F}{\partial\gamma(\boldsymbol{t})}=\boldsymbol{0}\text{，固定的 }q_{\boldsymbol{T}|\boldsymbol{X}}(\boldsymbol{t}\mid\boldsymbol{x}) \tag{10.182}$$

2. $$\frac{\partial F}{q_{\boldsymbol{T}|\boldsymbol{X}}(\boldsymbol{t}\mid\boldsymbol{x})}=0\text{，固定的 }\gamma(\boldsymbol{t}) \tag{10.183}$$

因此，应用条件1得

$$\int_{-\infty}^{\infty} p_X(\boldsymbol{x}) q_{T|X}(\boldsymbol{t} \mid \boldsymbol{x})(-2\boldsymbol{x} + 2\gamma(\boldsymbol{t})) \mathrm{d}\boldsymbol{x} = \boldsymbol{0}$$

这就得到了如下两个概率方面一致的方程：

$$\gamma(\boldsymbol{t}) = \frac{1}{q_T(\boldsymbol{t})} \int_{-\infty}^{\infty} \boldsymbol{x} p_X(\boldsymbol{x}) q_{T|X}(\boldsymbol{t} \mid \boldsymbol{x}) \mathrm{d}\boldsymbol{x} \tag{10.184}$$

$$q_T(\boldsymbol{t}) = \int_{-\infty}^{\infty} p_X(\boldsymbol{x}) q_{T|X}(\boldsymbol{t} \mid \boldsymbol{x}) \mathrm{d}\boldsymbol{x} \tag{10.185}$$

这对方程的推导只取决于函数 F 的期望-失真分量，因为只有这个分量依赖于 $\gamma(\boldsymbol{t})$ ——因此缺少了拉格朗日乘子 λ。

然而，继续应用式(10.183)定义的第二个最优条件时，要认识到这个优化包含了条件 $q_{T|X}(\boldsymbol{t} \mid \boldsymbol{x})$ 在下述约束下的所有可能值：

$$\int_{-\infty}^{\infty} q_{T|X}(\boldsymbol{t} \mid \boldsymbol{x}) \mathrm{d}\boldsymbol{t} = 1 \text{，所有 } \boldsymbol{x}$$

该约束仅要求曲线 $q_{T|X}(\boldsymbol{t} \mid \boldsymbol{x})$ 下的面积为1，而这是每个概率密度函数的基本性质。为了满足这个附加约束，我们对所有 $\boldsymbol{x}$ 引入新的拉格朗日乘子 $\beta(\boldsymbol{x})$ 并扩展函数 F 的定义得

$$\begin{aligned} F(\gamma(t), q_{T|X}(\boldsymbol{t} \mid \boldsymbol{x})) = \int_{-\infty}^{\infty} \int_{-\infty}^{\infty} \Big\{ & p_X(\boldsymbol{x}) q_{T|X}(\boldsymbol{t} \mid \boldsymbol{x}) \|\boldsymbol{x} - \gamma(\boldsymbol{t})\|^2 + \\ & \lambda p_X(\boldsymbol{x}) q_{T|X}(\boldsymbol{t} \mid \boldsymbol{x}) \log\left(\frac{q_{T|X}(\boldsymbol{t} \mid \boldsymbol{x})}{q_T(\boldsymbol{t})} \right) + \beta(\boldsymbol{x}) q_{T|X}(\boldsymbol{t} \mid \boldsymbol{x}) \Big\} \mathrm{d}\boldsymbol{t} \mathrm{d}\boldsymbol{x} \Big\} \end{aligned} \tag{10.186}$$

式中，$q_T(\boldsymbol{t})$ 的定义见式（10.185）。

因此，将式（10.183）的第二个优化条件应用到函数 F 的新公式中，并利用式（10.185）对各项进行简化，得

$$\frac{1}{\lambda} \|\boldsymbol{x} - \gamma(\boldsymbol{t})\|^2 + \log\left(\frac{q_{T|X}(\boldsymbol{t} \mid \boldsymbol{x})}{q_T(\boldsymbol{t})} \right) + \frac{\beta(\boldsymbol{x})}{\lambda p_{\boldsymbol{x}}(\boldsymbol{x})} = 0$$

现在，令

$$\frac{\beta(\boldsymbol{x})}{\lambda p_X(\boldsymbol{x})} = \log Z(\boldsymbol{x}, \lambda) \tag{10.187}$$

并求解所需条件 $q_{T|X}(\boldsymbol{t} \mid \boldsymbol{x})$ 的结果方程，得到概率方面也一致的第二对公式：

$$q_{T|X}(\boldsymbol{t} \mid \boldsymbol{x}) = \frac{q_T(\boldsymbol{t})}{Z(\boldsymbol{x}, \lambda)} \exp\left(-\frac{1}{\lambda} \|\boldsymbol{x} - \gamma(\boldsymbol{t})\|^2 \right) \tag{10.188}$$

$$Z(\boldsymbol{x}, \lambda) = \int_{-\infty}^{\infty} q_T(\boldsymbol{t}) \exp\left(-\frac{1}{\lambda} \|\boldsymbol{x} - \gamma(\boldsymbol{t})\|^2 \right) \mathrm{d}\boldsymbol{t} \tag{10.189}$$

函数 $Z(\boldsymbol{x}, \lambda)$ 扮演一个归一化（分解）函数的角色，式（10.188）中包含了该项，以保证加给 $q_T(\boldsymbol{t})$ 的约束得到满足。

式（10.184）、式（10.185）、式（10.188）和式（10.189）以无监督方式描述数据表示的最优流形。这种描述自然要求了解连续概率密度函数 $p_X(\boldsymbol{x})$。

10.20.2 离散化过程

实际上，我们只有一个训练样本 $\mathcal{H}$，表示为 $\{\boldsymbol{x}_i\}_{i=1}^{N}$，其中 N 为样本量。根据这一实际情况，我们引入离散逼近

$$p_X(\boldsymbol{x}) \approx \frac{1}{N}\sum_{i=1}^{N}\delta(\boldsymbol{x}-\boldsymbol{x}_i) \tag{10.190}$$

式中，$\delta(\cdot)$ 为狄拉克德尔塔函数。相应地，我们通过下面的离散集来构建流形 $\mathcal{M}$：

$$\mathcal{T}=\{\boldsymbol{t}_j\}_{j=1}^{L} \tag{10.191}$$

然后，注意到瓶颈向量 $\boldsymbol{T}$ 的样本值 $\boldsymbol{t}$ 只出现在函数 $\boldsymbol{\gamma}(\boldsymbol{t})$、条件 $q_{\boldsymbol{T}|\boldsymbol{X}}(\boldsymbol{t}\mid\boldsymbol{x})$ 和边缘 $q_{\boldsymbol{T}}(\boldsymbol{t})$ 的参数中，可用它们各自的离散对应函数 $\boldsymbol{\gamma}_j$, $q_j(\boldsymbol{x}_i)$ 和 q_j 替换这三个连续函数，其中 i 和 j 用于强调离散化过程。为了完成离散化过程，我们引入 α 来表示欧氏空间 $\mathbb{R}^m$ 中的坐标索引。

现在有了流形的离散模型，目标是开发一种以迭代方式计算模型的算法。为此，首先注意到式（10.188）和式（10.189）分别定义了 $q_{\boldsymbol{T}|\boldsymbol{X}}(\boldsymbol{t}\mid\boldsymbol{x})$ 和 $Z(\boldsymbol{x},\lambda)$，它们各自是变量 $\boldsymbol{t}$ 和 $\boldsymbol{x}$ 的凸函数；拉格朗日乘子 λ 是一个规定的参数。从计算上讲，这两个公式是流形的离散模型的困难部分。

为了进一步说明如何降低这一计算困难，考虑如图10.23所示的两个凸集 $\mathcal{A}$ 和 $\mathcal{B}$。我们希望最小化它们之间的欧氏距离；这一距离定义为 $d(\boldsymbol{x},\boldsymbol{y})$，其中 $\boldsymbol{x}$ 和 $\boldsymbol{y}$ 分别是集合 $\mathcal{A}$ 和 $\mathcal{B}$ 中任意的两个点。最小化欧氏距离 $d(\boldsymbol{x},\boldsymbol{y})$ 的直观方法如下（Csiszát and Tusnády, 1984）：

固定集合 $\mathcal{A}$ 中的点 $\boldsymbol{x}$，寻找集合 $\mathcal{B}$ 中最靠近它的点 $\boldsymbol{y}$。然后固定新发现的点 $\boldsymbol{y}$，在集合 $\mathcal{A}$ 中寻找最靠近它的点 $\boldsymbol{x}$。

若用往返于集合 $\mathcal{A}$ 和 $\mathcal{B}$ 之间的方式来延续这一过程，如图10.23所示，则距离 $d(\boldsymbol{x},\boldsymbol{y})$ 将随每次迭代而逐渐变小。最小化率失真函数的Blahut-Arimoto算法（Blahut, 1972; Arimoto, 1972）中就是这样做的。式（10.188）和式（10.189）的数学形式与率失真函数（Cover and Thomas, 2006）的描述相同。此外，Csiszár and Tusnády(1984)证明了若凸集 $\mathcal{A}$ 和 $\mathcal{B}$ 都是概率分布的集合，且距离度量是两个分布之间的KL散度，则凸集 $\mathcal{A}$ 和 $\mathcal{B}$ 之间的交替过程将收敛。

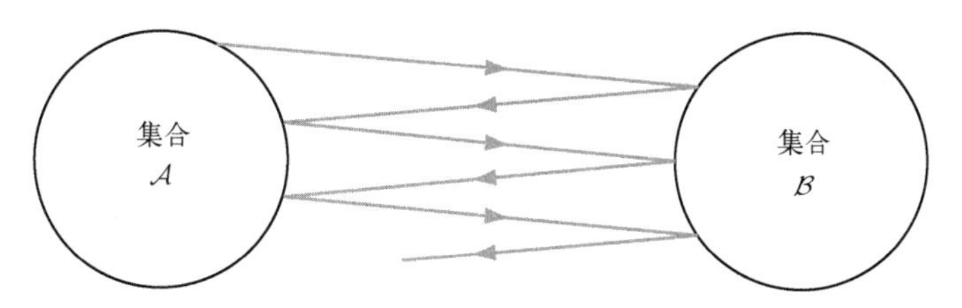

图10.23　计算两个凸集 $\mathcal{A}$ 和 $\mathcal{B}$ 之间距离的交替过程图示

10.20.3　计算数据最优流形表示的迭代算法

根据这些可靠的结果，可以构建一个迭代算法来计算流形 $\mathcal{M}$ 的离散模型。令 n 表示迭代算法中的时间步。然后，利用式（10.184）、式（10.185）、式（10.188）和式（10.189）的离散版，采用 L 点离散集合 $\{\boldsymbol{t}_1,\boldsymbol{t}_2,\cdots,\boldsymbol{t}_L\}$ 对连续变量 t 表示的流形建模，就可根据以下四组方程得到所需的算法，其中时间步 $n=0,1,2,\cdots$，索引 $j=1,2,\cdots,L$（Chigirev and Bialek, 2004）：

$$p_j(n)=\frac{1}{N}\sum_{i=1}^{N}p_j(\boldsymbol{x}_i,n) \tag{10.192}$$

$$\gamma_{j,\alpha}(n)=\frac{1}{p_j(n)}\cdot\frac{1}{N}\sum_{i=1}^{N}x_{i,\alpha}\,p_j(\boldsymbol{x}_i,n),\quad \alpha=1,2,\cdots,m \tag{10.193}$$

$$Z(\boldsymbol{x}_i,\lambda,n)=\sum_{j=1}^{L}p_j(n)\exp\left(-\frac{1}{\lambda}\left\|\boldsymbol{x}_i-\gamma_j(n)\right\|^2\right) \tag{10.194}$$

$$p_j(\boldsymbol{x}_i, n+1) = \frac{p_j(n)}{Z(\boldsymbol{x}_i, \lambda, n)} \exp\left(-\frac{1}{\lambda}\left\|\boldsymbol{x}_i - \gamma_j(n)\right\|^2\right) \tag{10.195}$$

式中，$x_{i,\alpha}$ 为数据向量 $\boldsymbol{x}_i$ 的第 α 个元素。

为了初始化算法，我们从数据集 $\mathcal{X}$ 中随机选取 L 个点，并令

$$\left.\begin{aligned} \gamma_j &= x_{i,j} \\ p_j(0) &= 1/L \end{aligned}\right\}, \quad j = 1, 2, \cdots, L \tag{10.196}$$

为了终止计算，令 ε 表示要定位流形点的精度。当达到如下条件时，算法在第 n 步终止：

$$\max_j \left|\gamma_j(n) - \gamma_j(n-1)\right| < \varepsilon$$

剩下需要设置的参数是拉格朗日乘子 λ，它决定包含于函数 F 中的期望失真和信道容量之间的折中。这个参数由设计人员控制，具体取决于如何实现这种折中。

10.20.4 实际考虑

从式（10.192）到式（10.195）的计算数据的最优流形表达的算法，用于约束流形上的点与原始数据空间中的点之间的互信息。这一约束关于这两个空间中的所有可逆坐标变换都是不变的——在某种隐含意义上可能增强流形的平滑性（Chigirev and Bialek, 2004）。从理论框架上看，利用信息论方法的平滑流形的证明并不像基于正则化理论的方法那样严格，但在实践中数据的最优流形表示法令人满意。

更重要的是，不像其他降维方法（如第7章讨论的基于正则化和谱图理论的Belkin-Niyogi方法），本节所述的信息论算法的收敛时间在样本量 N 内是线性的。由于描述流形的方程所固有的凸性，该算法的这种高度理想的特性使得其应用相当吸引人，特别是当我们在实践中面临挑战，要解决大型数据集的降维困难任务时。

该算法的其他理想特征包括下面两点：

- 不需要知道所考虑流形的维数。
- 非常适合处理稀疏数据的降维，这一点非常重要，因为在高维空间中，所有数据集通常都是稀疏的。

10.21 计算机实验：模式分类

这个计算机实验强调结合使用两种算法：第一种算法是无监督聚类的输入数据的最优流形表示，第二种算法是第3章中描述的监督分类的最小均方（LMS）算法。这两种算法虽然在应用上不同，但都具有两个有用的特性：性能有效和计算高效。

为了研究“最优流形LMS”组合算法的性能，这里再次从图1.8所示的双月构形中随机提取数据，双月之间的垂直距离固定为 $d = -6$。图10.24给出了实验结果，通过双月之间近乎平均共享的20个中心来计算。决策边界由算法在300个数据点的监督训练下构建，以“几乎完美”的方式分离了从双月构形中提取的数据。

更精确地，在2000个测试数据点中有6个分类错误，分类错误率为0.3%。对相同的双月构形而言，这一性能接近支持向量机（SVM）的无误性能，详见6.7节。由这一比较得到的重点是，在部分SVM的计算复杂度的基础上，最优流形LMS算法达到了和SVM接近的性能。

10.22 小结和讨论

本章将香农信息论作为研究自组织或无监督学习的基本统计工具，是真正值得注意的成果。

10.22.1 互信息作为自组织的目标函数

输入和输出随机过程之间的香农互信息有一些独特的性质，这些性质使其可作为自组织学习的目标函数，进而被优化。事实上，自组织的一些重要原则已在本章中讨论过：

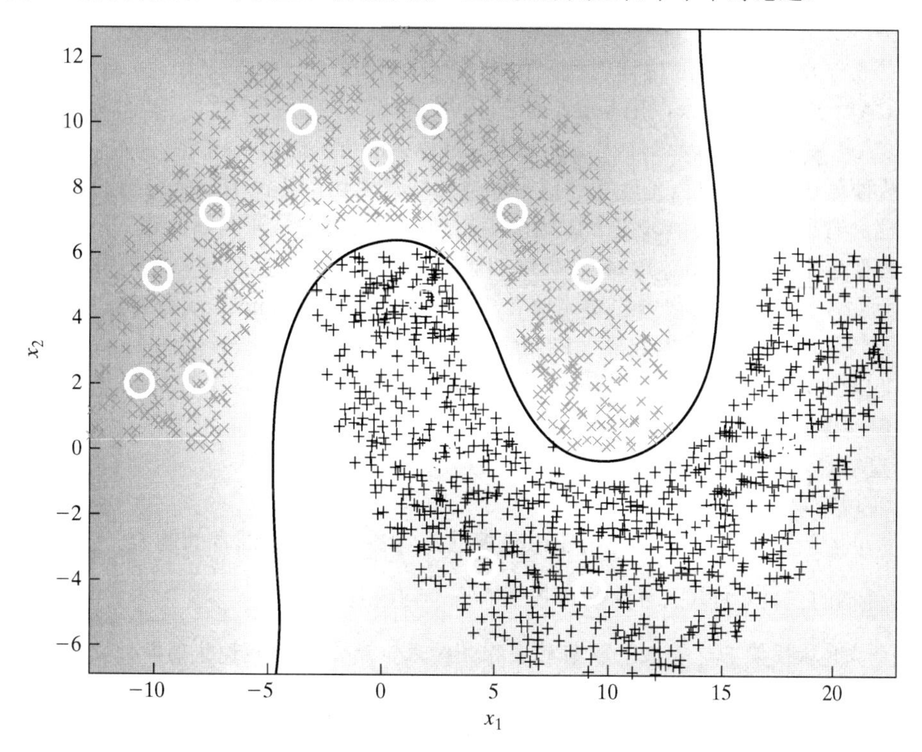

图10.24　图1.8中双月构形的模式分类，使用最优流形和LMS算法，垂直距离 $d=-6$ ，有20个中心

1. Infomax原则，涉及神经网络的多维输入和输出向量之间的互信息的最大化。这一原则为自组织模型和特征图的开发奠定了框架。
2. 最小冗余原则，基本上是另一种网络输入和输出之间的互信息最大化导致冗余最小化的说法。
3. Imax原则，由两个空间位移的多维输入向量驱动的一对神经网络的单个输出之间的互信息最大化。该原则非常适合图像处理，目标是发现带噪声传感的输入在空间和时间上表现的相干性。
4. Imin原则，由两个空间位移的多维输入向量驱动的一对神经网络的单个输出之间的互信息最小化。该原则在图像处理中得到了应用，目标是最小化同一环境下两幅相关图像之间的空时相干，图像是由具有正交性质的一对传感器获得的。

10.22.2 独立成分分析的两个基本途径

本章讨论的另一个重要主题是独立成分分析（ICA），它是使得一个随机向量的分量尽可能地统计独立的数学基础。这一原则用于解决盲源分离（BSS）问题，其必要条件如下：

- 统计独立的信号源。
- 非高斯源信号，但允许高斯分布的信号除外。
- 方形混合矩阵，表示源信号和观测信号数量相等。
- 无噪声的混合模型。

基本上，推导ICA算法有两种途径。

1. 独立成分分析原则（Comon, 1994）。基于KL散度；根据这一原则，可得依赖于如下两个分布的预期成本函数：
   - 分离器输出的参数概率密度函数。
   - 相应的阶乘分布。

   独立成分分析原则的应用体现在两种著名的算法中：
   - ICA的自然梯度算法，由Amari et al.(1996)提出。
   - ICA算法的Infomax原则，由Bell and Sejnowski(1995)提出。

   这两种算法的主要优点是，能够适应环境的统计变化。若使用正确类型的激活函数，则它们也具有鲁棒性，具体取决于原始源是超高斯分布的还是亚高斯分布的。
2. 最大负熵原则（Comon, 1994）。负熵的概念提供了随机变量的非高斯性度量。通过负熵的最小化，可实现一组分量的统计独立性。根据Hyvärinen and Oja(1997)，第二个原则的应用导致了FastICA算法的建立。FastICA算法的特征包括：
   - 收敛速度快。
   - 缺少学习率参数。
   - 鲁棒性，无论源是超高斯分布的还是亚高斯分布的。
   - 实现简单。

   然而，由于缺少学习率参数，FastICA算法不具备跟踪时变混合的能力。

在这里强调的三种不同ICA算法的背景下，一个问题是

> 在一个大ICA框架下，若未采取某种去相关约束，互信息、熵和非高斯性之间有什么联系？

在解决ICA理论中的这个基本问题时，Cardoso(2003)就统计相关、相关性和高斯性等问题提供了大量的数学见解。以下是Cardoso的论文中的主要结果：

> 当放宽预白化要求时，KL散度可在线性变换下分解为两项之和：一项表示分量的去相关性，另一项表示分量的非高斯性。

通过限制到线性变换，ICA实际上允许非高斯分量仅在边缘分布上表示。

关于ICA和BSS的更多评论是适当的。这两个概念彼此密切相关，以至于使用其中一种意味着与另一种等效。更重要的是，ICA和BSS在理论和实际应用上都是不断扩大的领域。这一说法得到了一系列令人印象深刻的主题的证实，每个主题都有各自独特的研究方向（见“注释和参考文献”中的注释22）。

10.22.3 相干ICA

本章讨论的另一个与ICA相关的原则是相干ICA（Kan, 2007; Haykin and Kan, 2007）。这种新原则结合了Infomax原则和Imax原则的特性，当网络由空间位移的数据流驱动时，可以最大限度地提高两个多输入、多输出（MIMO）网络输出的时空相干。使用真实数据，在自然声音的听觉编码背景下，得到了两个重要的成果：

- 相干ICA能够展示调幅调节，因此支持包络加工嵌入听觉系统的观点。
- 相干ICA能以一种模仿分层听觉系统的方式，学习两个连续过滤器处理层对声音刺激的反应速率的变化。

10.22.4 信息瓶颈

迄今为止总结的各种自组织信息论原则，都建立在香农经典信息论的基本概念——熵和互信息的基础上。在本章的后半部分，我们使用率失真理论（香农信息论的另一个基本概念）来阐明本章中的最后一个原则：信息瓶颈法（Tishby et al., 1999; Slonim et al., 2006）。该方法需要强调的两个重要方面如下：

1. 信息瓶颈法不是一种统计建模算法；相反，它是一种寻找复杂数据的相关表征的方法，可以解释底层结构和一组给定变量之间感兴趣的统计相关性。
2. 尽管该方法假设对输入向量 $\boldsymbol{X}$ 和输出向量 $\boldsymbol{Y}$ 之间的联合分布 $P_{\boldsymbol{X},\boldsymbol{Y}}(\boldsymbol{x},\boldsymbol{y})$ 有所了解，但它在实践中被用于基于有限样本的经验分布。Shamir et al.(2008)充分论证了这种插入方法，提出了关于学习、泛化和一致性的定理。

我们利用信息瓶颈法推导出了数据的最优流形表示（Chigirev and Bialek, 2004）。实现这种表示的算法有一些有用的特性：

- 该算法的计算复杂度与训练样本的大小呈线性关系。
- 该算法不需要知道流形的维数。
- 该算法非常适合处理稀疏的高维数据。

本节内容的广度和深度，证明了香农最初为通信系统开发的信息论对无监督学习模型及其应用的显著影响。

注释和参考文献

1. 香农信息论。有关信息论的详细论述，见Cover and Thomas(2006)。有关信息论发展的论文集（包括香农于1948年发表的经典论文），见Slepian(1973)。香农的论文也被Shannon and Weaver(1949)和Sloane and Wyner(1993)引用和修改。关于信息论中重要的神经加工原则的简要回顾，见Atick(1992)。从生物学角度来理解信息论的方法，见Yockey(1992)。
2. 信息论与感知之间关系的文献综述见Linsker(1990b)和Atick(1992)。
3. 熵。信息论中的术语“熵”源自热力学中的熵；热力学中的熵定义为

$$H=-k_{\mathrm{B}}\sum_{\alpha}p_{\alpha}\log p_{\alpha}$$

式中，k_{B} 是玻尔兹曼常数，p_{α} 是系统处于状态 α 的概率（见第11章）。除了系数 k_{B}，热力学中熵 H 的数学形式与式（10.8）中熵的定义式完全相同。

4. 最大熵原则。Shore and Johnson(1980)证明了最大熵原则在如下意义上是正确的：

以约束形式给出先验知识，在满足这些约束的分布中根据一致性公理能够选择唯一的分布；这个唯一的分布是通过最大化熵来定义的。

一致性公理包含四部分：

Ⅰ. 唯一性：结果应该是唯一的。

Ⅱ. 不变性：坐标的选择应当不影响结果。

Ⅲ. 系统独立性：无论是用不同的密度还是用联合密度来解释独立系统的独立信息，都应是无关紧要的。

Ⅳ. 子集独立性：无论是用单独的条件密度还是用完整的系统密度来处理独立的系统状态子集，都应是无关紧要的。

Shore and Johnson(1980)证明相对熵或KL散度同样满足一致性公理。

5. 毕达哥拉斯分解。为了证明式（10.43）中的分解，可以进行如下操作。根据定义有

$$
\begin{aligned}
D_{p_X \| p_U} &= \int_{-\infty}^{\infty} p_X(\boldsymbol{x}) \log\left(\frac{p_X(\boldsymbol{x})}{p_U(\boldsymbol{x})}\right) \mathrm{d}\boldsymbol{x} \\
&= \int_{-\infty}^{\infty} p_X(\boldsymbol{x}) \log\left(\frac{p_X(\boldsymbol{x})}{\tilde{p}_X(\boldsymbol{x})}\right) \cdot \left(\frac{\tilde{p}_X(\boldsymbol{x})}{p_U(\boldsymbol{x})}\right) \mathrm{d}\boldsymbol{x} \\
&= \int_{-\infty}^{\infty} p_X(\boldsymbol{x}) \log\left(\frac{p_X(\boldsymbol{x})}{\tilde{p}_X(\boldsymbol{x})}\right) \mathrm{d}\boldsymbol{x} + \int_{-\infty}^{\infty} p_X(\boldsymbol{x}) \log\left(\frac{\tilde{p}_X(\boldsymbol{x})}{p_U(\boldsymbol{x})}\right) \mathrm{d}\boldsymbol{x} \\
&= D_{p_X \| \tilde{p}_X} + \int_{-\infty}^{\infty} p_X(\boldsymbol{x}) \log\left(\frac{\tilde{p}_X(\boldsymbol{x})}{p_U(\boldsymbol{x})}\right) \mathrm{d}\boldsymbol{x}
\end{aligned} \tag{A}
$$

由 $\tilde{p}_X(\boldsymbol{x})$ 和 $p_U(\boldsymbol{x})$ 的定义有

$$
\log\left(\frac{\tilde{p}_X(\boldsymbol{x})}{p_U(\boldsymbol{x})}\right) = \log\left(\prod_{i=1}^{m} \tilde{p}_{X_i}(x_i) \Big/ \prod_{i=1}^{m} p_{U_i}(x_i)\right) = \sum_{i=1}^{m} \log\left(\frac{\tilde{p}_{X_i}(x_i)}{p_{U_i}(x_i)}\right)
$$

令 I 表示式（A）最后一行的积分，则有

$$
\begin{aligned}
I &= \int_{-\infty}^{\infty} p_X(\boldsymbol{x}) \log\left(\frac{\tilde{p}_X(\boldsymbol{x})}{p_U(\boldsymbol{x})}\right) \mathrm{d}\boldsymbol{x} = \int_{-\infty}^{\infty} p_X(\boldsymbol{x}) \log\left(\prod_{i=1}^{m} \tilde{p}_{X_i}(x_i) \Big/ \prod_{i=1}^{m} p_{U_i}(x_i)\right) \mathrm{d}\boldsymbol{x} \\
&= \sum_{i=1}^{m} \int_{-\infty}^{\infty} \left(\log\left(\frac{\tilde{p}_{X_i}(x_i)}{p_{U_i}(x_i)}\right) \int_{-\infty}^{\infty} p_X(\boldsymbol{x}) \mathrm{d}\boldsymbol{x}^{(i)}\right) \mathrm{d}x_i = \sum_{i=1}^{m} \int_{-\infty}^{\infty} \log\left(\frac{\tilde{p}_{X_i}(x_i)}{p_{U_i}(x_i)}\right) \tilde{p}_{X_i}(x_i) \mathrm{d}x_i
\end{aligned} \tag{B}
$$

式中，使用了式（10.39）。式（B）的积分是KL散度 $D_{\tilde{p}_{x_i} \| p_{u_i}}$，$i = 1, 2, \cdots, m$。为了将式（B）写成最终形式，注意函数 $\tilde{f}_{X_j}(x_j)$ 下的面积是1，因此有

$$
\begin{aligned}
I &= \sum_{i=1}^{m} \int_{-\infty}^{\infty} \prod_{j=1}^{m} \tilde{p}_{X_j}(x_j) \left(\log\left(\frac{\tilde{p}_{X_i}(x_i)}{p_{U_i}(x_i)}\right) \mathrm{d}x_i\right) \mathrm{d}\boldsymbol{x}^{(i)} \\
&= \int_{-\infty}^{\infty} \tilde{p}_X(\boldsymbol{x}) \log\left(\prod_{i=1}^{m} \tilde{p}_{X_i}(x_i) \Big/ \prod_{i=1}^{m} p_{U_i}(x_i)\right) \mathrm{d}\boldsymbol{x} \\
&= D_{\tilde{p}_X \| p_U}
\end{aligned} \tag{C}
$$

式中利用了定义 $\mathrm{d}\boldsymbol{x} = \mathrm{d}x_i \mathrm{d}\boldsymbol{x}^{(i)}$，如10.5节所述。因此，将式（C）代入式（A）得到所需的分解为

$$
D_{p_X \| p_U} = D_{p_X \| \tilde{p}_X} + D_{p_X \| \tilde{p}_U}
$$

6. Copula函数。Copula在拉丁语中是“连接”或“纽带”的意思，在语法和逻辑上常用于表示一个命题中连接主语和谓语的部分（Nelsen, 2006）。在数学文献中，这个术语最早由Sklar(1959)在以其名字命名的定理中使用：Sklar定理描述了通过“合并”一维分布函数来形成多元分布函数。Nelsen的书中给出了关于Copula函数的有趣观点，描述了它们的基本属性，提供了构建Copula函数的方法，说明了Copula函数在建模和统计相关研究中的作用，最后给出了关于Copula函数和相关问题的详细文献。

7. Nadal and Parga(1994, 1997)讨论了Infomax原则和冗余减少之间的关系，得到了类似的结果：神经系统的输入向量和输出向量之间的互信息的最大化导致数据减少。Haft and van Hemmen(1998)讨论了视网膜的Infomax滤波器的实现情况。研究表明，冗余对实现环境内部表征的噪声鲁棒性至关重要，因为它是由视网膜等感官系统产生的。

8. 典型相关分析。典型相关分析理论最初由Hotelling(1935, 1936)提出。为了描述这一理论，我们按照Anderson(1984)的处理方式。考虑由 m 个分量组成的零均值随机向量 $\boldsymbol{X}$，其 $m \times m$ 维协方差矩阵为 $\boldsymbol{\Sigma}$。将 $\boldsymbol{X}$ 分解为两个子向量 $\boldsymbol{X}_a$ 和 $\boldsymbol{X}_b$，它们分别由分量 m_a 和 m_b 组成。相应地，协方差矩阵 $\boldsymbol{\Sigma}$ 被分解为

$$
\boldsymbol{\Sigma} = \mathbb{E}[\boldsymbol{X}\boldsymbol{X}^{\mathrm{T}}] = \mathbb{E}\left[\begin{pmatrix} \boldsymbol{X}_a \\ \boldsymbol{X}_b \end{pmatrix} (\boldsymbol{X}_a, \boldsymbol{X}_b)^{\mathrm{T}}\right] = \begin{bmatrix} \mathbb{E}[\boldsymbol{X}_a\boldsymbol{X}_a^{\mathrm{T}}] & \mathbb{E}[\boldsymbol{X}_a\boldsymbol{X}_b^{\mathrm{T}}] \\ \mathbb{E}[\boldsymbol{X}_b\boldsymbol{X}_a^{\mathrm{T}}] & \mathbb{E}[\boldsymbol{X}_b\boldsymbol{X}_b^{\mathrm{T}}] \end{bmatrix} = \begin{bmatrix} \boldsymbol{\Sigma}_{aa} & \boldsymbol{\Sigma}_{ab} \\ \boldsymbol{\Sigma}_{ba} & \boldsymbol{\Sigma}_{bb} \end{bmatrix}
$$

式中，$\boldsymbol{\Sigma}_{ba} = \boldsymbol{\Sigma}_{ab}^{\mathrm{T}}$。典型相关分析（CCA）的目的是对子向量 $\boldsymbol{X}_a$ 和 $\boldsymbol{X}_b$ 进行线性变换，以便清楚地表示

变换后随机变量之间的相互关系。为此，考虑线性变换

$$Y_a = \boldsymbol{w}_a^{\mathrm{T}} \boldsymbol{X}_a, \qquad Y_b = \boldsymbol{w}_b^{\mathrm{T}} \boldsymbol{X}_b$$

式中，Y_a 和 Y_b 都是零均值随机变量，且 $m_a \times 1$ 维向量 $\boldsymbol{w}_a$ 和 $m_b \times 1$ 维向量 $\boldsymbol{w}_b$ 是待定的基向量。由于 Y_a 和 Y_b 的倍数的交叉相关函数与 Y_a 和 Y_b 自身的交叉相关函数相同，因此可以要求权重向量 $\boldsymbol{w}_a$ 和 $\boldsymbol{w}_b$ 的选择方式使得 Y_a 和 Y_b 的方差为1。这一要求导致以下两个条件：

$$1 = \mathbb{E}[Y_a^2] = \mathbb{E}[\boldsymbol{w}_a^{\mathrm{T}} \boldsymbol{X}_a \boldsymbol{X}_a^{\mathrm{T}} \boldsymbol{w}_a] = \boldsymbol{w}_a^{\mathrm{T}} \Sigma_{aa} \boldsymbol{w}_a \tag{A}$$

$$1 = \mathbb{E}[Y_b^2] = \mathbb{E}[\boldsymbol{w}_b^{\mathrm{T}} \boldsymbol{X}_b \boldsymbol{X}_b^{\mathrm{T}} \boldsymbol{w}_b] = \boldsymbol{w}_b^{\mathrm{T}} \Sigma_{bb} \boldsymbol{w}_b \tag{B}$$

有了上述介绍性素材，现在就可以说明手头的问题：

寻找权重向量 $\boldsymbol{w}_a$ 和 $\boldsymbol{w}_b$，使交叉相关函数最大化：

$$\mathbb{E}[Y_a Y_b] = \mathbb{E}[\boldsymbol{w}_a^{\mathrm{T}} \boldsymbol{X}_a \boldsymbol{X}_a^{\mathrm{T}} \boldsymbol{w}_b] = \boldsymbol{w}_a^{\mathrm{T}} \boldsymbol{\Sigma}_{ab} \boldsymbol{w}_b$$

前提是符合式（A）和式（B）中的两个条件。

为了求解约束优化问题，我们使用拉格朗日乘子法。拉格朗日算子为

$$J(\boldsymbol{w}_a, \boldsymbol{w}_b) = \boldsymbol{w}_a^{\mathrm{T}} \boldsymbol{\Sigma}_{ab} \boldsymbol{w}_b - \frac{1}{2}\mu_a(\boldsymbol{w}_a^{\mathrm{T}} \boldsymbol{\Sigma}_{aa} \boldsymbol{w}_a - 1) - \frac{1}{2}\mu_b(\boldsymbol{w}_b^{\mathrm{T}} \boldsymbol{\Sigma}_{bb} \boldsymbol{w}_b - 1)$$

式中，μ_a 和 μ_b 是拉格朗日乘子，为了简化表达，引入了因子1/2。拉格朗日函数 $J(\boldsymbol{w}_a, \boldsymbol{w}_b)$ 关于 $\boldsymbol{w}_a$ 和 $\boldsymbol{w}_b$ 求导并令结果为0，得到如下两个方程：

$$\boldsymbol{\Sigma}_{ab} \boldsymbol{w}_b - \mu_a \boldsymbol{\Sigma}_{aa} \boldsymbol{w}_a = \boldsymbol{0} \tag{C}$$

$$\boldsymbol{\Sigma}_{ba} \boldsymbol{w}_a - \mu_b \boldsymbol{\Sigma}_{bb} \boldsymbol{w}_b = \boldsymbol{0} \tag{D}$$

式（C）和式（D）的左边分别乘以 $\boldsymbol{w}_a^{\mathrm{T}}$ 和 $\boldsymbol{w}_b^{\mathrm{T}}$，得

$$\boldsymbol{w}_a^{\mathrm{T}} \boldsymbol{\Sigma}_{ab} \boldsymbol{w}_b - \mu_a \boldsymbol{w}_a^{\mathrm{T}} \boldsymbol{\Sigma}_{aa} \boldsymbol{w}_a = \boldsymbol{0} \tag{E}$$

$$\boldsymbol{w}_b^{\mathrm{T}} \boldsymbol{\Sigma}_{ba} \boldsymbol{w}_a - \mu_b \boldsymbol{w}_b^{\mathrm{T}} \boldsymbol{\Sigma}_{bb} \boldsymbol{w}_b = \boldsymbol{0} \tag{F}$$

然后，在式（E）和式（F）中分别调用式（A）和式（B）的条件，证明

$$\mu_a = \mu_b = \boldsymbol{w}_a^{\mathrm{T}} \boldsymbol{\Sigma}_{ab} \boldsymbol{w}_b \tag{G}$$

式中利用了关系 $\boldsymbol{\Sigma}_{ba} = \boldsymbol{\Sigma}_{ab}^{\mathrm{T}}$。因此，假设在拉格朗日算子 $J(\boldsymbol{w}_a, \boldsymbol{w}_b)$ 中两个拉格朗日乘子具有共同的值，以后记为 μ。而且，认识到 Y_a 和 Y_b 的方差都被归一化为1，由式（G）可知拉格朗日乘子 μ 是这两个随机变量之间的典型相关。现在的关键问题是如何确定基向量 $\boldsymbol{w}_a$ 和 $\boldsymbol{w}_b$。利用式（C）和式（D），可以证明基向量 $\boldsymbol{w}_a$ 和 $\boldsymbol{w}_b$ 分别由一对特征方程定义：

$$\underbrace{\boldsymbol{\Sigma}_{aa}^{-1} \boldsymbol{\Sigma}_{ab} \boldsymbol{\Sigma}_{bb}^{-1} \boldsymbol{\Sigma}_{ba}}_{\boldsymbol{C}_a} \boldsymbol{w}_a = \lambda \boldsymbol{w}_a \tag{H}$$

$$\underbrace{\boldsymbol{\Sigma}_{bb}^{-1} \boldsymbol{\Sigma}_{ba} \boldsymbol{\Sigma}_{aa}^{-1} \boldsymbol{\Sigma}_{ab}}_{\boldsymbol{C}_b} \boldsymbol{w}_b = \lambda \boldsymbol{w}_b \tag{I}$$

式中，

$$\lambda = \mu^2 \tag{J}$$

因此，可以给出如下陈述：

1. 矩阵 $\boldsymbol{C}_a$ 的特征值 λ 等于典型相关的平方值，相应的特征向量定义了基向量 $\boldsymbol{w}_a$。

2. 第二个矩阵 $\boldsymbol{C}_b$ 的特征值 λ 也等于典型相关的平方值，相应的特征向量定义了第二个基向量 $\boldsymbol{w}_b$。

然而，注意特征方程（G）、（H）和（I）的有意义解的数量受到维数 m_a 或 m_b 的限制，无论哪个都是较小的。最大特征值 λ_1 产生最强的典型相关，特征值 λ_2 产生次强的典型相关，以此类推。

如本文所述，典型相关分析（CCA）可用于揭示两个相关但不同的数据集之间的二阶统计相关量。甚至，尽管CCA不包括高阶统计量，但它在实践中通常表现良好。由式（H）和式（I）可知，当矩阵 $\boldsymbol{C}_a$ 和 $\boldsymbol{C}_b$ 被赋予一个共同值时，即子向量 $\boldsymbol{X}_a$ 和 $\boldsymbol{X}_b$ 是相同的向量时，典型相关分析包含了主成分作为特例。

注意，Fyfe(2005)介绍了关于典型相关分析的两个不同神经实现，得到了人工和实际数据的模拟支持。

9． Uttley的Informon。Uttley(1970)通过优化路径的输入和输出信号之间的相互信息的负值，考虑了负信息路径。结果表明，在自适应过程中，该系统可成为输入信号中出现频率较高的模式的判别器。这个模型称为informon，它与Imin原则有松散的联系。

10． 模糊Imin处理器。Ukrainec and Haykin(1996)描述的系统包括一个后探测处理器，它利用的是反射器沿水道的水陆边界位置的先验知识。模糊处理器将初始探测性能和基于视觉的边缘检测器的输出结合起来，以便有效地去除错误警报，进而提高系统性能。

11． 历史记录。关于盲源分离和独立成分分析的两篇开创性论文在如下文献中得到广泛认可：

- Herault et al.(1985)关于使用Hebb学习的盲源分离问题（BSS）的论文。
- Comon(1994)关于独立成分分析（ICA）的论文中，首次提出了这一术语。

关于BSS和ICA的详细历史记录，包括一些其他的早期贡献，见Jutten and Taleb(2000)。

12． 自然梯度。Cardoso and Laheld(1996)描述了用梯度 $\nabla^* D = (\nabla D)\boldsymbol{W}^{\mathrm{T}}\boldsymbol{W}$ 代替普通梯度 ∇D 来求解盲源分离问题的想法。其中，$\nabla^* D$ 称为*相对梯度*，它与自然梯度完全相同，自然梯度的定义遵循信息几何的观点（Amari, 1998; Amari et al., 1996）。

13． 黎曼空间。例如，在维数为 n 的黎曼空间中，向量 $\boldsymbol{a}$ 的平方范数定义为

$$\|\boldsymbol{a}\|^2 = \sum_{i=1}^{n}\sum_{j=1}^{n} a_i g_{ij} a_j$$

式中，g_{ij} 是黎曼空间坐标 $x_1, x_2, \cdots, x_n$ 的函数，$g_{ij} = g_{ji}$，且表达式右边总为正。这个表达式是平方范数的欧氏公式

$$\|\boldsymbol{a}\|^2 = \sum_{i=1}^{n} a_i^2$$

的推广。关于黎曼空间结构的讨论，见Amari(1987)、Murray and Rice(1993)和Rosenberg(1997)。

14． 超高斯分布和亚高斯分布。假设有一个随机变量 X，其概率密度函数为 $p_X(x)$，其中 x 是 X 的一个样本值。令 $p_X(x)$ 为 $\exp(-g(x))$，其中 $g(x)$ 是 x 的偶函数，除了可能在原点处，它对 x 是可微的；$g(x)$ 对 x 求导用 $g'(x)$ 表示。

若 $0 < x < \infty$ 时 $g'(x)/x$ 严格递减，则称随机变量 X 是超高斯分布的。例如，可取 $g(x) = |x|^\beta, \beta < 2$。

另一方面，若随机变量 X 是均匀分布的，或者当 $0 < x < \infty$ 时 $g(x)$ 和 $g'(x)/x$ 严格递增，则称随机变量 X 是亚高斯分布的。例如，可取 $g(x) = |x|^\beta, \beta > 2$。

有时，我们发现随机变量的峰度符号被用作其超高斯性或亚高斯性的指标，这可能是一种滥用。随机变量 X 的峰度定义为

$$K_4 = \frac{\mathbb{E}[X^4]}{(\mathbb{E}[X^2])^2} - 3$$

在此基础上，根据峰度 K_4 为负或为正，随机变量 X 分别称为亚高斯的或超高斯的。

15． 另一个历史记录。从历史上看，Cardoso(1997)第一个从理论上证明：在自然梯度算法中利用正确类型的非线性激活函数解盲源分离对其达到收敛是充分的。

16． 最大似然估计。最大似然估计有一些期望的性质。在普遍条件下，可以证明下列渐近性质（Kmenta, 1971）：

- 最大似然估计是一致的。设 $L(\theta)$ 表示对数似然函数，θ_i 表示参数向量 $\boldsymbol{\theta}$ 的一个元素。偏导数 $\partial L/\partial\theta_i$ 称为分数。我们说最大似然估计是一致的，即当估计所用的样本量接近无穷大时，分数 $\partial L/\partial\theta_i$ 为零的 θ_i 值概率上收敛于 θ_i 的真实值。
- 最大似然估计是渐近有效的。也就是说，

$$\lim_{N \to \infty} \left\{ \frac{\text{var}[\theta_i - \hat{\theta}_i]}{I_{ii}} \right\} = 1 \text{，所有 } i$$

式中，N 为样本量，$\hat{\theta}_i$ 为 θ_i 的最大似然估计，I_{ii} 为Fisher信息矩阵的逆矩阵的第 i 个对角元素。Fisher信息矩阵定义为

$$\boldsymbol{J} = -\begin{bmatrix} \mathbb{E}\left[\frac{\partial^2 L}{\partial \theta_1^2}\right] & \mathbb{E}\left[\frac{\partial^2 L}{\partial \theta_1 \partial \theta_2}\right] & \cdots & \mathbb{E}\left[\frac{\partial^2 L}{\partial \theta_1 \partial \theta_m}\right] \\ \mathbb{E}\left[\frac{\partial^2 L}{\partial \theta_2 \partial \theta_1}\right] & \mathbb{E}\left[\frac{\partial^2 L}{\partial \theta_2^2}\right] & \cdots & \mathbb{E}\left[\frac{\partial^2 L}{\partial \theta_2 \partial \theta_m}\right] \\ \mathbb{E}\left[\frac{\partial^2 L}{\partial \theta_m \partial \theta_1}\right] & \mathbb{E}\left[\frac{\partial^2 L}{\partial \theta_m \partial \theta_2}\right] & \cdots & \mathbb{E}\left[\frac{\partial^2 L}{\partial \theta_m^2}\right] \end{bmatrix}$$

式中，m 是参数向量 $\boldsymbol{\theta}$ 的维数。

- *最大似然估计是渐近高斯的*。也就是说，当样本容量趋于无穷大时，最大似然估计 $\hat{\boldsymbol{\theta}}$ 的每个元素都假设是高斯分布的。

事实上，我们发现最大似然估计的大样本（渐近）性质在样本量为 $N \geqslant 50$ 时保持得很好。

17. *ICA的Infomax的原始版本*。式（10.127）是由Bell and Sejnowski(1995)导出的ICA算法的Infomax的原始版本。这个原始算法的收敛速度很慢，因为 $\boldsymbol{W}^{-\mathrm{T}}$ 表示转置后的分离矩阵 $\boldsymbol{W}$ 的逆矩阵。后来发现，利用自然梯度代替普通（欧氏）梯度，算法的收敛速度明显加快。

18. Golub and Van Loan(1996)介绍了Gram-Schmidt正交化过程。

19. *对称FastICA*。除了10.17节中介绍的单个单元压缩版本的快速ICA算法，还有另一个版本的算法，称为对称FastICA算法，这个算法以并行方式来估计盲源分离问题的组成部分。具体来说，该算法涉及对每个分量进行单个单元更新的并行计算，然后在每次迭代后对估计的分离矩阵进行对称正交化。Tichavsky et al. (2006)从“局部”意义上给出了两种算法可分性的解析闭合表达式。

20. *TIMIT数据库*。TIMIT（Texas Instruments and Massachusetts Institute of Technology）数据库是语音识别的一个标准数据库，它是在安静环境下录制的8kHz带宽朗读（非对话）语音，包括630位发言者（438位男性和192位女性），每位发言者有10段发言，平均每段发言的时长为3秒。

21. *关于信息瓶颈的另一个观点*。考虑信息瓶颈法的另一种方式是将其视为经典概念“最小充分统计量”的泛化。样本概率密度函数 $p_{\boldsymbol{X}|\boldsymbol{A}}(\boldsymbol{x}_1, \boldsymbol{x}_2, \cdots, \boldsymbol{x}_n|\boldsymbol{a})$ 中参数向量 $\boldsymbol{a}$ 的充分统计量是样本的向量函数 $\boldsymbol{S}(\boldsymbol{X})$，它保留了样本中关于参数 $\boldsymbol{a}$ 的所有互信息，即 $I(\boldsymbol{X};\boldsymbol{a}) = I(\boldsymbol{S}(\boldsymbol{X});\boldsymbol{a})$。最小充分统计量可能是最简单的充分统计量，或者是任何其他充分统计量的函数，$\boldsymbol{T}(\boldsymbol{X}) = f(\boldsymbol{S}(\boldsymbol{X}))$。根据数据处理不等式的互信息的基本性质（Cover & Thomas 2006），可以得出对任意充分统计量 $\boldsymbol{S}(\boldsymbol{X})$，若 $I(\boldsymbol{T};\boldsymbol{X}) \leqslant I(\boldsymbol{S};\boldsymbol{X})$，则 $\boldsymbol{T}(\boldsymbol{X})$ 是最小的。最小充分统计量捕获了样本 $\boldsymbol{X}$ 中有关参数向量 $\boldsymbol{a}$ 的相关部分的概念。遗憾的是，精确（固定维数）的充分统计量只存在于指数形式的分布中。这个重要概念的一个有吸引力的推广是通过信息瓶颈法实现的，它明确找到了 $\boldsymbol{X}$ 的函数，该函数具有关于 $\boldsymbol{X}$ 的最小互信息和相关变量 $\boldsymbol{Y}$（或参数统计意义下的 $\boldsymbol{a}$）的最大信息。

22. *经典ICA理论之外*。本章前面重点讨论了经典ICA理论。独立成分分析和盲源分离研究已取得显著扩展，包括如下内容：

- *卷积混合的分离*，其中的重点是在实际观测到的信号混合中卷积起关键作用。
- *非线性盲源分离*，非线性是混合过程的基本特征。
- *非独立源的盲源分离*，即一个或多个源信号可能不是统计独立的。
- *有噪独立成分分析*，经典ICA理论的无噪声要求被放宽，迫使我们面对有噪源信号的现实。
- *欠确定方案*，其中源信号的数量大于混合过程输出端的可观测数量，这可能在现实中发生。
- *多个独立子空间*，其中ICA理论被扩展到一种情况：源产生的信号占据不同的子空间，这些子空间是

统计独立的，但在每个子空间中有关的源信号依然是相关的。

- 利用非平稳性的盲源分离技术，其中源信号假设是非平稳的，挑战建立在非平稳性的概念上。
- 盲源分离技术，其数学基础取决于源信号的时频表达。
- 稀疏成分分析，其中源信号（如自然图像）的稀疏性的概念在分离中起关键作用。
- 基于时间相关的盲源分离技术，可以在特殊条件下分离独立的高斯源。

这里列出的是一系列课题，它们不仅和源信号的实际情况有关，而且突出了ICA和BSS理论及其应用涉及的理论挑战。对于这些课题的详细讨论，有兴趣的读者可参阅Hyvärinen et al.(2001)、Roberts and Everson(2001)、Cichocki and Amari(2002)、Cardoso(2001)和Choi et al.(2005)。

习题

最大熵原则

10.1 随机变量X的支撑（非零值的范围）定义为$[a, b]$，且无其他约束。该随机变量的最大熵分布是什么？证明你的结论。

互信息

10.2 (a) 利用微分熵$h(X)$和条件微分熵$h(X|Y)$的定义，根据式（10.28）定义连续随机变量X和Y之间的互信息$I(X;Y)$。(b) 利用互信息$I(X;Y)$推导的积分公式证明式（10.30）到式（10.32）中描述的性质。(c) 证明式（10.35），将KL散度$D_{p\|g}$表示为期望公式。

10.3 考虑一个由初始分量$\boldsymbol{X}_1$和背景分量$\boldsymbol{X}_2$组成的随机输入向量$\boldsymbol{X}$。定义

$$Y_i = \boldsymbol{a}_i^{\mathrm{T}} \boldsymbol{X}_1, \qquad Z_i = \boldsymbol{b}_i^{\mathrm{T}} \boldsymbol{X}_2$$

$\boldsymbol{X}_1$和$\boldsymbol{X}_2$之间的互信息及Y_i和Z_i之间的互信息有何关系？设向量$\boldsymbol{X}$的概率模型是多元高斯分布的：

$$p_{\boldsymbol{X}}(\boldsymbol{x}) = \frac{1}{(2\pi)^{m/2}(\det \boldsymbol{\Sigma})^{1/2}} \exp((\boldsymbol{x}-\boldsymbol{\mu})^{\mathrm{T}} \boldsymbol{\Sigma}^{-1}(\boldsymbol{x}-\boldsymbol{\mu}))$$

式中，$\boldsymbol{\mu}$是$\boldsymbol{X}$的均值，$\boldsymbol{\Sigma}$是其协方差矩阵。

10.4 本题探索用KL散度（KLD）来推导多层感知器的监督学习算法（Hopfield, 1987; Baum and Wilczek, 1988）。具体来说，考虑一个由输入层、隐藏层和输出层构成的多层感知器，假设输入一个实例或样本α，输出层神经元k的输出解释为概率

$$y_{k|\alpha} = p_{k|\alpha}$$

相应地，让$q_{k|\alpha}$在给定输入情况α下，表示命题k为真的条件概率的实际（真）值。该多层感知器的KLD定义为

$$D_{p\|q} = \sum_{\alpha} p_{\alpha} \sum_{k} \left(q_{k|\alpha} \log\left(\frac{q_{k|\alpha}}{p_{k|\alpha}}\right) + (1-q_{k|\alpha}) \log\left(\frac{1-q_{k|\alpha}}{1-p_{k|\alpha}}\right) \right)$$

式中，P_{α}是α情况出现的先验概率。以$D_{p\|q}$为优化的代价函数，推导出训练多层感知器的学习规则。

Copula函数

10.5 说明10.6节中性质1列出的Copula函数$C_{UV}(u, v)$的三个极限值。

10.6 Copula函数的一个有趣应用是生成新的分布（Genest and MacKay, 1989）。

(a) Copula函数积。统计独立随机变量X和Y的每个成员都是均匀分布的：

$$p_X(x) = \begin{cases} \frac{1}{2}, & -1 \leqslant x \leqslant +1 \\ 0, & \text{其他} \end{cases}, \qquad p_Y(y) = \begin{cases} \frac{1}{2}, & -1 \leqslant y \leqslant +1 \\ 0, & \text{其他} \end{cases}$$

绘制Copula函数$C_{UV}(u; v)$。

(b) 高斯Copula函数。考虑均值为零、方差为1的一对相关高斯分布，为下面的两个相关系数画出相应的Copula函数：(i)$\rho = 0.9$；(ii)$\rho = -0.95$。

10.7 考虑一对随机变量X和Y，其互信息记为$I(X; Y)$。比较式（10.28）和基于Copula函数作为统计相关性度量的式（10.49）中的$I(X; Y)$的公式。

10.8 为推导式（10.50）的互信息和Copula函数的熵间的关系，我们采用了直接方式。根据与推导式（10.49）相似的方法，重新推导式（10.50）。

Infomax原则

10.9 考虑两个信道，其输出分别用随机变量X和Y表示，要求使X和Y之间的互信息最大。证明这个要求是通过满足以下两个条件来实现的：(a) X和Y出现的概率是0.5。(b)X和Y的联合概率分布集中在概率空间中的一个小区域内。

10.10 考虑图P10.10中的噪声模型，图中显示了双神经元网络的输入端有m个源节点，两个神经元都是线性的。输入由$X_1, X_2, \cdots, X_m$表示，得到的输出分别用Y_1和Y_2表示。可以假设：

- 网络输出端的加性噪声分量N_1和N_2均是高斯分布的，均值为零，共同方差为σ_N^2，且互不相关。
- 每个噪声源与输入信号都不相关。
- 输出信号Y_1和Y_2都是均值为零的高斯随机变量。

(a) 求输出向量$\boldsymbol{Y} = [Y_1, Y_2]^{\mathrm{T}}$与输入向量$\boldsymbol{X} = [X_1, X_2, \cdots, X_m]^{\mathrm{T}}$之间的互信息$I(X; Y)$。(b) 利用(a)问中的结果，研究以下条件下冗余和多样性的折中：(i) 噪声方差大，即σ_N^2与Y_1和Y_2的方差相比较大；(ii) 噪声方差小，即σ_N^2与Y_1和Y_2的方差相比较小。

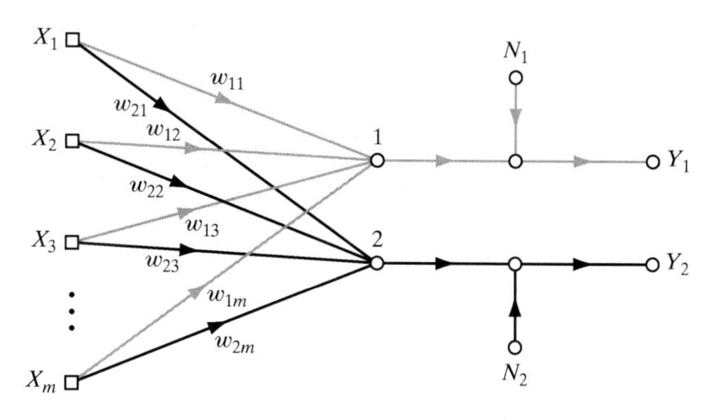

图P10.10

10.11 在10.10节描述的Imax原则中，目标是根据噪声神经系统的输入向量$\boldsymbol{X}_a$和$\boldsymbol{X}_b$，求输出Y_a和Y_b之间的互信息$I(Y_a;Y_b)$的最大值。在另一种方法中，目标是求输出Y_a和Y_b的平均值与它们共有的底层信号分量S之间的互信息$I\left(\frac{Y_a+Y_b}{2};S\right)$的最大值。用例8中描述的噪声模型，完成下列任务。(a) 证明

$$I\left(\frac{Y_a+Y_b}{2};S\right) = \log\left(\frac{\mathrm{var}[Y_a+Y_b]}{\mathrm{var}[N_a+N_b]}\right)$$

式中，N_a和N_b分别是Y_a和Y_b中的噪声分量。(b) 用信号加噪声与噪声之比来解释该互信息。

独立成分分析

10.12 详细比较主成分分析（见第8章）与独立成分分析（见10.12节）。

10.13 在检测和分类之前，独立成分分析可作为近似数据分析的预处理步骤（Comon, 1994）。讨论这个应用可以利用独立成分分析的哪个特性。

10.14 Darmois定理指出仅当各个独立变量呈高斯分布时，其和才是高斯分布的（Darmois, 1953）。用独立成分分析证明这个定理。

10.15 在实践中，独立成分分析的算法实现只能做到“尽可能统计独立”。比较该算法求解盲源分离问题的结果与用去相关法求解的结果。假设观测向量的协方差矩阵是非奇异的。

ICA的自然梯度学习算法

10.16 参考图10.12描述的系统，证明分离器的输出$\boldsymbol{Y}$的任何两个分量之间的互信息最小化，与参数化概率密度函数$p_{\boldsymbol{Y}}(\boldsymbol{y},\boldsymbol{W})$和相应阶乘分布$\tilde{p}_{\boldsymbol{Y}}(\boldsymbol{y},\boldsymbol{W})$之间的KL散度的最小化等价。

10.17 式（10.100）描述的盲源分离问题的自适应算法有两个重要性质：① 等变化性；② 权重矩阵$\boldsymbol{W}$保持非奇异。性质①在10.14节的后面已有详细介绍。本题中考虑性质②。

设式（10.100）所示算法启动时的初始值$\boldsymbol{W}(0)$满足条件$|\det(\boldsymbol{W}(0))| \neq 0$，则

$$|\det(\boldsymbol{W}(n))| \neq 0\text{，所有}n$$

证明这是保证$\boldsymbol{W}(n)$对所有n非奇异的充要条件。

10.18 本题为式（10.100）描述的ICA自然梯度学习算法确定批量公式。具体地，我们写出

$$\Delta\boldsymbol{W} = \eta\left(\boldsymbol{I} - \tfrac{1}{N}\boldsymbol{\Phi}(\boldsymbol{Y})\boldsymbol{Y}^{\mathrm{T}}\right)\boldsymbol{W}$$

式中，

$$\boldsymbol{Y} = \begin{bmatrix} y_1(1) & y_1(2) & \cdots & y_1(N) \\ y_2(1) & y_2(2) & \cdots & y_2(N) \\ \vdots & \vdots & \ddots & \vdots \\ y_m(1) & y_m(2) & \cdots & y_m(N) \end{bmatrix},\quad \boldsymbol{\Phi}(\boldsymbol{Y}) = \begin{bmatrix} \varphi(y_1(1)) & \varphi(y_1(2)) & \cdots & \varphi(y_1(N)) \\ \varphi(y_2(1)) & \varphi(y_2(2)) & \cdots & \varphi(y_2(N)) \\ \vdots & \vdots & \ddots & \vdots \\ \varphi(y_m(1)) & \varphi(y_m(2)) & \cdots & \varphi(y_m(N)) \end{bmatrix}$$

其中N为可用的数据点数。如前所述，证明将调整$\Delta\boldsymbol{W}$应用于权重矩阵$\boldsymbol{W}$的公式成立。

ICA算法的Infomax

10.19 考虑图10.16，得到（使用符号表示随机向量）

$$\boldsymbol{Y} = \boldsymbol{W}\boldsymbol{X}$$

式中，$\boldsymbol{Y} = [Y_1, Y_2,\cdots, Y_m]^{\mathrm{T}}$，$\boldsymbol{X} = [X_1, X_2,\cdots, X_m]^{\mathrm{T}}$。$\boldsymbol{W}$是一个$m\times m$维权重矩阵。令

$$\boldsymbol{Z} = [Z_1, Z_2,\cdots, Z_m]^{\mathrm{T}}$$

式中，$Z_k = \varphi(Y_k), k = 1, 2,\cdots, m$。

(a) 根据这种关系，证明$\boldsymbol{Z}$的联合熵与KL散度$D_{p\|\tilde{p}}$有关：

$$h(\boldsymbol{Z}) = -D_{p\|\tilde{p}} - D_{\tilde{p}\|q}$$

式中，$D_{\tilde{p}\|q}$是输出向量$\boldsymbol{Y}$的统计独立（因式分解）概率密度函数和由$\prod_{i=1}^{m} q(y_i)$定义的概率密度函数之间的KL散度。(b) 对所有i，当$q(y_i)$与初始源输出S_i的概率密度函数相等时，$h(\boldsymbol{Z})$的公式如何修改？

10.20 (a) 从式（10.124）开始，推导式（10.125）中给出的结果。(b) 对于式（10.126）中的逻辑斯蒂函数，证明使用式（10.125）可得式（10.127）给出的公式。(c) 构建基于式（10.129）的学习算法的盲源分离Infomax算法信号流图。

FastICA算法

10.21 给定由式（10.132）和式（10.133）定义的函数$\Phi(v)$，即

1. $\Phi(v) = \log(\cosh(v))$
2. $\Phi(v) = \exp\left(-\frac{v^2}{2}\right)$

推导出以下表达式：

$$\varphi(v)=\frac{\mathrm{d}\Phi(v)}{\mathrm{d}v}, \quad \varphi'(v)=\frac{\mathrm{d}\varphi(v)}{\partial v}$$

$\Phi(v)$, $\varphi(v)$和 $\varphi'(v)$ 中的哪个符合神经激活函数的描述？证明你的答案。

10.22 据称FastICA算法比其他ICA算法快得多，如自然梯度算法和Infomax ICA算法。确定FastICA算法产生这一重要性质的特点。

相干ICA

10.23 结合Infomax和Imax对目标函数$J(\boldsymbol{W}_a,\boldsymbol{W}_b)$的贡献时，我们忽略了正则化，正则化提供了在Infomax和Imax成分之间的折中。这样做是为了简化ICA算法。如何修改这个目标函数，以保持网络a和b的输出之间的统计相关关系，同时在目标函数中包含正则化？这个扩展的影响是什么？

10.24 在计算方面，相干ICA算法有两个特征，它们与FastICA算法的两个特征相似。这些特征是什么？给出详细说明。

10.25 对比相干ICA和其他ICA有什么不同的特征。

信息瓶颈法

10.26 考虑图10.21所示的$I(\boldsymbol{T};\boldsymbol{Y})$和$I(\boldsymbol{X};\boldsymbol{T})$的信息曲线。证明对于最优信息瓶颈解决方案，该曲线是一条递增的凹形曲线，每点的斜率都是$1/\beta$。

10.27 图10.22所示的信息瓶颈法的描述与图4.19(a)所示的复制因子网络（身份映射）有很多相似之处。详细说明这一说法及其含义。

10.28 式（10.184）由式（10.182）得到。(a)证明式（10.184）；(b)证明伴随方程（10.185）的公式。

10.29 在将式（10.183）中的优化条件用到式（10.186）所示拉格朗日算子的过程中，跳过了一些关键步骤。

(a) 从式（10.183）开始，推导得到如下结果的所有步骤：

$$\frac{1}{\lambda}\|\boldsymbol{x}-\boldsymbol{\gamma}(\boldsymbol{t})\|^2+\log\left(\frac{q_{T|X}(\boldsymbol{t}\mid\boldsymbol{x})}{q_T(\boldsymbol{t})}\right)+\frac{\beta(\boldsymbol{x})}{\lambda p_X(\boldsymbol{x})}=0$$

(b) 由此，推导出式（10.188）和式（10.189）中提出的两个一致性公式。

计算机实验

10.30 考虑在图10.9中描述的系统，它包含如下三个独立源：

$$s_1(n)=0.1\sin(400n)\cos(30n)$$
$$s_2(n)=0.01\mathrm{sgn}(\sin(500n+9\cos(40n)))$$
$$s_3(n)=\text{均匀分布在区间}[-1,1]\text{上的噪声}$$

混合矩阵$\boldsymbol{A}$为

$$\boldsymbol{A}=\begin{bmatrix}0.56 & 0.79 & -0.37\\ -0.75 & 0.65 & 0.86\\ 0.17 & 0.32 & -0.48\end{bmatrix}$$

(a) 画出三个源信号$s_1(n)$, $s_2(n)$和$s_3(n)$的波形图。(b) 利用10.14节、10.16节和10.17节中介绍的三个ICA算法解盲源分离问题，包含源$s_1(n)$, $s_2(n)$和$s_3(n)$和混合矩阵$\boldsymbol{A}$。画出分离器输出端产生的波形，并与(a)问中画出的波形进行比较。(c)求出分离矩阵$\boldsymbol{W}$。

10.31 在10.21节描述的计算机实验中，我们利用了最优流形（对数据的无监督表达）和最小均方算法（LMS）来进行模式分类。用于分类的数据基于图1.8所示的双月构形。

(a) 重做10.21节的计算机实验，但这次用递归最小二乘（RLS）算法代替LMS算法。

(b) 从性能收敛性和计算复杂度的角度，将你的实验结果和10.21节的结果进行比较。

第11章　源于统计力学的随机方法

本章在统计力学思想的基础上，研究随机算法的模拟、优化和学习。本章中的各节安排如下：

- 11.1节为引言，介绍研究上述主题的动机；11.2节简介统计力学，重点介绍热力学中自由能量和熵的概念。
- 11.3节讨论马尔可夫链，它是在统计力学研究中经常遇到的特殊随机过程。
- 11.4节、11.5节和11.6节分别讨论三种随机模拟/优化方法——Metropolis算法、模拟退火和吉布斯采样。Metropolis算法和吉布斯采样主要用于模拟静态和非静态过程，模拟退火主要用于优化。
- 11.7节至11.9节介绍基于统计力学的随机机器，包括玻尔兹曼机、逻辑斯蒂置信网络、深度置信网络。深度置信网络的主要特点是，克服了古典玻尔兹曼机和逻辑斯蒂置信网络的局限性。
- 11.10节描述确定性退火。确定性退火是对模拟退火的近似，尽管名称是确定性退火，但它是一种随机算法。11.11节介绍期望-最大算法，并将其与确定性退火进行比较。
- 11.12节为小结和讨论。

11.1　引言

无监督（自组织）学习系统以统计力学中的思想为基础，而统计力学研究的是由多要素组成的大系统的宏观平衡特性，系统中的每个元素都遵循力学的微观规律。统计力学的主要目的是从原子和电子等微观元素的运动出发，推导出宏观物体的热力学性质（Landau and Lifshitz, 1980; Parisi, 1988）。这里需要面对数量巨大的自由度，因此离不开概率方法。如香农的信息论那样，熵在统计力学的研究中起至关重要的作用。因此，可做如下表述：

系统越有序，或者潜在的概率分布越集中，熵就越小。

反之，系统越无序或者其概率分布越均匀，熵就越大。1957年，Jaynes证明了熵不仅可以作为构建统计推理的出发点，而且可以作为生成统计力学研究基础的吉布斯分布的出发点。

以统计力学为基础研究神经网络，可追溯到Cragg and Tamperley(1954)和Cowan(1968)的早期工作。玻尔兹曼机（Hinton and Sejnowski, 1983, 1986; Ackley et al., 1985）是第一个受统计力学启发的多层学习机。从机器的命名，可以看出玻尔兹曼早期从事的统计热力学工作与神经网络具有的动力学行为的一致性。基本上，玻尔兹曼机是一个随机系统，用于对给定数据集的概率分布建模，获得用于模式组合和模式分类等任务的条件分布。遗憾的是，早期版本的玻尔兹曼机的学习过程非常缓慢，因此促进了玻尔兹曼机的新发展，推动了新随机机器的产生。以上这些问题构成本章的基本内容。

11.2　统计力学

考虑具有多个自由度的物理系统，它可处于任何一个可能的状态。令 p_i 表示一个随机系统中状态 i 发生的概率，满足

$$p_i \geqslant 0, \quad 所有i \tag{11.1}$$

$$\sum_i p_i = 1 \tag{11.2}$$

令 E_i 表示系统处于状态 i 时的能量。根据统计力学的一个基本结论，当系统与其周围环境处于热平衡状态时，状态 i 出现的概率定义为

$$p_i = \frac{1}{Z}\exp\left(-\frac{E_i}{k_B T}\right) \tag{11.3}$$

式中，T 为热力学温度［单位为开尔文（K）］，k_B 为玻尔兹曼常数，Z 为与状态无关的常数。1K 相当于−273℃，且 $k_B = 1.38\times10^{-23}$ J/K。

式（11.2）定义概率满足归一化条件，将该条件引入式（11.3）得

$$Z = \sum_i \exp\left(-\frac{E_i}{k_B T}\right) \tag{11.4}$$

归一化量 Z 称为*状态和*或*分割函数*（常用符号 Z 表示）。式（11.3）中的概率分布称为*典型分布*或*吉布斯分布*；指数因子 $\exp(-E_i/k_B T)$ 称为*玻尔兹曼因子*。

对于吉布斯分布，要注意以下两点：

1．能量低的状态比能量高的状态发生的概率大。

2．随着温度 T 的降低，概率会集中到较小的低能状态子集上。

这里的温度 T 被视为控制热波动的伪温度，它代表神经元中“突触噪声”的热波动情况，对精确要求不高。因此，可将常数 k_B 设为1，重新定义概率 p_i 和剖分函数 Z：

$$p_i = \tfrac{1}{Z}\exp\left(-\tfrac{E_i}{T}\right) \tag{11.5}$$

$$Z = \sum_i \exp\left(-\tfrac{E_i}{T}\right) \tag{11.6}$$

后面对统计力学的处理就基于以上两个定义，其中 T 简称*系统温度*。由式（11.5）发现，$-\log p_i$ 可视为在单位温度下度量的一种“能量”。

11.2.1　自由能量和熵

物理系统的*亥姆霍兹自由能量*记为 F，它由剖分函数 Z 定义为

$$F = -T\log Z \tag{11.7}$$

系统的平均能量定义为

$$\langle E\rangle = \sum_i p_i E_i \tag{11.8}$$

式中，$\langle\cdot\rangle$ 表示总体平均运算。因此，利用式（11.5）至式（11.8），得到平均能和自由能量之差为

$$\langle E\rangle - F = -T\sum_i p_i \log p_i \tag{11.9}$$

式（11.9）右边的量忽略温度 T 后，称为系统的熵，表示为

$$H = -\sum_i p_i \log p_i \tag{11.10}$$

这个定义与第10章的信息论模型是一致的。因此，我们将式（11.9）重写为

$$\langle E\rangle - F = TH$$

或者等效地写为

$$F = \langle E\rangle - TH \tag{11.11}$$

考虑两个系统 A 和 A' 彼此热接触。假设系统 A 比系统 A' 小，系统 A' 可视为某个恒定温度 T 下

的热储藏器。两个系统的总熵趋于依照如下关系式增加：

$$\Delta H + \Delta H' \geqslant 0$$

式中，ΔH 和 $\Delta H'$ 分别表示系统 A 和 A' 的熵的变化量（Reif, 1965）。根据式（11.11），该关系式的含义是，系统 F 的自由能量逐渐降低，到达平衡态时变得最小。根据统计力学，此时的概率分布为吉布斯分布。因此，我们称这个重要原则为最小自由能量原则，表述如下（Landau and Lifshitz, 1980; Parisi, 1988）：

随机系统关于其变量的自由能量在热平衡时达到最小值，此时系统服从吉布斯分布。

自然界偏好具有最小自由能量的物理系统。

11.3 马尔可夫链

考虑由多个随机变量组成的一个系统，其演化可由一个随机过程 $\{X_n, n=1,2,\cdots\}$ 描述，随机变量 X_n 在时刻 n 的取值 x_n 称为系统在时刻 n 的状态。由随机变量的所有可能值构成的空间称为系统的状态空间。若随机过程 $\{X_n, n=1,2,\cdots\}$ 的结构使得 X_{n+1} 的条件概率分布仅依赖于 x_n 的值，则称这个过程为马尔可夫链（Feller, 1950; Ash, 1965）。更准确地说，有

$$P(X_{n+1}=x_{n+1} \mid X_n = x_n, \cdots, X_1 = x_1) = P(X_{n+1} = x_{n+1} \mid X_n = x_n) \tag{11.12}$$

上式称为马尔可夫特性。换言之，

若系统在 $n+1$ 时刻出现状态 x_{n+1} 的概率仅依赖于系统在 n 时刻出现状态 x_n 的概率，则称随机变量序列 $X_1, X_2, \cdots, X_n, X_{n+1}$ 为马尔可夫链。

因此，可将马尔可夫链视为一个生成模型，它由一些可能的状态转移连接而成。每次访问一个特定的状态时，模型就输出一个与该状态相关的符号。

11.3.1 转移概率

在马尔可夫链中，从一个状态到另一个状态的转移是随机的，但输出的符号是确定的。令

$$p_{ij} = P(X_{n+1} = j \mid X_n = i) \tag{11.13}$$

表示从 n 时刻的状态 i 转移到 $n+1$ 时刻的状态 j 的转移概率。因为 p_{ij} 为条件概率，所以所有的转移概率必须满足两个条件：

$$p_{ij} \geqslant 0, \quad \text{所有} i, j \tag{11.14}$$

$$\sum_j p_{ij} = 1, \quad \text{所有} i \tag{11.15}$$

假设转移概率是固定的，不随时间改变，即式（11.13）对所有时刻 n 成立。在这种情况下，我们称马尔可夫链关于时间是齐次的。

若系统具有有限个可能的状态，如系统有 K 个状态，则其转移概率构成一个 $K \times K$ 维矩阵：

$$\boldsymbol{P} = \begin{bmatrix} p_{11} & p_{12} & \cdots & p_{1K} \\ p_{21} & p_{22} & \cdots & p_{2K} \\ \vdots & \vdots & \ddots & \vdots \\ p_{K1} & p_{K2} & \cdots & p_{KK} \end{bmatrix} \tag{11.16}$$

矩阵 $\boldsymbol{P}$ 的元素满足式（11.14）和式（11.15）所述的条件，且每行之和都为1，这种类型的矩阵称为随机矩阵。任何随机矩阵都可作为转移概率矩阵。

由式（11.13）定义的单步转移概率可推广到从一个状态经过一定步数转移到另一个状态的情况。$p_{ij}^{(m)}$ 表示从状态 i 到状态 j 的 m 步转移概率：

$$p_{ij}^{(m)} = P(X_{n+m} = x_j \mid X_n = x_i),\ \ m = 1,2,\cdots \tag{11.17}$$

也可将 $p_{ij}^{(m)}$ 视为系统从状态 i 转移到状态 j 经历的所有中间状态 k 的总和。因此，$p_{ij}^{(m+1)}$ 可由 $p_{ij}^{(m)}$ 递推得到：

$$p_{ij}^{(m+1)} = \sum_k p_{ik}^{(m)} p_{kj},\quad m = 1,2,\cdots \tag{11.18}$$

$$p_{ik}^{(1)} = p_{ik}$$

式（11.18）可以推广为

$$p_{ij}^{(m+n)} = \sum_k p_{ik}^{(m)} p_{kj}^{(n)},\quad m,n = 1,2,\cdots \tag{11.19}$$

这是Chapman-Kolmogorov恒等式的特例（Feller, 1950）。

11.3.2 马尔可夫链的详细说明

了解状态和转移概率的概念后，就可将马尔可夫链总结如下：

（i）根据如下方式，定义一个随机模型：

- K 个可能状态的有限集合，表示为 $S = \{1,2,\cdots,K\}$
- 一组相应的概率 $\{p_{ij}\}$，其中 p_{ij} 表示从状态 i 到 j 的状态转移概率，且满足

$$p_{ij} \geqslant 0 \quad 和 \quad \sum_j p_{ij} = 1，所有\ i$$

（ii）根据给定的随机模型，马尔可夫链由如下的一系列随机变量 $X_0, X_1, X_2, \cdots$ 指定，它们的值根据相应的马尔可夫特征从集合 S 中获取：

$$P(X_{n+1} = j \mid X_n = i, X_{n-1} = i_{n-1}, \cdots, X_0 = i_0) = P(X_{n+1} = j \mid X_n = i)$$

其适用于所有时刻 n 及所有状态 $i, j \in S$，同时所有的可能序列 $i_0, \cdots, i_{n-1}$ 都与前期的状态有关。

11.3.3 常返性

假设一个马尔可夫链从状态 i 开始。若它以概率1返回状态 i，则称状态 i 是常返的，即

$$p_i = P(永远返回状态i) = 1$$

若概率 $p_i < 1$，则称状态 i 为瞬态（Leon-Garcia, 1994）。

若马尔可夫链从一个常返态开始，则该状态时间上将无限重现。若从一个瞬态开始，则它只能有限重现，解释如下：若将状态 i 的重现视为一个概率为 p_i 的贝努利试验，则它返回的次数是一个均值为 $(1-p_i^{-1})$ 的几何随机变量。若 $p_i < 1$，则意味着不会无限次返回，即瞬态在有限次返回后不再发生。

若一个马尔可夫链有一些瞬态和常返状态，则该过程最终只在常返态之间移动。

11.3.4 周期性

图11.1显示了一个常返型马尔可夫链，它经过一系列的子态，且经过三个时间步后以相同的子态结束。图中显示这个常返型马尔可夫链具有周期性。

由图11.1可知，若常返型马尔可夫链的所有状态都能编入 d 个各不相交的子集 $S_1, S_2, \cdots, S_d$，其中 $d > 1$，且从一个子集到另一个子集的所有转移都采用这种方式，则称其是周期的；图中，$d = 3$。准确地说，一个周期性常返型马尔可夫链满足以下条件（Bertsekas and Tsitsiklis, 2002）：

$$若 i \in S_k 且 p_{ij} > 0，则 \begin{cases} j \in S_{k+1}, & k = 1, \cdots, d-1 \\ j \in S_1, & k = d \end{cases}$$

若一个常返型马尔可夫链是不定期的，则称它是非周期的。

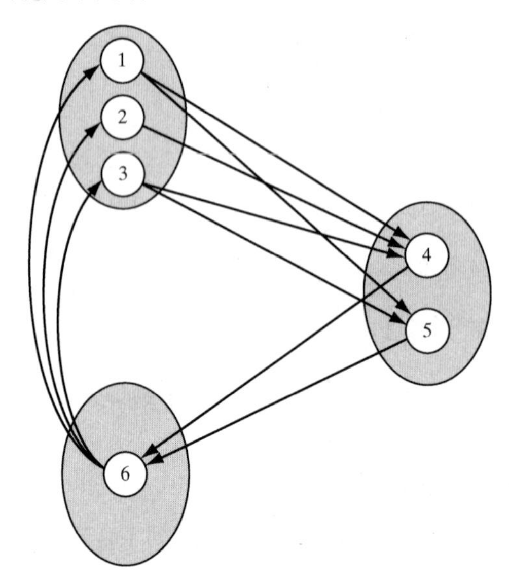

图11.1　周期性常返型马尔可夫链，$d = 3$

11.3.5　不可约马尔可夫链

如果存在具有正概率的从状态i到j的一个有限转移序列，那么称马尔可夫链上的状态j是从状态i可达的。若状态i和状态j互为可达，则称马尔可夫链的状态i和j彼此相通，可以表示为$i \leftrightarrow j$。显然，若状态i与状态j相通，且状态j与状态k相通（$i \leftrightarrow j$, $j \leftrightarrow k$），则称状态i和状态k相通（$i \leftrightarrow k$）。

若马尔可夫链的两个状态相通，则称它们属于同一个类别。一般来说，一个马尔可夫链的状态可以组成一个或多个不相通的类别。若一个马尔可夫链的所有状态组成一个类别，则称该马尔可夫链为不可分的或不可约的。换言之，从一个不可约的马尔可夫链的任意一个状态开始，都能以正概率达到任何其他状态。可约链在大多数应用领域无实际价值，因此通常只研究不可约链。

考虑一个不可约马尔可夫链，它在$n = 0$时始于常返态i。令$T_i(k)$表示第$k-1$次和第k次返回状态i之间的时间间隔，状态i的平均常返时间定义为$T_i(k)$关于k的期望。状态i的稳态概率等于平均常返时间$\mathbb{E}[T_i(k)]$的倒数，记为π_i：

$$\pi_i = \frac{1}{\mathbb{E}[T_i(k)]}$$

若$\mathbb{E}[T_i(k)] < \infty$，即$\pi_i > 0$，则称状态$i$为正常返（持久）态；若$\mathbb{E}[T_i(k)] = \infty$，即$\pi_i = 0$，则称状态$i$为零常返（持久）态。$\pi_i = 0$表示马尔可夫链最终将达到不可能返回到状态$i$的点。正常返和零常返是不同类别的性质，因此意味着同时具有正常返和零常返的马尔可夫链是可约的。

11.3.6　遍历马尔可夫链

原则上，遍历性表示时间均值可以代替总体均值。对马尔可夫链来说，遍历性是指马尔可夫链处于状态i的时间长度和稳态概率π_i相对应，即马尔可夫链k次返回后处于状态i的时间，可用$v_i(k)$表示，定义为

$$v_i(k) = \frac{k}{\sum_{l=1}^{k} T_i(l)}$$

返回时间 $T_i(l)$ 构成一列独立同分布的随机变量，由定义可知，每次的返回时间和之前的返回时间统计上是独立的。也就是说，对于常返态 i，马尔可夫链返回状态 i 无穷次。因此，当返回次数 k 逼近无穷大时，根据大数定律，位于状态 i 的时间比例趋于稳态概率，表示为

$$\lim_{k \to \infty} v_i(k) = \pi_i, \quad i = 1, 2, \cdots, K \tag{11.20}$$

式中，K 是状态的总数。

遍历马尔可夫链的一个充分但不必要的条件是，马尔可夫链是不可约的和非周期的。

11.3.7 平衡分布的收敛性

考虑一个由随机矩阵$\boldsymbol{P}$表征的遍历马尔可夫链。令行向量 $\boldsymbol{\pi}^{n-1}$ 表示该链在 $n-1$ 时刻的状态分布向量，$\boldsymbol{\pi}^{n-1}$ 的第 j 个分量表示时刻 $n-1$ 马尔可夫链处于状态 x_j 的概率。时刻 n 的状态分布向量定义为

$$\boldsymbol{\pi}^{(n)} = \boldsymbol{\pi}^{(n-1)} \boldsymbol{P} \tag{11.21}$$

由式（11.21）迭代得

$$\boldsymbol{\pi}^{(n)} = \boldsymbol{\pi}^{(n-1)} \boldsymbol{P} = \boldsymbol{\pi}^{(n-2)} \boldsymbol{P}^2 = \boldsymbol{\pi}^{(n-3)} \boldsymbol{P}^3 = \cdots$$

最后写出

$$\boldsymbol{\pi}^{(n)} = \boldsymbol{\pi}^{(0)} \boldsymbol{P}^n \tag{11.22}$$

式中，$\boldsymbol{\pi}^{(0)}$ 是状态分布向量的初值。也就是说，

> 马尔可夫链在时刻 n 的状态分布向量是初始状态分布向量 $\boldsymbol{\pi}^{(0)}$ 和随机矩阵 $\boldsymbol{P}$ 的 n 次方的乘积。

令 $p_{ij}^{(n)}$ 表示 $\boldsymbol{P}^n$ 的第 ij 个元素。假设当 n 趋于无穷大时，$p_{ij}^{(n)}$ 趋于与 i 无关的 $\boldsymbol{\pi}_j$，其中 $\boldsymbol{\pi}_j$ 为状态 j 的稳态概率。相应地，对于较大的 n，矩阵 $\boldsymbol{P}^n$ 逼近具有相同行的方阵形式：

$$\lim_{n \to \infty} \boldsymbol{P}^n = \begin{bmatrix} \pi_1 & \pi_2 & \cdots & \pi_K \\ \pi_1 & \pi_2 & \cdots & \pi_K \\ \vdots & \vdots & \ddots & \vdots \\ \pi_1 & \pi_2 & \cdots & \pi_K \end{bmatrix} = \begin{bmatrix} \boldsymbol{\pi} \\ \boldsymbol{\pi} \\ \vdots \\ \boldsymbol{\pi} \end{bmatrix} \tag{11.23}$$

式中，$\boldsymbol{\pi}$ 是由 $\pi_1, \pi_2, \cdots, \pi_k$ 构成的行向量。由式（11.22）得

$$\left[\sum_{j=1}^{K} \pi_j^{(0)} - 1\right] \boldsymbol{\pi} = \boldsymbol{0}$$

根据定义 $\sum_{j=1}^{K} \pi_j^{(0)} = 1$，初始分布的独立向量 $\boldsymbol{\pi}$ 满足该条件。

现在，可将马尔可夫链遍历定理表述如下（Feller, 1950; Ash, 1965）：

> 若有一个状态为 $x_1, x_2, \cdots, x_K$、随机矩阵 $\boldsymbol{P} = \{p_{ij}\}$ 不可约的马尔可夫链，则该马尔可夫链有唯一的稳态分布，且可由任意初始状态收敛；也就是说，存在唯一一组数 $\{\pi_j\}_{j=1}^{K}$，使得
>
> 1. $\lim_{n \to \infty} p_{ij}^{(n)} = \pi_j$，所有 i （11.24）
> 2. $\pi_j > 0$，所有 j （11.25）
> 3. $\sum_{j=1}^{K} \pi_j = 1$ （11.26）

4. $\pi_j = \sum_{j=1}^{K} \pi_i p_{ij}$, $j = 1, 2, \cdots, K$ （11.27）

相反，若一个马尔可夫链是非周期的和不可约的，存在$\{\pi_j\}_{j=1}^K$满足式（11.25）至式（11.27），则称该链是遍历的，π_j由式（11.24）给出，状态j的平均常返时间为$1/\pi_j$。

概率分布函数$\{\pi_j\}_{j=1}^K$称为不变分布或稳态分布。这样命名是因为它一旦建立，就永远保持稳定。根据遍历定理，可以确定：

1. 从任意初始分布开始，若存在稳态分布，则马尔可夫链的转移概率收敛于该稳态分布。
2. 遍历马尔可夫链的稳态分布独立于其初始分布。

【例1】一个遍历马尔可夫链

图11.2中显示了一个马尔可夫链的状态转移图，它有两个状态x_1和x_2。该链的随机矩阵为

$$\boldsymbol{P} = \begin{bmatrix} \frac{1}{4} & \frac{3}{4} \\ \frac{1}{2} & \frac{1}{2} \end{bmatrix}$$

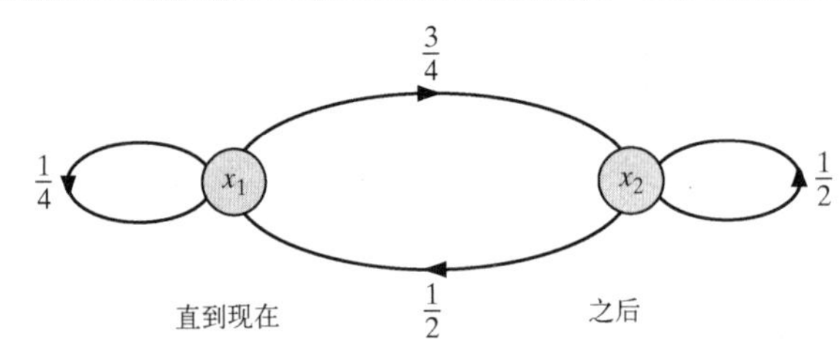

图 11.2 例 1 的马尔可夫链状态转移图：x_1和x_2分别以“直到现在”和“之后”标明

它满足式（11.14）和式（11.15）的条件。假设初始条件为

$$\boldsymbol{\pi}^{(0)} = \begin{bmatrix} \frac{1}{6} & \frac{5}{6} \end{bmatrix}$$

由式（11.21）可知，时刻$n = 1$的状态分布向量为

$$\boldsymbol{\pi}^{(1)} = \boldsymbol{\pi}^{(0)}\boldsymbol{P} = \begin{bmatrix} \frac{1}{6} & \frac{5}{6} \end{bmatrix} \begin{bmatrix} \frac{1}{4} & \frac{3}{4} \\ \frac{1}{2} & \frac{1}{2} \end{bmatrix} = \begin{bmatrix} \frac{11}{24} & \frac{13}{24} \end{bmatrix}$$

将随机矩阵$\boldsymbol{P}$的幂次依次升高为$n = 2, 3, 4$，得

$$\boldsymbol{P}^2 = \begin{bmatrix} 0.4375 & 0.5625 \\ 0.3750 & 0.6250 \end{bmatrix}, \quad \boldsymbol{P}^3 = \begin{bmatrix} 0.4001 & 0.5999 \\ 0.3999 & 0.6001 \end{bmatrix}, \quad \boldsymbol{P}^4 = \begin{bmatrix} 0.4000 & 0.6000 \\ 0.4000 & 0.6000 \end{bmatrix}$$

因此，$\pi_1 = 0.4000, \pi_2 = 0.6000$。在本例中，稳态分布的收敛基本上在$n = 4$次迭代后就完成了。因为$\pi_1$和$\pi_2$均大于零，所以两个状态都是正常返的，且链是不可约的。此外，由于使$(\boldsymbol{P}^n)_{jj} > 0$的所有正整数$n \geqslant 1$的最大公因数是1，链是非周期的，因此图11.2中的马尔可夫链是遍历的。

【例2】一个具有稳态分布的遍历马尔可夫链

考虑一个随机矩阵中具有某些零元素的马尔可夫链，如

$$\boldsymbol{P} = \begin{bmatrix} 0 & 0 & 1 \\ \frac{1}{3} & \frac{1}{6} & \frac{1}{2} \\ \frac{3}{4} & \frac{1}{4} & 0 \end{bmatrix}$$

该链的状态转移图如图11.3所示。

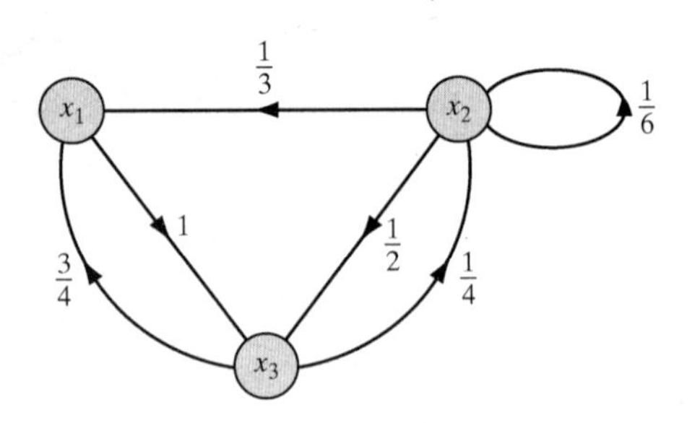

图 11.3 例 2 的马尔可夫链状态转移图

应用式（11.27）得到下列联立方程组：

$$\begin{cases}\pi_1 = \frac{1}{3}\pi_2 + \frac{3}{4}\pi_3 \\ \pi_2 = \frac{1}{6}\pi_2 + \frac{1}{4}\pi_3 \\ \pi_3 = \pi_1 + \frac{1}{2}\pi_2\end{cases}$$

解方程组得

$$\pi_1 = 0.3953, \quad \pi_2 = 0.1395, \quad \pi_3 = 0.4652$$

因此，这个给定的马尔可夫链是遍历的，其平稳分布由 π_1, π_2, π_3 定义。

11.3.8 状态分类

基于上述内容，可对状态所属的类别进行小结，如图11.4所示（Feller, 1950; Leon-Garcia, 1994）。图中显示了状态相关的长期行为。

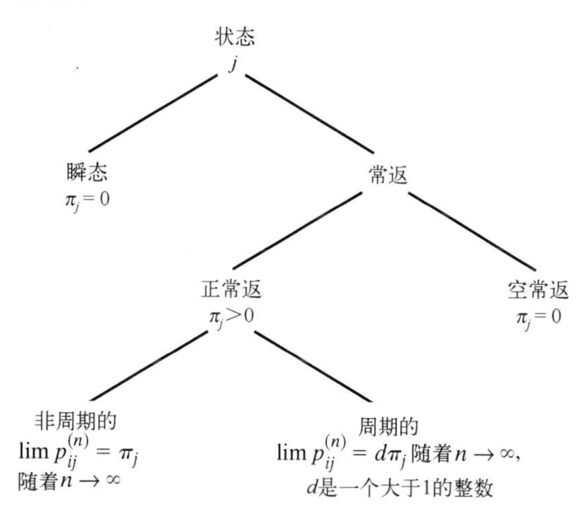

图11.4　马尔可夫链状态的分类及其相关的长期行为

11.3.9 细节平衡原则

这一原则常在统计力学中使用。细节平衡原则表述如下：

在热平衡状态下，任何转移的发生率等于对应的逆转移的发生率，即

$$\pi_i p_{ij} = \pi_j p_{ji} \tag{11.28}$$

若马尔可夫链满足细节平衡原则，则该链是可逆的。

为了举例说明这一原则的应用，下面用它来推导出式（11.27）中的关系，这就是稳态分布的定义。对等式右侧求和得

$$\sum_{i=1}^{K} \pi_i p_{ji} = \sum_{i=1}^{K} \left(\frac{\pi_i}{\pi_j} p_{ij}\right)\pi_j = \sum_{i=1}^{K} (p_{ji})\pi_j = \pi_j$$

式中的第二行应用了细节平衡原则，最后一行应用了马尔可夫链转移概率，满足如下条件［参见式（11.15），其中交换了 i 和 j 的位置］：

$$\sum_{i=1}^{K} p_{ji} = 1 \text{，所有} j$$

从上述讨论可知细节平衡原则意味着 $\{\pi_j\}$ 是一个稳态分布。就稳态分布的范围而言，细节平衡原则比式（11.27）更强，在这个意义上它对稳态分布来说是充分但不必要的。

11.4 Metropolis算法

了解马尔可夫链的构成后，下面用它来推导一个模拟物理系统演化到热平衡状态的随机算法，该算法称为Metropolis算法（Metropolis et al., 1953），在早期的科学计算中用于随机模拟给定温度下原子的平衡态。

Metropolis算法是一种改进的蒙特卡罗法，因此通常也称马尔可夫链蒙特卡罗（Markov chain Monte Carlo，MCMC）法，其定义如下（Robert and Casella, 1999）：

> 模拟未知概率分布的马尔可夫链蒙特卡罗法，是指产生其稳态分布未知的遍历马尔可夫链的方法。

Metropolis算法完全符合该定义，其推广形式即Metropolis-Hastings算法同样如此。

11.4.1 Metropolis算法的统计分析

假设随机变量 X_n 表示任意一个马尔可夫链，其在时刻 n 的状态为 x_i。随机生成的新状态 x_j 表示另一个随机变量 Y_n 的一次实现。假设生成这个新状态满足对称条件：

$$P(Y_n = x_j | X_n = x_i) = P(Y_n = x_i | X_n = x_j)$$

令 ΔE 表示系统从状态 $X_n = x_i$ 到状态 $Y_n = x_j$ 的能量差。给定 ΔE 后，进行如下处理：

1. 若能量差 ΔE 为负，则跃迁至一个较低的能量状态。这个新状态将作为算法下一步的起点，即令 $\boldsymbol{X}_{n+1} = Y_n$。
2. 反之，若能量差 ΔE 为正时，则算法在该点以概率方式运行。首先，在单位区间 $[0,1]$ 上选择一个均匀分布的随机数 ξ。若 $\xi < \exp(-\Delta E/T)$，其中 T 为控制温度，则转移被接受且令 $X_{n+1} = Y_n$；否则，转移被拒绝且令 $X_{n+1} = X_n$，即下一步计算采用原配置。

11.4.2 转移概率的选择

对任意马尔可夫链，假设它有先验转移概率，记为 τ_{ij}，且满足以下三个条件：

1. 非负性：$\tau_{ij} \geqslant 0$，所有 i, j。
2. 归一化：$\sum_j \tau_{ij} = 1$，所有 i。
3. 对称性：$\tau_{ji} = \tau_{ij}$，所有 i, j。

令 π_i 为马尔可夫链处于状态 $x_i (i = 1, 2, \cdots, K)$ 的平稳态概率。根据对称的 τ_{ij} 和概率分布比 π_j / π_i，构成期望的转移概率（Beckerman, 1997）：

$$p_{ij} = \begin{cases} \tau_{ij}(\pi_j/\pi_i), & \pi_j/\pi_i < 1 \\ \tau_{ij}, & \pi_j/\pi_i \geqslant 1 \end{cases} \tag{11.29}$$

为了确保转移概率归一化，引入无转移概率的附加定义：

$$p_{ii} = \tau_{ii} + \sum_{j \neq 1} \tau_{ij}(1 - \pi_j/\pi_i) = 1 - \sum_{j \neq i} \alpha_{ij}\tau_{ij} \tag{11.30}$$

式中，α_{ij} 是转移概率，它定义为

$$\alpha_{ij} = \min(1, \pi_j/\pi_i) \tag{11.31}$$

唯一的要求是确定如何选择比值 π_j/π_i。为此，选择概率分布使马尔可夫链收敛到吉布斯分布：

$$\pi_j = \frac{1}{Z}\exp\left(-\frac{E_j}{T}\right)$$

此时，概率分布比π_j/π_i的简单形式为

$$\pi_j/\pi_i = \exp\left(-\frac{\Delta E}{T}\right) \tag{11.32}$$

式中，

$$\Delta E = E_j - E_i \tag{11.33}$$

利用概率分布比可以消除对剖分函数Z的依赖。

根据构造，转移概率是非负的，且如式（11.14）和式（11.15）要求的那样，满足归一化条件。此外，它们满足式（11.28）定义的细节平衡原则，该原则是热平衡的一个充分条件。为了说明满足细节平衡原则，考虑以下情况。

情况1　$\Delta E < 0$。假设从状态x_i转移到状态x_j，能量差ΔE为负。由式（11.32）可知$\pi_j/\pi_i > 1$，根据式（11.29）得

$$\pi_i p_{ij} = \pi_i \tau_{ij} = \pi_i \tau_{ji}, \qquad \pi_j p_{ji} = \pi_j \left(\frac{\pi_i}{\pi_j}\tau_{ji}\right) = \pi_i \tau_{ji}$$

因此，当$\Delta E < 0$时，满足细节平衡原则。

情况2　$\Delta E > 0$。假设从状态x_i转移到状态x_j，能量差ΔE为正。$\pi_j/\pi_i < 1$，由式（11.29）得

$$\pi_i p_{ij} = \pi_i \left(\frac{\pi_i}{\pi_j}\tau_{ij}\right) = \pi_j \tau_{ij} = \pi_j \tau_{ji}, \qquad \pi_j p_{ji} = \pi_i p_{ij}$$

由此，再次满足细节平衡原则。

为完整起见，需要指出由τ_{ij}表示的先验转移概率的用途。这些转移概率事实上是Metropolis算法中的随机步骤的概率模型。由前面的算法描述可知，随机步骤之后是随机决策。因此，可以得出：利用由先验转移概率τ_{ij}在式（11.29）和式（11.30）中定义的转移概率p_{ij}和平稳概率分布π_j对Metropolis算法来说是正确的选择。

因此，得出由Metropolis算法产生一个马尔可夫链，其转移概率确实收敛到唯一平稳的吉布斯分布（Beckerman, 1997）。

11.5　模拟退火

考虑一个低能量系统，其状态由一个马尔可夫链确定。由式（11.11）可知，当温度T趋于零时，系统的自由能量F趋于平均能量$\langle E\rangle$。当$F \to \langle E\rangle$时，观察发现，该马尔可夫链的平稳分布（吉布斯分布）的最小自由能量在$T \to 0$时坍缩到平均能量$\langle E\rangle$的全局极小值。也就是说，序列中低能量状态在低温时受到更强的支持。由此，为什么不简单地应用Metropolis算法产生大量代表该随机系统在极低温度下的构形？之所以不提倡使用该方法的原因是，在极低温度下，马尔可夫链到达热平衡状态的收敛速度相当慢。而提高计算效率的更好方法是，在较高温度下运行随机系统，此时达到热平衡状态的收敛速度相当快，且随温度缓慢下降，逐步趋于系统的平衡态。因此，我们采用二者的组合：

1. 一个决定温度下降速度的进度表。
2. 一个算法（如Metropolis算法），它利用前一温度的最终状态作为新温度的起点，迭代求解每个进度表给出的新温度下的平衡分布。

前面提到的两步法是称为*模拟退火*的随机松弛技术的核心（Kirkpatrick et al., 1983）。这种技术得名于物理/化学中的退火过程，在这种退火过程中，我们从高温度开始，然后慢慢降低温度，同时保持热平衡。

模拟退火的初衷是寻找描述复杂大系统的代价函数的全局极小值。因此，它是求解非凸优化问题的有力工具，且其简单构想如下：

> 优化一个非常复杂的大系统（有许多自由度的系统）时，与其要求一直下降，不如试图要求大部分时间下降。

模拟退火与传统的迭代优化算法相比，有两方面的不同：

1. 算法不会陷入局部极小值，因为系统以非零的温度运行时总可摆脱局部极小值。
2. 模拟退火是自适应的，即高温时可以看见系统终态的大致特征，而其具体细节仅在低温时才呈现出来。

11.5.1 退火进度表

如前所述，Metropolis算法是模拟退火过程的基础，其温度T缓慢下降，即在这个过程中，温度T起控制参数的作用。当温度非对数下降时，模拟退火过程将收敛于最小能量构形。遗憾的是，这种退火速度太慢，无法满足实际应用。事实上，采用渐进收敛算法实现有限时间逼近，可在诸多实际应用中产生近似最优解，但代价是算法不能完全确保找到全局极小值。

为了实现模拟退火算法的有限时间逼近，必须设定一系列控制算法收敛的参数，这些参数组成所谓的退火进度表或冷却进度表。退火进度表设定有限序列的温度值，以及每个温度下的有限转移次数。Kirkpatrick et al.(1983)给出退火进度表的有关参数如下：

1. 温度的初值。选定的初始温度T_0应高到确保所有提议的转移都能被模拟退火算法接受。
2. 温度的下降。一般来说，冷却以指数形式进行，温度值变化很小。下降函数可定义为

$$T_k = \alpha T_{k-1}, \quad k = 1,2,\cdots \tag{11.34}$$

   式中，α是一个接近1的常数，通常介于0.8和0.99之间。在每个温度下，都应进行足够多的转移尝试，使得平均每次实验有10次转移被接受。

3. 温度的终值。若在三个连续的温度下都未得到预期的接受次数，则系统终止且停止退火。

最后一个准则可改进为要求接受率小于预定值，其中接受率定义为转移被接受的次数除以提议转移的次数（Johnson et al., 1989）。

11.5.2 模拟退火用于组合优化

模拟退火特别适合求解组合优化问题。组合优化的目的是，对有多个可能解的有限离散系统，最小化其代价函数。本质上说，模拟退火通过类比多粒子物理系统和组合优化问题，使用Metropolis算法来生成一系列解。

在模拟退火过程中，我们将式（11.5）所示吉布斯分布中的能量E_i解释为数值代价，而将温度T解释为控制参数。数值代价为组合优化问题中的每种情况赋一个标量值，以描述该特定情形对解的期望程度。在模拟退火程序中，下一个需要考虑的问题是如何确认构形，以及根据已有构形以局部方式产生新的构形，这就是Metropolis算法发挥作用的地方。因此，可以总结出统计物理学术语和组合优化术语之间的关系，如表11.1所示（Beckerman, 1997）。

表11.1 统计物理学术语和组合优化术语之间的关系

统计物理学	组合优化	统计物理学	组合优化
样本	问题实例	温度	控制参数
状态（构形）	构形	基态能量	最小代价
能量	代价函数	基态构形	最优构形

11.6 吉布斯采样

类似于Metropolis算法，吉布斯采样器生成一个马尔可夫链，它以吉布斯分布作为平衡分布，但吉布斯采样器的转移概率是非平稳的（Geman and Geman, 1984）。在最终分析中，吉布斯采样和Metropolis算法之间的选择，基于具体问题的技术细节。

为了继续描述这个采样方案，考虑一个K维随机向量$\boldsymbol{X}$，它由$X_1, X_2, \cdots, X_K$构成。假设在给定$\boldsymbol{X}$的其他分量时，已知X_K的条件分布，$k=1,2,\cdots,K$。于是，问题是对任何k，如何获得随机变量X_K的边缘密度的数值估计。对随机向量$\boldsymbol{X}$的每个分量，在已知$\boldsymbol{X}$的其他分量值的条件下，吉布斯采样器对其条件分布产生一个值。从任意构形$\{x_1(0), x_2(0), \cdots, x_K(0)\}$开始，在吉布斯采样的第一次迭代过程中，做如下采样：

$x_1(1)$是在已知$x_2(0), x_3(0), \cdots, x_K(0)$时由$X_1$的分布产生的采样。

$x_2(1)$是在已知$x_1(1), x_3(0), \cdots, x_K(0)$时由$X_2$的分布产生的采样。

……

$x_k(1)$是在已知$x_1(1), \cdots, x_{k-1}(1), x_{k+1}(0), \cdots, x_K(0)$时由$X_k$的分布产生的采样。

……

$x_K(1)$是在已知$x_1(1), x_2(1), \cdots, x_{K-1}(1)$时由$X_K$的分布产生的采样。

在第二次及之后的每次采样迭代过程中，都采用这种方式处理。但要注意以下两点：

1．随机向量$\boldsymbol{X}$的每个分量都按自然序“访问”，每次迭代产生K个新变量。

2．对于$k=2,3,\cdots,K$，对X_k进行新值采样时，直接利用向量X_{k-1}的新值。

由此可知，吉布斯采样是自适应迭代方案。用它进行n次迭代后，可得K个变量$X_1(n)$, $X_2(n), \cdots, X_K(n)$。在温和条件下，下面的三个定理对吉布斯采样成立（Geman and Geman, 1984; Gelfand and Smith, 1990）。

1．收敛定理。对于$k=1,2,\cdots,K$，当n趋于无穷大时，随机变量$X_k(n)$在分布上收敛于X_k的真实概率分布，即

$$\lim_{n\to\infty} P(X_k^{(n)} \leqslant x \mid x_k(0)) = P_{X_k}(x), \quad k=1,2,\cdots,K \tag{11.35}$$

式中，$P_{X_k}(x)$为X_k的边缘概率分布函数。

事实上，Geman and Geman(1984)证明了一个更有力的结论：具体地说，就是不需要随机向量$\boldsymbol{X}$的每个向量按自然序重复访问，只要不依赖于变量的值，且$\boldsymbol{X}$的每个分量被“无限次”访问，吉布斯采样的收敛性仍然成立。

2．收敛速度定理。随机变量$X_1(n), X_2(n), \cdots, X_K(n)$的联合概率分布以$n$的几何级数速度收敛于$X_1, X_2, \cdots, X_K$的联合分布函数。

这个定理假设$\boldsymbol{X}$的分量按自然序访问，“无限次”访问时，需要微调收敛速度。

3．遍历定理。对任何（如随机变量$X_1, X_2, \cdots, X_K$的）可测函数g，若其期望存在，则有

$$\lim_{n\to\infty} \frac{1}{n} \sum_{i=1}^{n} g(X_1(i), X_2(i), \cdots, X_K(i)) \to \mathbb{E}\left[g(X_1, X_2, \cdots, X_K)\right] \tag{11.36}$$

且概率为1（几乎肯定）。

遍历定理告诉我们如何利用吉布斯采样的输出来获得所需边缘密度的数值估计。

玻尔兹曼机中使用吉布斯采样对隐藏神经元的分布进行采样，下一节中将讨论这种随机机器。对于使用二值单元的随机机器（玻尔兹曼机）来说，吉布斯采样和Metropolis算法的一个变体完全相同。在Metropolis算法的标准形式中，其下降概率为1，与此相反，在Metropolis算法的另一种形式中，其下降概率为1减去能隙指数。换言之，若能量 E 降低或保持不变，则这一变化被接受；若能量升高，则它以概率 $\exp(-\Delta E)$ 被接受，否则被拒绝，以原状态重复（Neal, 1993）。

11.7 玻尔兹曼机

玻尔兹曼机是一种随机二进制机器，它由随机神经元组成。随机神经元以概率方式存在两种可能的状态：一种为+1，表示“开”状态，另一种为−1，表示“关”状态，或者分别用1和0表示，这里采用前一种记号。玻尔兹曼机的一个显著特征是，它的神经元之间使用对称的突触连接，采用这种形式的突触连接是出于统计物理学方面的考虑。

玻尔兹曼机的随机神经元功能上分为两组，即可见组和隐藏组，如图11.5所示。可见神经元是网络和其运行环境之间的接口。在网络训练阶段，所有可见神经元都被限定在环境确定的特定状态下。隐藏神经元总以自由方式运行，用以解释包含在环境输入向量中的固有约束。隐藏神经元通过捕获限定向量中的高阶统计相关性来完成这项任务。这里描述的是玻尔兹曼机的一种特殊情况，它可视为对某确定概率分布建模的无监督学习程序，其概率分布取决于可见神经元的恰当概率限定模式。这样，网络就能实现模式补全。具体地说，当一部分信息被限定在可见神经元的子集上时，若网络已事先正确学会训练分布，就在剩余的可见神经元上执行模式补全。

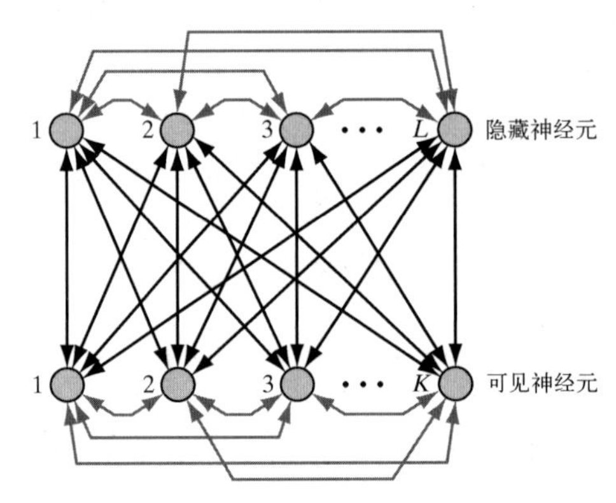

图11.5　玻尔兹曼机的结构图；K 为可见神经元的数量，L 为隐藏神经元的数量。玻尔兹曼机的特点是：1．可见神经元和隐藏神经元的连接是对称的。2．对称连接延伸到可见神经元和隐藏神经元

玻尔兹曼机学习的主要目的是产生一个神经网络，以便能够根据玻尔兹曼分布正确地建模输入模式。执行该应用时，有两个假设：

1． 每个环境输入向量（模式）的持续时间足够长，以允许网络达到热平衡状态。

2． 被限定在网络可见单元上的环境向量，其次序并无结构性。

对于一组特定的突触权重，当它导出的可见单元状态的概率分布（当网络自由运行时）和可见单元被环境输入向量限定时的状态概率分布完全一样时，我们就说它构建了环境结构的一个完整模型。一般情况下，除非隐藏单元的数量远大于可见单元的数量，否则不可能得到一个完整的模型。但是，若环境具备规律性结构，且网络利用隐藏单元捕获这些规律，则可利用有限数量的隐藏神经元来实现与环境的良好匹配。

11.7.1 玻尔兹曼机的吉布斯采样和模拟退火

令 $\boldsymbol{x}$ 表示玻尔兹曼机的状态向量，其分量 x_i 表示神经元 i 的状态。状态 $\boldsymbol{x}$ 代表随机向量 $\boldsymbol{X}$ 的一次实现。从神经元 i 到神经元 j 的突触连接记为 w_{ji}，满足

$$w_{ji} = w_{ij}, \quad \text{所有} i, j \tag{11.37}$$

$$w_{ii} = 0, \quad \text{所有} i \tag{11.38}$$

式（11.37）描述的是对称性，而式（11.38）强调的是缺乏自反馈。偏置可用一个输出恒为 +1 的虚节点到神经元 j（对所有 j）的连接权重 w_{j0} 表示。

类似于热动力学，玻尔兹曼机的能量定义为

$$E(\boldsymbol{x}) = -\frac{1}{2}\sum_i \sum_{j, i \neq j} w_{ji} x_i x_j \tag{11.39}$$

利用式（11.5）中的吉布斯分布，可定义网络（假设处于温度为 T 的平衡态）处于状态 $\boldsymbol{x}$ 的概率为

$$P(\boldsymbol{X} = \boldsymbol{x}) = \frac{1}{Z}\exp\left(-\frac{E(\boldsymbol{x})}{T}\right) \tag{11.40}$$

式中，Z 为剖分函数。为了简化表示，定义单个事件 A 及联合事件 B 和 C 如下：

$$A: X_j = x_j; \quad B: \{X_i = x_i\}_{i=1}^{K}, i \neq j; \quad C: \{X_i = x_i\}_{i=1}^{K}$$

事实上，联合事件 B 与 A 互斥，而联合事件 C 包括 A 和 B。B 的概率是 C 关于 A 的边缘概率。因此，利用式（11.39）和式（11.40）得

$$P(C) = P(A, B) = \frac{1}{Z}\exp\left(\frac{1}{2T}\sum_i \sum_{j, i \neq j} w_{ji} x_i x_j\right) \tag{11.41}$$

$$P(B) = \sum_A P(A, B) = \frac{1}{Z}\sum_{x_j}\exp\left(\frac{1}{2T}\sum_i \sum_{j, i \neq j} w_{ji} x_i x_j\right) \tag{11.42}$$

式（11.41）和式（11.42）中的指数可表示成两项之和，其中一项与 x_j 有关，另一项与 x_j 无关。包含 x_j 的项为

$$\frac{x_j}{2T}\sum_{i, i \neq j} w_{ji} x_i$$

相应地，给定 B，设 $x_j = x_i = \pm 1$，可以给出 A 的条件概率：

$$P(A \mid B) = \frac{P(A, B)}{P(B)} = \frac{1}{1 + \exp\left(-\frac{x_j}{T}\sum_{i, i \neq j} w_{ji} x_i\right)}$$

也可写为

$$P(X_j = x \mid \{X_i = x_i\}_{i=1, i \neq j}^{K}) = \varphi\left(\frac{x}{T}\sum_{i, i \neq j}^{K} w_{ji} x_i\right) \tag{11.43}$$

式中，$\varphi(\cdot)$ 为逻辑斯蒂函数：

$$\varphi(v) = \frac{1}{1 + \exp(-v)} \tag{11.44}$$

注意，虽然 x 在 -1 和 $+1$ 之间变化，但当 K 充分大时，整个变量 $v = \frac{x}{T}\sum_{i \neq j} w_{ji} x_i$ 可在 $-\infty$ 和 $+\infty$ 之间变化，如图11.6所示。同样，在推导式（11.43）时，不需要剖分函数 Z，这是非常有利的，因为

对于非常复杂的网络直接计算 Z 是不现实的。

使用吉布斯采样可显示出联合分布 $P(A,B)$。基本上，如11.6节解释的那样，这个随机模拟最初为网络赋任何一种状态，神经元以自然序依次重复访问，每次访问选择一个神经元，根据网络中其他神经元状态的值确定该神经元状态新值的选择概率。假设这个随机模拟进行足够长的时间，则网络将在温度 T 时达到热平衡状态。

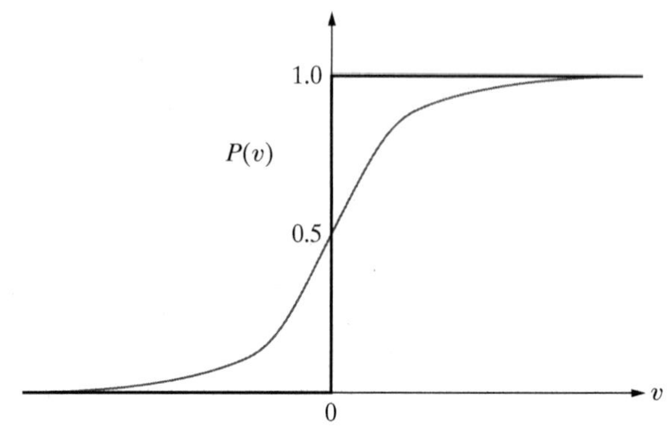

图11.6　S形函数 $P(v)$

遗憾的是，达到热平衡状态的时间很长。为解决这个问题，如11.5节解释的那样，对有限温度序列 $T_0,T_1,\cdots,T_{\text{final}}$ 使用模拟退火。特别地，温度被初始化为一个较高的值 T_0，因此可迅速达到热平衡状态。然后，温度 T 逐渐降至终值 T_{final}，这时神经元状态将有希望达到期望的边缘分布。

11.7.2　玻尔兹曼学习规则

玻尔兹曼机是一种随机机器，因此要用到概率论中的合适性能指标。其中的一个准则是似然函数。在此基础上，根据最大似然原则，玻尔兹曼学习的目标是最大化似然函数或等效的对数似然函数；这个原则已在第10章中讨论过。

令 $\mathcal{T}$ 表示由概率分布采样组成的训练样本。假设它们都是二值的。训练样本允许重复，但必须和某些已知情况发生的概率成比例。令状态向量 $\boldsymbol{x}$ 的子集 $\boldsymbol{x}_\alpha$ 表示可见神经元状态。向量 $\boldsymbol{x}$ 的剩余部分 $\boldsymbol{x}_\beta$ 表示隐藏神经元的状态。状态向量 $\boldsymbol{x}$，$\boldsymbol{x}_\alpha$ 和 $\boldsymbol{x}_\beta$ 分别表示随机向量 $\boldsymbol{X}$，$\boldsymbol{X}_\alpha$ 和 $\boldsymbol{X}_\beta$ 的实现。玻尔兹曼机的运行分为两个阶段：

1．正向阶段。此时，网络在限定环境（在训练集 $\mathcal{T}$ 的直接影响下）运行。

2．负向阶段。此时，网络允许自由运行，因此没有环境输入。

对整个网络赋突触权重向量 $\boldsymbol{w}$，可见神经元状态为 $\boldsymbol{x}_\alpha$ 的概率是 $P(\boldsymbol{X}_\alpha=\boldsymbol{x}_\alpha)$。训练样本 $\mathcal{T}$ 中含有许多可能的值 $\boldsymbol{x}_\alpha$，假设它们是统计独立的，总体的概率分布是阶乘分布 $\prod_{\boldsymbol{x}_\alpha\in\mathcal{T}}P(\boldsymbol{X}_\alpha=\boldsymbol{x}_\alpha)$。为了写出对数似然函数 $L(\boldsymbol{w})$，我们对阶乘分布取对数并将 $\boldsymbol{w}$ 视为未知的参数向量，由此可以写出

$$L(\boldsymbol{w})=\log\prod_{\boldsymbol{x}_\alpha\in\mathcal{T}}P(\boldsymbol{X}_\alpha=\boldsymbol{x}_\alpha)=\sum_{\boldsymbol{x}_\alpha\in\mathcal{T}}\log P(\boldsymbol{X}_\alpha=\boldsymbol{x}_\alpha)\tag{11.45}$$

为了用能量函数 $E(\boldsymbol{x})$ 形成边缘概率 $P(\boldsymbol{X}_\alpha=\boldsymbol{x}_\alpha)$ 的表达式，我们遵循以下两点：

1．由式（11.40），概率 $P(\boldsymbol{X}=\boldsymbol{x})$ 等于 $\frac{1}{Z}\exp(-E(\boldsymbol{x})/T)$。

2．根据定义，状态向量 $\boldsymbol{x}$ 是属于可见神经元的状态 $\boldsymbol{x}_\alpha$ 和属于隐藏神经元的状态 $\boldsymbol{x}_\beta$ 的组合。因此，神经元处于状态 $\boldsymbol{x}_\alpha$ 和任何 $\boldsymbol{x}_\beta$ 的概率为

$$P(\boldsymbol{X}_\alpha = \boldsymbol{x}_\alpha) = \frac{1}{Z}\sum_{\boldsymbol{x}_\beta}\exp\left(-\tfrac{E(\boldsymbol{x})}{T}\right) \tag{11.46}$$

式中，随机向量 $\boldsymbol{X}_\alpha$ 是 $\boldsymbol{X}$ 的子集，剖分函数 Z 定义为

$$Z = \sum_{\boldsymbol{x}}\exp\left(-\tfrac{E(\boldsymbol{x})}{T}\right) \tag{11.47}$$

于是，将式（11.46）和式（11.47）代入式（11.45），得到对数似然函数的期望表达式为

$$L(\boldsymbol{w}) = \sum_{\boldsymbol{x}_\alpha \in \mathcal{T}}\left(\log\sum_{\boldsymbol{x}_\beta}\exp\left(-\tfrac{E(\boldsymbol{x})}{T}\right) - \log\sum_{\boldsymbol{x}}\exp\left(-\tfrac{E(\boldsymbol{x})}{T}\right)\right) \tag{11.48}$$

对 $\boldsymbol{w}$ 的依赖包含在能量函数 $E(\boldsymbol{x})$ 中，如式（11.39）所示。

根据式（11.39），求 $L(\boldsymbol{w})$ 对 w_{ji} 的微分，经过一些运算后得（见习题11.9）：

$$\frac{\partial L(\boldsymbol{w})}{\partial w_{ji}} = \frac{1}{T}\sum_{\boldsymbol{x}_\nu \in \mathcal{T}}\left(\sum_{\boldsymbol{x}_\beta}P(\boldsymbol{X}_\beta = \boldsymbol{x}_\beta \mid \boldsymbol{X}_\alpha = \boldsymbol{x}_\alpha)x_j x_i \quad \sum_{\boldsymbol{x}}P(\boldsymbol{X} = \boldsymbol{x})x_j x_i\right) \tag{11.49}$$

为简单起见，引入两个定义：

1. $$\rho_{ji}^{+} = \left\langle x_j x_i \right\rangle^{+} = \sum_{\boldsymbol{x}_\nu \in \mathcal{T}}\sum_{\boldsymbol{x}_\beta}P(\boldsymbol{X}_\beta = \boldsymbol{x}_\beta \mid \boldsymbol{X}_\alpha = \boldsymbol{x}_\alpha)x_j x_i \tag{11.50}$$

2. $$\rho_{ji}^{-} = \left\langle x_j x_i \right\rangle^{-} = \sum_{\boldsymbol{x}_\alpha \in \mathcal{T}}\sum_{\boldsymbol{x}}P(\boldsymbol{X} = \boldsymbol{x})x_j x_i \tag{11.51}$$

广义上说，可将第一项平均值 ρ_{ji}^{+} 视为平均发射频率，或者视为神经元 i 和 j 的状态之间的相关性，此时网络在限定条件下运行，或者说处于正向阶段。类似地，可将第二项平均值 ρ_{ji}^{-} 视为神经元 i 和 j 的状态之间的相关性，此时网络自由运行，或者说是处于负向阶段。利用这些定义，可将式（11.49）简化为

$$\frac{\partial L(\boldsymbol{w})}{\partial w_{ji}} = \frac{1}{T}(\rho_{ji}^{+} - \rho_{ji}^{-}) \tag{11.52}$$

玻尔兹曼机学习的目标是最大化对数似然函数 $L(\boldsymbol{w})$。可以用梯度上升法实现该目标：

$$\Delta w_{ji} = \epsilon\frac{\partial L(\boldsymbol{w})}{\partial w_{ji}} = \eta(\rho_{ji}^{+} - \rho_{ji}^{-}) \tag{11.53}$$

式中，η 是学习率参数；它是在式（11.53）中引入常数 ϵ 和运行温度 T 定义的：

$$\eta = \frac{\epsilon}{T} \tag{11.54}$$

式（11.53）中的梯度上升规则称为*玻尔兹曼学习规则*。这里所说的学习是批量完成的，即突触权重的改变是在整个训练样本集都给出的情况下进行的。

11.7.3 小结

式（11.53）描述的玻尔兹曼机学习规则的简易性，归因于在神经元的两种不同操作条件下，使用局部可观测量。这两个不同的操作条件为：一部分限定运行，另一部分自由运行。规则的另一个有趣特征是，神经元 i 和 j 之间的突触权重 w_{ji} 的调整规则，与神经元是否可见或者能否自由运行无关。玻尔兹曼机学习的所有这些有益特征要归因于Hinton and Seinowskj(1983, 1986)，他们将玻尔兹曼机的抽象数学模型和神经元网络通过以下两点联系起来了：

- 描述一个神经元的随机性的吉布斯分布。
- 定义吉布斯分布的基于统计物理学的能量函数，即式（11.39）。

然而，玻尔兹曼机学习过程很慢，尤其是当机器所用的隐藏神经元数量很多时，因为机器需

要很长的时间来实现平衡分布，这常在可见单元不被限定时发生。

尽管如此，多年来，人们对随机机器的研究仍在持续进行，例如正致力于研究一种随机机器，其与古典玻尔兹曼机一样，具有对二进制向量学习概率分布的能力，同时能够实现以下两个功能：

1．忽略导致计算时间增加的玻尔兹曼机的负相位，并找到其他方法用于控制学习过程。

2．在连接密集的网络中高效运行。

接下来的两节介绍试图解决这些实际问题的两个随机机器。

11.8 逻辑斯蒂置信网络

在Neal(1992)设计的第一代逻辑斯蒂置信网络中，玻尔兹曼机中的对称连接被直接连接取代，形成了无环图，这是Neal的逻辑斯蒂置信网络称为直接置信网络的原因。此后，这两个术语可以替换使用。逻辑斯蒂置信网络由多层结构组成，如图11.7所示。该网络的无环性使得概率计算非常简单。类似于经典玻尔兹曼机，该网络利用式（11.43）中的逻辑斯蒂函数计算一个神经元在响应其诱导局部域而处于活跃状态时的条件概率。

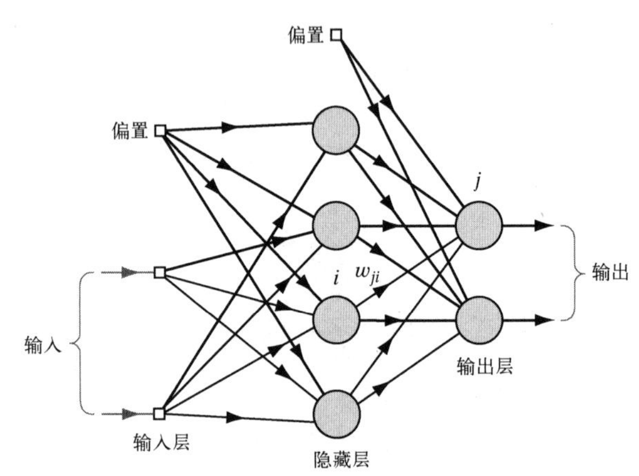

图 11.7　逻辑斯蒂置信网络

令随机向量 $\boldsymbol{X}$ 由二值随机变量 $X_1, X_2, \cdots, X_n$ 组成，它定义由 N 个随机神经元构成的逻辑斯蒂置信网络。向量 $\boldsymbol{X}$ 中元素 X_j 的双亲（图11.7中节点 j 的双亲）记为

$$\mathrm{pa}(X_j) \subseteq \{X_1, X_2, \cdots, X_{j-1}\} \tag{11.55}$$

式中，$\{x_1, x_2, \cdots, x_j\}$ 是激发节点的随机向量 $\boldsymbol{X}$ 的最小子集，其条件概率为

$$P(X_j = x_j \mid X_1 = x_1, \cdots, X_{j-1} = x_{j-1}) = P(X_j = x_j \mid \mathrm{pa}(X_j)) \tag{11.56}$$

如图11.7所示，节点 i 是节点 j 的双亲节点，因为从节点 i 到节点 j 是直接连接的。逻辑斯蒂置信网络的一个重要优点是，能清楚地揭示输入数据的固有概率模型的条件依赖性。特别地，第 j 个神经元被激发的概率由逻辑斯蒂函数定义，其中 w_{ji} 是从神经元 i 到神经元 j 的突触权重，条件概率仅依赖于 $\mathrm{pa}(X_j)$ 的加权输入和。因此，式（11.56）是置信度通过网络传播的基础。

条件概率的计算是在两种非空条件下进行的：

1．$w_{ji} = 0$，对所有不属于 $\mathrm{pa}(X_j)$ 的 X_i，这可由双亲的定义得到。

2．$w_{ji} = 0$，对所有 $i \geqslant j$，这可由逻辑斯蒂置信网络的无环性得到。

与玻尔兹曼机一样，逻辑斯蒂置信网络的学习规则也是对训练样本 $\mathcal{T}$ 最大化式（11.45）中的对数似然函数 $L(\boldsymbol{w})$。事实证明，这种最大化是在概率空间中使用梯度下降法实现的，其突触权重 w_{ji} 的变化定义为

$$\Delta w_{ji} = \eta \frac{\partial}{\partial w_{ji}} L(\boldsymbol{w})$$

式中，η 是学习率参数，$\boldsymbol{w}$ 是整个网络的权重向量。

然而，逻辑斯蒂置信网络学习过程的一个严重限制是，出现连接密集的网络时，计算隐藏神经元的后验分布变得非常困难，除非是在一些简单的应用如具有高斯噪声的线性模型中。与玻尔兹曼机一样，吉布斯采样可以用于近似后验分布，但在逻辑斯蒂置信网络中使用吉布斯采样更复杂。

11.9　深度置信网络

为了克服在逻辑斯蒂直接置信网络中进行推理的困难，Hinton et al.(2006)开发了一种新逻辑斯蒂置信网络，在这种新网络中推理很容易实现。这种以新方式学习的模型与逻辑斯蒂置信网络一样，只是顶层不同，它形成无向联想记忆。事实上，正是这种差异使得这种新置信网络被称为深度置信网络。

深度置信网络基于Smolensky(1986)首次描述的神经网络结构，这种结构称为“小风琴”。“小风琴”的特别之处是，在可见神经元和隐藏神经元之间没有连接；否则，它和玻尔兹曼机一样在可见神经元和隐藏神经元之间使用对称连接。由于上述不同，“小风琴”也被Hinton et al.(2006)命名为受限玻尔兹曼机（Restricted Boltzmann Machine，RBM）。乍看之下，我们会惊讶地发现如同逻辑斯蒂置信网络一样，对称连接模型（如受限玻尔兹曼机）学习一个定向生成模型。

因为RBM中的隐藏神经元之间没有连接，还因为在可见神经元和隐藏神经元间的连接是无向的（见图11.8），所以在给定的可见状态下，隐藏神经元的状态之间是条件独立的。因此，给定一个被限定在可见神经元上的数据向量后，RBM能够抽取后验分布中的无偏样本。RBM的这个特点使得其与相应的有向置信网络相比具有很大优势（Hinton, 2007）。

此外，使用图11.9所示权重固定的无限逻辑斯蒂置信网络进行学习，与使用图11.8所示的单个RBM进行学习是等价的。

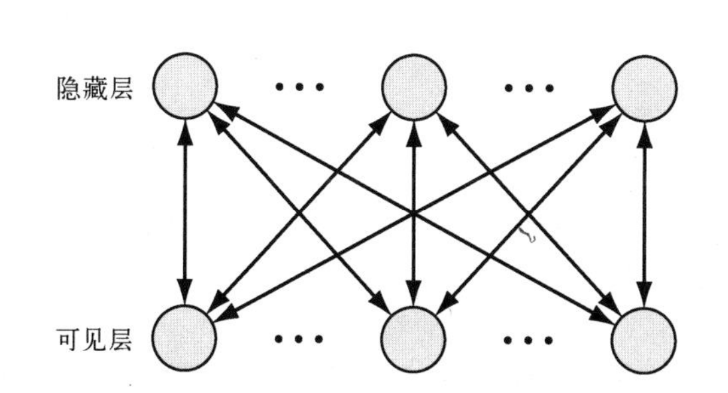

图11.8　RBM的神经结构。与图11.6相比，可看到与玻尔兹曼机不同，在RBM中，可见神经元之间和隐藏神经元之间没有连接

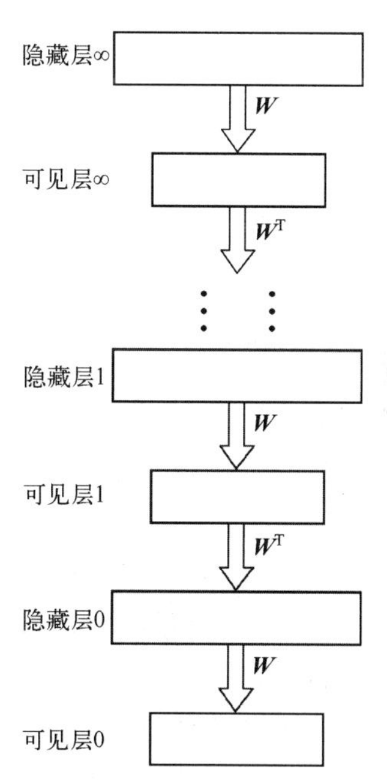

图11.9　使用无限深度的逻辑斯蒂置信网络自顶向下学习

11.9.1　受限玻尔兹曼机中的最大似然学习

由式（11.44）中的逻辑斯蒂函数来定义RBM隐藏神经元被激活的概率。令 $\boldsymbol{x}_{\alpha}^{(0)}$ 表示一个数据向量，它被限定为RBM的可见层在零时刻的值。学习在如下两个操作之间来回交替进行：

● 给定可见状态，同时更新所有隐藏状态。

● 以相反的方式进行同样的操作：给定隐藏状态，同时更新所有可见状态。

令 $\boldsymbol{w}$ 代表整个网络的权重向量。相应地，我们发现对数似然函数 $L(\boldsymbol{w})$ 对应的对称连接可见单元 i 和隐藏单元 j 的权重 w_{ji} 的梯度为

$$\frac{\partial L(\boldsymbol{w})}{\partial w_{ji}} = \rho_{ji}^{(0)} - \rho_{ji}^{(\infty)} \tag{11.57}$$

式中，$\rho_{ji}^{(0)}$和$\rho_{ji}^{(\infty)}$ 分别是神经元 i 和 j 在零时刻和无穷远时的平均相关性（Hinton et al., 2006; Hinton, 2007）。除了术语上的微小变化，式（11.57）与式（11.52）中的玻尔兹曼机具有相同的数学形式，因为未在RBM中做退火处理，所以式（11.57）未使用温度作为参数。

11.9.2 深度置信网络的训练

深度置信网络的训练是逐层进行的，如下所示（Hinton et al., 2006; Hinton, 2007）。

1. 因为RBM是直接在输入数据上训练的，所以RBM的隐藏层随机神经元很可能捕捉到描绘输入数据的重要特征。因此，我们称隐藏层为深度置信网络的第一隐藏层。
2. 然后，激活经过训练的特征作为“输入数据”，依次用于第二个RBM的训练。事实上，之前描述的过程可视为从特征中学习特征的过程。这个观点最早可追溯到Selfridge(1958)，他提出了一个称为鬼域（pandemonium）的模式识别系统。
3. 学习特征的过程一直持续，直到训练出规定数量的隐藏层数。

这里需要注意的一个重要问题是，每次向深度置信网络添加新特征层时，原始训练数据的对数概率的变分下界就会得到改进（Hinton et al., 2006）。

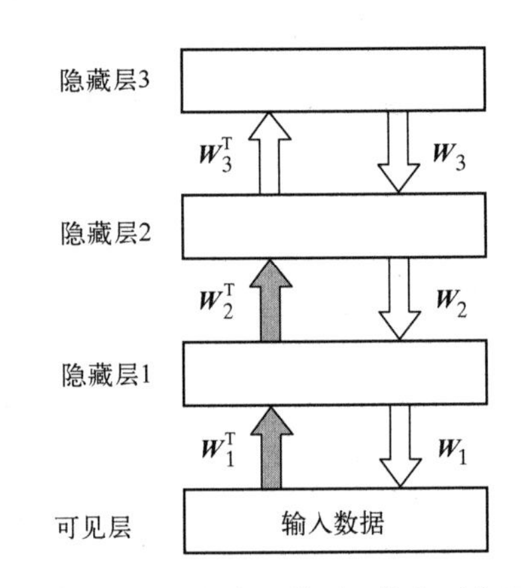

图 11.10 一个混合生成模型，其中两个顶层形成受限玻尔兹曼机，两个底层形成有向模型。阴影箭头表示的权重不属于生成模型的一部分，用于推断给定数据的特征值，但不用于生成数据

11.9.3 生成模型

图11.10所示是一个训练完成的有三个隐藏层的深度置信网络。向上的箭头表示从特征中学习到的特征权重。这些权重的作用是，当数据向量被限定在可见层的神经元时，在深度置信网络中表示每个隐藏层中的二进制特征值。

图11.10中未加阴影的箭头表示生成模型，生成模型不包括阴影向上箭头所代表的自下而上的连接；但最重要的是，它确实包括顶层RBM（第2层、第3层）的上下连接，这些连接起联想记忆的双重作用。进行自下而上的训练时，顶层RBM会从下面的隐藏层学习。RBM是生成模型的发起者。

如图11.10所示，数据生成过程如下：

1. 按图11.11所示的方式，通过多个时间步的吉布斯采样，从顶层RBM中提取平衡样本。
2. 从顶层RBM的“可见”单元开始，自顶向下地进行一次传递，随机选取网络中所有其他隐藏层的状态。

数据生成速度很慢，原因如下：顶层RBM必须达到其平衡分布。所幸的是，感知推理或学习并不需要生成数据。

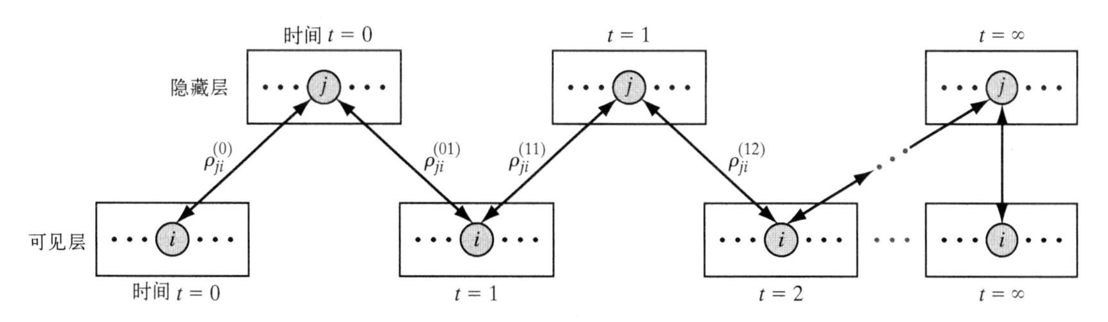

图11.11　RBM中交替吉布斯采样过程的说明。经过足够多的步骤后，从当前模型参数定义的静态分布中抽取可见向量和隐藏向量

11.9.4　混合学习过程

如图11.12所示，深度置信网络中的每个RBM都将自己的"可见"数据建模任务分为两个子任务（Hinton, 2007）。

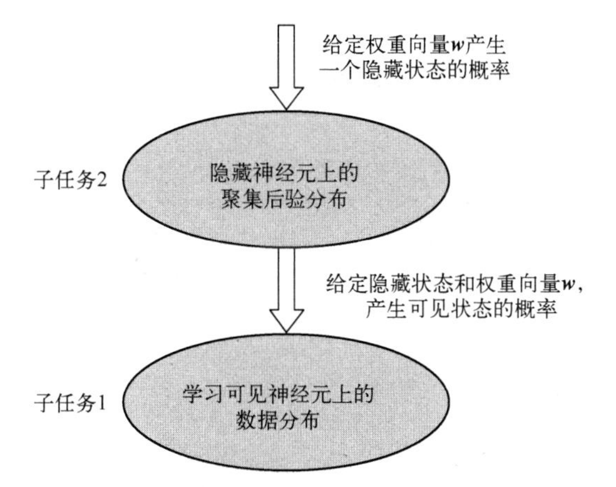

图11.12　建模感知数据的任务分成两个子任务

- **子任务 1**　机器学习生成权重 $\boldsymbol{w}$，将隐藏神经元上的后验分布转换为近似于可见神经元上的数据分布。
- **子任务 2**　用向量 $\boldsymbol{w}$ 表示的同一组权重也定义了隐藏状态向量的先验分布，该先验分布的采样需要大量交替的吉布斯采样（见图11.11）。然而，正是这种复杂先验的存在才使得推理在RBM中变得如此简单。在子任务2下，学习下一个RBM后，这个特殊的RBM用一个新的先验概率取代复杂的先验概率（用 $\boldsymbol{w}$ 表示），其先验概率更接近下一层RBM隐藏单元上的后验分布。

11.9.5　小结

1. 除了顶部两层，深度置信网络是一个多层逻辑斯蒂置信网络，它将连接从网络的上一层引导到下一层。
2. 学习过程无监督地逐层自下而上。采用这种方式，感知推理在深度置信网络中很容易进行学习，简单地说，推理过程是一个自下而上传递的过程。
3. 深度置信网络为设计人员提供了极大的自由，设计人员面临的挑战是如何创造性地利用这种自由。

11.10 确定性退火

下面讨论确定性退火。在11.5节讨论过模拟退火时，随机松驰技术为解决非凸优化问题提供了一种强大的方法，但在模拟退火的应用中，必须认真选择退火进度表。特别地，仅当退火温度以不超过对数的速度下降时，全局极小值才能得到保证，这种要求使得模拟退火在许多应用中变得不现实。模拟退火是在能量表面（地形）上随机移动的。相反，确定性退火将随机性以某种形式结合到能量或代价函数中，通过温度下降进行确定性优化（Rose et al., 1990; Rose, 1998）。

下面在无监督学习任务（聚类）的背景下，阐述确定性退火的思想。

11.10.1 通过确定性退火聚类

第5章讨论了聚类的概念。聚类就是将给定的数据分组，每组数据尽量相同或相似。聚类是典型的非凸优化问题，事实上，用于聚类的失真函数都是输入数据的非凸函数（第10章中描述的数据的最优流形表示是个例外）。同时，失真函数对输入的曲线存在大量局部极小值，这就使得求全局极小值变得更为困难。

Rose(1991, 1998)描述了一个聚类概率框架，它通过剖分的随机化或等价编码规则的随机化进行聚类。所用的主要原则是将数据点按概率划分为子集。具体地，令随机向量 $\boldsymbol{X}$ 表示源（输入）向量，随机向量 $\boldsymbol{Y}$ 表示码本的最优重建（输出）向量。这两个向量的单独实现分别记为向量 $\boldsymbol{x}$ 和 $\boldsymbol{y}$ 。

为了进行聚类，需要一个由 $d(\boldsymbol{x},\boldsymbol{y})$ 表示的失真度量。假定 $d(\boldsymbol{x},\boldsymbol{y})$ 满足两个理想的性质：

1．对任何 $\boldsymbol{x}$ 它是 $\boldsymbol{y}$ 的凸函数。

2．当参数 $\boldsymbol{x}$ 和 $\boldsymbol{y}$ 有限时，它是有限的。

上述两个基本性质可由第5章和第10章使用的平方欧氏失真度量满足：

$$d(\boldsymbol{x},\boldsymbol{y}) = \|\boldsymbol{x}-\boldsymbol{y}\|^2 \tag{11.58}$$

随机模式的期望失真定义为

$$\begin{aligned} D &= \sum_{\boldsymbol{x}}\sum_{\boldsymbol{y}} P(\boldsymbol{X}=\boldsymbol{x},\boldsymbol{Y}=\boldsymbol{y})d(\boldsymbol{x},\boldsymbol{y}) \\ &= \sum_{\boldsymbol{x}} P(\boldsymbol{X}=\boldsymbol{x})\sum_{\boldsymbol{y}} P(\boldsymbol{Y}=\boldsymbol{y}\mid\boldsymbol{X}=\boldsymbol{x})d(\boldsymbol{x},\boldsymbol{y}) \end{aligned} \tag{11.59}$$

式中，$P(\boldsymbol{X}=\boldsymbol{x},\boldsymbol{Y}=\boldsymbol{y})$ 是联合事件 $\boldsymbol{X}=\boldsymbol{x}$和$\boldsymbol{Y}=\boldsymbol{y}$ 的概率。式（11.59）的第二行使用了联合事件的概率公式：

$$P(\boldsymbol{X}=\boldsymbol{x},\boldsymbol{Y}=\boldsymbol{y}) = P(\boldsymbol{Y}=\boldsymbol{y}\mid\boldsymbol{X}=\boldsymbol{x})P(\boldsymbol{X}=\boldsymbol{x}) \tag{11.60}$$

条件概率 $P(\boldsymbol{Y}=\boldsymbol{y}\mid\boldsymbol{X}=\boldsymbol{x})$ 指关联概率，即码向量 $\boldsymbol{y}$ 关联源向量 $\boldsymbol{x}$ 的概率。

传统上，期望失真 D 关于聚类模型的自由参数［重建向量 $\boldsymbol{y}$ 和关联概率 $P(\boldsymbol{Y}=\boldsymbol{y}\mid\boldsymbol{X}=\boldsymbol{x})$］最小化。这种形式的最小化产生“硬”聚类解，“硬”是指源向量 $\boldsymbol{x}$ 被归入最近的码向量 $\boldsymbol{y}$ 。另一方面，在确定性退火中，优化问题变成寻找服从特定随机水平的概率分布，使得其期望失真最小。作为随机水平的一个基本度量，我们使用香农定义的联合熵，它定义为（见10.2节）

$$H(\boldsymbol{X},\boldsymbol{Y}) = -\sum_{\boldsymbol{x}}\sum_{\boldsymbol{y}} P(\boldsymbol{X}=\boldsymbol{x},Y=\boldsymbol{y})\log P(\boldsymbol{X}=\boldsymbol{x},\boldsymbol{Y}=\boldsymbol{y}) \tag{11.61}$$

期望失真的约束优化可以表示成拉格朗日函数：

$$F = D - TH \tag{11.62}$$

式中，T 为拉格朗日乘子。由式（11.62）可知：

- 当 T 值较大时，联合熵 H 最大。

- 当T值较小时，期望失真D最小，产生确定性（非随机）聚类解。
- 当T值中等时，F的最小化可在熵H增加和期望失真D减少之间折中。

最重要的是，通过比较式（11.11）和式（11.62），可以确定表11.2所列约束聚类优化和统计力学之间的对应关系。鉴于这一类比，后面称T为温度。

表11.2　约束聚类优化和统计物理学之间的对应关系

约束聚类优化	统计力学	约束聚类优化	统计力学
拉格朗日函数F	自由能量F	香农联合熵H	熵H
期望失真D	平均能量$\langle E\rangle$	拉格朗日乘子T	温度T

为了进一步了解拉格朗日函数F，根据式（10.26），可将联合熵$H(\boldsymbol{X},\boldsymbol{Y})$分成如下两项：

$$H(\boldsymbol{X},\boldsymbol{Y})=H(\boldsymbol{X})+H(\boldsymbol{Y}\mid\boldsymbol{X})$$

式中，$H(\boldsymbol{X})$是信源熵，$H(\boldsymbol{Y}\mid\boldsymbol{X})$是在给定源向量$\boldsymbol{X}$后重建向量$\boldsymbol{Y}$的条件熵。信源熵$H(\boldsymbol{X})$是独立于聚类的。因此，可以从拉格朗日函数$F$中去掉信源熵$H(\boldsymbol{X})$，从而集中关注条件熵：

$$H(\boldsymbol{Y}\mid\boldsymbol{X})=-\sum_{\boldsymbol{x}}P(\boldsymbol{X}=\boldsymbol{x})\sum_{\boldsymbol{y}}P(\boldsymbol{Y}=\boldsymbol{y}\mid\boldsymbol{X}=\boldsymbol{x})\log P(\boldsymbol{Y}=\boldsymbol{y}\mid\boldsymbol{X}=\boldsymbol{x}) \tag{11.63}$$

上式突出了条件概率$P(\boldsymbol{Y}=\boldsymbol{y}\mid\boldsymbol{X}=\boldsymbol{x})$的作用。考虑到约束聚类优化和统计力学之间的对应关系，以及11.2节描述的最小自由能量原则，关联概率的拉格朗日函数F的最小化将导致条件概率变为吉布斯分布：

$$P(\boldsymbol{Y}=\boldsymbol{y}\mid\boldsymbol{X}=\boldsymbol{x})=\tfrac{1}{Z_x}\exp\left(-\tfrac{d(\boldsymbol{x},\boldsymbol{y})}{T}\right) \tag{11.64}$$

式中，$Z_{\boldsymbol{x}}$为当前问题的剖分函数，它定义为

$$Z_{\boldsymbol{x}}=\sum_{\boldsymbol{y}}\exp\left(-\tfrac{d(\boldsymbol{x},\boldsymbol{y})}{T}\right) \tag{11.65}$$

当温度T接近无穷大时，由式（11.64）可知关联概率趋于均匀分布。这句话的含义是，在非常高的温度下，每个输入向量与所有聚类的关联度相同。这种关联可视为“极其模糊”。而当温度T趋于零时，关联概率趋于三角函数。因此，在极低的温度下，分类是很困难的，每个输入样本以概率1赋给最近的码向量。

为了寻找拉格朗日函数F的最小值，将式（11.64）中的吉布斯分布代入式（11.59）和式（11.63），然后将结果表达式代入式（11.62）所示拉格朗日函数F的公式，得到（见习题11.16）

$$F^{*}=\min_{P(\boldsymbol{Y}=\boldsymbol{y}\mid\boldsymbol{X}=\boldsymbol{x})}F=-T\sum_{\boldsymbol{x}}P(\boldsymbol{X}=\boldsymbol{x})\log Z_{\boldsymbol{x}} \tag{11.66}$$

为了关于其他自由参数即码向量$\boldsymbol{y}$来最小化拉格朗日函数，令F^{*}关于$\boldsymbol{y}$的梯度为零，得到条件

$$\sum_{\boldsymbol{x}}P(\boldsymbol{X}=\boldsymbol{x},\boldsymbol{Y}=\boldsymbol{y})\frac{\partial}{\partial\boldsymbol{y}}d(\boldsymbol{x},\boldsymbol{y})=0,\ \text{所有}\ \boldsymbol{y}\in\mathcal{Y} \tag{11.67}$$

式中，$\mathcal{Y}$为所有码向量的集合。利用式（11.60）并且关于$P(\boldsymbol{X}=\boldsymbol{x})$归一化，可以重新定义这个最小化条件为

$$\frac{1}{N}\sum_{\boldsymbol{x}}P(\boldsymbol{Y}=\boldsymbol{y}\mid\boldsymbol{X}=\boldsymbol{x})\frac{\partial}{\partial\boldsymbol{y}}d(\boldsymbol{x},\boldsymbol{y})=0,\ \text{所有}\ \boldsymbol{y}\in\mathcal{Y} \tag{11.68}$$

式中，关联概率$P(\boldsymbol{Y}=\boldsymbol{y}\mid\boldsymbol{X}=\boldsymbol{x})$由式（11.64）中的吉布斯分布定义。在式（11.68）中，我们仅为完整性加入了比例因子$1/N$，其中N是可用的样本数。

现在，可将聚类的确定性退火算法描述如下（Rose, 1998）：

确定性退火算法包括在高温度值T时，最小化相对码向量的拉格朗日函数F^{*}，

然后在降低温度 T 的同时跟踪最小值。

换言之，确定性退火是按照特定的退火时间表运行的，温度依次降低。对每个温度值 T，都进行算法核心的两步迭代：

1．固定码向量，利用特定失真度量 $d(\boldsymbol{x},\boldsymbol{y})$ 的吉布斯分布即式（11.64）计算关联概率。

2．固定关联，使用式（11.68）对码向量 $\boldsymbol{y}$ 优化失真度量 $d(\boldsymbol{x},\boldsymbol{y})$。

这个两步迭代过程对 F^* 单调非递增，因此可确保收敛到最小值。当温度 T 的值很高时，拉格朗日函数 F^* 相当光滑，且在前面对失真度量 $d(\boldsymbol{x},\boldsymbol{y})$ 的适度假设下，F^* 是 $\boldsymbol{y}$ 的凸函数，当温度较高时，可求得 F^* 的全局极小值。随着温度 T 的降低，关联概率变"硬"，导致一个"硬"聚类解。

在退火过程中，随着温度 T 的降低，系统发生一系列相变，其中包括自然的聚类分裂，在此过程中，聚类模型的规模（聚类的数量）不断扩大（Rose et al., 1990; Rose, 1991）。这种现象具有重要意义，原因如下：

1．相变序列是控制聚类模型大小的有用工具。

2．与普通物理退火一样，相变是确定性退火过程的临界点。

3．临界点是可计算的，进而提供在相变之间加速算法的信息。

4．最优模型大小可通过将验证程序与在不同阶段产生的解的序列耦合，这些解代表了模型规模不断增大的解。

11.10.2 案例研究：混合高斯分布

图11.13和图11.14所示为随着温度 T 下降或者温度倒数 $B=1/T$ 上升，确定性退火的聚类解在不同相位时的演化（Rose, 1991）。

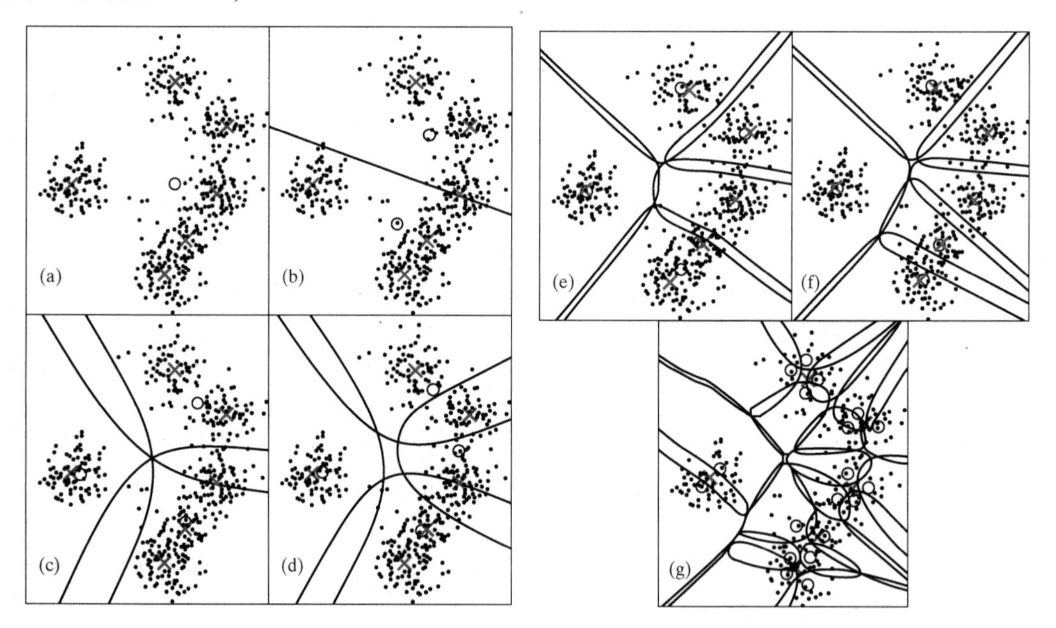

图11.13 不同相位的聚类。线条是等概率围线，图(b)中 $p=\frac{1}{2}$，其他图中 $p=\frac{1}{3}$：(a)1个聚类（$B=0$）；(b)2个聚类（$B=0.0049$）；(c)3个聚类（$B=0.0056$）；(d)4个聚类（$B=0.0100$）；(e)5个聚类（$B=0.0156$）；(f)6个聚类（$B=0.0347$）；(g)19个聚类（$B=0.0605$）

产生这些图形所用的数据集由6个高斯分布混合而成，它们的中心在图11.13中都标记为X。计算得到的聚类中心都标记为O。非零温度下的聚类解并不硬，因此这种随机分区可用等概率等值线来描述，如概率为1/3的围线。这个过程开始只有一个包括所有训练集的自然聚类[见图11.13(a)]。第一次相变时，它分裂成2个聚类［见图11.13(b)］，然后经过一系列相变，直到分裂成6个聚类。当所有聚类都分裂时，下一次相变导致“爆炸”。图11.14所示为相位图，显示了随着退火过程的进行，平均失真变量变化的情况，以及每个相变阶段自然聚类的数量。在这幅图中，显示了平均失真（相对于其极小值归一化）与温度T的倒数B（相对于其极小值$B_{\min}$归一化）的关系。两个坐标轴都以对数形式标出。

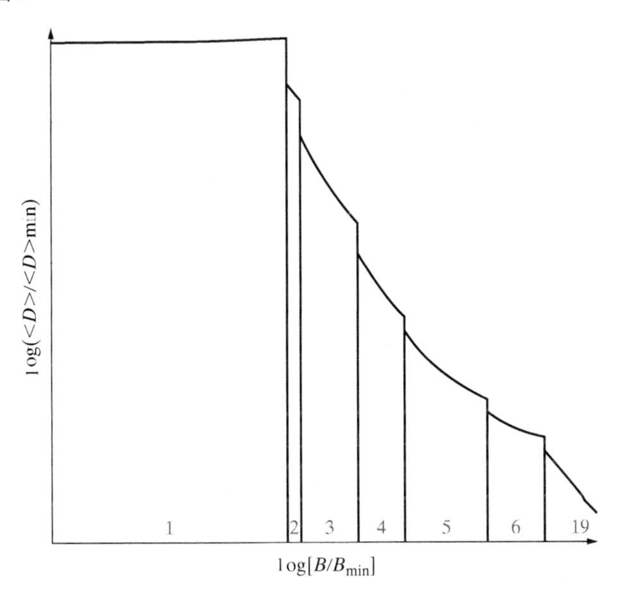

图11.14　确定性退火案例研究的相位图。为每个相位显示了有效聚类的数量

11.11　确定性退火和EM算法的类比

下面讨论确定性退火算法的另一个重要方面。假设将关联概率$P(\boldsymbol{Y}=\boldsymbol{y}\,|\,\boldsymbol{X}=\boldsymbol{x})$视为一个二值随机变量$V_{\boldsymbol{xy}}$的期望，$V_{\boldsymbol{xy}}$定义为

$$V_{\boldsymbol{xy}}=\begin{cases}1, & \text{源向量}\boldsymbol{x}\text{被分配到码向量}\boldsymbol{y}\\ 0, & \text{其他}\end{cases} \tag{11.69}$$

从这个角度看，确定性退火算法的两步迭代是期望-最大（EM）算法的一种形式。为了理解这一点的关联性，下面先简单介绍EM算法的基本理论。

11.11.1　EM算法

令向量$\boldsymbol{z}$代表缺失的数据或者未观测的数据。令$\boldsymbol{r}$代表完整的数据向量，它由一些可观测的数据点d和缺失的数据向量$\boldsymbol{z}$组成。因此，需要考虑两个数据空间$\mathcal{R}$和$\mathcal{D}$，以及从$\mathcal{R}$到$\mathcal{D}$的多对一映射。然而，实际上并不能观测完整的数据向量$\boldsymbol{r}$，而只能观测$\mathcal{D}$中不完整的数据$d=d(\boldsymbol{r})$。

令$p_c(\boldsymbol{r}\,|\,\boldsymbol{\theta})$代表给定参数向量$\boldsymbol{\theta}$下$\boldsymbol{r}$的条件概率密度函数。于是，随机变量$D$在给定$\boldsymbol{\theta}$的情况下的条件概率密度函数定义为

$$p_D(d\,|\,\boldsymbol{\theta})=\int_{\mathcal{R}(d)}p_c(\boldsymbol{r}\,|\,\boldsymbol{\theta})\mathrm{d}\boldsymbol{r} \tag{11.70}$$

式中，$\mathcal{R}(d)$是由$d=d(\boldsymbol{r})$决定的子空间$\mathcal{R}$。用于参数估计的EM算法直接找到$\boldsymbol{\theta}$的一个值，使得不完整数据的对数似然函数取最大值：

$$L(\boldsymbol{\theta}) = \log p_D(d \mid \boldsymbol{\theta})$$

然而，这个问题可通过间接运用完整数据的对数似然函数的迭代来解决：

$$L_c(\boldsymbol{\theta}) = \log p_c(\boldsymbol{r} \mid \boldsymbol{\theta}) \tag{11.71}$$

它是一个随机变量，缺失的数据向量 $\boldsymbol{z}$ 是未知的。

具体地说，在EM算法的第 n 次迭代中，令 $\hat{\boldsymbol{\theta}}(n)$ 代表参数向量 $\boldsymbol{\theta}$ 的值。在这一迭代的E步中，计算期望

$$Q(\boldsymbol{\theta}, \hat{\boldsymbol{\theta}}(n)) = \mathbb{E}[L_c(\boldsymbol{\theta})] \tag{11.72}$$

式中，期望是关于 $\hat{\boldsymbol{\theta}}(n)$ 得到的。在同一迭代的M步中，我们在参数（权重）空间 $\mathcal{W}$ 上关于 $\boldsymbol{\theta}$ 最大化 $Q(\boldsymbol{\theta}, \hat{\boldsymbol{\theta}}(n))$，找到更新的参数估计值 $\hat{\boldsymbol{\theta}}(n+1)$：

$$\hat{\boldsymbol{\theta}}(n+1) = \arg\max_{\theta} Q(\boldsymbol{\theta}, \hat{\boldsymbol{\theta}}(n)) \tag{11.73}$$

算法以参数向量 $\boldsymbol{\theta}$ 的初值 $\hat{\boldsymbol{\theta}}(0)$ 开始，然后根据式（11.72）和式（11.73）交替执行E步和M步，直到 $L(\hat{\boldsymbol{\theta}}(n+1))$ 和 $L(\hat{\boldsymbol{\theta}}(n))$ 之差降至某个任意小的值，此时整个计算结束。

注意，在EM算法的一次迭代后，不完整数据的对数似然函数不是递减的，表示为

$$L(\hat{\boldsymbol{\theta}}(n+1)) \geqslant L(\hat{\boldsymbol{\theta}}(n)), \quad n = 0,1,2,\cdots$$

等号成立意味着正处在对数似然函数的一个稳定点上。

11.11.2 关于类比的讨论（续）

回到确定性退火和EM算法的类比，我们提出两个高度相关的观点：

1. 在确定性退火的步骤1中计算关联概率，它等价于EM算法中求期望的步骤。

2. 在确定性退火的步骤2中根据相应的码向量 $\boldsymbol{y}$ 来优化失真变量 $d(\boldsymbol{x}, \boldsymbol{y})$，它等价于EM算法中的最大化步骤。

注意，进行这种类比时，确定性退火的任务要比最大似然估计更宽，因为与最大似然估计不同，确定性退火法并不对最大似然估计做出任何假设。事实上，关联概率是由最小化拉格朗日函数 F^* 导出的。

11.12 小结和讨论

本章讨论了如何将植根于统计力学的思想作为制定随机模拟/优化方法的数学基础。

主要讨论了三种模拟算法：

1. Metropolis算法，它是马尔可夫链蒙特卡罗（MCMC）法，旨在模拟未知概率分布。

2. 模拟退火，它是一种自适应程序，在较高温度下，会显示出所研究系统最终状态的主要特征，而且温度越高，所研究系统的最终状态就越明显，系统的细节特征也出现在较低的温度。作为一种优化算法，模拟退火能够避免陷入局部极小值。

3. 吉布斯采样，它生成一个用吉布斯分布作为平衡分布的马尔可夫链。与Metropolis算法不同，与吉布斯采样器相关的转移概率不是稳态的。

本章接下来的部分主要介绍了随机机器学习，主要关注了两点：

1. 古典玻尔兹曼机，它使用隐藏的和可见的随机二值状态的神经元，巧妙地利用吉布斯分布的良好性质，因此具有一些吸引人的特征：

- 通过训练，神经元显示的概率分布和环境相匹配。
- 网络提供一种推广的方法，可用于基本问题的搜索、表示和学习。

- 只要退火进度表在学习过程中运行得足够慢，机器就能保证找到能量曲面相对于状态的全局极小值。

遗憾的是，玻尔兹曼机需要很长时间才能达到平衡分布，因此其实际用途受限。

2. 深度置信网络（DBN），它使用受限玻尔兹曼机（RBM）作为基本组成。RBM一个突出的特点是隐藏神经元之间没有连接，否则与古典玻尔兹曼机一样在可见神经元和隐藏神经元之间使用对称连接。DBN同样建立在从特征中学习的旧思想上：
   - 机器在学习阶段注重未加工感官输入数据的特性，捕捉输入数据中有趣的不规则性。
   - 通过将前一层的特征作为“新”的感官输入数据来学习另一层特征。
   - 以这种方式不断地逐层学习，学习到最高级别的复杂特征，识别原始未加工感官输入数据中的关注对象。

   通过巧妙地利用自上而下的生成模型学习和自下而上的推理学习，DBN获得了学习无标记数字图像密度模型的能力，且准确性令人惊奇。

本章前面讨论的模拟退火的独特之处是，它在能量曲面上随机移动，使得退火进度非常慢，导致其在许多应用中无法实际使用。相反，本章最后讨论的确定性退火将随机性耦合到代价函数中，从一个较高的温度开始，然后逐渐降低温度，并在每个温度下对目标函数进行确定性优化。模拟退火可以保证达到全局极小值，而确定性退火目前无法保证这一点。

注释和参考文献

1. 式（11.3）中描述的术语“典型分布”是J. Willard Gibbs(1902)在《统计力学的基本原理》一书中创造的新名词：

   “由 $P=\exp\left(\frac{\psi-\varepsilon}{H}\right)$ 表示的分布看起来代表可以想到的最简单的情况，因为当系统包括分离能量的多个部分时，分离部分的相位的分布律是相同的，其中 H 和 ψ 为常数，且 H 为正。分布的这个性质极大地简化了讨论，是和热力学有着极其重要关系的基础……

   当系统整体以刚才描述的方式按相位分布时，即当概率（P）指标是能量（ε）的线性函数时，我们说整体是典型分布的，且称能量的除数 H 是分布的模。”

   在物理学文献中，式（11.3）通常称为典型分布（Reif, 1965）或吉布斯分布（Landau and Lifschitz, 1980）。在神经网络文献中，它称为吉布斯分布、玻尔兹曼分布或玻尔兹曼-吉布斯分布。

2. 贝努利实验。考虑一个包含一系列独立同分布的过程的实验，即系列独立的实验。假设每个实验过程只有两种可能的结果。于是，可以说这是一系列贝努利实验。例如，在抛硬币实验中，结果只有“正”和“反”。

3. Metropolis-Hastings算法。为了在离散状态空间中进行统计力学优化，1953年引入了原始Metropolis算法。1970年，Hastings推广了该算法，以在一组非对称转移概率假设下的统计模拟中使用：

   $$\tau_{ji} \neq \tau_{ij}$$

   相应地，转移概率定义为

   $$\alpha_{ij} = \min\left(1, \frac{\pi_j \tau_{ji}}{\pi_i \tau_{ij}}\right)$$

   相应的马尔可夫链仍然满足细节平衡原理。采用该方式推广得到的马尔可夫链蒙特卡罗方法称为Metropolis-Hastings算法（Robert and Casella, 2004）。Metropolis算法是Metropolis-Hastings算法中 $\tau_{ji}=\tau_{ij}$ 的一种特殊情况。

4. Tu et al.(2005)描述了一种基于贝叶斯理论的将图像解析为其组成部分的算法。这种全息图像解析算法优化了后验分布，以便像在语音或自然语言中传递句子那样输出感兴趣部分的表示。

算法的计算模块集成了两种流行的推理方法：

- 生成（自顶向下）方法，用来形成后验分布。
- 区分（自底向上）方法，使用一系列自底向上的过滤（测试）来计算判断分布。

在Tu等人设计的算法中，生成模型定义的后验分布为马尔可夫链提供目标分布，同时判别分布用于构建导出马尔可夫链的后验分布。换言之，马尔可夫链蒙特卡罗方法是全息图像解析算法的核心。

5. 引入温度和模拟退火到组合优化问题的想法由Kirkpatrick, et al.(1983)和Černy(1985)独立提出。在物理环境中，退火本质上是一个精细的过程。Kirkpatrick等人在1983年发表的文章中讨论了“熔化”固体的概念，这涉及升高温度到一个最大值，使固体中的所有粒子为液态时能够随机运动。接着降低温度，使得所有粒子调整到相应格点的低能基态中。如果冷却得太快，也就是说，对每个温度，固体没有足够的时间达到热平衡，那么得到的晶体就有许多缺陷，或者物质将形成无晶序的玻璃，且仅为局部最优结构的亚稳态。

“熔化”概念对于考虑玻璃问题可能是正确的，对考虑相应计算环境中的组合优化问题也有帮助。但是，当讨论许多其他的应用领域时，它会产生误导（Beckerman, 1997）。例如，在图像处理中，若升高温度使得所有粒子能够随机地调整自己的位置，则会使图像的灰度变得均匀而失去图像。在相应的冶金学意义上，当对铁或铜退火时，必须保证退火温度低于熔点，否则将毁坏样本。

控制冶金退火有几个重要的参数：

- 退火温度，指示金属或合金加热到什么温度。
- 退火时间，指定保持升高的温度的时间长度。
- 退火进度表，指定温度下降的速度。

在描述退火进度表的小节中可以发现，这些参数在模拟退火中都能找到相对应的部分。

6. 关于复杂和理论导向的退火进度表，参见Aarts and Korst(1989)和van Laarhoven and Aarts(1988)。

7. 吉布斯采样在统计力学中称为Metropolis算法的“热浴”形式。在Geman and Geman(1984)和Gelfand and Smith(1990)的论文中正式出现后，它就被广泛用于图像处理、神经网络和统计学。

8. 玻尔兹曼机的可见神经元可被分成输入神经元和输出神经元。在第二种结构中，玻尔兹曼机是在监督下进行关联的，输入神经元从环境接收信息，而输出神经元向最终用户报告计算结果。

9. 式（11.39）适用于玻尔兹曼机，其状态“开”和“关”分别用 +1和 −1 表示。在机器利用1和0分别表示状态“开”和“关”的情况下，有

$$E(\boldsymbol{x}) = -\sum_{i}\sum_{j,i\neq j} w_{ji}x_i x_j$$

10. 传统上，用KL散度作为玻尔兹曼机的性能指标（Ackley et al., 1985; Hinton and Sejnowski, 1986）。这个指标在第10章中讨论过，该章中还证明了最小化KL散度等价于最大化似然估计。

11. 确定性退火已成功用于许多学习任务，包括：

- 向量量化（Rose et al., 1992; Miller and Rose, 1994）
- 统计分类设计（Miller et al., 1996）

12. Newcomb(1886)似乎是最早报告EM型过程的参考文献。名称“EM算法”由Dempster等人在1997年发表的奠基性文章中创造。在这篇文章中，首次给出了不同层次下不完整数据中计算最大似然估计的EM算法公式。McLachlan and Krishnan(1997)首次综述了EM算法的理论、方法、应用、历史和泛化。

习题

马尔可夫链

11.1 从状态 i 到状态 j 的 n 步转移概率记为 $p_{ij}^{(n)}$。利用归纳法证明

$$p_{ij}^{(1+n)} = \sum_k p_{ik} p_{kj}^{(n)}$$

11.2 图P11.2显示了随机行走过程的状态转移图，其中转移概率 p 大于零。图中所示的无限长马尔可夫链是不可约的吗？说明理由。

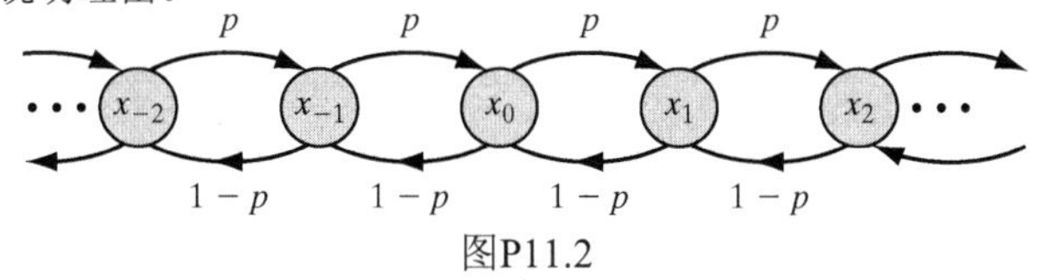

图P11.2

11.3 考虑图P11.3所示的可约马尔可夫链。找出包含在该状态转换图中的各个状态类别。

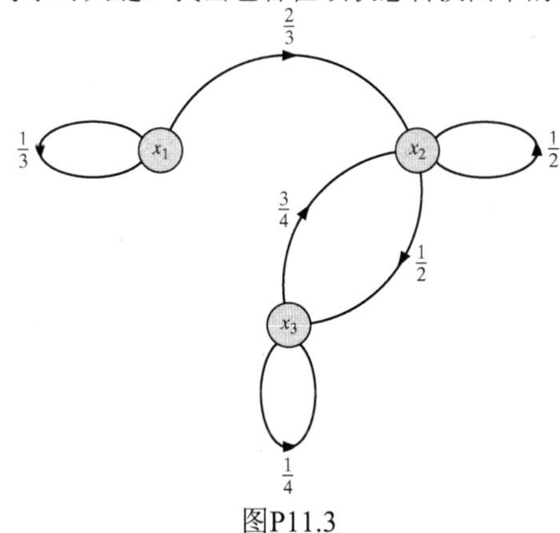

图P11.3

11.4 计算图P11.4所示马尔可夫链稳定态的概率。

11.5 考虑图P11.5所示的马尔可夫链，使用该例验证Chapman-Kolmogorov恒等式的正确性。

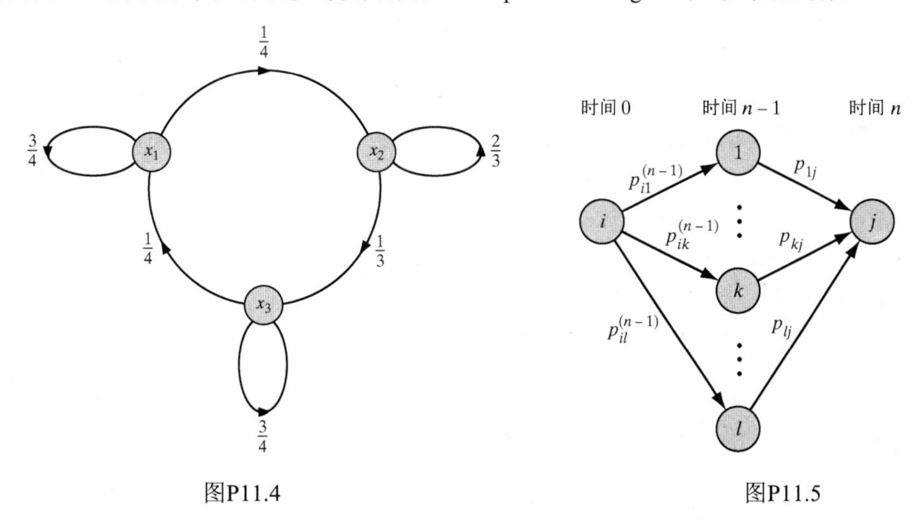

图P11.4

图P11.5

模拟技术

11.6 Metropolis算法和吉布斯采样器代表两类模拟技术，可以模拟感兴趣的大规模问题。讨论它们之间的基本异同点。

11.7 本题考虑用模拟退火求解旅行商问题（Traveling Salesman Problem, TSP）。条件如下：

- N 个城市。
- 每两个城市之间的距离为 d 。

- 旅行路线为一条闭合的路径，只访问每个城市一次。

目标是寻找具有最小总长度 L 的旅行路线（排列城市访问的顺序）。在本题中，不同的旅行路线称为构形，构形总长度是待被最小化的代价函数。

(a) 设计一种产生有效构形的迭代方法。

(b) 旅行路线的总长度定义为

$$L_P = \sum_{i=1}^{N} d_{P(i)P(i+1)}$$

式中，P表示一个置换，其中 $P(N+1)=P(1)$ 。因此，剖分函数为

$$Z = \sum_P \mathrm{e}^{-L_P/T}$$

式中，T 为控制参数。建立用于TSP的模拟退火算法。

玻尔兹曼机

11.8 考虑一个在温度 T 下运行的随机二值神经元 j ，它从状态 x_j 转移到状态 $-x_j$ 的概率为

$$P(x_j \to -x_j) = \frac{1}{1+\exp(-\Delta E_j/T)}$$

式中，ΔE_j 为转移导致的能量变化。玻尔兹曼机的总能量定义为

$$E = -\frac{1}{2}\sum_i \sum_{j,i\neq j} w_{ji}x_i x_j$$

式中，w_{ji} 是从神经元 i 到神经元 j 的突触权重，且有 $w_{ji}=w_{ij}$和$w_{ji}=0$ 。

(a) 证明 $\Delta E_j = -2x_j v_j$ ，其中 v_j 为神经元 j 的诱导局部域。

(b) 证明神经元 j 从初态 $x_j=-1$ 转移到 $x_j=+1$ 的概率为 $1/(1+\exp(-2v_j/T))$ 。

(c) 证明当神经元 j 从初态 $+1$ 转移到状态 -1 时，(b)问中的公式仍然正确。

11.9 推导式（11.49）中对数似然函数 $L(\boldsymbol{w})$ 关于玻尔兹曼机突触权重 w_{ji} 的导数公式。

11.10 吉布斯分布可用自完备的数学方法导出，而不依赖于统计力学中的概念。特别地，一个两步马尔可夫链模型的随机机器可用来导出形成玻尔兹曼机特殊性质的假设（Mazaika, 1987）。这并不令人惊奇，因为作为玻尔兹曼机运行基础的模拟退火本身具有马尔可夫性质（van Laarhoven and Aarts, 1988）。假设随机机器中的一个神经元状态转移模型由两个随机过程组成：

- 第一个过程决定尝试哪个状态转移。
- 第二个过程决定这次转移是否成功。

(a) 将状态转移概率 p_{ji} 表示为两个因子的乘积，即 $p_{ji}=\tau_{ji}q_{ji}$, $j\neq i$ 。证明

$$p_{ii} = 1 - \sum_{j\neq i}\tau_{ji}q_{ji}$$

(b) 假设尝试率矩阵对称，即 $\tau_{ji}=\tau_{ij}$ ，且假设尝试成功的概率满足互补条件转移概率的性质：

$$q_{ji} = 1 - q_{ij}$$

使用这两个假设证明 $\sum_j \tau_{ji}(q_{ij}\pi_j + q_{ij}\pi_i - \pi_j) = 0$ 。

(c) 假定 $\tau_{ji}\neq 0$ ，利用(a)问中的结果证明

$$q_{ij} = \frac{1}{1+(\pi_i/\pi_j)}$$

(d) 最后，进行变量变换得

$$E_i = -T\log\pi_i + T^*$$

式中，T和T^* 为任意常数。据此推导出如下结果，其中 $\Delta E = E_j - E_i$ ：

$$① \ \pi_i = \frac{1}{Z}\exp\left(-\frac{E_i}{T}\right);\ ② \ Z = \sum_j \exp\left(-\frac{E_j}{T}\right);\ ③ \ q_{ji} = \frac{1}{1+\exp(-\Delta E/T)}$$

(e) 你能从这些结果中得出什么结论？

11.11 11.7节利用最大似然函数作为推导式（11.53）所示玻尔兹曼学习规则的准则。本题利用其他准则重新考虑这个学习规则。由第10章的讨论可知，两个概率分布 p_α^+和p_α^- 的KL散度定义为

$$D_{p^+\|p^-} = \sum_\alpha p_\alpha^+ \log\left(\frac{p_\alpha^+}{p_\alpha^-}\right)$$

其中对所有可能的状态 α 求和。概率 p_α^+ 表示网络在限定（正向）状态时可见神经元处于状态 α 的概率，概率 p_α^- 表示网络在自由运行（负向）状态时相同神经元处于状态 α 的概率。利用 $D_{p^+\|p^-}$ 的上述定义，重新推导式（11.53）中的玻尔兹曼学习规则。

11.12 考虑可见神经元被分成输入神经元和输出神经元的玻尔兹曼机。这些神经元的状态分别表示为 α和γ。隐藏神经元的状态记为 β。该机器的KL散度定义为

$$D_{p^+\|p^-} = \sum_\alpha p_\alpha^+ \sum_\gamma p_{\gamma|\alpha}^+ \log\left(\frac{p_{\gamma|\alpha}^+}{p_{\gamma|\alpha}^-}\right)$$

式中，p_α^+ 为输入神经元处于状态 α 的概率，$p_{\gamma|\alpha}^+$ 为给定输入状态 α 下输出神经元被限定为状态 γ 的条件概率，$p_{\gamma|\alpha}^-$ 为仅输入神经元被限定在状态 α 时处于热平衡的输出神经元状态为 γ 的条件概率。和前面一样，加号和减号上标分别表示正向（限定）和负向（自由运行）条件。

(a) 导出包含输入、隐藏和输出神经元的玻尔兹曼机公式 $D_{p^+\|p^-}$。

(b) 对于这种网络构形，重新解释相关性 p_{ji}^+和p_{ji}^-，证明调整突触权重 w_{ji} 的玻尔兹曼学习规则仍可表示成与式（11.53）同样的形式。

深度置信网络

11.13 深度置信网络和逻辑斯蒂置信网络的主要区别是什么？说明理由。

11.14 证明图11.9所示的无限逻辑斯蒂置信网络和图11.8所示的单个RBM是等效的。

确定性退火

11.15 在11.10节中，我们利用信息论方法提出了确定性退火的思想。确定性退火的思想也可基于第10章讨论的最大熵原理，使用原理化的方式产生。说明第二种方法的基本原理（Rose, 1998）。

11.16 (a) 利用式（11.59）、式（11.64）和式（11.63），推导式（11.66）所示拉格朗日函数 F^* 的结果，该结果是用关联概率的吉布斯分布得到的。

(b) 利用(a)问的结果，导出式（11.68）所示 F^* 关于码向量 $\boldsymbol{y}$ 取最小值的条件。

(c) 对式（11.58）中的平方失真度量应用式（11.6 8）中的最小化条件，并评论你的结果。

11.17 考虑混合高斯分布的数据集，如何才能使得利用确定性退火优于利用最大似然估计？

11.18 本题探讨对神经网络模式分类使用确定性退火（Miller et al., 1996）。输出层的神经元 j 的输出记为 $F_j(\boldsymbol{x})$，其中 $\boldsymbol{x}$ 为输入向量。分类决策基于最大判别式 $F_j(\boldsymbol{x})$。

(a) 对于概率目标函数，考虑 $F = \frac{1}{N}\sum_{(\boldsymbol{x},\mathcal{C})\in\mathcal{T}}\sum_j P(\boldsymbol{x}\in\mathcal{R}_j)F_j(\boldsymbol{x})$，其中 $\mathcal{T}$ 是标记向量的训练样本，$\boldsymbol{x}$ 表示输入向量，$\mathcal{C}$ 为其类别标记，$P(\boldsymbol{x}\in\mathcal{R}_j)$ 为输入向量 $\boldsymbol{x}$ 和类别区域 $\mathcal{R}_j$ 的关联概率。利用第10章讨论的最大熵原理，写出 $P(\boldsymbol{x}\in\mathcal{R}_j)$ 的吉布斯分布。

(b) 令 $\langle P_e\rangle$ 表示错分类代价的均值。在关联概率 $P(\boldsymbol{x}\in\mathcal{R}_j)$ 的熵是常值 H 的约束下，写出最小化 $\langle P_e\rangle$ 的拉格朗日方程。

第12章　动 态 规 划

本章的目的有三：① 讨论动态规划的发展，动态规划是多阶段行动规划的数学基础，它通过随机环境下的智能操作实现；② 给出强化学习的直接推导，强化学习是动态规划的逼近形式；③ 给出处理存在维数“灾难”的逼近动态规划的间接方法。本章中的各节安排如下：

- 12.1节为引言；12.2节讨论马尔可夫决策过程，激发对动态规划的研究。
- 12.3节至12.5节讨论动态规划的贝尔曼理论，以及策略迭代和值迭代两种相关方法。
- 12.6节讨论基于直接学习的动态规划逼近原理，该原理促进了时序差分学习和Q学习的发展，内容分别在12.7节和12.8节中讨论。
- 12.9节讲述动态规划间接逼近处理维数灾难问题的理论基础，引出最小二乘策略评估和逼近值迭代，内容分别在12.10节和12.11节中讨论。
- 12.12节为本章的小结和讨论。

12.1　引言

导言中给出了两种主要的学习范式，即监督学习和无监督学习。无监督学习又分为自组织学习和强化学习。第1章到第6章介绍了不同形式的监督学习，第9章到第11章介绍了不同形式的无监督学习。第7章介绍了半监督学习。本章讨论强化学习。

监督学习是在“教师”指导下进行的“认知”学习。它依赖于一组可用且合适的输入-输出样本，这些样本能够反映运行环境。与之相反，强化学习是一种“行为”学习，它通过智能体与其环境之间的交互来完成任务。尽管存在不确定性，但智能体仍然希望在环境中达到特定的目标（Barto et al., 1983; Sutton and Barto, 1998）。事实上，在代价很高或者很难找到一组满意的输入-输出样本时，强化学习特别适合动态情况下的无监督交互。

强化学习的研究有两种方法，总结如下：

1. *传统方法*。通过惩罚和奖励的方式进行学习，以达到高度熟练行为的目标。
2. *现代方法*。基于动态规划的数学方法，通过考虑未来可能但现实并未发生的阶段来决定行动方案，这里强调的是规划。

我们讨论的重点是现代强化学习。

动态规划处理的是分阶段决策问题，在做出下一个决策之前，某种程度上可以预测每个决策的结果。这种情况的关键是不能孤立地做出决策，而应在当前低的代价与未来可能发生的高代价之间做出折中。这是一个信任赋值问题，因为信任或责任必须赋给一组相互作用的决策。对于最优规划，需要在当前代价和未来代价之间进行有效的折中。动态规划的形式确实满足这种折中要求。特别地，动态规划解决了下面的基本问题：

> 当某种改进需要牺牲短期性能时，智能体或决策者是如何在随机环境下提高其长期性能的？

贝尔曼动态规划为该问题的求解提供了一种最优的解题方案。

在数学模型建立过程中，面临的挑战是如何在两个实体（实践和理论）之间进行适当的折中。这两个实体分别是

- 对特定问题的现实描述。
- 运用分析和计算方法解决问题的能力。

在动态规划中，一个特别值得关注的问题是在随机环境下运行的智能体的决策问题。为了解决该问题，我们围绕马尔可夫决策过程来建模。马尔可夫决策过程是决策序列选择的数学基础，在给定动态系统的初始状态时，它可最大化 N 阶段决策过程的返回值，这正是贝尔曼动态规划的精髓。因此，本章从讨论马尔可夫决策过程开始学习动态规划。

12.2 马尔可夫决策过程

图12.1显示了智能体（决策者）与其环境的交互方式。智能体的运行是按有限离散时间马尔可夫决策过程进行的，其特征如下：

- 环境依概率以一组有限的离散状态来演化，但状态并不包含过去的统计信息，即使这些过去的统计信息可能对智能体有用。
- 对于每个环境阶段，智能体可以采取一组有限的行动。
- 智能体的每次行动都引发一定的代价。
- 状态被观测，采取行动和引发代价都在离散时间发生。

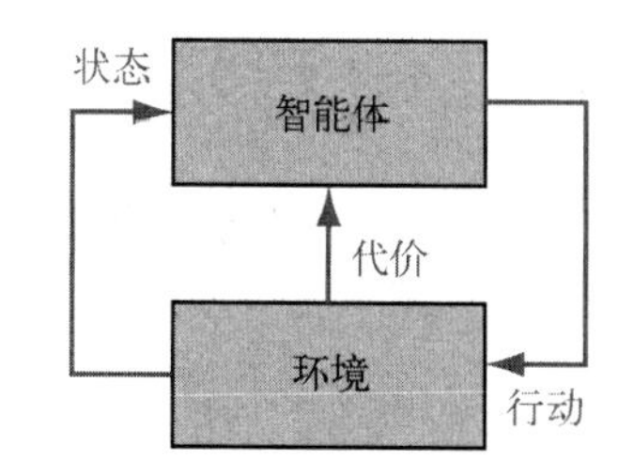

图 12.1　智能体与环境交互框图

针对当前的讨论，引入如下定义：

环境状态是指智能体从与环境交互中获得的过去全部经历的总和，包含智能体预测未来环境行为所需的信息。

时间步 n 的可能状态由随机变量 X_n 表示，实际状态由 i_n 表示，有限状态空间由 $\mathcal{X}$ 表示。动态规划的优势是，它不依赖于状态的特性，即不需要对状态空间结构做任何假设。但要注意的是，动态规划算法的复杂度是状态空间维数的二次方，且与活动空间维数呈线性关系。

例如，对于状态 i，其行动域（智能体作用于环境的输入）由 $\mathcal{A}_i = \{a_{ik}\}$ 表示，其中，行动 a_{ik} 的第二个下标k仅表示当环境处于状态 i 时可以执行多个可能的行动。例如，当环境从状态 i 转移到新状态 j 时，行动 a_{ik} 本质上是依概率发生的。然而，最重要的是，从状态 i 到状态 j 的转移概率完全依赖于当前状态 i 和相应的行动 a_{ik}。这就是第11章讨论的马尔可夫性质，该性质很重要，它为智能体在当前环境状态下采用什么行动提供了必要的信息支持。

下面用随机变量 A_n 表示智能体在第 n 步采取的行动。设 $p_{ij}(a)$ 表示从状态 i 到状态 j 的转移概率，其中$A_n = a$。由状态动力学的马尔可夫假设得

$$p_{ij}(a) = P(X_{n+1} = j \mid X_n = i, A_n = a) \tag{12.1}$$

根据概率论，转移概率 $p_{ij}(a)$ 必须满足以下两个条件：

$$\textbf{1.}\quad p_{ij}(a) \geqslant 0\text{，所有 } i \text{ 和 } j \tag{12.2}$$

$$\textbf{2.}\quad \sum_j p_{ij}(a) = 1\text{，所有 } i \tag{12.3}$$

式中，i 和 j 属于状态空间。

对于给定数量的状态和转移概率，由智能体随时间采取的行动而产生的环境状态序列形成一个马尔可夫链。马尔可夫链已在第11章中讨论。

每次从一种状态转移到另一种状态时，智能体都产生代价。因此，在行动 a_{ik} 的作用下，执行从状态 i 到状态 j 的第 n 次转移时，智能体产生的代价由 $\gamma^n g(i, a_{ik}, j)$ 表示，其中 $g(\cdot,\cdot,\cdot)$ 是给定函数，

γ 称为折扣因子，$0 \leqslant \gamma < 1$。折扣因子反映了跨期偏好。通过调整 γ，可以控制智能体对其行为的长期与短期后果的关注程度。在极端情况下，当 $\gamma = 0$ 时，智能体是短视的，因为它只关心行为的当前后果。后面将忽略这种极端情况，即仅限于讨论 $0 < \gamma < 1$。当 γ 接近1时，未来的代价对确定最优行动变得更为重要。

令人关注的是制定一项策略来反映状态到行动的映射。

策略是智能体在已知当前环境状态信息的情况下用于决定其行为的规则，它可表示为

$$\pi = \{\mu_0, \mu_1, \mu_2, \cdots\} \tag{12.4}$$

式中，μ_n 是以时间步 $n = 0,1,2,\cdots$ 将状态 $X_n = i$ 映射到行动 $A_n = a$ 的函数。该映射满足

$$\mu_n(i) \in \mathcal{A}_i, \quad \text{所有状态 } i \in X$$

式中，$\mathcal{A}_i$ 表示智能体处于状态 i 时可能采取的行动集合，称为可行策略。

策略可以是稳定的，也可以是不稳定的。不稳定策略随时间变化，如式（12.4）所示。然而，当策略与时间无关即

$$\pi = \{\mu, \mu, \mu, \cdots\}$$

时，则称其为稳定策略。也就是说，稳定策略在每次遇到一个特定状态时，都采取完全相同的行动。对于稳定策略，潜在的马尔可夫链可以是平稳的，也可是不平稳的。在不稳定马尔可夫链上也可使用稳定策略，但这种做法不太可取。若采用稳定策略 μ，则状态序列 $\{X_n, n = 0,1,2,\cdots\}$ 形成一个转移概率为 $p_{ij}(\mu(i))$ 的马尔可夫链，其中 $\mu(i)$ 表示一个行动，这个过程被称为马尔可夫决策过程。

12.2.1　基本问题

动态规划问题分为有限范围问题和无限范围问题两种。在有限范围问题中，代价在有限的阶段上累积；在无限范围问题中，代价在无限的阶段上累积。无限范围问题可为数量庞大且阶段众多的有限范围问题提供合理的近似解。值得注意的是，它们对所有阶段下任何策略的代价折扣都是有限的。

令 $g(X_n, \mu_n(X_n), X_{n+1})$ 表示在行动 $\mu_n(X_n)$ 作用下从状态 X_n 转移到状态 X_{n+1} 产生的观测代价。在无限范围问题中，从初始状态 $X_0 = i$ 开始并使用策略 $\pi = \{\mu_n\}$，总期望代价定义为

$$J^\pi(i) = \mathbb{E}\left[\sum_{n=0}^{\infty} \gamma^n g(X_n, \mu_n(X_n), X_{n+1}) \mid X_0 = i\right] \tag{12.5}$$

式中，期望关于马尔可夫链 $\{X_1, X_2, \cdots\}$ 取值，γ 是折扣因子。函数 $J^\pi(i)$ 称为策略 π 从状态 i 开始的代价函数。其最优值由 $J^*(i)$ 表示，定义为

$$J^*(i) = \min_\pi J^\pi(i) \tag{12.6}$$

当且仅当 π 对 $J^\pi(i)$ 贪婪时，策略 π 是最优的。术语“贪婪”用于描述智能体在寻求下一个最小代价的情况时，并未考察这种行为可能导致未来无法获得更好方案的可能性。

当策略 π 稳定即 $\pi = \{\mu, \mu, \cdots\}$ 时，使用符号 $J^\mu(i)$ 代替 $J^*(i)$。当下列条件成立时，μ 最优：

$$J^\mu(i) = J^*(i), \quad \text{所有初始状态 } i \tag{12.7}$$

至此，可将动态规划中的基本问题总结如下：

给定一个稳定的马尔可夫决策过程，描述智能体与其环境之间的交互，找到一个稳定策略 $\pi = \{\mu, \mu, \mu, \cdots\}$，使得对所有初始状态 i，有最小的代价函数 $J^\mu(i)$。

注意，在学习过程中，智能体的行为可能随时间变化，但寻求的最优策略是稳定的。

12.3 贝尔曼最优准则

动态规划技术基于Bellman(1957)提出的最优原则，该原则简述如下（Bellman and Dreyfus, 1962）：

> 一个最优策略具备这样的性质，即无论初始状态和初始决策是什么，从第一个决策状态产生开始，其余决策必须为最优策略。

此处，“决策”是指特定时间下的一种控制选择；“策略”是整个控制序列或控制函数。

考虑一个有限范围问题，用数学术语表述最优原则，其代价函数定义为

$$J_0(X_0)=\mathbb{E}\left[g_K(X_K)+\sum_{n=0}^{K-1}g_n(X_n,\mu_n(X_n),X_{n+1})\right] \tag{12.8}$$

式中，K 是规划阶段数，$g_K(X_K)$ 是终端代价。给定 X_0，式（12.8）中的期望是针对剩余状态 $X_1,\cdots,X_{K-1}$ 求出的。我们可将最优原则陈述如下（Bertsekas, 2005, 2007）：

> 设 $\pi^*=\{\mu_0^*,\mu_1^*,\cdots,\mu_{K-1}^*\}$ 是有限范围问题的最优策略。假设在使用最优策略 π^* 时，给定状态 X_n 发生的概率为正。考虑环境在时间 n 处于状态 X_n 的子问题，假设我们希望最小化相应的代价函数
>
> $$J_n(X_n)=\mathbb{E}\left[g_K(X_K)+\sum_{k=n}^{K-1}g_k(X_k,\mu_k(X_k),X_{k+1})\right] \tag{12.9}$$
>
> 式中，$n=0,1,\cdots,K-1$。于是，截断策略 $\{\mu_n^*,\mu_{n+1}^*,\cdots,\mu_{K-1}^*\}$ 对子问题是最优的。

通过论证，可直观地说明最优准则的合理性：若截断策略 $\{\mu_0^*,\mu_1^*,\cdots,\mu_{K-1}^*\}$ 不是最优的，则一旦状态在时间 n 达到 X_n，就可简单地通过切换到对子问题最优的策略来减小代价函数 $J_n(X_n)$。

最优准则建立在“分而治之”的工程概念之上。原则上，复杂的多阶段规划或控制问题的最优策略是通过如下步骤构建的：

1. 构建一个仅涉及系统最后阶段的“尾部子问题”的最优策略。

2. 将最优策略扩展到包含系统最后两个阶段的“尾部子问题”。

3. 以这种方式继续该过程，直到解决整个问题。

12.3.1 动态规划算法

基于以上描述，我们可以提出动态规划算法，这个算法时间上反向从 $N-1$ 期到0期。令 $\pi=\{\mu_0,\mu_1,\cdots,\mu_{K-1}\}$ 表示允许策略。对每个 $n=0,1,\cdots,K-1$，设 $\pi^n=\{\mu_n,\mu_{n+1},\cdots,\mu_{K-1}\}$，并设 $J_n^*(X_n)$ 是从状态 X_n 和时间 n 开始到时间 K 结束的 $K-n$ 阶段问题的最优代价，即

$$J_n^*(X_n)=\min_{\pi^n}\mathop{\mathbb{E}}_{(X_{n+1},\cdots,X_{K-1})}\left[g_K(X_K)+\sum_{k=n}^{K-1}g_k(X_k,\mu_k(X_k),X_{k+1})\right] \tag{12.10}$$

它表示式（12.9）的最优形式，考虑到 $\pi^n=(\mu_n,\pi^{n+1})$ 和部分展开式（12.10）右侧的和，可以写出

$$\begin{aligned}
J_n^*(X_n)&=\min_{(\mu_n,\pi^{n+1})}\mathop{\mathbb{E}}_{(X_{n+1},\cdots,X_{K-1})}\left[g_n(X_n,\mu_n(X_n),X_{n+1})+g_K(X_K)+\sum_{k=n+1}^{K-1}g_k(X_k,\mu_k(X_k),X_{k+1})\right]\\
&=\min_{\mu_n}\mathop{\mathbb{E}}_{X_{n+1}}\left\{g_n(X_n),\mu_n(X_n),X_{n+1})+\min_{\pi^{n+1}}\mathop{\mathbb{E}}_{(X_{n+2},\cdots,X_{K-1})}\left[g_K(X_K)+\sum_{k=n+1}^{K-1}g_k(X_k,\mu_k(X_k),X_{k+1})\right]\right\}\\
&=\min_{\mu_n}\mathop{\mathbb{E}}_{X_{n+1}}[g_n(X_n,\mu_n(X_n),X_{n+1})+J_{n+1}^*(X_{n+1})]
\end{aligned} \tag{12.11}$$

最后一行用到了定义式（12.10），并用$n+1$代替了n。相应地，由式（12.11）可以导出

$$J_n(X_n)=\min_{\mu_n}\mathop{\mathbb{E}}_{X_{n+1}}[g_n(X_n,\mu_n(X_n),X_{n+1})+J_{n+1}(X_{n+1})] \tag{12.12}$$

至此，可将动态规划算法正式陈述如下（Bertsekas, 2005, 2007）：

对于每个初始状态X_0，有限范围问题的最优代价$J^*(X_0)$等于$J_0(X_0)$，其中函数J_0从算法的最后一步获得：

$$J_n(X_n)=\min_{\mu_n}\mathop{\mathbb{E}}_{X_{n+1}}[g_n(X_n,\mu_n(X_n),X_{n+1})+J_{n+1}(X_{n+1})] \tag{12.13}$$

它按时间反向运算，且

$$J_K(X_K)=g_K(X_K) \tag{12.14}$$

此外，若μ_n^*使得式（12.13）的右边对任意n和X_n为最小值，则策略$\pi^*=\{\mu_0^*,\mu_1^*,\cdots,\mu_{K-1}^*\}$是最优的。

12.3.2 贝尔曼最优方程

动态规划算法的基本形式处理的是有限范围问题。更令人关注的是推广该算法的用途，处理稳定策略$\pi=\{\mu,\mu,\mu,\cdots\}$情况下，式（12.5）的代价函数描述的无限范围的折扣问题。为实现这个目标，需要做以下两件事情：

1．反转算法的时间索引。

2．定义代价函数$g_n(X_n,\mu(X_n),X_{n+1})$为

$$g_n(X_n,\mu(X_n),X_{n+1})=\gamma^n g(X_n,\mu(X_n),X_{n+1}) \tag{12.15}$$

下面重新定义动态规划算法：

$$J_{n+1}(X_0)=\min_{\mu}\mathop{\mathbb{E}}_{X_1}[g(X_0,\mu(X_0),X_1)+\gamma J_n(X_1)] \tag{12.16}$$

它从如下初始条件开始：

$$J_0(X)=0\text{，所有}X$$

X_0是初始状态，X_1是策略行动μ产生的新状态，γ是折扣因子。

令$J^*(i)$表示初始状态$X_0=i$的最优无限范围代价。我们可将$J^*(i)$视为当K趋于无穷大时相应K阶段的最优代价$J_K(i)$，即

$$J^*(i)=\lim_{K\to\infty}J_K(i)\text{，所有}i \tag{12.17}$$

其与有限范围与无限范围之间的折扣问题相关联。将$n+1=K$和$X_0=i$代入式（12.16），然后应用式（12.17）得

$$J^*(i)=\min_{\mu}\mathop{\mathbb{E}}_{X_1}[g(i,\mu(i),X_1)+\gamma J^*(X_1)] \tag{12.18}$$

为了获得最优无限范围代价$J^*(i)$，我们分两个阶段来重写该式。

1．计算代价$g(i,\mu(i),X_1)$对X_1的期望：

$$\mathbb{E}[g(i),\mu(i),X_1]=\sum_{j=1}^{N}p_{ij}g(i,\mu(i),j) \tag{12.19}$$

式中，N是环境状态的数量，p_{ij}是从初始状态$X_0=i$到新状态$X_1=j$的转移概率。式（12.19）中定义的量是在状态i采取策略μ推荐的行动时，发生的瞬时预期代价，当用$c(i,\mu(i))$表示这个代价时，有

$$c(i,\mu(i))=\sum_{j=1}^{N}p_{ij}g(i,\mu(i),j) \tag{12.20}$$

2．计算$J^*(X_1)$相对于X_1的期望。这里，若已知有限状态系统的每个状态X_1的代价$J^*(X_1)$，

则根据固有的马尔可夫链的转移概率确定 $J^*(X_1)$ 的期望如下：

$$\mathbb{E}[J^*(X_1)] = \sum_{j=1}^{N} p_{ij} J^*(j) \tag{12.21}$$

于是，将式（12.19）至式（12.21）代入式（12.18）并将 p_{ij} 写为 μ 的函数，得到期望结果：

$$J^*(i) = \min_{\mu}\left(c(i,\mu(i)) + \gamma\sum_{j=1}^{N} p_{ij}(\mu) J^*(j)\right),\ \ i = 1,2,\cdots,N \tag{12.22}$$

式（12.22）称为**贝尔曼最优方程**。它不应视为一种算法。相反，它表示N个方程，每个方程对应一个状态。该方程组的解定义了N个状态的最优代价函数。

计算最优策略的方法有两种，分别是策略迭代和值迭代。这两种方法将在12.4节和12.5节中分别讨论。

12.4 策略迭代

为了描述策略迭代算法，首先引入一个称为Q因子的概念，该概念源自Watkins(1989)。考虑一个现有策略μ，对所有状态i，代价函数 $J^{\mu}(i)$ 是已知的。对于每个状态 $i \in \mathcal{X}$ 和行动 $a \in \mathcal{A}_i$，Q因子定义为瞬时代价加上策略μ下所有后继状态的折扣代价之和，如下所示：

$$Q^{\mu}(i,a) = c(i,a) + \gamma\sum_{j=1}^{N} p_{ij}(a) J^{\mu}(j) \tag{12.23}$$

式中，行动 $a = \mu(i)$。注意Q因子 $Q^{\mu}(i,a)$ 比代价函数 $J^{\mu}(i)$ 包含更多的信息。例如，可以仅根据Q因子对行动进行排序，而根据代价函数进行排序还需要了解状态转移概率和代价。还要注意的是，式（12.22）中的 $J^*(i)$ 是由 $\min\limits_{\mu} Q^{\mu}(i,a)$ 获得的。

下面通过设想一个新系统来深入了解Q因子的含义，该系统的状态由原始状态 $1,2,\cdots,N$ 和所有可能的状态-行动对 (i,a) 组成，如图12.2所示。可能出现两种不同的可能性：

1．系统处于状态 (i,a)，在这种情况下不采取任何行动。以概率 $p_{ij}(a)$ 自动转移到状态 j，并产生代价 $g(i,a,j)$。

2．系统处于状态 i，在这种情况下，采取行动 $a \in \mathcal{A}_i$。下一个确定性状态是 (i,a)。

根据之前在12.2节中所说的内容，若对所有状态$\mu(i)$ 是满足条件的行动，则策略μ对代价函数 $J^{\mu}(i)$ 是贪婪的：

$$Q^{\mu}(i,\mu(i)) = \min_{a\in\mathcal{A}_i} Q^{\mu}(i,a)\text{，所有}i \tag{12.24}$$

关于式（12.24），以下两点需要注意：

1．对于某个状态，可能有不止一个行动可以最小化Q因子集，在这种情况下，关于相关的代价函数可能有不止一个贪婪策略。

2．对于不同的代价函数，可能有一个相同的贪婪策略。

此外，以下是所有动态规划方法的基础：

$$Q^{\mu^*}(i,\mu^*(i)) = \min_{a\in\mathcal{A}_i} Q^{\mu^*}(i,a) \tag{12.25}$$

式中，μ^* 是最优策略。

有了Q因子和贪婪策略的概念，就可描述策略迭代算法。具体来说，该算法在两个步骤之间交替运行：

1．**策略评估步骤**，对所有状态和行动计算当前策略的代价函数和相应的Q因子。

2．**策略改进步骤**，更新当前策略，使步骤1中计算的代价函数成为贪婪策略。

这两个步骤如图12.3所示。具体来说，从某个初始策略μ_0开始，生成一系列新策略$\mu_1,\mu_2,\cdots$。

给定当前策略μ_n，执行策略评估步骤时，计算代价函数 $J^{\mu_n}(i)$ 作为线性方程组的解[见式（12.22）]：

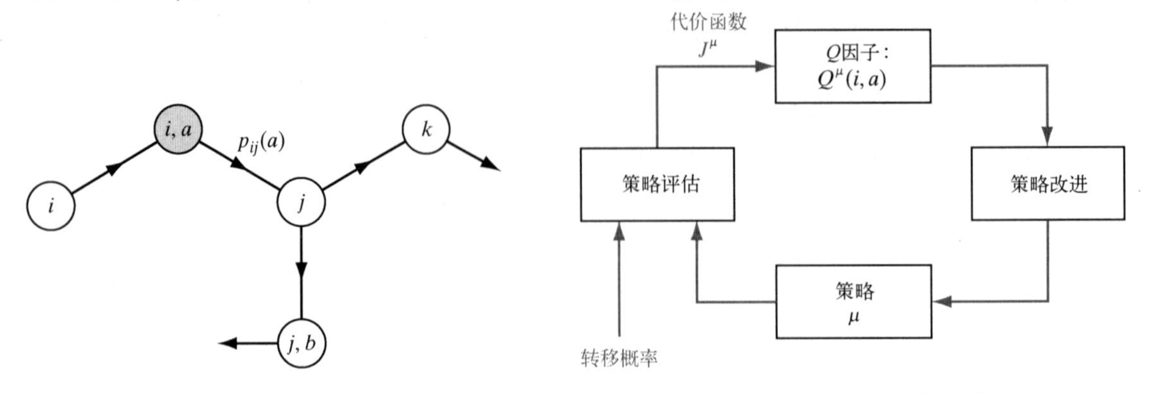

图12.2 两个可能的转移说明：从(i, a)到状态j的转移是概率性的，但从状态i到(i, a)的转移是确定性的

图12.3 策略迭代算法框图

$$J^{\mu_n}(i) = c(i,\mu_n(i)) + \gamma\sum_{j=1}^{N} p_{ij}(\mu_n(i))J^{\mu_n}(j), \quad i=1,2,\cdots,N \tag{12.26}$$

式中，$J^{\mu_n}(1), J^{\mu_n}(2), \cdots, J^{\mu_n}(N)$ 都是未知的。使用这些结果，对状态-行动对(i,a)计算Q因子如下[见式（12.23）]：

$$Q^{\mu_n}(i,a) = c(i,a) + \gamma\sum_{j=1}^{N} p_{ij}(a)J^{\mu_n}(j), \quad a\in\mathcal{A}_i,\ i=1,2,\cdots,N \tag{12.27}$$

接下来，通过计算一个新策略 μ_{n+1} 来执行策略改进步骤［见式（12.24）]：

$$\mu_{n+1}(i) = \arg\min_{a\in\mathcal{A}_i} Q^{\mu_n}(i,a), \quad i=1,2,\cdots,N \tag{12.28}$$

用策略 μ_{n+1} 代替 μ_n，重复上述两个步骤，直到

$$J^{\mu_{n+1}}(i) = J^{\mu_n}(i), \quad 所有i$$

此时，算法以策略 μ_n 终止。由于 $J^{\mu_{n+1}} \leqslant J^{\mu_n}$，可以说策略迭代算法将在有限次迭代后终止，因为固有的马尔可夫决策过程仅有有限的状态。表12.1给出了基于式（12.26）至式（12.28）的策略迭代算法。

表12.1 策略迭代算法小结

1. 从任意初始策略 μ_0 开始。
2. 对所有状态 $i\in\mathcal{X}$ 和行动 $a\in\mathcal{A}_i$，当 $i=0,1,2,\cdots$ 时，计算 $J^{\mu_n}(i)$ 和 $Q^{\mu_n}(i,a)$。
3. 对每个状态 i，计算 $\mu_{n+1}(i) = \arg\min_{a\in\mathcal{A}_i} Q^{\mu_n}(i,a)$。
4. 重复步骤2和步骤3，直到 μ_n 和 μ_{n+1} 无差别，此时算法以 μ_n 作为所需策略而终止。

在强化学习文献中，策略迭代算法称为行动-判定结构。在此背景下，策略改进承担了行动的角色，它负责学习主体行动的方式。同理，策略评估承担了评定的角色，它负责评定主体所采取的行动。

12.5 值迭代

在策略迭代算法中，算法每次迭代时都要重新计算整个代价函数，这个代价很大。尽管新、旧策略的代价函数可能相似，但这一计算也没有显著的改进。然而，另一种寻找最优策略的方法

可以避免重复计算代价函数。这种基于逐次逼近的替代方法就是值迭代算法。

值迭代算法涉及对有限范围问题中的每个求解序列求解式（12.22）给出的贝尔曼最优方程。当算法的迭代次数趋于无穷大时，在极限处有限范围问题的代价函数对所有状态一致收敛于相应的无限范围问题的代价函数（Ross, 1983; Bertsekas, 2007）。

令 $J_n(i)$ 表示值迭代算法第 n 次迭代中状态 i 的代价函数。该算法从任意 $J_0(i)$ 开始，$i=1, 2,\cdots,N$。若最优代价函数 $J^*(i)$ 的某个估计可用，则它应被用作初值 $J_0(i)$。一旦选择 $J_0(i)$，就可使用值迭代算法计算代价函数序列 $J_1(i)$，$J_2(i),\cdots$：

$$J_{n+1}(i)=\min_{a\in\mathcal{A}_i}\left\{c(i,a)+\gamma\sum_{j=1}^{N}p_{ij}(a)J_n(j)\right\},\quad i=1,2,\cdots,N \tag{12.29}$$

根据式（12.29），对状态 i 的代价函数进行更新，称为 i 代价的备份。该备份是贝尔曼最优方程（12.22）的直接实现。在式（12.29）中，对状态 $i=1,2,\cdots,N$，在算法的每次迭代中，代价函数值同步更新。该实现方法是值迭代算法的传统同步形式。因此，从任意初值 $J_0(1)$，$J_0(2)$，$\cdots$，$J_0(N)$ 开始，当迭代次数n趋于无穷大时，式（12.29）中的算法将收敛于对应的最优值 $J^*(1)$，$J^*(2)$，$\cdots$，$J^*(N)$。换句话说，值迭代算法需要无限次迭代。

与策略迭代算法不同，值迭代算法不直接计算最优策略，而首先通过式（12.29）计算最优值 $J^*(1)$，$J^*(2)$，$\cdots$，$J^*(N)$，然后获得关于该最优值集合的贪婪策略作为最优策略，即

$$\mu^*(i)=\arg\min_{a\in\mathcal{A}_i}Q^*(i,a),\quad i=1,2,\cdots,N \tag{12.30}$$

式中，

$$Q^*(i,a)=c(i,a)+\gamma\sum_{j=1}^{N}p_{ij}(a)J^*(j),\quad i=1,2,\cdots,N \tag{12.31}$$

表12.2中小结了基于式（12.29）至式（12.31）的值迭代算法，其中包括式（12.29）的终止准则。

表12.2　值迭代算法小结

1. 从状态$i=1, 2,\cdots,N$的任意初值 $J_0(i)$ 开始。
2. 对$n=0, 1, 2,\cdots$，计算

$$J_{n+1}(i)=\min_{a\in\mathcal{A}_i}\left\{c(i,a)+\gamma\sum_{j=1}^{N}p_{ij}(a)J_n(j)\right\},\quad a\in\mathcal{A}_i, i=1,2,\cdots,N$$

重复该计算直到

$$|J_{n+1}(i)-J_n(i)|<\epsilon\text{，所有状态 }i$$

式中，ϵ 是规定的容许参数。假定 ϵ 小到可使 $J_n(i)$ 足够接近最优代价函数 $J^*(i)$。于是，可设

$$J_n(i)=J^*(i)\text{，所有状态 }i$$

3. 计算Q因子：

$$Q^*(i,a)=c(i,a)+\gamma\sum_{j=1}^{N}p_{ij}(a)J^*(j),\quad a\in\mathcal{A}_i, i=1,2,\cdots,N$$

因此，确定贪婪策略作为 $J^*(i)$ 的最优策略：

$$\mu^*(i)=\arg\min_{a\in\mathcal{A}_i}Q^*(i,a)$$

【例1】值迭代和策略迭代之间的关系

为了理解值迭代和策略迭代之间的关系，可参考图12.4所示的例子。图12.4(a)描述了策略迭代中计算Q因子 $Q^\mu(i,a)$ 的候选操作，图12.4(b)描述了值迭代中计算Q因子 $Q^*(i,a)$ 的相应备选操作。图中每个无阴影的小圆圈表示一个状态，每个有阴影的小圆圈代表一个状态-行动对。假设从状态 j 开始。智能体可能采取三种行动之一，而环境可以响应6个可能的状态-行动对之一；(i,a) 就是一个这样的状态-行动对，其变换代价由 $g(i,j)$ 表示。

由图12.4可以发现，除值迭代需要在所有可能的状态-行动对上取最大值外，策略迭代和值迭代的备选操作等价，如图12.4(b)所示。

【例2】驿站问题

为了说明Q因子在动态规划中的作用，下面考虑驿站问题（Hiller and Lieberman, 1995）：19世纪中叶，密苏里州的一位探险者决定前往美国西部，加入加利福尼亚州的淘金潮。旅程需要乘坐驿车，穿越不安全的村庄，且沿途有被强盗袭击的危险。旅程起点（密苏里州）和终点（加利福尼亚州）是固定的，但是途中经过其他八个州时有相当多的选择，如图12.5所示。图中有以下规定：

- 共有10个州，每个州都由一个字母表示。
- 行进方向是从左到右。
- 从起点密苏里州A到终点加利福尼亚州J 的目的地，共有四个阶段，即驿站运行路线。
- 探险者从一种状态移动到另一种状态时，采取的行动是向上、向前或向下移动。
- 从状态A到状态J 共有18条可能的路线。

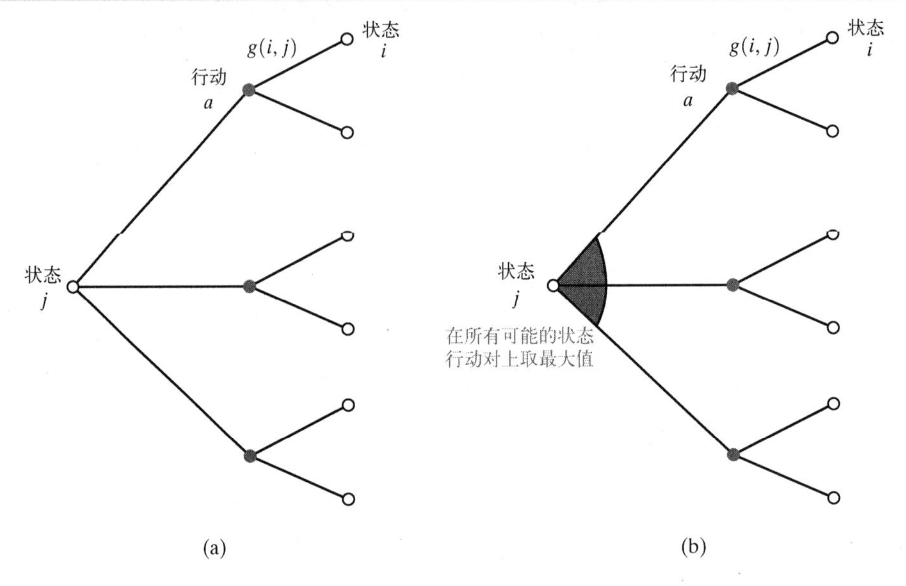

图12.4　(a)策略迭代和(b)值迭代示意图

图12.5中还包括每条路线的人身保险策略的代价，每条路线的保险基于对其安全代价的仔细评估。问题是找到从A到J 的保险费用最低的路线。

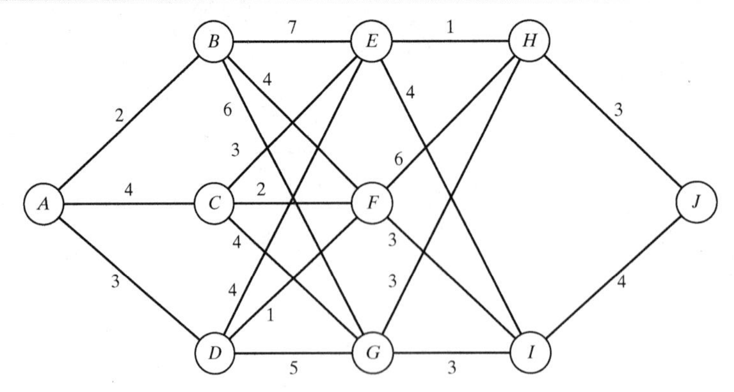

图12.5　驿站问题的流图

为了找到最优路线，从终点J开始反向推演，考虑一系列有限范围问题。该过程符合12.3节中描述的贝尔曼最优原则。

计算到达终点前最后一个阶段的Q因子，由图12.6(a)可知终点的Q值为

$$Q(H,\text{向下}) = 3$$

$$Q(I,\text{向上}) = 4$$

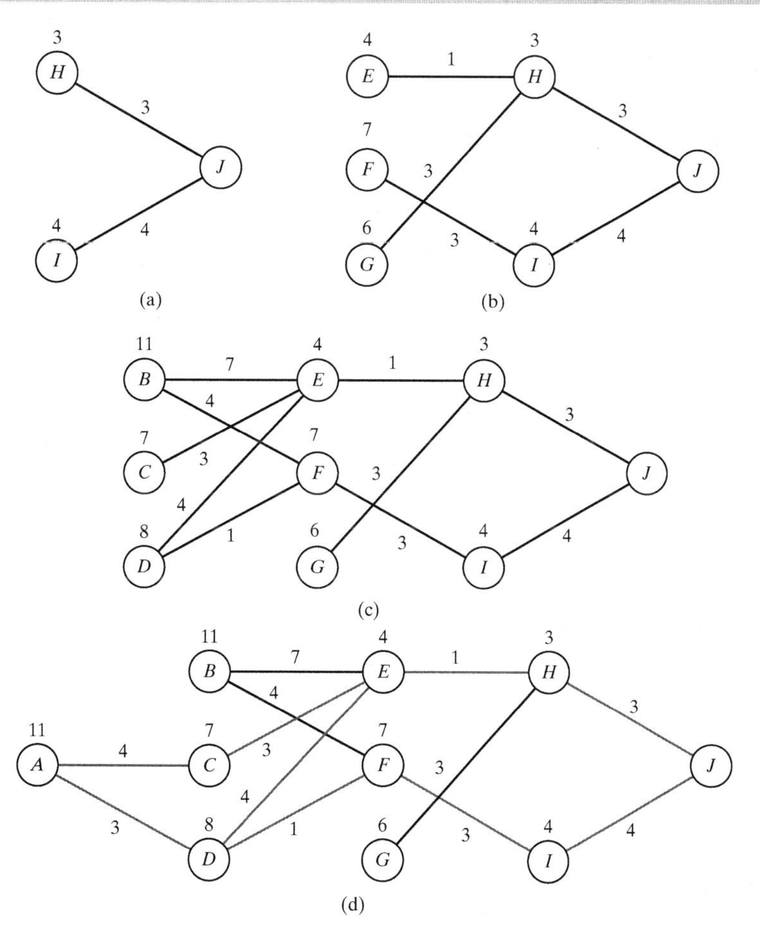

图12.6 计算驿站问题Q因子的步骤

在图12.6(a)中，这些数值分别表示在状态H和I上。然后，向后移动一个阶段，利用图12.6(a)得出的Q值计算下一个阶段的Q值：

$$Q(E,\text{向前}) = 1+3 = 4$$

$$Q(E,\text{向下}) = 4+4 = 8$$

$$Q(F,\text{向上}) = 6+3 = 9$$

$$Q(F,\text{向下}) = 3+4 = 7$$

$$Q(G,\text{向上}) = 3+3 = 6$$

$$Q(G,\text{向前}) = 3+4 = 7$$

由于要求是找到具有最小保险策略的路线，因此Q值表明只需要保留阶段$E \to H$、$F \to I$和$G \to H$，其余路线应被删除，如图12.6(b)所示。

向后再退一步，对状态B、C和D重复以上的Q因子计算，仅保留状态B、C和D中保险代价最低的那些路

线，得到图12.6(c)。

最后，退回第一个阶段，重复之前的相同计算，得到图12.6(d)，可以看出共有3条最优路线：

$$A \to C \to E \to H \to J$$

$$A \to D \to E \to H \to J$$

$$A \to D \to F \to I \to J$$

它们的总代价都是11。还要注意，所有三条最优路线都绕过了B，即使从A到B的直接代价是向前移动的所有三个可能选择中的最小代价。

12.6 逼近动态规划：直接法

贝尔曼动态规划看似完美，但它要求假设从一种状态到另一种状态的转移概率的显式模型是可用的。遗憾的是，在多数实际情况下，这样的模型是不可用的。然而，若动态规划有良好的结构且其状态空间大小可控，则可使用蒙特卡罗模拟来估计转移概率和相应的转移代价；从其自身的特性而言，这样的估计是逼近的。我们称这种逼近动态规划的方法为直接方法，因为这里讲述的模拟方法方便动态规划方法的直接应用。

例如，一个多用户通信网络关注的问题是动态信道分配。假设费用是按信道使用模式分配的，即根据不同信道的呼叫距离来确定费用。具体而言，在信道共享通话中，彼此靠近的用户模式优于距离较远的信道通话。换句话说，通信网络具有完善的成本结构，在网络内以规范方式运行，为用户所拨打的电话提供服务。有了这样一个动态系统，就可使用蒙特卡罗模拟对该网络应用直接逼近动态规划（Nie and Haykin, 1998）。

从根本上说，直接逼近动态规划应用的基本原理是，利用计算机模拟产生多系统轨迹，进而构建一个查找表，其中每个状态的值都有单独的项；系统轨迹的数量越多，模拟结果自然就越可靠。特别是，每次模拟系统的轨迹访问状态i时，都在内存中保存一个单独的变量$J(i)$。这样就模拟了一个从状态i到状态j的转移概率动态系统，并且产生了瞬时转移代价$g(i, j)$。

因此，为两种基本的动态规划方法（值迭代和策略迭代）的直接逼近设置了阶段。特别地，

- 在值迭代的情况下，得到时序差分学习。
- 在策略迭代的情况下，得到Q学习。

分别在12.7节和12.8节中讨论的这两种算法在强化学习文献中非常知名。因此，可将强化学习视为直接逼近动态规划。

最后要说明的是，查找表的构建受内存限制。因此，时序差分和Q学习的实际应用仅限于状态空间大小适中的情况。

12.7 时序差分学习

Sutton(1988)首次提出了时序差分学习的思想。下面从动态规划逼近形式的最简版即TD(0)学习算法开始讨论，TD代表时序差分。

12.7.1 TD(0)学习算法

设μ是马尔可夫决策过程状态演化的策略。这些状态由序列$\{i_n\}_{n=0}^{N}$描述；状态转移总数是N，终止状态$i_N = 0$。令$g(i_n, i_{n+1})$是从状态i_n转移到状态i_{n+1}时产生的瞬时代价，其中索引$n = 0,1,\cdots, N-1$。于是，根据贝尔曼方程，可将代价函数定义为

$$J^{\mu}(i_n)=\mathbb{E}[g(i_n,i_{n+1})+J^{\mu}(i_{n+1})],\quad n=0,1,\cdots,N-1 \tag{12.32}$$

式中，对于每个n，在所有可能出现的状态i_{n+1}上计算总体平均。从实际角度看，需要的是一个迭代算法，它能避免总体平均运算。为此，可参考第3章中讨论的Robbins-Monro随机逼近。

为了回顾这一随机逼近的本质，考虑以下关系：

$$r^{+}=(1-\eta)r+\eta g(r,\overline{v})$$

式中，r是原值，η是一个小步长参数，可在迭代过程中发生变化。新变量$\overline{v}$是根据分布$p_{V|R}(\overline{v}\mid r)$产生的随机变量。如前一章所述，$r^{+}$中的上标即“加号”表示“更新”。因此，将Robbins-Monro随机逼近应用于式（12.32）中的贝尔曼方程得

$$\begin{aligned}J^{+}(i_n)&=(1-\eta)J(i_n)+\eta[g(i_n,i_{n+1})+J(i_{n+1})]\\&=J(i_n)+\eta[g(i_n,i_{n+1})+J(i_{n+1})-J(i_n)]\end{aligned} \tag{12.33}$$

式中，左侧的$J^{+}(i_n)$是每次访问状态i_n时计算的更新估计。为了简化问题，引入时序差分

$$d_n=g(i_n,i_{n+1})+J(i_{n+1})-J(i_n),\quad n=0,1,\cdots,N-1 \tag{12.34}$$

它表示两个量之间的差：

- 基于当前状态模拟结果的总体代价函数，即$g(i_n,i_{n+1})+J(i_{n+1})$。
- 当前估计$J(i_n)$。

实际上，时序差分d_n提供了当前估计值$J(i_n)$是增加还是减少的信号。利用式（12.34）的定义，可将式（12.33）重写为迭代算法的简化形式：

$$J^{+}(i_n)=J(i_n)+\eta d_n \tag{12.35}$$

式中，$J(i_n)$是当前估计，$J^{+}(i_n)$是更新估计，乘积项$\eta_n d(n)$是作用于当前估计以产生更新项的修正。

式（12.35）所示的一步更新规则通常称为TD(0)算法；该算法的基本原理将在本节的后面详细介绍。每次访问状态i_n并获取时序差分d_n时，都进行更新。

12.7.2 蒙特卡罗模拟算法

式（12.35）描述了一个特殊的迭代算法，它源于贝尔曼方程。从另一种角度和算法看，考虑代价函数

$$J^{\mu}(i_n)=\mathbb{E}\left[\sum_{k=0}^{N-n-1}g(i_{n+k},i_{n+k+1})\right],\quad n=0,1,\cdots,N-1 \tag{12.36}$$

此时，期望算子适用于整个状态转移序列相关的各个代价。这里再次将Robbins-Monro随机逼近应用于式（12.36），整理得

$$J^{+}(i_n)=J(i_n)+\eta_k\left(\sum_{k=0}^{N-n-1}g(i_{n+k},i_{n+k+1})-J(i_n)\right) \tag{12.37}$$

式中，η_k是随时间变化的步长（学习率）参数。这个更新公式可以用等价形式表示为

$$\begin{aligned}J^{+}(i_n)=J(i_n)+\eta_k[&g(i_n,i_{n+1})+J(i_{n+1})-J(i_n)+g(i_{n+1},i_{n+2})+J(i_{n+2})-J(i_{n+1})+\\&\vdots\\&g(i_{N-2},i_{N-1})+J(i_{N-1})-J(i_{N-2})+g(i_{N-1},i_N)+J(i_N)-J(i_{N-1})]\end{aligned}$$

式中的最后一行利用了终端状态$i_N=0$的性质，相应地，这意味着代价$J(i_N)=0$。因此，在式（12.34）中引入时序差分的定义，式（12.37）的迭代算法可简化为

$$J^{+}(i_n)=J(i_n)+\sum_{k=0}^{N-n-1}d_{n+k} \tag{12.38}$$

它体现了整个时序差分序列。

事实上，式（12.38）是轨迹$\{i_n, i_{n+1},\cdots, i_N\}$的蒙特卡罗模拟的迭代实现，其中$i_N=0$，因此，我们将该方程称为蒙特卡罗模拟算法。为了验证这一说法，我们做以下两个假设：

1．不同的模拟系统轨迹统计上是独立的。

2．每个轨迹都是根据策略μ下的马尔可夫决策过程生成的。

为了继续说明理由，令$c(i_n)$表示在模拟时间n遇到状态i_n时，序列$\{i_n, i_{n+1},\cdots, i_N\}$发生的代价总和，即

$$c(i_n)=\sum_{k=0}^{N-n-1} g(i_{n+k},i_{n+k+1}),\quad n=0,1,\cdots,N-1 \tag{12.39}$$

于是，我们就可以使用

$$J(i_n)=\frac{1}{T}\sum_{n=1}^{T}c(i_n) \tag{12.40}$$

这是在对状态i_n进行T次模拟试验后计算得出的。因此，总体平均代价函数的估计是

$$J^\mu(i_n)=\mathbb{E}[c(i_n)],\qquad 所有\ n \tag{12.41}$$

要证明式（12.40）的样本均值，可以使用下面的迭代公式计算：

$$J^+(i_n)=J(i_n)+\eta_n(c(i_n)-J(i_n)) \tag{12.42}$$

从初始条件

$$J(i_n)=0$$

开始并设置步长参数为

$$\eta_n=\frac{1}{n},\quad n=1,2,\cdots \tag{12.43}$$

可以发现式（12.42）是式（12.38）中迭代算法的简单重写，它引入了新符号，且利用了蒙特卡罗模拟时序差分。

12.7.3 时序差分的联合观察：TD(λ)

在前面关于时序差分的讨论中，得出了迭代算法的两个有限形式：

- 式（12.35）的迭代算法源于贝尔曼方程，描述从状态i_n到状态i_{n+1}的瞬时转移代价。
- 式（12.38）的迭代算法源于蒙特卡罗模拟，描述了整个序列状态转移中产生的累积代价。

显然，这两个迭代过程之间必定存在一个中间环节。为了得到这个中间环节，我们引入两个修正（Bertsekas and Tsitsiklis, 1996）：

1．扩展贝尔曼方程，考虑从固定的l状态转移到第一个$l+1$状态产生的独立代价：

$$J^\mu(i_n)=\mathbb{E}\left[\sum_{k=0}^{l} g(i_{n+k},i_{n+k+1})+J^\mu(i_{n+l+1})\right] \tag{12.44}$$

2．在没有任何先验知识的情况下，倾向于一个理想的l值。于是，我们在式（12.44）的右侧乘以$(1-\lambda)\lambda^l$来求解所有可能的多步贝尔曼方程的加权均值，然后对给定的$\lambda<1$在l上求和：

$$J^\mu(i_n)=(1-\lambda)\mathbb{E}\left[\sum_{l=0}^{\infty}\lambda^l\left(\sum_{k=0}^{l} g(i_{n+k},i_{n+k+1})+J^\mu(i_{n+l+1})\right)\right]$$

由于处理的是线性方程，因此可以互换求和的顺序：

$$J^\mu(i_n)=\mathbb{E}\left[(1-\lambda)\sum_{k=0}^{l} g(i_{n+k},i_{n+k+1})\sum_{l=k}^{\infty}\lambda^l+(1-\lambda)\sum_{l=0}^{\infty}\lambda^l J^\mu(i_{n+l+1})\right] \tag{12.45}$$

现在采用以下两个等式：

1．$(1-\lambda)\sum_{l=k}^{\infty}\lambda^{l}=\sum_{l=k}^{\infty}\lambda^{l}-\sum_{l=k}^{\infty}\lambda^{l+1}=\lambda^{k}$

2．$$(1-\lambda)\sum_{l=0}^{\infty}\lambda^{l}J^{\mu}(i_{n+l+1})=\sum_{l=0}^{\infty}\lambda^{l}J^{\mu}(i_{n+l+1})-\sum_{l=0}^{\infty}\lambda^{l+1}J^{\mu}(i_{n+l+1})$$
$$=\sum_{l=0}^{\infty}\lambda^{l}J^{\mu}(i_{n+l+1})-\sum_{l=0}^{\infty}\lambda^{l}J^{\mu}(i_{n+l})+J^{\mu}(i_{n})$$

相应地，可将式（12.45）重写为如下的等价形式：

$$J^{\mu}(i_{n})=\mathbb{E}\left[\sum_{k=0}^{\infty}\lambda^{k}(g(i_{n+k},i_{n+k+1})+\lambda^{k}J^{\mu}(i_{n+k+1})-\lambda^{k}J^{\mu}(i_{n+k}))\right]+J^{\mu}(i_{n}) \qquad (12.46)$$

式中，对于右侧方括号内的三项，可以使用k代替l来简化。

现在可通过式（12.34）引入的时序差分的定义来简化问题。为此，重写式（12.46）为下面的简化形式：

$$J^{\mu}(i_{n})=\mathbb{E}\left[\sum_{k=0}^{\infty}\lambda^{k}d_{n+k}\right]+J^{\mu}(i_{n})=\mathbb{E}\left[\sum_{k=n}^{\infty}\lambda^{k-n}d_{k}\right]+J^{\mu}(i_{n}),\quad n=0,1,\cdots,N-1 \qquad (12.47)$$

由此可知，给定λ时，对贝尔曼方程的所有k有$\mathbb{E}[d_{k}]=0$。显然，从某种意义上说，式（12.47）对所有n，若在$\mathbb{E}[J^{\mu}(i_{n})]=\mathbb{E}[J^{\mu}(i_{n})]$的右端加上期望$\mathbb{E}\left[\sum_{k=n}^{\infty}\lambda^{k-n}d_{k}\right]=0$，则可在点1和点2下修正分析的情况下，对网络结果求和。无论如何，这一结果都不对继续应用Robbins-Monro随机逼近产生显著影响，如下所述。

具体而言，将该逼近应用到式（12.47），可得到迭代算法

$$J^{+}(i_{n})=(1-\eta)J(i_{n})+\eta\left(\sum_{k=n}^{\infty}\lambda^{k-n}d_{k}+J(i_{n})\right)$$

消去一些项后，可简化为

$$J^{+}(i_{n})=J(i_{n})+\eta\sum_{k=n}^{\infty}\lambda^{k-n}d_{k} \qquad (12.48)$$

式（12.48）中的迭代算法通常称为TD(λ)；如前所述，TD代表时序差分。该算法由Sutton(1988)首先提出。注意，该算法的推导使用了贝尔曼动态规划、蒙特卡罗模拟和随机逼近的思想。

此外，TD(λ)包含式（12.35）和式（12.38）的迭代算法作为两个特例：

1．若令$\lambda=0$并使用$0^{0}=1$的约定，则式（12.48）简化为

$$J^{+}(i_{n})=J(i_{n})+\eta d_{n}$$

这是式（12.35）的重复，是利用动态规划方法推出的。事实上，如前文所述，正是出于这个原因，式（12.35）的算法才被称为TD(0)。

2．对于另一种极端情况，若让$\lambda=1$，则式（12.48）简化成

$$J^{+}(i_{n})=J(i_{n})+\eta\sum_{k=0}^{N-n-1}d_{n+k}$$

除了伸缩因子η，上式是式（12.38）的重复，是利用蒙特卡罗方法推出的。注意，当n大于或等于规划范围N时，时序差分d_{n}为0。

综上所述，可以得出：

> 式（12.48）中描述的TD方法是一种在线预测方法，它可以在其他估计值的基础上学习如何计算它们的估计。

换句话说，TD方法是一种自助方法。最重要的是，它们不需要环境模型。

12.7.4 实际考虑

根据Bertsekas and Tsitsiklis(1996)，对于状态 i_n，由TD(λ)算法生成的估计$J(i_n)$保证收敛于策略μ的整体均值$J^\mu(\lambda)$，只要满足两个条件：

1．对于所有 n，状态 i_n 被轨迹无限次访问。

2．步长参数 η 允许以适当的速率减小至0。

Bertsekas and Tsitsiklis(1996)给出的这一收敛性的证明表明，在完成TD(λ)算法的学习过程中，改变参数 λ 理论上是没有障碍的。而且，理论考虑为选择合适的 λ 值提出了一个明智的策略，即从接近1的 λ 值开始TD(λ)算法的执行（初始阶段促进总体均值代价函数的蒙特卡罗估计），然后允许 λ 缓慢减小至零（向根据贝尔曼方程产生的估计移动）。广义上讲，λ随着时间的推移经历了退火过程。

12.8 Q学习

上一节中的TD(λ)算法是一种无模型算法，它是由动态规划的随机逼近推导得出的。本节介绍另一种随机算法，称为*Q*学习，它也不需要明确的环境知识。*Q*学习最早源自Watkins(1989)。*Q*学习中的字母*Q*没有任何特殊意义，它只是Watkins在其最初推导算法时采用的符号。

为了激发对*Q*学习的讨论，考虑图12.1所示的强化学习系统。该系统的行为任务是，在尝试各种可能的行动序列并观察产生的代价和发生的状态转移后，找到最优（最小代价）策略。用于生成行为的策略称为行为策略。该策略与估计策略不同，估计策略的目的是估算代价。由于两者不同，*Q*学习被认为是一种用于控制的非策略方法。做这种区分的好处是，估计策略可以是贪婪的，而行为策略则要对所有可能的行动进行采样。非策略控制方法有别于策略方法，在策略方法中，策略值在被估计的同时被用于控制。

12.8.1 Q学习算法

为了继续推导*Q*学习算法，令

$$s_n = (i_n, a_n, j_n, g_n) \tag{12.49}$$

表示对状态i_n执行试验行动a_n而组成的四元组样本，它以代价

$$g_n = g(i_n, a_n, j_n) \tag{12.50}$$

得到至新状态 $j_n = i_{n+1}$ 的转移，其中n表示离散时间。因此，现在可以提出以下基本问题：

> 是否存在在线方法通过经验学习获得最优控制策略？该经验仅从样本观测中获得，样本的形式在式（12.49）和式（12.50）中定义。

这个问题的答案是肯定的，可以在*Q*学习中找到。

*Q*学习算法是一种递增式的动态规划过程，它以循序渐进的方式确定最优策略，因此非常适合在没有明确转移概率的情况下求解马尔可夫决策问题。但是，与TD(λ)的方式相似，*Q*学习要成功应用，关键是需要一个完全可观测的马尔可夫链。

回顾12.4节可知，状态-行动对 (i,a) 的*Q*因子 $Q(i,a)$ 由式（12.23）定义。贝尔曼最优方程由式（12.22）定义。联立这两个方程，并用式（12.20）中给出的瞬时期望代价 $c(i,a)$ 的定义得

$$Q^*(i,a)=\sum_{j=1}^{N}p_{ij}(a)\left(g(i,a,j)+\gamma\min_{b\in\mathcal{A}_i}Q^*(j,b)\right),\ \text{所有}(i,a) \tag{12.51}$$

这可视为贝尔曼最优方程的两步式版本。式（12.51）中线性方程组的解，为所有状态-行动对(i,a)唯一地定义了最优Q因子$Q^*(i,a)$。

可以利用12.4节中基于Q因子构建的值迭代算法来求解这个线性方程组。因此，对算法的一步迭代有

$$Q^*(i,a)=\sum_{j=1}^{N}p_{ij}(a)(g(i,a,j)+\gamma\min_{b\in\mathcal{A}_i}Q(j,b)),\ \text{所有}(i,a)$$

该迭代的小步长形式为

$$Q^*(i,a)=(1-\eta)Q(i,a)+\eta\sum_{j=1}^{N}p_{ij}(a)(g(i,a,j)+\gamma\min_{b\in\mathcal{A}_i}Q(j,b)),\ \text{所有}(i,a) \tag{12.52}$$

式中，η为很小的学习率参数，其值域为$0<\eta<1$。

就目前而言，式（12.52）中描述的值迭代算法的一步迭代需要转移概率的知识。我们可通过构建该方程的随机方式来消除对该先验知识的需要。具体而言，在式（12.52）的迭代中，对所有可能的状态求平均，以便用单一样本来替代。因此，得到下列Q因子的更新公式：

$$Q_{n+1}(i,a)=(1-\eta_n(i,a))Q_n(i,a)+\eta_n(i,a)[g(i,a,j)+\gamma J_n(j)],\quad (i,a)=(i_n,a_n) \tag{12.53}$$

式中，

$$J_n(j)=\min_{b\in\mathcal{A}_i}Q_n(j,b) \tag{12.54}$$

j是状态i的后继状态，$\eta_n(i,a)$是状态-行动对(i,a)在时间步n的学习率参数。更新方程（12.53）适用于当前状态-行动对(i_n,a_n)，根据式（12.49），此时$j=j_n$。对所有其他可接受的状态-行动对，Q因子保持不变，表示为

$$Q_{n+1}(i,a)=Q_n(i,a),\quad \text{所有}\ (i,a)\neq(i_n,a_n) \tag{12.55}$$

式（12.53）到式（12.55）构成Q学习算法的一次迭代。

12.8.2　收敛定理

假设学习率参数$\eta_n(i,a)$满足条件

$$\sum_{n=0}^{\infty}\eta_n(i,a)=\infty\quad \text{和}\quad \sum_{n=0}^{\infty}\eta_n^2(i,a)<\infty,\ \text{所有}(i,a) \tag{12.56}$$

当迭代次数n接近无穷大时，假定所有状态-行动对被无限次地频繁访问，则对于所有状态-行动对(i,a)，由Q学习算法生成的Q因子序列$\{Q_n(i,a)\}$以概率1收敛于最优值$Q^*(i,a)$。

确保算法收敛的一个时变学习参数的例子是

$$\eta_n=\frac{\alpha}{\beta+n},\quad n=1,2,\cdots \tag{12.57}$$

式中，α和β都是正数。

12.8.3　小结和讨论

Q学习算法可视为如下两种等效方法之一：

作为Robbins-Monro随机逼近算法，或者作为值迭代和蒙特卡罗模拟的组合。

算法在每次迭代中，都支持单个状态-行动对的Q因子。最重要的是，在极端情况下，算法收敛到最优Q值，而无须形成固有的马尔可夫决策过程的显式模型。一旦计算出最优Q值，就可利用式（12.30）以相对较小的计算量来确定最优策略。

假设使用查找表来表示状态-行动对(i,a)的Q因子$Q_n(i,a)$，Q学习收敛到最优策略这种表示方法简单且计算高效，但它只在由状态-行动对组成的联合输入空间为中等规模的情况下才有效。

12.8.4 探索

在策略迭代中，状态空间所有潜在的重要部分都应予以探索。Q学习有一个额外的要求，即所有可能有用的行动都应该被探索。特别是，对所有允许的状态-行动对都应经常被探索足够的次数，以满足收敛定理。对于由μ表示的贪心策略，仅状态-行动对$(i,\mu(i))$被探索。遗憾的是，即使探索了整个状态空间，也无法保证所有有用的行动都会被试到。

在两个相互冲突的目标之间，需要一种折中方案来扩展Q学习（Thrun, 1992）：

- 探索，确保所有允许的状态-行动对被探索的次数足够，以满足Q学习收敛定理。
- 利用，通过遵循贪婪策略来最小化代价函数。

实现这种折中的一种方法是，遵循混合非稳定策略，该策略在辅助马尔可夫过程和原始马尔可夫过程之间切换，原始马尔可夫过程由Q学习确定的稳定贪婪策略控制（Cybenko, 1995）。辅助过程有以下解释：可能状态之间的转移概率由原始控制过程的转移概率确定，原始过程具有附加要求，即对应的行动是一致随机性的。混合策略从辅助进程的任意状态开始，随之选择行动；然后切换到原始的控制进程，以图12.7所示的方式在两个进程之间来回切换。在辅助进程上操作所花的时间占用固定的步数L，它定义为访问辅助进程所有状态的最长期望时间的两倍。每次切换时，消耗在原始控制过程上的时间逐渐增加。设n_k表示从辅助进程切换到原始控制进程的时间，m_k表示切换回辅助进程的时间：

$$\begin{aligned} n_k &= m_{k-1} + L, \quad k = 1, 2, \cdots \text{和} m_0 = 1 \\ m_k &= n_k + kL, \quad k = 1, 2, \cdots \end{aligned} \tag{12.58}$$

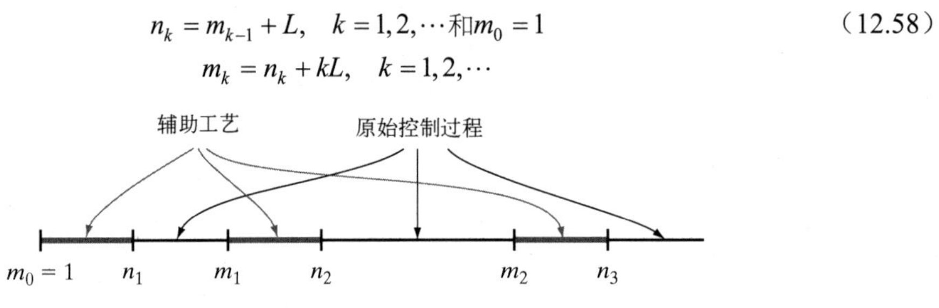

图12.7 属于辅助过程和原始控制过程的时隙

辅助过程的构建方式是，当$k\to\infty$时，以概率1无限次访问所有状态，保证收敛到最优Q因子。此外，当$k\to\infty$时，混合策略在辅助过程中运行所花的时间，是在原始控制过程中运行所花时间的一小部分，这意味着混合策略渐近收敛于贪婪策略。因此，若Q因子收敛到它们的最优值，则贪婪策略必定是最优的，前提是该策略变为贪婪策略的时间足够慢。

12.9 逼近动态规划：非直接法

通常，大规模动态系统具有高维状态空间。因此，在处理这样一个系统时，往往会遇到“维数灾难”问题：随着状态空间维数的增加，计算复杂度呈指数增长。遗憾的是，维数灾难问题不仅在贝尔曼动态规划中出现，而且在它的两种直接逼近形式（时序差分学习和Q学习）中也出现。为了解释这个重要的现实问题，考虑一个包含N个可能状态且每个状态有M个可能行动的动态规划问题；在这样的系统中，值迭代算法的每次迭代需要N^2M次操作来实现稳定策略。当N非常大时，这种级别的计算操作即使是一次迭代计算也难以完成。

为了处理包含大量状态的实际困难问题，需要寻找一些恰当形式的逼近动态规划，这与12.6节中讨论的直接方法不同。特别地，目前没有12.6节那样明确的估计转移概率和相关转移代价，而要执行以下操作：

> 利用蒙特卡罗估计生成一条或多条系统轨迹，进而逼近一个给定策略的代价函数，甚至是最优的代价函数，然后在某种统计意义上对逼近进行优化。

这种逼近动态规划方法称为间接方法，以区别于12.6节中讨论的直接方法。不管怎样，都假设模拟动态系统状态空间的维数低于原始动态系统的维数。

因此，在放弃最优概念后，可通过如下简述给出间接逼近动态规划方法的目标（Werbos, 2003）：

> 尽可能做得更好而非更多。

事实上，性能优化是以计算的可操作性为代价的。这种策略正是人类大脑每天所做的事情：给定一个复杂的决策问题，大脑提供一个次优解，即可靠性和可用资源分配方面的“最优”方案。

以贝尔曼动态规划理论为参照，逼近动态规划的目标现在表述为

> 对于状态i，寻找逼近最优代价函数$J^*(i)$的近似函数$\tilde{J}(i,\boldsymbol{w})$，根据统计标准，使得代价差$J^*(i)-\tilde{J}(i,\boldsymbol{w})$最小化。

有了这个目标，现在就可以提出两个基本问题：

问题1：最初如何选择逼近函数$\tilde{J}(i,\boldsymbol{w})$？

问题2：选择逼近函数$\tilde{J}(i,\boldsymbol{w})$后，如何调整权重向量$\boldsymbol{w}$使其“最符合”贝尔曼方程的最优性？

要回答问题1，可以选择线性或非线性逼近函数，这反过来又决定问题2的答案。下面首先考虑线性方法，然后考虑非线性方法。

12.9.1 逼近动态规划的线性方法

在这一方法中，常用的处理方式是将逼近函数$\tilde{J}(i,\boldsymbol{w})$作为参数向量$\boldsymbol{w}$的线性函数，即

$$\tilde{J}(i,\boldsymbol{w})=\sum_j \varphi_{ij}\omega_j=\boldsymbol{\phi}_i^{\mathrm{T}}\boldsymbol{w}\text{，所有}i \tag{12.59}$$

式中，$\boldsymbol{\phi}_i$是预设基函数或特征，由逼近方案的设计人员选择。图12.8说明了式（12.59）的逼近过程。

逼近动态规划线性方法具有许多优点：

（1）线性函数逼近器易用数学术语来表述和分析，因此容易理解逼近器的基本行为。

（2）通常情况下，线性逼近器的数学形式可让人洞察到其实际运行中可能出现的问题，从而使解决这些问题成为可能。

（3）在实际的代价函数中，非线性因素可用特别选择的基函数来近似得到，这些基函数可根据对当前动态规划问题的直觉来构建。

（4）最重要的是，线性逼近器的实现相对容易。

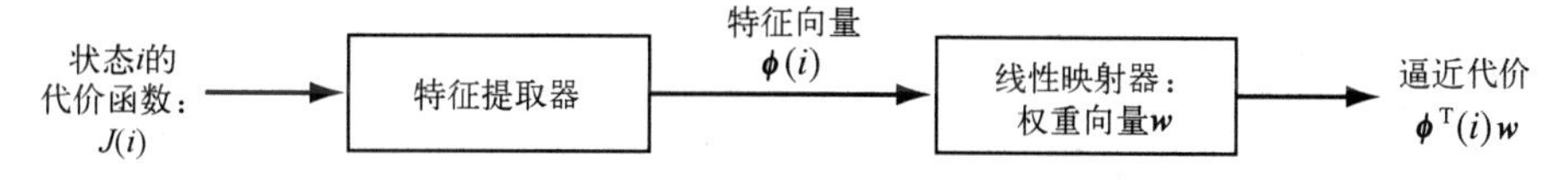

图12.8 逼近动态规划线性方法的结构布局

关于优点（3），应该注意的是，实际中选择好的基函数是很困难的。

式（12.59）的选择为问题1的线性方法提供了答案，至于问题2的答案，最常用的是为贝尔曼方程最优提供最优匹配的最小二乘法，该方法已在第2章讨论。12.10节将描述这一问题的实现途径。

12.9.2 逼近动态规划的非线性方法

逼近动态规划的线性方法是实现更高目标的基础，其表述通常如下：

> 认识到实践中遇到的许多动态环境本身就是非线性的，逼近动态规划不仅本身应该是非线性的，而且需要对“任意”非线性动态环境进行逼近，以达到“任意期望的精度”。

换句话说，这里提倡的作为问题1的答案的非线性方法，是一个通用逼近器的逼近函数。

从前面关于多层感知器和径向基函数（RBF）的讨论可知，这两个网络都是通用逼近器。此外，第15章将讨论的循环多层感知器也是通用逼近器。网络的选择范围广，而循环多层感知器为非线性逼近动态规划系统的优化设计奠定了基础。之所以这样说，有两个重要原因：

1. 不同于单个非线性隐藏层和线性输出层的浅结构（以RBF网络为例），循环多层感知器可以设计为具有两个或更多隐藏层。循环多层感知器具有“从特征学习特征”的性质，通过逐层反馈，逐渐累进到底层特征，组合成更抽象和更高层的表示。Bengio and LeCun(2007)认为，深度结构具有以非局部方式（超越中间层之外）泛化的潜力，这种特性对设计适用于高度复杂任务的机器学习算法至关重要。
2. 循环多层感知器内置有多种方式的全局反馈（包含两个或更多网络层）。注意，大脑系统中就内置了丰富的全局反馈，特别是在大脑的不同区域之间几乎总存在反馈连接，这些连接的数量至少与前馈连接一样丰富（Churchland and Sejnowski, 1992）。例如，从主视觉皮层返回到外侧膝状核（LGN）的循环投射数量，约是从LGN到主视觉皮层的正向投射数量的10倍。因此，视觉系统如此强大并不奇怪，而大脑的运动控制、听觉和其他部分也是如此。鉴于人们对大脑系统的了解，可以肯定全局反馈是计算智能的促进因素，因此，循环神经网络作为逼近动态规划系统模拟的备选神经网络，在实际应用中具有重要意义。

比较循环多层感知器与常规多层感知器发现，就构建深度而言，它们都具备性质1。然而，正是关于全局反馈的性质2使得循环多层感知器比普通多层感知器更具优势。选择使用循环多层感知器的难点是如何以最有效的方式配置网络的前馈和反馈连接。

现在，我们已经回答了问题1，即如何用非线性方法来逼近动态规划。下面讨论问题2，即如何调整逼近函数 $\tilde{J}(i,\boldsymbol{w})$ 中的权重向量$\boldsymbol{w}$，以便为贝尔曼方程的最优性提供最优匹配。现在，可以说：

> 循环多层感知器的监督训练，能够利用无导数的非线性序列状态估计算法最有效地完成。

采用这种方法进行监督学习，就不需要关心决策系统的非线性是如何发生的。在这种情况下，在第14章中讨论的无导数非线性序列状态估计算法将变得尤为重要。序列状态估计算法用于循环多层感知器（或普通多层感知器）的监督训练将在第15章中讨论。

12.10 最小二乘策略评估

称为最小二乘策略评估的算法[简称LSPE(λ)]是我们讨论的第一个逼近动态规划的间接方法。在LSPE(λ)算法中，λ的作用类似于其在TD(λ)算法中的作用。

LSPE(λ)算法的基本思想可以总结如下：

在由一组基函数张成的低维子空间内完成值迭代。

具体来说，令 s 表示状态 i 的特征向量 $\boldsymbol{\phi}_i$ 的维数。定义 $N \times s$ 矩阵

$$\boldsymbol{\Phi} = \begin{bmatrix} \boldsymbol{\phi}_1^{\mathrm{T}} \\ \boldsymbol{\phi}_2^{\mathrm{T}} \\ \vdots \\ \boldsymbol{\phi}_N^{\mathrm{T}} \end{bmatrix} \tag{12.60}$$

对于策略μ，令 $\mathcal{T}$ 表示代价J作为唯一固定点时的映射，Π表示由矩阵乘积$\boldsymbol{\Phi w}$定义的向量子空间的投影（以合适的形式），其中$\boldsymbol{w}$是维数为s的参数向量。以模拟作为LSPE(λ)算法的基础，可将其描述如下（Bertsekas, 2007）：

$$\boldsymbol{\Phi w}_{n+1} = \Pi \mathcal{T}(\boldsymbol{\Phi w}_n) + \text{模拟噪声} \tag{12.61}$$

该算法的构成是，随着迭代数n趋于无穷大，加性模拟噪声收敛于0。

12.10.1 背景和假设

考虑一个状态为$i = 1, 2, \cdots, N$的有限状态马尔可夫链，它由稳定策略μ控制。我们可将式（12.5）重写为

$$J(i) = \mathbb{E}\left[\sum_{n=0}^{\infty} \gamma^n g(i_n, i_{n+1}) \mid i_0 = i\right]$$

式中，i_n是时间n的第i个状态，γ 是折扣因子，$g(i_n, i_{n+1})$ 是从状态i_n到i_{n+1}的转移代价。考虑到线性结构，代价 $J(i)$ 逼近

$$J(i) \approx \tilde{J}(i, \boldsymbol{w}) = \boldsymbol{\phi}^{\mathrm{T}}(i)\boldsymbol{w} \tag{12.62}$$

假定特征向量 $\boldsymbol{\phi}(i)$ 的维数为s，则权重向量 $\boldsymbol{w}$ 也有相同的维数。在如下子空间中逼近参数化代价 $\tilde{J}(i, \boldsymbol{w})$：

$$\mathcal{J} = \{\boldsymbol{\Phi w} \mid \boldsymbol{w} \in \mathbb{R}^s\} \tag{12.63}$$

这个空间由矩阵 $\boldsymbol{\Phi}$ 的列张成。注意，矩阵乘积 $\boldsymbol{\Phi w}$ 的维数等于可能状态的数量 N 。

至此，我们做出以下两个假设。

1. 马尔可夫链具有正稳态概率；即

$$\lim_{n \to \infty} \frac{1}{n} \sum_{k=1}^{n} P(i_k = j \mid i_0 = i) = \pi_j > 0, \quad \text{所有}i \tag{12.64}$$

该假设的含义是，马尔可夫链有一个没有瞬态的递归类别。

2. 矩阵 $\boldsymbol{\Phi}$ 的秩为s，即特征矩阵 $\boldsymbol{\Phi}$ 的列及由 $\boldsymbol{\Phi w}$ 表示的基函数是线性独立的。

12.10.2 策略评估的投影值迭代

考虑到值迭代，可用式（12.20）和式（12.29）写出

$$\mathcal{T}J(i) = \sum_{j=1}^{N} p_{ij}(g(i, j) + \gamma J(i)), \quad i = 1, 2, \cdots, N \tag{12.65}$$

式中，$\mathcal{T}$ 表示一个映射。现在，令

$$
\boldsymbol{g}=\begin{bmatrix}\sum_j p_{1j}g(1,j)\\ \sum_j p_{2j}g(2,j)\\ \vdots \\ \sum_j p_{Nj}g(N,j)\end{bmatrix} \tag{12.66}
$$

$$
\boldsymbol{P}=\begin{bmatrix} p_{11} & p_{12} & \cdots & p_{1N}\\ p_{21} & p_{22} & \cdots & p_{2N}\\ \vdots & \vdots & \ddots & \vdots\\ p_{N1} & p_{N2} & \cdots & p_{NN}\end{bmatrix} \tag{12.67}
$$

$$
\boldsymbol{J}=\begin{bmatrix} J(1)\\ J(2)\\ \vdots \\ J(N)\end{bmatrix}\approx \boldsymbol{\Phi w} \tag{12.68}
$$

其中利用了式（12.62）中的逼近公式。于是，根据向量$\boldsymbol{g}$、$\boldsymbol{J}$和逼近矩阵$\boldsymbol{P}$，可将式（12.65）重写为下面的紧凑形式：

$$
\mathcal{T}\boldsymbol{J}=\boldsymbol{g}+\gamma\boldsymbol{PJ} \tag{12.69}
$$

我们感兴趣的是值迭代的逼近形式：

$$
\boldsymbol{J}_{n+1}=\mathcal{T}\boldsymbol{J}_n
$$

它被限制在子空间$\mathcal{T}$内，且包含值迭代到$\mathcal{T}$的投影。具体来说，根据式（12.68），可以写出

$$
\boldsymbol{\Phi w}_{n+1}=\Pi\mathcal{T}(\boldsymbol{\Phi w}_n),\quad n=0,1,2,\cdots \tag{12.70}
$$

式中，Π照例表示到子空间$\mathcal{T}$的投影。式（12.70）称为投影值迭代法（PVI），其表述如下：

> 在迭代步n，当前迭代$\boldsymbol{\Phi w}_n$被施以映射$\mathcal{T}$且新向量操作$\mathcal{T}(\boldsymbol{\Phi w}_n)$被投影到子空间$\mathcal{T}$上，从而产生更新的迭代$\boldsymbol{\Phi w}_{n+1}$。

图12.9描述了PVI方法。PVI方法可视为求解贝尔曼方程的值迭代法的投影或逼近形式。Bertsekas(2007)描述了以下发现：

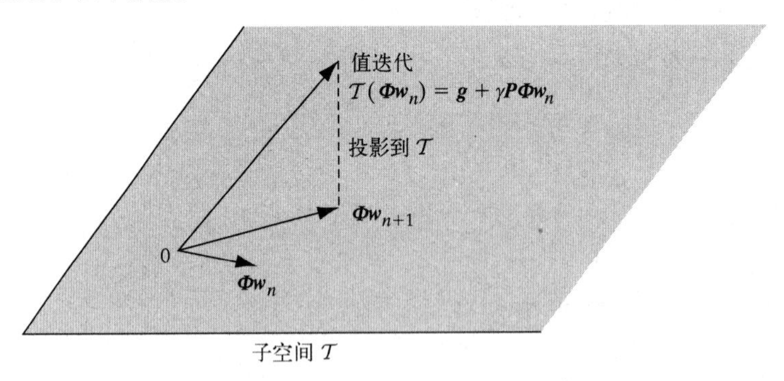

图12.9　投影值迭代（PVI）方法图示

1. 映射$\mathcal{T}$和$\Pi\mathcal{T}$是对加权欧氏范数$\|\cdot\|_\pi$的模数的收缩，其中$\pi_1,\pi_2,\cdots,\pi_N$（表示马尔可夫链的稳态概率）是欧氏范数的伸缩因子。
2. 矩阵乘积$\boldsymbol{\Phi w}^*$是权重向量$\boldsymbol{w}^*$的映射$\Pi\mathcal{T}$的唯一固定点（满足条件$\Pi\mathcal{T}\boldsymbol{w}^*=\boldsymbol{w}^*$）。

因此，可以说PVI方法是一种逼近贝尔曼方程的分析方法。

然而，尽管优点不少，但PVI方法也有两个严重的缺点：

1. 若 $\boldsymbol{\Phi w}$ 的维数为N，则变换向量 $\mathcal{T}(\boldsymbol{\Phi w}_n)$ 是一个N维向量，因此，当N值很大时，对于大规模应用，该方法的计算复杂度将变得不可控制。

2. 向量 $\mathcal{T}(\boldsymbol{\Phi w}_n)$ 到子空间 $\mathcal{S}$ 的投影需要已知稳态概率 $\pi_1, \pi_2, \cdots, \pi_N$。一般来说，这些概率是未知的。

所幸的是，这两个缺点都可使用蒙特卡罗模拟法来减轻。

12.10.3 从投影值迭代到最小二乘策略评估

使用最小二乘对投影 Π 最小化，可将式（12.70）表示为

$$\boldsymbol{W}_{n+1} = \arg\min_{\boldsymbol{w}} \left\| \boldsymbol{\Phi w} - \mathcal{T}(\boldsymbol{\Phi w}_n) \right\|_\pi^2 \tag{12.71}$$

等效地，可将PVI算法的最小二乘方案表示为

$$\boldsymbol{w}_{n+1} = \arg\min_{\boldsymbol{w}} \sum_{i=1}^{N} \pi_i \left(\boldsymbol{\phi}^{\mathrm{T}}(i)\boldsymbol{w} - \left(\sum_{j=1}^{N} p_{ij} g(i,j) + \gamma \boldsymbol{\phi}^{\mathrm{T}}(j)\boldsymbol{w}_n \right) \right) \tag{12.72}$$

为了优化式（12.72），这里利用蒙特卡罗模拟法来逼近，即通过对状态i生成一个无限长的轨迹（$i_0, i_1, i_2, \cdots$）来逼近它，并根据下式，在每次迭代（i_n, i_{n+1}）后更新权重向量 $\boldsymbol{w}_n$：

$$\boldsymbol{w}_{n+1} = \arg\min_{\boldsymbol{w}} \sum_{k=1}^{n} (\boldsymbol{\phi}^{\mathrm{T}}(i_k)\boldsymbol{w} - g(i_k, i_{k+1}) - \gamma \boldsymbol{\phi}^{\mathrm{T}}(i_{k+1})\boldsymbol{w}_n)^2 \tag{12.73}$$

显然，这种递归称为最小二乘策略评估，简称LSPE。如图12.10所示，LSPE可视为带有说明最小二乘逼近的加性模拟噪声的PVI。

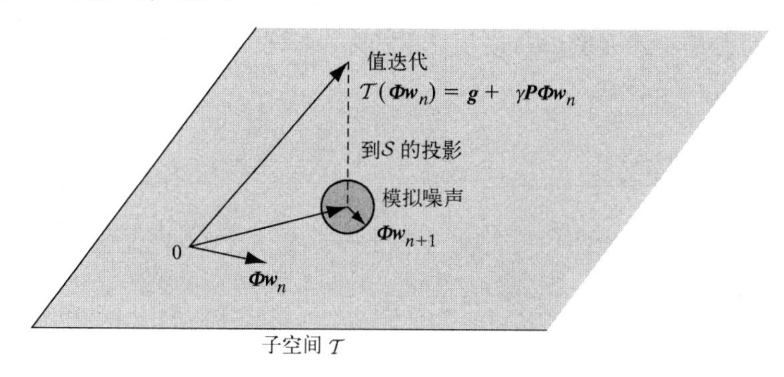

图12.10 作为投影值迭代（PVI）随机方案的最小二乘策略评估（LSPE）的图示

此外，由于联合映射 $\Pi\mathcal{T}$ 的收缩特性和模拟噪声的渐近递减性质，LSPE收敛到与PVI的相同极限，即满足不动点方程的唯一权重向量$\boldsymbol{w}^*$：

$$\boldsymbol{\Phi w}^* = \Pi\mathcal{T}(\boldsymbol{\Phi w}^*) \tag{12.74}$$

12.10.4 LSPE(λ)

与12.7节中介绍TD(λ)的方式类似，我们引入时序差分[见式（12.34）]：

$$d_n(i_k, i_{k+1}) = g(i_k, i_{k+1}) + \gamma \boldsymbol{\phi}^{\mathrm{T}}(i_{k+1})\boldsymbol{w}_n - \boldsymbol{\phi}^{\mathrm{T}}(i_k)\boldsymbol{w}_n \tag{12.75}$$

相应地，可将基于模拟的LSPE(λ)算法表示为

$$\boldsymbol{w}_{n+1} = \arg\min_{\boldsymbol{w}} \sum_{k=0}^{n} \left(\boldsymbol{\phi}^{\mathrm{T}}(i_k)\boldsymbol{w} - \boldsymbol{\phi}^{\mathrm{T}}(i_k)\boldsymbol{w}_n - \sum_{m=k}^{n} (\gamma\lambda)^{m-k} d_n(i_m, i_{m+1}) \right)^2 \tag{12.76}$$

式中，$(i_0, i_1, i_2, \cdots)$ 是由蒙特卡罗模拟法生成的无限延长轨迹。换句话说，

在LSPE(λ)算法的第$n+1$次迭代中，更新后的权重向量$\boldsymbol{w}_{n+1}$作为权重向量$\boldsymbol{w}$的特殊值来计算，该值可使以下两个量之间的最小二乘差最小：

- 逼近代价函数$J(i_k)$的内积$\boldsymbol{\phi}^{\mathrm{T}}(i_k)\boldsymbol{w}$。
- 时序差分的对应部分

$$\boldsymbol{\phi}^{\mathrm{T}}(i_k)\boldsymbol{w}_n + \sum_{m=k}^{n} (\gamma\lambda)^{m-k} d_n(i_m, i_{m+1})$$

它是对$k = 0, 1, \cdots, n$从单个模拟轨迹中提取得到的。

注意，在执行式（12.76）中最小二乘法最小化的每次迭代时，权重向量$\boldsymbol{w}_n$的值保持不变。

LSPE(λ)算法的逼近性质归因于以下两个因素：

1. 在估计稳态概率π_i和转移概率p_{ij}时，使用基于模拟的实验频率。
2. 在式（12.76）中使用时序差分的有限折扣之和来逼近PVI方法。

然而，随着迭代次数n接近无穷大，实验频率收敛于真实概率，且有限折扣之和收敛于无限折扣之和。因此，LSPE(λ)算法以渐近的形式收敛到PVI的对应算法。

注意，以下是关于LSPE(λ)算法收敛行为的精辟描述：

LSPE(λ)算法由快速收敛的确定性分量和缓慢收敛到零的随机分量组成，在算法的早期迭代阶段确定性分量主导随机分量。

Bertsekas et al.(2004)的计算机模拟结果证实了这一说法。特别地，其中给出的结果表明，对于$0 \leqslant \lambda \leqslant 1$，LSPE($\lambda$)算法确实是可靠的算法，它的收敛速度快且性能可靠。一般来说，选择接近1的λ值会提高计算精度[使得矩阵乘积$\boldsymbol{\phi}^{\mathrm{T}}(i)\,\boldsymbol{w}^*$更接近$J(i)$]，但会增大模拟噪声的影响，因此需要更多的样本和更长的轨迹才能实现收敛。

12.11 逼近策略迭代

LSPE算法为逼近动态规划提供了一种强大的线性方法。本节介绍如何将神经网络用作非线性逼近动态规划方法的工具。为此，假设有一个动态规划问题，其可能的状态和允许的行动数量非常大，使得利用传统方法不现实。假设有一个系统模型，其转移概率$p_{ij}(a)$和观测代价$g(i,a,j)$都是已知的。为了处理这种情况，下面使用基于蒙特卡罗模拟和最小二乘法的逼近策略迭代方法。

图12.11所示为逼近策略迭代算法的简化框图，其中图12.3中的策略评估步骤已替换为逼近步骤。因此，逼近策略迭代算法是在逼近策略评估步骤和策略改进步骤之间交替进行的：

1. 逼近策略评估步骤。给定当前策略μ，对所有状态i的实际代价函数$J^{\mu}(i)$，计算其逼近，即代价函数$\tilde{J}^{\mu}(i,\boldsymbol{w})$。向量$\boldsymbol{w}$是完成逼近的神经网络权重向量。
2. 策略改进步骤。用逼近代价函数$\tilde{J}^{\mu}(i,\boldsymbol{w})$生成改进策略$\mu$。对所有$i$，新策略设计对$\tilde{J}^{\mu}(i,\boldsymbol{w})$是贪婪的。

为了让逼近策略迭代算法产生满意的结果，认真挑选策略初始化算法很重要。这时，可利用启发式方法来实现；或者从某个权重向量$\boldsymbol{w}$开始，推导一个贪婪策略，并将该策略作为初始策略。

于是，除了已知的转移概率和观测代价，还有以下几个假设：

- 一个稳定的策略μ，作为初始策略。

- 一组状态集 $\mathcal{X}$，代表运行环境。
- 对每个状态 $i \in \mathcal{X}$，代价函数 $J^{\mu}(i)$ 的 $M(i)$ 个样本组成的集合，样本记为 $k(i,m)$，其中 $m = 1,2,\cdots,M(i)$。

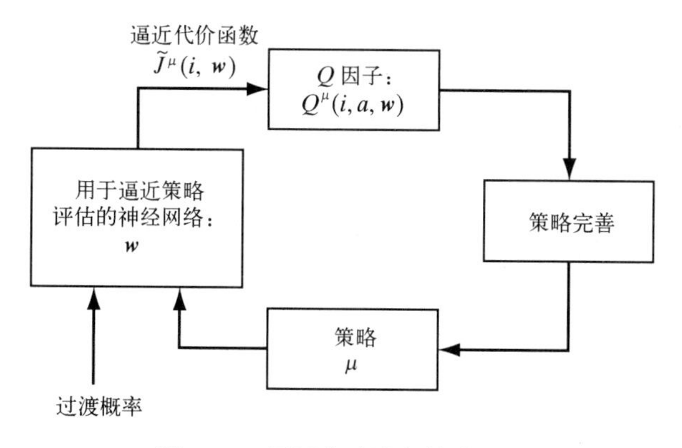

图12.11 逼近策略迭代算法框图

神经网络的权重向量$\boldsymbol{w}$是由最小二乘法确定的，即通过代价函数最小化实现：

$$\mathcal{E}(\boldsymbol{w}) = \sum_{i\in\mathcal{X}}\sum_{m=1}^{M(i)}(k(i,m) - \tilde{J}^{\mu}(i,\boldsymbol{w}))^2 \tag{12.77}$$

确定了最优权重向量$\boldsymbol{w}$，也就确定了逼近代价函数 $\tilde{J}^{\mu}(i,\boldsymbol{w})$。接下来确定逼近$Q$因子。为此，利用式（12.20）和式（12.23）来计算逼近Q因子：

$$Q(i,a,\boldsymbol{w}) = \sum_{j\in\mathcal{X}} p_{ij}(a)(g(i,a,j) + \gamma\tilde{J}^{\mu}(j,\boldsymbol{w})) \tag{12.78}$$

式中，$p_{ij}(a)$是在行动a已知时，从状态i到状态j的转移概率，$g(i,a,j)$ 是已知的观测代价，γ是给定的折扣因子。根据下式，使用逼近的Q因子来确定改进策略以完成迭代[见式（12.28）]：

$$\mu(i) = \arg\min_{a\in\mathcal{A}_i} Q(i,a,\boldsymbol{w}) \tag{12.79}$$

注意，式（12.78）和式（12.79）仅被模拟器用来生成行动，模拟的是实际访问的状态而非所有状态。因此，这两个公式不受维数灾难的影响。

图12.12中的框图详细显示了逼近策略迭代算法，它由4个相互关联的功能模块组成（Bertsekas and Tsitsiklis, 1996）：

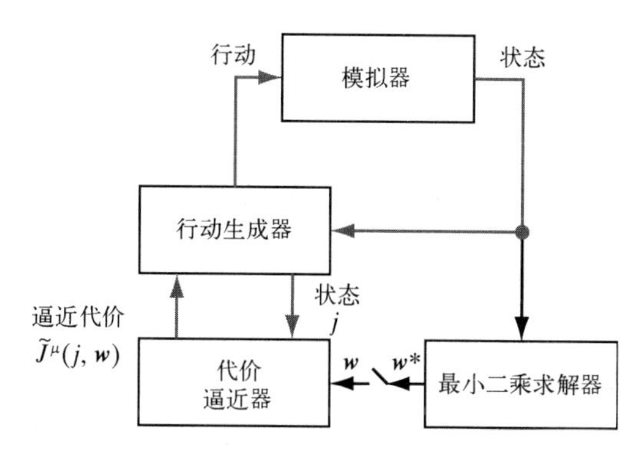

图12.12 逼近策略迭代算法框图

1. 模拟器，它利用给定的状态转移概率和观测的单步代价构建环境替代模型。模拟器生成两类事物：(a)模拟环境对行动响应的状态；(b)给定策略μ的代价函数样本。

2．行动生成器，它根据式（12.79）生成改进的策略（行动序列）。

3．代价逼近器，它对状态i和参数向量$\boldsymbol{w}$生成在式（12.78）和式（12.79）中使用的逼近代价函数 $\tilde{J}^{\mu}(i,\boldsymbol{w})$。

4．最小二乘求解器，它采用模拟器为策略μ和状态i提供代价函数$J^{\mu}(i)$ 的样本，然后计算最优参数向量$\boldsymbol{w}$，使式（12.77）中的代价函数最小。只有策略被充分评估且最优权重参数向量$\boldsymbol{w}^{*}$确定后，才能启动从最小二乘求解器到代价逼近器的连接。此时，由 $\tilde{J}^{\mu}(i,\boldsymbol{w}^{*})$ 替代代价逼近 $\tilde{J}^{\mu}(i,\boldsymbol{w})$。

表12.3小结了逼近策略迭代算法。

表12.3　逼近策略迭代算法小结

已知参数：转移概率 $p_{ij}(a)$ 和代价函数 $g(i,a,j)$。

计算：

1．选择一个稳定策略μ作为初始策略。

2．使用模拟器产生的代价函数$J^{\mu}(i)$的样本集 $\{k(i,m)\}$，确定神经网络用作最小二乘求解器的参数向量$\boldsymbol{w}$：

$$\boldsymbol{w}^{*}=\min_{\boldsymbol{w}}\mathcal{E}(\boldsymbol{w})=\min_{\boldsymbol{w}}\sum_{i\in\mathcal{X}}\sum_{m=1}^{M(i)}(k(i,m)-\tilde{J}^{\mu}(i,\boldsymbol{w}))^{2}$$

3．根据步骤2确定的最优向量 $\boldsymbol{w}^{*}$，对访问的状态计算逼近代价函数 $\tilde{J}^{\mu}(i,\boldsymbol{w}^{*})$。确定逼近$Q$因子：

$$Q(i,a,\boldsymbol{w}^{*})=\sum_{j\in\mathcal{X}}p_{ij}(a)(g(i,a,j)+\gamma\tilde{J}^{\mu}(j,\boldsymbol{w}^{*}))$$

4．确定改进策略：

$$\mu(i)=\arg\min_{a\in\mathcal{A}_i}Q(i,a,\boldsymbol{w}^{*})$$

5．重复步骤2至步骤4。

注：步骤3和步骤4仅在实际访问的状态而非所有状态上应用。

当然，由于模拟器和最小二乘求解器的设计存在不可避免的缺陷，因此该算法的运行会出现误差。对所需代价函数进行最小二乘逼近的神经网络可能缺乏足够的算力——这是第一个误差源。神经网络逼近器的最优化和权重向量$\boldsymbol{w}$的调整基于模拟器提供的期望响应——这是第二个误差源。假设所有策略评估和策略改进分别是在ε和δ的一定误差限度内完成的，Bertsekas and Tsitsiklis(1996)证明逼近策略迭代算法产生的策略与最优策略的性能之间的差异因子，随着ε和δ的减小而趋于零。换句话说，逼近策略迭代算法具有最小性能（差异）的可靠保证。根据Bertsekas and Tsitsiklis(1996)，逼近策略迭代算法初始阶段能够取得快速且单调的进展，但在极端情况下可能发生随机的持续策略振荡。这种振荡行为发生在逼近代价函数 $\tilde{J}$ 到达最优值 J^{*} 的区域$O(\delta+2\gamma\varepsilon)/(1-\gamma)^{2}$内，其中$\gamma$是折扣因子。显然，对所有逼近策略迭代的变形，都有导致振荡行为的基本结构。

12.12　小结和讨论

本章前半部分讨论了用于多阶段决策动态规划的贝尔曼理论。作为基于马尔可夫决策过程的稳定策略，该理论依赖于环境显式模型的有效性，且模型中包含了转移概率和相关代价。另外，我们还讨论了用于求解贝尔曼方程最优性的策略迭代和值迭代这两种方法。

12.12.1　逼近动态规划：直接方法

动态规划是强化学习的核心。本章通过利用动态规划，推导出了两种在强化学习文献中广为人知的无模型在线学习算法：

- 时序差分（TD）学习，由Sutton(1988)提出。
- Q学习，由Watkins(1989)提出。

由于是无模型的，这两种算法都避免了对转移概率的需求。然而，有限的存储空间限制了它们在决策问题上的实际使用——只能用于中等规模的状态空间。

12.12.2 逼近动态规划：间接方法

在本章的后半部分，我们讨论了一个重要的问题——*维数灾难问题*。求解大规模决策问题时，遇到的这个问题会使得贝尔曼动态规划难以处理。为了克服这个困难，可以利用*间接逼近动态规划法*，它建立在贝尔曼理论之上。间接逼近动态规划法可通过以下两种方法实现。

1. *线性构建方法*，它包括两个步骤：
   - 状态i的特征提取。
   - 代价$\tilde{J}(i, \boldsymbol{w})$的最小二乘法最小化，其中$\boldsymbol{w}$是与状态$i$关联的权重向量。

   我们通过推导最小二乘策略评估（LSPE）算法，说明了这种方法的适用性。

2. *非线性构建方法*，该方法的提出依赖于通用逼近器的使用，能以任何精度逼近任意非线性函数。神经网络可作为一种通用逼近器来使用。

尽管在逼近动态规划上取得了重大进展，但在建立能够为大规模应用做出高水平决策的系统方面还有很多工作要做。在这种情况下，部分可观测性问题可能会成为影响动态规划的最大挑战。

12.12.3 部分可观测性

贝尔曼动态规划理论假设系统是完全可观测的。更准确地说，为了求解最优策略的动态规划问题，假设环境状态服从马尔可夫性质：在时间$n+1$的状态仅依赖于时间n的状态和策略，因此独立于时间n之前发生的一切。在实际中，由于不可避免地存在不可观测状态，因此经常违反这个严格的假设。于是，要使逼近动态规划理论更接近现实，作为基于马尔可夫决策过程（MDP）模型的替代，不得不处理部分可观测马尔可夫决策过程（POMDP）。从某种意义上说，部分可观测性可视为动态规划的第二个“灾难”，称为“模型灾难”，因为可观测量包含环境固有动态性的不完整信息。因此，我们将动态规划描述为“遭受建模和维数双重灾难的全局优化方法”。

多年来，在各种文献中，POMDP问题一直被视为一个严重的问题，它严重阻碍了不确定性条件下的规划应用（如机器人）。这个问题之所以困难，是因为需要学习所有不确定性下都可能发生的行动选择策略。注释和参考文献10中提供了有关POMDP问题的研究方向。

12.12.4 动态规划与Viterbi算法的关系

本章主要介绍了动态规划。但是，若不讨论动态规划与Viterbi算法的关系，则动态规划的学习是不完整的。Viterbi算法因其提出者Viterbi(1968)的名字得名。实际上，贝尔曼的动态规划（Bellman, 1957; Bellman and Dreyfus, 1962）比Viterbi的论文要早很多年。这两种算法之间的等价性描述可参阅Omura(1969)。

在优化过程中，动态规划的目的是在加权图中寻找最短路径（如图12.5中驿站问题的图形），是按从目的地开始逐段回到起点的方式来实现的。另一方面，在卷积解码的情况下，Viterbi算法是在自身的加权图上工作的，这种加权图称为*格状图*，是对卷积编码器的图形描述，被视为有限状态机（Lin and Costello, 2004）。在最大似然意义下，卷积编码的Viterbi算法的最优性已被Forney(1973)证实。

注释和参考文献

1. 强化学习的传统处理方法源于心理学，可追溯到Thorndike(1911)关于动物学习和Pavlov(1927)关于条件反射的早期工作。Widrow et al.(1973)介绍了传统强化学习，引入了评价的概念。Hampson(1990)也讨论了传统强化学习。

   对现代强化学习的主要贡献包括：Samuel(1959)关于著名棋子游戏程序的工作、Barto et al.(1983)关于自适应批评系统的工作、Sutton(1988)关于时序差分方法的工作，Watkins(1989)关于Q学习的工作。Sutton and Barto(1998)详细讨论了强化学习。

   在神经生物学背景下，奖励信号由称为多巴胺神经元的中脑神经元处理。Schultz(1998)进行了一系列实验，实验使用操作性条件反射来训练猴子对刺激（如光和声音）的反应。为了获得食物或饮料形式的奖励，猴子必须先松开一个键，然后按下另一个键。每个实验共进行20次，以得到多巴胺神经元活动的均值。Schultz的研究成果表明，多巴胺神经元确实在刺激发生和奖励交付后产生。鉴于Schultz的非凡发现，我们该如何对其建模？将多巴胺神经元视为“奖励系统的视网膜”，可将多巴胺神经元产生的响应作为Pavlovian条件反射和TD学习的教学信号（Schultz, 2007; Iszhikevich, 2007b）；然而，要注意的是，TD学习的相关形式是TD(λ)而不是TD(0)，两者都已在12.7节讨论。

   最后的结论是：在强化学习文献中，考虑TD学习时，奖励是最大化的。相反，在动态规划中，考虑相同的算法时，代价函数是最小化的。

2. 本书在随机环境的一般背景下讨论了动态规划，因此将本章重命名为“随机动态规划”可能更吸引人。然而，未这样做的原因是，“动态规划”已为从事该领域工作的研究人员描述了合适的领域。

3. 策略迭代和值迭代是动态规划的两种主要方法。另外，还有两种动态规划方法值得一提：Gauss-Seidel方法和异步动态规划（Barto et al., 1995; Bertsekas, 1995）。在Gauss-Seidel方法中，连续遍历所有状态，每个状态根据其他状态的最新代价进行竞争，在某个时刻只更新一个状态的代价函数。异步动态规划与Gauss-Seidel方法的区别是，它未组织成系统化的连续遍历状态集。

4. 文献Watkin(1989)的第96页对Q学习做了如下评论：

   > “附录1给出了这种学习方法确实适用于有限马尔可夫决策过程的证明。证明还表明，该学习方法会迅速收敛到最优行动-值函数。虽然这是非常简单的思想，但据我所知，以前从未被明确提出。但必须指出的是，有限马尔可夫决策过程和随机动态规划已被广泛研究用于多个不同领域30多年，并不像蒙特卡罗方法那样以前无人考虑过。”

   在对这些评论的脚注中，Barto et al.(1995)指出，虽然对状态-行动对赋值的想法被Denardo(1967)采用，构成了动态规划方法的基础，但他们并未看到比Watkins于1989年发表的论文更早的、像Q学习这样用于估计这些值的算法。

5. Watkins(1989)证明了Q学习收敛定理，Watkins and Dayan(1992)对其进行了完善，Tsitsiklis(1994)提出了关于Q学习收敛的更一般结果；也可参见Bertsekas and Tsitsiklis(1996)。

6. 逼近动态规划的早期发展可追溯到Werbos于1977年发表的论文，该论文中首次描述了避免维数灾难的启发式动态规划思想。根据Howard(1960)，启发式动态规划思想是逼近迭代过程的简单方法，是通过对可调权重网络进行监督训练来实现的。

   如今，“逼近动态规划”常被用作通过逼近来克服贝尔曼动态规划局限性的方法。在Bertsekas(2007)的书籍的第2卷中，有一章介绍了逼近动态规划，其中确定了直接间接逼近方法。

7. 最小二乘时序差分（LSTD）算法。根据Bradtke and Barto(1996)提出的LSTD算法，为动态规划的非直接逼近提供了另一种线性结构方法。LSTD算法的过程如下：

- 基函数被用于表达每个状态，首先以输入和输出观测作为噪声变量显示的方式逼近贝尔曼方程。
- 然后巧妙利用第2章讨论的“工具变量法”避免因“变量误差”问题引入的渐近偏置；这个阶段应用最小二乘法。
- 使用类似于第5章讨论的递归最小二乘（RLS）算法的过程，推导LSTD算法的类似递归执行。LSTD算法的原始方案是对 $\lambda=0$ 推导的。基于Bradtke和Barto的工作，Boyan(2002)将LSTD算法拓展到了 $\lambda>0$ 的情形。Lagoudakis and Parr(2003)也在逼近策略迭代的背景下讨论了LSTD算法。

8. 视觉皮层的反馈。主视觉皮层（视觉区域1，缩写为V1）具有清晰的解剖层，每层都有自己的特征功能。V1与详细分析感知的高阶视觉区域相邻或连接（Kandel et al., 1991）。外侧膝状核（LGN）是大脑中处理视觉信息的部分（Kandel et al., 1991）。

9. 逼近动态规划的书籍。Bertsekas and Tsitsiklis(1996)的经典著作《神经动态规划》是第一本专门介绍逼近动态规划的书籍。Si et al.(2004)给出了学习和逼近动态规划（ADP）框架下关于ADP技术进展及其应用课题的讨论。

10. 部分可观测性。在部分可观测环境下做规划问题非常困难。下面的文献为这个极具挑战性领域的研究人员提供了一些有趣的研究方向：

① *分层方法*。部分可观测环境下的规划可以简化为，将一项困难的任务分解为多层简单规划问题，这种技术可视为工程上广为人知的“分步解决”范式的应用。Charlin et al.(2007)通过将分层策略的优化作为容易处理的一般非线性求解器的非凸最优化问题，自动揭示分级结构。Guestrin and Gordon(2002)描述了分层分解协作多智能体系统POMDP的另一种方法。在规划和执行阶段，计算在智能体中分布，每个智能体只需模型化和规划系统的一小部分。子系统通过分级结构相连，这个结构通过消息传递算法在智能体之间进行协调与通信，进而实现全局一致规划。另一个消息传递算法允许执行结果策略。

② *POMDP值迭代*。POMDP的最优策略可通过记为$J(b)$的代价函数来表示。该函数将置信度状态b（表示在可能为真但不可观测的世界构形上的后验分布）映射到最优策略能够得到总返回值的估计，前提是b是正确的置信度状态。尽管不可能精确计算代价函数（Sondik, 1971），但许多作者提出了逼近它的算法。特别是所谓的基于点的算法已显示出巨大的前景（Smith, 2007）。这些算法在离散置信度样本中估计$J(b)$的值和梯度，并使用$J(b)$的凸性泛化到任意置信度。

③ *置信度压缩*。在实际POMDP问题中，大多数“置信度”状态是不太可能的。最重要的是，在高维置信度空间中包含了合理置信度的结构化低维流形。Roy and Gordon(2003)引入了一种称为“置信度压缩”的新方法来求解大规模POMDP问题，它利用了信度空间的稀疏性。特别地，置信度空间的维数可利用指数族主成分分析（Collins et al., 2002）来降低（第10章讨论了可微流形）。

④ *自然策略梯度*。在大规模MDP逼近规划的直接策略梯度方法中，动机是通过未来返回值的梯度，在策略的有限类别中找到一个好的策略μ。Kakade(2002)描述了基于参数空间固有结构表示最陡下降方向的自然梯度法。通过证明自然梯度倾向于选择贪婪策略操作，建立与策略迭代的联系（Amari的自然梯度在第10章中讨论过）。

习题

贝尔曼最优准则

12.1 当折扣因子γ接近1时，式（12.22）中代价函数的计算变长。为什么？证明你的答案。

12.2 本题给出Ross(1983)关于贝尔曼最优方程（12.22）的另一个证明。

(a) 令π为任意策略，假设π在时间步0以概率p_a选择行动a，$a\in\mathcal{A}_i$。那么

$$J^{\pi}(i)=\sum_{a\in\mathcal{A}_i}p_a\left(c(i,a)+\sum\nolimits_{j=1}^{N}p_{ij}(a)W^{\pi}(j)\right)$$

式中，$W^{\pi}(j)$ 表示时间步1以前的代价函数的期望，这里假设在时间步1，状态为j且使用策略 π 。由此证明

$$J^{\pi}(i) \geqslant \min_{a \in \mathcal{A}_i}\left(c(i,a)+\gamma\sum_{j=1}^{N}p_{ij}(a)J(j)\right)$$

式中，$W^{\pi}(j) \geqslant \gamma J(j)$ 。

(b) 令 π 是在时间步0选择行动a_0的策略，若下一个状态是j，则过程以状态j开始，遵循策略 π_j 使

$$J^{\pi_j}(j) \leqslant J(j)+\epsilon$$

式中，ϵ 是一个小的正数。由此证明

$$J(j) \geqslant \min_{a \in \mathcal{A}_i}\left(c(i,a)+\gamma\sum_{j=1}^{N}p_{ij}(a)J(j)\right)+\gamma\epsilon$$

(c) 用(a)和(b)导出的结果证明式（12.22）。

12.3 式（12.22）表示一个由N个方程构成的线性方程组，每个状态使用一个方程。令

$$\boldsymbol{J}^{\mu}=[J^{\mu}(1),J^{\mu}(2),\cdots,J^{\mu}(N)]^{\mathrm{T}}$$

$$\boldsymbol{c}(\mu)=[c(1,\mu),c(2,\mu),\cdots,c(N,\mu)]^{\mathrm{T}}$$

$$\boldsymbol{P}(\mu)=\begin{bmatrix} p_{11}(\mu) & p_{12}(\mu) & \cdots & p_{1N}(\mu) \\ p_{21}(\mu) & p_{22}(\mu) & \cdots & p_{2N}(\mu) \\ \vdots & \vdots & \ddots & \vdots \\ p_{N1}(\mu) & p_{N2}(\mu) & \cdots & p_{NN}(\mu) \end{bmatrix}$$

证明式（12.22）可以重写为等效的矩阵形式 $(\boldsymbol{I}-\gamma\boldsymbol{P}(\mu))\boldsymbol{J}^{\mu}=\boldsymbol{c}(\mu)$ ，其中$\boldsymbol{I}$是单位矩阵。讨论向量$\boldsymbol{J}^{\mu}$的唯一性，它表示N个状态的代价函数。

12.4 12.3节推导出了用于有限范围问题的动态规划算法。本题对一个折扣问题重新推导此算法，其中代价函数定义为

$$J^{\mu}(X_0)=\lim_{K\to\infty}\left[\sum_{n=0}^{K-1}\gamma^{n}g(X_n,\mu(X_n),X_{n+1})\right]$$

特别地，证明 $J_K(X_0)=\min\limits_{\mu}\mathop{E}\limits_{X_1}[g(X_0,\mu(X_0),X_1)+\gamma J_{K-1}(X_1)]$ 。

策略迭代

12.5 在12.4节中，我们说代价函数满足

$$J^{\mu_{n+1}}(i) \leqslant J^{\mu_n}(i), \qquad \text{所有}i$$

证明这个论断。

12.6 讨论式（12.25）描述的论断的重要性。

12.7 利用控制器评价系统，说明策略迭代算法中策略更新和策略计算之间的相互作用。

值迭代

12.8 一个动态规划问题共涉及N个可能的状态和M个允许的行动。假设使用稳定策略，证明值迭代算法的单次迭代需要 N^2M 次操作。

12.9 表12.2中小结了根据状态 $i \in \mathcal{X}$ 的代价函数$J^{\mu}(i)$ 构建的价值迭代算法。根据Q因子$Q(i, a)$重新构建该算法。

12.10 策略迭代总是在有限步之后终止，而值迭代可能需要无限次迭代。讨论这两种动态规划方法之间的其他差异。

时序差分学习

12.11 (a)构建在式（12.34）和式（12.35）中描述的TD(0)算法的信号流图表示。(b)TD(0)算法具有和第3章中描述的LMS算法相似的数学组成。讨论这两种算法的异同点。

12.12 证明式（12.40）的样本均值可通过式（12.42）的迭代公式计算。

12.13 (a)证明等式1和2来自式（12.45）和式（12.46）；(b)构建式（12.48）的信号流图表示，描述TD(λ)算法。

Q学习

12.14 证明 $J^*(i)=\min_{a\in\mathcal{A}_i}Q(i,a)$。

12.15 Q学习算法有时称为值迭代策略的自适应形式。证明此描述的正确性。

12.16 构建由表P12.16中逼近Q学习算法的信号流图。

表P12.16 逼近Q学习算法小结

1. 从初始权重向量 $\boldsymbol{w}_0$ 开始，得到Q因子 $Q(i_0,a_0,\boldsymbol{w}_0)$；权重向量 $\boldsymbol{w}_0$ 借助所用的神经网络完成逼近。
2. 对迭代$n=1,2,\cdots$，完成下面几步：

   (a) 对神经网络设定的$\boldsymbol{w}$，确定最优行动：

$$a_n=\min_{a\in\mathcal{A}_{i_n}}Q_n(i_n,a,\boldsymbol{w})$$

   (b) 确定目标Q因子：

$$Q_n^{\text{target}}(i_n,a_n,\boldsymbol{w})=g(i_n,a_n,j_n)+\gamma\min_{b\in\mathcal{A}_{j_n}}Q_n(j_n,b,\boldsymbol{w}),\quad j_n=i_{n+1}$$

   (c) 更新Q因子：

$$Q_{n+1}(i_n,a_n,\boldsymbol{w})=Q_n(i_n,a_n,\boldsymbol{w})+\Delta Q_n(i_n,a_n,\boldsymbol{w})$$

   式中，

$$\Delta Q_n(i_n,a_n,\boldsymbol{w})=\begin{cases}\eta_n(i_n,a_n)(Q_n^{\text{target}}(i_n,a_n,\boldsymbol{w})-Q_n(i_n,a_n,\boldsymbol{w})), & (i,a)=(i_n,a_n)\\ 0, & \text{其他}\end{cases}$$

   (d) 使用(i_n,a_n)作为神经网络的输入，产生输出 $\hat{Q}_n(i_n,a_n,\boldsymbol{w})$ 作为目标Q因子 $Q_n^{\text{target}}(i_n,a_n,\boldsymbol{w})$ 的逼近，略微改变权重向量 $\boldsymbol{w}$ 使得 $\hat{Q}_n(i_n,a_n,\boldsymbol{w})$ 更接近目标值 $Q_n^{\text{target}}(i_n,a_n,\boldsymbol{w})$。

   (e) 返回步骤(a)，重复以上计算。

12.17 设表P12.16中的逼近Q学习算法缺乏状态转移概率的内容。假设可使用这些概率，重新制定该算法。

逼近动态规划：非直接方法

12.18 式（12.70）是投影值迭代（PVI）算法的最小二乘方案。为了实际执行该算法，建议利用蒙特卡罗模拟法并运用式（12.71）中描述的最小二乘策略评估（LSPE）算法来逼近它。(a)设式（12.70）中代价函数的梯度为0，推导出$\boldsymbol{w}_{n+1}$的闭合公式。(b)对式（12.71）做同样的事情。寻找状态i的实验频率和转移(i,j)（稳定状态概率 π_i 和转移概率p_{ij}的估计值），证明PVI和LSPE算法是一致渐近的。

12.19 LSPE(λ)算法比TD(λ)算法具有更快的收敛速度。证明这一说法。

12.20 图P12.20描述了一种基于神经网络的逼近目标Q因子的方案，目标Q因子记为$Q^{\text{target}}(i,a,\boldsymbol{w})$，其中$i$表示网络状态，$a$表示要采取的行动，$\boldsymbol{w}$表示逼近中使用的神经网络的权重向量。相应地，表 P12.16中小结了逼近Q学习算法。解释图P12.20所示逼近动态规划方案的运行，证明表P12.16中的小结。

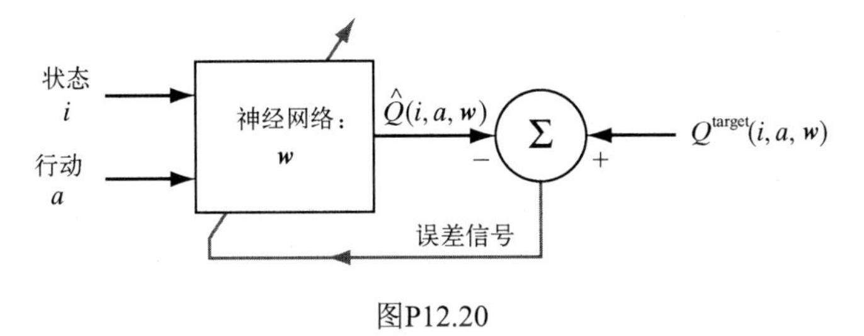

图P12.20

第13章　神经动力学

本章研究递归神经网络，重点介绍求解网络稳定性问题的李亚普诺夫直接法。本章中的各节安排如下：

- 13.1节介绍研究确定性神经动力学系统稳定性的动机。
- 13.2节至13.6节提供背景材料。13.2节介绍动态系统中的一些基本概念，13.3节讨论平衡点的稳定性。
- 13.4节描述动态系统研究中出现的各类吸引子，13.5节回顾神经元的加性模型，13.6节讨论作为神经网络范例的吸引子操作。
- 13.7节至13.9节讨论联想记忆。13.7节专门介绍Hopfield模型并使用其离散形式作为内容寻址内存。13.8节介绍非线性动态系统的Cohen-Grossberg定理，包括作为特例的Hopfield网络和其他联想记忆。
- 13.9节描述另一个神经动力学模型——盒中脑状态模型，它非常适合于聚类。
- 13.10节和13.11节讨论混沌相关主题。13.10节讨论混沌过程的不变性，13.11节讨论与混沌过程动力重建密切相关的主题。
- 13.12节是本章的小结和讨论。

13.1　引言

时间在学习中以某种形式起关键作用，这一概念在本书前几章的许多内容中都有体现。时间在学习过程中基本上有两种表现方式：

1. 使用记忆结构（短期或长期）刺激静态神经网络（如第4章研究的多层感知器），使其成为动态映射器。
2. 使用反馈将时间嵌入神经网络的操作。

在神经网络的背景下，应用反馈有两种基本方式：

1. 局部反馈，应用于网络中的单个神经元。
2. 全局反馈，包括一层或多层隐藏神经元，或者整个神经网络。

处理局部反馈相对简单，但全局反馈的影响要深远得多。在神经网络文献中，有一个或多个全局反馈回路的神经网络称为*递归网络*。

基本上，递归神经网络有两种用途：

1. 联想记忆。
2. 输入-输出映射网络。

本章讨论如何将递归神经网络用作联想记忆；至于如何将递归神经网络用作映射器的内容，见第15章。这两个问题都是令人感兴趣的应用，需要特别关注的问题是稳定性问题，这是本章讨论的重点。

反馈就像一把双刃剑，使用不当会产生有害影响。特别地，反馈的应用可能导致原本稳定的系统变得不稳定。本章的关注点是递归神经网络的稳定性。

神经网络学科被视为非线性动态系统，特别强调稳定性问题，因此称为*神经动力学*。非线性动态系统稳定性（或不稳定性）的一个重要特征是，它是整个系统的性质。作为推论，可以给出如下陈述：

稳定的存在总是意味着系统的各个部分之间存在某种形式的协调。

神经动力学研究始于Nicholas Rashevsky在1938年的工作，当时动力学被首次用于生物学。

非线性动态系统的稳定性是一个难以处理的数学问题。谈到稳定性问题时，具有工程背景的人通常会考虑有界输入-有界输出（BIBO）稳定性准则。根据这一准则，稳定性意味着系统的输出不能因有界输入、初始条件或者不必要的扰动而无限制地增长。BIBO稳定性判据适用于线性动态系统。然而，将其应用于递归神经网络是无用的；所有这些非线性动态系统都是BIBO稳定的，因为神经元的构成中包含了饱和非线性。

在一个非线性动态系统的背景下谈论稳定性时，指的通常是李亚普诺夫意义上的稳定性。在一份1892年的著名备忘录中，俄罗斯数学家和工程师李亚普诺夫提出了稳定性理论的基本概念，即李亚普诺夫直接法。该方法广泛用于线性和非线性系统的稳定性分析，包括时不变系统和时变系统。因此，它直接适用于神经网络的稳定性分析。事实上，本章介绍的许多内容都涉及李亚普诺夫直接法。然而，它的应用并非易事。

神经动力学研究遵循如下两种途径之一，具体取决于感兴趣的应用：

- 确定性神经动力学，即神经网络模型具有确定性行为。数学上，它由一组非线性微分方程描述，这些方程将模型的精确演化定义为时间的函数（Grossberg, 1967; Cohen and Grossberg, 1983; Hopfield, 1984）。
- 统计神经动力学，即神经网络模型被噪声扰动。在这种情况下，必须处理随机非线性微分方程，进而用概率术语来表示解（Amari et al., 1972; Peretto, 1984; Amari, 1990）。随机性和非线性的结合使得这个问题更难处理。

本章仅介绍确定性神经动力学。

13.2 动态系统

为了进行神经动力学研究，我们需要一个描述非线性系统动力学的数学模型。适合这一目的的模型是状态空间模型。根据这个模型，我们考虑使用一组状态变量，它们（在任何特定时刻）的值应该包含足够的信息来预测系统未来的演化。设$x_1(t), x_2(t), \cdots, x_N(t)$表示非线性动态系统的状态变量，其中连续时间$t$是自变量，$N$是系统的阶数。为便于书写，这些状态变量被收集到一个$N\times 1$维向量$\boldsymbol{x}(t)$中，称为系统的状态向量，简称状态。于是，一大类非线性动态系统动力学的数学模型就可转换为一阶微分方程组的形式：

$$\frac{\mathrm{d}}{\mathrm{d}t}x_j(t) = F_j(x_j(t)), \quad j = 1, 2, \cdots, N \tag{13.1}$$

式中，函数$F_j(\cdot)$一般是其参数的非线性函数。我们可用向量表示法将这个方程组表示成一种紧凑的形式，如下所示：

$$\frac{\mathrm{d}}{\mathrm{d}t}\boldsymbol{x}(t) = \boldsymbol{F}(\boldsymbol{x}(t)) \tag{13.2}$$

式中，非线性函数$\boldsymbol{F}$是一个向量值，它的每个元素作用于状态向量的对应元素：

$$\boldsymbol{x}(t) = [x_1(t), x_2(t), \cdots, x_N(t)]^{\mathrm{T}} \tag{13.3}$$

向量函数$\boldsymbol{F}(\boldsymbol{x}(t))$不显式依赖于时间$t$的非线性动态系统［如式（13.2）所示的系统］，称为自治系统；否则，称为非自治系统。我们只讨论自治系统。无论非线性函数$\boldsymbol{F}(\cdot)$的确切形式如何，状态$\boldsymbol{x}(t)$必定随时间t变化；否则，$\boldsymbol{x}(t)$是常数，系统就不再是动态的。因此，可将动态系统正式地定义如下：

动态系统是状态随时间变化的系统。

此外，我们可能认为$\mathrm{d}\boldsymbol{x}/\mathrm{d}t$不是物理意义上的“速度”向量，而是抽象的。于是，根据式（13.2），可将向量函数$\boldsymbol{F}(\boldsymbol{x})$称为速度向量场，简称向量场。

13.2.1 状态空间

将式（13.2）中的状态空间方程视为描述N维状态空间中一点的运动是有益的。状态空间可以是欧氏空间或其子集，也可以是非欧氏空间，如圆、球面、圆环或其他微分流形。本章中仅讨论欧氏空间（第7章讨论了微分流形）。

状态空间很重要，因为它为式（13.2）描述的非线性系统动力学的数学模型提供了可视化和概念化工具。它将注意力集中在运动的全局特征方面，而非方程的解析解或数值解的细节方面。

在某个特定的时刻t，系统的观测状态［状态$\boldsymbol{x}(t)$］由N维状态空间中的一个点表示。系统状态随时间t的变化表示为状态空间中的一条曲线，曲线上的每点（显式地或隐式地）带有一个记录观测时间的标记。这条曲线称为系统的轨迹或轨道。

图13.1显示了一个二维系统的轨迹。轨迹的瞬时速度［速度向量$\mathrm{d}\boldsymbol{x}(t)/\mathrm{d}t$］由切线向量表示，如图 13.1中$t = t_0$的直线所示。因此，可推导出轨迹上每点的速度向量。

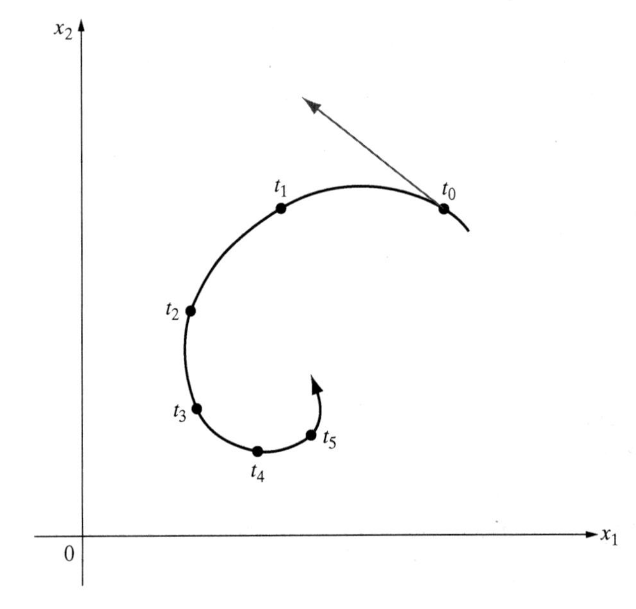

图13.1 动态系统的二维轨迹（轨道）

不同初始条件下的轨迹族称为系统的状态图。状态图包括状态空间中定义向量场$\boldsymbol{F}(\boldsymbol{x})$的所有点。注意，对于自治系统，只有一条轨迹经过初始状态。从状态描述中产生的一个有用想法是动态系统的流动，它定义为状态空间内部的运动。换言之，可以想象状态空间是流动的，就像流体那样，且每个点（状态）都遵循特定的轨迹流动。图13.2中的状态图生动地说明了这里描述的流动思想。

给定一个动态系统的状态图后，就可构建一个速度（切线）向量场，每个速度向量对应于状态空间中的一点。这样得到的状态图反过来又描绘了系统的向量场。图13.3中显示了一些速度向量，可以帮助我们了解整个场的外观。因此，向量场的用处是，可直观地描述动态系统在状态空间中的每个特定点的固有速度运动。

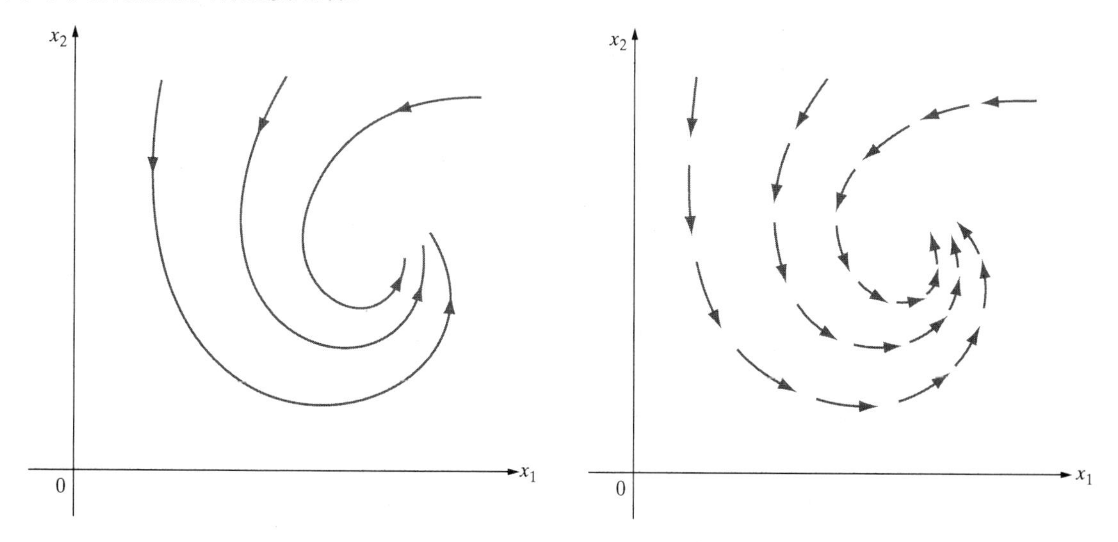

图13.2　动态系统的二维状态（相位）图

图13.3　动态系统的二维向量场

13.2.2　Lipschitz条件

为了使式（13.2）中的状态空间方程有唯一解，必须对向量函数$\boldsymbol{F}(\boldsymbol{x})$施加一定的限制。为便于演示，这里放弃状态$\boldsymbol{x}$对时间$t$的依赖，这是常用的一种做法。一个解存在的充分条件是$\boldsymbol{F}(\boldsymbol{x})$对所有自变量都是连续的。然而，这种限制并不能保证解的唯一性。要做到这一点，就必须施加一个称为Lipschitz条件的额外限制。设$\|\boldsymbol{x}\|$表示向量$\boldsymbol{x}$的范数或欧氏长度。设$\boldsymbol{x}$和$\boldsymbol{u}$是常规向量（状态）空间内某个开集$\mathcal{M}$中的一对向量。于是，根据Lipschitz条件，对$\mathcal{M}$中的所有$\boldsymbol{x}$和$\boldsymbol{u}$（Hirsch and Smale, 1974; Jackson, 1989），存在一个常数K使得

$$\|\boldsymbol{F}(\boldsymbol{x})-\boldsymbol{F}(\boldsymbol{u})\| \leqslant K\|\boldsymbol{x}-\boldsymbol{u}\| \tag{13.4}$$

满足式（13.4）的向量函数$\boldsymbol{F}(\boldsymbol{x})$满足Lipschitz条件，$K$是$\boldsymbol{F}(\boldsymbol{x})$的Lipschitz常数。式（13.4）还暗示了函数$\boldsymbol{F}(\boldsymbol{x})$关于$\boldsymbol{x}$的连续性。因此，对于自治系统，Lipschitz条件保证了式（13.2）的状态空间方程的解的存在性和唯一性。特别地，若所有偏导数$\partial F_i/\partial x_j$处处有限，则函数$\boldsymbol{F}(\boldsymbol{x})$满足Lipschitz条件。

13.2.3　散度定理

考虑一个自治系统的状态空间中的体积V和表面S的区域，且假设有来自该区域的点“流”。根据前面的讨论可知，速度向量$\mathrm{d}\boldsymbol{x}/\mathrm{d}t$等于向量场$\boldsymbol{F}(\boldsymbol{x})$。假设体积$V$内的向量场$\boldsymbol{F}(\boldsymbol{x})$状态良好，我们可以应用向量微积分中的散度定理（Jackson, 1975）。设$\boldsymbol{n}$表示垂直于微小表面$\mathrm{d}S$的单位向量，且方向朝外。于是，根据散度定理，关系

$$\int_S (\boldsymbol{F}(\boldsymbol{x})\cdot\boldsymbol{n})\mathrm{d}S = \int_V (\nabla\cdot\boldsymbol{F}(\boldsymbol{x}))\mathrm{d}V \tag{13.5}$$

在$\boldsymbol{F}(\boldsymbol{x})$的散度的体积分和$\boldsymbol{F}(\boldsymbol{x})$的向外法向分量的面积分之间保持不变。式（13.5）左侧的量被视为从封闭表面S包围的区域流出的净通量。若该量为零，则系统是保守的；若该量为负，则系统是耗散的。根据式（13.5），可给出如下的正式陈述：

若散度$\nabla\cdot\boldsymbol{F}(\boldsymbol{x})$（标量）为零，则系统是保守的；若散度为负，则系统是耗散的。

13.3 平衡状态的稳定性

考虑由状态空间方程（13.2）描述的自治动态系统。若满足下列条件，则常数向量 $\bar{\boldsymbol{x}} \in \mathcal{M}$ 称为系统的平衡（静止）状态：

$$\boldsymbol{F}(\bar{\boldsymbol{x}}) = \boldsymbol{0} \tag{13.6}$$

式中，$\boldsymbol{0}$ 是零向量。速度向量$\mathrm{d}\boldsymbol{x}/\mathrm{d}t$在平衡状态 $\bar{\boldsymbol{x}}$ 下消失，因此常量函数 $\boldsymbol{x}(t) = \bar{\boldsymbol{x}}$ 是式（13.2）的解。此外，由于解的唯一性，没有其他解曲线通过平衡状态 $\bar{\boldsymbol{x}}$。平衡状态也称奇点，即轨迹在平衡点退化为该点本身。

为了加深对平衡条件的理解，假设非线性函数$\boldsymbol{F}(\boldsymbol{x})$在式（13.2）描述的状态空间内足够平滑，使得该函数在平衡状态 $\bar{\boldsymbol{x}}$ 的邻域内可以线性化。具体地说，令

$$\boldsymbol{x}(t) = \bar{\boldsymbol{x}} + \Delta\boldsymbol{x}(t) \tag{13.7}$$

式中，$\Delta\boldsymbol{x}(t)$ 是一个小偏差。然后，保留$\boldsymbol{F}(\boldsymbol{x})$的泰勒级数的前两项，得到如下近似：

$$\boldsymbol{F}(\boldsymbol{x}) \approx \bar{\boldsymbol{x}} + \boldsymbol{A}\Delta\boldsymbol{x}(t) \tag{13.8}$$

矩阵$\boldsymbol{A}$是非线性函数$\boldsymbol{F}(\boldsymbol{x})$的雅可比矩阵，它在点 $\boldsymbol{x} = \bar{\boldsymbol{x}}$ 处求值，如下所示：

$$\boldsymbol{A} = \frac{\partial}{\partial \boldsymbol{x}} \boldsymbol{F}(\boldsymbol{x})\big|_{\boldsymbol{x}=\bar{\boldsymbol{x}}} \tag{13.9}$$

将式（13.7）和式（13.8）代入式（13.2），根据平衡状态的定义得

$$\frac{\mathrm{d}}{\mathrm{d}t}\Delta\boldsymbol{x}(t) \approx \boldsymbol{A}\Delta\boldsymbol{x}(t) \tag{13.10}$$

假设雅可比矩阵$\boldsymbol{A}$是非奇异矩阵，即其逆矩阵$\boldsymbol{A}^{-1}$存在，则式（13.10）描述的近似值足以确定系统轨迹在平衡状态 $\bar{\boldsymbol{x}}$ 附近的局部行为。若$\boldsymbol{A}$是非奇异的，则平衡状态的性质本质上取决于其特征值，因此可根据相应的方式进行分类。特别地，当雅可比矩阵$\boldsymbol{A}$有m个具有正实部的特征值时，我们称平衡状态 $\bar{\boldsymbol{x}}$ 为m型的。

对于二阶系统的特殊情况，可对平衡状态进行分类，如表13.1和图13.4所示（Cook, 1986; Arrowsmith and Place, 1990）。不失一般性，假设平衡状态位于状态空间的原点，即$\boldsymbol{x} = \boldsymbol{0}$。注意，如图13.4(e)所示，通往鞍点的轨迹是稳定的，而离开鞍点的轨迹是不稳定的。

表13.1　二阶系统平衡状态的分类

平衡状态 $\bar{\boldsymbol{x}}$ 的类型	雅可比矩阵$\boldsymbol{A}$的特征值
稳定节点	实数和负数
稳定焦点	负实部复共轭
不稳定节点	实数和正数
不稳定焦点	具有正实部的复共轭数
鞍点	带相反符号的实数
中心点	共轭纯虚数

13.3.1 稳定性的定义

如前所述，状态空间方程的线性化提供了关于平衡状态局部稳定性的有用信息。然而，为了详细地研究非线性动态系统的稳定性，我们需要精确定义平衡状态的稳定性和收敛性。

在具有平衡状态 $\bar{\boldsymbol{x}}$ 的自治非线性动态系统中，稳定性和收敛性的定义如下（Khalil, 1992）。

定义1 若对任意给定的正常数 ϵ 存在另一个正常数 $\delta=\delta(\epsilon)$，使得条件

$$\|\boldsymbol{x}(0)-\overline{\boldsymbol{x}}\|<\delta$$

满足时，对所有$t>0$有

$$\|\boldsymbol{x}(t)-\overline{\boldsymbol{x}}\|<\epsilon$$

则称平衡状态 $\overline{\boldsymbol{x}}$ 是恒稳定的。

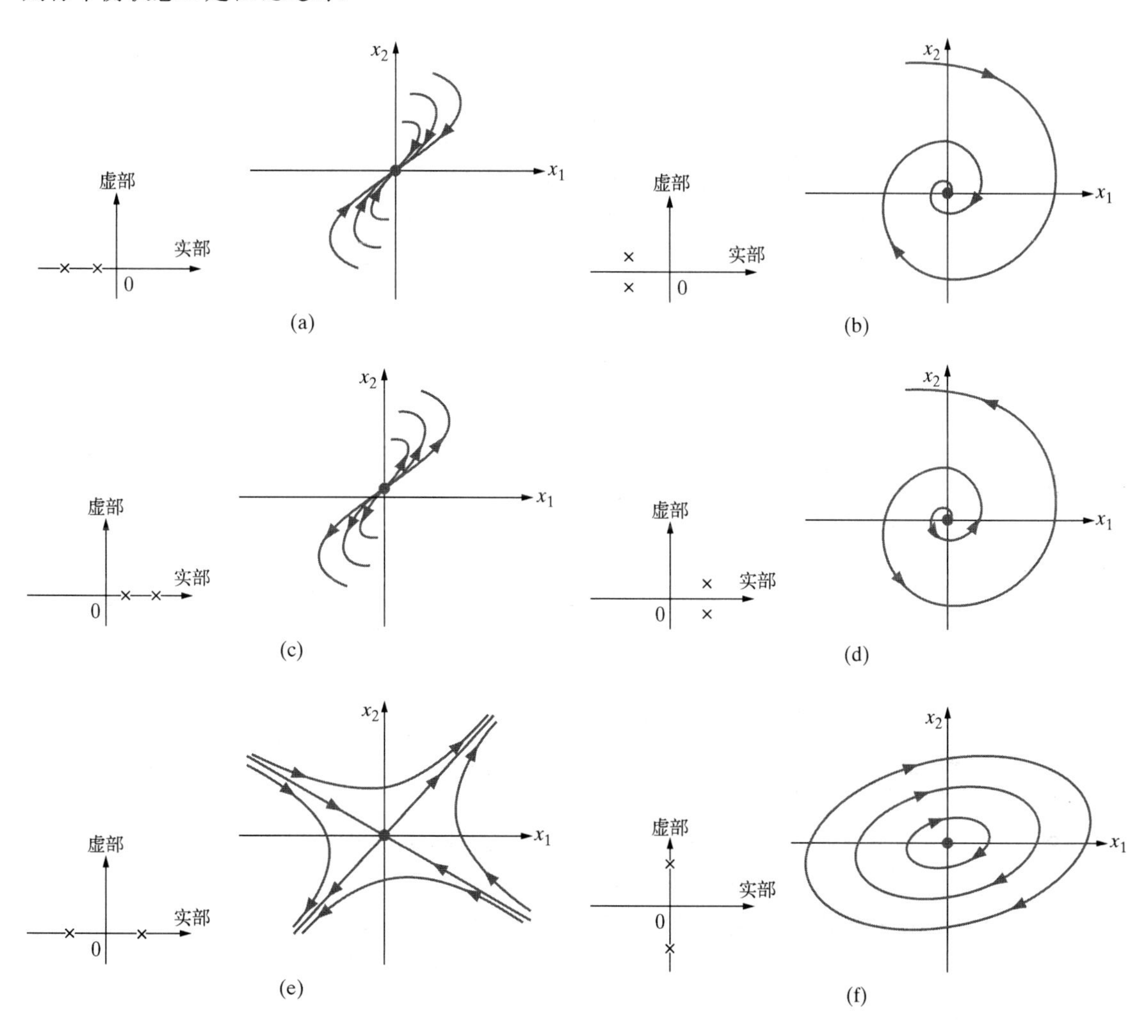

图13.4 (a)稳定节点；(b)稳定焦点；(c)不稳定节点；(d)不稳定焦点；(e)鞍点；(f)中心点

实际上，这个定义表明，若初始状态 $\boldsymbol{x}(0)$ 接近平衡状态 $\overline{\boldsymbol{x}}$，则系统的轨迹可以保持在平衡状态 $\overline{\boldsymbol{x}}$ 的一个小邻域内；否则，系统就是不稳定的。

定义2 若存在一个正常数 δ，使得条件

$$\|\boldsymbol{x}(0)-\overline{\boldsymbol{x}}\|<\delta$$

满足时有

$$\boldsymbol{x}(t)\rightarrow\overline{\boldsymbol{x}}, \qquad t\rightarrow\infty$$

则称平衡状态 $\overline{\boldsymbol{x}}$ 是收敛的。

定义2的含义是，若轨迹的初始状态 $\boldsymbol{x}(0)$ 与平衡状态 $\overline{\boldsymbol{x}}$ 足够接近，则由状态向量 $\boldsymbol{x}(t)$ 描述的轨迹将随着时间t趋于无穷大而趋于 $\overline{\boldsymbol{x}}$。

定义3 若平衡状态 $\bar{x}$ 既稳定又收敛，则称其为渐近稳定的。

这里，我们注意到稳定性和收敛性是独立的性质。只有当这两个性质都满足时，我们才有渐近稳定性。

定义4 若平衡状态 $\bar{x}$ 是稳定的，且随着时间趋于无穷大，系统的所有轨迹收敛于 $\bar{x}$，则称其是全局渐近稳定的。

最后一个定义意味着系统不能有其他平衡状态，它要求系统的每条轨迹对所有$t > 0$都保持有界。换句话说，全局渐近稳定性意味着系统在任何初始条件下最终都会稳定下来。

【例1】一致稳定性

如图13.5所示，由式（13.2）描述的非线性动态系统的解 $\boldsymbol{u}(t)$ 随时间t变化。为使解 $\boldsymbol{u}(t)$ 最终稳定，要求 $\boldsymbol{u}(t)$ 和其他任何解 $\boldsymbol{v}(t)$ 在相同的t值（时间"滴答声"）下保持接近，如图13.5所示。这种行为称为两个解 $\boldsymbol{v}(t)$ 和 $\boldsymbol{u}(t)$ 的同步对应。前提是，解 $\boldsymbol{u}(t)$ 是收敛的，对每个其他解 $\boldsymbol{v}(t)$，满足 $t=0$ 时 $\|\boldsymbol{v}(0)-\boldsymbol{u}(0)\| \leqslant \delta(\epsilon)$，则当$t$接近无穷大时，解 $\boldsymbol{v}(t)$ 和 $\boldsymbol{u}(t)$ 收敛到平衡状态。

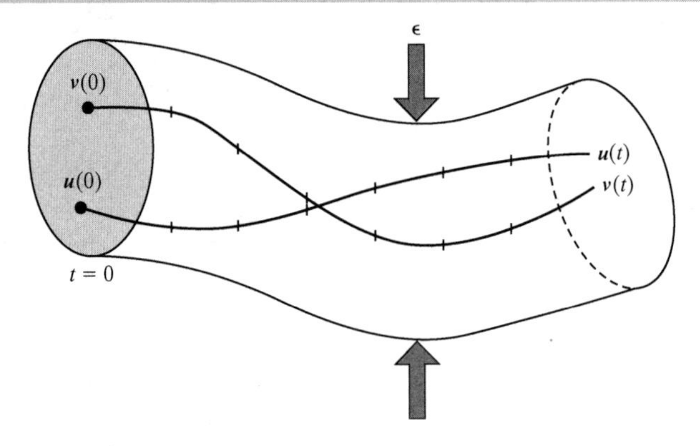

图13.5 状态向量一致稳定性概念的说明

13.3.2 李亚普诺夫定理

定义动态系统平衡状态的稳定性和渐近稳定性后，接下来要考虑的问题是如何确定稳定性。显然，我们可通过找到系统状态空间方程的所有可能解来实现这一点；这种方法可行，但往往很困难。在由Lyapunov(1892)创立的现代稳定性理论中，可以找到一种更优雅的方法。具体来说，可通过李亚普诺夫直接法来研究稳定性问题，这种方法利用了状态的连续标量函数，称为李亚普诺夫函数。

关于式（13.2）中状态空间方程的稳定性和渐近稳定性的李亚普诺夫定理，描述了一个具有状态向量 $\boldsymbol{x}(t)$ 和平衡状态 $\bar{\boldsymbol{x}}$ 的自治非线性动态系统，具体表述如下（Khalil, 1992）。

定理1 若在 $\bar{\boldsymbol{x}}$ 的小邻域内存在一个正定函数 $V(\boldsymbol{x})$，使其关于时间的导数在该区域内是半负定的，则平衡状态 $\bar{\boldsymbol{x}}$ 是稳定的。

定理2 若在 $\bar{\boldsymbol{x}}$ 的小邻域内存在一个正定函数 $V(\boldsymbol{x})$，使其关于时间的导数在该区域内是负定的，则平衡状态 $\bar{\boldsymbol{x}}$ 是渐近稳定的。

满足这两个定理要求的标量函数 $V(\boldsymbol{x})$ 称为平衡状态 $\bar{\boldsymbol{x}}$ 的李亚普诺夫函数。

定理1和定理2要求李亚普诺夫函数 $V(\boldsymbol{x})$ 是正定函数。这样的函数定义如下：

1. 函数 $V(\boldsymbol{x})$ 关于状态$\boldsymbol{x}$的元素有连续偏导数。

2. $V(\bar{\boldsymbol{x}})=0$。

3. 若 $\boldsymbol{x} \in \mathcal{U} - \bar{\boldsymbol{x}}$，则 $V(\boldsymbol{x}) > 0$，其中 $\mathcal{U}$ 是 $\bar{\boldsymbol{x}}$ 的一个小邻域。

假设 $V(\boldsymbol{x})$ 是李亚普诺夫函数，则根据定理1可知，满足下列条件时，平衡状态 $\bar{\boldsymbol{x}}$ 是稳定的：

$$\frac{\mathrm{d}}{\mathrm{d}t}V(\boldsymbol{x}) \leqslant 0, \quad \boldsymbol{x} \in \mathcal{U} - \bar{\boldsymbol{x}} \tag{13.11}$$

此外，根据定理2可知，满足下列条件时，平衡状态是渐近稳定的：

$$\frac{\mathrm{d}}{\mathrm{d}t}V(\boldsymbol{x}) < 0, \quad \boldsymbol{x} \in \mathcal{U} - \bar{\boldsymbol{x}} \tag{13.12}$$

这里的讨论重点是，不必求解系统的状态空间方程，就可应用李亚普诺夫定理。遗憾的是，这些定理并未给出如何找到李亚普诺夫函数的提示；在每个案例中，这都是一个创造和反复试验的问题。在许多有趣的问题中，能量函数可作为李亚普诺夫函数。然而，无法找到合适的李亚普诺夫函数并不能证明系统的不稳定性。李亚普诺夫函数的存在是稳定性的充分条件，但不是必要条件。

李亚普诺夫函数 $V(\boldsymbol{x})$ 为式（13.2）描述的非线性动态系统的稳定性分析提供了数学基础。另一方面，基于雅可比矩阵$\boldsymbol{A}$，式（13.10）的使用为系统的局部稳定性分析提供了数学基础。简单地说，李亚普诺夫稳定性分析的结论比局部稳定性分析更有力。

13.3.3 李亚普诺夫曲面

为了直观地理解这两个李亚普诺夫定理，下面引入李亚普诺夫曲面的概念，其定义为

$$V(\boldsymbol{x}) = c, \qquad \text{某个常数 } c > 0$$

根据定理1，条件

$$\frac{\mathrm{d}}{\mathrm{d}t}V(\boldsymbol{x}) \leqslant 0$$

意味着一旦一条轨迹穿过某个正常数c的李亚普诺夫曲面，该轨迹就在以下定义的点集内移动：

$$\boldsymbol{x} \in \mathbb{R}^N, \quad \text{已知 } V(\boldsymbol{x}) \leqslant 0$$

而且永远不会离开李亚普诺夫曲面。在这个意义上，我们说在定理1下，系统是稳定的。

另一方面，根据定理2，条件

$$\frac{\mathrm{d}}{\mathrm{d}t}V(\boldsymbol{x}) < 0$$

意味着轨迹将从一个李亚普诺夫曲面移动到有较小常数c的内部李亚普诺夫曲面，如图13.6所示。

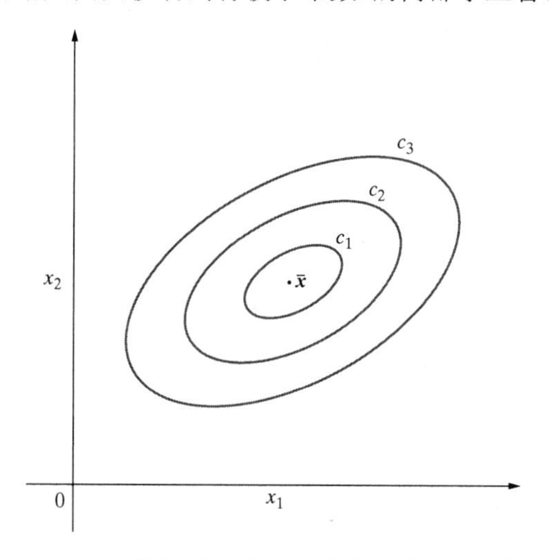

图13.6 当$c_1 < c_2 < c_3$时，常数c递减的李亚普诺夫曲面。平衡状态由点 $\bar{\boldsymbol{x}}$ 表示

特别地，随着常数c的减小，李亚普诺夫曲面将以相应的方式移向平衡状态$\bar{\boldsymbol{x}}$，即随着时间t的推移，轨迹接近平衡状态$\bar{\boldsymbol{x}}$。然而，我们不能确定$t \to \infty$时轨迹$\bar{\boldsymbol{x}}$是否收敛。但是，我们可以得出结论——平衡状态$\bar{\boldsymbol{x}}$在严格意义上是稳定的，即轨迹包含在任何一个小半径ε的球$\mathcal{B}_{\varepsilon}$内，要求初始条件$\boldsymbol{x}(0)$位于该球体所包含的李亚普诺夫曲面内（Khalil, 1992）。有趣的是，这是8.5节中提到的关于最大特征滤波器渐近稳定性的条件。

13.4 吸引子

耗散系统的一般特征是存在吸引集或者比状态空间维数低的流形。流形的概念已在第7章中详细讨论。简言之，所谓“流形”，是指嵌入N维状态空间的k维曲面，该状态空间由如下方程组定义：

$$M_j(x_1, x_2, \cdots, x_N) = 0, \quad \begin{cases} j = 1, 2 \cdots, k \\ k < N \end{cases} \tag{13.13}$$

式中，$x_1, x_2, \cdots, x_N$是N维状态系统的元素，M_j是这些元素的函数。这些流形称为**吸引子**，因为它们在时间t增加时，初始条件是体积非零的状态空间区域收敛到的有界子集。

流形可以是状态空间中的一个点，此时称其为**点吸引子**；也可是周期轨迹的形式，此时称其为一个稳定的**极限环**，在这个意义上，附近的轨迹渐近接近它。图13.7中显示了这两种吸引子。吸引子仅代表可以通过实验观测到的动态系统的平衡状态。然而，要注意的是，在吸引子的背景下，平衡状态并不意味着静态平衡，也不意味着稳态。例如，极限环代表吸引子的稳定状态，但它随时间不断变化。

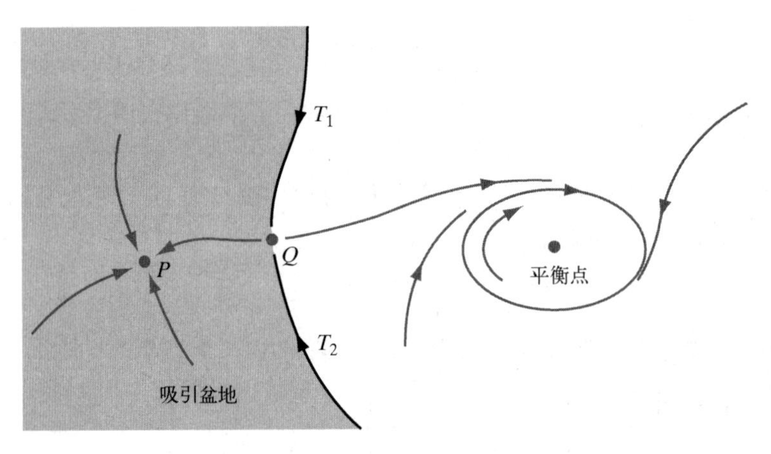

图13.7　吸引盆地和分界线的概念图示

在图13.7中，可以看到每个吸引子都被其自身的独有区域包围。这样的区域称为**吸引盆地**。注意，系统的每个初始状态都在某个吸引子的盆地中。将一个吸引盆地与另一个吸引盆地分开的边界称为**分界线**。在图13.7中，盆地边界由轨迹T_1、鞍点Q和轨迹T_2的并集表示。

当非线性系统的平衡点变得不稳定时，极限环构成振荡行为的典型形式。因此，它可出现在任何阶次的非线性系统中。然而，极限环是二阶系统的特殊特征。

13.4.1 双曲吸引子

考虑一个点吸引子，它的非线性动力学方程在平衡状态$\bar{\boldsymbol{x}}$附近被线性化，以13.2节描述的方式进行线性化。设$\boldsymbol{A}$表示在$\boldsymbol{x} = \bar{\boldsymbol{x}}$处计算的系统的雅可比矩阵。若雅可比矩阵$\boldsymbol{A}$的特征值的绝对值均小于1，则称吸引子为**双曲吸引子**（Ott, 1993）。例如，二阶双曲吸引子的流动可以是图 13.4(a)或

图13.4(b)所示的形式；在这两种情况下，雅可比矩阵$\boldsymbol{A}$的特征值都有负实部。双曲吸引子在“梯度消失问题”的研究中具有特殊意义，该问题出现在动态驱动的递归网络中，详见第15章。

13.5 神经动力学模型

熟悉非线性动态系统的行为后，本节和接下来的几节中将讨论神经动力学中涉及的一些重要问题。要强调的是，我们所说的神经动力学并无公认的定义，我们也不打算给出这样的定义，而只定义本章中考虑的神经动力学系统的最一般属性。特别地，讨论仅限于状态变量连续且运动方程由微分方程或差分方程描述的神经动力学系统。受关注的系统具有4个一般特征（Peretto and Niez, 1986; Pineda, 1988a）：

1. 大量自由度。大脑皮层是一个高度并行的分布式系统，据估计约有100亿个神经元，每个神经元都由一个或多个状态变量建模。一般认为，这种神经动力学系统的计算和容错能力都是系统集体动力学的结果。这种系统由大量表示突触连接强度（效率）的耦合常数表征。
2. 非线性。神经动力学系统本质上是非线性的。事实上，非线性对通用计算机器的创建是至关重要的。
3. 耗散。神经动力学系统是耗散的。因此，其特点是随着时间的推移，状态空间体积收敛到低维流形。
4. 噪声。噪声是神经动力学系统的固有特征。在现实神经元中，突触连接处会产生膜噪声（Katz, 1966）。

噪声的存在需要使用概率处理神经行为，因此增大了神经动力学系统分析的复杂性。如前所述，随机神经动力学的详细论述超出了本书的范围。因此，接下来的内容将忽略噪声的影响。

13.5.1 加性模型

考虑图13.8所示的神经元无噪声动态模型。物理上，突触权重$w_{j1}, w_{j2}, \cdots, w_{jN}$表示传导系数，输入值$x_1(t), x_2(t), \cdots, x_N(t)$表示电压，$N$是输入个数。这些输入被应用到电流求和节点上，特征如下：

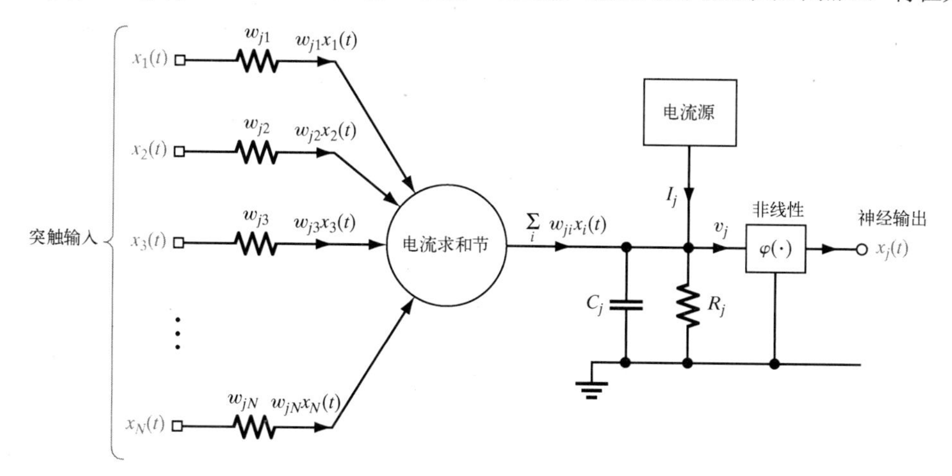

图13.8 神经元j的加性模型

- 低输入电阻。
- 单位电流增益。
- 高输出电阻。

于是，电流求和节点将充当输入电流的求和节点。因此，图13.8中流向非线性单元（激活函数）

的输入节点的总电流为

$$\sum_{i=1}^{N} w_{ji} x_i(t) + I_j$$

式中，第一项（求和项）是由刺激因子 $x_1(t), x_2(t), \cdots, x_N(t)$ 作用于突触权重（传导系数）$w_{j1}, w_{j2}, \cdots, w_{jN}$ 导致的，第二项是由表示外部施加的偏差的电流源 I_j 导致的。设 $v_j(t)$ 表示非线性激活函数 $\varphi(\cdot)$ 输入端的诱导局部域。于是，可将从非线性元件输入节点流出的总电流表示为如下两项之和：

$$\frac{v_j(t)}{R_j} + C_j \frac{\mathrm{d}v_j(t)}{\mathrm{d}t}$$

式中，第一项由泄漏电阻 R_j 引起，第二项由泄漏电容 C_j 引起。根据基尔霍夫电流定律，我们知道流向电路任何节点的总电流为零。将基尔霍夫电流定律应用于图13.8中的非线性输入节点得

$$C_j \frac{\mathrm{d}v_j(t)}{\mathrm{d}t} + \frac{v_j(t)}{R_j} = \sum_{i=1}^{N} w_{ji} x_i(t) + I_j \tag{13.14}$$

式（13.14）左端的电容项 $C_j \,\mathrm{d}v_j(t)/\mathrm{d}t$ 是将动力学（记忆）添加到神经元模型中的最简方法。给定诱导局部域 $v_j(t)$ 后，就可使用如下的非线性关系来确定神经元j的输出：

$$x_j(t) = \varphi(v_j(t)) \tag{13.15}$$

式（13.14）描述的RC模型常称**加性模型**；这个术语用于区分该模型与乘法（或并联）模型，后者中的 w_{ji} 依赖于 x_i 。

式（13.14）描述的加性模型的一个特征是，由相邻神经元i加到神经元j上的信号 $x_i(t)$ 是一个随时间t缓慢变化的函数。这样描述的模型构成了传统神经动力学的基础。

为此，考虑由N个神经元相互连接而成的递归网络，每个神经元都有式（13.14）和式（13.15）所述的相同数学模型。然后，忽略中间神经元传播时间延迟，就可由如下一阶微分方程组来定义网络动力学模型：

$$C_j \frac{\mathrm{d}v_j(t)}{\mathrm{d}t} = -\frac{v_j(t)}{R_j} + \sum_{i=1}^{N} w_{ji} x_i(t) + I_j, \qquad j = 1, 2, \cdots, N \tag{13.16}$$

这个方程组的数学形式与式（13.1）所示的状态方程相同，是由式（13.14）中各项的简单重排得到的。假设将神经元j的输出 $x_j(t)$ 与诱导局部域 $v_j(t)$ 关联起来的激活函数 $\varphi(\cdot)$ 是连续函数，于是可对时间t微分。常用的激活函数是逻辑斯蒂函数

$$\varphi(v_j) = \frac{1}{1 + \exp(-v_j)}, \qquad j = 1, 2, \cdots, N \tag{13.17}$$

13.6节至13.11节所述学习算法存在的一个必要条件是，由式（13.15）和式（13.16）描述的递归神经网络具有不动点（点吸引子）。

13.5.2 相关模型

为了简化说明，假设式（13.16）中神经元的时间常数 $\tau_j = R_j C_j$ 对所有j都是相同的。于是，将时间t关于该时间常数的公共值归一化，并且关于 R_j 归一化 w_{ji} 和 I_j ，就可按下面的简化形式来重建式（13.16）：

$$\frac{\mathrm{d}v_j(t)}{\mathrm{d}t} = -v_j(t) + \sum_{i} w_{ji} \varphi(v_i(t)) + I_j, \qquad j = 1, 2, \cdots, N \tag{13.18}$$

式中用到了式（13.15）。式（13.18）中给出的一阶非线性微分方程组的吸引子结构与Pineda(1987)描述的一个密切相关的模型的吸引子结构基本相同：

$$\frac{\mathrm{d}x_j(t)}{\mathrm{d}t}=-x_j(t)+\varphi\left(\sum_i w_{ji}x_j(t)\right)+K_j,\qquad j=1,2,\cdots,N \tag{13.19}$$

在式（13.18）描述的加性模型中，神经元的诱导局部域$v_1(t),v_2(t),\cdots,v_N(t)$构成状态向量。另一方面，在式（13.19）所示的相关模型中，神经元$x_1(t),x_2(t),\cdots,x_N(t)$的输出构成状态向量。

这两个神经动力学模型实际上是通过线性可逆变换关联起来的，即在式（13.19）的两边乘以w_{kj}，对j求和，然后代入变换

$$v_k(t)=\sum_j w_{kj}x_j(t)$$

就得到了由式（13.18）描述的模型，且这两个模型的偏差项由下式关联起来：

$$I_k=\sum_j w_{kj}K_j$$

注意，式（13.18）中加性模型的稳定性结果适用于式（13.19）中的相关模型。

式（13.18）和式（13.19）中的神经动力学模型的框图描述，请参阅13.2节。

13.6 作为递归网络范式的吸引子操作

当神经元数量N非常大时，由式（13.16）描述的神经动力学无噪声模型具有13.5节所述的一般特性：大量自由度、非线性和耗散。因此，这样的神经动力学模型可能具有复杂的吸引子结构，进而表现出有用的计算能力。

使用计算对象（如联想记忆和输入-输出映射器）识别吸引子是神经网络范式的基础之一，为了实现这一想法，我们必须控制系统状态空间中吸引子的位置。于是，学习算法采用非线性动力学方程的形式来操纵吸引子的位置，以便以期望的方式来编码信息或者学习感兴趣的时间结构。这样，就有可能在机器的物理机制和计算算法之间建立密切的联系。

利用神经网络的总体性质来实现计算任务的途径之一是能量最小化概念，Hopfield网络和盒中脑状态模型就是这种方法的著名例子，见13.7节和13.9节的讨论。这两种模型都是能量最小化网络，但应用领域相同。Hopfield网络可用作内容寻址存储器或模拟计算机，解决组合型优化问题，而盒中脑状态模型在聚类应用中极有优势。有关这些应用的更多信息，将在本章后面介绍。

Hopfield网络和盒中脑状态模型是没有隐藏神经元的联想记忆的例子；联想记忆是智能行为的重要资源。另一个神经动力学模型是输入-输出映射器，其操作依赖于隐藏神经元的可用性。在后一种情况下，常用最速下降法来最小化由网络参数定义的代价函数，进而改变吸引子的位置。第15章讨论的动态驱动递归神经网络将应用后一种神经动力学模型。

13.7 Hopfield模型

Hopfield网络（模型）由一组神经元和一组相应的单位时延算子元件组成，形成一个多回路反馈系统，如图13.9所示。反馈回路的数量等于神经元的数量。基本上，每个神经元的输出通过单位时延算子反馈给网络中的其他神经元，即模型中没有自反馈；后面将解释避免使用自反馈的原因。

为了研究Hopfield网络动力学，下面使用式（13.16）中描述的神经动力学模型，该模型是基于神经元的加性模型。

由于$x_i(t)=\varphi_i(v_i(t))$，因此可将式（13.16）改写为

$$C_j\frac{\mathrm{d}}{\mathrm{d}t}v_j(t)=-\frac{v_j(t)}{R_j}+\sum_{i=1}^{N}w_{ji}\varphi_i(v_i(t))+I_j,\qquad j=1,2,\cdots,N \tag{13.20}$$

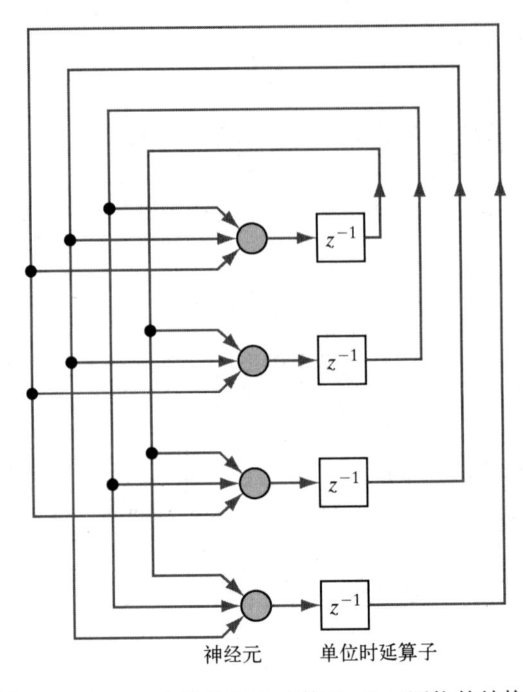

图13.9　由$N=4$个神经元组成的Hopfield网络的结构图

为了研究这个微分方程组的稳定性，我们做如下三个假设。

1．突触权重矩阵是对称的，即

$$w_{ji}=w_{ij}\,,\quad \text{所有}i\text{和}j \tag{13.21}$$

2．每个神经元都有自己的非线性激活函数，因此在式（13.20）中使用了$\varphi_i(\cdot)$。

3．非线性激活函数的逆函数存在，因此有

$$v=\varphi_i^{-1}(x) \tag{13.22}$$

设S形函数$\varphi_i(v)$由双曲正切函数定义：

$$x=\varphi_i(v)=\tanh\left(\frac{a_i v}{2}\right)=\frac{1-\exp(-a_i v)}{1+\exp(-a_i v)} \tag{13.23}$$

它在原点的斜率是$a_i/2$，即

$$\frac{a_i}{2}=\left.\frac{\mathrm{d}\varphi_i}{\mathrm{d}v}\right|_{v=0} \tag{13.24}$$

此后，我们称a_i为神经元i的增益。

基于式（13.23）中的S形函数，式（13.22）中的逆输出-输入关系为

$$v=\varphi_i^{-1}(x)=-\frac{1}{a_i}\log\left(\frac{1-x}{1+x}\right) \tag{13.25}$$

单位增益神经元的逆输出-输入关系的标准形式定义为

$$\varphi^{-1}(x)=-\log\left(\frac{1-x}{1+x}\right) \tag{13.26}$$

可将式（13.25）改写为

$$\varphi_i^{-1}(x)=\frac{1}{a_i}\varphi^{-1}(x) \tag{13.27}$$

图13.10(a)显示了标准S形非线性函数$\varphi(v)$的图形，图13.10(b)显示了逆非线性函数$\varphi^{-1}(x)$的图形。

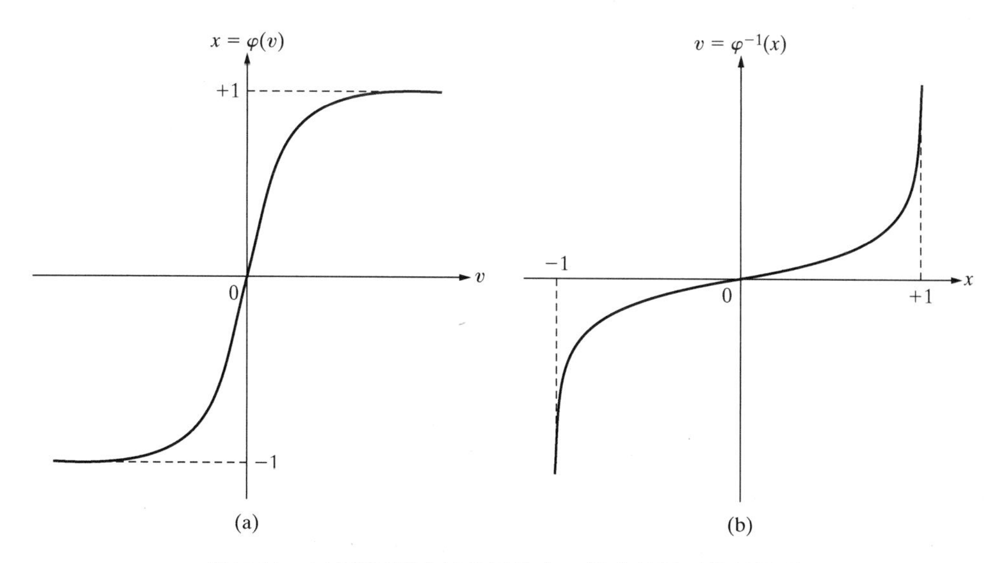

图13.10 (a)标准S形非线性函数和(b)逆非线性函数的图形

图13.9中Hopfield网络的能量（李亚普诺夫）函数定义为

$$E=-\frac{1}{2}\sum_{i=1}^{N}\sum_{j=1}^{N}w_{ji}x_i x_j+\sum_{j=1}^{N}\frac{1}{R_j}\int_0^{x_j}\varphi_j^{-1}(x)\mathrm{d}x-\sum_{j=1}^{N}I_j x_j \tag{13.28}$$

由式（13.28）定义的能量函数E可能有多个极小值。网络动力学通常由这些极小值机制描述。

考虑极小值，E关于时间t求导得

$$\frac{\mathrm{d}E}{\mathrm{d}t}=-\sum_{j=1}^{N}\left(\sum_{i=1}^{N}w_{ji}x_i-\frac{v_j}{R_j}+I_j\right)\frac{\mathrm{d}x_j}{\mathrm{d}t} \tag{13.29}$$

根据式（13.20），式（13.29）右端括号内的值可作为$C_j\mathrm{d}v_j/\mathrm{d}t$。因此，式（13.29）简化为

$$\frac{\mathrm{d}E}{\mathrm{d}t}=-\sum_{j=1}^{N}C_j\left(\frac{\mathrm{d}v_j}{\mathrm{d}t}\right)\frac{\mathrm{d}x_j}{\mathrm{d}t} \tag{13.30}$$

现在，可用v_j来定义x_j的逆关系。在式（13.30）中利用式（13.22）得

$$\frac{\mathrm{d}E}{\mathrm{d}t}=-\sum_{j=1}^{N}C_j\left[\frac{\mathrm{d}}{\mathrm{d}t}\varphi_j^{-1}(x_j)\right]\frac{\mathrm{d}x_j}{\mathrm{d}t}=-\sum_{j=1}^{N}C_j\left(\frac{\mathrm{d}x_j}{\mathrm{d}t}\right)^2\left[\frac{\mathrm{d}}{\mathrm{d}x_j}\varphi_j^{-1}(x_j)\right] \tag{13.31}$$

观察图13.10(b)发现，逆输出-输入关系$\varphi_j^{-1}(x_j)$是输出x_j的单调递增函数。因此，可以证明

$$\frac{\mathrm{d}}{\mathrm{d}x_j}\varphi_j^{-1}(x_j)\geqslant 0,\quad 所有\ x_j \tag{13.32}$$

观察还发现

$$\left(\frac{\mathrm{d}x_j}{\mathrm{d}t}\right)^2\geqslant 0,\quad 所有\ x_j \tag{13.33}$$

因此，构成式（13.31）右端求和的所有因子均是非负的。换句话说，对式（13.28）中定义的能量函数E，有

$$\frac{\mathrm{d}E}{\mathrm{d}t}\leqslant 0,\quad 所有\ t$$

根据式（13.28）的定义，我们注意到函数E是有界的。因此，现在可以给出如下陈述：

1．*能量函数E是连续Hopfield模型的李亚普诺夫函数。*

2．*根据李亚普诺夫定理1，该模型是稳定的。*

换句话说，由式（13.20）中非线性一阶微分方程组描述的连续Hopfield模型的时间演化代表状态空间中的一条轨迹，该轨迹存在能量（李亚普诺夫）函数E的极小值，且在该不动点处终止。观察式（13.31），我们还发现仅当

$$\frac{\mathrm{d}}{\mathrm{d}t}x_j(t)=0\,,\qquad \text{所有}j$$

时，$\mathrm{d}E/\mathrm{d}t$ 才为零，因此有

$$\frac{\mathrm{d}E}{\mathrm{d}t}<0\,,\qquad \text{除了在一个固定点} \tag{13.34}$$

式（13.34）是如下陈述的基础：

Hopfield网络的（李亚普诺夫）能量函数E是时间的单调递减函数。

因此，Hopfield网络在李亚普诺夫意义上是全局渐近稳定的；吸引子不动点是能量函数的极小值，反之亦然。

13.7.1 离散和连续Hopfield模型的稳定状态之间的关系

Hopfield网络可按连续模式或离散模式运行，具体取决于神经元所用的模型。如前所述，连续运行模式基于加性模型，离散运行模式基于McCulloch-Pitts模型。通过重新定义神经元的输入-输出关系，可以很容易地建立连续Hopfield模型和离散Hopfield模型的稳定状态之间的关系，且这样的关系满足两个简化特征。

1．神经元j的输出具有渐近值

$$x_j=\begin{cases}+1, & v_j=\infty\\ -1, & v_j=-\infty\end{cases} \tag{13.35}$$

2．神经元激活函数的中点位于原点，即

$$\varphi_j(0)=0 \tag{13.36}$$

相应地，可将所有j的偏差 I_j 设为零。

构建连续Hopfield模型的能量函数E时，允许神经元具有自反馈。另一方面，离散Hopfield模型不需要自反馈。因此，可在两个模型中对所有j都设 $w_{jj}=0$ 来简化讨论。

根据这些观察结果，可将式（13.28）中给出的连续Hopfield模型的能量函数重新定义为

$$E=-\frac{1}{2}\sum_{i=1}^{N}\sum_{j=1,i\neq j}^{N}w_{ji}x_ix_j+\sum_{j=1}^{N}\frac{1}{R_j}\int_0^{x_j}\varphi_j^{-1}(x)\mathrm{d}x \tag{13.37}$$

反函数 $\varphi_j^{-1}(x)$ 由式（13.27）定义。因此，可将式（13.37）中的能量函数改写为

$$E=-\frac{1}{2}\sum_{i=1}^{N}\sum_{j=1,i\neq j}^{N}w_{ji}x_ix_j+\sum_{j=1}^{N}\frac{1}{a_jR_j}\int_0^{x_j}\varphi_j^{-1}(x)\mathrm{d}x \tag{13.38}$$

积分

$$\int_0^{x_j}\varphi^{-1}(x)\mathrm{d}x$$

的标准形式如图13.11所示。对于 $x_j=0$，其值为零，否则为正。当 x_j 接近±1 时，假设它是一个非常大的值。然而，若神经元j的增益 a_j 变得无限大（S形非线性函数趋近理想的硬极限形式），则式（13.38）中的第二项可忽略不计。在极限情况下，对所有j，当 $a_j=\infty$ 时，连续Hopfield模型的极大值和极

小值与相应离散Hopfield模型的相同。在后一种情况下，能量（李亚普诺夫）函数的定义为

$$E=-\frac{1}{2}\sum_{i=1}^{N}\sum_{j=1,i\neq j}^{N}w_{ji}x_i x_j \tag{13.39}$$

其中第j个神经元的状态为$x_j=\pm 1$。因此，我们得出结论：高增益的、连续的、确定性的Hopfield模型的唯一稳定点，对应于离散随机Hopfield模型的稳定点。

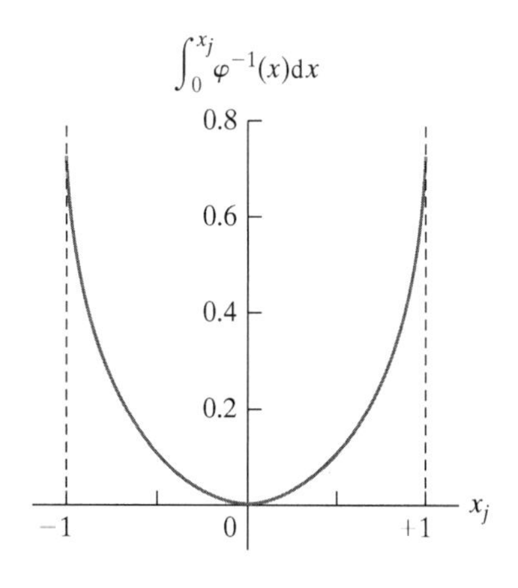

图 13.11　积分$\int_0^{x_j}\varphi^{-1}(x)\mathrm{d}x$的图形

然而，当每个神经元j都有一个较大但有限的增益a_j时，我们发现式（13.38）右端的第二项对连续模型的能量函数贡献显著。特别地，在定义模型状态空间的单位超立方体的所有表面、边和角点附近，这种贡献是巨大的和正的。而在远离表面的点上，贡献很小，可以忽略不计。因此，这样一个模型的能量函数在拐角处有极大值，但极小值会稍微向超立方体内部偏移。

图13.12显示了两个神经元的连续Hopfield模型的能量等值线图或能量图。这两个神经元的输出定义了图中的两个轴。图13.12的左下角和右上角表示无穷增益极限情况下的稳定极小值；有限增益情况下的极小值向内偏移。到固定点（稳定极小值）的流量可解释为式（13.28）中定义的使得能量函数E极小的解。

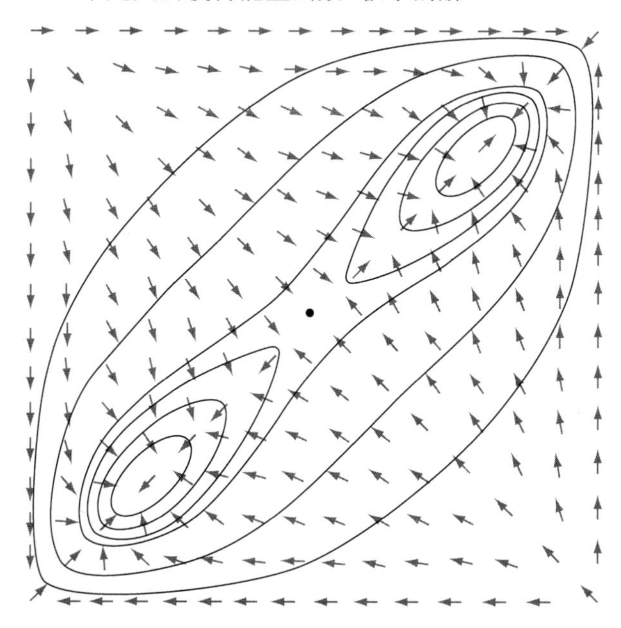

图13.12　双神经元双稳态系统的能量等值线图。纵坐标和横坐标是两个神经元的输出。稳定状态位于左下角和右上角附近，不稳定极值位于其他两个拐角附近。箭头表示状态的运动。这种运动通常不垂直于能量等值线（摘自J. J. Hopfield, 1984，经美国国家科学院许可）

13.7.2　作为内容寻址存储器的离散Hopfield模型

应用Hopfield网络作为内容寻址存储器时，可以预先知道网络的固定点，因为它对应于要存储的模式。然而，产生所需固定点的网络突触权重是未知的，因此问题是如何确定它们。内容寻址存储器的主要功能是检索存储器中的相应模式（项），以响应该模式的不完整性或者呈现该模式的

带噪版本。为了简要说明这句话的意思，我们引用Hopfield于1982年发表的论文中的一段话：

> 假设存储在存储器中的项是“H. A. Kramers & G. H. Wannier Physi Rev. 60，252 (1941)。”通用内容寻址存储器能够根据有用的部分信息检索整个存储项。输入“& Wannier(1941)”可能就足已。理想存储器可以处理错误，甚至可以只输入“Wannier(1941)”来检索该参考文献。

因此，内容寻址存储器的一个重要特性是，在给定存储模式的信息内容的一个合理子集下，检索该存储模式的能力。此外，内容寻址存储器是可以纠错的，即它可根据提供的线索覆盖不一致的信息。

内容寻址存储器（CAM）的本质是将基本记忆 $\boldsymbol{\xi}_\mu$ 映射到动态系统的固定（稳定）点 $\boldsymbol{x}_\mu$ 上，如图 13.13所示。数学上讲，可将这种映射表示为

$$\boldsymbol{\xi}_\mu \rightleftharpoons \boldsymbol{x}_\mu$$

从左到右的箭头代表编码操作，而从右到左的箭头代表解码操作。网络状态空间的吸引子不动点是网络的基本记忆或原型状态。现在假设网络呈现一种模式，该模式中包含关于基本记忆的部分信息，但信息是充分的。于是，可将这个特定模式表示为状态空间中的起点。原则上，若起点接近被检索存储的固定点（位于该固定点的吸引盆地内），则系统应随时间演化，并且最终收敛到存储状态本身。此时，整个存储器由网络生成。因此，Hopfield网络具有涌现性，这有助于它检索信息和处理错误。

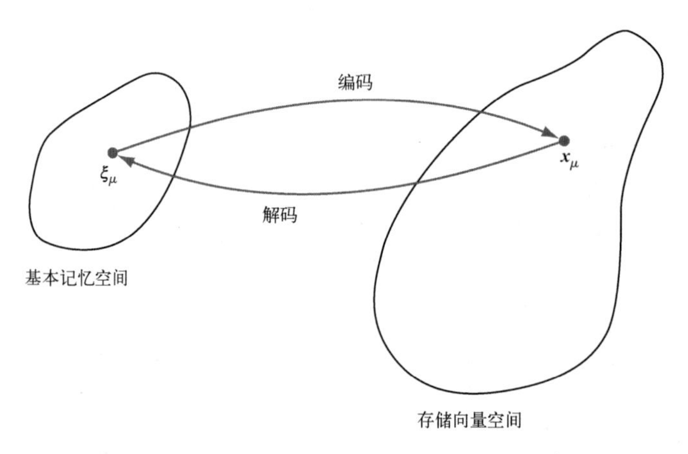

图13.13　由递归神经网络执行的编码-解码说明

Hopfield模型使用McCulloch and Pitts(1943)的正规神经元作为基本处理单元，每个这样的神经元都有两种状态，这两种状态由作用于其上的诱导局部域决定。神经元*i*的“开启”或“启动”状态由输出 $x_i = +1$ 表示，“关闭”或“静止”状态由 $x_i = -1$ 表示。对于由*N*个这样的神经元组成的网络，网络的状态由如下向量定义：

$$\boldsymbol{x} = [x_1, x_2, \cdots, x_N]^{\mathrm{T}}$$

由于 $x_i = \pm 1$，神经元*i*的状态代表1比特信息，*N*×1维状态向量$\boldsymbol{x}$表示*N*比特信息的二进制字。

神经元*j*的诱导局部域 v_j 定义为

$$v_j = \sum_{i=1}^{N} w_{ji} x_i + b_j \tag{13.40}$$

式中，b_j 是外部施加到神经元*j*的固定偏差。因此，神经元*j*根据如下确定性规则修改其状态 x_j：

$$x_j = \begin{cases} +1, & v_j > 0 \\ -1, & v_j < 0 \end{cases}$$

这种关系可简写为

$$x_j = \operatorname{sgn}(v_j)$$

式中，sgn是符号函数。当 v_j 正好为零时，会发生什么？这里采取的措施相当随意。例如，若 v_j 为零，则将 x_j 设为 ±1。然而，我们将使用以下约定：若 v_j 为零，则神经元j保持先前的状态，而不管它是处于开启状态还是处于关闭状态。这一假设的意义是，所得流图是对称的，见后面的说明。

离散Hopfield网络用作内容寻址存储器的操作分为两个阶段，即存储阶段和检索阶段。

1．*存储阶段*。假设我们希望存储一组由 $\{\boldsymbol{\xi}_\mu \mid \mu = 1, 2, \cdots, M\}$ 表示的N维向量（二进制字）。我们称这M个向量为基本记忆，代表被网络存储的模式。设 $\xi_{\mu,i}$ 表示基本记忆 ξ_μ 的第i个元素，其中类别 $\mu = 1, 2, \cdots, M$ 。根据存储的外积规则，即Hebb学习的基本原则推广，从神经元i到神经元j的突触权重定义为

$$w_{ji} = \frac{1}{N}\sum_{\mu=1}^{M}\xi_{\mu,j}\xi_{\mu,i} \tag{13.41}$$

使用$1/N$作为比例常数的原因是简化信息检索的数学描述。注意，式（13.41）中的学习规则是“一次性”计算。在Hopfield网络的正常运行中，我们设

$$w_{ii} = 0\text{，}\qquad \text{所有}i \tag{13.42}$$

如前面指出的那样，这意味着神经元没有自反馈。设$\boldsymbol{W}$表示网络的$N\times N$维突触权重矩阵，w_{ji} 是它的第 ji 个元素。于是，可按矩阵形式将式（13.41）和式（13.42）合并为一个方程：

$$\boldsymbol{W} = \frac{1}{N}\sum_{\mu=1}^{M}\boldsymbol{\xi}_\mu\boldsymbol{\xi}_\mu^{\mathrm{T}} - M\boldsymbol{I} \tag{13.43}$$

式中，$\boldsymbol{\xi}_\mu\boldsymbol{\xi}_\mu^{\mathrm{T}}$ 表示向量 $\boldsymbol{\xi}_\mu$ 与其自身的外积，$\boldsymbol{I}$表示单位矩阵。根据这些突触权重和权重矩阵的定义，可再次确认如下内容：

- 网络中每个神经元的输出将反馈给所有其他神经元。
- 网络中没有自反馈（$w_{ii} = 0$）。
- 网络的权重矩阵是对称的，即［参见式（13.21）］

$$\boldsymbol{W}^{\mathrm{T}} = \boldsymbol{W} \tag{13.44}$$

2．*检索阶段*。在检索阶段，称为探针的N维向量 $\boldsymbol{\xi}_{\text{probe}}$ 施加到Hopfield网络上并作为其状态。探针向量的元素为 ±1。通常，它代表网络基本存储的不完整性或带噪版本。于是，信息检索按照一个动态规则进行，在该规则中，网络的每个神经元j随机但以一定的速度检测作用于其上的诱导局部域 v_j（包括任何非零偏差 b_j）。若在某个时刻 v_j 大于零，则神经元j将状态切换到+1，若它已处于该状态，则继续保持。类似地，若v_j小于零，则神经元j将其状态切换到−1，若它已处于该状态，则继续保持。若 v_j 正好为零，则神经元j将保持其先前的状态，而不管它是开启的还是关闭的。因此，从一次迭代到下一次迭代的状态更新是确定性的，但是选择进行更新操作的神经元是随机的。这里描述的异步（串行）更新过程将持续进行，直到报告没有进一步的变化。也就是说，从向量 $\boldsymbol{\xi}_{\text{probe}}$ 开始，网络最终生成一个不随时间改变的状态向量$\boldsymbol{y}$，它的各个元素满足稳定性条件

$$y_j = \operatorname{sgn}\left(\sum_{i=1}^{N} w_{ji}y_i + b_j\right),\ j = 1, 2, \cdots, N \tag{13.45}$$

式（13.45）可按矩阵形式表示为

$$y = \text{sgn}(Wy + b) \tag{13.46}$$

式中，W是网络的突触权重矩阵，b是外部施加的偏差向量。这里描述的稳定性条件也称对齐条件。满足对齐条件的状态向量y称为系统状态空间的稳定状态或不动点。因此，可以说，当检索操作异步执行时，Hopfield网络将始终收敛到稳定状态。

表13.2中小结了Hopfield网络运行的存储阶段和检索阶段涉及的步骤。

表13.2　Hopfield模型小结

1. 学习。设$\xi_1, \xi_2, \cdots, \xi_\mu$表示一组已知的$N$维基本记忆。使用外积规则（Hebb的学习假设）计算网络的突触权重：

$$w_{ji} = \begin{cases} \dfrac{1}{N}\sum_{\mu=1}^{M} \xi_{\mu,j}\xi_{\mu,i}, & j \neq i \\ 0, & j = i \end{cases}$$

式中，w_{ji}是神经元i到神经元j的突触权重。向量ξ_μ的元素等于± 1。一旦计算出来，突触权重就保持不变。

2. 初始化。设ξ_{probe}表示呈现给网络的未知N维输入向量（探针）。算法通过如下设置来初始化：

$$x_j(0) = \xi_{j,\text{probe}}, \quad j = 1, \cdots, N$$

式中，$x_j(0)$是神经元j在时刻$n = 0$的状态，探针$\xi_{j,\text{probe}}$是探针ξ_{probe}的第j个元素。

3. 迭代直至收敛。根据如下规则异步更新状态向量$x(n)$的元素（随机且一次更新一个）：

$$x_j(n+1) = \text{sgn}\left(\sum_{i=1}^{N} w_{ji} x_i(n)\right), \quad j = 1, 2, \cdots, N$$

重复迭代，直到状态向量x保持不变。

4. 输出。令x_{fixed}表示步骤3结束时计算的不动点（稳定状态）。网络的结果输出向量y为

$$y = x_{\text{fixed}}$$

步骤1是存储阶段，步骤2到步骤4构成检索阶段。

【例2】有三个神经元的Hopfield模型的涌现行为

为说明Hopfield模型的涌现行为，考虑图13.14(a)中的网络，它由三个神经元组成。网络的权重矩阵为

$$W = \frac{1}{3}\begin{bmatrix} 0 & -2 & +2 \\ -2 & 0 & -2 \\ +2 & -2 & 0 \end{bmatrix}$$

权重矩阵W是合理的，因为它满足式（13.42）和式（13.44）中的必要条件。假设每个神经元的偏差为零。网络中有3个神经元，因此共有$2^3 = 8$种可能的状态需要考虑。在这八种状态中，只有状态$(1, -1, 1)$和$(-1, 1, -1)$是稳定的；其余六种状态是不稳定的。我们说这两种特殊状态是稳定的，因为它们都满足式（13.46）中的对齐条件。对于状态向量$(1, -1, 1)$，有

$$Wy = \frac{1}{3}\begin{bmatrix} 0 & -2 & +2 \\ -2 & 0 & -2 \\ +2 & -2 & 0 \end{bmatrix}\begin{bmatrix} +1 \\ -1 \\ +1 \end{bmatrix} = \frac{1}{3}\begin{bmatrix} +4 \\ -4 \\ +4 \end{bmatrix}$$

对其使用硬极限得

$$\text{sgn}(Wy) = \begin{bmatrix} +1 \\ -1 \\ +1 \end{bmatrix} = y$$

类似地，对状态向量$(-1, 1, -1)$有

$$Wy = \frac{1}{3}\begin{bmatrix} 0 & -2 & +2 \\ -2 & 0 & -2 \\ +2 & -2 & 0 \end{bmatrix}\begin{bmatrix} -1 \\ +1 \\ -1 \end{bmatrix} = \frac{1}{3}\begin{bmatrix} -4 \\ +4 \\ -4 \end{bmatrix}$$

对其使用硬极限得

$$\text{sgn}(\boldsymbol{W}\boldsymbol{y}) = \begin{bmatrix} -1 \\ +1 \\ -1 \end{bmatrix} = \boldsymbol{y}$$

因此，这两个状态向量都满足对齐条件。注意，模型的两个稳定状态互为负值。

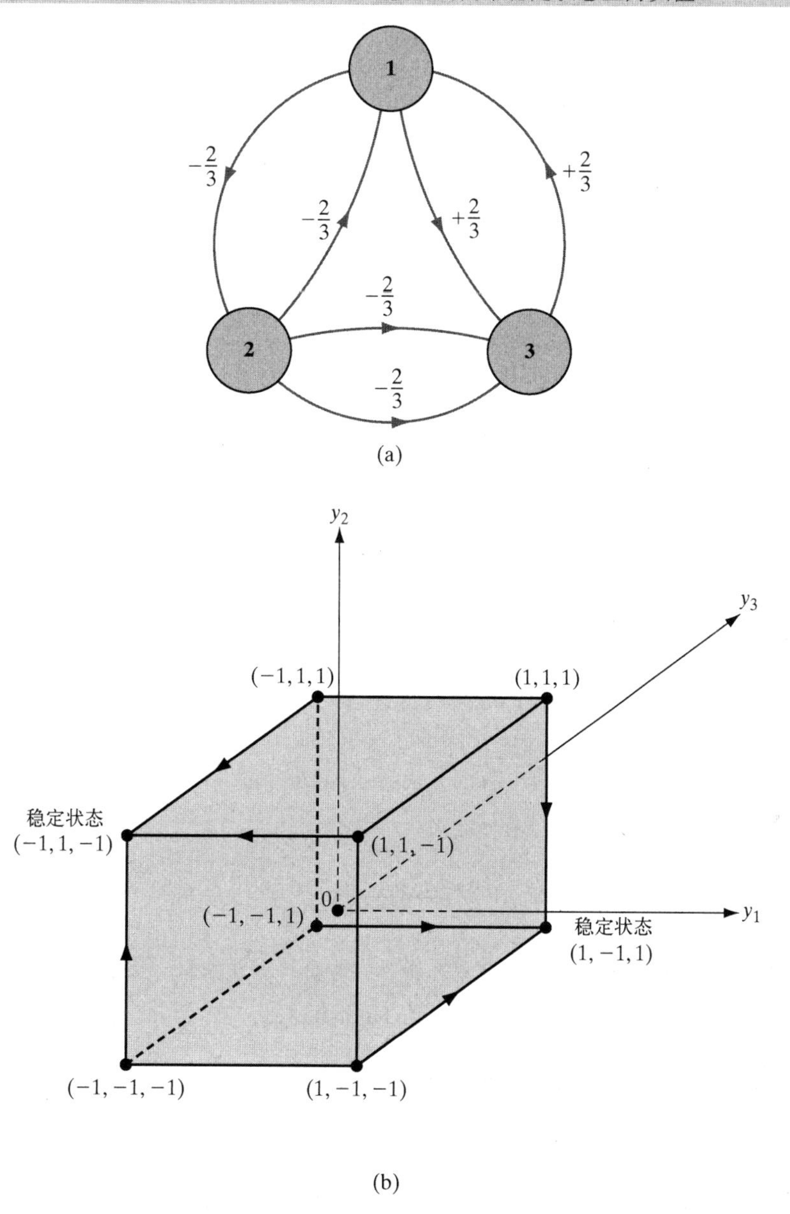

图13.14　(a)$N = 3$个神经元的Hopfield网络结构图；(b)描述网络的两种稳定状态的流图

此外，按照表13.2中小结的异步更新程序，得到图13.14(b)中描述的流图，图中显示了网络的两个稳定状态的对称性，直观上令人满意。这种对称性是当神经元上的诱导局部域恰好为零时，神经元保留其先前状态的结果。

图13.14(b)还显示，若图13.14(a)中的网络初始状态是(1, 1, 1)、(−1, −1, 1)或(1, −1, −1)，则经过一次迭代后，它收敛到稳定状态(1, −1, 1)。另一方面，若初始状态是(−1, −1, −1)、(−1, 1, 1)或(1, 1, −1)，则它收敛到第二个稳定状态(−1, 1, −1)。因此，网络有两个基本记忆(1, −1, 1)和(−1, 1, −1)，代表两个稳定状态。应用式（13.43）得到突

触权重矩阵为

$$W=\frac{1}{3}\begin{bmatrix}+1\\-1\\+1\end{bmatrix}[+1,-1,+1]+\frac{1}{3}\begin{bmatrix}-1\\+1\\-1\end{bmatrix}[-1,+1,-1]-\frac{2}{3}\begin{bmatrix}1&0&0\\0&1&0\\0&0&1\end{bmatrix}=\frac{1}{3}\begin{bmatrix}0&-2&+2\\-2&0&-2\\+2&-2&0\end{bmatrix}$$

这与图13.14(a)所示的突触权重完全一致。查看图13.14(b)中流图，容易看出Hopfield网络的纠错能力：

1. 若作用于网络的探针 ξ_{probe} 等于(−1, −1, 1)、(1, 1, 1)或(1, −1, −1)，则结果输出为基本记忆(1, −1, 1)。与存储的模式相比，探针的每个值都代表一个错误。
2. 若探针 ξ_{probe} 等于(1, 1, −1)、(−1, −1, −1)或(−1, 1, 1)，则产生的网络输出是基本记忆(−1, 1, −1)。这里，与存储的模式相比，探针的每个值都代表一个错误。

13.7.3 伪状态

离散Hopfield网络的权重矩阵$\boldsymbol{W}$是对称的，如式（13.44）所示。因此，$\boldsymbol{W}$的特征值都是实数。然而，当M很大时，特征值通常是退化的，即多个特征向量具有相同的特征值。与退化特征值相关的特征向量形成一个子空间。此外，权重矩阵$\boldsymbol{W}$有一个值为零的退化特征值，在这种情况下，子空间称为零空间。之所以存在零空间，是因为网络中基本记忆的数量M小于神经元的数量N。零子空间的存在是Hopfield网络的一个内在特征。

通过对权重矩阵$\boldsymbol{W}$进行特征分析，可从以下角度看待内容寻址存储器的离散Hopfield网络（Aiyer et al., 1990）：

1. 离散Hopfield网络将探针投影到基本存储向量所张成的子空间$\mathcal{M}$上，从这个意义上说，它起向量投影器的作用。
2. 网络的基本动力学将生成的投影向量移至单位超立方体能量函数最小的一个角点。

单位超立方体是N维的。张成子空间的M个基本记忆向量构成由单位超立方体确定的某些角点表示的不动点集（稳定状态）。位于子空间或子空间附近的单位超立方体的其他角点是伪状态的可能位置，也称伪吸引子。遗憾的是，伪状态代表了Hopfield网络中不同于网络基本记忆的其他稳定状态。

因此，设计Hopfield网络作为内容寻址存储器时，要在两个相互冲突的要求之间进行折中：

- 需要将基本记忆向量保留为状态空间中的固定点。
- 希望几乎没有伪状态。

然而，Hopfield网络的基本记忆并不总是稳定的。此外，代表其他稳定状态的伪状态可能会出现，这些状态不同于基本记忆。这两种现象往往会降低Hopfield网络的内容寻址存储器的效率。

13.8 Cohen-Grossberg定理

Cohen-Grossberg(1983)评估某类神经网络稳定性的一般原则，由如下非线性微分方程组描述：

$$\frac{\mathrm{d}}{\mathrm{d}t}u_j=a_j(u_j)\left[b_j(u_j)-\sum_{i=1}^{N}c_{ji}\varphi_i(u_i)\right],\quad j=1,\cdots,N \tag{13.47}$$

它允许将一个李亚普诺夫函数定义为

$$E=\frac{1}{2}\sum_{i=1}^{N}\sum_{j=1}^{N}c_{ji}\varphi_i(u_i)\varphi_j(u_j)-\sum_{j=1}^{N}\int_0^{u_j}b_j(\lambda)\varphi_j'(\lambda)\mathrm{d}\lambda \tag{13.48}$$

式中，$\varphi_j'(\lambda)$是$\varphi_j(\lambda)$对λ的导数。然而，为了使式（13.48）的定义有效，我们需要三个条件。

1. 网络的突触权重是对称的，即

$$c_{ij} = c_{ji} \tag{13.49}$$

2．函数 $a_j(u_j)$ 满足非负性条件，即

$$a_j(u_j) \geqslant 0 \tag{13.50}$$

3．非线性输入-输出函数 $\varphi_j(u_j)$ 满足单调性条件，即

$$\varphi_j'(u_j) = \frac{\mathrm{d}}{\mathrm{d}u_j}\varphi_j(u_j) \geqslant 0 \tag{13.51}$$

在这种背景下，现在正式将Cohen-Grossberg定理陈述如下：

假设非线性微分方程组（13.47）满足对称性、非负性和单调性条件，则由式（13.48）定义的系统的李亚普诺夫函数 E 满足条件

$$\frac{\mathrm{d}E}{\mathrm{d}t} \leqslant 0$$

一旦李亚普诺夫函数 E 的这个基本性质成立，系统的稳定性就可从李亚普诺夫定理1推出。

13.8.1 Hopfield模型是Cohen-Grossberg定理的特例

比较连续Hopfield模型的式（13.47）和式（13.20），可以得出Hopfield模型和Cohen-Grossberg定理之间的对应关系，如表13.3所示。在式（13.48）中使用该表，可以得到连续Hopfield模型的李亚普诺夫函数，如下所示：

$$E = -\frac{1}{2}\sum_{i=1}^{N}\sum_{j=1}^{N} w_{ji}\varphi_i(v_i)\varphi_j(v_j) + \sum_{j=1}^{N}\int_0^{v_j}\left(\frac{v_j}{R_j} - I_j\right)\varphi_j'(v)\mathrm{d}v \tag{13.52}$$

表 13.3 Cohen-Grossberg 定理与 Hopfield 模型的对应关系

Cohen-Grossberg 定理	Hopfield 模型
u_j	$C_j v_j$
$a_j(u_j)$	1
$b_j(u_j)$	$-(v_j/R_j)+I_j$
c_{ji}	$-w_{ji}$
$\varphi_i(u_i)$	$\varphi_i(v_i)$

式中，非线性激活函数 $\varphi_j(\cdot)$ 由式（13.23）定义。

接下来，我们做出以下观察：

1．$\varphi_i(v_i) = x_i$。

2．$\int_0^{v_j}\varphi_j'(v)\mathrm{d}v = \int_0^{x_j}\mathrm{d}x = x_j$。

3．$\int_0^{v_j} v\varphi_j'(v)\mathrm{d}v = \int_0^{x_j} v\mathrm{d}x = \int_0^{x_i}\varphi_j^{-1}(x)\mathrm{d}x$。

基本上，关系2和关系3是根据 $x = \varphi_i(v)$ 得到的。因此，对式（13.52）中的李亚普诺夫函数运用这些观察就可得到与之前陈述相同的结果，见式（13.28）。然而，要注意的是，尽管 $\varphi_i(v)$ 必须是输入 v 的单调递增函数，但它并不需要一个逆函数来保持式（13.52）的广义李亚普诺夫函数。

Cohen-Grossberg定理是神经动力学的一般原理，有着广泛的应用（Grossberg, 1990）。下一节中将考虑这个重要定理的另一个应用。

13.9 盒中脑状态模型

本节通过学习Anderson et al.(1977)首次描述的盒中脑状态（BSB）模型，继续对联想记忆进行神经动力学分析。BSB模型基本上是一个具有振幅限制的正反馈系统，它由一组高度互连的神经元组成，且这些神经元会自反馈。该模型使用内置的正反馈放大输入模式，直到模型中的所有神

经元饱和。因此，BSB模型可视为一种分类器，因为给定模拟输入模式后，能得到一个由模型的稳定状态定义的数字表示。

设$\boldsymbol{W}$是一个对称权重矩阵，其最大特征值有正实数分量。设$\boldsymbol{x}(0)$是模型的初始状态向量，表示输入激活模式。假设模型中有N个神经元，模型的状态向量的维数为N，权重矩阵$\boldsymbol{W}$是$N\times N$维矩阵。于是，BSB模型完全由如下两个方程定义：

$$\boldsymbol{y}(n)=\boldsymbol{x}(n)+\beta\boldsymbol{W}\boldsymbol{x}(n) \tag{13.53}$$

$$\boldsymbol{x}(n+1)=\varphi(\boldsymbol{y}(n)) \tag{13.54}$$

式中，β是一个称为反馈因子的正的小常数，$\boldsymbol{x}(n)$是时刻n模型的状态向量。图13.15(a)显示了式（13.53）和式（13.54）的组合框图；标记为$\boldsymbol{W}$的方框表示单层线性神经网络，如图13.15(b)所示。激活函数φ是一个分段线性函数，作用于向量$\boldsymbol{y}(n)$的第j个分量$y_j(n)$，如下所示（见图13.16）：

$$x_j(n+1)=\varphi(y_j(n))=\begin{cases}+1, & y_j(n)>+1\\ y_j(n), & -1\leqslant y_j(n)\leqslant +1\\ -1, & y_j(n)<-1\end{cases} \tag{13.55}$$

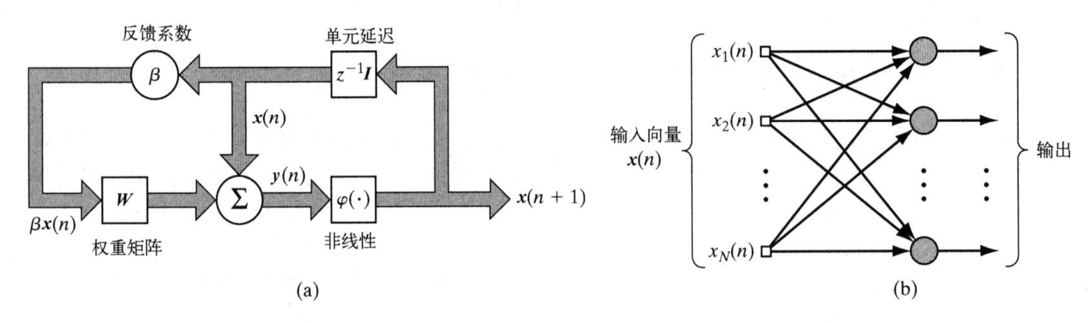

图13.15　(a)盒中脑状态（BSB）模型的框图；(b)由权重矩阵$\boldsymbol{W}$表示的线性关联器的信号流图

式（13.55）约束BSB模型的状态向量位于以原点为中心的N维单位立方体内。

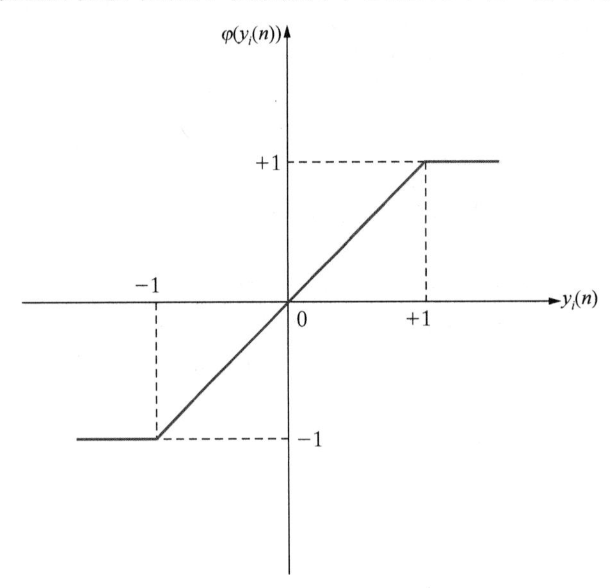

图13.16　BSB模型中使用的分段线性激活函数

因此，该模型如下所述：激活模式$\boldsymbol{x}(0)$作为初始状态向量被输入BSB模型，式（13.53）被用于计算向量$\boldsymbol{y}(0)$。然后使用式（13.54）截断$\boldsymbol{y}(0)$，得到更新后的状态向量$\boldsymbol{x}(1)$。接下来，$\boldsymbol{x}(1)$通过循环式（13.53）和式（13.54）得到$\boldsymbol{x}(2)$。重复此过程，直到BSB模型达到一个超立方体的角点的稳定状态。直观地说，BSB模型中的正反馈会导致初始状态向量$\boldsymbol{x}(0)$的欧氏长度（范数）随着迭代次数的增加而增加，直到它碰到盒子的一面墙壁（单位超立方体），然后沿着墙壁滑动，甚至最终到达盒子的一个稳定角点，它不断"推动"，但无法跳出盒子（Kawamoto and Anderson, 1985）。

13.9.1 BSB模型的李亚普诺夫函数

BSB模型可以重新定义为式（13.16）中描述的神经动力学模型的特例（Grossberg, 1990）。为此，我们首先重写BSB算法的第j部分，该部分由式（13.53）和式（13.54）描述，格式如下：

$$x_j(n+1)=\varphi\left(\sum_{i=1}^{N}c_{ji}x_i(n)\right),\qquad j=1,2,\cdots,N \tag{13.56}$$

系数c_{ji}的定义如下：

$$c_{ji}=\delta_{ji}+\beta w_{ji} \tag{13.57}$$

式中，δ_{ji}是克罗内克算子，$j=i$时为1，其他情况时为0；w_{ji}是权重矩阵$\boldsymbol{W}$的第ji个元素。式（13.56）以离散时间形式写出。为了进一步处理，我们需要以连续时间的形式重新表述它：

$$\frac{\mathrm{d}}{\mathrm{d}t}x_j(t)=-x_j(t)+\varphi\left(\sum_{i=1}^{N}c_{ji}x_i(t)\right),\quad j=1,\cdots,N \tag{13.58}$$

式中，偏差I_j对所有j都为零。然而，为了应用Cohen-Grossberg定理，要进一步将式（13.58）转换为与加性模型相同的形式。我们可以引入一组新变量来达到这一目的：

$$v_j(t)=\sum_{i=1}^{N}c_{ji}x_i(t) \tag{13.59}$$

于是，根据式（13.57）中给出的c_{ji}定义，发现

$$x_j(t)=\sum_{i=1}^{N}c_{ji}v_i(t) \tag{13.60}$$

相应地，可将式（13.58）中的模型改写为等价形式

$$\frac{\mathrm{d}}{\mathrm{d}t}v_j(t)=-v_j(t)+\sum_{i=1}^{N}c_{ji}\varphi(v_i(t)),\quad j=1,\cdots,N \tag{13.61}$$

现在准备将Cohen-Grossberg定理应用于BSB模型。比较式（13.61）和式（13.47），可以推断出表13.4中列出的BSB模型和Cohen-Grossberg定理之间的对应关系。因此，将表13.4中的结果应用于式（13.48），就可定义BSB模型的李亚普诺夫函数如下：

$$E=-\frac{1}{2}\sum_{j=1}^{N}\sum_{i=1}^{N}c_{ji}\varphi(v_j)\varphi(v_i)+\sum_{j=1}^{N}\int_0^{v_j}v\varphi'(v)\mathrm{d}v \tag{13.62}$$

式中，$\varphi'(v)$是分段线性函数$\varphi(v)$相对于其参数的导数。最后，将式（13.55）、式（13.57）和式（13.59）代入式（13.62），就可根据原始状态变量定义BSB模型的李亚普诺夫（能量）函数，如下所示（Grossberg, 1990）：

$$E=-\frac{\beta}{2}\sum_{i=1}^{N}\sum_{j=1}^{N}w_{ji}x_jx_i=-\frac{\beta}{2}\boldsymbol{x}^{\mathrm{T}}\boldsymbol{W}\boldsymbol{x} \tag{13.63}$$

13.7节给出的Hopfield网络的李亚普诺夫函数的估计，假定模型的S形非线性逆导数存在，该

条件可以使用双曲正切函数来满足。相反，当BSB模型中第j个神经元的状态变量为+1或−1时，这个条件在BSB模型中不满足。尽管存在这种困难，BSB模型的李亚普诺夫函数仍然可由Cohen-Grossberg定理进行评估，这清楚地说明了这个重要定理的普适性。

表 13.4 Cohen-Grossberg 定理与 Hopfield 模型的对应关系

Cohen-Grossberg 定理	Hopfield 模型
u_j	v_j
$a_j(u_j)$	1
$b_j(u_j)$	$-v_j$
c_{ji}	$-c_{ji}$
$\varphi_j(u_j)$	$\varphi_j(v_j)$

13.9.2 BSB模型的动力学

Golden(1986)进行的一项直接分析表明，BSB模型实际上是一种梯度下降算法，它最小化了由式（13.63）定义的能量函数E。然而，BSB模型的这一特性假设权重矩阵$\boldsymbol{W}$满足两个条件。

1．权重矩阵$\boldsymbol{W}$是对称的，即

$$\boldsymbol{W}=\boldsymbol{W}^{\mathrm{T}}$$

2．权重矩阵$\boldsymbol{W}$是半正定的，即根据$\boldsymbol{W}$的特征值有

$$\lambda_{\min}\geqslant 0$$

式中，$\lambda_{\min}$是$\boldsymbol{W}$的最小特征值。

因此，当时刻$n+1$的状态向量$\boldsymbol{x}(n+1)$与时刻n的状态向量$\boldsymbol{x}(n)$不同时，BSB模型的能量函数E随着n（迭代次数）的增加而减小。此外，能量函数E的最小点定义了BSB模型的平衡状态，其特征为

$$\boldsymbol{x}(n+1)=\boldsymbol{x}(n)$$

换句话说，与Hopfield模型一样，BSB模型是一个能量最小化的网络。

BSB模型的平衡状态由单位超立方体的某些角点及其原点定义。在后一种情况下，状态向量中的任何波动，无论多么小，都会被模型中的正反馈放大，导致模型的状态从原点向稳定状态的方向转移；换句话说，原点是一个鞍点。单位超立方体的每个角点要成为BSB模型可能的平衡状态，权重矩阵$\boldsymbol{W}$必须满足第三个条件（Greenberg, 1988）：

- 权重矩阵$\boldsymbol{W}$是对角占优的，这意味着

$$w_{jj}\geqslant\sum_{i\neq j}\left|w_{ij}\right|,\qquad j=1,2,\cdots,N \tag{13.64}$$

式中，w_{ij}是$\boldsymbol{W}$ 的第ij个元素。

为了使平衡状态$\boldsymbol{x}$稳定，即单位超立方体的某个角点成为固定点吸引子，单位超立方体中要有一个吸引盆地$\mathcal{N}(\boldsymbol{x})$，使得对$\mathcal{N}(\boldsymbol{x})$中的所有初始状态向量$\boldsymbol{x}(0)$，BSB模型收敛到$\boldsymbol{x}$。单位超立方体的每个角点要成为可能的点吸引子，权重矩阵$\boldsymbol{W}$要满足第四个条件（Greenberg, 1988）：

- 权重矩阵$\boldsymbol{W}$是强对角占优矩阵，即

$$w_{jj}\geqslant\sum_{i\neq j}\left|w_{ij}\right|+\alpha,\qquad j=1,2,\cdots,N \tag{13.65}$$

式中，α为正常数。

本文讨论的重点是，对于权重矩阵$\boldsymbol{W}$对称且半正定的BSB模型，通常情况下，只有部分（不是全部）单位超立方体的角点是点吸引子。为了使单位超立方体的所有角点成为潜在的点吸引子，权重矩阵$\boldsymbol{W}$还要满足式（13.65），这当然蕴含了式（13.64）中的条件。

13.9.3 聚类

BSB模型的一个自然应用是聚类（Anderson, 1995），因为单位超立方体的稳定角点作为具有良好吸引盆地的点吸引子，会将状态空间划分为相应的定义良好的区域集。因此，BSB模型可用作无监督聚类算法，单位超立方体的每个稳定角点表示相关数据的“聚类”。正反馈提供的自放大（符合第8章中描述的自组织原则1）是这种聚类特性的一个重要组成部分。

【例3】自动关联

考虑一个双神经元BSB模型。模型的2×2维权重矩阵定义为

$$\boldsymbol{W}=\begin{bmatrix}0.035 & -0.005\\ -0.005 & 0.035\end{bmatrix}$$

图13.17中的四部分对应于不同设置的模型初始状态：

(a) $\boldsymbol{x}(0)=[0.1,0.2]^{\mathrm{T}}$，(b) $\boldsymbol{x}(0)=[-0.2,0.3]^{\mathrm{T}}$，(c) $\boldsymbol{x}(0)=[-0.8,-0.4]^{\mathrm{T}}$，(d) $\boldsymbol{x}(0)=[0.6,0.1]^{\mathrm{T}}$

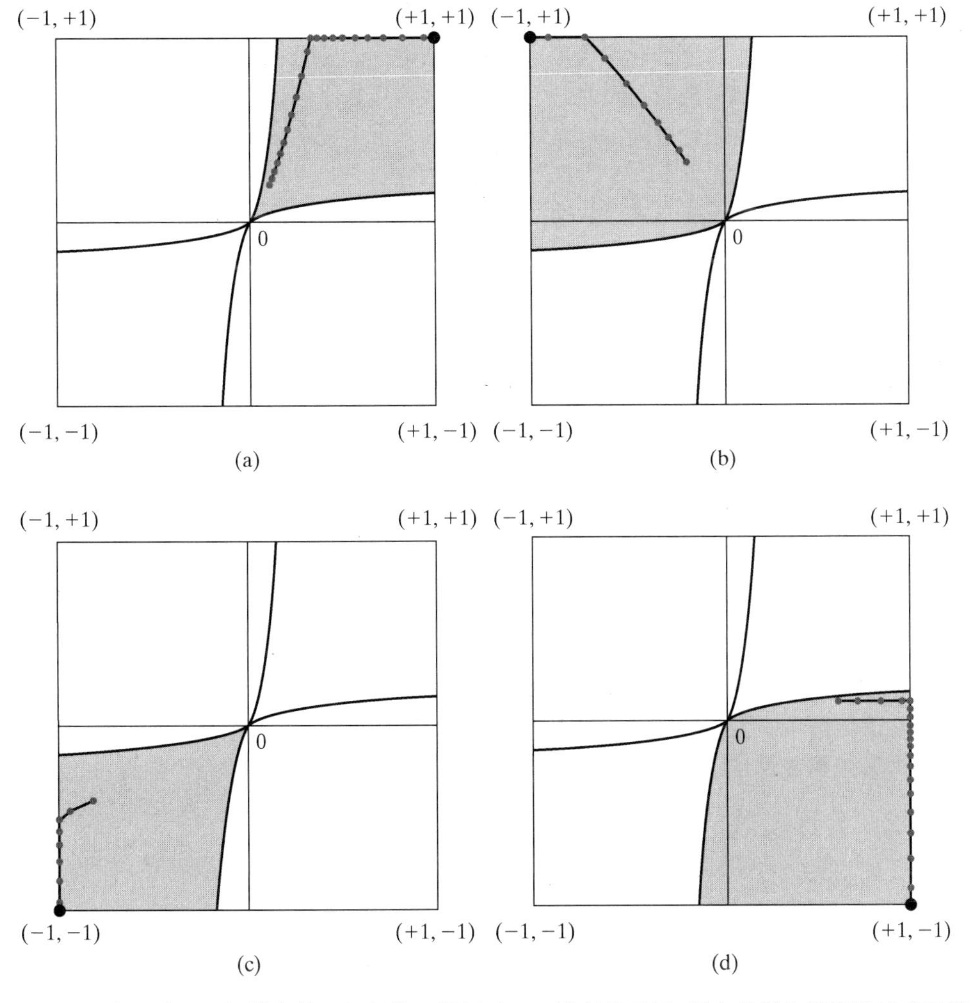

图13.17　在四种不同初始条件下运行的双神经元BSB模型的示例：图中的四个阴影区域表示模型的吸引盆地；模型的相应轨迹以黑色绘制；轨迹终止的四个角点打印为黑点

图中阴影区域是该模型的四个吸引盆地。该图清楚地表明，当模型的初始状态位于一个特定的吸引盆地

中时，模型的基本动力学会随着迭代次数n的增加而不断驱动权重矩阵$\boldsymbol{W}(n)$，直到模型的状态$\boldsymbol{x}(n)$终止于一个固定点吸引子，如2×2大小正方形的对应角点。图13.17(d)中显示了一种特别有趣的情况。在这种情况下，初始条件$\boldsymbol{x}(0)$位于第一象限，但轨迹终止于第四象限的角点(+1, −1)，这是相关的不动点吸引子所在的位置。

在这个例子中，双神经元BSB模型的正方形状态空间被完全划分为四个不同的吸引盆地；每个盆地都包含正方形的一角，代表能量最小的稳定状态。因此，可将BSB模型视为自联想网络的一个例子，即位于任何一个吸引盆地中的所有点都与其自身的最小能量稳定状态点相关联。

13.10　奇异吸引子与混沌

到目前为止，在我们对神经动力学的讨论中，注意力主要集中在以固定点吸引子为特征的非线性动力学系统所表现出来的行为上。本节考虑另一类称为*奇异吸引子*的吸引子，它描述了某些阶数大于2的非线性动力学系统的特征。

奇异吸引子表现出了高度复杂的混沌行为。奇异吸引子和混沌的研究之所以特别有趣，是因为所讨论的系统是确定性的，它的运行是由固定的规则控制的。然而，这样一个只有几个自由度的系统却可表现出复杂的行为，以至于看起来是随机的。实际上，随机性是基本的，因为混沌时间序列的二阶统计量似乎表明它是随机的。然而，与真正的随机现象不同，混沌系统表现出的随机性并不会通过收集更多的信息而消失。原则上，混沌系统的未来行为完全由过去决定，但实际上，初始条件选择时的任何不确定性，无论多么小，都随时间呈指数增长。于是，即使混沌系统的动态行为短期内是可预测的，也不可能预测系统的长期行为。因此，混沌时间序列的产生是由一个确定性动态系统控制的，而其随时间的演化却具有类似随机性的外观，这在某种意义上是自相矛盾的。混沌现象的这种性质最初是因洛伦兹发现洛伦兹吸引子才引起重视的（Lorenz, 1963）。

在非线性动力学系统中，当具有相邻初始条件的吸引子中的轨迹随着时间的增加而趋于分离时，系统就被称为具有奇异吸引子，系统本身则被称为*混沌*。换句话说，使吸引子“奇异”的一个基本特性是对初始条件的敏感性依赖。在这种情况下，敏感性意味着如果两个相同的非线性系统在略有不同的初始条件$\boldsymbol{x}$和$\boldsymbol{x}+\boldsymbol{\varepsilon}$下启动，其中$\boldsymbol{\varepsilon}$是一个非常小的向量，则它们的动态状态将在状态空间中彼此分离，且它们的距离通常呈指数增加。

13.10.1　混沌动力学的不变特征

分形维数和李亚普诺夫指数是混沌过程的两个主要特征。分形维数表征了奇异吸引子的几何结构。“分形”一词由Mandelbrot(1982)首创。与整数维数不同（如在二维曲面或三维对象中），分形维数不是整数。李亚普诺夫指数则描述吸引子上的轨迹如何在系统动力学演化下移动。下面讨论混沌动力学的这两个不变特征。“不变”一词表示在混沌过程的坐标系的平滑非线性变换下，混沌过程的分形维数和李亚普诺夫指数保持不变。

13.10.2　分形维数

考虑一个奇异吸引子，其在d维状态空间中的动力学描述为

$$\boldsymbol{x}(n+1)=\boldsymbol{F}(\boldsymbol{x}(n)),\qquad n=0,1,2,\cdots \tag{13.66}$$

这是式（13.2）的离散时间形式。通过设$t=n\Delta t$，可很容易地看到这种对应关系，其中Δt是采样周期。假设Δt足够小，可以相应地设

$$\frac{\mathrm{d}}{\mathrm{d}t}\boldsymbol{x}(t)=\frac{1}{\Delta t}[\boldsymbol{x}(n\Delta t+\Delta t)-\boldsymbol{x}(n\Delta t)]$$

因此，可将式（13.2）的离散时间形式表述为

$$\frac{1}{\Delta t}[\boldsymbol{x}(n\Delta t+\Delta t)-\boldsymbol{x}(n\Delta t)]=\boldsymbol{F}(\boldsymbol{x}(n\Delta t)),\quad 小\Delta t$$

为表示方便，令 $\Delta t=1$ 并整理得

$$\boldsymbol{x}(n+1)=\boldsymbol{x}(n)+\boldsymbol{F}(\boldsymbol{x}(n))$$

通过吸收$\boldsymbol{x}(n)$并重新定义向量函数 $\boldsymbol{F}(\cdot)$ ，可将其转换为式（13.66）的形式。

回到式（13.66)，假设在吸引子轨迹上或附近的某个位置$\boldsymbol{y}$构建一个半径为r的球体。于是，可将吸引子点的自然分布定义为

$$\rho(\boldsymbol{y})=\lim_{N\to\infty}\frac{1}{N}\sum_{n=1}^{N}\delta(\boldsymbol{y}-\boldsymbol{x}(n))\tag{13.67}$$

式中，$\delta(\cdot)$ 是d维德尔塔函数，N是数据点数。注意符号N的用法的变化。自然分布 $\rho(\boldsymbol{y})$ 对奇异吸引子所扮演的角色类似于随机变量的概率密度函数。因此，可在动力学演化下将函数 $f(\boldsymbol{y})$ 的不变量 $\overline{f}$ 定义为多重积分

$$\overline{f}=\int_{-\infty}^{+\infty}f(\boldsymbol{y})\rho(\boldsymbol{y})\mathrm{d}\boldsymbol{y}\tag{13.68}$$

函数$f(\boldsymbol{y})$提供如下度量：当球体的半径r趋于零时，球体内的点数是如何变化的。注意，d维球体的体积与r^d成正比，可通过观察状态空间中吸引子上的点的密度在小范围内的行为来了解吸引子的维数。

在时间步n，球体中心$\boldsymbol{y}$和点$\boldsymbol{x}(n)$之间的欧氏距离为$\|\boldsymbol{y}-\boldsymbol{x}(n)\|$。因此，点$\boldsymbol{x}(n)$位于半径为$r$的球体内的前提是

$$\|\boldsymbol{y}-\boldsymbol{x}(n)\|<r \quad 或 \quad r-\|\boldsymbol{y}-\boldsymbol{x}(n)\|>0$$

因此，这种情况下的函数$f(\boldsymbol{x})$可写成一般形式

$$f(\boldsymbol{x})=\left(\frac{1}{N-1}\sum_{k=1,k\neq n}^{N}\theta\left(r-\|\boldsymbol{y}-\boldsymbol{x}(k)\|\right)\right)^{q-1}\tag{13.69}$$

式中，q是一个整数，$\theta(\cdot)$ 是Heaviside函数，定义如下：

$$\theta(z)=\begin{cases}1, & z>0\\0, & z<0\end{cases}$$

将式（13.67）和式（13.69）代入式（13.68)，得到一个依赖于q和r的新函数$C(q,r)$：

$$C(q,r)=\int_{-\infty}^{+\infty}\left(\frac{1}{N-1}\sum_{k=1,\,k\neq n}^{N}\theta\left(r-\|\boldsymbol{y}-\boldsymbol{x}(k)\|\right)\right)^{q-1}\left(\frac{1}{N}\sum_{n=1}^{N}\delta(\boldsymbol{y}-\boldsymbol{x}(n))\right)\mathrm{d}\boldsymbol{y}\tag{13.70}$$

因此，利用德尔塔函数的筛选性质，即对函数 $g(\cdot)$ 有

$$\int_{-\infty}^{+\infty}g(\boldsymbol{y})\delta(\boldsymbol{y}-\boldsymbol{x}(n))\mathrm{d}\boldsymbol{y}=g(\boldsymbol{x}(n))$$

并交换求和顺序，就可将式（13.70）中的函数 $C(q,r)$ 重新定义为

$$C(q,r)=\frac{1}{N}\sum_{n=1}^{N}\left(\frac{1}{N-1}\sum_{k=1,\,k\neq n}^{N}\theta\left(r-\|\boldsymbol{x}(n)-\boldsymbol{x}(k)\|\right)\right)^{q-1}\tag{13.71}$$

函数 $C(q,r)$ 称为相关函数。换句话说，其定义如下：

> 吸引子的相关函数 $C(q,r)$ 度量的是吸引子上任意两点$\boldsymbol{x}(n)$和$\boldsymbol{x}(k)$对某个整数q以距离r隔开的概率。

式（13.71）定义的方程中的数据点数N假设很大。

相关函数 $C(q,r)$ 本身就是吸引子的不变量。然而，习惯做法是关注小r的 $C(q,r)$ 行为。这种限

制行为由下式描述：

$$C(q,r) \approx r^{(q-1)D_q} \tag{13.72}$$

其中，假设存在称为吸引子分形维数的D_q。式（13.72）的两边取对数，可将D_q正式定义为

$$D_q = \lim_{r \to 0} \frac{\log C(q,r)}{(q-1)\log r} \tag{13.73}$$

然而，因为我们通常仅有有限数量的数据点，所以半径r必须小到允许足够数量的点落在球体内。对于给定的q，可用$\log r$的线性函数$C(q,r)$的斜率来确定分形维数D_q。

对于$q = 2$，分形维数D_q的定义采用了一种便于可靠计算的简单形式，所得维数D_2称为吸引子的关联维数（Grassberger and Procaccia, 1983）。关联维数反映了动力学系统的复杂性，且限定了描述系统所需的自由度。

13.10.3 李亚普诺夫指数

李亚普诺夫指数是描述吸引子未来状态不确定性的统计量。具体地说，它们量化在吸引子上移动时邻近轨迹彼此分离的指数速率。设$\boldsymbol{x}(0)$为初始条件，且$\{\boldsymbol{x}(n), n = 0, 1, 2, \cdots\}$为吸引子的相应轨迹。考虑从初始条件$\boldsymbol{x}(0)$出发，沿与轨迹相切的向量$\boldsymbol{y}(0)$方向移动无穷小位移。然后，该切向量的演化决定了从未扰动轨迹$\{\boldsymbol{x}(n), n = 0, 1, 2, \cdots\}$向扰动轨迹$\{\boldsymbol{y}(n), n = 0, 1, 2, \cdots\}$的无穷小位移的演化。特别地，比率$\boldsymbol{y}(n)/\|\boldsymbol{y}(n)\|$定义了轨迹相对于$\boldsymbol{x}(n)$的无穷小位移，$\|\boldsymbol{y}(n)\|/\|\boldsymbol{y}(0)\|$是无穷小位移$\|\boldsymbol{y}(n)\| > \|\boldsymbol{y}(0)\|$增长或$\|\boldsymbol{y}(n)\| < \|\boldsymbol{y}(0)\|$收缩的因子。对于初始条件$\boldsymbol{x}(0)$和初始位移$\boldsymbol{\alpha}_0 = \boldsymbol{y}(0)/\|\boldsymbol{y}(0)\|$，李亚普诺夫指数定义如下：

$$\lambda(\boldsymbol{x}(0), \boldsymbol{\alpha}) = \lim_{n \to \infty} \frac{1}{n} \log\left(\frac{\|\boldsymbol{y}(n)\|}{\|\boldsymbol{y}(0)\|}\right) \tag{13.74}$$

一个d维混沌过程共有d个李亚普诺夫指数，它可以是正数、负数或零。正李亚普诺夫指数说明状态空间中某条轨迹的不稳定性。这种情况可用另一种方式表述如下：

- 正李亚普诺夫指数决定了混沌过程对初始条件的敏感性。
- 另一方面，负李亚普诺夫指数控制着轨迹瞬态的衰减。
- 零李亚普诺夫指数表示，导致混沌产生的基本动力学可由非线性微分方程组描述，即混沌过程是一个流。

d维状态空间中的体积为$\exp(L(\lambda_1 + \lambda_2 + \cdots + \lambda_d))$，其中$L$是演化的时间步。因此，对于耗散过程，所有李亚普诺夫指数之和必须为负数。这是状态空间中的体积随着时间增加而缩小的必要条件，也是物理实现的要求。

13.10.4 李亚普诺夫维数

给定由指数集$\lambda_1, \lambda_2, \cdots, \lambda_d$定义的李亚普诺夫谱后，Kaplan and Yorke(1979)提出了一个奇异吸引子的李亚普诺夫维数，如下所示：

$$D_L = K + \sum_{i=1}^{K} \lambda_i \bigg/ |\lambda_{K+1}| \tag{13.75}$$

式中，K是满足如下两个条件的整数：

$$\sum_{i=1}^{K} \lambda_i > 0 \quad 和 \quad \sum_{i=1}^{K+1} \lambda_i < 0$$

李亚普诺夫维数D_L与关联维数D_2的大小通常大致相同。这是混沌过程的一个重要性质。也就

是说，虽然李亚普诺夫维数和关联维数的定义方式完全不同，但对奇异吸引子来说，它们的值通常是非常接近的。

13.10.5 混沌过程的定义

本节谈到了混沌过程，但未给出它的正式定义。根据我们现在对李亚普诺夫指数的了解，可以给出以下定义：

混沌过程由一个非线性确定性系统产生，该系统至少有一个正李亚普诺夫指数。

至少有一个正李亚普诺夫指数是系统对初始条件敏感的必要条件，这是奇异吸引子的特点。

最大李亚普诺夫指数也定义了混沌过程的可预测性范围。具体而言，混沌过程的短期可预测性近似等于最大李亚普诺夫指数的倒数（Abarbanel, 1996）。

13.11 混沌过程的动态重建

动态重建可以定义为映射识别，该映射为一个维数为m的未知动态系统提供一个模型。我们的兴趣是对一个已知为混沌的物理系统生成的时间序列进行动态建模。换言之，给定一个时间序列$\{y(n)\}_{n=1}^{N}$，我们希望构建一个模型，该模型能够捕获负责生成可观测$y(n)$的潜在动力学。如13.10节指出的那样，N表示样本量。动态重建的主要动机是从这样的时间序列中获得物理意义，希望绕过底层动力学的详细数学知识。感兴趣的系统通常过于复杂，无法用数学术语描述。我们唯一能获得的信息包含在一个时间序列中，该时间序列是从对系统的一个可观测量的测量获得的。

动态重建理论的一个基本结果是称为*延迟嵌入定理*的几何定理，该定理由Takens(1981)提出。Takens考虑了无噪声的情况，重点关注由时间序列构建的延迟坐标映射或预测模型，表示动态系统的可观测量。Takens特别指出，在一定条件下，从d维平滑紧致流形到$\mathbb{R}^{2d+1}$的延迟坐标映射是该流形上的微分同胚，其中d是动态系统状态空间的维数（第7章讨论了微分同胚）。

为了从信号处理的角度解释Takens定理，首先考虑一个未知的动态系统，其在离散时间内的演化由如下非线性差分方程描述：

$$\boldsymbol{x}(n+1)=\boldsymbol{F}(\boldsymbol{x}(n)) \tag{13.76}$$

式中，$\boldsymbol{x}(n)$是系统在时刻n的d维状态向量，$\boldsymbol{F}(\cdot)$是向量函数。假设采样周期已被归一化为1。系统输出的可观测时间序列$\{y(n)\}$用状态向量$\boldsymbol{x}(n)$定义为

$$y(n)=g(\boldsymbol{x}(n))+v(n) \tag{13.77}$$

式中，$g(\cdot)$是标量值函数，$v(n)$表示加性噪声。噪声$v(n)$解释了可观测$y(n)$中不完全和不精确的综合影响。式（13.76）和式（13.77）描述了动态系统的状态空间行为。根据Takens定理，在由以下新向量构建的D维空间中，系统多变量动力学的几何结构可从$v(n)=0$的可观测$y(n)$展开：

$$\boldsymbol{y}_{\mathrm{R}}(n)=[y(n),y(n-\tau),\cdots,y(n-(D-1)\tau)]^{\mathrm{T}} \tag{13.78}$$

式中，τ是一个称为*归一化嵌入延迟*的正整数。也就是说，对于不同的离散时间n，$y(n)$与未知动态系统的单个可观测量（分量）有关，可用D维向量$\boldsymbol{y}_{\mathrm{R}}(n)$进行动态重建，前提是$D\geqslant 2d+1$，其中$D$是系统状态空间的维数。此后，我们将该陈述称为*延迟嵌入定理*。条件$D\geqslant 2d+1$是动态重建的充分条件，但不是必要条件。寻找合适D的过程称为*嵌入*，实现动态重建的最小整数D称为*嵌入维数*，用D_{E}表示。

延迟嵌入定理有一个强大的含义：重建空间中点$\boldsymbol{y}_{\mathrm{R}}(n)\to\boldsymbol{y}_{\mathrm{R}}(n+1)$的演化遵循原始状态空间中未知动态系统$\boldsymbol{x}(n)\to\boldsymbol{x}(n+1)$的演化。也就是说，在由$\boldsymbol{y}_{\mathrm{R}}(n)$定义的重建空间中，不可观测状态向量$\boldsymbol{x}(n)$的许多重要性质可毫无疑义地再现。然而，为了获得这一重要结果，我们需要对嵌入维

数D_E和归一化嵌入延迟τ进行可靠估计，如下所述：

1. 充分条件$D \geqslant 2d+1$可以避免吸引子轨迹因投影到低维度空间而导致的自相交。嵌入维数D_E可以小于$2d+1$。建议的程序是直接从可观测数据估算D_E。估计D_E的可靠方法是Abarbanel(1996)描述的伪最近邻法。在这种方法中，系统地测量了数据点及其在$d=1, d=2$等维数上的近邻。因此，我们建立的近邻计算停止条件是添加更多的元素，以至于重建向量$\boldsymbol{y}_R(n)$不被投影，利用该条件获得嵌入维数D_E的估计。
2. 遗憾的是，延迟嵌入定理对归一化嵌入延迟τ的选择没有任何说明。事实上，只要可用时间序列无限长，就可使用任何τ。然而，在实践中，我们只能处理有限长度N的可观测数据。选择τ的正确方法是认识到归一化嵌入延迟应该足够大，以便$y(n)$和$y(n-\tau)$本质上相互独立，才好用作重建空间的坐标，但也不能完全独立。通过选择特定的τ，使得$y(n)$和$y(n-\tau)$之间的互信息达到第一个最小值，可以最好地满足这个要求（Fraser, 1989）。

13.11.1 递归预测

根据前面的讨论，动态重建问题可以解释为正确表示信号动力学（嵌入步骤）及构建一个预测映射（识别步骤）的问题。因此，实际上，我们有如下网络拓扑用于动态建模：

- 执行嵌入的短期记忆（如延迟线记忆）结构，根据可观测$y(n)$及其延迟版本定义重建向量$\boldsymbol{y}_R(n)$［见式（13.78）］。
- 多输入-单输出（MISO）自适应非线性动态系统，作为单步预测器（如神经网络）进行训练，用以识别未知映射$f:\mathbb{R}^D \to \mathbb{R}^1$，其定义为

$$\hat{y}(n+1)=f(\boldsymbol{y}_R(n)) \tag{13.79}$$

式（13.79）中描述的预测映射是动态建模的核心：一旦确定，演化$\boldsymbol{y}_R(n) \to \boldsymbol{y}_R(n+1)$就成为已知的，而这反过来又决定了未知的演化$\boldsymbol{x}(n) \to \boldsymbol{x}(n+1)$。

目前，还没有严格的理论来帮助我们确定非线性预测器是否已成功识别未知映射f。在线性预测中，最小化预测误差的均方值可能会得到一个精确的模型。然而，混沌时间序列是不同的。同一个吸引子中的两条轨迹在逐个样本的基础上相差很大，因此最小化预测误差的均方值是成功映射的必要条件，但不是充分条件。

动态不变量（关联维数和李亚普诺夫指数）度量吸引子的全局性质，所以它们应该可以衡量动态建模的成功与否。因此，测试动态模型的实用方法是在奇异吸引子上选择一点，并将输出反馈给输入，形成一个自治系统，如图13.18所示。这种操作称为迭代预测或递归预测。一旦初始化完成，自治系统的输出就是动态重建过程的一个实现。当然，这种方法首先假设预测器设计正确。

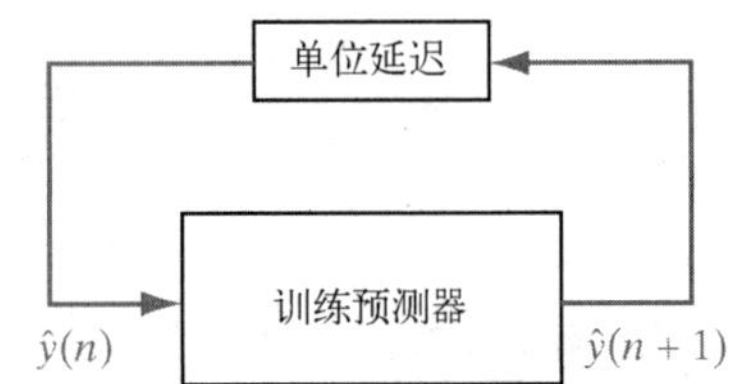

图 13.18　反馈系统用作混沌过程动态重建的迭代预测器

对于可靠的动态重建，可将重建向量$\boldsymbol{y}_R(n)$定义为一个m维向量

$$\boldsymbol{y}_R(n)=[y(n), y(n-1), \cdots, y(n-m+1)]^T \tag{13.80}$$

式中，m是由下式定义的整数：

$$m \geqslant D_E \tau \tag{13.81}$$

重建向量$\boldsymbol{y}_R(n)$的这个公式为预测模型提供的信息比式（13.78）更多，因此可以产生更精确的动态重建。然而，这两个公式都有一个共同的特点，即它们的组成是由嵌入维数D_E的知识唯一定义的。在任何情况下，明智的做法都是使用D的最小允许值D_E，最小化加性噪声$v(n)$对动态重建质量的影响。

13.11.2 动态重建是一个不适定滤波问题

实际上，动态重建问题是一个不适定逆问题。之所以这样说，是因为很有可能违反了第7章中提出的哈达玛关于逆问题适定性的三个条件中的一个或多个：

1. 由于未知原因，可能违反存在条件。

2. 可观测时间序列中可能没有足够信息来唯一地重建非线性动力学，因此违反唯一性标准。

3. 可观测时间序列中不可避免地存在加性噪声或某种形式的不精确性，给动态重建增加了不确定性。

特别是，如果噪声水平过高，那么可能违反连续性标准。

那么，我们应如何使动态重建问题适定呢？答案是将有关输入-输出映射的某种形式的先验知识作为一项基本要求纳入其中。换句话说，必须对为求解动态重建问题而设计的预测模型施加某种形式的约束（如输入-输出映射的平滑性）。满足这个要求的一种有效方法是调用Tikhonov的正则化理论（见第7章）。简单地说，如果没有正则化，那么迭代预测器可能很难工作。

另一个需要考虑的问题是预测模型以足够的精度求解逆问题的能力。在这种情况下，使用神经网络建立预测模型是合适的。特别地，多层感知器或径向基函数网络的通用逼近特性，意味着可以使用这些网络中的一个或另一个具有适当数量的隐藏神经元来求解重建精度问题。然而，由于已经解释的原因，我们需要正规的解决方案。理论上，多层感知器和径向基函数网络都适合使用正则化，但如第7章所述，正是在径向基函数网络中，我们发现正则化理论以数学上易于处理的方式包含在其设计中，是其不可分割的一部分。

13.11.3 案例研究：洛伦兹吸引子的动态重建

为了说明动态重建的思想，考虑Lorenz(1963)从低层大气热对流偏微分方程的伽辽金近似中抽象出来的常微分方程组；洛伦兹吸引子为检验非线性动力学中的思想提供了一个重要的方程组。洛伦兹吸引子的方程组为

$$
\begin{aligned}
\frac{\mathrm{d}x(t)}{\mathrm{d}t} &= -\sigma x(t) + \sigma y(t) \\
\frac{\mathrm{d}y(t)}{\mathrm{d}t} &= -x(t)z(t) + rx(t) - y(t) \\
\frac{\mathrm{d}z(t)}{\mathrm{d}t} &= x(t)y(t) - bz(t)
\end{aligned}
\tag{13.82}
$$

式中，σ, r 和 b 是无量纲参数，它们的典型值为 $\sigma = 10, b = 8/3$ 和 $r = 28$ 。

图13.19显示了使用基于洛伦兹吸引子分量 $x(t)$ 的"噪声"时间序列对有400个中心的正则化RBF网络进行迭代预测的结果。信噪比为25dB。为了设计正则化的RBF网络，使用了以下参数：输入层的大小 $m = 20$ ，正则化参数 $\lambda = 10^{-2}$ 。输入层的大小由式（13.81）确定，正则化参数 λ 由第7章描述的广义交叉验证程序确定。

图13.19所示的动态重建问题的解决方案使用正则化RBF网络，从迭代预测下的网络输出接近洛伦兹吸引子的实际轨迹的意义上了解了动力学系统。表13.5中的结果证实了这个结果，其中小结了如下两种情况下的洛伦兹数据：

(a) 信噪比 SNR = 25dB 的洛伦兹系统。

(b) 使用洛伦兹时间序列的噪声版本重建数据，如表13.5所示。

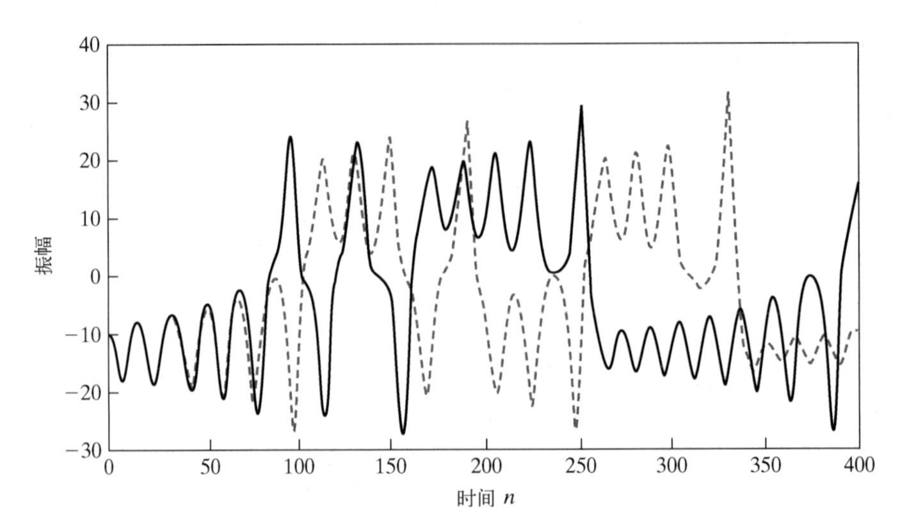

图13.19　SNR = +25dB 时对洛伦兹数据进行的正则化迭代预测（ $N=400$ ， $m=20$ ）；实线为实际混沌信号，虚线为重建信号

表13.5　洛伦兹系统动态重建实验参数小结

(a) 噪声洛伦兹系统：25dB信噪比使用的样本数（数据点）：35000

1. 归一化嵌入延迟 $\tau=4$ 。
2. 嵌入尺寸 $D_E=5$ 。
3. 李亚普诺夫指数：

$$\lambda_1=13.2689,\ \lambda_2=5.8562,\ \lambda_3=-3.1447,\ \lambda_4=-18.0082,\ \lambda_5=-47.0572$$

4. 可预测性范围约为100个样本。

(b) 使用图13.19中的噪声洛伦兹数据重建系统生成的样本数（递归）：35000

1. 归一化嵌入延迟 $\tau=4$ 。
2. 嵌入尺寸 $D_E=3$ 。
3. 李亚普诺夫指数：

$$\lambda_1=2.5655,\ \lambda_2=-0.6275,\ \lambda_3=-15.0342$$

4. 可预测性范围约为61个样本。

注：所有李亚普诺夫指数均以奈特/秒表示；奈特是度量信息的自然单位，如第10章所述。注意，在情况(b)中，动态重建仅用一个正李亚普诺夫指数将李亚普诺夫谱恢复到正确的大小（等于方程数）。

利用噪声数据重建的时间序列的不变量与无噪声洛伦兹数据的不变量接近。取偏差绝对值是因嵌入重建吸引子的噪声的残余效应及估计过程不准确。图13.19清楚地表明，动态建模不仅仅是预测。该图及此处未包含的许多其他图形，说明了正则化RBF解决方案相对于吸引子上用于初始化迭代预测过程的点的“鲁棒性”。

图13.19中使用正则化的如下两个观察结果特别值得注意。

1. 图13.19中重建时间序列的短期可预测性约为60个样本。从无噪声洛伦兹吸引子的李亚普诺夫谱计算的理论可预测范围约为100个样本。与无噪声洛伦兹吸引子可预测性水平的实验偏差仅是用于执行动态重建的实际数据中存在噪声的一种表现。根据重建数据计算的可预测性范围为61个样本（见表13.5），非常接近短期可预测性的实验观测值。
2. 一旦超出短期可预测性期限，图13.19中重建的时间序列就开始偏离实际洛伦兹吸引子的无噪声实现。这个结果基本上是混沌动力学的一种表现，即对初始条件的敏感性。如前所述，对初始条件的敏感性是混沌的一个标志。

13.12 小结和讨论

13.12.1 递归网络的稳定性问题

本章介绍了确定性神经动力学系统的数学基础，如式（13.2）所示：

$$\frac{\mathrm{d}}{\mathrm{d}t}\boldsymbol{x}(t)=\boldsymbol{F}(\boldsymbol{x}(t))$$

式中，t表示连续时间，$\boldsymbol{x}(t)$是系统的状态；$\boldsymbol{F}(\cdot)$是一个向量函数，它的每个元素作用于状态$\boldsymbol{x}(t)$的对应元素。

本章前半部分主要介绍系统的稳定性问题。特别地，描述了李亚普诺夫直接法，它为研究状态$\boldsymbol{x}(t)$的连续标量函数（称为李亚普诺夫函数）的稳定性问题提供了强大的数学工具。该方法包含两个定理，可让我们确定给定的自治非线性动态系统是稳定的还是渐近稳定的。注意，该方法并未告诉我们如何找到李亚普诺夫函数；相反，这项任务需要研究人员创造性地完成。然而，在许多实际问题中，能量函数可以作为李亚普诺夫函数。

13.12.2 联想记忆模型

本章的后半部分讨论了联想记忆的两个模型：Hopfield模型和盒中脑状态（BSB）模型。这两种模型有一些共同点：

- 都根据Hebb的学习假设使用正反馈。
- 都有一个能量（李亚普诺夫）函数，它们的基本动力学倾向于以迭代方式将其最小化。
- 都能利用吸引子动力学进行计算。

当然，它们的应用领域是不同的。BSB模型具有执行数据聚类的能力。Hopfield模型本身具有作为内容寻址存储器的能力，但纠错能力不如数字通信文献中公认的纠错码。Hopfield网络的模拟版也被视为解决旅行商问题的一个模型。

13.12.3 进一步讨论Hopfield模型

Hopfield于1982年发表的论文对神经网络领域产生了重大影响。事实上，它是20世纪80年代恢复对神经网络进行研究的催化剂之一。最重要的是，这篇经典论文的成果如下：

- 考虑了递归神经网络，人工配置其突触权重以满足式（13.21）的对称条件。
- 如式（13.28）定义的那样给出了能量函数E。
- 证明了能量函数E是李亚普诺夫函数。
- 以迭代方式最小化能量函数，证明了网络可以表现出具有一组稳定点的涌现行为。

在一篇相对较短的论文中完成所有这些工作，使得Hopfield(1982)的论文更令人印象深刻。事实上，它在物理学家和数学家中引起了极大的反响。

简言之，Hopfield向我们表明，随着时间的推移，复杂、非线性动态系统的演化确实可能产生一种简单的结构化行为。其他研究人员此前也研究过这种动态行为的可能性，但Hopfield的论文以一种可见且令人信服的方式，首次综合了递归神经网络涌现行为的基础。

注意，如果认为Hopfield模型和神经网络文献中描述的其他联想记忆模型可用于人类记忆，那么就有点天真了（Anderson, 1995）。

13.12.4 促进理解哺乳动物大脑的大规模计算机模型

因为对大脑的某些功能或全部功能建模非常具有挑战性，所以Izhikevich和Edelman在哺乳动物大脑的结构和动态复杂性方面所做的开创性工作是鼓舞人心的。他们在2008年发表的论文中，描述了哺乳动物丘脑皮质系统的大规模计算机模型。众所周知，丘脑皮质系统对意识至关重要，因为失去丘脑或皮层后会丧失意识；另一方面，海马体或小脑的缺失会损害大脑的功能，但不会导致意识丧失。对丘脑皮质系统的关注使得Izhikevich-Edelman模型更加有趣。

该模型的主要特点如下。

1．100万个多室脉冲神经元的模拟。为了进行模拟，对神经元进行校准以复制已知的大鼠体外反应；在模拟过程中，Izhikevich(2007)在神经元放电动力学方面的成果非常重要。

2．近5亿个突触。这种大规模突触模型显示了三种高度相关的神经活动：

① 神经动力学。每个神经元和每个树突室的模拟峰值动力学由如下两个微分方程描述：

$$C\frac{\mathrm{d}v}{\mathrm{d}t}=k(v-v_{\mathrm{r}})(v-v_{\mathrm{thr}})-u+I \tag{13.83}$$

$$\frac{\mathrm{d}u}{\mathrm{d}t}=a[b(v-v_{\mathrm{r}})-u] \tag{13.84}$$

式中，C为膜电容；v为膜电位；v_{r}为静息电位；v_{thr}为瞬时阈值电压；u为恢复变量，它定义所有内向和外向电压门控电流的差值；I为树突和突触电流；a和b是常数。当膜电位的假定值大于峰值时，神经模型触发一个峰值（动作电压），并重置模型的所有变量。

② 短期突触可塑性。在该模型中，每个突触的传导系数（强度）可在短时间内缩小或增大，分别代表抑制或促进。

③ 长期峰值时间依赖的可塑性。对于该模型的第二个可塑性特征，每个突触都会增强或抑制，具体取决于突触前神经元和突触后神经元相应的树突室的放电顺序。

3．泛化性能。通过让模型表现出模型中未构建的正常大脑活动的行为模式，可证明这一性能。

一个具有这些神经生物学特性的大型计算机模型表明，我们正在逐步向建立能够进行实时模拟哺乳动物大脑的大型计算机模型的方向迈进。

注释和参考文献

1．非自治动态系统由状态方程

$$\frac{\mathrm{d}}{\mathrm{d}t}\boldsymbol{x}(t)=\boldsymbol{F}(\boldsymbol{x}(t),t)$$

定义，初始条件为$\boldsymbol{x}(t_0)=\boldsymbol{x}_0$。对于非自治系统，向量场$\boldsymbol{F}(\boldsymbol{x}(t),t)$取决于时间$t$。因此，与自治系统的情况不同，通常不能将初始时间设为零（Parker and Chua, 1989）。

2．除了式（13.11），非线性动态系统的全局稳定性通常要求径向无界条件成立（Slotine and Li, 1991）：

$$V(\boldsymbol{x})\to\infty \quad 当\ \|\boldsymbol{x}\|\to\infty$$

这个条件通常由具有S形激活函数的神经网络构建的李亚普诺夫函数来满足。

3．对于吸引子的严格定义，我们提供以下内容（Lanford, 1981; Lichtenberg and Lieberman, 1992）：

状态空间的子集（流形）$\mathcal{M}$称为吸引子，如果

- $\mathcal{M}$在流下不变。
- $\mathcal{M}$周围有一个（开放的）邻域，在流下缩小到$\mathcal{M}$。

- $\mathcal{M}$的任何部分都不是瞬态的。
- $\mathcal{M}$不能分解为两个不重叠的不变部分。

4. 整合和激发神经元。式（13.14）中的加性模型不能完全捕捉生物神经元的本质。特别地，它忽略了编码到动作电位中的时间信息；在导言中，动作电位用定性术语进行了简要描述。Hopfield(1994)描述了一个动态模型，通过考虑整合和激发神经元来解释动作电位。这种神经元的工作由一阶微分方程

$$C\frac{\mathrm{d}}{\mathrm{d}t}u(t) = -\frac{1}{R}(u(t)-u_0)+i(t) \tag{A}$$

描述，其中$u(t)$为神经元的内部电位，C为神经元周围膜的电容，R为膜的泄漏电阻，$i(t)$为另一个神经元注入神经元的电流，u_0为$i(t)$消失时神经元减少的电位。每当内部电压$u(t)$达到阈值时，就产生动作电位。动作电位被视为狄拉克（冲激）函数，如下所示：

$$g_k(t) = \sum_n \delta(t-t_{k,n}) \tag{B}$$

式中，$t_{k,n}(n=1,2,3,\cdots)$表示神经元k激发动作电位的时间。这些时间由式（A）定义。

流入神经元k的总电流$i_k(t)$的行为建模为

$$\frac{\mathrm{d}}{\mathrm{d}t}i_k(t) = -\frac{1}{\tau}i_k(t)+\sum_j w_{kj}g_j(t) \tag{C}$$

式中，w_{kj}是神经元j到神经元k的突触权重，τ是神经元k的特征时间常数，函数$g_j(t)$根据式（B）定义。式（13.14）中的加性模型可视为式（C）的特例。具体地说，$g_j(t)$的峰值性质被忽略，而替换为$g_j(t)$与平滑函数的卷积。在合理的时间间隔内，如果由于高连通性导致式（C）右侧的和有许多贡献，且我们真正感兴趣的是神经元k的放电率的短期行为，那么这种移动是合理的。

5. Little模型（Little, 1974; Little and Shaw, 1978）使用与Hopfield模型相同的突触权重。然而，它们的不同之处是，Hopfield模型使用异步（串行）动力学，而Little模型使用同步（并行）动力学。因此，它们表现出不同的收敛性质（Bruck, 1990; Goles and Martinez, 1990）：Hopfield网络始终收敛到稳定状态，而Little模型始终收敛到稳定状态或者长度最多为2的极限环。极限环是指网络状态空间中的循环长度小于或等于2。

6. 式（13.71）中定义的相关函数$C(q,r)$的概念在Rényi(1970)的统计量中是已知的。然而，用它来描述奇异吸引子则源于Grassberger and Procaccia(1983)。他们最初讨论了如何在$q=2$的关联维度中使用$C(q,r)$。

7. Packard et al.(1980)首先提倡使用时间序列中的独立坐标构建动力学，但文中并未给出证明，而使用了“导数”嵌入而非时滞嵌入。时间延迟（延迟坐标）嵌入的想法由Takens提出。具体来说，1981年，Takens发表了一篇关于时滞嵌入的论文，该论文适用于曲面或类似圆环的吸引子；也可参阅Mañé(1981)在同一期刊上发表的关于相同主题的论文。Takens的论文对非数学家来说很难阅读，而Mañé的论文更难阅读。1991年，Sauer等人完善了延迟坐标映射的思想。后一篇论文中采用的方法整合并扩展了Whitney(1936)和Takens(1981)之前的结果。

8. 伪态干扰了Hopfield模型的检索阶段，因为它们倾向类似于存储模式的混合。因此，Hopfield模型的纠错能力会因优越状态的产生而降低。最终结果是，作为一个纠错系统，Hopfield模型并不太好。当Hopfield模型与数字通信文献中公认的纠错码进行比较时，情况尤其如此（Lin and Costello, 2004）。后一种编码令人印象深刻，因为巧妙制定的编码方案中插入了奇偶校验位，它们能够接近所谓的香农极限，这是自香农于1948年发表关于信息论的经典论文以来，编码理论家一直关注的挑战。

9. 组合优化问题是数学家所知的最难问题之一。这类优化问题包括经典的旅行商问题（TSP）。给定一定数量的城市的位置，假设它们位于一个平面上，问题是找到在同一个城市开始和结束的最短行程。旅行商问题描述简单，但很难精确求解，因为没有找到最佳旅行的已知方法，缺少计算每个可能旅行的长度，然后选择最短的旅行。据说它是NP完全的（Hopcroft and Ullman, 1979）。

   在1985年的一篇论文中，Hopfield和Tank提出使用模拟网络来表示TSP的解，该网络基于式（13.20）

中的N个一阶微分方程。具体而言，网络的突触权重由旅行中访问的城市之间的距离确定，问题的最优解决方案被视为式（13.20）中的固定点。这里存在将组合优化问题“映射”到连续（模拟）Hopfield模型遇到的困难。该模型的作用是最小化单个能量（李亚普诺夫）函数，在一些硬约束下扮演目标函数的角色。如果违反了这些约束中的任何一个，则认为该解决方案无效。Gee et al.(1993)表明，Hopfield模型的成功与耦合方程组的李亚普诺夫函数的构建方式密切相关。

习题

动态系统

13.1 将状态向量$\boldsymbol{x}(0)$的李亚普诺夫定理重述为非线性动态系统的平衡状态。

13.2 图P13.2(a)和(b)是式（13.18）和式（13.19）描述的神经动力学方程的框图表示。利用这对方程，验证图P13.2中两个框图的有效性。

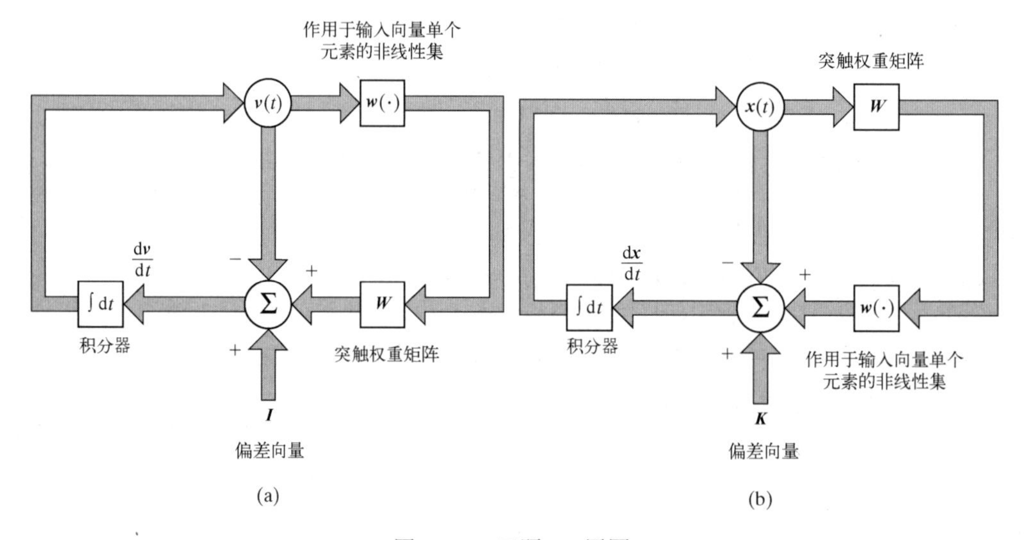

图P13.2　习题12.2用图

13.3 考虑一个对内部动力学参数、外部动力学刺激和状态变量具有未指定依赖性的一般神经动力学系统。该系统由如下状态方程定义：

$$\frac{dx_j}{dt} = \varphi_j(\boldsymbol{W}, \boldsymbol{u}, \boldsymbol{x}), \qquad j = 1, 2, \cdots, N$$

式中，矩阵$\boldsymbol{W}$表示系统的内部动态参数，向量$\boldsymbol{u}$表示外部动态刺激，$\boldsymbol{x}$是状态向量，它的第j个元素由x_j表示。假设系统的轨迹在状态空间的某个操作区域（Pineda, 1988）收敛到$\boldsymbol{W}$, $\boldsymbol{u}$和初始状态$\boldsymbol{x}(0)$的点吸引子上。讨论如何将此处描述的系统用于以下应用：(a)连续映射器，以$\boldsymbol{u}$作为输入并以$\boldsymbol{x}(\infty)$作为输出；(b)一个自联想记忆，输入为$\boldsymbol{x}(0)$，输出为$\boldsymbol{x}(\infty)$。

Hopfield模型

13.4 考虑由5个神经元组成的Hopfield网络，它需要存储如下3个基本记忆：

$$\xi_1 = [+1, +1, +1, +1, +1]^T, \quad \xi_2 = [+1, -1, -1, +1, -1]^T, \quad \xi_3 = [-1, +1, -1, +1, +1]^T$$

(a)计算网络的5×5维突触权重矩阵；(b)使用异步更新证明所有三个基本记忆ξ_1, ξ_2, ξ_3都满足对齐条件；(c)当第二个元素极性反转时，研究出现噪声版本ξ_1时网络的检索性能。

13.5 研究同步更新对习题13.4中描述的Hopfield网络检索性能的用途。

13.6 (a)证明 $\boldsymbol{\xi}_1=[-1,-1,-1,-1,-1]^{\mathrm{T}},\boldsymbol{\xi}_2=[-1,+1,+1,-1,+1]^{\mathrm{T}},\boldsymbol{\xi}_3=[+1,-1,+1,-1,-1]^{\mathrm{T}}$ 也是习题13.4中Hopfield网络的基本记忆。这些基本记忆与习题13.4的记忆有何关系？

(b)假设习题13.4中基本记忆 $\boldsymbol{\xi}_3$ 的第一个元素被屏蔽（减少到零）。求Hopfield网络产生的结果模式，并将该结果与 $\boldsymbol{\xi}_3$ 的原始形式进行比较。

13.7 考虑由两个神经元组成的简单Hopfield网络。网络的突触权重矩阵为

$$\boldsymbol{W}=\begin{bmatrix}0 & -1\\ -1 & 0\end{bmatrix}$$

应用于每个神经元的偏差为零。网络的四种可能状态是

$$\boldsymbol{x}_1=[+1,+1]^{\mathrm{T}},\ \boldsymbol{x}_2=[-1,+1]^{\mathrm{T}},\ \boldsymbol{x}_3=[-1,-1]^{\mathrm{T}},\ \boldsymbol{x}_4=[+1,-1]^{\mathrm{T}}$$

(a)证明状态 $\boldsymbol{x}_2$ 和 $\boldsymbol{x}_4$ 是稳定的，而状态 $\boldsymbol{x}_1$ 和 $\boldsymbol{x}_3$ 表现出极限环。使用以下工具进行证明：对齐（稳定性）条件；能量函数。(b)表征状态 $\boldsymbol{x}_1$ 和 $\boldsymbol{x}_3$ 的极限环长度是多少？

13.8 证明Hopfield网络的能量函数可以表示为

$$E=-\frac{N}{2}\sum_{v=1}^{M}m_v^2$$

式中，m_v表示重叠，它定义为

$$m_v=\frac{1}{N}\sum_{j=1}^{N}x_j\xi_{v,j},\quad v=1,2,\cdots,M$$

其中 x_j 是状态向量$\boldsymbol{x}$的第j个元素，$\xi_{v,j}$ 是基本记忆 ξ_v 的第j个元素，M是基本记忆的数量。

13.9 可以认为Hopfield网络对扰动（突触噪声）具有鲁棒性。用说明性例子证明这句话的有效性。

13.10 第11章研究的玻尔兹曼机可视为Hopfield网络的扩展。列出这两个无监督学习系统的异同点。

Cohen-Grossberg定理

13.11 考虑式（13.48）中定义的李亚普诺夫函数E。若满足式（13.49）至式（13.51）中的条件，证明 $\mathrm{d}E/\mathrm{d}t\leqslant 0$ 。

13.12 13.9节通过应用Cohen-Grossberg定理推导了BSB模型的李亚普诺夫函数。推导时省略了导致式（13.63）的一些细节，给出详细信息。

13.13 图P13.13中显示了Morita(1993)在注释6中讨论的非单调激活函数的图形。构建Hopfield网络时，使用该激活函数代替双曲正切函数。Cohen-Grossberg定理是否适用于这样构建的联想记忆？证明你的答案是正确的。

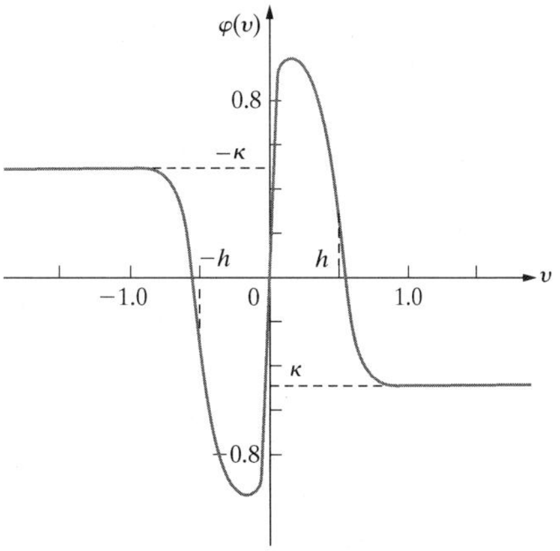

图 P13.13 非单调激活函数的图形

13.14 第10章根据Chigirev and Bialek(2005)关于最优流形的思想描述了一种数据表示算法。给定一组未标记数据作为算法的输入，该算法生成如下两个结果：

- 一组流形点，输入数据围绕其聚集。
- 随机映射，将输入数据投影到流形上。

利用13.10节中描述的Grassberger-Procaccia关联维数的思想，概述一个实验，验证Chigirev-Bialek算法作为流形维数复杂性的可能估计器。

第14章　动态系统状态估计的贝叶斯滤波

本章介绍已知一组观测数据时，如何估计动态系统的隐藏状态。本章中的各节安排如下：

- 14.1节激发读者对顺序状态估计的兴趣；14.2节讨论状态空间的概念及不同的建模方法。
- 14.3节介绍卡尔曼滤波器；14.4节讨论保证数值稳定性的滤波平方根处理方法；14.5节介绍如何利用扩展卡尔曼滤波器处理简单的非线性问题。
- 14.6节介绍贝叶斯滤波器。贝叶斯滤波算法为动态系统的状态估计提供统一的理论框架，而卡尔曼滤波器是该滤波器的特例；14.7节对贝叶斯滤波器的直接数值近似问题提出数值积分法则，并基于卡尔曼滤波器理论介绍一种新滤波器——数值积分卡尔曼滤波器；14.8节对贝叶斯滤波近似问题提出另一种源于蒙特卡罗模拟的算法，并详细介绍粒子滤波器的处理方法。
- 14.9节通过计算机实验，比较扩展卡尔曼滤波器和特定形式的粒子滤波器的性能；14.10节讨论卡尔曼滤波在模拟人脑不同部分中的作用。
- 14.11节为小结和讨论。

14.1　引言

第13章介绍了神经动力学系统，主要关注的是稳定性问题。本章讨论另一个重要问题，即已知一组观测数据时，如何估计动态系统的问题。假设观测发生在离散时间点上，这并非出于数学上方便的考虑，而是因为观测数据本身就产生在离散时间点上。此外，系统状态不仅未知，而且对观测者来说是隐藏的。因此，可将状态估计问题视为逆问题。

例如，考虑一个动态驱动的多层感知器，网络中的每层都有向前一层的反馈回路（如从隐藏层到输入层）。网络的状态可视为一个以某种有序方式排列的向量，且由网络的所有突触权重组成。我们需要做的是，给定一个训练样本，利用序列状态估计理论，以监督方式对网络的权重向量进行调整。第15章中将详细讨论这一应用。然而，对于这种应用，需要一个连续的状态估计程序。

针对序列状态估计理论的严格论述最早见于1960年卡尔曼发表的经典论文。基于数学可操作性，卡尔曼提出了两个简化假设：

1．动态系统完全是线性的。

2．噪声过程对动态系统状态具有扰动影响，且观测变量具有可加性，并且服从高斯分布。

基于上述两个假设，卡尔曼提出了对系统中未知状态进行最优估计的递归算法。在其适用范围内，卡尔曼滤波器毫无疑问地经受住了时间的考验。

迄今为止，序列状态估计理论仍是当下热门的研究领域。大多数研究工作集中于求解非线性和非高斯空间下的实际问题。在以上假设下，通常无法得到最优估计结果。因此，面临的挑战是找到一种近似估计算法，使其既有理论依据又有计算效率。

14.2　状态空间模型

所有动态系统都有一个共同的特征：系统的状态。对这个特征，可做如下的严格定义：

随机动态系统的状态定义为关于过去作用于系统输入的影响的最少信息量，该信息量足以完全描述系统未来的行为。

通常情况下，状态是无法直接测量的，而要通过间接方式以一组观测值来反映状态对外界的影响。因此，未知动态系统的特征可由状态空间模型描述，它包含以下两个公式。

1．系统（状态）模型，用公式表示为一阶马尔可夫链，以关于时间的函数来描述状态的演化过程：

$$\boldsymbol{x}_{n+1}=\boldsymbol{a}_n(\boldsymbol{x}_n,\boldsymbol{\omega}_n) \tag{14.1}$$

式中，n是离散时间，向量$\boldsymbol{x}_n$是当前状态值，向量$\boldsymbol{x}_{n+1}$是下一个状态值，向量$\boldsymbol{\omega}_n$是动态噪声或过程噪声，$\boldsymbol{a}_n(\cdot,\cdot)$是关于两个参数的向量函数。

2．测量（观测）模型，其公式为

$$\boldsymbol{y}_n=\boldsymbol{b}_n(\boldsymbol{x}_n,\boldsymbol{v}_n) \tag{14.2}$$

式中，向量$\boldsymbol{y}_n$是一组观测值，向量$\boldsymbol{v}_n$是噪声的测量值，$\boldsymbol{b}_n(\cdot,\cdot)$是另一个向量函数。$\boldsymbol{a}_n$和$\boldsymbol{b}_n$的下标$n$表示函数随时间变化的所有情况。为让状态空间模型更具实用价值，在研究中需要严格描述系统的基本物理特征。

图14.1所示为由式（14.1）和式（14.2）定义的状态空间模型的信号流图，图14.2将状态随时间的演化描述为一个马尔可夫链。在这两幅图中，模型的时域表示有以下特点：

- 数学和记法上便利。
- 模型与物理现实联系紧密。
- 系统的统计性质有意义。

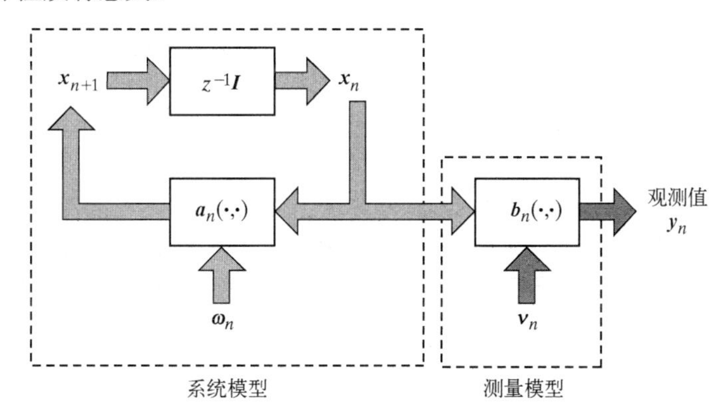

图14.1　随时间变化的非线性动态系统的状态空间模型，其中$z^{-1}\boldsymbol{I}$表示一组单位时延

于是，可做如下的合理假设：

1．对任意n，初始状态$\boldsymbol{x}_0$与动态噪声$\boldsymbol{\omega}_n$无关。

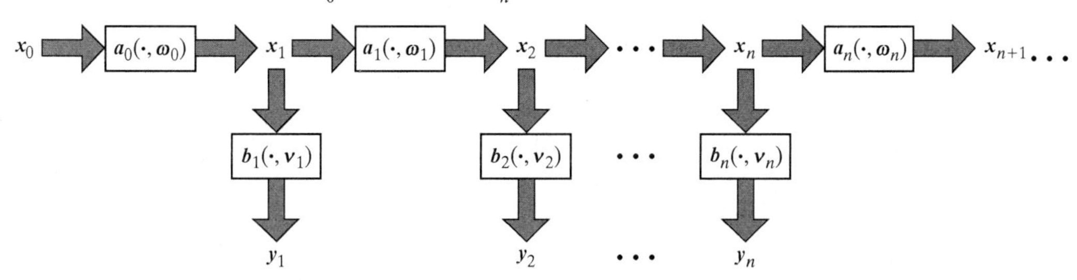

图14.2　状态随时间的演化可视为一阶马尔可夫链

2．噪声源$\boldsymbol{\omega}_n$和$\boldsymbol{v}_n$统计独立，即

$$\mathbb{E}[\boldsymbol{\omega}_n\boldsymbol{v}_k^{\mathrm{T}}]=0\text{，所有}n\text{和}k \tag{14.3}$$

如果 $\boldsymbol{\omega}_n$ 和 $\boldsymbol{v}_n$ 是联合高斯分布的，那么上式是 $\boldsymbol{\omega}_n$ 和 $\boldsymbol{v}_n$ 相互独立的充分条件。

注意，图14.2中的马尔可夫模型本质上有别于第12章中关于动态规划的马尔可夫模型。在动态规划中，状态对观测者而言是可直接得到的；而在顺序状态估计中，状态对观测者而言是隐藏的。

14.2.1 顺序状态估计问题的描述

已知由 $\boldsymbol{y}_1, \boldsymbol{y}_2, \cdots, \boldsymbol{y}_n$ 组成的全部观测记录值，以顺序方式计算统计意义上的最优隐藏状态 $\boldsymbol{x}_k$ 的估计值。

该描述包含两个系统：

- 未知的动态系统，其观测量 $\boldsymbol{y}_n$ 是隐藏状态的函数。
- 顺序状态估计器或滤波器，用于从观测值中获取状态信息。

广义上，该问题可视为“编码-解码”问题。观测值可视为被编码的状态，而由滤波器实现的状态估计过程则可视为对观测值的解码。

总之，当 $k > n$ 时，状态估计称为预测；当 $k = n$ 时，状态估计称为滤波；当 $k < n$ 时，状态估计称为平滑。通常情况下，因为平滑器使用了更多的观测量，所以统计上比预测器、滤波器更精确。然而，预测器和滤波器可实时应用，平滑器则不能。

14.2.2 状态空间模型的分类体系

求解状态估计问题时，数学上的困难是状态空间模型的实际描述，因此产生了状态空间模型的如下分类体系。

1．线性高斯模型。这是最简单的状态空间模型。式（14.1）和式（14.2）可分别简化为

$$\boldsymbol{x}_{n+1} = \boldsymbol{A}_{n+1,n}\boldsymbol{x}_n + \boldsymbol{\omega}_n \tag{14.4}$$

$$\boldsymbol{y}_n = \boldsymbol{B}_n\boldsymbol{x}_n + \boldsymbol{v}_n \tag{14.5}$$

式中，$\boldsymbol{A}_{n+1,n}$ 是从状态 $\boldsymbol{x}_n$ 到状态 $\boldsymbol{x}_{n+1}$ 的过渡矩阵，$\boldsymbol{B}_n$ 是测量矩阵。动态噪声 $\boldsymbol{\omega}_n$ 和测量噪声 $\boldsymbol{v}_n$ 均是加性的，并且假设是统计独立、均值为0的高斯过程，其协方差矩阵分别用 $\boldsymbol{Q}_{\omega,n}$ 和 $\boldsymbol{Q}_{v,n}$ 表示。由式（14.4）和式（14.5）定义的状态空间模型，就是由卡尔曼提出的递归滤波器所用的模型。数学上，它是完美的，规避了任何可能的近似问题。卡尔曼滤波器的相关内容将在14.3节中介绍。

2．线性非高斯模型。在该模型中仍然使用式（14.4）和式（14.5），但假设动态噪声 $\boldsymbol{\omega}_n$ 和测量噪声 $\boldsymbol{v}_n$ 都是加性的，且是统计独立的非高斯过程。由于过程的非高斯性，导致了数学上的困难。在这种情况下，可以使用高斯和近似方法扩展卡尔曼滤波器的应用：

描述多维非高斯向量 $\boldsymbol{x}$ 的任何概率密度函数 $p(\boldsymbol{x})$，都能用如下高斯求和公式尽可能地逼近：

$$p(\boldsymbol{x}) = \sum_{i=1}^{N} c_i \mathcal{N}(\overline{\boldsymbol{x}}_i, \boldsymbol{\Sigma}_i) \tag{14.6}$$

式中，N 是整数，c_i 是正标量，且 $\sum_{i=1}^{N} c_i = 1$。对 $i = 1, 2, \cdots, N$，$\mathcal{N}(\overline{\boldsymbol{x}}_i, \boldsymbol{\Sigma}_i)$ 表示均值为 $\overline{\boldsymbol{x}}_i$、协方差矩阵为 $\boldsymbol{\Sigma}_i$ 的高斯（正态）密度函数。

式（14.6）中等号右边的高斯和随项数 N 的增加，一致收敛到给定的概率密度函数 $p_{\boldsymbol{x}}(\boldsymbol{x})$，且对所有 i，协方差矩阵 $\boldsymbol{\Sigma}_i$ 趋于0（Anderson and Moore, 1971）。对于给定的概率密度函数 $p_{\boldsymbol{x}}(\boldsymbol{x})$，计算式（14.6）的高斯求和近似值，例如使用基于期望-最大化（EM）算法的程序。计算得到近似值后，可用一组卡尔曼滤波器求解非高斯线性模型描述的顺序状态估计问题（Alspach and Sorenson,

1972）。注意，高斯求和模型的各项会随时间指数增长，因此可能需要使用剪枝算法。

3．非线性高斯模型。在复杂度增大的状态空间模型的分类体系中，该模型可用公式表示为

$$\boldsymbol{x}_{n+1}=\boldsymbol{a}_n(\boldsymbol{x}_n)+\boldsymbol{\omega}_n \tag{14.7}$$

$$\boldsymbol{y}_n=\boldsymbol{b}_n(\boldsymbol{x}_n)+\boldsymbol{v}_n \tag{14.8}$$

式中，假设动态噪声 $\boldsymbol{\omega}_n$ 和测量噪声 $\boldsymbol{v}_n$ 都是加性的，且服从高斯分布。从这里开始，我们就遇到了求解顺序状态估计问题的数学难题。计算该问题的近似解有如下两种不同的方法。

①局部近似。在非线性滤波的这种方法中，式（14.7）所示系统模型中的非线性函数 $\boldsymbol{a}_n(\cdot)$ 和式（14.8）所示测量模型中的非线性函数 $\boldsymbol{b}_n(\cdot)$，都围绕状态的局部估计进行近似，进而将两个方程线性化，然后用卡尔曼滤波器计算近似解。14.5节介绍的扩展卡尔曼滤波器是非线性滤波器局部近似法的例子。

②全局近似。在非线性滤波的这种方法中，求解方法是在贝叶斯估计框架下制定的，可使问题固有的困难数学上变得可行。14.7节讨论的粒子滤波器就属于这种非线性滤波方法。

4．非线性非高斯模型。式（14.1）和式（14.2）描述了这种状态空间模型，系统模型和测量模型都是非线性的，动态噪声 $\boldsymbol{\omega}_n$ 和测量噪声 $\boldsymbol{v}_n$ 不仅是非高斯的，而且可能是非加性的。在这种情况下，粒子滤波器是目前的首选方法，但不是求解顺序状态估计问题的唯一选择。

14.3 卡尔曼滤波器

式（14.4）和式（14.5）定义了卡尔曼滤波器的状态空间模型。该线性高斯模型中的参数如下：

- 过渡矩阵 $\boldsymbol{A}_{n+1,n}$，它是可逆的。
- 测量矩阵 $\boldsymbol{B}_n$，它通常是矩形矩阵。
- 高斯动态噪声 $\boldsymbol{\omega}_n$，假设它的均值为零，协方差矩阵为 $\boldsymbol{Q}_{\omega,n}$。
- 高斯测量噪声 $\boldsymbol{v}_n$，假设它的均值为零，协方差矩阵为 $\boldsymbol{Q}_{v,n}$。

假设上述所有参数都是已知的，且有一组观测值 $\{\boldsymbol{y}_k\}_{k=1}^{n}$。要求是求出最小均方误差下状态 $\boldsymbol{x}_k$ 的最优估计值。讨论只限于 $k=n$ 时的滤波和 $k=n+1$ 时的一步预测。

14.3.1 新息过程

得出这个优化估计的一种有效办法是，利用与观测量 $\boldsymbol{y}_n$ 相关的如下新息过程：

$$\boldsymbol{\alpha}_n=\boldsymbol{y}_n-\hat{\boldsymbol{y}}_{n|n-1} \tag{14.9}$$

式中，$\hat{\boldsymbol{y}}_{n|n-1}$ 是在给定至 $n-1$ 时刻（包括 $n-1$ 时刻）的所有观测值的情况下，对 $\boldsymbol{y}_n$ 的最小均方差的估计。换句话说，

> 新息过程 $\boldsymbol{\alpha}_n$ 是观测值 $\boldsymbol{y}_n$ 的新部分，因为 $\boldsymbol{y}_n$ 的预测部分（$\hat{\boldsymbol{y}}_{n|n-1}$）完全由序列 $\{\boldsymbol{y}_k\}_{k=1}^{n-1}$ 决定。

新息过程具有如下重要性质。

性质1 与观测值 $\boldsymbol{y}_n$ 相关的新息过程 $\boldsymbol{\alpha}_n$ 正交于之前的所有观测值 $\boldsymbol{y}_1,\boldsymbol{y}_2,\cdots,\boldsymbol{y}_{n-1}$，即

$$\mathbb{E}[\boldsymbol{\alpha}_n\boldsymbol{y}_k^{\mathrm{T}}]=\boldsymbol{0},\quad 1\leqslant k\leqslant n-1 \tag{14.10}$$

性质2 新息过程由一系列相互正交的随机向量构成，即

$$\mathbb{E}[\boldsymbol{\alpha}_n\boldsymbol{\alpha}_k^{\mathrm{T}}]=\boldsymbol{0},\quad 1\leqslant k\leqslant n-1 \tag{14.11}$$

性质3 代表观测数据的随机向量序列 $\{\boldsymbol{y}_1,\boldsymbol{y}_2,\cdots,\boldsymbol{y}_n\}$ 与表示更新过程的序列 $\{\boldsymbol{\alpha}_1,\boldsymbol{\alpha}_2,\cdots,\boldsymbol{\alpha}_n\}$ 一一对应。因此，采用保证线性稳定且不丢失任何信息的操作，可由一个序列得到另一个序列。

于是，有

$$\{\boldsymbol{y}_1,\boldsymbol{y}_2,\cdots,\boldsymbol{y}_n\} \rightleftharpoons \{\boldsymbol{\alpha}_1,\boldsymbol{\alpha}_2,\cdots,\boldsymbol{\alpha}_n\} \tag{14.12}$$

根据上述特性，就可理解为何使用新息过程要比使用观测值本身简单：总体而言，观测值是相关的，而新息过程中的对应元素是无关的。

14.3.2 新息过程的协方差矩阵

从初始状态 $\boldsymbol{x}_0$ 开始，可用式（14.4）中的系统模型将 k 时刻的系统状态表示为

$$\boldsymbol{x}_k = \boldsymbol{A}_{k,0}\boldsymbol{x}_0 + \sum_{i=1}^{k-1}\boldsymbol{A}_{k,i}\boldsymbol{\omega}_i \tag{14.13}$$

式（14.13）表明状态 $\boldsymbol{x}_k$ 是 $\boldsymbol{x}_0$ 及 $\boldsymbol{\omega}_1,\boldsymbol{\omega}_2,\cdots,\boldsymbol{\omega}_{k-1}$ 的线性组合。

根据假设，测量噪声 $\boldsymbol{v}_n$ 与初始状态 $\boldsymbol{x}_0$ 及动态噪声 $\boldsymbol{\omega}_i$ 无关。因此，式（14.13）两边同乘 $\boldsymbol{v}_n^{\mathrm{T}}$ 得

$$\mathbb{E}[\boldsymbol{x}_k\boldsymbol{v}_n^{\mathrm{T}}] = \boldsymbol{0}, \quad k,n \geqslant 0 \tag{14.14}$$

同理，由式（14.5）得

$$\mathbb{E}[\boldsymbol{y}_k\boldsymbol{v}_k^{\mathrm{T}}] = \boldsymbol{0}, \quad 0 \leqslant k \leqslant n-1 \tag{14.15}$$

$$\mathbb{E}[\boldsymbol{y}_k\boldsymbol{\omega}_k^{\mathrm{T}}] = \boldsymbol{0}, \quad 0 \leqslant k \leqslant n \tag{14.16}$$

给定过去的观测值 $\boldsymbol{y}_1,\cdots,\boldsymbol{y}_{n-1}$，可由测量公式（14.5）得到当前观测值 $\boldsymbol{y}_n$ 的最小均方估计为

$$\hat{\boldsymbol{y}}_{n|n-1} = \boldsymbol{B}_n\hat{\boldsymbol{x}}_{n|n-1} + \hat{\boldsymbol{v}}_{n|n-1} \tag{14.17}$$

式中，$\hat{\boldsymbol{v}}_{n|n-1}$ 是在给定过去的观测值 $\boldsymbol{y}_1,\cdots,\boldsymbol{y}_{n-1}$ 后，对应的测量噪声估计。根据式（14.15），$\boldsymbol{v}_n$ 与过去的观测值正交，因此估计值 $\hat{\boldsymbol{v}}_{n|n-1}$ 为零。于是，式（14.17）简化为

$$\hat{\boldsymbol{y}}_{n|n-1} = \boldsymbol{B}_n\hat{\boldsymbol{x}}_{n|n-1} \tag{14.18}$$

将式（14.5）和式（14.18）代入式（14.9）得

$$\boldsymbol{\alpha}_n = \boldsymbol{B}_n\boldsymbol{\varepsilon}_{n|n-1} + \boldsymbol{v}_n \tag{14.19}$$

式中，新引入的项 $\boldsymbol{\varepsilon}_{n|n-1}$ 是状态预测误差向量，它定义为

$$\boldsymbol{\varepsilon}_{n,n-1} = \boldsymbol{x}_n - \hat{\boldsymbol{x}}_{n|n-1} \tag{14.20}$$

在习题14.1中，$\boldsymbol{\varepsilon}_{n|n-1}$ 与动态噪声 $\boldsymbol{\omega}_n$ 及测量噪声 $\boldsymbol{v}_n$ 均正交。于是，定义零均值新息过程 $\boldsymbol{\alpha}_n$ 的协方差矩阵为

$$\boldsymbol{R}_n = \mathbb{E}[\boldsymbol{\alpha}_n\boldsymbol{\alpha}_n^{\mathrm{T}}] \tag{14.21}$$

由式（14.19）得

$$\boldsymbol{R}_n = \boldsymbol{B}_n\boldsymbol{P}_{n|n-1}\boldsymbol{B}_n^{\mathrm{T}} + \boldsymbol{Q}_{v,n} \tag{14.22}$$

式中，$\boldsymbol{Q}_{v,n}$ 是测量噪声 $\boldsymbol{v}_n$ 的协方差矩阵。新引入的项

$$\boldsymbol{P}_{n|n-1} = \mathbb{E}[\boldsymbol{\varepsilon}_{n|n-1}\boldsymbol{\varepsilon}_{n|n-1}^{\mathrm{T}}] \tag{14.23}$$

是预测误差协方差矩阵。式（14.22）是应用卡尔曼滤波算法的第一步。

14.3.3 利用新息过程估计滤波状态：预测-修正公式

下一步任务是利用新息过程实现任意时刻 i 系统状态 $\boldsymbol{x}_i$ 的最小均方误差估计。为此，给定新息序列 $\boldsymbol{\alpha}_1,\boldsymbol{\alpha}_2,\cdots,\boldsymbol{\alpha}_m$，首先将状态 $\boldsymbol{x}_i$ 的估计线性展开为

$$\hat{\boldsymbol{x}}_{i|n} = \sum_{k=1}^{n}\boldsymbol{C}_{i,k}\boldsymbol{\alpha}_k \tag{14.24}$$

式中，$\{\boldsymbol{C}_{i,k}\}_{k=1}^{n}$ 是 i 时刻的一组展开系数矩阵。状态预测误差与新息过程满足如下正交条件（见习题14.3）：

$$\mathbb{E}[\boldsymbol{\varepsilon}_{i|n}\boldsymbol{\alpha}_k^{\mathrm{T}}]=\mathbf{0},\quad k=1,2,\cdots,n\text{且}i\geqslant n \tag{14.25}$$

因此，将式（14.24）代入式（14.25）并使用式（14.11）中新息过程的正交性得

$$\mathbb{E}[\boldsymbol{x}_i\boldsymbol{\alpha}_k^{\mathrm{T}}]=\boldsymbol{C}_{i,k}\boldsymbol{R}_k$$

式中，根据先前的定义，$\boldsymbol{R}_k$ 是新息过程的协方差矩阵。解该方程的系数矩阵 $\boldsymbol{C}_{i,k}$ 得

$$\boldsymbol{C}_{i,k}=\mathbb{E}[\boldsymbol{x}_i\boldsymbol{\alpha}_k^{\mathrm{T}}]\boldsymbol{R}_k^{-1}$$

由式（14.24）得

$$\hat{\boldsymbol{x}}_{i|n}=\sum_{k=1}^{n}\mathbb{E}[\boldsymbol{x}_i\boldsymbol{\alpha}_k^{\mathrm{T}}]\boldsymbol{R}_k^{-1}\boldsymbol{\alpha}_k \tag{14.26}$$

当 $i=n$ 时（对应于滤波过程），可用式（14.26）将滤波后的状态估计值表示为

$$\hat{\boldsymbol{x}}_{n|n}=\sum_{k=1}^{n}\mathbb{E}[\boldsymbol{x}_n\boldsymbol{\alpha}_k^{\mathrm{T}}]\boldsymbol{R}_k^{-1}\boldsymbol{\alpha}_k=\sum_{k=1}^{n-1}\mathbb{E}[\boldsymbol{x}_n\boldsymbol{\alpha}_k^{\mathrm{T}}]\boldsymbol{R}_k^{-1}\boldsymbol{\alpha}_k+\mathbb{E}[\boldsymbol{x}_n\boldsymbol{\alpha}_n^{\mathrm{T}}]\boldsymbol{R}_n^{-1}\boldsymbol{\alpha}_n \tag{14.27}$$

式中，与 $k=n$ 对应的项已从求和中分离。为了将式（14.27）变换为更易理解的形式，首先由式（14.26）写出

$$\hat{\boldsymbol{x}}_{n|n-1}=\sum_{k=1}^{n-1}\mathbb{E}[\boldsymbol{x}_n\boldsymbol{\alpha}_k^{\mathrm{T}}]\boldsymbol{R}_k^{-1}\boldsymbol{\alpha}_k \tag{14.28}$$

为了简化式（14.27）中的第二项，引入下述定义：

$$\boldsymbol{G}_n=\mathbb{E}[\boldsymbol{x}_n\boldsymbol{\alpha}_n^{\mathrm{T}}]\boldsymbol{R}_n^{-1} \tag{14.29}$$

于是，就可将状态的滤波估计表示为如下递归形式：

$$\hat{\boldsymbol{x}}_{n|n}=\hat{\boldsymbol{x}}_{n|n-1}+\boldsymbol{G}_n\boldsymbol{\alpha}_n \tag{14.30}$$

式（14.30）中等号右侧两项的解释如下。

1. $\hat{\boldsymbol{x}}_{n|n-1}$ 表示单步预测：已知 $n-1$（包括 $n-1$）时刻前所有观测值时对状态 $\boldsymbol{x}_n$ 的预测估计。
2. $\boldsymbol{G}_n\boldsymbol{\alpha}_n$ 表示修正项：新息过程 $\boldsymbol{\alpha}_n$（由观测值 $\boldsymbol{y}_n$ 引入滤波过程的新信息）乘以增益因子 $\boldsymbol{G}_n$。

因此，$\boldsymbol{G}_n$ 常称卡尔曼增益，以纪念卡尔曼在1960年发表的文章中所做出的突出贡献。

根据上述两点，式（14.30）在卡尔曼滤波器理论中称为预测–修正公式。

14.3.4 卡尔曼增益的计算

式（14.30）是第二个用于卡尔曼滤波器递归计算的公式。然而，要使这个公式有实用价值，就要一个计算卡尔曼增益的公式，用于状态估计的递归计算。

为实现该目标，由式（14.19）得

$$\mathbb{E}[\boldsymbol{x}_n\boldsymbol{\alpha}_n^{\mathrm{T}}]=\mathbb{E}[\boldsymbol{x}_n(\boldsymbol{B}_n\boldsymbol{\varepsilon}_{n|n-1}+\boldsymbol{v}_n)^{\mathrm{T}}]=\mathbb{E}[\boldsymbol{x}_n\boldsymbol{\varepsilon}_{n|n-1}^{\mathrm{T}}]\boldsymbol{B}_n^{\mathrm{T}}$$

式中用到了状态 $\boldsymbol{x}_n$ 与测量噪声 $\boldsymbol{v}_n$ 的无关性。根据正交原理，状态预测误差向量 $\boldsymbol{\varepsilon}_{n|n-1}$ 与状态估计 $\hat{\boldsymbol{x}}_{n|n-1}$ 是正交的。因此，$\boldsymbol{\varepsilon}_{n|n-1}$ 与 $\hat{\boldsymbol{x}}_{n|n-1}$ 的外积的期望为零，所以用 $\boldsymbol{\varepsilon}_{n|n-1}$ 代替 $\boldsymbol{x}_n$ 不影响期望 $\mathbb{E}[\boldsymbol{x}_n\boldsymbol{\alpha}_n^{\mathrm{T}}]$。由此，有

$$\mathbb{E}[\boldsymbol{x}_n\boldsymbol{\alpha}_n^{\mathrm{T}}]=\mathbb{E}[\boldsymbol{\varepsilon}_{n|n-1}\boldsymbol{\varepsilon}_{n|n-1}^{\mathrm{T}}]\boldsymbol{B}_n^{\mathrm{T}}=\boldsymbol{P}_{n|n-1}\boldsymbol{B}_n^{\mathrm{T}}$$

因此，使用式（14.29）中的期望公式 $\mathbb{E}[\boldsymbol{x}_n\boldsymbol{\alpha}_n^{\mathrm{T}}]$，可根据预测误差协方差矩阵 $\boldsymbol{P}_{n|n-1}$ 将卡尔曼增益 $\boldsymbol{G}_n$ 表示为

$$\boldsymbol{G}_n=\boldsymbol{P}_{n|n-1}\boldsymbol{B}_n^{\mathrm{T}}\boldsymbol{R}_n^{-1} \tag{14.31}$$

这就是用于卡尔曼滤波器递归算法的第三个公式。

14.3.5　用于更新预测误差协方差矩阵的黎卡提差分方程

为了完成卡尔曼滤波器的递归计算过程，需要一个迭代公式，以便从一次迭代到下一次迭代更新预测误差协方差矩阵。

为了完成这一状态估计过程中的最后一步，在式（14.20）中用 $n+1$ 代替 n 得

$$\boldsymbol{\varepsilon}_{n+1|n} = \boldsymbol{x}_{n+1} - \hat{\boldsymbol{x}}_{n+1|n}$$

用状态滤波估计值来表示状态的预测估计值很有启发性。为此，将式（14.28）中的 n 替换为 $n+1$ 并应用式（14.4）得

$$\begin{aligned}\hat{\boldsymbol{x}}_{n+1|n} &= \sum_{k=1}^{n} \mathbb{E}[\boldsymbol{x}_{n+1}\boldsymbol{\alpha}_k^{\mathrm{T}}]\boldsymbol{R}_k^{-1}\boldsymbol{\alpha}_k = \sum_{k=1}^{n} \mathbb{E}[(\boldsymbol{A}_{n+1,n}\boldsymbol{x}_n + \boldsymbol{\omega}_n)\boldsymbol{\alpha}_k^{\mathrm{T}}]\boldsymbol{R}_k^{-1}\boldsymbol{\alpha}_k \\ &= \boldsymbol{A}_{n+1,n}\sum_{k=1}^{n} \mathbb{E}[\boldsymbol{x}_n\boldsymbol{\alpha}_n^{\mathrm{T}}]\boldsymbol{R}_k^{-1}\boldsymbol{\alpha}_k = \boldsymbol{A}_{n+1,n}\hat{\boldsymbol{x}}_{n|n}\end{aligned} \tag{14.32}$$

式（14.32）中，因为动态噪声 $\boldsymbol{\omega}_n$ 与观测值相互独立，所以期望 $\mathbb{E}[\boldsymbol{\omega}_n\boldsymbol{\alpha}_k^{\mathrm{T}}]$ 为零。对滤波估计 $\hat{\boldsymbol{x}}_{n|n}$ 应用式（14.27），以及式（14.32）和状态 $\boldsymbol{x}_n$ 的预测滤波估计之间的关系，可将 $\boldsymbol{\varepsilon}_{n+1|n}$ 改写为

$$\boldsymbol{\varepsilon}_{n+1|n} = \underbrace{(\boldsymbol{A}_{n+1,n}\boldsymbol{x}_n + \boldsymbol{\omega}_n)}_{\text{状态}\boldsymbol{x}_{n+1}} - \underbrace{\boldsymbol{A}_{n+1,n}\hat{\boldsymbol{x}}_{n|n}}_{\text{预测估计}\hat{\boldsymbol{x}}_{n+1|n}} = \boldsymbol{A}_{n+1,n}(\boldsymbol{x}_n - \hat{\boldsymbol{x}}_{n|n}) + \boldsymbol{\omega}_n = \boldsymbol{A}_{n+1,n}\boldsymbol{\varepsilon}_{n|n} + \boldsymbol{\omega}_n \tag{14.33}$$

式中，状态滤波误差向量定义为

$$\boldsymbol{\varepsilon}_{n|n} = \boldsymbol{x}_n - \hat{\boldsymbol{x}}_{n|n} \tag{14.34}$$

因为滤波误差向量 $\boldsymbol{\varepsilon}_{n|n}$ 与动态噪声 $\boldsymbol{\omega}_n$ 无关，所以可将预测误差协方差矩阵表示为

$$\boldsymbol{P}_{n+1|n} = \mathbb{E}[\boldsymbol{\varepsilon}_{n+1|n}\boldsymbol{\varepsilon}_{n+1|n}^{\mathrm{T}}] = \boldsymbol{A}_{n+1,n}\boldsymbol{P}_{n|n}\boldsymbol{A}_{n+1,n}^{\mathrm{T}} + \boldsymbol{Q}_{\omega,n} \tag{14.35}$$

式中，$\boldsymbol{Q}_{\omega,n}$ 为动态噪声 $\boldsymbol{\omega}_n$ 的误差协方差矩阵。式（14.35）中引入了最后一个参数，称为*滤波误差协方差矩阵*，其定义为

$$\boldsymbol{P}_{n|n} = \mathbb{E}[\boldsymbol{\varepsilon}_{n|n}\boldsymbol{\varepsilon}_{n|n}^{\mathrm{T}}] \tag{14.36}$$

为了完成卡尔曼滤波算法的递归循环，需要一个用于计算滤波误差协方差矩阵 $\boldsymbol{P}_{n|n}$ 的公式。因此，首先将式（14.30）代入式（14.34）得

$$\boldsymbol{\varepsilon}_{n|n} = \boldsymbol{x}_n - \hat{\boldsymbol{x}}_{n|n-1} - \boldsymbol{G}_n\boldsymbol{\alpha}_n = \boldsymbol{\varepsilon}_{n|n-1} - \boldsymbol{G}_n\boldsymbol{\alpha}_n$$

然后，应用式（14.36）得

$$\begin{aligned}\boldsymbol{P}_{n|n} &= \mathbb{E}[(\boldsymbol{\varepsilon}_{n|n-1} - \boldsymbol{G}_n\boldsymbol{\alpha}_n)(\boldsymbol{\varepsilon}_{n|n-1} - \boldsymbol{G}_n\boldsymbol{\alpha}_n)^{\mathrm{T}}] \\ &= \mathbb{E}[\boldsymbol{\varepsilon}_{n|n-1}\boldsymbol{\varepsilon}_{n|n-1}^{\mathrm{T}}] - \boldsymbol{G}_n\mathbb{E}[\boldsymbol{\alpha}_n\boldsymbol{\varepsilon}_{n|n-1}^{\mathrm{T}}] - \mathbb{E}[\boldsymbol{\varepsilon}_{n|n-1}\boldsymbol{\alpha}_n^{\mathrm{T}}]\boldsymbol{G}_n^{\mathrm{T}} + \boldsymbol{G}_n\mathbb{E}[\boldsymbol{\alpha}_n\boldsymbol{\alpha}_n^{\mathrm{T}}]\boldsymbol{G}_n^{\mathrm{T}} \\ &= \boldsymbol{P}_{n|n-1} - G_n\mathbb{E}[\boldsymbol{\alpha}_n\boldsymbol{\varepsilon}_{n|n-1}^{\mathrm{T}}] - \mathbb{E}[\boldsymbol{\varepsilon}_{n|n-1}\boldsymbol{\alpha}_n^{\mathrm{T}}]\boldsymbol{G}_n^{\mathrm{T}} + \boldsymbol{G}_n\boldsymbol{R}_n\boldsymbol{G}_n^{\mathrm{T}}\end{aligned} \tag{14.37}$$

因为 $\hat{\boldsymbol{x}}_{n|n-1}$ 与新息过程 $\boldsymbol{\alpha}_n$ 正交，所以有

$$\mathbb{E}[\boldsymbol{\varepsilon}_{n|n-1}\boldsymbol{\alpha}_n^{\mathrm{T}}] = \mathbb{E}[(\boldsymbol{x}_n - \hat{\boldsymbol{x}}_{n|n-1})\boldsymbol{\alpha}_n^{\mathrm{T}}] = \mathbb{E}[\boldsymbol{x}_n\boldsymbol{\alpha}_n^{\mathrm{T}}]$$

同理，有

$$\mathbb{E}[\boldsymbol{\alpha}_n\boldsymbol{\varepsilon}_{n|n-1}^{\mathrm{T}}] = \mathbb{E}[\boldsymbol{\alpha}_n\boldsymbol{x}_n^{\mathrm{T}}]$$

利用这对关系及式（14.29）中对卡尔曼增益的定义，可得

$$\boldsymbol{G}_n\mathbb{E}[\boldsymbol{\alpha}_n\boldsymbol{\varepsilon}_{n|n-1}^{\mathrm{T}}] = \mathbb{E}[\boldsymbol{\varepsilon}_{n|n-1}\boldsymbol{\alpha}_n^{\mathrm{T}}]\boldsymbol{G}_n^{\mathrm{T}} = \boldsymbol{G}_n\boldsymbol{R}_n\boldsymbol{G}_n^{\mathrm{T}}$$

式（14.37）可简化为

$$\boldsymbol{P}_{n|n} = \boldsymbol{P}_{n|n-1} - \boldsymbol{G}_n\boldsymbol{R}_n\boldsymbol{G}_n^{\mathrm{T}}$$

最后，应用卡尔曼增益公式（14.31）以及协方差矩阵 $\boldsymbol{R}_n$和$\boldsymbol{P}_{n|n-1}$ 的对称性得

$$P_{n|n} = P_{n|n-1} - G_n B_n P_{n|n-1} \tag{14.38}$$

这样，使得到了式（14.38）和式（14.35）这对更新预测误差协方差矩阵的重要公式。特别地，式（14.38）常被视为控制论中著名的黎卡提方程的离散形式。

这对公式连同式（14.32）完成了卡尔曼滤波算法的表述。

14.3.6 卡尔曼滤波器小结

表14.1中列出了求解卡尔曼滤波问题时涉及的所有变量和参数。滤波器输入的是一系列观测值 $\boldsymbol{y}_1, \boldsymbol{y}_2, \cdots, \boldsymbol{y}_n$，输出的是滤波估计 $\hat{\boldsymbol{x}}_{n|n}$。计算过程是递归的，详见表14.2，其中包含递归计算所需的初始条件。注意，表14.2中新息过程 $\boldsymbol{\alpha}_n$ 的计算公式是由式（14.9）和式（14.18）得到的。

表14.1　卡尔曼变量和参数小结

变　量	定　义	维　数
$\boldsymbol{x}_n$	n 时刻的状态	$M \times 1$
$\boldsymbol{y}_n$	n 时刻的观测值	$L \times 1$
$\boldsymbol{A}_{n+1,n}$	n 时刻的状态转移到 $n+1$ 时刻的状态的可逆过渡矩阵	$M \times M$
$\boldsymbol{B}_n$	n 时刻的测量矩阵	$L \times M$
$\boldsymbol{Q}_{\omega,n}$	动态噪声 $\boldsymbol{\omega}_n$ 的协方差矩阵	$M \times M$
$\boldsymbol{Q}_{v,n}$	测量噪声 $\boldsymbol{v}_n$ 的协方差矩阵	$L \times L$
$\hat{\boldsymbol{x}}_{n|n-1}$	n 时刻给定观测值 $\boldsymbol{y}_1, \boldsymbol{y}_2, \cdots, \boldsymbol{y}_{n-1}$ 时状态的预测估计	$M \times 1$
$\hat{\boldsymbol{x}}_{n|n}$	n 时刻给定观测值 $\boldsymbol{y}_1, \boldsymbol{y}_2, \cdots, \boldsymbol{y}_n$ 时状态的预测估计	$M \times 1$
$\boldsymbol{G}_n$	n 时刻的卡尔曼增益	$M \times L$
$\boldsymbol{\alpha}_n$	n 时刻的新息过程	$L \times 1$
$\boldsymbol{R}_n$	新息过程 $\boldsymbol{\alpha}_n$ 的协方差矩阵	$L \times L$
$\boldsymbol{P}_{n|n-1}$	预测误差协方差矩阵	$M \times M$
$\boldsymbol{P}_{n|n}$	滤波误差协方差矩阵	$M \times M$

表14.2中小结的卡尔曼滤波器常称协方差（卡尔曼）滤波算法。这个术语源自该算法在递归循环计算中对预测的协方差矩阵 $\boldsymbol{P}_{n|n-1}$ 需要做一个完整周期的传播。

表14.2　基于滤波状态估计的卡尔曼滤波器小结

观测值 $\{\boldsymbol{y}_1, \boldsymbol{y}_2, \cdots, \boldsymbol{y}_n\}$

已知参数：

过渡矩阵 $\boldsymbol{A}_{n+1,n}$；测量矩阵 $\boldsymbol{B}_n$；动态噪声的协方差矩阵 $\boldsymbol{Q}_{\omega,n}$；测量噪声的协方差矩阵 $\boldsymbol{Q}_{v,n}$

计算： $n = 1, 2, 3, \cdots$

$$\boldsymbol{G}_n = \boldsymbol{P}_{n|n-1}\boldsymbol{B}_n^{\mathrm{T}}[\boldsymbol{B}_n\boldsymbol{P}_{n|n-1}\boldsymbol{B}_n^{\mathrm{T}} + \boldsymbol{Q}_{v,n}]^{-1}, \quad \boldsymbol{\alpha}_n = \boldsymbol{y}_n - \boldsymbol{B}_n\hat{\boldsymbol{x}}_{n|n-1}$$

$$\hat{\boldsymbol{x}}_{n|n} = \hat{\boldsymbol{x}}_{n|n-1} + \boldsymbol{G}_n\boldsymbol{\alpha}_n, \quad \hat{\boldsymbol{x}}_{n+1|n} = \boldsymbol{A}_{n+1,n}\hat{\boldsymbol{x}}_{n|n}$$

$$\boldsymbol{P}_{n|n} = \boldsymbol{P}_{n|n-1} - \boldsymbol{G}_n\boldsymbol{B}_n\boldsymbol{P}_{n|n-1}, \quad \boldsymbol{P}_{n+1|n} = \boldsymbol{A}_{n+1,n}\boldsymbol{P}_{n|n}\boldsymbol{A}_{n+1,n}^{\mathrm{T}} + \boldsymbol{Q}_{\omega,n}$$

初始条件：

$$\hat{\boldsymbol{x}}_{1|0} = \mathbb{E}[\boldsymbol{x}_1], \quad \boldsymbol{P}_{1,0} = \mathbb{E}[(\boldsymbol{x}_1 - \mathbb{E}[\boldsymbol{x}_1])(\boldsymbol{x}_1 - \mathbb{E}[\boldsymbol{x}_1])^{\mathrm{T}}] = \boldsymbol{\Pi}_0$$

矩阵 $\boldsymbol{\Pi}_0$ 为对角矩阵，对角线上的元素均为 δ^{-1}，δ 是一个很小的数。

图14.3中显示了卡尔曼滤波器的信号流图，其中 $z^{-1}\boldsymbol{I}$ 表示一组单位时延。图中清楚地表明卡尔曼滤波器是一个双回路反馈系统：一个反馈回路包括系统（状态）模型的过渡矩阵 $\boldsymbol{A}_{n,n-1}$，起预测作用；另一个反馈回路包括测量模型的矩阵 $\boldsymbol{B}_n$，起校正作用。这两个反馈回路共同作用，产生对 $\boldsymbol{x}_n$ 的滤波状态估计，即输出与观测值 $\boldsymbol{y}_n$ 对应的 $\hat{\boldsymbol{x}}_{n|n}$。此外，如图14.3所示，卡尔曼滤波器还是

一个因果系统，因为它能够实时运行。实际上还有包括上述两个反馈回路的全局反馈回路。

卡尔曼滤波器运行的关键是卡尔曼增益 $\boldsymbol{G}_n$，它随时间 n 的变化而变化，因此说卡尔曼滤波器是时变滤波器。即使原始动态系统的状态空间模型是时不变的，这个性质依然成立。

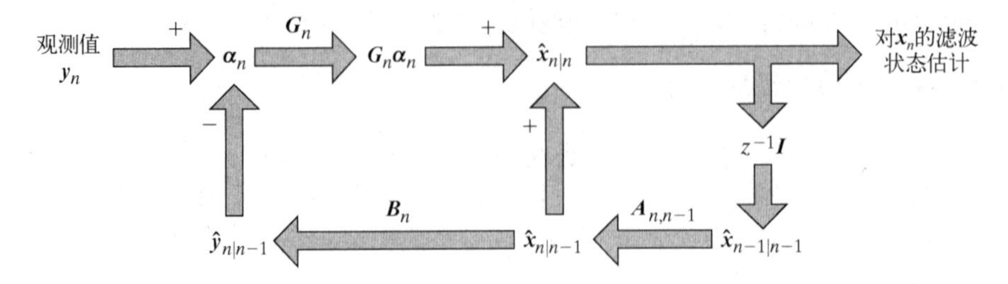

图14.3 用双回路反馈系统描述的卡尔曼滤波器的信号流图

14.4 发散现象和平方根滤波

表 14.2中小结的协方差滤波算法易出现数值求解困难，详见相关的文献（Kaminski et al., 1971; Bierman and Thornton, 1977）。

在实践中，数值求解困难以两种方式出现。一种是数值不精确。具体地说，如式（14.38）所示，矩阵 $\boldsymbol{P}_{n|n}$ 是两个非负定矩阵之差。因此，除非算法中每次迭代所用的数值精度足够高，否则就可能使得计算结果的矩阵不满足对称性和非负定性。然而，根据式（14.36），$\boldsymbol{P}_{n|n}$ 是协方差矩阵，它必须满足非负定性。因此，理论与实践出现了冲突，结果是计算过程存在数值误差，导致卡尔曼滤波器出现不稳定行为。卡尔曼滤波器的这种不稳定行为通常称为*发散现象*。

在实践中，发散现象还以另一种方式出现。卡尔曼滤波器的推导过程基于式（14.4）和式（14.5）所述的线性高斯状态空间模型，该模型与所研究动态系统的基本物理特性存在严重偏差，因此可能导致算法不稳定。毕竟，算法是由现实生活中的一系列观测序列驱动的，而算法的数学推导则基于假设的状态空间模型。因此，理论与实践又出现了冲突，它也可能导致算法发散。

鉴于这些实际关系，现在可以提出以下问题：

如何克服发散现象，确保卡尔曼滤波器在实际应用中稳定运行？

下面讨论这个重要问题的实际解决办法。

14.4.1 平方根滤波

平方根滤波是一种数学上优美且计算上可行的求解发散问题的方法。该方法是对卡尔曼滤波器的改进，它在每次迭代中都使用数值稳定的正交变换。具体而言，应用乔里斯基因式分解，可将 $\boldsymbol{P}_{n|n}$ 变换为其平方根的形式：

$$\boldsymbol{P}_{n|n} = \boldsymbol{P}_{n|n}^{1/2}\boldsymbol{P}_{n/n}^{\mathrm{T}/2} \tag{14.39}$$

式中，$\boldsymbol{P}_{n|n}^{1/2}$ 是一个下三角矩阵，$\boldsymbol{P}_{n|n}^{\mathrm{T}/2}$ 是其转置矩阵。在线性代数中，常将乔里斯基因子 $\boldsymbol{P}_{n|n}^{1/2}$ 视为矩阵 $\boldsymbol{P}_{n|n}$ 的平方根。要特别注意的是，矩阵乘积 $\boldsymbol{P}_{n|n}^{1/2}\boldsymbol{P}_{n|n}^{\mathrm{T}/2}$ 一般是确定的，因为任意矩阵与其转置矩阵的乘积始终是正定的。因此，即使存在数值误差，乔里斯基系数 $\boldsymbol{P}_{n|n}^{1/2}$ 通常仍然优于 $\boldsymbol{P}_{n|n}$ 本身。

14.4.2 卡尔曼滤波器的平方根实现

矩阵代数中有一个辅助定理，称为*矩阵因式分解定理*，它对平方根滤波算法的推导至关重要。假设有任意两个 $L\times M$ 维矩阵 $\boldsymbol{X}$和$\boldsymbol{Y}$，其中 $L\leqslant M$，则矩阵因式分解定理表述为（Stewart, 1973;

Golub and Van Loan, 1996）

$XX^{\mathrm{T}} = YY^{\mathrm{T}}$ 成立当且仅当存在正交矩阵 $\boldsymbol{\Theta}$，使得

$$Y = X\Theta \tag{14.40}$$

为了证明这个定理，可将矩阵乘积 YY^{T} 表示为

$$YY^{\mathrm{T}} = X\Theta(X\Theta)^{\mathrm{T}} = X\Theta\Theta^{\mathrm{T}}X^{\mathrm{T}} = XX^{\mathrm{T}}$$

上式最后使用了正交矩阵 $\boldsymbol{\Theta}$ 的性质，即

正交矩阵与其转置的积是单位矩阵。

由该性质可以推出

$$\Theta^{-1} = \Theta^{\mathrm{T}} \tag{14.41}$$

也就是说，正交矩阵的逆矩阵等于其转置矩阵。

利用矩阵因式分解定理可继续推导出卡尔曼滤波器的平方根协方差。首先，应用式（14.31）及式（14.38）中对增益矩阵 $G(n)$ 的定义得

$$P_{n|n} = P_{n|n-1} - P_{n|n-1}B_n^{\mathrm{T}}R_n^{-1}B_nP_{n|n-1} \tag{14.42}$$

式中，R_n 的定义由式（14.22）给出。为便于表示，将上式改写为

$$R_n = B_nP_{n|n-1}B_n^{\mathrm{T}} + Q_{\nu,n}$$

观察由式（14.42）改写的黎卡提微分方程，发现等号右端包含3个不同的矩阵项：

- $M \times L$ 维矩阵：预测状态 $P_{n|n-1}$ 的协方差矩阵。
- $L \times M$ 维矩阵：乘以 $P_{n|n-1}$ 的测量矩阵 B_n。
- $L \times L$ 维矩阵：新息过程的协方差矩阵 R_n。

这些矩阵的维数不同，因此可将它们整合到一个 $N \times N$ 维分块矩阵中：

$$H_n = \left[\begin{array}{c|c} R_n & B_nP_{n|n-1} \\ \hline P_{n|n-1}B_n^{\mathrm{T}} & P_{n|n-1} \end{array}\right] = \left[\begin{array}{c|c} Q_{\nu,n} + B_nP_{n|n-1}B_n^{\mathrm{T}} & B_nP_{n|n-1} \\ \hline P_{n|n-1}B_n^{\mathrm{T}} & P_{n|n-1} \end{array}\right] \tag{14.43}$$

式中插入了关于 R_n 的公式。式（14.43）中的矩阵为 $N \times N$ 维矩阵，$N = L + M$。根据定义，新分块矩阵 H_n 是非负定的。对其进行乔里斯基分解得

$$H_n = \left[\begin{array}{c|c} Q_{\nu,n}^{1/2} & B_nP_{n|n-1}^{1/2} \\ \hline O & P_{n|n-1}^{1/2} \end{array}\right]\left[\begin{array}{c|c} Q_{\nu,n}^{1/2} & O^{\mathrm{T}} \\ \hline P_{n|n-1}^{1/2}B_n^{\mathrm{T}} & P_{n|n-1}^{1/2} \end{array}\right] \tag{14.44}$$

式中，$P_{n|n-1}^{1/2}$ 是协方差矩阵 $P_{n|n-1}$ 的平方根，O 是零矩阵。

式（14.44）中等号右边的矩阵乘积，可视为此前介绍的矩阵 X_n 及其转置矩阵 X_n^{T} 的乘积。由此可知其满足矩阵因式分解条件，于是由式（14.40）得

$$\underbrace{\left[\begin{array}{c|c} Q_{\nu,n}^{1/2} & B_nP_{n|n-1}^{1/2} \\ \hline O & P_{n|n-1}^{1/2} \end{array}\right]}_{X_n}\Theta_n = \underbrace{\left[\begin{array}{c|c} Y_{11,n} & O^{\mathrm{T}} \\ \hline Y_{21,n} & Y_{22,n} \end{array}\right]}_{Y_n} \tag{14.45}$$

式中，矩阵 Θ_n 为正交矩阵。更确切地说，Θ_n 与 X_n 的乘积 Y_n 为下三角矩阵，即位于 Y_n 主对角线上方的元素均为零。因此，Θ_n 常称正交旋转。利用 Θ_n 正交的特性，可将式（14.45）展开为

$$\underbrace{\left[\begin{array}{c|c} Q_{\nu,n}^{1/2} & B_nP_{n|n-1}^{1/2} \\ \hline O & P_{n|n-1}^{1/2} \end{array}\right]}_{X_n}\underbrace{\left[\begin{array}{c|c} Q_{\nu,n}^{1/2} & O^{\mathrm{T}} \\ \hline P_{n|n-1}^{1/2}B_n^{\mathrm{T}} & P_{n|n-1}^{\mathrm{T}/2} \end{array}\right]}_{X_n^{\mathrm{T}}} = \underbrace{\left[\begin{array}{c|c} Y_{11,n} & O^{\mathrm{T}} \\ \hline Y_{21,n} & Y_{22,n} \end{array}\right]}_{Y_n}\underbrace{\left[\begin{array}{c|c} Y_{11,n}^{\mathrm{T}} & Y_{21,n}^{\mathrm{T}} \\ \hline O^{\mathrm{T}} & Y_{22,n}^{\mathrm{T}} \end{array}\right]}_{Y_n^{\mathrm{T}}} \tag{14.46}$$

展开矩阵的乘积 $\boldsymbol{X}_n\boldsymbol{X}_n^{\mathrm{T}}$ 和 $\boldsymbol{Y}_n\boldsymbol{Y}_n^{\mathrm{T}}$，然后保持式（14.46）两边对应项相等的关系，可得

$$\boldsymbol{Q}_{v,n} + \boldsymbol{B}_n\boldsymbol{P}_{n|n-1}\boldsymbol{B}_n^{\mathrm{T}} = \boldsymbol{Y}_{11,n}\boldsymbol{Y}_{11,n}^{\mathrm{T}} \tag{14.47}$$

$$\boldsymbol{B}_n\boldsymbol{P}_{n|n-1} = \boldsymbol{Y}_{11,n}\boldsymbol{Y}_{21,n}^{\mathrm{T}} \tag{14.48}$$

$$\boldsymbol{P}_{n|n-1} = \boldsymbol{Y}_{21,n}\boldsymbol{Y}_{21,n}^{\mathrm{T}} + \boldsymbol{Y}_{22,n}\boldsymbol{Y}_{22,n}^{\mathrm{T}} \tag{14.49}$$

式（14.47）中等号左边的项可视为协方差矩阵 $\boldsymbol{R}_n$，它可分解为 $\boldsymbol{R}_n^{1/2}\boldsymbol{R}_n^{\mathrm{T}/2}$。因此，式（14.47）中的第一个未知项满足

$$\boldsymbol{Y}_{11,n} = \boldsymbol{R}_n^{1/2} \tag{14.50}$$

接着，将 $\boldsymbol{Y}_{11,n}$ 的值代入式（14.48），解出 $\boldsymbol{Y}_{21,n}$，由此得到第二个未知项的表达式为

$$\boldsymbol{Y}_{21,n} = \boldsymbol{P}_{n|n-1}\boldsymbol{B}_n^{\mathrm{T}}\boldsymbol{R}_n^{-\mathrm{T}/2} \tag{14.51}$$

根据式（14.31）中卡尔曼增益 $\boldsymbol{G}_n$ 的定义，也可将 $\boldsymbol{Y}_{21,n}$ 表示为

$$\boldsymbol{Y}_{21,n} = \boldsymbol{G}_n\boldsymbol{R}_n^{1/2} \tag{14.52}$$

此外，将式（14.51）中 $\boldsymbol{Y}_{21,n}$ 的值代入式（14.49），计算矩阵乘积 $\boldsymbol{Y}_{22,n}\boldsymbol{Y}_{22,n}^{\mathrm{T}}$，然后由式（14.42）得

$$\boldsymbol{Y}_{22,n}\boldsymbol{Y}_{22,n}^{\mathrm{T}} = \boldsymbol{P}_{n|n-1} - \boldsymbol{P}_{n|n-1}\boldsymbol{B}_n^{\mathrm{T}}\boldsymbol{R}_n^{-1}\boldsymbol{B}_n\boldsymbol{P}_{n|n-1} = \boldsymbol{P}_{n|n}$$

将协方差矩阵 $\boldsymbol{P}_{n|n}$ 分解为 $\boldsymbol{P}_{n|n}^{1/2}\boldsymbol{P}_{n|n}^{\mathrm{T}/2}$，可得第三个未知项：

$$\boldsymbol{Y}_{22,n} = \boldsymbol{P}_{n|n}^{1/2} \tag{14.53}$$

确定 $\boldsymbol{Y}_n$ 的三个非零子矩阵后，可替换式（14.45）中的未知子矩阵，得

$$\left[\begin{array}{c|c} \boldsymbol{Q}_{v,n}^{1/2} & \boldsymbol{B}_n\boldsymbol{P}_{n,n-1}^{1/2} \\ \hline \boldsymbol{O} & \boldsymbol{P}_{n|n-1}^{1/2} \end{array}\right]\boldsymbol{\Theta}_n = \left[\begin{array}{c|c} \boldsymbol{R}_n^{1/2} & \boldsymbol{O}^{\mathrm{T}} \\ \hline \boldsymbol{G}_n\boldsymbol{R}_n^{1/2} & \boldsymbol{P}_{n|n}^{1/2} \end{array}\right] \tag{14.54}$$

最终得到式（14.54）。至此，我们就可区分两个值得仔细研究且定义明确的矩阵。

1. 前矩阵。该矩阵是式（14.54）中等号左侧的数值矩阵。它与 $\boldsymbol{\Theta}_n$ 相乘的目的是逐个元素地消去整个子矩阵 $\boldsymbol{B}_n\boldsymbol{P}_{n|n-1}^{1/2}$。测量矩阵 $\boldsymbol{B}_n$ 和测量噪声的协方差矩阵 $\boldsymbol{Q}_{v,n}$ 均是已知量。平方根 $\boldsymbol{P}_{n|n-1}^{1/2}$ 经数值更新后同样如此。因此，在时间 n，组成前矩阵的所有子矩阵均是已知的。
2. 后矩阵。该矩阵是式（14.54）中等号右侧的数值矩阵，是由前矩阵经正交旋转消去 $\boldsymbol{B}_n\boldsymbol{P}_{n|n-1}^{1/2}$ 后得到的下三角矩阵。特别地，前矩阵中包含的平方根 $\boldsymbol{Q}_{v,n}^{1/2}$ 产生了两个有用矩阵：
   - 矩阵 $\boldsymbol{R}_n^{1/2}$，表示新息过程 $\boldsymbol{\alpha}_n$ 的协方差矩阵的平方根。
   - 矩阵乘积 $\boldsymbol{G}_n\boldsymbol{R}_n^{1/2}$，用于卡尔曼增益的计算。

   另一个由计算后矩阵得到的重要矩阵是，滤波误差协方差矩阵的平方根 $\boldsymbol{P}_{n|n}^{1/2}$。

有了取自后矩阵的信息，就总结平方根协方差滤波算法中涉及的计算过程，详见表14.3。该算法是一个完整的递归循环，包括前矩阵到后矩阵的变换，以及参数的更新计算，参数的更新已在表14.3的第3项和第4项中分别列出。从表中可以清楚地看出，该算法确实在传播预测误差协方差矩阵的平方根 $\boldsymbol{P}_{n|n-1}^{1/2}$。

14.4.3 吉文斯旋转

至止，在用公式表述平方根协方差滤波算法时，更多关注的是通过消元法将前矩阵变换为下三角后矩阵，而忽略了如何确定正交矩阵 $\boldsymbol{\Theta}$。解决该问题的巧妙方法是利用吉文斯旋转法，按循序渐进的方式进行（Golub and Van Loan, 1996）。

表14.3　平方根滤波算法中的计算小结

1．已知参数：

过渡矩阵 $\boldsymbol{A}_{n+1,n}$；　　测量矩阵 $\boldsymbol{B}_n$

测量噪声的协方差矩阵 $\boldsymbol{Q}_{\nu,n}$；　　动态噪声的协方差矩阵 $\boldsymbol{Q}_{\omega,n}$

2．待更新的旧参数值：

状态的预测估计 $\hat{\boldsymbol{x}}_{n|n-1}$　　预测误差协方差矩阵的平方根 $\boldsymbol{P}_{n|n-1}^{1/2}$

3．将前矩阵变换为后矩阵的正交旋转：

$$\left[\begin{array}{c|c}\boldsymbol{Q}_{\nu,n}^{1/2} & \boldsymbol{B}_n\boldsymbol{P}_{n,n-1}^{1/2} \\ \hline \boldsymbol{O} & \boldsymbol{P}_{n|n-1}^{1/2}\end{array}\right]\boldsymbol{\Theta}_n=\left[\begin{array}{c|c}\boldsymbol{R}_n^{1/2} & \boldsymbol{O}^{\mathrm{T}} \\ \hline \boldsymbol{G}_n\boldsymbol{R}_n^{1/2} & \boldsymbol{P}_{n|n}^{1/2}\end{array}\right]$$

4．已更新参数：

$$\boldsymbol{G}_n=[\boldsymbol{G}_n\boldsymbol{R}_n^{1/2}][\boldsymbol{R}_n^{1/2}]^{-1},\ \boldsymbol{\alpha}_n=\boldsymbol{y}_n-\boldsymbol{B}_n\hat{\boldsymbol{x}}_{n|n-1},\ \hat{\boldsymbol{x}}_{n|n}=\hat{\boldsymbol{x}}_{n|n-1}+\boldsymbol{G}_n\boldsymbol{\alpha}_n,\ \hat{\boldsymbol{x}}_{n+1|n}=\boldsymbol{A}_{n+1|n}\hat{\boldsymbol{x}}_{n|n}$$

$$\boldsymbol{P}_{n|n}=\boldsymbol{P}_{n|n}^{1/2}[\boldsymbol{P}_{n|n}^{1/2}]^{\mathrm{T}},\ \boldsymbol{P}_{n+1|n}=[\boldsymbol{A}_{n+1|n}\boldsymbol{P}_{n|n}^{1/2}\ \vert\ \boldsymbol{Q}_{\omega,n}^{1/2}]\left[\begin{array}{c}\boldsymbol{P}_{n|n}^{\mathrm{T}/2}\boldsymbol{A}_{n+1|n}^{\mathrm{T}} \\ \hline \boldsymbol{Q}_{\omega,n}^{\mathrm{T}/2}\end{array}\right]$$

说明：在第4项中，中括号内的所有矩阵都取自后矩阵，且是已知的；书写已更新参数时使用了表14.2中的相关计算公式。

在这种方法中，正交矩阵 $\boldsymbol{\Theta}$ 表示为 N 个正交旋转的积：

$$\boldsymbol{\Theta}=\prod_{k=1}^{N}\boldsymbol{\Theta}_k$$

为简化表述，这里不考虑离散时间 n 。每个正交旋转都有如下特征。

1．$\boldsymbol{\Theta}_k$ 对角线上除4个关键元素外，其他元素均为1，非对角线上的元素均为0。

2．$\boldsymbol{\Theta}_k$ 的下标称为关键点，围绕关键点定位 $\boldsymbol{\Theta}_k$ 的4个关键元素。由上条特征可知，关键点总位于前矩阵的主对角线上。

3．$\boldsymbol{\Theta}_k$ 的关键元素中的两个为余弦参数，另外两个为正弦参数。为了详细介绍这些余弦参数的意义，现在假设消去前矩阵中的第 kl 个元素，其中 k 为行数，l 为列数。因此，对应的余弦参数（位于主对角线上）θ_{kk}和θ_{ll} 有相同的值。正弦参数（位于主对角线外）中的一个必须为负值，如下面的 2×2 维矩阵所示：

$$\begin{bmatrix}\theta_{kk} & \theta_{kl} \\ \theta_{lk} & \theta_{ll}\end{bmatrix}=\begin{bmatrix}c_k & -s_k \\ s_k & c_k\end{bmatrix}\tag{14.55}$$

4个参数均为实数，且满足以下约束：

$$c_k^2+s_k^2=1\text{，所有 }k\tag{14.56}$$

下面的例子说明将前矩阵变换为下三角后矩阵的具体步骤。

【例1】3×3 维前矩阵的吉文斯旋转

假设要将 3×3 维前矩阵 $\boldsymbol{X}$ 变换为 3×3 维下三角后矩阵 $\boldsymbol{Y}$ 。变换需经过如下三个步骤。

步骤1：写出

$$\underbrace{\left[\begin{array}{c|cc}x_{11} & x_{12} & x_{13} \\ \hline 0 & x_{22} & x_{23} \\ 0 & x_{32} & x_{33}\end{array}\right]}_{\text{第一步的前矩阵}}\underbrace{\left[\begin{array}{c|cc}c_1 & -s_1 & 0 \\ \hline s_1 & c_1 & 0 \\ 0 & 0 & 1\end{array}\right]}_{\text{第一次吉文斯旋转}}=\underbrace{\begin{bmatrix}u_{11} & u_{12} & u_{13} \\ u_{21} & u_{22} & u_{23} \\ u_{31} & u_{32} & u_{33}\end{bmatrix}}_{\text{第一步的后矩阵}}\tag{14.57}$$

前矩阵中的两个零元素源于式（14.54），且

$$u_{12}=-x_{11}s_1+x_{12}c_1$$

由于需要将 u_{12} 变换为0，因此需满足条件

$$s_1 = \frac{x_{12}}{x_{11}} c_1$$

利用 $c_1^2 + s_1^2 = 1$ 解出 c_1和s_1，定义式（14.57）中的第一个正交旋转：

$$c_1 = \frac{x_{11}}{\sqrt{x_{11}^2 + x_{12}^2}}, \quad s_1 = \frac{x_{12}}{\sqrt{x_{11}^2 + x_{12}^2}} \tag{14.58}$$

步骤2：计算

$$\underbrace{\begin{bmatrix} u_{11} & 0 & u_{13} \\ u_{21} & u_{22} & u_{23} \\ u_{31} & u_{32} & u_{33} \end{bmatrix}}_{\text{第二步的前矩阵}} \underbrace{\begin{bmatrix} c_2 & 0 & -s_2 \\ 0 & 1 & 0 \\ s_2 & 0 & c_2 \end{bmatrix}}_{\text{第二次吉文斯旋转}} = \underbrace{\begin{bmatrix} v_{11} & 0 & v_{13} \\ v_{21} & v_{22} & v_{23} \\ v_{31} & v_{32} & v_{33} \end{bmatrix}}_{\text{第二步的后矩阵}} \tag{14.59}$$

式中，$v_{13} = -u_{11}s_2 + u_{13}c_2$。由于希望将 v_{13} 变换为0，因此需满足条件

$$s_2 = \frac{u_{13}}{u_{11}} c_2$$

利用 $c_2^2 + s_2^2 = 1$ 解出 s_2和c_2，定义式（14.59）中的第二个正交旋转：

$$c_2 = \frac{u_{11}}{\sqrt{u_{11}^2 + u_{13}^2}}, \quad s_2 = \frac{u_{13}}{\sqrt{u_{11}^2 + u_{13}^2}} \tag{14.60}$$

步骤3：写出

$$\underbrace{\begin{bmatrix} v_{11} & 0 & 0 \\ v_{21} & v_{22} & v_{23} \\ v_{31} & v_{32} & v_{33} \end{bmatrix}}_{\text{第三步的前矩阵}} \underbrace{\begin{bmatrix} 1 & 0 & 0 \\ 0 & c_3 & -s_3 \\ 0 & s_3 & c_3 \end{bmatrix}}_{\text{第三次吉文斯旋转}} = \underbrace{\begin{bmatrix} y_{11} & 0 & 0 \\ y_{21} & y_{22} & y_{23} \\ y_{31} & y_{32} & y_{33} \end{bmatrix}}_{\text{第三步的后矩阵}} \tag{14.61}$$

式中，$y_{23} = -v_{22}s_3 + v_{23}c_3$。由于希望将 y_{23} 变换为0，因此需满足条件

$$s_3 = \frac{v_{23}}{v_{22}} c_3$$

利用 $s_3^2 + c_3^2 = 1$ 解出 s_3和c_3，定义式（14.61）中的第三个正交旋转：

$$c_3 = \frac{v_{22}}{\sqrt{v_{22}^2 + v_{23}^2}}, \quad s_3 = \frac{v_{23}}{\sqrt{v_{22}^2 + v_{23}^2}} \tag{14.62}$$

上述三步变换的最终乘积是下面的下三角后矩阵：

$$\boldsymbol{Y} = \begin{bmatrix} y_{11} & 0 & 0 \\ y_{21} & y_{22} & 0 \\ y_{31} & y_{32} & y_{33} \end{bmatrix}$$

这正是期望的结果。

14.5 扩展卡尔曼滤波器

14.3节讨论的卡尔曼滤波器问题，涉及由式（14.4）和式（14.5）的线性状态空间模型描述的对动态系统进行状态估计的问题。然而，若动态系统如式（14.7）和式（14.8）定义的那样是非线性的且服从高斯分布，则可通过线性化系统的非线性空间状态模型的方法来扩展卡尔曼滤波器的应用范围。由此产生的状态估计器相应地称为扩展卡尔曼滤波器。这一扩展是可行的，因为在离散时间系统中，卡尔曼滤波器是用差分方程来描述的。

为了给卡尔曼滤波器扩展奠定基础，我们首先对定义卡尔曼滤波器的公式做一些小改动，使其更适合现在的讨论。

14.5.1 卡尔曼滤波器的重构

首先，我们应用式（14.9）和式（14.18）将新息过程重新定义为

$$\boldsymbol{\alpha}_n = \boldsymbol{y}_n - \boldsymbol{b}_n(\hat{\boldsymbol{x}}_{n|n-1}) \tag{14.63}$$

接着，我们做出如下观察：假设得到的不是用于推导卡尔曼滤波器的式（14.4）和式（14.5）的状态方程，而是以下状态空间模型的替换形式：

$$\boldsymbol{x}_{n+1} = \boldsymbol{A}_{n+1,n}\boldsymbol{x}_n + \boldsymbol{\omega}_n + \boldsymbol{\xi}_n \tag{14.64}$$

$$\boldsymbol{y}_n = \boldsymbol{B}_n\boldsymbol{x}_n + \boldsymbol{v}_n \tag{14.65}$$

式（14.65）给出的测量模型和式（14.5）给出的模型完全相同。然而，式（14.64）和式（14.4）描述的状态空间模型的主要不同是引入了新参数 $\boldsymbol{\xi}_n$，且假设它是已知（非随机）向量。在这种情况下，卡尔曼滤波方程依然适用，只是对式（14.32）做了修改，其形式如下：

$$\hat{\boldsymbol{x}}_{n+1|n} = \boldsymbol{A}_{n+1,n}\hat{\boldsymbol{x}}_{n|n} + \boldsymbol{\xi}_n \tag{14.66}$$

这一修改是接下来讨论扩展卡尔曼滤波器的需要。

14.5.2 推导扩展卡尔曼滤波器的预备步骤

如前所述，扩展卡尔曼滤波器（EKF）是一个近似解，它可将卡尔曼滤波思想扩展到非线性状态空间模型（Jazwinski, 1970; Maybeck, 1982）。这里考虑的非线性状态空间模型为式（14.7）和式（14.8）描述的形式，再次列出只是为了表述方便：

$$\boldsymbol{x}_{n+1} = \boldsymbol{a}_n(\boldsymbol{x}_n) + \boldsymbol{\omega}_n \tag{14.67}$$

$$\boldsymbol{y}_n = \boldsymbol{b}_n(\boldsymbol{x}_n) + \boldsymbol{v}_n \tag{14.68}$$

与之前一样，动态噪声 $\boldsymbol{\omega}_n$ 和测量噪声 $\boldsymbol{v}_n$ 是无关的，且是均值为零的高斯噪声过程，它们的协方差矩阵分别为$\boldsymbol{Q}_{\omega,n}$和$\boldsymbol{Q}_{v,n}$。此外，非线性模型可能随时间变化，这种变化由向量函数 $\boldsymbol{a}_n(\cdot)$和$\boldsymbol{b}_n(\cdot)$ 的下标 n 表示。

扩展卡尔曼滤波器（EKF）的基本思想是，在每个时刻，围绕最近的状态估计结果，线性化式（14.67）和式（14.68）中描述的状态空间模型。该估计可能是滤波估计或预测估计，具体取决于线性化过程中哪种估计起作用。一旦得到线性化模型，就可使用卡尔曼滤波器的相关公式。

这个近似过程分为如下两阶段。

14.5.3 阶段1 构建新矩阵

通过求偏微分，可得如下两个矩阵：

$$\boldsymbol{A}_{n+1,n} = \left.\frac{\partial \boldsymbol{a}_n(\boldsymbol{x})}{\partial \boldsymbol{x}}\right|_{\boldsymbol{x}=\hat{\boldsymbol{x}}_{n|n}} \tag{14.69}$$

$$\boldsymbol{B}_n = \left.\frac{\partial \boldsymbol{b}_n(\boldsymbol{x})}{\partial \boldsymbol{x}}\right|_{\boldsymbol{x}=\hat{\boldsymbol{x}}_{n|n-1}} \tag{14.70}$$

具体来说，转移矩阵 $\boldsymbol{A}_{n+1,n}$ 的第 ij 个元素等于向量函数 $\boldsymbol{a}_n(\boldsymbol{x})$ 的第 i 个分量对向量 $\boldsymbol{x}$ 的第 j 个分量的偏微分。同样，测量矩阵 $\boldsymbol{B}_n$ 的第 ij 个元素等于向量函数 $\boldsymbol{b}_n(\boldsymbol{x})$ 的第 i 个分量对向量 $\boldsymbol{x}$ 的第 j 个分量的偏微分。前者在滤波状态为 $\hat{\boldsymbol{x}}_{n|n}$ 时计算，后者在预测估计为 $\hat{\boldsymbol{x}}_{n|n-1}$ 时计算。当 $\hat{\boldsymbol{x}}_{n|n}$ 和 $\hat{\boldsymbol{x}}_{n|n-1}$ 已知时，$\boldsymbol{A}_{n+1,n}$ 和 $\boldsymbol{B}_n$ 均可计算。

【例2】二维非线性模型

考虑一个由如下二维非线性状态空间模型描述的动态系统：

$$\begin{bmatrix} x_{1,n+1} \\ x_{2,n+1} \end{bmatrix} = \begin{bmatrix} x_{1,n} + x_{2,n}^2 \\ nx_{1,n} - x_{1,n}x_{2,n} \end{bmatrix} + \begin{bmatrix} \omega_{1,n} \\ \omega_{2,n} \end{bmatrix}; \quad y_n = x_{1,n}x_{2,n}^2 + v_n$$

在本例中，有

$$\boldsymbol{a}_n(\boldsymbol{x}_n) = \begin{bmatrix} x_{1,n} + x_{2,n}^2 \\ nx_{1,n} - x_{1,n}x_{2,n} \end{bmatrix}, \qquad \boldsymbol{b}_n(\boldsymbol{x}_n) = x_{1,n}x_{2,n}^2$$

应用式（14.69）和式（14.70）得

$$\boldsymbol{A}_{n+1,n} = \begin{bmatrix} 1 & 2\hat{x}_{2,n|n} \\ n - \hat{x}_{2,n|n} & -\hat{x}_{1,n|n} \end{bmatrix}, \quad \boldsymbol{B}_n = [\hat{x}_{2,n|n-1}^2 \quad 2\hat{x}_{1,n|n-1}\hat{x}_{2,n|n-1}]$$

14.5.4　阶段2　空间模型线性化

构建转移矩阵 $\boldsymbol{A}_{n+1,n}$ 和测量矩阵 $\boldsymbol{B}_n$ 后，就可围绕状态估计 $\hat{\boldsymbol{x}}_{n+1,n}$ 和 $\hat{\boldsymbol{x}}_{n|n}$ 对非线性函数 $\boldsymbol{a}_n(\boldsymbol{x}_n)$ 和 $\boldsymbol{b}_n(\boldsymbol{x}_n)$ 做一阶泰勒近似。具体来说，

$$\boldsymbol{a}_n(\boldsymbol{x}_n) \approx \boldsymbol{a}_n(\hat{\boldsymbol{x}}_{n|n}) + \boldsymbol{A}_{n+1,n}[\boldsymbol{x}_n - \hat{\boldsymbol{x}}_{n|n}] \tag{14.71}$$

$$\boldsymbol{b}_n(\boldsymbol{x}_n) \approx \boldsymbol{b}_n(\hat{\boldsymbol{x}}_{n|n-1}) + \boldsymbol{B}_n[\boldsymbol{x}_n - \hat{\boldsymbol{x}}_{n|n-1}] \tag{14.72}$$

使用上述近似表示，现在可近似式（14.64）和式（14.65）中的非线性状态方程。近似结果为

$$\boldsymbol{x}_{n+1} \approx \boldsymbol{A}_{n+1,n}\boldsymbol{x}_n + \boldsymbol{\omega}_n + \boldsymbol{\xi}_n \tag{14.73}$$

$$\overline{\boldsymbol{y}}_n \approx \boldsymbol{B}_n\boldsymbol{x}_n + \boldsymbol{v}_n \tag{14.74}$$

式中引入了两个新量：系统模型中的 $\boldsymbol{\xi}_n$ 和测量模型中的 $\overline{\boldsymbol{y}}_n$。二者的定义如下：

$$\boldsymbol{\xi}_n = \boldsymbol{a}_n(\hat{\boldsymbol{x}}_{n|n}) - \boldsymbol{A}_{n+1,n}\hat{\boldsymbol{x}}_{n|n} \tag{14.75}$$

$$\overline{\boldsymbol{y}}_n = \boldsymbol{y}_n - [\boldsymbol{b}_n(\hat{\boldsymbol{x}}_{n|n-1}) - \boldsymbol{B}_n\hat{\boldsymbol{x}}_{n|n-1}] \tag{14.76}$$

式中，$\boldsymbol{a}_n(\hat{\boldsymbol{x}}_{n|n})$ 和 $\boldsymbol{b}_n(\hat{\boldsymbol{x}}_{n|n-1})$ 分别是给定非线性函数 $\boldsymbol{a}_n(\boldsymbol{x}_n)$ 和 $\boldsymbol{b}_n(\boldsymbol{x}_n)$ 在 $\boldsymbol{x}_n = \hat{\boldsymbol{x}}_{n|n}$ 和 $\boldsymbol{x}_n = \hat{\boldsymbol{x}}_{n|n-1}$ 处的估计值。若式（14.69）中给出的 $\boldsymbol{A}_{n+1,n}$ 是已知的，则新引入项 $\boldsymbol{\xi}_n$ 对任意时刻 n 都是已知的，这就证实了先前观察的有效性。同理，根据式（14.70），$\boldsymbol{B}_n$ 是已知的，所以第二个新引入项 $\overline{\boldsymbol{y}}_n$ 对任意时刻 n 都是已知的。因此，可将 $\overline{\boldsymbol{y}}_n$ 视为线性化模型在 n 时刻的有效观测向量。

14.5.5　扩展卡尔曼滤波器的推导

式（14.73）和式（14.74）所描述的近似状态空间模型，是与式（14.64）和式（14.65）所描述的具有相似数学表达形式的线性模型。二者的细微差别在于，为了线性化模型，式（14.65）中的观测值 $\boldsymbol{y}(n)$ 由新观测值 $\overline{\boldsymbol{y}}_n$ 替代。考虑到这一目标，预先给出了式（14.64）和式（14.65）的状态空间模型。

因此，只需根据表14.4中的描述，对表14.2中卡尔滤波器的第二个公式和第四个公式进行相应的修改，即可得到扩展卡尔曼滤波器（EKF）的公式。

14.5.6　关于扩展卡尔曼滤波器的总结性评价

扩展卡尔曼滤波器在非线性状态估计领域受到广泛关注，原因有二：

1．它以卡尔曼滤波理论的框架为基础，有较强的理论依据。

2．它相对简单易懂，可直接投入实际应用，且已有较长的应用历史。

然而，它也有两个基本缺点，往往会限制其实用性：

1．为使扩展卡尔滤波器的功能令人满意，状态空间模型的非线性必须是温和的，以满足一阶

泰勒级数展开的条件，这是扩展卡尔曼滤波器的理论基础。

2．扩展卡尔曼滤波器的实现需要非线性动态系统的状态空间模型的一阶偏导数（如雅可比矩阵）的相关知识。然而，这些内容尚处于研究阶段，在许多实际应用中，雅可比矩阵的计算是不可取的，或者是根本不可行的。

为了消除扩展卡尔曼滤波器的局限性，有必要先介绍贝叶斯状态估计法。

表14.4 扩展卡尔曼滤波器小结

输入过程：

观测值 $\{\boldsymbol{y}_1, \boldsymbol{y}_2, \cdots, \boldsymbol{y}_n\}$

已知参数：

非线性状态向量函数 $\boldsymbol{a}_n(\boldsymbol{x}_n)$； 非线性测量向量函数 $\boldsymbol{b}_n(\boldsymbol{x}_n)$

过程噪声向量的协方差矩阵 $=\boldsymbol{Q}_{\omega,n}$； 测量噪声向量的协方差矩阵 $\boldsymbol{Q}_{v,n}$

计算： $n=1,2,3,\cdots$

$$\boldsymbol{G}_n = \boldsymbol{P}_{n,n-1}\boldsymbol{B}_n^{\mathrm{T}}[\boldsymbol{B}_n\boldsymbol{P}_{n,n-1}\boldsymbol{B}_n^{\mathrm{T}} + \boldsymbol{Q}_{v,n}]^{-1}, \quad \boldsymbol{\alpha}_n = \boldsymbol{y}_n - \boldsymbol{b}_n(\hat{\boldsymbol{x}}_{n|n-1}), \quad \hat{\boldsymbol{x}}_{n|n} = \hat{\boldsymbol{x}}_{n|n-1} + \boldsymbol{G}_n\boldsymbol{\alpha}_n$$

$$\hat{\boldsymbol{x}}_{n+1|n} = \boldsymbol{a}_n(\hat{\boldsymbol{x}}_{n|n}), \quad \boldsymbol{P}_{n|n} = \boldsymbol{P}_{n|n-1} - \boldsymbol{G}_n\boldsymbol{B}_n\boldsymbol{P}_{n|n-1}, \quad \boldsymbol{P}_{n+1|n} = \boldsymbol{A}_{n+1,n}\boldsymbol{P}_{n|n}\boldsymbol{A}_{n+1,n}^{\mathrm{T}} + \boldsymbol{Q}_{\omega,n}$$

说明： 1．线性化矩阵 $\boldsymbol{A}_{n+1,n}$ 和 $\boldsymbol{B}_n$ 是由非线性函数 $\boldsymbol{a}_n(\boldsymbol{x}_n)$ 和 $\boldsymbol{b}_n(\boldsymbol{x}_n)$ 分别用式（14.69）和式（14.70）计算得到的。2．$\boldsymbol{a}_n(\hat{\boldsymbol{x}}_{n|n})$ 和 $\boldsymbol{b}_n(\hat{\boldsymbol{x}}_{n|n-1})$ 是通过将非线性向量函数 $\boldsymbol{a}_n(\boldsymbol{x}_n)$ 和 $\boldsymbol{b}_n(\boldsymbol{x}_n)$ 中的状态 $\boldsymbol{x}_n$ 分别替换为滤波状态估计 $\hat{\boldsymbol{x}}_{n|n}$ 和预测状态估计 $\hat{\boldsymbol{x}}_{n|n-1}$ 得到的。3．观察表14.4的迭代顺序，就可知道用式（14.69）和式（14.70）描述的方式为 $\boldsymbol{A}_{n+1,n}$ 和 $\boldsymbol{B}_n$ 赋值的原因。

初始条件：

$$\hat{\boldsymbol{x}}_{1|0} = \mathbb{E}[\boldsymbol{x}_1], \quad \boldsymbol{P}_{1,0} = \mathbb{E}[(\boldsymbol{x}_1 - \mathbb{E}[\boldsymbol{x}_1])(\boldsymbol{x}_1 - \mathbb{E}[\boldsymbol{x}_1])^{\mathrm{T}}] = \boldsymbol{\Pi}_0$$

式中，$\boldsymbol{\Pi}_0 = \delta^{-1}\boldsymbol{I}$，$\delta$ 是一个小的正常数，$\boldsymbol{I}$ 是单位矩阵。

14.6 贝叶斯滤波器

利用贝叶斯滤波器求解动态系统的状态估计问题（无论是线性的还是非线性的）时，至少在概念上为顺序状态估计提供了统一的框架。

显然，概率原理是解决状态估计问题的贝叶斯方法的核心。为便于表示，下面用“分布”一词表示概率密度函数。此外，参照式（14.1）中的系统（状态）模型和式（14.2）中的观测模型，使用如下标记：

$\boldsymbol{Y}_n$　观测值序列，表示为 $\{\boldsymbol{y}_i\}_{i=1}^n$。

$p(\boldsymbol{x}_n|\boldsymbol{Y}_{n-1})$　给定整个观测序列直到并且包括 $\boldsymbol{y}_{n-1}$ 时，当前时刻 n 状态 $\boldsymbol{x}_n$ 的先验分布。

$p(\boldsymbol{x}_n|\boldsymbol{Y}_n)$　给定整个观测序列直到并且包括当前时刻 n 时，当前状态 $\boldsymbol{x}_n$ 的后验分布，该分布一般称为“后验分布”。

$p(\boldsymbol{x}_n|\boldsymbol{x}_{n-1})$　给定最近的过去态 $\boldsymbol{x}_{n-1}$，当前状态 $\boldsymbol{x}_n$ 的过渡态分布；该分布一般称为“过渡先验分布”或“先验分布”。

$l(\boldsymbol{y}_n|\boldsymbol{x}_n)$　给定当前状态 $\boldsymbol{x}_n$，当前观测值 $\boldsymbol{y}_n$ 的似然函数。

为了推导贝叶斯滤波器，唯一的假设是状态的变化服从马尔可夫过程；这一假设也隐含在卡尔曼滤波器的公式及其变体中。基本上，该假设结合了如下两个条件：

1．给定状态序列 $\boldsymbol{x}_0, \boldsymbol{x}_1, \cdots, \boldsymbol{x}_{n-1}, \boldsymbol{x}_n$，通过状态过渡分布 $p(\boldsymbol{x}_n|\boldsymbol{x}_{n-1})$，当前状态 $\boldsymbol{x}_n$ 仅取决于最近的状态 $\boldsymbol{x}_{n-1}$。初始状态 $\boldsymbol{x}_0$ 是分布式的，依据是

$$p(\boldsymbol{x}_0|\boldsymbol{y}_0) = p(\boldsymbol{x}_0)$$

2．观测值 $\boldsymbol{y}_1, \boldsymbol{y}_2, \cdots, \boldsymbol{y}_n$ 有条件依赖于相应的状态 $\boldsymbol{x}_1, \boldsymbol{x}_2, \cdots, \boldsymbol{x}_n$，这一假设意味着观测值的条件

联合似然函数（如所有观测值的联合分布，直到并且包括 n 时刻的状态）为

$$l(\boldsymbol{y}_1,\boldsymbol{y}_2,\cdots,\boldsymbol{y}_n\mid\boldsymbol{x}_1,\boldsymbol{x}_2,\cdots,\boldsymbol{x}_n)=\prod_{i=1}^{n}l(\boldsymbol{y}_i\mid\boldsymbol{x}_i) \tag{14.77}$$

后验分布 $p(\boldsymbol{x}_n\mid\boldsymbol{Y}_n)$ 在贝叶斯分析中至关重要，它包含 n 时刻已接收整个观测序列 $\boldsymbol{Y}_n$ 时关于状态 $\boldsymbol{x}_n$ 的全部知识。因此，$p(\boldsymbol{x}_n\mid\boldsymbol{Y}_n)$ 包含所有状态估计的必要信息。假设我们要求出状态 $\boldsymbol{x}_n$ 满足最小均方误差（MMSE）时的最优滤波估计；根据贝叶斯估计，期望的解是

$$\hat{\boldsymbol{x}}_{n|n}=\mathbb{E}_p[\boldsymbol{x}_n\mid\boldsymbol{Y}_n]=\int\boldsymbol{x}_n p(\boldsymbol{x}_n\mid\boldsymbol{Y}_n)\mathrm{d}\boldsymbol{x}_n \tag{14.78}$$

相应地，为了评估滤波估计 $\hat{\boldsymbol{x}}_{n|n}$ 的精度，计算协方差矩阵

$$\boldsymbol{P}_{n|n}=\mathbb{E}_p[(\boldsymbol{x}_n-\hat{\boldsymbol{x}}_{n|n})(\boldsymbol{x}_n-\hat{\boldsymbol{x}}_{n|n})^{\mathrm{T}}]=\int(\boldsymbol{x}_n-\hat{\boldsymbol{x}}_{n|n})(\boldsymbol{x}_n-\hat{\boldsymbol{x}}_{n|n})^{\mathrm{T}}p(\boldsymbol{x}_n\mid\boldsymbol{Y}_n)\mathrm{d}\boldsymbol{x}_n \tag{14.79}$$

因为计算效率是令人关注的因素，所以有必要采用递归方式计算滤波估计 $\hat{\boldsymbol{x}}_{n|n}$ 和相关的参数。假设我们有 $n-1$ 时刻状态 $\boldsymbol{x}_{n-1}$ 的后验分布 $p(\boldsymbol{x}_{n-1}\mid\boldsymbol{Y}_{n-1})$，那么 n 时刻该状态的后验分布的更新值可由如下两个基本的时间步产生。

1． 时间更新，包括给定观测序列 $\boldsymbol{Y}_{n-1}$，计算 $\boldsymbol{x}_n$ 的预测分布，如下所示：

$$\underbrace{p(\boldsymbol{x}_n\mid\boldsymbol{Y}_{n-1})}_{\text{预测分布}}=\int\underbrace{p(\boldsymbol{x}_n\mid\boldsymbol{x}_{n-1})}_{\text{先验分布}}\underbrace{p(\boldsymbol{x}_{n-1}\mid\boldsymbol{Y}_{n-1})}_{\text{旧的后验分布}}\mathrm{d}\boldsymbol{x}_{n-1} \tag{14.80}$$

根据概率论中的基本定理，该公式的证明如下：旧后验分布 $p(\boldsymbol{x}_{n-1}\mid\boldsymbol{Y}_{n-1})$ 和先验分布 $p(\boldsymbol{x}_n\mid\boldsymbol{x}_{n-1})$ 相乘，得到旧状态 $\boldsymbol{x}_{n-1}$ 和当前状态 $\boldsymbol{x}_n$ 在 $\boldsymbol{Y}_{n-1}$ 条件下的联合分布。这个联合分布对 $\boldsymbol{x}_{n-1}$ 积分，得到预测分布 $p(\boldsymbol{x}_n\mid\boldsymbol{Y}_{n-1})$。

2． 测量更新，利用包含在新观测值 $\boldsymbol{y}_n$ 中当前状态 $\boldsymbol{x}_n$ 的信息计算更新的后验分布 $p(\boldsymbol{x}_n\mid\boldsymbol{Y}_n)$。特别地，对预测分布 $p(\boldsymbol{x}_n\mid\boldsymbol{Y}_{n-1})$ 运用贝叶斯定理得

$$\underbrace{p(\boldsymbol{x}_n\mid\boldsymbol{Y}_n)}_{\text{更新的后验分布}}=\frac{1}{Z_n}\underbrace{p(\boldsymbol{x}_n\mid\boldsymbol{Y}_{n-1})}_{\text{预测分布}}\underbrace{l(\boldsymbol{y}_n\mid\boldsymbol{x}_n)}_{\text{似然函数}} \tag{14.81}$$

式中，

$$Z_n=p(\boldsymbol{y}_n\mid\boldsymbol{Y}_{n-1})=\int l(\boldsymbol{y}_n\mid\boldsymbol{x}_n)p(\boldsymbol{x}_n\mid\boldsymbol{Y}_{n-1})\mathrm{d}\boldsymbol{x}_n \tag{14.82}$$

是归一化常数（也称配分函数），用于确保后验分布 $p(\boldsymbol{x}_n\mid\boldsymbol{Y}_n)$ 多维曲线下的总体积是1。归一化常数序列 $\{Z_i\}_{i=1}^{n}$ 产生相应观测序列 $\{\boldsymbol{Y}_i\}_{i=1}^{N}$ 的联合对数似然函数，如下所示：

$$\log(p(\boldsymbol{y}_1,\boldsymbol{y}_2,\cdots,\boldsymbol{y}_n))=\sum_{i=1}^{n}\log(Z_i) \tag{14.83}$$

式（14.80）和式（14.83）都是前述马尔可夫假设的推论。

在整个贝叶斯模型的计算过程中，时间更新和测量更新都在每个时间步中进行。实际上，它们构成了计算的递归或循环，如图14.4所示；为表示方便，省略了 Z_n。

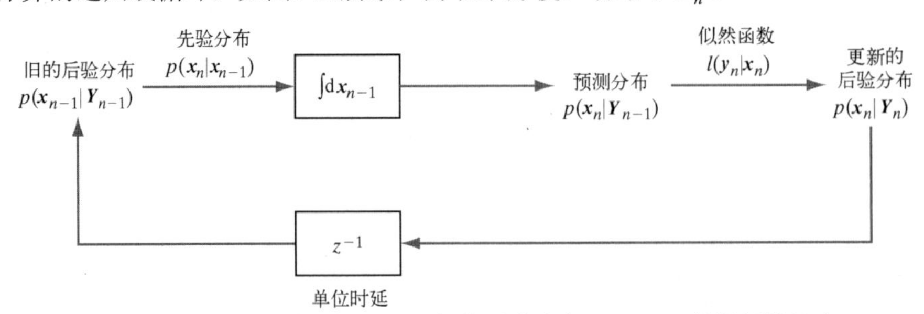

图14.4　贝叶斯滤波器框图，更新的后验分布 $p(\boldsymbol{x}_n\mid\boldsymbol{Y}_n)$ 是期望的输出

14.6.1 近似贝叶斯滤波

理论上，图14.4所示的贝叶斯滤波器是最优的，它有两个有趣的性质：

1．模型传播后验分布 $p(\boldsymbol{x}_n \mid \boldsymbol{Y}_n)$，以递归方式运行。

2．从整个观测过程 $\boldsymbol{Y}_n$ 中提取的关于状态 $\boldsymbol{x}_n$ 的模型知识，完全包含在后验分布 $p(\boldsymbol{x}_n \mid \boldsymbol{Y}_n)$ 中。

将该分布作为关注点，就为滤波目标奠定了基础。具体地说，考虑状态 $\boldsymbol{x}_n$ 的任意函数 $h(\boldsymbol{x}_n)$。在实际滤波应用中，感兴趣的是对函数 $h(\boldsymbol{x}_n)$ 的重要特征进行在线估计。这些特征体现在贝叶斯估计器中，由函数 $h(\boldsymbol{x}_n)$ 的总体均值定义，即

$$\bar{h}_n = \mathbb{E}_p[h(\boldsymbol{x}_n)] = \int \underbrace{h(\boldsymbol{x}_n)}_{\text{任意函数}} \underbrace{p(\boldsymbol{x}_n \mid \boldsymbol{Y}_n)}_{\text{后验分布}} \mathrm{d}\boldsymbol{x}_n \tag{14.84}$$

式中，$\mathbb{E}_p$ 是关于后验分布 $p(\boldsymbol{x}_n \mid \boldsymbol{Y}_n)$ 的期望，适用于线性或非线性动态系统。式（14.84）包括用于状态滤波估计的式（14.78）和用于协方差矩阵估计的式（14.79）这两个特例，说明了贝叶斯模型的统一框架。对式（14.78）有 $h(\boldsymbol{x}_n) = \boldsymbol{x}_n$，对式（14.79）有

$$h(\boldsymbol{x}_n) = (\boldsymbol{x}_n - \hat{\boldsymbol{x}}_{n|n})(\boldsymbol{x}_n - \hat{\boldsymbol{x}}_{n|n})^{\mathrm{T}}$$

式中，h 是一个向量函数。

对于由式（14.4）和式（14.5）中的线性高斯模型描述的动态系统的特例，式（14.80）中的递归解是通过卡尔曼滤波器精确实现的，详见习题14.10。然而，当动态系统是非线性系统或非高斯系统时，或者既非线性系统又非高斯系统时，构成式（14.84）的被积函数的生成分布不再服从高斯分布，导致计算最优贝叶斯估计量 $\bar{h}_n$ 变得困难。在后一种情况下，只能放弃贝叶斯最优，而寻求一种易于计算的近似估计量。

因此，可以正式提出非线性滤波目标，即

> 若给定 n 时刻关于式（14.7）和式（14.8）中的非线性状态空间模型的整个观测序列 $\boldsymbol{Y}_n$，则可推导出式（14.84）描述的贝叶斯估计量 $\bar{h}(\boldsymbol{x}_n)$ 的近似实现，前提是满足下面的两个实际需求：① 计算的合理性；② 递归的可实现性。

通过近似贝叶斯滤波器得到非线性滤波问题局部最优解的方法有两种，具体取决于近似方式：

1．后验分布的直接数值近似。非线性滤波的这种直接方法的基本原理小结如下：

> 一般来说，从局部观点看，相对于近似表征滤波器系统（状态）模型特征的非线性函数，直接近似后验分布 $p(\boldsymbol{x}_n \mid \boldsymbol{Y}_n)$ 更容易。

具体而言，若给定包含 n 时刻的全部观测值，则可在点 $\boldsymbol{x}_n = \hat{\boldsymbol{x}}_{n|n}$ 附近局部近似后验分布 $p(\boldsymbol{x}_n \mid \boldsymbol{Y}_n)$，其中 $\hat{\boldsymbol{x}}_{n|n}$ 是状态 $\boldsymbol{x}_n$ 的滤波估计；强调局部的原因是，可使设计的滤波器计算上简单且快速。近似的目的是方便卡尔曼滤波器理论的后续应用。事实上，广泛使用的扩展卡尔曼滤波器是直接使用数值方法来近似贝叶斯滤波的例子。重要的是，14.7节中将介绍一种新的近似贝叶斯滤波器，称为容积卡尔曼滤波器，它比扩展卡尔曼滤波器更强大。

2．后验分布的间接数值近似。这种方法的基本原理小结如下：

> 从全局观点看，使用蒙特卡罗模拟可求后验分布 $p(\boldsymbol{x}_n \mid \boldsymbol{Y}_n)$ 的间接近似，使得非线性滤波的贝叶斯框架计算上易于处理。

将在14.8节讨论的粒子滤波器是第二种非线性滤波方法的一个例子。确切地说，粒子滤波器依赖于序贯蒙特卡罗（SMC）方法，该方法使用一组随机抽取的具有相关权重的样本来近似后验分布 $p(\boldsymbol{x}_n \mid \boldsymbol{Y}_n)$。在模拟过程中，随着所用样本数的增加，后验分布的蒙特卡罗计算变得越来越精确，这是理想的目标。然而，样本数的增加会使得SMC方法的计算成本

升高。换句话说，它是用计算代价换取滤波精度的提高的。

由以上的简短讨论可以看出，近似贝叶斯滤波的局部直接法基于卡尔曼滤波器理论，而全局间接法则从卡尔曼滤波理论出发，另辟蹊径。一般来说，非线性滤波的全局间接法与局部直接法相比，计算上的要求更高。

14.7 容积卡尔曼滤波器：基于卡尔曼滤波器

我们现在知道当所有条件分布都假设为高斯分布时，贝叶斯滤波器计算上是可行的。在这种特殊情况下，贝叶斯滤波器的近似计算可简化为计算一个特殊滤波器的多维积分，即

非线性函数×高斯函数

具体地说，给定一个关于向量 $\boldsymbol{x} \in \mathbb{R}^M$ 的任意非线性函数 $f(\boldsymbol{x})$ 并使用高斯函数，考虑积分

$$h(\boldsymbol{f}) = \int_{\mathbb{R}^M} \underbrace{f(\boldsymbol{x})}_{\text{任意函数}} \underbrace{\exp(-\boldsymbol{x}^{\mathrm{T}}\boldsymbol{x})}_{\text{高斯函数}} \mathrm{d}\boldsymbol{x} \tag{14.85}$$

它是在直角坐标系中定义的。对于非线性函数 $h(\boldsymbol{f})$ 的数值近似，建议使用三阶球面径向容积法则（Stroud, 1971; Cools, 1997）。该容积法则是通过迫使容积点服从某种形式的对称性构建的。这样，求解非线性方程组得到一组期望的权重和容积点的复杂度就会显著降低。在详细介绍容积法之前，先引入一些记号和定义：

- 用 $\mathcal{D}$ 表示积分区域，若满足以下两个条件，则定义在 $\mathcal{D}$ 上的加权函数 $w(\boldsymbol{x})$ 完全对称：
  1．$\boldsymbol{x} \in \mathcal{D}$ 说明 $\boldsymbol{y} \in \mathcal{D}$，其中 $\boldsymbol{y}$ 是从 $\boldsymbol{x}$ 得到的任意一点，通过交换和改变 $\boldsymbol{x}$ 坐标的符号得到。
  2．在 $\mathcal{D}$ 上有 $w(\boldsymbol{x}) = w(\boldsymbol{y})$。
- 在完全对称的区域中，若满足以下条件，则将点 $\boldsymbol{u}$ 称为生成器：$\boldsymbol{u} = (u_1, u_2, \cdots, u_r, 0, \cdots, 0) \in \mathbb{R}^M$，其中 $u_i \geqslant u_{i+1} > 0$，$i = 1, 2, \cdots, (r-1)$。
- 用 $[u_1, u_2, \cdots, u_r]$ 表示通过交换和改变生成器 $\boldsymbol{u}$ 的符号的所有方式得到的整个点集。为简化起见，我们在记法中消除 $n-r$ 个零节点。譬如，$[1] = \mathbb{R}^2$ 表示以下点集：

$$\left\{\begin{pmatrix}1\\0\end{pmatrix}, \begin{pmatrix}0\\1\end{pmatrix}, \begin{pmatrix}-1\\0\end{pmatrix}, \begin{pmatrix}0\\-1\end{pmatrix}\right\}$$

- 用记号 $[u_1, u_2, \cdots, u_r]_i$ 表示生成器 $\boldsymbol{u}$ 的第 i 个点。

14.7.1 转换为球面径向积分

这个转换过程中的关键步骤是变量变化，即将笛卡儿向量 $\boldsymbol{x} \in \mathbb{R}^M$ 转换为由半径 r 和方向向量 $\boldsymbol{z}$ 定义的球面径向向量：

令 $\boldsymbol{x} = r\boldsymbol{z}, \boldsymbol{z}^{\mathrm{T}}\boldsymbol{z} = 1$，使得对 $r \in [0, \infty)$ 有 $\boldsymbol{x}^{\mathrm{T}}\boldsymbol{x} = r^2$。

于是，式（14.85）中的积分就可改写为球面径向坐标系下的二重积分：

$$h(\boldsymbol{f}) = \int_0^{\infty} \int_{\mathcal{U}_M} \boldsymbol{f}(r\boldsymbol{z}) r^{M-1} \exp(-r^2) \mathrm{d}\sigma(\boldsymbol{z}) \mathrm{d}r \tag{14.86}$$

式中，$\mathcal{U}_M$ 是由 $\mathcal{U}_M = \{\boldsymbol{z}; \boldsymbol{z}^{\mathrm{T}}\boldsymbol{z} = 1\}$ 定义的区域，$\sigma(\cdot)$ 是如下积分中 $\mathcal{U}_M$ 上的球面度量：

$$S(r) = \int_{\mathcal{U}_M} \boldsymbol{f}(r\boldsymbol{z}) \mathrm{d}\sigma(\boldsymbol{z}) \tag{14.87}$$

式（14.87）中的积分是根据球面法则数值计算得出的。计算出 $S(r)$ 后，径向积分

$$h = \int_0^\infty S(r) r^{M-1} \exp(-r^2) \mathrm{d}r \tag{14.88}$$

就可用高斯求积法计算。然后，由式（14.85）计算得到 h 。下面依次介绍这两种法则。

14.7.2 球面法则

首先推导形如下式的三阶球面法则：

$$\int_{\mathscr{U}_M} \boldsymbol{f}(\boldsymbol{z}) \mathrm{d}\sigma(\boldsymbol{z}) \approx w \sum_{i=1}^{2M} \boldsymbol{f}[u]_i \tag{14.89}$$

式（14.89）中的法则需要生成器 $[u]$ 中的 $2M$ 个容积点，它们位于一个 M 维球体与其轴线的交集中。要确定未知参数 u 和 w ，只需考虑完全对称生成器生成的单项式 $\boldsymbol{f}(\boldsymbol{z}) = 1$ 和 $\boldsymbol{f}(\boldsymbol{z}) = z_1^2$ ：

$$\boldsymbol{f}(\boldsymbol{z}) = 1: \quad 2Mw = \int_{\mathcal{U}_M} \mathrm{d}\sigma(\boldsymbol{z}) = A_M \tag{14.90}$$

$$\boldsymbol{f}(\boldsymbol{z}) = z_1^2: \quad 2wu^2 = \int_{\mathcal{U}_M} z_1^2 \mathrm{d}\sigma(\boldsymbol{z}) = \frac{A_M}{M} \tag{14.91}$$

式中， M 是向量 $\boldsymbol{x}$ 的维数，单位球体的表面积定义为

$$A_M = \frac{2\sqrt{\pi^M}}{\Gamma(M/2)}$$

式中，

$$\Gamma(M) = \int_0^\infty x^{M-1} \exp(-x) \mathrm{d}x$$

是伽马函数。给出 A_M 后，就可由式（14.90）和式（14.91）解出 w 和 u ：

$$w = \frac{A_M}{2M}, \qquad u^2 = 1$$

14.7.3 径向法则

对于径向法则，建议使用高斯求积，因此高斯求积是计算一维积分最有效的数值方法。一个 m 点高斯求积精确到多项式的 $2M-1$ 阶，并且构建为

$$\int_{\mathcal{D}} f(x) w(x) \mathrm{d}x \approx \sum_{i=1}^{m} w_i f(x_i) \tag{14.92}$$

式中， $w(x)$ 是一个加权函数（Press et al., 1988）。 x_i 和 w_i 分别是待确定的正交点和关联权重。比较式（14.88）和式（14.92）中的积分，得出加权函数为 $w(x) = x^{M-1} \exp(-x^2)$ ，积分区域是 $[0, \infty)$ 。因此，用 $t = x^2$ 做最后的变量替换，得到想要的径向积分为

$$\int_0^\infty f(x) x^{M-1} \exp(-x^2) \mathrm{d}x = \frac{1}{2} \int_0^\infty \tilde{f}(t) t^{(M/2)-1} \exp(-t) \mathrm{d}t \tag{14.93}$$

式中，$\tilde{f}(t) = f(\sqrt{t})$ 。式（14.93）中等号右边的积分现在是著名的广义高斯-拉盖尔公式（Stroud, 1966; Press and Teukolsky, 1990）。

一阶高斯-拉盖尔法则对 $\tilde{f}(t) = 1, t$ 是精确的。相应地，该法则对 $f(x) = 1, x^2$ 是精确的；而对奇数次多项式，如 $f(x) = x, x^3$ ，它不是精确的。所幸的是，当结合径向法则与球面法则计算式（14.85）中的积分时，得到的球面径向法则会消去所有奇数次多项式。之所以得到这个较好的结果，是因为对称性使得球面法则消去了任意奇数次多项式，见式（14.86）。因此，计算式（14.85）的球面径向法则对所有奇数次多项式都是精确的。根据这一论据，球面径向法则对所有 $\boldsymbol{x} \in \mathbb{R}^M$ 中的三次多项式都是精确的，考虑一阶广义高斯-拉盖尔法则就已足够，因为该法则使用单个点和单个权重。因此，可以写出

$$\int_0^{\infty} f(x)x^{M-1}\exp(-x^2)\mathrm{d}x \approx w_1 f(x_1)$$

式中，$w_1=\frac{1}{2}\Gamma(M/2)$，$x_1=\sqrt{M/2}$。

14.7.4 球面径向法则

本节介绍得到有用结果的两种方法：结合球面法则和径向法则；对高斯加权积分扩展球面径向法则。这两种方法的结果呈现为下面的两个定理（Arasaratnam and Haykin, 2009）。

定理1 用 m_r 点高斯求积法则数值计算半径积分：

$$\int_0^{\infty} \boldsymbol{f}(r)r^{M-1}\exp(-r^2)\mathrm{d}r = \sum_{i=1}^{m_r} a_i \boldsymbol{f}(r_i)$$

用 m_s 点球面法则数值计算球面积分：

$$\int_{\mathcal{U}_M} \boldsymbol{f}(r\boldsymbol{s})\mathrm{d}\sigma(\boldsymbol{s}) = \sum_{j=1}^{m_s} b_i \boldsymbol{f}(r\boldsymbol{s}_j)$$

于是，$m_s \times m_r$ 点球面数值积分法则由下面的双重求和近似给出：

$$\int_{\mathbb{R}^M} \boldsymbol{f}(\boldsymbol{x})\exp(-\boldsymbol{x}^{\mathrm{T}}\boldsymbol{x})\mathrm{d}\boldsymbol{x} \approx \sum_{j=1}^{m_i}\sum_{i=1}^{m_r} a_i b_j \boldsymbol{f}(r_i \boldsymbol{s}_j)$$

定理2 有两个加权函数 $w_1(\boldsymbol{x})=\exp(-\boldsymbol{x}^{\mathrm{T}}\boldsymbol{x})$ 和 $w_2(\boldsymbol{x})=\mathcal{N}(\boldsymbol{x};\boldsymbol{\mu},\boldsymbol{\Sigma})$，对于给定的向量 $\boldsymbol{x}$，$\mathcal{N}(\boldsymbol{x};\boldsymbol{\mu},\boldsymbol{\Sigma})$ 表示一个均值为 μ、方差矩阵为 $\boldsymbol{\Sigma}$ 的高斯分布。于是，对满足 $\boldsymbol{\Sigma}^{1/2}\boldsymbol{\Sigma}^{T/2}=\boldsymbol{\Sigma}$ 的每个平方根矩阵 $\boldsymbol{\Sigma}^{1/2}$，有

$$\int_{\mathbb{R}^M} \boldsymbol{f}(\boldsymbol{x})w_2(\boldsymbol{x})\mathrm{d}\boldsymbol{x} = \frac{1}{\sqrt{\pi^M}}\int_{\mathbb{R}^M} f(\sqrt{2\boldsymbol{\Sigma}\boldsymbol{x}}+\boldsymbol{\mu})w_1(\boldsymbol{x})\mathrm{d}\boldsymbol{x}$$

对于三阶球面径向法则，有 $m_r=1$ 和 $m_s=2M$。相应地，总共只需要 $2M$ 个容积点。此外，这个法则对如下被积函数是精确的：被积函数可写成不超过三次多项式和所有奇数次多项式的线性组合形式。运用定理1和定理2，可以扩展三阶球面径向法则进行标准高斯加权积分的数值计算：

$$h_N(\boldsymbol{f}) = \int_{\mathbb{R}^M} \boldsymbol{f}(\boldsymbol{x})\mathcal{N}(\boldsymbol{x};\boldsymbol{0},\boldsymbol{I})\mathrm{d}\boldsymbol{x} \approx \sum_{i=1}^{m} w_i \boldsymbol{f}(\xi_i) \quad (14.94)$$

式中，

$$\xi_i=\sqrt{\tfrac{m}{2}}[1]_i,\quad w_i=\tfrac{1}{m},\quad i=1,2,\cdots,m=2M$$

实际上，ξ_i 是 M 维向量 $\boldsymbol{x}$ 的容积点的表示。

14.7.5 容积卡尔曼滤波器的推导过程

式（14.94）是我们一直在寻找的用于式（14.85）中积分的数值近似的容积法则。事实上，容积法则是计算非线性滤波的贝叶斯框架中包含的所有积分的核心。与扩展卡尔曼滤波器一样，假设动态噪声 $\boldsymbol{\omega}_n$ 和测量噪声 $\boldsymbol{v}_n$ 是联合高斯分布的。这个假设可用以下内容证明：

1．从数学角度看，高斯过程很简单，数学上也很容易处理。

2．根据概率论中的中心极限定理，很多现实问题中出现的噪声过程可建立高斯过程模型。

在高斯假设的条件下，可通过如下数值积分法则来近似贝叶斯滤波器：

1．时间更新。假设先验分布 $p(\boldsymbol{x}_{n-1}|\boldsymbol{Y}_{n-1})$ 是用高斯分布近似的，该高斯分布的均值为 $\hat{\boldsymbol{x}}_{n-1|n-1}$，协方差矩阵为滤波误差协方差矩阵 $\boldsymbol{P}_{n-1|n-1}$。于是，使用贝叶斯估计公式，可将状态的预测

估计表示为

$$\hat{\boldsymbol{x}}_{n|n-1} = \mathbb{E}[\boldsymbol{x}_n \mid \boldsymbol{Y}_{n-1}] = \int_{\mathbb{R}^M} \underbrace{\boldsymbol{a}(\boldsymbol{x}_{n-1})}_{\substack{\text{非线性状态}\\\text{转换函数}}} \underbrace{\mathcal{N}(\boldsymbol{x}_{n-1};\hat{\boldsymbol{x}}_{n-1|n-1},\boldsymbol{P}_{n-1|n-1})}_{\text{高斯分布}} \mathrm{d}\boldsymbol{x}_{n-1} \tag{14.95}$$

式中用到了式（14.7）所示系统模型的知识，以及动态噪声 $\boldsymbol{\omega}_{n-1}$ 与观测序列 $\boldsymbol{Y}_{n-1}$ 无关的事实。同样，可得预测误差协方差矩阵为

$$\boldsymbol{P}_{n|n-1} = \int_{\mathbb{R}^M} \boldsymbol{a}(\boldsymbol{x}_{n-1})\boldsymbol{a}^{\mathrm{T}}(\boldsymbol{x}_{n-1})\mathcal{N}(\boldsymbol{x}_{n-1};\hat{\boldsymbol{x}}_{n-1|n-1},\boldsymbol{P}_{n-1,n-1})\mathrm{d}\boldsymbol{x}_{n-1} - \hat{\boldsymbol{x}}_{n|n-1}\hat{\boldsymbol{x}}_{n|n-1}^{\mathrm{T}} + \boldsymbol{Q}_{w,n} \tag{14.96}$$

2. *测量更新*。式（14.95）是时间更新的一个近似公式。为了找到一个测量更新的公式，我们以序列 $\boldsymbol{Y}_{n-1}$ 为条件，假设状态 $\boldsymbol{x}_n$ 和测量值 $\boldsymbol{y}_n$ 的联合分布也服从高斯分布：

$$\mathcal{N} = \left(\underbrace{\begin{bmatrix} \boldsymbol{x}_n \\ \boldsymbol{y}_n \end{bmatrix}}_{\text{联合变量}}; \underbrace{\begin{bmatrix} \hat{\boldsymbol{x}}_{n|n-1} \\ \hat{\boldsymbol{y}}_{n|n-1} \end{bmatrix}}_{\text{联合均值}}, \underbrace{\begin{bmatrix} \boldsymbol{P}_{n|n-1} & \boldsymbol{P}_{xy,n|n-1} \\ \boldsymbol{P}_{yx,n|n-1} & \boldsymbol{P}_{yy,n|n-1} \end{bmatrix}}_{\text{联合协方差矩阵}} \right) \tag{14.97}$$

式中，$\hat{\boldsymbol{x}}_{n|n-1}$ 由式（14.95）定义；给定序列 $\boldsymbol{Y}_{n-1}$ 时，$\hat{\boldsymbol{y}}_{n|n-1}$ 是观测值 $\boldsymbol{y}_n$ 的预测估计：

$$\hat{\boldsymbol{y}}_{n|n-1} = \int_{\mathbb{R}^M} \underbrace{\boldsymbol{b}(\boldsymbol{x}_n)}_{\substack{\text{非线性}\\\text{测量函数}}} \underbrace{\mathcal{N}(\boldsymbol{x}_n;\hat{\boldsymbol{x}}_{n|n-1},\boldsymbol{P}_{n|n-1})}_{\text{高斯分布}} \mathrm{d}\boldsymbol{x}_n \tag{14.98}$$

新息协方差矩阵定义为

$$\boldsymbol{P}_{yy,n|n-1} = \int_{\mathbb{R}^M} \underbrace{\boldsymbol{b}(\boldsymbol{x}_n)\boldsymbol{b}^{\mathrm{T}}(\boldsymbol{x}_n)}_{\substack{\text{非线性测量函数}\\\text{与自身的外积}}} \underbrace{\mathcal{N}(\boldsymbol{x}_n;\hat{\boldsymbol{x}}_{n|n-1},\boldsymbol{P}_{n|n-1})}_{\text{高斯分布}} \mathrm{d}\boldsymbol{x}_n - \underbrace{\hat{\boldsymbol{y}}_{n|n-1}\hat{\boldsymbol{y}}_{n|n-1}^{\mathrm{T}}}_{\substack{\text{估计值}\hat{\boldsymbol{y}}_{n|n-1}\\\text{与自身的外积}}} + \underbrace{\boldsymbol{Q}_{v,n}}_{\substack{\text{测量噪声的}\\\text{协方差矩阵}}} \tag{14.99}$$

最后，状态 $\boldsymbol{x}_n$ 和测量值 $\boldsymbol{y}_n$ 的互协方差矩阵为

$$\boldsymbol{P}_{xy,n|n-1} = \boldsymbol{P}_{yx,n|n-1}^{\mathrm{T}} = \int_{\mathbb{R}^M} \underbrace{\boldsymbol{x}_n\boldsymbol{b}^{\mathrm{T}}(\boldsymbol{x}_n)}_{\boldsymbol{x}_n\text{与}\boldsymbol{b}(\boldsymbol{x}_n)\text{的外积}} \underbrace{\mathcal{N}(\boldsymbol{x}_n;\hat{\boldsymbol{x}}_{n|n-1},\boldsymbol{P}_{n|n-1})}_{\text{高斯分布}} \mathrm{d}\boldsymbol{x}_n - \underbrace{\hat{\boldsymbol{x}}_{n|n-1}\hat{\boldsymbol{y}}_{n|n-1}^{\mathrm{T}}}_{\substack{\text{估计值}\hat{\boldsymbol{x}}_{n|n-1}\\\text{与}\hat{\boldsymbol{y}}_{n|n-1}\text{的外积}}} \tag{14.100}$$

式（14.95）、式（14.96）、式（14.98）、式（14.99）和式（14.100）是针对贝叶斯滤波器近似的不同方面。然而，尽管这些公式都不相同，但是它们的被积函数的形式相同：非线性函数和已知均值、协方差矩阵的高斯函数的乘积。因此，这五个积分都可使用数值积分法进行近似。

最重要的是，状态的滤波估计的递归计算基于线性卡尔曼滤波器理论，步骤如下。

- 卡尔曼增益计算为

$$\boldsymbol{G}_n = \boldsymbol{P}_{xy,n|n-1}\boldsymbol{P}_{yy,n|n-1}^{-1} \tag{14.101}$$

- 接收到新观测值 $\boldsymbol{y}_n$ 后，状态 $\boldsymbol{x}_n$ 的滤波估计根据预测-修正公式计算为

$$\underbrace{\hat{\boldsymbol{x}}_{n|n}}_{\substack{\text{更新}\\\text{估计}}} = \underbrace{\hat{\boldsymbol{x}}_{n|n-1}}_{\text{旧估计}} + \underbrace{\boldsymbol{G}_n}_{\text{卡尔曼增益}} \underbrace{(\boldsymbol{y}_n - \hat{\boldsymbol{y}}_{n|n-1})}_{\text{新息过程}} \tag{14.102}$$

- 相应地，滤波状态估计误差的协方差矩阵计算为

$$\boldsymbol{P}_{n|n} = \boldsymbol{P}_{n|n-1} - \boldsymbol{G}_n\boldsymbol{P}_{yy,n|n-1}\boldsymbol{G}_n^{\mathrm{T}} \tag{14.103}$$

注意如下公式间的一致性：新非线性滤波器的式（14.101）、式（14.102）、式（14.103）和卡尔曼滤波器的式（14.31）、式（14.30）、式（14.38）之前的一个未编号方程。在任何情况下，后验分布最终都能按如下定义的高斯分布来计算：

$$p(\boldsymbol{x}_n \mid \boldsymbol{Y}_n) = \mathcal{N}(\boldsymbol{x}_n;\hat{\boldsymbol{x}}_{n|n},\boldsymbol{P}_{n|n}) \tag{14.104}$$

式中，均值 $\hat{\boldsymbol{x}}_{n|n}$ 由式（14.102）定义，协方差矩阵 $\boldsymbol{P}_{n|n}$ 由式（14.103）定义。

因此，在时间更新阶段计算先验分布 $p(\boldsymbol{x}_{n-1} | \boldsymbol{Y}_{n-1})$ 后，通过测量更新阶段，递归循环系统地向前推进，最后计算后验分布 $p(\boldsymbol{x}_n | \boldsymbol{Y}_n)$；接下来，按需重复该循环。

显然，这个新非线性滤波器称为*容积卡尔曼滤波器*（Araseratnam and Haykin, 2009）。这个新非线性滤波器的重要性质小结如下。

1．容积卡尔曼滤波器（CKF）是一种无导数在线序列状态估计。

2．在函数求值的数量上，使用容积法则计算的矩积分的近似值都是线性的。此外，容积法则中的点和相关权重是独立于式（14.84）所示非线性函数 $f(\boldsymbol{x})$ 的；因此，它们能够离线计算和存储，以提高滤波的速度。

3．与EKF一样，CKF的计算复杂度用浮点运算次数每秒来度量，并按 M^3 增长，其中 M 是状态空间的维数。

4．从原理角度看，CKF基于卡尔曼滤波器理论，包括为了达到与提高数值精度，使用了平方根滤波；得到的滤波器称为*平方根容积卡尔曼滤波器*（SCKF），它传播预测和后验误差协方差矩阵的平方根（Arasaratnam and Haykin, 2009）。

5．最重要的是，先验分布中的二阶矩在后验分布中被完全保留。因为已知状态信息包含在观测值中，所以可以说CKF完全保留了包含在观测序列中的状态的二阶信息。因此，其在精度和可信度上优于EKF。

6．CKF是对贝叶斯滤波器最接近的直接近似，最大限度上缓解了维数灾难问题，但仅靠CKF并不能解决这个问题。

因为具有这些性质，容积卡尔曼滤波器已成为周期性多层感知器监督训练的方法，这将在第15章中讨论。第15章中还将提出一个计算机实验，以证明这个强大工具的实用性。

14.8 粒子滤波器

本节通过说明贝叶斯滤波器的间接全局近似，继续讨论非线性滤波问题。非线性滤波的第二种方法包含的绝大部分基础理论都源自蒙特卡罗统计方法（Robert and Casella, 2004）。粒子滤波器是这种新型非线性滤波器中最好的例子。最重要的是，粒子滤波器已成为求解非线性滤波问题的重要工具，因为它们在信号处理、雷达和声学介质中的目标跟踪、计算机视觉和神经计算等领域中都有广泛的适用性。

在详细阐述粒子滤波器之前，先引入一些新记法和定义。令 $\boldsymbol{X}_n$ 表示所有的目标状态序列 $\{\boldsymbol{x}_i\}_{i=1}^n$。与前文一致，$\boldsymbol{Y}_n$ 表示所有观测序列 $\{\boldsymbol{y}_i\}_{i=1}^n$。相应地，可在给定观测序列 $\boldsymbol{Y}_n$ 的条件下，将所有状态 $\boldsymbol{X}_n$ 的联合后验分布表示为 $p(\boldsymbol{X}_n | \boldsymbol{Y}_n)$。由于 $\boldsymbol{X}_n$ 表示的状态序列对观测者是隐藏的，为了计算式（14.84）中的积分，直接从后验分布 $p(\boldsymbol{X}_n | \boldsymbol{Y}_n)$ 中获取随机样本通常是不可行的。为了绕开这个实际困难，可从另一个分布中采样，这个分布称为*工具分布*或*重要性分布*。这个新分布后面表示为 $q(\boldsymbol{X}_n | \boldsymbol{Y}_n)$。当然，为了使重要性分布能够有效地代替后验分布，$q(\boldsymbol{X}_n | \boldsymbol{Y}_n)$ 必须有一个足够宽的支集，以便完全包括 $p(\boldsymbol{X}_n | \boldsymbol{Y}_n)$ 的支集。

14.8.1 蒙特卡罗积分

按照重要性采样方法，从重要性分布 $q(\boldsymbol{X}_n | \boldsymbol{Y}_n)$ 中随机抽取 N 个统计独立同分布的样本构成一个集合。令 n 时刻随机抽取的样本集为 $\boldsymbol{x}_n^{(i)}, i = 1, 2, \cdots, N$。从零时刻开始逐步移动到 n 时刻，在状态空间中根据重要性分布 $q(\boldsymbol{X}_n | \boldsymbol{Y}_n)$，$N$ 个样本追踪各自的“轨迹”。记为 $\boldsymbol{X}_n^{(i)}, i = 1, 2, \cdots, N$ 的这些轨迹称为*粒子*，因此命名为粒子滤波器。

下面，我们将重要性函数定义为

$$r(\boldsymbol{X}_n \mid \boldsymbol{Y}_n) = \frac{p(\boldsymbol{X}_n \mid \boldsymbol{Y}_n)}{q(\boldsymbol{X}_n \mid \boldsymbol{Y}_n)} \tag{14.105}$$

于是，使用式（14.84）中的定义可将贝叶斯估计量重新表述为

$$\bar{h}_n = \int h(\boldsymbol{X}_n)\left(\frac{p(\boldsymbol{X}_n \mid \boldsymbol{Y}_n)}{q\left(\boldsymbol{X}_n \mid \boldsymbol{Y}_n\right)}\right) q(\boldsymbol{X}_n \mid \boldsymbol{Y}_n)\mathrm{d}\boldsymbol{x}_n = \int h(\boldsymbol{X}_n) r(\boldsymbol{X}_n \mid \boldsymbol{Y}_n) q(\boldsymbol{X}_n \mid \boldsymbol{Y}_n)\mathrm{d}\boldsymbol{x}_n \tag{14.106}$$

式中，已使用 $h(\boldsymbol{X}_n)$ 作为任意函数，以便与粒子滤波的术语保持一致。

在式（14.106）所示贝叶斯估计量上运用重要性采样方法，得到相应的蒙特卡罗估计量：

$$\hat{h}_n(N) \approx \frac{1}{N}\sum_{i=1}^{N} \tilde{w}_n^{(i)} h(\boldsymbol{X}_n^{(i)}) \tag{14.107}$$

式中，$\tilde{w}_n^{(i)}$ 是重要性权重，它定义为

$$\tilde{w}_n^{(i)} = r(\boldsymbol{X}_n^{(i)} \mid \boldsymbol{Y}_n) = \frac{p(\boldsymbol{X}_n^{(i)} \mid \boldsymbol{Y}_n)}{q(\boldsymbol{X}_n^{(i)} \mid \boldsymbol{Y}_n)}, \quad i = 1, 2, \cdots, N \tag{14.108}$$

为了确保蒙特卡罗估计量 $\hat{h}_n(N)$ 不必知道分布 $p(\boldsymbol{X}_n^{(i)} \mid \boldsymbol{Y}_n)$ 的归一化常数，通常情况下需要归一化重要性权重，使它们的和为1。最后，将式（14.107）所示估计量的公式改写为

$$\hat{h}_n(N) \approx \sum_{i=1}^{N} w_n^{(i)} h(\boldsymbol{X}_n^{(i)}) \tag{14.109}$$

式中，

$$w_n^{(i)} = \tilde{w}_n^{(i)} \Big/ \sum_{j=1}^{N} \tilde{w}_n^{(j)}, \quad i = 1, 2, \cdots, N \tag{14.110}$$

是归一化重要性权重。

对 N 个有限数量的粒子，估计量 $\hat{h}_n(N)$ 是有偏的，但在渐近意义上有（Doucet et al., 2001）

$$\lim_{N \to \infty} \hat{h}_n(N) \to \bar{h}_n \tag{14.111}$$

为了改进重要性采样方法，可以在此基础上进行第二阶段的重采样，如Rubin(1988)提出的采样-重要性-重采样（SIR）方法。在SIR方法的第一阶段，采用普通方法在第 n 次循环中随机地对重要性分布 $q(\boldsymbol{X}_n \mid \boldsymbol{Y}_n)$ 进行采样，得到一个独立同分布的样本集合 $\{\boldsymbol{X}_n^{(i)}\}_{i=1}^{N}$，接着根据式（14.110）计算出归一化重要性权重集合 $\{w_n^{(i)}\}_{i=1}^{N}$。在SIR方法的第二阶段，第二个样本集合表示为 $\{\tilde{\boldsymbol{X}}_n^{(i)}\}_{i=1}^{M}$，它是从中间集合 $\{\boldsymbol{X}_n^{(i)}\}_{i=1}^{N}$ 中提取的，考虑到归一化重要性权重 $w_n^{(i)}$ 的相关强度，每个权重实际上都可视为一个相关样本出现的概率。采样第二阶段的基本原理可归纳如下：

> 重采样第二阶段选取的样本 $\boldsymbol{X}_n^{(i)}$（其归一化重要性权重 $w_n^{(i)}$ 很大）很可能服从联合后验分布 $p(\boldsymbol{X}_n \mid \boldsymbol{Y}_n)$；与归一化重要性权重小的样本相比，选择这种样本的概率更高。

实现SIR的方法有几种。Cappé et al.(2005)介绍了一种方法，它在每次循环中执行如下操作。

1．采样。随机地从重要性分布 $q(\boldsymbol{X}_n \mid \boldsymbol{Y}_n)$ 中抽取 N 个独立同分布的样本集合 $\{\boldsymbol{X}^{(i)}\}_{i=1}^{N}$。

2．加权。利用式（14.110）计算归一化权重集合 $\{w^{(i)}\}_{i=1}^{N}$。

3．重采样。

① 给定中间样本 $\boldsymbol{X}^{(1)}, \boldsymbol{X}^{(2)}, \cdots, \boldsymbol{X}^{(N)}$，条件独立地抽取含 L 个离散随机变量的集合 $\{I^{(1)}, I^{(2)}, \cdots, I^{(L)}\}$。从集合 $\{1, 2, \cdots, N\}$ 中依概率 $(w^{(1)}, w^{(2)}, \cdots, w^{(N)})$ 取值，如下所示：

$$P(I^{(1)} = j) = w^{(j)}, \quad j = 1, 2, \cdots, N$$

对 $I^{(2)}, \cdots, I^{(L)}$ 等，一般有 $L \leqslant N$。

② 设 $\tilde{\boldsymbol{X}}^{(i)} = \boldsymbol{X}^{(I_i)}$，其中 $i = 1, 2, \cdots, L$。

集合 $\{I^{(1)}, I^{(2)}, \cdots, I^{(L)}\}$ 被视为多项实验过程。相应地，前面介绍的SIR方法被视为一种多项式类型，$L = N = 6$ 的情形如图14.5所示。

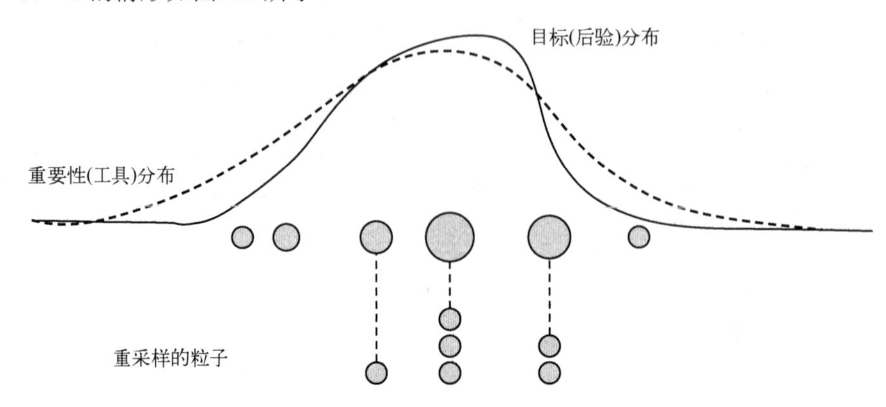

图14.5　样本数和重采样数为6时重采样过程的说明

本节后面将讨论重采样在克服重要性权重“退化”问题时的作用。然而，使用重采样也有一些实际限制。

1．重采样限制了粒子滤波器并行执行的范围，这由该过程的本质决定。

2．在重采样期间，与大重要性权重相关的粒子被多次选择，导致粒子多样性损失。这种现象称为*采样枯竭*或*权重退化*。例如，当状态空间模型的动态噪声相对较小时，几次循环后，所有粒子可能最终坍缩为一个粒子，这显然是不可取的。

3．始终不变的是，重采样增大了蒙特卡罗估计量的方差。

14.8.2　顺序重要性采样

式（14.109）中提及的蒙特卡罗估计量 $\hat{h}_n(N)$ 由重要性采样方法得到，对任意函数 $h(\boldsymbol{X}_n)$ 的贝叶斯估计量 $\hat{h}_n$ 的近似提供了一个计算上可行的解，因此满足非线性滤波器目标的第一个实际要求，这一点已在前面给出了详细说明。然而，仍然需要满足第二个要求：蒙特卡罗估计量的递归实现。

遗憾的是，简单形式的重要性采样方法不满足递归计算的需要，因为在对后验分布 $p(\boldsymbol{X}_n | \boldsymbol{Y}_n)$ 进行估计之前，需要完整的观测序列 $\boldsymbol{Y}_n$。特别地，每得到一个新观测值 $\boldsymbol{y}_n$，就要对整个状态序列 $\boldsymbol{X}_n$ 计算重要性权重 $\{\tilde{w}_n^{(i)}\}_{i=1}^N$。为了满足这个需求，重要性采样过程的计算复杂度将随时间 n 不断增大，这显然是不切实际的。为了解决这个计算上的困难，我们采用重要性采样的顺序实现，这种实现通常称为*顺序重要性采样*（SIS）。

为了描述SIS的基本原理，我们首先用式（14.80）中的时间更新和式（14.81）中的测量更新来消除预测分布，这里分别使用 $p(\boldsymbol{X}_n | \boldsymbol{Y}_{n-1})$ 和 $p(\boldsymbol{X}_{n-1} | \boldsymbol{Y}_{n-1})$ 代替 $p(\boldsymbol{x}_n | \boldsymbol{Y}_{n-1})$ 和 $p(\boldsymbol{x}_{n-1} | \boldsymbol{Y}_{n-1})$，以便与粒子滤波器的术语保持一致。于是，有

$$
\begin{aligned}
\underbrace{p(\boldsymbol{X}_n | \boldsymbol{Y}_n)}_{\text{更新后验}} &= \int \frac{1}{Z_n} p(\boldsymbol{x}_n | \boldsymbol{x}_{n-1}) l(\boldsymbol{y}_n | \boldsymbol{x}_n) p(\boldsymbol{X}_{n-1} | \boldsymbol{Y}_{n-1}) \mathrm{d}\boldsymbol{x}_{n-1} \\
&= \int \frac{1}{Z_n} \underbrace{p(\boldsymbol{x}_n | \boldsymbol{x}_{n-1})}_{\text{先验}} \underbrace{l(\boldsymbol{y}_n | \boldsymbol{x}_n)}_{\text{似然函数}} \frac{p(\boldsymbol{X}_{n-1} | \boldsymbol{Y}_{n-1})}{q(\boldsymbol{X}_n | \boldsymbol{Y}_n)} \underbrace{q(\boldsymbol{X}_n | \boldsymbol{Y}_n)}_{\text{重要性分布}} \mathrm{d}\boldsymbol{x}_{n-1}
\end{aligned} \tag{14.112}
$$

在上式的第一行中，似然函数 $l(\boldsymbol{y}_n | \boldsymbol{x}_n)$ 已移到积分内，在马尔可夫假设下，它独立于之前的状态值 $\boldsymbol{x}_{n-1}$；在上式的第二行中，引入了重要性分布 $q(\boldsymbol{X}_n | \boldsymbol{Y}_n)$。在重要性采样框架下，多项的乘积

$$
\frac{1}{Z_n} p(\boldsymbol{x}_n | \boldsymbol{x}_{n-1}) l(\boldsymbol{y}_n | \boldsymbol{x}_n) \frac{p(\boldsymbol{X}_{n-1} | \boldsymbol{Y}_{n-1})}{q(\boldsymbol{X}_n | \boldsymbol{Y}_n)}
$$

是 n 时刻关于重要性分布 $q(\boldsymbol{X}_n \mid \boldsymbol{Y}_n)$ 的重要性权重。特别地，因为 Z_n 是一个常数，所以有

$$w_n^{(i)} \propto \frac{p(\boldsymbol{x}_n^{(i)} \mid \boldsymbol{X}_{n-1}^{(i)}) l(\boldsymbol{y}_n \mid \boldsymbol{x}_n^{(i)}) p(\boldsymbol{X}_{n-1}^{(i)} \mid \boldsymbol{Y}_{n-1})}{q(\boldsymbol{X}_n^{(i)} \mid \boldsymbol{Y}_n)} \tag{14.113}$$

式中，$\propto$ 表示成比例。

现在假设按如下方式选择重要性分布：在式（14.113）的分母中，因式分解

$$q(\boldsymbol{X}_n^{(i)} \mid \boldsymbol{Y}_n) = q(\boldsymbol{X}_{n-1}^{(i)} \mid \boldsymbol{Y}_{n-1}) q(\boldsymbol{x}_n^{(i)} \mid \boldsymbol{X}_{n-1}^{(i)}, \boldsymbol{y}_n) \tag{14.114}$$

对所有 i 成立。于是，要从重要性分布 $q(\boldsymbol{X}_n \mid \boldsymbol{Y}_n)$ 得到更新样本序列，只需使用从新重要性分布 $q(\boldsymbol{x}_n^{(i)} \mid \boldsymbol{X}_{n-1}^{(i)}, \boldsymbol{y}_n)$ 中抽取的样本序列来增大从重要性分布 $q(\boldsymbol{X}_{n-1}^{(i)} \mid \boldsymbol{Y}_{n-1})$ 中抽取的旧样本序列，得到一个新观测值 $\boldsymbol{y}_n$。因此，式（14.114）可视为顺序重要性采样背后的“技巧”。将式（14.114）代入式（14.113）得

$$\tilde{w}_n^{(i)} \propto \frac{p(\boldsymbol{X}_{n-1}^{(i)} \mid \boldsymbol{Y}_{n-1})}{q(\boldsymbol{X}_{n-1}^{(i)} \mid \boldsymbol{Y}_{n-1})} \cdot \frac{p(\boldsymbol{x}_n^{(i)} \mid \boldsymbol{X}_{n-1}^{(i)}) l(\boldsymbol{y}_n \mid \boldsymbol{x}_n^{(i)})}{q(\boldsymbol{x}_n^{(i)} \mid \boldsymbol{X}_{n-1}^{(i)}, \boldsymbol{y}_n)} \tag{14.115}$$

一种现实而有趣的情况是，在每个时间步 n，只需要一个后验分布 $p(\boldsymbol{X}_n \mid \boldsymbol{Y}_n)$ 的滤波估计。在这种情况下，可设

$$q(\boldsymbol{x}_n^{(i)} \mid \boldsymbol{X}_{n-1}^{(i)}, \boldsymbol{y}_n) = q(\boldsymbol{x}_n^{(i)} \mid \boldsymbol{x}_{n-1}^{(i)}, \boldsymbol{y}_n)\text{，所有}i$$

和 $p(\boldsymbol{x}_n^{(i)} \mid \boldsymbol{X}_{n-1}^{(i)})$。在这种情况下，只需保存当前状态 $\boldsymbol{x}_n^{(i)}$，而丢弃旧轨迹 $\boldsymbol{X}_{n-1}^{(i)}$ 和观测值 $\boldsymbol{Y}_{n-1}$ 的相关历史记录。相应地，更新重要性权重的公式（14.115）可简化为

$$\underbrace{w_n^{(i)}}_{\text{更新重要性权重}} \propto \underbrace{w_{n-1}^{(i)}}_{\text{旧重要性权重}} \cdot \underbrace{\frac{p(\boldsymbol{x}_n^{(i)} \mid \boldsymbol{x}_{n-1}^{(i)}) l(\boldsymbol{y}_n \mid \boldsymbol{x}_n^{(i)})}{q(\boldsymbol{x}_n^{(i)} \mid \boldsymbol{x}_{n-1}^{(i)}, \boldsymbol{y}_n)}}_{\text{增量修正因子}}\text{，所有}i \tag{14.116}$$

式中，$\propto$ 表示成比例。式（14.116）是在时间上递归的估计归一化重要性权重的必要公式；它满足非线性滤波目标对粒子滤波器递归可实现性的第二个要求。特别地，SIS在每个时间步，每得到一个新观测值，就传播重要性权重。式（14.116）中等号右边的乘法因子允许“旧”重要性权重 $\tilde{w}_{n-1}^{(i)}$ 在时间步 n 得到新观测值 $\boldsymbol{y}_n$ 时更新，这个因子称为增量修正因子。

显然，顺序重要性采样用于后验分布 $p(\boldsymbol{x}_n \mid \boldsymbol{Y}_n)$ 的蒙特卡罗估计时，同样能得到较好的效果；根据式（14.112）和式（14.116），可以写出

$$p(\boldsymbol{x}_n \mid \boldsymbol{Y}_n) \approx \sum_{i=1}^{N} w_n^{(i)} \delta(\boldsymbol{x}_n - \boldsymbol{x}_n^{(i)}) \tag{14.117}$$

式中，$\delta(\boldsymbol{x}_n - \boldsymbol{x}_n^{(i)})$ 是狄拉克德尔塔函数，它位于 $\boldsymbol{x}_n = \boldsymbol{x}_n^{(i)}$ 处，$i = 1, 2, \cdots, N$，且对滤波情况，根据式（14.116）来更新权重。随着粒子数 N 趋于无穷大，式（14.117）中的估计值接近真实的后验分布 $p(\boldsymbol{x}_n \mid \boldsymbol{Y}_n)$。

14.8.3 权重退化问题

重要性分布 $q(\boldsymbol{X}_n \mid \boldsymbol{Y}_n)$ 在粒子滤波器设计方面起关键作用。因为它不同于后验分布 $p(\boldsymbol{X}_n \mid \boldsymbol{Y}_n)$，所以式（14.108）中定义的重要性权重的方差只随时间的增加而增大。这种现象在使用顺序重要性采样时出现，导致了前面提及的权重退化问题。

为了直观地解释权重退化问题，考虑时间步 n 中一个具有小归一化重要性权重 $w_n^{(i)}$ 的粒子 $\boldsymbol{X}_n^{(i)}$。根据定义，小权重 $w_n^{(i)}$ 意味着粒子已从重要性分布 $q(\boldsymbol{X}_n \mid \boldsymbol{Y}_n)$ 中采样得到，该分布已远离后验分布 $p(\boldsymbol{X}_n \mid \boldsymbol{Y}_n)$ 合适的距离，即这个特别粒子的分布对式（14.109）中的蒙特卡罗估计量 $\hat{h}_n(N)$ 不起作用。当退化问题变得严重时，存在大量无效粒子，导致蒙特卡罗估计量 $\hat{h}_n(N)$ 统计和计算上都缺乏效率。在这种情况下，少量粒子承担计算责任。然而，更严重的是，随着时间步 n 的增加，

粒子总体的多样性减少，且估计量 $\hat{h}_n(N)$ 的方差增大。

为避免顺序重要性采样中的权重退化问题，显然需要一个退化度量。根据该度量，Liu(1996)将有效的样本大小定义为

$$N_{\text{eff}} = \left[\sum_{i=1}^{N}(w_n^{(i)})^2\right]^{-1} \tag{14.118}$$

式中，$w_n^{(i)}$ 是式（14.110）中的归一化重要性权重。应用这个简化公式时，要考虑两种极端情况。

1．当 N 个权重均匀分布时，对所有 i 有 $w_n^{(i)} = 1/N$，这时 $N_{\text{eff}} = N$。

2．除了一个权重是1，所有 N 个权重都为零，这时 $N_{\text{eff}} = 1$。

因此，N_{eff} 的值域是 $[1, N]$。特别地，小 N_{eff} 值意味着严重的权重退化。于是，关键问题是

顺序重要性采样中的权重退化问题是规则而不是例外，该如何克服它？

这个基本问题的答案是本节前面介绍的重采样方法。例如，粒子滤波器的算法中包含一个规定的阈值 N_{thr}。当有效的样本数 N_{eff} 低于 N_{thr} 时，SIS暂时终止并应用重采样步骤，而后SIS继续执行，重复该过程，直到滤波终止。

14.8.4 采样-重要性-重采样粒子滤波器

Gordon, Salmond and Smith(1993)使用自举滤波器演示了粒子滤波器。在Gordon、Salmond和Smith的论文发表之前，针对顺序重要性采样中权重退化的严重问题，既没有清楚的定义，又没有令人满意的解决方法。在1993年的论文中，权重退化问题通过还原法得到解决，即删除权重小的粒子，保留并复制权重大的粒子，这与传统非顺序采样过程大致相同。事实上，正是由于该原因，自举滤波器现在常称*采样-重要性-重采样*（SIR）*滤波器*。这一简要的历史描述强调了SIR滤波器是首个成功使用蒙特卡罗模拟进行非线性滤波的例子。

SIR滤波器易于实现，因此常用于求解非线性滤波问题。该滤波器有如下两个明显的特点。

1．*将先验分布作为重要性分布*。观察式（14.116）中更新权重的递归公式发现，重要性分布的定义是根据选择等式右边分母 $q(\boldsymbol{x}_n^{(i)} \mid \boldsymbol{x}_{n-1}^{(i)}, \boldsymbol{y}_n)$ 的方式来确定的。在SIR滤波器中，这一选择是通过设

$$q(\boldsymbol{x}_n \mid \boldsymbol{x}_{n-1}, \boldsymbol{y}_n) = p(\boldsymbol{x}_n \mid \boldsymbol{x}_{n-1}) \tag{14.119}$$

得出的，其中 $p(\boldsymbol{x}_n \mid \boldsymbol{x}_{n-1})$ 是先验分布或者状态转移分布。实际上，SIR滤波器盲目地从先验分布 $p(\boldsymbol{x}_n \mid \boldsymbol{x}_{n-1})$ 中采样，完全忽略了包含在观测值 $\boldsymbol{y}_n$ 中的关于状态 $\boldsymbol{x}_n$ 的信息。式（14.119）由马尔可夫假设产生。

2．*采样重要性重采样*。在SIR滤波器中，在非线性滤波过程的每个时间步都进行重采样，因此由式（14.116）得

$$w_{n-1}^{(i)} = 1/N, \quad i = 1, 2, \cdots, N \tag{14.120}$$

因为 $1/N$ 是一个常数，所以可被忽略。于是，不再需要让式（14.116）中的增量修正因子随时间累积。因此，将式（14.119）和式（14.120）代入式（14.116），得到一个更简单的公式：

$$\tilde{w}_n^{(i)} \propto l(\boldsymbol{y}_n \mid \boldsymbol{x}_n^{(i)}), \quad i = 1, 2, \cdots, N \tag{14.121}$$

式中，$l(\boldsymbol{y}_n \mid \boldsymbol{x}_n^{(i)})$ 是观测值 $\boldsymbol{y}_n$ 的似然函数，已知小粒子 i 的状态 $\boldsymbol{x}_n^{(i)}$。当然，在SIR滤波算法的每步重采样后，都要对由式（14.121）所示比例方程计算出的重要性权重做归一化处理。表14.5中小结了SIR滤波器。

由以上讨论明显可以看出，SIR滤波器公式中的假设是温和的，总结如下。

1．式（14.1）所示过程模型中的非线性函数 $\boldsymbol{a}_n(\cdot,\cdot)$ 和式（14.2）所示测量模型中的非线性函数 $\boldsymbol{b}_n(\cdot,\cdot)$ 都必须是已知的。

2. 确定先验分布 $p(\boldsymbol{x}_n \mid \boldsymbol{x}_{n-1})$ 需要式（14.1）中动态噪声 $\boldsymbol{\omega}_n$ 的统计信息，因此，必须允许从动态噪声 $\boldsymbol{\omega}_n$ 的基础分布中抽取样本（粒子）。
3. 包含在式（14.121）中的似然函数 $l(\boldsymbol{y}_n \mid \boldsymbol{x}_n)$ 必须是已知的，反过来，这意味着式（14.2）中的测量噪声 $\boldsymbol{v}_n$ 的统计信息是可以获得的。

表14.5 粒子滤波的SIR算法小结

记法

粒子用 $i = 1, 2, \cdots, N$ 表示，其中 N 是粒子总数。

初始化

给定状态分布 $p(\boldsymbol{x})$ 和 $\boldsymbol{x}$ 的初始值 $\boldsymbol{x}_0$，随机采样

$$\boldsymbol{x}_0^{(i)} \sim p(\boldsymbol{x}_0)$$

式中，记号 $x \sim p$ 是“x 是分布 p 的一个观测值”的简写，设置初始权重

$$w_0^{(i)} = 1/N$$

式中，$i = 1, 2, \cdots, N$。

递归

对每个时间步 $n = 1, 2, 3, \cdots$，按下标 $i = 1, 2, \cdots, N$ 做如下操作。

1. 重要性分布定义为

$$q(\boldsymbol{x}_n \mid \boldsymbol{x}_{n-1}^{(i)}, \boldsymbol{y}_n) = p(\boldsymbol{x}_n \mid \boldsymbol{x}_{n-1}^{(i)})$$

式中，假设已知先验分布 $p(\boldsymbol{x}_n \mid \boldsymbol{x}_{n-1}^{(i)})$，提取样本

$$\boldsymbol{x}_n^{(i)} \sim p(\boldsymbol{x}_n \mid \boldsymbol{x}_{n-1}^{(i)})$$

2. 计算重要性权重

$$\tilde{w}_n^{(i)} = l(\boldsymbol{y}_n \mid \boldsymbol{x}_n^{(i)})$$

式中，假设似然函数 $l(\boldsymbol{y}_n \mid \boldsymbol{x}_n^{(i)})$ 已知。因此，计算归一化权重：

$$w_n^{(i)} = \tilde{w}_n^{(i)} \Big/ \sum_{j=1}^{N} \tilde{w}_n^{(j)}$$

3. 为了进行重采样，在对应的集合 $\{1, 2, \cdots, N\}$ 中按如下概率抽取 N 个离散随机变量 $\{I^{(1)}, I^{(2)}, \cdots, I^{(N)}\}$：

$$P(I^{(s)} = i) = w_n^{(i)}$$

因此，设 $\tilde{\boldsymbol{x}}_n^{(i)} = \boldsymbol{x}_n^{(i)}$ 和 $w_n^{(i)} = 1/N$。

4. 继续计算直至滤波完成。

另外，设计SIR滤波器（或任何粒子滤波器）时，要如何为粒子数 N 选择合适的值呢？一方面，N 应足够大，以满足式（14.111）所示的渐近结果；另一方面，N 应足够小，以便将计算开销控制在可处理的水平上，因为粒子滤波的每个时间步都是并行的（假设粒子数在重要性采样和重采样操作后保持相同的 N 值）。因此，对于具体问题，选择 N 值时需要在上面的两种情况下折中。

14.8.5 重要性分布的最优选择

先验分布 $p(\boldsymbol{x}_n \mid \boldsymbol{x}_{n-1})$ 为选择重要性分布提供了一种有吸引力的方法，就如SIR滤波器中的情况一样。然而，在粒子滤波器设计中做出这样的选择时，在不利条件下可能导致性能不佳。例如，若输入数据受异常值干扰，则会得到“非信息量”观测值；若测量噪声的方差很小，则会得到“高信息量”观测值。在这种情况下，给定观测值的先验分布和状态的后验分布之间可能出现不匹配。为了以“最优”方式减少这种不匹配，粒子应该选择在重要性分布之下的状态空间中移动，重要性分布定义为（Doucet et al., 2000; Cappé et al., 2007）

$$q(\boldsymbol{x}_n \mid \boldsymbol{x}_{n-1}, \boldsymbol{y}_n)_{\text{opt}} = \frac{p(\boldsymbol{x}_n \mid \boldsymbol{x}_{n-1}) l(\boldsymbol{y}_n \mid \boldsymbol{x}_n)}{\int p(\boldsymbol{x}_n \mid \boldsymbol{x}_{n-1}) l(\boldsymbol{y}_n \mid \boldsymbol{x}_n) \mathrm{d}\boldsymbol{x}_n} \tag{14.122}$$

重要性分布的这种特定选择是最优的，因为在粒子的先验历史条件下，权重的条件方差为零。

将式（14.122）代入式（14.116）所示的SIS公式，得到权重更新公式为

$$\underbrace{w_n^{(i)}}_{\text{更新权重}} \propto \underbrace{w_{n-1}^{(i)}}_{\text{旧权重}} \int \underbrace{p(\boldsymbol{x}_n \mid \boldsymbol{x}_{n-1}^{(i)})}_{\text{先验}} \underbrace{l(\boldsymbol{y}_n \mid \boldsymbol{x}_n)}_{\text{似然函数}} \mathrm{d}\boldsymbol{x}_n \tag{14.123}$$

可以看到，增量修正因子（积分项）仅取决于所提粒子 $\boldsymbol{x}_{n-1}^{(i)}$ 的“过去”位置和当前观测值 $\boldsymbol{y}_n$。

式（14.123）中的最优公式和式（14.121）中的SIR公式有一个重要区别：在SIR滤波器中，允许粒子在状态空间中随机移动，而在式（14.122）所示的最优重要性分布下，只允许粒子聚集在后验分布有大量高概率的位置上，这显然是一种理想的情况。

然而，式（14.122）中最优重要性分布的计算并不简单，除非在某些特殊情况下。例如，在状态空间模型中，条件分布 $p(\boldsymbol{x}_n \mid \boldsymbol{x}_{n-1}^{(i)}, \boldsymbol{y}_n)$ 是高斯分布，此时选择最优重要性分布来设计粒子滤波器确实可行（Doucet et al., 2000）。

14.9 计算机实验：扩展卡尔曼滤波器和粒子滤波器的比较

这个比较评估的实验设置基于非线性高斯动态系统的状态空间模型，而这个模型使用如下两个公式描述。

系统（状态）模型：

$$x_n = 0.5x_{n-1} + \frac{25x_{n-1}}{1+x_{n-1}^2} + 8\cos(1.2(n-1)) + \omega_n$$

测量（观测值）模型：

$$y_n = \frac{1}{20}x_n^2 + v_n$$

在这个系统中，动态噪声 ω_n 和测量噪声 v_n 都服从高斯分布 $\mathcal{N}(0,1)$。状态初始值 $x_0 = 0.1$。实验中使用的是SIR版本的粒子滤波器。对EKF和SIR滤波器都使用如下实验条件：

- 模拟的状态轨迹：长50个时间步
- 蒙特卡罗独立运行次数：100
- 滤波估计的初始值：$\hat{x}_{0|0} = \mathcal{N}(x_0, 2)$

SIR粒子滤波器的说明如下：

- 粒子数 N 的值为100。
- 在滤波过程的每个时间步中都进行重采样，然后对重要性权重进行归一化处理。
- 先验（状态转移）分布用于重要性分布。

EFK滤波器和SIR粒子滤波器的实验结果分别如图14.6和图14.7所示。在两幅图中，实线表示真实状态，标记为星号的点表示运行50次后的平均结果。在图14.6和图 14.7中，上虚线和下虚线分别表示用EKF和PF生成的状态估计的置信区间。

观察这两幅图，可得出如下结论：

- 对于EKF，状态滤波估计的平均轨迹与真实轨迹有明显偏差。
- 由SIR粒子滤波器计算出来的相应平均轨迹非常接近真实轨迹。

与粒子滤波器有关的另一个实验结果如图14.8所示，图中显示了状态滤波估计的均方根误差（RMSE）与SIR粒子滤波器中使用的粒子数之间的关系。可以看到，RMSE最初很高，随着粒子数的增加而逐渐降低。当粒子数超过 $N=100$ 时，RMSE没有明显的变化；因此，实验中的SIR滤波器选择 $N=100$ 个粒子是合理的。

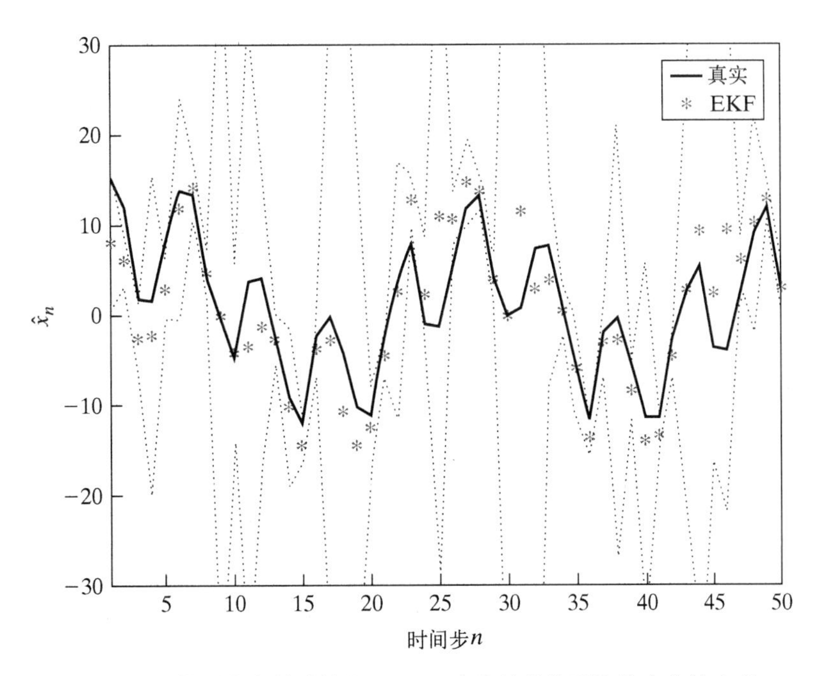

图14.6　由扩展卡尔曼滤波器（EKF）产生的总体平均状态估计 $\hat{x}_n$ 的图形，显示为一系列由*号标记的点。上虚线和下虚线（估计值附近）表示由扩展卡尔曼滤波器生成的状态估计的置信区间。这条连续曲线是状态随时间 n 实际演化的轨迹

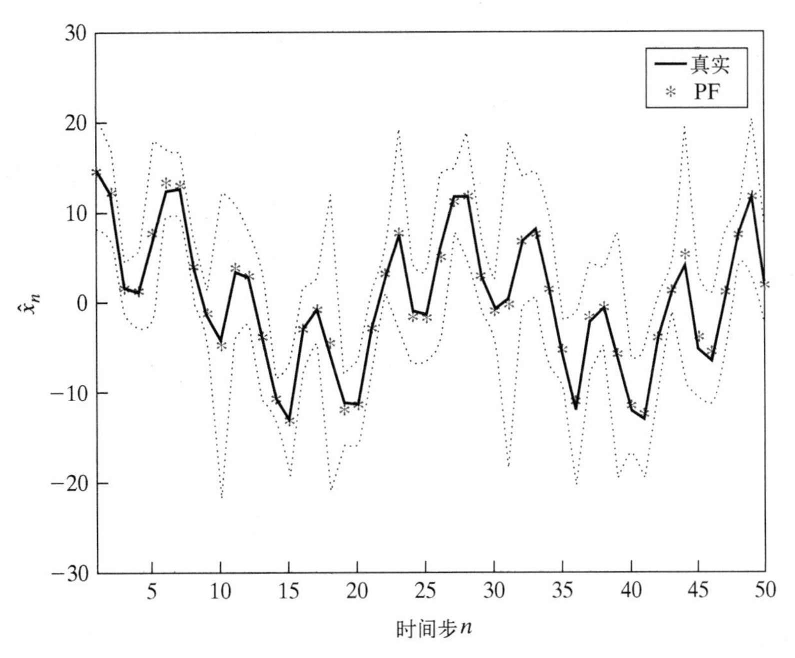

图14.7　由SIR粒子滤波器产生的总体平均状态估计 $\hat{x}_n$ 的图形，显示为一系列由*号标记的点。上虚线和虚线（估计值附近）表示由粒子滤波器（PF）生成的状态估计的置信区间。这条连续曲线是状态随时间 n 实际演化的轨迹

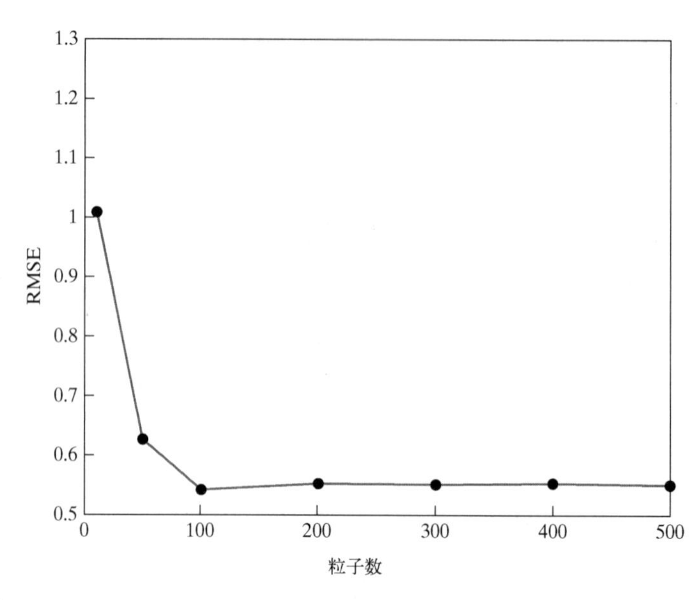

图14.8　由SIR粒子滤波器生成的均方根误差（RMSE）随粒子数变化的图形；点•是通过实验计算得到的

14.10　卡尔曼滤波在大脑功能建模中的应用

到目前为止，本章讨论的重点都是卡尔曼滤波理论，以及贝叶斯滤波器及其近似形式。在讨论过程中，我们强调这些滤波器作为顺序状态估计器各有各的优点。本节介绍类卡尔曼滤波对不同大脑功能建模的作用（Chen et al., 2007）。

14.10.1　视觉识别的动态模型

视觉皮层包括一个分层结构（从V1到V5），皮层内部以及皮层与视觉丘脑之间存在大量连接（如外侧膝状体核或LGN）；关于视觉系统的这些部分的简要说明，请参阅第12章中的注释和参考文献。具体来说，视觉皮层具有两个重要的解剖学属性（Chen et al., 2007）：

- *大量使用反馈*。皮层之间的连接是双向的，因此既能传输前向信号，又能传输反馈信号。
- *分层多尺度结构*。视觉皮层中较低区域细胞的感受野仅占视野的一小部分，而较高区域细胞的感受野则不断扩大，直至几乎覆盖整个视野。正是这种受限的网络结构使得完全连接的视觉皮层能在高维数据空间中进行预测，同时减少自由参数的数量，进而提高计算效率。

在从1997年到2003年的一系列研究中，Rao及其合作者利用视觉皮层的这两个特性构建了视觉识别的动态模型，并且认识到视觉从根本上说是一个非线性动态过程。视觉识别的Rao-Ballard模型是一个分层组织的神经网络，每个中间层接收两种信息：来自前一层的自下而上信息，以及来自较高层的自上而下的信息。在实施过程中，该模型使用了一种多尺度估计算法，它可视为扩展卡尔曼滤波器的分层算法。特别地，使用动态环境中的视觉实验，EKF被用于同时学习模型的前馈、反馈和预测参数。由此产生的自适应过程在如下两个不同的时间尺度上运行：

- 快速动态状态估计过程允许这个动态模型预测传入的刺激。
- 慢速Hebb学习过程提供模型中的突触权重调整。

具体来说，Rao-Ballard模型可视为EKF神经网络的实现，层与层之间采用自上而下的反馈，能学习静态图像和时变图像序列的视觉感受野。该模型很有吸引力，因为它简单灵活，且功能强大。最重要的是，它允许对视觉感知进行贝叶斯解释（Knill and Richards, 1995; Lee and Mumford, 2003）。

14.10.2 声流分离的动态模型

众所周知，在计算神经科学文献中，听觉感知与视觉感知有着许多共同之处（Shamma, 2001）。具体来说，Elhilali(2004)解决了计算听觉场景分析框架下的声流分离问题（CASA）。在其描述的计算模型中，隐藏向量包含了声流的内部（抽象）表示；观测结果由一组特征向量或从混合声音中得到的声学线索（如音高和开始音）表示。由于声流的时间连续性是一个重要特性，因此可用它来构建系统（状态）模型。测量模型描述了含有皮层模型参数的皮层滤波过程。动态声流分离的基本要素有两个方面：首先，推断出每个时间点声音模式在一组声流中的分布情况；其次，根据新的观测结果，估算出每组声流的状态。第二个估计问题是用卡尔曼滤波器解决的，第一个聚类问题是通过类Hebb竞争学习解决的。

卡尔曼滤波器的动态特性不仅对声流分离很重要，而且对声音定位和跟踪很重要，所有这些都被视为主动听觉的关键要素（Haykin and Chen, 2006）。

14.10.3 小脑和运动学习的动态模型

小脑在运动的控制和协调中起着重要作用，通常进行得非常流畅且几乎毫不费力。有文献认为，小脑扮演着控制器或动态状态估计器的神经类似物的角色。支持动态状态估计假设的关键体现在如下论述中，几十年来，自动跟踪和制导系统的设计工作证实了它的正确性：

> 任何需要预测或控制随机多变量动态系统轨迹的系统，无论是生物系统还是人工系统，只能以某种方式使用或引用卡尔曼滤波的精髓才有效。

基于这个关键点，Paulin(1997)提出了若干证据，这些证据支持小脑是动态状态估计器的神经类似物这一假设。Paulin提出的一个特殊证据与前庭-眼球反射（VOR）有关，它是眼球运动系统的一部分。VOR的功能是通过眼球旋转来维持视觉（视网膜）图像的稳定性，如导言中所述。这个功能通过包括小脑皮层和前庭核在内的神经网络调节。由14.3节的讨论可知，卡尔曼滤波器是利用噪声测量结果来预测动态系统状态轨迹的、方差最小的最优线性系统；它通过估计最可能的特定状态轨迹，给出一个对潜在动态系统的假设模型。这个策略的结果是，当动态系统偏离假设模型时，卡尔曼滤波器就产生一种可预测的估计误差，根据Paulin(1997)的研究，这可能是由于滤波器“相信”假设的模型而非真实的感知数据，在VOR的行为中可以观察到这种估计误差。

14.10.4 总结归纳

总之，卡尔曼滤波器的预测-修正特性已使其成为求解计算神经建模中预测编码问题的潜在方法，这是动态环境中大脑自主功能的基本特性。要注意的是，在上述例子中，假设神经系统（如小脑或新皮层）是卡尔曼滤波器的神经类似物，但这并不意味着在物质层面上神经系统类似于卡尔曼滤波器。一般来说，生物系统的确表现出某些形式的状态，且相关的神经算法可能含有卡尔曼滤波器的一般的“特征”。此外，一些形式的状态估计广泛分布在中枢神经系统的其他部分，这貌似是合理的。

14.11 小结和讨论

本章讨论的主题是，给定一个依赖于状态的观测值序列，估计动态系统中未知（隐藏）的状态。求解这个问题的基础是状态空间模型，该模型由两个公式组成：一个在动态噪声的驱动下描述状态随时间的演化，另一个描述对状态噪声的观测。假设状态空间模型是服从马尔可夫的。

14.11.1 卡尔曼滤波器理论

当动态系统为线性高斯系统时，状态的最优估计器是著名的卡尔曼滤波器。当动态系统为非线性高斯系统时，可以使用扩展卡尔曼滤波器对状态空间模型进行一阶泰勒级数逼近。只要非线性程度较轻，非线性滤波的近似方法就可得到能够接受的结果。

14.11.2 贝叶斯滤波器

理论上，贝叶斯滤波器是最通用的非线性滤波器，包括作为特例的卡尔曼滤波器。然而，要在实践中实现贝叶斯滤波器，就必须对其进行近似。近似方法有两种。

1. 后验分布的直接数值近似。这种方法的思路概括如下：

使用数值方法，通过线性卡尔曼滤波理论，帮助近似估计非线性动态系统的状态。

使用该方法进行非线性滤波的例子包括扩展卡尔曼滤波器、无特征卡尔曼滤波器（Julier et al., 2000）、正交卡尔曼滤波器（Ito and Xing, 2000; Arasaratnam et al., 2007）和容积卡尔曼滤波器（Arasaratnam and Haykin, 2009）。在这些非线性滤波器中，扩展卡尔曼滤波器最简单，容积卡尔曼滤波器最强大。简单地说，它们是以计算复杂度增大为代价来提高可靠性的。

2. 后验分布的间接数值近似。这种方法突出和使用广泛的例子是粒子滤波器。由于无法获得贝叶斯滤波的后验分布，因此只能从重要性分布或工具分布中随机抽取样本。此外，粒子滤波器的递归实现是通过顺序重要性采样（SIS）实现的。为避免滤波器出现权重退化的情况，通常的做法是在重要性采样后进行重采样，即去除相对较弱的归一化权重，然后将剩下的归一化权重根据其出现的概率进行复制。

尽管卡尔曼滤波器及其变体和近似扩展与粒子滤波器在分析推导和实际应用方面有着本质区别，但它们都有一个共同的特性：预测器-校正器特性。

14.11.3 计算考虑

① 卡尔曼滤波器。开发一种滤波算法时，通常都要检查算法的收敛性。特别地，算法的使用者希望知道在什么条件下算法可能发散，以及如何解决发散问题。例如，卡尔曼滤波器就存在发散现象，原因有二：

- 推导卡尔曼滤波器所依据的状态空间模型，与负责产生观测数据的实际动态环境的物理机制不匹配。
- 实际实现卡尔曼滤波器时所用的算法精度不够。

发散现象的根源可追溯到矩阵 $\boldsymbol{P}_{n|n}$ 违反协方差矩阵的非负定性质。平方根滤波器提供了一种缓解发散现象的方法。

② 粒子滤波器。文献中关于粒子滤波器的计算问题的论述存在一定的争议。下面小结了文献中的一些重要结论：

1. 对于指定的粒子数 N，式（14.84）中积分的蒙特卡罗估计误差为 $O(N^{-1/2})$，它与状态向量的维数无关（Ristic et al., 2004）。这个结果基于两个假设：

- 式（14.84）的积分中的后验分布 $p(\boldsymbol{x}_n \mid \boldsymbol{Y}_n)$ 是已知的。
- 粒子（如样本）统计上是独立的。

然而，粒子滤波违反了这两个假设：$p(\boldsymbol{x}_n \mid \boldsymbol{Y}_n)$ 的精确信息不可获取，且在使用重采样的粒子滤波器中，粒子轨迹实际上是相关的。

2. Crisan and Doucet(2002)提出，粒子滤波器产生的估计误差的方差上界为$O(N^{-1/2})$乘以一个常系数c。遗憾的是，这个结果导致了一个错误的结论，即粒子滤波器产生的估计误差与维数无关，且不受维数灾难的影响。Daum and Huang(2003)认为，乘数因子不是一个常量，而随着时间n呈指数增长，因此记为c_n。此外，在很大程度上，它取决于状态向量的维度，即粒子滤波器会受到维度的影响。

3. Bengtesson et al.(2008)的独立研究表明，粒子滤波器“仅靠蛮力”来描述高维度后验分布的“纯暴力”实现终因维数灾难而失败。对于这种现象，补救措施是在粒子滤波前，进行某种形式的降维处理；如第10章所述，高维数据通常比较稀疏，因此可以进行降维处理。

注释和参考文献

1. *相关动态噪声和测量噪声*。在线性高斯状态空间模型中，动态噪声$\boldsymbol{\omega}_n$和测量噪声$\boldsymbol{v}_n$间的相关性有时是允许的。这个条件被用在经济学中。特别地，现在有

$$\mathbb{E}[\boldsymbol{\omega}_n \boldsymbol{v}_k^{\mathrm{T}}] = \begin{cases} \boldsymbol{C}_n, & k = n \\ \boldsymbol{0}, & k \neq n \end{cases}$$

式中，$\boldsymbol{C}_n$是已知矩阵。根据该式，两个噪声过程$\boldsymbol{\omega}_n$和$\boldsymbol{v}_n$是同时相关的，但它们在非零延迟情况下保持着不相关性。在这种情况下，必须修改卡尔曼滤波器公式。该问题的首次讨论见Jazwinski(1970)，也可参阅Harvey(1989)。

2. *信息滤波算法*。协方差滤波算法是实现卡尔曼滤波器的一种方法。卡尔曼滤波器的另一种形式称为信息滤波器算法，它是通过协方差矩阵$\boldsymbol{P}_{n|n}$的逆矩阵来实现的，这个逆矩阵与费舍尔的信息矩阵是相关的，允许用信息论的形式来解释滤波器。关于信息滤波算法的细节，见Haykin(2002)。

3. *记法*。为了使式（14.6）严格正确且与本书前面的记法一致，我们应该用$p_{\boldsymbol{x}}(\boldsymbol{x})$代替$p(\boldsymbol{x})$，其中$p_{\boldsymbol{x}}(\boldsymbol{x})$的下标$\boldsymbol{x}$代表随机变量$\boldsymbol{X}$，其样本值用$\boldsymbol{x}$表示。我们已在式（14.6）及其他相似情况下使用了记号$p(\boldsymbol{x})$，原因有二：

- 本章中关于随机过程的概率特性方面的内容相当丰富，因此我们将简化表述。
- 为避免在本章后半部分出现混淆，符号$\boldsymbol{X}$用于表示状态序列。

4. *贝叶斯估计*。估计理论中的一个经典问题是随机参数的贝叶斯估计。这个问题有不同的答案，具体取决于贝叶斯估计中的代价函数是如何表述的。我们感兴趣的一种贝叶斯估计是所谓的条件平均估计，这时我们要做两件事情：① 从第一个原理推导出条件均值估计公式；② 证明该估计器与最小均方误差估计器相同。

为此，考虑一个随机参数x。给定一个依赖于x的观测值y，需要做的是估计x。令$\hat{x}(y)$表示参数x的一个估计值，符号$\hat{x}(y)$强调估计值是观测值y的一个函数。令R表示代价函数，它依赖于x及其估计值。然后，根据贝叶斯估计理论，可将贝叶斯风险定义为

$$R = \mathbb{E}[C(x, \hat{x}(y))] = \int_{-\infty}^{\infty}\int_{-\infty}^{\infty} C(x, \hat{x}(y)) p(x, y) \mathrm{d}x\mathrm{d}y \tag{A}$$

式中，$p(x, y)$是x和y的联合概率密度函数。对具体的代价函数$C(x, \hat{x}(y))$来说，贝叶斯估计定义为最小化风险R的估计$\hat{x}(y)$。

需要关注的代价函数是均方误差，即估计误差的平方，它是实际参数值x和估计值$\hat{x}(y)$之差，即

$$\varepsilon = x - \hat{x}(y)$$

相应地，写出$C(x, \hat{x}(y)) = C(x - \hat{x}(y))$或$C(\varepsilon) = \varepsilon^2$。因此，我们将式（A）改写成

$$R_{\mathrm{ms}} = \int_{-\infty}^{\infty}\int_{-\infty}^{\infty} (x - \hat{x}(y))^2 p(x, y) \mathrm{d}x\mathrm{d}y \tag{B}$$

式中，风险R_{ms}的下标指出使用均方误差作为它的基。根据概率论得

$$p(x, y) = p(x \mid y) p(y) \tag{C}$$

式中，$p(x|y)$ 是给定 x 和 y 时的概率密度函数，$p(y)$ 是 y 的（边缘）概率密度函数。因此，将式（C）代入式（B）得

$$R_{\text{ms}} = \int_{-\infty}^{\infty}\left[\int_{-\infty}^{\infty}(x-\hat{x}(y))^2 p(x|y)\mathrm{d}x\right]p(y)\mathrm{d}y \tag{D}$$

现在，中括号中的内积分和式（D）中的 $p(y)$ 都是非负的，因此可简单地通过最小化内积分使风险 R_{ms} 最小。估计值用 $\hat{x}_{\text{ms}}(y)$ 表示。要求 $\hat{x}_{\text{ms}}(y)$，可让内积分关于 $\hat{x}(y)$ 求导，然后令结果为零。

为简化表述，令 I 表示式（D）中的内积分。于是，I 关于 $\hat{x}(y)$ 求导得

$$\frac{\mathrm{d}I}{\mathrm{d}\hat{x}} = -2\int_{-\infty}^{\infty} xp(x|y)\mathrm{d}x + 2\hat{x}(y)\int_{-\infty}^{\infty} p(x|y)\mathrm{d}x \tag{E}$$

式（E）中等号右边的第二个积分表示概率密度函数下的总面积，因此值为1。设 $\mathrm{d}I/\mathrm{d}\hat{x}$ 为零，得

$$\hat{x}_{\text{ms}}(y) = \int_{-\infty}^{\infty} xp(x|y)\mathrm{d}x \tag{F}$$

式（F）定义的解是唯一的最小值。

式（F）中定义的估计量 $\hat{x}_{\text{ms}}(y)$ 自然是最小均方误差估计量。对于这个估计量的另一种解释，我们发现，若给定观测值 y，则等式右边的积分仅是参数 x 的条件均值。因此，最小均方误差估计量和条件平均估计量确实相同。换句话说，有

$$\hat{x}_{\text{ms}}(y) = \mathbb{E}[x|y] \tag{G}$$

用式（G）替换 $\hat{x}(y)$ 并代入式（D），发现内积分刚好是给定 y 时参数 x 的条件方差。相应地，风险 R_{ms} 的最小值是所有观测值 y 的条件方差均值。

5. *基于电位序列的贝叶斯滤波*。在14.10节关于大脑功能动态建模的讨论中，我们采用了传统的信号处理框架，强调了卡尔曼滤波理论的作用。然而，事实上，大脑皮层神经网络是通过从感官传入的电位序列来观察不确定的动态环境的，而不是直接从环境中观察的。电位序列是大脑神经元之间的主要信道，它们用峰值电位到达的时间来表示（Koch, 1999; Rieke et al., 1997）。Bobrowski et al.(2007)考虑了动态环境隐藏状态概率分布的最优估计问题，以电位序列形式给出了噪声观测值。最重要的是，他们描述了一个线性周期性的神经网络模型，该模型可实时且准确地实现贝叶斯滤波。这个输入可能是多模态的，由两个不同的子集组成：一个是视觉的，另一个是听觉的。注意，Snyder(1972)首次描述了基于点过程观测的连续时间非线性滤波，也可参阅Snyder于1975年出版的关于随机点过程的图书。

习题

卡尔曼滤波器

14.1 预测状态误差向量定义为

$$\boldsymbol{\varepsilon}_{n|n-1} = \boldsymbol{x}_n - \hat{\boldsymbol{x}}_{n|n-1}$$

式中，$\hat{\boldsymbol{x}}_{n|n-1}$ 是状态 $\boldsymbol{x}_n$ 的最小均方估计，给定观测数据序列 $\boldsymbol{y}_1,\cdots,\boldsymbol{y}_{n-1}$。令 $\boldsymbol{\omega}_n$ 和 $\boldsymbol{v}_n$ 分别表示动态噪声向量和测量噪声向量。证明 $\boldsymbol{\varepsilon}_{n|n-1}$ 与 $\boldsymbol{\omega}_n$ 和 $\boldsymbol{v}_n$ 正交，即证明

$$\mathbb{E}[\boldsymbol{\varepsilon}_{n|n-1}\boldsymbol{\omega}_n^{\mathrm{T}}] = \mathbf{0}, \quad \mathbb{E}[\boldsymbol{\varepsilon}_{n|n-1}\boldsymbol{v}_n^{\mathrm{T}}] = \mathbf{0}$$

14.2 考虑一个均值为零的标量观测值集合 y_n，其被变换成均值为零、方差为 $\sigma_{\alpha,n}^2$ 的新息过程 α_n 的对应集合。给定该数据集，令状态向量 $\boldsymbol{x}_i$ 的估计值表示为

$$\hat{\boldsymbol{x}}_{i|n} = \sum_{k=1}^{n}\boldsymbol{b}_{i,k}\alpha_k$$

式中 $\boldsymbol{b}_{i,k}, k=1,2,\cdots,n$ 是待确定向量集合。需要选择 $\boldsymbol{b}_{i,k}$，使估计状态误差向量的平方范数的期望最小：

$$\boldsymbol{\varepsilon}_{i,n} = \boldsymbol{x}_i - \hat{\boldsymbol{x}}_{i|n}$$

证明这种最小化可得到

$$\hat{x}_{i|n} = \sum_{k=1}^{n} \mathbb{E}[x_i \varphi_k] \varphi_k$$

式中，

$$\varphi_k = \frac{\alpha_k}{\sigma_{\alpha,k}}$$

是归一化后的新息。这个结果可视为式（14.24）和式（14.26）的一个特例。

14.3 证明式（14.25），它说明当 $k=1,2,\cdots,n$且$i \leqslant n$ 时，新息过程 $\boldsymbol{\alpha}_k$ 与状态估计误差 $\boldsymbol{\varepsilon}_{i|n}$ 是不相关的。

14.4 证明：在卡尔曼滤波理论中，滤波的状态估计误差向量 $\boldsymbol{\varepsilon}_{i|n}$ 的均值为零，服从高斯分布，且是一阶马尔可夫过程。

14.5 由式（14.31）定义的卡尔曼增益 $\boldsymbol{G}_n$ 中包含逆矩阵 $\boldsymbol{R}_n^{-1}$。矩阵 $\boldsymbol{R}_n$ 是在式（14.22）中自定义的。矩阵 $\boldsymbol{R}_n$ 是正定的，但不一定是非奇异的。(a)为什么 $\boldsymbol{R}_n$ 是正定的？(b)为保证逆矩阵 $\boldsymbol{R}_n^{-1}$ 存在，要选择什么样的先验条件施加到矩阵 $\boldsymbol{Q}_{v,n}$ 上？

14.6 在许多情况下，随着迭代次数 n 趋于无穷大，预测误差协方差矩阵 $\boldsymbol{P}_{n+1|n}$ 收敛到稳定的状态值 $\boldsymbol{P}$ 。证明极限值 $\boldsymbol{P}$ 满足代数黎卡提方程

$$\boldsymbol{P}\boldsymbol{B}^{\mathrm{T}}(\boldsymbol{B}\boldsymbol{P}\boldsymbol{B}^{\mathrm{T}} + \boldsymbol{Q}_v)^{-1}(\boldsymbol{B}\boldsymbol{P} - \boldsymbol{Q}_\omega) = \boldsymbol{0}$$

式中，假设状态转移矩阵等于单位矩阵，$\boldsymbol{B}, \boldsymbol{Q}_\omega, \boldsymbol{Q}_v$ 分别是 $\boldsymbol{B}_n, \boldsymbol{Q}_{\omega,n}, \boldsymbol{Q}_{v,n}$ 的极限值。

14.7 原始动态系统的状态空间模型嵌入到了卡尔曼滤波器的结构中。证明这一论述。

14.8 观察卡尔曼滤波器中的预测-修正框架，可发现如下两个性质：

(a) 预测状态 $\hat{\boldsymbol{x}}_{n+1|n}$ 和预测误差协方差矩阵 $\boldsymbol{P}_{n+1|n}$ 的计算仅依赖于系统（状态）模型中提供的信息。

(b) 滤波状态 $\hat{\boldsymbol{x}}_{n|n}$ 和滤波误差协方差矩阵 $\boldsymbol{P}_{n|n}$ 的计算仅依赖于从测量模型中提取的信息。

证明卡尔曼滤波器的这两个性质。

14.9 预测误差协方差矩阵 $\boldsymbol{P}_{n+1|n}$ 和滤波误差协方差矩阵 $\boldsymbol{P}_{n|n}$ 不可以假设为同一个值。为什么？

14.10 在14.3节中，卡尔曼滤波器的推导基于最小均方误差估计理论。本题基于最大后验概率（MAP）准则研究卡尔曼滤波器的另一种推导。对于该推导，假设动态噪声 $\boldsymbol{\omega}_n$ 和测量噪声 $\boldsymbol{v}_n$ 都是均值为零的高斯过程，协方差矩阵分别是 $\boldsymbol{Q}_{\omega,n}$ 和 $\boldsymbol{Q}_{v,n}$ 。令 $p(\boldsymbol{x}|\boldsymbol{Y}_n)$ 是已知 $\boldsymbol{Y}_n$ 表示观测值集合 $\boldsymbol{y}_1,\cdots,\boldsymbol{y}_n$ 时，$\boldsymbol{x}_n$ 的条件概率分布。$\boldsymbol{x}_n$ 的MAP估计表示为 $\hat{\boldsymbol{x}}_{\mathrm{MAP},n}$，它定义为使得 $p(\boldsymbol{x}_n|\boldsymbol{Y}_n)$ 最大的 $\boldsymbol{x}_n$ 值，或者定义为 $p(\boldsymbol{x}_n|\boldsymbol{Y}_n)$ 的对数。这一计算要求我们求解条件

$$\left.\frac{\partial \log p(\boldsymbol{x}_n|\boldsymbol{Y}_n)}{\partial \boldsymbol{x}_n}\right|_{\boldsymbol{x}_n=\hat{\boldsymbol{x}}_{\mathrm{MAP},n}} = \boldsymbol{0} \tag{A}$$

证明

$$\left.\frac{\partial^2 \log p(\boldsymbol{x}_n|\boldsymbol{Y}_n)}{\partial^2 \boldsymbol{x}_n}\right|_{\boldsymbol{x}_n=\hat{\boldsymbol{x}}_{\mathrm{MAP},n}} < \boldsymbol{0} \tag{B}$$

(a) 可将分布 $p(\boldsymbol{x}_n|\boldsymbol{Y}_n)$ 表示为

$$p(\boldsymbol{x}_n|\boldsymbol{Y}_n) = \frac{p(\boldsymbol{y}_n/\boldsymbol{Y}_{n-1})}{p(\boldsymbol{Y}_n)}$$

根据联合分布的定义，也可表示为

$$p(\boldsymbol{x}_n|\boldsymbol{Y}_n) = \frac{p(\boldsymbol{x}_n, \boldsymbol{y}_n, \boldsymbol{Y}_{n-1})}{p(\boldsymbol{y}_n, \boldsymbol{Y}_{n-1})}$$

证明

$$p(\boldsymbol{x}_n|\boldsymbol{Y}_n) = \frac{p(\boldsymbol{y}_n|\boldsymbol{x}_n)p(\boldsymbol{x}_n|\boldsymbol{Y}_{n-1})}{p(\boldsymbol{y}_n, \boldsymbol{Y}_{n-1})}$$

(b) 使用动态噪声 $\boldsymbol{\omega}_n$ 和测量噪声 $\boldsymbol{v}_n$ 的高斯特征，推导表达式 $p(\boldsymbol{y}_n|\boldsymbol{x}_n)$ 和 $p(\boldsymbol{x}_n|\boldsymbol{Y}_{n-1})$ 。认识到

$p(\boldsymbol{y}_n | \boldsymbol{Y}_{n-1})$ 可以作为一个常数，因为它不依赖于状态 $\boldsymbol{x}_n$，写出 $p(\boldsymbol{x}_n | \boldsymbol{Y}_n)$ 的公式。

(c) 使用式（A）中(b)问的结果，根据矩阵求逆定理推出 $\hat{\boldsymbol{x}}_{\mathrm{MAP},n}$ 的公式，证明它和14.3节推导的卡尔曼滤波器完全一致。

(d) 证明(c)问得到的MAP估计 $\hat{\boldsymbol{x}}_{\mathrm{MAP},n}$ 确实满足式（B）。

14.11 考虑一个由无噪声状态空间模型描述的线性动态系统：

$$\boldsymbol{x}_{n+1} = \boldsymbol{A}\boldsymbol{x}_n, \quad \boldsymbol{y}_n = \boldsymbol{B}\boldsymbol{x}_n$$

式中，$\boldsymbol{x}_n$ 表示状态，$\boldsymbol{y}_n$ 是观测值，$\boldsymbol{A}$ 是转移矩阵，$\boldsymbol{B}$ 是测量矩阵。

(a) 证明

$$\hat{\boldsymbol{x}}_{n|n} = (\boldsymbol{I} - \boldsymbol{G}_n\boldsymbol{B})\hat{\boldsymbol{x}}_{n|n-1} + \boldsymbol{G}_n\boldsymbol{y}_n, \quad \alpha_n = \boldsymbol{y}_n - \boldsymbol{B}\hat{\boldsymbol{x}}_{n|n-1}$$

式中，$\boldsymbol{G}_n$ 是卡尔曼增益，$\boldsymbol{\alpha}_n$ 表示新息过程。$\boldsymbol{G}_n$ 是如何定义的？

(b) 使用(a)问的结果，证明卡尔曼滤波器是一个白化滤波器，因为产生了响应 $\boldsymbol{y}_n$ 的“白化”估计误差。

14.12 表14.2中列出了以状态滤波估计为基础的卡尔曼滤波器。再次小结卡尔曼滤波器，但这次以状态的预测估计为基础，并描述尔曼滤波器的相关信号流图。

平方根卡尔曼滤波器

14.13 式（14.47）到式（14.49）是令式（14.46）等号两边的对应项相等得到的。事实上，需要考虑第4个恒等式。找出这个恒等式，并且证明它是其中一个已知恒等式的转置。

扩展卡尔曼滤波器

14.14 从式（14.64）所示的修正系统（状态）模型开始，证明由式（14.75）定义的 $\boldsymbol{\xi}_n$ 是一个已知（如非随机）向量。

14.15 令 $\boldsymbol{P}_{xy,n}$ 表示状态误差向量 $\boldsymbol{x}_n - \hat{\boldsymbol{x}}_{n|n-1}$ 和测量误差向量 $\boldsymbol{y}_n - \hat{\boldsymbol{y}}_{n|n-1}$ 的交叉协方差矩阵。令 $\boldsymbol{P}_{yy,n}$ 表示测量误差向量 $\boldsymbol{y}_n - \hat{\boldsymbol{y}}_{n|n-1}$ 的协方差矩阵。证明修正卡尔曼增益 $\boldsymbol{G}_{f,n} = \boldsymbol{A}_{n+1,n}^{-1}\boldsymbol{G}_n$ 可用这两个协方差矩阵的形式表示为 $\boldsymbol{G}_{f,n} = \boldsymbol{P}_{xy,n}\boldsymbol{P}_{yy,n}^{-1}$。

贝叶斯滤波器

14.16 (a)证明式（14.77）；(b)证明式（14.83）。

粒子滤波器

14.17 扩展卡尔曼滤波器和粒子滤波器是非线性滤波器的两个不同例子：

- 扩展卡尔曼滤波器的推导基于统计分布约束条件下的局部方法。
- 粒子滤波器的推导基于全局方法，没有统计约束。

阐述这两种论述。

14.18 图14.5说明了样本数和重采样数都为6时的重采样过程，即重采样后的粒子数与采样前的粒子数相同。解释这幅图是如何得到的。

14.19 考虑一个非线性动态系统，其状态空间模型定义为

$$\boldsymbol{x}_{n+1} = \boldsymbol{a}_n(\boldsymbol{x}_n) + \boldsymbol{\omega}_n, \quad \boldsymbol{y}_n = \boldsymbol{b}_n(\boldsymbol{x}_n) + \boldsymbol{v}_n$$

式中，动态噪声 $\boldsymbol{\omega}_n$ 和测量噪声 $\boldsymbol{v}_n$ 都是均值为零的白噪声高斯过程，协方差矩阵分别是 $\boldsymbol{Q}_{\omega,n}$ 和 $\boldsymbol{Q}_{v,n}$。求以下分布：(a)先验预测分布 $p(\boldsymbol{x}_n | \boldsymbol{Y}_{n-1})$；(b)似然分布 $p(\boldsymbol{y}_n | \boldsymbol{x}_n)$；(c)后验分布 $p(\boldsymbol{x}_n | \boldsymbol{Y}_n)$，其中 $\boldsymbol{Y}_n$ 表示观测值序列 $\boldsymbol{y}_1, \boldsymbol{y}_2, \cdots, \boldsymbol{y}_n$。

14.20 继续习题14.19，证明最优重要性密度分布 $p(\boldsymbol{x}_n | \boldsymbol{x}_{n-1}, \boldsymbol{y}_n)$ 是高斯分布。

计算机实验

14.21 本题采用粒子滤波器求解计算机视觉中的非线性跟踪问题。一个目标由 5×5 像素组成，且按以下两个等式定义的轨迹移动：

$$x_n = 200\left|\sin\left(\frac{2\pi n}{N}\right)\right| + 50,\ y_n = 100\sin\left(\frac{3.5\pi n}{N}\right) + 150$$

式中，x_n 和 y_n 是第 n 步的图像坐标，N 是总帧数。300×300 像素的场景如图P14.21所示。白色背景区域被4个等距的黑条分割，黑条的高度为 $h=10$ 像素。目标可通过其本身的浅灰色分辨。

(a) 使用 $N=150$ 帧模拟浅灰色轨迹作为图像序列。当目标移动到背景区域时，要确保它被显示；当目标被前景遮挡时，要确保它被隐藏。

(b) 将模拟数据作为输入，让粒子滤波器跟踪该目标。在目标可见的区域内，可以用颜色信息获得位置的测量值，但在目标被遮挡的区域就要依靠滤波估计。设置状态空间模型时，需要做什么样的假设？在场景中显示真实轨道和估计轨迹。

(c) 在不同的实验中，逐渐增大前景区域的高度 h 。为了保持目标的轨迹贯穿整个图像序列，必要的折中是什么？帧速率和粒子数对实验有什么影响？

(d) 在跟踪过程中，收集的信息可用于估计场景的前景和背景，即获取目标的深度与其互动部分的相关性。讨论求解该问题的可能方法。

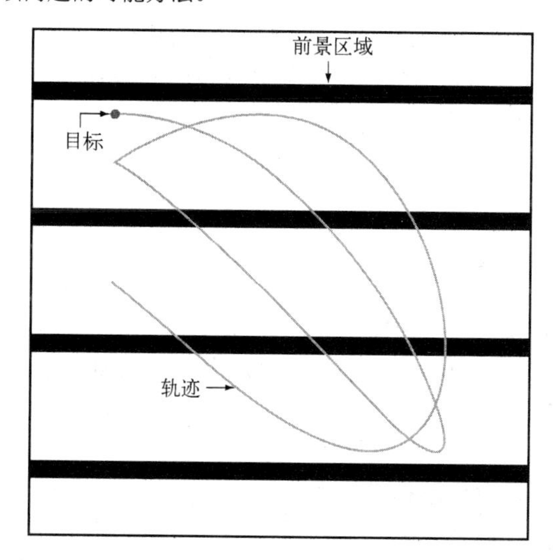

图P14.21　习题14.21的场景和轨迹

第15章　动态驱动递归网络

本章研究动态驱动递归网络作为输入-输出映射器的诸多方面。本章中的各节安排如下：

- 15.1节介绍动态驱动递归网络的学习动机；15.2节讨论不同的递归网络结构。
- 15.3节和15.4节讨论递归网络的理论问题，重点是通用逼近定理以及可控性和可观测性；15.5节介绍递归网络的计算能力。
- 15.6节到15.8节专门讨论学习算法。15.6节讨论两种基于梯度的算法；15.7节讨论时间反向传播算法；15.8节讨论实时递归学习算法。
- 15.9节讨论梯度消失问题以及如何使用二阶方法来缓解这一问题。15.10节介绍使用顺序状态估计器求解监督训练递归神经网络的框架。15.11节介绍一个计算机实验。
- 15.12节讨论一种有限自适应行为，该行为仅在完成监督训练并固定权重后才出现在递归神经网络中。为增强这种自适应行为，需要对网络结构进行相应的扩展，包括自适应评估。15.13节重点介绍一个使用模型参考神经控制器的案例。
- 15.14节对本章进行小结和讨论。

15.1　引言

全局反馈是计算智能的推动者。

第13章在介绍联想记忆时给出了上面这句话，还介绍了如何在递归网络中使用全局反馈来完成一些有用的任务：

- 内容可寻址的存储器，以Hopfield网络为例。
- 自联想，以Anderson的盒中脑模型为例。
- 混沌过程的动态重建，使用围绕正则化单步预测器建立的反馈。

本章根据第14章中介绍的顺序状态估计来研究递归网络的另一个重要应用：输入-输出映射。例如，将具有单个隐藏层的多层感知器作为递归网络的基本单元。围绕多层感知器的全局反馈应用有多种不同的形式：可将多层感知器隐藏层的输出反馈给输入层；也可将输出层反馈给隐藏层的输入；还可将所有这些可能的反馈回路结合到单个递归网络结构中；当然，也可考虑将其他神经网络配置作为构建递归网络的基础。重要的是，递归网络有着丰富的结构布局，因此有着更强大的计算能力。

依照定义，映射网络的输入空间映射到输出空间。对于这种应用，递归网络依时序对外部输入信号做出响应。因此，可将本章讨论的递归网络称为*动态驱动递归网络*。于是，反馈的应用就使递归网络能够得到状态表示，使之成为适合不同应用的理想工具，如非线性预测和建模、通信信道的自适应均衡、语音处理和设备控制等。

15.2　递归网络结构

如引言所述，递归网络的结构布局有多种不同的形式。本节介绍4种特定的网络结构，每种结构都强调一种全局反馈的特定形式。这些网络结构具有如下的共同特点：

- 都包含一个静态多层感知器或其中的某些部分。
- 都利用了多层感知器的非线性映射能力。

15.2.1 输入-输出递归模型

图15.1显示了由一个多层感知器自然生成的通用递归网络模型。该模型有一个输入，它被应用到有 q 个单元的抽头延迟线存储器；同样，该模型有一个输出，它通过同样为 q 个单元的抽头延迟线存储器反馈到输入。两个抽头延迟线存储器的内容被用于反馈到多层感知器的输入层。模型输入的当前值用 u_n 表示，对应的输出用 y_{n+1} 表示；也就是说，输出超前输入1个时间单位。因此，用于多层感知器输入层的信号向量由一个数据窗口组成，该窗口由如下成分组成：

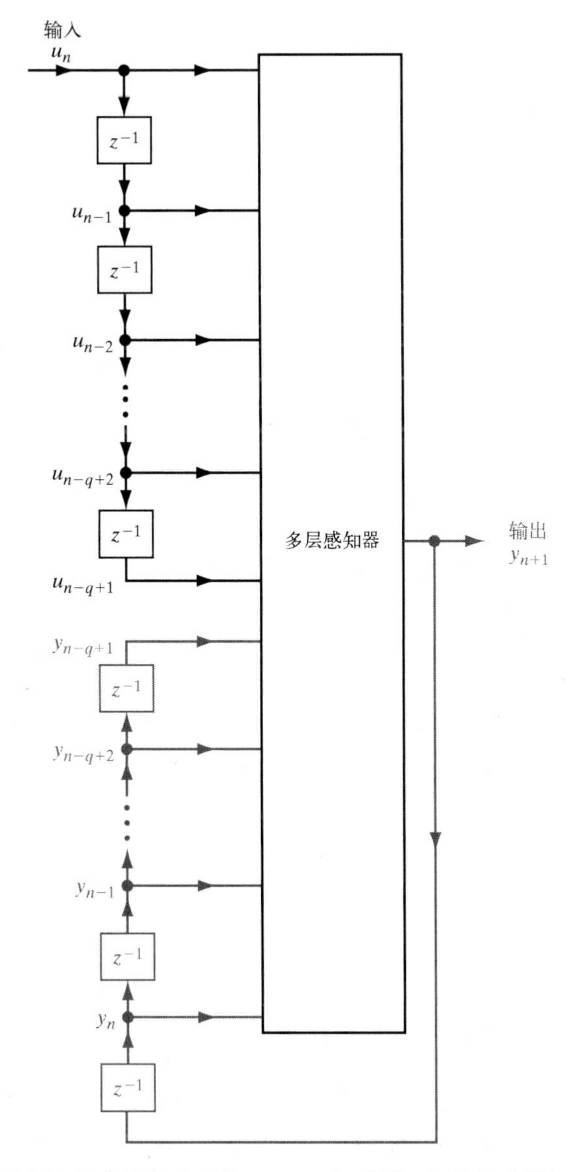

图15.1 带有外生输入的非线性自回归（NARX）模型，网络的反馈部分显示为浅灰色

- 现在和过去的输入值，即 $u_n, u_{n-1}, \cdots, u_{n-q+1}$，表示来自网络外部的外生输入。
- 延迟的输出值，即 $y_n, y_{n-1}, \cdots, y_{n-q+1}$，据此对模型输出 y_{n+1} 进行回归。

图15.1中的递归网络称为有外生输入的非线性自回归模型（NARX）。NARX的动态行为由

$$y_{n+1}=F(y_n,\cdots,y_{n-q+1};u_n,\cdots,u_{n-q+1}) \tag{15.1}$$

描述，其中 F 是其自变量的非线性函数。注意，在图15.1中，假设模型中两个延迟线存储器的大小都是 q，实际情况中它们通常是不同的。

15.2.2　状态空间模型

图15.2显示了另一种通用递归网络的框图，称为状态空间模型，其基本思想已在第14章中讨论。隐藏神经元定义网络的状态。隐藏层的输出通过一组单位时间延迟反馈到输入层。输入层由反馈节点和源节点串联而成。网络通过源节点与外部相连。将隐藏层输出反馈到输入层的单位时间延迟的数量决定了模型的阶数。$m\times 1$ 维向量 $\boldsymbol{u}_n$ 表示输入向量，$q\times 1$ 维向量 $\boldsymbol{x}_n$ 表示隐藏层在 n 时刻的输出向量。我们可用下面的两个方程来描述图15.2中模型的动态行为：

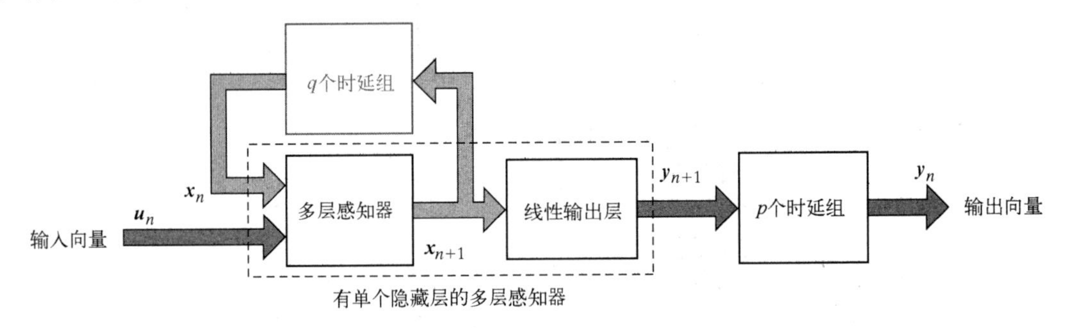

图15.2　状态空间模型，模型的反馈部分显示为浅灰色

$$\boldsymbol{x}_{n+1}=\boldsymbol{a}(\boldsymbol{x}_n,\boldsymbol{u}_n) \tag{15.2}$$

$$\boldsymbol{y}_n=\boldsymbol{B}\boldsymbol{x}_n \tag{15.3}$$

式中，$\boldsymbol{a}(\cdot,\cdot)$ 表示一个描述隐藏层特征的非线性函数，$\boldsymbol{B}$ 表示输出层特征的突触权重矩阵。隐藏层是非线性的，但输出层是线性的。

图15.2中的递归网络包含多个递归结构。例如，图15.3所示的由Elman(1990, 1996)描述的简单递归网络（SRN），其结构与图15.2类似，只是输出层可能是非线性的，并且省略了输出端的单位时间延迟模块，文献中常将其称为简单递归网络。递归网络计算的误差导数“简单”延迟1个时间步回到过去；但是，这种简化并不妨碍网络存储来自遥远过去的信息。

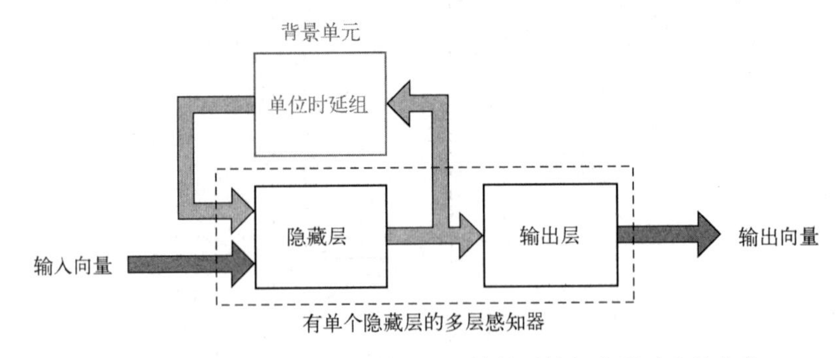

图15.3　简单递归网络（SRN），网络的反馈部分显示为浅灰色

Elman网络包含从隐藏神经元到由单位时间延迟组成的上下文单元层之间的递归连接。这些上下文单元存储1个时间步的隐藏神经元的输出，接着反馈回输入层。因此，隐藏神经元具有以前的激活记录，这就使得网络可以执行随时间延伸的学习任务。隐藏神经元也向输出神经元提供信息，

输出神经元给出网络对外部施加刺激的反应。由于隐藏神经元的反馈特性，这些神经元可在多个时间步内通过网络不断循环利用信息，进而发现随时间变化的特征。

15.2.3 递归多层感知器

第三种递归结构称为*递归多层感知器*（RMLP）（Puskorius et al., 1996）。它有一个或多个隐藏层，基于同样的原因，静态多层感知器比使用单个隐藏层的感知器更有效、更简洁。RMLP的每个计算层对其邻近层都有反馈，图15.4所示是有两个隐藏层的RMLP。

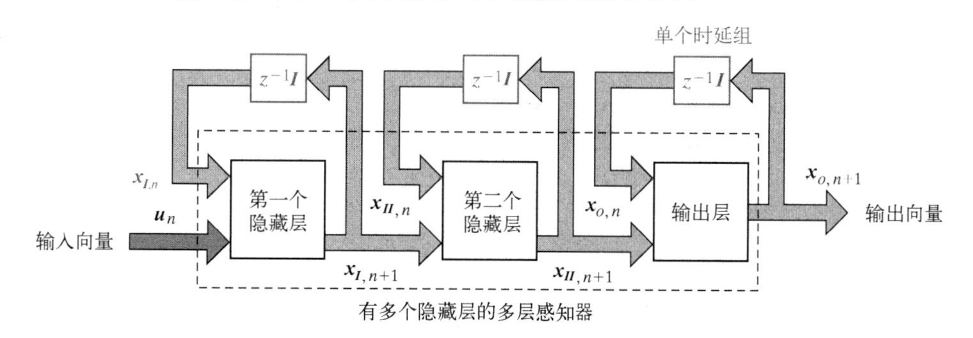

图15.4 递归多层感知器，网络中的反馈路径显示为深色

设向量 $\boldsymbol{x}_{I,n}$ 表示第一个隐藏层的输出，$\boldsymbol{x}_{II,n}$ 表示第二个隐藏层的输出……向量 $\boldsymbol{x}_{o,n}$ 表示输出层的最终输出。RMLP响应输入向量 $\boldsymbol{u}_n$ 的一般动态行为就由如下方程组描述：

$$\begin{aligned}\boldsymbol{x}_{I,n+1} &= \boldsymbol{\phi}_I(\boldsymbol{x}_{I,n}, \boldsymbol{u}_n) \\ \boldsymbol{x}_{II,n+1} &= \boldsymbol{\phi}_{II}(\boldsymbol{x}_{II,n}, \boldsymbol{x}_{I,n+1}) \\ &\vdots \\ \boldsymbol{x}_{o,n+1} &= \boldsymbol{\phi}_o(\boldsymbol{x}_{o,n}, \boldsymbol{x}_{K,n+1})\end{aligned} \tag{15.4}$$

式中，$\boldsymbol{\phi}_I(\cdot,\cdot), \boldsymbol{\phi}_{II}(\cdot,\cdot), \cdots, \boldsymbol{\phi}_o(\cdot,\cdot)$ 分别表示RMLP的第一个隐藏层、第二个隐藏层……输出层的激活函数；K 表示网络中隐藏层的数量。在图15.4中，$K = 2$。

本节介绍的RMLP包含图15.3所示的Elman网络和图15.2所示的状态空间模型，因为RMLP的输出层和任何隐藏层并未限制激活函数的具体形式。

15.2.4 二阶网络

在描述图15.2中的状态空间模型时，我们使用术语“阶”来表示隐藏神经元的数量，其输出则通过单位时间延迟模块反馈回输入层。

在其他情况下，术语“阶”有时用来表示神经元的诱导局部域的定义方式。例如，对于一个多层感知器，神经元 k 的诱导局部域 v_k 定义为

$$v_k = \sum_j w_{a,kj} x_j + \sum_i w_{b,ki} u_i \tag{15.5}$$

式中，x_j 是隐藏层神经元 j 的反馈信号，u_i 是输入层应用于节点 i 的源信号，w 是网络对应的突触权重。式（15.5）描述的神经元称为*一阶神经元*。然而，当诱导局部域 v_k 由乘法组成时，如

$$v_k = \sum_i \sum_j w_{kij} x_i u_j \tag{15.6}$$

就称这种神经元为*二阶神经元*。二阶神经元 k 使用了单个权重 w_{kji}，它连接了输入节点 i 和 j。

二阶神经元组成了基本的二阶递归网络（Giles et al., 1990），如图15.5所示。该网络接受时序输入序列，并按如下两个公式定义的过程演化：

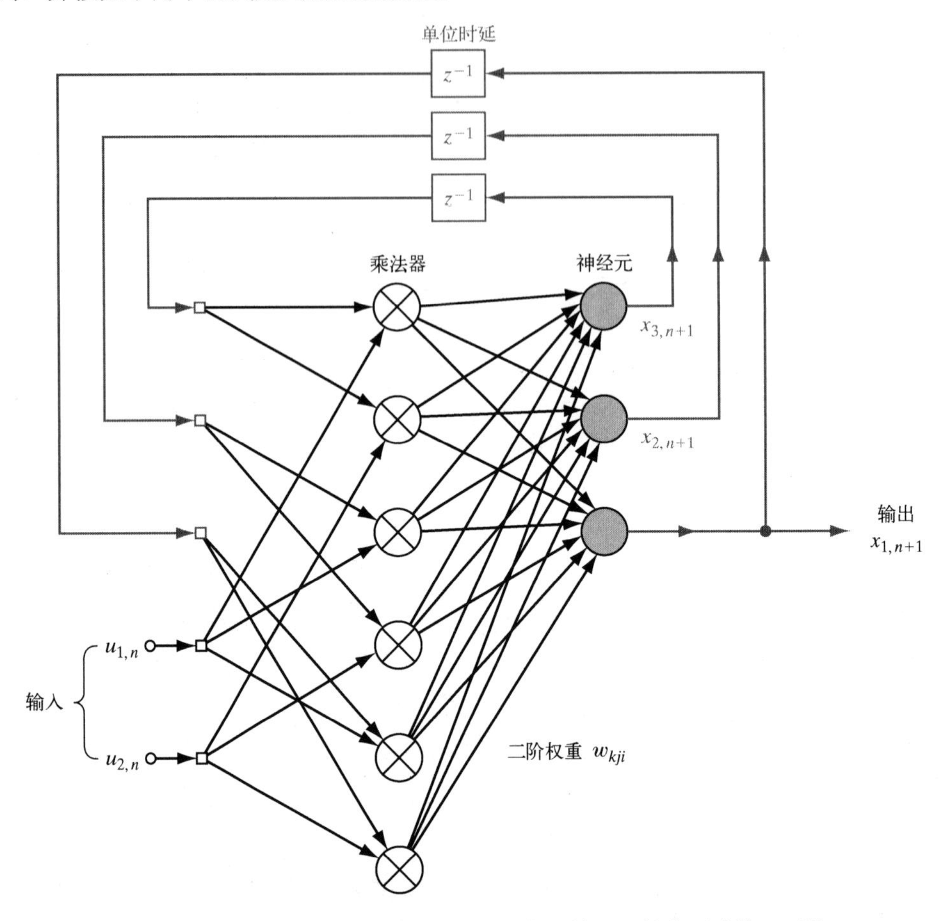

图15.5　二阶递归网络。为简单起见，省略了神经元的偏置连接。网络包含两个输入和三个状态神经元，因此需要 $3\times2=6$ 个乘法器。图中的反馈连接显示为浅灰色，以强调它们的全局角色

$$v_{k,n}=b_k+\sum_i\sum_j w_{kij}x_{i,n}u_{j,n} \tag{15.7}$$

$$x_{k,n+1}=\varphi(v_{k,n})=\frac{1}{1+\exp(-v_{k,n})} \tag{15.8}$$

式中，$v_{k,n}$ 是隐藏神经元 k 的诱导局部域，b_k 是相关偏置，$x_{k,n}$ 是神经元 k 的状态（输出），$u_{j,n}$ 是应用于源节点 j 的输入，w_{kij} 是二阶神经元 k 的权重。

图15.5所示二阶递归网络的一个特征是，乘积 $x_{j,n}u_{j,n}$ 表示一对{状态，输入}，正权重 w_{kij} 表示从{状态，输入}到{下一个状态}的状态转换存在，负权重表示该状态转换不存在。状态转换可描述为

$$\delta(x_i,u_j)=x_k \tag{15.9}$$

基于上式，二阶网络很容易用于表示和学习确定性有限状态自动机（DFA）；DFA是具有确定数量状态的信息处理系统。15.5节中将详细介绍神经网络和自动机的关系。

15.3 通用逼近定理

在动态系统的数学描述中，状态的概念起着至关重要的作用，详见第14章中的解释。动态系统的状态定义为一组量，这组量概括了系统过去行为的所有信息，而这些信息是唯一描述系统未来行为所必需的，除了外部输入（激励）产生的外部效应。$q\times 1$ 维向量 $\boldsymbol{x}_n$ 表示非线性离散时间系统的状态，$m\times 1$ 维向量 $\boldsymbol{u}_n$ 表示系统的输入，$p\times 1$ 维向量 $\boldsymbol{y}_n$ 表示系统的输出。假设一个递归网络的动态行为是无噪声的，且可由下面的两个非线性方程表示：

$$\boldsymbol{x}_{n+1} = \boldsymbol{\phi}(\boldsymbol{W}_a\boldsymbol{x}_n + \boldsymbol{W}_b\boldsymbol{u}_n) \tag{15.10}$$

$$\boldsymbol{y}_n = \boldsymbol{W}_c\boldsymbol{x}_n \tag{15.11}$$

式中，$\boldsymbol{W}_a$ 是 $q\times q$ 维矩阵，$\boldsymbol{W}_b$ 是 $q\times m$ 维矩阵，$\boldsymbol{W}_c$ 是 $p\times q$ 维矩阵；$\boldsymbol{\phi}:\mathbb{R}^q \to \mathbb{R}^q$ 对某些无记忆的分量式非线性函数 $\varphi:\mathbb{R}\to\mathbb{R}$ 而言，是对角映射，表示为

$$\boldsymbol{\phi}: \begin{bmatrix} x_1 \\ x_2 \\ \vdots \\ x_q \end{bmatrix} \to \begin{bmatrix} \varphi(x_1) \\ \varphi(x_2) \\ \vdots \\ \varphi(x_q) \end{bmatrix} \tag{15.12}$$

空间 $\mathbb{R}^m, \mathbb{R}^q$ 和 $\mathbb{R}^p$ 分别称为输入空间、状态空间和输出空间。状态空间的维数（q）是系统的阶数。因此，图15.2所示的状态空间模型是 m 个输入、p 个输出的 q 阶递归模型，式（15.10）是模型的系统（状态）方程，式（15.11）是度量方程。系统（状态）方程（15.10）是式（15.2）的特殊形式。

通过使用静态多层感知器和两个延迟线存储器，图15.2中的递归网络提供了一种实现式（15.10）和式（15.12）描述的非线性反馈系统的方法。注意，在图15.2中，多层感知器中只有那些通过延迟将其输出反馈到输入层的神经元才负责定义递归网络的状态。这一表述将输出层中的神经元排除在状态定义之外。

矩阵 $\boldsymbol{W}_a, \boldsymbol{W}_b, \boldsymbol{W}_c$ 及非线性向量函数 $\boldsymbol{\phi}(\cdot)$ 的解释如下：

- 矩阵 $\boldsymbol{W}_a$ 表示隐藏层的 q 个神经元连接到输入层反馈节点的突触权重。矩阵 $\boldsymbol{W}_b$ 表示连接到输入层源节点的这些隐藏神经元的突触权重。为了简化式（15.10）的构成，状态模型中未使用偏置。
- 矩阵 $\boldsymbol{W}_c$ 表示输出层中连接到隐藏神经元的 p 个线性神经元的突触权重。这里再次忽略了输出层中偏置的使用。
- 非线性函数 $\varphi(\cdot)$ 表示隐藏神经元的S形激活函数，后者常用双曲正切函数

$$\varphi(x) = \tanh(x) = \frac{1-\mathrm{e}^{-2x}}{1+\mathrm{e}^{-2x}} \tag{15.13}$$

或逻辑斯蒂函数

$$\varphi(x) = \frac{1}{1+\mathrm{e}^{-x}} \tag{15.14}$$

由式（15.10）和式（15.11）的状态空间模型来描述递归神经网络的一个重要性质是，它是所有非线性动态系统的通用逼近器。具体地说，可给出如下陈述（Lo, 1993）：

> 只要网络具有足够多的隐藏神经元，任何非线性动态系统就可用递归神经网络逼近到任何期望的精度，而对状态空间的紧凑性没有任何限制。

事实上，关于通用逼近的深刻陈述证明了递归神经网络在信号处理和控制应用中的计算能力。

【例1】全连接递归网络

为了说明矩阵 $\boldsymbol{W}_a$, $\boldsymbol{W}_b$ 和 $\boldsymbol{W}_c$ 的组成，考虑图15.6所示的全连接递归网络，其中反馈路径来自隐藏神经元。在该例中，$m=2$, $q=3$, $p=1$。矩阵 $\boldsymbol{W}_a$ 和 $\boldsymbol{W}_b$ 定义为

$$\boldsymbol{W}_a=\begin{bmatrix} w_{11} & w_{12} & w_{13} \\ w_{21} & w_{22} & w_{23} \\ w_{31} & w_{32} & w_{33} \end{bmatrix},\quad \boldsymbol{W}_b=\begin{bmatrix} b_1 & w_{14} & w_{15} \\ b_2 & w_{24} & w_{25} \\ b_3 & w_{34} & w_{35} \end{bmatrix}$$

式中，矩阵 $\boldsymbol{W}_b$ 的第一列由 b_1, b_2, b_3 组成，分别表示神经元1, 2, 3的偏置项。矩阵 $\boldsymbol{W}_c$ 是一个行向量，定义为

$$\boldsymbol{W}_c=[1 \quad 0 \quad 0]$$

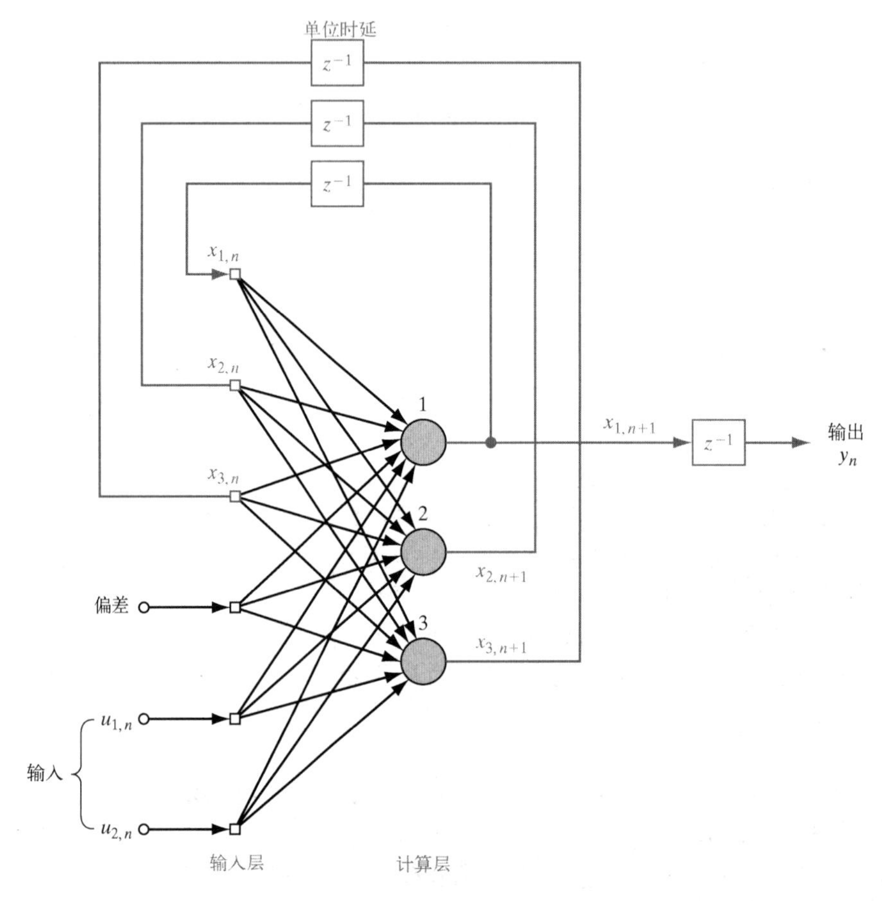

图15.6　有两个输入、两个隐藏神经元和一个输出神经元的全连接递归网络，反馈连接显示为浅灰色

15.4　可控性和可观测性

如前所述，许多递归网络可用图15.2所示的状态空间模型来表示，其中状态由隐藏层输出通过一组单位时间延迟反馈到输入层来定义。在这种情况下，了解递归网络是否可控和可观测是很有意义的。可控性是指人们能否控制递归网络的动态行为，可观测性是指人们是否能观测到应用于递归网络的控制结果。

从形式上看，若动态系统的任何初始状态在有限的时间步内都可转向任何期望的状态，则称该动态系统是可控的，而系统的输出与这一定义无关。相应地，若系统的状态可由有限的输入-输

出测量值确定，则称该系统是可观测的。在线性系统理论中，对可控性和可观测性的概念有完整论述。本章对递归神经网络的学习，只关注局部可控性和局部可观测性；这两个性质都适用于网络平衡状态的邻域，平衡状态已在第13章中详细介绍。

当输入 $\boldsymbol{u}$ 和待定义矩阵 $\boldsymbol{A}_1$ 满足如下条件时，称状态 $\bar{\boldsymbol{x}}$ 为式（15.10）的平衡状态：

$$\bar{\boldsymbol{x}} = \boldsymbol{A}_1\bar{\boldsymbol{x}} \tag{15.15}$$

为简化说明，平衡状态由下面的条件描述：

$$\boldsymbol{0} = \boldsymbol{\phi}(\boldsymbol{0}), \quad \boldsymbol{x} = \boldsymbol{0}$$

换句话说，平衡点由原点 $(\boldsymbol{0},\boldsymbol{0})$ 表示。

同样，不失一般性，可只考虑单输入-单输出（SISO）系统。于是，式（15.10）和式（15.11）分别改写为

$$\boldsymbol{x}_{n+1} = \boldsymbol{\phi}(\boldsymbol{W}_a\boldsymbol{x}_n + \boldsymbol{w}_b u_n) \tag{15.16}$$

$$y_n = \boldsymbol{w}_c^{\mathrm{T}}\boldsymbol{x}_n \tag{15.17}$$

式中，$\boldsymbol{w}_b$ 和 $\boldsymbol{w}_c$ 都是 $q\times 1$ 维向量，u_n 是标量输入，y_n 是标量输出。式（15.13）或式（15.14）中的S形函数对 φ 是连续可微的，因此可将式（15.16）线性化，围绕平衡点 $\bar{\boldsymbol{x}} = \boldsymbol{0}$ 和 $\bar{u} = 0$ 展开为泰勒级数并保留一阶项：

$$\delta\boldsymbol{x}_{n+1} = \boldsymbol{\Phi}(\boldsymbol{0})\boldsymbol{W}_a\delta\boldsymbol{x}_n + \boldsymbol{\Phi}(\boldsymbol{0})\boldsymbol{w}_b\delta u_n \tag{15.18}$$

式中，$\delta\boldsymbol{x}_n$ 和 δu_n 分别是作用于状态和输入的小位移，$q\times q$ 维矩阵 $\boldsymbol{\Phi}(\boldsymbol{0})$ 是 $\boldsymbol{\phi}(\boldsymbol{v})$ 关于自变量 $\boldsymbol{v} = \boldsymbol{0}$ 的雅可比行列式。线性化后的系统可描述为

$$\delta\boldsymbol{x}_{n+1} = \boldsymbol{A}_1\delta\boldsymbol{x}_n + \boldsymbol{a}_2\delta u_n \tag{15.19}$$

$$\delta y_n = \boldsymbol{w}_c^{\mathrm{T}}\delta\boldsymbol{x}_n \tag{15.20}$$

式中，$q\times q$ 维矩阵 $\boldsymbol{A}_1$ 和 $q\times 1$ 维向量 $\boldsymbol{a}_2$ 分别定义如下：

$$\boldsymbol{A}_1 = \boldsymbol{\Phi}(\boldsymbol{0})\boldsymbol{W}_a \tag{15.21}$$

$$\boldsymbol{a}_2 = \boldsymbol{\Phi}(\boldsymbol{0})\boldsymbol{w}_b \tag{15.22}$$

状态方程（15.19）和（15.20）是标准的线性形式。因此，可以使用关于线性动态系统的可控性和可观测性结果，这些结果是数学控制理论的标准组成部分。

15.4.1 局部可控性

重复使用线性化方程（15.19）可以产生如下结果：

$$\begin{aligned}
\delta\boldsymbol{x}_{n+1} &= \boldsymbol{A}_1\delta\boldsymbol{x}_n + \boldsymbol{a}_2\delta u_n \\
\delta\boldsymbol{x}_{n+2} &= \boldsymbol{A}_1^2\delta\boldsymbol{x}_n + \boldsymbol{A}_1\boldsymbol{a}_2\delta u_n + \boldsymbol{a}_2\delta u_{n+1} \\
&\vdots \\
\delta\boldsymbol{x}_{n+q} &= \boldsymbol{A}_1^q\delta\boldsymbol{x}_n + \boldsymbol{A}_1^{q-1}\boldsymbol{a}_2\delta u_n + \cdots + \boldsymbol{A}_1\boldsymbol{a}_2\delta u_{n+q-2} + \boldsymbol{a}_2\delta u_{n+q-1}
\end{aligned}$$

式中，q 是状态空间的维数。根据Levin and Narendra(1993)，有

式（15.19）表示的线性化系统是可控的，若矩阵

$$\boldsymbol{M}_c = [\boldsymbol{A}_1^{q-1}\boldsymbol{a}_2, \cdots, \boldsymbol{A}_1\boldsymbol{a}_2, \boldsymbol{a}_2] \tag{15.23}$$

的秩为 q，即满秩。因为已知 $\boldsymbol{A}_1$，$\boldsymbol{a}_2$ 和 $\delta\boldsymbol{x}_n$ 时，式（15.23）中的线性化系统可用 $u_n, u_{n+1}, \cdots, u_{n+q-1}$ 唯一地表示 $\delta\boldsymbol{x}_{n+q}$。

矩阵 $\boldsymbol{M}_c$ 称为线性系统的可控性矩阵。

设式（15.16）和式（15.17）描述的递归网络由一系列输入 $\boldsymbol{u}_{q,n}$ 驱动，而 $\boldsymbol{u}_{q,n}$ 定义为

$$\boldsymbol{u}_{q,n} = [u_n, u_{n+1}, \cdots, u_{n+q-1}]^{\mathrm{T}} \tag{15.24}$$

因此，可以考虑映射

$$G(\boldsymbol{x}_n, \boldsymbol{u}_{q,n}) = (\boldsymbol{x}_n, \boldsymbol{x}_{n+q}) \tag{15.25}$$

式中，$\boldsymbol{G}: \mathbb{R}^{2q} \to \mathbb{R}^{2q}$。习题15.4中证明了：

- 状态 $\boldsymbol{x}_{n+q}$ 是其过去值 $\boldsymbol{x}_n$ 和输入 $u_n, u_{n+1}, \cdots, u_{n+q-1}$ 的嵌套非线性函数。
- $\boldsymbol{x}_{n+q}$ 关于 $\boldsymbol{u}_{q,n}$ 的雅可比矩阵在原点的值等于式（15.23）中的可控性矩阵 $\boldsymbol{M}_\mathrm{c}$。

式（15.25）中定义的映射 $\boldsymbol{G}$ 关于 $\boldsymbol{x}_n$ 和 $\boldsymbol{u}_{q,n}$ 在原点 $(\boldsymbol{0},\boldsymbol{0})$ 处的雅可比矩阵可以表示为

$$\boldsymbol{J}_{(\boldsymbol{0},\boldsymbol{0})}^{(\mathrm{c})} = \begin{bmatrix} \left(\dfrac{\delta \boldsymbol{x}_n}{\delta \boldsymbol{x}_n}\right)_{(\boldsymbol{0},\boldsymbol{0})} & \left(\dfrac{\delta \boldsymbol{x}_{n+q}}{\delta \boldsymbol{x}_n}\right)_{(\boldsymbol{0},\boldsymbol{0})} \\ \left(\dfrac{\delta \boldsymbol{x}_n}{\delta \boldsymbol{u}_{q,n}}\right)_{(\boldsymbol{0},\boldsymbol{0})} & \left(\dfrac{\delta \boldsymbol{x}_{n+q}}{\delta \boldsymbol{u}_{q,n}}\right)_{(\boldsymbol{0},\boldsymbol{0})} \end{bmatrix} = \begin{bmatrix} \boldsymbol{I} & \boldsymbol{X} \\ 0 & \boldsymbol{M}_\mathrm{c} \end{bmatrix} \tag{15.26}$$

式中，$\boldsymbol{I}$ 是单位矩阵，$\boldsymbol{0}$ 是零矩阵，元素 $\boldsymbol{X}$ 是无关紧要的部分。因为它的特殊形式，$\boldsymbol{J}_{(\boldsymbol{0},\boldsymbol{0})}^{(\mathrm{c})}$ 的行列式等于单位矩阵 $\boldsymbol{I}$ 的行列式（1）和可控性矩阵 $\boldsymbol{M}_\mathrm{c}$ 的行列式的乘积。若 $\boldsymbol{M}_\mathrm{c}$ 是满秩矩阵，则 $\boldsymbol{J}_{(\boldsymbol{0},\boldsymbol{0})}^{(\mathrm{c})}$ 也是满秩矩阵。

为了进一步说明问题，需要引用下面的反函数定理（Vidyasagar, 1993）：

> 考虑映射 $\boldsymbol{f}: \mathbb{R}^q \to \mathbb{R}^q$，假设映射 $\boldsymbol{f}$ 的每个成分关于其变量在平衡点 $\boldsymbol{x}_0 \in \mathbb{R}^q$ 都是可微的，且令 $\boldsymbol{y}_0 = \boldsymbol{f}(\boldsymbol{x}_0)$，那么存在包含 $\boldsymbol{x}_0$ 的开集 $\mathcal{U} \subseteq \mathbb{R}^q$ 和包含 y_0 的 $\mathcal{V} \subseteq \mathbb{R}^q$，使得 $\boldsymbol{f}$ 是 $\mathcal{U}$ 到 $\mathcal{V}$ 上的微分同胚。另外，若 $\boldsymbol{f}$ 是光滑的，则逆映射 $\boldsymbol{f}^{-1}: \mathbb{R}^q \to \mathbb{R}^q$ 也是光滑的，即 $\boldsymbol{f}$ 是光滑微分同胚的。

若映射 $\boldsymbol{f}: \mathcal{U} \to \mathcal{V}$ 满足下列三个条件（见第7章），则说它是 $\mathcal{U}$ 到 $\mathcal{V}$ 上的微分同胚：

1．$\boldsymbol{f}(\mathcal{U}) = \mathcal{V}$。

2．映射 $\boldsymbol{f}: \mathcal{U} \to \mathcal{V}$ 是一对一的（可逆的）。

3．逆映射 $\boldsymbol{f}^{-1}: \mathcal{V} \to \mathcal{U}$ 的每个成分关于其自变量都是连续可微的。

回到可控性问题，我们可用式（15.25）中定义的映射来验证反函数定理中的 $\boldsymbol{f}(\mathcal{U}) = \mathcal{V}$。利用反函数定理，若可控性矩阵 $\boldsymbol{M}_\mathrm{c}$ 的秩为 q，则可以说局部存在一个逆映射，它定义为

$$(\boldsymbol{x}_n, \boldsymbol{x}_{n+q}) = \boldsymbol{G}^{-1}(\boldsymbol{x}_n, \boldsymbol{u}_{q,n}) \tag{15.27}$$

实际上，式（15.27）表明存在一个输入序列（$\boldsymbol{u}_{q,n}$），它能在 q 个时间步内局部驱动网络从状态 $\boldsymbol{x}_n$ 到状态 $\boldsymbol{x}_{n+q}$。相应地，局部可控性定理可以正式陈述如下（Levin and Narendra, 1993）：

> 假定递归网络由式（15.16）和式（15.17）定义，它在原点（平衡点）附近的线性化方程由式（15.19）和式（15.20）定义。若该线性化系统是可控的，则递归网络在原点附近是局部可控的。

15.4.2　局部可观测性

重复利用式（15.19）和式（15.20）中的线性化方程，可得

$$\begin{aligned} \delta y_n &= \boldsymbol{w}_\mathrm{c}^\mathrm{T} \delta \boldsymbol{x}_n \\ \delta y_{n+1} &= \boldsymbol{w}_\mathrm{c}^\mathrm{T} \delta \boldsymbol{x}_{n+1} = \boldsymbol{w}_\mathrm{c}^\mathrm{T} \boldsymbol{A}_1 \delta \boldsymbol{x}_n + \boldsymbol{w}_\mathrm{c}^\mathrm{T} \boldsymbol{a}_2 \delta u_n \\ &\vdots \\ \delta y_{n+q-1} &= \boldsymbol{w}_\mathrm{c}^\mathrm{T} \boldsymbol{A}_1^{q-1} \delta \boldsymbol{x}_n + \boldsymbol{w}_\mathrm{c}^\mathrm{T} \boldsymbol{A}_1^{q-2} \boldsymbol{a}_2 \delta u_n + \cdots + \boldsymbol{w}_\mathrm{c}^\mathrm{T} \boldsymbol{A}_1 \boldsymbol{a}_2 \delta u_{n+q-3} + \boldsymbol{w}_\mathrm{c}^\mathrm{T} \boldsymbol{a}_2 \delta u_{n+q-2} \end{aligned}$$

式中，q 是状态空间的维数。根据Levin and Narendra(1993)，有

式（15.19）和式（15.20）描述的线性化系统是可观测的，若矩阵

$$\boldsymbol{M}_{\mathrm{o}}=[\boldsymbol{w}_{\mathrm{c}},\boldsymbol{w}_{\mathrm{c}}\boldsymbol{A}_1^{\mathrm{T}},\cdots,\boldsymbol{w}_{\mathrm{c}}(\boldsymbol{A}_1^{\mathrm{T}})^{q-1}] \tag{15.28}$$

的秩为 q，即满秩。

矩阵 $\boldsymbol{M}_{\mathrm{o}}$ 称为线性系统的可观测性矩阵。

令式（15.16）和式（15.17）描述的递归网络由下面的一系列输入驱动：

$$\boldsymbol{u}_{q-1,n}=[u_n,u_{n+1},\cdots,u_{n+q-2}]^{\mathrm{T}} \tag{15.29}$$

相应地，令

$$\boldsymbol{y}_{q,n}=[\boldsymbol{y}_n,\boldsymbol{y}_{n+1},\cdots,\boldsymbol{y}_{n+q-1}]^{\mathrm{T}} \tag{15.30}$$

表示由初始状态 $\boldsymbol{x}_n$ 和输入序列 $\boldsymbol{u}_{q-1,n}$ 产生的输出向量。于是，可以考虑映射

$$\boldsymbol{H}(\boldsymbol{u}_{q-1,n},\boldsymbol{x}_n)=(\boldsymbol{u}_{q-1,n},\boldsymbol{y}_{q,n}) \tag{15.31}$$

式中，$\boldsymbol{H}:\mathbb{R}^{2q-1}\to\mathbb{R}^{2q-1}$。习题15.5证明了 $\boldsymbol{y}_{q,n}$ 关于 $\boldsymbol{x}_n$ 的雅可比矩阵在原点的值等于式（15.28）中的可观测矩阵 $\boldsymbol{M}_{\mathrm{o}}$。因此，$\boldsymbol{H}$ 关于 $\boldsymbol{u}_{q-1,n}$ 和 $\boldsymbol{x}_n$ 的雅可比矩阵在原点 $(\boldsymbol{0},\boldsymbol{0})$ 处的值可以表示为

$$\boldsymbol{J}_{(\boldsymbol{0},\boldsymbol{0})}^{(\mathrm{o})}=\begin{bmatrix}\left(\dfrac{\partial\boldsymbol{u}_{q-1,n}}{\partial\boldsymbol{u}_{q-1,n}}\right)_{(\boldsymbol{0},\boldsymbol{0})} & \left(\dfrac{\partial\boldsymbol{y}_{q,n}}{\partial\boldsymbol{u}_{q-1,n}}\right)_{(\boldsymbol{0},\boldsymbol{0})}\\ \left(\dfrac{\partial\boldsymbol{u}_{q-1,n}}{\delta\boldsymbol{x}_n}\right)_{(\boldsymbol{0},\boldsymbol{0})} & \left(\dfrac{\partial\boldsymbol{y}_{q,n}}{\delta\boldsymbol{x}_n}\right)_{(\boldsymbol{0},\boldsymbol{0})}\end{bmatrix}=\begin{bmatrix}\boldsymbol{I} & \boldsymbol{X}\\ 0 & \boldsymbol{M}_{\mathrm{o}}\end{bmatrix} \tag{15.32}$$

式中，输入 $\boldsymbol{X}$ 同样为无关紧要的部分。雅可比矩阵 $\boldsymbol{J}_{(\boldsymbol{0},\boldsymbol{0})}^{(\mathrm{o})}$ 的行列式等于单位矩阵 $\boldsymbol{I}$ 的行列式（1）和矩阵 $\boldsymbol{M}_{\mathrm{o}}$ 的行列式的乘积。若 $\boldsymbol{M}_{\mathrm{o}}$ 是满秩的，则 $\boldsymbol{J}_{(\boldsymbol{0},\boldsymbol{0})}^{(\mathrm{o})}$ 也是满秩的。再次利用反函数定理，可以说，若线性化系统的可观测性矩阵 $\boldsymbol{M}_{\mathrm{o}}$ 是满秩的，则局部存在一个定义如下的逆映射：

$$(\boldsymbol{u}_{q-1,n},\boldsymbol{x}_n)=\boldsymbol{H}^{-1}(\boldsymbol{u}_{q-1,n},\boldsymbol{y}_{q,n}) \tag{15.33}$$

实际上，这个等式表明在原点的局部邻域内，$\boldsymbol{x}_n$ 是 $\boldsymbol{u}_{q-1,n}$ 和 $\boldsymbol{y}_{q,n}$ 的某个非线性函数，该非线性函数是递归网络的观测器。于是，局部可观测性定理就可以正式陈述如下（Levin and Narendra, 1993）：

假定递归网络由式（15.16）和式（15.17）定义，它在原点（平衡点）附近的线性化形式由式（15.19）和式（15.20）定义。若该线性化系统是可观测的，则递归网络在原点附近是可观测的。

【例2】简单状态空间模型的可控性和可观测性

考虑矩阵 $\boldsymbol{A}_1=a\boldsymbol{I}$ 的状态空间模型，其中 a 是标量，$\boldsymbol{I}$ 是单位矩阵。于是，式（15.23）中的可控性矩阵 $\boldsymbol{M}_{\mathrm{c}}$ 简化为

$$\boldsymbol{M}_{\mathrm{c}}=a[\boldsymbol{a}_2,\cdots,\boldsymbol{a}_2,\boldsymbol{a}_2]$$

该矩阵的秩是1。因此，具有该值的矩阵 $\boldsymbol{A}_1$ 的线性化系统是不可控的。

将 $\boldsymbol{A}_1=a\boldsymbol{I}$ 代入式（15.28），得到可观测矩阵为

$$\boldsymbol{M}_{\mathrm{o}}=a[\boldsymbol{w}_{\mathrm{c}},\boldsymbol{w}_{\mathrm{c}},\cdots,\boldsymbol{w}_{\mathrm{c}}]$$

它的秩也为1。于是，这个线性系统也是不可观测的。

15.5 递归网络的计算能力

递归网络具有模拟有限状态自动机的能力，如图15.2中的状态空间模型和图15.1中的NARX模

型所示。自动机是计算机等信息处理系统的抽象。事实上，自动机和神经网络有着悠久的历史。Minsky在其于1967年出版的*Computation: Finite and Infinite Machines*一书的第55页中，给出了如下的重要解释：

> 每个有限状态机都等价于某个神经网络，且可被它“模拟”。也就是说，给定任何一个有限状态机$\mathcal{M}$，可以构建一个特定的神经网络$\mathcal{N}^{\mathcal{M}}$，若将该神经网络视为一种黑盒机器，则其行为酷似$\mathcal{M}$。

早期对递归网络的研究使用硬阈值逻辑作为神经元的激活函数，而不使用软S形函数。

关于递归网络能否学习小型有限状态语法中包含的例外（偶发性），Cleeremans et al.(1989)的报告可能是首个实验证明。具体地说，给简单递归网络（见图15.3）展示由语法派生的字符串，并且要求它在每一步预测下一个字母。预测结果与上下文有关，因为每个字母在语法中出现两次，而且每次出现的后面都有不同的后继字母。研究表明，网络能够在隐藏神经元中发展出与自动机（有限状态机）的状态相对应的内部表示。Kremer(1995)正式地证明了简单递归网络的计算能力不亚于任何有限状态机。

一般来说，递归网络的计算能力体现在两个主要定理中。

15.5.1 定理I

> 所有图灵机都可通过全连接递归网络来模拟，该网络由具有S形激活函数的神经元构建（Siegelmann and Sontag, 1991）。

图灵机是1936年由图灵发明的抽象计算设备，其数学模型比有限状态自动机的数学模型更通用。因此，通过递归网络模拟图灵机是更具挑战性的命题。图灵机由三个功能模块组成，如图15.7所示（Fischler and Firschein, 1987）：

1. 控制单元，可在有限的可能状态中任选一种。
2. 线性磁带，假设在两个方向上无限长，且被划分成分离的方块，每个方块都可存储从有限符号集中提取的单个符号。
3. 读写头，沿线性磁带移动，并在控制单元之间传递信息。

若有一台图灵机，已知表示参数x的线性磁带，且最终在磁带表示值$f(x)$的时候停止，则称函数$f(x)$是可计算的。然而，这一想法是有问题的，因为计算缺少正式的定义。尽管如此，关于图灵机能够计算任何可计算函数的Church-Turing理论通常也被视为一个充分条件（Russell and Novig, 1995）。

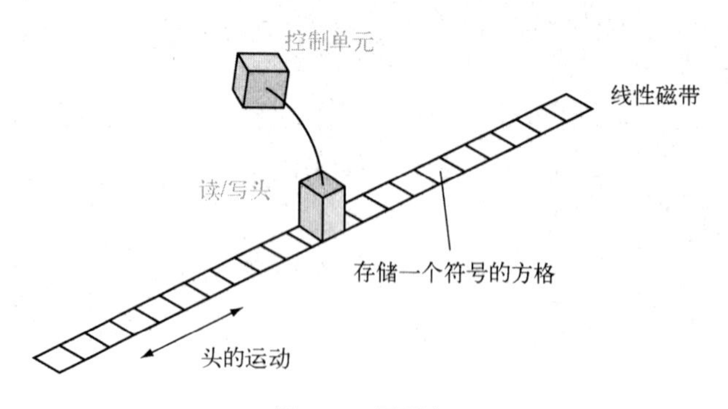

图15.7　图灵机

15.5.2 定理II

> 具有有界单边饱和激活函数的单层隐藏神经元和一个线性输出神经元的NARX网络，若不计线性延迟，则可模拟具有有界单边饱和激活函数的全连接递归网络（Siegelmann et al., 1997）。

线性延迟指的是，若具有 N 个神经元的全连接递归网络能在时间 T 内计算一个感兴趣的任务，则等价的NARX网络所花的总时间为 $(N+1)T$ 。函数 $\varphi(\cdot)$ 若满足如下三个条件，则称其为有界的单边饱和（BOSS）函数：

1. 函数 $\varphi(\cdot)$ 的值域有界，即对所有 $x\in\mathbb{R}$ 有 $a\leqslant\varphi(\cdot)\leqslant b, a\neq b$ 。

2. 函数 $\varphi(\cdot)$ 是左饱和的，即对所有 $x\leqslant s$ ，存在值 s 和 S 使得 $\varphi(x)=S$ 。

3. 函数 $\varphi(\cdot)$ 是非常数的，即对某些 x_1 和 x_2 有 $\varphi(x_1)\neq\varphi(x_2)$ 。

阈值（Heaviside）和分段线性函数满足BOSS条件，但从严格意义上说S形函数不是BOSS函数，因为它不满足条件2。尽管如此，只要稍加修改，它就可变成BOSS函数（在逻辑斯蒂函数的情况下）：

$$\varphi(x)=\begin{cases}\dfrac{1}{1+\exp(-x)}, & x>s\\ 0, & x\leqslant s\end{cases}$$

式中， $x\in\mathbb{R}$ 。实际上，当 $x\leqslant s$ 时，逻辑斯蒂函数是截断的。

作为定理I和定理II的推论，有（Giles, 1996）：

> 带有一个隐藏层神经元（激活函数为BOSS函数）和一个线性输出神经元的NARX网络是图灵等价的。

图15.8所示为定理I、定理II及其推论。注意，如Sperduti(1997)所述，当网络结构受限时，递归网络的计算能力就可能不再有效。注释7中给出了受限网络结构的参考文献。

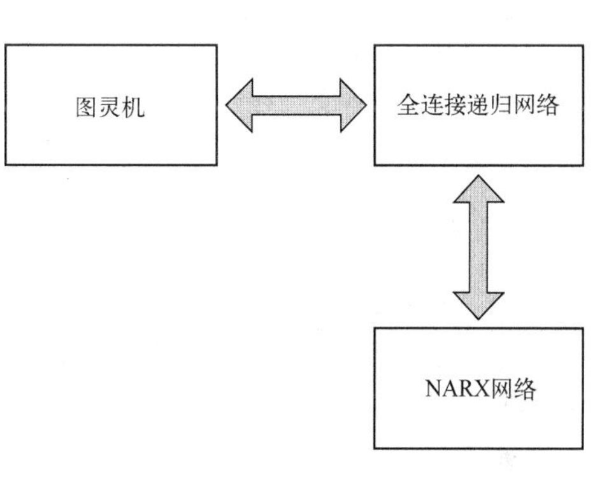

图 15.8　定理 I、定理 II 及其推论

15.6 学习算法

下面研究递归网络的训练问题。第4章说过训练普通（静态）多层感知器有两种方式：批量方式和随机（串行）方式。在批量方式下，调整网络的自由参数前，要先对整个训练样本计算网络的敏感度。而在随机方式下，参数调整是在训练样本中的每个模式呈现后进行的。同样，有两种训练递归网络的模式（Williams and Zipser, 1995）。

1. 分回合训练。对于给定的回合，递归网络利用输入-目标响应对的时间序列，从初始状态出发到达一个新状态后停止，这时训练也停止；网络被重置到下一个新回合的初始状态。初始状态对每个训练阶段不一定相同，重要的是新回合的初始状态要不同于网络在前一个回合结束时达到的状态。例如，考虑使用递归网络来模拟有限状态机的运行。在这种情况下，使用分回合训练是合理的，因为递归网络可能会模拟机器中若干不同的初始状态和不同的最终状态。在递归网络的分回合训练中，术语“回合”在某种意义上说与普通多层感知器不同。虽然在多层感知器训练的回合中包含整个输入-目标响应对的训练样本，但递归神经网络训练的回合中包含时间串行的输入-目标响应对的训练样本。

2. 连续训练。第二种训练方法适用于无可用重置状态或需要在线学习的情况。连续训练的特点是网络学习与信号处理同时进行。简单地说，学习过程永不停止。例如，假设要使用递归网络来模拟语音信号的非稳态过程模型。在这种情况下，网络的连续运行不能在方便的时间停止训练，而要以不同的网络自由参数值重新开始训练。

下面两节介绍递归网络不同的学习算法，概述如下。

- 15.7节中讨论的时间反向传播（BPTT）算法的前提是，递归网络的时序运算可以展开为多层感知器。这就为标准反向传播算法的应用铺平了道路。时间反向传播算法可以采用分回合方式、连续方式或者二者的组合来实现。
- 15.8节中讨论的实时递归学习（RTRL）算法是从式（15.10）和式（15.11）描述的状态空间模型导出的。

基本上，BPTT和RTRL包含了导数的传播，一个是反向的，另一个是正向的。它们可用于任何需要使用导数的训练过程。BPTT需要的计算量比RTRL的少，但BPTT所需的内存空间随着连续输入-目标响应对序列长度的增加而快速增加。一般来说，BPTT更适合离线训练，而RTRL更适合在线连续训练。

这两种算法有许多共同的特征。第一，它们都基于梯度下降法，即代价函数的瞬时值（基于平方误差准则）相对于网络的突触权重被最小化。第二，它们都相对容易实现，但收敛缓慢。第三，它们是相关的，因为时间反向传播算法的信号流图表明，它们能够通过变换实时递归学习算法的确定形式信号流图经转置得到（Lefebvre, 1991; Beaufays and Wan, 1994）。

15.6.1 一些启发

在继续介绍这两种学习算法之前，先给出一些启发，以改进递归网络的训练，其中包括梯度下降法的使用（Giles, 1996）：

- 训练样本应按字典顺序排序，最短的符号串应首先提交给网络。
- 训练应该从一个小训练样本集开始，并随着训练的进行逐渐增加样本。
- 仅当网络正在处理的训练样本的绝对误差大于某个指定的标准时，才更新网络的突触权重。
- 在训练中推荐使用权重衰减，权重衰减可作为复杂性正则化的粗略形式（第4章讨论过）。

第一个启发有特别重要的意义。如果能够实现，那么它可提供一个程序来缓解梯度下降法训练的递归网络中出现的梯度消失问题。这个问题的细节将在15.9节中讨论。

15.7 时间反向传播

用于训练递归网络的时间反向传播（BPTT）算法是标准反向传播算法的扩展。它可通过将网络的时间运算展开为分层的前馈网络导出，该网络的拓扑结构在每个时间步增加一层。

具体来说，仅$\mathcal{N}$表示需要学习时序任务的递归网络，学习从时刻n_0开始一直到时刻n。设$\mathcal{N}^*$表示从递归网络$\mathcal{N}$展开的时序运算产生的前馈网络。展开的网络$\mathcal{N}^*$与初始网络$\mathcal{N}$的关系如下：

1. 对于区间$(n_0, n]$上的每个时间步，网络$\mathcal{N}^*$有一个包含K个神经元的层，其中K是网络$\mathcal{N}$中包含的神经元数量。
2. 在网络$\mathcal{N}^*$的每一层中，都有网络$\mathcal{N}$中的每个神经元的副本。

3. 对于每个时间步 $l \in [n_0, n]$，网络 $\mathcal{N}^*$ 中从第 l 层的第 i 个神经元到第 $l+1$ 层的第 j 个神经元的突触连接，是网络 $\mathcal{N}$ 中从第 i 个神经元到第 j 个神经元的突触连接的副本。

这些要点的说明见下面的例子。

【例3】双神经元递归网络的展开

考虑图15.9(a)所示的双神经元递归网络 $\mathcal{N}$ 。为简化表述，省略了图15.9(a)中插入每个突触连接（包括自连接环）的单位时延算子 z^{-1} 。逐步展开该网络的时序运算，得到如图15.9(b)所示的信号流图，其中起始时间为 $n_0=0$ 。图15.9(b)中的图形表示分层后的前馈网络 $\mathcal{N}^*$，它在时间运算的每一步增加一层。

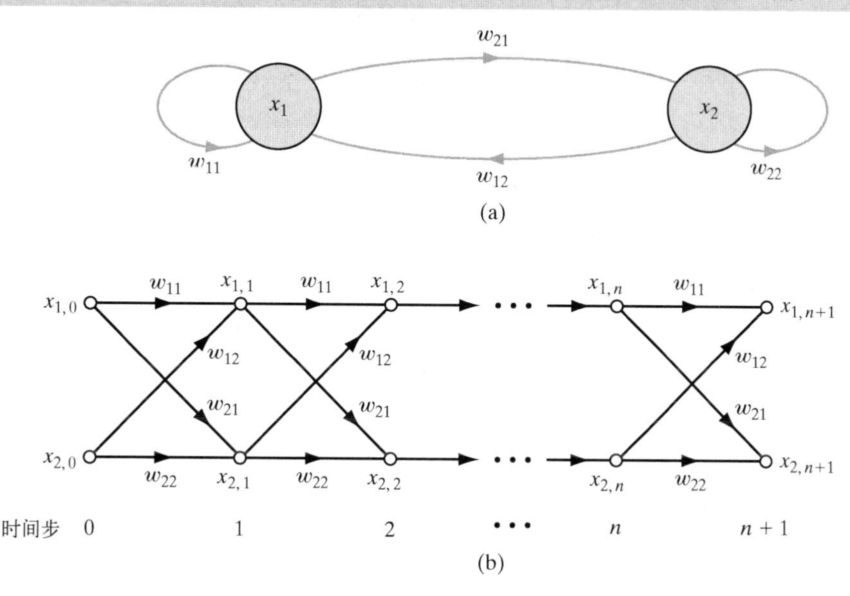

图15.9 (a)双神经元递归网络 $\mathcal{N}$ 的结构图；(b)网络 $\mathcal{N}$ 的信号流图（已在时间上展开）

应用展开过程会导致时间反向传播的两种基本不同的实现，具体取决于使用的是分回合训练还是连续训练。下面依次描述这两种递归学习方法。

15.7.1 分回合的时间反向传播

将用于递归网络训练的数据集分割为独立的回合，每个回合代表一个相关的时序模式。设 n_0 表示回合的开始时间，n_1 表示其结束时间。给定这个回合后，可以定义代价函数

$$\mathcal{E}_{\text{total}} = \frac{1}{2}\sum_{n=n_0}^{n_1}\sum_{j\in\mathcal{A}} e_{j,n}^2 \tag{15.34}$$

式中，$\mathcal{A}$ 为网络中指定期望响应的那些神经元标号 j 的集合，$e_{j,n}$ 是该神经元输出端相对于某些期望（目标）响应测量的误差信号。我们希望计算网络的敏感度，即代价函数 $\mathcal{E}_{\text{total}}(n_0, n_1)$ 相对于网络突触权重的偏导数。为此，可以使用分回合的时间反向传播（BPTT）算法，该算法基于第4章中讨论的标准反向传播学习批量处理模式。分回合的BPTT算法如下（Williams and Peng, 1990）：

- 首先，在区间 (n_0, n_1) 上对网络数据进行一次前向传递。保留完整的输入数据、网络状态（网络的突触权重）及该区间上的期望响应。
- 对过去的记录执行一次反向传递，对所有 $j \in \mathcal{A}$ 和 $n_0 < n \leqslant n_1$，计算局部梯度值：

$$\delta_{j,n} = -\frac{\partial \mathcal{E}_{\text{total}}}{\partial v_{j,n}} \tag{15.35}$$

计算公式如下：

$$\delta_{j,n}=\begin{cases}\varphi'(v_{j,n})e_{j,n}, & n=n_1\\ \varphi'(v_{j,n})\left[e_{j,n}+\sum_{k\in\mathcal{A}}w_{jk}\delta_{k,n+1}\right], & n_0<n<n_1\end{cases} \tag{15.36}$$

式中，$\varphi'(\cdot)$是激活函数关于其自变量的导数，$v_{j,n}$是神经元j的诱导局部域。假设网络的所有神经元都有同样的激活函数$\varphi(\cdot)$。重复使用式（15.36），从时刻n_1出发，逐步往回工作，直到时刻n_0；这里涉及的步数与回合中包含的时间步数相同。

- 一旦反向传播的计算执行到时间n_0+1，就调整神经元j的突触权重w_{ji}：

$$\Delta w_{ji}=-\eta\frac{\partial\mathcal{E}_{\text{total}}}{\partial w_{ji}}=\eta\sum_{n=n_0+1}^{n_1}\delta_{j,n}x_{i,n-1} \tag{15.37}$$

式中，η是学习率参数，$x_{i,n-1}$是在时间$n-1$用于神经元j的第i个突触的输入。

比较刚才描述的分段BPTT过程与批量处理模式的标准反向传播学习，发现它们之间的基本区别是，在前一种情况下，需要为网络中许多层的神经元指定所需的响应，因为当网络的时间行为展开时，实际输出层会被多次复制。

15.7.2 截断时间反向传播

为了实时使用时间反向传播，可以使用误差平方和的瞬时值

$$\mathcal{E}_n=\frac{1}{2}\sum_{j\in\mathcal{A}}e_{j,n}^2$$

作为最小化的代价函数。与标准反向传播学习的随机模式一样，使用代价函数$\mathcal{E}_n$的负梯度来计算每个时刻n对网络的突触权重的适当调整。当网络运行时，这些调整是连续进行的。但是，为了使计算可行，只保存固定时间步数（称为截断深度）的输入数据和网络状态的相关历史记录。截断深度用h表示。任何早于h时间步的信息都视为不相关的，因此可被忽略。若不截断计算，而允许它回到起始时间，则随着网络的运行，计算时间和存储需求将随时间线性增长，整个学习过程最终将变得不切实际。

这种算法称为截断时间反向传播［BPTT(h)］算法（Williams and Peng, 1990）。神经元j的局部梯度定义为

$$\delta_{j,l}=-\frac{\partial\mathcal{E}_l}{\partial v_{j,l}},\ \text{所有}\ j\in\mathcal{A}\text{和}n-h<l\leqslant n \tag{15.38}$$

由此导出公式

$$\delta_{j,l}=\begin{cases}\varphi'(v_{j,l})e_{j,l}, & l=n\\ \varphi'(v_{j,l})\sum_{k\in\mathcal{A}}w_{jk,l}\delta_{k,l+1}, & n-h<l<n\end{cases} \tag{15.39}$$

一旦反向传播的计算执行到时刻$n-h+1$，就对神经元j的突触权重w_{ji}进行如下调整：

$$\Delta w_{ji,n}=\eta\sum_{j=n-h+1}^{n}\delta_{j,l}x_{i,l-1} \tag{15.40}$$

式中，η与$x_{i,l-1}$和之前定义的一样。注意式（15.39）中使用$w_{jk.l}$时需要保留权重的历史记录。仅当学习率参数η小到足以确保权重从一个时间步到下一时间步不发生显著变化时，在等式中使用$w_{jk.l}$才是合理的。

比较式（15.39）和式（15.36）可以看出，与分回合的BPTT算法不同，误差信号仅在当前时

间n才进入计算。这就解释了为什么没有保留期望响应的过去值的记录。实际上，截断时间反向传播算法处理所有早期时间步的计算方式，与随机反向传播算法（已在第4章讨论）处理多层感知器中的隐藏神经元的计算方式类似。

15.7.3 一些实际考虑

在BPTT(h)的实际应用中，截断的使用并不像听起来那样完全是人为的。除非递归网络不稳定，否则导数$\partial\mathcal{E}_l/\partial v_{j,l}$就应收敛，因为更早的时间计算对应更高的反馈强度（大致等于S形函数的斜率乘以权重）。在任何情况下，截断深度h必须大到足以产生接近实际值的导数，这就要求为h值设定下限。例如，在将动态驱动递归网络用于引擎怠速控制时，值$h=30$被认为是完成学习任务的合理选择（Puskorius et al., 1996）。

15.7.4 有序导数法

还有一个实际问题需要讨论。时间反向传播的展开过程，为利用相似层随时间向前推进的级联描述算法提供了有用的工具，可帮助人们理解这个过程是如何运作的。然而，这个优点也是它的弱点。这个过程对由很少神经元组成的简单递归网络来说非常有效。然而，当展开过程在实践中遇到更通用的典型结构时，基本公式特别是式（15.39）就会变得难以处理。在这种情况下，更好的方法是使用Werbos(1990)描述的通用方法，其中每层的正向传播表达式都产生一组相应的反向传播表达式。这种方法的优点是，它对前向和递归（反馈）连接进行了同质化处理。

为了描述后一种BPTT(h)的机制，设$\boldsymbol{F}_{-x}^{l}$表示节点l处的网络输出关于x的有序导数。为了推导反向传播方程，我们以相反的顺序考虑前向传播方程。根据每个方程，我们由以下原理推导出一个或多个反向传播表达式：

$$\text{若 } a=\varphi(b,c)\text{，则 } \boldsymbol{F}_{-b}^{l}=\frac{\partial\varphi}{\partial b}\boldsymbol{F}_{-a}^{l} \text{ 和 } \boldsymbol{F}_{-c}^{l}=\frac{\partial\varphi}{\partial c}\boldsymbol{F}_{-a}^{l} \tag{15.41}$$

【例4】式（15.41）的说明

为了阐明有序导数的概念，考虑由如下两个方程描述的非线性系统：

$$x_1=\log u+x_2^3,\quad y=x_1^2+3x_2$$

变量x_2通过两种方式影响输出y：直接通过第二个方程，间接通过第一个方程。y对x_2的有序导数，由包括x_2对y的直接影响和间接影响的总因果影响定义，表示如下：

$$\boldsymbol{F}_{-x_2}=\frac{\partial y}{\partial x_2}+\frac{\partial y}{\partial x_1}\times\frac{\partial x_1}{\partial x_2}=3+(2x_1)(3x_2^2)=3+6x_1x_2^2$$

15.7.5 有序导数法的其他期望特征

在对BPTT(h)的有序导数进行编程时，将式（15.41）右侧的每个有序导数值与左侧的原有值相加。采用这种方法，将适当的导数从网络中的一个给定节点分配到供给它的所有前向节点和突触权重，并适当地考虑对每个连接中可能出现的延迟做出补偿。

式（15.41）中描述的有序导数公式降低了时间展开或信号流图可视化的需求。Feldkamp and Puskorius(1998)和Puskorius et al.(1996)使用该程序开发了实现 BPTT(h)算法的伪代码。

15.8 实时递归学习

本节介绍第二种称为实时递归学习（RTRL）的学习算法。该算法的名字源于这样一个事实：

在网络继续执行其信号处理功能的同时，对完全连接递归网络的突触权重进行实时调整（Williams and Zipser, 1989）。图15.10显示了这种递归网络的布局。它由 q 个神经元和 m 个外部输入组成。该网络有两个不同的层：级联的输入-反馈层和计算节点的处理层。相应地，网络突触连接由前馈连接和反馈连接组成。

网络状态空间的描述由式（15.10）和式（15.11）定义。式（15.10）中的系统（状态）方程在这里以展开形式再现：

$$\boldsymbol{x}_{n+1}=\begin{bmatrix}\varphi(\boldsymbol{w}_1^{\mathrm{T}}\boldsymbol{\xi}_n)\\ \vdots\\ \varphi(\boldsymbol{w}_j^{\mathrm{T}}\boldsymbol{\xi}_n)\\ \vdots\\ \varphi(\boldsymbol{w}_q^{\mathrm{T}}\boldsymbol{\xi}_n)\end{bmatrix} \tag{15.42}$$

式中，假设所有神经元都有相同的激活函数 $\varphi(\cdot)$。$(q+m+1)\times 1$ 维向量 $\boldsymbol{w}_j$ 是递归网络的神经元 j 的突触权重向量，即

$$\boldsymbol{w}_j=\begin{bmatrix}\boldsymbol{w}_{a,j}\\ \boldsymbol{w}_{b,j}\end{bmatrix},\ j=1,2,\cdots,q \tag{15.43}$$

式中，$\boldsymbol{w}_{a,j}$ 和 $\boldsymbol{w}_{b,j}$ 分别是转置矩阵 $\boldsymbol{W}_a^{\mathrm{T}}$ 和 $\boldsymbol{W}_b^{\mathrm{T}}$ 的第 j 列。$(q+m+1)\times 1$ 维向量 $\boldsymbol{\xi}_n$ 定义为

$$\boldsymbol{\xi}_n=\begin{bmatrix}\boldsymbol{x}_n\\ \boldsymbol{u}_n\end{bmatrix} \tag{15.44}$$

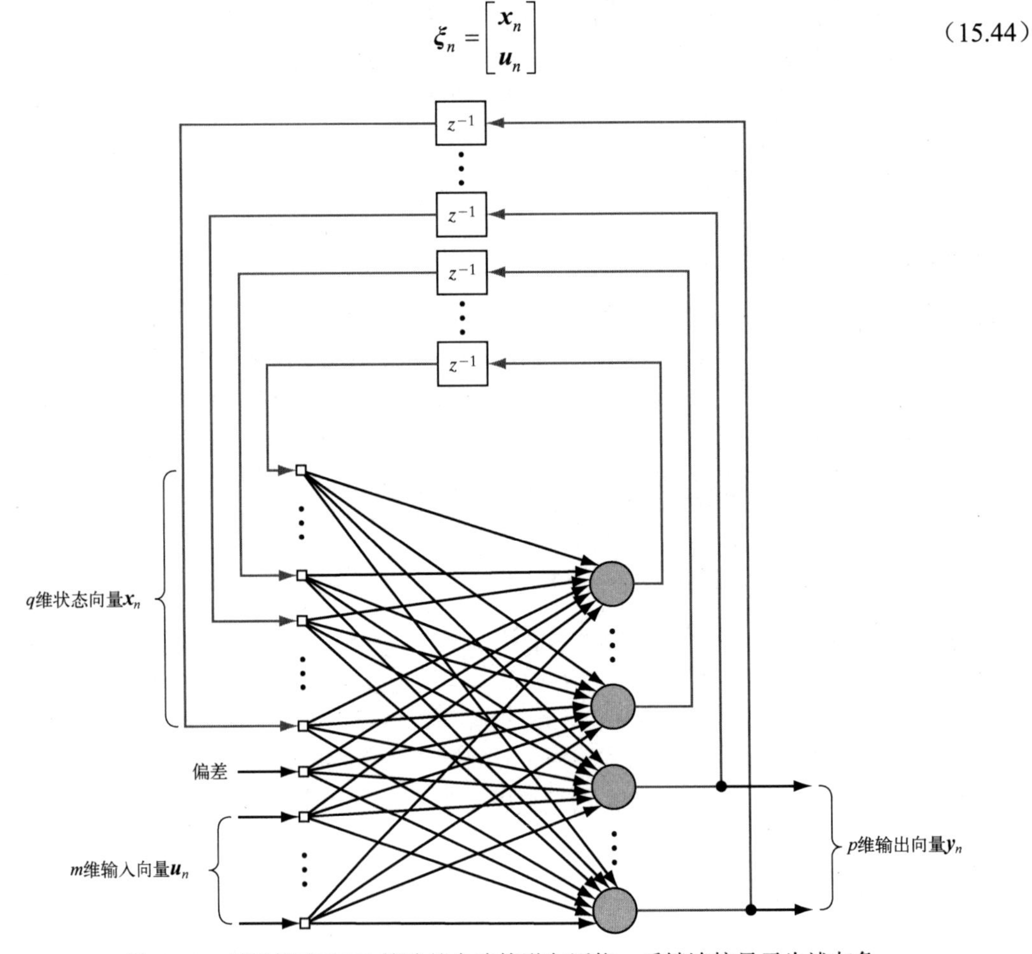

图15.10　用于描述RTRL算法的全连接递归网络，反馈连接显示为浅灰色

式中，$\boldsymbol{x}_n$ 是 $q\times1$ 维状态向量，$\boldsymbol{u}_n$ 是 $(m+1)\times1$ 维输入向量。$\boldsymbol{u}_n$ 的第一个元素是 $+1$；相应地，$\boldsymbol{w}_{b,j}$ 的第一个元素等于对神经元 j 施加的偏置 b_j。

为简化表达，引入三个新矩阵 $\boldsymbol{\Lambda}_{j,n}, \boldsymbol{U}_{j,n}$ 和 $\boldsymbol{\Phi}_n$，描述如下：

1． $\boldsymbol{\Lambda}_{i,n}$ 是一个 $q\times(q+m+1)$ 维矩阵，它定义为状态向量 $\boldsymbol{x}_n$ 关于权重向量 $\boldsymbol{w}_j$ 的偏导数：

$$\boldsymbol{\Lambda}_{i,n} = \frac{\partial \boldsymbol{x}_n}{\partial \boldsymbol{w}_j},\ j=1,2,\cdots,q \tag{15.45}$$

2． $\boldsymbol{U}_{j,n}$ 是一个 $q\times(q+m+1)$ 维矩阵，除了第 j 行等于向量 $\boldsymbol{\xi}_n$ 的转置，其他行都是0：

$$\boldsymbol{U}_{j,n} = \begin{bmatrix} \boldsymbol{0} \\ \boldsymbol{\xi}_n^{\mathrm{T}} \\ \boldsymbol{0} \end{bmatrix} \leftarrow \text{第 } j \text{ 行}, \quad j=1,2,\cdots,q \tag{15.46}$$

3． $\boldsymbol{\Phi}_n$ 是一个 $q\times q$ 维对角矩阵，它的第 j 个对角元素是相关激活函数关于其自变量的偏导数：

$$\boldsymbol{\Phi}_n = \mathrm{diag}(\varphi'(\boldsymbol{w}_1^{\mathrm{T}}\boldsymbol{\xi}_n),\cdots,\varphi'(\boldsymbol{w}_j^{\mathrm{T}}\boldsymbol{\xi}_n),\cdots,\varphi'(\boldsymbol{w}_q^{\mathrm{T}}\boldsymbol{\xi}_n)) \tag{15.47}$$

有了这些定义，就可对式（15.42）求 $\boldsymbol{w}_j$ 的微分。然后，利用微积分学中的链式法则得到递归方程

$$\boldsymbol{\Lambda}_{j,n+1} = \boldsymbol{\Phi}_n(\boldsymbol{W}_{a,n}\boldsymbol{\Lambda}_{j,n} + \boldsymbol{U}_{j,n}),\ j=1,2,\cdots,q \tag{15.48}$$

这个递归方程描述了实时递归学习过程的非线性状态动力学（状态演化）。

为了描述这个学习过程，需要将矩阵 $\boldsymbol{\Lambda}_{i,n}$ 与误差面关于 $\boldsymbol{w}_j$ 的梯度联系起来。为此，首先利用度量方程（15.11）来定义 $p\times1$ 维误差向量：

$$\boldsymbol{e}_n = \boldsymbol{d}_n - \boldsymbol{y}_n = \boldsymbol{d}_n - \boldsymbol{W}_{\mathrm{c}}\boldsymbol{x}_n \tag{15.49}$$

式中，p 是输出向量 $\boldsymbol{y}_n$ 的维数。时间步 n 的瞬时误差平方和用 $\boldsymbol{e}_n$ 定义：

$$\mathcal{E}_n = \frac{1}{2}\boldsymbol{e}_n^{\mathrm{T}}\boldsymbol{e}_n \tag{15.50}$$

学习过程的目标是极小化对所有时间步 n 求和 $\mathcal{E}_n$ 得到的代价函数，即

$$\mathcal{E}_{\text{total}} = \sum_n \mathcal{E}_n$$

为实现这一目标，可以使用最陡下降法，而这需要梯度矩阵的知识：

$$\nabla_{\boldsymbol{W}}\mathcal{E}_{\text{total}} = \frac{\partial \mathcal{E}_{\text{total}}}{\partial \boldsymbol{W}} = \sum_n \frac{\partial \mathcal{E}_n}{\partial \boldsymbol{W}} = \sum_n \nabla_{\boldsymbol{W}}\mathcal{E}_n$$

式中，$\nabla_{\boldsymbol{W}}\mathcal{E}_n$ 为 $\mathcal{E}_n$ 关于权重矩阵 $\boldsymbol{W}=\{\boldsymbol{w}_k\}$ 的梯度。需要时，可以继续这个过程，无须逼近就可推导出递归网络的突触权重的更新方程。然而，为了开发一种用于实时训练递归网络的学习算法，必须使用梯度的瞬时估计值 $\nabla_{\boldsymbol{W}}$，而这会导致对最陡下降法的逼近。从某种意义上说，这里所用的方法与第3章用于最小均方（LMS）算法的方法类似。

将式（15.50）作为待最小化的代价函数，且关于权重向量 $\boldsymbol{w}_j$ 微分得

$$\frac{\partial \mathcal{E}_n}{\partial \boldsymbol{w}_j} = \left(\frac{\partial \boldsymbol{e}_n}{\partial \boldsymbol{w}_j}\right)\boldsymbol{e}_n = -\boldsymbol{W}_{\mathrm{c}}\left(\frac{\partial \boldsymbol{x}_n}{\partial \boldsymbol{w}_j}\right)\boldsymbol{e}_n = -\boldsymbol{W}_{\mathrm{c}}\boldsymbol{\Lambda}_{j,n}\boldsymbol{e}_n, \quad j=1,2,\cdots,q \tag{15.51}$$

因此，应用于神经元 j 的突触权重向量 $\boldsymbol{w}_{j,n}$ 的调整由

$$\Delta\boldsymbol{w}_{j,n} = -\eta\frac{\partial \mathcal{E}_n}{\partial \boldsymbol{w}_j} = \eta\boldsymbol{W}_{\mathrm{c}}\boldsymbol{\Lambda}_{j,n}\boldsymbol{e}_n, \quad j=1,2,\cdots,q \tag{15.52}$$

决定，其中 η 为学习率参数，$\boldsymbol{\Lambda}_{j,n}$ 为式（15.48）控制的矩阵。

剩下的唯一任务是确定开始学习过程的初始条件。为此，设

$$\boldsymbol{\Lambda}_{j,0} = \boldsymbol{0},\ \text{所有 } j \tag{15.53}$$

这意味着递归网络的初始状态一直为恒定状态。

表15.1中小结了实时递归学习算法。这里描述的算法公式适用于对其自变量可微的任意激活函数 $\varphi(\cdot)$ 。对以双曲切线函数形式出现的S形非线性函数的特殊情况，有

$$x_{j,n+1}=\varphi(v_{j,n})=\tanh(v_{j,n})$$

$$\varphi'(v_{j,n})=\frac{\partial\varphi(v_{j,n})}{\partial v_{j,n}}=\operatorname{sech}^2(v_{j,n})=1-x_{j,n+1}^2 \tag{15.54}$$

式中，$v_{j,n}$ 是神经元 j 的诱导局部域，$x_{j,n+1}$ 是它在 $n+1$ 时刻的状态。

表15.1　实时递归学习算法小结

参数：

m 为输入空间的维数；q 为状态空间的维数；p 为输出空间的维数；$\boldsymbol{w}_j$ 为神经元j的突触权重向量，$j=1,2,\cdots,q$ 。

初始化：

1．将算法的突触权重设为从均匀分布中选择的较小值。
2．设状态向量 $\boldsymbol{x}(0)$ 的初始值为 $\boldsymbol{x}(0)=\mathbf{0}$ 。
3．对 $j=1,2,\cdots,q$ ，设 $\boldsymbol{\Lambda}_{j,0}=\mathbf{0}$ 。

计算：

对 $n=0,1,2,\cdots$ ，计算

$$\boldsymbol{e}_n=\boldsymbol{d}_n-\boldsymbol{W}_c\boldsymbol{x}_n\text{，}\qquad \Delta\boldsymbol{w}_{j,n}=\eta\boldsymbol{W}_c\boldsymbol{\Lambda}_{j,n}\boldsymbol{e}_n$$

$$\boldsymbol{\Lambda}_{j,n+1}=\boldsymbol{\Phi}_n(\boldsymbol{W}_{a,n}\boldsymbol{\Lambda}_{j,n}+\boldsymbol{U}_{j,n}),\quad j=1,2,\cdots,q$$

$\boldsymbol{x}_n$, $\boldsymbol{\Lambda}_n$, $\boldsymbol{U}_{j,n}$ 和 $\boldsymbol{\Phi}_n$ 的定义分别由式（15.42）、式（15.45）、式（15.46）和式（15.47）给出。

15.8.1　偏离真实梯度行为

使用瞬时梯度 $\nabla_{\boldsymbol{W}}\mathcal{E}_n$ 意味着实时递归学习（RTRL）算法偏离了基于真实梯度 $\nabla_{\boldsymbol{W}}\mathcal{E}_{\text{total}}$ 的非实时算法。不过，这种偏差与第4章中用于训练普通多层感知器的标准反向传播算法中遇到的偏差完全类似，即在每次模式呈现后都改变权重。虽然实时递归学习算法不能保证与总误差函数 $\mathcal{E}_{\text{total}}(\boldsymbol{W})$ 关于权重矩阵 $\boldsymbol{W}$ 的负梯度精确一致，但实时版和非实时版之间的实际差异往往很小；随着学习率参数 η 的减小，这两个版本几乎变得完全相同。这种偏离真实梯度行为导致的严重后果是，观察到的轨迹（通过画出 $\mathcal{E}_n$ 与权重矩阵 $\boldsymbol{W}$ 的元素之间的关系曲线得到）可能取决于算法产生的权重变化，这也可视为另一个反馈源，进而导致系统不稳定。我们可用一个足够小的学习速率参数 η 来避免这种影响，使权重变化的时间尺度远小于网络运行的时间尺度。这与第3章中对LMS算法提出的算法稳定性的方法基本一致。

【例5】RTRL算法说明

本例针对图15.6所示的有两个输入和一个输出的完全递归网络构建RTRL算法。该网络有三个神经元，由矩阵 $\boldsymbol{W}_a$, $\boldsymbol{W}_b$ 和 $\boldsymbol{W}_c$ 组成，如例1所示。

因为 $m=2$, $q=3$, $p=1$ ，所以由式（15.44）得

$$\boldsymbol{\xi}_n=\begin{bmatrix}x_{1,n}\\x_{2,n}\\x_{3,n}\\1\\u_{1,n}\\u_{2,n}\end{bmatrix}$$

设 $\lambda_{j,kl,n}$ 表示时间步 n 时矩阵 $\boldsymbol{\Lambda}_{j,n}$ 的第 kl 个元素。利用式（15.48）和式（15.52）分别得到

$$\Delta w_{kl,n}=\eta(d_{1,n}-x_{1,n})\lambda_{1,kl,n}$$

$$\lambda_{j,kl,n+1} = \varphi'(v_{j,n})\left(\sum_{i=1}^{3} w_{a,ji}\lambda_{i,kl,n} + \delta_{kj}\xi_{l,n}\right)$$

式中，δ_{kj}是克罗内克函数，$k=j$时其为1，其他情况下其为0；$j,k=1,2,3$和$l=1,2,\cdots,6$。图15.11所示为确定权重调整$\Delta w_{kl,n}$演化的敏感度图。注意，对$(j,l)=1,2,3$有$\boldsymbol{W}_a=\{w_{ji}\}$，对$j=1,2,3$和$l=4,5,6$有$\boldsymbol{W}_b=\{w_{ji}\}$。此外，不要将克罗内克函数与15.7节中的BPTT局部梯度混淆。

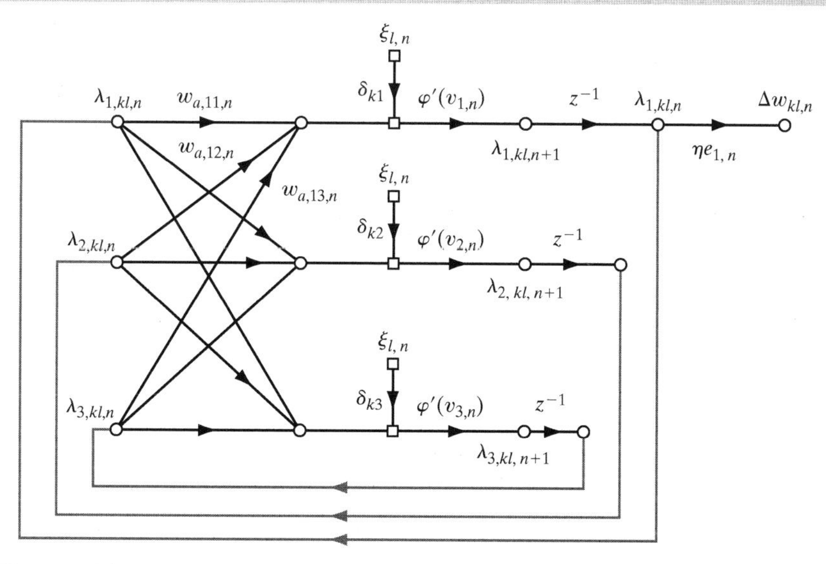

图15.11　图15.6的完全递归网络敏感度图。记为$\xi_{l,n}$的三个节点都被视为单个输入

15.8.2　教师强制

递归网络训练中经常用到的策略是教师强制（Williams and Zipser, 1989, 1995）；在自适应性滤波中，教师强制称为*方程-误差方法*（Mendel, 1995）。基本上，教师强制是指在网络的训练过程中，将神经元的实际输出替换为相应的期望响应（目标信号），以便在后续计算网络的动态行为时，无论何时该期望响应都是可用的。虽然教师强制是在RTRL算法下描述的，但它的用法同样适用于其他算法。不过，要确保其适用性，相关神经元就必须将其输出反馈到网络输入。

教师强制的良好效果包括（Williams and Zipser, 1995）：

- *教师强制可以使网络训练更快*。原因在于使用教师强制相当于假设网络已正确学习了那些使用教师强制的神经元任务的早期部分。
- *教师强制可以作为训练过程的校正机制*。例如，网络的突触权重可能有正确的值，但由于某种原因网络运行在状态空间的错误区域。显然，在这种情况下，调整突触权重是错误的策略。

事实上，使用教师强制的梯度学习算法与非强制的学习算法对代价函数的优化不同。因此，教师强制和非强制版本的算法可能产生不同的解决方案，除非相关的误差信号为零，这时无须学习。

15.9　递归网络的梯度消失

在递归网络的实际应用中，需要注意的一个问题是梯度消失问题，它出现在网络的训练中，与依赖很久以前的输入数据产生当前时刻的期望响应有关。由于组合的非线性，一个时间上隔得较远的输入的微小变化对网络训练几乎没有影响。即使时间上遥远的输入变化很大且产生影响，当梯度无法测量其影响时，也会出现这个问题。梯度消失问题使长期依赖于梯度训练的算法的学习变得困难，在某些情况下几乎不可能进行学习。

Bengio et al.(1994)认为，在许多实际应用中，递归网络必须能在任意时段内存储状态信息，并在存在噪声的情况下也做到这一点。在递归网络的状态变量中长期存储确定的比特信息称为信息锁存。信息锁存必须是鲁棒的，以便存储的状态信息就不会被与当前学习任务无关的事件轻易删除。具体说明如下（Bengio et al., 1994）：

> 若网络的状态包含在双曲吸引子的压缩吸引集中，则递归网络信息锁存的鲁棒性就可实现。

双曲吸引子的概念在第13章讨论过。双曲吸引子的压缩集是吸引域中相关雅可比矩阵的所有特征值的绝对值小于1的点集。这就意味着，若递归网络的状态 $\boldsymbol{x}_n$ 在双曲吸引子的吸引域中，而不在压缩吸引集中，则 $\boldsymbol{x}_n$ 附近的不确定性球的大小将随着时间 n 的增加呈指数增长，如图15.12(a)所示。因此，应用于递归网络的输入中的小扰动（噪声）可能会将轨迹推向另一个（可能错误的）吸引域。但是，若状态 $\boldsymbol{x}_n$ 保持在双曲吸引子的压缩吸引集中，则可找到一个输入的有界范围，使得 $\boldsymbol{x}_n$ 保持在吸引子的一定距离内，如图15.12(b)所示。

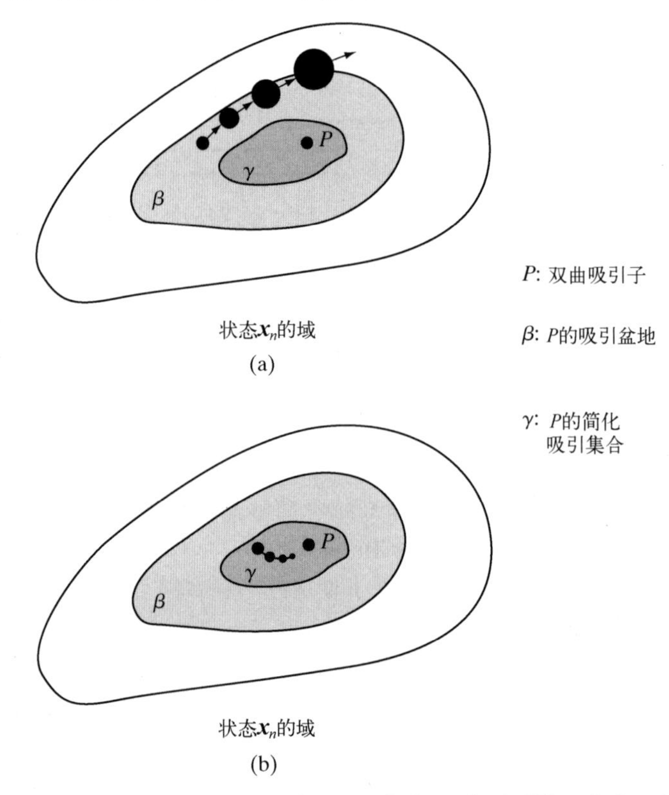

图15.12　梯度消失问题的说明：(a)状态 $\boldsymbol{x}_n$ 在吸引域 β 之内，但在压缩吸引集 γ 之外。(b)状态 $\boldsymbol{x}_n$ 位于压缩吸引集 γ 内

15.9.1　长期依赖

为了理解鲁棒性信息锁存对基于梯度的学习的影响，我们注意到在时间步n对递归网络的权重向量 $\boldsymbol{w}$ 所做的调整定义为

$$\Delta \boldsymbol{w}_n = -\eta \frac{\partial \mathcal{E}_{\text{total}}}{\partial \boldsymbol{w}}$$

式中，η 是学习率参数。$\partial \mathcal{E}_{\text{total}} / \partial \boldsymbol{w}$ 是代价函数 $\mathcal{E}_{\text{total}}$ 关于 $\boldsymbol{w}$ 的梯度。代价函数 $\mathcal{E}_{\text{total}}$ 通常定义为

$$\mathcal{E}_{\text{total}} = \frac{1}{2}\sum_i \left\| \boldsymbol{d}_{i,n} - \boldsymbol{y}_{i,n} \right\|^2$$

式中，向量 $\boldsymbol{d}_{i,n}$ 是期望响应，相应的向量 $\boldsymbol{y}_{i,n}$ 是网络在时间步 n 对第 i 个模式的实际响应。因此，利用这两个方程，可以写出

$$\Delta \boldsymbol{w}_n = \eta \sum_i \left(\frac{\partial \boldsymbol{y}_{i,n}}{\partial \boldsymbol{w}} \right)(\boldsymbol{d}_{i,n} - \boldsymbol{y}_{i,n}) = \eta \sum_i \left(\frac{\partial \boldsymbol{y}_{i,n}}{\partial \boldsymbol{x}_{i,n}} \cdot \frac{\partial \boldsymbol{x}_{i,n}}{\partial \boldsymbol{w}} \right)(\boldsymbol{d}_{i,n} - \boldsymbol{y}_{i,n}) \tag{15.55}$$

式中使用了微积分学中的链式法则；状态向量 $\boldsymbol{x}_{i,n}$ 属于训练样本中的第 i 个模式。在应用诸如时间反向传播算法时，代价函数的偏导数是相对于不同时间索引的独立权重计算的。我们可将式(15.55)中的结果扩展如下：

$$\Delta \boldsymbol{w}_n = \eta \sum_i \left(\frac{\partial \boldsymbol{y}_{i,n}}{\partial \boldsymbol{x}_{i,n}} \sum_{k=1}^{n} \frac{\partial \boldsymbol{x}_{i,n}}{\partial \boldsymbol{w}_k} \right)(\boldsymbol{d}_{i,n} - \boldsymbol{y}_{i,n})$$

第二次应用微积分学中的链式法则得

$$\Delta \boldsymbol{w}_n = \eta \sum_i \left(\frac{\partial \boldsymbol{y}_{i,n}}{\partial \boldsymbol{x}_{i,n}} \sum_{k=1}^{n} \left(\frac{\partial \boldsymbol{x}_{i,n}}{\partial \boldsymbol{x}_{i,k}} \cdot \frac{\partial \boldsymbol{x}_{i,k}}{\partial \boldsymbol{w}_k} \right) \right)(\boldsymbol{d}_{i,n} - \boldsymbol{y}_{i,n}) \tag{15.56}$$

根据状态方程（15.2）有

$$\boldsymbol{x}_{i,n} = \boldsymbol{\phi}(\boldsymbol{x}_{i,k}, \boldsymbol{u}_n), \quad 1 \leqslant k < n$$

因此，可以将 $\partial \boldsymbol{x}_{i,n} / \partial \boldsymbol{x}_{i,k}$ 解释为在 $n-k$ 个时间步上展开的非线性函数 $\boldsymbol{\phi}(\cdot,\cdot)$ 的雅可比矩阵，即

$$\frac{\partial \boldsymbol{x}_{i,n}}{\partial \boldsymbol{x}_{i,k}} = \frac{\partial \boldsymbol{\phi}(\boldsymbol{x}_{i,k}, \boldsymbol{u}_n)}{\partial \boldsymbol{x}_{i,k}} = \boldsymbol{J}_{\boldsymbol{x},n,k} \tag{15.57}$$

Bengio et al.(1994)声称，若输入 $\boldsymbol{u}_n$ 使递归网络在时间 $n=0$ 后仍然鲁棒地锁定在一个双曲吸引子上，则雅可比矩阵 $\boldsymbol{J}_{\boldsymbol{x},n,k}$ 是关于 k 指数递减的，有

$$k \to \infty \text{ 时 } \det(\boldsymbol{J}_{\boldsymbol{x},n,k}) \to 0, \qquad \text{所有 } n \tag{15.58}$$

式（15.58）的含义是网络的权重向量 $\boldsymbol{w}$ 的微小变化主要发生在最近（k 的值接近当前时间步 n）。在时间 n 处，可能存在一个权重向量 $\boldsymbol{w}$ 的调整 $\Delta \boldsymbol{w}$，该调整将允许当前状态 $\boldsymbol{x}_n$ 移动到另一个可能更好的吸引域中，但代价函数 $\mathcal{E}_{\text{total}}$ 相对于 $\boldsymbol{w}$ 的梯度不携带该信息。

综上所述，假设使用双曲吸引子通过基于梯度的学习算法来存储递归网络中的状态信息，则会出现下列两种情况之一：

- 当输入信号中出现噪声时，网络不具有鲁棒性。
- 网络无法发现长期的依赖关系（时间间隔较长的输入和目标输出之间的关系）。

15.9.2 缓解梯度消失问题的二阶方法

基于梯度的学习算法完全依赖于一阶信息——雅可比矩阵来进行运算。因此，它们在使用训练数据的信息内容方面效率低下。为了提高训练数据中所含信息的利用率，进而为梯度消失问题提供解决方法，需要寻找二阶方法。在这种情况下，有以下两种选择：

1. 可以使用二阶优化技术，如在第2章和第4章中讨论的拟牛顿法、龙贝格-马奎特法和共轭梯度算法等。尽管这些非线性优化技术是有效的，但它们经常收敛于较差的局部极小值。
2. 可以使用第14章中讨论的非线性序列状态估计方法。在神经网络的训练过程中，将执行两

个功能：

- 以顺序方式跟踪神经网络中权重的演化。
- 训练数据的二阶信息是以预测–误差协方差矩阵的形式提供的，该矩阵也以顺序方式保持和演化。

Puskorius and Feldkamp(2001)、Feldkamp et al.(2001)和Prokhorov(2006, 2007)的研究表明，非线性序列状态估计方法是二阶神经网络训练方法的基础，是一种实用和有效的替代方法，可以替代前面提到的批量式非线性优化技术。因此，下文重点讨论使用非线性序列状态估计程序训练递归多层感知器。

15.10 利用非线性序列状态估计的递归网络监督训练框架

为了描述非线性顺序状态估计器如何在监督方式下训练递归网络，下面围绕有 s 个突触权重和 p 个输出节点的多层感知器构建递归网络。设 n 表示网络监督训练中的时间步，向量 $\boldsymbol{w}_n$ 表示在时间步 n 计算出的整个网络突触权重集合。例如，可将第一个隐藏层中与神经元1相关的权重叠加，然后叠加神经元2的权重，如此叠加下去，直到第一个隐藏层中的所有神经元都叠加在一起；然后，对网络中第二个隐藏层和其他任何隐藏层进行同样的叠加，直到网络中的所有权重都按照上述方式有序地叠加到向量 $\boldsymbol{w}_n$ 中。

有了序列状态估计后，训练网络的状态空间模型就由如下一对模型定义（见图15.13）。

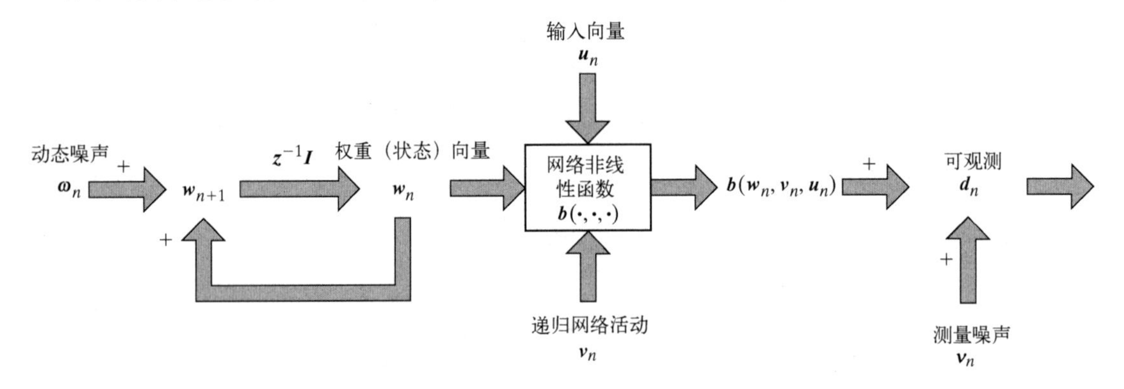

图15.13　监督训练下递归网络内在动态的非线性状态空间模型

1. 系统（状态）模型，它由如下随机–行走方程描述：

$$\boldsymbol{w}_{n+1} = \boldsymbol{w}_n + \boldsymbol{\omega}_n \tag{15.59}$$

动态噪声 $\boldsymbol{\omega}_n$ 是均值为零、协方差矩阵为 $\boldsymbol{Q}_\omega$ 的高斯白噪声，它被有意地包含在系统模型中，以使网络的监督训练随时间推移而退火。在训练早期，协方差矩阵 $\boldsymbol{Q}_\omega$ 较大，以鼓励监督学习算法摆脱局部极小值，然后逐渐减小到某个有限但很小的值。

2. 测量模型，它由如下方程描述：

$$\boldsymbol{d}_n = \boldsymbol{b}(\boldsymbol{w}_n, \boldsymbol{v}_n, \boldsymbol{u}_n) + \boldsymbol{\nu}_n \tag{15.60}$$

其中各项的定义如下：

- $\boldsymbol{d}_n$ 是可观测变量。
- $\boldsymbol{v}_n$ 是表示网络内递归节点活动的向量，其元素排列顺序与权重向量 $\boldsymbol{w}_n$ 的排列顺序一致；以下将 $\boldsymbol{v}_n$ 称为内部状态。
- $\boldsymbol{u}_n$ 表示应用于网络的输入信号的向量，即 $\boldsymbol{u}_n$ 是应用于该网络的驱动力。
- $\boldsymbol{\nu}_n$ 是表示破坏向量 $\boldsymbol{d}_n$ 的测量噪声的向量；假设它是一个均值为零、对角协方差矩阵为

$\boldsymbol{R}_n$ 的多元白噪声过程。噪声源是由实际获得 $\boldsymbol{d}_n$ 的方式决定的。

式（15.60）中给出的向量值测量函数 $\boldsymbol{b}(\cdot,\cdot,\cdot)$ 说明了多层感知器从输入层到输出层的整体非线性；它是递归网络状态空间模型唯一的非线性来源。

就状态的概念而言，在网络的监督训练中，这个概念自然有两个状态：

1. 外部可调整状态，表现为通过监督训练用于网络权重的调整。因此，在式（15.59）和式（15.60）描述的状态空间模型中包含了权重向量 $\boldsymbol{w}_n$。
2. 内部可调整状态，由递归节点活动向量 $\boldsymbol{v}_n$ 表示；这些活动超出了目前配置的监督训练过程的范围，因此向量 $\boldsymbol{v}_n$ 只包含在式（15.60）所示的测量模型中。外部施加的驱动力（输入向量）$\boldsymbol{u}_n$、动态噪声 $\boldsymbol{\omega}_n$ 以及围绕多层感知器的全局反馈，是 $\boldsymbol{v}_n$ 在时间 n 上演化的原因。

15.10.1 利用扩展卡尔曼滤波器的监督训练框架描述

给定训练样本 $\{\boldsymbol{u}_n,\boldsymbol{d}_n\}_{n=1}^{N}$ 后，关注的问题是如何通过顺序状态估计器对递归多层感知器（RMLP）进行监督训练。式（15.60）中的测量模型RMLP是非线性的，因此顺序状态估计器也是非线性的。考虑到这一要求，首先讨论如何使用第14章中研究的扩展卡尔曼滤波器（EKF）来完成这一任务。

就目前的讨论而言，表15.2中总结的EKF算法的两个相关公式如下，其中使用了式（15.59）和式（15.60）的状态空间模型术语。

1. 新息过程，定义为

$$\boldsymbol{\alpha}_n=\boldsymbol{d}_n-\boldsymbol{b}(\hat{\boldsymbol{w}}_{n|n-1},\boldsymbol{v}_n,\boldsymbol{u}_n) \tag{15.61}$$

式中，期望（目标）响应 $\boldsymbol{d}_n$ 扮演着EKF“可观测”的角色。

2. 权重（状态）更新，定义为

$$\hat{\boldsymbol{w}}_{n|n}=\hat{\boldsymbol{w}}_{n|n-1}+\boldsymbol{G}_n\boldsymbol{\alpha}_n \tag{15.62}$$

式中，$\hat{\boldsymbol{w}}_{n|n-1}$ 是在时间 n 对RMLP的权重向量 $\boldsymbol{w}$ 的预测（旧）估计，已知到时间 $n-1$ 并包括时间 $n-1$ 的期望响应，$\hat{\boldsymbol{w}}_{n|n}$ 是在接收到可观测 $\boldsymbol{d}_n$ 时对 $\boldsymbol{w}$ 的滤波（更新）估计。矩阵 $\boldsymbol{G}_n$ 是卡尔曼增益，它是EKF算法中必不可少的一部分。

表15.2 RMLP监督训练的EKF算法小结

训练样本：

$$\mathcal{T}=\{\boldsymbol{u}_n,\boldsymbol{d}_n\}_{n=1}^{N}$$

其中 $\boldsymbol{u}_n$ 是用于RMLP的输入向量，$\boldsymbol{d}_n$ 是相应的期望响应。

RMLP和卡尔曼滤波器：参数和变量

$\boldsymbol{b}(\cdot,\cdot,\cdot)$：向量值测量函数	$\boldsymbol{B}$：线性测量矩阵
$\boldsymbol{w}_n$：时间步 n 的权重向量	$\hat{\boldsymbol{w}}_{n|n-1}$：权重向量的预测估计
$\hat{\boldsymbol{w}}_{n|n}$：权重向量的滤波估计	$\boldsymbol{v}_n$：RMLP中递归节点活动向量
$\boldsymbol{y}_n$：根据输入向量 $\boldsymbol{u}_n$ 产生的RMLP的输出向量	$\boldsymbol{Q}_\omega$：动态噪声 $\boldsymbol{\omega}_n$ 的协方差矩阵
$\boldsymbol{Q}_v$：测量噪声 $\boldsymbol{v}_n$ 的协方差矩阵	$\boldsymbol{G}_n$：卡尔曼增益
$\boldsymbol{P}_{n|n-1}$：预测误差协方差矩阵	$\boldsymbol{P}_{n|n}$：滤波误差协方差矩阵

计算：

对 $n=1,2,\cdots$，计算

$$\boldsymbol{G}_n=\boldsymbol{P}_{n|n-1}\boldsymbol{B}_n^{\mathrm{T}}[\boldsymbol{B}_n\boldsymbol{P}_{n|n-1}\boldsymbol{B}_n^{\mathrm{T}}+\boldsymbol{Q}_{v,n}]^{-1},\quad \alpha_n=\boldsymbol{d}_n-\boldsymbol{b}_n(\hat{\boldsymbol{w}}_{n|n-1},\boldsymbol{v}_n,\boldsymbol{u}_n),\quad \hat{\boldsymbol{w}}_{n|n}=\hat{\boldsymbol{w}}_{n|n-1}+\boldsymbol{G}_n\alpha_n$$

$$\hat{\boldsymbol{w}}_{n+1|n}=\hat{\boldsymbol{w}}_{n|n},\quad \boldsymbol{P}_{n|n}=\boldsymbol{P}_{n|n-1}-\boldsymbol{G}_n\boldsymbol{B}_n\boldsymbol{P}_{n|n-1},\quad \boldsymbol{P}_{n+1|n}=\boldsymbol{P}_{n|n}+\boldsymbol{Q}_{\omega,n}$$

初始化：

$\hat{\boldsymbol{w}}_{1|0}=\mathbb{E}[\boldsymbol{w}_1]$

$\boldsymbol{P}_{1|0}=\boldsymbol{\delta}^{-1}\boldsymbol{I}$，其中 $\boldsymbol{\delta}$ 是小的正常数，$\boldsymbol{I}$ 是单位矩阵。

研究RMLP的基本操作发现，$\boldsymbol{b}(\hat{\boldsymbol{w}}_{n|n-1},\boldsymbol{v}_n,\boldsymbol{u}_n)$ 是RMLP以其“旧”权重向量 $\hat{\boldsymbol{w}}_{n|n-1}$ 和内部状态 $\boldsymbol{v}_n$ 响应于输入向量 $\boldsymbol{u}_n$ 而产生的实际输出向量 $\boldsymbol{y}_n$。因此，组合式（15.61）和式（15.62）有

$$\hat{\boldsymbol{w}}_{n|n} = \hat{\boldsymbol{w}}_{n|n-1} + \boldsymbol{G}_n(\boldsymbol{d}_n - \boldsymbol{y}_n) \tag{15.63}$$

在这个公式的基础上，可将RMLP的监督训练描述为两个相互耦合的组件的组合，形成闭环反馈系统，如图15.14所示。

1. 图的上半部分描述了部分从网络视角观察的监督学习过程。当权重向量设为旧值（预测值）$\hat{\boldsymbol{w}}_{n|n-1}$ 时，RMLP根据输入向量 $\boldsymbol{u}_n$ 计算出实际的输出向量 $\boldsymbol{y}_n$。因此，RMLP向EKF提供 $\boldsymbol{y}_n$ 作为可观测的预测值，即 $\hat{\boldsymbol{d}}_{n|n-1}$。

2. 图的下半部分描述了EKF作为训练过程助推器的角色。设 $\hat{\boldsymbol{d}}_{n|n-1} = \boldsymbol{y}_n$，EKF通过对当前所需响应 $\boldsymbol{d}_n$ 进行操作来更新权重向量的旧估计。根据式（15.63）计算权重向量的滤波估计值，即 $\hat{\boldsymbol{w}}_{n|n}$。这样计算出来的 $\hat{\boldsymbol{w}}_{n|n}$ 由EKF提供给RMLP作为单位时延模块。

转移矩阵等于单位矩阵，如式（15.59）所示，因此可以在下一次迭代时设 $\hat{\boldsymbol{w}}_{n+1|n} = \hat{\boldsymbol{w}}_{n|n}$。这个等式允许监督训练周期性重复进行，直到训练结束。

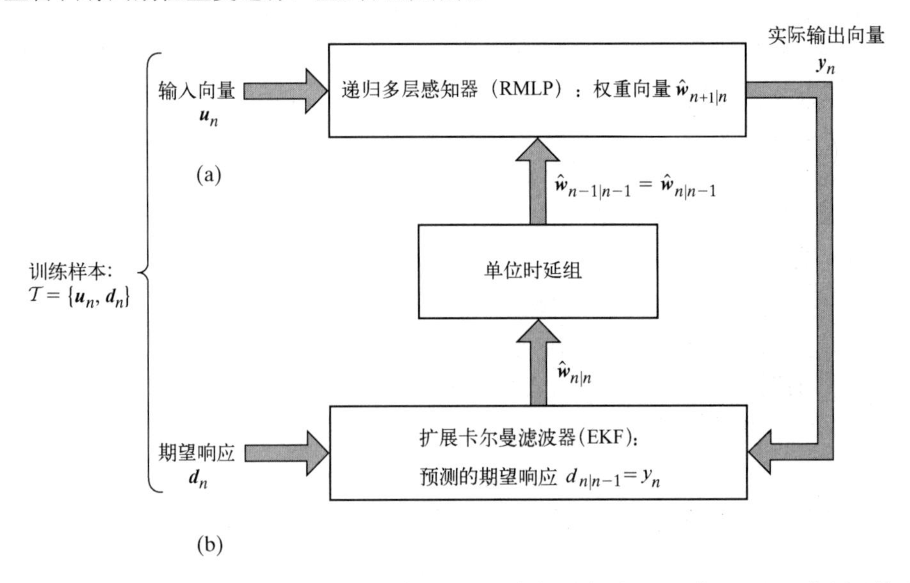

图15.14　包含RMLP和EKF的闭环反馈系统：(a)带有权重向量 $\hat{\boldsymbol{w}}_{n|n-1}$ 的RMLP，作用于输入向量 $\boldsymbol{u}_n$，产生输出向量 $\boldsymbol{y}_n$；(b)EKF，提供预测 $\hat{\boldsymbol{d}}_{n|n-1} = \boldsymbol{y}_n$，对期望响应 $\boldsymbol{d}_n$ 进行运算，得到滤波后的权重向量 $\hat{\boldsymbol{w}}_{n|n} = \hat{\boldsymbol{w}}_{n+1|n}$，进而为下一次迭代准备闭环反馈系统

注意在图15.14的监督训练框架中，训练样本 $\mathcal{T} = \{\boldsymbol{u}_n, \boldsymbol{d}_n\}$ 是RMLP和EKF之间的分割：输入向量 $\boldsymbol{u}_n$ 作为激励应用于RMLP，期望响应 $\boldsymbol{d}_n$ 作为可观测值应用于EKF，它依赖于隐藏权重（状态）向量 $\boldsymbol{w}_n$。

第 14 章中曾强调，预测器-校正器属性是卡尔曼滤波及其变体和扩展的固有特性。根据这一特性，通过研究图15.14，可以得出以下结论：

> 经过训练的递归神经网络扮演预测器的角色；扩展卡尔曼滤波器的监督学习起到校正器的作用。

因此，在卡尔曼滤波器用于序列状态估计的传统应用中，预测器和校正器的角色体现在卡尔曼滤波器本身上，而在监督训练应用中，这两个角色被分割为递归神经网络和扩展卡尔曼滤波器。这种监督学习中的责任分割与图15.14中训练样本 $\mathcal{T}$ 的输入元素和期望响应元素的分割完全一致。

15.10.2 EKF算法

为了让EKF算法成为监督学习任务的助推器，要在式（15.60）的非线性部分的泰勒级数展开中保留一阶项，进而将公式的测量方程线性化。由于$\boldsymbol{b}(\boldsymbol{w}_n, \boldsymbol{v}_n, \boldsymbol{u}_n)$是非线性的唯一来源，因此可将式（15.60）近似为

$$\boldsymbol{d}_n = \boldsymbol{B}_n \boldsymbol{w}_n + \boldsymbol{v}_n \tag{15.64}$$

式中，$\boldsymbol{B}_n$是线性化模型的$p \times s$维测量矩阵。线性化过程包括计算RMLP的p个输出对其s个权重的偏导数，得到矩阵

$$\boldsymbol{B} = \begin{bmatrix} \dfrac{\partial b_1}{\partial w_1} & \dfrac{\partial b_1}{\partial w_2} & \cdots & \dfrac{\partial b_1}{\partial w_s} \\ \dfrac{\partial b_2}{\partial w_1} & \dfrac{\partial b_2}{\partial w_2} & \cdots & \dfrac{\partial b_2}{\partial w_s} \\ \vdots & \vdots & \ddots & \vdots \\ \dfrac{\partial b_p}{\partial w_1} & \dfrac{\partial b_p}{\partial w_2} & \cdots & \dfrac{\partial b_p}{\partial w_s} \end{bmatrix} \tag{15.65}$$

其维数是$p \times s$。认识到权重向量$\boldsymbol{w}$的维数是s后，可知矩阵乘积$\boldsymbol{Bw}$是$p \times 1$维向量，这与可观测值$\boldsymbol{d}$的维数完全一致。

$\boldsymbol{b}(\boldsymbol{w}_n, \boldsymbol{v}_n, \boldsymbol{u}_n)$中的向量$\boldsymbol{v}_n$保持相同的常数值，为简化表示，在式（15.65）中省略了时间步n。方程中的$b_i, i = 1, 2, \cdots, p$表示向量函数$\boldsymbol{b}(\boldsymbol{w}_n, \boldsymbol{v}_n, \boldsymbol{u}_n)$的第$i$个元素。根据第14章的式（14.70），该式右边的偏导数在$\boldsymbol{w}_n = \hat{\boldsymbol{w}}_{n|n-1}$处取值，其中$\hat{\boldsymbol{w}}_{n|n-1}$是在已知到时间$n-1$并包括时间$n-1$的期望响应时，对时间$n$的权向量$\boldsymbol{w}_n$的预测。

实际上，式（15.65）的偏导数使用时间反向传播（BPTT）算法或实时递归学习（RTRL）算法来计算。EKF基于这两种算法之一，它们已分别在15.7节和15.8节中介绍过。这里的意思是$\boldsymbol{b}$必须是递归节点活动的函数，如式（15.60）中的测量模型所示。

式（15.59）中的状态演化方程一开始是线性的；因此，它不受测量方程线性化的影响。于是，允许应用EKF的递归网络的线性化状态空间模型就由式（15.59）和式（15.64）定义。

15.10.3 解耦扩展卡尔曼滤波器

表15.2中小结的扩展卡尔曼滤波器（EKF）的计算要求主要是，需要在每个时间步n存储和更新滤波误差协方差矩阵$\boldsymbol{P}_{n|n}$。对于包含p个输出节点和s个权重的递归神经网络，EKF的计算复杂度为$O(ps^2)$，存储需求为$O(s^2)$。对于较大的s，这些要求可能是很高的。在这种情况下，可将解耦扩展卡尔曼滤波器（DEKF）作为妥善管理计算资源的实用补救措施（Puskorius and Feldkamp, 2001）。

DEKF的基本思想是忽略递归神经网络中某些权重估计之间的相互作用。这样，协方差矩阵$\boldsymbol{P}_{n|n}$中就会引入可控数量的零。具体地说，若将网络中的权重解耦，创建相互排斥的权重组，则协方差矩阵$\boldsymbol{P}_{n|n}$的结构就是对角分块形式，如图15.15所示。

令g表示按上述方式创建的不相连的权重组的个数。同样，对于$i = 1, 2, \cdots, g$，令$\hat{\boldsymbol{w}}_{n|n}^{(i)}$为第$i$组的滤波权重向量，$\boldsymbol{P}_{n|n}^{(i)}$为第$i$组滤波误差协方差矩阵的子集，$\boldsymbol{G}_n^{(i)}$为第$i$组的卡尔曼增益矩阵，并且以此类推DEKF中的其他项。

将滤波权重向量$\hat{\boldsymbol{w}}_{n|n}^{(i)}$串联起来，得到总体滤波权重向量$\hat{\boldsymbol{w}}_{n|n}$；类似的说明也适用于$\boldsymbol{P}_{n|n}^{(i)}, \boldsymbol{G}_n^{(i)}$和DEKF算法中的其他项。根据这些新符号，现在可将第i个权重组的DEKF算法重写如下：

$$\boldsymbol{G}_n^{(i)} = \boldsymbol{P}_{n|n-1}^{(i)} (\boldsymbol{B}_n^{(i)})^{\mathrm{T}} \left[\sum_{j=1}^{g} \boldsymbol{B}_n^{(j)} \boldsymbol{P}_{n|n-1}^{(j)} (\boldsymbol{B}_n^{(j)})^{\mathrm{T}} + \boldsymbol{Q}_{v,n}^{(i)} \right]^{-1}$$

$$\boldsymbol{\alpha}_n^{(i)} = \boldsymbol{d}_n^{(i)} - \boldsymbol{b}_n^{(i)} (\hat{\boldsymbol{w}}_{n|n-1}^{(i)}, \boldsymbol{v}_n^{(i)}, \boldsymbol{u}_n^{(i)})$$

$$\hat{\boldsymbol{w}}_{n|n}^{(i)} = \hat{\boldsymbol{w}}_{n|n-1}^{(i)} + \boldsymbol{G}_n^{(i)} \boldsymbol{\alpha}_n^{(i)}$$

$$\hat{\boldsymbol{w}}_{n+1|n}^{(i)} = \hat{\boldsymbol{w}}_{n|n}^{(i)}$$

$$\boldsymbol{P}_{n|n}^{(i)} = \boldsymbol{P}_{n|n-1}^{(i)} - \boldsymbol{G}_n^{(i)} \boldsymbol{B}_n^{(i)} \boldsymbol{P}_{n|n-1}^{(i)}$$

$$\boldsymbol{P}_{n+1|n}^{(i)} = \boldsymbol{P}_{n|n}^{(i)} + \boldsymbol{Q}_{\omega,n}^{(i)}$$

DEKF算法的初始化按照表15.2中EKF算法描述的方式进行。

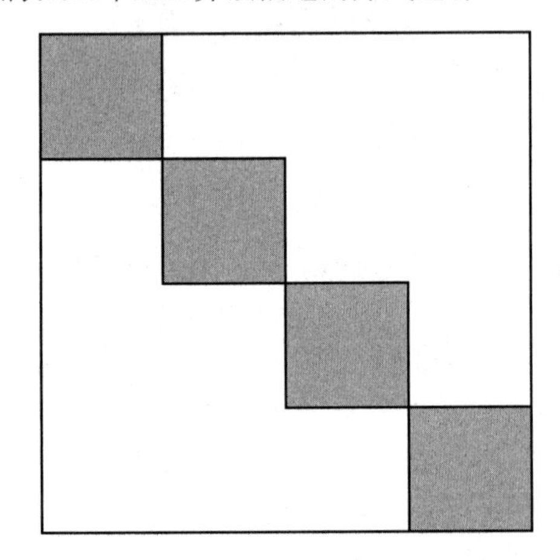

图15.15 与解耦扩展卡尔曼滤波器（DEKF）有关的滤波误差协方差矩阵 $\boldsymbol{P}_{n|n}^{(i)}$ 的方块对角线表示法。图中的阴影正方形表示 $\boldsymbol{P}_{n|n}^{(i)}$ 的非零值，$i=1,2,3,4$ 。当不相连的权重组的数量 g 增大时，更多零在协方差矩阵 $\boldsymbol{P}_{n|n}$ 中产生；换句话说，矩阵 $\boldsymbol{P}_{n|n}$ 变得更稀疏。计算量因此减少，但状态估计的数值精度降低

DEKF的计算要求假设

$$\text{计算复杂度为}\, O\left(p^2 s + p\sum_{i=1}^{g} s_i^2\right), \qquad \text{存储需求为}\, O\left(\sum_{i=1}^{g} s_i^2\right)$$

式中，s_i 是组 i 中状态的大小，s 是总体状态大小；p 是输出节点数。根据不相连的权重组数 g，DEKF的计算要求远低于EKF的计算要求。

15.10.4 EKF总结

使用EKF作为递归神经网络监督训练顺序状态估计器的优点是，其基本算法结构相对简单，表15.2中的小结证明了这一点。然而，它有如下两个实际的局限性。

1．EKF需要线性化递归神经网络向量测量函数 $\boldsymbol{b}(\boldsymbol{w}_n, \boldsymbol{v}_n, \boldsymbol{u}_n)$ 。

2．根据权重向量 $\boldsymbol{w}$ 的大小（状态空间的维数），可能不得不使用DEKF来降低计算复杂度和存储需求。然而，实际问题是因此牺牲了计算精度。

可以使用无导数的非线性顺序状态估计器来绕过第一个局限，详见下面的讨论。

15.10.5 使用无导数顺序状态估计器的神经网络监督训练

第14章中讨论了容积卡尔曼滤波器（Arasaratnam and Haykin, 2009），其形成依赖于应用一种称为数值积分规则的数值方法（Stroud, 1971; Cools, 1997）。类似于EKF，容积卡尔曼滤波器（CKF）是贝叶斯滤波器的近似实现；然而，在理论背景下，CKF是序列状态估计的最优非线性滤波器。CKF有一些独特的性质：

1. CKF是比EKF更精确的贝叶斯滤波器逼近器，因为它完全保留了观测数据中包含的有关状态的二阶信息。
2. CKF无导数，因此无须对递归神经网络的测量矩阵进行线性化处理。
3. 容积规则用于逼近时间更新积分，包括后验分布的时间更新积分，以及在高斯环境下操作的贝叶斯滤波器公式中涉及的所有其他积分公式；通常，积分优于微分，因为它具有“平滑”特性。

根据这些特性可知，对递归神经网络的监督训练来说，CKF是非常有吸引力的选择。15.11节描述的实验涉及混沌吸引子的动态重建，它证明了CKF与EKF和另一种称为*中心差分卡尔曼滤波器*（CDKF）的无导数顺序状态估计器相比，性能更优越。CDKF由Nørgaard et al.(2000)提出，其方法是将权重向量当前估计值附近的非线性测量方程进行泰勒级数展开，替换为基于Stirling公式在指定区间内插值解析函数的相应展开。在一维环境下，Stirling公式可由泰勒级数展开得到，方法是用数值分析中常用的一阶和二阶中心差分别代替一阶和二阶偏导数。然后，一旦测量方程的逼近线性化在相关的多维设置中推导得到，CDKF算法公式就遵循卡尔曼滤波理论。Nørgaard et al.(2000)描述的原始CDKF算法采用平方根滤波来提高数值精度，该过程在第14章的卡尔曼滤波中描述过。

15.11 计算机实验：Mackay-Glass吸引子的动态重建

Mackey-Glass吸引子最初由Mackey and Glass(1977)提出，用于模拟体内血细胞的动态形成。它由下面的单个连续时间微分方程描述：

$$\frac{\mathrm{d}}{\mathrm{d}t}x_t = -bx_t + \frac{ax_{t-\Delta t}}{1+x_{t-\Delta t}^{10}} \tag{15.66}$$

式中，t 为连续时间，系数 $a=0.2$，$b=0.1$，时间延迟 $\Delta t=30$。从形式上看，Mackey-Glass吸引子有无限个自由度，因为需要知道函数 $x(t)$ 在连续时间区间内的初值。然而，在行为上它像是一个有限维的奇异吸引子。

使用四阶Runge-Kutta法（Press et al., 1988）对式（15.66）进行数值求解，采样周期为6s，初始条件为 $x_n=0.9$，$0\leqslant n\leqslant\Delta t$，其中 n 通常表示离散时间。于是，得到一个长度为1000的时间序列，前一半用于训练，后一半用于测试。给定一个混沌吸引子，根据第13章中的内容，下一个数据样本 $x_{n+\tau}$ 可通过适当选择的时间序列 $\{x_n, x_{n-\tau}, \cdots, x_{n-[d_{\mathrm{E}}-2]\tau}, x_{n-[d_{\mathrm{E}}-1]\tau}\}$ 预测出来，其中 d_{E} 和 τ 分别称为*嵌入维数*和*嵌入延迟*。对于混沌的Mackey-Glass系统，d_{E} 和 τ 分别取7和1。

递归多层感知器（RMLPs）已被证明在学习时间相关信号时具有数值鲁棒性。本实验中实现了一个RMLP，它有7个输入和1个输出，以及一个带有5个神经元的自递归隐藏层。因此，RMLP共有71个突触权重（包括偏置参数）。输出神经元使用线性激活函数，而所有隐藏神经元使用双曲正切函数

$$\varphi(v)=\tan h(v)$$

三种算法的平方根版本被用来训练RMLP：扩展卡尔曼滤波器、中心差分卡尔曼滤波器和容积卡尔曼滤波器。为了展开神经网络的递归循环，使用截断深度 $h=1$，实验发现这一深度是足

够的。此外，对于EKF算法，使用反向传播算法计算非线性测量函数 $\boldsymbol{b}_n$ 的偏导数，步骤如15.7节所述。

对所有三种算法，每次运行使用10个回合来训练RMLP。每个回合都是从一个包含107个时间步的子序列中获得的，从随机选择的点开始。准确地说，每个回合由100个样本组成，这些样本由子序列上长度为8的滑动窗口收集。RMLP的权重初始化为零均值高斯分布，其对角协方差矩阵为 $10^{-2}\times\boldsymbol{I}_s$，其中 $\boldsymbol{I}_s$ 是 $s\times s$ 维单位矩阵。

为了公平地比较CKF训练的RMLP与CDKF和EKF训练的RMLP的性能，进行了50次独立训练。为了衡量从时间指数为500开始提前100个时间步的预测性能，使用了总体均值累积绝对误差，它定义为

$$\mathcal{E}_n=\frac{1}{50}\sum_{r=1}^{50}\sum_{i=1}^{n}\left|d_i^{(r)}-\hat{d}_i^{(r)}\right|;\quad n=1,2,\cdots,100$$

式中，$d_i^{(r)}$ 是第 r 次运行时第 i 时刻的期望响应，$\hat{d}_i^{(r)}$ 是RMLP输出时计算的估计值。长期累积预测误差是时间 $\boldsymbol{n}$ 的递增函数。

如指出的那样，实验中使用了贝叶斯滤波器的三个不同逼近：

- 扩展卡尔曼滤波器（EKF）。
- 中心差分卡尔曼滤波器（CDKF）。
- 容积卡尔曼滤波器（CKF）。

实验结果如图15.16所示，其中动态重建中的总体均值累积绝对误差与动态重建中使用的预测时间步的数量相对应。如预期的那样，实验结果清楚地证明了CKF比CDKF和EKF的性能更优越，因此计算精度也更高。

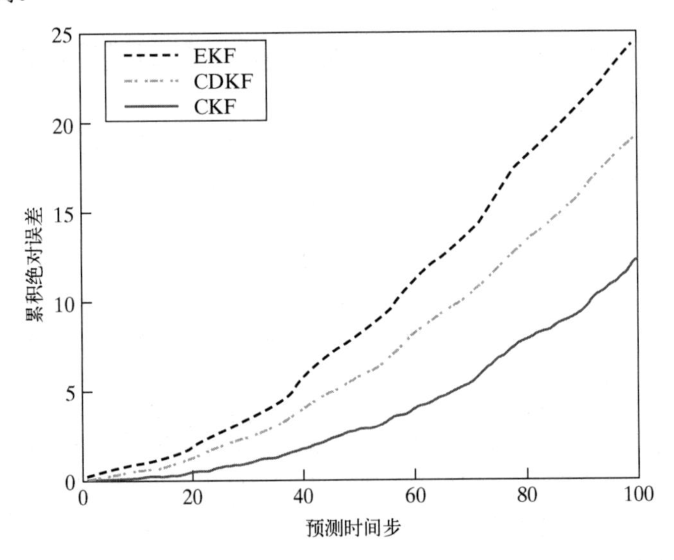

图15.16 Mackey-Glass吸引子动态重建自主预测阶段的总体均值累积绝对误差曲线

15.12 适应性考虑

递归神经网络（如RMLP）以监督方式训练网络后，观察到的一个有趣特性是出现了自适应行为。尽管网络中的突触权重是固定的，但这种现象仍会发生。这种自适应行为的根源可追溯至一个基本定理（Lo and Yu, 1995b）：

考虑一个嵌入随机环境的递归神经网络，其统计行为具有相对较大的可变性。只要环境的基本概率分布在提供给网络的监督训练样本中得到充分表示，网络就可能适应环境中相对较小的统计变化，而无须对网络的突触权重进行深入的在线调整。

这个基本定理只适用于递归网络。之所以这样说，是因为递归网络的动态状态实际上是一种"短期记忆"，它承载着对不确定环境的估计或统计，以适应网络所处的环境。

这种自适应行为在文献中有着不同的说法。Lo(2001)称它为*适应性学习*。在同年发表的另一篇论文中（Younger et al., 2001），它被称为*元学习*，意思是"学习如何学习"。下文中也将这种自适应行为称为元学习。

无论这种自适应行为如何命名，预计它不会像真正的自适应神经网络那样有效，因为真正的自适应网络在环境显示出很大的统计变异性时，会自动地进行在线权重调整。这一观察结果在Lo(2001)的实验中得到了证实，其中比较了具有元学习的递归神经网络和具有长期和短期记忆的自适应神经网络的性能；比较评估是在系统识别的背景下进行的。

尽管如此，递归神经网络的元学习能力在控制和信号处理应用中应视为一种理想的特性，特别是在突触权重的在线调整实际上不可行或执行成本太高的情况下。

15.12.1 自适应评价器

如果递归神经网络的监督训练无法获得所需的响应，且现有的无监督训练方法收敛速度不够快，那么强化学习（逼近动态规划）可能是唯一可行的选择。第12章中回顾了在逼近动态规划中，一个智能体（学习系统）只需要响应从其嵌入的环境对智能体所采取的行动。基本上，智能体与其环境之间的实时交互是构建短期记忆所需要的一切，这种短期记忆允许递归神经网络的内部状态适应环境的统计变化。

当递归神经网络的突触权重固定时，调整其内部状态的唯一方法就是调整网络内部递归节点的活动，即式（15.60）所示测量方程中的向量 $\mathbf{v}_n$ 。与应用于隐藏权重向量 $\mathbf{w}_n$ 的监督调整不同，对向量 $\mathbf{v}_n$ 的调整直接应用于式（15.60）中的测量方程。

图15.17所示框图描述了一种围绕固定权重的递归神经网络构建方案，据此递归节点活动可以实时自适应。具体来说，有一个自适应评价器，它接收两个输入，一个来自网络，另一个来自环境，以响应网络采取的一些相关行动（作为智能体）。作为对这两个输入的响应，自适应评价器将计算出网络内部对递归节点活动的适当调整。

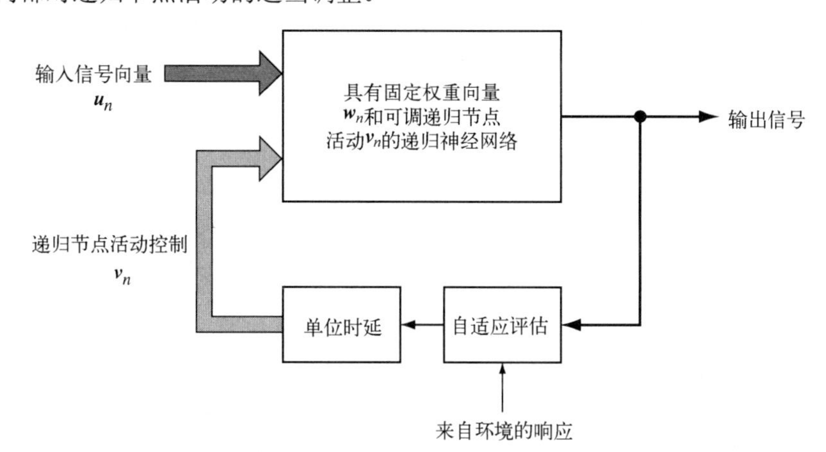

图15.17　表示递归神经网络中使用自适应评价器来控制递归节点活动 $\mathbf{v}_n$ 的框图

总之，可以说，通过使用自适应评价器，递归神经网络具备了以下两种记忆形式。

1. 长期记忆，由网络自身通过监督训练获得，产生一组固定的权重。
2. 短期记忆，使网络能够适应其内部状态（递归节点活动）以适应环境的统计变化，而不干扰固定权重。

注意，通过与环境持续交互，短期记忆可发展成无模型设置，如Prokhorov(2007)所述。

15.13 案例研究：应用于神经控制的模型参考

本章最后讨论一个案例，它不仅适合本章的内容，而且汇集了本书前几章讨论过的多个主题。具体讨论递归神经网络在反馈控制系统设计中的重要应用，此时设备的状态和强加的控制是非线性耦合的。系统的设计因其他因素而进一步复杂化，如存在未测量的随机分布、存在不唯一设备逆的可能性、设备状态的不可观测等。

适合使用递归神经网络的控制策略是模型参考控制（Narendra and Annaswamy, 1989; Puskorius and Feldkamp, 2001; Prokhorov, 2006）。如图15.18所示，模型参考控制系统由五个部件组成。

1. 设备，需要控制设备以补偿设备动态的改变。设备的输出随时间 n 变化，是控制信号和其自身参数向量 $\boldsymbol{\theta}_k$ 的函数，其中 $\boldsymbol{\theta}_k$ 中的时间参数 k 的变化远小于时间索引 n 的变化。例如，$\boldsymbol{\theta}_k$ 可以是分段常数，随着 k 的变化，它从一个常数转换到另一个常数。
2. 神经控制器，由以递归多层感知器为例的递归网络组成。它提供作用到设备输入端的控制信号。这个信号作为参考信号、反馈信号和控制器的权向量（记为 $\boldsymbol{w}$）的函数而变化。
3. 模型参考，假设它是稳定的。模型参考根据输入的参考信号提供所需的信号。
4. 比较器，由求和单元表示，它比较设备输出和模型参考的期望响应以产生误差信号。
5. 单位时延模块，记为 $z^{-1}\boldsymbol{I}$，它通过对齐设备输出向量元素和参考信号元素来关闭围绕设备的反馈回路；事实上，外部递归网络是通过反馈回路来实现的。

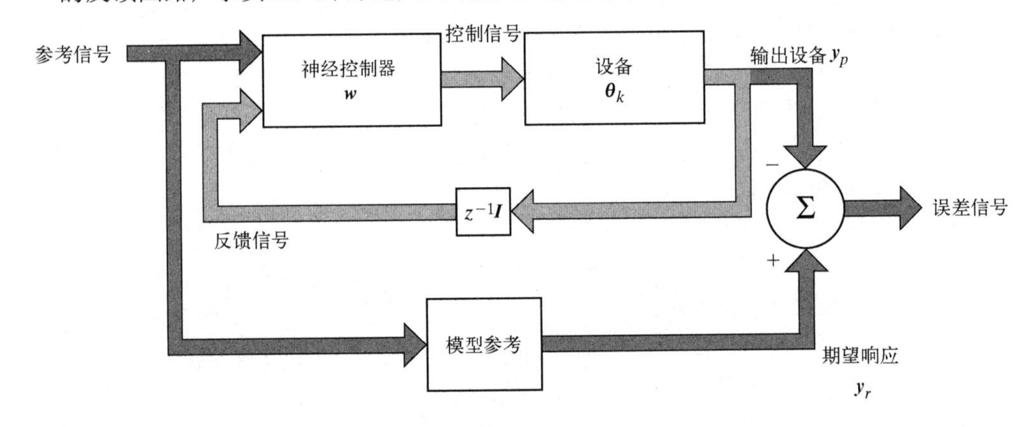

图15.18 模型参考自适应系统

从以上描述明显可以看出，设备输出是神经控制器的权重向量 $\boldsymbol{w}$ 通过控制信号的间接函数，也是设备自身参数向量 $\boldsymbol{\theta}_k$ 的直接函数。因此，可将设备输出表示为 $\boldsymbol{y}_{i,p}(n,\boldsymbol{w},\boldsymbol{\theta}_k)$，其中下标 i 表示设备操作的特别实例。明确设备输出与时间 n 的依赖关系是为了强调设备的非稳态行为。相应地，令 $\boldsymbol{y}_{i,r}(n)$ 表示模型参考对同一实例 i 的输出。参考信号对模型参考自适应控制系统的两个前向路径是共同的；因此，可以简化程序，不将对参考信号的依赖纳入设备输出或模型参考输出。

误差信号由每个实例 i 的模型参考输出和设备输出的差来定义。因此，均方误差为

$$J(\boldsymbol{w},\boldsymbol{\theta}_k)=\frac{1}{T}\sum_{n=1}^{T}\sum_{i}\left\|\boldsymbol{y}_{i,r}(n)-\boldsymbol{y}_{i,p}(n,\boldsymbol{w},\boldsymbol{\theta}_k)\right\|^2 \tag{15.67}$$

式中，内部求和是对用于训练神经控制器的整个实例集的求和，外部求和是对整个训练过程 $1 \leqslant n \leqslant T$ 的求和。为了使神经控制器的设计对参数变化和外部干扰（后者未在图15.18中显示）具有鲁棒性，对神经控制器权重向量 $\boldsymbol{w}$ 的调整方式是，在设备参数向量 $\boldsymbol{\theta}_k$ 的值域内，减小其均方误差 $J(\boldsymbol{w}, \boldsymbol{\theta}_k)$ 和最大值（Prokhorov, 2006）。这种优化方式可使设备输出与模型参考输出保持一致。

图15.18所示模型参考控制系统中标为“设备”的区块有双重含义，具体取决于从神经控制器的角度如何看待：

- 一种含义是作为设备被控制的实际系统。
- 另一种含义是指该实际系统的模型。

因此，可通过直接控制（控制系统中使用实际设备）或间接控制（控制系统中使用设备模型）来补偿设备动态的不确定性（Adetona et al., 2000）。

在许多情况下，基于物理的设备模型（被控制的实际系统）已经建立；这种模型的有效性在工业中很常见，是投入大量时间和精力的结果。现在或者可以利用导言中讨论的系统识别原理，建立一个基于神经网络的设备模型，但通常情况下会发现如下情况（Prokhorov, 2006）：

1．基于物理的模型比基于神经网络的模型更精确。

2．基于物理的模型不包括完全可微部分。

Prokhorov(2006)报告的用于训练神经控制器的方法是由Nørgaard et al.(2000)提出的方根状态估计算法的修正版。如前所述，该算法被称为*中心差分卡尔曼滤波器*（CDKF）。

Prokhorov(2006)给出的实验结果不仅通过非线性序列状态估计框架验证神经控制器的训练，而且表明由无导数CDKF算法的精度比依赖导数的EKF算法的精度更高。

15.14 小结和讨论

15.14.1 递归网络模型

本章讨论了应用全局反馈到静态（无记忆）多层感知器的递归神经网络。全局反馈的应用使得神经网络获得状态表示，因此成为信号处理和控制中各种应用的合适工具。属于有全局反馈的递归网络类型的4个主要网络结构如下。

- 使用从输出层反馈到输入层的具有外部输入的非线性自回归（NARX）网络。
- 具有从隐藏层到输入层反馈的全连接递归网络。
- 有多于一个隐藏层的递归多层感知器，其中每个计算层输出反馈到它自己的输入；
- 使用二阶神经元的二阶递归网络。

在所有这些递归网络中，反馈通过抽头延迟线存储器实现。前三种递归网络允许使用状态空间框架来研究其动态行为。这种方法植根于现代控制理论，为研究递归神经网络的非线性动力学提供了强有力的方法。

15.14.2 递归神经网络的性质

递归神经网络的一些重要性质如下：

1．如果它们具有足够多的隐藏神经元，那么它们是非线性动态系统的通用逼近器。

2．如果它们的线性方案满足围绕平衡点的一定条件，那么它们是局部可控和局部可观测的。

3．给定任意有限状态机，能够建立作为黑盒机器的递归神经网络，其行为与有限状态机类似。

4．递归神经网络表现出元学习（学习如何学习）的能力。

事实上，正是这些特性使得递归神经网络适合应用于计算、控制和信号处理领域。

15.14.3 基于梯度的学习算法

本章还讨论了用于训练递归神经网络的两种基本监督学习算法：时间反向传播（BPTT）和实时递归学习（RTRL）。这两种算法都基于梯度，因此计算起来容易。BPTT更适合离线学习，而根据定义，RTRL是为在线学习设计的。然而，这两种算法的实际局限是梯度消失问题，这是由它们无法使用训练数据中包含的二阶信息导致的。

15.14.4 基于非线性序列状态估计的监督学习算法

克服梯度消失问题的一种有效方法是，使用非线性序列状态估计来为递归多层感知器提供监督训练。这里有两个可用的选择：

1. 可以使用扩展卡尔曼滤波器（EKF），因为其计算简单。但是，必须利用BPTT或RTRL算法来对递归神经网络的测量模型进行线性化处理。
2. 可以使用无导数非线性序列状态估计，以第14章描述的数值积分卡尔曼滤波器（CKF）和本章简单介绍的中心差分卡尔曼滤波器（CDKF）为例。这样不仅扩大了这种新方法对监督学习的应用，而且提高了数值精度。然而，要付出的代价是增加了计算需求。

在这些非线性滤波器中，CKF不仅最逼近贝叶斯滤波器（至少概念上是最优的），功能也最强大。假设高斯性，CKF的构建受到卡尔曼滤波器理论的影响（如新息过程），如第14章所述。

无论如何，这种监督学习的新方法非常简练，如图15.14中的EKF框图所示。最重要的是，这种方法既适用于递归神经网络，又适用于其他神经网络（如多层感知器）。而且，正是由于这种普适性，这类监督学习的非线性序列状态估计算法（包括EKF、CDKF和CKF）被视为使能技术，使得它们能够解决困难的信号处理和控制问题，特别是将二阶信息的使用作为必要条件的大规模学习问题。

理论上，具有全局反馈的递归网络（如用EKF算法训练的递归多层感知器）可通过将从训练样本中获得的知识存储到一组固定的权重中来学习非平稳环境下的基本动力学。最重要的是，该网络可以跟踪环境的统计变化，前提是满足下面两个条件：

- 递归网络不会出现拟合不足或拟合过度的问题。
- 训练样本代表的是统计变化较小的环境。

15.14.5 多流训练

图15.14中描述的递归网络的监督训练方法可能受益于多流训练程序。这个程序适用于使用多种训练模式更利于协调权重更新的情况（Puskorius and Feldkamp, 2001）。

在神经网络的监督训练中，根据不同输入-目标响应对训练序列的性质，可能出现两种情况。

1. *同质序列*，通过一次或多次训练数据很可能产生令人满意的结果。
2. *异质序列*，例如，可能在输入-目标响应对中的快速变化区域之后紧随慢速变化区域。

在后一种情况的标准训练过程中，网络权重的调整往往会不适当地偏向当前呈现的训练数据，称为*近因效应*。对于前馈网络，有效的解决办法是改变训练数据呈现给网络的顺序，或者使用批量训练形式；这两种方法已在第4章中讨论。对递归神经网络来说，调整数据呈现顺序的直接方法是向网络呈现随机选择的子序列；这样做只对子序列的最后一对输入-目标响应进行权重更新。以使用EKF算法的训练过程为例，完全批量更新包括在整个训练样本中运行递归网络，计算每个输入-目标响应对的必要偏导数，然后根据整个估计误差集更新网络权重。

多流训练过程通过打乱（随机选择子序列）和批量更新的组合应用来克服近因效应。特别地，多流训练所依据的原则是，每次权重更新都同时考虑多个输入-目标响应对的信息内容。

还要说明的是，多流训练不仅适用于EKF算法，而且适用于无导数非线性序列状态算法（如CDKF和CKF）。

15.14.6 结语：大规模学习问题

本节讨论大规模学习问题，前面已有三章讨论过此问题：

- 在第4章关于多层感知器的章节中，对大规模学习问题的研究与小规模学习问题的研究进行了对比。
- 在第7章关于正则化理论的章节中，使用可微流形制定了一种半监督学习策略，该策略能够利用训练数据中包含的标记和未标记信息。
- 在第12章中，维数灾难问题作为处理大规模动态环境的一个严重问题被提出。

就小规模模式分类和非线性回归的监督学习问题而言，解决这些问题的程序已被人们很好地理解，本书介绍的内容就是明证。而大规模学习问题的研究正处于发展阶段。

我们可将大规模学习问题视为关于学习的未来视窗，这个视窗直接带领人们进入现实世界。相应地，可以确定解决大规模学习问题涉及的4个具体阶段。

1. *编制用作训练数据的资源清单*。这个阶段非常重要，因为训练数据毕竟提供了与当前问题相关的现实世界与为解决问题而研究的学习机设计之间的联系。可用资源清单包括：
   - 质量高的标记数据。
   - 质量不高的标记数据。
   - 大量无标记数据。

   给定这样混合的训练数据后，面临的挑战就是在计算资源有限时，如何制定值得采用的不同训练策略方案。
2. *建立生成训练数据的环境模型*。在这个阶段，挑战在于建立一个网络模型，它具有足够大的自由度且是正确的。目标是获得负责数据生成的环境的基本统计性质。事实上，除非这个问题得到妥善解决，否则数据生成的物理现实与提出的网络模型理论基础之间将不可避免地出现不匹配。如果模型不匹配的情况十分严重，那么无论此后做什么，都无法弥补模型的缺陷。
3. *选择估计网络模型可调参数的算法*。这个阶段本身也有挑战性，因为必须选择一种算法，以便有效地估计模型的未知参数。更确切地说，网络模型应该有足够的深度，从输入一直延伸到输出，这样才能有效地解决问题。
4. *优化估计可调参数*。最后的挑战是选择一种优化算法，该算法应具备可靠提取训练数据信息内容的内在能力。通常情况下，二阶信息被认为是足够的。最重要的是，优化算法应该是计算上高效的。在这种情况下，有两种可能的候选算法：
   - 非线性序列估计算法，以数值积分卡尔曼滤波器为例。
   - 二阶优化算法，以高斯-牛顿算法和龙贝格-马奎特算法的改进在线版本为例，在合理地保持估计精度的同时，找到免除精确计算黑塞矩阵的方法。

最后要说明的是，面对现实世界中的大规模学习问题时，只有认真关注上面介绍的4个阶段，才能确保成功找到解决方案，让机器学习大有可为。

注释和参考文献

1. 关于其他递归网络结构，参见Jordan(1986)、Back and Tsoi(1991)和Frasconi et al.(1992)。
2. NARX模型包括一类重要的非线性离散时间系统（Leontaritis and Billings, 1985）。在神经网络背景下，Chen et al.(1990)、Narendra and Parthasarathy(1990)、Lin et al.(1996)和Siegelmann et al.(1997)讨论了这一问题。业已证明，NARX模型非常适合模拟非线性系统，如热交换器（Chen et al., 1990）、污水处理设备（Su and McAvoy, 1991; Su et al., 1992）、炼油厂的催化重整系统（Su et al., 1992）、生物系统中与多足运动相关的非线性振荡（Venkataraman, 1994）和语法推理（Giles and Horne, 1994）。NARX模型也指非线性自回归移动平均（NARMA）模型，其中"移动平均"是相对输入而言的。
3. 递归多层感知器是延时递归神经网络（TLRNN）的特例。这类递归网络的一般允许以任意模式连接神经网络节点；另一方面，递归多层感知器具有连接的层模式。TLRNN提供如下重要特性（Lo, 1993）：① 包含传统的结构，如有限冲激响应（FIR）；② 具有解释非线性动态系统中强隐藏状态的内在能力；③ 是非线性动态系统的通用逼近。
4. Omlin and Giles(1996)表明，使用二阶递归网络，任何有限状态自动机都可映射到二阶递归网络，并且能够保证有限长时间序列的正确分类。
5. 可控性和可观测性的严格处理请参阅Zadeh and Desoer(1963)、Kailath(1980)和Sontag(1990)。
6. McCulloch and Pitts(1943)的经典论文是神经网络和自动机领域的第一篇论文，也是第一篇关于有限状态自动机、人工智能和递归神经网络的论文。本书中的递归网络被Kleene(1956)解释为有限状态自动机。Kleene的论文发表在由Shannon和McCarthy编撰的《自动机研究》一书中。有时，Kleene的论文被人们作为第一篇关于有限状态机的文章来引用（Perrin, 1990）。Minsky(1967)在《计算：有限和无限机器》一书中讨论了自动机和神经网络。

   所有关于自动机和神经网络的早期工作都与怎样将二者结合有关，即如何在神经网络中构建和设计自动机。因为大多数自动机需要反馈，神经网络必然是递归的。注意，早期的工作未明确区分自动机（有向图、标记图和无圈图）和串行机器（逻辑延时和反馈延时），大多数情况下仅考虑有限状态自动机。

   在神经网络的"黑暗时代"后，自动机和神经网络的研究在20世纪80年代重新开始。这项工作大致分为三个方面：① 学习自动机；② 自动机关于知识的合成、抽取和提炼；③ 表示。首先提到自动机和神经网络的是Jordan(1986)。
7. 使用McCulloch-Pitts神经元的单层递归网络不能模拟任何有限状态机（Goudreau et al., 1994），但Elman的简单递归网络可以进行这样的模拟（Kremer, 1995）。只有局部反馈的递归网络不能表示所有有限状态机（Frasconi and Gori, 1996; Giles et al., 1995; Kremer, 1996）。换句话说，使用全局反馈是通过神经网络模拟有限状态的必要条件。
8. 时间反向传播的思想是，对每个递归网络都可能建立一个前馈网络，使其在特定的时间间隔内具有和它相同的行为（Minsky and Papert, 1969）。时间反向传播首先在Werbos(1974)的博士论文描述过，也可参考Werbos(1990)。这个算法由Rumelhart et al.(1986b)独立地重新发现。Williams and Peng(1990)描述了时间反向传播算法的一种变体。有关算法和相关问题的回顾，请参阅Williams and Zipser(1995)。
9. 实时递归学习算法由Williams and Zipser(1989)在神经网络文献中首次描述，其起源可追溯到McBride and Narendra(1965)关于调整任意动态系统参数的系统辨识的论文。Williams和Zipser给出的推导是关于完全递归的单层神经网络的。它被扩展到更一般的结构，见Kechriotis et al.(1994)和Puskorius and Feldkamp(1994)。
10. Schraudolph(2002)描述了随机元下降（SMD）算法，其中提出了通过迭代逼近来放弃计算精确的黑塞矩阵的概念。特别地，高斯-牛顿法和龙贝格-马奎特等迭代逼近二阶梯度方法中引入了一个特殊的弧度矩阵-向量积，改进了稳定性和性能。

11. Singhal and Wu(1989)首个展示了如何使用扩展卡尔曼滤波器来提高监督神经元网络的映射性能。遗憾的是，该训练算法受限于其计算复杂度。为了克服这一困难，Kollias and Anastassiou(1989)、Shah and Palmieri(1990)试图通过将全局问题划分为若干子问题来简化扩展卡尔曼滤波器的应用，每个子问题表示一个神经元。然而，作为一个辨识问题，每个神经元的处理并未严格遵守卡尔曼滤波器理论。此外，这样处理会导致训练过程不稳定，且可能得到比其他方法更差的解（Puskorius and Feldkamp, 1991）。

12. 在Prokhorov(2006, 2007)的相关论文中，Nørgaard, Poulsen and Ravn(2000)提出的序列状态估计算法称为nprKF算法。本章将这个算法命名为中心差分卡尔曼滤波器（CDKF），这是对这个基础算法的更好描述。

13. 考虑变量 x 的函数 $f(x)$。令 f_k 表示函数在 $x = x_k$ 时的值。中心差分定义为

$$\delta f_{k+\frac{1}{2}} = f_{k+1} - f_k, \quad 每个\ k$$

其中左边的下标是右边两个下标的平均。下表给出了高阶中心差分是如何构建的：

x	f				
x_0	f_0				
		$\delta f_{\frac{1}{2}}$			
x_1	f_1		$\delta^2 f_1$		
		$\delta f_{\frac{3}{2}}$		$\delta^2 f_{\frac{3}{2}}$	
x_2	f_2		$\delta^2 f_2$		$\delta^4 f_2$
		$\delta f_{\frac{5}{2}}$		$\delta^2 f_{\frac{5}{2}}$	
x_3	f_3		$\delta^2 f_3$		
		$\delta f_{\frac{7}{2}}$			
x_4	f_4				

注意，表中有着相同下标的元素总位于水平或中心展开到表的行上（Wylie and Barrett, 1982）。

14. 以递归多层感知器为例的递归神经网络自适应行为的出现，首先由Lo and Yu(1995)讨论。关于这一现象的更多参考文献，请参阅Prokhorov et al.(2002)。

习题

状态空间模型

15.1 写出图15.3所示Elman简单递归网络状态空间模型的计算公式。

15.2 证明图15.4所示递归多层感知器可用状态空间模型

$$\boldsymbol{x}_{n+1} = \boldsymbol{f}(\boldsymbol{x}_n, \boldsymbol{u}_n), \quad \boldsymbol{y}_n = \boldsymbol{g}(\boldsymbol{x}_n, \boldsymbol{u}_n)$$

表示，其中 $\boldsymbol{u}_n$ 表示输入，$\boldsymbol{y}_n$ 表示输出，$\boldsymbol{x}_n$ 表示状态，$\boldsymbol{f}(\cdot,\cdot)$ 和 $\boldsymbol{g}(\cdot,\cdot)$ 表示向量值非线性函数。

15.3 一个动态系统是否可能是可控但不可观测的，而且反之亦然？证实你的答案。

15.4 参考15.4节中讨论的局部可控性问题，证明：

(a)状态 $\boldsymbol{x}_{n+q}$ 是其过去值 $\boldsymbol{x}_n$ 和式（15.24）中输入向量 $\boldsymbol{u}_{q,n}$ 的嵌套非线性函数。

(b) $\boldsymbol{x}_{n+q}$ 关于 $\boldsymbol{u}_{q,n}$ 的雅可比矩阵在原点处的值等于式（15.23）中的可控性矩阵 $\boldsymbol{M}_c$。

15.5 参照15.4节讨论的局部可观测性问题，证明在式（15.30）中定义的观测向量 $\boldsymbol{y}_{q,n}$ 关于状态 $\boldsymbol{x}_n$ 的雅可比矩阵在原点的值等于式（15.28）中的可观测矩阵 $\boldsymbol{M}_o$。

15.6 非线性动态系统的系统方程由

$$\boldsymbol{x}_{n+1} = \boldsymbol{f}(\boldsymbol{x}_n, \boldsymbol{u}_n)$$

描述，其中 $\boldsymbol{u}_n$ 是在时刻 n 的输入向量，$\boldsymbol{x}_n$ 是对应的系统状态。输入 $\boldsymbol{u}_n$ 在系统方程中以非加性的方式

出现。在本题中，我们希望重新写过程方程，使输入 $\boldsymbol{u}_n$ 以加性方式出现。为此，有

$$\boldsymbol{x}'_{n+1} = \boldsymbol{f}_{\text{new}}(\boldsymbol{x}'_n) + \boldsymbol{u}'_n$$

给出向量 $\boldsymbol{x}'_n$ 和 $\boldsymbol{u}'_n$ 以及函数 $\boldsymbol{f}_{\text{new}}(\cdot)$ 的定义公式。

15.7 图P15.7中给出了在神经元级上使用局部反馈的递归网络结构的两个例子。在图P15.7(a)和图P15.7(b)所示的结构分别称为*局部激活反馈*和*局部输出反馈*（Tsoi and Back, 1994）。对这两个递归网络的结构写出状态空间模型公式，并评价它们的可控性和可观测性。

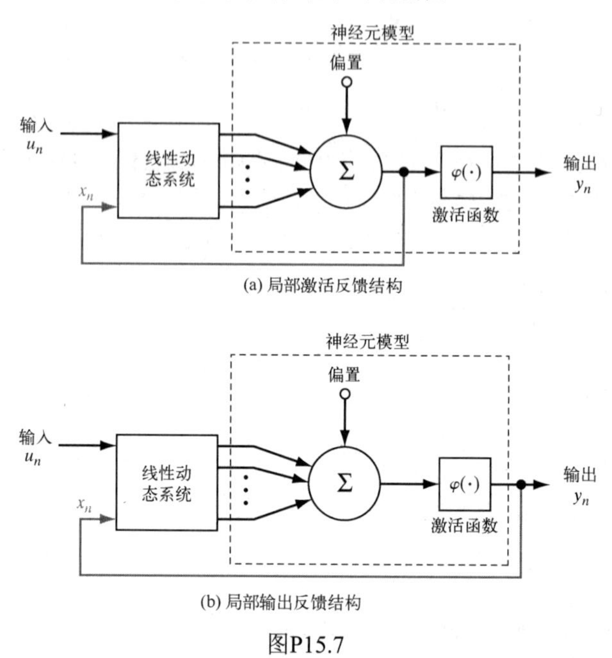

(a) 局部激活反馈结构

(b) 局部输出反馈结构

图P15.7

带外生输入的非线性自回归（NARX）模型

15.8 考虑图P15.8中的NARX网络，完成如下任务：

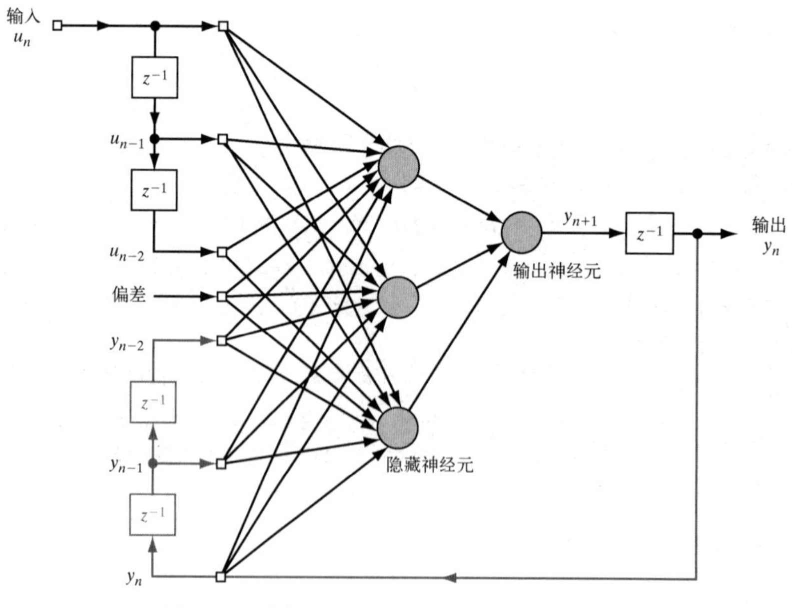

图P15.8　有 $q=3$ 个隐藏神经元的NARX网络

(a) 构建等价于这个单输入、单输出递归网络的等价状态空间模型。

(b) 当图P15.8被扩展到包含两个输入和两个输出时，重做(a)问。

15.9 构建对应于图P15.9所示完全递归网络的NARX。

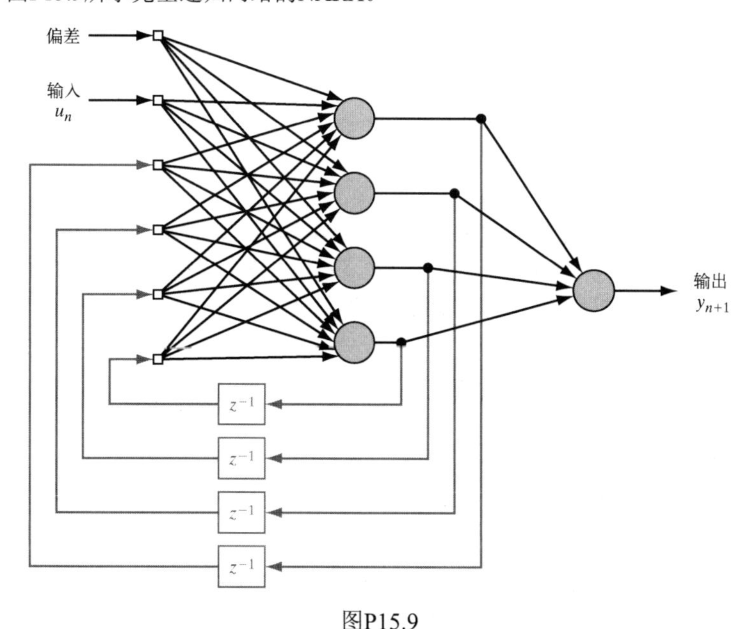

图P15.9

15.10 任何状态空间模型都可用NARX模型来表示。反过来会如何？任何NRAX模型是否都可用15.2节中描述的状态空间模型来表示？说明你的结论和理由。

时间反向传播

15.11 展开图15.3所示状态空间模型的时间行为。

15.12 截断的BPTT(h)算法可视为分回合BPTT算法的逼近。我们可通过将分回合BPTT算法的一些方面加入BPTT(h)来提高这个逼近程度。特别地，可让网络在执行下一个BPTT计算前通过h'个附加步，其中$h' < h$。时间反向传播的混合形式的重要特征是，下一个后向传播在时间步$n + h'$之后才执行。在此期间，网络过去的输入值、网络状态和期望响应都存储在一个缓冲区中，但不对它们进行处理。在这个混合型的算法中，给出神经元j的局部梯度公式。

实时递归学习算法

15.13 教师强制递归网络在训练过程中的动态描述如下：

$$\xi_{i,n} = \begin{cases} u_{i,n}, & i \in \mathcal{A} \\ d_{i,n}, & i \in \mathcal{C} \\ y_{i,n}, & i \in \mathcal{B} - \mathcal{C} \end{cases}$$

式中，$\mathcal{A}$表示当ξ_i是一个外部输入时下标为i的集合，$\mathcal{B}$表示当ξ_i是一个神经元的输出时下标i的集合，$\mathcal{C}$表示可见输出神经元的集合。

(a) 证明对于这种格式，偏导数$\partial y_{j,n+1}/\partial w_{kl,n}$为

$$\frac{\partial y_{j,n+1}}{\partial w_{kl,n}} = \varphi'(v_{j,n})\left(\sum_{i \in \mathcal{B}-\mathcal{C}} w_{ji,n}\left(\frac{\partial y_{i,n}}{\partial w_{kl,n}}\right) + \delta_{kj}\xi_{l,n}\right)$$

(b) 对于教师强制递归网络，推导训练算法。

非线性顺序状态估计器

15.14 描述如何使用DEKF算法训练图15.3所示的简单递归网络。你也可用BPTT算法来进行训练。

15.15 表15.2中小结了EKF算法如何用于RMLP监督训练。利用第14章描述的平方根滤波理论来构建该算法的方根修正。

15.16 第14章描述了采样-重要性-重采样（SIR）粒子滤波器。这个滤波器是无导数的，因此建议用它来替代EKF算法，以监督训练递归多层感知器。讨论这种方法可能存在的困难。

计算机实验

15.17 本题继续第6章的习题6.25中关于支持向量机的计算机实验。考虑图 P6.25所示的多圆盘结构的困难模式分类实验，为方便表示，这里将该图复制为图 P15.17。但这次我们根据15.10节描述的路线来学习基于扩展卡尔曼滤波器算法的多层感知器的监督训练。

对于多层感知器，使用以下结构：

- 两个隐藏层，第一个隐藏层中有4个神经元，第二个隐藏层中有3个神经元；激活函数 $\varphi(v) = \tan h(v)$ 用于所有隐藏层神经元。
- 线性输出层。

为了实现模式分类，生成100个回合，每个回合包含200个随机分布的训练样本，对图P15.17中的两个区域使用相同大小的测试数据。请完成如下工作：

1. 对于变化的回合数，构建由EKF算法计算的决策边界，以确定“最优”分类性能。

2. 对于被视为“最优”的分类性能，确定误分类误差。

最后，对用EKF算法得到的结果和在习题6.25中用支持向量机得到的结果进行比较。

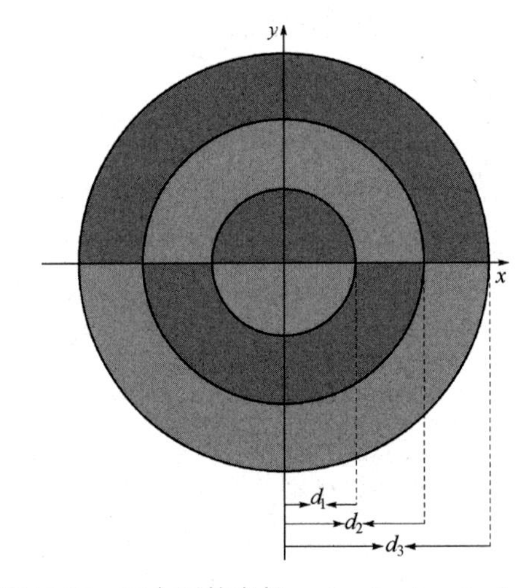

图P15.17　三个圆的半径：$d_1 = 3$, $d_2 = 6$, $d_3 = 9$

参考文献

Aarts, E., and J. Korst, 1989. *Simulated Annealing and Boltzmann Machines: A Stochastic Approach to Combinatorial Optimization and Neural Computing,* New York: Wiley.

Abarbanel, H.D.I., 1996. *Analysis of Observed Chaotic Data,* New York: Springer-Verlag.

Abraham, R., J.E. Marsden, and T. Ratiu, 1988. *Manifolds, Tensor Analysis, and Applications*, 2d ed., New York: Springer-Verlag.

Abraham, R.H., and C.D. Shaw, 1992. *Dynamics of the Geometry of Behavior,* Reading, MA: Addison-Wesley.

Abramowitz, M., and I.A. Stegun, 1965. *Handbook of Mathematical Functions with Formulas, Graphs and Mathematical Tables,* New York: Dover Publications.

Abu-Mostafa, Y.S., 1995. "Hints," *Neural computation,* vol. 7, pp. 639–671.

Ackley, D.H., G.E. Hinton, and T.J. Sejnowski, 1985. "A Learning Algorithm for Boltzmann Machines," *Cognitive Science,* vol. 9, pp. 147–169.

Adetona, O., E. Garcia, and L.H. Keel, 2000. "A new method for control of discrete nonlinear dynamic systems using neural networks," *IEEE Trans. Neural Networks,* vol. 11, pp. 102–112.

Aiyer, S.V.B., N. Niranjan, and F. Fallside, 1990. "A theoretical investigation into the performance of the Hopfield model," *IEEE Transactions on Neural Networks,* vol. 15, pp. 204–215.

Aizerman, M.A., E.M. Braverman, and L.I. Rozonoer, 1964a. "Theoretical foundations of the potential function method in pattern recognition learning," *Automation and Remote Control,* vol. 25, pp. 821–837.

Aizerman, M. A., E.M. Braverman, and L.I. Rozonoer, 1964b. "The probability problem of pattern recognition learning and the method of potential functions," *Automation and Remote Control,* vol. 25, pp. 1175–1193.

Alspach, D.L. and H.W. Sorenson, 1972. "Nonlinear Bayesian estimation using Gaussian sum approximations," *IEEE Trans. Automatic Control*, vol. 17, pp. 439–448.

Aleksander, I., and H. Morton, 1990, *An Introduction to Neural Computing,* London: Chapman and Hall.

Amari, S., 1998. "Natural gradient works efficiently in learning." *Neural Computation,* vol. 10, pp. 251–276.

Amari, S., 1993. "A universal theorem on learning curves," *Neural Networks,* vol. 6, pp. 161–166.

Amari, S., 1990. "Mathematical foundations of neurocomputing," *Proceedings of the IEEE,* vol. 78, pp. 1443–1463.

Amari, S., 1987. "Differential geometry of a parametric family of invertible systems—Riemanian metric, dual affine connections and divergence," *Mathematical Systems Theory,* vol. 20, pp. 53–82.

Amari, S., 1985. *Differential-Geometrical Methods in Statistics,* New York: Springer-Verlag.

Amari, S., 1983. "Field theory of self-organizing neural nets," *IEEE Transactions on Systems, Man, and Cybernetics* vol. SMC-13, pp. 741–748.

Amari, S., 1980. "Topographic organization of nerve fields," *Bulletin of Mathematical Biology,* vol. 42, pp. 339–364.

Amari, S., 1977a. "Neural theory of association and concept-formation," *Biological Cybernetics,* vol. 26, pp. 175–185.

Amari, S., 1977b. "Dynamics of pattern formation in lateral-inhibition type neural fields," *Biological Cybernetics,* vol. 27, pp. 77–87.

Amari, S., 1972. "Characteristics of random nets of analog neuron-like elements," *IEEE Transac-*

tions on Systems, Man, and Cybernetics, vol. SMC-2, pp. 643–657.

Amari, S., 1967. "A theory of adaptive pattern classifiers," *IEEE Trans. Electronic Computers,* vol. EC-16, pp. 299–307.

Amari, S., and M.A. Arbib, 1977. "Competition and cooperation in neural nets," in J. Metzler, ed., *Systems Neuroscience,* pp. 119–165, New York: Academic Press.

Amari, S., and J.-F. Cardoso, 1997. "Blind source separation—Semiparametric statistical approach," *IEEE Transactions on Signal Processing,* vol. 45, pp. 2692–2700.

Amari, S.,T.-P. Chen, and A. Cichoki, 1997. "Stability analysis of learning algorithms for blind source separation," *Neural Networks,* vol. 10, pp. 1345–1351.

Amari, S., A. Cichoki, and H.H. Yang, 1996. "A new learning algorithm for blind signal separation." *Advances in Neural Information Processing Systems,* vol. 8, pp. 757–763, Cambridge, MA: MIT Press.

Amari, S., and K. Maginu, 1988. "Statistical neurodynamics of associative memory," *Neural Networks,* vol. 1, pp. 63–73.

Amari, S., K. Yoshida, and K.-I. Kanatani, 1977. "A mathematical foundation for statistical neurodynamics," *SIAM Journal of Applied Mathematics,* vol. 33, pp. 95–126.

Ambros-Ingerson, J., R. Granger, and G. Lynch, 1990. "Simulation of paleo-cortex performs hierarchical clustering," *Science,* vol. 247, pp. 1344–1348.

Amit, D.J., 1989. *Modeling Brain Function: The World of Attractor Neural Networks,* New York: Cambridge University Press.

Anastasio T.J., 2003. "Vestibulo-ocular reflex," In M.A. Arbib, ed., *The Handbook of Brain Theory and Neural Networks,* 2d ed., pp. 1192–1196, Cambridge, MA: MIT Press.

Anastasio, T.J., 1993. "Modeling vestibulo-ocular reflex dynamics: From classical analysis to neural networks," in F. Eeckman, ed., *Neural Systems: Analysis and Modeling,* pp. 407–430, Norwell, MA: Kluwer.

Anderson, B.D.O., and J.B. Moore, 1971. *Linear Optimal Control,* Englewood Cliffs, NJ: Prentice-Hall.

Anderson, J.A., 1995. *Introduction to Neural Networks,* Cambridge, MA: MIT Press.

Anderson, J.A., 1993. "The BSB model: A simple nonlinear autoassociative neural network," in *Associative Neural Memories* (M. Hassoun, ed.) pp. 77–103, Oxford: Oxford University Press.

Anderson, J.A., and E. Rosenfeld, eds., 1988. *Neurocomputing: Foundations of Research,* Cambridge, MA: MIT Press.

Anderson, J.A., A. Pellionisz, and E. Rosenfeld, eds., 1990a. *Neurocomputing 2: Directions for Research,* Cambridge, MA: MIT Press.

Anderson, J.A., J.W. Silverstein, S.A. Ritz, and R.S. Jones, 1977. "Distinctive features, categorical perception, and probability learning: Some applications of a neural model," *Psychological Review,* vol. 84, pp. 413–451.

Anderson, J.A., and J.P. Sutton, 1995. "A network of networks: Computation and neurobiology," *World Congress on Neural Networks,* vol. I, pp. 561–568.

Anderson, T.W., 1984. *An Introduction to Multivariate Statistical Analysis,* 2d ed., New York: Wiley.

Ansari, N., and E. Hou, 1997. *Computational Intelligence for Optimization,* Norwell, MA: Kluwer.

Arasaratnam, I., and S. Haykin, 2009. "Cubature Kalman filters," *IEEE Trans. Automatic Control,* vol. 54, June.

Arasaratnam, I., S. Haykin, and R.J. Elliott, 2007. "Discrete-time nonlinear-filtering algorithms using Gauss–Hermite quadrature," *Proc. IEEE,* vol. 95, pp. 953–977.

Arbib, M.A., 1989. *The Metaphorical Brain,* 2d ed., New York: Wiley.

Arbib, M.A., 1987. *Brains, Machines, and Mathematics,* 2d ed., New York: Springer-Verlag.

Arbib, M.A., 2003. *The Handbook of Brain Theory and Neural Networks,* 2d ed., Cambridge, MA: MIT Press.

Arimoto, S., 1972. "An algorithm for calculating the capacity of an arbitrary memoryless channel," *IEEE Trans. Information Theory,* vol. IT-18, pp. 14–20.

Aronszajn, N., 1950. "Theory of reproducing kernels," *Trans. American Mathematical Society,* vol. 68, pp. 337–404.

Arrowsmith, D.K., and C.M. Place, 1990. *An Introduction to Dynamical Systems,* Cambridge, U.K.: Cambridge University Press.

Ash, R.E., 1965. *Information Theory,* New York: Wiley.

Ashby, W.R., 1960. *Design for a Brain,* 2d ed., New York: Wiley.

Ashby, W.R., 1952. *Design for a Brain,* New York: Wiley.

Aspray, W., and A. Burks, 1986. *Papers of John von Neumann on Computing and Computer Theory,* Charles Babbage Institute Reprint Series for the History of Computing, vol. 12. Cambridge, MA: MIT Press.

Atick, J.J., 1992. "Could information theory provide an ecological theory of sensory processing?" *Network: Computation in Neural Systems,* vol. 3, pp. 213–251.

Atick, J.J., and A.N. Redlich, 1990. "Towards a theory of early visual processing," *Neural Computation,* vol. 2, pp. 308–320.

Atiya, A.F., 1987, "Learning on a general network," In *Neural Information Processing Systems,* D.Z. Anderson, ed., pp. 22–30, New York: American Institute of Physics.

Attneave, F., 1954. "Some informational aspects of visual perception," *Psychological Review,* vol. 61, pp. 183–193.

Back, A.D., and A.C. Tsoi, 1991. "FIR and IIR synapses, a new neural network architecture for time series modeling," *Neural Computation,* vol. 3, pp. 375–385.

Bakir, G.H., T. Hofmann, B. Schölkopf, A.J. Smola, B. Taskar, and S.V.N. Vishwanathan, eds., 2007. *Predicting Structured Data,* Cambridge, MA: MIT Press.

Barlow, H.B., 1989. "Unsupervised learning," *Neural Computation,* vol. 1, pp. 295–311.

Barlow, H.B., 1959. "Sensory mechanisms, the reduction of redundancy, and intelligence," in *The Mechanisation of Thought Processes, National Physical Laboratory Symposium No. 10,* Her Majesty's Stationary Office, London.

Barlow, H., and P. Földiák, 1989. "Adaptation and decorrelation in the cortex," in *The Computing Neuron,* R. Durbin, C. Miall, and G. Mitchison, eds., pp. 54–72. Reading, MA: Addison-Wesley.

Barnard, E., and D. Casasent, 1991. "Invariance and neural nets," *IEEE Transactions on Neural Networks,* vol. 2, pp. 498–508.

Barron, A.R., 1993. "Universal approximation bounds for superpositions of a sigmoidal function," *IEEE Transactions on Information Theory,* vol. 39, pp. 930–945.

Barron, A.R., 1992. "Neural net approximation," in *Proceedings of the Seventh Yale Workshop on Adaptive and Learning Systems,* pp. 69–72, New Haven, CT: Yale University.

Barto, A.G., S.J. Bradtke, and S. Singh, 1995. "Learning to act using real-time dynamic programming," *Artificial Intelligence,* vol. 72, pp. 81–138.

Barto, A.G., R.S. Sutton, and C.W. Anderson, 1983. "Neuronlike adaptive elements that can solve difficult learning control problems," *IEEE Transactions on Systems, Man, and Cybernetics,* vol. SMC-13, pp. 834–846.

Battiti, R., 1992. "First- and second-order methods for learning: Between steepest descent and Newton's method," *Neural Computation,* vol. 4, pp. 141–166.

Bauer, H.-U., and K.R. Pawelzik, 1992. "Quantifying the neighborhood preservation of self-organizing feature maps," *IEEE Transactions on Neural Networks,* vol. 3, pp. 570–579.

Bauer, H.-U., R. Der, and M. Hermman, 1996. "Controlling the magnification factor of self-organizing feature maps," *Neural Computation,* vol. 8, pp. 757–771.

Baum, E.B., and F. Wilczek, 1988. "Supervised learning of probability distributions by neural networks," in D.Z. Anderson, ed., pp. 52–61, New York: American Institute of Physics.

Beaufays, F., and E.A. Wan, 1994. "Relating real-time backpropagation and backpropagation-through-time: An application of flow graph interreciprocity," *Neural Computation,* vol. 6, pp. 296–306.

Becker, S., 1996. "Mutual information maximization: models of cortical self-organization," *Network: Computation in Neural Systems,* vol. 7, pp. 7–31.

Becker, S., 1991. "Unsupervised learning procedures for neural networks," *International Journal of Neural Systems,* vol. 2, pp. 17–33.

Becker, S., and G.E. Hinton, 1992. "A self-organizing neural network that discovers surfaces in random-dot stereograms," *Nature (London),* vol. 355, pp. 161–163.

Becker, S., and Y. LeCun, 1989. "Improving the convergence of back-propagation learning with second order methods," In D. Touretzky, G.E. Hinton, and T.J. Sejnowski, eds., *Proceedings of the 1988 Connectionist Models Summer School*, pp. 29–37, San Fransisco: Morgan Kaufmann.

Beckerman, M., 1997. *Adaptive Cooperative Systems,* New York: Wiley (Interscience).

Belkin, M., 2003. *Problems of Learning on Manifolds,* Ph.D. thesis, The University of Chicago.

Belkin, M., P. Niyogi, and V. Sindhwani, 2006. "Manifold regularization: A geometric framework for learning from labeled and unlabeled examples," *J. Machine Learning Research,* vol. 7, pp. 2399–2434.

Bell, A.J. and T.J. Sejnowski, 1997. "The 'Independent Components' of natural scenes are edge filters," *Vision Research,* vol. 37, pp. 3327–3338.

Bell, A.J., and T.J. Sejnowski, 1995. "An information-maximization approach to blind separation and blind deconvolution," *Neural Computation,* vol. 6, pp. 1129–1159.

Bellman, R., 1961. *Adaptive Control Processes: A Guided Tour,* Princeton, NJ: Princeton University Press.

Bellman, R., 1957. *Dynamic Programming,* Princeton, NJ: Princeton University Press.

Bellman, R., and S.E. Dreyfus, 1962. *Applied Dynamic Programming,* Princeton, NJ: Princeton University Press.

Bengio, Y., and Y. LeCun, 2007. "Scaling learning algorithms toward AI," in L. Bottou, O. Chapelle, D. DeCosta, and J. Weston, eds., *Large-Scale Kernel Machines*, pp. 321–359, Cambridge, MA: MIT Press.

Bengio, Y., P. Simard, and P. Frasconi, 1994. "Learning long-term dependencies with gradient descent is difficult," *IEEE Transactions on Neural Networks,* vol. 5, pp. 157–166.

Bengtsson, T., P. Bickel, and B. Li, 2008. "Curse-of-dimensionality revisited: Collapse of the particle filter in very large scale systems," *IMS Collections, Probability and Statistics: Essays in Honor of David A. Freedman,* vol. 2, pp. 316–334.

Benveniste, A., M. Métivier, and P. Priouret, 1987. *Adaptive Algorithms and Stochastic Approximation,* New York: Springer-Verlag.

Bertsekas, D.P., 2007. *Dynamic Programming and Optimal Control,* vol. II, 3d ed., Nashua, NH: Athena Scientific.

Bertsekas, D.P., 2005. *Dynamic Programming and Optimal Control,* vol. I, 3d ed., Nashua, NH: Athena Scientific.

Bertsekas, D.P., A. Nedich, and V.S. Borkar, 2004. "Improved temporal difference methods with linear function approximation," in J. Si, A.G. Barto, W.B. Powell, and D. Wunsch II, eds., *Handbook of Learning and Approximate Dynamic Programming*, pp. 235–259, Hobken, NJ: Wiley-Interscience.

Bertsekas, D.P., with A. Nedich and A.E. Ozdaglar, 2003. *Convex Analysis and Optimization,* Nashua, NH: Athena Scientific.

Bertsekas, D.P., and J.N. Tsitsiklis, 2002. *Introduction to Probability,* Nashua, NH: Athena Scientific.

Bertsekas, D.P., 1995. *Nonlinear Programming.* Belmont, MA: Athenas Scientific.

Bertsekas, D.P., and J.N. Tsitsiklis, 1996. *Neuro-Dynamic Programming,* Belmont, MA: Athena Scientific.

Bierman, G.J., and C.L. Thornton, 1977. "Numerical comparison of Kalman filter algorithms: Orbit determination case study," *Automatica*, vol. 13, pp. 23–35.

Bishop, C.M., 1995. *Neural Networks for Pattern Recognition.* Oxford, U.K.: Clarendon Press.

Blahut, R., 1972. "Computation of channel capacity and rate distortion functions," *IEEE Trans. Information Theory*, vol. IT-18, pp. 460–473.

Bobrowski, O., R. Meir, and Y.C. Eldor, 2007. "Bayesian filtering in spiking neural networks: Noise, adaptation, and multisensory integration," *Neural Information Processing Systems (NIPS) Conference*, Vancouver: December.

Bodenhausen, U., and A. Waibel, 1991. "The tempo 2 algorithm: Adjusting time-delays by supervised learning," *Advances in Neural Information Processing Systems,* vol. 3, pp. 155–161, San Mateo, CA: Morgan Kaufmann.

Boltzmann, L., 1872. "Weitere studien über das Wärmegleichgewicht unter gasmolekülen," *Sitzungsberichte der Mathematisch-Naturwissenschaftlichen Classe der Kaiserlichen Akademie der Wissenschaften,* vol. 66, pp. 275–370.

Boothby, W.M., 1986. *An Introduction to Differentiable Manifolds and Riemannian Geometry,* 2d ed., Orlando, FL: Academic Press.

Boser, B., I. Guyon, and V.N. Vapnik, 1992. "A training algorithm for optimal margin classifiers," *Fifth Annual Workshop on Computational Learning Theory,* pp. 144–152. San Mateo, CA: Morgan Kaufmann.

Bottou, L., 2007. *Learning Using Large Datasets*, NIPS 2007 Conference Tutorial Notes, Neural Information Processing Systems (NIPS) Conference, Vancouver: December.

Bottou, L., and C. Lin, 2007. "Support vector machine solvers," in L. Bottou, O. Chapelle, D. DeCosta, and J. Weston, eds., *Large-Scale Kernel Machines,* pp. 1–27, Cambridge, MA: MIT Press.

Boyan, J.A., 2002. "Technical update: Least-squares temporal difference learning," *Machine Learning,* vol. 49, pp. 1–15.

Boyd, S., and L. Vandenberghe, 2004. *Convex Optimization.* Cambridge, U.K., and New York: Cambridge University Press.

Bradtke, S.J., and A.G. Barto, 1996. "Linear least-squares algorithms for temporal difference learning," *Machine Learning,* vol. 22, pp. 33–57.

Braitenberg, V., 1990. "Reading the structure of brains," *Network: Computation in Neural Systems,* vol. 1, pp. 1–12.

Braitenberg, V., 1986. "Two views of the cerebral cortex," in *Brain Theory,* G. Palm and A. Aertsen, eds., pp. 81–96. New York: Springer-Verlag.

Braitenberg, V., 1984. *Vehicles: Experiments in Synthetic Psychology,* Cambridge, MA: MIT Press.

Braitenberg, V., 1977. *On the Texture of Brains,* New York: Springer-Verlag.

Braitenberg, V., 1967. "Is the cerebella cortex a biological clock in the millisecond range?" in *The Cerebellum. Progress in Brain Research,* C.A. Fox and R.S. Snider, eds., vol. 25 pp. 334–346, Amsterdam: Elsevier.

Bregman, A.S., 1990. *Auditory Scene Analysis: The Perceptual Organization of Sound,* Cambridge, MA: MIT Press.

Brodal, A., 1981. *Neurological Anatomy in Relation to Clinical Medicine,* 3d ed., New York: Oxford University Press.

Brogan, W.L., 1985. *Modern Control Theory,* 2d ed., Englewood Cliffs, NJ: Prentice-Hall.

Broomhead, D.S., and D. Lowe, 1988. "Multivariable functional interpolation and adaptive networks," *Complex Systems,* vol. 2, pp. 321–355.

Brown, T.H., E.W. Kairiss, and C.L. Keenan, 1990. "Hebbian synapses: Biophysical mechanisms and algorithms," *Annual Review of Neuroscience,* vol. 13, pp. 475–511.

Bruck, J., 1990. "On the convergence properties of the Hopfield model," *Proceedings of the IEEE,* vol. 78, pp. 1579–1585.

Bryson, A.E., Jr., and Y.C. Ho, 1969. *Applied Optimal Control,* Blaisdell. (Revised printing, 1975, Hemisphere Publishing, Washington, DC).

Cacoullos, T., 1966. "Estimation of a multivariate density," *Annals of the Institute of Statistical Mathematics (Tokyo),* vol. 18, pp. 179–189.

Caianiello, E.R., 1961. "Outline of a theory of thought-processes and thinking machines," *Journal of Theoretical Biology,* vol. 1, pp. 204–235.

Cameron, S.H., 1960. Tech. Report 60–600, *Proceedings of the Bionics Symposium,* pp. 197–212, Wright Air Development Division, Dayton, Ohio.

Cappé, O., S.J. Godsill, and E. Moulines, 2007. "An overview of existing methods and recent advances in sequential Monte Carlo," *Proc. IEEE,* vol. 95, pp. 899–924.

Cappé, O., E. Moulines, and T. Rydén, 2005. *Inference in Hidden Markov Models,* New York and London: Springer.

Cardoso, J.F., 2003. "Dependence, correlation and Gaussianity in independent component analysis," *J. Machine Learning Research,* vol. 4, pp. 1177–1203.

Cardoso, J.F., 2001. "The three easy routes to independent component analysis: Contrasts and geometry," *Proceedings of 3rd International Conference on Independent Component Analysis and Blind Source Separation,* San Diego, December.

Cardoso, J.-F., 1998. "Blind signal separation: A review," *Proceedings of the IEEE,* vol. 86, pp. 2009–2025.

Cardoso, J-F., 1997. "Infomax and maximum likelihood for blind source separation," *IEEE Signal Processing Letters,* vol. 4, pp. 112–114.

Cardoso, J.-F., and B. Laheld, 1996. "Equivariant adaptive source separation," *IEEE Transactions on Signal Processing,* vol. 44, pp. 3017–3030.

Carpenter, G.A., M.A. Cohen, and S. Grossberg, 1987. Technical comments on "Computing with neural networks," *Science,* vol. 235, pp. 1226–1227.

Černy, V., 1985. "Thermodynamic approach to the travelling salesman problem," *Journal of Optimization Theory and Applications,* vol. 45, pp. 41–51.

Changeux, J.P., and A. Danchin, 1976. "Selective stabilization of developing synapses as a mechanism for the specification of neural networks," *Nature,* vol. 264, pp. 705–712.

Chapelle, O., B. Schölkopf, and A. Zien, 2006. *Semi-Supervised Learning,* Cambridge, MA: MIT Press.

Charlin, L., P. Poupart, and R. Shoida, 2007. "Automated hierarchy discovery for planning in partially observable environments," *Advances in Neural Information Processing Systems,* vol. 19, pp. 225–232.

Chatterjee, C., V.P. Roychowdhhury, and E.K.P. Chong, 1998. "On relative convergence properties of principal component algorithms," *IEEE Transactions on Neural Networks,* vol. 9, pp. 319–329.

Chechik, G., A. Globerson, N. Tishby, and Y. Weiss, 2004. "Information bottleneck for Gaussian variables," *Advances in Neural Information Processing Systems,* vol. 16, pp. 1213–1220.

Chen, S., S. Billings, and P. Grant, 1990. "Non-linear system identification using neural networks," *International Journal of 'Control,* vol. 51, pp. 1191–1214.

Chen, Z., S. Haykin, J.J. Eggermont, and S. Becker, 2007. *Correlative Learning: A Basis for Brain and Adaptive Systems,* New York: Wiley-Interscience.

Cherkassky, V., and F. Mulier, 1998. *Learning from Data: Concepts, Theory and Methods,* New York: Wiley.

Cherry, E.G., 1953. "Some experiments on the recognition of speech, with one and with two ears," *Journal of the Acoustical Society of America,* vol. 25, pp. 975–979.

Cherry, E.C., and W.K. Taylor, 1954. "Some further experiments upon the recognition of speech, with one and with two ears," *Journal of Acoustical Society of America,* vol. 26, pp. 554–559.

Chester, D.L., 1990. "Why two hidden layers are better than one," *International Joint Conference on Neural Networks,* vol. I, pp. 265–268, Washington, D.C.

Chigirev, D. and W. Bialek, 2004. "Optimal manifold representation of data: An information-theoretic approach," *Advances in Neural Information Processing Systems,* vol. 16, pp. 161–168.

Choi, H., and R.G. Baraniuk, 1999. "Multiple basis wavelet denoising using Besov projections," *Proceedings of IEEE International Conference on Image Processing,* pp. 595–599.

Choi, S., A. Cichoki, H.M. Park, and S.Y. Lee, 2005. "Blind source separation and independent component analysis: A review," *Neural Information Processing-Letters and Reviews,* vol. 6, pp. 1–57.

Chung, R.K., 1997. *Spectral Graph Theory,* Regional Conference Series in Mathematics, Number 92, Providence, RI: American Mathematical Society.

Churchland, P.S., and T.J. Sejnowski, 1992. *The Computational Brain,* Cambridge, MA: MIT Press.

Cichocki, A., and S. Amari, 2002. *Adaptive Blind Signal and Image Processing: Learning Algorithms and Applications,* Chichester, NY: Wiley-Interscience.

Cleeremans, A., D. Servan-Schreiber, and J.L. McClelland, 1989. "Finite state automata and simple recurrent networks," *Neural Computation,* vol. 1, pp. 372–381.

Cohen, L., 2005. "The history of noise [on the 100th anniversary of its birth]," *IEEE Signal Processing Magazine,* vol. 22, issue 6, pp. 20–45, November.

Cohen, M. A., and S. Grossberg, 1983. "Absolute stability of global pattern formation and parallel memory storage by competitive neural networks," *IEEE Transactions on Systems, Man, and Cybernetics,* vol. SMC-13, pp. 815–826.

Collins, M., S. Dasgupta, and R.E. Schapire, 2002. "A generation of principal components analysis to the exponential family," *Advances in Neural Information Processing Systems,* vol. 14-1, pp. 617–624, Cambridge, MA: MIT Press.

Comon, P., 1994. "Independent component analysis: A new concept?" *Signal Processing,* vol. 36, pp. 287–314.

Comon, P., 1991. "Independent component analysis," *Proceedings of International Signal Processing Workshop on Higher-order Statistics,* pp. 111–120, Chamrousse, France.

Cook, A.S., 1971. "The complexity of theorem-proving procedures," *Proceedings of the 3rd Annual ACM Symposium on Theory of Computing,* pp. 151–158, New York.

Cook, P.A., 1986. *Nonlinear Dynamical Systems,* London: Prentice-Hall International.

Cools, R., 2002. "Advances in multidimensional integration," *J. Comput. and Applied Math.,* vol. 149, pp. 1–12.

Cools, R., 1997. "Computing cubature formulas: The science behind the art," *Acta Numerica,* vol. 6, pp. 1–54, Cambridge, U.K.: Cambridge University Press.

Cormen, T.H., C.E. Leiserson, and R.R. Rivest, 1990. *Introduction to Algorithms.* Cambridge, MA: MIT Press.

Cortes, C, and V. Vapnik, 1995. "Support vector networks," *Machine Learning,* vol. 20, pp. 273–297.

Cottrell, M., J.C. Fort, and G. Pagés, 1997. "Theoretical aspects of the SOM algorithm," *Proceedings of the Workshop on Self-Organizing Maps,* Espoo, Finland.

Courant, R., and D. Hilbert, 1970. *Methods of Mathematical Physics,* vol. I and II, New York: Wiley Interscience.

Cover, T.M., and J.A. Thomas, 2006. *Elements of Information Theory,* 2d ed., Hoboken, NJ: Wiley-Interscience.

Cover, T.M., 1968. "Capacity problems for linear machines," In L. Kanal, ed., *Pattern Recognition,* pp. 283–289, Washington, DC: Thompson Book Co.

Cover, T.M., 1965. "Geometrical and statistical properties of systems of linear inequalities with applications in pattern recognition," *IEEE Transactions on Electronic Computers,* vol. EC-14, pp. 326–334.

Cover, T.M., and P.E. Hart, 1967. "Nearest neighbor pattern classification," *IEEE Transactions on Information Theory,* vol. IT-13, pp. 21–27.

Cowan, J.D., 1968. "Statistical mechanics of nervous nets," in *Neural Networks,* E.R. Caianiello, ed., pp. 181–188, Berlin: Springer-Verlag.

Cragg, B.G., and H.N.V. Tamperley, 1954. "The organization of neurons: A cooperative analogy," *EEG Clinical Neurophysiology,* vol. 6, pp. 85–92.

Craik, K.J.W., 1943. *The Nature of Explanation,* Cambridge, U.K.: Cambridge University Press.

Craven, P., and G. Wahba, 1979. "Smoothing noisy data with spline functions: Estimating the correct degree of smoothing by the method of generalized cross-validation," *Numerische Mathematik.*, vol. 31, pp. 377–403.

Crisan, D., and A. Doucet, 2002. "A survey of convergence results on particle filtering methods for practitioners," *IEEE Trans. Signal Processing,* vol. 50, pp. 736–746.

Crites, R.H., and A.G. Barto, 1996. "Improving elevator performance using reinforcement learning," *Advances in Neural Information Processing Systems,* vol. 8, pp. 1017–1023, Cambridge, MA: MIT Press.

Csiszár, I., and G. Tusnády, 1984. "Information geometry and alternating minimization procedures," *Statistics and Decisions,* Supplement Issue, vol. I, 205–237.

Cucker, F., and S. Smale, 2001. "On the mathematical foundations of learning," *Bulletin (New Series) of the American Mathematical Society,* vol. 39, pp. 1–49.

Cybenko, G., 1995. "Q-learning: A tutorial and extensions." Presented at *Mathematics of Artificial Neural Networks,* Oxford University, Oxford, U.K., July 1995.

Cybenko, G, 1989. "Approximation by superpositions of a sigmoidal function," *Mathematics of Control, Signals, and Systems,* vol. 2, pp. 303–314.

Cybenko, G., 1988. "Approximation by superpositions of a sigmoidal function," Urbana, IL.: University of Illinois.

Dan, Y., J.J. Atick, and R.C. Reid, 1996. "Efficient coding of natural scenes in the lateral geniculate nucleus: Experimental test of a computational theory," *J. of Neuroscience,* vol. 16, pp. 3351–3362.

Darken, C., and J. Moody, 1992. "Towards faster stochastic gradient search," *Advances in Neural Information Processing Systems,* vol. 4, pp. 1009–1016, San Mateo, CA: Morgan Kaufmann.

Darken, C., and J. Moody, 1991. "Note on learning rate schedules for stochastic optimization," in R.P. Lippmann, J.E. Moody, and D.S. Touretzky, *Advances in Neural Information Processing Systems,* pp. 832–838, San Mateo, CA: Morgan Kaufmann.

Darmois, G., 1953. "Analyse générale des liaisons stochastiques," *Rev. Inst. Internal. Stat.,* vol. 21, pp. 2–8.

Daubechies, I., ed., 1993. *Different Perspectives on Wavelets,* American Mathematical Society Short Course, San Antonio, January 11–12.

Daubechies, I., 1992. *Ten Lectures on Wavelets,* SIAM.

Daubechies, I., 1990. "The wavelet transform, time-frequency," *IEEE Transactions on Information Theory,* vol. IT-36, pp. 961–1005.

Daum, F. and J. Huang, 2003. "Curse of dimensionality and particle filters," *Proceedings, IEEE Aerospace Conference*, vol. 4, pp. 1979–1993, March.

Davis, P.J., 1963. *Interpolation and Approximation,* New York: Blaisdell.

Debnath, L., and P. Mikusiński, 1990. *Introduction to Hilbert Spaces with Applications,* New York: Academic Press.

de Figueiredo, R.J.P., and G. Chen, 1993. *Nonlinear Feedback Control Systems,* New York: Academic Press.

Dempster, A.P., N.M. Laird, and D.B. Rubin, 1977. "Maximum likelihood from incomplete data via the EM algorithm," (with discussion), *Journal of the Royal Statistical Society.,* B, vol. 39, pp. 1–38.

Denardo, E.V., 1967. "Contraction mappings in the theory underlying dynamic programming," *SIAM,* Review, vol. 9, pp. 165–177.

DeSieno, D., 1988. "Adding a conscience to competitive learning," *IEEE International Conference on Neural Networks,* vol. I, pp. 117–124, San Diego.

deSilva, C.J.S., and Y. Attikiouzel, 1992. "Hopfield networks as discrete dynamical systems," *International Joint Conference on Neural Networks,* vol. III, pp. 115–120, Baltimore.

DeVito, E., L. Rosasco, A. Caponnetto, U. DeGiovannini, and F. Odone, 2005. "Learning from examples as an inverse problem." *J. Machine Learning Research*, vol. 6, pp. 883–904.

deVries, B., and J.C. Principe, 1992. "The gamma model—A new neural model for temporal processing," *Neural Networks,* vol. 5, pp. 565–576.

Diamantaras, K.I., and S.Y. Kung, 1996. *Principal Component Neural Networks: Theory and Applications,* New York: Wiley.

Ding, C., 2004. *Spectral Clustering,* Tutorial Notes, ICML, Banff, Alberta, Canada, July.

Ding, C., and X. He, 2004. "K-means clustering via principal component analysis," *Proceedings of the Twenty-first International Conference on Machine Learning,* pp. 225–240, Banff, Alberta, Canada.

Diniz, P.S.R., 2002. *Adaptive Filtering: Algorithms and Practical Implementation,* 2d ed., Boston: Kluwer Academic Publishers.

Dong, D.W., and J.J. Atick, 1995. "Temporal decorrelation: A theory of lagged and non-lagged responses in the lateral geniculate nucleus," *Network: Computation in Neural Systems,* vol. 6, pp. 159–178.

Dony, R.D., and S. Haykin, 1995. "Optimally adaptive transform coding," *IEEE Transactions on Image Processing,* vol. 4, pp. 1358–1370.

Dorny, C.N., 1975. *A Vector Space Approach to Models and Optimization,* New York: Wiley (Interscience).

Doucet, A., N. deFreitas, and N. Gordon, eds., 2001. *Sequential Monte Carlo Methods in Practice,* New York: Springer.

Doucet, A., S. Godsill, and C. Andrieu, 2000. "On sequential Monte Carlo sampling methods for Bayesian filtering," *Statistics and Computing,* vol. 10, pp. 197–208.

Doya, K., S. Ishi, A. Pouget, and R.P.N. Rao, eds., 2007. *Bayesian Brain: Probabilistic Approaches to Neural Coding,* Cambridge, MA: MIT Press.

Drineas, P., and M.W. Mahoney, 2005. "On the Nyström method for approximating a Gram matrix for improved kernel-based learning," *J. Machine Learning Research,* vol. 6, pp. 2153–2175.

Duda, R.O., P.E. Hart, and D.G. Stork, 2001. *Pattern Classification,* 2d ed., New York: Wiley-Interscience.

Duda, R.O., and P.E. Hart, 1973. *Pattern Classification and Scene Analysis,* New York: Wiley.

Durbin, R., and G. Michison, 1990. "A dimension reduction framework for understanding cortical maps," *Nature,* vol. 343, pp. 644–647.

Durbin, R., C. Miall, and G. Mitchison, eds, 1989. *The Computing Neuron,* Reading, MA. Addison-Wesley.

Durdanovic, I., E. Cosatto, and H. Graf, 2007. "Large-scale Parallel SVM implementation". In L. Bottou, O. Chapelle, D. DeCosta, and J. Weston, editors, *Large-Scale Kernel Machines*, pp. 105–138, MIT Press.

Eggermont, J.J., 1990. *The Correlative Brain: Theory and Experiment in Neural Interaction,* New York: Springer-Verlag.

Elhilali, M., 2004. *Neural Basis and Computational Strategies for Auditory Processing,* Ph.D. thesis, University of Maryland.

Elliott, R.J., L. Aggoun, and J.B. Moore, 1995. *Hidden Markov Models: Estimation and Control,* New York: Springer-Verlag.

Elman, J.E., E.A. Bates, M.H. Johnson, A. Karmiloff-Smith, D. Parisi, and K. Plinket, 1996. *Rethinking Innateness: A Connectionist Perspective on Development,* Cambridge, MA: MIT Press.

Elman, J.L., 1990. "Finding structure in time," *Cognitive Science,* vol. 14, pp. 179–211.

Erwin, E., K. Obermayer, and K. Schulten, 1995. "Models of orientation and ocular dominance columns in the visual cortex: A critical comparison," *Neural Computation,* vol. 7, pp. 425–468.

Erwin, E., K. Obermayer, and K. Schulten, 1992a. "I: Self-organizing maps: Stationary states, metastability and convergence rate," *Biological Cybernetics,* vol. 67, pp. 35–45.

Erwin, E., K. Obermayer, and K. Schulten, 1992b. "II: Self-organizing maps: Ordering, convergence properties and energy functions," *Biological Cybernetics,* vol. 67, pp. 47–55.

Feldkamp, L.A., T.M. Feldkamp, and D.V. Prokhorov, 2001. "Neural network training with the nprKF," *Proceedings of the International Joint Conference on Neural Networks,* Washington, DC.

Feldkamp, L., and G., Puskorius, 1998. "A signal processing framework based on dynamic neural networks with application to problems in adaptation, filtering, and classification," *Proc. IEEE,* vol. 86, pp. 2259–2277.

Feldkamp, L.A., G.V. Puskorius, and P.C. Moore, 1997. "Adaptation from fixed weight networks," *Information Sciences*, vol. 98, pp. 217–235.

Feller, W., 1968. *An Introduction to Probability Theory and its Applications*, vol. 1, 3d ed., New York: John Wiley; 1st printing, 1950.

Feller, W., 1971. *An Introduction to Probability Theory and its Applications*, 3d ed., vol. II, New York: Wiley; 1st printing, 1967.

Field, D.J., 1994. "What is the goal of sensory coding?" *Neural computation*, vol. 6, pp. 559–601.

Fischler, M.A., and O. Firschein, 1987. *Intelligence: The Eye, The Brain, and The Computer*, Reading, MA: Addison-Wesley.

Fisher, R.A., 1925. "Theory of statistical estimation," *Proceedings of the Cambridge Philosophical Society*, vol. 22, pp. 700–725.

Fletcher, R., 1987. *Practical Methods of Optimization*, 2d ed., New York: Wiley.

Forgey, E., 1965. "Cluster analysis of multivariate data: Efficiency vs. interpretability of classification," *Biometrics*, vol. 21, p. 768 (abstract).

Földiak, P., 1989. "Adaptive network for optimal linear feature extractions," *IEEE International Joint Conference on Neural Networks*, vol. I, pp. 401–405, Washington, DC.

Forney, G.D., Jr., 1973. "The Viterbi algorithm," *Proceedings of the IEEE*, vol. 61, pp. 268–278.

Forte, J.C., and G. Pagés, 1996. "Convergence of stochastic algorithm: From the Kushner and Clark theorem to the Lyapunov functional," *Advances in Applied Probability*, vol. 28, pp. 1072–1094.

Forte, J.C., and G. Pagés, 1995. "On the a.s. convergence of the Kohonen algorithm with a general neighborhood function," *Annals of Applied Probability*, vol. 5, pp. 1177–1216.

Frasconi, P., and M. Gori, 1996. "Computational capabilities of local-feedback recurrent networks acting as finite-state machines," *IEEE Transactions on Neural Networks*, vol. 7, pp. 1521–1524.

Frasconi, P., M. Gori, and G. Soda, 1992. "Local feedback multilayered networks," *Neural Computation*, vol. 4, pp. 120–130.

Fraser, A.M., 1989. "Information and entropy in strange attractors," *IEEE Transactions on Information Theory*, vol. 35, pp. 245–262.

Freeman, W.J., 1975. *Mass Action in the Nervous System*, New York: Academic Press.

Friedman, J.H., 1995. "An overview of prediction learning and function approximation," In V. Cherkassky, J.H. Friedman, and H. Wechsler, eds., *From Statistics to Neural Networks: Theory and Pattern Recognition Applications*, New York: Springer-Verlag.

Fukunaga, K., 1990. *Statistical Pattern Recognition*, 2d ed., New York: Academic Press.

Fukushima, K., 1995. "Neocognitron: A model for visual pattern recognition," in M.A. Arbib, ed., *The Handbook of Brain Theory and Neural Networks*, Cambridge, MA: MIT Press.

Fukushima, K., 1980. "Neocognitron: A self-organizing neural network model for a mechanism of pattern recognition unaffected by shift in position," *Biological Cybernetics*, vol. 36, 193–202.

Funahashi, K., 1989. "On the approximate realization of continuous mappings by neural networks," *Neural Networks*, vol. 2, pp. 183–192.

Fyfe, C., 2005. *Hebbian Learning and Negative Feedback Networks*, New York: Springer.

Gabor, D., 1954. "Communication theory and cybernetics," *IRE Transactions on Circuit Theory*, vol. CT-1, pp. 19–31.

Gabor, D., W.P.L. Wilby, and R. Woodcock, 1960. "A universal non-linear filter, predictor, and simulator which optimizes itself by a learning process," *Proceedings of the Institution of Electrical Engineers*, London, vol. 108, pp. 422–435.

Galland, C.C., 1993. "The limitations of deterministic Boltzmann machine learning," *Network*, vol. 4, pp. 355–379.

Gallant, A.R., and H. White, 1988. "There exists a neural network that does not make avoidable mistakes," *IEEE International Conference on Neural Networks*, vol. I, pp. 657–664, San Diego.

Garey, M.R., and D.S. Johnson, 1979. *Computers and Intractability*, New York: W.H. Freeman.

Gee, A.H., 1993. "Problem solving with optimization networks," Ph.D. dissertation, University of Cambridge.

Gee, A.H., S.V.B. Aiyer, and R. Prager, 1993. "An analytical framework for optimizing neural networks." *Neural Networks,* vol. 6, pp. 79–97.

Geisser, S., 1975. "The predictive sample reuse method with applications," *Journal of the American Statistical Association,* vol. 70, pp. 320–328.

Gelfand, A.E., and A.F.M. Smith, 1990. "Sampling-based approaches to calculating marginal densities," *Journal of the American Statistical Association,* vol. 85, pp. 398–409.

Geman, S., and D. Geman, 1984. "Stochastic relaxation, Gibbs distributions, and the Bayesian restoration of images," *IEEE Transactions on Pattern Analysis and Machine Intelligence,* vol. PAMI-6, pp. 721–741.

Geman, S., E. Bienenstock, and R. Doursat, 1992. "Neural networks and the bias/variance dilemma," *Neural Computation,* vol. 4, pp. 1–58.

Genest, C., and J. MacKay, 1989. "The joy of copulas: Bivariate distributions with uniform marginals," *The American Statistician,* vol. 40, pp. 280–285.

Gersho, A., and R.M. Gray, 1992. *Vector Quantization and Signal Compression,* Norwell, MA: Kluwer.

Gibbs, J.W., 1902. "Elementary principles in statistical mechanics," reproduced in vol. 2 of *Collected Works of J. Willard Gibbs in Two Volumes,* New York: Longmans, Green and Co., 1928.

Gidas, B., 1985. "Global optimization via the Langevin equation," *Proceedings of 24th Conference on Decision and Control,* pp. 774–778, Ft. Lauderdale, FL.

Giles, C.L., 1996. "Dynamically driven recurrent neural networks: Models, learning algorithms, and applications," Tutorial #4, *International Conference on Neural Networks,* Washington, DC.

Giles, C.L., D. Chen, G.Z. Sun, H.H. Chen, Y.C. Lee, and M.W. Goudreau, 1995. "Constructive learning of recurrent neural networks: Limitations of recurrent cascade correlation with a simple solution," *IEEE Transactions on Neural Networks,* vol. 6, pp. 829–836.

Giles, C.L., and B.G. Horne, 1994. "Representation of learning in recurrent neural network architectures," *Proceedings of the Eighth Yale Workshop on Adaptive and Learning Systems,* pp. 128–134, Yale University, New Haven, CT.

Giles, C.L., G.Z. Sun, H.H. Chen, Y.C. Lee, and D. Chen, 1990. "Higher order recurrent networks and grammatical inference," *Advances in Neural Information Processing Systems,* vol. 2, pp. 380–387, San Mateo CA: Morgan Kaufmann.

Girosi, F., 1998. "An equivalence between sparse approximation and support vector machines," *Neural Computation,* vol. 10, pp. 1455–1480.

Girosi, F, M. Jones, and T. Poggio, 1995. "Regularization theory and neural networks architectures," *Neural Computation,* vol. 7, pp. 219–269.

Glauber, R.J., 1963. "Time-dependent statistics of the Ising model," *Journal of Mathematical Physics,* vol. 4, pp. 294–307.

Golden, R.M., 1986. "The 'Brain-State-in-a-Box' neural model is a gradient descent algorithm," *Journal of Mathematical Psychology,* vol. 30, pp. 73–80.

Goles, E., and S. Martinez, 1990. *Neural and Automata Networks,* Dordrecht, The Netherlands: Kluwer.

Golub, G.H., and C.G. Van Loan, 1996. *Matrix Computations,* 3d ed., Baltimore: Johns Hopkins University Press.

Goodwin, G.C., and K.S. Sin, 1984. *Adaptive Filtering Prediction and Control,* Englewood Cliffs, NJ: Prentice-Hall.

Gordon, N.J., D.J. Salmond, and A.F.M. Smith, 1993. "Novel approach to nonlinear/non-Gaussian Bayesian state estimation," *IEE Proceedings-F,* vol. 140, pp. 107–113.

Goudreau, M.W., C.L. Giles, S.T. Chakradhar, and D. Chen, 1994. "First-order vs. second-order single-layer recurrent neural networks," *IEEE Transactions on Neural Networks,* vol. 5, pp. 511–513.

Grassberger, I., and I. Procaccia, 1983. "Measuring the strangeness of strange attractors," *Physica D,* vol. 9, pp. 189–208.

Gray, R.M., 1984. "Vector quantization," *IEEE ASSP Magazine,* vol. 1, pp. 4–29.

Green, M., and D.J.N. Limebeer, 1995. *Linear Robust Control,* Englewood Cliffs, NJ: Prentice Hall.

Greenberg, H.J., 1988. "Equilibria of the brain-state-in-a-box (BSB) neural model," *Neural Networks,* vol. 1, pp. 323–324.

Grenander, U., 1983. *Tutorial in Pattern Theory,* Brown University, Providence, RI.

Griffiths, L.J., and C.W. Jim, 1982. "An alternative approach to linearly constrained optimum beamforming," *IEEE Transactions on Antennas and Propagation,* vol. AP-30, pp. 27–34.

Grossberg, S., 1990. "Content-addressable memory storage by neural networks: A general model and global Liapunov method," In *Computational Neuroscience,* E.L. Schwartz, ed., pp. 56–65, Cambridge, MA: MIT Press.

Grossberg, S., 1988. *Neural Networks and Natural Intelligence,* Cambridge, MA: MIT Press.

Grossberg, S., 1982. *Studies of Mind and Brain,* Boston: Reidel.

Grossberg, S., 1969. "On learning and energy-entropy dependence in recurrent and nonrecurrent signed networks," *Journal of Statistical Physics*, vol. 1, pp. 319–350.

Grossberg, S., 1968. "A prediction theory for some nonlinear functional-difference equations," *Journal of Mathematical Analysis and Applications,* vol. 21, pp. 643–694, vol. 22, pp. 490–522.

Grossberg, S., 1967. "Nonlinear difference—differential equations in prediction and learning theory," *Proceedings of the National Academy of Sciences,* USA, vol. 58, pp. 1329–1334.

Grünwald, P.D., 2007. *the Minimum Description Length principle,* Cambridge, MA: MIT Press.

Guestrin, C., and G. Gordon, 2002. "Distributed planning in hierarchical factored MDPs," *Proceedings of 18th Conference on Uncertainty in Artificial Intelligence,* pp. 197–206, August.

Hadamard, J., 1902. "Sur les problèmes aux derivées partielles et leur signification physique," *Bulletin, Princeton University,* vol. 13, pp. 49–52.

Haft, M., and I.L. van Hemmen, 1998. "Theory and implementations of infomax filters for the retina." *Network: Computations in Neural Systems*, vol. 9, pp. 39–71.

Hagiwara, M., 1992. "Theoretical derivation of momentum term in back-propagation," *International Joint Conference on Neural Networks,* vol. I, pp. 682–686, Baltimore.

Hampson, S.E., 1990. *Connectionistic Problem Solving: Computational Aspects of Biological Learning,* Berlin: Birkhäuser.

Härdle, W., 1990. *Applied Nonparametric Regression,* Cambridge: Cambridge University Press.

Hardy, R.L., 1971. "Multiquadric equations of topography and other irregular surfaces," *Journal of Geophysics Research,* vol. 76, pp. 1905–1915.

Harel, D., 1987. *"Algorithmics: The Spirit of Computing,"* Reading, MA: Addison-Wesley.

Hartline, H.K., 1940. "The receptive fields of optic nerve fibers," *American Journal of Physiology,* vol. 130, pp. 690–699.

Harvey, A., 1989. *Forecasting, Structural Time Series Models and the Kalman Filter,* Cambridge, U.K., and New York: Cambridge University Press.

Hassibi, B., A.H. Sayed, and T. Kailath, 1999. *Indefinite-Quadratic Estimation and Control: A Unified Approach to H^2 and H^∞ Theories,* Studies in Applied and Numerical Mathematics, SIAM, Philadelphia: Society for Industrial and Applied Mathematics.

Hassibi, B., A.H. Sayed, and T. Kailath, 1996. "The H^∞ optimality of the LMS algorithm," *IEEE Transactions on Signal Processing,* vol. 44, pp. 267–280.

Hassibi, B., A.H. Sayed, and T. Kailath, 1993. "LMS is H^∞ optimal," *Proceedings of the IEEE Conference on Decision and Control,* pp. 74–79, San Antonio.

Hassibi, B., and D.G. Stork, 1993. "Second-order-derivatives for network pruning: Optimal brain surgeon," in S.H. Hanson, J.D. Cowan, and C.L. Giles, eds. *Advances in Neural Information Processing Systems,* vol. 5, pp. 164–171, San Francisco: Morgan Kaufmann.

Hassibi, B., D.G. Stork, and G.J. Wolff, 1992. "Optimal brain surgeon and general network pruning," *IEEE International Conference on Neural Networks,* vol. 1, pp. 293–299, San Francisco.

Hassibi, B., and T. Kailath, 1995. "H^∞ optimal training algorithms and their relation to back propagation," *Advances in Neural Information Proccessing Systems,* vol. 7, pp. 191–198.

Hastie, T., R. Tibshirani, and J. Friedman, 2001. *The Elements of Statistical Learning: Data Mining, Inference, and Prediction,* New York: Springer.

Hastie, T., and W. Stuetzle, 1989. "Principal curves," *Journal of the American Statistical Association,* vol. 84, pp. 502–516.

Hastings, W.K., 1970. "Monte Carlo sampling methods using Markov chains and their applications," *Biometrika,* vol. 87, pp. 97–109.

Haykin, S., and K. Kan, 2007. "Coherent ICA: Implications for Auditory Signal Processing," WASPA'07, New Paltz, NY, October.

Haykin, S., 2006. "Statistical Learning Theory of the LMS Algorithm Under Slowly Varying Conditions, Using the Langevin Equation," *40th Asilomar Conference on Signals, Systems, and Computers,* Pacific Grove, CA.

Haykin, S., and Z. Chen, 2006. "The machine cocktail party problem," in S. Haykin, J.C. Principe, T.J. Sejnowski, and J. McWhirter, eds., *New Directions in Statistical Signal Processing: From Systems to Brain,* pp. 51–75, Cambridge, MA: MIT Press.

Haykin, S., and B. Widrow, 2003. *Least-Mean-Square Adaptive Filters,* New York: Wiley-Interscience.

Haykin, S., 2002. *Adaptive Filter Theory,* 4th ed., Englewood Cliffs, NJ: Prentice Hall.

Haykin, S., and C. Deng, 1991. "Classification of radar clutter using neural networks," *IEEE Transactions on Neural Networks,* vol. 2, pp. 589–600.

Haykin, S., and B. Van Veen, 1998. *Signals and Systems,* New York: Wiley.

Hebb, D.O., 1949. *The Organization of Behavior: A Neuropsychological Theory,* New York: Wiley.

Hecht-Nielsen, R., 1995. "Replicator neural networks for universal optimal source coding," *Science,* vol. 269, pp. 1860–1863.

Hecht-Nielsen, R., 1990. *Neurocomputing,* Reading, MA: Addison-Wesley.

Hecht-Nielsen, R., 1987. "Kolmogorov's mapping neural network existence theorem," *First IEEE International Conference on Neural Networks,* vol. III, pp. 11–14, San Diego.

Helstrom, C.W., 1968. *Statistical Theory of Signal Detection,* 2nd edition, Pergamon Press.

Herault, J., and C. Jutten, 1986. "Space or time adaptive signal processing by neural network models," in J.S. Denker, ed., *Neural Networks for Computing.* Proceedings of the AIP Conference, American Institute of Physics, New York, pp. 206–211.

Herault, J., C. Jutten, and B. Ans, 1985. "Detection de grandeurs primitives dans un message composite par une architecture de calcul neuromimetique un apprentissage non supervise." *Procedures of GRETSI,* Nice, France.

Herbrich, R., 2002. *Learning Kernel Classifiers: Theory and Algorithms,* Cambridge, MA: MIT Press.

Hertz, J., A. Krogh, and R.G. Palmer, 1991. *Introduction to the Theory of Neural Computation,* Reading, MA: Addison-Wesley.

Heskes, T.M., 2001. "Self-organizing maps, vector quantization, and mixture modeling," *IEEE Trans. on Neural Networks,* vol. 12, pp. 1299–1305.

Heskes, T.M. and B. Kappen, 1991. "Learning processes and neural networks," *Phys. Rev.,* A44, pp. 2718–2726.

Hestenes, M.R., and E. Stiefel, 1952. "Methods of conjugate gradients for solving linear systems," *Journal of Research of the National Bureau of Standards,* vol. 49, pp. 409–436.

Hiller, F.S., and G.J. Lieberman, 1995. *Introduction to Operations Research,* 6th ed., New York: McGraw-Hill.

Hinton, G.E., 2007. *Deep Belief Nets,* 2007 NIPS Tutorial Notes, *Neural Information Processing Systems Conference,* Vancouver, BC, December.

Hinton, G.E., S. Osindero, and Y. Teh, 2006. "A fast learning algorithm for deep belief nets," *Neural Computation*, vol. 18, pp. 1527–1554.

Hinton, G.E., 1989. "Connectionist learning procedures," *Artificial Intelligence,* vol. 40, pp. 185–234.

Hinton, G.E., and T.J. Sejnowski, 1986. "Learning and relearning in Boltzmann machines," in *Parallel Distributed Processing: Explorations in Microstructure of Cognition,* D.E. Rumelhart and J.L. McClelland, eds., Cambridge, MA: MIT Press.

Hinton, G.E., and T.J. Sejnowski, 1983. "Optimal perceptual inference," *Proceedings of IEEE Computer Society Conference on Computer Vision and Pattern Recognition,* pp. 448–453, Washington, DC.

Hirsch, M. W., 1989. "Convergent activation dynamics in continuous time networks," *Neural Networks,* vol. 2, pp. 331–349.

Hirsch, M.W., and S. Smale, 1974. *Differential Equations, Dynamical Systems, and Linear Algebra,* New York: Academic Press.

Ho, Y.C., and R.C.K. Lee, 1964. "A Bayesian approach to problems in stochastic estimation and control," *IEEE Trans. Automatic Control,* vol. AC-9, pp. 333–339.

Hochreiter, S., 1991. *Untersuchungen zu dynamischen neuronalen Netzen,* diploma thesis, Technische Universität Munchen, Germany.

Hodgkin, A.L., and A.F. Huxley, 1952. "A quantitative description of membrane current and its application to conduction and excitation in nerve," *Journal of Physiology,* vol. 117, pp. 500–544.

Holland, J.H., 1992. *Adaptation in Natural and Artificial Systems,* Cambridge, MA: MIT Press.

Holmström, L., P. Koistinen, J. Laaksonen, and E. Oja, 1997. "Comparison of neural and statistical classifiers—taxonomy and two case studies," *IEEE Trans. on Neural Networks,* vol. 8, pp. 5–17.

Honkela, T., 2007. "Philosphical aspects of neural, probabilistic and fuzzy modeling of language use and translation," *Proceedings of IJCNN, International Joint Conference on Neural Networks,* pp. 2881–2886, Orlando, FL, August.

Honkela, T., V. Pulkki, and T. Kohonen, 1995. "Contextual relations of words in Grimm tales, analyzed by self-organizing maps," *Proceedings of International Conference on Artificial Neural Networks,* ICANN-95, vol. II, pp. 3–7, Paris.

Hopcroft, J., and U. Ullman, 1979. *Introduction to Automata Theory, Languages and Computation,* Reading MA: Addison-Wesley.

Hopfield, J.J., 1995. "Pattern recognition computation using action potential timing for stimulus representation," *Nature,* vol. 376, pp. 33–36.

Hopfield, J.J., 1994. "Neurons, dynamics and computation," *Physics Today,* vol. 47, pp. 40–46, February.

Hopfield, J.J., 1987. "Learning algorithms and probability distributions in feed-forward and feed-back networks," *Proceedings of the National Academy of Sciences, USA,* vol. 84, pp. 8429–8433.

Hopfield, J.J., 1984. "Neurons with graded response have collective computational properties like those of two-state neurons," *Proceedings of the National Academy of Sciences, USA,* vol. 81, pp. 3088–3092.

Hopfield, J.J., 1982. "Neural networks and physical systems with emergent collective computational abilities," *Proceedings of the National Academy of Sciences, USA,* vol. 79, pp. 2554–2558.

Hopfield, J.J., and T.W. Tank, 1985. "'Neural' computation of decisions in optimization problems," *Biological Cybernetics,* vol. 52, pp. 141–152.

Hornik, K., M. Stinchcombe, and H. White, 1990. "Universal approximation of an unknown mapping and its derivatives using multilayer feedforward networks," *Neural Networks,* vol. 3, pp. 551–560.

Hornik, K., M. Stinchcombe, and H. White, 1989. "Multilayer feedforward networks are universal approximators," *Neural Networks,* vol. 2, pp. 359–366.

Hotelling, H., 1936. "Relations between two sets of variates," *Biometrika,* vol. 28, pp. 321–377.

Hotelling, H., 1935. "The most predictable criterion," *J. Educational Psychology,* vol. 26, pp. 139–142.

Hotelling, H., 1933. "Analysis of a complex of statistical variables into principal components," *Journal of Educational Psychology,* vol. 24, pp. 417–441, 498–520.

Howard, R.A., 1960. *Dynamic Programming and Markov Processes,* Cambridge, MA: MIT Press.

Hubel, D.H., 1988. *Eye, Brain, and Vision,* New York: Scientific American Library.

Hubel, D.H., and T.N. Wiesel, 1977. "Functional architecture of macaque visual cortex," *Proceedings of the Royal Society,* B, vol. 198, pp. 1–59, London.

Hubel, D.H., and T.N. Wiesel, 1962. "Receptive fields, binocular interaction and functional architecture in the cat's visual cortex," *Journal of Physiology,* vol. 160, pp. 106–154, London.

Huber, P.J., 1985. "Projection pursuit," *Annals of Statistics,* vol. 13, pp. 435–475.

Huber, P.J., 1981. *Robust Statistics,* New York: Wiley.

Huber, P.J., 1964. "Robust estimation of a location parameter," *Annals of Mathematical Statistics,* vol. 35, pp. 73–101.

Hush, D., P. Kelly, C. Scovel, and I. Steinwart, 2006. "QP algorithms with guaranteed accuracy and run time for support vector machines," *J. Machine Learning Research,* vol. 7, pp. 733–769.

Hush, D.R., and B.G. Home, 1993. "Progress in supervised neural networks: What's new since Lippmann?" *IEEE Signal Processing Magazine,* vol. 10, pp. 8–39.

Hush, D.R., and J.M. Salas, 1988. "Improving the learning rate of back-propagation with the gradient reuse algorithm," *IEEE International Conference on Neural Networks,* vol. I, pp. 441–447, San Diego.

Hyvärinen, A., J. Karhunen, and E. Oja, 2001. *Independent Component Analysis,* New York: Wiley-Interscience.

Hyvärinen, A. and E. Oja, 2000. "Independent component analysis: Algorithms and applications," *Neural Networks,* vol. 13, pp. 411–430.

Hyvärinen, A. and E. Oja, 1997. "A fast fixed-point algorithm for independent component analysis," *Neural Computation,* vol. 9, pp. 1483–1492.

Ito, K., and K. Xing, 2000. "Gaussian filters for nonlinear filtering problems," *IEEE Trans. Automatic Control,* vol. 45, pp. 910–927.

Izhikevich, E., and G.M. Edelman, 2008. "Large-scale model of mammalian thalamocortical systems," *Proceedings of the National Academy of Sciences,* vol. 105, pp. 3593–3598.

Izhikevich, E.M., 2007a. *Dynamical Systems in Neuroscience: The Geometry of Excitability and Bursting,* Cambridge, MA: MIT Press.

Izhikevich, E.M., 2007b. "Solving the distal reward problem through linkage of STDP and dopamine signaling", Cerebral Cortex, vol. 17, pp. 2443–2452.

Jackson, E.A., 1989. *Perspectives of Nonlinear Dynamics,* vol. 1, Cambridge, U.K.: Cambridge University Press.

Jackson, E.A., 1990. *Perspectives of Nonlinear Dynamics,* vol. 2, Cambridge, U.K.: Cambridge University Press.

Jackson, J.D., 1975. *Classical Electrodynamics,* 2d ed., New York: Wiley.

Jacobs, R.A., 1988. "Increased rates of convergence through learning rate adaptation," *Neural Networks,* vol. 1, pp. 295–307.

Jayant, N.S., and P. Noll, 1984. *Digital Coding of Waveforms,* Englewood Cliffs, NJ: Prentice-Hall.

Jaynes, E.T., 2003. *Probability Theory: The Logic of Science,* Cambridge, U.K., and New York: Cambridge University Press.

Jaynes, E.T., 1982. "On the rationale of maximum-entropy methods," *Proceedings of the IEEE,* vol. 70, pp. 939–952.

Jaynes, E.T., 1957. "Information theory and statistical mechanics," *Physical Review,* vol. 106, pp. 620–630; "Information theory and statistical mechanic II," *Physical Review,* vol. 108, pp. 171–190.

Jazwinski, A.H., 1970. *Stochastic Processes and Filtering Theory,* New York: Academic Press.

Jelinek, F., 1997. *Statistical Methods for Speech Recognition,* Cambridge, MA: MIT Press.

Joachims, T., 1999. "Making large-scale SVM learning practical," in B. Schölkopf, C.J.C. Burges, and A.J. Smola, eds., *Advances in Kernel Methods—Support Vector Learning,* pp. 169–184, Cambridge, MA: MIT Press.

Johansson, E.M., F.U. Dowla, and D.M. Goodman, 1990. "Back-propagation learning for multi-layer feedforward neural networks using the conjugate gradient method," Report UCRL-JC-104850, Lawrence Livermore National Laboratory, CA.

Johnson, D.S., C.R. Aragon, L.A. McGeoch, and C. Schevon, 1989. "Optimization by simulated annealing: An experimental evaluation," *Operations Research,* vol. 37, pp. 865–892.

Jolliffe, I.T., 1986. *Principal Component Analysis,* New York: Springer-Verlag.

Jordan, M.I., 1986. "Attractor dynamics and parallelism in a connectionist sequential machine," *The Eighth Annual Conference of the Cognitive Science Society,* pp. 531–546, Amherst, MA.

Jordan, M.I., ed., 1998. *Learning in Graphical Models,* Boston: Kluwer.

Joseph, R.D., 1960. "The number of orthants in n-space intersected by an s-dimensional subspace," Technical Memo 8, Project PARA, Cornell Aeronautical Lab., Buffalo.

Julier, S.J., and J.K. Ulhmann, 2004. "Unscented filtering and nonlinear estimation," *Proc. IEEE,* vol. 92, pp. 401–422.

Julier, S.J., J.K. Ulhmann, and H.F. Durrent-Whyte, 2000. "A new method for nonlinear transformation of means and covariances in filters and estimation," *IEEE Trans. Automatic Control,* vol. 45, pp. 472–482.

Jutten, C. and A. Taleb, 2000. "Source separation: from dusk till dawn," *Proceedings of 2nd International Workshop on Independent Component Analysis and Blind Source Separation,* Helsinki, June.

Jutten, C., and J. Herault, 1991. "Blind separation of sources, Part I: An adaptive algorithm based on neuromimetic architecture," *Signal Processing,* vol. 24, pp. 1–10.

Kaas, J.H., M.M. Merzenich, and H.P. Killackey, 1983. "The reorganization of somatosensory cortex following peripheral nerve damage in adult and developing mammals," *Annual Review of Neurosciences,* vol. 6, pp. 325–356.

Kailath,T., 1980. *Linear Systems,* Englewood Cliffs, NJ: Prentice-Hall.

Kailath, T., 1971. "RKHS approach to detection and estimation problems—Part I: Deterministic signals in Gaussian noise," *IEEE Transactions of Information Theory,* vol. IT-17, pp. 530–549.

Kailath, T., 1968. "An innovations approach to least-squares estimation: Part 1. Linear filtering in additive white noise," *IEEE Transactions of Automatic Control,* vol. AC-13, pp. 646–655.

Kakade, S., 2002. "A natural policy gradient," *Advances in Neural Information Processing Systems,* vol. 14-2, pp. 1531–1538, Cambridge, MA: MIT Press.

Kalman, R.E., 1960. "A new approach to linear filtering and prediction problems," *Transactions of the ASME, Journal of Basic Engineering,* vol. 82, pp. 35–45.

Kaminski, P.G., A.E. Bryson, Jr., and S.F. Schmidt, 1971. "Discrete square root filtering: A survey of current techniques," *IEEE Trans. Automatic Control,* vol. AC-16, pp. 727–735.

Kammler, D. W., 2000, *A First Course in Fourier Analysis*, Prentice-Hall

Kan, K., 2007. *Coherent Independent Component Analysis: Theory and Applications,* M.Eng. thesis, McMaster University, Hamilton, Ontario, Canada.

Kandel, E.R., J.H. Schwartz, and T.M. Jessell, eds., 1991. *Principles of Neural Science,* 3d ed., Norwalk, CT: Appleton & Lange.

Kaplan, J.L., and J.A. Yorke, 1979. "Chaotic behavior of multidimensional difference equations," in H.-O. Peitgen and H.-O. Walker, eds., *Functional Differential Equations and Approximations of Fixed Points,* pp. 204–227, Berlin: Springer.

Kappen, H.J., and F.B. Rodriguez, 1998. "Efficient learning in Boltzmann machines using linear response theory," *Neural Computation,* vol. 10, pp. 1137–1156.

Karhunen, J., and J. Joutsensalo, 1995. "Generalizations of principal component analysis, optimization problems, and neural networks," *Neural Networks,* vol. 8, pp. 549–562.

Karhunen, J. and E. Oja, 1982. "New methods for stochastic approximation of truncated Karhunen–Loève expansions," *IEEE Proceedings of the 6th International Conference on Pattern Recognition,* pp. 550–553, October.

Karhunen, K., 1947. "Über lineare methoden in der Wahrscheinlichkeitsrechnung," *Annales Academiae Scientiarum Fennicae, Series AI: Mathematica-Physica,* vol. 37, pp. 3–79, (Transl.: RAND Corp., Santa Monica, CA, Rep. T-131, Aug. 1960).

Karush, W., 1939. "Minima of functions of several variables with inequalities as side conditions," master's thesis, Department of Mathematics, University of Chicago.

Katz, B., 1966. *Nerve, Muscle and Synapse,* New York: McGraw-Hill.

Kawamoto, A.H., and J.A. Anderson, 1985. "A neural network model of multistable perception," *Acta Psychologica,* vol. 59, pp. 35–65.

Kearns, M., 1996. "A bound on the error of cross validation using the approximation and estimation rates, with consequences for the training-test split," *Advances in Neural Information Processing Systems,* vol. 8, pp. 183–189, Cambridge, MA: MIT Press.

Kearns, M.J., and U.V. Vazirani, 1994. *An Introduction to Computational Learning Theory,* Cambridge, MA: MIT Press.

Kechriotis, G., E. Zervas, and E.S. Manolakos, 1994. "Using recurrent neural networks for adaptive communication channel equalization," *IEEE Transactions on Neural Networks,* vol. 5, pp. 267–278.

Kerlirzin, P., and F. Vallet, 1993. "Robustness in multilayer perceptrons," *Neural Computation,* vol. 5, pp. 473–482.

Khalil, H.K., 1992. *Nonlinear Systems,* Englewood Cliffs, NJ: Prentice Hall.

Kim, K.I., M.O. Franz, and B. Schölkopf, 2005. "Iterative kernel principal component analysis for image denoising," *IEEE Trans. Pattern Analysis and Machine Intelligence,* vol. 27, pp. 1351–1366.

Kimeldorf, G.S., and G. Wahba, 1971. "Some results on Tchebycheffian spline functions," *J. Math. Apal. Appli.,* vol. 33, pp. 82–95.

Kimeldorf, G.S., and G. Wahba, 1970, "A correspondence between Bayesian estimation on stochastic processes and smoothing by splines," *Annals of Mathematical Statistics,* vol. 41, pp. 495–502.

Kirkpatrick, S., 1984. "Optimization by simulated annealing: Quantitative studies," *Journal of Statistical Physics,* vol. 34, pp. 975–986.

Kirkpatrick, S., and D. Sherrington, 1978. "Infinite-ranged models of spin-glasses," *Physical Review,* Series B, vol. 17, pp. 4384–4403.

Kirkpatrick, S., C.D. Gelatt, Jr., and M.P. Vecchi, 1983. "Optimization by simulated annealing," *Science,* vol. 220, pp. 671–680.

Kirsch, A., 1996. *An Introduction to the Mathematical Theory of Inverse Problems,* New York: Springer-Verlag.

Kleene, S.C., 1956. "Representation of events in nerve nets and finite automata," in C.E. Shannon and J. McCarthy, eds., *Automata Studies,* Princeton, NJ: Princeton University Press.

Kline, M., 1972. *Mathematical Thought from Ancient to Modern Times,* Oxford University Press.

Kmenta, J., 1971. *Elements of Econometrics,* New York: Macmillan.

Knill, D.C., and W. Richards, eds., 1996. *Perception as Bayesian Inference,* Cambridge, U.K., and New York: Cambridge University Press.

Knudsen, E.I., S. duLac, and S.D. Esterly, 1987. "Computational maps in the brain," *Annual Review of Neuroscience,* vol. 10, pp. 41–65.

Koch, C., 1999. *Biophysics of Computation: Information Processing in Single Neurons,* New York: Oxford University Press.

Kohonen, T., 1997a. "Exploration of very large databases by self-organizing maps," *1997 International Conference on Neural Networks,* vol. I, pp. PL1–PL6, Houston.

Kohonen, T., 1997b. *Self-Organizing Maps,* 2d ed., Berlin: Springer-Verlag.

Kohonen, T., 1993. "Things you haven't heard about the self-organizing map," *Proceedings of the IEEE International Conference on neural networks,* pp. 1147–1156, San Francisco.

Kohonen, T., 1990. "The self-organizing map," *Proceedings of the Institute of Electrical and Electronics Engineers,* vol. 78, pp. 1464–1480.

Kohonen, T., 1982. "Self-organized formation of topologically correct feature maps," *Biological Cybernetics,* vol. 43, pp. 59–69.

Kohonen, T., 1972. "Correlation matrix memories," *IEEE Transactions on Computers,* vol. C-21, pp. 353–359.

Kolen, J., and S. Kremer, eds., 2001. *A Field Guide to Dynamical Recurrent Networks,* New York: IEEE Press.

Kollias, S., and D. Anastassiou, 1989. "An adaptive least squares algorithm for the efficient training of artificial neural networks," *IEEE Transactions on Circuits and Systems,* vol. 36, pp. 1092–1101.

Kolmogorov, A., 1965. "Three approaches to the quantitative definition of information," *Problems of Information Transmission*, vol. 1, issue 1, pp. 1–7.

Kolmogorov, A.N., 1942. "Interpolation and extrapolation of stationary random sequences," translated by the Rand Corporation, Santa Monica, CA., April 1962.

Kramer, M.A., 1991. "Nonlinear principal component analysis using autoassociative neural networks," *AIChE Journal,* vol. 37, pp. 233–243.

Kramer, A.H., and A. Sangiovanni-Vincentelli, 1989. "Efficient parallel learning algorithms for neural networks," *Advances in neural Information Processing Systems,* vol. 1, pp. 40–48, San Mateo, CA: Morgan Kaufmann.

Kremer, S.C., 1996. "Comments on constructive learning of recurrent neural networks: Limitations of recurrent cascade correlation and a simple solution," *IEEE Transactions on Neural Networks,* vol. 7, pp. 1047–1049.

Kremer, S.C., 1995. "On the computational power of Elman-style recurrent networks," *IEEE Transactions on Neural Networks,* vol. 6, pp. 1000–1004.

Kreyszig, E., 1988. *Advanced Engineering Mathematics,* 6th ed., New York: Wiley.

Krzyżak, A., T. Linder, and G. Lugosi, 1996. "Nonparametric estimation and classification using radial basis functions," *IEEE Transactions on Neural Networks,* vol. 7, pp. 475–487.

Kuffler, S.W., J.G. Nicholls, and A.R. Martin, 1984. *From Neuron to Brain: A Cellular Approach to the Function of the Nervous System,* 2d ed., Sunderland, MA: Sinauer Associates.

Kullback, S., 1968. *Information Theory and Statistics,* Gloucester, MA: Peter Smith.

Kuhn, H.W., 1976. "Nonlinear programming: A historical view," in R.N. Cottle and C.E. Lemke, eds., *SIAM-AMS Proceedings,* vol. IX, American Mathematical Society, pp. 1–26.

Kuhn, H.W., and A.W. Tucker, 1951. "Nonlinear programming," in J. Neyman, ed., *Proceedings of the 2nd Berkley Symposium on Mathematical Statistics and Probabilities,* pp. 481–492, Monterey CA: University of California Press.

Kung, S.Y., and K.I. Diamantaras, 1990. "A neural network learning algorithm for adaptive principal component extraction (APEX)." *IEEE International Conference on Acoustics, Speech, and Signal Processing,* vol. 2, pp. 861–864, Albuquerque, NM.

Kushner, H.J., and D.S. Clark, 1978. *Stochastic Approximation Methods for Costrained and Unconstrained Systems,* New York: Springer-Verlag.

Laaksonen, J., and V. Viitanieni, 2006. "Emergence of ontological relations from visual data with self-organizing maps," *Proceedings of SCAI'06, the 9th Scandanavian Conference on Artificial Intelligence,* pp. 31–38, Espoo, Finland, October.

Laaksonen, J.T., J.M. Koskela, and E. Oja, 2004. "Class distributions on SOM surfaces for feature extraction and object retrieval," *Neural Networks,* vol. 17, pp. 1121–1133.

Lagoudakis, M.G., and R. Parr, 2003. "Least-squares policy iteration," *J. Machine Learning Research,* vol. 4, pp. 1107–1149.

Lanczos, C., 1964. *Linear Differential Operators,* London: Van Nostrand.

Landau, Y.D., 1979. *Adaptive Control: The Model Reference Approach,* New York: Marcel Dekker.

Landau, L.D., and E.M. Lifshitz, 1980. *Statistical Physics: Part 1,* 3d ed., London: Pergamon Press.

Lanford, O.E., 1981. "Strange attractors and turbulence," in H.L. Swinney and J.P. Gollub, eds., *Hydrodynamic Instabilities and the Transition to Turbulence,* New York: Springer-Verlag.

Lang, S. 2002. *Introduction to Differentiable Manifolds*, New York: Springer.

LeCun, Y., 1993. *Efficient Learning and Second-order Methods, A Tutorial at NIPS 93,* Denver.

LeCun, Y., 1989. "Generalization and network design strategies," Technical Report CRG-TR-89-4, Department of Computer Science, University of Toronto, Ontario, Canada.

LeCun, Y., 1985. "Une procedure d'apprentissage pour reseau a seuil assymetrique." *Cognitiva,* vol. 85, pp. 599–604.

LeCun, Y., and Y., Bengio, 2003. "Convolutional Networks for Images, Speech, and Time Series," in M.A. Arbib, ed., *The Handbook of Brain Theory and Neural Networks*, 2d ed., Cambridge, MA: MIT Press.

LeCun, Y., B. Boser, J.S. Denker, D. Henderson, R.E. Howard, W. Hubbard, and L.D. Jackel, 1990. "Handwritten digit recognition with a back-propagation network," *Advances in Neural Information Processing*, vol. 2, pp. 396–404, San Mateo, CA: Morgan Kaufmann.

LeCun, Y., L. Bottou, and Y. Bengio, 1997. "Reading checks with multilayer graph transformer networks," *IEEE International Conference on Acoustics, Speech and Signal Processing*, pp. 151–154, Munich, Germany.

LeCun, Y., L. Bottou, Y. Bengio, and R. Haffner, 1998. "Gradient-based learning applied to document recognition," *Procedings of the IEEE*, vol. 86, pp. 2278–2324.

LeCun, Y., J.S. Denker, and S.A. Solla, 1990. "Optimal brain damage," *Advances in Neural Information Processing Systems*, vol. 2, pp. 598–605, San Mateo, CA: Morgan Kaufmann.

LeCun, Y, I. Kanter, and S.A. Solla, 1991. "Second order properties of error surfaces: Learning time and generalization," *Advances in Neural Information Processing Systems*, vol. 3, pp. 918–924, Cambridge, MA: MIT Press.

Lee, T.S., and D. Mumford, 2003. "Hierarchical Bayesian inference in the visual cortex," *J. Optical Society of America*, vol. 20, pp. 1434–1448.

Lefebvre, W.C., 1991. *An Object Oriented Approach for the Analysis of Neural Networks*, master's thesis, University of Florida, Gainesville, FL.

Leon-Garcia, A., 1994. *Probability and Random Processes for Electrical Engineering*, 2d ed., Reading, MA: Addison-Wesley.

Leontaritis, I., and S. Billings, 1985. "Input–output parametric models for nonlinear systems: Part I: Deterministic nonlinear systems," *International Journal of Control*, vol. 41, pp. 303–328.

Levenberg, K., 1944. "A method for the solution of certain non-linear problems in least squares," *Quart. Appl. Math.*, vol. 12, pp. 164–168.

Levin, A.V., and K.S. Narendra, 1996. "Control of nonlinear dynamical systems using neural networks—Part II: Observability, identification, and control," *IEEE Transactions on Neural Networks*, vol. 7, pp. 30–42.

Levin, A.V., and K.S. Narendra, 1993. "Control of nonlinear dynamical systems using neural networks—Controllability and stabilization," *IEEE Transactions on Neural Networks*, vol. 4, pp. 192–206.

Lewis, F.L., and V.L. Syrmas, 1995. *Optimal Control*, 2d ed., New York: Wiley (Interscience).

Li, M., and P. Vitányi, 1993. *An Introduction to Kolmogorov Complexity and Its Applications*, New York: Springer-Verlag.

Lichtenberg, A.J., and M.A. Lieberman, 1992. *Regular and Chaotic Dynamics*, 2d ed., New York: Springer-Verlag.

Light, W. A., 1992a. "Some aspects of radial basis function approximation," in *Approximation Theory, Spline Functions and Applications*, S.P. Singh, ed., NATO ASI vol. 256, pp. 163–190, Boston: Kluwer Academic Publishers.

Light, W., 1992b. "Ridge functions, sigmoidal functions and neural networks," in E.W. Cheney, C.K. Chui, and L.L. Schumaker, eds., *Approximation Theory VII*, pp. 163–206, Boston: Academic Press.

Lin, S., and D.J. Costello, 2004. *Error Control Coding*, 2d ed., Upper Saddle River, NJ: Prentice Hall.

Lin, J.K., D.G. Grier, and J.D. Cowan, 1997. "Faithful representation of separable distributions," *Neural Computation*, vol. 9, pp. 1305–1320.

Lin, T., B.G. Horne, P. Tino, and C.L. Giles, 1996. "Learning long-term dependencies in NARX recurrent neural networks," *IEEE Transactions on Neural Networks*, vol. 7, pp. 1329–1338.

Linsker, R., 1993. "Deriving receptive fields using an optimal encoding criterion," *Advances in Neural Information Processing Systems*, vol. 5, pp. 953–960, San Mateo, CA: Morgan Kaufmann.

Linsker, R., 1990a. "Designing a sensory processing system: What can be learned from principal components analysis?" *Proceedings of the International Joint Conference on Neural Networks,* vol. 2, pp. 291–297, Washington, DC.

Linsker, R., 1990b. "Perceptual neural organization: Some approaches based on network models and information theory," *Annual Review of Neuroscience,* vol. 13, pp. 257–281.

Linsker, R., 1989a. "An application of the principle of maximum information preservation to linear systems," *Advances in Neural Information Processing Systems,* vol. 1, pp. 186–194, San Mateo, CA: Morgan Kaufmann.

Linsker, R., 1989b. "How to generate ordered maps by maximizing the mutual information between input and output signals," *Neural computation,* vol. 1, pp. 402–411.

Linsker, R., 1988a. "Self-organization in a perceptual network," *Computer,* vol. 21, pp. 105–117.

Linsker, R., 1988b. "Towards an organizing principle for a layered perceptual network," in *Neural Information Processing Systems,* D.Z, Anderson, ed., pp. 485–494, New York: American Institute of Physics.

Linsker, R., 1987. "Towards an organizing principle for perception: Hebbian synapses and the principle of optimal neural encoding," *IBM Research Report RC12820,* IBM Research, Yorktown Heights, NY.

Linsker, R., 1986. "From basic network principles to neural architecture" (series), *Proceedings of the National Academy of Sciences, USA,* vol. 83, pp. 7508–7512, 8390–8394, 8779–8783.

Lippmann, R.P., 1987. "An introduction to computing with neural nets," *IEEE ASSP Magazine,* vol. 4, pp. 4–22.

Lippmann, R.P., 1989a. "Review of neural networks for speech recognition," *Neural Computation,* vol. 1, pp. 1–38.

Lippmann, R.P., 1989b. "Pattern classification using neural networks," *IEEE Communications Magazine,* vol. 27, pp. 47–64.

Little, W. A., 1974. "The existence of persistent states in the brain," *Mathematical Biosciences,* vol. 19, pp. 101–120.

Little, W.A., and G.L. Shaw, 1978. "Analytic study of the memory storage capacity of a neural network," *Mathematical Biosciences,* vol. 39, pp. 281–290.

Little, W. A., and G.L. Shaw, 1975. "A statistical theory of short and long term memory," *Behavioral Biology,* vol. 14, pp. 115–133.

Littman, M.L., R.S. Sutton, and S. Singh, 2002. "Predictive representations of state," *Advances in Neural Information Processing Systems,* vol. 14, pp. 1555–1561.

Liu, J.S., and R. Chen, 1998. "Sequential Monte Carlo methods for dynamical systems," *J. American Statistical Association,* vol. 93, pp. 1032–1044.

Liu, J.S., 1996. "Metropolized independent sampling with comparisons to rejection sampling and importance sampling," *Statistics and Computing,* vol. 6, pp. 113–119.

Liu, W., P.P. Pokharel, and J.C. Principe, 2008. "The kernel least-mean-square algorithm," *IEEE Trans. Signal Processing,* vol. 56, pp. 543–554.

Livesey, M., 1991. "Clamping in Boltzmann machines," *IEEE Transactions on Neural Networks,* vol. 2, pp. 143–148.

Ljung, L., 1987. *System Identification: Theory for the User.* Englewood Cliffs, NJ: Prentice-Hall.

Ljung, L., 1977. "Analysis of recursive stochastic algorithms," *IEEE Transactions on Automatic Control,* vol. AC-22, pp. 551–575.

Ljung, L., and T. Glad, 1994. *Modeling of Dynamic Systems,* Englewood Cliffs, NJ: Prentice Hall.

Lloyd, S.P., 1957. "Least squares quantization in PCM," unpublished Bell Laboratories technical note. Published later under the same title in *IEEE Transactions on Information Theory,* vol. IT-28, pp. 127–135, 1982.

Lo, J.T., 2001. "Adaptive vs. accommodative neural networks for adaptive system identification," *Proceedings of the International Joint Conference on Neural Networks,* pp. 2001–2006, Washington, DC.

Lo, J.T., and L. Yu, 1995a. "Recursive neural filters and dynamical range transformers," *Proc. IEEE,* vol. 92, pp. 514–535.

Lo, J.T., and L. Yu, 1995b. Adaptive neural filtering by using the innovations process, *Proceedings of the 1995 World Congress on Neural Networks,* vol. II, pp. 29–35, July.

Lo, J.T., 1993. "Dynamical system identification by recurrent multilayer perceptrons," *Proceedings of the 1993 World Congress on Neural Networks,* Portland, OR.

Lo, Z.-P., M. Fujita, and B. Bavarian, 1991. "Analysis of neighborhood interaction in Kohonen neural networks," *6th International Parallel Processing Symposium Proceedings,* pp. 247–249, Los Alamitos, CA.

Lo, Z.-P., Y. Yu and B. Bavarian, 1993. "Analysis of the convergence properties of topology preserving neural networks," *IEEE Transactions on Neural Networks,* vol. 4, pp. 207–220.

Lockery, S.R., Y. Fang, and T.J. Sejnowski, 1990. "A dynamical neural network model of sensorimotor transformations in the leech," *International Joint Conference on Neural Networks,* vol. I, pp. 183–188, San Diego, CA.

Loève, M., 1963. *Probability Theory,* 3d ed., New York: Van Nostrand.

Lorentz, G.G., 1976. "The 13th problem of Hilbert," *Proceedings of Symposia in Pure Mathematics,* vol. 28, pp. 419–430.

Lorentz, G.G., 1966. *Approximation of Functions,* Orlando, FL: Holt, Rinehart & Winston.

Lorenz, E.N., 1963. "Deterministic non-periodic flows," *Journal of Atmospheric Sciences,* vol. 20, pp. 130–141.

Lowe, D., 1989. "Adaptive radial basis function nonlinearities, and the problem of generalisation," *First IEE International Conference on Artificial Neural Networks,* pp. 171–175, London.

Lowe, D., 1991a. "What have neural networks to offer statistical pattern processing?" *Proceedings of the SPIE Conference on Adaptive Signal Processing,* pp. 460–471, San Diego.

Lowe, D., 1991b. "On the iterative inversion of RBF networks: A statistical interpretation," *Second IEE International Conference on Artificial Neural Networks,* pp. 29–33, Bournemouth, U.K.

Lowe, D., and A.R. Webb, 1991a. "Time series prediction by adaptive networks: A dynamical systems perspective," *IEE Proceedings (London), Part F,* vol. 138, pp. 17–24.

Lowe, D., and A.R. Webb, 1991b. "Optimized feature extraction and the Bayes decision in feedforward classifier networks," *IEEE Transactions on Pattern Analysis and Machine Intelligence,* PAMI-13, 355–364.

Luenberger, D.G., 1984. *Linear and Nonlinear Programming,* 2d ed., Reading, MA: Addison-Wesley.

Luttrell, S.P., 1994. "A Bayesian analysis of self-organizing maps," *Neural Computation,* vol. 6, pp. 767–794.

Luttrell, S.P., 1991. "Code vector density in topographic mappings: Scalar case," *IEEE Transactions on Neural Networks,* vol. 2, pp. 427–436.

Luttrell, S.P., 1989a. "Hierarchical vector quantization," *IEE Proceedings (London),* vol. 136 (Part I), pp. 405–413.

Luttrell, S.P., 1989b. "Self-organization: A derivation from first principle of a class of learning algorithms," *IEEE Conference on Neural Networks,* pp. 495–498, Washington, DC.

Lyapunov, A.M., 1892. *The General Problem of Motion Stability* (in Russian). (Translated in English by F. Abramovici and M. Shimshoni, under the title *Stability of Motion,* New York: Academic Press, 1966.)

Maass, W., 1993. "Bounds for the computational power and learning complexity of analog neural nets," *Proceedings of the 25th Annual ACM Symposium on the Theory of Computing,* pp. 335–344, New York: ACM Press.

MacKay, D.J.C., 2003. *Information Theory, Inference, and Learning Algorithms,* Cambridge, U.K., and New York: Cambridge University Press.

Mackey, M.C., and L. Glass, 1977. "Oscillations and chaos in physiological control systems," *Science,* vol. 197, pp. 287–289.

MacQueen, J., 1967. "Some methods for classification and analysis of multivariate observation," in *Proceedings of the 5th Berkeley Symposium on Mathematical Statistics and Probability,* L.M. LeCun and J. Neyman, eds., vol. 1, pp. 281–297, Berkeley: University of California Press.

Mahowald, M.A., and C. Mead, 1989. "Silicon retina," in *Analog VLSI and Neural Systems* (C. Mead), Chapter 15. Reading, MA: Addison-Wesley.

Mallat, S., 1998. *A Wavelet tour of signal processing,* San Diego: Academic Press.

Mandelbrot, B.B., 1982. *The Fractal Geometry of Nature,* San Francisco: Freeman.

Mañé, R., 1981. "On the dimension of the compact invariant sets of certain non-linear maps," in D. Rand and L.S. Young, eds., *Dynamical Systems and Turbulence,* Lecture Notes in Mathematics, vol. 898, pp. 230–242, Berlin: Springer-Verlag.

Marquardt, D.W. 1963. "An algorithm for least-squares estimation of nonlinear parameters," *J. Soc. Indust. Appli. Math.,* vol. 11, no. 2, pp. 431–441, June.

Marr, D., 1982. *Vision,* New York: W.H. Freeman and Company.

Mason, S.J., 1953. "Feedback theory—Some properties of signal-flow graphs," *Proceedings of the Institute of Radio Engineers,* vol. 41, pp. 1144–1156.

Mason, S.J., 1956. "Feedback theory—Further properties of signal-flow graphs," *Proceedings of the Institute of Radio Engineers,* vol. 44, pp. 920–926.

Maybeck, P.S., 1982. *Stochastic Models, Estimation, and Control,* vol. 2, New York: Academic Press.

Maybeck, P.S., 1979. *Stochastic Models, Estimation, and Control,* vol. 1, New York: Academic Press.

Mazaika, P.K., 1987. "A mathematical model of the Boltzmann machine," *IEEE First International Conference on Neural Networks,* vol. III, pp. 157–163, San Diego.

McBride, L.E., Jr., and K.S. Narendra, 1965. "Optimization of time-varying systems," *IEEE Transactions on Automatic Control,* vol. AC-10, pp. 289–294.

McCulloch, W.S., 1988. *Embodiments of Mind,* Cambridge, MA: MIT Press.

McCulloch, W.S., and W. Pitts, 1943. "A logical calculus of the ideas immanent in nervous activity," *Bulletin of Mathematical Biophysics,* vol. 5, pp. 115–133.

McLachlan, G.J., and T. Krishnan, 1997. *The EM Algorithm and Extensions,* New York: Wiley (Interscience).

McQueen, J., 1967. "Some methods for classification and analysis of multivariate observations," *Proceedings of the 5th Berkeley Symposium on Mathematical Statistics and Probability,* vol. 1, pp. 281–297, Berkeley, CA: University of California Press.

Mead, C.A., 1989. *Analog VLSI and Neural Systems,* Reading, MA: Addison-Wesley.

Mendel, J.M., 1995. *Lessons in Estimation Theory for Signal Processing, Communications, and Control.* Englewood Cliffs, NJ: Prentice Hall.

Mennon, A., K. Mehrotra, C.K. Mohan, and S. Ranka, 1996. "Characterization of a class of sigmoid functions with applications to neural networks," *Neural Networks,* vol. 9, pp. 819–835.

Mercer, J., 1909. "Functions of positive and negative type, and their connection with the theory of integral equations," *Transactions of the London Philosophical Society (A),* vol. 209, pp. 415–446.

Metropolis, N., A. Rosenbluth, M. Rosenbluth, A. Teller, and E. Teller, 1953. Equations of state calculations by fast computing machines, *Journal of Chemical Physics,* vol. 21, pp. 1087–1092.

Meyer, Y., 1993. *Wavelets: Algorithms and Applications,* SIAM (translated from French and revised by R.D. Ryan), Philadelphia: Society for Industrial and Applied Mathematics.

Micchelli, C.A., 1986. "Interpolation of scattered data: Distance matrices and conditionally positive definite functions," *Constructive Approximation,* vol. 2, pp. 11–22.

Miller, D., A.V. Rao, K. Rose, and A. Gersho, 1996. "A global optimization technique for statistical classifier design," *IEEE Transactions on Signal Processing,* vol. 44, pp. 3108–3122.

Miller, D., and K. Rose, 1994. "Combined source-channel vector quantization using deterministic annealing," *IEEE Transactions on Communications,* vol. 42, pp. 347–356.

Miller, R., 1987. "Representation of brief temporal patterns, Hebbian synapses, and the left-hemisphere dominance for phoneme recognition," *Psychobiology,* vol. 15, pp. 241–247.

Minsky, M.L., 1986. Society of Mind, New York: Simon and Schuster.

Minsky, M.L., 1967. *Computation: Finite and Infinite Machines.* Englewood Cliffs, NJ: Prentice-Hall.

Minsky, M.L., 1954. "Theory of neural-analog reinforcement systems and its application to the brain-model problem," Ph.D. thesis, Princeton University, Princeton, NJ.

Minsky, M.L., and S.A. Papert, 1988. *Perceptrons,* expanded edition, Cambridge, MA: MIT Press.

Minsky, M.L., and S.A. Papert, 1969. *Perceptrons,* Cambridge, MA: MIT Press.

Minsky, M.L., and O.G. Selfridge, 1961. "Learning in random nets," *Information Theory, Fourth London Symposium,* London: Buttenvorths.

Møller, M.F., 1993. "A scaled conjugate gradient algorithm for fast supervised learning," *Neural Networks,* vol. 6, pp. 525–534.

Moody, J., and C.J. Darken, 1989. "Fast learning in networks of locally-tuned processing units," *Neural Computation,* vol. 1, pp. 281–294.

Morita, M., 1993. "Associative memory with nonmonotonic dynamics," *Neural Networks,* vol. 6, pp. 115–126.

Morozov, V.A., 1993. *Regularization Methods for Ill-Posed Problems,* Boca Raton, FL: CRC Press.

Müller, K., A. Ziehe, N. Murata, and S. Amari, 1998. "On-line learning in switching and drifting environments with application to blind source separation," in D. Saad, ed., *On-line Learning in Neural Networks,* pp. 93–110, Cambridge, U.K., and New York: Cambridge University Press.

Mumford, D., 1994. "Neural architectures for pattern-theoretic problems," in C. Koch and J. Davis, eds., *Large-Scale Theories of the Cortex,* pp. 125–152, Cambridge, MA: MIT Press.

Murata, N., 1998. "A statistical study of on-line learning," in D. Saad, ed., *On-line Learning in Neural Networks,* pp. 63–92, Cambridge, U.K., and New York: Cambridge University Press.

Murray, M.K., and J.W. Rice, 1993. *Differential Geometry and Statistics,* New York: Chapman and Hall.

Nadal, J.-P., and N. Parga, 1997, "Redundancy reduction and independent component analysis: Conditions on cumulants and adaptive approaches," *Neural Computation,* vol. 9, pp. 1421–1456.

Nadal, J.-P., and N. Parga, 1994, "Nonlinear neurons in the low-noise limit: A factorial code maximizes information transfer, *Network*, vol. 5, pp. 565–581.

Nadaraya, E.A. 1965. "On nonparametric estimation of density functions and regression curves," *Theory of Probability and its Applications*, vol. 10, pp. 186–190.

Nadaraya, É.A., 1964. "On estimating regression," *Theory of Probability and its Applications,* vol. 9, issue 1, pp. 141–142.

Narendra, K.S., and A.M. Annaswamy, 1989. *Stable Adaptive Systems,* Englewood Cliffs, NJ: Prentice Hall.

Narendra, K.S., and K. Parthasarathy, 1990. "Identification and control of dynamical systems using neural networks," *IEEE Transactions on Neural Networks,* vol. 1, pp. 4–27.

Neal, R.M., 1995. *Bayesian Learning for Neural Networks,* Ph.D. Thesis, University of Toronto, Canada.

Neal, R.M., 1993. "Bayesian learning via stochastic dynamics," *Advances in Neural Information Processing Systems,* vol. 5, pp. 475–482, San Mateo, CA: Morgan Kaufmann.

Neal, R.M., 1992. "Connectionist learning of belief networks," *Artificial Intelligence,* vol. 56, pp. 71–113.

Nelsen, R.B., 2006. *An Introduction to Copulas,* 2d ed., New York: Springer.

Newcomb, S., 1886. "A generalized theory of the combination of observations so as to obtain the best result," *American Journal of Mathematics,* vol. 8, pp. 343–366.

Newell, A., and H.A. Simon, 1972. *Human Problem Solving,* Englewood Cliffs, NJ: Prentice-Hall.

Nguyen, D., and B. Widrow, 1989. "The truck backer-upper: An example of self-learning in neural networks," *International Joint Conference on Neural Networks,* vol. II, pp. 357–363, Washington, DC.

Nie, J., and S. Haykin, 1999. "A Q-learning-based dynamic channel assignment technique for mobile communication systems," *IEEE Transactions on Vehicular Technology,* vol. 48, p. 1676–1687.

Nilsson, N.J., 1980. *Principles of Artificial Intelligence,* New York: Springer-Verlag.

Nilsson, N.J., 1965. *Learning Machines: Foundations of Trainable Pattern-Classifying Systems,* New York: McGraw-Hill.

Niyogi, P., and F. Girosi, 1996. "On the relationship between generalization error, hypothesis complexity, and sample complexity for radial basis functions," *Neural Computation,* vol. 8, pp. 819–842.

Novikoff, A.B.J., 1962. "On convergence proofs for perceptrons," in *Proceedings of the Symposium on the Mathematical Theory of Automata,* pp. 615–622, Brooklyn, NY: Polytechnic Institute of Brooklyn.

Nørgaard, M., N.K. Poulsen, and O. Ravn, 2000. "New developments in state estimation for nonlinear systems," *Automatica,* vol. 36, pp. 1627–1638.

Obermayer, K., H. Ritter, and K. Schulten, 1991. "Development and spatial structure of cortical feature maps: A model study," *Advances in Neural Information Processing Systems,* vol. 3, pp. 11–17, San Mateo, CA: Morgan Kaufmann.

Oja, E., 1992. "Principal components, minor components, and linear neural networks," *Neural Networks,* vol. 5, 927–936.

Oja, E., 1983. *Subspace Methods of Pattern Recognition,* Letchworth, England: Research Studies Press.

Oja, E., 1982. "A simplified neuron model as a principal component analyzer," *Journal of Mathematical Biology,* vol. 15, pp. 267–273.

Oja, E., and J. Karhunen, 1985. "A stochastic approximation of the eigenvectors and eigenvalues of the expectation of a random matrix," *Journal of Mathematical Analysis and Applications,* vol. 106, pp. 69–84.

Olshausen, B.A., and D.J. Field, 1997. Sparse coding with an overcomplete basis set: A strategy employed by VI? *Vision Research,* vol. 37, pp. 3311–3325.

Olshausen, B.A., and D.J. Field, 1996. "Emergence of simple-cell receptive field properties by learning a sparse code for natural images," *Nature,* vol. 381, pp. 607–609.

Omlin, C.W., and C.L. Giles, 1996. "Constructing deterministic finite-state automata in recurrent neural networks," *Journal of the Association for Computing Machinery*, vol. 43, pp. 937–972.

Omura, J.K., 1969. "On the Viterbi decoding algorithm," *IEEE Trans. Information Theory,* vol. IT-15, pp. 177–179.

Opper, M., 1996. "Online versus offline learning from random examples: General results," *Phys. Rev. Lett.,* vol. 77, pp. 4671–4674.

Orr, G.B., and K. Müller, 1998. *Neural Networks: Tricks of the Trade* (Outgrowth of a 1996 NIPS Workshop), Berlin and New York: Springer.

Osuna, E., R. Freund, and F. Girosi, 1997. "An improved training algorithm for support vector machines," *Neural Networks for Signal Processing* VII, Proceedings of the 1997 IEEE Workshop, pp. 276–285, Amelia Island, FL.

Ott, E., 1993. *Chaos in Dynamical Systems,* Cambridge, MA: Cambridge University Press.

Packard, N.H., J.P. Crutchfield, J.D. Farmer, and R.S. Shaw, 1980. "Geometry from a time series," *Physical Review Letters,* vol. 45, pp. 712–716.

Palm, G., 1982. *Neural Assemblies: An Alternative Approach,* New York: Springer-Verlag.

Papoulis, A., 1984. *Probability, Random Variables, and Stochastic Processes,* 2d ed., New York: McGraw-Hill.

Parisi, G., 1988. *Statistical Field Theory,* Reading, MA: Addison-Wesley.

Park, J., and I.W. Sandberg, 1991. "Universal approximation using radial-basis-function networks," *Neural Computation,* vol. 3, pp. 246–257.

Parker, D.B., 1987. "Optimal algorithms for adaptive networks." Second order back propagation, second order direct propagation and second order Hebbian learning." *IEEE 1st International Conference on Neural Networks*, vol. 2, pp. 593–600, San Diego, CA.

Parker, T.S., and L.O., Chua, 1989. *Practical Numerical Algorithms for Chaotic Systems,* New York: Springer.

Parzen, E., 1962. "On estimation of a probability density function and mode," *Annals of Mathematical Statistics,* vol. 33, pp. 1065–1076.

Paulin, M.G., 1997. "Neural representations of moving systems," *International Journal of Neurobiology,* vol. 41, pp. 515–533.

Pavlov, I.P., 1927. *Conditional Reflexes: An Investigation of the Physiological Activity of the Cerebral Cortex,* (Translation from the Russian by G.V. Anrep), New York: Oxford University Press.

Pearl, J., 1988. *Probabilistic Reasoning in Intelligent Systems,* San Mateo, CA: Morgan Kaufmann. (revised 2nd printing, 1991).

Pearlmutter, B.A., 1994. "Fast exact multiplication by the Hessian," *Neural Computation,* vol. 6, issue 1, pp. 147–160.

Pearson, K., 1901. "On lines and planes of closest fit to systems of points in space," *Philosophical Magazine,* vol. 2, pp. 559–572.

Peretto, P. 1984. "Collective properties of neural networks: A statistical physics approach," *Biological Cybernetics,* vol. 50, pp. 51–62.

Peretto, P., and J.-J Niez, 1986. "Stochastic dynamics of neural networks," *IEEE Transactions on Systems, Man, and Cybernetics,* vol. SMC-16, pp. 73–83.

Perrin, D., 1990. "Finite automata," in J. van Leeuwen, ed., *Handbook of Theoretical Computer Science, Volume B: Formal Models and Semantics,* Chapter 1, pp. 3–57, Cambridge, MA: MIT Press.

Pham, D.T., and P. Garrat, 1997. "Blind separation of mixture of independent sources through a quasi-maximum likelihood approach," *IEEE Transactions on Signal Processing,* vol. 45, pp. 1712–1725.

Pham, D.T., P. Garrat, and C. Jutten, 1992. "Separation of a mixture of independent sources through a maximum likelihood approach," *Proceedings of EUSIPCO,* pp. 771–774.

Phillips, D., 1962. "A technique for the numerical solution of certain integral equations of the first kind," *Journal of Association for Computing Machinery,* vol. 9, pp. 84–97.

Pineau, J., G. Gordon, and S. Thrun, 2006. "Anytime point-based approximations for large POMDPs." *Journal of Artificial Intelligence Research,* Vol. 27, pp. 335–380.

Pineda, F.J., 1988a. "Generalization of backpropagation to recurrent and higher order neural networks," in *Neural Information Processing Systems,* D.Z. Anderson, ed., pp. 602–611, New York: American Institute of Physics.

Pineda, F.J., 1988b. "Dynamics and architecture in neural computation," *Journal of Complexity,* vol. 4, pp. 216–245.

Pineda, F.J., 1987. "Generalization of back-propagation to recurrent neural networks," *Physical Review Letters,* vol. 59, pp. 2229–2232.

Pitts, W., and W.S. McCulloch, 1947. "How we know universals: The perception of auditory and visual forms," *Bulletin of Mathematical Biophysics,* vol. 9, pp. 127–147.

Pizurica, A., and W. Phillips, 2006. "Estimating the probability of the presence of a signal of interest in multiresolution single- and multiband image denoising," *IEEE Trans. on Image Processing,* vol. 15, pp. 654–665.

Platt, J., 1999. "Fast training of support vector machines using sequential minimal optimization," in B. Schölkopf, C.J.C. Burges, and A.J. Smola, eds., *Advances in Kernel Methods—Support Vector Learning,* pp. 185–208, Cambridge, MA: MIT Press.

Poggio, T., and F. Girosi, 1990a. "Networks for approximation and learning," *Proceedings of the IEEE,* vol. 78, pp. 1481–1497.

Poggio, T., and F. Girosi, 1990b." Regularization algorithms for learning that are equivalent to multilayer networks," *Science,* vol. 247, pp. 978–982.

Poggio, T., and C. Koch, 1985. "Ill-posed problems in early vision: From computational theory to analogue networks," *Proceedings of the Royal Society of London,* Series B, vol. 226, pp. 303–323.

Poggio, T., V. Torre, and C. Koch, 1985. "Computational vision and regularization theory," *Nature,* vol. 317, pp. 314–319.

Polak, E., and G. Ribiére, 1969. "Note sur la convergence de méthodes de directions conjuguées," *Revue Française d' Informatique et de Recherche Opérationnelle* vol. 16, pp. 35–43.

Powell, M.J.D., 1992. "The theory of radial basis function approximation in 1990," in W. Light, ed., *Advances in Numerical Analysis Vol. II: Wavelets, Subdivision Algorithms, and Radial Basis Functions,* pp. 105–210, Oxford: Oxford Science Publications.

Powell, M.J.D., 1988. "Radial basis function approximations to polynomials," *Numerical Analysis 1987 Proceedings,* pp. 223–241, Dundee, UK.

Powell, M.J.D., 1987. "A review of algorithms for nonlinear equations and unconstrained optimization," *ICIAM'87: Proceedings of the First International Conference on Industrial and Applied Mathematics*, Philadelphia, Society for Industrial and Applied Mathematics, pp. 220–264.

Powell, M.J.D., 1985. "Radial basis functions for multivariable interpolation: A review," *IMA Conference on Algorithms for the Approximation of Functions and Data,* pp. 143–167, RMCS, Shrivenham, U.K.

Prechelt, L., 1998. *Early Stopping—But When?* in *Neural Networks: Tricks of the Trade,* ed. G. Orr and K. Müller, Lecture Notes in Computer Science, no. 1524. Berlin: Springer, pp. 55–69.

Preisendorfer, R.W., 1988. *Principal Component Analysis in Meteorology and Oceanography,* New York: Elsevier.

Press, W.H., and S.A. Teukolsky, 1990. "Orthogonal polynomials and Gaussian quadrature with nonclassical weighting functions," *Computers in Physics,* pp. 423–426.

Press, W.H., P.B. Flannery, S.A. Teukolsky, and W.T. Vetterling, 1988. *Numerical Recipes in C: The Art of Scientific Computing,* Cambridge and New York: Cambridge University Press.

Prokhorov, D.V., 2007. "Training recurrent neurocontrollers for real-time applications," *IEEE Trans. Neural Networks,* vol. 16, pp. 1003–1015.

Prokhorov, D.V., 2006. "Training recurrent neurocontrollers for rubustness with derivation-free Kalman filter," *IEEE Trans. Neural Networks,* vol. 17, pp. 1606–1616.

Prokhorov, D.V., L.A. Feldkamp, and I.Y. Tyukin, 2002. "Adaptive behavior with fixed weights in RNN: An overview," *Proceedings of the International Joint Conference on Neural Networks,* Hawaii.

Prokhorov, D., G. Puskorius, and L. Feldkamp, 2001. "Dynamical neural networks for control," in J. Kolen and S. Kremer, eds., *A Field Guide to Dynamical Recurrent Networks,* New York: IEEE Press, pp. 257–289.

Prokhorov, D.V., and D.C. Wunsch, II, 1997. "Adaptive critic designs," *IEEE Transactions on Neural Networks,* vol. 8, pp. 997–1007.

Puskorius, G., and L. Feldkamp, 2001. "Parameter-based Kalman filter training: Theory and implementation," in S. Haykin, ed., *Kalman Filtering and Neural Networks,* New York: Wiley.

Puskorius, G.V., L.A. Feldkamp, and L.I. Davis, Jr., 1996. "Dynamic neural network methods applied to on-vehicle idle speed control," *Proceedings of the IEEE,* vol. 84, pp. 1407–1420.

Puskorius, G.V., and L.A. Feldkamp, 1994. "Neurocontrol of nonlinear dynamical systems with Kalman filter-trained recurrent networks," *IEEE Transactions on Neural Networks,* vol. 5, pp. 279–297.

Puskorius, G.V., and L.A. Feldkamp, 1991. "Decoupled extended Kalman filter training of feedforward layered networks," *International Joint Conference on Neural Networks,* vol. 1, pp. 771–777, Seattle.

Rabiner, L.R., 1989. "A tutorial on hidden Markov models," *Proceedings of the IEEE,* vol. 73, pp. 1349–1387.

Rabiner, L.R., and B.H. Juang, 1986. "An introduction to hidden Markkov models," *IEEE ASSP Magazine,* vol. 3, pp. 4–16.

Ramón y Cajál, S., 1911, *Histologie du Systéms Nerveux de l'homme et des vertébrés,* Paris: Maloine.

Rao, A., D. Miller, K. Rose, and A. Gersho, 1997a. "Mixture of experts regression modeling by deterministic annealing." *IEEE Transactions on Signal Processing,* vol. 45, pp. 2811–2820.

Rao, A., K. Rose, and A. Gersho, 1997b. "A deterministic annealing approach to discriminative hidden Markov model design," *Neural Networks for Signal Processing VII, Proceedings of the 1997 IEEE Workshop,* pp. 266–275, Amelia Island, FL.

Rao, C.R., 1973. *Linear Statistical Inference and Its Applications,* New York: Wiley.

Rao, R.P.N., B.A. Olshausen, and M.S. Lewicki, eds., 2002. *Probabilistics Models of the Brain,* Cambridge, MA: MIT Press.

Rao, R.P.N., and T.J. Sejnowski, 2003. "Self-organizing neural systems based on predictive learning," *Philosophical Transactions of the Royal Society of London*, vol. A.361, pp. 1149–1175.

Rao, R.P.N., and D.H. Ballard, 1999. "Predictive coding in the visual cortex: A functional interpretation of some extra-classical receptive-field effects," *Nature Neuroscience,* vol. 3, pp. 79–87.

Rao, R.P.N., and D.H. Ballard, 1997. "Dynamic model of visual recognition predicts neural response properties in the visual cortex," *Neural Computation,* vol. 9, pp. 721–763.

Rashevsky, N., 1938. *Mathematical Biophysics,* Chicago: University of Chicago Press.

Reed, R.D., and R.J. Marks, II, 1999. *Neural Smithing: Supervised Learning in Feedforward Artificial Neural Networks,* Cambridge, MA: MIT Press.

Reif, F., 1965. *Fundamentals of Statistical and Thermal Physics,* New York: McGraw-Hill.

Renals, S., 1989. "Radial basis function network for speech pattern classification," *Electronics Letters,* vol. 25, pp. 437–439.

Rényi, A., 1970. *Probability Theory,* North-Holland, Amsterdam.

Rényi, A. 1960. "On measures of entropy and information," *Proceedings of the 4th Berkeley Symposium on Mathematics, Statistics, and Probability,* pp. 547–561.

Richards, W., ed., 1988. *Natural Computation,* Cambridge, MA: MIT Press.

Rieke, F., D. Warland, R. van Steveninck, and W. Bialek, 1997. *Spikes: Exploring the Neural Code,* Cambridge, MA: MIT Press.

Rifkin, R.M., 2002. *Everything old is new again: A fresh look at historical approaches in machine learning,* Ph.D. thesis, MIT.

Rissanen, J., 1989. *Stochastic Complexity in Statistical Inquiry,* Singapore: World Scientific.

Rissanen, J., 1978. "Modeling by shortest data description," *Automatica,* vol. 14, pp. 465–471.

Ristic, B., S. Arulampalam, and N. Gordon, 2004. *Beyond the Kalman Filter: Particle Filters for Tracking Applications*, Boston: Artech House.

Ritter, H., 2003. "Self-organizing feature maps." In M.A. Arbib, editor, *The Handbook of Brain Theory and Neural Networks,* 2nd edition, pp. 1005–1010.

Ritter, H., 1991. "Asymptotic level density for a class of vector quantization processes," *IEEE Transactions on Neural Networks,* vol. 2, pp. 173–175.

Ritter, H., and T. Kohonen, 1989. "Self-organizing semantic maps," *Biological Cybernetics,* vol. 61, pp. 241–254.

Ritter, H., T. Martinetz, and K. Schulten, 1992. *Neural Computation and Self-Organizing Maps: An Introduction,* Reading, MA: Addison-Wesley.

Robbins, H., and S. Monro, 1951. "A stochastic approximation method," *Annals of Mathematical Statistics,* vol. 22, pp. 400–407.

Robert, C.P., 2001. *The Bayesian Choice,* New York: Springer.

Robert, C.P., and G. Casella, 1999. *Monte Carlo Statistical Methods,* New York: Springer.

Roberts, S., and R. Everson, editors, 2001. *Independent Component Analysis: Principles and Practice,* Cambridge, U.K., and New York: Cambridge University Press.

Rochester, N., J.H. Holland, L.H. Haibt, and W.L. Duda, 1956. "Tests on a cell assembly theory of the action of the brain, using a large digital computer," *IRE Transactions on Information Theory,* vol. IT-2, pp. 80–93.

Rose, K., 1998. "Deterministic annealing for clustering, compression, classification, regression, and related optimization problems," *Proceedings of the IEEE,* vol. 86, pp. 2210–2239.

Rose, K., 1991. *Deterministic Annealing, Clustering, and Optimization,* Ph.D. Thesis, California Institute of Technology, Pasadena, CA.

Rose, K., E. Gurewitz, and G.C. Fox, 1992. "Vector quantization by deterministic annealing," *IEEE Transactions on Information Theory,* vol. 38, pp. 1249–1257.

Rose, K., E. Gurewitz, and G.C. Fox, 1990. "Statistical mechanics and phase transitions in clustering," *Physical Review Letters,* vol. 65, pp. 945–948.

Rosenberg, S., 1997. *The Laplacian on a Riemannian Manifold,* Cambridge, U.K., and New York: Cambridge University Press.

Rosenblatt, F., 1962. *Principles of Neurodynamics,* Washington, DC: Spartan Books.

Rosenblatt, F., 1958. "The Perceptron: A probabilistic model for information storage and organization in the brain," *Psychological Review,* vol. 65, pp. 386–408.

Rosenblatt, M., 1970. "Density estimates and Markov sequences," in M. Puri, ed., *Nonparametric Techniques in Statistical Inference,* pp. 199–213, London: Cambridge University Press.

Rosenblatt, M., 1956. "Remarks on some nonparametric estimates of a density function," *Annals of Mathematical Statistics.,* vol. 27, pp. 832–837.

Ross, S.M., 1983. *Introduction to Stochastic Dynamic Programming,* New York: Academic Press.

Roth, Z., and Y. Baram, 1996. "Multi-dimensional density shaping by sigmoids," *IEEE Transactions on Neural Networks,* vol. 7, pp. 1291–1298.

Roussas, G., ed., 1991. *Nonparametric Functional Estimation and Related Topics,* The Netherlands: Kluwer.

Roy, N., and G. Gordon, 2003. "Exponential family PCA for belief compression in POMDPs," *Advances in Neural Information Processing Systems,* vol. 15, pp. 1667–1674.

Roy, S., and J.J. Shynk, 1990. "Analysis of the momentum LMS algorithm," *IEEE Transactions on Acoustics, Speech, and Signal Processing,* vol. ASSP-38, pp. 2088–2098.

Rubin, D.B., 1988. "Using the SIR algorithm to simulate posterior distribution," in J.M. Bernardo, M.H. DeGroot, D.V. Lindley, and A.F.M. Smith, eds., *Bayesian Statistics,* vol. 3, pp. 395–402, Oxford, U.K.: Oxford University Press.

Rubner, J., and K. Schulten, 1990. "Development of feature detectors by self-organization," *Biological Cybernetics,* vol. 62, pp. 193–199.

Rubner, J., and P. Tavan, 1989. "A self-organizing network for principal component analysis," *Europhysics Letters,* vol. 10, pp. 693–698.

Ruderman, D.L., 1997. "Origins of scaling in natural images," *Vision Research,* vol. 37, pp. 3385–3395.

Rueckl, J.G., K.R. Cave, and S.M. Kosslyn, 1989. "Why are 'what' and 'where' processed by separate cortical visual systems? A computational investigation," *J. Cognitive Neuroscience,* vol. 1, pp. 171–186.

Rumelhart, D.E., and J.L. McClelland, eds., 1986. *Parallel Distributed Processing: Explorations in the Microstructure of Cognition,* vol. 1, Cambridge, MA: MIT Press.

Rumelhart, D.E., and D. Zipser, 1985. "Feature discovery by competitive learning," *Cognitive Science,* vol. 9, pp. 75–112.

Rumelhart, D.E., G.E. Hinton, and R.J. Williams, 1986a. "Learning representations of back-propagation errors," *Nature (London),* vol. 323, pp. 533–536.

Rumelhart, D.E., G. E. Hinton, and R.J. Williams, 1986b. "Learning internal representations by error propagation," in D.E. Rumelhart and J.L. McCleland, eds., vol 1, Chapter 8, Cambridge, MA: MIT Press.

Russell, S.J., and P. Novig, 1995. *Artificial Intelligence: A Modem Approach,* Upper Saddle River, NJ: Prentice Hall.

Saarinen, S., R.B. Bramley, and G. Cybenko, 1992. "Neural networks, backpropagation, and automatic differentiation," in *Automatic Differentiation of Algorithms: Theory, Implementation, and Application,* A. Griewank and G.F. Corliss, eds., pp. 31–42, Philadelphia: SIAM.

Saarinen, S., R. Bramley, and G. Cybenko, 1991. "The numerical solution of neural network training problems," *CRSD Report No. 1089*, Center for Supercomputing Research and Development, University of Illinois, Urbana, IL.

Saerens, M., and A. Soquet, 1991. "Neural controller based on back-propagation algorithm," *IEE Proceedings (London), Part F*, vol. 138, pp. 55–62.

Salomon, R., and J.L. van Hemmen, 1996. "Accelerating backpropagation through dynamic self-adaptation," *Neural Networks*, vol. 9, pp. 589–601.

Samuel, A.L., 1959. "Some studies in machine learning using the game of checkers," *IBM Journal of Research and Development*, vol. 3, pp. 211–229.

Sandberg, I.W., 1991. "Structure theorems for nonlinear systems," *Multidimensional Systems and Signal Processing*, vol. 2, pp. 267–286.

Sandberg, I.W., L. Xu, 1997a. "Uniform approximation of multidimensional myopic maps," *IEEE Transactions on Circuits and Systems*, vol. 44, pp. 477–485.

Sandberg, I.W., and L. Xu, 1997b. "Uniform approximation and gamma networks," *Neural Networks*, vol. 10, pp. 781–784.

Sanger, T.D., 1990. "Analysis of the two-dimensional receptive fields learned by the Hebbian algorithm in response to random input," *Biological Cybernetics*, vol. 63, pp. 221–228.

Sanger, T.D., 1989a. "An optimality principle for unsupervised learning," *Advances in Neural Information Processing Systems*, vol. 1, pp. 11–19, San Mateo, CA: Morgan Kaufmann.

Sanger, T.D., 1989b. "Optimal unsupervised learning in a single-layer linear feedforward neural network," *Neural Networks*, vol. 12, pp. 459–473.

Sauer, T., J.A. Yorke, and M. Casdagli, 1991. "Embedology," *Journal of Statistical Physics*, vol. 65, pp. 579–617.

Saul, L.K., and M.I. Jordan, 1995. "Boltzmann chains and hidden Markov models," *Advances in Neural Information Processing Systems*, vol. 7, pp. 435–442.

Scharf, L.L., 1991. *Statistical Signal Processing: Detection, Estimation, and Time Series Analysis*, Reading, MA: Addison-Wesley.

Schei, T.S., 1997. "A finite-difference method for linearization in nonlinear estimation algorithms," *Automatica*, vol. 33, pp. 2051–2058.

Schiffman, W.H., and H.W. Geffers, 1993. "Adaptive control of dynamic systems by back propagation networks," *Neural Networks*, vol. 6, pp. 517–524.

Schölkopf, B., and A.J. Smola, 2002. *Learning with Kernels: Support Vector Machines, Regularization, Optimization, and Beyond*, Cambridge, MA: MIT Press.

Schölkopf, B., A.J. Smola, and K. Müller, 1998. "Nonlinear component analysis as a kernel eigenvalue problem," *Neural Computation*, vol. 10, pp. 1299–1319.

Schölkopf, B., 1997. *Support Vector Learning*, Munich, Germany: R. Oldenbourg Verlag.

Schraudolf, N.N., J. Yu, and S. Günter, 2007. "A stochastic quasi-Newton method for on-line convex optimization," *Proceedings of 11th Intl. Conf. Artificial Intelligence and Statistics*, Puerto Rico, pp. 433–440.

Schraudolph, N.N., 2002. "Fast curvature matrix–vector products for second-order gradient descent," *Neural Computation*, vol. 4, pp. 1723–1738.

Schultz, W., 2007. "Reward signals", *Scholarpedia*, vol. 2, issue 6, 16 pages.

Schultz, W., 1998. "Predictive reward signal of dopamine neurons", *J. Neurophysiology*, vol. 80, pp. 1–27.

Schumaker, L.L., 1981, *Spline Functions: Basic Theory*, New York: Wiley.

Seber, G.A.F., and C.J. Wild, 1989. *Nonlinear Regression*, New York: Wiley.

Sejnowski, T.J., 1977a. "Strong covariance with nonlinearly interacting neurons," *Journal of Mathematical Biology*, vol. 4, pp. 303–321.

Sejnowski, T.J., 1977b. "Statistical constraints on synaptic plasticity," *Journal of Theoretical Biology*, vol. 69, pp. 385–389.

Sejnowski, T.J., and C.R. Rosenberg, 1987. "Parallel networks that learn to pronounce English text," *Complex Systems*, vol. 1, pp. 145–168.

Selfridge, O.G., 1958. "Pandemonium: A paradigm for learning," *Mechanization of Thought Processes, Proceedings of a Symposium held at the National Physical Laboratory,* pp. 513–526, London, November. (Reproduced in J.A. Anderson and E. Rosenfeld, editors, *Neurocomputing,* pp. 117–122, Cambridge, MA: MIT Press, 1988.)

Shah, S., and F. Palmieri, 1990. "MEKA—A fast, local algorithm for training feedforward neural networks," *International Joint Conference on Neural Networks,* vol. 3, pp. 41–46, San Diego.

Shamma, S.A., 2001. "On the role of space and time in auditory processing," *Trends in Cognitive Sciences,* vol. 5, pp. 340–348.

Shamma, S., 1989. "Spatial and temporal processing in central auditory networks," in *Methods in Neural Modeling,* C. Koch and I. Segev, Eds., Cambridge, MA: MIT Press.

Shanno, D.F., 1978. "Conjugate gradient methods with inexact line searches," *Mathematics of Operations Research,* vol. 3, pp. 244–256.

Shannon, C.E., 1948. "A mathematical theory of communication," *Bell System Technical Journal,* vol. 27, pp. 379–423, 623–656.

Shannon, C.E., and W. Weaver, 1949. *The Mathematical Theory of Communication,* Urbana, IL: The University of Illinois Press.

Shannon, C.E., and J. McCarthy, eds., 1956. *Automata Studies,* Princeton, NJ: Princeton University Press.

Shawe-Taylor, J., and N. Cristianini, 2004. *Kernel Methods for Pattern Analysis,* Cambridge, U.K., and New York: Cambridge University Press.

Shepherd, G.M., 1988. *Neurobiology,* 2d ed., New York: Oxford University Press.

Shepherd, G.M., ed., 1990. *The Synoptic Organization of the Brain,* 3d ed., New York: Oxford University Press.

Shepherd, G.M., and C. Koch, 1990. "Introduction to synaptic circuits," in *The Synaptic Organization of the Brain,* G.M. Shepherd, ed., pp. 3–31. New York: Oxford University Press.

Sherrington, C.S., 1933. *The Brain and Its Mechanism,* London: Cambridge University Press.

Sherrington, C.S., 1906. *The Integrative Action of the Nervous System,* New York: Oxford University Press.

Sherrington, D., and S. Kirkpatrick, 1975. "Spin-glasses," *Physical Review Letters,* vol. 35, p. 1972.

Shewchuk, J.R., 1994. *An Introduction to the Conjugate Gradient Method Without the Agonizing Pain,* School of Computer Science, Carnegie Mellon University, Pittsburgh, August 4, 1994.

Shore, J.E., and R.W. Johnson, 1980. "Axiomatic derivation of the principle of maximum entropy and the principle of minimum cross-entropy," *IEEE Transactions on Information Theory,* vol. IT-26, pp. 26–37.

Shynk, J.J., 1990. "Performance surfaces of a single-layer perceptron," *IEEE Transactions or Neural Networks,* 1, 268–274.

Shynk, J.J. and N.J. Bershad, 1991. Steady-state analysis of a single-layer perceptron based on a system identification model with bias terms," *IEEE Transactions on Circuits and Systems,* vol. CAS-38, pp. 1030–1042.

Si, J., A.G. Barto, W.B. Powell, and D. Wunsch II, eds., 2004. *Handbook of Learning and Approximate Dynamic Programming,* Hoboken, NJ: Wiley-Interscience.

Siegelmann, H.T., B.G. Home, and C.L. Giles, 1997. "Computational capabilities of recurrent NARX neural networks," *Systems, Man, and Cybernetics, Part B: Cybernetics,* vol. 27, pp. 208–215.

Siegelmann, H.T., and E.D. Sontag, 1991. "Turing computability with neural nets," *Applied Mathematics Letters,* vol. 4, pp. 77–80.

Silver, D., R.S. Sutton, and M. Müller, 2008. "Sample-based learning and search with permanent and transient memories," *Proceedings of the 25th International Conference on Machine Learning,* Helsinki, Finland.

Simmons, J.A., P.A. Saillant, and S.P. Dear, 1992. "Through a bat's ear," *IEEE Spectrum,* vol. 29, issue 3, pp. 46–48, March.

Sindhwani, V., M. Belkin, and P. Niyogi, 2006. "The geometric basis of semi-supervised learning," in O. Chapelle, B. Schölkopf, and A. Zien, eds., *Semi-Supervised Learning,* pp. 217–235, Cambridge, MA: MIT Press.

Sindhwani, V., P. Niyogi, and M. Belkin, 2005. "Beyond the point cloud: From transductive to semi-supervised learning," *Proceedings of the 22nd International Conference on Machine Learning,* Bonn, Germany.

Singh, S., and D. Bertsekas, 1997. "Reinforcement learning for dynamic channel allocation in cellular telephone systems," *Advances in Neural Information Processing Systems,* vol. 9, pp. 974–980, Cambridge, MA: MIT Press.

Singhal, S., and L. Wu, 1989. "Training feed-forward networks with the extended Kalman filter," *IEEE International Conference on Acoustics, Speech, and Signal Processing,* pp. 1187–1190, Glasgow, Scotland.

Sklar, A. (1959), "Fonctions de repartition 'a n dimensions et leurs marges," Publ. Inst. Statist. Univ. Paris 8, pp. 229–231.

Slepian, D., 1973. *Key papers in the development of information theory,* New York: IEEE Press.

Sloane, N.J.A., and A.D. Wyner, 1993. *Claude Shannon: Collected Papers,* New York: IEEE Press.

Slonim, N., N. Friedman, and N. Tishby, 2006. "Multivariate information bottleneck," *Neural Computation,* vol. 18, pp. 1739–1789.

Slotine, J.-J., and W. Li, 1991. Applied Nonlinear Control, Englewood Cliffs, NJ: Prentice Hall.

Smith, T. 2007. *Probabilistic Planning for Robotic Exploration,* Ph.D. thesis, Carnegie Mellon University, Pittsburgh.

Smolensky, P., 1986. "Information processing in dynamical systems: Foundations of Information Theory," in D.E. Rumelhart, J.L. McLelland, and the PDP Research Group, *Parallel Distributed Processing, Volume 1: Foundations,* Chapter 6, pp. 194–281, Cambridge, MA: MIT Press.

Snyder, D.L., 1975. *Random Point Processes,* New York: Wiley-Interscience.

Snyder, D.L., 1972. "Filtering and detection for doubly stochastic Poisson processes," *IEEE Trans. Information Theory,* vol. IT-18, pp. 91–102.

Sompolinsky, H., N. Barkai, and H.S. Seung, 1995. "On-line learning and dicotomies: Algorithms and learning curves," in J.-H. Oh, C. Kwon, and S. Cho, eds., *Neural Networks: The Statistical Mechanics Perspective,* pp. 105–130, Singapore and River Edge, NJ: World Scientific.

Sondik, E.J., 1971. *The Optimal Control of Partially Observable Markov Processes,* Ph.D. thesis, Stanford University.

Sontag, E.D., 1992. "Feedback stabilization using two-hidden-layer nets," *IEEE Transactions on Neural Networks,* vol. 3, pp. 981–990.

Sontag, E.D., 1990. *Mathematical Control Theory: Deterministic Finite Dimensional Systems,* New York: Springer-Verlag.

Sontag, E.D., 1989. "Sigmoids distinguish more efficiently than Heavisides," *Neural Computation,* vol. 1, pp. 470–472.

Southwell, R.V., 1946. *Relaxation Methods in Theoretical Physics,* New York: Oxford University Press.

Specht, D.F., 1991. "A general regression neural network," *IEEE Transactions on Neural Networks,* vol. 2, pp. 568–576.

Sperduti, A., 1997. "On the computational power of recurrent neural networks for structures," *Neural Networks,* vol. 10, pp. 395–400.

Sprecher, D.A., 1965. "On the structure of continuous functions of several variables," *Transactions of the American Mathematical Society,* vol. 115, pp. 340–355.

Steinbuch, K., 1961. "Die Lernmatrix." *Kybernetik,* vol. 1, pp. 36–45.

Steinwart, I., 2003. "Sparseness of support vector machines," *J. Machine Learning Research,* vol. 4, pp. 1071–1105.

Stent, G.S., 1973. "A physiological mechanism for Hebb's postulate of learning," *Proceedings of the National Academy of Sciences, USA,* vol. 70, pp. 997–1001.

Sterling, P., 1990. "Retina," in *The Synoptic Organization of the Brain,* G.M. Shepherd, ed., 3d ed., pp. 170–213, New York: Oxford University Press.

Stewart, G.W., 1973. *Introduction to Matrix Computations,* New York: Academic Press.

Stone, M., 1978. "Cross-validation: A review," *Mathematische Operationsforschung Statistischen, Serie Statistics,* vol. 9, pp. 127–139.

Stone, M., 1974. "Cross-validatory choice and assessment of statistical predictions," *Journal of the Royal Statistical Society,* vol. B36, pp. 111–133.

Strang, G., 1980. *Linear Algebra and its Applications,* New York: Academic Press.

Stroud, A.H., 1971. *Approximate Calculation of Multiple Integrals,* Englewood Cliffs, NJ: Prentice-Hall.

Stroud, A.H., 1966. *Gaussian Quadrature Formulas,* Englewood Cliffs, NJ: Prentice-Hall.

Su, H.-T., and T. McAvoy, 1991. "Identification of chemical processes using recurrent networks," *Proceedings of the 10th American Controls Conference,* vol. 3, pp. 2314–2319, Boston.

Su, H.-T., T. McAvoy, and P. Werbos, 1992. "Long-term predictions of chemical processes using recurrent neural networks: A parallel training approach," *Industrial Engineering and Chemical Research,* vol. 31, pp. 1338–1352.

Suga, N., 1990a. "Cortical computational maps for auditory imaging," *Neural Networks,* vol. 3, pp. 3–21.

Suga, N., 1990b. "Computations of velocity and range in the bat auditory system for echo location," in *Computational Neuroscience,* E.L. Schwartz, ed., pp. 213–231, Cambridge, MA: MIT Press.

Suga, N., 1990c. "Biosonar and neural computation in bats," *Scientific American,* vol. 262, pp. 60–68.

Suga, N., 1985. "The extent to which bisonar information is represented in the bat auditory cortex," in *Dynamic Aspects of Neocortical Function,* G.M. Edelman, W.E. Gall, and W.M. Cowan, eds. pp. 653–695, New York: Wiley (Interscience).

Suga, N., 2003, "Echolocation: Chocleotopic and computational maps," in M.A. Arbib, ed., *The Handbook of Brain Theory and Neural Networks,* 2d edition, pp. 381–387, Cambridge, MA: MIT Press.

Sutton, R.S., 1988. "Learning to predict by the methods of temporal differences," *Machine Learning,* vol. 3, pp. 9–44.

Sutton, R.S., 1984. "Temporal credit assignment in reinforcement learning," Ph.D. dissertation, University of Massachusetts, Amherst, MA.

Sutton, R.S., ed., 1992. Special Issue on Reinforcement Learning, *Machine Learning,* vol. 8, pp. 1–395.

Sutton, R.S., and A.G. Barto, 1998. *Reinforcement Learning: An Introduction,* Cambridge, MA: MIT Press.

Sutton, R.S., and B. Tanner, 2005. "Temporal Difference Networks," *Advances in Neural Information Processing Systems,* vol. 17, pp. 1377–1384.

Suykens, J.A., T. Van Gestel, J. DeBrabanter, B. DeMoor, and J. Vanderwalle, 2002. *Least-Squares Support Vector Machines,* River Edge, NJ: World Scientific.

Suykens, J.A.K., J.P.L. Vandewalle, and B.L.R. DeMoor, 1996. *Artificial Neural Networks for Modeling and Control of Non-Linear Systems,* Dordrecht, The Netherlands: Kluwer.

Takens, F., 1981. "On the numerical determination of the dimension of an attractor," in D. Rand and L.S. Young, eds., *Dynamical Systems and Turbulence,* Annual Notes in Mathematics, vol. 898, pp. 366–381, Berlin: Springer-Verlag.

Tapia, R.A., and J.R. Thompson, 1978. *Nonparametric Probability Density Estimation,* Baltimore: The Johns Hopkins University Press.

Tesauro, G., 1995. "Temporal difference learning and TD-gamma," *Communications of the Association for Computing Machinery,* vol. 38, pp. 58–68.

Tesauro, G., 1994. "TD-Gammon, A self-teaching Backgammon program, achieves master-level play," *Neural Computation,* vol. 6, pp. 215–219.

Tesauro, G., 1992. "Practical issues in temporal difference learning," *Machine Learning,* vol. 8, pp. 257–277.

Tesauro, G., 1989. "Neurogammon wins computer olympiad," *Neural Computation,* vol. 1, pp. 321–323.

Tesauro, G., and R. Janssens, 1988. "Scaling relationships in back-propagation learning," *Complex Systems,* vol. 2, pp. 39–44.

Theodoridis, S., and K. Koutroumbas, 2003. *Pattern Recognition,* 2d ed., Amsterdam and Boston: Academic Press.

Thorndike, E.L., 1911. *Animal Intelligence,* Darien, CT: Hafner.

Thrun, S.B., 1992. "The role of exploration in learning control," in *Handbook of Intelligent Control,* D.A. White and D.A. Sofge, eds., pp. 527–559, New York: Van Nostrand Reinhold.

Tichavsky, P., Z. Koldovsky, and E. Oja, 2006. "Performance analysis of FastICA algorithm and Cramér–Rao bounds for linear independent component analysis," *IEEE Trans. Signal Processing,* vol. 54, pp. 1189–1203.

Tikhonov, A.N., 1973. "On regularization of ill-posed problems," *Doklady Akademii Nauk USSR,* vol. 153, pp. 49–52.

Tikhonov, A.N., 1963. "On solving incorrectly posed problems and method of regularization," *Doklady Akademii Nauk USSR,* vol. 151, pp. 501–504.

Tikhonov, A.N., and V.Y. Arsenin, 1977. *Solutions of Ill-posed Problems,* Washington, DC: W.H. Winston.

Tishby, N., and N. Slonim, 2001. "Data Clustering by Markovian relaxation and the information bottleneck method," *Advances in Neural Information Processing Systems,* vol. 13, pp. 640–646.

Tishby, N., F.C. Pereira, and W. Bialek, 1999. "The information bottleneck method," *Proceedings of the 37th Annual Allerton Conference on Communications, Control and Computing,* pp. 368–377.

Touretzky, D.S., and D.A. Pomerleau, 1989. "What is hidden in the hidden layers?" *Byte,* vol. 14, pp. 227–233.

Tsitsiklis, J.N., 1994. "Asynchronous stochastic approximation and Q-learning," *Machine Learning,* vol. 16, pp. 185–202.

Tsoi, A.C., and A.D. Back, 1994. "Locally recurrent globally feedforward networks: A critical review," *IEEE Transactions on Neural Networks,* vol. 5, pp. 229–239.

Tu, Z.W., X. R. Chen, A.L. Yiulle, and S.C. Zhu, 2005. "Image parsing: Unifying segmentation, detection, and recognition," *International J. Computer Vision,* vol. 63, pp. 113–140.

Turing, A.M., 1952. "The chemical basis of morphogenesis," *Philosophical Transactions of the Royal Society, B,* vol. 237, pp. 5–72.

Turing, A.M., 1950. "Computing machinery and intelligence," *Mind,* vol. 59, pp. 433–460.

Turing, A.M., 1936. "On computable numbers with an application to the Entscheidungs problem," *Proceedings of the London Mathematical Society,* Series 2, vol. 42, pp. 230–265. Correction published in vol. 43, pp. 544–546.

Ukrainec, A.M., and S. Haykin, 1996. "A modular neural network for enhancement of cross-polar radar targets," *Neural Networks,* vol. 9, pp. 143–168.

Ukrainec, A., and S. Haykin, 1992. "Enhancement of radar images using mutual information based unsupervised neural networks," *Canadian Conference on Electrical and Computer Engineering,* pp. MA6.9.1–MA6.9.4, Toronto, Canada.

Uttley, A.M., 1979. *Information Transmission in the Nervous System,* London: Academic Press.

Uttley, A.M., 1970. "The informon: A network for adaptive pattern recognition," *Journal of Theoretical Biology,* vol. 27, pp. 31–67.

Uttley, A.M., 1966. "The transmission of information and the effect of local feedback in theoretical and neural networks," *Brain Research,* vol. 102, pp. 23–35.

Uttley, A.M., 1956. "A theory of the mechanism of learning based on the computation of conditional probabilities," *Proceedings of the First International Conference on Cybernetics,* Namur, Gauthier-Villars, Paris.

Valiant, L.G., 1984. "A theory of the learnable," *Communications of the Association for Computing Machinery,* vol. 27, pp. 1134–1142.

Van Essen, D.C., C.H. Anderson, and D.J. Felleman, 1992. "Information processing in the primate visual system: An integrated systems perspective," *Science,* vol. 255, pp. 419–423.

Van Hulle, M.M., 2005. "Maximum likelihood topographic map formation," *Neural Computation,* vol. 17, pp. 503–513.

Van Hulle, M.M., 2002a. "Kernel-based topographic map formation by local density modeling," *Neural Computation,* vol. 14, pp. 1561–1573.

Van Hulle, M.M., 2002b. "Joint entropy maximization in kernel-based topographic maps," *Neural Computation,* vol. 14, pp. 1887–1906.

Van Hulle, M.M., 1997. "Nonparametric density estimation and regression achieved with topographic maps maximizing the information-theoretic entropy of their outputs," *Biological Cybernetics,* vol. 77, pp. 49–61.

Van Hulle, M.M., 1996. "Topographic map formation by maximizing unconditional entropy: A plausible strategy for "on-line" unsupervised competitive learning and nonparametric density estimation," *IEEE Transactions on Neural Networks,* vol. 7, pp. 1299–1305.

van Laarhoven, P.J.M., and E.H.L. Aarts, 1988. *Simulated Annealing: Theory and Applications,* Boston: Kluwer Academic Publishers.

Van Trees, H.L., 1968. *Detection, Estimation, and Modulation Theory,* Part I, New York: Wiley.

Vapnik, V.N., 1998. *Statistical Learning Theory,* New York: Wiley.

Vapnik, V.N., 1995. *The Nature of Statistical Learning Theory,* New York: Springer-Verlag.

Vapnik, V.N., 1992. "Principles of risk minimization for learning theory," *Advances in Neural Information Processing Systems,* vol. 4, pp. 831–838, San Mateo, CA: Morgan Kaufmann.

Vapnik, V.N., 1982. *Estimation of Dependences Based on Empirical Data,* New York: Springer-Verlag.

Vapnik, V.N., and A. Ya. Chervonenkis, 1971. "On the uniform convergence of relative frequencies of events to their probabilities," *Theoretical Probability and Its Applications,* vol. 17, pp. 264–280.

Vapnik, V.N., and A. Ya. Chervonenkis, 1964. "A note on a class of perceptrons," *Automation and Remote Control,* vol. 25, pp. 103–109.

Venkataraman, S., 1994. "On encoding nonlinear oscillations in neural networks for locomotion," *Proceedings of the 8th Yale Workshop on Adaptive and Learning Systems,* pp. 14–20, New Haven, CT.

Vidyasagar, M., 1997. *A Theory of Learning and Generalization,* London: Springer-Verlag.

Vidyasagar, M., 1993. *Nonlinear Systems Analysis,* 2d ed., Englewood Cliffs, NJ: Prentice Hall.

Viterbi, A.J., 1967. "Error bounds for convolutional codes and an asymptotically optimum decoding algorithm," *IEEE Transactions on Information Theory,* vol. IT-13, pp. 260–269.

von der Malsburg, C., 1990a. "Network self-organization," in *An Introduction to Neural and Electronic Networks,* S.F. Zornetzer, J.L. Davis, and C. Lau, eds., pp. 421–432, San Diego: Academic Press.

von der Malsburg, C., 1990b. "Considerations for a visual architecture," in *Advanced Neural Computers,* R. Eckmiller, ed., pp. 303–312, Amsterdam: North-Holland.

von der Malsburg, C., 1981. "The correlation theory of brain function," *Internal Report 81–2,* Department of Neurobiology, Max-Plak-Institute for Biophysical Chemistry, Göttingen, Germany.

von der Malsburg, C., 1973. "Self-organization of orientation sensitive cells in the striate cortex," *Kybernetik,* vol. 14, pp. 85–100.

von der Malsburg, C., and W. Schneider, 1986. "A neural cocktail party processor," *Biological Cybernetics,* vol. 54, pp. 29–40.

von Neumann, J., 1986. *Papers of John von Neumann on Computing and Computer Theory,* W. Aspray and A. Burks, eds., Cambridge, MA: MIT Press.

von Neumann, J., 1958. *The Computer and the Brain,* New Haven, CT: Yale University Press.

von Neumann, J., 1956. "Probabilistic logics and the synthesis of reliable organisms from unreliable components," in *Automata Studies,* C.E. Shannon and J. McCarthy, eds., pp. 43–98, Princeton, NJ: Princeton University Press.

Wahba, G., 1990. *Spline Models for Observational Data,* SIAM.

Wahba, G., D.R. Johnson, F. Gao, and J. Gong, 1995. "Adaptive tuning of numerical weather prediction models: Randomized GCV in three and four dimensional data assimilation," *Monthly Weather Review,* vol. 123, pp. 3358–3369.

Watkins, C.J.C.H., 1989. *Learning from Delayed Rewards,* Ph.D. thesis, University of Cambridge, Cambridge, U.K.

Watkins, C.J.C.H., and P. Dayan, 1992. "Q-leaming," *Machine Learning,* vol. 8, pp. 279–292.

Watrous, R.L. 1987. "Learning algorithms for connectionist networks: Applied gradient methods of nonlinear optimization," *First IEEE International Conference on Neural Networks,* vol. 2, pp. 619–627, San Diego.

Watson, G.S., 1964. "Smooth regression analysis," *Sankhyā: The Indian Journal of Statistics, Series A,* vol. 26, pp. 359–372.

Wax, W., and T. Kailath, 1985. "Detection of signals by information theoretic criteria," *IEEE Trans. Acoustics, Speech and Signal Processing,* vol. ASSP32, pp. 387–392.

Webb, A.R., 1994. "Functional approximation by feed-forward networks: A least-squares approach to generalisation," *IEEE Transactions on Neural Networks,* vol. 5, pp. 480–488.

Webb, A.R., and D. Lowe, 1990. "The optimal internal representation of multilayer classifier networks performs nonlinear discriminant analysis," *Neural Networks,* vol. 3, pp. 367–375.

Weierstrass, K., 1885. "Uber die analytische Darstellbarkeit sogenannter willkurlicher Funktionen einer reellen veranderlichen," *Sitzungsberichte der Akademie der Wissenschaften, Berlin,* pp. 633–639, 789–905.

Werbos, P., 2004. "ADP: Goals, opportunities and principles," in J. Si, A.G. Barto, W.B. Powell, and D. Wunsch II, eds., *Handbook of Learning and Approximate Dynamic Programming,* Hoboken, NJ: Wiley-Interscience.

Werbos, P.J., 1992. "Neural networks and the human mind: New mathematics fits humanistic insight," *IEEE International Conference on Systems, Man, and Cybernetics,* vol. 1, pp. 78–83, Chicago.

Werbos, P.J., 1990. "Backpropagation through time: What it does and how to do it," *Proceedings of the IEEE,* vol. 78, pp. 1550–1560.

Werbos, P.J., 1989. "Backpropagation and neurocontrol: A review and prospectus," *International Joint Conference on Neural Networks,* vol. I, pp. 209–216, Washington, DC.

Werbos, P., 1977. "Advanced forecasting for global crisis warning and models of intelligence," *General Systems Yearbook*, vol. 22, pp. 25–38.

Werbos, P.J., 1974. "Beyond regression: New tools for prediction and analysis in the behavioral sciences," Ph.D. thesis, Harvard University, Cambridge, MA.

Whitney, H., 1936. "Differentiable manifolds," *Annals of Mathematics,* vol. 37, pp. 645–680.

Whittaker, E.T., 1923. "On a new method of graduation," *Proceedings of the Edinburgh Mathematical Society,* vol. 41, pp. 63–75.

Widrow, B., N.K. Gupta, and S. Maitra, 1973. "Punish/reward: Learning with a critic in adaptive threshold systems," *IEEE Transactions of Systems, Man, and Cybernetics,* vol. SMC-3, pp. 455–465.

Widrow, B., and M.E. Hoff, Jr., 1960. "Adaptive Switching Circuits," *IRE WESCON Conv. Rec.,* Pt. 4, pp. 96–104.

Widrow, B., and M.A. Lehr, 1990. "30 years of adaptive neural networks: Perceptron, madaline, and back-propagation," *Proceedings of the Institute of Electrical and Electronics Engineers,* vol. 78, pp. 1415–1442.

Widrow, B., P.E. Mantey, L.J. Griffiths, and B.B. Goode, 1967. "Adaptive antenna systems," *Proceedings of the IEEE,* vol. 55, pp. 2143–2159.

Widrow, B., and S.D. Stearns, 1985. *Adaptive Signal Processing,* Englewood Cliffs, NJ: Prentice-Hall.

Widrow, B., and E. Walach, 1996. *Adaptive Inverse Control,* Upper Saddle River, NJ: Prentice Hall.

Wieland, A., and R. Leighton, 1987. "Geometric analysis of neural network capabilities," first *IEEE International Conference on Neural Networks,* vol. III, pp. 385–392, San Diego.

Wiener, N., 1961. *Cybernetics,* 2d ed., New York: Wiley.

Wiener, N., 1958. *Nonlinear Problems in Random Theory,* New York: Wiley.

Wiener, N., 1949. *Extrapolation, Interpolation, and Smoothing of Stationary Time Series with Engineering Applications,* Cambridge, MA: MIT Press. (This was originally issued as a classified National Defense Research Report, February 1942).

Wiener, N., 1948. *Cybernetics: Or Control and Communication in the Animal and the Machine,* New York: Wiley.

Williams, R.J., and J. Peng, 1990. "An efficient gradient-based algorithm for on-line training of recurrent network trajectories," *Neural Computation,* vol. 2, pp. 490–501.

Williams, R.J., and D. Zipser, 1995. "Gradient-based learning algorithms for recurrent networks and their computational complexity," in Y. Chauvin and D.E. Rumelhart, eds., *Backpropagation: Theory, Architectures, and Applications,* pp. 433–486, Hillsdale, NJ: Lawrence Erlbaum.

Williams, R.J., and D. Zipser, 1989. "A learning algorithm for continually running fully recurrent neural networks," *Neural Computation,* vol. 1, pp. 270–280.

Willshaw, D.J., O.P. Buneman, and H.C. Longuet-Higgins, 1969. "Non-holographic associative memory," *Nature (London),* vol. 222, pp. 960–962.

Willshaw, D.J., and C. von der Malsburg, 1976. "How patterned neural connections can be set up by self-organization," *Proceedings of the Royal Society of London Series B,* vol. 194, pp. 431–445.

Wilson, G.V., and G.S. Pawley, 1988. "On the stability of the travelling salesman problem algorithm of Hopfield and Tank," *Biological Cybernetics,* vol. 58, pp. 63–70.

Wilson, H.R., and J.D. Gowan, 1972. "Excitatory and inhibitory interactions in localized populations of model neurons," *Journal of Biophysics,* vol. 12, pp. 1–24.

Winder, R.O., 1961. "Single stage threshold logic," *Switching Circuit Theory and Logical Design,* AIEE Special Publications, vol. S-134, pp. 321–332.

Winograd, S., and J.D. Cowan, 1963. *Reliable Computation in the Presence of Noise,* Cambridge, MA: MIT Press.

Wood, N.L., and N. Cowan, 1995. "The cocktail party phenomenon revisited: Attention and memory in the classic selective listening procedure of Cherry (1953)," *Journal of Experimental Psychology: General,* vol. 124, pp. 243–262.

Woods, W.A., 1986. "Important issues in knowledge representation," *Proceedings of the Institute of Electrical and Electronics Engineers,* vol. 74, pp. 1322–1334.

Wu, C.F.J., 1983. "On the convergence properties of the EM algorithm," *Annals of Statistics,* vol. 11, pp. 95–103.

Wylie, C.R., and L.C. Barrett, 1982. *Advanced Engineering Mathematics,* 5th ed., New York: McGraw-Hill.

Xu, L., A. Krzyzak, and A. Yuille, 1994. "On radial basis function nets and kernel regression: Statistical consistency, convergency rates, and receptive field size," *Neural Networks,* vol. 7, pp. 609–628.

Xu, L., E. Oja, and C.Y. Suen, 1992. "Modified Hebbian learning for curve and surface fitting," *Neural Networks,* vol. 5, pp. 441–457.

Yee, P., and S. Haykin, 2001. *Regularized Radial Basis Function Networks: Theory and Applications,* New York: Wiley-Interscience.

Yockey, H.P., 1992. *Information Theory and Molecular Biology,* Cambridge, U.K.: Cambridge University Press.

Yom-Tov, E., 2007. "A distributed sequential solver for large-scale SVMs." In L. Bottou, O. Chapelle, D. DeCosta, and J. Weston, editors, *Large-Scale Kernel Machines*, pp.139–154, Cambridge: MIT Press.

Yoshizawa, S., M. Morita, and S. Amari, 1993. "Capacity of associative memory using a nonmonotonic neuron model," *Neural Networks,* vol. 6, pp. 167–176.

Young, P.C., 1984. *Recursive Estimation and Time-Series Analysis,* Berlin and New York: Springer-Verlag.

Younger, S., S. Hockreiter, and P. Conwell, 2001. "Meta-learning with backpropagation," *Proceedings of the International Joint Conference on Neural Networks,* pp. 2001–2006, Washington, DC.

Younger, S., P. Conwell, and N. Cotter, 1999. "Fixed-weight on-line learning," *IEEE Trans. Neural Networks,* vol. 10, pp. 272–283.

Zadeh, L.A., and C.A. Desoer, 1963. *Linear System Theory: The State Space Approach,* New York: McGraw-Hill.

Zames, G., 1981. "Feedback and optimal sensitivity: Model reference transformations, multiplicative seminorms, and approximate inverses," *IEEE Transactions on Automatic Control,* vol. AC-26, pp. 301–320.

Zames, G., and B.A. Francis, 1983. "Feedback, minimax, sensitivity, and optimal robustness," *IEEE Transactions on Automatic Control,* vol. AC-28, pp. 585–601.

Zhou, K., and J.C. Doyle, 1998. *Essentials of Robust Control,* Englewood Cliffs, NJ: Prentice Hall.